大话计算机

计算机系统底层架构原理极限剖析

冬瓜哥◎著

清华大学出版社
北京

内容简介

现代计算机系统的软硬件架构十分复杂，是所有 IT 相关技术的根源。本书尝试从原始的零认知状态开始，逐步从最基础的数字电路一直介绍到计算机操作系统以及人工智能。本书用通俗的语言、恰到好处的疑问、符合原生态认知思维的切入点，来帮助读者洞悉整个计算机底层世界。本书在写作上遵循“先介绍原因，后思考，然后介绍解决方案，最终提炼抽象成概念”的原则。全书脉络清晰，带领读者重走作者的认知之路。本书集科普、专业为一体，用通俗详尽的语言、图表、模型来描述专业知识。

本书内容涵盖以下学科领域：计算机体系结构、计算机组成原理、计算机操作系统原理、计算机图形学、高性能计算机集群、计算加速、计算机存储系统、计算机网络、机器学习等。

本书共分为 12 章。第 1 章介绍数字计算机的设计思路，制作一个按键计算器，在这个过程中逐步理解数字计算机底层原理。第 2 章在第 1 章的基础上，改造按键计算器，实现能够按照编好的程序自动计算，并介绍对应的处理器内部架构概念。第 3 章介绍电子计算机的发展史，包括芯片制造等内容。第 4 章介绍流水线相关知识，包括流水线、分支预测、乱序执行、超标量等内容。第 5 章介绍计算机程序架构，理解单个、多个程序如何在处理器上编译、链接并最终运行的过程。第 6 章介绍缓存以及多处理器并行执行系统的体系结构，包括互联架构、缓存一致性架构的原理和实现。第 7 章介绍计算机 I/O 基本原理，包括 PCIE、USB、SAS 三大 I/O 体系。第 8 章介绍计算机是如何处理声音和图像的，包括 3D 渲染和图形加速原理架构和实现。第 9 章介绍大规模并行计算、超级计算机原理和架构，以及可编程逻辑器件（如 FPGA 等）的原理和架构。第 10 章介绍现代计算机操作系统基本原理和架构，包括内存管理、任务调度、中断管理、时间管理等架构原理。第 11 章介绍现代计算机形态和生态体系，包括计算、网络、存储方面的实际计算机产品和生态。第 12 章介绍机器学习和人工智能底层原理和架构实现。

本书适合所有 IT 行业从业者阅读，包括计算机（PC/ 服务器 / 手机 / 嵌入式）软硬件及云计算 / 大数据 / 人工智能等领域的研发、架构师、项目经理、产品经理、销售、售前。本书也同样适合广大高中生科普之用，另外计算机相关专业本科生、硕士生、博士生同样可以从本书中获取与课程教材截然不同的丰富营养。

图书在版编目(CIP)数据

大话计算机：计算机系统底层架构原理极限剖析 / 冬瓜哥著. — 北京：清华大学出版社，2019 (2024.11重印)
ISBN 978-7-302-52647-6

Ⅰ. ①大… Ⅱ. ①冬… Ⅲ. ①计算机系统—基本知识 Ⅳ. ①TP303

中国版本图书馆 CIP 数据核字（2019）第 045444 号

责任编辑：栾大成
封面设计：杨玉芳
版式设计：方加青
责任校对：徐俊伟
责任印制：杨　艳

出版发行：清华大学出版社
网　　址：https://www.tup.com.cn，https://www.wqxuetang.com
地　　址：北京清华大学学研大厦 A 座　　**邮　　编：**100084
社 总 机：010-83470000　　**邮　　购：**010-62786544
投稿与读者服务：010-62776969，c-service@tup.tsinghua.edu.cn
质 量 反 馈：010-62772015，zhiliang@tup.tsinghua.edu.cn
印 装 者：涿州汇美亿浓印刷有限公司
经　　销：全国新华书店
开　　本：188mm×260mm　　**印　　张：**96.25　　**字　　数：**3546 千字
（附海报 15 张）
版　　次：2019 年 5 月第 1 版　　**印　　次：**2024 年 11 月第 6 次印刷
定　　价：698.00 元（全三册）

产品编号：082577-02

前 言

各位读者朋友，欢迎阅读本书，开启计算机内部奇妙世界的旅程。本书完全从零开始介绍计算机是如何运行的，从基本的电路一直介绍到操作系统内核再到机器学习与人工智能。但是本书并不会像大众科普读物那样点到为止，而是要层层剥开计算机体系中的每一层，一直到看透为止，达到从入门到精通的效果。

本书特点如下。

1. 绝对从初学者角度出发，看了不迷茫、不撕书、不会骂作者（我也不想被人骂）。
2. 介绍事物绝对庖丁解牛，轻易不留“坑”，不得已留了则必填。
3. 带着思考来写作，促发读者思考；问题导向，带着解决问题过程来写。
4. 事物之间带有前因后果关联，而不是孤立地介绍，整本书从第一页到最后一页有一条清晰的因果脉络。
5. 全局框架和局部细节兼顾，大而全，深而细，就像一部精美的游戏，宏观场景震撼，局部细节惊艳！
6. 覆盖面极广，涵盖多个领域关键知识：数字电路、模拟电路、计算机体系结构、计算机组成原理、操作系统原理、计算机图形学、高性能计算机集群/超级计算机、信号与系统、存储系统、网络/通信系统、机器学习与人工智能等。
7. 随便点选任何一页的任何一段，都是精彩和拥有丰富细节的内容。
8. 注重大框架的建立，让读者阅后成竹在胸。
9. 便于自学，看文字就像是在聆听作者当面讲授。
10. 图片细节丰富，带有事物运行的流程，其过程是动态的而不是静态的。

具有高中以上学历者就可以阅读本书。本书可作为家长赠予正值高中阶段孩子的礼物，或许能够让他们不再在网游中虚度光阴。本书也可以作为高中、技校、大学、科研院所的教材或教学参考书。当然，本书也非常适合于正在或者即将从事IT领域工作的广大工程师、架构师、开发人员、项目管理人员、运维/系统/网络管理员、销售/售前/售后人员等阅读。

在此，冬瓜哥郑重建议读者们从头阅读本书，而最好不要跳跃式阅读，因为本书与传统写作方式不同。本书的内容一脉相承，前面内容是后面内容的铺垫，这种符合事物发展规律的脉络式写作方式，就像小说中的剧情一样，要从头看才能体会出其中更深刻的含义和精髓。

比如，在第1章中，冬瓜哥会回答“计算机如何计算1+1=2”这个问题，并带领大家制作一个能够进行基本数学运算的示意计算器。在制作过程中，会遇到各种困难和问题，并最终一一解决。在解决的过程中，读者将会感受到数字电路的精妙之处，对数字电路的运行产生深刻认知，并最终迫切地要求：为何不制作一个能够按照指令自动进行累积计算的计算器呢？于是便开启了CPU之旅，进入第2章。至于后面的剧情如何跌宕起伏、宏伟壮观，就等待读者自己去体会吧！

在本书的写作过程中得到了各路江湖豪杰的帮助，在此鄙人由衷表示感谢。

首先要感谢PMC-Sierra公司，进入该公司让我得以从更深的层面了解了计算机底层的各种技术。感谢我的导师前PMC-Sierra公司Fellow廖恒博士对鄙人的指导和引领。

其次要感谢前同事汪利文以及深圳市科力锐科技有限公司创始人之一张勇（@VxD），这两位大侠在本书写作过程中向鄙人提供了关键的、长时间的、颇具耐心的帮助，在一些深奥问题上，他们忍受了鄙人长期的刨根问底，有些问题他们无法现场回答，便亲自考证研究、研读源代码，并最终得出结论。我想，只有具有同样钻研精神的人才会这样做。其中年长鄙人7岁的汪兄是老骥伏枥的典范，他逾越了年龄的壁垒在各种前沿技术领域长期潜心研究，是不可多得的人才。在表示感谢的同时，也对这两位大侠表示钦佩和崇敬！或许正是因为这些前辈们深知学习过程的不易，才会如此耐心的帮助鄙人。

还要感谢网友@三郎在模拟电子技术方面予以的指导。感谢网友@Perr、@钓客、@Reborn、@抠出式linux、@Linux入门等群友的帮助，他们的帮助大大加速了本书第10章的写作进程。

还要感谢网友@去流浪、@豆包、张一中对鄙人相关知识的点拨。感谢中科院计算所的包云岗老师，以及时任阿里云高性能计算负责人、中国计算机学会理事的何万青老师的帮助。感谢@破布、@子濠两位同学在处理器体系结构方面的点拨。感谢中存超为的沈杰在数字电路底层方面对鄙人的点拨。感谢刘羽、黄家明两位大侠分别在MPI编程、BIOS/ACPI方面对鄙人的点拨。感谢刘震在模拟电子和PCB设计制造方面相关知识的点拨。感谢光子算数（北京）有限责任公司的白冰博士在模拟光学计算方面的知识传授。

还要再次感谢导师廖恒博士在本书即将完成时为我开启了一道新的大门并作为指路人，这直接导致本书第12章在一个半月的时间内的速成，这也了却了我长期的一桩心愿，同时也顺带解决了之前长期困扰我的关于信号均衡器底层原理的问题，我那时候根本不知道信号均衡器中的权重其实也是通过训练来得出的，之前一直卡在“每个Tap的权重到底是怎么确定的”这个问题上出不来，也浪费了很多时间去追踪。在本章写作期间，感谢蔡卫光、王海彬、雷霆、蒋传遐四位大侠在机器学习的上层框架、加速器架构方面提供的帮助。

最后，感谢本书编辑也是我的老朋友栾大成以及清华大学出版社参与本书出版的全体工作人员的努力，以精湛、迅速、高效的出版技术和流程控制为本书打造了优秀的展现，并最终促其诞生。

由于冬瓜哥是一个半路出家的门外汉，书中定有不少自以为是、飘飘然、不知所云、混淆、错误、含糊不清之处，迫切希望各位读者能够指出这些错误，再版时一并修正。**大家可以到GitHub进行快速勘误登记，冬瓜哥会收集并记录。**

本书的部分图片来自于互联网，原始出处不详，如有侵权，请通过下列方式联系作者。本书极个别图片包含英文注释，未作完整翻译的图片都是示意图，不看注释即可了解图片意图，保留英文注释是为了给有能力的朋友们刨根问底，请读者体谅，如有疑问，请到冬瓜哥公众号交流。

作者联系方式如下：
E-mail：dongguage@outlook.com
微信公众号：大话计算机、大话存储
新浪微博：@冬瓜哥大话计算机和存储
GitHub：https://github.com/Dongguage/bigtalk_about_computer

此外，冬瓜哥也为广大读者创建了《大话计算机》书友会QQ群：1092851962。大家可以加入本群畅所欲言，共同提高。

本书音频、视频下载

本书中插入的大部分音频、短视频，可以微信扫插入正文中的二维码直接观看或下载。如下二维码是本书第12章的4小时视频配套讲解。

第12章配套视频下载

本书课件下载

课件扫码下载

本书配套课件针对书中难点进行了动效解析，效果演示如下：

课件演示

序　一

收到《大话计算机》的书稿，有半尺高的厚厚一沓，而本书作者却只有冬瓜哥一人。我心里不由得暗想，到底是一种怎样的力量驱动着他完成这样的壮举？

打开来读，他的文字带我走过一个个章节，一直翻到了最后一章，感觉就像自己温习了一遍大学本科的课程，还有从业二十年来看过的许多专业书籍、科研文献、设计文档。纵观市面上所有计算机图书，能在一本书中说清楚计算机工程（Computer Engineering）的方方面面的关键点的，目前只有冬瓜哥的这本《大话计算机》了。

我一方面感念他创作了这样一部娓娓动听的学科指南，一方面也不禁感慨万千。回想当年，自己求学的路上并没有这样一位能把事情的来龙去脉掰开道明的指路人，因此也走了不少的弯路。现在可好了，无论你是从业已久的专家，还是刚入门的学子，相信此书都能做到开卷有益：或为你指明学习的道路，或为你增添对周边领域的知识。

计算机工程并不是一门十分深奥的科学系统理论，而是许许多多实践经验和知识的累积。每个领域的工程师或研究者可谓人数众多，就像住在公寓楼里的居民，对自己家里的种种自然是深入了解，但对楼上楼下的公寓里有什么往往不清楚。在《大话计算机》中，冬瓜哥就像把计算机这所大楼里的每个楼层都给你导游了一遍，还穿插了每个楼层里发生过的趣事和人物的来龙去脉。因此枯燥晦涩的技术细节变得引人入胜。

冬瓜哥对技术的描述方式格外通俗、细腻。阅读时就好比作者为读者打开了他的私人博物馆，而由收藏主人亲自展示每一个藏品的精妙机关，再把当初苦心寻访藏品并终于纳入囊中，欣赏、研究、把玩的故事向你孜孜道来。其中扑面而来的喜悦，只有同道中人才能体会。

作者多年的追求探索，不光是加深自身领悟，还为了和更多人分享和传承。工程师们负担了造新物的使命，要看清这无比复杂的知识世界十分不易。而作者冬瓜哥帮我们梳理了经纬全局，把知识的珠子串成了项链。作者寂寞孤独的打磨着他的终极作品，其中辛酸苦闷，只有经历过的人才能理解。而如今，这件艺术品终于大功告成，正犹如花费多年设计的芯片流片测试成功之后的喜悦一般。

完成这件最后的艺术品雕琢，整个计算机博物馆，就此剪彩全面开张！

感激冬瓜哥的这份情怀，为大家贡献了这本佳作！

廖恒 博士，现任海思半导体公司首席科学家。曾就读清华大学、普林斯顿大学。曾为PMC-Sierra公司Fellow，曾参与T10 SAS 标准制定工作，并担任存储部门总架构师，设计了SAS Expander、RAID控制器、HBA控制器等芯片的核心架构。

序　二

计算机被称为20世纪最伟大的发明之一。1946年诞生的第一台电子计算机ENIAC，是一个每秒能运行5000次、重达30吨的庞然大物。如今计算机变得无处不在，以至于人们大大低估了它的复杂性——今天一部几百克的普通手机包含了上百亿个晶体管，性能比ENIAC快上百万倍，上面运行的操作系统、微信、支付宝等各类软件代码达到上亿行！

现代计算机内部极其复杂，我一直认为也许没有人能讲清楚它工作起来的每一个细节。记得多年前有这么一道研究生入学面试题："播放幻灯片时，按下一个空格键到屏幕显示下一页，请问这个过程计算机做了什么？"大多数参加面试的学生都答不上来。但是有一天看到冬瓜哥的《大话计算机》时，我第一反应是意识到自己错了。这本初稿将近1500页的恢宏巨作，约500个章节，涵盖了处理器流水线、缓存、内存、并行计算、网络、声卡、GPU、操作系统，甚至包括半导体制造工艺等，每一章节都是深入浅出。不同于一般的教材，这本书采用诙谐幽默的笔法与图文并茂的形式向读者揭示计算机内部各个部件的工作原理，并穿插着技术背后的种种名人轶事，读来生动活泼、引人入胜。这像是一部小说，更像是一本百科全书，按图索骥，总能找到你想了解的知识点。

全书历时四年才完成，足见冬瓜哥对计算机系统的挚爱和坚持，而这正是当下中国计算机界最稀缺的精神与情怀，尤其在计算机应用特别是人工智能大行其道的今天。中国计算机界面临着严重的"头重脚轻"问题，计算机系统硬件、基础软件方向的从业人员远少于计算机应用方向。这既有资本追逐风口的原因，也有社会导向不当的问题，更是各界对计算机系统价值认识不足的体现。当人们提出某种新算法提升了几倍乃至几十倍的性能时，却可能未曾意识到了解计算机系统底层原理的程序员写出的矩阵乘法程序的执行速度可以是普通程序员的60 000倍；也可能未曾意识到复制一个新算法比复制一种商业模式还要快，对企业来说已无竞争力可言。因此，要将新算法转化为核心竞争力，别无他法，只有将其融入系统中！事实上，一个好系统往往集成了几十种甚至上百种算法，往往需数年时间解决成百上千个问题，不断打磨优化而成。这样的系统，即使别人想复制也需时日摸索，因而才能成为企业核心竞争力。设计与实现类似的系统，所需的正是冬瓜哥在此书中传递的那种融会贯通的系统能力以及创造此书过程中的那种执着坚毅的耐力。

冬瓜哥的成名之作《大话存储》是很多人关于存储领域的启蒙读物。如今《大话计算机》大功告成，期待他再次掀起一轮计算机系统领域的"启蒙运动"。

包云岗，中科院计算所研究员，先进计算机系统研究中心主任，中国科学院大学岗位教授

序 三

“因为，山在那里”——四年磨一剑的刺猬

——冬瓜哥《大话计算机》序

咖啡厅的门开了，清秀瘦高（相对于我而言）背着个双肩包的技术男笑着和我打招呼，打开双肩包，是一本A4纸版面、两块砖头厚的《大话计算机》，1500页，写了四年——这是我和冬瓜哥认识四年多来的第一次见面。看到这本书，想起《明朝那些事》作者当年明月说支持他写完7册书的力量，是想等到孩子长大，有一天可以向孩子和自己证明曾经坚持到超越了自己的极限。是什么支持冬瓜哥写完这本从电控开关到操作系统的计算机系统底层架构极限作品呢？

和冬瓜哥相识在2014年，那时我在英特尔从支持Xeon Phi转到Lustre并行文件系统，很多时候出差去做现场交付搭建并行存储，拉杆箱里都放着冬瓜哥那两本《大话存储》。虽然很多时候可能只需要偶尔看一两页，然后去网上查资料，但这就是一本全面系统的“技术百科全书”的价值——这种价值在眼前这本《大话计算机》中得到了同样的发扬 。那些年冬瓜哥给我发E-mail，问我关于处理器和HPC相关的底层问题，开始和他隔空讨论一些技术问题，通过在英特尔查一些内部公开材料，解答他那些特硬核的问题。当时我以为他从存储角度出于好奇来学习一下处理器底层架构，现在想起，我竟见证了他写这本书的长征第一步。那时候我恰好帮出版社审阅万木杨的《大话处理器》，四年后冬瓜哥找我给他的书写序，还以为是类似的技术博客连载，没想到是一个追求极致的技术匠人，四年里兢兢业业，悬梁刺股的呕心沥血之作，心生惭愧。

在我快20年的技术职业生涯里，无论在摩托罗拉还是英特尔，深入参与过很多技术项目，包括天河2号这样的工程。但是每当回望，总是多多少少有“过宝山而空返”的遗憾——为了完成产品或项目的支持，总有没能深究的技术细节，匆匆跳到下一个要解决的问题。于是在别人眼里的专家，最明白一路走来留下了多少知识的空隙——冬瓜哥写这本书的初心，就是从计算机最基础的与非门电路开始，修炼铁指寸劲的功夫，从最基础的电路写起，到计算器的实现（这和英特尔4000芯片组起源于支持日本Busicom计算器何其相似），然后开始讲信息和信号，深入到滤波器原理，逐渐进化到完整计算器的实现细节，跳到程序控制的计算机，其后进入半导体原理，展开到制造工艺和存储器、流水线和机器码的世界。 整本书的结构，恰恰体现了自底向上的技术进化，这在布莱恩·阿瑟的《技术的本质》中有清晰的表达——每一项技术都是自身组件技术的组合。讨巧的写法是自顶向下，从抽象到具体，而这本书采取了不讨巧的自底向上“全部具体”的写法 ，每一个范畴，都采取自顶向下直接深入硬件细节的深度，没有一分敷衍。我想有心的读者，如能随着这本书筚路蓝缕地扫下来，会极大减轻留下技术空隙的遗憾。

我曾问冬瓜哥，整本书，还有任何一个角落你觉得有没钻清楚的吗？他认真想了想，说有一个地方，在第7章网络通信底层，一个模拟信号的模型问题，其他的都吃透了。这个细节，让我想起他在大学里如何喜欢并自学存储（他是学化学出身），干掉一个个堡垒，最终凭着写《大话存储》成为一个什么方向都能够钻到“极限”的高人。这本书还有一个亮点，就是所有繁杂的原理图，都是冬瓜哥自己用PowerPoint画的，所以技术圈说这是“PPT技术绘图指南”，在没有分层功能的PPT上绘制出这些细致的原理图，难度和耐心可想而知，自认为没有这种功夫。想起2015年刚开始写各自的公众号不久，我还夸过他是第一个“不在乎形式”而直接用手绘原理图照片写公众号的24K技术男——那时候，他已经在为这本技术巨著添砖加瓦。

对于技术作者，也可以采用以赛亚·伯林对学者的划分，刺猬只知道一件大事，而狐狸知道许多小事——冬瓜哥像一只四年磨一剑的刺猬。这本书从任何一章读下去，知识的密度都足够扎实，读的时候，有一种和他一起脚踏实地攀登高峰的感觉——这回答了第一段的疑问，是什么让冬瓜哥在繁忙和喧嚣的工作和技术圈里，写下这本干货满满的大部头？

“因为，山在那里。”，登山者说。

何万青 博士 阿里云高性能计算负责人，资深技术专家， 中国计算机学会理事，中国计算机学会YOCSEF前副主席，中国计算机学会高专委理事

序 四

还记得2015年的春夏之际，我与冬瓜哥见面讨论存储技术，偶然了解到他正在写一本新书，也就是我现在向大家推荐的《大话计算机》。冬瓜哥向我展示了还未完成的第一章的文稿，同时也感叹了写作时遇到的各种困难。现在回想起来，已不记得当时冬瓜哥感叹的是什么，但是，印象很深的是冬瓜哥决心完成本书的坚定信念，以及对该书内容质量的信心。

计算机是一个复杂的系统，包括硬件、操作系统和应用软件三大部分，可从不同视角进行解读。作为科班计算机专业毕业的研究者，我所了解的计算机教材主要从理论的角度讲述计算机的各种知识，描述方法较为抽象和晦涩，多数并没有从初学者的角度去引人入胜的描写。如果没有优秀的老师辅导，通常都难以理解和掌握。

我也是《深入理解计算机系统》一书的两位译者之一，该书从程序员的角度观察计算机如何响应和支持程序代码的运行，其内容主要关注操作系统和应用软件层。读者需要写程序或运行程序，并试图通过分析程序的输出和行为，理解计算机的工作方式。但是，这种形式较为粗略，许多计算机的细节，尤其是全局框架的来龙去脉却并没有涉及。而《大话计算机》一书无论是在内容的深度、广度还是通俗度上，都超越了同时代的同类著作。我在翻看本书稿件时，心情是非常激动的。

我眼中的冬瓜哥是一位跨学科的江湖奇才。他在《大话计算机》一书里，从计算机入门者的角度出发，以自问自答、问题导向的方式，剖析了计算机的底层，以图片加文字的方式生动地描绘了计算机的各个部件的最新工作细节和原理，帮助读者透彻地理解现代计算机的工作方式，扎实地掌握相关知识。阅读本书的过程，俨然就像一位老师在给一个对计算机完全不懂的人从零开始，事无巨细，循循善诱，循序渐进的讲授过程。冬瓜哥能够清晰地切中要害，深知初学者的思维阻碍在哪里，然后一针见血地打通初学者的任督二脉。所谓茅塞顿开，醍醐灌顶，也就是如此感觉吧。

本书可谓开创了计算机图书内容组织、知识结构、写作方式的先河。其水平可以与世界级计算机顶级著作并驾齐驱，甚至在很多方面超越了所有之前的著作。我国在计算机产业落后国外多年，尤其是在芯片设计制造等底层产业领域。如今，有此一书，我感到非常欣慰。本书定会成为我国今后很长一段时间内的计算机顶级科普著作以及百科全书，也定能为我国计算机产业的发展产生积极和深远的影响。

所以，我强烈地向大家推荐《大话计算机》一书。本书尤其适合计算机入门者和程序员阅读，即使对于专业的计算机学生和研究者，也可以获得大量有别于陈旧教材的新鲜内容。

雷迎春 达沃时代 CTO，《深入理解计算机系统》图书译者之一

序　五

虽早知冬瓜哥在写这样一本书，但收到了初稿后还是被震住了！不仅仅因为它的沉甸甸；不仅仅因为它内容的涉猎之广，几乎涵盖信息技术领域中计算、网络/传输、存储三大分支的绝大多数工程领域；不仅仅因为它的通俗易懂，深入浅出，条理清晰，架构严谨；也不仅仅因为它的老少皆宜，能让我这个20余年的工程师豁然开朗，也能让我上初中的儿子读得乐在其中。

最震撼我的是它活脱的“动”。从每一个知识点，体现着作者的思索，追逐，甚至迷茫，焦虑，以致顿悟的全过程，而不只是结果的呈现；也体现着书者对读者的孜孜不倦，俨然一个老师在你眼前讲解。这种“动”还体现在书中很多的插图中，我甚至不相信这是冬瓜哥使用PowerPoint制作出来的，让我对我的Visio、CAD技能和存在感产生了深深的怀疑。图中带有每一步运行的指示，都标了序号，让读者可以跟随图中的序号走完所有流程，一目了然。借助于该书的全彩印刷，在介绍CPU流水线时，作者采用了不同颜色来表示流水线中不同指令的不同步骤的执行过程，看后让人茅塞顿开。我之前虽然在很多体系结构书籍中看到过对CPU流水线的介绍，但是没有任何一本书能够在一张图中把这些步骤的并行性的本质用动态的方法表达得如此淋漓尽致。

我仿佛看到了冬瓜哥数年如一日的冥思，苦学，发呆，书写，否定……在灯下，在路上，在用餐时……我也想起当冬瓜哥在开启一个本来不熟悉的知识点时，开始我还能和他谈论一二，但很快会发现我如果不深入学习，就无法继续交流了。足见冬瓜哥对技术刨根问底，冥思苦想和追逐到极致，恨不得追逐和阐述到宇宙起源的工匠精神。

所谓“师者，传道授业解惑”的三个层面，这本书当是“传道”之典范。相信本书可以让身为IT从业者的你对所从事的领域进行重新全面的深入理解和升华，也可以让青少年们燃起对科学技术的浓浓兴趣，在中华民族伟大复兴的过程中播下星星之火。

值得收藏！

前PMC-Sierra 技术支持经理 汪利文

序　六

当年我看游戏《半条命：反恐精英》的二三百万行源代码时，有同事说，网传看完就只剩下半条命了。当我看到冬瓜哥这本《大话计算机》时，瞬间感觉我看完这本书可能也只剩下半条命了。并不是因为这本书的难度摧残大脑，相反，这完全是另一种感觉，它太通俗了，把事物的关系、流程、架构讲得太清晰了，信息量太大了，看完之后就是身体被掏空感。因为，我发现自己这么多年习得的仅有的一点点计算机方面的绝招、秘密在这本书里竟然一点不落的都有，而且还通俗易懂，让我瞬间感觉之前自己耗费在学习计算机上的时间，简直成了浪费人生。如果当年能够看到这本书，不知道能省下多少时间，少走多少弯路，而我现在可能会走得更高，看得更远。遗憾！

这本书知识面之广令人惊讶！从数字电路原理到简单的数值计算器，从电子管到数字集成电路，从半导体物理与器件到硅集成电路工艺基础，从FPGA到CPU到GPU，从片间总线到PCI-E总线到USB总线，从SAS接口到SCSI协议，从以太网设备到多媒体设备，从文本显示到VGA到3D渲染，从实模式到保护模式，从分页到内存管理，从OSI七层标准模型到文件系统。大量的从电子到芯片到工艺到总线到接口到操作系统到驱动的干货。

这本书知识面之深令人感到不可思议！从乱序执行、分支预测到CPU缓存一致性，从PIO到UDMA，从PCI配置空间到MSI，从点阵到矢量，从GDT到TLB，从IRQ到LAPIC到IDT，从SCSI的INQUIRY到READ CAPACITY，各种无法描述的高深干货。更重要的是，这本书还从计算机发展历史上，剖析了计算机技术发展的起点及设计思路，能让人的大脑更容易地建立起完整计算机体系和模型。阅读时不禁拍案惊奇，这是何等的奇迹，需要作者付出多少心血来凝结！

这是计算机领域的一本巨作，在市场上很难觅得一本能如此翔实讲解整个计算机体系的工作原理的书籍。不管是在校的大学生，还是一线的“攻城狮”，在书中总能找到他们感兴趣的知识点，快速领悟计算机体系里面各个组件的设计精髓。这本书像各种芯片手册、协议规范、接口文档一样，值得放在床头柜上，每天睡前看半小时，疗效远大于各种鸡汤。每看一遍，总有更多不同的收获。

冬瓜哥为这本书连续4年奋战，每天写作到凌晨，仔细推敲每个逻辑和流程。有时在三四点还能看到他的留言。这种苦心孤诣的工匠精神非常值得学习。如若我等都像冬瓜哥这样勤奋研究，中国的计算机底层产业哪能没有希望？

深圳市科力锐科技有限公司创始人之一 张勇

序　七

认识冬瓜哥多年，一开始只认为他是国内存储领域的专家，但是一直到这本书的出现，我真的不知道也未曾想到，他对计算机底层技术掌握的深度和广度竟然能到如此地步，这是我从业以来第一次看到如此全面而且深刻的计算机底层技术图书，我的兴奋已经超出了语言所表达出来的程度。国内外类似图书我也都曾阅读过，包括大部头偏学术化的美系图书，科普程度更高的日系图书，以及更接近工程化的国内图书，但是没有任何一本能够达到本书的广度和深度、体系化和通俗度。更何况，本书是冬瓜哥单枪匹马完成的，这更令人无法想象，不可能的任务！有句话说，说出10句容易，但是写出一句来要困难得多，而要写出精彩的一句，更是难上加难，不仅需要你对事物整体和内部细节了然于胸，更需要你可以从该事物的任何一个角度切入之后都可以把事物说得清楚，也就是做到“问不倒”的程度。更关键的是，你不仅需要了解该事物本身，你还必须了解该事物在更大框架内与其他事物之间的关联关系、因果作用流程，而能够做到上述火候的人，才能写出真正专业、通俗、深刻的东西来。

本书阅读起来有种让人持续看下去的动力，也就是所谓带入感，而这是市面上绝大多数图书不具备的。书中针对每个知识点的描述都体现着冬瓜哥的工匠精神，解释到极致，很多章节让人一读便有醍醐灌顶、茅塞顿开之感，备受启发。我作为在行业内从业多年的IT人，自诩对Windows操作系统内核了如指掌，而且自感对计算机底层原理也是信手拈来，但是看了冬瓜哥的书才发现，我之前对计算机的理解太过肤浅，很多东西根本就没有理解透彻，甚至根本就没去想过竟然底层是这样实现的，有种相逢恨晚的感觉，读此书的过程，犹如武侠片中直接接受对方的功力传送一般，让我感觉瞬间提升了好几级的段位。

也只有冬瓜哥这种通俗细致到极致的讲解方式能让读者在不用花费大量精力去揣摩作者到底要表达什么的前提下，顺畅地打通大脑回路形成知识积累。

更让我感到瞠目结舌的是，冬瓜哥在本书写作的四年期间，还“顺手”写出了《大话存储后传》一书，我赶紧订购了一本，发现该书也是一种非常独特的存在，其对存储系统、计算机系统的描述也达到了空前的高度。四年，两本书，书乃是神书，人，也称得上为奇人！他做到了常人不可能也根本无法想象的事情，功力了得！

无论你是初学者还是资深从业者，我都推荐你来读一读，这是一本纯粹的计算机百科全书，你可以将它作为床头书收藏，用一分的时间得到十分的收益。初学者读此书，更是能节省你多年的摸索和积累过程。资深者读此书，更是感觉从此可以在计算机底层世界腾云驾雾，自由翱翔。本书是中国IT行业的骄傲！

@去流浪 内核开发者

目　录

第3章 开关的进化——从机械到芯片

第4章 电路执行过程的进化——流水线、分支预测、乱序执行与多发射

开篇

苦想计算机

以使用者的名义

醒过来，请醒过来。你是否正在用各种移动终端浏览着互联网上的丰富资源？请醒过来，不要让它肆意奴役你的精神世界！

你是否还沉浸在那些垃圾网游当中享受拥有虚拟财富和权力的快感？请醒过来，不要让它带你走向无尽的深渊！

也许就在不久的将来，你是否愿意终生把你的大脑与机器连接起来进入虚拟世界？或许在那个世界里，依然有生老病死、社会更迭，你或许会发现虚拟世界中的痛苦可能更多？请醒过来，不要让它控制你的灵魂。

当你沉浸在机器世界的时候，可曾想过，这些机器是被谁发明的，又是如何制造出来的，以及怎么运行起来的，是哪些力量和规范在驱动着这些机器的运行？

我想几乎所有人都知道“CPU”这个英文缩写——CPU就是计算机的核心。那么，你是否想过当你点击了手机屏幕上的某App图标，为什么它就打开了呢？当你在游戏中滑动鼠标，为什么屏幕上的角色就会做出各种动作呢？CPU在这里面具体是怎么运作才产生如此奇妙的效果呢？

2001年，冬瓜哥有了自己的第一台电脑，一台配置有赛扬II CPU、128MB内存的品牌机。当时这个东西对于冬瓜哥来讲，光是看着Windows 98那些“奇妙”的窗口、眼花缭乱的设置选项，就已经让冬瓜哥惊叹不已，哪来的心思去研究“电脑到底是怎么运行”的呢。

有实验证明大象在看到镜子里的自己之后会绕到镜子后面去一探究竟，而作为号称具备地球最高智慧的生物——人类，我相信在使用电脑的时候，大家脑子里都曾产生过探究一番的火花，然而这些火花鲜有燎原之势——计算机系统太复杂了，大多数时候还未燎原就熄灭了。这就像让一个上古之人来弄清楚人体基本构造一样，他虽然天天面对着自己的身体，却浑然不知身体里面是一堆什么东西。

计算机是怎么制造出来的？
CPU是如何进行运算的？
显卡是怎么显示图像的？
声卡是怎么发声的？
网络是怎么发送数据的？
硬盘是怎么存储数据的？
软件做了什么？
硬件又做了什么？
软件和硬件之间怎么配合的？
软件怎么控制硬件的？
人工智能是怎么回事？
……

产生这些东西的来龙去脉、历史原因是什么，人们为什么会这样设计而不是那样设计，这一切，我都想弄清楚！都要弄清楚！这仿佛是我来到这个世界上背负的一种责任。

和我一同来探索吧！

第1章

电控开关

计算机世界的基石

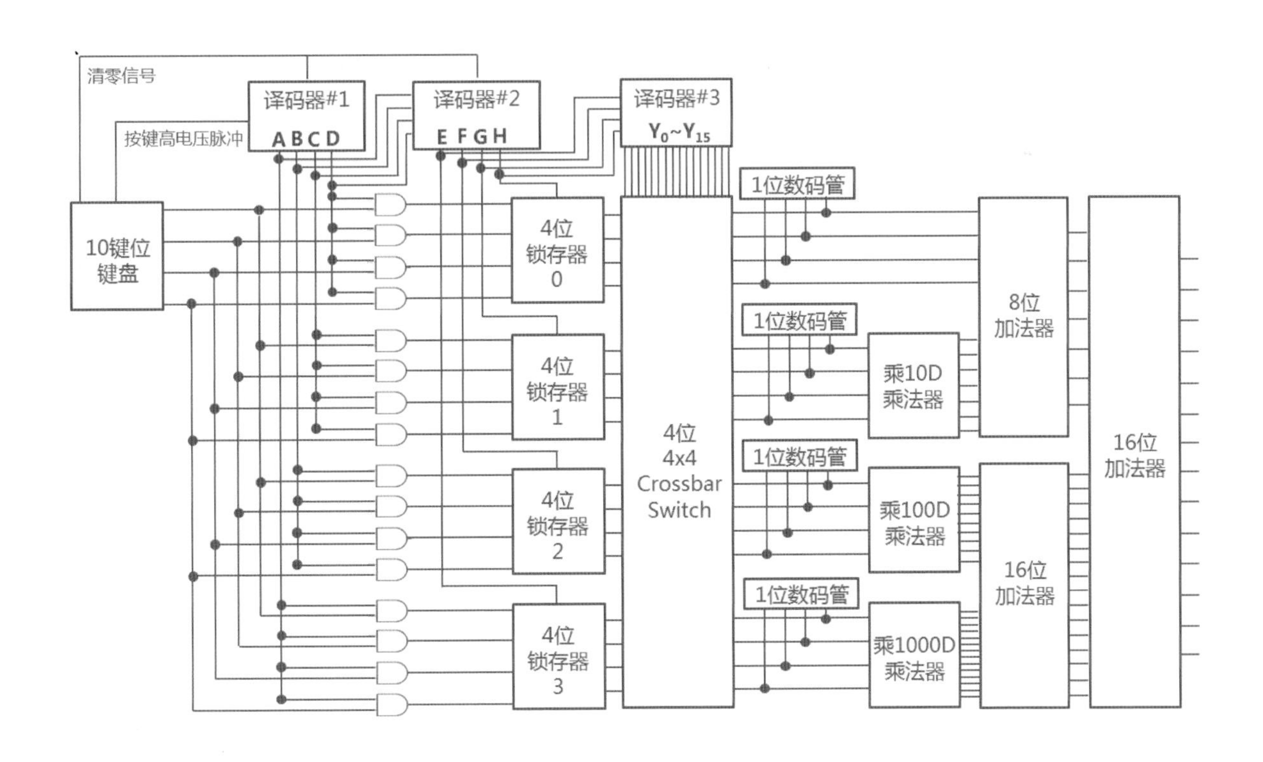

1.1 十余年的迷惑

1+1=2，天经地义，虽然也有人想去证明为什么1+1就等于2，但是我等是无法参透了。谁能告诉我，CPU是怎么算1+1=2的？2+2能算么？这个问题，冬瓜哥从10年前就开始想搞清楚，当时见人就问，可是问到过的人没一个能说清楚，得到最接近的一句回答是“CPU内部就是个加法器”。而这句话，我深埋心中十余年，也零零散散地探索了十余年，直到近几年，才慢慢搞清楚一点皮毛，不敢独享，愿与大家分享之。

1.2 从1+1=2说起

CPU是怎么算1+1=2的，这的确值得思考和深究。CPU天生是不可能知道1+1=2的，一定是人类告诉它，1+1必须等于2，或者0+1必须等于1。其实，即便是人类自身，也不是生下来就知道1+1=2的，是父母从小就教你1+1=2的。假设有一天世界末日，人类文明全部坍塌，就必须有某个好奇心+毅力爆表的人来重新思考出数学的根基，而这个人天生并不知道1+1=2，连1是什么都得重新思考。

嗯，那么人类是如何告诉CPU这件事的呢？事实上人类并非“告诉”CPU这件事，而是设计它的时候就定死了。CPU并不是天然存在的，而是人类一针一线编织起来的，本章后面会逐渐搭建一个简易的CPU来展现给你，先不要急。

所谓“计算机只认识0和1”，并不是说其不知道2、3、4等，而是因为任何人类所创造和理解的符号、逻辑、数值和含义，对计算机来讲都必须使用数字电路来存储、提取、处理/计算和展现，而最简单的办法就是让数字电路不是通就是断，即只有这两个状态（还有高阻态，具体参见1.3.7节）。当然，你可以说A态（通，高电压）和B态（断，低电压），也可以换个说法，1态和0态。这就是计算机只认识0和1的由来，此1/0非彼1/0，更准确的表达是“计算机只认识0和1这两个符号/状态”，而不是0和1这两个数值。

人类“故意”让CPU只能识别0和1、是与非、对与错，因为这样最好控制。至于更复杂的含义，完全可以用多个0/1的组合（比如ASCII码，字母A的编码为01000001，或者说，断通断断断断断通）来表征。直白一些，数值0在电路中用“断”表示，数值1用“通”表示。那么，数值2、3、4呢？那就得用10（通断）、11（通通）、100（通断断）表示，以此类推，5、6、7则是101、110、111，8则用1000表示。也就是说，虽然只有两种符号0和1，但是可以通过多个位（每个位只有两个状态）的组合来表示任意数值。而且可以发现，这样表示数值时，必须逢2就进一位，1（1）到2（10），3（11）到4（100），所以称其为二进制。而表示字母、字符和标点符号等含义时，就必须人为进行定义。比如，字母A的编码被强行定义为01000001，当计算机识别到01000001这串信号时，就可以将其转换成显示屏上像素的亮灭，从而显示出一个A的形状，这就完成了从编码到含义的反向转换。

国际标准的ASCII码表中定义了各种常见的字母和标点符号的编码格式，用8位0/1的组合可以表示2的8次方（也就是256）种符号，这基本涵盖了常见符号。那么，如果所有计算机都遵循这个标准的话，比如，要在屏幕上显示一个字符A，这是人类能看懂的字符，但是计算机其实是将01000001在内存中翻译成显示信号，也就是“屏幕上的某个像素显示什么样的颜色以及浓度等”。比如，显卡如果使用“32位真彩色”模式，那就是用32个0和1的组合（可以表示2的32次方种颜色/灰度）表示一个像素点（显示器上的一个小格子），多个小格子组合起来可以显示出对应的图像。

这8位待显示的ASCII字符编码，被负责显示的计算机程序翻译成像素点着色/灰度编码以及多个像素点在屏幕上的排列顺序信息。显示程序再将所有这些像素点的32位色彩信号按照顺序传递给显示卡，显示卡再将信号传递给传统CRT显示器或者液晶显示器。显示器收到这些信号之后，将这些信号翻译成对应的电场电压信号并输入到电子枪或者液晶控制电路。利用磁场可以使电子流偏转的基本物理原理，电子枪将对应强度、方向的电子流射向荧光屏上对应的像素点，产生对应色彩的灰度和亮度，从而显示出一个像素点。就这样，显示卡源源不断地向显示器传送每个像素的描述信号，与此同时，显示器内部的机械装置根据收到的显示信号，操纵电子枪里的磁场方向和强弱从而让电子流跟随显示信号同步的偏转移动，从屏幕的第一行小格子从头横扫到尾，再回来扫描第二行（逐行扫描），以此类推。扫描到最后一行时，再折返扫描第一行。扫描过程中，电子枪不断向荧光屏上射出强度跟随像素颜色、灰度、明暗同步变化的电子流。只要扫描速度足够快，人眼就会暂留一满屏的图像。只要每秒能够生成24屏的图像，人眼视觉就足够暂留了，但是依然会晃眼，一般来讲每秒80屏比较好，也就是80Hz的屏幕刷新率/帧率。如果屏幕分辨率为800×600，则表明有800列、600行格子（又称为600线的分辨率，线就是行的意思）；如果刷新率为80Hz/s，那么电子枪每秒要扫描总共600×80=48 000行。我们将在第8章详细介绍计算机是如何处理图形的。但是请一定先按捺住，你必须首先打好根基再去那一关闯荡，否则你的思维可能会堵塞。

人脑也是利用符号来表达各种含义的。对于数值符号（数字），历史上出现了很多计数方式，比如阿拉伯数字符号和罗马数字符号等，它们都使用了多种符号来表示某个数值。比如最常用的阿拉伯数字符号0～9，你现在不要把它们看成是“数值”（这是因为你的大脑受到了后天教育从而在对应的符号和对应的数值之间形成了映射关系），你要把它们看作“符号”（也就是“数字”），“0”和“零”都是符号，其表示的含义相同。要表示10这个数值，阿拉伯符号的处理方式就与汉字符号不同了。前者并没有为10这个数值创造新符号，而是使用进位的方式，也就是用2位或多位符号的组合来表示超过10（含）的数值。数值一般会分为个位、十位、百位、千位等，依次下去。因为如果无休止地创造新符号的话，表示10000这个数值就需要10000个符号。而汉字则为10这个数值创造了单独的符号“十”（其实也可以使用“一零”表示，但是由于发音的时候要发两个音，所以不够精简），但是表示11的话也需要用两个字“十一”来表示（其实也可以使用“一 一”来表示）。汉字的这种表示在数值很大以后就不方便了，比如数值是1234的话，对应的是“一千二百三十四”，而几乎没人用“一二三四”来描述一个数值。“一千二百三十四”这种表示方法虽然不方便，但是却更加直观，千位上有几，百位上有几，视觉和听觉上处理起来都比较直观。

总结一下就是，人脑习惯于逢10进位，也就是十进制。至于阿拉伯计数方式的发明背景和当时的影响已经无法知晓，但是感觉上与人有10个手指头相关。人从婴儿时代开始对自己的手就是有感情的，婴儿会不断吃手，他眼前最方便观察的就是手指，这种潜移默化的影响会让人脑产生对数学方面感官的原始积累。可以假设，如果某种生物有100个手指或者脚趾，比如蜈蚣，它们的计数方式可能是百进制的，它们脑子里会创建100种符号用于计数，当然，也有可能相反，因为蜈蚣的大脑可能极度不发达，根本处理不了100个符号。

最原始的数字表示方式是使用伸出的手指头的数量来表示对应的数值，这一点依然被西方人沿用。西方人表示6的时候，需要使用两只手组合：一只手伸出5根手指，另一只手伸出1根手指。而中国人则是习惯使用一只手的手指以不同形状的组合来表示10以内的数值。东西方的这种差异在语言和文字上很明显，东方普遍采用象形文字，而西方其实更像计算机的原始处理方式，也就是利用少数几种符号，但是使用多个位的左右排列组合来表达含义。比如汉字“八”是2位（撇和捺两个符号左右排列），对应的英文Eight是5位（5个符号左右排列）。但是“四”可就很复杂了，有3位：口字框，撇和捺，这三个符号还可以任意排列组合，比如排列成“兄”也可以，排列成“叭”也可以。汉字符号在东西南北中四个方向都可以排列，所以虽然偏旁部首没多少，和英文26个字母差不多，但是由于排列方向复杂，所以汉字理解起来就需要更复杂的处理逻辑。体现出来的不同效果就是，东西方人的大脑对符号的处理方式是不一样的，东方人的大脑需要经过较为复杂的后天训练过程。

根据上文的分析可以得出一个结论，那就是西方人的大脑可能更习惯简单但是高速的处理，比如字母只会被左右排列，虽然不如汉字紧凑，占用面积也较大，处理起来相对简单，但是要求处理每个字母的频率要提上去，也就是一目十行；相比之下，汉字信息含量大，比如四字成语，大脑读入这四个字时的速度很快，也就意味着可以使用更低的频率来读入符号，但是对符号的解码过程可能就会比较慢。因此总的来说，汉字耗费的资源和英文最终是类似的，只不过它们是在不同步骤里取舍而已。

生命逻辑在表面上看来是个很复杂的逻辑，完成一个事务，比如肌肉伸缩，或者眨一下眼，其牵扯到的流程就异常复杂，冬瓜哥会在第9章向大家展示一下生物大分子是如何运行的，并介绍如何用计算机来模拟计算这种运行。计算机应用程序的逻辑其实也不简单，比如动一下鼠标，也牵扯到复杂流程。而生命逻辑和计算机软件逻辑，都运行在我们现有的世界基石之上。虽然我们还没弄清楚现实世界的基石到底是什么，但是却可以将计算机这个二层世界的运行机理硬套在现实世界上，去建立一个模型。也就是假设我们身处的现实世界也存在一个类似CPU的东西，也存在一个时钟振荡，或者其他尚不可理解的方式，而这种振荡，在人类感官上则是各种“力”和“场”或者“量子”或者所谓“弦”等人类自创的描述这种未知事物的名词，然后被封装成更高层的结构，比如各种粒子，再封装成分子以及更高级结构。这些结构相互作用，最终形成现实世界。这和计算机代码的演变过程是一样的，关于这个话题我们后面会进一步思考和探讨。

对于东西方处理文字方式的不同，可以抽象成两种实现办法：一种是用逻辑比较简单的符号，但是通过提高频率以处理大数量的符号组合来完成运算；另一种是利用少量几种符号但是每种符号的含义十分复杂，可以低频率读入少量符号，但是内部处理逻辑复杂。这两种思想上的差异，最终也体现在了RISC和CISC两种不同的CPU指令集设计上，这些我们后文中都会介绍。

下面我们就从1+1=2这个最简单的数学问题开始探索，看看怎么利用电路搭建出一个CPU来。

1.2.1 用电路实现1+1=2

回到原始的问题，CPU到底是怎么算出1+1=2的？要搞清楚这个问题，首先要将这个式子转换成二进制，也就是要让计算机一开始就必须知道0+1=1，1+0=1，0+0=0，1+1=0进1（也就是10）。我们先假设CPU知道这么去运算的话，那么计算2+2=4（10+10=100）也就可以顺理成章了。按小学数学方法来算一下二进制的10+10，首先将这两个数的第一位相加，0+0=0且不进位；第二位相加，1+1=0且进位，也就是10；最后结果就是100，其表示的就是十进制4。嗯，看来十进制加法的计算过程一样可以适用于二进制。在这个前提之下，我们来设计一种电路，让其能够表达这个基本的算式。

如图1-1所示为一个标准的并联电路，初中物理课上咱们都学过这个电路。每条路径上各有一个带有弹簧的开关，它使用电磁铁继电器来控制开关的闭合和断路。给电磁铁加高电压，也就是1态，则开关闭合；不加电压，则是0态，开关断开。如果将1或者0作加数输入到两个输入端，输出端的电压作为结果，则可以看到这个电路完全可以满足0+0=0，0+1=1，1+0=1这三个算式，但是却无法满足1+1=0且进1这个算式，需要继续设计合适的电路。

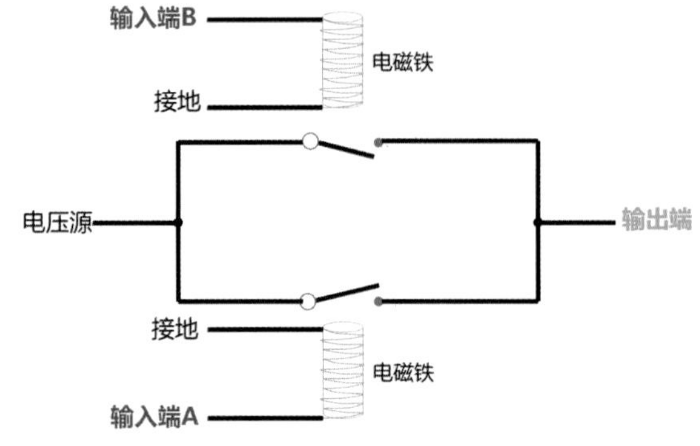

图1-1 并联电路

大家在这里可以自行思考一下，看看花了多长时间在不看答案的前提下得出结果，是几分钟还是几小时，甚至几天，或者直接放弃了。前贤们努力的结果如图1-2所示，该电路除了能够实现上述的3个算式之外，对于1+1=0且进1这个算式，只能实现1+1=0，但是进1却没法实现，我们下文中再介绍解决办法。

图中箭头指向的那个开关比较特殊，可以看到其与电磁铁相互作用的方向与其他开关不同，其对应的继电器如果未通电，其反而是接通的（利用弹簧的方向来控制）；反之，如果对应的继电器通了电，其反而为断开状态，也正是因为这种“负逻辑”，才会产生1+1=0的效果。

在此，如果对该电路抽象封装一下，不仅有利于人类辨识，而且更便于后续更复杂逻辑的设计。图1-3所示为该电路中各部分的逻辑划分示意图。

1.2.2 或门

图1-3中最左侧的并联电路，其输入端与输出端的关系是：只要输入端有一个是1，则输出端等于1；两个输入端都为0时，输出端等于0，它体现了一种

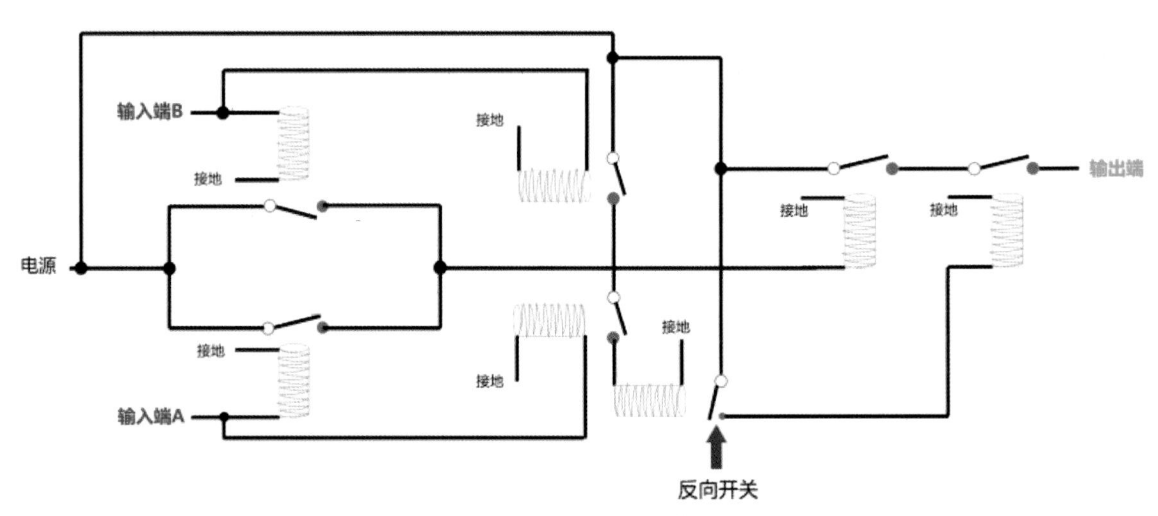

图1-2 能够实现上述4个算式（不能进位）的电路

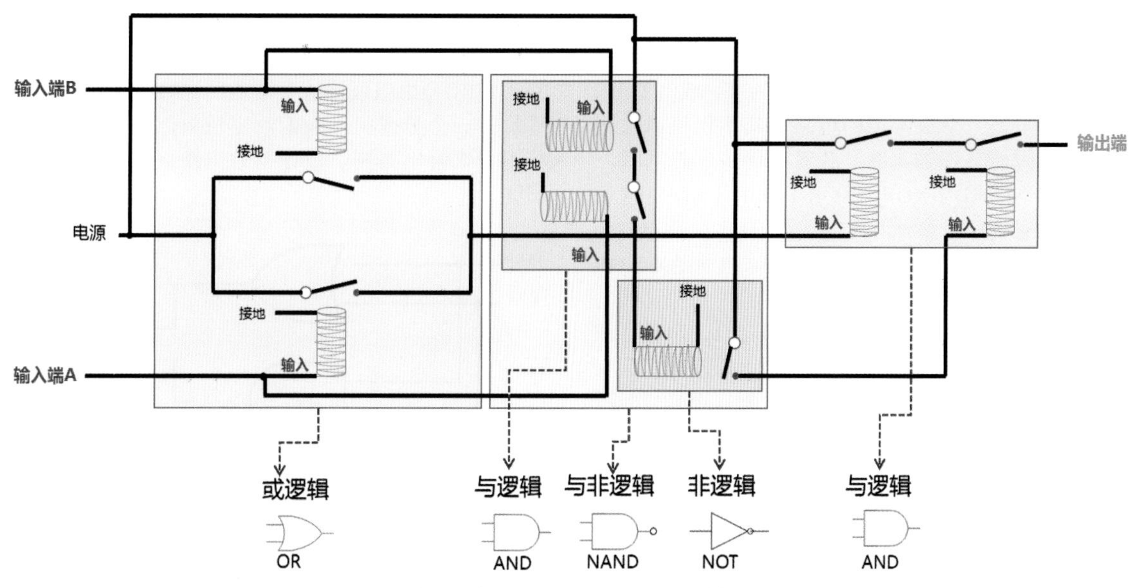

图1-3　与门、或门、非门、与非门

“或”的逻辑，也就是输入端A或者输入端B等于1，则结果都是1，所以将这部分电路称为“或”门或者“OR”门。可以将“门”真的理解成为一扇门，输入的信号从这扇门进去，再出来之后就是其运算结果。OR门的运算逻辑是：0 OR 0=0，0 OR 1=1，1 OR 0=1，1 OR 1=1。这个并联电路产生了“或/OR”这个新的“算子”。加、减、乘、除、开方、幂等我们常见的算子，则属于数值运算。

思考 ▶▶▶

对比一下OR运算和+运算。对于1+1=2/10（二进制）和1 OR 1=1这两个算式，两者结果不匹配。但是0+0=0和0 OR 0=0这两个算式的结果虽然相同，却不等价。虽然结果都是0，但是此0非彼0，+运算算的是数值，OR运算算的是逻辑（通断、正反、正负、有无）。所以，用逻辑电路来实现数值的运算，本质上属于一种“巧合”，但似乎又不是巧合。因为如果把这个世界的事物分割成很小的单元之后，会发现所有事物都是基于同一个基石构建的，而用这个基石重新构建你想要的东西，这就不是巧合了。所以从这个角度上来说，在计算机中，基本的逻辑运算被封装成了更高级的运算，比如数值运算；数值运算和逻辑运算一起还会被封装成更高层的运算，比如人工智能等。每一层都有各自的基本算子。

1.2.3　与门

与门或者AND门的逻辑是只有所有输入端（常用的是2输入端的与门，还有多输入端的与门）都为1时，其结果才为1；只要有一个是0，结果就是0。这个门在用于多个条件同时满足判断时就很管用了。AND运算与+运算很难匹配起来，只有0+0与0 AND 0是匹配的。

1.2.4　非门和与非门

非门或者NOT门比较特殊，只有一个输入端，其逻辑相当于取反，也就是输入是0/1，输出则是1/0。如果将与门的输出连接到非门的输入，也就是把与门的输出取反，将形成与非门（NOT AND，NAND）。同理，也可以有或非门（NOR）。将多个门电路拼搭封装起来，会形成第二层逻辑门，也会形成第二层算子。NAND、NOR都是二层算子。这里要理解一点，这里所说的“封装”并不是把这些电路封装成一个物理上的“器件”，与门、非门等这些“门”也并不是电路板上可见的元件，它们只是一种人类为了便于理解而封装出来的逻辑上的“单元”或者说“对象”。当然，没有人阻止你去将某些电路封装成一种物理上可见的器件，比如把一个与门做成一个小盒子，里面是2个可控开关，3根导线拉出来做输入和输出端。但这里所说的“封装”是指前者。

1.2.5　异或门

是否可以有第三层封装？如果将图1-3所示的电路作为一个整体来辨识的话，将它封装成某种新的算子X，它的输出逻辑有一定规律，0 X 0=0，0 X 1=1，1 X 0=1，1 X 1=0。可以发现，当输入端相同（都为0或者都为1）时，输出端总为0；当输入端相异时（一个为0一个为1），输出端总为1。正因如此，X算子最终被前人们命名为“异或/XOR”，这整个电路被称为异或门或者XOR门。这与或门的1 OR 0=1，0 OR 1=1匹配，所以有点或门的意思，最终就被命名为“异或”了。

异或门是一个很常用的电路，其不仅可以被用来做上述逻辑条件的判断，还有一种神奇的功效。看一下这个算式：1 XOR 0 XOR 1 XOR 1 XOR 0等于多少？大家自行推算一下，结果等于1。假设最左边的输入值（1）未知，但是知道结果，也就是X XOR 0 XOR 1 XOR 1 XOR 0=1，求X。你会发现用结果与剩余已知的值做XOR运算之后，结果为1，也就是求出了X。等式左边任意一位未知，都可以求出，大家可以自行推算。这种可逆的运算在数据冗余恢复时派上了大用场，Raid5阵列便是使用XOR来存放校验位的，并在任意一份数据丢失之后将数据重新恢复（求出）的。同理，还有同或电路（XNOR/EOR），也就是输入端值相异时，输出为0；相同时，输出为1。所以，同或门是个天然的“比较器”，通过该门的输出可以判断两个或者多个输入端的值是否相同，判断结果可以作为其他逻辑电路的输入，从而完成更多下游逻辑，比如“如果相同，则”就是指“如果下游电路的某输入端（与同或电路输出相连）为1，则”。其实XOR也可以作为比较器，只不过其输出的是反逻辑，相同则输出0，不同则输出1。只要设计电路时能感知到这个反逻辑输出，就一样可以将其用作比较两个输入是否相同。

可以看到另一个规律，就是将同或电路的输出结果取反，就等于异或电路的输出结果，这两个电路的逻辑是互反的。所以对异或取反（在异或门输出端接一个非门，就反过来了）就是NOT XOR，便是XNOR。前人用图1-4所示的符号来指代XOR和XNOR电路。

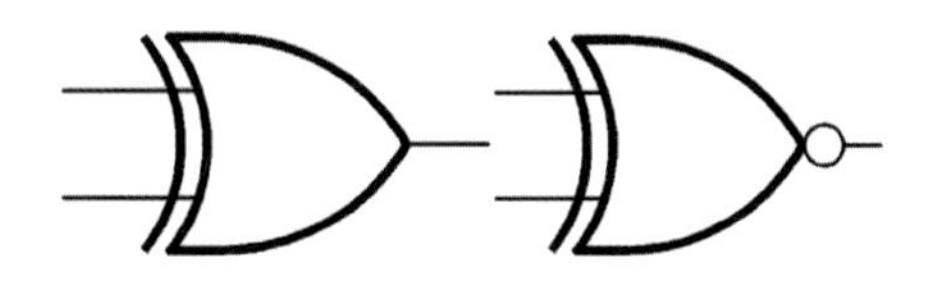
图1-4 异或门和同或门

异或门自身是由一个或门、一个与非门和一个与门组成的，而与非门又是一个与门和一个非门组成的。将图1-3用电路符号表达之后便如图1-5所示，其等价于一个异或门。人们约定俗成，然后各自用这些符号来画电路图，设计新的电路，并传播给他人阅读。

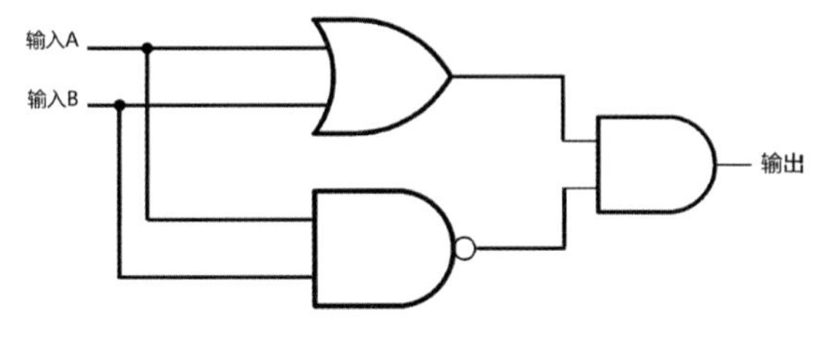

图1-5 异或门

1.2.6 1位加法器

至此，我们绕了一大圈，但是请别忘记我们是在干什么，我们是要用电路来实现1+1=2。言归正传，1+1=0进1这个算式中的进位应该怎么处理，这一点上述的电路是做不到的，其输出只有一位，而结果是两位（二进制10）。所以，需要增加一个进位结果的输出。0+0、0+1、1+0都不需要进位，或者说进位输出结果为0，只有1+1需要进位，或者说进位结果输出为1。这个逻辑，不就是与门的逻辑么（只有两个输入都是1的时候，输出才为1，其他时候都输出0）？是的，那么直接将两个原始加数的输入信号，各自输入到一个与门的输入端，与门输出端就是进位信号了。

如图1-6所示，用异或门输出两个数之和，用与门输出两个数相加后的进位，这便完成了一个最简单的1位数加法器。其只能实现对0+0、1+0、0+1和1+1的运算。但是这个电路足以为我们一开始设置的问题“1+1=2用电路怎么实现”交上满意的答卷了。其可以输出两位：不进位时，进位输出为0；产生进

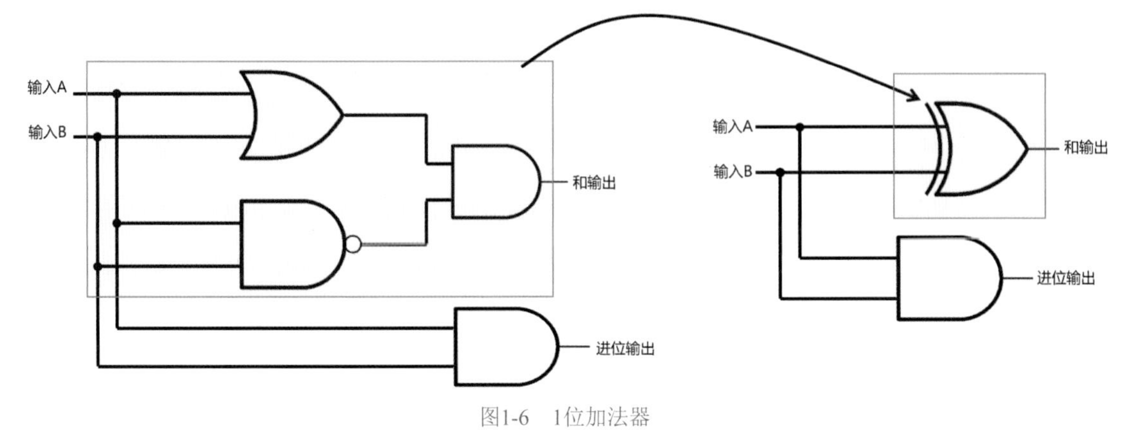

图1-6 1位加法器

位时，进位输出为1。这个加法器只能对两个1位数相加，也就是只能做1+0、0+1、1+1的计算，所以称之为**1位加法器**。

加法器是对多种门电路的又一次封装，它为加法这个算子提供了底层硬件支持，是加法运算的基石。这块基石又是由更多“石子儿”门电路拼起来的，每个石子儿又是由数个开关拼起来的。所以说，开关或者说“正反逻辑”，就是计算机世界的最小“粒子”。而在人类的认知层面，加法已经是一个基本算子了。而正反逻辑很有可能也是现实世界的基石，只是还不知道其物理上的表现形式是什么，是某种场的震荡么？是某种空间场的波动么？这些问题促发着人类持续思考。

1位加法器虽然现实中毫无用处，但是至少我们明白了一个道理，CPU天生是不知道1+1应该等于几的，需要人类来设计的。人类设计好一系列开关逻辑之后，输入的信号经过内部逻辑开关的处理，最终输出计算结果。“计算”的过程，本质上是电路里一系列开关的组合逻辑。

思考

那么，有些较真的人可能会继续想，1+1=10（二进制），10应该被转换成“2”这个十进制符号才对，这样人们才能在显示屏上看到“2”这个字。是的，计算机只能理解二进制的1和0，要输出2，则必须将其做翻译。显卡为什么会在屏幕上显示“2”这个符号？那还是因为有某种逻辑将二进制的10翻译成了显示器能识别的信号，也就是“将第几行第几列的这个像素点置为白色，将第几行第几列的像素点置为黑色”，而要在屏幕上显示一个黑底白字的“2”，只需要将“2”所占用的像素点置为与底色不同的颜色就可以了。同理，“2”这个数值如果存放到磁盘上的文本文件中，其中保存的也是二进制10，对应在磁盘上就是磁极N和磁极S的组合。人类要看到“2”，计算机依然需要将其翻译成图像信号，或者声音信号，供人类识别。下文中即将看到的数码管就是一种极简单的显示器。

现在不禁又要问个问题，这个电路的运算速度有多快？也就是数据从输入到输出，用了多长时间？是光速么？如果单纯看电子的移动速度，其远低于光速（让电子移动所需的电场力本身的传播速度的确是光速，但是电压产生是需要靠电子移动在某处积聚的）。另外还要算上开关的响应速度，也就是电磁继电器从通电到产生磁场。这个过程是光速，也就是电生磁的过程很快（除非在宇宙中有一个长度数亿千米、直径数百万千米的电磁铁，其通电到产生磁场或许需要很长时间）。但是磁场将开关吸合的过程，相对来讲就非常慢了，开关运动属于机械运动，不可能与电磁场在一个数量级上，而多个开关就像多米诺骨牌一样，是先后运动的。比如图1-3中的开关，只有当输入端信号被输入之后，或门里的开关才会有所动作，或门开关稳定之后，其输出信号才会将与非门里的开关打到相应的状态，最后是右侧的与门。开关是个联动的过程，所以从信号输入到输出之间是有一定时延的，这个时延和开关的响应速度和级联的数量有很大关系。每个开关的时延乘以级联开关数量，可以粗略算出整个计算电路的响应速度。

思考

电场力在导线内的传播速度的确是光速，但是这并不代表电子在导线内的运动速度也是光速。电子的运动是一种机械运动而不是电磁运动。假设某导线长度为30万千米，则导线一端的电场传递到另一端，耗时约为1秒，也就是导线一端加一个电压，另一端1秒后才感知到这个电压（导线另一端需要在电场作用下积聚起一定数量的电子或者空穴，而积聚电荷的过程需要载流子的机械运动。由于有大量的电子同时向出口积聚，虽然每个电子运动得较慢，但是积聚到足够电压的速度依然很快。这个传导时间不可忽略不计，尤其在高频电路中会成为主要影响因素）。如果导线很短，则这个传导时间可忽略不计。如果要等待导线一端的某个电子运动到另一端，那是非常慢的。电子本身在电场力的作用下在导线内做机械运动的速度只有大概不到1毫米/秒。但是这么低的速度所产生的电流也足以带动日常功率的用电设备运转。场的传递速度（电信号传导速度）和电流速度，完全不是一个概念。

设想一根充满了水的长度为30万千米的水管，在一端向其中压入更多水，这个压力会产生一个纵向传递的机械波，这个波传递到另一端时，你会发现有一股水流从出口流出来。这个传递时间与水这种介质的机械波的速度有关的，其速度远低于光速，所以这个时间会很长，可能会在一年之后才会传递到对端，而且很有可能传递过程中其能量已经被管道本身所吸收了，比如转换成管道壁的形变对应的弹性势能，导致水管体积增大。假设不考虑能量损耗，源端持续压入水流，那么水流在管道内的流速可能在米/秒这个数量级，直到水波传递到出口之前，出口处不会有水流出，但是源端注入的水流的确在向前流动。

导线就是充满了自由电子的一根管道，与水管不同的是，电场以光速传递到出口，马上会有电子流出，但是这些流出的电子是原本就在出口附近的，而不是源端的电子经过30万千米的导线游移到出口的。最终效果便显现为：导线一端加电压，不管隔多远（别远到光速量级），灯泡立即就亮了。

在真空或者空气中，存在各种高速粒子射线（电离辐射），是真的有粒子在以接近光速移动，这些粒子会将生物细胞轰击坏。电视荧光屏也需要电子枪喷出高速电子流才能显像，那么为什么电子在导线中无法被加速到很高的速度呢？因为阻力太大，周围满是原子核的引力场，快不起来。真空无阻力，而空气中都是不带电的气体分子，几乎没有电场力的影响，所以速度上得来。

上面说过，信号传导是光速，但是电压从导线一端传递到另一端需要一定时间，电压是大量电荷积聚形成的，电荷的积聚必然需要载流子自身的机械运动。在低频电路或者上述的1位加法器电路里，这种积聚所需要的时间可以忽略不计。而在高频电路中，导线的输出端电压会不停地由高到低或者由低到高反复振荡，这就要求载流子进行反复的机械运动，而且必须在足够短的时间内积聚起足够电荷以形成足够电压，才能导通下游的开关，完成逻辑。此时导线的电容性对频率的提升反而成了一个最大的制约因素，而开关响应速度成了次要因素。这部分内容在第3章中详细介绍。

能否让电子不用流动就完成计算呢？或者干脆不用电计算，用光？反正不都是一堆逻辑开关的变化嘛。用光的亮灭、强弱等也可以表达和组合这些逻辑，而且光子的传播速度无论是真空中还是介质中都是光速（由于光纤采用反射方式传播光子，所以实际上光子走的路要比光纤实际长度长，直线传播速度也达不到光速，直线速度大概是20万千米/秒）。这也是波导、光计算、硅光等技术的研究领域。

1.2.7 全手动1位加法机

上文所述的1位加法器只是个理论原型，看上去也可以用，但是具体怎么用呢？比如，怎么把数值输入到电路里，又怎么去让人类用眼睛或者耳朵甚至触觉去感知到所输出的结果？也就是说，怎么把电路变成可操作的计算器？将理论变为工程，这里需要做两件事：首先，要把上述电路真的封装成一个物理“器件”，可以使用导线、继电器和开关共同连接而成，然后将其放到一个小盒子中，引出三根信号导线和电源供电线；其次，还需要加一些外围的东西到这个电路周边，我们需要一个闸刀开关，用来输入1或者0到小盒子的输入端，还需要一个数码管来将小盒子输出的结果翻译成对应灯泡的亮灭，从而显示出图形“0”“1”和“2”，它们分别对应输出信号的00、01和10，这就是最简陋的显示器。如图1-7所示为该计算器的物理形态。A和B为加数的输入接口，S（Sum）为加和的信号输出，C（Carrier）为进位信号输出。此外，还有电源正负极输入，盒子中电路的接地端都与负极连接起来，从而形成电流的回路。

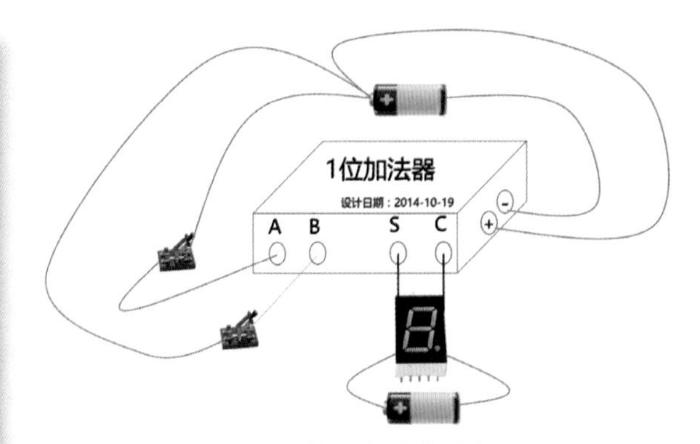

图1-7 简陋的1位加法机

数码管可以显示一位十进制数，其使用7个条形小灯泡的组合来显示出阿拉伯数字0～9这10种符号的图形。比如，要显示0，则需要其中边缘的6个灯亮，而显示1需要左侧边缘2个灯亮，显示2则需要5个灯亮。S和C的输出为二进制，数码管内有一个2-7译码器，会将对应的2位二进制信号翻译成7个输出信号，每个输出信号控制一个条形灯泡的亮灭，为0则灭，为1则亮，从而组成十进制数字图形。2-7译码器的电路逻辑比较复杂（比1位加法器复杂得多），1.3.5节中会有原理介绍，其本质上也是由多个逻辑门电路组合而成的，也有输入和输出，可以把它也当成一个计算机，只不过它不是用来计算数值加减法，而是做翻译。从这个角度来讲，这个系统其实是1位加法器这个计算机将结果输出给2-7译码器这个计算机。

恭喜你，你现在制作出了一个麻雀虽小五脏俱全的计算系统，它有计算单元（盒子里的一堆电路导线和开关）、输入设备（两个闸刀开关）和输出设备（1位数码管），但不得不承认，它只能算两个一位任意（说任意，也就是意思一下，其实只有0和1）二进制数的加法，或者说只能算0和1这两个十进制数的加法。但是至少我们已经明白了，电路是如何去计算1+1=2的，这只是机器纪元的第一步。

这台计算机缺乏一个控制系统，也就是说，它没有开关机按钮，也没有“开始计算”按钮，也没有“清除结果”按钮。电池连接之后，数码管直接显示0。因为两个闸刀都没合上，那就意味着A和B的输入都是0，0+0=0，所以数码管输出0，简单、直接。然而，我们不能陶醉并满足于此太久，毕竟，它根本派不上用场。

1.2.8 实现多位加法器

要实现一个真正能用得上的加法器，起码得支持主流十进制数值的相加。主流是多少？主流这个词显然不太合适，数你的工资的话，也许4～5位十进制数就是上限，但是如果计算移民火星、飞出太阳系时的天文数字的话，恐怕就不知道多少位了。自然数是没有上限的。我们先设定一个小目标，也就是实现小于16（十进制）的任意两个十进制数值的加法器。依然是老办法和笨办法，先将十进制转换成二进制，然后设计电路。为了方便起见，后续在数值之后加D表示十进制值，加B表示二进制值。15D=1111B，15D+15D=30D，1111B+1111B=？拿出小学生学数学的本领来，在纸上写一写画一画，我们之前已经证明了，两个二进制数相加的计算方式与十进制数完全一样，只是逢10（二进制）进1而已。没有自己演绎一遍或者自己演绎完成的可以看一下图1-8所示的两个例子，1111B+1111B以及1011B+0110B。只需要将每一位各自相加，产生的进位作为下一步的额外加数一起相加；如果再产生进位，则继续累加，一直到最后一位加完，此时有可能溢出一位。十进制相加也可能溢出，比如99D+99D=198D产生了3位数。

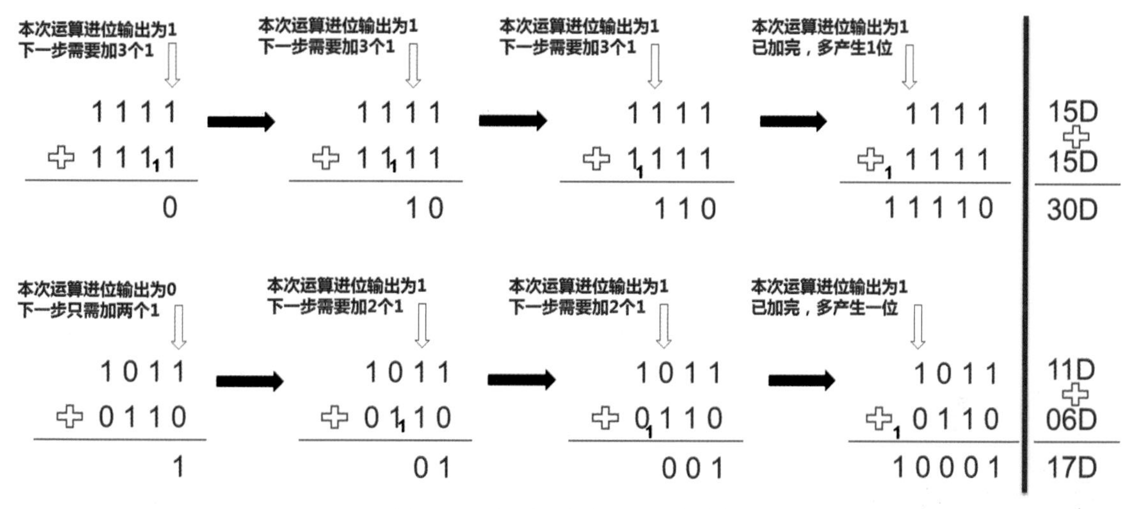

图1-8　两个4位二进制数相加示意图

万幸，我们可以发现，不管多少位相加，只需要将本次的进位输出与下一步的数值一起加起来即可，这相当于把所有的位串起来累加，如图1-9所示。这样的话，我们在电路中也可以照葫芦画瓢把所有1位加法器串起来累加，如图1-10所示。

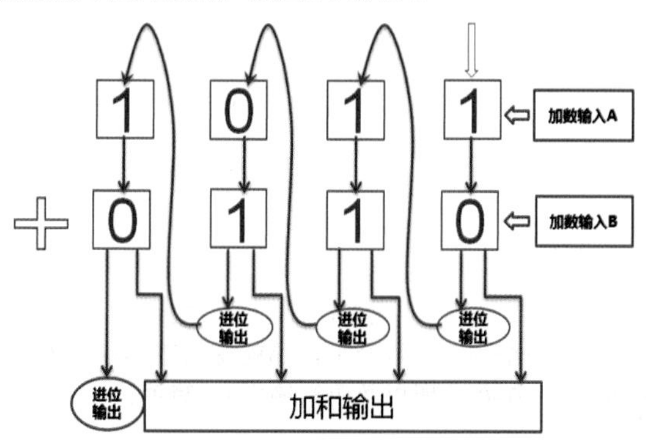

图1-9　多位加法器本质上是每个位的累加

在图1-10左侧的电路中，两个4位数的第一位（A_0和B_0）相加之后，输出一个**和**（**Summary**）位S_0以及一个**进位**（Carrier）输出。这个进位与第二位相加后的和输出共同作为另一个1位加法器的输入，累加之后产生一个和位S_1以及一个进位输出。同时，第二位（A_1和B_1）加法器也可能产生进位，但是这两个加法器只可能有一个产生进位，不一定是哪一个，也可能都不进位，所以将这两个进位信号通过一个或门，不管谁产生进位，最终结果就是进位，如果都没进位，那么或门输出为0，表示不进位。重复这个逻辑，将剩余的所有位进行累加，最终可能溢出一位，所以需要5位来表示结果。

如图1-10右侧所示，可以看到这个电路有很多重复性的部分。为了更好辨识，可以做个逻辑封装。如果将每个方框抽象出来作为一个新的逻辑部件看待的话，则会产生如图1-11所示的新逻辑部件。至此，我们已经将开关封装了4层了，依次是基本门电路（与、非、或）、二层门电路（与非、异或等）。

如图1-11左侧所示，CI表示Carrier In，进位输入；CO则是进位输出。2个1位加法器加上1个或门便可以组成带进位输入的加法器，可以实现累加，前人将这种带进位输入信号的加法器称为**全加器**，而将之前不带进位输入信号的加法器称为**半加器**。多个1位全加器串联起来，则组成了**多位全加器**。图1-11右侧所示为4位全加器，还可以继续串联，扩展成8位、16位、32位以及64位的全加器；或者将两个8位全加器串接成一个16位全加器。但是如果使用如图1-11所示的全加器的话，是没法串联2个全加器的，因为全加器最右侧的那个1位半加器是没有进位输入的。所以，现实中的设计一般都是统一化，即便最右侧用不到进位输入，但是依然使用全加器。如图1-12所示为将两个4位全加器串联成一个8位全加器的示意图。另外，将全加器再逻辑封装一下，可以表达成图中右侧所示的框图，这样可以隐藏内部的结构，便于后续更复杂的设计。

如果是32位全加器，则可以计算任意两个小于

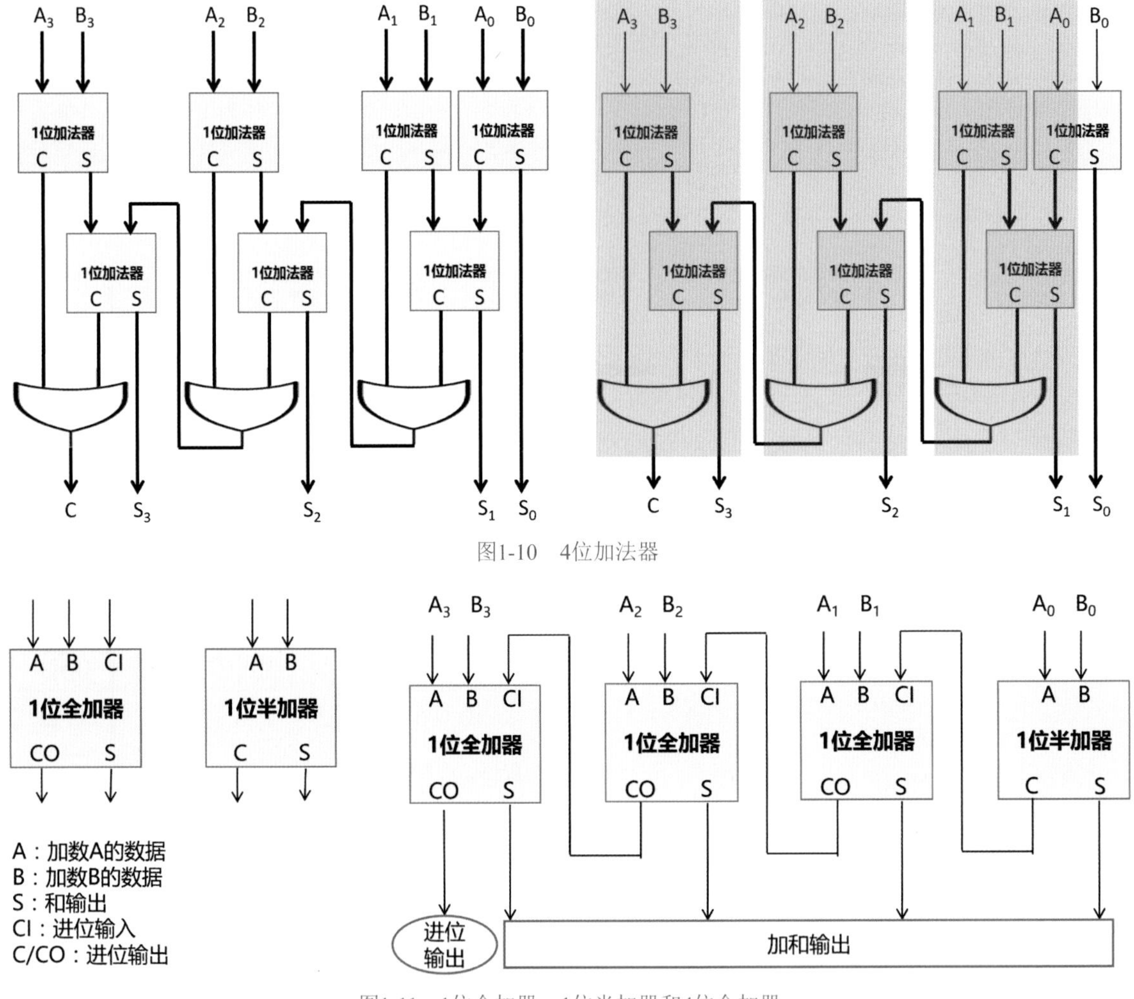

图1-10　4位加法器

图1-11　1位全加器、1位半加器和4位全加器

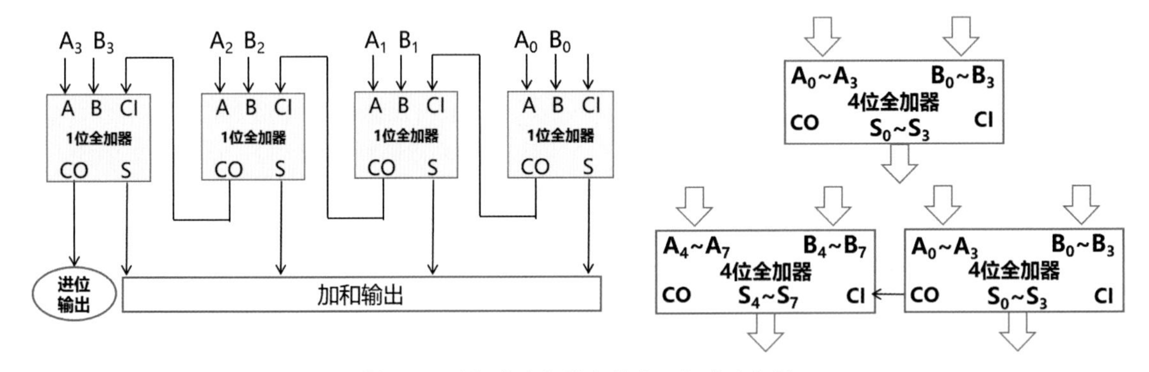

图1-12　两个4位全加器串联成一个8位全加器

4294967296D（十进制的2的32次方）数值的加法运算。用这个逻辑部件制作成的32位加法机，需要准备64个闸刀开关和10个数码管来显示结果。可以看得出来，不管哪两个数值相加，结果都不会超过10位。但是对结果的输出显示相对1位加法器来讲，就复杂得多了。加法器输出的值是32位和以及1位进位，加起来相当于33位。需要有个译码器或者其他任何机制，将33位结果翻译成数码管的输入信号，这里就不作过多介绍了。

提示

这个加法计算器在运行的时候，你会听到美妙的噼里啪啦的声音，那是电磁继电器吸合开关时所发出的声音。当你按下闸刀开关对计算器输入数据之后，因为内部是多个位累加起来的，开关会一个接一个地闭合或者断开，便会听到犹如多米诺骨牌倒下的声音，又如同划过钢琴琴键时的声音。一阵噼里啪啦之后，数码管输出对应的结果时，这段音乐便画上了句号。尽情享受这美妙的音乐吧，因为电磁继电器开关计算时代在本书中即将结束，马上就会进入到晶体管开关时代了。

1.2.9 电路的时延

该加法机有个比较尴尬的地方，那就是你必须用耳朵听，等噼啪声结束并且稳定之后，数码管上显示的结果才可用。在开关不断开合的过程中，数码管上显示的数字会随着开关的闭合而改变。每次合上一个开关，便会引发多个开关的状态改变，便会听到噼啪声。而上文说过，这些开关之间是先后耦合的关系，每个开关的状态都依赖于其他开关的状态，牵一发而动全身。开关响应是需要时间的，所以结果的稳定输出也需要一定时间。我们可以极端地假设一下：假设每个开关的开合周期至少为1秒，加法机中含有200个开关，一个输入信号的改变传递到输出需要200秒，数码管上的输出从上一个结果到新结果之间也需要200秒。当然，这只是极端假设，实际上整个过程不到1秒。开关形态不同，需要的时间也不同。总之，你是不知道输入之后要等多长时间这个电路才可以输出正确结果的，要么这台机器的使用说明书明确告诉你一个保守等待时间，要么全凭自己的使用经验。这个电路响应时间被称为电路的时延。

1.2.10 新世界的新规律

人类将一堆开关连接在一起，产生了奇妙的逻辑，并用之搭建了加法器。这些逻辑背后也体现出一些规律来。A and B=B and A，这个定律应该很好理解，是在一个与门的两个输入端，将A和B的位置交换一下，与门的输出结果是一模一样的，并不会因为A和B交换位置而发生任何变化。同理，还可以发现其他很多规律，如表1-1所示。其中，“+”并不表示加法，而表示“或/OR”；“·”并不表示乘法，而表示“与/AND”；“非/NOT”则用“' ”表示，非（取反）还可以使用头顶一个上划线来表示。较真的人可能会有疑问，为什么不用“+”来表示与，或者用“·”来表示或？因为如果用1和0作为输入的话，AND和乘法运算的结果完全一致，OR和加法运算的结果只有一个不一致（1 OR 1和1+1）。同理，还有其他一些逻辑运算符号，比如异或是“⊕”或者“∧”。A·B又可以简写为AB。

有些规律看上去完全不可思议，比如A+A·B还等于A，B仿佛就是来打酱油的，结果完全与B无关，但是仔细一分析的确是这样。再比如A + (B · C) = (A+B) · (A+C)，这个规律仿佛“+”体现出乘法的规律，而“·”体现出加法的规律。这就是逻辑运算的精妙之处。也正因如此，这些规律被加以利用，从而可以解决了一些看上去无解的问题。

人物介绍

出身贫寒并不妨碍一个人变得伟大。酷爱钻研的布尔（图1-13）全面研究总结了逻辑代数运算的规律，并在1854年出版了*The Laws of Thought*，介绍和总结了逻辑代数。所以，后人将逻辑运算称为布尔运算。那个年代没有互联网、没有电视，却伟人辈出。这不由得让人陷入沉思。

图1-13　乔治•布尔

运用逻辑运算的定律公式，借助代数的方法，可以快速寻找出一些用人脑很难去判断出的相关性关系来，甚至可以用来化简电路，比如A+A·B=A。下面要讲的先行进位就是利用这些公式进行相互代入变形之后才找到的一种神奇的方法。

表1-1　布尔逻辑运算的一些规律

0 • 0 = 0	A • A' = 0	A • A = A	A + A • B = A
0 • 1 = 0	A + A' = 1	A + A = A	A • (A + B) = A
1 • 1 = 1	A • 0 = 0	A • B = B • A	(A+B) • (A+C) = A + (B • C)
0 + 0 = 0	A • 1 = A	A + B = B + A	(A•B•C • • •)'=A'+B'+C' • • •
1 + 0 = 1	A + 0 = A	(A • B) • C = A • (B • C)	(A+B+C • • •)'=A'•B'•C' • • •
1 + 1 = 1	A + 1 = 1	(A + B) + C = A + (B + C)	A + (B • C) = (A+B) • (A+C)
0' = 1, 1' = 0	A'' = A	A • (B + C) = A • B + A • C	A + A' • B = A + B

1.2.11 先行/并行进位

上面的加法机的时延非常大，就是因为进位操作是串行地从低位传递到高位的，后一个全加器必须等待前一个全加器的进位输出，然后自己再向下游的全加器输出进位信号。

提示 ▶▶▶

其实这里没有所谓的“等待”过程，谁都不等谁。下游也完全不去关心上游是否可能会进位或者什么时候进位，如果上游的信号还没来得及输出给下游，那么下游就按照“没有进位信号/进位信号为0”来处理；等上游的进位信号输入了，下游则按照“进位信号为1”处理，根据信号来改变对应的结果并且再次传递给它自己后面的下一个下游。这就是一种组合逻辑电路，也就是说，只要输入信号，输出端立即（不是真立即，会有一个时延）输出经过逻辑处理之后的信号。输入信号发生变化，则输出也跟着改变。但是我们后面要讲的时序逻辑电路，就会出现真的“等待”了。

多米诺骨牌效应导致的时延会严重降低电路的运算速度，此时需要找到一种方法来消除串行进位导致的时延。如果不是前贤勤奋的思考，可能我一辈子也不会找到解决办法。前贤们利用逻辑代数公式，成功地找到了一个规律：每一级加法器的进位输出，表面上是一环扣一环，后一级的进位一定与前一级的进位相关，但是实际上并不是，每一级的进位结果只与第一级加法器的进位输入以及各级加数的值有关，而各级加数的值一开始就是已知的，那么只要把第一级加法器的进位输入与加数的值一起，先行做逻辑运算，就可以直接算出来每一级加法器的进位输出值，而不用等待串行进位。有了各级的进位输出，然后再与加数各自相加，即可得出最终结果。这样就不用一个串一个地进位了，这种进位方式被称为“先行进位”或者“并行进位”。如此神奇？想搞清楚前贤们是怎么找出这个规律的么？我们一步一步重走前贤们走过的路。

对于一个1位全加器，按照其内部的门电路设计，自己推导一下，很容易将其用这个算式表达：$S_i= A_i \oplus B_i \oplus CI_i$，$CO_i=A_iB_i+(A_i \oplus B_i)CI_i$，其中$i$表示第$i$级。假设有一个4位加法器，按照图1-12所示，这个加法器最右侧的1位全加器就是第1级，最左边的则是第4级，也就是：$S_1= A_1 \oplus B_1 \oplus CI_1$，$CO_1-A_1B_1+(A_1 \oplus B_1)CI_1$，$CI_1=0$（第1级没有进位输入，所以等于0）。我们做一个代入操作：因为$COi=CIi_{+1}$，所以有$S_i= A_i \oplus B_i \oplus CI_i$，$CI_{i+1}=A_iB_i+(A_i \oplus B_i)CI_i$，则$S_2= A_2 \oplus B_2 \oplus CI_2= A_2 \oplus B_2 \oplus CO_1= A_2 \oplus B_2 \oplus (A_1B_1+(A_1 \oplus B_1)CI_1)$，$CO_2=A_2B_2+(A_2 \oplus B_2)CI_2= A_2B_2+(A_2 \oplus B_2)CO_1= A_2B_2+(A_2 \oplus B_2)(A_1B_1+(A_1 \oplus B_1)CI_1)$。同理，对于$S_2$、$S_3$以及$CO_2$、$CO_3$等后续级别的和输出和进位输出，其都可以用上一级的表达式迭代入（位级数越高，得到的等式就越长）。代入之后会发现，不管哪一级的S和CO输出，其只与CI_1以及各级的加数有相关性，而与其前一级的进位输出本质上不相关（因为每一级的进位输出算式都被迭代成只与CI_1和加数有关了）。或者说，代入之后的算式，其将之前多个CI/CO之间的依赖相关性，转化成了各级加数和CI_1联合的相关性，消掉了其他级的进位输出在算式中的必要性。所以可以看到，这种隐含的很深的相关和伪相关，单凭电路的观察和演算很难发现，而抽象成代数之后就非常容易发现。

而CI_1多数情况下都是0，比如两个32位数相加，第一级加法器是没有进位的，除非特殊计算需求。所以一般情况下，可以认为每一级的进位都只与加数的值有关而且可以找到等式来直接算出。其实CI_1本质上也算是一个加数，那么结论就是，各级的进位原本就是可以预先算出的，只不过原来是串行算出，发现规律之后可以先行算出。你会发现这陷入了一个嵌套关系，也就是串行是你的输出是我的输入，大家接力；而并行就是大家不用接力，各自都用原始数据直接算出进位，相互不依赖。但是再仔细一想，先行进位电路内部其实也是在接力，所有的电路都是从输入端受到影响，改变开关，输出，再给其他的门输入。所谓串行和并行，在不同的封装层面来看是不同的。比如，一个1位全加器和另外一个1位全加器之间就是一个串行关系，一个全加器内部是并行关系，但是再深入进去看每一个门之间，又是串行的；同理，这两个全加器组成的2位加法器作为一个整体对外来看，它的逻辑也是并行的，但是拆开来看它内部的两个全加器之间却是串行的。这也是现实世界的运行规律，很多事情看上去是“同时”发生的，但是它们在底层可能只是相互交叉运行，分时复用。

量子计算机 ▶▶▶

别看量子计算机由那么几个量子位组成，它能在可接受的时间内计算出利用传统计算机几百年也无法算出的算式求解。量子计算机被说得神乎其神，好像是它“预先”就知道事物的结果，但是我是不相信有这种预先性的。包括时间的产生，可能都是量子在底层高频率运行的结果。这其实与计算机里的时间概念一致，计算机的时间概念完全建立在CPU电路的振荡基础之上。现实世界的时间也有可能建立在量子的振荡之上，看上去“同时”发生的事物，可能在底层是串行的，只不过由于量子的运行频率高不可测，人类目前还无法检测到底层的这种串行。量子计算机可能是人类发现了组成这个世界最底层的运行框架，从而可以直接以裸速率运行，所以穷举耗费的时间变得可接受。这正如用户态程序直接操纵了底层硬件，突破并抛弃了内核层层封装起来的接口，能够以更高的速率运行，并且可能已经发现了，底层执行框架似乎已经将所有可能性预先算好，只等着上层做出选择。这也正像CPU的分支预测（详见第4章），只不过上帝的计算机是不预测的，而是所有可能性预先全部执行出结果并处于所谓"叠加态"。

所以，如果只是简单迭代的话，并行到头来还是串行，没有节省任何路径。比如，一个4位全加器的表达式经过迭代之后如下：

$C_0=C_0$

$C_1=A_1B_1+(A_1\oplus B_1)C_0$

$C_2=A_2B_2+(A_2\oplus B_2)(A_1B_1+(A_1\oplus B_1)C_0)$

$C_3=A_3B_3+(A_3\oplus B_3)(A_2B_2+(A_2\oplus B_2)(A_1B_1+(A_1\oplus B_1)C_0))$

$C4=A4B4+(A4\oplus B4)(A_3B_3+(A_3\oplus B_3)(A_2B_2+(A_2\oplus B_2)(A_1B_1+(A_1\oplus B_1)C_0)))$

$S_1=A_1\oplus B_1\oplus(A_0B_0+(A_0\oplus B_0)C_0)$

$S_2=A_2\oplus B_2\oplus(A_1B_1+(A_1\oplus B_1)(A_0B_0+(A_0\oplus B_0)C_0))$

$S_3=A_3\oplus B_3\oplus(A_2B_2+(A_2\oplus B_2)(A_1B_1+(A_1\oplus B_1)(A_0B_0+(A_0\oplus B_0)C_0)))$

$S4=A4\oplus B4\oplus(A_3B_3+(A_3\oplus B_3)(A_2B_2+(A_2\oplus B_2)(A_1B_1+(A_1\oplus B_1)(A_0B_0+(A_0\oplus B_0)C_0))))$

可以发现，C_4到头来还是要从C_0和A_1、A_2、A_3、A_4一级一级的运算传递而生成，这本质上还是串行：先算出C_1，由C_1再算出C_2，以此类推，速度没有任何变化，只是感官上的表达式变了。所以迭代并不会导致"先行"进位。要加速进位，就必须另寻他径。假设上述的表达式可以对齐，进行等价化简或者等价变换的话，哪怕化简掉1个项或者变换成速度更快的执行方式，速度也会加快，只有这样，才能真正做到加速。

1.2.12 电路化简和变换

举个例子，A+B（C+D（E+F（G+HY））），这个逻辑需要经过8级门来传递，分别为：HY相与，结果与G相或，结果与F相与，结果与E相或，结果与D相与，结果与C相或，结果与B相与，结果与A相或。每一级结果需要传递8次才能输出最终结果。但是如果根据定律A（B+C）=AB+AC的话，上述算式展开后便可以等价为A+BC+BDE+BDFG+BDFHY，此时我们再看一下需要传递多少次：首先BDFHY一起相与（5输入与门，等效于5个开关串联），同时BDFG相与，同时BDE相与，同时BC相与，然后这4个结果与A一起相或（4输入或门，等效于4个开关并联），只有2级门传递。其关键点在于，BC、BDE、BDFG、BDFHY这四个操作是可以完全并行、同时发生/执行的，谁也不依赖于谁。如图1-14所示，对于上述表达式，左侧为按照原先逻辑设计的电路，其形态是一条链，前后相互依赖，门时延是8级；而右侧是按照表达式展开变换之后的逻辑所设计的电路，只有2级门时延，每一级门在时间上是可以并行、同时完成输出的。

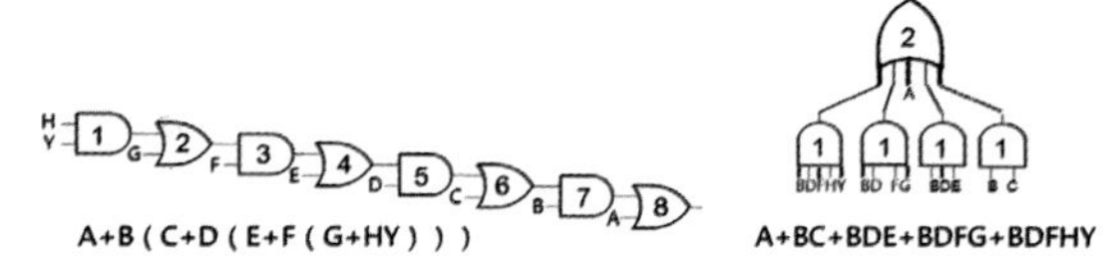

图1-14 将表达式展开之后，从8级变为2级门时延

图1-14使用的是多输入与门和或门，现实中多输入门使用的较少，其原因比较复杂，可以继续阅读后续章节来理解。如图1-15左侧所示为使用2输入门搭建的电路，有5级门时延。即便如此，其也比8级时延减少了3级。左侧图可以发现，BD相与出现了3次，那就没有必要用3个与门了。为了节省器件，用一个与门分别为3个下游门进行信号输入即可，这就得到了右侧所示的电路。要理解的一点是：变换之后，所需要的门电路数量明显增加了，耗电也增高了，这是并行执行电路所带来的不可避免的代价。

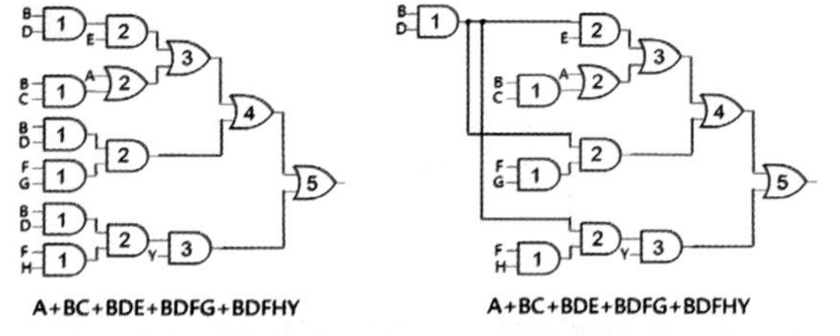

图1-15 用2输入门时有5级门时延

并行执行

并行执行是提升计算速度的不二法门。支撑这个世界运行的底层逻辑，至少表面上看是并行的。比如，两个事件可以"同时"发生，底层用于执行这两个事件的逻辑也是并行的。目前人类已经发现的并行的最大程度当属量子效应，其表明世界底层的逻辑似乎可以瞬间将所有可能的输出结果并行输出并以某种方式叠加在一起，然后用某种过滤手段来将对应的结果瞬间"滤出"或者"选出"。上帝到底掷骰子与否？貌似不掷，而是把所有的if分支全都执行然后叠加，真正掷骰子的是人类自己，每选择一个分支，受这个分支影响的部分瞬间被"坍缩"。

明白了上述道理之后，现在再回头来看这个表达式：$C_4=A_4B_4+(A_4\oplus B_4)(A_3B_3+(A_3\oplus B_3)$

（A_2B_2+（$A_2 \oplus B_2$）（A_1B_1+（$A_1 \oplus B_1$）C_0）））），再看看A+B（C+D（E+F（G+HY）））），是不是看出了端倪？两者形式是一样的。前者电路也一样可以被展开，按照展开之后的逻辑所设计的电路，其跨过的串行级数减少，整体时延也会降低，所以速度就会增加。实际上，这只是4位加法器中某一位的表达式，展开后已经比较复杂了，更别说全4位整合起来之后，也更别说32位加法器展开之后了，那就需要32输入的门，现实中不可行，而用2输入门的话，时延还是较大。所以人们想了个办法，用多个位数较少的加法器串联，从而形成多位加法器，比如 2个16位形成32位，每个16位加法器之内是先行进位，而之间则是串行进位，其无非也只增加了一级门时延。而如果直接在原生32位加法器上实现先行进位，展开之后由于会有32个输入相与，2输入与门将产生级数较多的时延，反而得不偿失。也可以使用8个4位先行进位加法器串联，同样，也可以再嵌套第二层先行进位，也就是以4位加法器为一个单位，8个4位加法器之间再次形成先行进位的关系，这样可以进一步降低时延，也就是一层一层封装嵌套和轮回。具体的电路设计就不做描述了，有兴趣可以自行学习。

利用化简之后的结果，我们直接抛弃原有加法器的串行迭代式电路设计，而改为按照上述化简之后的算式，重新组成对应的电路，即可实现并行进位。你根本不需要从本质上去理解这些算式展现出来的关系，那是数学家的事情，当然你可以走上数学家之路。你只需要按照算式实现电路即可，算式让你是个与门，你就与，让你或，你就或，就这样。得出的结果，运算结果上是可以体现出加法逻辑的，但是实际的电路已经是面目全非了。你可能根本不能从最终实际的门电路的连接方法上判断出这个电路到底实现了什么逻辑。如果把两个电路的输入值用0和1全都遍历一遍，然后算出各自的输出值，如果两个输出值不管在输入值为0或者1的时候都全部相等，那么这两个电路是等效的。而把一个电路的输入值和输出值对等起来形成的一张表称为真值表。

化简之后电路所显示出来的关系是原本就存在的，而不是被创造出来的，只是通过化简消掉了一些看上去被依赖而本质上却毫不相关的项，或者将原本串行执行的逻辑变换为并行执行。

1.3 我们需要真正可用的计算器

你会发现，用上述方法所实现的32位加法机，实际上还是派不上用场。假设需要计算3294967296D+4294967295D，那还不如直接在纸上用十进制算出来。因为如果要用这个加法机算的话，首先需要将这两个十进制数转换成二进制，光这一步，靠人脑也得算半天，然后需要手动将64（两个32位输入值）个闸刀开关置成相应的闭合或者断开状态，这又需要时间，远不如直接纸笔演算来得快。

针对上述的尴尬，似乎有解决办法。比如，使用某种电路而不是人脑来把十进制数翻译成二进制，然后再做二进制加法，将输出的二进制结果再转换为十进制供人类阅读。如果电路能够“天然”识别十进制，就不用这么麻烦了，但是电路是无法直接识别图形“8”的，必须将“8”翻译成某种信号，输入到电路里。由于我们设计的是数字电路计算机，靠大量开关的状态来理解和处理数据，所以只能将外界的信号（不管是图像、声音还是字符），都翻译成一堆0和1的组合编码。如果我们设计的是模拟电路计算机，那么输入的信号又不同了，模拟电路的状态可以以极小的粒度连续变化，可以使用0V电压表示0，0.00001V电压表示1，0.00002V电压表示2，以此类推。模拟实际上在底层也是一份一份量子化跃变的，只是我们已经感受不到而已。人脑通过眼睛输入图像，通过耳朵输入声音，这些外界的信号也都会转换成电信号脉冲发送给大脑，也都有个翻译转换的步骤，比如视网膜上的视杆细胞就是负责感光和信号转换的场所。总之，不管是电路还是人脑，都不能“天然”理解十进制，反倒是人脑内部很有可能也是二进制的，整个世界底层可能都是二进制的，只不过被封装了很多层而已。对于手动操作闸刀开关的问题，如果能够让人操作带有十进制数字符号的按钮而不是开关的话，那么将会非常方便。其实我们需要的，就是平时最常见的东西——一个按键计算器。

首先，我们需要两个键盘，每个键盘需要10个按键分别表示0～9这十种符号，两个键盘分别给加法器的一路输入信号提供对应的输入。键盘有10个输出信号线，第一根线为高电压，为1则表示十进制符号“0”按键被按下，第二根线为1则表示“1”键被按下，以此类推，第十根线为1则表示“9”键被按下。每次只能按下一个键，所以这个键盘每次被按键，都会输出10位信号，其中最多有一个是逻辑1。这个电路比较容易实现，每个按键下方制作一个触点开关，键被按下，对应的信号线被接通，输出高电压即可，不需要任何逻辑门。

现在，我们需要将这种编码信号翻译为对应的二进制数值信号。“0000000000”要被翻译为“0000B（0D）”，而“0000000001”要被翻译为“1001B（9D）”。先自己设想一下，如何实现这个电路。总之，我是费了老劲也没想出来，其实有一些特定方法能够从真值表推导出逻辑表达式，详见1.3.5一节。前人针对上述场景，想出了一种绝妙的方式，仅用几个简单的开关而不是门电路，就解决了这个问题，如图1-16所示。

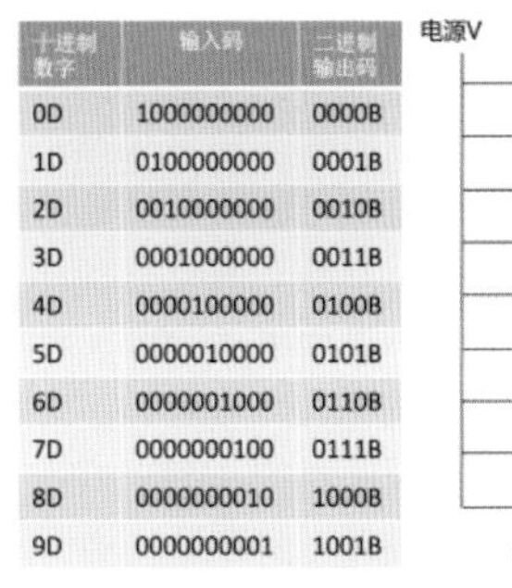

十进制数字	输入码	二进制输出码
0D	1000000000	0000B
1D	0100000000	0001B
2D	0010000000	0010B
3D	0001000000	0011B
4D	0000100000	0100B
5D	0000010000	0101B
6D	0000001000	0110B
7D	0000000100	0111B
8D	0000000010	1000B
9D	0000000001	1001B

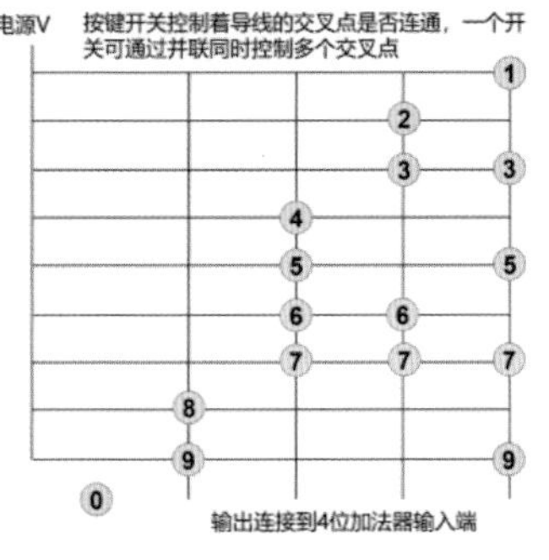

图1-16 数字键盘的真值表及电路

如果数字键"1"被按下，则接通该按键下方的电路。由于该按键下方的导线只与A0导线相接触，所以最终输出的就是0001。同理，如果按下"9"键，由于按键下方的导线同时与A0和A3导线接触，所以输出就是1001。如果同时按下两个键，则输出被扰乱，所以不要同时按下两个键。"0"键是个假键，因为电源接通之后，不按键时，输出的信号为0000，自然代表十进制的0。另外，按键具有弹性，按下后只要按住不放，才会持续在输出端输出该键所表示的二进制信号，松开后则为0000。有了这个数字键盘，输入数字就方便多了。我们可以将其做成如图1-17所示的装置。

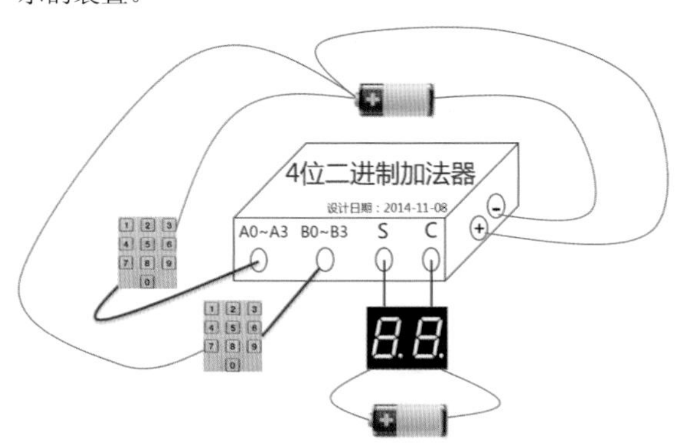

图1-17 带键盘的4位加法机

计算时，两手各按住两个键盘上的一个键作为一路输入，此时数码管立即显示这两个数的和的十进制，最大值是9D+9D=18D。结果输出之后，放开按键，数码管显示"00"。这个计算系统从此有了像模像样的输入设备了。但是存在两个问题：一个是10D以内的两个数相加，太局限，口算都够了，用不着计算器；另一个是按键要按住不放，很不方便。当然，后面这个问题可以使用保持式机械按键来实现，也就是按下去可以松开，但是一直处于连通状态，再按一下就弹回来。这种按键属于机械式按键，寿命低，是否有办法做成轻触式按键，这样才更方便使用。做成轻触式按键的一个挑战就是，怎么让电路"记住"所输入的值。因为按键只接触一下就断开了，断开后不会有持续的信号输入，这就要求电路具有记忆特性，能够"存储"数据。这是一个前所未有的挑战。把数据"存起来"，怎么存？存到哪儿？

1.3.1 产生记忆

先贤们不断地摆弄和研究与门、或门、非门的不同组合，发现了一些奇特的组合。也不知道是哪位大神（据说是英国科学家在1918年发明的），把两个或非门的输出分别连接到对方的一个输入端，得到了一个具有奇特性质的电路，如图1-18所示。

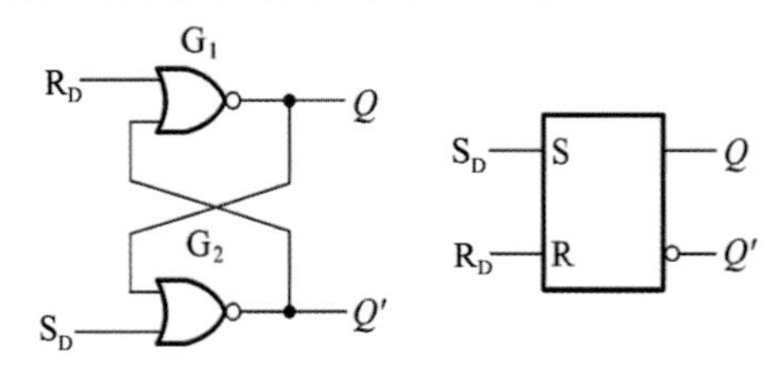

图1-18 RS触发器

可以看到，当R_D=1、S_D=0时，Q一定等于0，Q'一定等于1；当R_D=0、S_D=1时，Q一定等于1，Q'一定等于0。上述两种场景下，可推出S_D=Q。最奇特的地方是，当R_D=0，S_D=Q=1时，此时如果将S_D变为0，也就是S_D=R_D=0，会发现Q此时并不会等于S_D（S_D等于0），而是维持之前的状态，也就是1；而且此时不管S_D如何变化，从1到0或者从0到1，一次或者多次，Q的输出始终为1，Q被锁住了！而且恒定为1。不管怎么拧钥匙（改变S_D的值），都毫无效果。这就让该电路产生了记忆，不随外界改变而改变。解锁的办法就是让R_D端输入变为1，此时R_D=1、Q=0。所以R表示Reset，S表示Set，下标D表示Data。Q和Q'的输出是互补的（取值相反）。R和S端不能都为1，如果强行都输入1，则Q=Q'=0，扰乱了互补关系。另外，最重要的是，当从R=S=1变化到R=S=0时，电路将处于不可预测的状态，也就是此时Q=0、Q'=1或者Q=1、Q'=0这两种状态都有可能出现，最终的结果完全取决于哪个或非门响应够快，所以不允许使用S=R=1状态。这个电路有个名字叫做**RS触发器**，也就是当R=0、S=1时，触发了电路的记忆性。此时，如果S的值从1变为0，并不会导致Q值从1跟随着也变为0，Q值依然保持之前的值1。所以说，上述这个电路可以锁住1这个值。

然而，该电路只能锁住1，却锁不住0。比如，如果当前状态为R_D=Q'=1、S_D=Q=0，此时如果想锁住Q，让Q恒定为0且不随S_D的变化而变化，则发现无法做到。按照上述方法，让R_D=0=S_D之后，Q的输出依然会受到S_D的影响。如果要让电路既能锁住1又能锁住0，需要认真思考。这里的关键就是要让输入不影响输出。试想一下，根据与门的逻辑，A·0=0，而不管A是0还是1，所以与门可以用一个输入恒为0来屏蔽另一个输入对输出的影响，让输出恒为0。

再想想刚才的那个时序，当R_D=Q'=1、S_D=Q=0的时候，将R_D置0，此时Q=0，一旦之后S_D变为1，则Q跟着变为1，锁不住0。而如果能够屏蔽掉S_D对Q的影响，岂不是就锁住Q而且恒定为0了么？要屏蔽S_D的影响，那么是不是可以先让S_D信号经过一个与门再输入到上述触发器的原S_D输入端，该与门的另一个输入端被置为0，那么此时该与门的输出就恒定为0。也就是不管S_D如何变化，其信号经过了与门之后恒定为0，那么上述触发器中Q的输出就会被锁住为0了。如图1-19左侧所示，使用了这种连接方式之后，当“锁存”端输入为1的时候，与门的输出等于另外一个输入，也就是各自等于R和S的值，此时这个与门相当于一个透传门，仿佛R和S直接连接到或非门，“锁存”信号对输出没有任何影响。然而，一旦将“锁存”输入信号变为0，则不管S的值之前是1还是0，都可以被锁住，锁住之后，S的值不管发生什么变化，变化多少次，只要“锁存”输入为0，电路的Q端输出恒定不变。由于这个电路是完全对称的，所以Q和Q'的值都会被锁住。

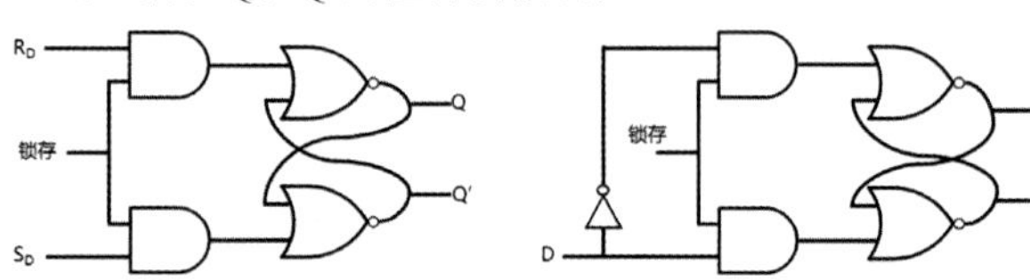

图1-19　改进之后的RS触发器

因为要求R和S的值永远为互补关系，也就是互反关系，所以没必要为R和S端维持两个独立的输入信号，只需要维持一个信号，然后通过一个非门将信号取反，自然就可以取代另一个信号。经过这种改造之后，如图1-19右侧所示，这个电路只剩下了两个输入端，一个D（Data）端，一个锁存端。这样理解起来就更容易了，平时锁存信号为1，D端的信号在随时变化，Q值与D信号同步变化，然而锁存信号变为0后，该电路便将当前D的输入信号锁定，Q被锁定，D可以继续变化但是不影响Q值。如果将之前的触发器称为RS（复位-置位）触发器的话，那么这种改造后的电路由于只有一个D端而不是一个置位端和一个复位端，所以被称为**D（Data）触发器**，又可以被叫作**锁存器**，因为其可以锁住一位数据（0和1均可）。Q'的输出没有利用价值，所以将Q'的输出隐掉，只保留2个输入端（数据输入D_I、保存触发L）和1个输出端（被锁存的数据D_O），这就形成了一个1位数据的锁存器，如图1-20所示。值得说明的是，该锁存器能够保持住一位数据的前提是，电源需要持续供电，如果断电，则无法保持数据。

图1-20　D触发器/锁存器

时间的本质

这个电路可以说是计算机成长路上的里程碑，因为它第一次让电路理解和掌握了“时间”。时间的本质是“先后”，有了先后，事物才有变化，有变化，才有了时间。对于永恒不变的事物，时间对于它来讲是不存在的，或者说对于它是静止的。变化是因为运动，所以时间的本质是运动。对于前文中所述的加法器，其内部也有运动，也产生了先后顺序，但是它自身是不“理解”时间的，它不知道自己内部有那么多连在一起的门共同“先后”作用，才产生了逻辑。而D触发器让电路第一次理解了时间，而且能够控制时间。

我们将类似加法器这种内部没有任何时间控制逻辑的电路称为组合逻辑电路，意即其内部的逻辑是靠各种门的组合顺序实现的，其中没有任何对运动着的事物的“暂停”（比如锁存动作），也就是说其对“时间”是不控制的。给出输入值，信号流入内部逻辑之后，输出端也就会给出对应的值；输入端的信号如果有变化，输出端的信号也跟着变化，输入和输出总是快速联动和同步的。当然，输入的变化体现到输出端的变化并不是“立即”，也需要经过一段时间，也就是内部逻辑开关的开开合合信号传递所需要的时间。而类似触发器/锁存器这种能够“截断”事物变化所产生的影响，从而影响输出结果的电路，称为时序逻辑电路。时序逻辑电路的输出值并不一定与输入值联动同步。

思考

组合逻辑电路是个直肠子，心里留不住事儿，有什么说什么。而时序逻辑电路就多长了个心眼儿，心里能存得住事儿了，能存住事儿只是第一步，第二步则是得“琢磨琢磨”了，并不是别人告诉它什么就是什么了。

差点忘了，我们的目的是要实现一个能够记住你上次按了哪个键并且将其值记住的键盘。而我们目前已经充分了解了D触发器这个电路，该电路能够满足这个要求，我们需要用这个电路来实现一个能锁存按键值的键盘。这还没完，我们还需要在连续按多次按键之后，电路不仅能够锁存住这些被按下的数值，还得识别出这些数字共同组成了一个多位十进制数，并且需要自动将其转换为二进制，这才能做出一个可用的多位数加法机。后者想想都很难。

1.3.2　解决按键问题

这着实难倒了我，需要思考较长时间来理清楚这个问题。不妨先从简单的开始，先实现一个任意两位十进制数的加法，比如99D+99D。为了输入99这个两位数，有一连串的问题需要解决：常规思维应该是先后按两下“9”键，而且这个加法机必须能够先把第一个9存起来，接着再把第二个9也存起来，然后还必须知道这两个9表示的是“九十九”，也就是一个十位，一个个位，这还没完，它还得把九十九转换为二进制，然后输入8位加法器（99D转换为二进制，则为1100011。可以看到，实际上7位已足够，但是为了与2的幂对齐，所以采用8位）。

保存被输入的数据，这个需求似乎可以使用D触发器来解决。当按下第一个数字后，先将这个数字的4位二进制码（如图1-16所示）从键盘上输入到4个D触发器的D端，然后在键盘上提供一个新的按键——“输入”按键，“输入”按键输出4个0到4个D触发器的“锁存”输入端。操作的时候，先按住对应十进制数值的按键不放，然后同时按下“输入”键，此时两个按键均可以放开，对应的数值的4个二进制码已经被锁存在了4个D触发器中，如图1-21所示。这个键盘还是比较难用，所以可以将按键设计为两段触发式按键，用一个按键把这两件事都做了，也就是按键下方设置两个触点和一个回弹弹簧。但是单纯用触发器还不能够实现前后分两次锁存两个数值。

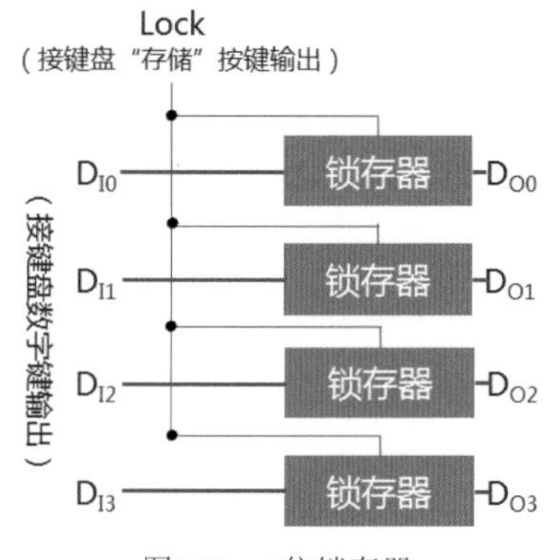

图1-21　4位锁存器

还需要解决三个问题：首先需要让电路先后两次锁存两个数，第二个数不能盖掉第一个数；其次，需要将这两个数做正确识别，第一个数是十位，第二个数是个位；再次，需要将这个两位十进制数转换为二进制。

经过寂寞的思考之后，有了大致的想法：需要两个4位锁存器，每个锁存器用来存储一个输入的十进制数值的二进制码。键盘的输入线路只有4根，这4根线需要与这两份锁存器同时连接，然后通过某种手段，让第一次按键输出的信号导向到第一组锁存器，第二次输出的信号导向到第二组锁存器，并维持第一组锁存器中的数值不受影响。根据这个思路，我画出了如图1-22所示的电路图。如图1-22左图所示，如果将4路输入信号同时接到两组锁存器（相当于广播给两组锁存器），则不能实现第一次按键输入信号进入第一个锁存器，第二次进入第二个这种逻辑，而图1-22右图比左图多了一排与门以及一个控制逻辑电路。上文中已经介绍过，与门（回忆一下，与门等价于两个串联的开关）具有0·A=0、1·A=A的性质。换种方式解释，不管A是0还是1，只要与门的另一个输入是0，则输出统统为0，相当于把这个门关闭了，门一侧不管有多热闹，怎么变化，门另一侧都是清净如也；而如果与门的其中一个输入信号是1，则相当于打开了与门，另一路输入信号会被“透传”到门的另一侧。所以，如果将与门的一路输入端作为实际数据输入，另一路输入端作为一种控制信号的输入，则该控制信号可以控制实际数据是否可以通过该门。有选择性地将某路信号放开透传到下游，这个过程又可以被认为是一种“选通”动作，英文可以称之为“Enable”（使能）。

回过头来再看图1-22右图，如果其中的控制逻辑能够产生某种特殊的时序逻辑，并且将每次按键的信号（高电压信号，逻辑1，每次按键，不管按什么键，都顺带产生一个高电压信号）输入到这个控制逻辑的输入端，那么当第一次触发其逻辑时，该控制逻辑输出A=0，B=1；当第二次触发其逻辑时，其输出B=0，A=1。这样的话，就可以实现第一次输入的实际按键值的数据信号被传递到上面的锁存器（因为下面的门被堵住），第二次输入的值的信号被传递到下面的锁存器（因为上面的门被堵住）。至此，这个电路需要两种信号来完成功能，一种是实际的数据信号，另一种是控制信号。控制信号相当于乐队的指

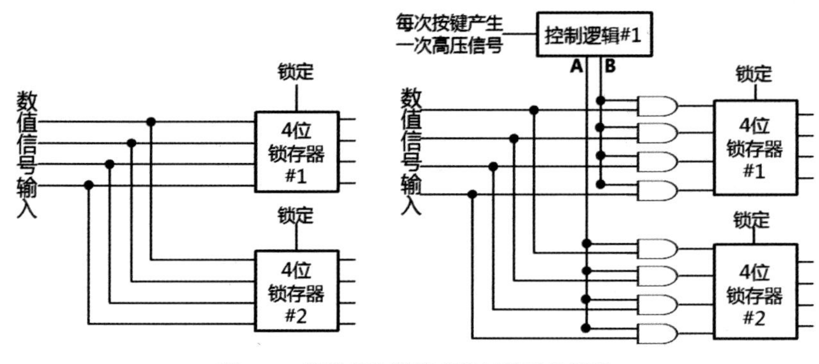

图1-22　使用某种逻辑来控制信号的通路

挥，谁在什么时候该做什么事，全由指挥来控制。

经过第一道控制闸门之后，信号成功按照顺序来到了锁存器跟前，此时我不得不又开始犯愁了。这里面有个时序的配合关系，也就是说，第一次信号输入到锁存器#1跟前的时候，必须“有人”去“按动”一下锁存器上的“锁定”信号，将锁定信号置为0。根据锁存器的原理，锁定信号置为0，锁存器才能将输入端的数据成功锁存。说得更清晰些，那就是要求：第一次按键的输入信号首先被导向到锁存器#1，然后需要某人按动一下锁存器#1的锁定按钮，将信号锁住，并且维持锁定信号一直都是0（必须维持锁存状态，因为一旦为1的话，则表明解除锁定态，此时Q端输出会与输入端变化同步，之前锁存的数值便会丢失），但是同时必须维持锁存器#2的锁定信号为1（因为只有为1，才能自由地让锁存器的输入信号透传到Q端，以便第二次按键输入信号的透传和锁定）；第二次按键输入信号被导向到锁存器#2之后，也需要这个人在保持锁存器#1锁定按钮依然为0的同时，将锁存器#2的锁定按钮置为0，并且一直为0。这样，两次按键的信号才能各得其所。所以，这里还需要某个控制逻辑，也就是去按动锁存器按钮的人，这种逻辑必须能感知到先后顺序。

既然我们之前假设了图中的“控制逻辑#1”可以按照先后顺序输出不同的控制信号，那么不妨再假设另一个控制逻辑——控制逻辑#2，它可以用来完成按动锁存按钮的任务。当然，控制逻辑#2也需要根据先后顺序输出不同的控制信号。如图1-23左图所示，控制逻辑#2的输出时序应该是这样的：初始状态，也就是从未按键之前，其输出为A’=1，B’=1，也就是不对锁存器进行锁定；第一次按键时，其应该输出A’=1，B’=0，也就是对锁存器#1进行锁定；第二次按键时，其应该输出A’=0，B’=0，维持锁存器#1锁定状态的同时，对锁存器#2进行锁定。也就是说，A’和B’一个接一个变成0，而且不能再变回1。这与控制逻辑#1的输出逻辑不同，后者是A和B中只能有一个为1，另一个必须是0，先是B为1，然后轮到A为1。控制逻辑#1和#2的输入信号是一样的，都是每次按键人为地产生一个高电压信号作为触发事件，这种周期性的高压信号刺激，又可以被称为“脉冲”，相当于以固定频率戳你一下提醒你该干活了。

如图1-23中图所示，另一个可选的设计方案是使用控制逻辑#1的输出作为控制逻辑#2的输入，控制逻辑#1的A和B输出组合与按键次序一一对应（每次按键都对应着不同的A和B信号组合），所以控制逻辑#2完全可以将控制逻辑#1的A和B信号组合翻译成对应的A’和B’信号，与直接将按键次序翻译成A’和B’是等价的，但是电路实现却能更加简化，我们在后文中将看到。

仔细端详一下这个组合电路，就会发现控制逻辑#1根本就是没有必要的。只要锁存器被成功锁定，那么不管数值信号输入什么值，被锁定的锁存器中的数据不会受到任何影响。既然这样，就不需要在锁存器前面放置任何过滤闸门了，因为锁存器被锁定后自然会处于百毒不侵的状态。如图1-23右图所示，直接去掉与门闸门和对应的控制逻辑#1，会发现这个简化后的电路依然可以完成先后将两次按键输入的数值锁定到#1和#2锁存器的目的。看来我们走了个大弯路，不过路上风景独好，因为我们看到与门这个过滤闸/选通器，即便该场景下没有必要，但是一定可以在其他场景下大显身手！

至此，我们成功地将两次先后按键进行了锁存（至于控制逻辑，我们在下文中再来思考其做法）。下一步，我们该回答“用什么电路来感知这两个数中一个是个位一个是十位”这个逻辑了。不妨换个角度思考这个问题，如果两个锁存器里锁存的分别是9D和9D，那么我们最终想要得到的其实是99D，也就是9×1+9×10；如果是4D和5D，那么我们想要得到的其实是4×1+5×10，只要任何电路能够实现这种自动乘法和加法，就可以达到目的，也顺手解决了“如何将这两个十进制数值组合之后的十进制值转换成二进制”的问题。此时我们自然想到了如图1-24所示的电路。

锁存个位数的锁存器输出可以直接透传到最后的加法器。由于加法器是8位加法器（两个输入端必须是8位），而输入却只有4位，怎么办？可以将剩余的4位在加法器内部写死，永远是0即可，这叫自

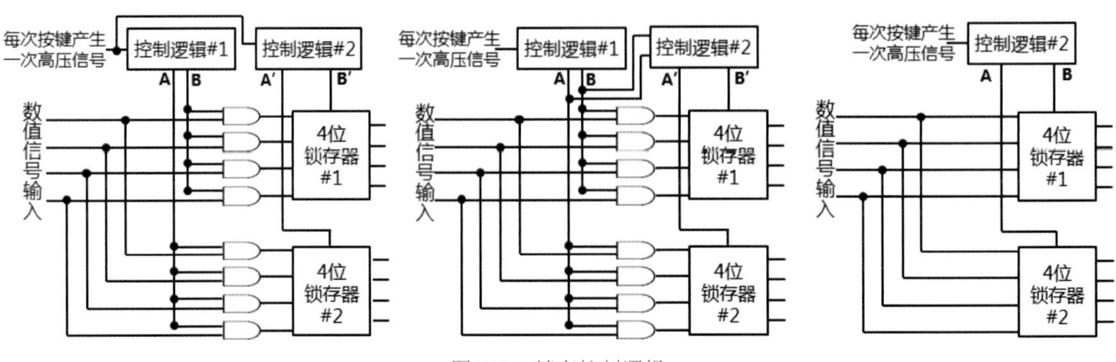

图1-23 锁存控制逻辑

动补0，或者叫padding。锁存十位数的锁存器的输出，需要先进入一个乘法器，这个乘法器的另一个输入被写死，就是十进制10D，不管输入的是几，都与10D相乘，最后输出结果的二进制信号，这里最大的输出结果是90D，对应的二进制是1011010B，有7位。将该乘法器的输出与刚才的个位数的二进制值相加，便得出了最终结果。最终结果最大可能值为90D+9D=99D，对应的二进制是1100011B，也是7位。这也是要用8位加法器的原因，完全是根据输入和输出数值最大位数来决定的，并与2的幂次对齐。

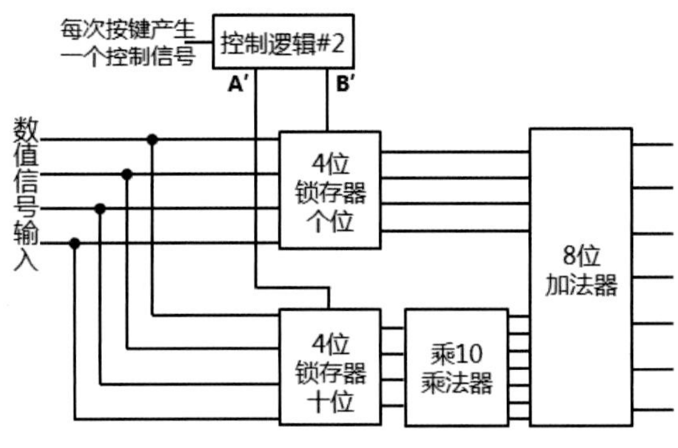

图1-24　自动乘和加运算逻辑

有人说了，你这是站着说话不腰疼。先假设了一个“控制逻辑#2”，竟然能够神奇地感知“顺序”，光这一点就很难让人信服和理解。这次又弄出个“乘法器”，到底能实现么？想想都复杂！别急！别说乘法器，除法器都可以实现，这就是前人的伟大之处，前人需要耐得住多少寂寞，才能发现一点点规律。

在分析这两个神秘逻辑模块内部的具体实现之前，我们先仔细按照时序分析一下如图1-24所示的电路，以确认其是否真的可以正常工作。初始状态，A’=B’=1，此时按键输入默认为0（没人按键，输出全为0），锁存器透传（因为A’=B’=1）这个0信号到乘法器和加法器，乘法器输出为0，加法器的输出也是0，没有问题。第一次按键，假设为9D，其被同时输入到两个锁存器的数据输入端，同时控制逻辑#2受到一次高电压脉冲（设计按键的时候，随着键盘按下顺带接通某个开关，就可以形成这个高电压信号了），此时产生了B’=0和A’=1的逻辑，并输入给个位和十位锁存器，个位锁存器此时成功地将9D锁住，但是此时十位锁存器的输入端是9D且该锁存器为透传状态（因为A’=1），所以乘法器的输入端也为9D，输出端则为90D，加法器得到了一个9D和一个90D的输入信号，则立即输出99D的输出信号。这个逻辑显然有问题，按下“9”键，却得到了99D的输出。

电路的时延

上述发生的事件，就是在“9”键被按下并且尚未放开的一瞬间，按键会让触点接通一段时间，怎么也得有几十毫秒的时间，而这几十毫秒足以让上述电路发生一连串的连锁效应。信号一层层地按照逻辑变化和传递下去，触点接通，电子在电源电场力的作用下缓慢移动并积聚到一定的电压，然后导通对应的开关，继续影响其他开关。当然，这得看电路里开关的响应速度。如果开关响应的实在是太慢，和多米诺骨牌一样，那么信号可能还没传递到加法器就改变了，电子向反方向移动，原来高电压的地方可能变成低电压，就又会从1变回0，这样的话结果就错误了。可以看到，这一切都不是“瞬间”发生的，都有一定的时延，电子缓慢移动、积聚，形成足够驱动开关导通的电压，这需要时间，开关如果是像电磁继电器这种机械开关，开关本身的移动也需要时间，这两部分时间共同贡献为电路的时延。

99D的输出并不长久，除非故意按住“9”键不放开。同理，如果按住“5”键不放开，加法器也会输出55D。紧接着，我们放开“9”键，毕竟多数人都是按一下就放开的，并不会按住不放。（实际上，当按下一个按键的时候，人眼观察到的的确是一次性接触上的，但实际上按键与触点之间在微观上存在多次反复碰撞最后才接触上的，所以这会影响计算结果。实际上，键盘内部都是做了特殊设计来解决这种反复碰撞问题的，有兴趣的读者可以自行学习。）放开“9”键之后，个位锁存器此时已经被锁定了，其输出端稳定输出9D信号，对外输出给加法器的信号也就是9D；然而，由于放开了按键，恢复了初始状态，那么按键数值输入又变为默认的0；同时，控制逻辑#2的输入端虽然为0（高电压脉冲仅在按键时会产生），但是其输出会维持B’=0和A’=1（我们后面再讲如何做到的），那么十位锁存器依然处于透传状态，也就是松开按键之后会导致输入端变回全0并通过锁存器透传给乘法器，乘法器输出自然也为0，那么加法器的这一路输入也为0，此时加法器的输出就是9D+0D=9D，此时逻辑是正确的。可以看到，之前其实是虚惊一场，只要按键被放开，逻辑在经过一瞬间的不正确结果输出之后，又变回正确的结果输出。这就是组合逻辑电路的魅力所在，也就是输出和输入是同步联动的。红花绿叶衬，直肠子也得配心眼儿，我们会逐渐看到组合逻辑电路还得结合时序逻辑电路一起才能完成更复杂的逻辑。

既然是虚惊一场，我们是否可以忽略这个问题，忽略这一瞬间的不正常状态？完全可以，但是你不觉得不对劲么？哪里？浪费能源！如果让你走半道再折返做无用功，你愿意否？不愿意的话，那就不要让电路也这样做无用功。电子移来移去，是有代价的，会产生电流热效应。电路的1和0变化像拉锯条，整个导线中的全部电子都要不停地来回移动。虽然移动的距离不长，只是在导线端点处积聚形成足够电压，但也抗不住长时间拉锯产生的热量。尤其是目前移动终端盛行而电池电量又没有得到革命性突破，省电已经是一个颇具竞争力的课题。怎么解？看来我们之前绕的那个弯路，它其实是一种积累，会让你终生受用。当然，只有耐得住寂寞，静心思考，才能发现这些路途中的点滴奇葩。

避免无用功，必须从源头解决，所以我们还得把之前的那排与门闸加上去，从源头把无用信号过滤掉。得来全不费工夫，如图1-25所示，大家可以自行分析一下其时序逻辑。至此，我们完成了一个完整的可以自动将先后两次输入的十进制数值转换为一个两位十进制数（自动乘和加）的二进制形式的智能键盘，而且还是低功耗设计。自豪！先别得意了，现在该说说控制逻辑#1和#2以及乘法器的事情了吧？嗯，是时候说说计数器和译码器了。

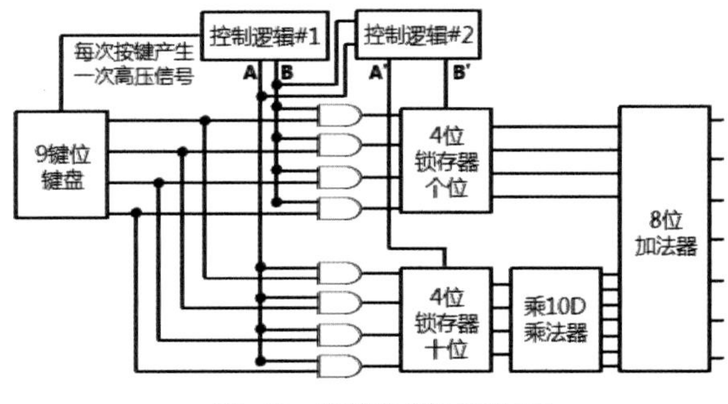

图1-25　完整的“智能键盘”

1.3.3　数学的懵懂

“时间”表示先后，表示变化，锁存器能够让电路控制变化，然而却没法量化“时间”；也就，它无法分清楚“第一次”“第二次”“第三次”，也根本分不清楚自己被锁定过多少次了，以及哪次是第一次。而图1-25所示的电路则要求必须分清楚次数，因为每一次都会对应不同的A和B的输出，从而控制数据信号通过哪个闸门。对于人类来讲，理解时间也早于理解次数，我们并不知道婴儿对数学的理解是从什么时候开始的，除非能够像电影《超体》中描述的那样一下子唤醒了所有记忆，一下子理解了万物的根源逻辑，理解了宇宙的原来、现在和将来。在我女儿9个月龄的时候，我就给她竖起手指头，一根两根三根，她根本没凝神思考，而是想抓住放到嘴里尝尝。

让电路理解数学，也不是件容易的事情。我无法想象前人是费了多少精力和时间，又是什么动力促使，竟然发明出一个能够计数的逻辑电路——**计数器**，每次高电平刺激均会让该电路的输出值+1，这个逻辑第一次让电路“理解”了数学。不知道人类的大脑中是否也存在这样一个能够计数的单元。当然，计数器本身是个比较复杂的电路，人们也是从更加基本的电路模块拼搭而成的，并不是某人某天一下子从头画出一个计数器来。要说计数器，还得从一个特殊的电路说起——**边沿型触发器**。

不知道哪位神人在摆弄电路的时候，摆弄出这样一幅电路，如图1-26所示。他把两个D触发器级联了起来，对左边第一个触发器的锁定信号取反接入，右边锁存器的锁定信号按原有信号接入，这便会产生一种逻辑：对于这两个触发器来说，你锁定时我是透传的，你透传时我是锁定的，总和对方对着干。这么做的结果是，当锁存信号为1时，左边触发器处于锁定状态，右边触发器处于透传状态，此时Q值应该等于左边锁存器的A值，而不是D值。因为没人知道当前D是否等于A，而左边的触发器处于锁定状态，A和B被锁定，此时D很有可能已经不等于A了。当锁存信号从1变化到0的“期间/瞬间”（信号并不是瞬时变化的，都有个逐渐的过程，只不过数字电路的这种渐变效应很短），右边锁存器“逐渐”进入被锁定的状态，同时左边触发器也逐渐进入解锁/透传的状态。当左边触发器成功越过临界态进入透传态之后，当时最新的D值会被透传给A。但是，当D的最新信号透传到A点之前，右边触发器就已经进入锁定状态，所以右边触发器锁住的数值依然是上一次的A点值，但是D已经成功地传递到了A。现在，让锁存信号从0变到1。期间，右边触发器逐渐解锁，当穿越临界态到达解锁/透传态之后，A的值会被传递到Q，而A的值是由D透传过来的，在这一瞬间，D=A=Q，与此同时，左边触发器会逐渐进入锁定态，其锁住的则是当前的D值，也就是A值。而由于右边触发器处于透传态，所以当前的Q=当前的D=当前的A。之后，D如果继续发生变化，则不会影响到A点和Q点的值，直到下一次锁存信号的突变期间，新的D又会被透传到A点和Q点并再次被锁定。

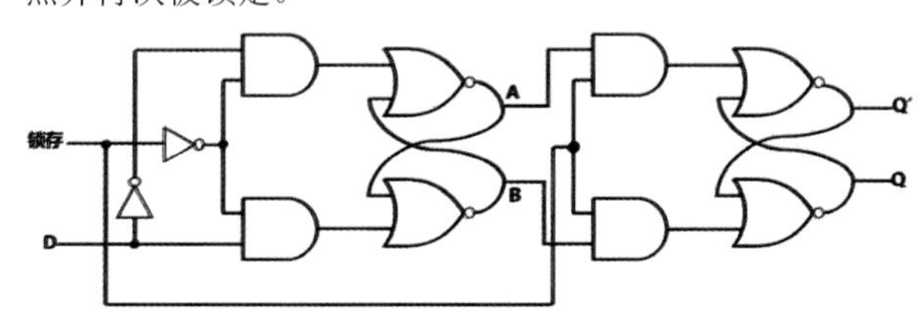

图1-26　边沿触发型触发器/锁存器

图1-27所示的过程更加直观一些。图中左半部分和右半部分所示分别为在触发器的D端输入0和1，然后等待时钟上沿到来从而被锁存到输出端的过程。图1-28所示则为在图1-27左半部分最终状态的基础上，时钟信号继续振荡多个周期的数据变化示意图。可以看到在时钟信号从1变为0之后，橙色的数据（二进制1）被透传到了触发器电路的中间处，但是由于触发器电路右半部分处于封闭状态，该信号只能等待在此处；随后，时钟信号由0再次变为1，产生一个上沿，此时触发器的左半边会被封闭，而右半边则放开，将

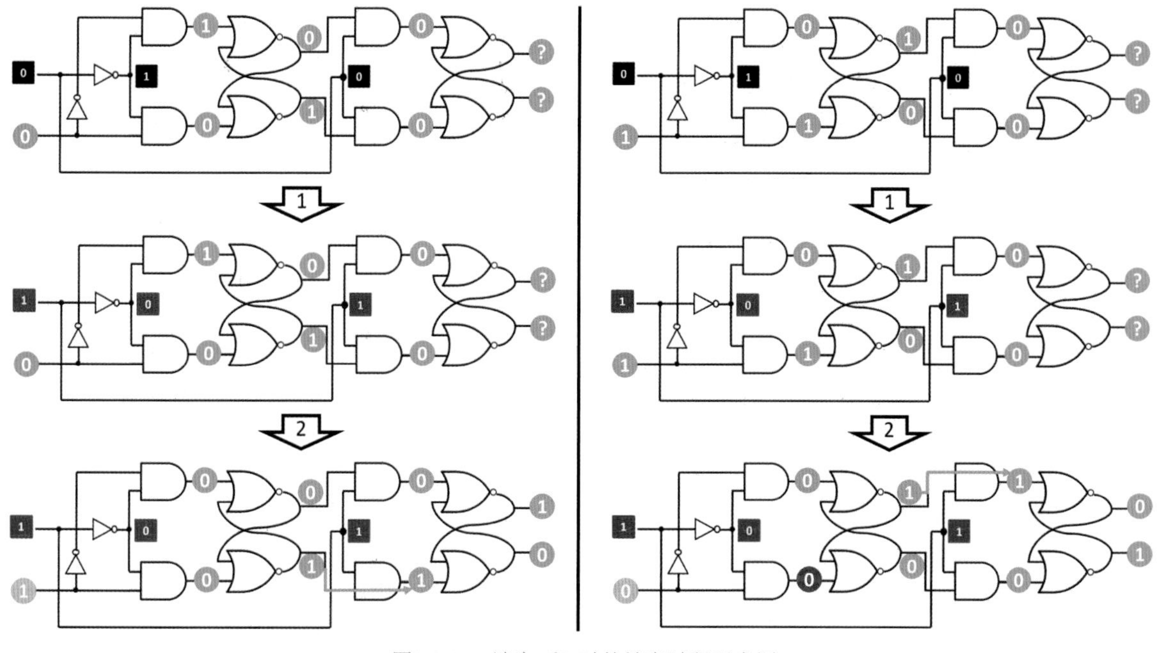

图1-27　D端为0和1时的锁存过程示意图

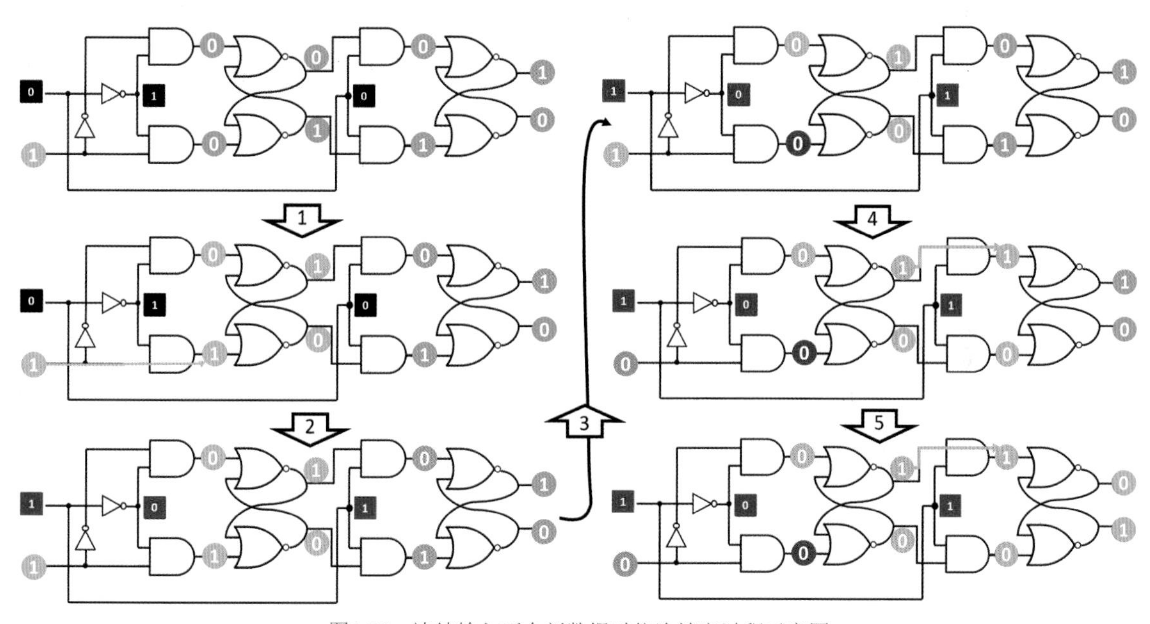

图1-28　连续输入两个新数据时依次锁定过程示意图

橙色信号透传到输出端。与此同时，紫色的新数据到达了D端，等待下一个时钟下沿将其传到中间，然后再来一个时钟上沿将其透传到输出端。

触发器就相当于照相机镜头（输入端）、快门（触发器电路中的与门）和底片（输出端）。时钟信号控制快门开合，时钟边沿的一瞬间，快门打开，镜头投射到快门上的影像会被瞬间透光锁定到底片上感光保存，在下一个时钟下沿之前，输出端信号不受输入端信号影响。

边沿触发器则更像是两道依次开合的闸门，两道闸门之间是一个临时等待区（图1-26中的A、B点）。如图1-29所示，时钟下边沿会将输入端信号传递到触发器内部，但并不输出；时钟上边沿则将上一步暂存在内部的信号输出，并在瞬间封闭输入端通路，直到下一个下边沿到来时，被堵在门口的新输入值才会进门在临时等待区等待。

综上所述，边沿型触发器电路仅当锁定信号从0变成1的瞬间，才能够锁住当前D的值并在Q端输出，后续不管是D变化，还是锁定信号从1变成0，Q值保持不变，所以被称为边沿型触发器。而之前的D触发器，称之为电平型触发器，因为其在0电平时锁闭，1电平时打开。边沿触发，这一点已经比较奇特了，但是这位神人还没有就此罢休，他调皮地将Q’端和D端连接了起来，并分析了电路的时序逻辑，发现了更奇特的结果。有时候真理只差一步，不要断然否认任何尝试，不要觉得某件事肯定没意义，发现真理的人，往往都是那些能折腾能思考，好奇心驱使，并且坚持不懈的人。

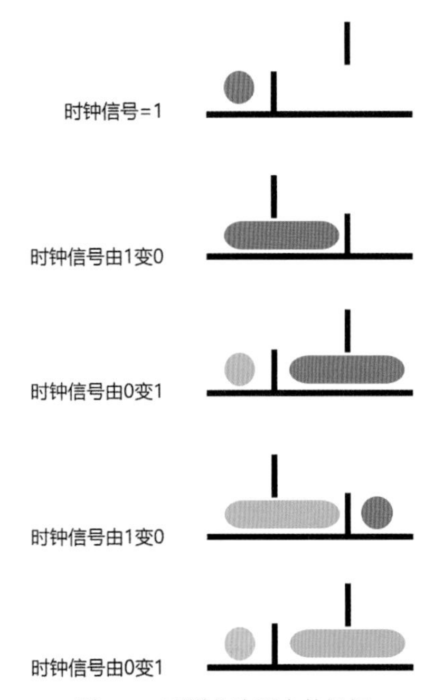

图1-29　两道依次开合的闸门

把输出与输入连接起来，**叫作反馈**。当输出与输入总是互补关系（其中一个是0，另一个就必须是1，反之亦然）时，将这两个冤家连接到一起，便会发生奇特的事情——振荡。如图1-30右图的三个电路所示，分别是将锁存器、非门、或门的输出反馈到了输入。分析一下时序便知，电路的输出端会在0和1这两个状态之间反复振荡，没完没了，除非断电。这种反馈振荡电路的振荡频率完全取决于电路的时延，经过的门越多，时延越大，频率也就越低。非门振荡器，频率无疑最快。实际工程中是在电路上并联电容，从而增加电路时延，因为电容有延缓信号变化的特性。通过控制电容的容量值，就可以达到产生不同振荡频率的目的了。如果用电磁铁制作的非门，会看到开关弹片像蜜蜂翅膀一样振荡。至于其频率，也会受到开关重量、弹簧拉力等的影响。感觉上讲，正负应该相消，应该湮灭，为何把相反的信号连接到一起，反而振荡？那是因为电路的时延。输入端的信号经过逻辑之后传递到输出，取了反，然后反馈传递回输入端，正因为反馈回输入端，输入端再传递给输出端，这一来一回是需要一定时间的，导致信号会暂留在路途当中，所以并不会正负相消（如果故意让正负相消的话，就成了“负反馈”，这是本书后文中要讲的“运算放大器”的关键思想）。

我们再来看一下图1-30左图所示的电路，也就是把一个边沿触发型触发器的Q’端反馈到D端之后，按理说也应该振荡，但是由于锁存器对“时间”的控制，振荡+控制两者一起产生了不一样的结果。假设我们一开始给这个电路的D端输入0，锁存端输入1，此时A和B的值是随机的，假设电路达到稳态后A=0且被锁定，B=1且被锁定，Q=A=0，Q’=B=1，此时问题来了，Q’的值会被反馈回D，所以D在短暂的0态之后被振荡成1，但是此时A和B处于锁定状态，A仍然是0而不是当前的D值1，D已经在门口敲门，但是左边的触发器铁将军把门。此时，如果将锁存信号从1变化为0，这一瞬间右侧触发器立即被锁定，关门，快到左侧触发器的D值进门后从A端出来，还没进右侧触发器的门之前，后者就已经关门了，所以此时Q’仍为1，且此时D=Q’=1，Q仍为0，但是A已经为1了，也就是A被挡在了右侧触发器的门前。此时，将锁存信号从0变回1，同理可推得，

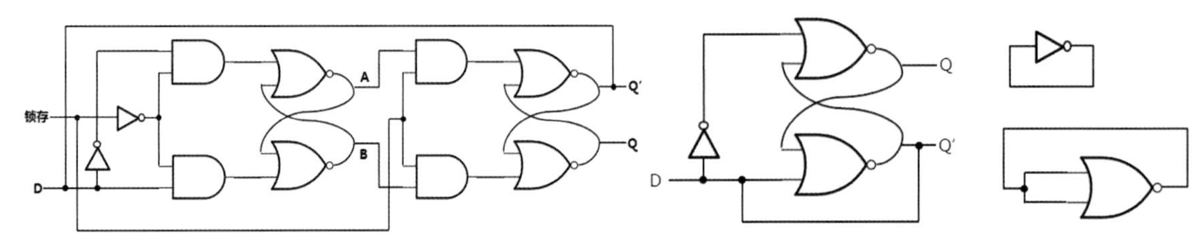

图1-30　反馈振荡电路

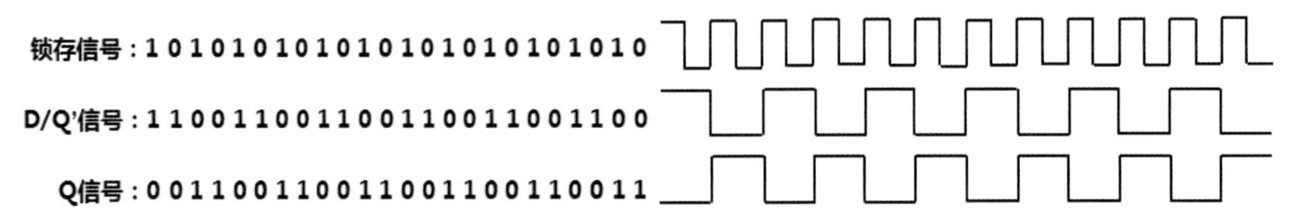

图1-31　半频效应

D=Q'=0；如果再将锁存信号从1变回0，D仍然等于Q'且为0。可以看到，由于边沿触发效应，本来应该随着锁存信号的振荡变化同步振荡的Q'和D，都迟钝了一拍，仅当锁存信号从0变到1时，D/Q'的值才会翻转，所以可以得出如图1-31所示的规律。可以看到，D/Q'的振荡频率是锁存信号振荡频率的一半。我们索性把图1-30左侧电路称为“半频器”。可以看到，Q的信号与D/Q'的信号相位相差了一个振荡周期，所以恰好是反相。在实际应用中，人们采用Q端输出信号与上下游电路相连接，而忽略Q'端的信号。

1.3.4　第一次理解数学

如果说懵懂的数学起源于对时间的理解，那么只要做到了对时间的量化，才算进入数学的殿堂。人们怎么理解这是两个物体而不是一个，这看上去似乎与时间没关系，但是思考一下会发现，分清是一个还是两个需要比较所看到的东西，而比较这个动作本身就是一种先后逻辑。只有在时间的基础上才会产生计数的概念，而且只有控制了时间，也就是产生记忆和锁存，让某些东西不受时间影响，才会产生计数的概念。所以，数学可以认为起源于对时间的控制和量化。那么，时间又是什么呢？

我们不妨把图1-30右侧所示的三个电路称为“反馈振荡器”。当然，还有其他各种各样的逻辑电路也都可以振荡，只要输入和输出互反并且信号传递有一定时延即可。这里选用最简单的那个，也就是非门振荡器，将其作为一个振荡源，接入到半频器的锁存输入端，自然就会在半频器的Q端得到一个频率为振荡器一半的信号了。但是需要注意的一点是，时序匹配。如果输出信号还没来得及反馈给输入端，锁存端就发生了信号翻转，那么电路的输出会处于不可预知状态。所以，要实现这种半频逻辑，必须让振荡源振荡得足够慢，慢到可以等待下游的各种门完成其开关的开合以及信号沿着导线的传递所需要的时间。因此，需要选择合适振荡频率的振荡源。在图1-30右侧所示的三个振荡电路中，非门那个最快，或非的次之，触发器的最慢。因而，要想降低振荡器的频率，那就多串接一些门进去好了，每串接一级，就增加一级时延，振荡起来也就越慢。

有趣的是，半频器本身也是一个振荡源，如果我们把它输出到下一个半频器的锁存端，那么便会得到一个四分之一分频器，再串一个，八分之一，再串，十六分之一，以此类推。我们将串接到一起的半频器抽象成如图1-32所示的方框图。

之前已经了解到，边沿型D触发器仅在锁存信号从0变成1时，也就是信号上沿，D的当前值会被传递给Q。如果把Q'接入另一个边沿型D触发器的锁存信号端，那么第二个边沿触发器会在Q（不是Q'）信号的下沿（而不是上沿）发生改变，因为Q和Q'是时刻互补反相的。如果输出反馈到输入，那么每次触发改变的时候，一定会发生翻转：如果之前是0，则变为1；如果之前是1，则变为0。所以才会出现如图1-32右图所示的规律，频率被对半分解了下去。

振荡脉冲输入就像钟摆嘀嗒一样不停地在输入，所以又可以称之为**“时钟信号（Clock，CLK）”**，其不断振荡，永不停止。我们在后面会看到，时钟信号就像上帝之手一样，号令着所有电路有序地按照时间先后次序来运转。

时间参考系

可以看到，锁存信号理解的“时间”和Q_0理解的时间并不一样。对于后者来讲，时间流逝的速度是前者的一半。同理，Q_1所理解的时间流逝速度是Q_0的一半。这里就牵扯到一个绝对参考的问题。作为旁观者，我们认为锁存信号的频率是绝对时间流逝的频率，而Q_0在我们眼中看来相当于1/2慢动作。但是对于Q_0参考系内的生物（如果有的话），它们可不认为自己是在做慢动作，因为它们的大脑处理速度也会减半，衰老速度也会减半，所有都减半，这就是相对论所揭示的道理之一。

如果说Q_0～Q_3是四样不同的乐器的话，那么锁存信号就是原始的指挥者，锁存信号抬起手（上沿）的时候，Q_0开始演奏，指挥者落手（下沿）时Q_0继续演奏，再次抬起手，停止演奏；而Q_0演奏的停止（下沿）却触发了Q_1演奏的开始，当Q_0再次开始演奏时，Q_1不受影响，直到下一次Q_0停止演奏，Q_1才停止，而Q_1的停止又触发了Q_2演奏开始，这样依次传播下去，是一个连环传递触发的过程。

整个过程如图1-33所示。直到最后阶段，四个乐器同时演奏出高潮的乐章，而这也是整个乐曲结束的前兆！最后，随着总指挥抬手，Q_0停止，Q_0停止所产

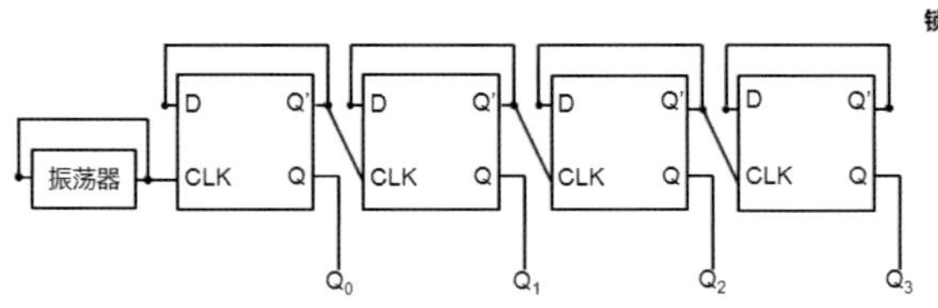

锁存信号：0101010101010101010101010101010

Q_0信号：0110011001100110011001100110011

Q_1信号：0001111000011110000111100001111

Q_2信号：0000000111111110000000011111111

Q_3信号：0000000000000001111111111111111

图1-32　十六分之一分频器

生的下沿导致Q_1停止，Q_1停止所产生的下沿接连导致Q_2停止，Q_2停止所产生的下沿导致Q_3也停止。最后的这个乾坤大挪移体现了物极必反的道理，凡事到达了极限，穿越了壁垒，要么一马平川，要么可能回归原点。

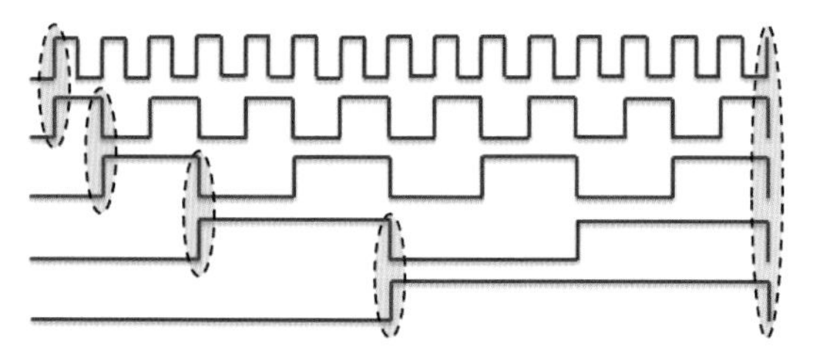

图1-33　边沿触发翻转

如图1-34所示，可以发现另一个规律，将4个Q端输出的信号排列起来，恰好是从0000开始，在每次锁存信号上沿时就+1，按照二进制方式不断+1计数，这就形成了一个计数器，非常奇特。

这个计数器属于串行/异步计数器，和行波加法器一样，信号是一层一层接力传递下去的，所以叫作串行，或者说异步。这个电路具有一定的时延，如果是32位串行计数器，能够记录2的32次方次脉冲，但是时延也会更大。但是计数器的时延最终现象是计数脉冲跳变到1的瞬间，距离越远的Q变化得越慢，需要翻转的Q端会像多米诺骨牌一样一个挨着一个地翻转，这可能会出现上一个计数脉冲导致的待翻转的Q还没有全部翻转完毕，下一个计数脉冲又到来了，但是这并不影响时序一致性，下一个脉冲导致的翻转会继续向前传播，就像波动一样，一波接一波，这就是串行异步计数器特有的现象。在实际工程中，使用的都是同步计数器，所有的数字并行同时翻转，这就像前文中介绍的并行进位加法器一样，电路是经过特殊设计和优化的。

要对某个脉冲信号进行次数记录的话，计数器就派上用场了，但是必须先把计数器清零，这是正常思维。所以，我们需要设计一个清零电路。触发器本身是一个可以锁存数据的房间，那很自然会想到，要想让房间里预先存放某个值——0，就必须把房间门打开并且一直开着，同时把0“注入”进去并保持住。根据这个思路，我们增加一路信号，名曰“**清零**”，当其为1时，把两级锁存器都强制打开，不管之前的信号是锁闭还是打开。这种逻辑当然得用或门，多个输入只要一个为1，输出就是1，锁存器的锁存信号为1则打开。所以，在锁存信号前面增加两个或门，一路接入原信号，另一路接入清零信号。此外，既然是清零，那么就得让Q=0，Q’=1，所以还要强制把D信号设置为0，这样Q才能等于0，这种逻辑，就得用与门，多个输入中只要有一个为0，输出就为0，但是清零信号是1，这好办，加个反相器（非门）就可以了。图1-35中的“R”表示Reset，也就是清零重置的意思。

只要清零信号一直为1，不管锁存信号如何变化如何振荡，对Q端输出都没有影响，Q恒为0。但是一旦决定开始计数，就要把清零信号置为0，此时触发器恢复原来的时序逻辑。由于无法知道振荡器当前输出的是0还是1，那么如何选择在什么时间点放开清零端呢，是在振荡器输出0时放开还是1时放开？实际上，不管在什么时候放开清零端，计数器都可以正常工作，也就是在清零端放开（置0）之后的第一个上沿，便会触发计数器+1，这一点大家可以自行分析一下时序便知。在实际应用中，计数脉冲不一定是振荡器，可能是无规则脉冲。比如，键盘上的按键，每按一次产生一个脉冲，导致计数器+1，这种就不是振荡

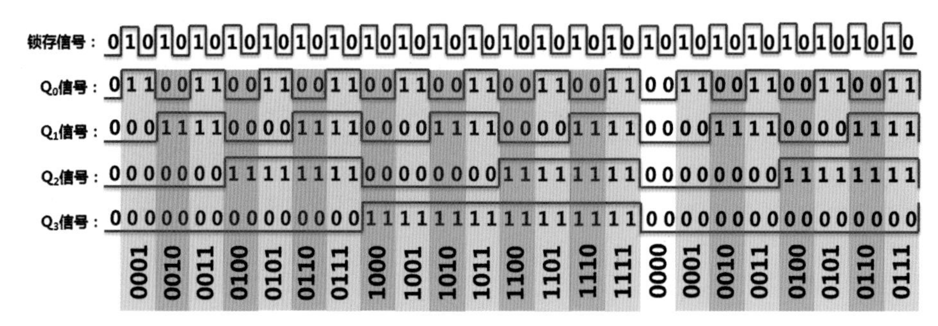

图1-34　自动循环计数

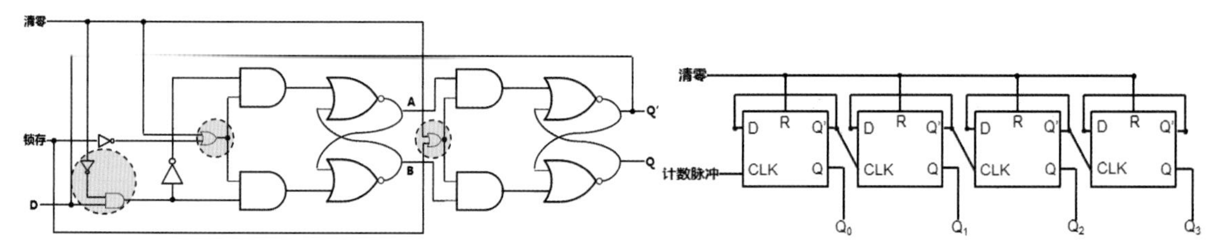

图1-35　带清零控制的触发器和计数器

信号，脉冲高电压信号不知道什么时候会到来一次，完全没有规律。

另外，这个计数器有个问题，那就是总是少记录一次，比如4位计数器，第16次脉冲会将其清零重新循环，所以4位只能计数到2^4–1次脉冲。

这里需要回忆一下我们之前已经介绍过的这些逻辑电路的形成过程：很久很久以前，布尔大神全面总结梳理了逻辑运算的概念，于是有了与或非门以及各种组合，比如异或、同或、或非、与非等组合逻辑；1918年，英国科学家利用现有的这些逻辑门折腾出了RS触发器，后改良成D触发器；接着，将两个D触发器级联，形成了边沿触发特性，这个特性导致锁存信号从1变成0时对输出没有影响，相当于屏蔽了一次振荡；然后人们将输出反馈到输入，产生振荡源，再加上边沿触发特性屏蔽掉一次振荡，便产生了半频器，半频器再次级联起来，形成了奇特的计数器，电路从此可以把时间进行量化，从此理解了数学，开创了全新纪元！就这么一个过程，人类探索了一百年！人类只有重新经历这些痛苦的探索过程，才会珍惜眼前的生活，才会更加深刻地理解一个事物，才会借助这个惯性，前进一小步，贡献一点滴。站在巨人的肩膀上，并不是要用直升机把你吊上去，而是需要你自己从巨人脚底爬上去的！

等等，这就说完了？控制逻辑#1和#2，乘法器，好像压根只字未提啊。别急，急不得。

1.3.5　第一次理解语义

至此，我们成功地让电路理解了时间，我们介绍的电路已经能够理解时间（触发器/锁存器）、数学（计数器），并且学会了数数（计数器），长了心眼儿，产生了记忆。是时候“培养”它完成更高级的逻辑了。对女儿的下一步培养目标当然是问她“爸爸在哪儿”。当她摆过头来看着你傻笑的时候，那一刻应该是一个父亲的幸福时刻；同时也是人类感叹这个世界，感叹上帝的杰作，同时深入思考世界本质的时刻！

静下心来思考，究竟是什么让大脑可以产生或者学习这种逻辑。下一步自然要让它理解语义。比如“如果是第一次脉冲，就把输出B设置为1且输出A设置为0”，这就等价于训练我的小女儿说“爸爸在那”，然后让她看墙上的爸爸照片。（惭愧的是，女儿9月龄时我并不在她身边，女儿长大后如果有幸看到这本书，请原谅爸爸。）

现在你该知道了，前文中那个计算器电路中的控制逻辑#1应该做的，就是“当第一次按键时，让A=0，B=1；当第二次按键时，让A=1，B=0（或者1也可以，因为此时锁存器#1已经不受输入影响了）”，这样就可以把第一次按键的信号导向到第一个锁存器。问题是，如何做到这种逻辑，这似乎比教小宝儿辨识物品困难多了。

知难而上，在思考如何实现这个逻辑之前，我们先增加点难度，把之前那个只能支持两个十进制数的电路扩充成支持4个十进制数，并给它取个名字叫作“4位十进制数自动按键转码器”。根据以前的经验，我们只需要很简单地照搬套路即可完成这个电路的示意图，如图1-36所示。控制逻辑#1和控制逻辑#2各有4个输出，分别控制一路信号。

我们先思考控制逻辑#1的内部应该怎么实现。最起码，控制逻辑#1必须理解“第一次”“第二

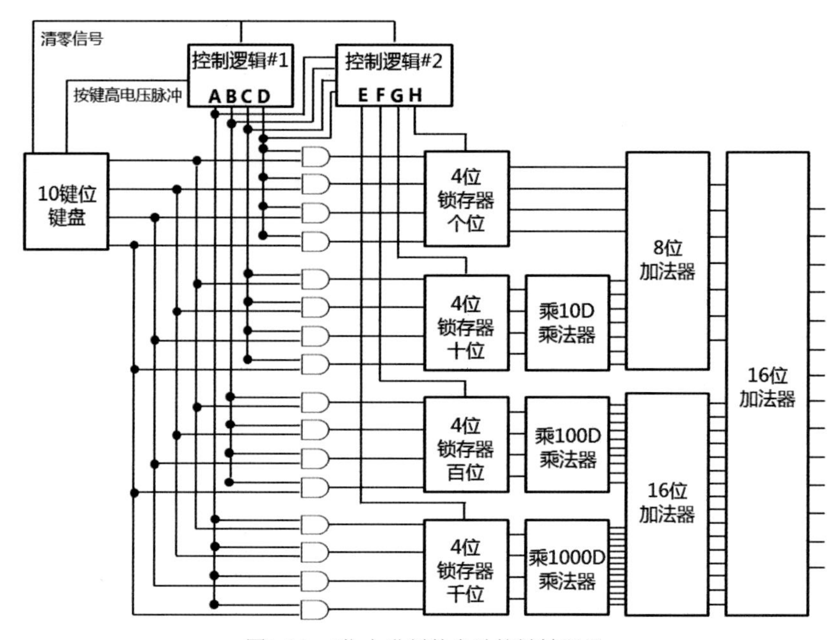

图1-36　4位十进制数自动按键转码器

次”“第三次”和“第四次”。由于这个电路目前最大支持按4下键盘，输入4个数值，暂不考虑第五次按键的情况（这可以在产品说明书中说明）。如果输错了或者想重新输入其他数值，得按一下清零键。想到这里，你就知道了计数器此时刚好派上用场。我们使用一个3位的计数器来记录（能记录8–1=7次脉冲，2位计数器不够记录4次脉冲），第一次按键，其输出001，第二次输出010，第三次输出011，第四次输出100。计数器成功地把“次数”的概念进行了有形的量化，有了量化结果，我们才可以完全控制。现在我们需要把001翻译成D=1且A=B=C=0；把010翻译成C=1且A=B=D=0；011翻译成B=1且A=C=D=0；100翻译成A=1且B=C=D=0。我们先做一张对应表出来，如图1-37所示。这种把输入和输出的值的各种组合一一对应起来的表称为真值表。它用来描述你对电路逻辑的原始要求，其中包括了所有可能的输入信号组合对应的输出信号组合，永远不可能出现的输入组合没有列出。

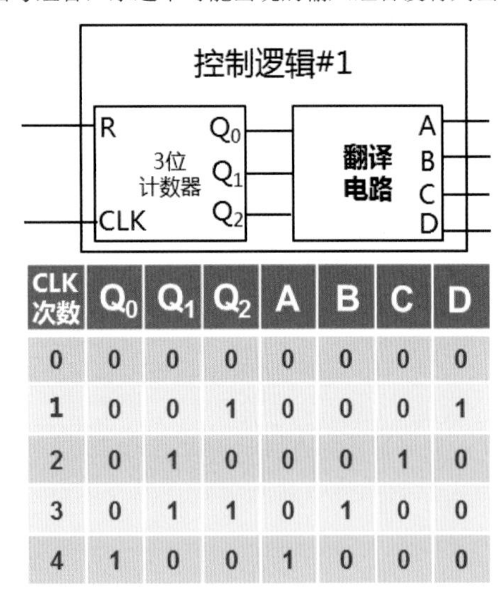

CLK次数	Q_0	Q_1	Q_2	A	B	C	D
0	0	0	0	0	0	0	0
1	0	0	1	0	0	0	1
2	0	1	0	0	0	1	0
3	0	1	1	0	1	0	0
4	1	0	0	1	0	0	0

图1-37　翻译电路的真值表

思考一下，对于计数器的3个Q端信号的不同组合，每一种组合是不是就像语言一样呢，或者说，是某种指令？比如，问小宝儿“小熊在哪儿”，她接收到这个输入指令后，先完成翻译，其输出信号便是摆头看着小熊玩具。这个翻译电路根据3个Q信号的不同组合，输出4个信号的不同组合，我们称之为三输入四输出译码器。译码器是计算机世界里第一个理解语义的部件，是语义之母！然而，与让小宝理解语义不同的是，译码器并不是被训练出来的，而是一开始就被设计和写死的，就像1+1必须等于2一样，但是不排除人工智能将来会动态生成各种译码器，尤其是有了忆阻器（RRAM）这种电路之后。人工智能会需要大量已知的和未知的新算子，这些算子并不是加减乘除等，而是很深奥的逻辑，这些逻辑一层层地封装，使用通用CPU处理的话，要耗费大量的核心数量和前期训练，而要达到更快速度的话，最终只能靠现场编程手段解决。加上忆阻器，将来会真正实现仿生计算机。生物大分子可以类比成译码器，这可是纯硬逻辑。对译码器的动态设计和生成，是人工智能的必经之路。好，我们还是回过头来思考一下，到底用什么逻辑才能完成这个翻译，或者说译码。可以这么说，我绞尽了脑汁也没想出一个能输出这种逻辑的电路来。不得不佩服前人，他们找出了一个规律，能够通过真值表快速地得到输出信号与输入信号之间的电路关系表达式。

对于数字电路，如果输出与多个输入变量之间存在某种关系，比如$A=F(Q_0, Q_1, Q_2)$。我们明确知道一定有这么一个关系存在，就是苦于没法描述这种关系，只知道将某个输入值代入这个关系，就会得到一个确定的输出值，显然证明一定有某种关联关系的存在。那么如果想求得“F”这个关系的有形表达式，就得在这个关系所对应的真值表中去找规律，从结果中一点点反推出这个神秘的关系，并描述之。有些简单的关系，一眼就可以看出。比如一个输入和一个输出，输入为0时输出为1，输入为1时输出为0，求这是什么关系？答：这是一个反相器的关系，也就是非门关系。答对了，加10分。可是图1-37所示的真值表就没这么简单了。

我们观察一下，前四行中，A都等于0，而且3个变量中至少有一个是0，这像哪种关系？当然是AND，也就是相与的关系。对于与门，只要输入中有一个是0，输出必然为0。那么，我们是否可以先假设A和Q_0、Q_1、Q_2之间的关系其实就是$A=Q_0 \cdot Q_1 \cdot Q_2$（还记得么？“'”符号表示对该值取反，“·”符号表示AND，也就是与逻辑）。也就是说，F这个关系被描述之后就是“将所有变量相与”。是可以先这么假设，而且其只与前四行的结果匹配，第五行是不匹配的。因为在第五行里，Q_1和Q_2都为0，但是A依然等于1，这不符合“与”的关系。但是在第五行里，$Q_0=1$，这是不是说明，A之所以为1，是因为受到了Q_0的影响？有可能，一个输入为1，输出就为1，这明显是“或”的关系。那么，我们再假设一个表达式：$A=Q_0+Q_1+Q_2$，这个关系倒是匹配第五行，但是却不能匹配前四行。到底是与还是或呢？是要二选一，还是两者配合着都考虑进去？这成了个大问题。

能不能统一起来？难道第五行非得用或的关系才能表达么？我们想想看，Q_0、Q_1、Q_2在什么情况下可以让A的输出为1？答案有两个：第一个答案是$A=Q_0+Q_1+Q_2$且Q_0、Q_1、Q_2中的任何一个等于1时，这是或的关系，也是我们刚才的“思维定势”后的思路；第二个答案是，当$A=Q_0 \cdot Q_1 \cdot Q_2$且$Q_0$、$Q_1$、$Q_2$都等于1时，这是与的关系。刚才我们描述前四行时也是使用了与的关系，这起码打通了一个新思路：只用与的关系目前看来存在“同时描述该真值表中所有行”的可能性。

与和或

我们目前要调查的是Q_0、Q_1、Q_2共同作用后对A的影响，而不倾向于其中任意一个的取值就能左右A最后的值，所以“或”这个逻辑关系不太可能足以描述F，我们需要调查“与”这个关系。对于该真值表的最后一行，如果让Q_0、Q_1、Q_2相与后与A产生关联，那就要让Q_0、Q_1、Q_2拴在一根绳子上，只有三个人配合起来，才能让A等于1，这就是“与”这个关系的精髓思想。只有在所有变量相与之后找到的关系，才是正确的关系，因为这样不会遗漏任何一个变量对输出的影响。而“或”就无法做到这一点，它更注重单打独斗，一人即可影响大局。然而，这个世界对与和或都是需要的，与过头了需要或来快刀斩乱麻，或过头了也需要与来牵制。实际上，与牵制的是1（只要有一个是0，其他再多1也没用），而或牵制的是0（只要有一个是1，其他都是0也没用），所以说与和或其实是对称的两大护法，此消彼长。0输入对与门是必杀技，1输入对或门是必杀技，倚天剑屠龙刀号令武林，莫敢不从。

但是根据第五行显示的关系，A并不等于$Q_0 \cdot Q_1 \cdot Q_2$，因为Q_1和Q_2都为0，那怎么就能让A等于1呢？把Q_1和Q_2强制取反，也就是如果让A等于$Q_0 \cdot Q_1' \cdot Q_2'$的话，A就等于1了。奇特！难道$A=Q_0 \cdot Q_1' \cdot Q_2'$就是我们苦苦寻找的$F$的表达式？赶紧代入剩余的四行里，看看是否匹配？竟然全部匹配！至此，我们成功找到了Q_0、Q_1、Q_2与A之间的关系。用同样的方法可描述出B、C、D的关系，加上A，最后整个电路可以用下面4个表达式完整地描述出来：$A=Q_0 \cdot Q_1' \cdot Q_2'$，$B=Q_0' \cdot Q_1 \cdot Q_2$，$C=Q_0' \cdot Q_1 \cdot Q_2'$，$D=Q_0' \cdot Q_1' \cdot Q_2$。根据这几个表达关系，我们画出对应的电路。别忘了还有清零电路，那一定得用与门。可以看到，当Q_0、Q_1、Q_2都为0时，所有输出也都是0，所以清零电路设计时可以在Q_0、Q_1、Q_2之前放置与门，也可以在输出信号之前放置与门。如图1-38所示，左侧为没考虑清零电路的设计，右侧为完整设计。控制逻辑#1就是这么简单！

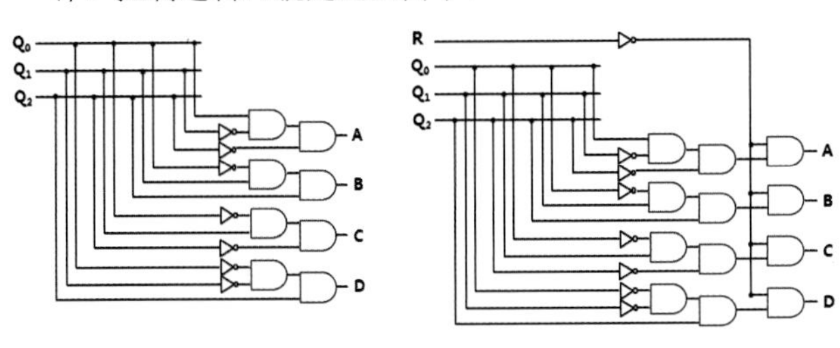

图1-38　控制逻辑#1的电路图

控制逻辑#1是根据次数来控制将信号导入到哪个锁存器的，控制逻辑#2则是根据次数来控制哪个锁存器的门要被关闭从而把进入的信号永久锁闭的，而且需要保证已经被锁闭的信号永远被锁闭而不能再开门，除非碰到清零信号。由于控制逻辑#1已经把“次数”这个概念进行了量化和有形表示，也就是ABCD四个输出信号，所以控制逻辑#2虽然也要根据次数来控制输出信号，但是其内部就不需要再放一个电路开关数量巨大的计数器了，可以直接把控制逻辑#1的输出拿来用。根据这个逻辑，我们依然先整理出真值表，如图1-39所示。

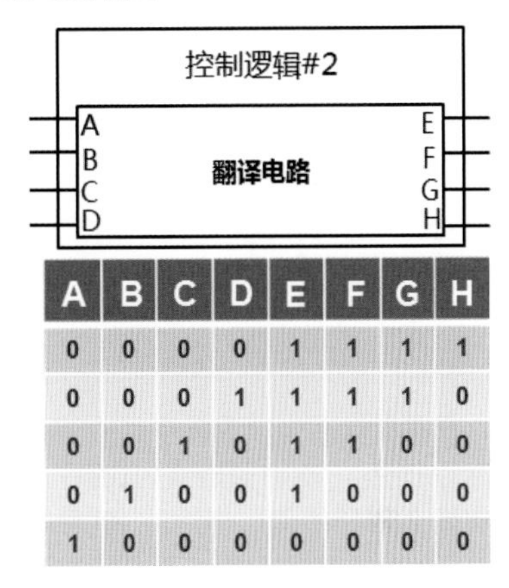

A	B	C	D	E	F	G	H
0	0	0	0	1	1	1	1
0	0	0	1	1	1	1	0
0	0	1	0	1	1	0	0
0	1	0	0	1	0	0	0
1	0	0	0	0	0	0	0

图1-39　控制逻辑#2电路真值表

同理，我们使用上文中给出的套路，写出EFGH这四个输出的表达式，结果却遇到了问题。对于E这个输出，五行里有4行都是1，如果按照第一行给出表达式，则为$E=A' \cdot B' \cdot C' \cdot D'$，而将第二行的值代入这个表达式，则会得出与现实不一样的结果，这就证明，我们之前使用的套路要么出了问题，要么并不能完整地描述所有场景，而只是特例。这可怎么办呢？空欢喜一场。至少$E=A' \cdot B' \cdot C' \cdot D'$可以描述第一行，第二行既然不能用这个式子描述，那肯定有其对应的表达式，专门为第二行写出来一个表达式，那就是$E=A' \cdot B' \cdot C' \cdot D$。同理第三行则是$E=A' \cdot B' \cdot C \cdot D'$，第四行$E=A' \cdot B \cdot C' \cdot D'$，第五行由于$E=0$，不用写表达式。这四行都对，又都不对，那到底是个什么状态？任何一种输入组合，要么匹配第一行，要么匹配第二行，总之得匹配某一行。这时思路就来了，既然是“要么”，那么“或”这个逻辑是否可以用来表达这个规律？我们把这五个式子或一下，$E=A' \cdot B' \cdot C' \cdot D'+A' \cdot B' \cdot C' \cdot D+A' \cdot B' \cdot C \cdot D'+A' \cdot B \cdot C' \cdot D'$，这个式子表达了这样一个意思：任何一组输入组合，同时输入到这4个子等式里，一旦某个子等式不匹配，则这个子等式的输出一定是0，但是这4个子等式中总有一个匹配，那么其输出为1。因为这4个子等式的输出是相或在一起的，所以整个等式的输出就为1，正好匹配了$E=1$的现实。

代入验证发现，这个等式的确是正确的，它可以完整地描述一个真值表逻辑。同理，我们写出EFGH四个输出的各自的表达式：

E＝A' ·B' ·C' ·D' +A' ·B' ·C' ·D+A' ·B' ·C·D' + A' ·B·C' ·D'，F= A' ·B' ·C' ·D' +A' ·B' ·C' ·D+ A' ·B' ·C·D'，G=A' ·B' ·C' ·D' +A' ·B' ·C' ·D，H=A' ·B' ·C' ·D'。

根据表达式画出对应的电路，如图1-40所示。这里清零逻辑使用了或门，因为对于控制逻辑#2，清零之后必须将EFGH全设置为1，打开所有锁存器使其处于透传状态。

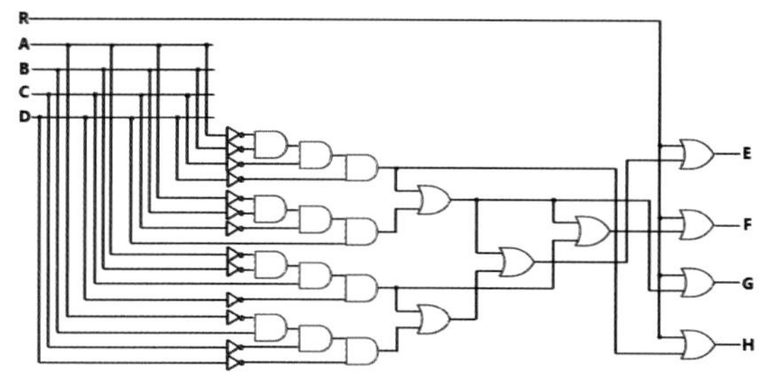

图1-40　控制逻辑#2的电路原理图

所以，根据真值表生成逻辑电路的基本规律是：忽略输出值为0的行，找出输出值为1的行，然后观察该行的所有输入信号的值，若为0，则对信号取反，然后将该行所有输入信号相与，再将所有行相或，即可得出该行的输出值。每一行输入信号的正值或者反值相与形成一个乘积项（Product-Term），多个乘积项相或后形成一个输出值。

根据表1-1所示的规律，对这个电路进行化简，化简之后的电路会消掉一些不相关的项，降低开关的数量，从而降低了时延。在实际工程中，电路都是经过化简的，大多数时候很难从实际电路原理图中看出其真正的目的。

与或非和阴阳

经过上面对电路的设计和思考过程，你应该看到了，二进制电子计算机的世界里只有与、或、非这三种基本逻辑。“与”体现了事物之间的息息相关，谁也离不开谁，描述了相互依赖的关系，就像图1-41中的黑色部分，其运行在底层，属于阴，只要有一点不对劲，有一个输入是0，则玉石俱焚，输出便为0，其极其谨慎、保守。“或”则体现了万物之间可以完全独立地运作，谁也不依赖谁，就像图1-41中的白色部分，其运行在表层，属于阳，只要有一点点激励，有一个输入是1，则蓬勃生长，输出便为1，其极其激进、活跃。大多数时候，与门的输入可能都不一样，有的是0有的是1，此时与门保守地输出0，也就是黑色部分占有较大面积。而仅当所有输入都是1的时候，与门才输出1，这是与门输出1时的特例，这个特例很不容易达到。当事物发展到某个转折点的时候，条件全部成熟，与门才会显现出激进的状态，这个状态就是图中黑色部分中的一点点白色。同样，大多数时候，或门的输入可能都不一样，有的是0有的是1，此时或门激进地输出1，也就是白色部分占有较大面积。而仅当所有输入都是0的时候，或门才输出0，这是或门输出0时的特例，这个特例很不容易达到。当事物发展到某个转折点的时候，所有希望全部破灭，比如计数器从全1转化为全0时，或门才会显现出保守的状态，这个状态就是图中白色部分中的一点点黑色。这也是为什么这点黑色的阴气会在阳气最盛的时候（白色面积最大的地方）逐渐开始凝聚积累，而这点白色的阳气也会在阴气积累到足够程度之后才会开始升发。这体现了物极必反的道理，也体现了量变到质变的含义，所谓“山穷水复已无路，柳暗花明又一村”。当阴气内的这一点阳气获得了生长的机会之后，便开始越过边界壁垒，阳气慢慢生长，最后达到最大，然后再进入阴的循环。而“非”则描述了事物之间的对立矛盾的关系，其处于中央，也就是图中黑白分界线处。也正是它导致和推动了阴阳的运行。反观现实世界，这三种关系便可以描述世界上事物的全部关系，更复杂的关系无非就是这三种基本关系的组合和叠加。也就是说，这个世界，需要依赖、牵制和矛盾对立，也需要独立、自由，需要保守也要激进，缺了一样都不行，如图1-42所示。

图1-41　阴阳

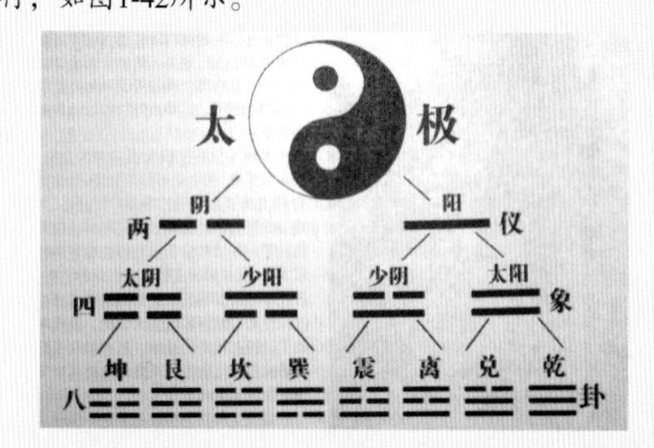

图1-42　《周易》所给出的与逻辑电路类似的演进

与和或其实是可以用开关搭建出来的，开关只有通和断两个状态。所以，计算机世界最终极的元素其实只有两个，那就是1和0，两个正开关可以搭建出与、或，与和或加上负开关（非）又可以搭建出更高层的逻辑。

1.3.6　七段显示数码管

前文中我们曾经提到过那个把某个数字二进制值翻译成7盏灯泡的亮灭，从而显示对应数字形状的数码管。现在你应该可以熟练地画出这个数码管译码器的电路了，就是一个4输入7输出的译码器，在此不再描述。如图1-43所示，有7个电阻分别连接了电源和7根输出线，其作用是从电源获取足够的电流来“驱动”7栈灯泡，但是又保证不过流从而烧坏电路。译码器输出的信号的电压可能不足以让灯泡点亮，所以可以使用一个外接电源串联一个电阻连接到输出线上，如果输出线输出为逻辑0，那么电流会从这个外接电源流入译码器的输出端，进入译码器内部的地线。然后流入电源负极，对应的灯泡不会亮，这符合期望；如果译码器某输出线为逻辑1，也就是高电平信号，则电流会流入对应的灯泡从而点亮灯泡。这种电阻被称为“上拉电阻”，意思是将输出的电压与电源的距离“拉近”，以便获得足够的电流源驱动力，并将电源电压降到合适的值以适应其后连接的用电负载。其大小根据输出信号下游所连接的所有电路的总电阻和下游所要求的驱动电压来定，比如图中的灯泡要求3V电压驱动才可以亮，且灯泡总阻抗为1000Ω，电源电压为5V，则这个上拉电阻的阻值应该为666.7Ω，也就是说其可分得2V的电压，剩下3V给灯泡，这刚好符合灯泡的要求。

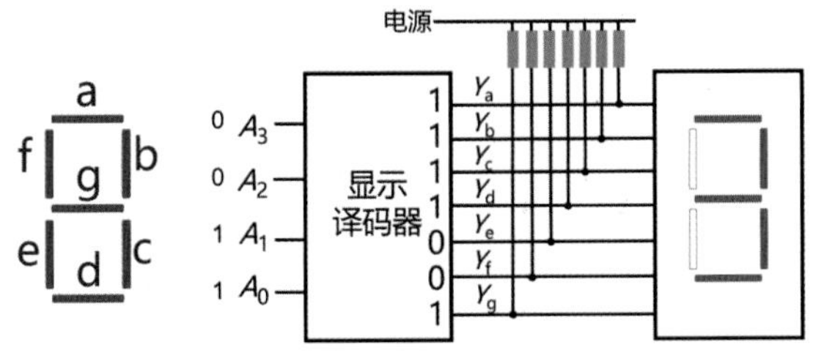

图1-43　7段显示数码管及其译码器

除此之外，还可以用类似方法制成字母显示管，甚至任意形状显示管。灯泡可以做得更小，小到必须把眼睛贴近才能看清楚，这时形状的显示会更加细腻，1080P的显示器，其屏幕就是1920×1080个小灯泡组成的，但是所需要的针脚数量也会非常大。再仔细想想，显示管是将数字信号翻译成灯泡的亮灭，如果能够将数字信号翻译成驱动喇叭电磁铁的电流，岂不是可以让计算器说话？

这就是所谓的“多媒体”计算器，也就是能把信息用声光等形式显示出来，做到可听可视。我们目前使用的显示器和数码管本质上是一样的，只不过在显示分辨率、色彩和输入信号的传送方式上不一样。

1.3.7　野路子乘法器

至于图1-36所示的自动按键转码器中的那几个乘法器，现在你应该可以自行设计这几个乘法器了，因为输入值和输出值你都应该了如指掌，除非没学过十进制乘法口算。只要写出真值表，画出电路原理图易如反掌。这里就留给读者自己实践吧，不再占用篇幅。

然而，对于1000D乘法器来讲，其输出信号达到了14个（最大值9D乘以1000D=10001100101000B，14位），如果按照上述办法去画电路，那会有大量的开关和导线。虽然有14个输出信号，但是其输出信号的组合却只有10种，也就是当输入为0D、1D、2D、3D、4D、5D、6D、7D、8D、9D的时候，输出为0、1000D、2000D、3000D、4000D、5000D、6000D、7000D、8000D、9000D。如果有某种办法直接将所有可能输出的结果预先保存到存储器中，每组输出信号被保存在存储器的某行中，然后设计一个译码器，利用它将输入信号翻译成读取该存储器对应行的读信号，从而读出该输入值对应的输出值。这种设计并非通过各种与、或、非逻辑门来“算出”输出值，那么耗费的资源是不是会少一些？

为了验证这个问题，首先要设计一个可以存储数据的电路。锁存器不就是一个很好的选择么？但是一个锁存器需要由多个门、十几个开关组成，只为了存一个1或者0，这看上去有种大动干戈的感觉。的确，它是可以“锁住”数据而不受外界影响的，而且可以自由地存取0或者1，很灵活。但是如果能牺牲一定的灵活性，把数据写死在电路里，0就是0，1就是1，并且永远也变不了，是不是使用的开关可以少一些呢？其实，仔细想想的话，1个开关就完全足够存储一位数据了，让其导通就是1，让其关闭就是0。还可以更简单，不需要开关，一根导线直接与电源相连，它的信号自然就是1，因为其自然地从电源得到了高电平；把一根导线直接与接地端相连，它自然就是0。这样说的话，只用导线不就可以完全存储0和1了么，根本就用不着开关！这太神奇了，我们先把这个奇特设计画出来看看，如图1-44所示。

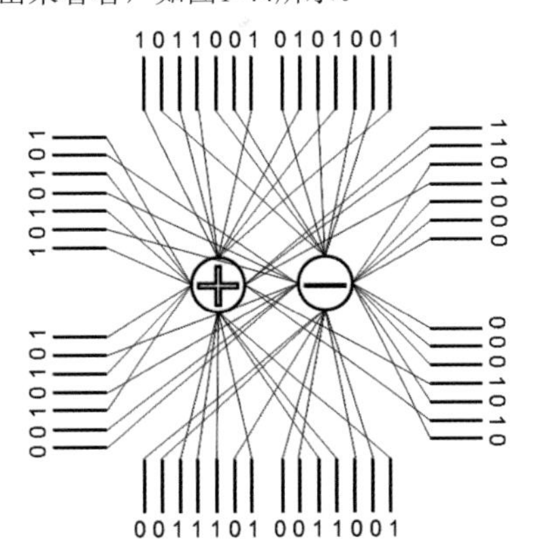

图1-44　假想中的存储方式

假设某译码器的输出信号为7位，且共可能有8种不同的组合，也就是真值表的行数为8，则将其输出的每种组合连接成图1-44所示的电路，直连电源。现在的问题是，如何从这8组数据中选出某一组信号来。可以隐约感觉到，“选出”某路信号，意味着“堵住”其他所有信号，而与门天生具有这个特性。**如果把所有信号连接到与门，使用控制信号控制与门的另一路输入为1，则可透传另一路信号，或者说“选出”该路信号；为0则“堵住了”该路信号，但**

是只能堵住1，却堵不住0，因为信号如果本来就是0的话，与门的控制信号即便是1，输出也是0，反而相当于透传了该路信号。我们还是先画个图。假设存在某种逻辑，其能够接受多路信号的输入，然后在控制信号的作用下，只将一路输入信号传递到输出端。先给这个假想中的逻辑起个名字，叫它多对一“**信号选择器**”。图1-44中所示的假想中的数据存储，就要靠这个选择器来将某路信号选出。这个电路与我们之前接触过的电路不太一样，它会有多路输入和一路输出，多路输入中又包括多路数据输入和一路控制输入，多路输入之间并不是互相配合从而产生输出的，而是竞争关系。

之前根据真值表来画电路的方法虽然也可以使用，但是会非常麻烦。假设我们以图1-45为例，要从A、B、C、D四路信号中选择一路输出到Y端，假设控制信号也有4路E、F、G和H，E=1且F=G=H=0表明将D的信号传递给Y， F=1且E=G=H=0表明将C的信号传递给Y，其他同理。4路数据信号会有2^4=16种组合，而4路控制信号会有4种组合，这样算来这个电路的真值表会有16×4=64行。但是这个电路的逻辑并不复杂，不用真值表直接想还是可以想出来的，如图1-45中图所示。想让哪一路信号透传到Y，就把对应的控制信号置1且其他控制信号置0。此时根据与门的特性，对应的那路信号（不管是1还是0）会被透传过与门与Y接通，这看上去应该没问题，但是4个与门的输出都与Y相连的话，如果被透传的信号为0，其他与门输出也是0，那么Y此时的确是0，符合期望，但是如果被选中的信号是1，而其他与门的输出是0，那么1和0在同一根导线上相遇，结果到底是什么？

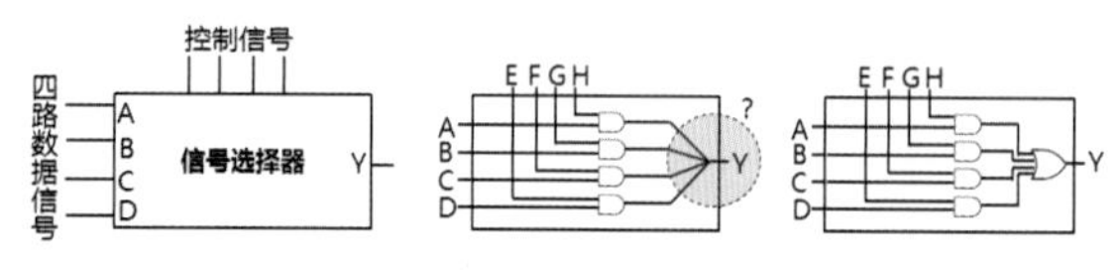

图1-45 信号选择器

1和0的秘密

如图1-46所示，一个开关的控制极，比如继电器，可以用有电或者没电（测不出电压）来表示1和0。因为对于一个开关来讲，控制器不加电压一般处于开路状态。但是这个开关的输出端却不能用有电或者没电来表示1和0，必须用电压信号的高低来表示，因为如果“测不出电压”可以表示0的话，将会引起错乱。比如，如果电路根本没有通电的话，那么其所有的输出端因此就默认表示0，会造成很多麻烦。再如，两个电路模块对接，但是其中一个电路出了故障，或者没有供电，此时其输出信号全为0，如果该状态的确又是一个符合逻辑的状态，也就是存在于真值表中，那么对方电路就会认为信号是合法的，并且一直根据这个信号状态做出自己的反应，其实它并不知道其上游的电路早已有故障。所以，对于数字电路来讲，并非“非0即1”的状态，而是有另一种状态，称为“高阻态”，也就是电路直接断掉之后所处于的一种状态：没有任何通向电源正极或者负极的通路，电流流到这种电路中之后就会遇到无穷大阻力。一个信号如果输出为逻辑0态，那一定意味着其与电源负极（俗称接地端）以某种错综复杂的通路联系了起来，电流可以从它这里流入到其后方某远处的电源负极，也就是说，其是“吸电流”的；而如果一个信号输出为逻辑1态，那么电流一定是可以从它后方迷宫般的逻辑门后面隐藏着的电源正极流出来，并且流入到其下游连接着的其他逻辑0状态的信号内部，从而流向电源负极。一句话，逻辑0态意味着其与负极是有通路的（直连或者通过其他逻辑门），逻辑1则意味着它与正极是有通路的（直连或者通过其他逻辑门），高阻态与正负极之间没有通路，电流无路可走，电阻等价于无穷大，因为电流到此没有了回路，失去了参照点，也就测不出其电压，其不吸收电流也不放出电流。所以，前文中给出的那些与、或、非门的开关示意图，其实都是不正确的，因为输出端在逻辑0时根本对地没有任何通路，其实是处于高阻态的，而这不能表示0。也正因如此，将信号从1变化到0，不仅仅是断开通往电源正极的通路就可以了，而是真的要通过开关控制将其接入电源负极，那就意味着导线中的电子要集体向负极流动，直到导线离负极最远的那一端电压降低到足够表示0为止，而这是需要一定时间的，并不是瞬间完成。导线中所有电子感受到电场力的时间的确是光速，但是电子在电场力驱动下的流动并不是光速，所以不能忽略不计。这个过程相当于放电，而从0到1的过程就相当于充电，所以电路不断地在1和0之间反复振荡，反复充放电，摩擦，便会产生热量。由于是交变的振荡，会产生电磁波，一部分还会辐射出去，这些都体现为电路的功耗。

图1-46 逻辑1和逻辑0的定义

根据上述结论可推出，1和0在同一根导线上相遇，结果会短路，电流从1端流向0端，此时输出确实为0，因为相当于短接到地，电压为电源负极电压，但是电流却很大，可能会烧毁电路。

线与

那么，加个限流电阻是否可以？可以，但是电路输出还是逻辑的0，也就是说这些与门的输出只要有一个为0，该输出便会吸电流，从输出为1的与门那里吸电流，然后导向电源负极，导致压降，此时整个等效输出就是0。所以图1-45中被圈起来的部分，相当于一个与门逻辑，只要有一个输入是0，输出就是0，只有输入全是1才输出1，用这种方式实现的与门称为“线与”。如图1-47所示，开关由弹簧附着，默认处于闭合状态，所以输出端电平与地相同，为逻辑0；继电器为开关的控制极，输入端为高点平时，继电器产生磁力将原先闭合的开关断路，输出端电平与电源相同，为逻辑1。限流电阻被放置在电源前方。

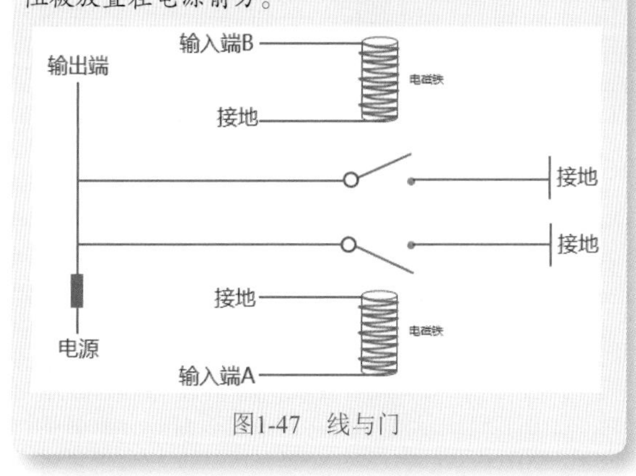

图1-47　线与门

回到图1-45所示的电路，中图所示的连接方式显然不是我们想要的，其输出端组成了一个线与门，0会把1盖掉，而我们是要把1选出来透传给Y。既然与门不行，那么反其道而行之的或门是否可以？如图1-45所示，或门的确可以实现我们的要求。如果待选出的信号为0，其被与门透传过来之后也是0，其他信号也是0，或门输出也是0，符合期望；若待选出信号为1，被与门透过来也是1，其他信号为0，或门的输出还是1，符合期望！图1-45中的或门是个4输入或门，其相当于三个2输入或门的串联。至此，我们完成了1位信号选择器的设计！

高阻态和总线

仔细端详图1-45中间的场景，如果能将未被选出的信号输出为高阻态，而不是逻辑0，那么此时虽然所有的输出端信号和Y都连接在一起，但是却并不会引发电流从1端流向0端的状况。因为电流此时没有对电源负极的通路，那么信号就不会受到影响。的确存在这种可以在控制信号的作用下输出高阻态的电路，只要将通路切断即可。这种将所有信号连接在一起，在不发送信号时主动进入高阻态从而不影响其他信号的输出传递方式，称为“总线”（可参考2.3.3节中相应的例子）。连接到总线的所有信号，必须由一个可实现高阻态的电路连接到总线上。图1-48所示的是4种典型的可实现高阻态的电路。可以看到，当en端输入为0的时候，U_o端后面的两个开关均处于断开的状态。U_o端与电源或者地均没有通路，其为高阻态，既不会吸电流也不会放出电流。此时U_o虽然连接在了总线上，但是对总线没有任何影响。当需要将U_o端信号传递到总线上时，便将en端信号设置为1，此时U_i信号被传递到U_o端继而被传递到总线上，此时必须保证总线上其他信号处于高阻态，除了需要接收U_o信号的那一端之外。

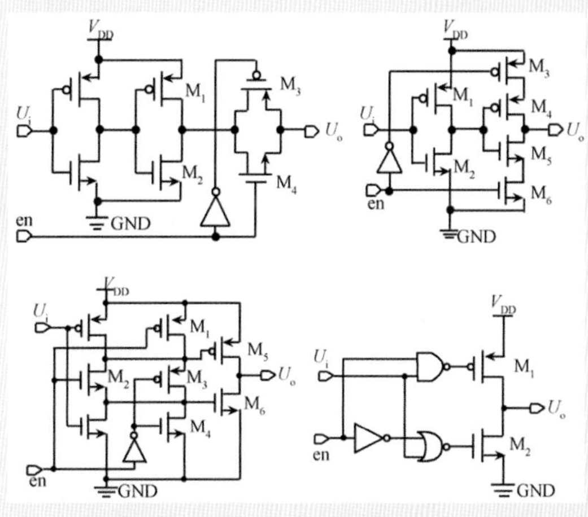

图1-48　可实现高阻态的电路

（注1：可以看到在图1-48的电路图中，用于表示1和0的点，都是与电源的正极或负极有通路的。）

（注2：开关符号的说明如图1-49所示。左侧为正逻辑开关，右侧为负逻辑开关。箭头符号可有可无。）

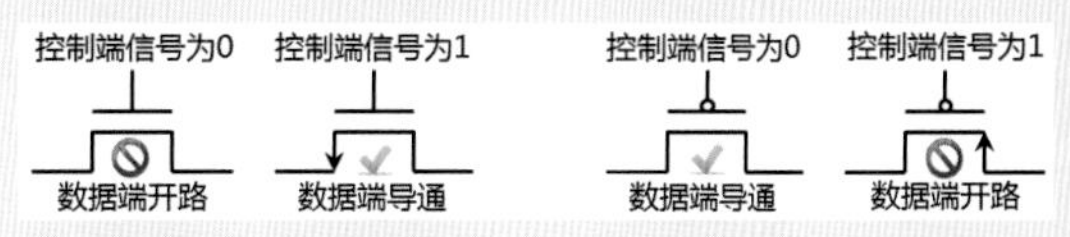

图1-49　两种类型开关的表示方式和逻辑行为

回过头来看看图1-44中的数据，每一组都有7位，而我们刚才设计出了一个4选1的一位选择器，其作用是从4路信号中选出一路。而对于图1-44中的数据，共有8组，我们要选出其中一组，而每组中包含7位，所以最终要使用7个8选1的选择器，其可以组成一个7位8选1选择器，最终的电路如图1-50所示。注意，看的时候别被7和8搞混。选择器被称为**Multiplexer**，简称**MUX**，中文又称为**复用器**，意即将多路输入信号复用在一路输出信号上。当然，每次只允许一路输入信号通过，但是可以循环将多路输入信号轮流输出出去，也就是“复用”的意思了。

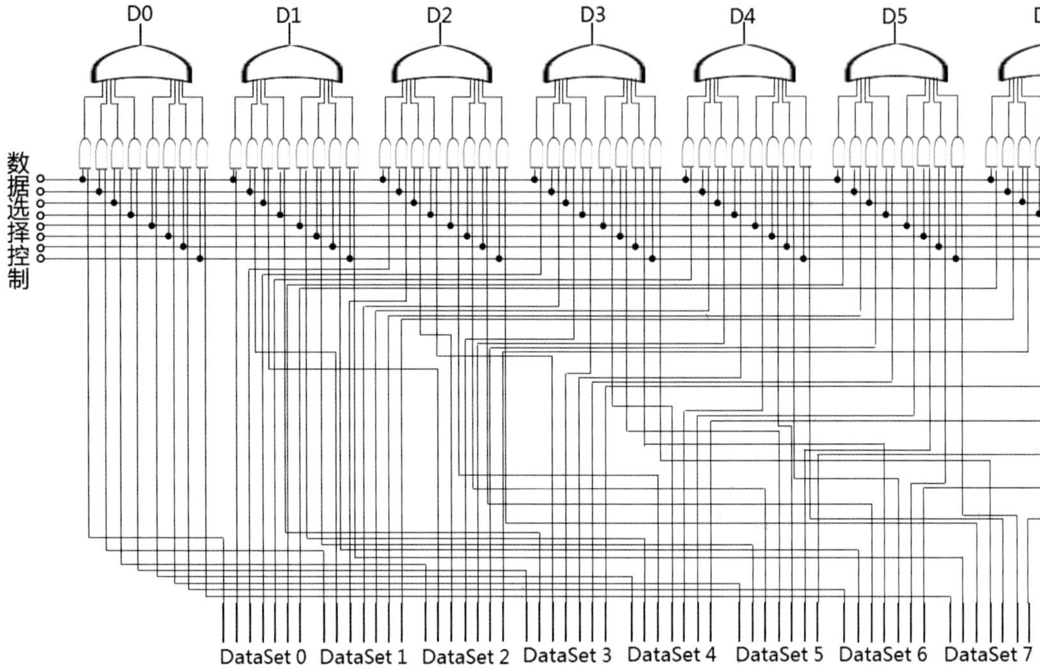

图1-50　7位8选1选择器

利用这个选择器，配合图1-44中的数据存储电路，就形成了一个可通过8个信号来控制的、可选出8组7位数据中任何一组的独立模块，我们可以称之为“**存储器**”。将存储器中数据选出的过程，称为“读出”，读出的数据可以将信号与下游的其他功能模块连接，比如按键转码器中的最后一个加法器。利用这种方式，我们可以顺利地实现固定数之间相乘的乘法器了。比如，按键转码器中的乘10D乘法器，就可以直接将10组可能的结果设计到存储器电路中，然后用一个具有10个控制信号的数据选择器来选出其中一组数据。问题是，这10个信号怎么生成？乘法器的输入端应该是4位信号，其表示0D～9D中的一个。把4位信号映射成10位信号，当然要用译码器，所以要在选择器前面增加一个4转10的译码器。当然，这对我们来讲已经是小菜一碟了。

乘1000D的乘法器，也可以用上述方法去做，但是会有10个14位二进制数需要选择，这电路的规模也不算小了。前人们的智慧结晶不得不让人感叹！对于如图1-51所示的电路，大家可以自行分析其工作原理。当W_0=1且W_1～W_9=0时，D_0～D_6的输出信号为0000000，当W_1=1且其他W值都为0时，D_0～D_6的输出为0001010，这不正是一个乘10D乘法器在乘数分别为0～9时的结果存储和选出电路么？什么？费了牛劲设计出来的选出电路，竟然让这么一个简单的由单个开关组成的二维矩阵给替代了，甚至没有一个逻辑门？的确如此。而且看看图1-51右图所示的电路，其便是乘1000D乘法器的可选出结果的二维阵列。可以看到，选出控制信号W的数量并没有增加，只是增加了

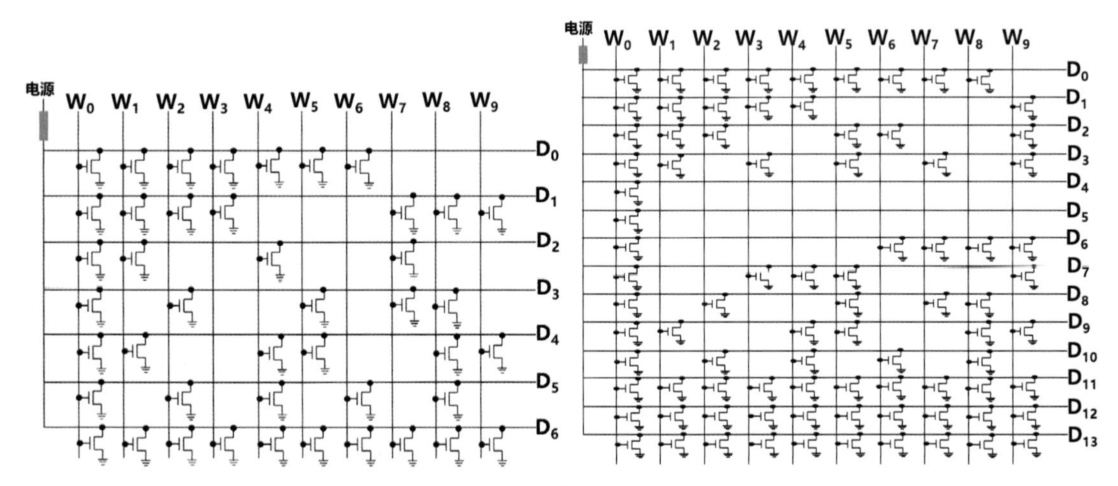

图1-51　新型数据存储阵列

数据位数，从乘10D乘法器的7位增加到了14位，代价非常低。

神奇了！这样的话，别说是4位十进制数转码器，就算是8位十进制数转码器，也就是说需要乘千万的乘法器，最大值为90000000D（9000万），对应的二进制为101010111010100101010000000B，会有28个信号输出，但是其总共的结果组合仍然只有10种，仍然只需要10个控制信号，对应的选出译码器依然还是同一个4转10译码器，根本无须变化。

只读存储器 ▸▸▸

这种二维矩阵是个很好的存储静态数据的方法，所以前人们给它起了个名字，叫作Read-Only Memory，ROM。其只能读出（选出）数据，不能写入数据，其内部的数据是在设计电路时就“写死”进去的，不能改，这一点就比不上锁存器了。其W端作为读出控制端，又被称为“字线”（word line），意思是某个W信号为1时，所有数据端都会输出一位数据，这一串数据就好像一个“字”（word，W）由好几个笔画组成。而每个数据端的输出线又被称为“位线”（bit line），因为一个数据端只输出一位数据。

看来，对于固定数值且结果组合数量较少的乘法器来讲，一个二维存储矩阵配上一个小译码器是个很不错的选择，这比直接只使用译码器实现的方案节省了不少逻辑门和导线。这种做法是懒还是聪明？还真没法界定，看似懒人做法，先口算好，把所有可能的结果直接写死，存储起来，然后根据输入数值，用译码器生成选出信号从而选出对应的结果，而不是用逻辑门的组合先“算”出对应的结果。如果对应的计算逻辑非常复杂，这种方式的确可以节省电路开关的数量和复杂度，也可以说是一种聪明做法，以至于这种方法被FPGA广泛使用（会在第9章介绍FPGA）。但是别灰心，我们制作的数据选择器并没有废掉，你将会看到它会成为一个最关键的模块。弯路上的风景，才是奇葩！现在你再回去仔细看看图1-16的那个键盘的实现电路，其本质是不是完全一样呢？正所谓：众里寻他千百度，蓦然回首，那人却在灯火阑珊处，只是当时已惘然。

1.3.8 科班乘法器

任意两个数的乘法器会有大量的组合，不可能把这些组合都实现在一个译码器里，也不可能把所有可能结果存起来供选出，那样会耗费非常多的资源，开关和导线的数量会不计其数。此时，上述的两种笨办法已经变得不可行，笨办法会越用越笨，野路子毕竟只在特殊场景下奏效，还是得考虑其他方法。这还得从源头入手，看看能否像当初从十进制加法的计算方式找到匹配的电路而形成加法器一样，也从十进制乘法计算方式上找规律。也就是说，对于小规模的专用场景，野路子没问题而且还很快，但是对于通用场景，还是“算”出来更划算，而不是“选”出来。

如图1-52所示，可以发现，二进制条件下，我们在小学就掌握了的乘法法则依然成立。只是那时候我们根本没理解为何要这么做，只是跟着做了并固化了下来。现在回过头来再审视一下这个方法，其实它与我们前文中的做法有些类似。比如，1234D=1×1000+2×100+3×10+4×1，也就是将个位、十位、百位、千位分别与对应数值相乘然后相加。两个数相乘就是先用乘数的个位与被乘数相乘，得到一个积（学名叫“部分积”），再用十位与被乘数相乘得到一个部分积，然后将这两个部分积错开一位相加，错位相加的原因是十位的部分积的最后一位表示的是“有多少个10”，所以要将其对齐到个位部分积的十位上。如果有更多位，那么每个部分积都错位相加，最后得到结果。二进制相乘也一样。

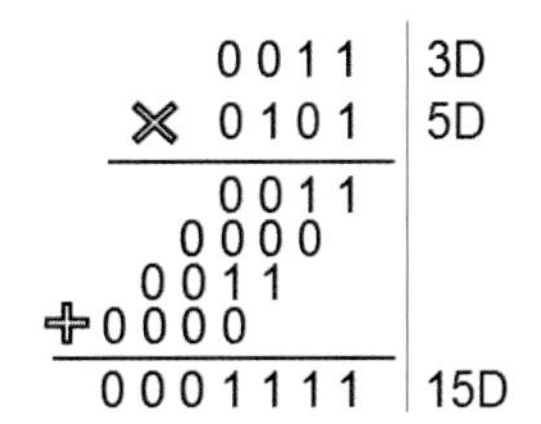

图1-52 小学乘法法则

现在，我们需要找出可以与乘法结果匹配的电路。可以看到，1×0=0，0×1=0，0×0=0，1×1=1。一眼就可以看出，这和与门逻辑刚好完全匹配。这也是A AND B直接被人们表示为AB或者A·B的原因。有了这个发现，我们立即着手画出电路，一个2输入4位二进制数乘法器，也就是有两组4位二进制输入信号，一组4位二进制结果输出信号。

如图1-53所示，将乘数B_0～B_3的每一位分别与被乘数A的每一位相乘，得出4组4位部分积，然后再将4个部分积错位相加，这里需要一个特殊的加法器，这个加法器输出的最大值应为1111B乘以1111B=11100001B，共8位，所以这个加法器中应该对所有4个输入进行高位补0操作，补成8位。补零并不影响计算结果，比如1100B=00001100B，这样做可以对齐，便于理解。此外，还必须在电路中人为地将每一路信号分别错开一位相加，这在电路上实现起来很简单。4输入加法器，等价于3个2输入加法器串联累加，这一点也不难实现。

至此，我们绕了一大圈的弯路，其实任意两个数的乘法的电路非常简单，根本用不着笨办法，笨办法现在看来确实很笨。这里面的关键是与门逻辑刚好匹配了乘法的逻辑。

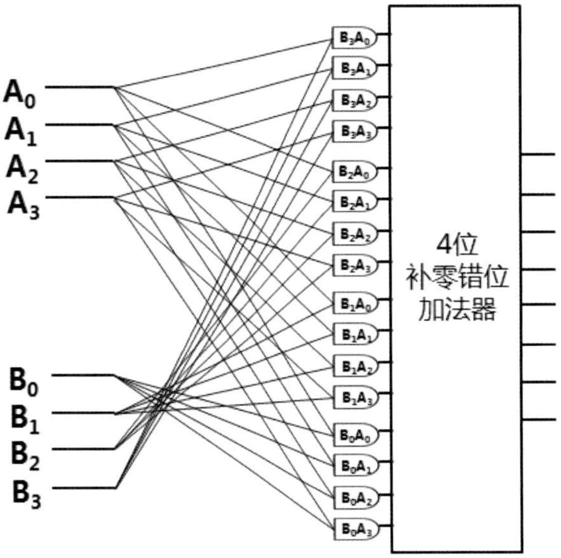

图1-53　2输入4位二进制乘法器

好了，计数器、译码器、乘法器，我们都攻克了，那么这个按键转码器是否真的可以让用户输入“1234”，它就能直接转换成1234D=10011010010B了呢？仔细审视一下，这个转码器在逻辑上还是有问题。对于1234D这个十进制数，也就是一千二百三十四，所有人的习惯都是先输入1，然后输入2、3还有4，但是按照图1-37所示的逻辑，1会被导入到个位锁存器，而4会被导入到千位锁存器，这样的话，最终结果是4321D而不是1234D，现在需要解决这个问题。

1.3.9　数据交换器Crossbar

对于上面的问题，你可以在说明书中给出免责声明：“本产品由于设计者能力有限，请从个位开始倒着输入数值，否则后果自负。”也可以选择攻破这个难关。对于我这样一个自诩为“偏执狂非混蛋”的过气产品经理来讲，那肯定是选择后者了。

梳理一下整个逻辑，如果用户输入了1位数，需要将其导入个位锁存器，如果输入了两位数，则第一次的输入要导入到十位锁存器，也就是说，输入的位数不同，导入的位置也不同。图1-54所示分别为输入1位数到4位数时，这个逻辑需要实现的数据导向映射关系。

我们需要设计一个逻辑电路，让它能够判断当前已经输入了多少位十进制数，然后根据输入的次数将对应数值导入到对应的锁存器。这仿佛是要有一只无形的巧手能够动态地将线连接到对应位置，它又更像一个编织高手，能够动态地将两根正确的线接起来从而接通信号。其实，这个过程正如早期的电话接线员所做的事情。看一下图1-55上图所示的电路，这不正是一个编织手再熟悉不过的场景么。穿针引线，将

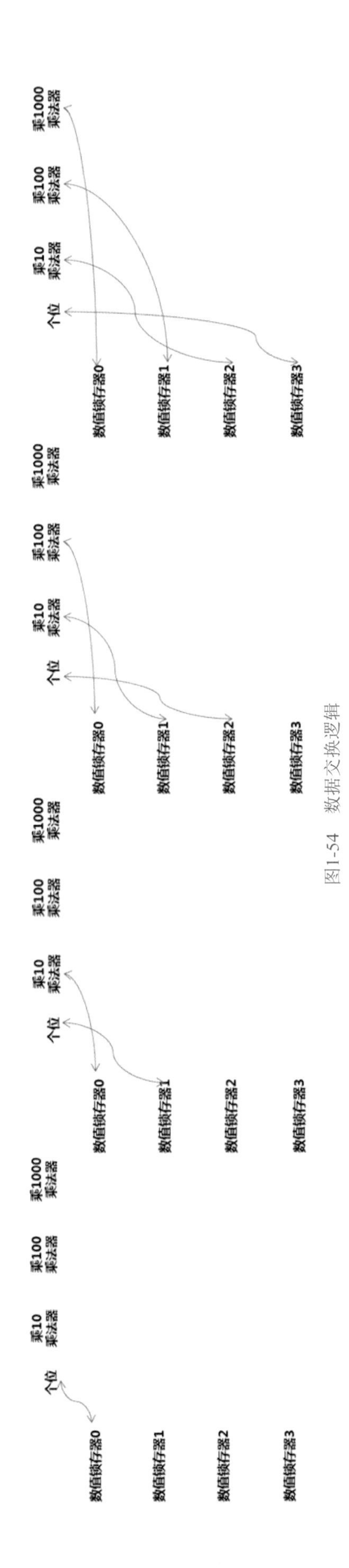

图1-54　数据交换逻辑

某个开关导通，便连接了两根导线，信号就被传递到指定的位置，同时也可以看到同一根线上只允许有一个开关导通，否则会导致信号错乱。比如，0号开关不允许与1或者2或者3以及4或者8或者12中的任何一个或者多个同时被导通，但是0和5可以，3、6、9、12也允许被同时导通。总之，位于同一行或者同一列中的两个或以上的开关不允许（但是能）被同时被导通。

图1-55上图所示的就叫作Crossbar（交叉开关，即每个交叉点上存在一个可控开关）交换矩阵，其与ROM存储阵列在布局上相似，但是开关的连接方式不同，作用也不同。其可以同时维持多路连接，而且可以动态重新映射信号的传递关系。4输入4输出的Crossbar交换矩阵被称为4×4 Crossbar Switch，从输入端到输出端最大可同时连通4路信号，而且每个输入端可以和任何一个输出端连通，但每次只能连接一个输出端，不能同时连接多个输出端。值得说明的是，Crossbar的输入信号必须维持住，否则如果输入信号全为0的话，其内部将没有任何通路被导通。

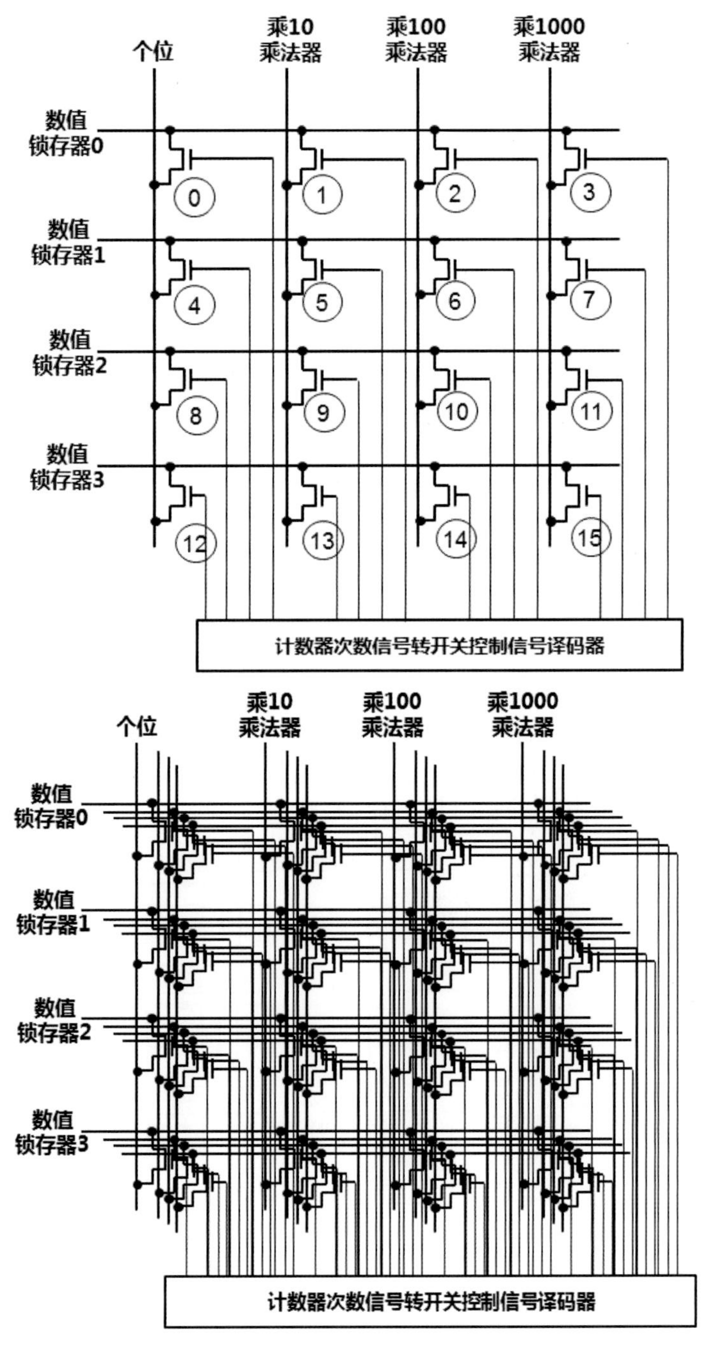

图1-55　Crossbar数据交换矩阵

组播广播▶▶▶

但是在一些特殊场景下，需要一个输入同时连接多个输出。比如，如果将图中的0和1号开关同时导通，那么数值锁存器0中的信号会被同时传递给个位和乘10乘法器。这属于一种"组播"，也就是一个点同时向多个选中的点（但不是所有点）传递信号。而如果将图1-55中的12、13、14和15号开关同时导通，那么就相当于数值锁存器3中的信号同时"广播"给所有的输出端。但是不管组播还是广播，同一时刻必须只能允许一个端点发送数据，否则信号会冲突错乱，所以多个节点之间需要通过某种机制，比如仲裁机制。或者单独使用一根信号线来监控目前的导线上是否已经有人在传输数据。之前提到过的"线与"机制便被广泛应用于I2C/TWI总线，这种机制规定共享使用同一总线的所有端点，每个端点出一根信号，所有信号线与在一起，端点在使用总线之前必须嗅探该线与信号，如果为0，则表示其他人正在使用总线，其必须等待；如果为1，则可以使用总线，但是必须将该信号置为0，以屏蔽其他节点的乱入。当某个节点感受到线与在一起的信号端为0时，则表示有人正在使用总线；当线与信号端为1时，证明没人有拉低信号，当前无人使用总线，则将信号拉低以表示自己抢占了总线使用权，此时该节点就可以占用总线传输数据了。

看到这里，我想大家也都应该理解图中前置的译码器的作用，并且可以徒手画出其内部逻辑门电路了。其将计数器输出的次数信号翻译成Crossbar内的16个开关的通断信号：第一次按键时，0号开关导通其余全断开；第二次按键时，1号、4号开关导通，其余全断开；第三次按键时，2号、5号、8号开关闭合，其他全断开；第四次按键时，3号、6号、9号、12号开关闭合，其他全断开。有了上述逻辑梳理，写出真值表，得出表达式，画出电路，水到渠成，不再赘述。

可以看到，7、10、13、11、14、15号开关没有用到，原因是因为本按键转码器最大支持4个数值的输入，如果能够支持更多的话，那么这些开关迟早也会被用到。在实际的产品中，可以将这些开关去掉，也可以将Crossbar作为一个通用模块购入。既然是通用，那么其内部开关都是保留的，未做删减。

另外，这只是一位数据的交叉开关。一组数据一般有多位，比如一个十进制数值对应的二进制会有4位，如果要同时将4位信号利用Crossbar传递到输出端，就需要4个二维矩阵盖到一起形成多层，如图1-55下图所示。由于导线之间不能接触，所以必须将它们摞在一起。如果位数很多（位宽大），比如64位，那么就需要至少64层。要想摆在一层上，就需要铺开，但是这样又会占用很大的面积，所以这种交叉矩阵虽然简单、高效，但是实现起来又的确很不方便，占用了大量的电路面积，密度很低。

这种将多个输入信号按照目标动态地从多个输出端选择一个（单播）或者多个（组播/广播）连通传递信号的方式称为交换，专门承担这种数据交换任务的设备称为交换机，其内部主要部件就是交换电路，而且位宽非常高。

有了Crossbar，这个按键转码器的电路图应该改成如图1-56所示的样子了。

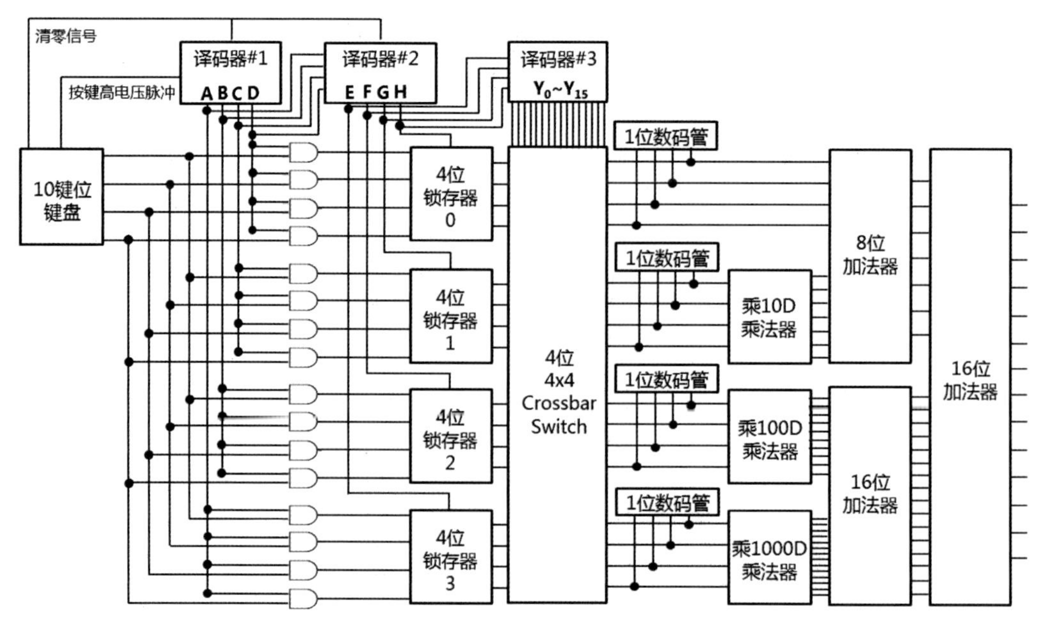

图1-56　改进之后的按键转码器

其中增加了一个4转16的译码器#3，其作用是将计数器所输出的信号（也可以是译码器#2翻译之后的信号，这样译码器#3的电路能够简单一些，不需要再加一个计数器），翻译成4×4交换矩阵中那16个开关的控制信号，从而将正确的输入导向正确的输出。另外，为了增强体验，在适当位置增加能够显示一个十进制数字形状的数码管，数码管放置的位置很重要，必须放置在Crossbar下游，因为信号在这里才会各得其所，于是每次按键，对应的数码管都会亮起。第一次按键时，数值被存入锁存器0，并被导向到Crossbar的个位信号输出，个位数码管亮起；第二次按键时，第一次按键被输入的数值仍被存储在锁存器0，但是会被Crossbar导向到乘10D乘法器处并亮起对应的数码管，第二次按键的数值被存入锁存器1，并被导向个位乘法器并亮起对应数码管，最终效果就是第一次按键数值会在第二次按键之后被交换到十位上，如果发生第三次按键，则再被交换到百位上，以此类推，所有数值都跟着后移。逻辑完全没有问题！然而，能否制作一个可以发声的按键转码器？这……我这种偏执产品经理一定不能配研发团队，否则会被投诉，所以最好还是亲自操刀。

1.3.10 多媒体声光按键转码器

要想发声，就得加个喇叭，但是喇叭是靠模拟信号驱动的，所以在喇叭之前需要增加一个数字转模拟的“**解码器**”，将数字信号转换为模拟信号；其次还需要增加一个**信号放大器**，将微弱的电流放大成足以驱动喇叭磁铁产生足够磁力从而振动纸盆的足够强的电流。

这些其实都好办，不好办的是，如何让每次按键时，都触发一次播放预先录制好的10个十进制数字的人声语音的操作，而且需要自动开始、自动停止。语音信号被编码成二进制数据后，对其回放的过程是一个连续的读出、解码的过程，这个过程和我们前文中的任何过程都不同。数码管可以用不同的形状组合直接反应要表达的信息，而对于声音来讲，其传递的信息必须是连续的响声，不同声调、强弱、音色的组合，而不能仅仅是“响”或者“不响”这么简单。这也是通过视觉传递的信息比声音丰富的原因。如果说视觉是并行处理，那么听觉则是一种串行处理。

音调和音色

人们通过仪器测量发现，频率高低体现为音调高低，也就是哆来咪；振幅高低体现为响度高低；而音色是最复杂的部分，男声和女声即便是同一个音调，响度也一样，人脑还是可以分辨出其不同。人们分析了仪器记录的波形图，发现不同音色的差别主要体现在不同发声材质在振动时自身所产生的一些伴随着主频率、主振幅而生的附加振动。这些附加振动有自己的频率和振幅，主波和这些次波叠加在一起之后，便产生了可区别的各种音色效果。人们将这个主频率称为基波，将额外的附加振动频率称为谐波，谐波可能有非常多个。谐波导致的振动又被称为“泛音”，意即泛泛之音。C调“Do”的基波频率为261.63Hz，F调“Do”的基波频率为349.23Hz，F调“So”的基波频率为523.25Hz，将这些频率加倍，每加一倍，声音就抬高一个调子，俗称“升一个八度”。具体机理详见1.4.7节。

自从稀里糊涂地给自己出了这个制作多媒体声光计算器的课题之后，我整个人都精神多了。首先，咱们得搞清楚这10个十进制数字的语音录音到底是用什么方式录制、存储和播放的，然后再来设计对应的逻辑电路。人声产生的振动被麦克风记录，振动薄膜的振动相当于一个滑动变阻器，不停地改变着电路中的电流，这个电流的大小是连续变化的（至少在宏观角度上看来是连续的，也许底层还有个最小间隔），其变化是因为振动薄膜的振幅和频率在说话期间，时刻都在按照人声的强弱和频率同步振动。人声的强弱在宏观上也是可以连续变化的，除非故意发出一个台阶声响。

如图1-57所示，上图为正常的人声产生的波形，其频率、振幅都是杂乱无章的，表现为音色音调强弱都在变化；下图可能为机器或者特殊动物的发声器官发出的声波，其频率恒定，但是振幅不断变化，表现为强弱变化。上图的信号通过振动薄膜之后所产生的电流变化也是杂乱无章的，如果能够将这些电流变化记录下来，就可以在导线上重新加上对应的电流，反过来驱动振动薄膜振动，回放出声音。然而，迄今人类并没有找到任何介质或者办法能够完整地记录电流的每一“个”或者每一“次”变化。因为“个”和“次”的概念本身已经是不连续的了，比如逐渐增强声音，振幅变得越来越大，那么振幅增加到底是按照0.1nm为单位，还是0.00001nm抑或是0.000000000001nm为单位来增加的？空气中的分子在机械运动时的最小前进单位是多少？是不是绝对连续的，没有跳跃？也就是0.00后跟着无穷多的0，取极限，极限的结果不就是无限趋近于0么？那到底是前进了还是没前进，极限的本质又是什么？这些都无从知晓。但是可以确定的是即便是振幅/电流真的是绝对连续的，没有办法完整记录它们，所以我们只好自定义一个记录粒度，比如将一秒除以11000，每隔1/11000秒，就记录一下导线中当前的电流值，这个过程称为采样，每秒记录11000个电流值，最后绘制成的曲线在宏观上起码用肉眼是分辨不出其底层是一份一份的（离散的），回放的时候，每秒将对应的11000个电流值顺序加到电路上，便可以驱动振动薄膜根据输送电流的强弱产生忽强忽弱的形变，从而产生对应的振动，还原出声音，此时人耳绝对分辨不出每个电流值之间其实是没有振动的，并不会听到一卡一卡的声音，因为每秒11000次振动已经足够迷惑人耳了。为什么要用11kHz的采样频率？因为人耳可感知的振动频率经实测在0.3kHz到3kHz之间，婴儿和女人的嗓音振动频率较高，音色萌，所以能得到更多的保护让物种得以繁衍。根据历史上科学家奈奎斯特的验证，当采样频率高于被采样信号的最高振动频率的2倍时，便能够在人类感官可接受的范围内回放出原有信号。

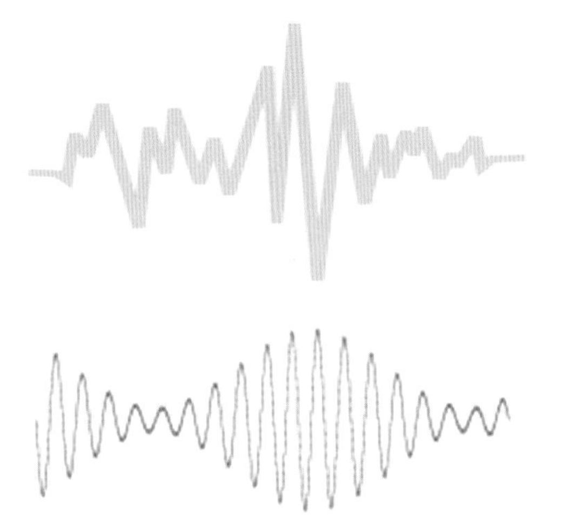

图1-57 声波

提示 ▶▶▶

实验证明，自然界的波动在底层都是无限多个频率的正弦振动的叠加，比如原子自身振动，原子组成的分子自身的振动，分子组成的更高层结构的振动，频率越来越低，这些正弦振动“分量”一层层叠加起来（粒子在原子中振动，原子在分子中振动，分子在更高层结构中振动，高层结构本身也在振动，具体叠加的形式后面会看到），才表现为整体的波动。所谓“最大频率”，实际上是无限大（也可能并非无限，世界存在一个最小的振动子，其频率非常高，比如普朗克频率，10的43次方）。最终只是取一个能够体现这个波主体部分的振动分量的频率作为“最大频率”，其他更高频率的分量只占这个波极小的比例，如图1-58所示。

不过实际中，人们还是将采样频率定在了较高的倍数上，比如CD的音质便是采用44.1kHz采样的，能够较高精度地还原出声音信号。而早期的电话一般采用的是11kHz的采样频率，音质较低但是完全够用。

每个采样出来的电流值或者电压值都会被翻译成二进制码，如果仅使用2位二进制来描述一个电流值，那么总共只能描述4个值，比如00表示0.1A、01表示0.5A、10表示1.0A、11表示1.5A，这样的话，精度就非常差。如果当前的电流值为0.8A，那么到底应该编码成01还是10？只能选择离得较近的那个，比如1.0A，那么用这个记录还原出来的信号就失真了，严重时会导致无法分辨，所以应当提高编码的精度。实际中一般采用16位编码，也有采用24位甚至48位编码的高精度音质，16位可以表示2^{16}=65 536个电流值，这样已经足够平滑，而24位和48位精度相对16位精度的效果区别估计只有骨灰级合金耳才能分辨出来了。

每秒采样44.1kHz，每次采样被编码成16位二进制，可以计算出用这种系统来录制声音的话，每秒会至少生成86KB的数据，而每秒生成的数据数量称为**采样码率**。一首歌曲按照4分钟计算的话，会生成大约20MB数据，如果是两个声道（左右各录制一路，因为要模仿人的两个耳朵同时采集声音信号，俗称

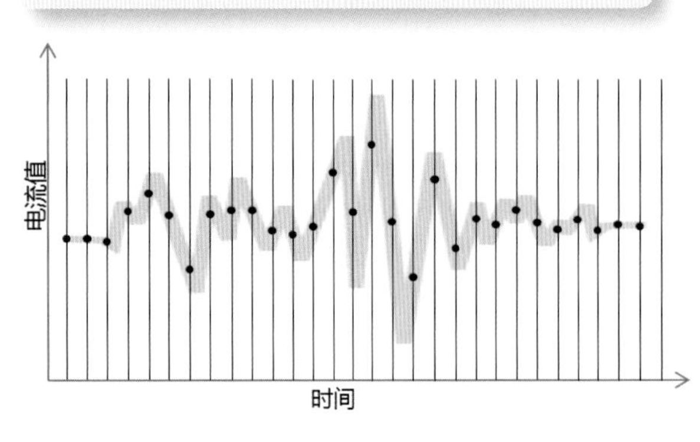

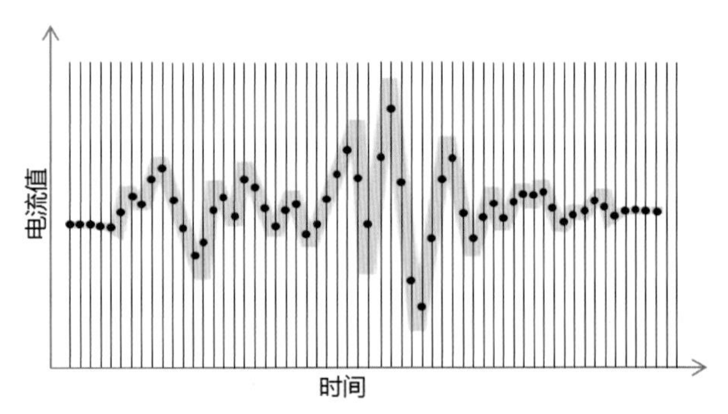

图1-58 不同采样频率所得到的采样点和还原程度示意图

“立体声”），则再乘以2。最后，经过适当的编码和压缩处理，一首经过mp3格式处理之后的声音文件才会基本上在4MB左右。将每个采样点翻译成二进制信号的过程被称为**“量化”**。

假设我们所需要录制的10个十进制数值的人声长度为0.5s，为了降低质量，采用男声，8位采样精度、4kHz的采样频率，因为振动频率较低，4kHz可能足矣。这样算下来，每个声音需要约2KB（1字节=8位）数据，也就是16384位数据。回放的时候，由于是8位采样精度，所以一次要输出给还原电路8位的数据，每秒输出4096次，每输出一次，就相当于对喇叭纸盆的一次冲撞，每次冲撞都有对应的振幅，连续的冲撞，最后就是能够听到的声音了。16384位数据0.5秒就可以输出完成，输出的数字信号经过数模转换电路产生对应的模拟电流，后经过放大输出给喇叭，造成纸盆或者薄膜按照与录制时相同的频率振动，即可完美播放出人声了。

1.3.11　第一次驾驭时间

现在，按键发声的整个逻辑我们已经梳理清楚了。可以发现，我们需要上文中介绍过的ROM阵列（如图1-51所示）来存储10个已经采集好的人声编码数据，10个ROM阵列，每个16384位。由于采用8位采样精度，每个ROM的输出信号也必须是8位，所以每个ROM的字线应该有2048根。有点夸张了。假设数模转换器能够一次接受64位（64位位宽）数据的话，那么字线数目就可以减少至256根。可以想象，这就必然要求数模转换器能够先将64位数据存储起来，最后还是以8位为单位翻译成电流值输送到放大器，我们这里暂时假设位宽为8位。将对应字线置1，便可在输出端得到该字线所串起来的8位数据，然后将其连接到播放电路的输入端。由于不同按键需要产生不同声音，所以可以想象，这里需要一个上文中介绍过的复用器Multiplexer，来担任从10路信号中选择一路输入到播放电路中（如果是多路对多路，则需要用到Crossbar，这里是多对一，MUX足矣）。另外，不同按键信号需要选中对应的那个ROM以便从其中读出数据，这就要求一个译码器能够将不同按键信号翻译成对ROM的选通信号或者说对其他ROM的封锁信号（使用与门）。另外，由于ROM需要接收字线信号从而才能将对应的8位读出来，所以还需要有个译码器，负责输出字线信号，可以直接从按键信号译码器输出多组2048根信号线，但是这的确太过庞大。试想一下，2048根输出线，当某一根为1时其他必须全为0，其所表示的只有2048种情况，而如果使用0和1的任意组合来表示2048种情况的话，只需要11个信号就可以了（$2^{11}=2048$）。如果能够用一个译码器来将11个信号的组合翻译成2048根输出信号，就可以降低导线数量。这里我们先将这个思路用电路图方式画出来，如图1-59所示。

在图1-59中，每个ROM阵列均前置一个译码器，用于将11个信号翻译成2048个字线信号，这11个信号又称为**“地址线”**。因为它仿佛描述了ROM阵列中每一列（字线串起来的那些开关）的位置，所以得此名。虽然2048根字线信号本身也描述了位置信息，但是其数量太多，不精简，所以不称之为地址线。**实际中，人们都是用一个译码器将少量地址信号翻译成字线信号的**。通过这个电路，我们可以根据不同的按键信号，通过与门选通10个ROM阵列中的一个来操作。但是，怎么操作？谁来操作？这个电路中并没有任何逻辑来向地址译码器发出地址信号，也就是说，图

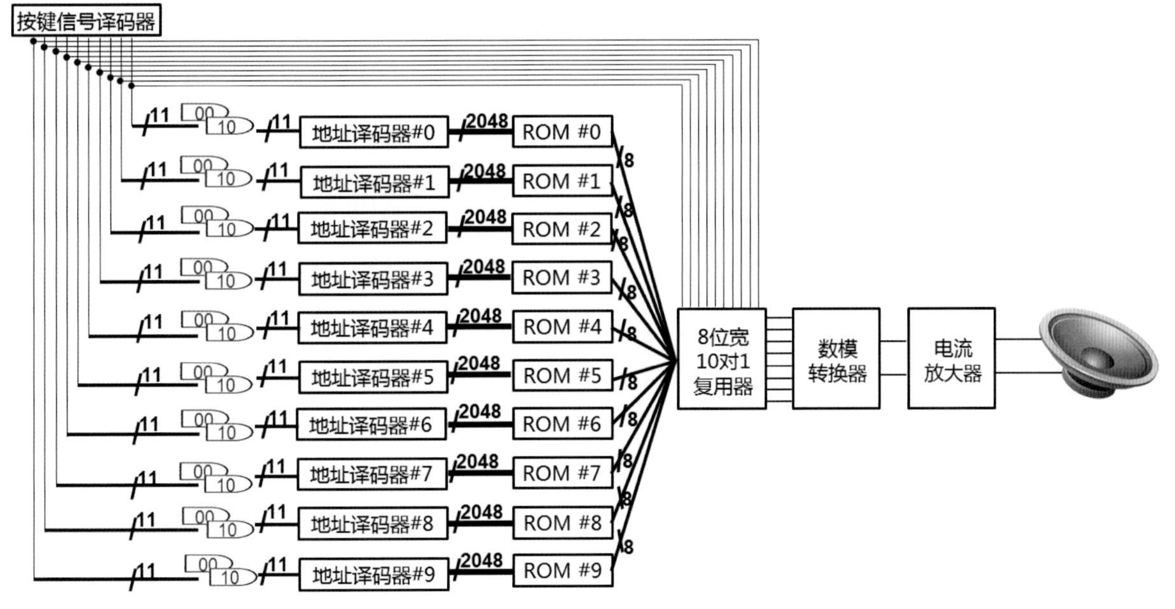

图1-59　按键发声逻辑电路（部分）

1-59中与门的两个输入端，只连接了选通信号（控制信号），并没有连接实际的数据信号（在这个场景下是地址信号）。我们需要一个模块在对应的地址译码器被选通之后，能够发送人声数据的第一个8位（也就是第0号字线串起来的8位）存储在ROM中的位置的地址信号，应该为11个0，地址译码电路会将11个0翻译成2048个输出信号，其中第一个输出信号为1，表示选通第一根字线，此时第一个8位从被选中的ROM阵列输出，经过复用器输出给数模转换器，所以复用器此时也需要根据按键信号来选通对应的ROM阵列。

但是，只输出一个采样点的数据，并不能让人耳听出任何动静。之前描述过，电路必须按照当时录制音频时的采样频率，也就是每秒4kHz的速度（频率）来连续地依次输出每个采样点。也就是说，必须要有一个控制模块不停地变换地址信号，给地址信号不停地+1，而且速度要为每秒4096次，这样才能源源不断地将ROM中的数据以8位为单位输送给下游部件从而播放出连续的人声。这就好比给手表上发条。可是，电路里有类似发条的东西么？仔细想想，什么电路的输出可不断地+1滚动？计数器！是什么信号来驱动计数器不断滚动的？脉冲信号，也就是时钟振荡！滴滴答答，永不停止地振荡！时钟信号，便是电路里的发条！但是振荡器会永远不停地振荡下去，也就是说一旦接入振荡时钟信号（下文简称时钟信号），计数器会不断地从全0递加到全1，然后回到全0，再到全1，循环往复。这会导致按下某个键之后，人声会不断地循环播放。这显然是不合要求的，必须想办法让时钟停下来，如何切断时钟？可以用一只手把时钟信号线断开，但是显然不能这么做，自动计算机里不允许有人手的参与，除了按键之外。这里还得用与门这个总是倾向于后退的消极分子。只要将时钟信号先输入到一个与门，再将另一路控制信号输入这个与门，只要控制信号为0，那么时钟信号不管怎么振荡，与门的输出时钟保持为0，计数器也就停在了它上一个记录的数值上，产生的地址信号也不再变化。此时虽然ROM阵列中依然会输出对应该地址的8位数据，经过放大器后输送给喇叭，但是喇叭此时并不会振动。因为磁铁收到一个恒定的电流值，产生固定的吸引力，将纸盆吸引到固定位置后，纸盆就再也不动了，这是符合要求的。

现在，需要找出一种可以自动控制时钟信号输出和停止输出的方法。思考一下，什么时候需要停止时钟信号对计数器的影响？当然是读完了ROM中最后一个8位的时候，也就是地址信号为11个1时。逻辑是这样的：当计数器输出信号为11个1时，时钟信号停止输入到计数器。这其实就是一个“如果……，那么……”的逻辑。那么“如果”这个逻辑该如何用电路表示？思考一下。如果今天下雨，则带伞；如果我不是你，那么你也不是我。可以发现，所有的“如果”其实都是一种比较，比较的结果要么是要么不是，要么对要么不对，即要么是1，要么是0，这就很容易翻译成电路了。回想一下前文中介绍过的异或门，其逻辑是：如果两个输入值相同，则输出0，不同则输出1。这不就是“如果”逻辑么？将计数器输出的11个信号输入一个11位宽的异或门，11个异或门的另一路信号写死，永远都是1，然后将异或门的11个输出相或，相或的结果如果是1，则表明11个异或门的输出至少有一个是1，表明当前计数器所输出的11个信号不可能是11个1，还需要继续读出后续的更多8位来播放。如果计数器当前的信号的确是11个1，那么上述的这个11位异或门+11位或门的最终输出就会是0，表明当前计数器输出信号的确是11个1。

上述逻辑电路就是一个比较器，而图1-60所示的比较器比较的是计数器输出信号和11个1的异同。将比较器的输出信号输入到用于控制时钟信号传递的与门，也就是和时钟信号相与，当比较器输出为0时（已经达到ROM最后一个8位），时钟信号就不会透过这个与门，也就成功阻止了时钟信号的传递。这种用与门来控制时钟信号透传与否的设计，称为门控时钟。

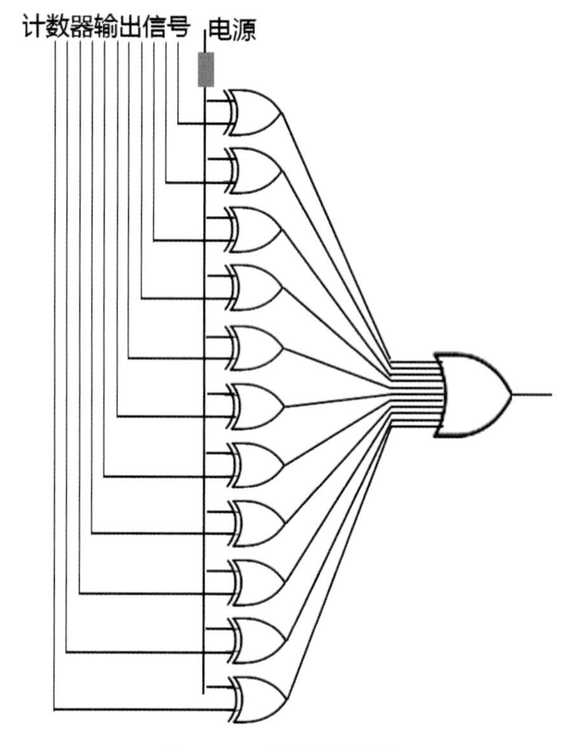

图1-60　11位比较器电路

传递发条的动力需要齿轮，门控时钟里的与门就是这个齿轮，咬合则传递，松开则解耦合。这也正像一部汽车发动机和传统装置一样，松离合，踩油门，动力不断输出。只不过我们这个电路的发动机的转速是固定的，每秒4kHz，高了不行，语速会变快变尖，慢了当然也不行（可以使用某个精确调校的振荡源，经过前文中描述过的分频来得到其他频率）。图1-61

所示为针对这个场景所设计的门控时钟的原理示意图，其中的电路除了拥有门控时钟功能之外，还同时是一个自反馈电路。对于计数器来讲，其输出信号会影响其输入信号，如果受影响的输入信号是决定某个模块生死的关键信号，譬如计数器的时钟输入端，则这个反馈就是不可逆的了。那么说，当计数器驱动着地址信号滚动到11个1的时候，最后一个8位被读出来之后，就再也没法原地复活了？是的，靠自己是没法复活了，但是靠外力还是可以将其复活的，而且必须复活之，因为下一个按键信号到来时，这个计数器必须原地满状态复活，执行相同的过程。

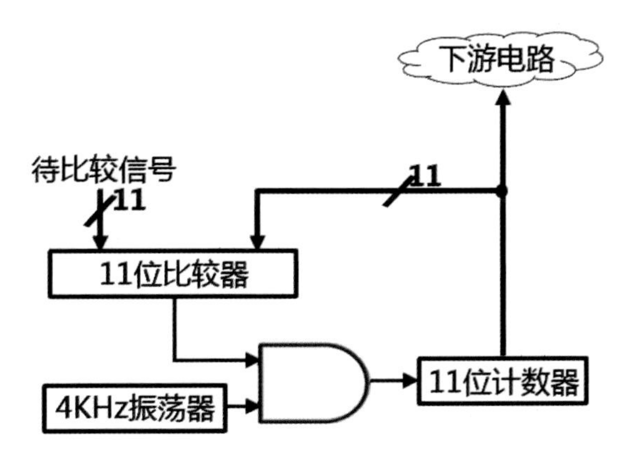

图1-61　门控时钟的原理示意图

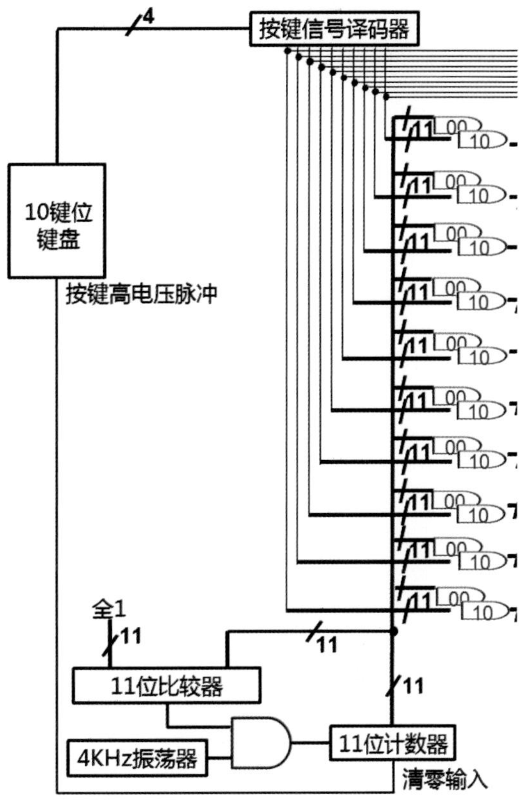

图1-62　完善后的电路

让计数器复活的办法，就是对其做强制清零操作（清零原理见图1-35）。清零会导致连锁反应，清零后计数器输出为全0，比较器的输出就会是1，继而打开了时钟控制与门，不断原地空振荡的时钟信号又被透传到了计数器，所以计数器就像脱了缰的野马一样向前滚动了。显而易见，每次按键操作，必须设计一个电路顺带给计数器做清零操作——清零脉冲置1时清零，然后必须再置回0才可以让计数器滚动起来。如果清零脉冲持续为1，则计数器输出便一直保持为0，即便时钟振荡已经输入到计数器（如图1-35所示）。因此，清零脉冲需要使用单次接触式触点，按一下接通，松开就不接通。

根据上述分析，我们画出控制部分的电路图，如图1-62所示。这个电路在加电之后，会自动播放一次0所对应的人声，因为加电之后，键盘默认输出4个0。按键译码器会将0翻译成对应存储0人声的那个ROM阵列所连接的前置过滤与门选通信号，将其导通。与此同时，计数器在初始状态输出全0，而时钟信号自从加电那一刻起就在不停振荡，所以这时候在计数器输出的滚动地址的驱动下，对应的被选通的ROM阵列里的采样点数据被源源不断地输送给播放电路，从而将数值0对应的人声语音播放完毕，然后由于自反馈的存在，计数器停止滚动。喇叭的磁铁磁力也停止在本次人声语音的量化采样值的最后一个采样点的状态上。

随着第一次按键的到来，按键译码器根据按键输出的4位信号选通对应的ROM阵列。与此同时，高压脉冲将计数器清零，立刻开始滚动计数，对应ROM中的数据被发送到播放器播放。这里有个问题，当按键松开之后，键盘输出为4个0，按键译码器会将其翻译成“选通第一个ROM阵列”，也就是选通存储0对应的人声的那个ROM阵列。而如果之前所按的键为9，按键松开时，清零信号被置0，此时计数器开始计数，但是播放的却并不是9的人声，而是0 的人声。其原因就是按键9产生的编码信号并没有保持到播放完毕，而是在播放刚开始时就随着按键的松开而消失了（变为默认的全0），这导致默认的0号ROM阵列中的数据被读出并播放。

要想解决这个问题，很显然得增加一个数据保持器，其实就是上文中的锁存器。但是锁存器有一个控制信号输入，那就是“锁存”信号。只将数据输入锁存器还不行，必须将锁存信号置0才能锁住数据。而且麻烦的是，当不需要锁存数据时，还得将锁存信号置回1，以便接收下一次输入。思考一下，这里的时序逻辑应该是这样的：按键期间，锁存信号必须保持为0从而锁住按键输出信号；播放期间，锁存信号必须保持为0；播放完毕，锁存信号必须保持为1。实现这个逻辑并不难，只要找到条件的生成点即可。对于“播放期间”/“播放完毕”这个判断条件，可以使用比较器的输出来描述；对于“按键期间”这个条件，可以使用按键高压脉冲来描述。这两个输入条件通过某种逻辑运算之后，一定能够反映出锁存器的锁存信号的取值。播放期间，比较器输出为1，高压脉冲为0，锁存信号为0；播放完毕时，比较器输出为0，高压脉冲为0，锁存信号为1；按键期间，高压脉冲输出为1，比较器输出为1，锁存信号为0。根据这个真值表不难判断，如果将“高压脉冲”和“比较器输出”作为某逻辑的输入，“锁存信号”作为该逻辑的输出，可以发现该逻辑其实就是“或非”门的逻辑。如果脑子转不过来，可以直接利用上述真值表按照之前的方法写出表达式。

此外可以审视一下，图1-59所示的电路可以被简化成图1-63所示的电路。这里使用了10对1的选择器。即便10片ROM前端在每个时钟周期都选出了同一个地址的8个位，也就是有10个不同的8位数据同时输入到10对1选择器的输入端，选择器也只会根据当前的按键，将对应按键的对应的8位选出，所以根本没必要在ROM前端并排10个译码器，完全可以共用同一个译码器。

大功告成！淘气的人肯定会尝试一下不断快速重复按一个键然后放开：比如按9键，则会听到“叽叽叽叽叽叽叽叽九”的效果；如果是按8键，则是“不不不不不不八”的效果。为何会这样，请大家自行进行时序逻辑分析，不再赘述。图1-64为完整的多媒体按键转码器原理图，其中“发声单元”部分就是图1-63所示的电路。

至此，你应该非常透彻地理解了各种与、或、非门、触发器/锁存器、译码器、计数器、复用器、与门一对多选通器、Crossbar交换器、加法器、乘法器的特性和使用场合了，你已经具备了能够将逻辑转换为电路的本领了，而且成功地利用振荡器驾驭了时间。

1.4 信息与信号

要与声音打交道的话，就必须了解信号、采样等一系列的知识。不过在落入这个无底深坑之前，你要做好准备，这一关是附赠关卡，一旦入关就没有回头路，而且很有可能再也跳不出来，陷入对世界底层认知的迷茫当中。如果你具有猎奇和极富挑战的性格，不妨一试；如果你的毅力不够，可以跳过本节，或者等功力够了再回来修炼。

1.4.1 录制和回放

现在是时候让你了解一下声音信号到底是怎么录制和播放的了。当然，是深入到电路层面。假设采样精度为4位，可表示16个电流值（或者电压值），电路中最大电流被限制在16A（现实中电流不会这么大，除非是巨型广场音箱，还得是多个一起），则4位采样精度将从0到16A这个区间划分为16等份。显然，0000B应该被电路还原成0A电流，0001B对应1A

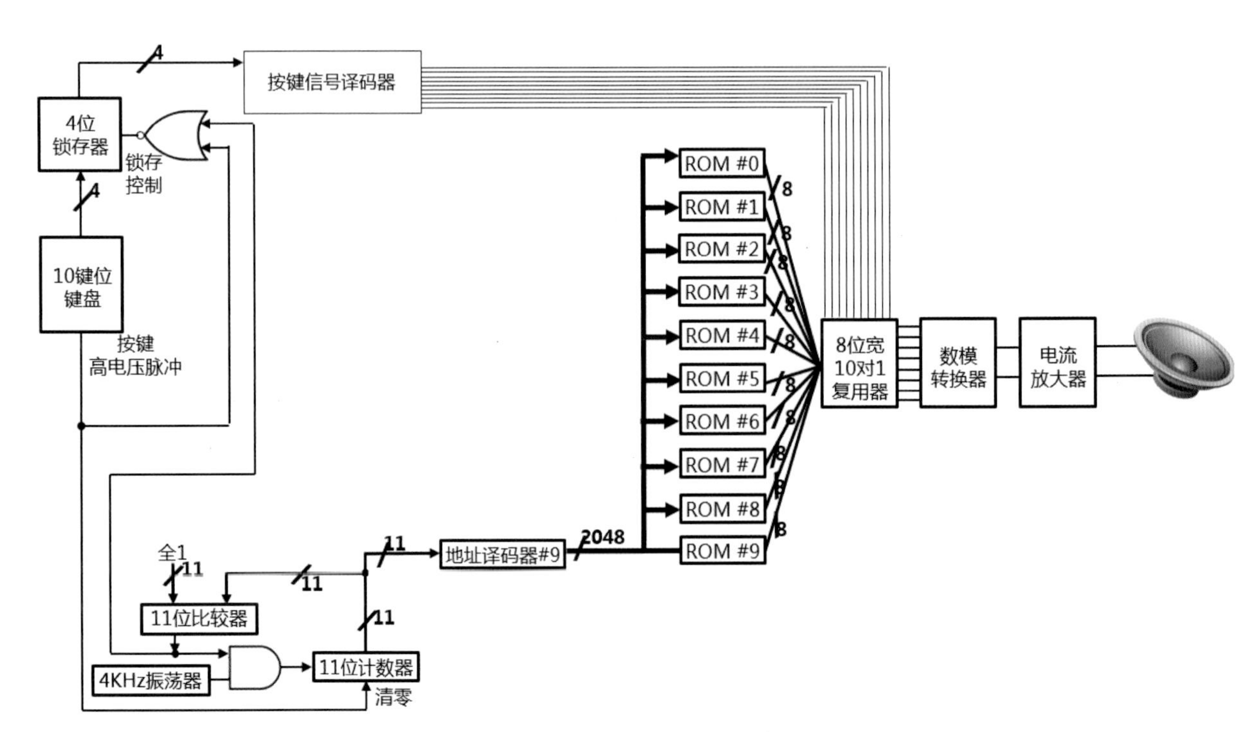

图1-63 完整的发声单元电路部分

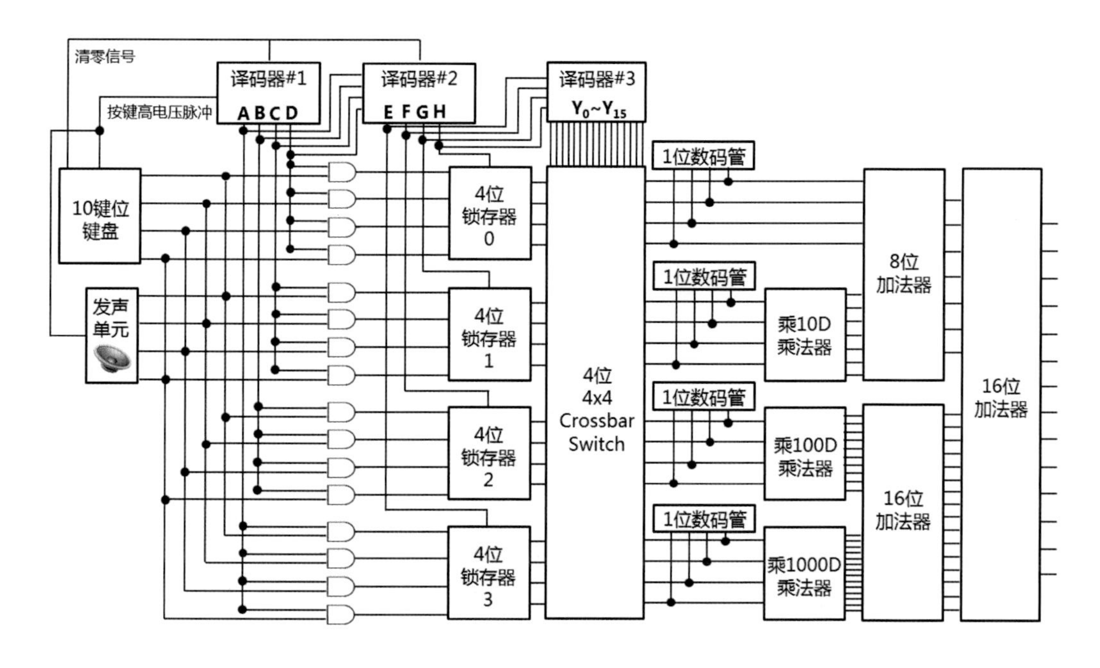

图1-64　完整的声光多媒体按键转码器

电流，1111B则应该对应15A电流。对于第16A这个点，我们不得不放弃，因为0000意味着开关全断开，用于表示0A，那么只剩下15个组合来表示15个电流值，所以总会少一个。

现在开始思考，要得到不同的电流值，如何使用不同电阻的组合？就像配眼镜一样，医生会将不同度数和偏光角度的镜片叠加在你眼前，直到你感觉舒服为止。电路是否也可以这么做呢？我们不妨来试一下。

画出如图1-65所示的电路，这里使用一个电压源拉出4根线，每根线上设置一个电阻。当然，电阻的值肯定不会一样，只是还不知道每个电阻值具体是多少。这似乎可以通过罗列所有条件等式，然后解方程解出4个未知数来解决，这正像列出数字电路真值表然后得出逻辑表达式一样。如表1-2所示，我们列出所有等式，其中U表示电源电压值，A、B、C、D分别为4个电阻的阻值。4位采样按理说应该将最大电流分割为16等份，但是由于0000这个编码表示0A电流，那么只剩下15个组合，所以实际上应该将最大电流分割成15等份，电路最大电流值为4个开关都打开时，为(U/A+U/B+U/C+U/D)。我们梳理出如表1-2所示的真值表，并建立方程组。第三行和第四行方程联合，可求出B=2A这个关系式，将其代入第一行和第二行方程化简之后的等式，最终可求得：B=2A、C=2B、D=2C这三组关系式。将其代入表中其他所有行依次验证，均通过。而尝试解出A、B、C、D这4个电阻的绝对值是行不通的，只能解出四者之间的关系。

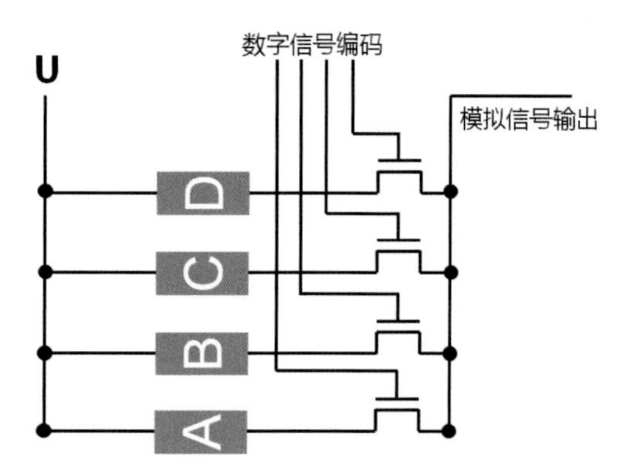

图1-65　这个电路能行么？

从这个结果可以看到，将数字信号翻译成对应的按照最大值等分的模拟信号的电路，只需要满足每个电流输入线的电阻值为2的幂次递增就可以了。这与电压U无关，因为U在等式化简时就被约掉了；与电阻的绝对值也无关，而只与电阻值之间的倍数关系有关。但是整个电路能够输出的最大电流，则与U和电阻值都有关系。

这个电路就是**数模转换器**，Digital-Analog Converter，简称**DAC**。如果是16位采样，就需要16条电流输入线，阻值依然是按照2的幂次递增排列。现在你应该知道图1-63右侧的数模转换器里面都是些什么东西了。至于这个小芯片是怎么制作出来的，后文会有详细介绍。当你再看到电商网上售卖的DAC芯片时，是不是感觉不一样了，看山不是山了，那证明你还没有达到更高境界——看山还是山，山水于我已无意，而日日做达人状，独孤求败。达到此种境界之

表1-2　数模转换真值表

数字编码	电流计算式	电流值应为	令第二列等于第三列	化简后的结果
0000	0	0	——	——
0001	U/D	1(U/A+U/B+U/C+U/D)/15	D/A+D/B+D/C=14	C/A+C/B=6
0010	U/C	2(U/A+U/B+U/C+U/D)/15	C/A+C/B+C/D=13/2	
0011	U/C+U/D	3(U/A+U/B+U/C+U/D)/15	12/C+12/D=3/A+3/B	代入和消掉D 得出：B=2A
0100	U/B	4(U/A+U/B+U/C+U/D)/15	B/A+B/C+B/D=11/4	
0101	U/B+U/D	5(U/A+U/B+U/C+U/D)/15	——	——
0110	U/B+U/C	6(U/A+U/B+U/C+U/D)/15	——	——
0111	U/B+U/C+U/D	7(U/A+U/B+U/C+U/D)/15	——	——
1000	U/A	8(U/A+U/B+U/C+U/D)/15	——	——
1001	U/A+U/D	9(U/A+U/B+U/C+U/D)/15	——	——
1010	U/A+U/C	10(U/A+U/B+U/C+U/D)/15	——	——
1011	U/A+U/C+U/D	11(U/A+U/B+U/C+U/D)/15	——	——
1100	U/A+U/B	12(U/A+U/B+U/C+U/D)/15	——	——
1101	U/A+U/B+U/D	13(U/A+U/B+U/C+U/D)/15	——	——
1110	U/A+U/B+U/C	14(U/A+U/B+U/C+U/D)/15	——	——
1111	U/A+U/B+U/C+U/D	15(U/A+U/B+U/C+U/D)/15	——	——

人也还是没能忘我。比这更高的境界，则是为了传承和教化，而不得不重游故地，重述看似已索然无味之事，跻身于市井之中，且可以再次发现和陶醉升华，忘小我而得大我。

图1-66　DAC实物图（图片来自淘宝网）

现在该说说采样（录制）电路了。看到这里估计大家会有疑惑，为何不先介绍采样电路，因为毕竟是先录了音才能播放声音。实际上，这里要介绍的这个采样电路是使用播放电路配合外围逻辑来搭建起来的。这有点匪夷所思，好像陷入了鸡生蛋蛋生鸡的问题，莫急。不妨先思考一下，从一根导线上采集电流值，首先需要将其"锁存"，然后输入到某种编码电路中产生对应采样精度位数的编码，接着将这些编码保存在可存储数据的电路中，比如锁存器。在这一系列步骤中，最有含量的当属判断当前采集到的电流值到底是什么档次/程度/强弱，应该生成什么二进制码组合。如何判断？小二，上译码器！译码器是个好东西，只要写出真值表，没有写不出表达式的，但是这次小二黔驴技穷了。模拟信号并不是一个非0 即1的信号，它们是真真切切的电流值，没法用传统方式直接写出表达式。那么如果先把模拟信号转换成0和1，不就可以写出表达式了么？呃……那是，咱这不就是为了转换成二进制么，如果能转换，还用译码器作甚，别把自己绕晕了。

咋办？掌柜，上比较器！首先，咱这个模拟转数字的采样电路的最大"量程"是多少？假设为16A电流。采样精度是多少？假设为4位。好，将最大量程分割为2^4=16等份，会产生16个挡位的电流值，从1A、2A，一直到16A，每个挡位的步进步长为1A。我们是否可以摆出16个电流比较器，其中每个电流比较器有两路输入信号，通过比较这两路输入信号的高低，从而输出0或者1。如果将这16个电流比较器的其中一路输入分别设置为以1A步进输入16个挡位的固定电流值，另一路则与待采样导线相连的话，每个比较器均会并行比较待采样信号与自己的另一路输入信号的高低，从而输出0（待采样信号低于标杆信号）或者1（待采样信号高于标杆信号）。可以看到，这里的比较器与异或/同或门不同，后者只能发现两个输入信号是否相同而不能判断谁高谁低，而模拟信号比较器除了可以比较异同外，还可以比较高低。在这些比较器最终的输出结果中，会出现一个1和0的分界点，比如1111111111000000，这表明待采样信号介于10A和11A之间，但是具体是多少安培，无法分辨。但是如果采样精度上升到5位，那么电流步进步长会变为0.5A，此时可以说采样器的"分辨率"提高了。而采样频率的提升，会让信号在时间推进的维度上遗漏得更少，能抓取更多的信号变化。所以采样精度和采样频率对信号质量的影响角度是不一样的，具体的音质感觉就得靠你来体会了。

至此，我们好歹想了个办法把模拟信号转换成了数字信号，但是还需要进一步将其翻译成4位采样信号，上面的例子中需要翻译成1010。这种情况下就可以上译码器了，将16位译码成4位，相当于对数据的含义进行了压缩，可称之为"缩译"。而前文中也出现过将少量信号译成更多信号的情况，可称之为"扩译"。

缩译和压缩

曾经有个有意思的假设。说是外星人到地球之后，在一根棍子上划了一个刻度，然后就走了。说是这个刻度将棍子分成了两个长度，用其中一半长度除以另一半长度，会得出一个循环很多位的小数，将其翻译成二进制之后，其记录了地球上所有事物的状态。这只是一个理想假设，其实这个命题本质是：对于给定的任意长度的数值，是否都能够找出一个除数和被除数，相除后等于该值，并且除数和被除数的位数远远短于给定的二进制数据。如果这个命题成立，则是一个很好的数据压缩方法，极度省空间，但是一定会耗费大量的计算过程，或者需要依靠量子计算。这与缩译有点像，比如“2的32次方”只需要记录两个数，却能表示4294967296这么多位数。还有π的计算过程、圆的本质，世界有太多玄妙等待人类探索。

图1-67为4位采样电路示意图，它使用定值电阻生成16个固定的电压或者电流，各自输入到16个模拟信号比较器，这组信号一直保持输入，不变化。待采样信号是连续变化的，如果其变化频率太快的话，那么可能会发生比较器还没来得及输出结果，采样信号瞬间已经发生了变化，也就是说比较器输出结果处于不确定状态。因此，需要某种锁存电路先锁住对应的信号，然后再对其进行量化操作。

那么，如何实现比如每秒采样4096次的采样频率呢？老办法，振荡器产生时钟振荡，输入到锁存器的锁存端，不停地锁存–放开–锁存，每秒锁存4096次即可，但是必须确保4096分之一秒内，信号成功地传递到译码器并完成译码而且输出译码后信号被成功保存。同时别忘了加一个门控，以便允许电路在不需要采样时挂空挡。图1-67中右侧所示的是模拟信号锁存器示意图。可以看到，它非常简单，而并不像数字信号锁存器那样复杂。要“锁住”模拟信号，使用电容即可。电容就是模拟电路的时间影响者，它起到了缓冲的作用，能够在信号源丢失或者不稳定时缓冲所带来的影响。比如，信号源电压突然增大，那么电路会向电容继续充电，电容下游不会马上感受到冲击；信号源电压突然降低，电容就会开仓放粮，向电路中放电来平摊突然的电压下降。只要在电容无力回天之前，成功地将这个信号量化并记录即可。但是这个电容不能太大，假如当前采样信号为5V，而上一次的采样信号为1V，那么这次采样在时钟信号为1启动采样后，开关闭合，采样信号会对下游电路充电。如果电容太大的话，充满电的时间太长，导致输出端可能在下一个时钟周期到来之后还迟迟形成不了对应的电

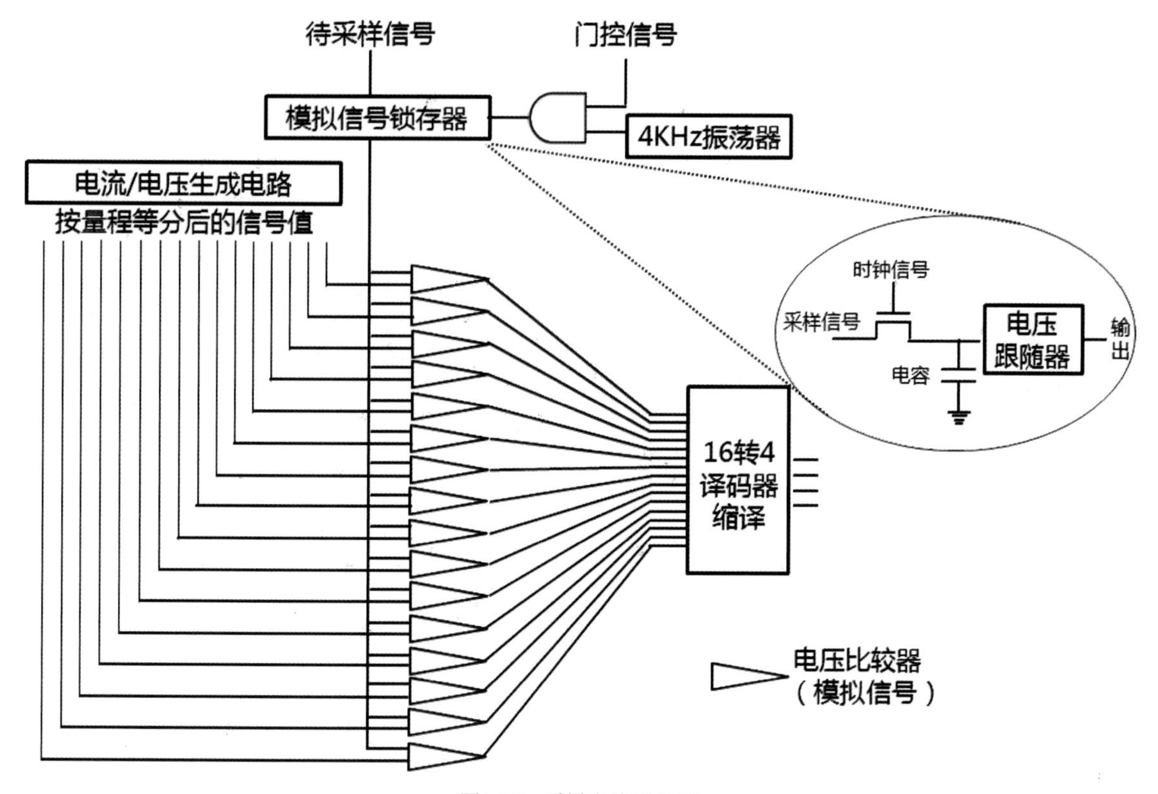

图1-67　采样电路原理图

压（电容充满后信号源的电流才会逐渐继续向下游输出，图中的输出端才会逐渐生成足够的5V电压），而如果下一个采样点是0V电压，那么此时电路便会开始反向放电，输出端还没来得及变化，就又得变回去，此时输出端波形就基本是平的了，无法分辨0和1。这就是电容太大对电路的影响，这个过程也叫作**滤波**。如果精确地控制电路中电容容量和电阻的参数，从而控制电流大小和可容纳的电荷容量，就可以控制电容充满电所需要的时间/频率，从而可以滤除不需要的频率（如果一个信号对电路的输出不产生影响，即视为被滤除了），而保留需要的频率（信号依然对电路的输出按照原有方式影响）。关于滤波的具体机制，可参考1.4.3节至1.4.6节。

准确来讲，模拟信号锁存器应该是“信号保持器”，其并不能永久锁住，而仅能保持一段时间，因为电容的容量有限。如果使用容量非常大的电解电容，俗称超级电容，那么它的行为会与一个直流电源类似，它容纳的电荷数量太大了，可持续放电较长时间（分钟级）而且电压下降比较平缓，外围再使用稳压电路，即可模拟成一个恒压电池。

图1-68为一个超级电容，其容量达到了30F。其作用是在外部电源突然断开后可以持续为电路供电将一些没来得及保存的数据存储到闪存（详见第3章）中永久保存，从而避免因为突然断电而导致的数据丢失。

图1-68 超级电容

当然，对于采样电路，我们不需要这么大的电容，实际设计时，要根据下游电路的输出时延来匹配对应的电容，只要保证下游电路完成输出之前，电容仍能保持住当时的点位即可，或者允许有一定程度的变化但不影响下游电路的输出。由于外界信号强度很弱，电容保持的电荷很容易就会流入到下游电路中消耗掉，所以必须在末端增加一个电压跟随器，其输入阻抗非常大，能够让电容中电荷保持更久，同时能够将电容中的电压值透传给输出（跟随），其具体机制见后文。

如图1-69所示，采样时钟信号发出的是方波，用于打开和关闭开关。信号保持器保持住的是采样时钟从1跃变到0的瞬间时刻对应于信号源的电位，因为时钟信号为1期间，开关一直打开，信号源的电位会同步透传到电容中。

图1-69所示的采样频率，看上去明显低了，它明显漏掉了很多关键的波峰、波谷，这样采集出来的信号回放的时候会失真严重。

前文中提到的奈奎斯特定理，采样频率应该为信号源最大频率的两倍即可完整还原出波形。但是其中“信号源最大频率”到底怎么理解？如图1-69所示，这个波形完全没有规律可循，看似其最大频率位于第二个时钟周期的下半段所对应的波形，因为这里看上去摆动频率最大，是吗？并不是这样的。杂波是不能用肉眼分辨出其频率的。

是否能用这种方式来描述一个杂波：对于各种杂乱无章的声波，如果将其波形微分，会发现其是由大量不同频率和振幅但是规则的正弦波叠加而形成的，每个正弦波贡献各自波形上的一小段，这一小段波形本身是规整的，大量的小线段拼接到一起，就变形成了表象上的杂波。图1-70给出了假设的示意图，将杂波中的一小段拿出来放大，发现这一段波形是由5个规则正弦波各自贡献了其波形的某一小段后拼接而成的。可以看到，这5个正弦波各自都有不同的频率和振幅。图1-71示意了杂波也可以是各种规整波的拼接结果。

而奈奎斯特定理中的“采样频率为信号源最大频率的2倍”中的“最大频率”，如果对应为叠加成这个不规则杂波的那些细小的规整正弦波中的最大频率，而不是你用肉眼所看到的杂波波形维度上的频率的话，那么就有可能记录足够的点。换作图1-70中的例子，对于图示的那一小段波形，其“最大频率”应为左数第四个正弦波的频率。可以看到，这个正弦波的振幅碰巧是最小的，但这并不影响其贡献出了这个杂波整体波形上的一个小波峰。

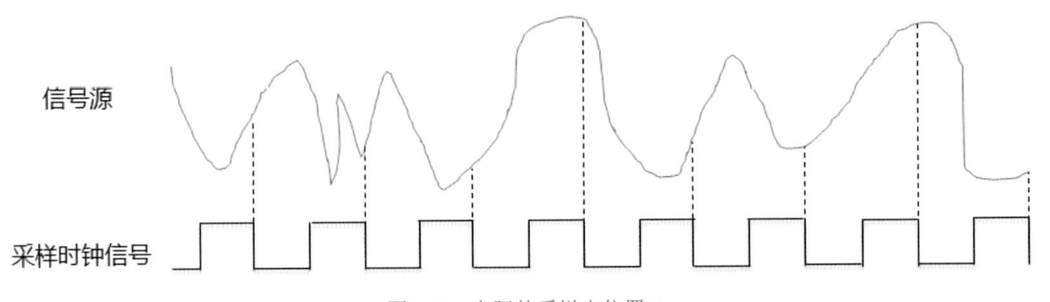

图1-69 实际的采样点位置V

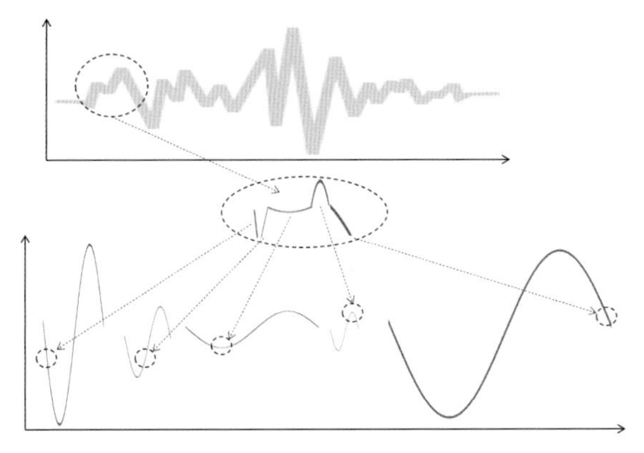

图1-70　杂波微分成无限多个有规整频率/振幅的波

图1-71　杂波是被拼接出来的

1.4.2　振动和信号

上述方法是假想的对杂波的描述思想，图1-70也是我刚开始尝试理解傅里叶变换时凭借直觉理解而画出来的，但这并不表示其没有价值。这里是为了向大家说明一个道理：要深刻理解真理，就要结合前人的成果，并靠自己去思考，而不是直接选择被灌输。图1-70中所揭示的分析方法是基于这样一个假设：任何信号的变化在底层都是一步一步的而非真正的连续，每一小步只能由一个波来作用，这些波分时分次轮流作用。比如，在某个细分时间颗粒中，按照某个高频率波作用，那么这个时间颗粒中电压抬升的速度就很快；在下一个时间颗粒中，可能轮到另一个低频波作用，那么这个时间颗粒内电压抬升速度又慢了，这样在一段时间内，这些作用拼接起来便可以形成完整的波形。这种模型是基于波的拼接。

科学家们经过努力探索，发明或者说发现（现实世界是不是真的这样，谁也不能证明）了一种与上述假设中的描述方式不同的描述任意波形的方法，称为**傅里叶变换。18世纪初，傅里叶根据实验和计算结果提出任何周期性重复的杂波信号波形，都可以分解为多个甚至无限个连续频率的正弦波，或者说都是由多个或者无限个连续频率的正弦波和余弦波叠加而成。**这个结论看似无法理解，但是如果你能理解“原子在分子上自己振动”“分子又在物体或者晶格里自己振动”“物体宏观上自己振动”之间的这个关系，也就是组成一个事物的微小事物自己的振动，组合叠加成就了整个大事物的振动，就大致能够感性理解任何波动其实底层都是由更加基本的正弦波叠加起来这个结论了。下文中会看到这种叠加的具体形式。这个结论，是前提中的前提，如果你不承认或者不能感性/理性上理解和接受这个事实（或者说假设），很多后续技术就无法理解，所以这里可以停住，闭目思考一下。

一个方波信号，比如时钟振荡信号，底层是由什么叠加而成的？如图1-72左图所示，一个频率较低振幅较高的波澜壮阔的正弦波，和一个频率变为4倍但是振幅变为四分之一的随波荡漾的正弦波，叠加在一起（有别于上文中的“拼接”，叠加是指真的把发生在同一个时间点的两个振幅值做数学上的相加操作），会是什么样？大家可以自己拿尺子算一下，两者振幅叠加（相加）之后，就是图中最前方的那个波，最明显的变化是波峰不再平滑，而是有了一个大凹陷。如果继续叠加更高频率的正弦波，比如6倍率的“微风泛泛”、8倍率的“水之涟漪”，频率不断提升的同时振幅也跟着降低，叠加的越多，最后的波形越像方波，波峰也更趋近于一条直线。这样无限叠加下去，其完全可以被等效于一条直线，方波就这么形成了，这个过程如图1-72中图和右图所示。有毅力的人可以在纸上用尺和笔画出图样，然后自己叠加一下看看。但是不如用计算机来作图来得更方便。

如图1-73所示，那个波澜壮阔冲在最前面的频率最低但是振幅最大的正弦波，对方波的波形影响最大，因为它的振幅最大，频率与方波的周期频率一致。也正是它，成就了一个基础的框框，所以称之为这个方波的“基频”或者“基波”。而方波的直线，正是靠基频波后面一大堆跟班的波形一层一层叠加而成的，这些跟班的频率分量称为“**谐波**”。基频的波峰振幅跃出了方波的直线，那么就用一个在这个时间点恰好是波谷的波形将跃出的部分平抑掉，这就是图中第二个跟班波形的作用。第二个跟班波形的振幅不能太大（我们称之为随波荡漾），因为它只需要平抑掉基波跃出的那一小部分即可。所以其振幅相比基波的振幅要降低一些，但是再怎么降低，波谷处也是个弧度，而不是直线，表现为一个坑，这就是图1-72左图所示的那个坑，还需要将这个坑再次抹平，那就只好再叠加一个这个时间点恰好是波峰的、振幅更小的正弦波（我们称之为微风泛泛）；同理，继续叠加水之涟漪，不断地平抑，最后弧形的波峰波谷就变成了近似直线。如图1-74所示，现在你应该理解什么叫作“叠加”了，以及“原子在分子中振动”“分子在物体中振动”，所有这些微小的叠加形成了表象上的波动，通过表象可以看到本质，通过物体的振动可以分析出其内部分子、原子甚至更底层的振动。

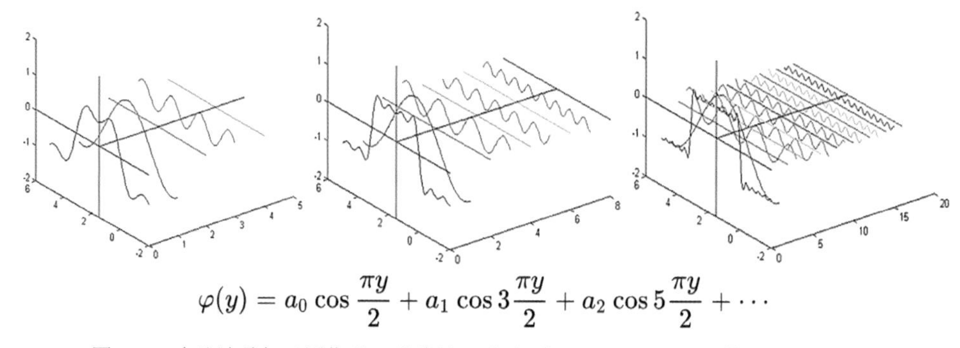

$$\varphi(y) = a_0 \cos\frac{\pi y}{2} + a_1 \cos 3\frac{\pi y}{2} + a_2 \cos 5\frac{\pi y}{2} + \cdots$$

图1-72 余弦波叠加（图作者 @花生油工人 知乎ID：Heinrich，工具：MATLAB）

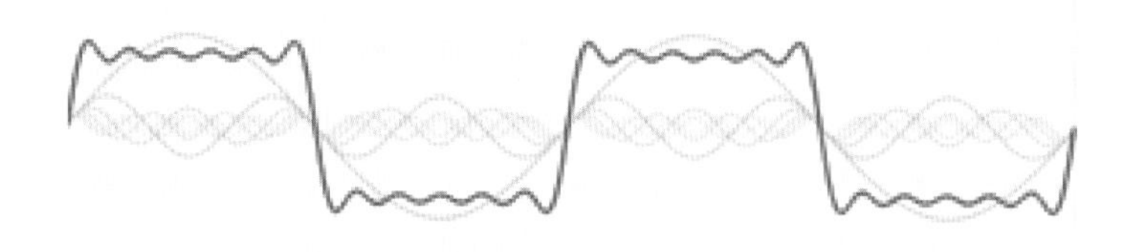

图1-73 正弦波叠加为方波正透视图

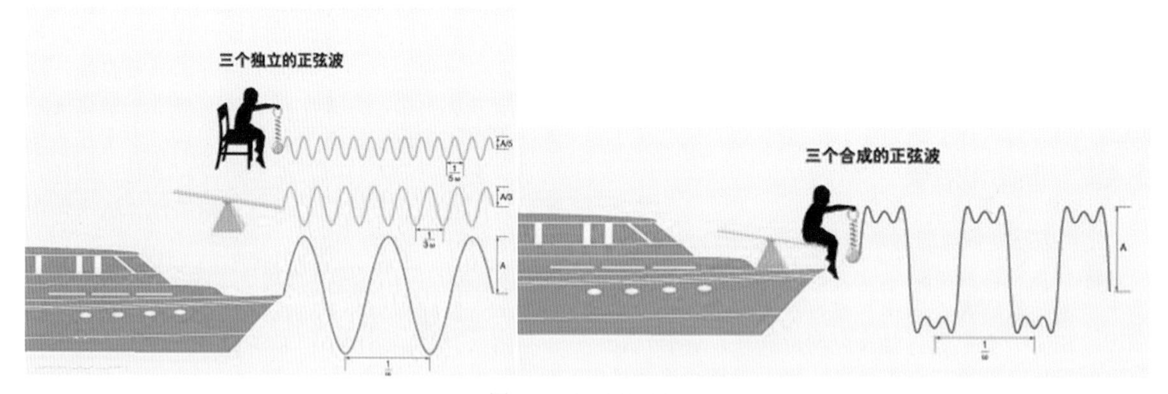

图1-74 振动的叠加

世界如何合成波

问题：自然界是怎么“知道”某个波形的基波频率和振幅的？其底层需要多少个谐波？各是什么频率和振幅？它们如何叠加起来形成某个波？比如，使用某个电路来生成一个方波，难道还需要设计基波和谐波生成器，然后叠加？事实上，这些问题人类并不清楚，傅里叶只是从表象走向真理，而并不能说清楚世界的源头是怎么来的，也就是没法从里说到外。也就是说，人类通过“摆弄”电路，接几个电容电感和三极管，摆弄出了方波。至于“为什么”这些元器件就能产生方波，人类只能说“你看三极管阈值电流有个突变，所以波形突变”。也正是由于这种突变在底层对应着很多的高频分量，才导致了方波。至于这些元器件的组合“为什么”会有这些高频分量产生，人类是说不清楚的。

世界可能是个大轮回

设想一下，既然认为世界是由很多底层粒子构成的，那么这些粒子就在不断振动。这些粒子一定有一个初始态，比如全部静止不动，而且按照一定规则排列着。突然某时刻有一个外力（尚且称为“上帝之手”吧）戳了这一大坨东西，于是一发而不可收，振动不断传导，最后每个粒子都以自己的方式振动，而这些振动又叠加了起来，最后形成了整个宇宙的大振动。当然，宇宙整体的振动周期会非常长，所以你我观察到的宇宙当前状态，只是这个大振动周期中的一个点而已。宇宙大爆炸理论说宇宙是无中生有的，正处于膨胀期，或许当前时刻正是宇宙中整体粒子振动的叠加结果，包括天体的形成和运动等，都是这些振动导致的必然结果。那么，什么时候宇宙这个大振荡会走回头路呢？那一定是进入负周期的时候，到时会是什么景象？遐想吧。如果宇宙真的有一个初值，加上固定的物理规律，那么整个宇宙这个大振荡就是可以被描述的，也就是说，它的下一刻是可以预测出来的。也就是说，我现在的大脑就是完全遵循下一步规律的，我的动作都是被预先定义好的，我打字或者不打，停下来喝杯水，这些都是命中注定的，这看上去很荒谬。就这个问题，科学家也说过，一台强力电脑或许能算出这个世界下一刻的样子。这就是量子力学和经典力学的区别。量子力学表明，世界下一刻是不固定的，它会受到人类自己选择的影响从而改变轨迹，但是量子这种效应是不是这样，人类也还是处于迷茫当中的。

也可以换一种角度来理解波的叠加：低频率的振荡把"高频率的振荡本身"振荡了起来。也就是说，高频率的振荡自身沿着低频率振荡的波线分布，或者说，把高频率的波形本身看作一根很直的绳子，当有一个低频率的波与这个高频波叠加时，低频率的波把这根绳子按照低频率振荡了起来，远看只能看到低频率的波，但是近看会发现低频率波形的波线本身正在被高频率波振荡着，如果再有第三个更低频率的波进入，那么这个低频波会把整个刚才那两个波组合到一起形成的波形当成一根大绳子，再把这根绳子按照自己的频率和振幅荡起来。同理，高频波遇到低频波时，低频波的波线也便开始按照高频波的频率振动起来。这个认识可以通过后文中一系列波形更加深刻的理解。而且这种思想，在现实世界中无处不在，氨基酸组成肽链，肽链再卷曲成亚结构，亚结构再拼接起来再次在更高纬度卷曲，最终形成了蛋白质大分子，蛋白质大分子就是生命逻辑的译码器。

现在，我们从图1-72的右侧角度透视观察，会发现一根根的竖线，竖线的高度就是每个波形的振幅。如图1-75中的"频域图像"所示，这里只用了8个正弦波来叠加，如果用1024个呢，用无限多个呢？那你看到的就不是8根线了，而是一个无限连续看不出间隔的、振幅不断降低最后到0的"频带"，或者说"频谱"。这个"域"里描述的是这个波到底是由哪些频率以及各自振幅都是多大的正弦波叠加而成的。而傅里叶变换有一系列的数学公式可以分解任何信号波形，可以对信号做多级分解，比如分解到8个波叠加，就是8级分解。

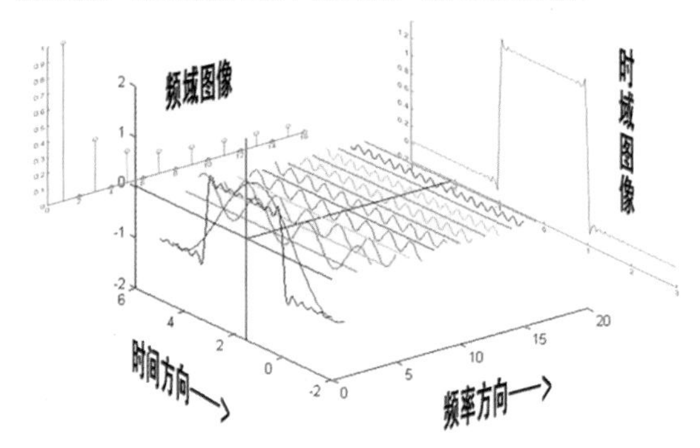

图1-75 时域和频域（图作者 @花生油工人 知乎ID：Heinrich，工具：MATLAB）

图1-76为不同表现方式下的频谱，其中横坐标为频率，纵坐标为振幅，每一根竖线表示一个正弦波。可以看到，左边的频谱非常密，这说明对该信号用了非常多级数的分解。此外，还可以看到，该信号在低频部分的频率分量占比较高。图1-76下图为三维图示，从时域和频域共同观察这个信号，就像大海的波浪一样。值得说明的是，频谱中的振幅并不一定就是频率越高振幅越小。图1-72只是一个方波的特例而已，现实中很多波形都是杂波，任何可能的叠加都可能存在。

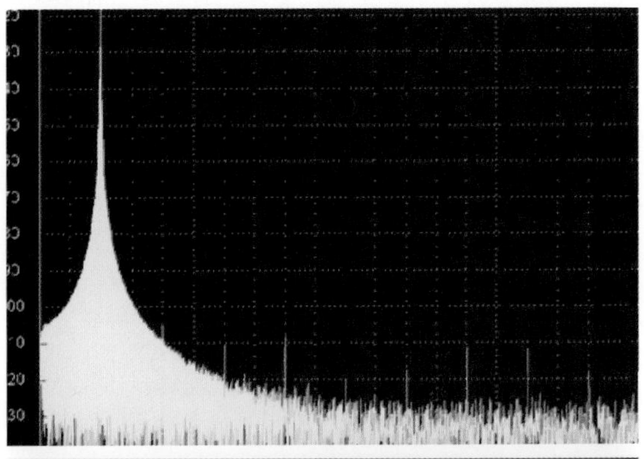

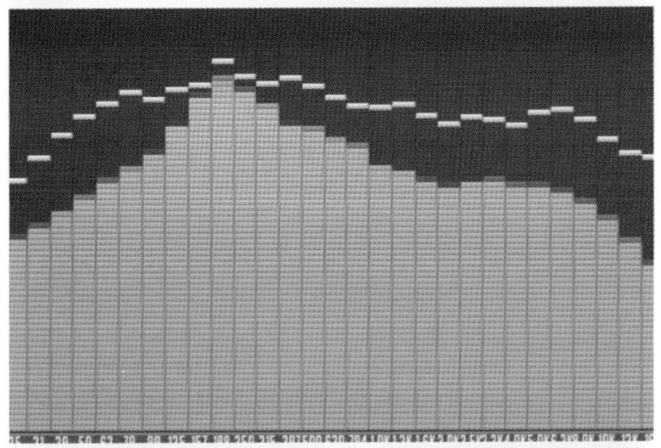

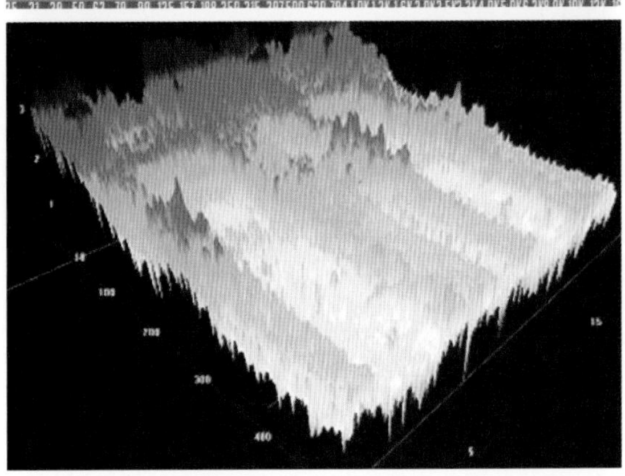

图1-76 频带/频谱

共振峰

频谱中会有一些振幅较大的频率分量，其可以被称为"共振峰"。比如，你的声带振动，声波在口腔中振动传递，总有些频率恰好与你的口腔产生共振，振幅很大，而其他一些频率范围的振动则由于无法共振而振幅较低，改变发声腔体（或者叫共鸣腔，比如笛子的管腔和吉他的木箱等）可以影响频谱中共振峰的位置。

模拟信号▶

所谓模拟信号，就是自然界中存在的由大量振动叠加而成的杂乱信号。声波就是典型的模拟信号，而且模拟信号都是由交变变化的信号叠加而成的。而数字信号完全是由人类再次封装而成的一种表达信息的方式，比如二进制数字信号，非0即1，电压非高即低。模拟信号可以叠加起来，而数字信号则无法叠加，所以如果你想用一根导线来同时传递多路数字信号的话，只能通过时分复用，也就是使用MUX复用器。但是对于模拟信号，却可以将多路信号叠加到一根导线上同时传递，然后在接收端将这些信号各自分离出来。就是这么神奇，或许正因如此，自然界才蕴含了巨大的信息量有待人类去探索。后文会描述模拟信号叠加和分离的原理。

基本粒子▶

可以这么假设：世界底层可能是一大堆做匀速圆周运动的小球（基本粒子），有各种不同转速的小球，高转速的围绕着低转速的转，同时自己也被比自己高转速的围绕着。这样一个系统，在时间轴上拉开，就会产生各种振动和波形（扫描右侧二维码，查看对应GIF图片）。

多个小球挂接在一起形成中子、电子等高级结构，然后再形成原子、分子等高级结构，最后形成肉眼可感知的物体。物体表现出来的运动在底层都是波动，而大量基本粒子的波形叠加之后，就是该物体的运动波形了。

现在你应该了解了，奈奎斯特采样定理中的“最大频率的2倍”指的是待采样信号频谱中最大频率的两倍，而并不是这个信号所表现出来的外表周期频率的2倍。那么，既然任何自然界波形的频谱都是无限连续的，频率没有上限，但是振幅会越来越低，其对整体信号的影响比例也越来越小，那么采样的时候就完全没有必要将这些人类根本无法分辨出来的频率分量也采到，所以有针对性地人为指定一个频谱中的频率点作为采样参考即可，比如那些振幅尚可分辨而且对波形有较大影响的频点。

叠加和拼接▶

现在你应该理解了傅里叶眼中的世界，它是一个各种振动叠加起来的世界，这里的“叠加”是真的数学上的相加。也就是说，任意时刻，会有无限多个振动在“同时”进行，它们的振幅值相加后便形成了完整的波形。而图1-70中所假想的描述方式，认为任意时刻不可能有无限多个波都在同时振动，而只能由一个波来振动，然后在时间轴上将多个波的共同振动产生的影响拼接起来，最终形成完整的波形。这两个模型的本质矛盾在于，是否承认世界底层是串行的（世界是拼接出来的），还是坚持认为是并行的（世界是叠加出来的）。

1.4.3 低通滤波

看着频谱图，我就在想，如果来个一刀切，会怎么样？比如针对一个男人说话的声音信号，如果有某种电路能够直接把其中某些频率成分给切掉的话，比如把低频部分切掉，只保留高频部分，只剩下高频部分相互叠加，那么这个信号到底会变成什么样？耳朵接收到以后又会有什么“味道”？会不会从一个男声变成女声？可以肯定的是味道必然不同，这不重要。重要的是什么电路可以将一个信号频谱中某些频段的波剔除掉呢？

用电容！电容可以延缓电路中电压的升高或者降低，因为它能够吸收电流和放出，如果没有电容，那么正电荷流动到导线一端，在此积压，电压将瞬间升高到与电源相同，而一旦电源极性被反了过来，导线中之前积压的正电荷将会流向电源负极，电压瞬间降低到与电源相同。而有了电容，电容具有容纳很多电荷的能力，电荷需要对电容充电，积压的速度就没那么快，达到电源电压的速度就会被降低，从而表现出延缓电压升高的效果。同样，电源极性反相后也会延缓电压降低。

在图1-77所示的电路中，一个电容和一个电阻串联，接到一个能够产生交变电压信号的电源两端，电源产生一个1kHz的振荡方波，配以一个1μF的电容和一个电阻，左上图给出了电源两端电压的波形以及电容两端电压的波形。可以看到，电容有延缓电压上升和下降的效果。此外，还可以看到电容两端输出电压的波形虽然变化较大，但是其频率与方波完全一致，步调一致，电源方波刚好要跃变的时候，电容也刚好（或者早已）被充电到电源电压，这个图看上去是“刚好”而不是“早已”。可以想象，如果是“早已”的话，电容两端的波形会更加贴近方波。我们把让电容电压在电源电压跃变时刚好与电源电压相等时的电源电压振荡频率，称为这个电路的谐振频率。图中所示电路的谐振频率，就是1kHz。

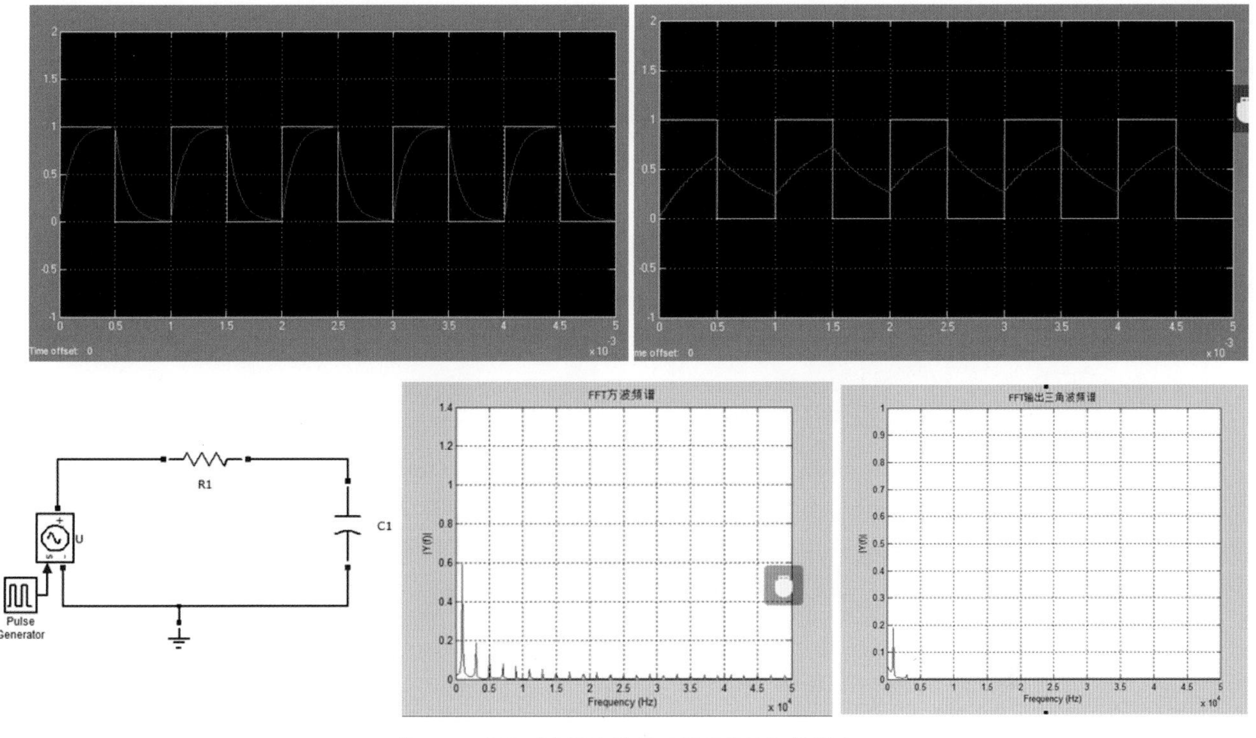

图1-77　电容对交流电信号（振荡信号）的影响

现在把电容加大到5μF，让它不“刚好”，则产生图1-77右上图所示的波形。可以看到，电容还没充电到电源电压呢，电源电压就开始跃变了，这直接体现为电容加大让方波变得更平滑了。另外，如果把电源方波的振荡频率提高，也会产生右上图类似的效果，想想为什么？因为电容电压的上升速度赶不上电源电压的跃变速度了，相对也一样会产生这种平滑波形。这个过程叫作电容的滤波。有人可能会有疑问，电容只是平滑了电压的上升下降斜率，并没有“过滤”什么东西啊？且看图1-77下方的频谱，中图为没有电容时方波的频谱。正如前文介绍的那样，它是由很多频率的正弦波叠加而成的，振幅不断降低。而再看看右图，当加入电容之后，发现高频率的谐波被“过滤”掉了，只保留了几个低频分量，这也正是波形变化的原因。

这是一个典型的感性理解和理性理解的对立。从感性上很容易解释加入电容之后波形的变化，因为平缓了电压突变。但是平缓了多少，就没法感性解释了。而频谱中的这种变化能够很好地量化这个变化，电容将高于0.1×10^4Hz（1kHz）频率的谐波分量几乎都过滤掉了，而0.25×10^4处的谐波分量，也衰减得非常厉害，仅剩下一个微小的振幅。当然，1kHz的基波振幅也有所衰减。而这些非常理性和精确的分析，却让人很难理解。电容为什么就能过滤这些频率？为什么1kHz频率分量没有被滤掉？是不是可以初步做出这个结论：这个电路看上去会滤除掉高于其谐振频率的其他频率分量？而且离谐振频率越远的高频信号，越容易被滤除得更彻底？这些猜测都是对的。现在，来感性认识一下电容是怎么做到这么神奇的事情的。

为了探究本质，我们不使用正弦波叠加之后的方波，而直接使用正弦波来考查电容的滤波行为。如图1-78左图所示，电源产生一个1kHz的正弦波。由于该电路的谐振频率为1kHz，所以可以看到电容两端电压除了振幅稍微降低以及相位稍微滞后之外，还是与电源同步振荡（谐振）的。增加电容之后，波形被平滑了。

现在，我们将一个1kHz和一个10kHz的幅值相等的正弦波叠加起来，得到的波形如图1-79所示。还是那句话，如果你有耐心的话，完全可以用笔来叠加出这个波形来。现在你应该看出规律了，图中的大波浪，其频率为1kHz，而沿着大波浪线振动的小波浪，其频率为10kHz。可以看到，在大波浪的一个周期中，小波浪振动了10个周期。这个波形就是电源输出的波形。再看看电容两端电压的波形，就是中间的那条红色贯穿线，可以明显看到，这条线的大波浪频率为1kHz，而小波浪的频率是10kHz，但是小波浪的振幅已经非常小了，为什么？当然是因为10kHz的频率太高了，而电容相对它来讲太大了，电压还没上升多少，电源电压就开始往下走了，所以被平滑得更厉害，自然这一段的波形就平滑了。但是在大波浪这个维度上，大波浪频率低，电容能够跟得上其电压的跃变，所以电容并没有把大波浪平滑掉。所以，既然小波浪的振幅衰减得很厉害，那么10kHz的信号对电容两端电压的影响就被削弱了。电容，就是这么“滤除”掉比其谐振频率高的信号的，而“保留”了与其谐振频率接近的信号。

然而，在图1-79所示的电容两端电压的波形中，还有一些锯齿没有被平滑掉，是否可以加大电容来平滑锯齿？可以，如图1-80右图所示，增加电容后锯齿基本消掉了，但是带来的副作用就是其自身的振幅也衰减了很多。

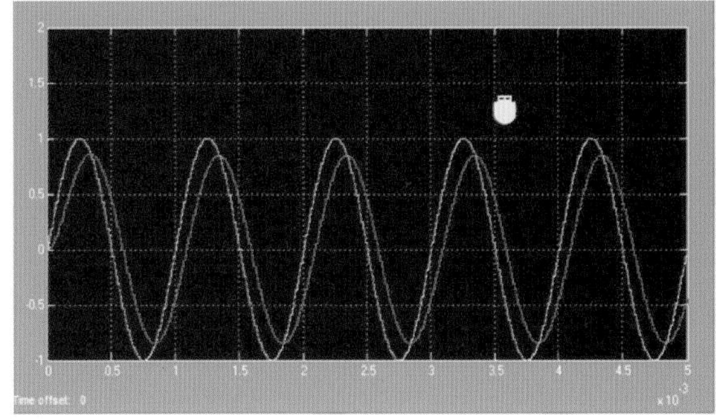

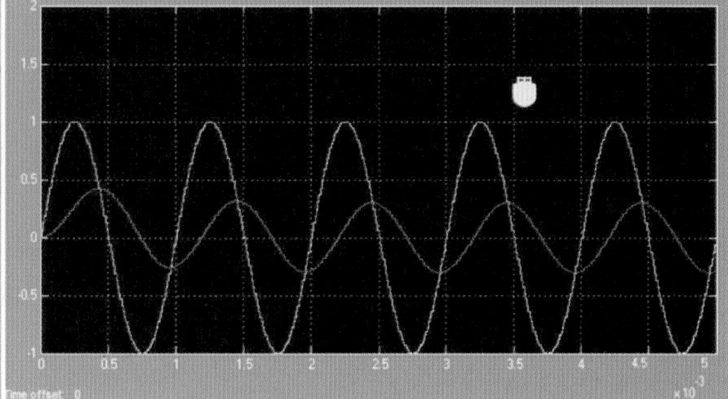

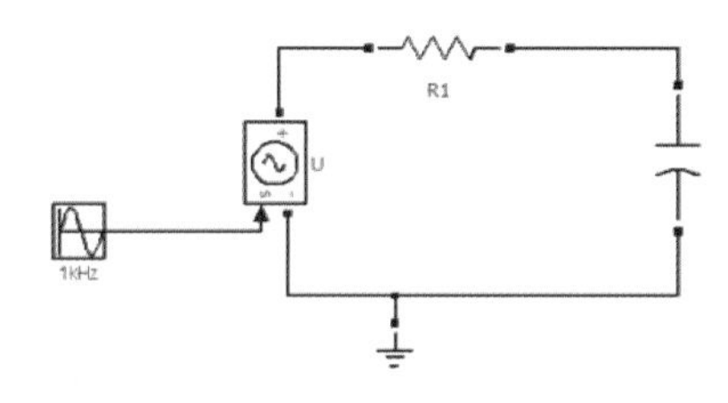

图1-78　电容对正弦波交流电信号的影响V

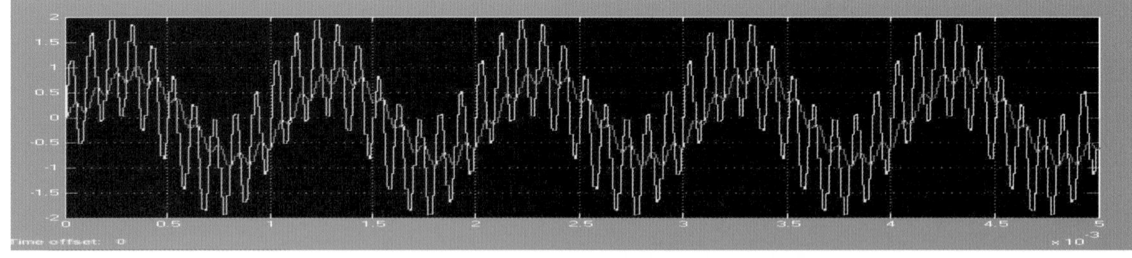

图1-79　1kHz和10kHz正弦波叠加后的电压波形

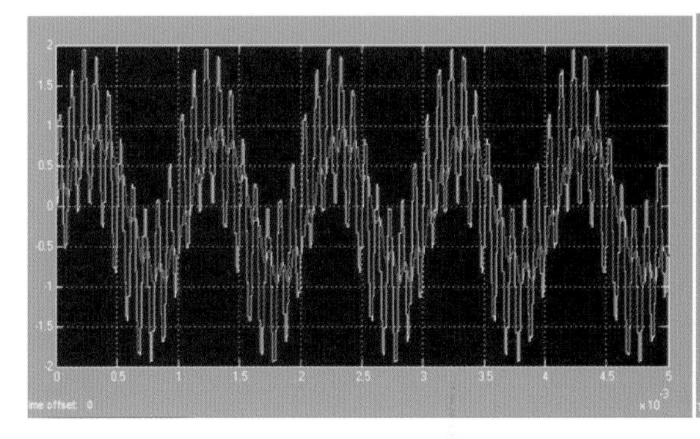

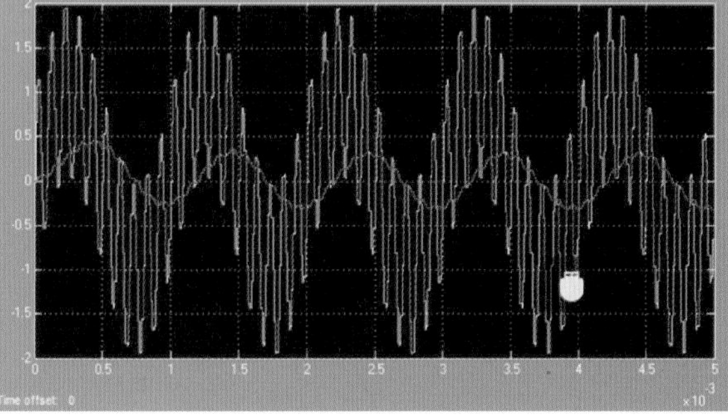

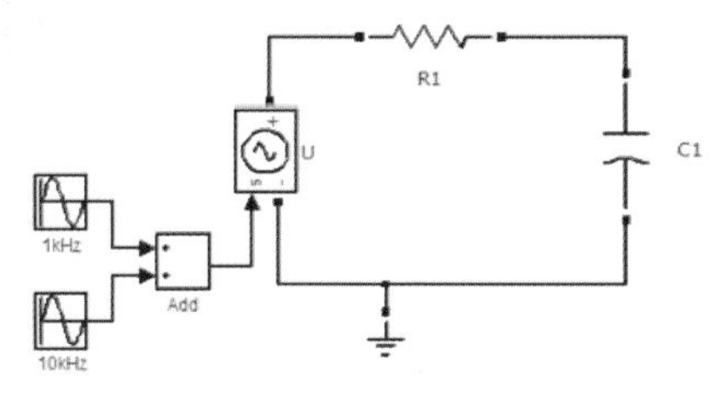

图1-80　加大电容对滤波效果的影响

如图1-81左侧图所示，将1kHz正弦波与100Hz正弦波等幅值叠加，自然，电容电压波形会与1kHz的分量同步振荡，同时在第二个维度上与100Hz的波同步振荡。但是加大电容之后可以发现，1kHz振荡的分量的振幅几乎被削弱没了，但是在100Hz的维度上仍有振幅而且同步振荡。如果继续加大电容，只要电路的谐振频率仍高于100Hz，那么电容电压波形依然会与100Hz同步振荡，只是振幅衰减得越来越厉害了，如图1-81最右侧图所示。

如图1-82所示，如果将一个20Hz而不是100Hz的信号与1kHz信号叠加的话，那么电容电压的振幅又会提升上来，这说明20Hz 更靠近该电路的谐振频率，但是仍高于谐振频率，因为电容电压波形的振幅还是有所削弱，也就是还是被电容平滑掉了一定程度的幅值。

电容的这种滤掉比其谐振频率高的信号（频率越高，越容易被削弱得更厉害）而通过比其谐振频率低的信号的特性，被称为“低通滤波”。能保持与低频电压同步变化的原因是信号源电压的变化太慢，所以给了电容充足的充电时间让电压能够与电源随时同步；同时，电压一同步，电流就没了，所以低频信号源的电流是通不过电容的。

图1-83所示为三波叠加后的波形，它稍显复杂但是依然可以发现规律。可以看到，两个大周期，左右各占一半，每个大周期中又包含了5个小周期，每个小周期中又包含了10个更小的周期。现在你该知道了，大周期就是20Hz的力挽狂澜。在图1-83所示的时间域内，这个狂澜振动了2次，证明这个图的时间域长度为0.1秒。而100Hz的随波荡漾，在0.1秒内应该荡漾了10次。没错，看一看哪个形状重复出现了刚好10次，就

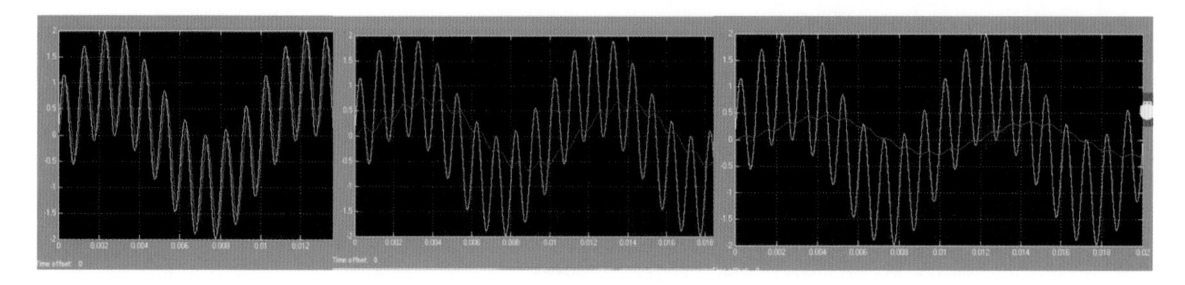

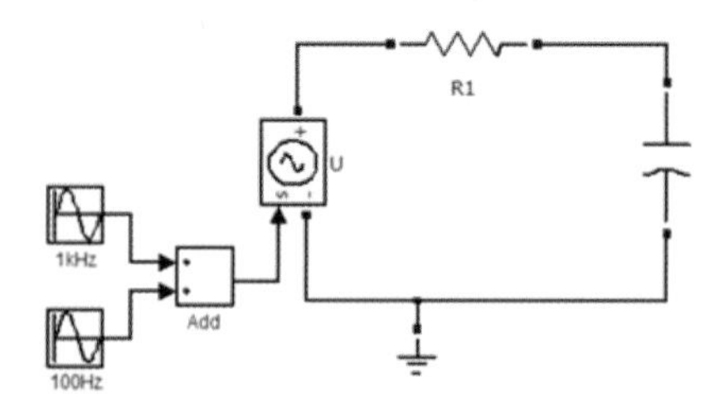

图1-81　电容只滤掉比它谐振频率高的信号分量

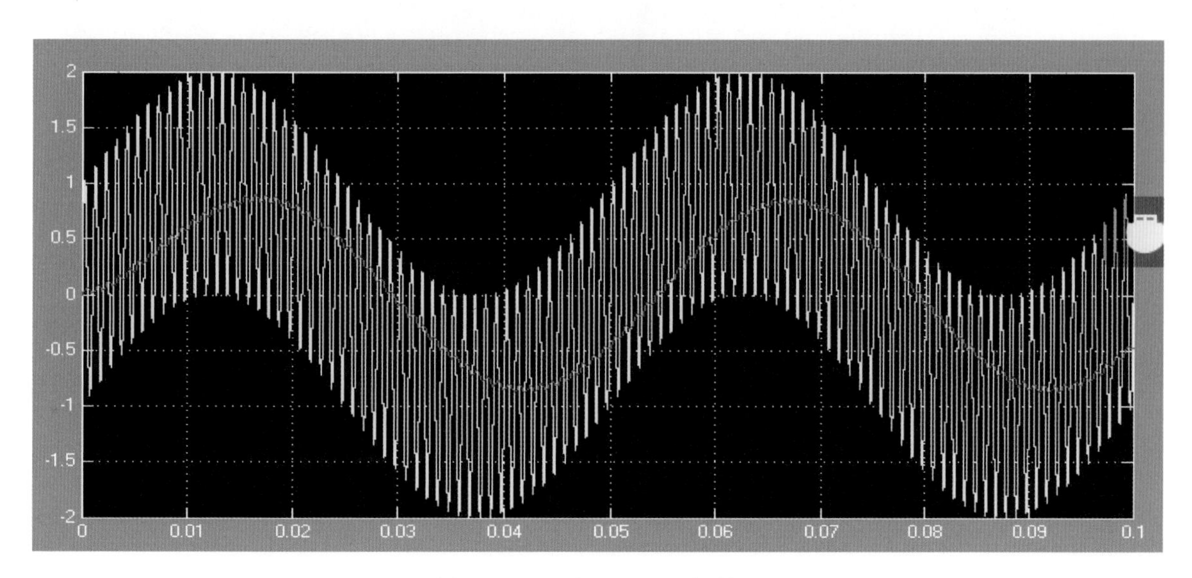

图1-82　1kHz与20Hz正弦波叠加

是那个波形对应了100Hz的分量。同理，哪个形状出现了100次，那它就对应1kHz的微风涟漪分量。是否烧脑？可以看到电容两端电压的波形，可以明显分辨出其低通的效果。中间那条隐隐的波线非常符合20Hz和100Hz的波形，随它们一起荡漾。但是对于1kHz的分量，可以看到其并没有紧紧跟随，振幅被削弱了。

正弦波叠加

现在你应该能够更加深刻地理解这段话了：低频率的振荡，把"高频率的振荡本身"振荡了起来。也就是说，高频率的振荡自身，沿着低频率的振荡的波线分布。或者说，把高频率的波形本身看作一根很直的绳子，当有一个低频率的波与这个高频波叠加时，低频率的波把这根绳子按照低频率振荡了起来，远看只能看到低频率的波，但是近看会发现，低频率波形的波线本身正在被高频率波振荡着。如果再有第三个更低频率的波进入，那么这个低频波会把整个刚才那两个波组合到一起形成的波形当成一根大绳子，再把这根绳子按照自己的频率和振幅荡起来。同理，高频波遇到低频波时，低频波的波线也便开始按照高频波的频率振动起来。

还有更烧脑的，图1-84所示为1kHz与1.5kHz正弦波叠加的波形，这确实烧脑，我们就不具体分析了。但是从电容电压来看，其依然能够做到削弱高频信号。可以看到，图中高频率振动的地方对应的电容电压变化也更为平缓。

图1-85所示为1kHz正弦波叠加锯齿波和方波后的效果，可以进步体会波的叠加规律。

利用电容的低通滤波特性，只要精确地调节电路中电容和电阻的值，就可以确定这个电路的谐振频率点（电阻会阻碍电流的流动，使电容充放电更慢，电压变化更平滑），从而可以将任何信号中高于谐振频点的频率分量滤除掉。如果把男声的高频分量滤掉了，那不但没有变尖锐，反而变成了魔鬼声音了，此时我们得把低频率部分滤掉才行，也就是说，得想办法高通。

1.4.4 高通滤波

既然可以低通，那么是否也可以高通？电容两端的电压是低通的性质，那么电阻两端的电压是什么性质呢？有意思的事情来了，电阻两端的电压恰好是高通的！此时来分析一下，如果某个电压振荡信号的频率低于电路谐振频率，那么电容两端电压会升高/降低得很迅速，也就是几乎与信号同步升高或者降低，此时电路中电流的变化趋势却很平缓。也就是说，电容电压上升变化很陡峭的时候，电容中几乎没有存储多少电荷，有电流流入充电。而此时电流的绝对值虽然很大，但是电流变化量却很小，电流会不断减小。当电容电压值与电源相同时，电流降低到0。所以，当电容电压上升很陡峭时，电流下降得却很平缓。当电容几乎被充满电的时候，电压上升反倒会变得很难，而此时电流下降的趋势却非常大，也就是电流在降低为0之前，斜率将达到最大。同理，放电也是这样。一开始放电电流很小但是变化很陡峭，处于电流急剧

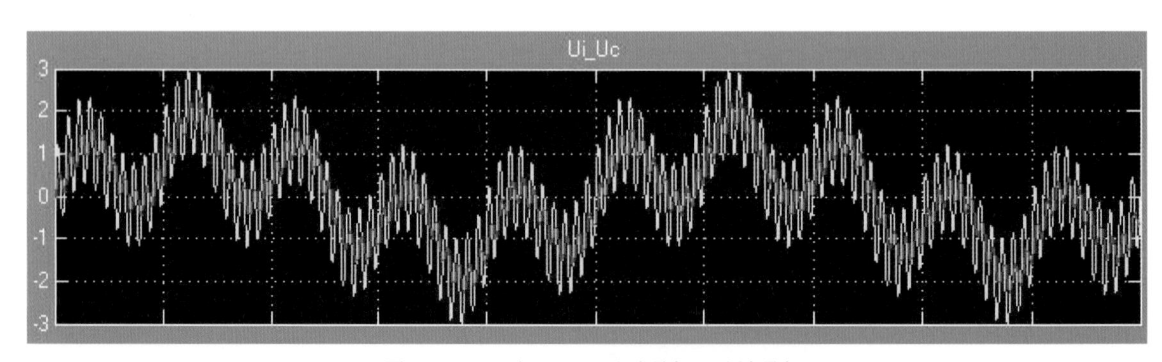

图1-83　1kHz与20Hz正弦波叠加正弦波叠加

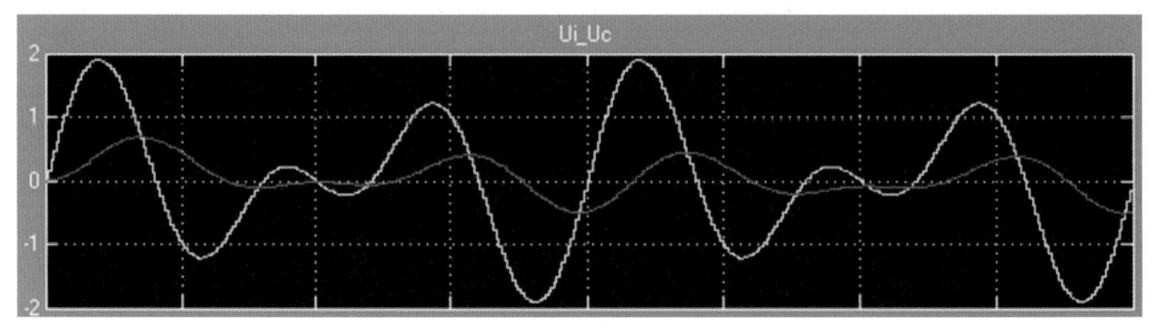

图1-84　1kHz叠加1.5kHz的等幅正弦波

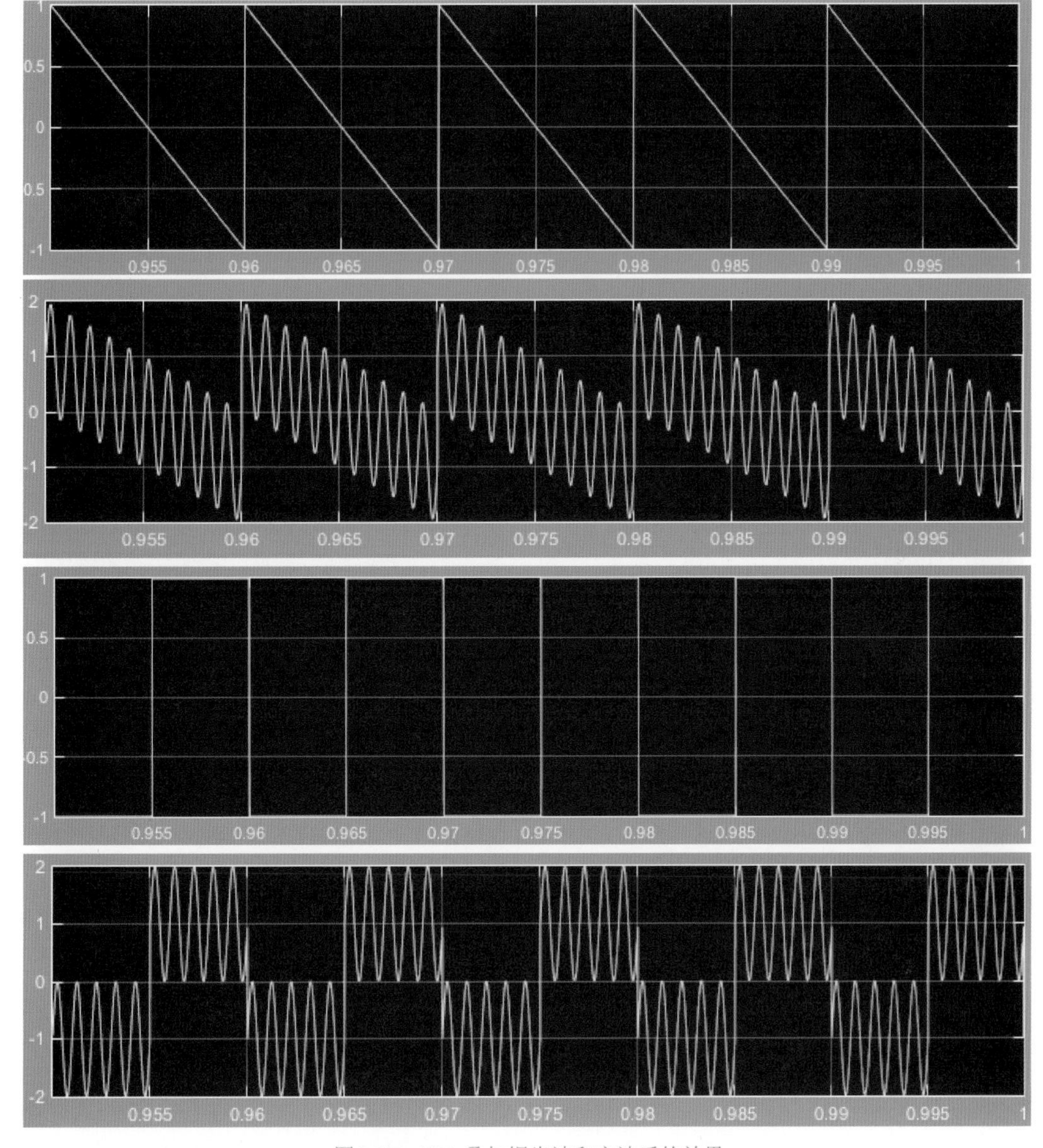

图1-85　1kHz叠加锯齿波和方波后的效果

增大的过程中，但是电容电压的下降却很平缓，当电容放电到没有多少电荷的时候，此时电压下降会非常陡峭，而放电电流达到最大绝对值但是却变化平缓。

总结起来就是，当电容两端的电压变化陡峭时，电路中的电流变化平缓；当电容两端的电压变化平缓时，电流反而变化陡峭。如图1-86所示，电容两端的电压与电路中的电流刚好相差四分之一个周期。

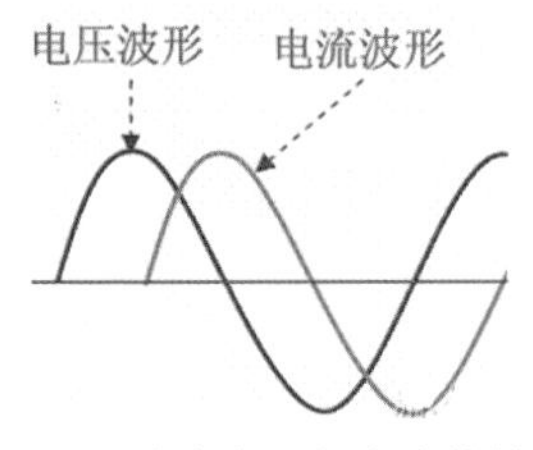

图1-86　电容电压与电流的关系

可以知道电路中的电流流经电阻的时候，会在电阻两端产生电压，这个电压与电流是正比关系。那么，如果去看电阻两端电压的变化，会发现其与电容两端电压的变化刚好相反。当电源（或者信号源）给这个电路加一个低于谐振频率的信号时，电阻两端的电压变化会比这个信号平缓（此时电容两端电压的变化却与该信号一样陡峭，几乎与该信号频率步调同步变化）。也可以说，电阻两端的电压对该信号几乎不响应（不与其同步变化），振幅被削弱。原因就是电容两端的电压陡峭，则电路中的电流平缓，电阻两端的电压也就平缓。相反，当越是高于谐振频率的信号加在电路上时，电容两端的电压越趋于平缓，而电路电流却趋于更加陡峭的、与信号源趋于同步的变化。

越是高频的信号，电容两端电压的变化就越平缓，同时电阻两端电压的变化就越急促。这就达到了高通的效果，电阻两端的电压波形表现为通过高频信号（随高频信号同步振荡），而阻碍和削弱低频信号。

如图1-87所示，左上图为1kHz正弦波下的电压和电流波形（上半部为电压，下半部为电流），右上图为1kHz+100Hz叠加后的电压和电流波形，左下图为1kHz+100Hz+20Hz叠加后的电压和电流波形，而右下图为1kHz+20Hz叠加后的电压和电流波形。可以看到，电流波形也是按照类似原则叠加的，在不同维度上振荡。也可以看到，不管低频波的频率有多低，100Hz还是20Hz，电流在1kHz维度上总是与信号源电压同步变化（电容导致电流的相位有些许超前）。而看看右下方的图，20Hz频率的振荡基本唤不起电流的振幅了，在这个维度上电流基本是一条直线，只有很小的振幅。

还可以再深入一点。比如，当一个高频信号振荡到1V电压的时候，由于频率太高，电压变换很快，也就是说是“蹭”的一下子就变到1V，此时会对应一个大电流（电流振幅较大），而电容两端的电压却没有“蹭”的提升。而当一个低频信号也振荡到1V时，由于频率低，所以与高频率的波相比，在同样的时间内，其并不是“蹭”的一下，而是慢慢悠悠地到1V，电容两端来得及响应这个变化，此时就产生不了大电流，所以电流的振幅就很低，几乎没法区分。也就是说，这个低频滤波对电流或者说电阻两端电压的影响被过滤掉了。反过来想，如果要让低频波能够影响电流变化，就得让电容来不及响应变化，此时需要加大电容，让电路的谐振点位于比这个低频信号更低的频率上，才能让这个低频波“通过”。

另外，如果单看电流的话，那么对于这个RC电路来讲，信号频率越高，电流就会“透过”电容；频率越低，电流变化的振幅就越低，频率无限低的话，就相当于直流电，对应电流的振幅就趋近于0。所以说，电容具有通过高频电流，而阻碍低频电流的作用，但是反过来讲，也具有过滤高频交流电压，而通过低频交流电压的作用；而被电容通过的电流，又在电阻两端形成与电流同步变化的电压，这个电压与电容两端电压的性质刚好相反。

高通低通

对于电容来讲，其对电路的影响是通过比自己谐振频率低的电压，同时也会通过比自己谐振频率高的电流；也就等效于：其会阻碍或者过滤掉比自己谐振频率高的电压以及比自己谐振频率低的电流。所以，说电容的“高通”和“低通”时，一定得搞清说的是电流还是电压，两者受影响的效果相反。而说到电容和电阻组成的RC电路的低通和高通时，就必须分清楚说的是电容两端的电压还是电阻两端的电压，抑或是整个电路的电流。

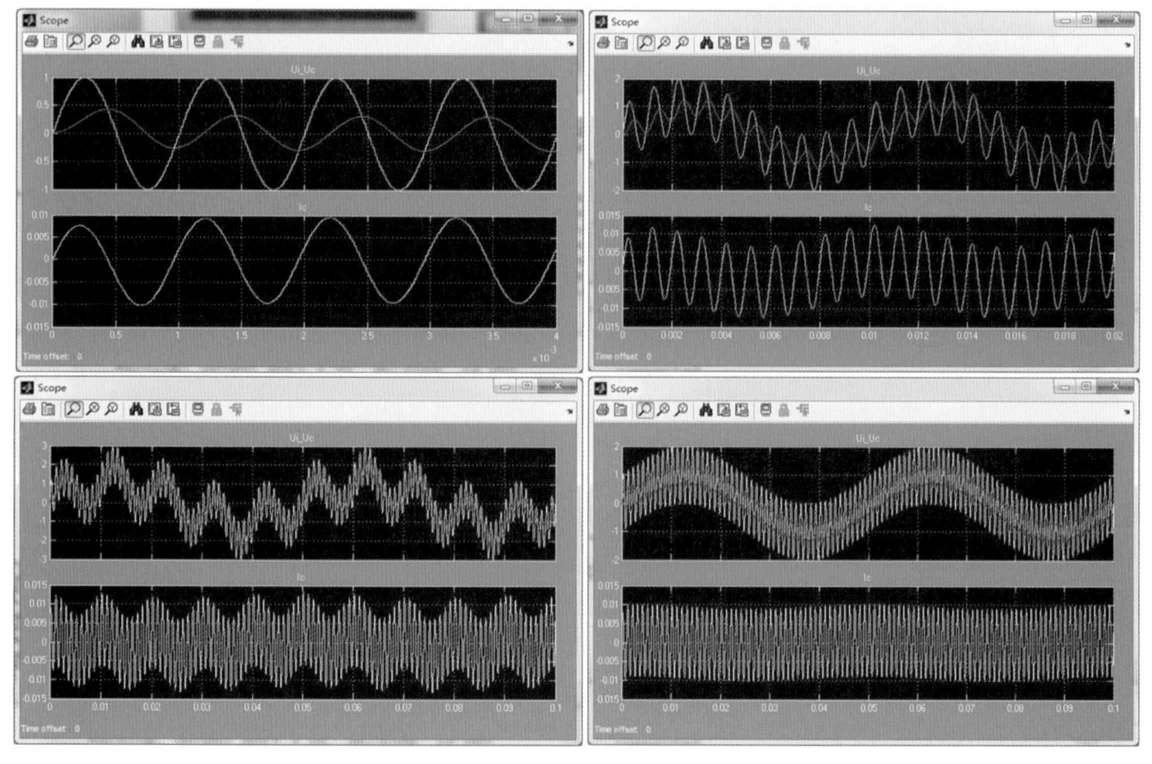

图1-87　各波形组合下的电压（上半部图）和电流（下半部图）波形

1.4.5 带通滤波

现在我们既可以高通，又可以低通，如果把这两者组合，无疑就可以将整个频谱中的某一段保留下来，而高于或者低于这一段的频率分量全部被滤除。如何做到？很简单，对于某个信号，先将其低通，然后再将过滤完的信号高通，这样两边夹击，不就剩下要保留的“频带”了么？所以，这个电路设计起来也就很清晰了，如图1-88所示。

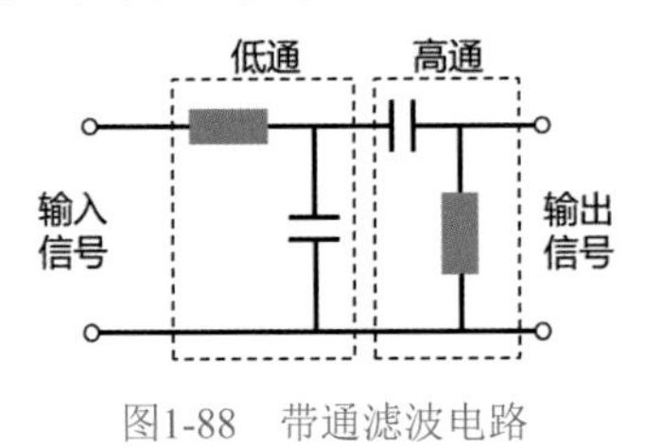

图1-88 带通滤波电路

在这个电路中，信号从左边输入给低通部分，从电容输出的信号将高频部分过滤掉，然后输出给高通部分，再把信号的低频部分过滤掉，经过两次过滤，剩下的就是想要保留的频段。相当于一个低通滤波和一个高通滤波串联。只要精确地调节电容和电阻的值，就可以实现任意频段的过滤和保留。因此，又称这种方式为“**带通滤波**”，而被保留和通过的频带称为“**通频带**”。

此外，还可以将两个低通滤波串联，这就形成了二阶低通滤波电路，其滤波效果更好，如图1-89所示。但是不要把这个电路想得过于简单，它与数字电路不同的是，**右半边的电路的电阻、电容、电感显然会对左半边的电路产生影响，从而改变其谐振频率，从而导致无法预估的结果**。科学家们经过长期摸索，建立了一套通用的数学模型和公式来描述这些电路的行为，这里就不做过多介绍了。所以，模拟电路完全不能用数字电路的思维来理解。数字电路的输出非0即1，不管下游接入了多少器件或者多么花哨奇葩的门电路逻辑，只要电源供电充足，一个电路的输出总能够在一段时间之后是0（被放电到一定电压）或者1（被充电到一定电压）。而模拟电路，不同的电路组合就会有不同的波形和频率，实现想要的结果，难上加难。

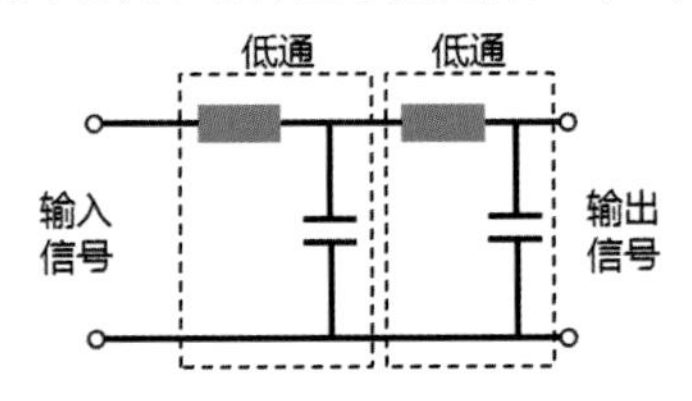

图1-89 二阶低通滤波电路示意图

1.4.6 带阻滤波

那么，是否有可能做到仅让某个频段信号被过滤，而其他频带都通过？这就叫带阻滤波器。原理很简单，如果说带通是低通和高通之间取交集，那么带阻就是低通和高通之间取并集。

如图1-90所示，将信号并行导入一个低通滤波电路和一个高通滤波电路，然后再将二者输出的信号做叠加，就可以实现带阻了。这里需要一个信号叠加电路，其作用是将两个信号振幅做相加操作。这里有人可能有疑惑，两路信号“叠加”难道不是直接把导线并联拧在一起就行了么？试想一下，1.5V和3.0V的电压并联，电压是4.5V么？都不是，4.5V电压会反过来向1.5V的电压充电（如果是可充电电池），因为有电势差，这一充电，信号就完全被破坏了；如果是不可充电电池，那么电压将表现为3.0V而不是4.5V。所以，需要有一个模拟加法器（有别于数字加法器）来将两路信号做主动的相加操作，然后输出相加后的信号。关于模拟信号加法器，篇幅所限不再介绍，但是提示一下：两个电压信号如果串联起来，不就可以相加了么？

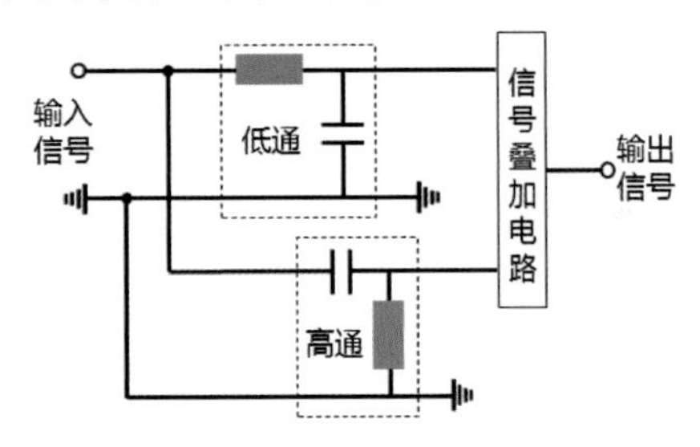

图1-90 带阻滤波电路示意图

1.4.7 傅里叶变换

滤波来滤波去，有人就想了，有意思么？滤波不就是用来玩变声游戏的么？你可以选择继续去玩汤姆猫（一款搞笑变声软件）并陶醉其中，也可以选择继续思考。

请思考一下，人们是怎么知道人声的频带的？是怎么知道某个信号波形是由哪些正弦波叠加而成的？就算傅里叶大师明确给出了“任何周期信号可以分解为多个正弦波和余弦波”的结论，也只能是干瞪眼。所以，必须有方法来将任何信号做这种分解操作。一个最笨的办法，就是用带通滤波器滤波，从0Hz开始，以比如100Hz为步进不断尝试看看对应频带是否滤出了对应波形出来，并记录其振幅，最后便可形成频谱。

不过，如果傅里叶仅仅给出这个笨手段的话，其价值就会大打折扣。傅里叶运用三角函数sin、cos的相乘、相加运算（就是大学高数里所学的$\sin(A-B) = \sin A\cos B-\cos A\sin B$那一大堆当时死背硬记而根本不知道用来干什么的公式）以及积分运算，成功地给出了将信号源分解成正弦函数和余弦函数的几个公式。这些公式要求将信号源的振幅与一个标准正弦信号以及余弦信号的振幅相乘再积分，不断地乘以某个正弦/余弦波以消掉其他分量，然后考查结果是不是0，从而判断该波中是否含有该余弦/正弦成分，越精细，计算量越大，但是在频谱中求得的频率成分越连续，从而形成一个带。在傅里叶那个时代，根本没法做这种连续细粒度精度的计算，只能牺牲精细度，做粗颗粒的分析，就像数字采样一样，采样频率足够高，也可以把这个波形分析个大概出来，这种取有限样点作分析的傅里叶方法叫作“**傅里叶级数**”，意即有限的级数分析。对于非周期的信号或者说杂波，是无法用傅里叶级数来量化的，此时可以将整个波形当作一个大周期，从而用傅里叶级数来处理。不过，此时需要让级数取极限，然后将所有结果加起来，也就是积分，这样就可以大致描述这个波形。针对非周期性杂波的上述这种分析方式，叫作**傅里叶变换**。

他也苦逼过

1768年3月21日，傅里叶生于欧塞尔，9岁父母双亡，被当地教堂收养。早在1807年，他就写成关于热传导的基本论文“热的传播”，向巴黎科学院呈交，但经拉格朗日、拉普拉斯和勒让德审阅后被科学院拒绝，1811年又提交了经修改的论文，该文获科学院大奖，却未正式发表。傅里叶在论文中推导出著名的热传导方程，并在求解该方程时发现函数可以由三角函数构成的级数形式表示，从而提出任一函数都可以展成三角函数的无穷级数。傅里叶级数（即三角级数）、傅里叶分析等理论均由此创建。由于对传热理论的贡献，傅里叶于1817年当选为巴黎科学院院士。由于那个时代并没有计算机，无法直观地感受到傅里叶的这个真理，所以傅里叶时代的人们永远不会知道这个理论如今得到如此广泛应用。类似事情或许今天正在重演着。

对待分析的信号与某个正弦/余弦波做乘法，这看上去有些疑惑，比如1乘2等于2，2乘2等于4，那么对于一个无法描述的、尚不知道其变化规律的振幅值，让其与某个固定值相乘，在数学上是没法操作的，比如z为未知数，它乘以2，结果只能表示为$2z$，而不可能知道其确定值。除非先得到这个信号的波形图，比如让该信号控制某个绘图笔，就像地震记录仪一样，在纸上画出曲线，然后用尺笔量出每个点的幅值，然后再与对应的正弦波/余弦波幅值相乘，一个点一个点地算，但是这样就失去了意义。所以，要想得出确定值，必须使用乘法电路，这个电路可以直接将源信号的值连续地与对应值相乘，然后连续地输出结果，而不需要一个点一个点地算。所以，傅里叶变换需要乘法器和积分器电路共同作用。然而，这个乘法器与前文中的数字乘法器完全不同，模拟信号乘法器本质上就是利用三极管放大原理（详见第3章）将振幅放大相应的倍数。

音响

经常有些音响发烧友在谈论某款音响对低频/中频/高频的后处理很悦耳，或者对男低音/女中音等的后处理很到位，比如将之前一团浆糊般的声音变得层次分明。这种感受我虽然没机会亲耳听到和对比过，也不想花大价钱去购入一套高级音响，但是能够想象得出这幅情景和悦耳的声音。而且知道，如果没有傅里叶的理论，人们就无法将这些对应频段的信号提取出来单独进行后期处理之后再合入之前的信号。

1.4.8 波动与电磁波

滤除/保留特定频率/频带/频段，其实还有更大的用处。它与我们的生活息息相关，如果人类没有发明滤波，就不会有收音机以及整天刷手机的低头族。空中弥漫的电磁波，就是大量不同频率的电磁波的叠加，不同的信号使用不同的频率段，比如调幅广播、调频广播、对讲机、航空通话、手机2G/3G/4G、WiFi、雷达等，它们各自使用不同的频段，所有这些信号相互叠加，最后就是一团浆糊，如果谁不借助仪器就能从这团浆糊中分辨出“这是手机3G信号！这是FM信号波形”，那我一定对他佩服得五体投地。现实中，为何手机不会受到FM的干扰，FM也不会被手机干扰呢（实际上，FM会被手机干扰，手机在发出和接受播出/振铃信号时，会有低频波形发出/接收，而且幅值很大，此时你会听到熟悉的嗒嗒的干扰声）？首先，接收机会使用对应长度的天线，保证只有波长与天线长度接近的电磁波才会在天线中产生谐振电场，其他波长过短或者过长的信号，天然就被滤掉了，所以天线也是一种滤波装置。其次，接收机中会使用电容来做更精细的滤波，只把那些与滤波电路谐振频段匹配的信号保留，越精细，选择性就越好。在继续探索滤波之前，我们先来看看空中飞舞的无线电信号到底是什么，这些原本应该是某种电场强度的正弦振动的“东西”，在空中是怎么传递的，是怎么被发射到空中而且还能在几十亿光年之外还能被接收还原出来的。

将波动的信号使用天线辐射出去，在空中传播到接收端天线，然后将信号还原出来，这就是无线通信。上文中所给出的那些波形看上去像波动，其实本质上并不是波动，而只是电荷来回移动产生的振动，这些波形的产生只是为了便于观察而将振动在时间轴上强行拉开而已，示波器就是干这个的。而当把振动真的在空间维度上拉开，也就是传递出去的话，那就成了真的波动。这里有个问题，这些交流信号的振荡，难道不是在导线中传递的么，那么其不算波动么？要知道，导线上的电压信号是依靠载流子（电荷）移动（载流子本身移动速度很慢，据说只有0.01厘米/秒，但是积累出足够电压所需要的时间却是很短的），从而在导线一端或者电阻上游积累出电压的，而且不断升高或者降低，所以这种“传递”并不是信号自身的传递。而真正能够在空间传递这些信号的是电磁场和电磁波。

伟大科学家法拉第通过实验发现了电磁感应现象，伟大科学家麦克斯韦用数学严密地描述了电磁感应和电磁场，并得出结论：均匀变化的电场会激发出稳定的磁场，加速/减速变化的电场（位移电流也会加速/减速变化）会激发出加速/减速变化的磁场，反之亦然。

位移电流

恒定不变的电流即可形成恒定的磁场，也就是载流子（比如电子）的运动，其周围便会产生磁场，导体切割磁场线也会产生电场，或者说导体不动，但是磁场变弱或者变强，也相当于导体“相对”切割了磁感线，这是法拉第通过实验测得的。然而，恒定电场中没有电流，也就没有磁场，而变化的磁场可以变相让导体切割磁感线而产生电场，那么变化的电场也理应产生磁场才对。所以电场必须变化起来，比如电场线性增强，但是电场再怎么变化，由于场间没有导体连接，也就没有电流通过，就不会有磁场。然而实验证明，变化电场确实产生了变化的磁场。麦克斯韦为了解释这个实验现象，提出了位移电流的概念。也就是假设电流能够通过电场，那么就可以产生磁场，但是场强恒定的电场却产生不了磁场；而假设电流能够通过电场，那么即使恒定电场也应该有电流，也应该有磁场，这与实验不符，所以位移电流仅对变化的电场适用。这多少有点牵强。但是再思考一下变化的电场，比如正在变强的电场，因为电场增强意味着电压差增强，那一定意味着电荷积累增加，也就意味着电荷流动，也就有了电流，从而产生磁场。虽然电流并没有通过场间，但是其效果可能是一样的，场间这段狭小空间虽然被割开了，但是磁感线依然会包络起这块空间。这就是麦克斯韦引入的“位移电流”的概念。但是这个概念至今让人无法信服和理解。真空中是不存在电荷载流子的，既然电磁波可以在真空中传递，那么就要求真空中必须有载流子，从而可以积累出电压，形成电场，所以，麦克斯韦是坚定的“以太”学说支持者，他认为真空中弥漫着以太，不愁没有载流子。以太就是电磁场的传递介质，所以没有以太，位移电流理论也就无法被支撑。然而，以太后来被证明不存在（尚存疑），但是根据麦克斯韦方程式推导出来的电磁波速度等于当时已测得的光速，这个结果却不得不让人信服。其实，以太到底是否真的存在，或者并非以人们想象的那种形式而存在，这些都是有待人类研究的课题。量子效应的发现，可能会重新将“以太”这个东西翻出来研究，因为只有承认世界底层有一个运行框架，才能解释量子效应。不过近年来一些新的理论，比如玻色子等，其实就有些暗含以太的意思。

进而推断：既然你生我我也可以生你，那么电和磁二者只要有一个处于加速/减速（而非匀速）变化过程中，那么就会有无穷尽的相互激发而振动下去。而电场和磁场是有一定空间作用范围的。如果电场感生的磁场包裹在电场外面，磁场感生的电场也包裹在磁场外面，具有一定厚度，那么这种振动就可以从原来的原地踏步，转而在空间维度上起步走，永远接力传递下去，形成波动，这就是麦克斯韦预言的电磁波。只是当时麦克斯韦并不伟大，因为几乎没人能理解和支持他的学说，甚至被质疑，直到他离世后8年，科学家赫兹才通过实验证明了电磁波的存在。纯粹的科学家，其动力是原生态的、被放大了的、压倒一切的求知欲望。

波是力的传递方式

在一条不受其他力的绳子一端抖动一下，过段时间，绳子另一头会得到一个与你当初用的力相同方向的、大小相同的力，它驱动着绳子另一端也同样向上运动。你的力，在绳子上，被以波的形式传递到了远方。然而，电场力要想传递到远方，就没这么简单了。比如，电场忽然增大，这个变化要传递到远方，就得变成电磁波，激发出磁场，磁场再激发出电场，一层层地向前推进，一直到接收端收到这个电磁波从而产生电场的增强或者衰弱，这也相当于源端将电场力传递给了目的端。同类型波的波速只与传递介质有关，也就是靠近波源的质点能在多短的时间内带动其下游的质点达到与其相同的振幅，用该质点的等效长度除以所耗费的时间，就是波速。所以，可推导出结论：传递介质中质点之间的作用力越大，质点越轻，下游质点被上游带动同样振幅处所耗费的时间就越短，波速也就越快（声波在空气中的速度为约340米/秒，而在铸铁中的速度则为几千米每秒）。所以，对于某种介质来讲，其对力的传递速度与波源的频率和振幅毫无关系。因为你在源头处对质点施加的力，并没有透传给下游质点，而是经该质点与其下游质点之间的作用力（这个力完全不受波源掌控）来带动下游质点运动。一根绳子，你在一端不管以多大频率摇动，绳子上顶多会出现较多或者较少波峰，但是这些波峰向前走的速度是绝对不会变的。你摇得慢，就会出现一个绵延较长的波峰；摇得飞快，就会出现密度很大的短波峰。波峰之间的距离称为波长。那么，同种介质在传递速度不变的情况下，波长越长，波源频率越低，波长越短则波源频率越高。摇动频率越高，则传递的能量越大，因为力是以更高的频率注入到绳子上的，那么这根绳子就算遇到风吹草动，振动也不会很快衰减掉。而低频振动的话，能量注入频率低，衰减得就快。我们虽然不知道一个质点的长度以及这个质点达到与其上游质点相同振幅所耗费的时间，但是可以测量出整个波形中某个波峰从0达到最大振幅所耗费的时间，以及位于这个波峰两侧振幅为0的点的距离，用这个距离除以耗费时间即波速。对于不同的介质，其内部质点之间的作用力不同。比如固体和气体相比，前者质点间的作用力大，那就意味着上游质点能更快地把下游质点带动起来，即相同时间内沿着波传递的方向会有更多质点被带动起来，相同时间内波源的力被传得更远，这个波的波长也就越长，波速就会变大。这也是铸铁传递声波的速度是几千米每秒的原因。引力的传递也需要速度，并不是瞬时的，这说明也存在“引力波”。最近，有人证明其也是光速。有理由推断，磁场力的作用也是光速，那么电磁波、引力、光本身、磁场，其作用的速度都是光速，而同类波的波速又只与传递介质有关，那么这些波本质上会不会是相同类型的呢？而传递它们的那种拥有3×10^8m/s波速的介质，是不是以太呢？抑或是人类已经触碰了上帝的底限，到达了世界内核态边缘？这有待人类继续去探索。

如图1-91上图所示，一个能够产生交流振荡电压信号的电源，正负极各引出一根导线或者极板，当电信号变化时，会有电流产生，两个极板上的电流方向相反，电场线被禁锢在两个极板中间并不断地改变方向（振动）。简谐振动都属于正弦形式的振动，而正弦振动是有加速度和减速度的，并非匀速运动。所以，根据电磁理论，电场的加速/减速变化会产生一个同样加速/减速变化的磁场，如图中下图右侧所示。通过实验测得，B圈就是围绕在这个变化电场外边的磁场线的形状，由于这个磁场也是变化的，所以其外圈又会形成一个变化电场，这种相互激励会不断传递下去。

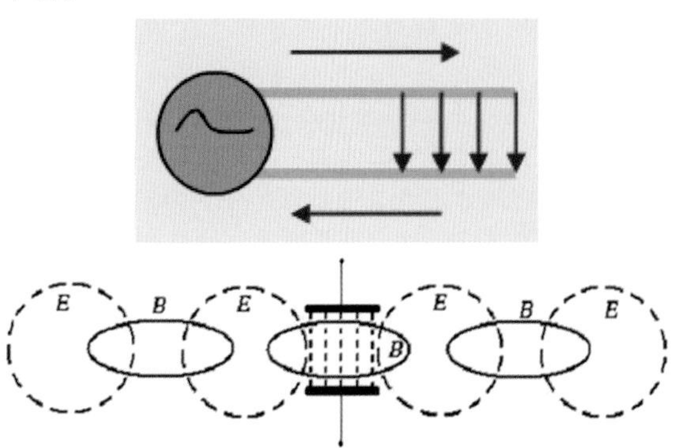

图1-91　电磁波的辐射

然而多数人认为，图1-91所示的电激发磁磁激发电，这就是电磁波的传递方式。乍一看貌似“理解”了，其实没这么简单。为了求甚解，我们得跟着麦克斯韦的思路走一圈，然后再跳出来看。首先，麦克斯韦脑子中一定逃不出机械波的既定理论，他首先会尝试用机械波来解释电磁波，而且那时候人们（包括麦克斯韦）深信以太的存在。如图1-92所示，这是某种介质，不管是气态、液态还是固态，都可以认为其内部由很多亚结构组成，比如分子、原子、中子甚至更小的粒子，这些质点之间通过各种作用力维系着，或者是电场力，或者是无法说清楚的弱作用力、强作用力。某时刻波源发出振动，比如石头投入水中，这种振动带动这个介质中的质点开始做上下简谐运动，所有质点只在竖直方向做振幅与时间成正弦关系的振动，而水平方向不动，这样就把波源的力量传递了下去。可以看到，整个介质中会存在很多波峰和波谷，其根本原因是，下游质点被上游质点带动到相同高度（力的传递）的过程是需要时间的。横波是靠质点间的切变应力（摩擦力）来传递力，而纵波则是利用质点间的弹性力来传递力。

上文中说过，某种介质传递机械波的速度是恒定的。现实中，固体的机械波传递速度的公式为V^2等于切变模量（如果是横波）或者弹性模量（如果是纵波）除以密度。切变模量/弹性模量越大，表示物体内部质点间的应力越大，刚性越大，波速就越快；而密度表示单位长度或者单位体积内的质点质量，显然，质点质量越大，同样的作用力下，质点运动的速度就越慢，也就是越拉不动它，那么波传递的也当然越慢。这个公式看上去很有道理。

电磁力

根据现有的科学认知，维系物体原子间作用的力（引力由原子核和核外电子的吸引力维系，也就是“化学键”；斥力则由两个原子核之间的正电荷斥力维系）是“电磁力”；维系质子、中子等基本粒子吸引在一起的力为“强作用力”；另外还有引力和弱作用力。当然，这些已经严重烧脑，有兴趣可自行研究。

然而，空间中到底是否已经弥漫了某种“场”用于传递电磁波，还是激发出场然后传递波，人类还无从知晓。统一场论、弦论等各种理论，已经到了让人捉摸不透的境地，我们在此也就不再烧脑了。

1.4.9　载波、调制与频分复用

人声可以通过空气振荡向外传播，但是衰减很厉害，一个是嗓门（功率）不够大，一个是频带太宽（说话时喉咙会发出各种频率叠加在一起的杂波，频点太多），受到外界的干扰范围太大。所以，需要用电磁波的形式传播出去才可以高质量传播，因为电磁波可以有足够的发射功率。但是不能把人声原有的频率分量原封不动地发射出去，第一个原因是人声频率太低，需要较长的发射天线（天线长度要接近波长），不利于发射和接收；第二个原因是外界的低频干扰源较多，低频信号容易受到干扰；第三个原因是不能实现复用，比如两个人同时说话，这两个人的声音频段叠加在一起，接收者收到之后很难区分。

为了解决上面的三个问题，人们将人声原有的波形“**调制**”到一个高频率的载波上发射出去。这既可以使用模拟调制，也可以使用数字调制。模拟调制就是直接将原有波形调制到载波上，数字调制则是先把人声波形进行数字采样，编码成数字信息，也就是电压的高低，然后把这些数字信息调制到载波上。

调制方式有多种。下面我们以AM调幅模拟调制举例，其做法是直接把原有波形的振幅与一个高频载波的波形的振幅相乘（利用模拟信号乘法器，也就是放大器，对信号放大一定倍数，详见第3章）。比如载波频率为1MHz，也就是1K千赫。为何要相乘？相加是否可以？在前文的那些波形叠加的例子中，在数学上其实都是相加。这里再回忆一下，比如将一个500Hz的正弦波叠加到一个5kHz的正弦波上，或者说将5kHz叠加到500Hz上，或者说两者的振幅相加，其波形如图1-93所示。上半部分是500Hz的波形，下半部分是500Hz和5kHz叠加之后的波形。

可以看到熟悉的场景，在第一维度上，这根绳子以5kHz振动，在第二维度上，这根已经以5kHz振动起来的绳子再以500Hz振动。如果再叠加一个更低频率的波（比如10Hz），那么这根绳子就再在第三个维度上以10Hz振动。如果假设这个500Hz的波形就是人声，或者说是被调制波、基波或者基带波，而假设5kHz的波为载波的话，那么将两者相加之后的波形就是“调制波”或者“频带波”。如果把这里的“相加”看作一种调制方式，那么这样调制之后，是否可以解决上面的三个问题？答案是不能。调制后的波依然是两个独立波形，只不过是在空间上叠加起来了而已。之前500Hz频点的波和5kHz的波虽然是叠加在一起被发射出去的，但是其在空中依然是两个独立的波，如果用两个单独的发射机，一个发射500Hz基波，一个发射5kHz载波，效果是完全一样的。所以，500Hz的待传播波形在空中还是500Hz，相对于之前毫无变化，那依然会受到那三个问题的影响，所以“相加”根本不算是一种专业说法上的“调制”，因为它根本没有改变原始信号。

如何调制才可以解决那三个问题？显然，需要将500Hz的待传播基波的频率直接提升到高频段，也就是调制之后的波形骨子里必须不再包含500Hz的低频波成分，这样可以解决天线长度问题、低频干扰问题。实际上，对于AM调制，从表象上来看，就是把被调制波的振幅变化体现到高频率载波的振幅变化上。假如被调波为一个单一正弦波$U_m\text{Cos}(\omega_m t)$，其中$U$表示振幅（也就是该波的电压最大值），ω表示其角频率，这样振幅随着时间按照Cos规律变化，就形成了振幅按照正弦变化规律而变化的波形；载波为$U_c\text{Cos}(\omega_c t)$，那么要把被调波的振幅加载到载波的振幅上的话，最终的调制波的振幅变化就应该是$U_c+U_m\text{Cos}(\omega_m t)$这个规律，最终形成的调制波的表达式则是$[U_c+U_m\text{Cos}(\omega_m t)]\ \text{Cos}(\omega_c t)$。可以看到，最终

图1-92　机械波利用质点间的牵拉来传递力

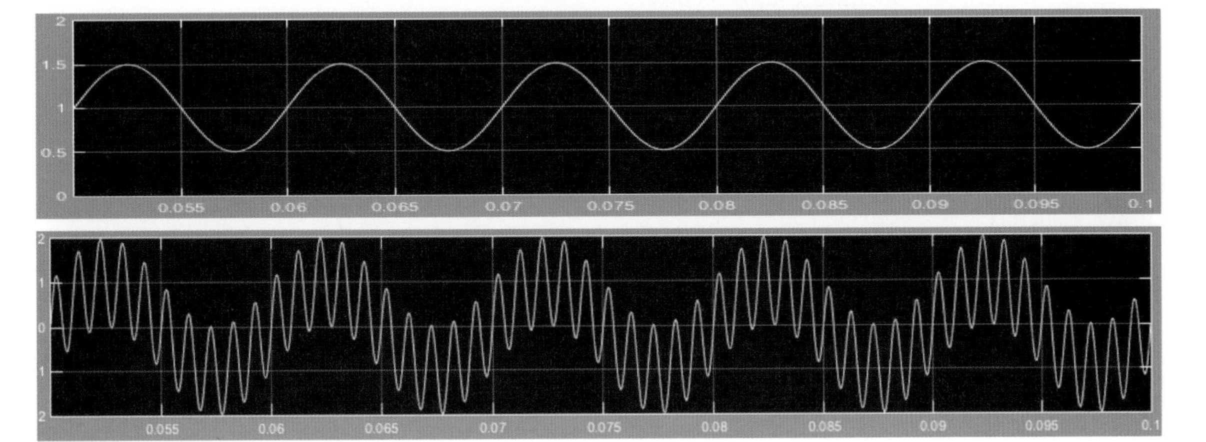

图1-93　500Hz与5kHz的正弦波相加

的调制波是一个这样的波：它的振幅会随着时间而变化，而不再是之前的恒定振幅了，这与单一正弦波振幅恒定是不同的。它的表象上的频率就是载波自身的频率，这也就是图1-94中所展示出来的情形。

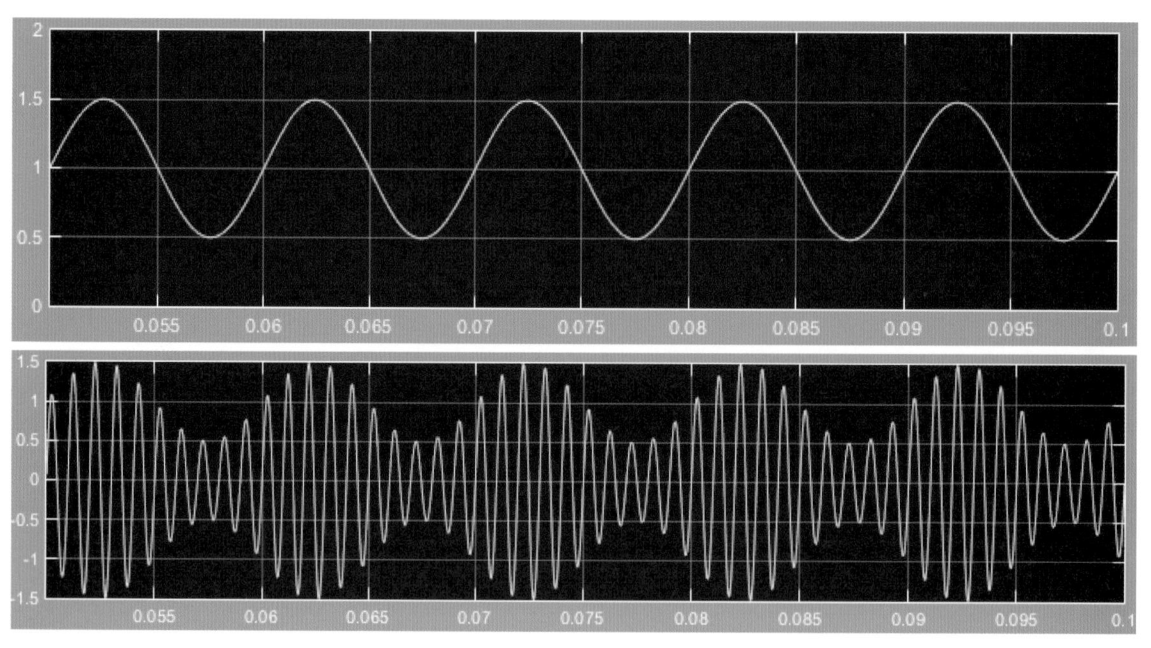

图1-94　500Hz与5kHz的正弦波相乘

如果把$[U_c+U_m\mathrm{Cos}(\omega_m t)]\ \mathrm{Cos}(\omega_c t)$展开的话，就是$U_c\mathrm{Cos}(\omega_c t)+U_m\mathrm{Cos}(\omega_m t)\mathrm{Cos}(\omega_c t)$，里面有一项乘积关系。如图1-94所示，上半部分是500Hz正弦波，下半部分是500Hz和5kHz正弦波相乘的结果，发现波形在高维度上是平的，但是振幅忽高忽低，所有的波峰形成一条“包络线”，这条包络线恰好与基波（500Hz）波的振幅变化线对等，这就是所谓的“调幅”调制。

载波的振幅本来是平的，但是让被调波乱入以后，载波的振幅被叠加上一个$U_m\mathrm{Cos}(\omega_m t)$，自然你看到的包络线本身的变化规律就是被调制波了，而且你所看到的载波原本的频率是没有变化的。但是这里别被表象所误导，最终的调制波并不是一个单一正弦波，为什么呢？当然不是，单一正弦波的振幅是恒定的，不会是$U_c+U_m\mathrm{Cos}(\omega_m t)$这样子的。所以，调制波最终是一个杂波，虽然它看上去并不是那么“杂”。按照前文介绍过的傅里叶理论，这个杂波一定可以被分解成多个单一正弦波。各位学渣们，现在可以发挥高中数学所学的三角函数的“积化和差”公式了，还记得吗？$\cos\alpha\cos\beta=1/2[\cos(\alpha+\beta)+\cos(\alpha-\beta)]$，其中$\cos\alpha$和$\cos\beta$这两个波相乘之后，相当于$\cos(\alpha+\beta)$和$\cos(\alpha-\beta)$这两个波的相加（叠加），α和β分别代表这两个波的频率。

AM调制波$=[U_c+U_m\mathrm{Cos}(\omega_m t)]\mathrm{Cos}(\omega_c t)=U_c\mathrm{Cos}(\omega_c t)+U_m\mathrm{Cos}(\omega_m t)\mathrm{Cos}(\omega_c t)=U_c\mathrm{Cos}(\omega_c t)+(U_m/2)\mathrm{Cos}(\omega_c-\omega_m)t+(U_m/2)\mathrm{Cos}(\omega_c+\omega_m)t$。看到了么？将$U_m\mathrm{Cos}(\omega_m t)\mathrm{Cos}(\omega_c t)$这个乘积项转换为和之后，整个调制波其实可以被分解为三个单一正弦波的叠加。你现在是不是终于明白了，为什么要将乘积转化为和的形式？我们是为了看清楚这个最终波到底是由多少个分量叠加起来的，为了看清楚它的频谱。你是不是也终于明白了什么叫作“实践”了？其实实践很简单，在课堂上把这个东西最终是怎么用的、怎么来的、什么目的讲清楚就可以了，并不需要真的去做个AM收音机。那是买椟还珠，而且会引入更多迷茫。可惜，现实中大多数时候确实本末倒置，浪费大好年华来算各式各样的积化和差，到头来却不知道为什么要去算这些题。

如图1-95所示，AM调制波产生了三个频点，中间振幅最大的那个波就是载波本身，然后一左一右两个新增频点的波被称为边带信号，意思就是在载波边上辅佐它的。边带频点波加上载波，共同在空间中叠加出调制波的波形。此外，也可以看到，调制波的三个频点的频率都远高于被调波（基带波），这也就实现了将基带波搬移到高频区域的目的，而同时还保留了基带波的全部信息（AM调制波的包络线）。

可以看到，AM调幅技术产生的已调制波在保留了基波所携带的信息（将其调制到振幅变化包络线上，包络线相当于高频载波对基波的采样点组成的线）之外，还成功地抛掉了低频段信号，只保留了高频段信号，这样就可以彻底解决天线过长问题和低频干扰问题。

然而，现实中，基带波并不是单一正弦波，人声和音乐本身就是由多个低频正弦波叠加出来的了，频谱上是一个频带而不是单一频点，那么将所有这些频带的波都搬移到高频区域的话，最终在高频区的边带信号也自然是两个频带而不是频点了，如图1-96所示。具体可以回顾第1章的内容。右侧高于载频的称为上边带，左侧低于载频的称为下边带。

从图1-96中可以看出，该AM调制信号所占用的频带会是原来基带波的两倍宽，如果想要高质量接收到该AM波，它所占用的这个频带就不能被其他落入该频带的波乱入，否则将会受到干扰。现在你是不是又知道了广播电台中经常说的“调幅1251千赫（1.251兆赫）”是什么意思了？说的就是某广播台利用1251kHz作为载波频点，至于它的两个边带到底多宽，那得看基带波的频域宽度。如果这个广播台只播出一种单一声音，频带就会比较窄，如果什么都播，比如人声和各种音乐，那么频带自然就会比较宽。但是国际标准组织已经规定好了：AM广播的载波频点应该落入540kHz～1700kHz范围内，位于每个载波频点两侧的两个边带的总频宽不超过9kHz（每个边带4.5kHz宽），这样自然就可以算出如果同一个地区内的所有人都符合标准来玩的话，这个地区该频段总共能容纳多少个AM广播电台了。

后来，人们看着这个频谱图，越来越感觉纳闷：载波在这就是打酱油的，什么信息也没有承载，其作用就是和两个边带叠加一下而已，就算不叠加，只从

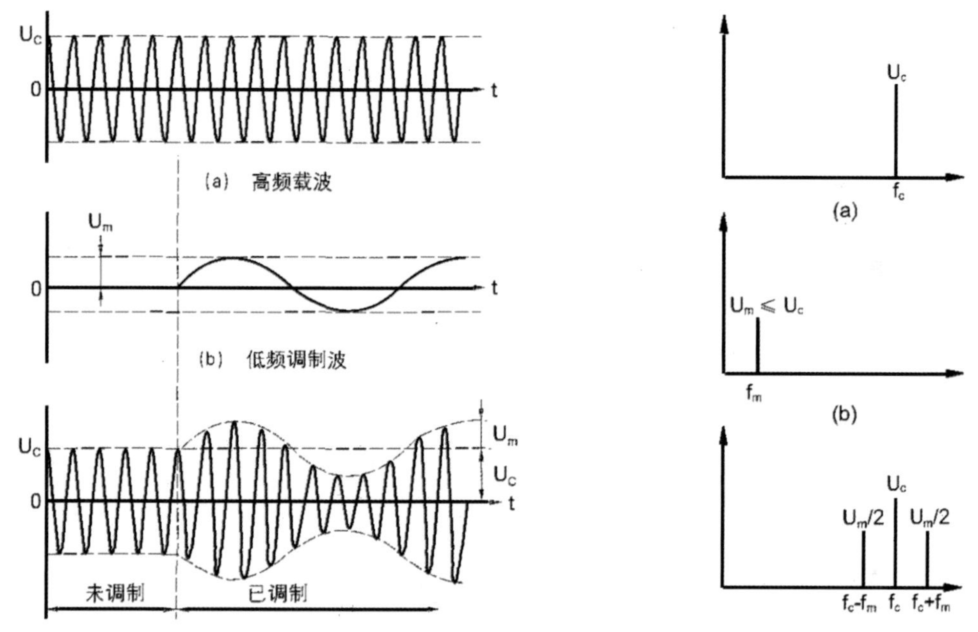

图1-95　单一正弦波的高频载波AM调制波的波形和频谱

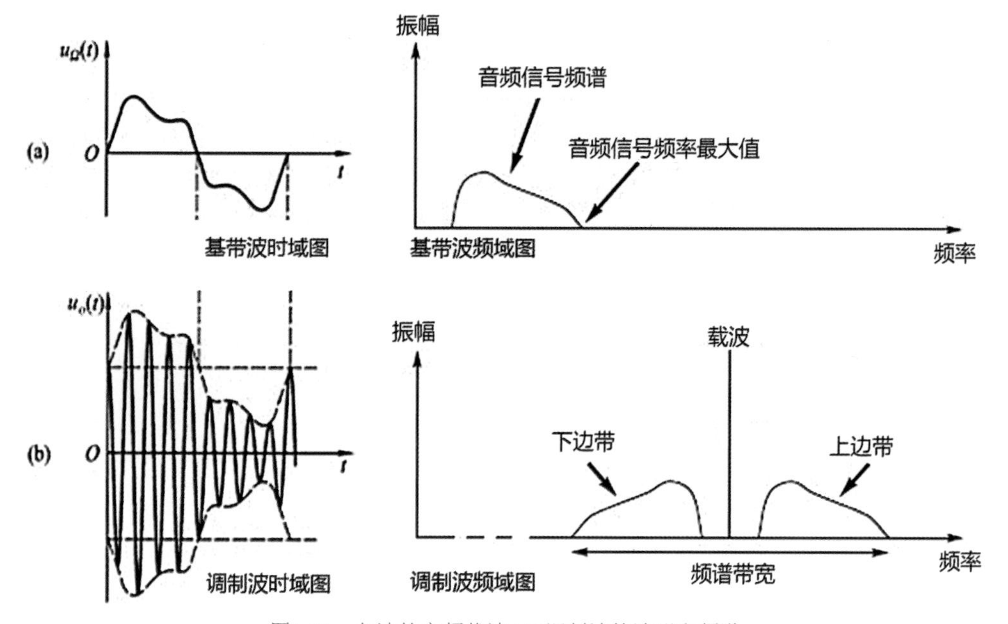

图1-96　杂波的高频载波AM调制波的波形和频谱

两个边带信号中照样可以提取出信号。于是有的广播台干脆就不发射载波信号了，只发射两个边带信号，这样可以节省电力，这又被称为双边带调幅或者载波抑制调幅。进一步地说，两个边带信号承载的信息是一样的，是否可以只发射其中一个边带呢？可以，这样的话就能节省一半的频带宽度（简称带宽，注意这个带宽和你家网络带宽完全是两码事）从而容纳更多的电台了，这称为单边带调制。但是这些做法都不是常用做法，因为如果把载波省掉，那么最终调制波的波形就会变得面目全非，之前的“包络线的幅度变化就是基带波波形”这个事实就不成立了，就需要更加复杂的接收装置来解调出基带波（简称检波）。如果采用双边带调幅将载波拿掉，那么调制波就是$(U_m/2)\mathrm{Cos}(\omega_c-\omega_m)t+(U_m/2)\mathrm{Cos}(\omega_c+\omega_m)t$相叠加的结果。由于这两个波频率相差几千赫兹，叠加在一起所形成的波形是一种类似图1-97所示的波形。

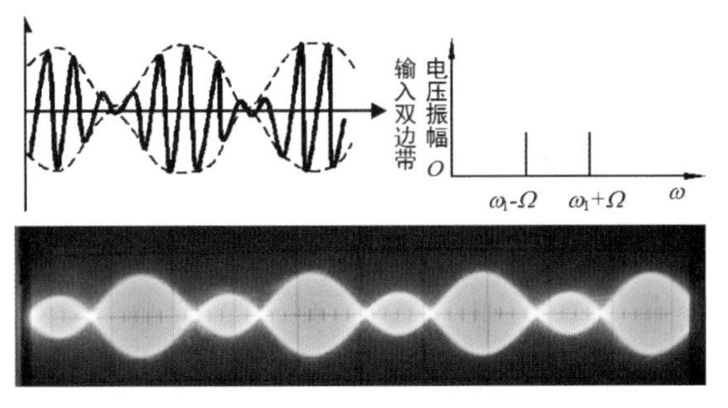

图1-97　载波抑制双边带调幅后的波形

如果为单边带调制，比如上边带调制，那么调制后的波形仅剩下一个$(U_m/2)\mathrm{Cos}(\omega_c+\omega_m)t$，它就是一个单一正弦波，只不过振幅为基带波的二分之一，频率高出一大截来。

下面我们看一下如何从调制波中还原出基带波，也就是所谓解调或者检波的过程。很显然，如果能够将包络线对应的振幅峰值采样保留下来，自然就可以还原出基带波。

采用AM检波器，即可将对应的包络线从已调制波中滤出，其基本原理是先使用二极管的单向导电性滤除负半周期信号，这样就只剩下高电压部分所形成的采样点，再使用滤波电容将留下的正半周期的波峰电压样点进行平滑缓冲处理，从而直接滤出包络线对应的振幅电压，也就还原出了原始信号。前文中已经介绍了滤波电容是如何滤波的，它可以缓冲峰值电压的下降，做到平滑波形的效果。如图1-98所示，使用对应容量的电容，就可以有选择性地将包络线所表示的波形滤出。当然，滤出来的波形依然会有毛刺，经过后续处理后，就可以还原出高质量的信号源信号了。

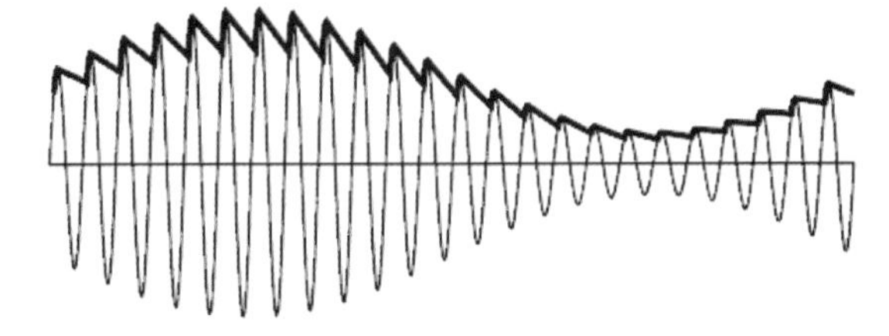

图1-98　使用电容将包络线平滑处理

下面给出的是另外一些比较有趣的波形，它们都是将一个原有波形与更高频率的正弦波相乘得到的。可以看到，相乘之后的包络线均体现了原有波形。图1-99所示为50Hz锯齿波乘以500Hz正弦波的波形。

图1-100所示为一个500Hz正弦波与10kHz正弦波相乘之后，再加上100Hz所产生的波形。可以看到，

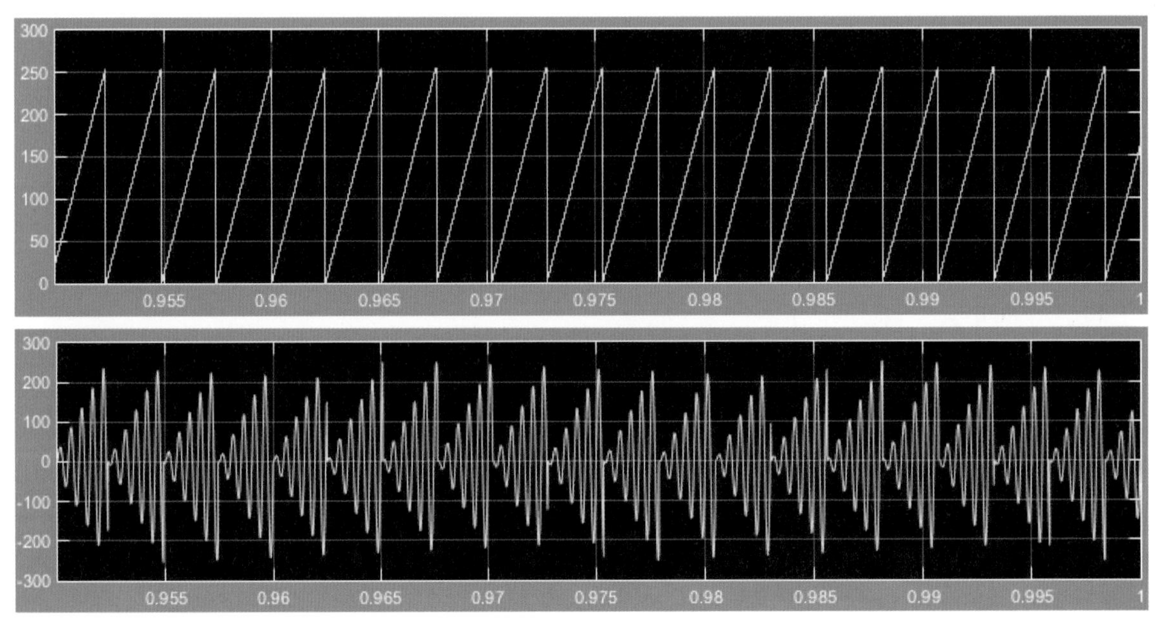

图1-99　50Hz锯齿波乘以500Hz正弦波的波形

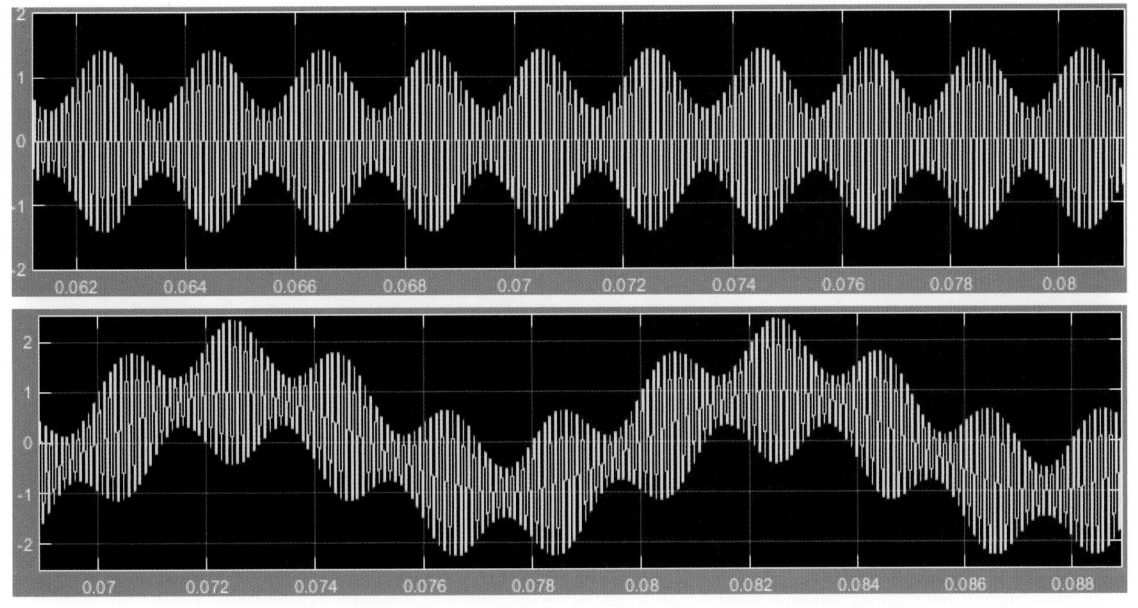

图1-100　500Hz正弦波与10kHz正弦波相乘之后，再加上100Hz的波形

相乘之后的波形在第三个维度上以100Hz频率振荡了起来。

图1-101所示为50Hz与500Hz相加，再分别乘以1kHz、2kHz和6kHz波之后的波形。可以看到，载波频率越高，包络线越平滑，最后滤波的效果越好。使用不同容量的电容，可以滤出50Hz基波对应的包络线或者500Hz基波对应的包络线。

那么，双边带、单边带调制波如何解调？很显然，发射端没有发射载波，接收端可以自己生成一个对应频率的载波，然后与接收到的双边带波在本地叠加起来，不就可以还原出原始的全频带调制波了么？然后将其输入到二极管包络检波器，还原出基带波即可。同理，对于单边带调制波，接收端首先使用电路照葫芦画瓢复制出一份镜像波来，再加上一个载波，三者叠加起来形成全频带调制波，进入检波器，还原出基带波即可。这种方法叫作**同步检波**，其中将多个外加频率的波叠加到目标波上的做法叫作**混频**。所谓同步检波，是指接收端必须自己生成一个与原本应该发出来但是省略掉的那个载波相同频率和相位的波形来，并与这个不存在的波保持同步。

然而，对于人声来讲，其并不是单一正弦波，而是各种基波和谐波的叠加，是一个杂波，各种频率都有，形成的是一个频带而不是单一频点。所以，把这个杂波信号与载波信号相乘之后，会得到两段连续分布的（而不是两个单一的）高频信号带，分别为上边带和下边带，两个边带都承载了基波信号。有些高级的收音机可以选择单边带接收，就是指可以人为告诉收音机接收某个电台信号的哪个边带。因为有些时候，可能某个边带受到较大干扰，而另一个边带干扰较小。但是具有单边带接收能力的收音机，需要按照上文所述的方式进行混频和一系列的后期处理，电路比较复杂，一般只在高端收音机中才会用到。

如何解决多个电台（多路语音）同时发射而又互不干扰的问题？调制到同一个中心频点上肯定是不行的，但是可以调制到多个频点上，比如调幅1251kHz电台，就是将主持人的声音调制到了1251kHz的载波上，此时这个载波就不能被其他电台再使用，否则会相互干扰。还好，频率有很多，比如用1377kHz，又可以调制一个电台的声音。从0Hz，到几个吉赫兹，是一个连续的波段，人们将这个波段分成了多个逻辑上的分段，比如FM、中波、短波、高频、甚高频、特高频等，不同的领域又有各自的叫法和定义。比如，4G手机使用的就是4G这个尺度范围内的一部分频段，有些频段非常利于发射和接收，这就导致多个电信运营商向对应的行政机构竞争抢购这些频段的使用权。这就是所谓的频分复用，多个电台主持人的嗓音在同一个频段，但是可以将其调制到多个不同的高频频段上发射。

WiFi

WiFi路由器中可以设置的发射频道指的就是载波频段，比如6频道对应了频段A，11频道对应了频段B。如果你恰好和邻居使用了同一个频道，那么你们的信号就冲突了，此时WiFi路由器依然可用。因为使用同一频道的WiFi路由器可以自动协商到时分复用方式，也就是这些路由器各自都能接收到其他路由器或者终端发出的信号，但是通过特定的冲突检测机制，以很小的时间粒度轮流使用这个频段，所以每个终端所获得的带宽就会下降。因此，配置路由器的时候可以看看邻居都使用哪些频道，尽量找个清闲的。

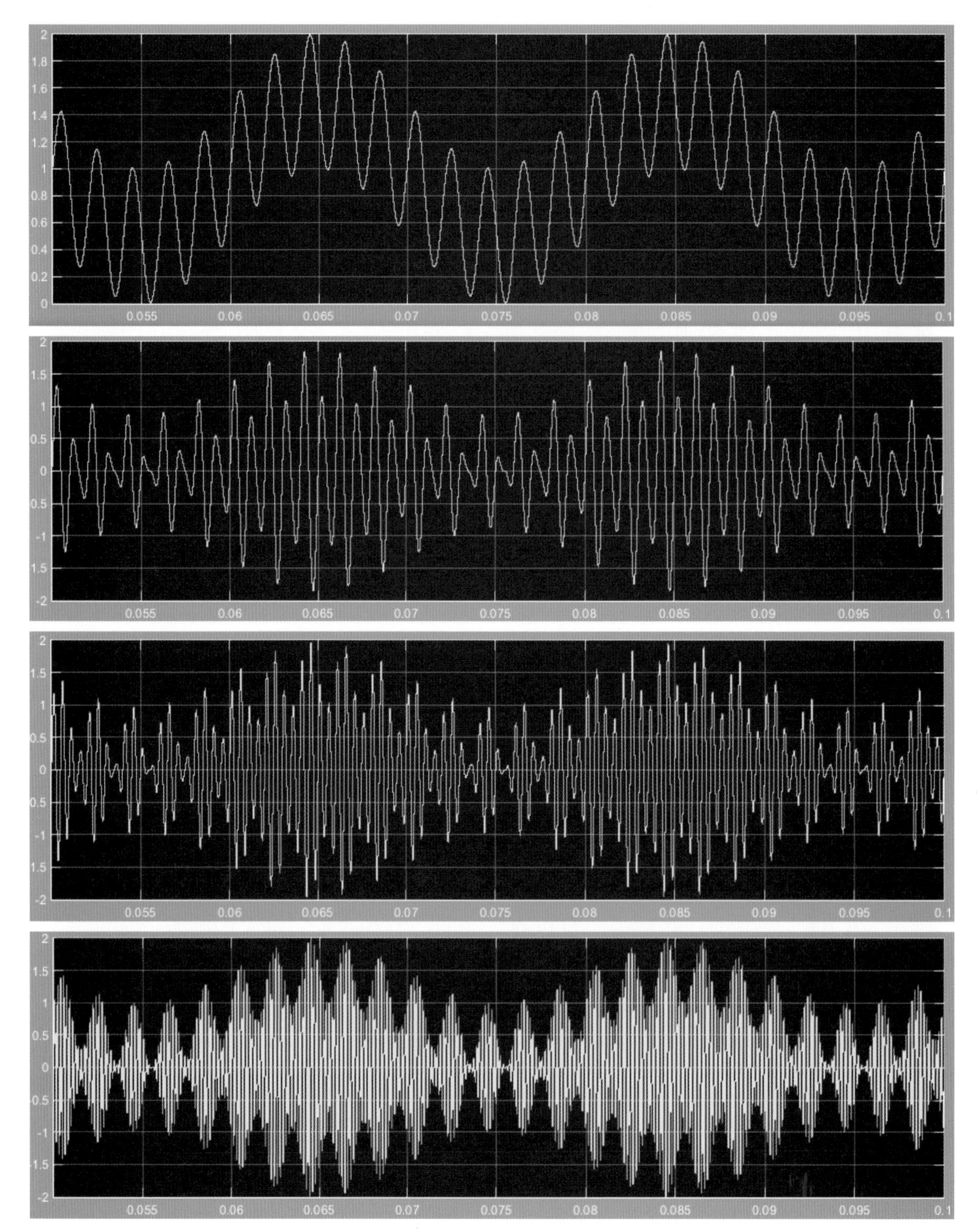

图1-101　50Hz与500Hz相加，再分别乘以1kHz、2kHz和6kHz波之后的波形

1.5 完整的计算器

在上一节中，我们的思绪已经飘到了九霄云外的另一个世界，也就是模拟电子的世界，这个世界位于世界的底层，里面充满了不确定性，到处都是深渊和不可知，这里非我等久留之地。我们还是需要回到数字世界，这里一切都是确定的、可知的。我们之前已经完成了十进制按键转码器，其并不是一个完整的计算器，但是其内部其实已经可以做加法和乘法了。我们现在需要做的，就是拿两个按键

转码器，让用户分别把要相加的两个数字输入到两个转码器中，再将转码器的输出连接到一个加法器中，最终就可以得到所输入的两个十进制数相加的结果的二进制，再通过一个数码管将其转换成阿拉伯数字显示出来。但是这个加法计算器的用户体验非常差，没有人喜欢用这种方式。当然，这也得看在什么年代，在如今这个移动终端盛行的年代，当然不行，但是放在20世纪初的话，这种用户体验恐怕已经非常好了。这里先回顾一下我们之前所设计的按键转码器的架构图，如图1-102所示。

1.5.1　用时序控制增强用户体验

要想得到更好的用户体验，就得让用户一只手只在一个键盘上先后按几个按钮就成的那种设计，那就意味着我们需要设计一个只用一个键盘、一个按键转码器和一个（组）数码管组成的计算器。也就是说，我们需要先“记住”用户的第一次输入，然后再记住用户的第二次输入，当用户按“=”键的时候，将结果输出到数码管。锁存器可以“记住”数据，所以设计方案中一定需要它。另外，先后两次输入要被存储到不同的锁存器中，而键盘只有一个，凭借之前我们在设计按键转码器时积累的经验来看，这里面也需要Crossbar来将输入导向到不同的锁存器。我们先把这个基本的框图勾画出来，如图1-103所示，按键输出对应数字的二进制，接着按键转码器将连续输入的多个数字做乘和加，最后将其转换成对应十进制数字的二进制。第一次输入的值，被XBAR#1导向到锁存器#1，并通过XBAR#2将这个数字导向到数码管上显示；第二次输入的数字，被XBAR#1导向到锁存器#2，并被XBAR#2导向到数码管以显示该数字。当用户按下“=”键之后，XBAR#2需要将加法器输出的信号导向到数码管显示。

图1-103只给出了**数据通路**，也就是只描述了数据流动的所有路径，但是却没有描述任何**控制通**

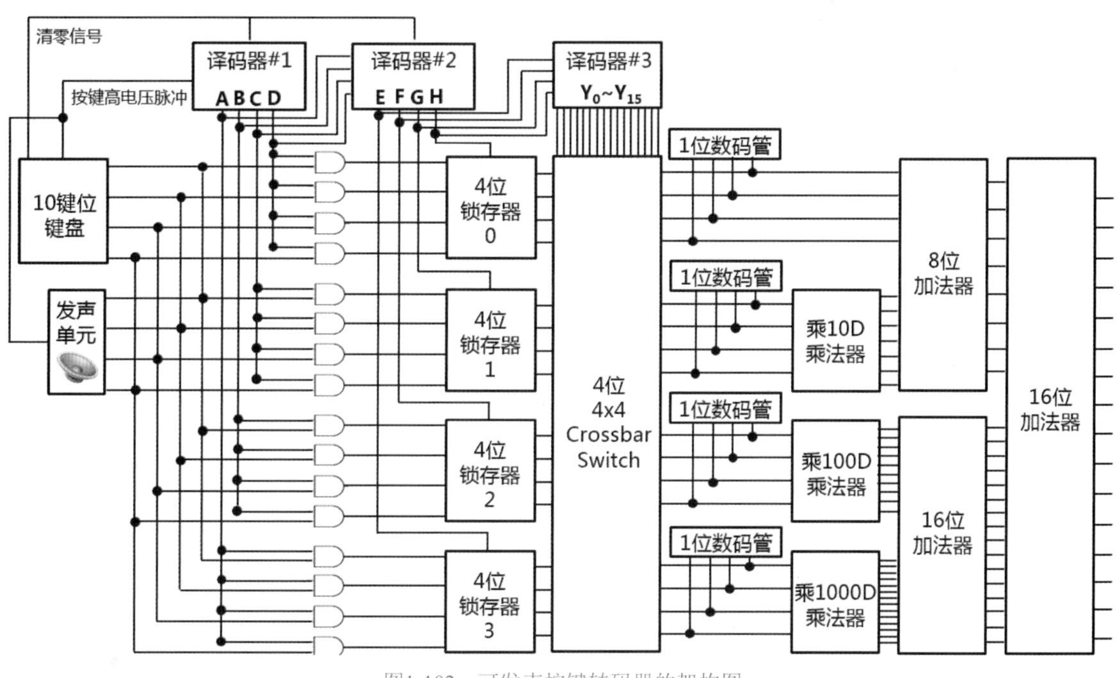

图1-102　可发声按键转码器的架构图

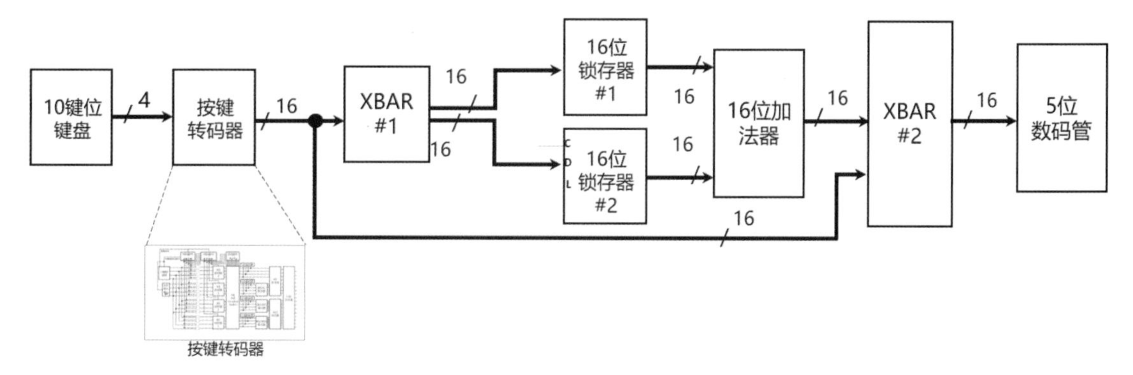

图1-103　完整计算器的基本模块架构

路。所谓控制通路，就是上面文字所列出的那些条件，比如“第一次按键，则……”“当按下=键时，则……”，这些条件满足的时候数据会走某个通路，而不满足的时候数据可能会走另一条通路。这些控制逻辑，就需要利用我们前文中描述的各种电路部件来实现，比如图中的XBAR，但是它只有输入和输出的数据通路，而缺乏对XBAR的控制信号通路。根据上面的条件，再把控制通路画上去，如图1-104中的细线所示。

图1-104中，XBAR#1的两个控制信号输入（译码器#1的输出信号）为10时，XBAR#1左侧的数据输入将被导向到锁存器#1；而XBAR#1的控制信号输入为01时，XBAR#1的输入将被导向到锁存器#2。XBAR#1是一个1对2的交换器，其内部有两个开关，所以需要两个输入信号来分别控制这两个开关的开合。整个计算器加电之后，初始状态为全0，用户输入某个数字之后，比如先后按下“1”“2”“3”，那么按键转码器会输出123D的二进制编码到XBAR#1的输入端，此时XBAR#1的控制信号应为10，因为要将123导向到锁存器#1；而此时键盘上的+键并没有被按下，锁存器#3的输出为0，所以译码器#1的输入为0，此时要求译码器#1的输出为10，那就建立了一个逻辑关系：译码器#1输入为0时，输出为10。此时，五位数码管还必须显示出123这个数字。也就是说，XBAR#2必须将按键转码器的输出导向到数码管，这个通路需要由译码器#2来控制，而此时锁存器#3和#4的输出都为0，所以译码器#2就必须在输入都为0时输出为01（导通XBAR#2左下方那一路的输入和右侧的输出）。

当用户按下+键之后，表示用户要开始输入第二个数字了，此时第一个数字必须被锁存起来，也就是锁存器#1必须被触发锁定。此处使用了边沿型触发器，也就是+键，只需要触发一次脉冲即可。如果使用的是上沿触发器，那么+键按下时，接触一个触点让锁存信号输出线的瞬间电压太高即可，松开按键后，电压变为0，但是此时锁存器#1已经成功锁住123D这个数字。+键有两根输出线，一根是锁存信号，另一根是数据信号，数据信号也产生一个高电压。+键下方对应两个触点，按下时，先接触第一个触点产生高电压并在松开之前持续给出高电压，随后继续接触第二个触点，第二个触点便是锁存信号，也就是+先产生一个高电压输入到锁存器#3，然后随即产生锁存信号，这个信号同时锁住了锁存器#3输入端的高电压1以及锁存器#1输入端的123D。由于此时锁存器#3的输出信号被锁定为1，译码器#1的输入变为1，此时要求译码器的输出从之前的10变为01，也就是将按键转码器的输出导向到锁存器#2，此时锁存器#2的输入端为123D，但是由于其是一个边沿型锁存器/触发器，锁定信号（L）没有突变时，输入端的信号不会被透传到输出端，输出端保持不变，依然是全0。

时延问题

虽然+键的按下会导致原本停留在锁存器#1左侧的123D输入值被导向到锁存器#2的输入端，但是这件事发生之前，锁存器#1会成功地把123D这个信号收入（或者说采样）并锁定。因为+键按下所产生的锁定信号会同时到达锁存器#3和#1，其时延是相同的。在锁存器#3的下游，有译码器#1和XBAR#1，当这两个下游模块反应过来（XBAR#1将123D导向到锁存器#2，也就是撤销了锁存器#1左侧的输入值，变为全0或者高阻态）之前，锁存器#1早已将123D透传到其输出端并锁定。所以，一定要保证锁存器#1的反应时间足够快。如果锁存器#1是个非常慢的低规格的锁存器，那么其可能会锁住错误的数据（全0或者高阻态）从而导致计算错误。每一处的时延一定要仔细计算，保证先后顺序。

至此，译码器#1的完整逻辑真值对应关系应为：当输入为0的时候输出为10，输入为1时输出为01。可以用我们之前给出的方法写出译码器#1的逻辑表达式，画出其门电路组成，在此就不过多描述了。同理，后续的译码器#2也是按照这个套路去确定它内部的逻辑。

我们再来看看此时数码管应该输出什么数字。

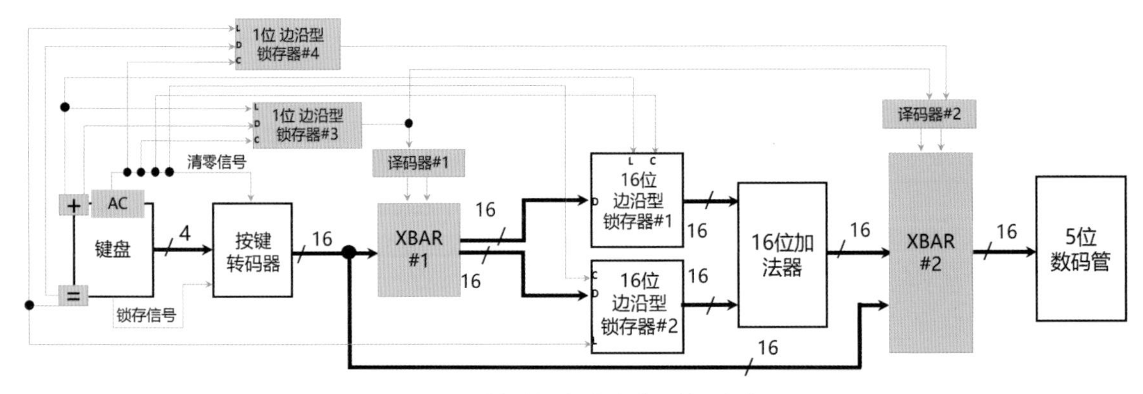

图1-104 带控制逻辑的完整计算器架构

用户按了+键之后，尚未输入第二个数字，所以数码管依然应该输出用户第一次所输入的数字，也就是123。而译码器#2的输出应该维持01不变，从而将按键转码器的输出导向到数码管（其实，为10也可以，因为此时加法器的输出同样也是123+0=123）。此时对应的逻辑为：当译码器#2输入为10时（+键的按下产生了一个1的信号，它导向到了译码器#2的一个输入端；而=键尚未按下，译码器#2的另一个输入为0）输出为01。

当用户开始输入第二个数字的时候，按键转码器便会同步输出对应的数字，比如为456D，那么此时XBAR#2由于被设置为直接将按键转码器的输出导向到数码管，所以数码管会跟着转码器的输出变化而变化，用户可以直接在数码管上看到其第二次输入的数字。同时，XBAR#1被设置为将转码器的输出导向到锁存器#2，但是此时锁存器#2的锁定信号没有发生突变，所以锁存器#2的输出仍然为全0。

时序问题

我在设计这个电路的时候，改了不下七八次，就是因为有些地方的时序有问题。比如，如果将锁存器#3的输出信号连接到锁存器#1的锁存信号上，这看似没什么问题，但是当+键按下时，锁存器#3输入端的1信号会被瞬间透传到输出端（输出端之前是0），这个1信号被输入到译码器#1，从而改变了XBAR#1的导通路径。与此同时，锁存器#1之前的输入端信号是从XBAR#1过来的，而XBAR#1现在要改变导通路径，那么XBAR#1输出给锁存器#1的信号就不再是123D这个数字，而是高阻态（内部开关断开）或者处于一种未知电压值。高阻态什么也不是，既不是1也不是0。如果恰好此时锁存器#1开始锁定，那么其输出值是没有意义的。理清楚时序，是设计数字电路最重要的一步。如果某个部件需要先响应，那么其输入信号一定要被保证先到达。如果有潜在的因素导致应该后响应的部件先响应了，时序上就会错乱，最后的计算结果就是错误的。

当用户输入完第二个数字，按下=键的时候，与+键一样，=键的按下也先后产生一个高电压1和一个锁存信号，锁存信号将1锁定到了锁存器#4，同时将锁存器#2的输入端信号（456D）瞬间透传到输出端并锁闭，此时加法器的两个输入端信号分别为123D和456D，其直接输出两者的加和结果信号到XBAR#2。由于用户已经按下了=键，正期待着数码管将加和结果显示出来，所以此时XBAR#2必须将加法器的输出导向到数码管。这就要求XBAR#2的控制信号输入端必须为10，也就是译码器#2的输出端必须为10。而此时锁存器#2的两个输入端都为1（分别来自锁存器#3和#4），那么译码器#2此时的逻辑就是：当两个输入都为1时输出为10，结合之前的另一个逻辑，将译码器#2的门电路逻辑表达式写出，即可得出译码器#2的逻辑了。

控制部件

图1-104中那些带有底色的部件都属于控制部件，也就是其作用是用来控制数据"在什么时候"或者在"什么条件"下"应该从哪里来"和"应该到哪里去"的。"在什么时候"由锁存器锁存信号来控制；"什么条件"则由译码器中的逻辑来控制；"应该从哪里来"和"应该到哪里去"则由XBAR（后文中你可以看到，其实XBAR可以用MUX选择器/复用器来替代）来控制。可以看到，数据在正确的时间、正确的环境通过正确的路径被输送到对应的计算部件或者显示部件，这体现了天时（时间）地利（环境条件）人和（通路）。

用户得到结果之后，按下AC（All Clear）键全部清零到初始态，然后重新输入数字计算。至此，我们完成了这个计算器的全部逻辑设计。对于更高位数的计算器，比如支持两个8位十进制数相加的计算器，只需要将对应的部件的位宽增大即可完成，其余控制逻辑部分不变。

边沿触发

这个计算器中特意使用了边沿型的触发器/锁存器，那么如果使用电平型锁存器，是否可以？不是不可以，而是很不方便。比如，要锁住某个信号，那就必须持续给电平型锁存器的锁存输入端加一个高电压，而且要维持住，这在我们这个机械按键计算器里做起来就很不方便了。因为要使用那种按下去就保持住的按键，这就会有个问题，比如用户要输入"99"，按一个9下去，键弹不回来，如果让它弹回来，那么电平型锁存器也就跟着锁不住信号了。所以，边沿型锁存器，在这种场景下使用起来更方便。

另外可以看到，加法的结果其实早在用户按下"="键之前就已经输出到XBAR#2左侧等待着了。用户按下"="号键只是让XBAR#2将这个值导向给数码管而已，而并不是用户按下"="键之后电路再去计算的。

1.5.2 用MUX来实现Crossbar

我们在前文中（如图1-50所示）就已经介绍过MUX的工作原理，它能从多路输入信号中选择一路并将其导向到输出端。当然，做到这件事，使用交叉开关Crossbar矩阵也是没有问题的。但是Crossbar的优势在于实现多点对多点之间的任意交叉时非常便捷，

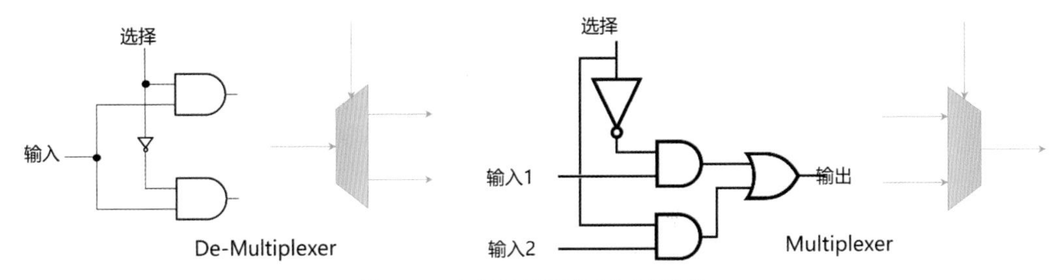

图1-105 1对2选路器和2对1选路器

而对于多选一这种场景，用MUX已经足够了。

另外，图1-104中的XBAR#1并不是一个MUX，而是一个De-Multiplexer（DEMUX，**反复用器，反选路器**）。也就是说，DEMUX是将一路输入根据控制信号导向到多路不同的输出中的某一个上，而MUX是从多路输入中选择一路导向到唯一的一路输出上。图1-105所示就是一个1位宽的一对二的选路器和二对一选路器。对于左侧的一对二选路器，当其选择信号为1时，上方的与门的输出与左侧的输入信号相同，相当于透传了左侧信号，但是又不是真的“透”传，因为门电路并不是一根裸导线。同时，下方的与门输出总为0，它不受左侧输入信号的影响，相当于输入信号无法从这道门通过了。对于右侧的MUX，大家可自行推导其作用原理过程。此外，还有更多输出通路的一对多选路器。至于其电路组成，我们都可以自行通过真值表来画出来，这里不再赘述。

Crossbar内部并不是门电路，其内部的开关各自都是独立存在的，并没有形成任何与或非逻辑关系。那么，用门电路是否也可以搭建出一个类似Crossbar作用的部件？可以，而且可以直接使用MUX来搭建，如图1-106所示。

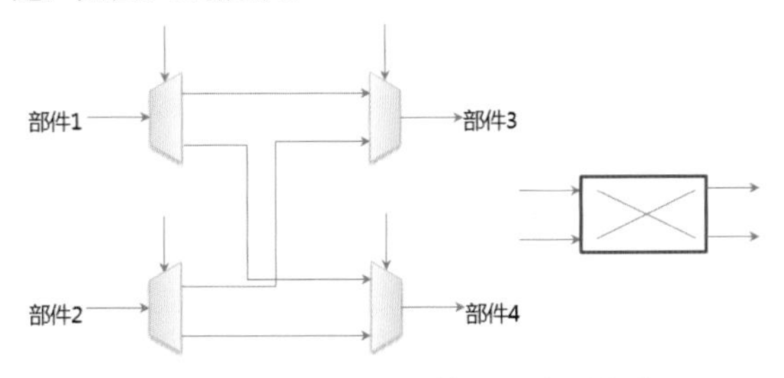

图1-106 二对二XBAR的MUX实现方式

部件1使用DEMUX，可以控制将输入导向到部件3还是部件4，与此同时，也需要在部件3或者部件4的MUX上做出选择，也就是选择从哪个输入接收数据。同理，部件2与部件3/部件4的数据收发也类似。这4个MUX/DEMUX的控制信号必须配合好，比如如果部件1从下方端口输出，那就意味着其要输出给部件4的上方端口，此时部件4的MUX的控制信号必须是将上方输入端口与输出导通，才能接收到部件1发出的数据。当然，部件4可能在某个时刻正在接收部件2发送的数据（通过下方输入端口接收），此时部件1发送的数据已经到达了部件4的MUX的上方端口，但是只能等在这而无法被透传到部件4的MUX的输出端。后续某个时刻部件4可能决定接收部件1的数据，此时部件4里的控制部件就会将其MUX的控制端信号改成将上方输入端口与输出相导通，从而将部件1的数据收入。这个二对二Crossbar的符号如图1-106右图所示。部件1给部件4发送数据的同时，部件2可以给部件3发送数据，这两路数据传送可以同时进行，每个通路都没有闲置，这叫作**无阻塞数据交换**。

我们仔细观察一下这个Crossbar，发现其数据流向是单向流动的，只能从左到右流动，这叫作“**单工（simplex）**”传输。那么，自然我们会想到，是否可以让部件3/部件4也发送数据给部件1/部件2？很简单，只要在部件3/部件4的前端放置一个发送（transmitter）DEMUX，在部件1/部件2的后端放置一个接收（receiver）MUX，然后交叉连接起来即可，如图1-107左图所示。

通过控制所有这些MUX/DEMUX的导通路径，可以实现部件1/部件2既可以给部件3/部件4发送数据，也可以从其接收数据，这就实现了**双工（duplex）**数据传送。另外，如果部件1给部件4发送数据的同时，部件4反过来又给部件1发送数据，这叫作**全双工（fullduplex）**。而如果部件1给部件4发送数据的时候，部件4不能给部件1发送数据，也就是虽然有一收一发两个通道，但是不能同时使用，必须先后轮流使用的话，这叫作**半双工（half duplex）**。

但是，这个Crossbar还有个问题：部件1只能和部件3/部件4接通，而无法与部件2接通，同样部件3和部件4之间也不能相互接通。我们自然而然地想到是否可以实现任意两点间的互通。当然可以，大家可以自行思考一下如何实现。这里给出一点提示：要想两两互通，那么必须每个部件都需要与其他三个部件有连接通路，此时就需要一个三输出的DEMUX和三输入的MUX。有了三个数据通道的话，对应的选择控制信号就需要从1根变成2根，这样才能够表达至少3种不同的信息。如图1-107右图所示，这就成了一个可以实现任意两点互相收发数据的交换矩阵，位宽为1。要想实现高位宽的话，就把这套矩阵复制多份并与部件连接起来即可。

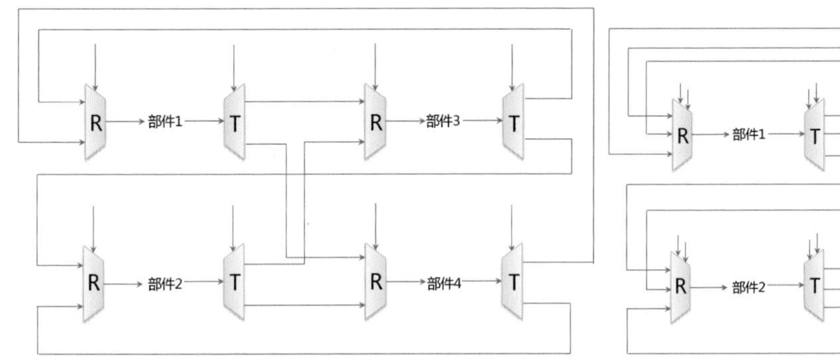

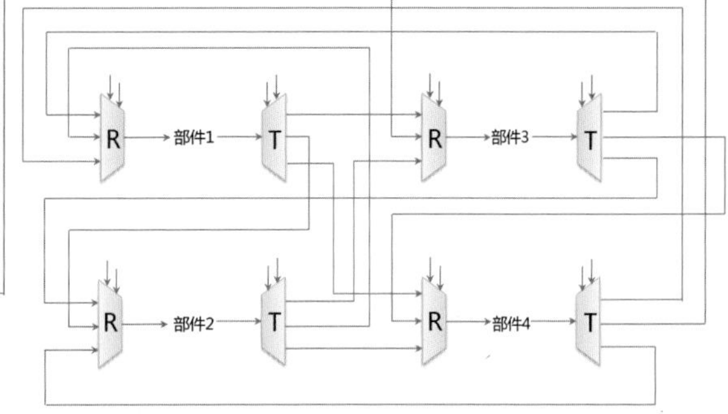

图1-107 并行收发双工交换器和并行收发双工任意两点交换器，1位宽

高阻态与全0

对于前文中矩阵开关式的Crossbar，当某根导线没有任何连通时，其状态为高阻态。高阻态很尴尬，因为它既不是0也不是1。高阻态电路的上游无法对其充电（将其从0变为1），因为电阻无穷大；下游也无法对其放电（从1变到0），因为电阻无穷大。这样就会影响上下游电路的逻辑，导致它们的输出值完全无法确定，只能是撞大运。比如，某个Crossbar交叉点的开关突然断开，那么连接这个输出导线下游的电路的电压会维持在当前值而不发生变化，如果之前是高电压（二进制1），并不表示此时它还是1，因为它已经无法对其他门电路充电。如果充不到足够的电压给其他电路，从而导不通某个开关，那么此时高阻态可以等效为0，而如果其他电路中的电量较足够，依然维持在可以表示1的程度，那么此时高阻态可以等效为1，但是是0还是1完全是不可预知的。

而基于MUX所搭建的Crossbar，由于它完全建立在门电路逻辑之上，所以不存在高阻态，非1即0。比如，如果某一路输入被导向到其他路径，那么之前路径上的信号就是全0，这样就可以让一些诸如译码器之类的组合逻辑电路进行逻辑条件判断了。

模拟信号

用门电路来搭建的Crossbar，无法传递模拟信号。模拟信号是忽强忽弱的连续变化信号，而门电路则是非高电压（即低电压），输入端电压达到阈值，则输出端稳定输出一个恒定的高电压。这样的话，源端（比如一个正弦波）经过逻辑门之后，要么变成方波，要么就因为电压不够或者电压过高而变成持久的0或者1输出。这就是逻辑门中“逻辑”的另外一个意思，其不能传递连续变化的信号。要想将信号源的变化透传到对方，需要让电路的开关工作在线性放大区（输出端的电流随着输入端的电流变化而变化，而且具有恒定的放大倍数）而不是饱和区（由于输入端电流太大导致输出端电压恒定为某个值，它不再随输入电流的变化而变化，并且放大倍数达到最大）。前文中介绍的那种非逻辑门Crossbar，如果输入端的电流大小变化范围合适，刚好落入交叉点上开关的线性放大区，那么接收端便可以接收到与信号源有相同变化规律的信号了。不过，有种特殊的逻辑门可以传递模拟信号，称为“传输门”，大家可以自行学习。

1.5.3 奇妙的FIFO队列

这还没结束。如果继续思考的话，会发现这个交换矩阵还存在一个问题。比如这个场景：部件1需要给部件4发送数据，部件1已经将其前端的DEMUX与部件4连接的通路导通并且数据已经输出给部件4。但是，部件4内部此时正在忙着做其他事情，或许是处理某些运算，致使控制部件还没有把接收MUX对应通路导通，或许正在给其他部件发送数据而无法接收部件1的数据。那么，此时部件1可能就被会阻塞，也就是暂停一切工作，等待部件4接收其数据。

收发控制

在这里我们引申出一个问题：部件1如何知道部件4接收了数据？如果单纯从图1-107来看的话，部件1根本无法知道这件事。所以，要想发送数据，必须严格设计各种“协议”来规定怎么让双方知道接收成功或者不成功。比如，部件4将MUX导通后，数据被传入，之后部件4再向部件1发送某个数据，部件1收到之后便知道部件4接收成功，此时就可以把DEMUX通路切断，之后继续完成其他工作。这些逻辑都需要使用部件内部对应的数字电路来控制。大家可以继续思考这个话题，设计一个能控制收发数据的数字电路。

再说回来，如果部件4迟迟不接收数据，那么部件1的数据发送只能被阻塞，那就意味着部件1必须一直稳定地将信号输出给部件4而且不能变化，也就是一直等在门口等着开门。此时可想而知，部件1前端的DEMUX的通路一直被维持着导向到部件4。如果部件1内部此时有一份数据要传送给部件3，而部件3此时是有空接收数据的，那么能否暂时先断开与部件4的通路，先发送给部件3，然后再回过头来继续发送给部件4？没有问题。要实现这个优化，就需要设计内部的数字电路。比如，当部件1超过2秒钟没有收到部件4发送的“接收成功”信号时，就断开与部件4的通路转而导向到部件3进行发送。要实现这个逻辑，内部需要有一个用来记录流逝的时间量的计数器、一个1Hz的振荡源（用于驱动计数器）、一个将时间量数据（计数器输出为2时）翻译成对DEMUX选择控制信号（从部件4导向到部件3）的译码器，以及其他的一些控制电路，大家可以自行思考和设计这个电路。

在此，我要向大家介绍另外一种解决上述阻塞问题的方法。与其在门口苦苦等待，还不如先让门口的收发室老大爷代收一下，等门开了之后，老大爷就送给接收方呢？完全可以！我们可以在每个数据通道前方放置锁存器，先将数据收入到锁存器中锁存，然后发送“接收成功”信号给发送端。这里可以放置多个锁存器，每个锁存器锁存一条数据，这样的话发送端可以在接收方开门之前连续发送多条数据暂存在这些锁存器中，每放置一条数据之后，再有数据进来，就放置到下一个锁存器，所以这里还需要增加一个MUX来做这个选路操作。可以回想一下，前文中的按键转码器不就是这么干的嘛！如果锁存器都已经被充满，那么需要使用一个特殊信号告诉发送端暂停发送。

这种利用**Buffer**（缓冲）代收的方式，比上面那种发送方主动改变发送目标的方式更加高效，因为它可以让发送端完全解脱出来。Buffer就像一个快递公司，把数据交给它，你就完全不用担心buffer中的数据在何时、被以怎样的方式发送给下游电路了。

这些锁存器，起到一个Buffer缓冲的作用，而且是一个挨着一个地被存入数据，相当于收发室老大爷收到一个信件，就摞到最底下，下一次接收方开门的时候老大爷把最上面（最早到来的）一封信件发送给接收人。这种排起队来的Buffer，又被称为FIFO（First In First Out）队列。至于电路是如何判断最后一条被存入的数据在第几个锁存器，这就需要通过另外的记录来控制。比如，用一个专用的锁存器专门记录队列最后一条（尾部）数据现在在第几个锁存器，每新存入一条数据，电路就将这个锁存器的数值+1。这个用于记录某个位置的数值，被称为**“指针”**。这个指针锁存器将其保存的数值先输出给一个译码器，将对应的数值翻译成DEMUX的控制信号，发送部件的数据先输入给这个DEMUX，然后由该译码器输出的信号作为这个DEMUX的输入信号来控制这个DEMUX将数据导向到FIFO队列中一大堆锁存器中的哪一个中锁存起来。新的数据写入队列尾部某个锁存器之后，这个指针要跟着+1，以便下一条数据被锁存到FIFO中的下一个锁存器中。

位宽

图1-108中的导线并不体现数量，只体现了架构关系。比如拥有4个输入的MUX其控制信号至少要两根导线。后续架构图如无必要中也不再标识导线数量（位宽）。

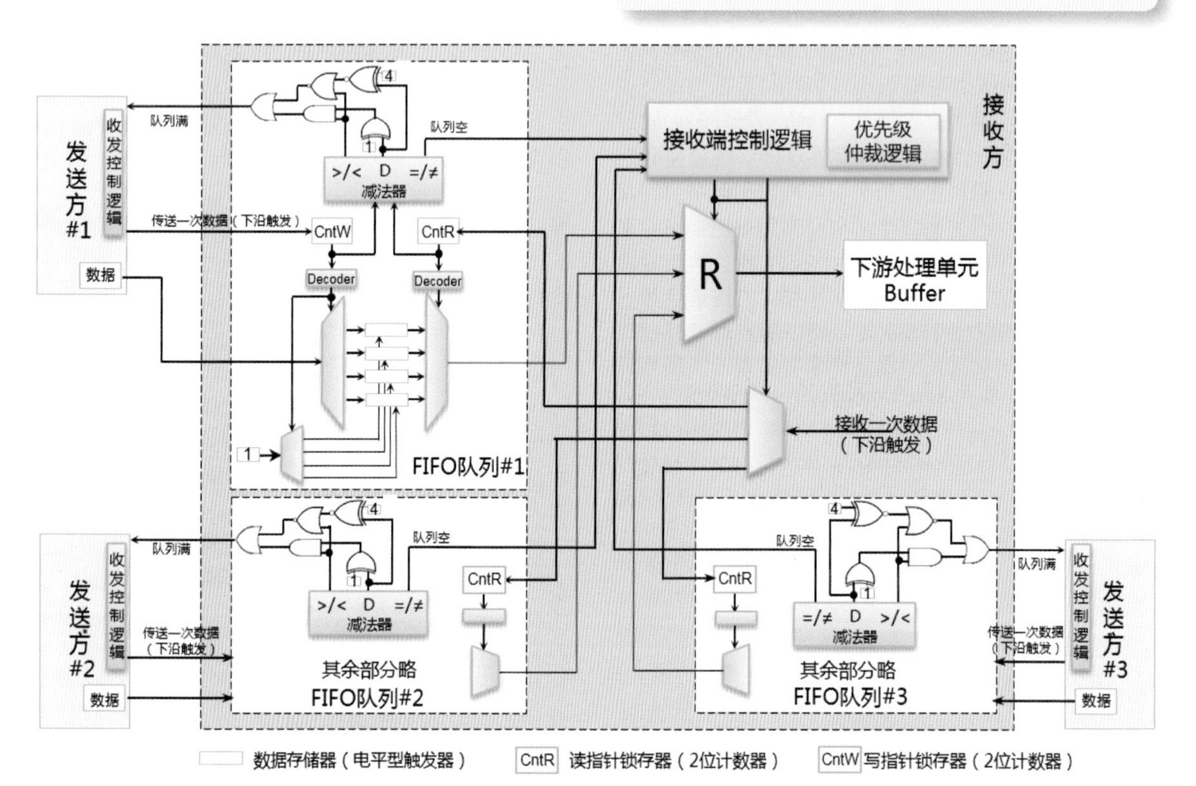

图1-108　带FIFO队列的四端口交换矩阵中某端口的接收逻辑部分示意图

图1-108所示为一个带FIFO队列缓冲的四端口交换矩阵中某端口的接收逻辑部分示意图，此图并不是实际工程上的实现方式，只是理论上的实现。实际工程需要考虑很多其他方面的因素，比如FIFO队列中存储数据用的锁存器，在实际中并不是使用锁存器而是更廉价的SRAM（第3章中会介绍SRAM的结构）；有些实现也并不使用逻辑门，而是纯手工连接单个的开关，颇为复杂。这里我使用这个图来向大家介绍这个小系统的整个逻辑运作流程，其目的是让大家更深刻地理解我们前文中所介绍的一些基本部件是怎么让数据受控地流动起来，也就是深刻理解数据“在什么时候”“什么条件”下，“从什么地方”“到了哪里去”，又在流动过程中“发生了什么变化”。比如，两个“1”流入加法器，结果出来了“10”。

由于是一个四端口交换矩阵，那么其中的一个端口可以同时接收其他3个端口发来的数据，可以使用3个独立的FIFO队列来存储这三路数据。当发送方发送数据时，将“发送”信号从1改为0，从而将写指针+1（假设此时写指针的数值为3，也就是发送方本次发送的数据会被存储到FIFO中的第三个锁存器中），经过译码器（decoder）之后，DEMUX将发送方的数据输入信号与对应的FIFO锁存器（第三个）的输入信号接通，接通后发送方的数据就会被导入到该锁存器的输入端，但是此时还并未被锁住，也就是锁存器还并未开门；与此同时，译码器的输出信号也同时在控制着FIFO队列中锁存器的“保存控制”（或者叫“写使能”）DEMUX，将DEMUX输入端的那个“1”信号（这个信号永远都是1，实际中既可以使用一个永远导通的开关来输出高电压，也可以使用一个1位锁存器将1保存到里面永远锁住）接通到FIFO内的4个电平触发型锁存器的“锁存”信号输入端。这里会将FIFO中第三个锁存器的“锁存”信号输入端与“1”接通，而第三个锁存器就会将发送方送到跟前的数据锁住，也就是保存了起来。

与此同时，接收端可以从这个FIFO队列中读取数据。读操作可以与写操作同时并行进行，但是绝对不可以同时读和写同一个锁存器，所以需要用读写指针来控制。一开始队列是空的，读指针和写指针都等于0，此时接收端不能到FIFO中读取数据，因为此时根本就没有数据被存入，FIFO队列中可能保存的都是全0。这并不是有效数据，所以不能读。随后，发送方发送了一条数据，产生了一个脉冲将写指针+1，此时第一个锁存器中被锁存入了发送方发来的数据，这意味着队列里面有了数据，其状态便是“非空”状态。接收端得知FIFO变为“非空”状态之后，便可以开始读数据了。当然，只能顺着读，接收端产生一个读脉冲，将读指针+1，读指针下方的译码器立即将这个新数值进行译码，输出给下方的MUX，从而将FIFO内部的第一个锁存器的输出端与下游单元（这个“下游单元”既可以是某个运算电路，比如加法器，也可以是第二层Buffer缓冲，具体根据设计而定）接通，也就是将数据传送给下游单元，完成了读操作。

提示

如图1-108所示，当接收方需要接收某个发送方的数据的时候，译码器通过给DEMUX的三个输出（初始值都为1）中的、与目标发送方对应的那个信号置0，从而产生一个下沿，以触发对应的FIFO模块的读指针+1，从而读出数据。随后，再将DEMUX对应的输出重新置为1以恢复原始状态。这种方法属于野路子，看似合理，但是会产生潜在的问题。正规的做法应该是使用具有写使能功能的寄存器，详见1.5.13节。

这里思考一下，这个读操作完成之后，当前写指针=读指针=1，读指针追上了写指针，队列重新变为“空”状态，那么此时接收端电路应该停止读取，否则将会读出无效数据。那么，如何实现这个逻辑以及上文中那个“当非空时则可以读”的逻辑呢？本书阅读到现在，大家应该清晰地回答出来了：“用译码器啊！”是的。接收端一定需要一个译码器，它根据“空”信号是否为1来判断是否可以发出读操作（将读脉冲信号置为0）。只有“空”信号为0时，读脉冲才可以（但不是必须，想读的时候才置）被置为0，这里又该用什么东西来控制？“当然用或门啊！”是的，将空信号输入到或门，将读脉冲信号也输入到或门，或门再将信号输出给读指针计数器。这样，当“空”信号为1时，或门输出总是1，就算脉冲输入为0，计数器收到的输入依然是1，不发生跳变，此时就可以防止误读数据。

当读指针等于写指针的时候，队列一定是空的；当写指针大于读指针的时候，队列一定是非空的；当写指针小于读指针时，队列一定也是非空的。思考一下，为什么写指针会小于读指针呢？试想一下，按照图中的设计，某时刻写指针等于2，读指针等于1，然后发送方写入两条数据，写指针达到3以后会自动清零，也就是等于0，这两条数据中的第一条被写入第四个锁存器，第二条则被写入第一个锁存器。此时，读指针为1，写指针为0，写指针就小于读指针了，这种队列又被称为“循环队列/环形队列”（circular queue）。此时，队列中共存有3条未被读取的数据，1条正在被读取或者已经读出的数据。如果此时再写一条数据进去，便会误覆盖当前可能正在被读取的数据，所以此时的状态必须被设置为“满”，不能继续写入了。而此时读指针等于写指针，均为1，这就有点蹊跷了。所以，读指针等于写指针可能表示“空”或者“满”两者中的一个，无法分清。因此，必须明确判断出队列的真“空”和真“满”，这需要一个比较复杂的逻辑电路。

这相当于长跑，某个选手超越了另一个选手大半圈，此时必须使用一种逻辑来判断跑得慢的选手是领先还是落后。思考一下，读指针无法超越写指针，但是可以追平（等于）写指针（相等时，证明所有被写入的数据已经被读出，队列为空）。但是写指针可以超越读指针，禁止从后面平齐或者超越读指针，如何禁止这种行为？当写指针小于读指针时，证明发生了轮回式超越，那么此时必须保证读指针与写指针之间的差值至少为1，否则将发生误覆盖。显然，如果读指针大于写指针，并且差值等于1，此时队列状态为“满”。一旦满了，发送方的控制逻辑就禁止发送脉冲变为0。

为了实现时刻追踪队列的状态，可以将写指针和读指针的信号导向到一个特殊的比较器。这个比较器并不是前文中所介绍的仅仅简单地比较两个值是否相同的异或门，而是一个特殊的减法器以及一些辅助逻辑，能够实现我们上面列出的所有条件的逻辑判断。这里我们列出这个逻辑的条件真值表，具体如下。

(1) 当W>R时，且W－R=队列深度时，队列满。
(2) 当R>W时，且R－W=1时，队列满。
(3) 当R<W时，队列非空。
(4) 或者当R>W并且R－W>1时，队列非空。
(5) 当R=W时（R－W=0），队列空。

发送端只关心“满”还是“不满”，接收端则只关心“空”还是“不空”（有些高级的、复杂的FIFO队列双方可能都会关心空和满，从而实现更高级的控制逻辑），所以这个比较器只要出两个信号即可。根据上述逻辑关系，图中使用了一个带三个输出端的减法器（该减法器的具体内部逻辑门的组织架构就不介绍了，有兴趣者可自行学习），一个表示“两个数是否相等”的信号输出（相等，则输出1；不相等，则输出0），一个表示“右边的输入（CntR）大于左边还是小于左边”的信号输出（大于，则输出1；小于，则输出0），一个相减之后结果的信号输出。利用这个减法器，再加上同或比较、与门、异或门、或非门，就可以实现上述逻辑，具体可以自行分析一下。在实际的设计中，人们会加入很多的优化，简化电路中的逻辑门数量和级数，从而提升FIFO的频率。

1.5.4 同步/异步FIFO

发送/接收脉冲信号，是控制写指针和读指针不断加1前滚的，每次计数器加1，就会控制对应的MUX通路接通，从而触发一次数据的发送和接收。那么，到底应该由谁来扳动这个脉冲开关呢？当然，完全可以手动。比如，通过某个键盘，用户按下“发送”键时便触发一次发送操作，对端则需要按“接收”键。由于我们使用了队列的“空”和“满”信号来杜绝两端发送和接收速率不匹配导致的数据误覆盖，接收方看到“空”信号灯亮起时，不可以按下接收键，如果强行按下，则会收到错误的数据。所以，发送方和接收方无须按照相同的速率收发数据，这就叫作异步方式，也就是两边步调可以不一致。当然，如果两边步调时刻保持一致，那么当然也没问题，这就是同步方式。比如，将键盘上的按键名称由单纯的“发送”或者“接收”改为“传送”，这个键盘的脉冲信号会同时输出到发送方发送脉冲和接收方接收脉冲。

这里可以回想一下我们前文中介绍的声音播放电路。要想实现以一定的时间间隔（频率）连续地将数据读出并输出到播放电路，靠手动按下键盘上的某个键来触发数据读出/传送是不行的，因为手指头根本就没有那么快。比如，每秒需要生成4096个信号输送到喇叭，所以当时我们用了一个4kHz振荡的时钟信号输入到地址译码器解决了这个问题。对于数据收发来讲，一样的道理，如果想要实现高速数据收发，就得让数据接收/发送脉冲也接到一个时钟信号上从而疯狂地振荡起来，但是又不能振荡得太快。因为太快的话，FIFO队列里的锁存器以及周边的控制逻辑电路恐怕都来不及反应。这些锁存器、MUX/DEMUX、译码器等的电路反应越快，就可以以越高的时钟频率发送数据。实际中，我们必须测试出某个电路可承受的最大速率。

时钟是无形的手

可以看到，时钟振荡是一个非常有用的东西，它能够代替人手，来自动、反复、循环地“拨动”某个开关，从而让整个电路自动运转起来。当然，时钟振荡是永远不会停的。想让它刹车的话，就得使用前文中介绍的一系列方法，比如门控（离合器）时钟、写使能（前文提到过）信号控制（写使能信号如果是0，则对应的锁存器不锁存输入端数据，也就是不将输入端数据透传并稳定传到输出端，此时源端时钟不管怎么振荡，该锁存器下游的电路信号输入不受影响，相当于挂了空挡）等。随着本书内容的不断深入，你会发现时钟+锁存器+组合逻辑+控制逻辑是所有数字逻辑电路的核心，而CPU就是一块超级复杂、强大的数字电路。

如果将同一个时钟信号源连接到接收和发送脉冲输入端，也就是发送方和接收方的速率完全相同，那便形成了一个同步FIFO。同步FIFO队列中所缓冲的数据量总是恒定的。因为入队和出队的速率是完全相同的，所以很稳定，实现起来也比较简单。但是，异步FIFO就比较复杂了，它是指发送方和接收方使用不同的时钟频率，即发送和接收的速率不一样。但是即便是速率不一样，FIFO也理应正常工作，因为我们已经设置了空/满信号用于控制双方。因此，问题并不在这里，而在于一方可能会对当前队列的空满状态发生误判而导致严重的问题。

图1-32是一个4位计数器，这个计数器从0001跳变到0010的期间，实际上是分两步进行的，如图

1-109所示。由于Q_0所在的锁存器距离时钟源近，所以它先从1跳变到0，这是第一步，此时计数器输出的值为0000。然后，Q_1再从1跳变到0，这是第二步，此时计数器的输出值为0010。然而这两步都是在一个振荡周期内完成的，也就是时钟下沿到来时，或者说一个时钟周期之内这两步先后发生。虽然速度很快，但是的确不是同时发生的。

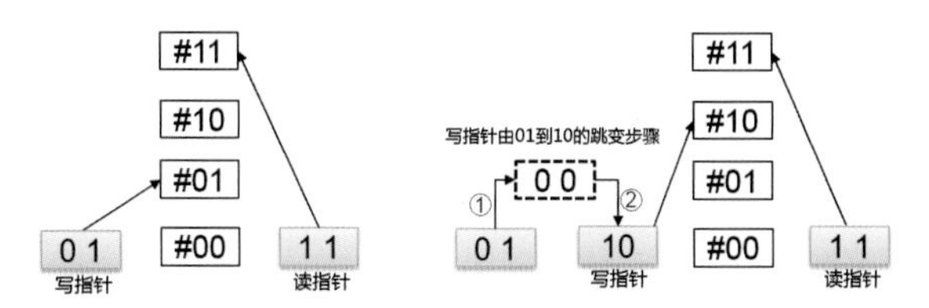

图1-109 从01到10的跳变会经历一个00的中间过程

这就给控制逻辑带来了问题。假设某个FIFO队列中有4个数据位置（如果是1位宽，那就是共4个锁存器；如果是多位宽，那就是共4组锁存器，每组若干个），读/写指针计数器各2位，某时刻写指针为01，读指针为11，这证明第00、01、11号槽位上都已经被写入了数据，11号槽位上的数据可能正处于被读出的过程中，也有可能早已被读出；10号槽位是空的，可供继续写入，此时队列处于非满和非空状态。某时刻发送方发送一条新数据，将写指针更新到10，这意味着写指针计数器从之前的01跳变到10，队列状态变为满。根据上文所述，其会经历一个中间状态，也就是00。那么，在这个瞬间，空/满判断电路会来不及输出一个稳定值，有可能依然维持原来的输出。如果电路经过了足够优化，逻辑门级数很少从而反应非常快的话，也有可能直接将00这个瞬间的输入转化为输出，此时输出结果显然为“非空”状态，而这个状态只是一瞬间，随后会随着写指针跳变为10而输出“满”状态。

对于发送方，在这个发送周期或者说时钟周期内，队列状态从“非空”到一个瞬间状态“非空”，再到最终稳定态“满”。中间瞬间状态的“非空”并不符合事实，此时队列明显已经满了，那么这个瞬间状态是否会影响发送方的判断，让其误认为队列仍为非空，而后续再次发送数据呢？不会，因为在这个时钟周期内发送方不会再次发送任何数据。每个时钟周期只能发送一次数据，直到下一次时钟振荡到来时，才会根据上一次的判断结果来决定是否继续发送数据，所以本时钟周期内虽然瞬态的输出值是错误的，但是在本次时钟周期末尾，电路最终还是会输出正确的值。

然而，异步FIFO的接收方的接收时钟频率与发送方不同。如果接收方出于某种考虑（比如更深层次的优化从而提升发送和接收效率）也需要检测队列是否满的话，则很有可能出现这种巧合：发送方更新写指针时所产生的中间瞬态的这个时间点对于接收方而言恰巧是一个时钟下沿，从而将对应的瞬态值锁存了起来，然后输入给下游判断逻辑的话，那么此时便产生了错误。就像刚才的例子那样，实际上队列已经满了，而接收方却认为队列远没有满，此时可能接收方被设计为“当队列远没有满的时候就降低接收速度”，这样会造成严重的后果。因为接收方一旦降低接收速度，发送方由于队列满而暂停发送，会造成卡顿。当然，在下一个时钟周期，接收方最终会收到队列已满的正确信号，但是这种卡顿会严重降低收发效率。

同理，如果发送方也需要检测队列的“空”状态从而做深层次的优化的话，那么也会出现类似问题。对应的解决办法就是使用另外一种编码。前人们在异步FIFO中广泛使用了格雷码计数器，这种计数器可以保证每次加1，对应的二进制输出值只跳变一位，而不是多位同时跳变，这样就消除了中间过渡态所导致的完全错误的值。

图1-110所示就是典型的4位格雷码表。传统的最常用的自然二进制码存在多位一起跳变（某些位从1变成0，同时另一些位从0变成1）的问题，而格雷码中两个相邻自然数之间只存在一位跳变。当然，如果使用格雷码计数器的话，那么下游对应的下游译码器也应该改为格雷码译码器和减法器等，这里不再赘述。

十进制数	4位自然二进制码	4位典型格雷码
0	0000	0000
1	0001	0001
2	0010	0011
3	0011	0010
4	0100	0110
5	0101	0111
6	0110	0101
7	0111	0100
8	1000	1100
9	1001	1101
10	1010	1111
11	1011	1110
12	1100	1010
13	1101	1011
14	1110	1001
15	1111	1000

图1-110 典型格雷码表

1.5.5 全局共享FIFO

从图1-108中可以看到，接收端为每个发送方都预备了一个FIFO供数据接收。试想一下，如果发送方#1要发送很多数据，则可能导致队列经常被充满而暂停发送。相反，发送方#2却基本上没有什么数据要发送，那么为其准备的队列就处于闲置状态，此时是否可以将这些队列临时挪动给发送方#1来用？当然可以，只要想做并且逻辑上不矛盾即可。甚至，我们是否可以使用一个全局共享的超大FIFO队列来放置所有的发送方发来的数据？但是这样付出的代价就是必须记录队列中的某份数据到底是哪个发送方发过来的。

多个发送方同时都可以发送数据，到来的先后顺序也是完全凌乱的，此时如何记录？可以为每个发送方各自再开辟一个单独的FIFO队列，用这个队列里的锁存器专门记录一个指针，也就是记录某个发送方发送的第一条数据在那个全局共享的大FIFO队列中的位置。比如，发送方#1发送的第一条数据的实际内容是0110（4位宽），其被存储在共享FIFO队列的第8组（每组4个锁存器，每个锁存器锁存1位）锁存器中，那么这个指针队列中的第一条记录就需要记录“8”对应的二进制，也就是“1000”。

VC/VOQ

利用指针队列（物理上存在），相当于把全局共享的数据队列（物理上存在）分割成多个小的逻辑队列（物理上不存在），这种逻辑队列的专业说法是“Virtual Output Queue（VOQ）”，也有人称为“Virtual Channel（VC）”。

当需要读取发送方#1的数据时，读指针加1，经过译码输送给译码器，译码器控制MUX先将发送方#1的指针队列中最老的指针读出来，然后将该指针输送到地址译码器，地址译码器再输出给全局共享FIFO队列的MUX，从而将该指针所对应的实际数据导出到下游部件继续处理。具体的逻辑电路框架，大家可以自行练习并画出。

比如，共享FIFO共可容纳1024条数据（10个地址信号就可以表示1024个地址了，所以用于该FIFO的选路器需要有10根控制信号线）。假设为发送方 #1分配这1024条中的256条作为一个逻辑队列，那么发送方#1对应的指针队列就需要有256条记录，每条记录的容量是10位（发送方#1发过 来的数据可能被存储在1024条记录中的任何一条中）。

可以看到，指针队列能容纳多少条记录，发送方在暂停发送前就能发送多少条数据。即便全局FIFO队列中尚存位置，也不能够继续被该发送方利用了。那么，这本质上岂不是与之前独立队列的设计并无区别了么？如果指针队列是不可变的，那确实没有什么区别，所以指针队列需要动态可调整才有意义。比如，一开始为发送方#1分配了256个位置，结果发现不够用或者过剩了，那么如果有某种方法可以动态将这个队列扩充或者缩减的话，就非常理想了。但是，对于设计好的电路，基本没有办法去改变某个资源的数量和规模。这好像是个死路，没有解决方案了。

不过爱思考的人可能会继续想，如果把这些指针队列也放到一个全局共享队列中，用额外的指针再指向这些指针，是不是就灵活了？思路值得肯定而且对路，但是最顶层的指针还是不可变的，最后还是个定死的设计。所以，要实现这种灵活程度，必须采用全新的逻辑控制方式，这就需要靠机器指令代码来解决。我们暂时在这里留个坑，先将本页折个角，等你看完了本书或者本章，可以回过头来自行理解这个问题。可以告诉你的是，目前高端一些的交换机中都具有这种动态调整队列功能。当然，也需要更多的电路资源，包括各种计数器、锁存器、译码器、MUX/DEMUX了。如果电路过于复杂，有时候可能还需要降低数据收发频率，因为电路反应不过来了。

带内/带外流量控制

只用空、满两个状态的话，粒度过大。如果能有更细的粒度通知对方的话，比如四分之一满、半满、四分之三满、满，就便于发送方更智能地判断接收方的处理压力了。此时问题来了，这4个状态需要两根导线来传递，这意味着发送方和接收方之间除了数据导线外，至少还需要两根信号线。如果双方距离较长的话，比如10公里，那么这两根线的存在会严重影响成本以及布线施工难度。很显然，如果能用一根线来传递这些信号的话，就可以接受了。甚至，如果把这些信号本身当作数据，直接放到数据导线上传递给对方，不是更省事吗?

是的！所以，在现代的网络通信实现方式里，都是在每个数据包之前把所有的控制信号附带上，从而跟着实际数据一起传递过去。控制信号在每个数据包中所处的位置固定，所有人都按照约定来放置这些信号，这就是通信协议里所规定的一个很重要的内容。接收方收到信号之后，将这些信号对应的锁存器输出端用导线导出来，输送到译码器等控制电路，从而判断出对方当前的状态以及其他一些与数据传送有关的信息，比如是否有几个数据包没传过来等。这种相互告知对方本地的接收缓存状态从而动态调整发送速度的方法，被称为流量控制（简称流控），或者链路质量控制。

如果使用单独的导线来将自己的队列状态通告给对方的话，则称为带外（out-of-band）控制方式。将这些控制信号融合到数据包中，在数据导线而不是单独的控制信号线上传递并解析、处理的方式，称为带内（in-band）控制方式。

1.5.6 多路仲裁

至此，我们还有一处没有思考过，那就是图1-108里的那个“接收端控制逻辑”以及其中的“仲裁控制逻辑”，它们的作用是什么？大家很容易思考出“接收端控制逻辑”的作用，就是判断队列的“空”信号，如果为空，则禁止接收脉冲变为0。但是，如果有多个发送方都在把数据发过来，并且数据分散在多个FIFO队列中而不是一个，每个队列中都可能存在未读出数据，那么接收端此时应该按照一种什么顺序把这些数据读出来？有人可能顺嘴就会说“一个队列读一条出来，轮流读，最公平”。如果你面前的桶里有几个不同颜色的小球，让你一次一个全拿出来，你会按照什么顺序拿？此时，在你的大脑中，会发生一种奇妙的逻辑过程，被称为“仲裁”或者说“选择”。此时，你可以凭借一些固有的、静态的条件来选择，比如“因为我喜欢蓝色，所以先拿蓝色的，然后拿红色、黄色”。此外，也可以根据当时所处的环境来临时、动态地选择，比如因为旁边正有人暗示我如果先拿黄色的会有惊喜，所以我决定先拿黄色的，再拿蓝色、红色的。当然，你也可以随机乱拿，但是你不能不拿。

那么，对于电路来讲，如何实现这个选择过程？正如人脑一样，也有静态策略，比如Round Robin（依次循环轮流），或者人为指定某个顺序。此外，也可以使用动态策略，比如可以让电路来判断哪个队列中积压的未读数据最多，然后优先发送这个队列中的数据，以避免其过快充满从而导致由于发送方暂定发送导致的性能降低。当然，也可以完全随机判断。比如，对于“随机数生成器”逻辑电路（比如图1-108中的“优先级仲裁逻辑”），其可以生成一个随机数，而不是像计数器那样每次触发只+1。图中那个优先级仲裁逻辑，就是用于实现优先级仲裁功能的逻辑电路。

现在可以思考一下，如何用电路来实现上述逻辑。如果是Round Robin方式，那很简单。直接使用计数器来顺着+1，产生的数值作为地址指针，通过译码器译码之后控制MUX来将某个数据选出即可。完全随机的话，则使用随机数生成器搞定。最复杂的，那一定是动态策略的实现了。比如，根据各个队列中积压的数据数量（专业说法叫队列长度）来决定，此时需要数值比较器判断出积压数据最多的队列，将数值比较器输出的表示排序信息的信号序列输送到译码器译码，然后控制MUX，将那个队列中的数据选出。这便是仲裁逻辑模块的底层机制了。

如果不打算让电路自行选择，那么可以手动告诉电路应该怎么选择，比如“先端口1，后端口2，再端口3”。这思考起来有点难度，但还是可以解决的。可以先把1/2/3号端口的所有可能排序编成二进制码，比如000表示先1后2再3，001表示先2后1再3，等等。然后使用译码器超级暴力大法，直接将每种组合译码输出给MUX。比如，如果输入为000，则译码器的输出信号会直接把MUX接通到端口1的队列上。如果我临时改变主意了，比如想先2后1再3，就把001输入到这个译码器的输入端。至于如何输入，既可以用键盘，也可以用更高级的方式，甚至自动改变输入，这些后面都会讲到。

此外，仲裁模块还可以实现按比例仲裁，比如连续5次从发送方#1的缓冲队列中提取数据到下游，然后连续3次从发送方#2的队列中提取数据到下游，接着连续两次从发送方#3的缓冲队列中提取数据到下游，最后再轮回来，继续以5：3：2的比例从3个发送方缓冲队列中提取数据，这就实现了速率的按比例分配（限速）。要实现这种仲裁电路，就一定需要计数器来记录每次各发送了多少次。当然，也需要译码器、MUX/DEMUX等我们已经熟练掌握了的基本部件了。

1.5.7 交换矩阵

大家可能都听说过交换机和路由器，它们的核心就是被做到芯片中（芯片制造工艺原理详见第3章）的交换矩阵电路。对于一个交换矩阵来讲，MUX/Crossbar和FIFO队列是其最核心的东西。不管是以太网交换机，还是FC或者Infiniband，抑或是其他接口方式的交换机，其内部的Crossbar和FIFO队列都差不多。不同的接口类型只是用来适应交换机外部的链路和协议的。比如，以太网接口和数据包可以在电缆上传递百米，而Infiniband用电缆的话只能传递数米，但是其速率非常高。

但是如果大家在底层都使用了类似的FIFO队列和MUX，那么为什么还有这么多不同类型的传输方式和网络方式呢？首先，不同的网络链路中底层的速率是不同的。有的只能是几十千比特每秒，而有些则可以达到几十吉比特每秒，虽然它们可能都用类似的FIFO架构。其次，在数据收发控制方面，不同的网络设计有很大的不同。有些根本没有流量控制，有些甚至根本不关心对方是否收到，而有些则必须确保对方收到，甚至会互传一些专用的数据包来通告对方自己的状态。此外，在网络节点的发现和管理上，它们的区别也很大，有些可以自动侦测网络上锁连接的节点，有些则需要手动设置。如果再往上层去看的话，不同网络的差异就更大了。

交换机/路由器底层的核心交换部分如图1-111中间所示，其方框内就是核心交换矩阵，这部分在所有的交换机内部的实现基本上都类似。而对于方框外部的接口模块，不同网络就有很大区别。因为不同网络的速率、数据收发控制、流量控制、地址编码等都有很大的区别。中央的核心交换部分并不关心接口模块发过来的数据是什么数据，只负责根据地址向对应的端口转发。这也是“交换”的本质所在。至于传输控制、流量控制等，都由接口模块中的“接口协议控制逻辑”来完成。

数据包先通过这些接口按照对应的速率接收到一个临时FIFO Buffer中，再被传递到核心Crossbar的对应接口的收发处理模块中，然后根据地址来选择将数据包发送给对应的其他端口。如果图中的接口模块为以太网接口模块，则这个图的全部模块就是一台简易的以太网交换机；如果将接口模块更换为Infiniband接口模块，则其就是一台简易的Infiniband交换机了。

当然，如果去掉接口模块，大家都直连到核心Crossbar上，速度最快、最简单。那么，为何还

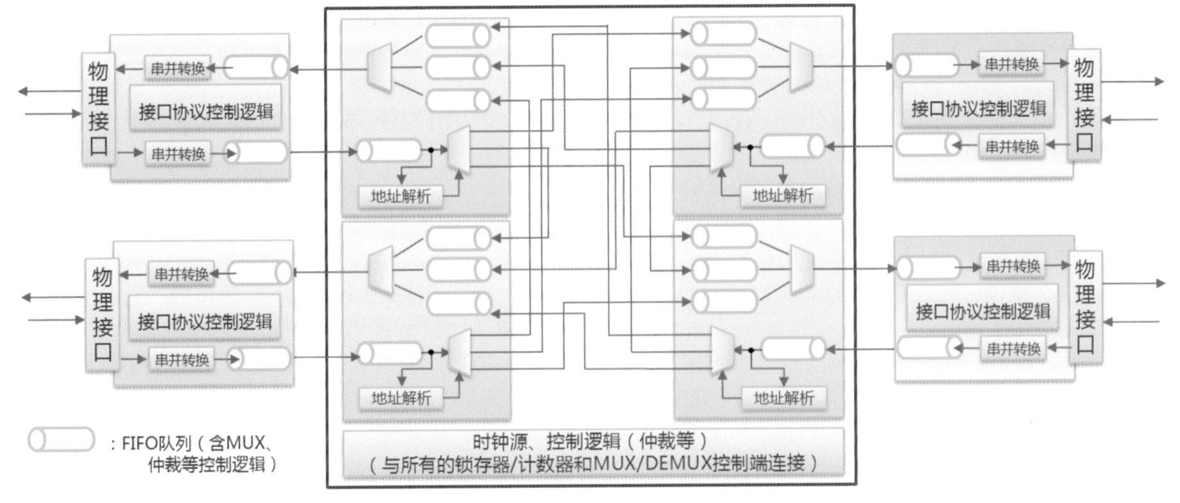

图1-111 带FIFO队列缓冲的4端口交换矩阵

需要这么多接口模块呢？因为如果大家都直连核心Crossbar，不够灵活。不同的场景有不同的需求，比如以太网成本低但是在传输控制等特性方面很弱甚至缺失，而Infiniband则很完善而且时延很低、速率很高，但是成本也很高。另外，如果只有核心Crossbar而没人来做传输控制方面的工作的话，也无法使用，所以Crossbar外围也必须增加对应的这层网络接口控制层。

前文中我们说过，收发数据的双方都要互传一些状态信息。在一个多点数据收发系统中，由于有多个发送方和接收方，所以发送方必须明确告诉这个交换矩阵它要将数据发送给哪个接收方，这样就必须引入一个新的控制信息，也就是地址信息。可以将地址信息附带到每份数据之前，与流量控制和传输控制等其他控制信息一起发送给交换矩阵。交换矩阵接收到每个数据包之后，除了对流量控制和传输控制信息做译码判断并处理之外，还同时针对地址信息做判断，从而找到该数据包的目标接收方，以便控制MUX将其导向到对应的接收方队列中。这就是图中“地址解析”（或者说地址译码）部分所做的工作。地址可以使用任何编码形式，比如用2位来表示4个发送者/接收者。

“地址解析”部分需要分清哪个地址连接在哪个端口上，所以交换矩阵内部需要存储一个对应的表。拿图1-111的4端口交换矩阵来说，这个表中至少包含4条数据的位置，所以需要4组锁存器，每组4个。其中，左边两位表示该数据要被发送到的目标地址，右边两位表示目标地址对应的端口号，也就是凡是收到某个目标地址的数据就向该地址对应的端口转发。比如0011表示凡是收到携带有00地址信息的数据包，就将其转发到11号端口（这意味着11号端口上连接的设备的地址是00），再通过译码器将端口号翻译成MUX的控制信号，这样便可以将对应的数据导向到对应的端口了。

大家可以自行思考一下如何用电路来实现这个地址译码器，假设当前这个系统内的连接方式如图1-112所示。

目标地址	端口号
10	#1（二进制00）
11	#2（二进制01）
01	#3（二进制10）
00	#4（二进制11）

图1-112 当前映射关系

如果收到目标地址为10的数据包，则转发到#1端口的队列中。这很简单，直接将这个对应关系翻译成一个译码器即可。这个译码器的输入信号为2个地址位，输出信号则是下游MUX的控制信号。

然而，上述设计虽然技术上看似可行，但是有明显的实用问题。因为它无形中限制了每个端口只能连接对应的地址，地址为11的电路模块只能连接到#2端口。如果按照这种设计来做交换矩阵产品的话，则只能将对应地址的电路模块连接到固定的端口上，而不能随意设置；其次，世界上有如此多的电路模块/设备，如果这些设备做成产品对外出售的话，它们必须具有全球唯一的地址，否则假设两个设备都拥有地址“11”，那么一旦它俩被连接到同一个交换矩阵上，就会出问题。这就意味着，这种全球唯一的地址，其数量非常庞大。因此，在交换矩阵中不可能为每一个地址都指定对应的端口，因为不存在这么高端口数的交换矩阵。就算可以，多个交换矩阵级联起来可以组成庞大的交换矩阵，那么给全世界的所有地址都分配一个固定的端口号也是不现实的。因为这张表会很大，根本存不下。

实用的设计必须是这样的：任意地址的模块/设备可以连接到交换矩阵的任意端口上。这样的话，任意的地址就可能出现在任意端口上，交换矩阵就必须动态地识别或者说“学习”到所连接设备的地址，然后将学习到的地址存储到映射表中，这就需要更加智能的数字电路来实现。但是，这不仅是纯硬件的问题了，还是一个协议设计的问题。比如，设计者可能要求所有的设备检测到端口连通之后，必须发一份特殊的数据，这个数据中携带有该设备的地址；同时也要求接收方发现端口连通之后，所“期望”的第一份数据就是上面的这个地址声明数据，收到这个数据之后，数字电路将该数据中对应的位锁存下来，并控制DEMUX将其导向到映射表中存储。收到这个特殊数据包之后，接收方就会期望后续的真正的用户数据包了，也就是对应的DEMUX选路器将永远不会再被导通到映射表方向，而是导通到下游的队列中。大家可以自行思考如何实现这个逻辑。比如，可以将映射表中每一组锁存器的输出并出一路信号，并输入到比较器中，来判断其是否为全0。如果不为全0，则证明该端口所对应的锁存器已被写入了某个地址，也就是该端口已经学习到了所连接设备的地址，此时该端口后续收到的所有数据就应该被对应的DEMUX改道而行，就像铁路岔路选择开关一样。如图1-105所示的一对二选路器，其控制输入信号为1位，为0和为1时各导通对应的两个输出端中的一个，这个选路器完全可以实现上述逻辑。如果使用异或门比较器，若其输出的结果为1，则表示映射表中对应锁存器中存储的数据并不是全0，也就是被存入了某个地址，此时这个DEMUX就应该被设计为“当控制信号输入为1时，将输入数据导向到连接下游数据队列的那个输出”。对应的电路大家完全可以自行画出。

当然，上述设计假设全0是非法地址，也就是任何设备均不能使用全0作为自己的地址，否则电路将把所有数据都试图导向到地址映射表，最后完全错乱。这是很多底层协议都有各式各样限定的原因之一，也是底层电路的设计决定了某些特殊的0和1组合不能出现，否则会引起电路状态错乱。

上述的比较器输出信号，对于这个通信电路模块来讲非常重要，它直接控制着电路对数据的导通路径。在一个实际的电路中，会有大量类似的控制信号，包括各种协商（链路质量训练、速率协商等）、各种数据收发控制状态（比如队列满、空等）。这些专门记录通信所处状态的信号，或者由对应的逻辑电路（比如判断/判决电路）直接输出到对应的MUX/DEMUX或者其他译码器，也可以先将所有这些状态输出信号保存在锁存器中，再将锁存器的输出连接到对应的MUX/DEMUX/译码器。这些状态锁存器和对应的组合逻辑电路共同组成了该通信系统的端口级“状态机”。而“第一份数据必须先发送地址”“全0是非法地址”等规定，就是**通信协议**的范畴。在一个实际的通信协议中，比如以太网，会有大量的类似约定，所有使用以太网作为通信方式的终端设备和交换机在设计其电路时都必须遵循这些规定。

至此，我们成功解决了任意地址的设备可连接任意端口的难题，但是又引入了另外一个难题。在之前的设计中，我们使用了暴力译码的方式，将定死的地址-端口对应表中的映射关系直接翻译成DEMUX的控制信号。现在，某个端口可能连接任何地址的设备，而且地址不可能只有2位了，很可能有几十位或者上百位（比如IPv6地址是128位）。因为设备数量非常多，2位的话仅够4个设备相互区别。所以，暴力译码方式就不现实了。因为译码器是定死的组合逻辑电路，如果针对某个端口连接了某个地址的场景设计了一个译码器，而这个端口后续又连接了一个不同地址的设备的话，那么这个译码器就会算错而输出错误结果。

问题在于，我们并不知道映射表里当前都有哪些地址被存入，也不知道某个地址对应哪个端口。有人可能会问：这张表就在这里放着，用眼看都能看出哪个地址对应哪个端口？那是当然，用眼看的时候，将这份表格输入到了你的大脑，是你的大脑经过逐条比对之后才输出了“地址A对应端口B”这样的结果，而不存在“凭空就知道”一说。所以，对于电路来讲，也需要有个计算和判断的过程。之前的设计是使用译码器来计算和判断，现在我们不得不像大脑那样逐条比对了。

要逐条比对，就需要逐条读出。这里我们不禁回想起之前设计可发声单元时所用到的思路，也就是利用时钟振荡，让计数器不断+1，然后导向到译码器，从而控制MUX将对应的数据选出来并输出；同时，利用反馈机制来约束时钟无休止地振荡输入，做到适可而止。不过，与那个发声单元的区别主要在数据读出之后的动作上，发声单元是直接将数据输出到播放电路模块了，而这里则是与接收到的数据包中的地址部分作比较，从而判断出该数据包到底要向哪个端口转发。所以，一定要用到比较器，而且一旦发现表中某个地址与待比较地址相同，则应该停止比对，也就是反馈到门控从而关闭时钟对计数器的振荡输入。同时，将这个已匹配地址对应的端口号输入到译码器，翻译成对下游DEMUX的控制输入，从而将这条数据导入到下游端口（目标端口）的接收队列中。如果遍历结束，未发现匹配的地址，则需要关闭时钟对计数器的振荡输入。上述的两路门控信号通过或非门连接到门控与门上。

比较器的输出结果对最终数据的传送路径有关键影响，如果发现匹配项，则比较器的输出将控制下游的MUX将数据导向到对应的目标端口；如果未发现匹配项，同时该电路已处于正常转发数据态而非地址学习态的话，那么证明所接收到的数据包是个非法数据包，其携带了一个非法地址，此时就需要丢弃这个数据包。因此，此时比较器的输出将导致下游的DEMUX将该条数据导向到一个电路盲端，也就是无人认领的线头，这个线头不输出给任何下游电路。这样，信号被输入到这个盲端导线之后，无人保存，也就被丢弃了。上述的整个过程如图1-113所示。

现实与梦境

这种将时钟信号脱挡的做法属于野路子，这里只是给出一种可能的思路。在实际的产品中，除非为了省电，否则一般不会将时钟脱挡。正常的做法是采用带有写使能功能的计数器。写使能信号被置0的时候，即便时钟信号依然作用在计数器上，也不会导致计数器数值的改变。这就像驾驶汽车一样，临时停车可以熄火，这样更省油。但是更好的做法是发动机继续转，但是将发动机输出与传动系统临时脱开。

如果某个交换矩阵使用自动的基于时钟触发的数据收发的话，那么上述过程（不管是译码器译码选路，还是查表选路）必须在一个时钟（控制数据收发的时钟，而非图1-113中的用作驱动表遍历的时钟）周期内完成。一个时钟周期也就是两次时钟上沿（或者下沿）之间的间隔时间，因为每次上沿（或者下沿）都会触发一次数据传送，下一次传送到来之前上一次传送必须完成，这也就意味着，上述的查表电路必须在下一次传送被触发之前完成信号的稳定输出，包括表中每一组锁存器的选出、比较、反馈、再选出，直到发现某条匹配结果或者全部遍历完毕。所以，如果电路设计得不合理、不够优化的话，或者如果表非常大，存入的地址非常多的话，那么查表速度就会很慢，此时必须降低数据收发速度，让控制数据收发的时钟的周期加长，以便提供给这些电路充分的反应时间。因此，这个表遍历电路必须以闪电侠的速度，在一个高于数据收发主时钟频率的独立时钟源的驱动之下，快速遍历完所有表项。

别熄火

如果大家看过《盗梦空间》这部电影，就可以体会到，在现实世界中发生的一次汽车从桥上坠落用了2秒钟，而在第一层梦境世界里感受到的可能是1小时，而电影中的角色们必须在第一层梦境中的这1小时内（即现实世界的2秒钟内）完成所有任务。主时钟振荡就是现实世界的节拍器，每个节拍都会传送一次数据，下游的组合逻辑电路必须在下一拍到来之前完成所有开关的闭合和打开，也就是完成计算，并稳定输出结果，组合逻辑电路内的开关闭合和打开的速度，远高于主时钟振荡的速度。如果数据收发主控时钟是现实世界的节拍，那么表遍历电路中的那个独立时钟便是第一层梦境里的节拍器，而译码器等组合逻辑则是最深层梦境里的实际执行者。

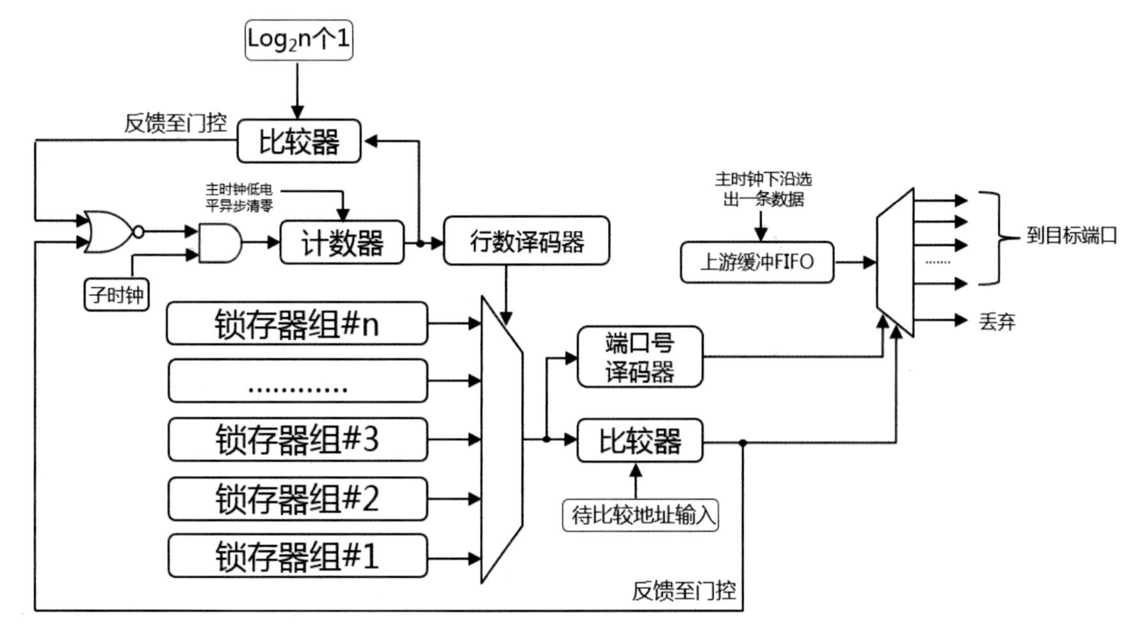

图1-113 串行表遍历电路设计示意图

另外，数据收发主时钟每次触发一次数据传送时，也就是其时钟下沿到来时，表遍历电路模块的计数器必须被清零。因为每次传送都需要重新从第一行开始遍历整张表，而且遍历完毕后，当下一个主时钟下沿到来时，必须再清零一次。所以，这个计数器要使用同步清零方式，利用主时钟的低电平期作为清零信号，也就是只要低电平到来就立即清零，而不管子时钟处于什么状态。主时钟下沿同时会导致又一次的数据传送，那么比较器又会被输入一个新地址，而计数器清零也会导致表内的第一条数据被读出并输入给比较器，比较器如果发现不匹配，则反馈至门控将子时钟挂挡，从而让计数器继续开始振荡，重复之前的过程。但是在主时钟低电平这半个周期，计数器持续被清零，此时就算是子时钟已经挂挡，计数器也不会滚动，直到主时钟高电平周期时，计数器才开始滚动。所以，子时钟必须在主时钟的高电平期这半个主时钟周期内把全部表项遍历完，所以需要精确设计这两个时钟的频率。（正常设计下，一般不采用时钟信号作为清零输入，但是本例中用于控制清零的信号恰好可以与时钟信号等效。）

倍频

假设查表时每选出、比对一条记录耗费1ms，那么查表电路模块里的时钟周期就必须大于等于1ms，也就是小于等于1kHz。如果是一个50端口的交换矩阵，而且每个端口上都连接了设备，那么遍历整张表最长需要耗费50ms的时间。如果忽略电路其他部分带来的时延，那么触发数据收发的主时钟的频率就必须小于等于20Hz，并且必须保证查表模块的时钟频率是主时钟的50倍并且相位相等、步调一致。实际中，可以使用倍频电路来将某个时钟源的频率成倍提升至某个频率并且保持同相位。

至此，我们又解决了查表的问题。然而，查表而不是译码的话，其速度会降低很多，因为需要用时钟逐条比对。这本质上是一个串行的过程。要想提速，就必须并行比对。

如图1-114所示，要想并行比对，就需要将数据源并出多条线路，而且并行提供多路比较器，每一组锁存器都直接输出给一路比较器，而不是只提供一路比较器，然后利用时钟逐行读出再比较。所有比较器的输出连接到一个或门上，只要有一个为1（匹配通过），则表明匹配了其中某行锁存器组，这个信号被输入到下游DEMUX的控制端中的一个。同时，还必须把匹配通过的那组锁存器里的数据选出来，因为需要获知其中的端口号。这可以把比较器的输出输入到译码器中来判断到底是哪一行被匹配了，然后选出对应数据，将数据的端口号对应的位导入到端口号译码器，翻译成下游DEMUX的控制信号，最终完成选路逻辑。

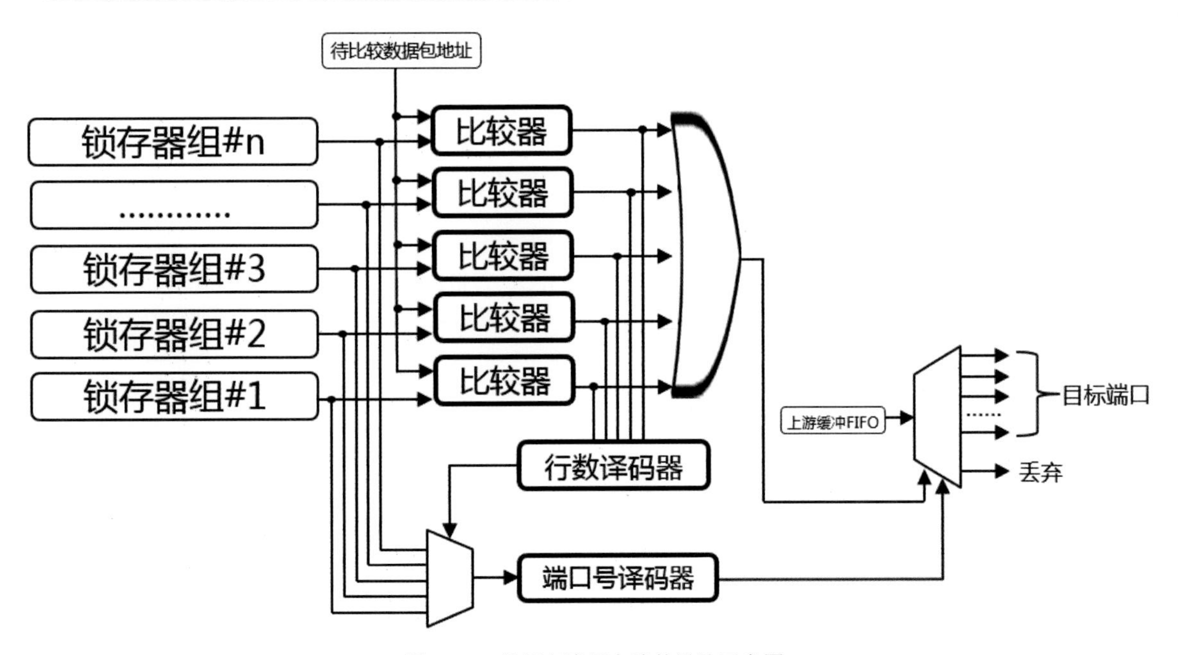

图1-114　并行表遍历电路的设计示意图

在实际中，这种并行比较电路的一种普遍实现是一种被称为Content Addressable Memory（CAM）的电路模块，后续会看到实际中的CAM电路是如何实现的。

IDLE

上面的例子将数据收发的开关连接到一个时钟源上，让它反复振荡，从而让人手得到解脱。那么，随之而来就带来一个问题：时钟是不会自己停下来的，一接上，就像撒了缰的野马，刹不住。当然，用门控可以刹住。这里想要说的是必须加以控制。比如如果队列中没有数据了，此时如果时钟还在振荡的话，计数器将继续计数，继续读出数据，就会发生“空读”而读出错误数据的情况。所以要用“空”信号来控制，那么“空”信号到底应该怎么反馈回来遏制住数据的读取呢？可以采用门控。但是在实际通信中，时钟源一会儿挂挡一会儿又脱挡的话，是会产生问题的，比如会导致同步FIFO收发双方的时钟不能同步，细节和背景不再多讲。所以，时钟要一直保持在挡，也就意味着队列中不能为空，那么源头如果愣是没有数据发送，难不成还要能强制源头必须发送点什么数据过来填补队列的空缺么？的确是这样，这种特殊的、用于填充目的的数据包叫作IDLE帧/包，只不过这个IDLE帧不需要由源头的模块发送，而是由底层电路自动发出。IDLE帧不仅用于填充队列，还起到协助时钟同步等作用。

除了查表这个难题之外，还有另外一个难题。如果有一万台设备需要通信，可以设计一个具有一万个端口的交换矩阵，但是这并不现实。更现实的做法是使用比如200个50端口的交换矩阵，通过某种方式连接起来（比如星形、树形、环形、Torus、Cube等）。这样的话，连接在交换矩阵*A*上的设备1要与连接在交换矩阵*B*上的设备2收发数据的话，交换矩阵*A*必须知道“发送给设备2的所有数据都要转发给连接着交换矩阵*B*的那个端口”，也就是说，交换矩阵*A*要维护一个特殊的映射表，这个映射表记录了那些当前存在于这个网络当中，而且没有连接在自己端口上的所有设备地址，这些地址对应的端口都是连着交换矩阵*B*的那个端口，这样就可以把对应数据转发给交换矩阵*B*，交换矩阵*B*接收到数据，再通过查找自己的映射表从而判断该向哪个端口转发这份数据。同理，交换矩阵*B*也需要做相同的工作。但是，交换矩阵*A*和*B*又是怎么知道对方都连接了哪些地址的设备呢？一定需要设计某种机制，让连接在一起的所有交换矩阵都把各自连接的地址通告给所有交换矩阵，这就是“路由协议”规定的范畴了。路由协议有多种，大家可以自行了解，这里不再展开介绍。

交换和路由没有本质的区别，都是查表判断目标端口，然后将数据转发出去。一般认为，如果判断的是底层地址，那么称为交换；如果判断的是高层地址，比如IP地址，那么称为路由。但是这种说法也比较牵强，从本质上来看，交换等于路由。

1.5.8 时序问题的产生与触发器

上述的电路存在一个严重问题。数据收发主时钟下沿到来时，上游缓冲FIFO中的计数器会从FIFO中将读指针指向的数据选出，并导入到下游DEMUX，同时这份数据的地址位会被并行导入到地址解析模块中的比较器中，从而让表遍历电路查表匹配。同时，主时钟下沿的到来，还会清零表遍历电路中的计数器从而触发遍历时钟被挂挡，开始逐行读出表中的数据。这一切都同时被触发，如果上游FIFO中的数据还没有来得及被导入到比较器的一个输入端（此时比较器的输入端仍被维持着上一次比对时的输入），而表遍历电路足够快，快到恰好已经将第一行数据读出并输送到了比较器，那么比较器此时的输出就会是错误的，这会让下游DEMUX将数据导向到错误的端口或者电路盲端，但是一段时间过后，等上游FIFO的数据到来之后，比较器就会有正确的输出。所以，在一个时钟周期内，电路会具有一个甚至多个过渡状态，这些过渡状态对应的结果都是错误的，只有稳定之后的状态所对应的输出才是正确的。有些场景下，这些过渡状态会对下游电路造成不可逆的改变。比如那些带有时序逻辑的下游电路，在交换矩阵这个场景下，下游DEMUX的下游连接的是对方端口内部的FIFO队列，这个FIFO中含有写指针计数器，计数器是典型的时序逻辑。当数据收发主时钟下沿到来时，对方端口FIFO的写指针也会被触发+1以便接收到来的数据。由于上游的过渡状态输出了错误的结果，导致DEMUX将数据错误地导向到某个端口，写入了这个端口FIFO中。当后续DEMUX正确输出之后，之前这条被写错地方的数据不会消失，而是会永久存储在这里，这就是不可逆的改变。这种情况不允许发生，因为你不能去别人的领地搞了次破坏后拍拍屁股走人。而下游电路中如果只有组合逻辑而没有时序逻辑，那么过渡状态对组合逻辑的改变是完全可逆的。稳定之后，下游组合逻辑会输出正确的结果，这不会有问题。

那么，如何解决下游电路中含有时序逻辑时的过渡状态引发的问题？这就需要避免电路产生过渡状态，必须一步到位，直接从上一次的结果一步跳变到本次的结果。那么，是否可以先让待处理的数据准备好之后，再触发处理逻辑，也就是严格按照数据准备→处理→输出这个顺序来解决问题呢？以交换矩阵为例，假设我们确保主时钟下沿到来时，上游FIFO中的数据在表遍历电路从表中读出第一条数据之前就到达了比较器的输入端，DEMUX的输出就不会错乱了吗？答案是依然会错乱。因为此时虽然上游FIFO中的待发送数据的地址位已被选出并输送到比较器，但是比较器的另一个输入也就是表中的数据，依然维持在上一次比对完成时的状态，抑或是由于主时钟下沿将计数器清零而已经选出了表中的第一行数据，这两个状态是随机出现的。无论出现哪一个状态，都会让DEMUX瞬间输出过渡态的错误结果。除非能够保证上游FIFO数据和地址映射表中的数据真的丝毫不差地“同时”到达比较器，而这是无法预先控制的。所以，如果用当前设计的话，这个问题是无解的。

要彻底解决该场景下的时序问题，必须使用另一种思路，那就是分多步处理，用某种手段屏蔽中间过渡结果对下游的影响。稳定输出之后，再将稳定的结果输出到下游，从而确保下游电路一步跳变到正确结果。试想一下，用什么方式可以屏蔽输入信号对输出信号的影响？当然是锁存器。锁存器被锁住时，不管输入端怎么变化，输出恒定不变。所以，我们自然而然就想到了利用锁存器，将耦合在一起的电路模块隔离开来。

如图1-115所示，如果模块2的电路中含有时序逻辑，不能容忍模块1的过渡态结果输出，那么可以在它们之间隔离一层边沿型触发器/锁存器。1.3.3节介绍过边沿型触发器的底层机制，可以复习一下。本质上，边沿型触发器内部分了两个域，左边为输入端，右边为输出端。对于电平型触发器，当锁定控制信号端被置为1时，触发器持续处于锁定状态：不管输入端怎么变化，或者说经历了多少个过渡态，这期间输出端是恒久不变的。而当锁定信号被置为0时，触发器会将输入端的信号完全透传到输出端，也就是输出端会跟随输入端的变化而同步变化，此时触发器就相当于一根透明的导线。当锁定信号端从0变为1时，触发器将瞬间锁住，相当于将这根导线突然一分为二，导线右边瞬间被冻住为锁定时的电压值（1或者0），而导线左边不管怎么变，对右边均没有影响。总结一下，就是锁定信号端被置为0时，触发器开锁；被置为1时，触发器锁定。

对于边沿型触发器，则是时钟下沿或者上沿（一般为下沿）来触发，然而触发的是“开锁然后立即关锁”。在下沿的一瞬间，锁先开，然后此时的输入信号立即透传到输出，然后立即关锁锁定输出。

在触发器左边，还有一个域，那就是左边的上游电路模块正在计算中的、正在变化的，但是还尚未抵达触发器输入端的信号。

如果将时钟源输出的振荡信号，按照图1-115中的方式连接到每个边沿型触发器的锁定控制端的话，我们分析一下这个电路的行为顺序。当时钟的第一个下沿到来时，它触发了模块1内部的写指针计数器+1，准备从FIFO中选出一条数据并导向到其DEMUX的数据输入端。根据前面的分析，这个过程会导致DEMUX过渡态的错误输出，此时模块1正在生成的信号尚未抵达触发器，模块1输出的信号依然维持着上一次的稳定值。与此并行发生的事情是：在时钟下沿的瞬间，将触发器的上一个输入（由模块1电路上一次的稳定输出而来）瞬间透传到右边并锁定。赶得就是这个巧，实现了一步突变并被稳定住，而不是多个过渡态错误输出之后再稳定。触发器的这个稳定输出，会被输送到触发器右边的电路模块2，从而完成计算。之后，模块1当前的、本次的新结果抵达了触发器，覆盖掉了上一次的信号。但是这个新信号面对的却是一堵墙，无法透过，而且新信号可能会有多个过渡态版本先后到来。而这次的数据想要被输送到模块2的话，需要等待下一个时钟下沿的到来。可以看到，一个数据从模块1传送到模块2，至少需要耗费两个时钟周期。在第一个时钟周期内（从第一次下沿到第二次下沿），下面四件事并行、同时发生。

（1）模块1内的计数器被时钟下沿触发，+1，其他电路模块根据计数器的输出信号完成计算（译码器、比较器、MUX/DEMUX完成输出，这就是所谓的计算）并稳定输出到触发器。

（2）触发器将上一次模块1的计算结果（恰巧还没被这一次的结果冲掉之前）瞬间透传到输出端并锁

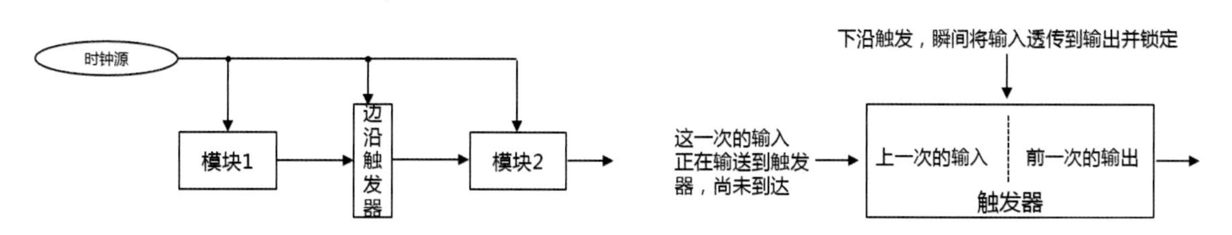

图1-115　利用锁存器分多步传送数据

定，相当于新信号正在追杀上一次的旧信号并欲覆盖之，触发器这道城门赶在追兵到来之前，以迅雷不及掩耳之势把门打开来让旧信号进城，然后再关门。

（3）由于触发器的输出端有了新的信号，所以模块2在时钟下沿时被输入了新的信号，在时钟随后的低电平期、上沿期、高电平期这三个时间段内，模块2必须利用这份最新的输入信号，流经其自身内部逻辑，完成计算，并输出结果到模块2的下游（图1-115中未标出）。

（4）模块1本次计算完成的数据，到达了触发器输入端，等待下一次触发器将城门打开，从而穿透到模块2的输入端供模块2计算和输出。

在下一个时钟下沿到来时，本次由模块1计算好的数据才会被传送到模块2的输入端，周而复始地循环。这个设计又称为“**流水线**”，如图1-116所示。每个模块相当于一道工序，工序与工序之间通过触发器隔离开，每个时钟周期内各个模块分别完成各自的运算。当下沿到来时，每个模块的输出被前推到下一个模块的输入，再次完成运算，循环往复。第4章我们会详细介绍流水线。

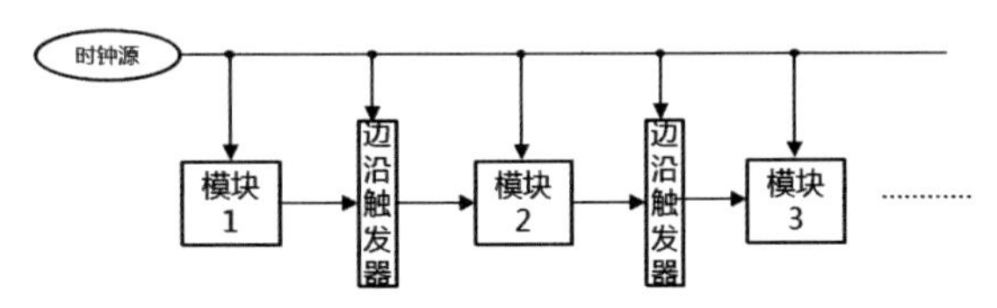

图1-116　流水线示意图

时序问题并非本交换矩阵电路才有，本书中的几乎每个电路都会有类似问题。鉴于绘图限制，书中的电路都只给出示意图而不是实际实现的准确架构。对于图1-111中的地址解析模块，其内部的细节架构就是图1-113或图1-114中所描述的那样，如果给其输出结果增加一层触发器之后，就会变成如图1-117所示的样子。

1.5.9　擒纵机构与触发器

机械表是如何走时精准的？这靠的就是两个字——“控”和“制”。上发条之后，发条储存了足够多的弹性势能，这股弹性势能驱动着齿轮转动，从而让秒针转动。但是发条输出的动力是不断降低的，如果直接输出到秒针，那么时间会走得越来越慢，达不到计时的效果。

如图1-118所示，钟表的“擒纵机构”便是利用了一个摆锤加上两个钩子。当摆锤摆到最左边时，左侧钩子卡住了齿轮，这是“擒”；当摆锤从右向左摆动时，两边的钩子均释放，这是“纵”。齿轮在发条的带动下旋转几个齿数之后，此时摆锤摆到最右侧，右边齿轮再次把齿轮卡住。使用这种方式，可以让齿轮均匀地受控旋转。当发条刚被上紧的时候，动力很足，如果不受控的话，那么齿轮将飞速旋转，很快便会将发条的势能全部释放掉。擒纵机构释放齿轮的时候，就算发条动力再足，齿轮组被设计为这个齿轮无法转动超过2个齿的距离（实际实现都是一个齿，这里主要是为了方便作图）之前，钩子就会卡住齿轮以遏制其转动。由于单摆的振荡周期是恒定的，所以齿轮会在钩子的限制下与摆锤同步旋转，从而将动力平均释放，在一段时间内维持精准的走时。当然，当发条动力不足的时候，摆锤会推着齿轮旋转，越跑越慢，最后摆锤停摆。

摆锤会受到机械摩擦、空气阻力而停摆，所以

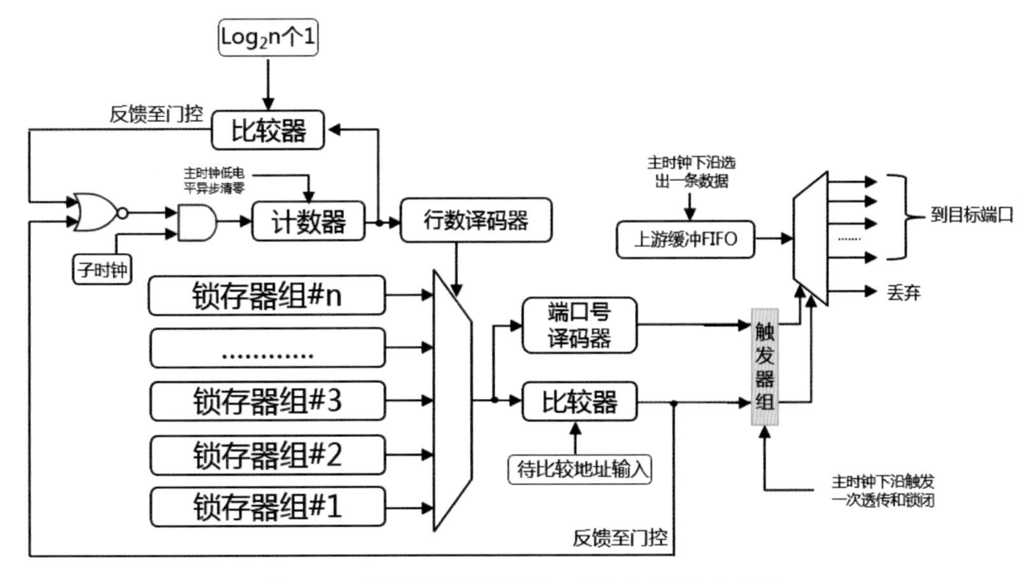

图1-117　利用触发器解决过渡态瞬时错误输出的问题

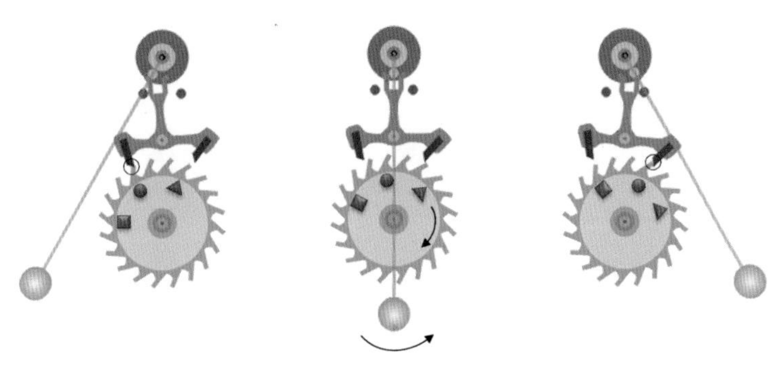

图1-118　机械钟表的擒纵机构示意图

需要给摆锤不断地提供能量。这股能量刚好可以从齿轮的转动上获得。每次摆锤擒住齿轮遏制其转动的同时，齿轮的反作用力会给摆锤充一点点能量进去，也就是将发条的一点弹性势能转换为摆锤的重力势能。在机械腕表中放个摆锤显然不合适，取而代之的是使用游丝，也就是一个小发条。这个小发条处于自由振荡状态中，振荡频率一般为3Hz/s左右。图1-119是游丝摆的示意图。

那么，这个擒纵机构与数字电路中的触发器又有什么关系呢？仔细端详的话，你应该会体会到，擒纵机构实现的功能与触发器类似。如图1-120所示，当锤摆处于最左边时，左边的钩子刚好将齿轮卡住，此时齿轮虽然由发条的弹性势能驱动想去转动，但是转不动。这就像触发器关闭了大门，输入端信号想进来却进不来一样。当摆锤在重力作用下开始向右摆动时，左侧的钩子瞬间放开，齿轮开始转动，这就像触发器突然被时钟下沿激发而开了门，输入端的信号瞬间开始向输出端流动。当摆锤摆到右侧时，右侧的钩子又将齿轮卡住，这就像触发器在瞬间打开门之后又以迅雷不及掩耳之势将门关闭，时钟下沿结束。摆锤停留在最左边时，相当于时钟信号处于高电平期；摆锤从左向右摆动的过程，相当于时钟下沿；摆锤停留在最右边时，相当于时钟低电平期；摆锤从右向左摆动的过程，相当于时钟上沿。图1-120中的这个擒纵机构在时钟的上沿和下沿都可以触发一次数据透传，这种方式又称为DDR（Double Data Rate），对应在数字电路中就是双边沿触发器了。

擒和纵，正是触发器的机制，下沿期间纵，其他时候都是擒。而且用触发器隔离两个电路模块的目的也是为了稳定各阶段的输出，避免过渡状态导致的错误结果。

透传时间

假如在上面这个擒纵机构中，摆锤的摆动周期很长。比如假设摆锤从最左侧摆动到最右侧需要5秒钟，那么齿轮在这5秒钟内会持续转动，很有可能图中的圆点和方块代表的数据没有机会被锁存住，这就会导致数据丢失。对应到数字电路中的触发器而言，如果触发器的透传时间持续为1秒，而触发器的输入端每秒传来两份数据的话（数据发送端的时钟为2Hz），那么该触发器就会丢失这两份数据中的一份。因为每次开闸会漏放走一份数据，这就是设计上的失误了。我们必须保证触发器的透传时间小于输入端的时钟周期。

1.5.10　擒纵机构与晶振

我们在前文中介绍过非门振荡器，它把一个非门的输出与输入相连，形成反馈，便能够以很高的频率

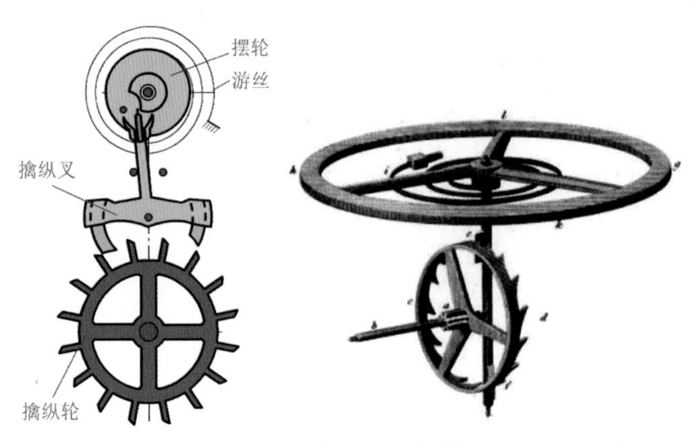

图1-119　游丝摆

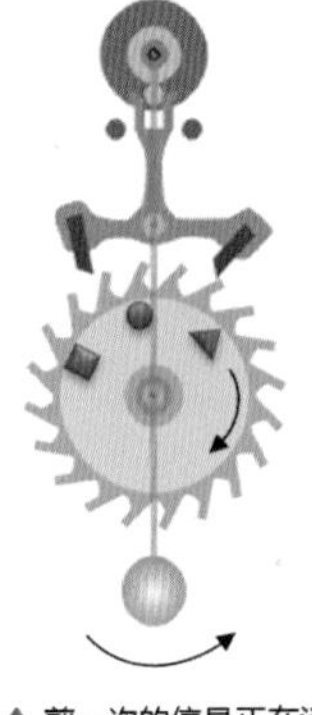
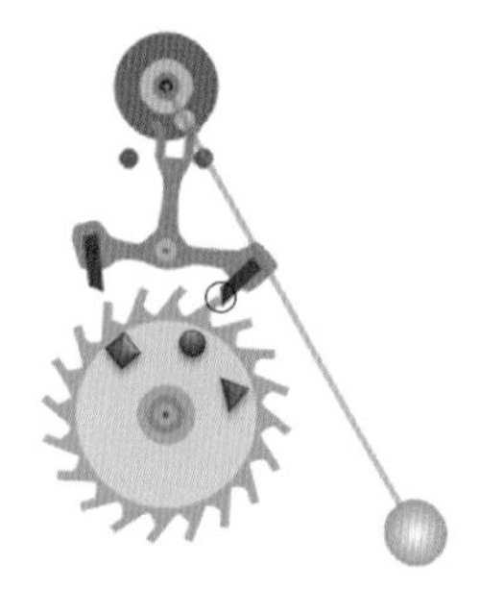

图1-120　擒纵机制

振荡起来。那么问题来了，如果需要一个4kHz的振荡器，难道还得专门设计特殊材料制作的开关，形成非门后恰好每秒振荡4000次吗？这很难实现，我们也不可能这么实现。要想精确获得某个频率的振荡，就必须精确控制电路的时延，也就是电压从0提升到1或者反之所耗费的时间。前文中提到过，一个最精确可控的方法就是改变这个电路的电容。导线本身也具有一定的电容量，如果在电路中显式地并联一个精确容量值的电容，那么相比不增加这个电容时，非门输出电压的变化速度就会变慢。比如从0到1期间，正电荷需要向电容充电，此时电压提升得就慢，而没有电容时，输出端只需要给导线固有的电容充满电即可快速抬升电压。从1变化到0期间，电流从输出端流回到输入端，输入端电压会从逻辑0缓缓提升到逻辑1，电容中存储的大量电荷此时会向电路放电，导致输出端的电压降低得没那么快，输入端抬升得也没那么快，所以电路振荡的时延就增加了。

此外，还可以在反馈回路上精确控制电阻，以及电容充放电时电流的大小，这样可以助电容一臂之力，从而可以直接预先计算出电路的振荡频率来，为$1/2\pi RC$。这个振荡电路又被称为RC振荡电路。

可以看到，RC振荡电路之所以能够振荡，并不是因为*R*和*C*的存在，而是因为非门的反馈回路的存在。这是关键。如果没有这个反馈回路，就不会振荡。*R*和*C*仅仅是用于调节电路的振荡频率。还有另一种器件也可以产生和非门反馈振荡类似的效果，那就是电感（符号*L*）。电容如果对电感放电，电感会产生感生磁场，“阻碍”电流流动。因为电能转换为磁场能，所以相当于“阻碍”。但是随着电流逐渐降低，电感“不干”了，它会“阻碍”这种电流降低，也就是会将磁场能转化为电能，继续按照之前的电流方向释放出电流，此时可称之为“电赶”了。其相当于一个大缓冲。最终结果是电容不断地被充电和放电，这就是LC振荡电路。这个循环要想不停止地重复下去，要求电路电阻为0，而这是不可能的，正因为电阻不断消耗能量产生热量，该振荡电流的值越来越弱，最后消失。所以，要想持续振荡，必须不断为其提供能量，而且还要在适当时候，不能说电流降低的时候，也就是负向振荡时，你给人充电，又抬起来了。这就像荡秋千一样，用力得用对了点，才能荡起来。所以，LC振荡电路需要配以比较复杂的控制电路来精确地补充能量（其实非门振荡器RC电路，也需要电源持续为非门供电才可以），图1-121中所示的只是电阻为0时的理想电路。LC电路的振荡源，是L和C一起担当的。

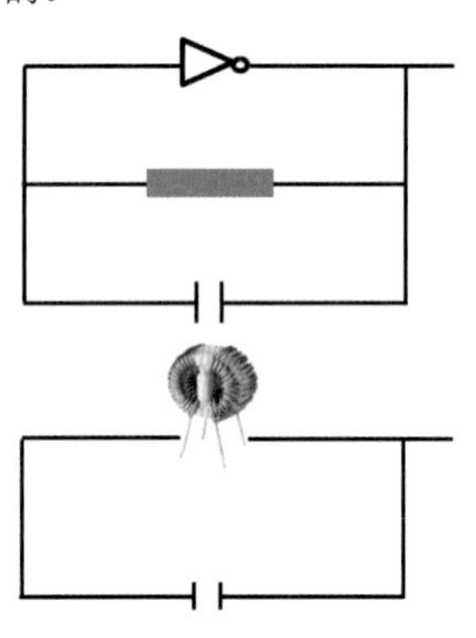

图1-121　振荡电路

不管RC电路还是LC电路，其振荡源都是不稳定的。比如，非门振荡器会受各种因素影响，其中温度就是一个最大影响因素。假设我们使用电磁继电器当作控制开关，那么弹簧弹力自身会收到温度影响，而且也会越用越老化，其振动频率也会逐渐降低。时钟频率如果不稳定，来回变化的话，就极易产生时序问题。比如，本来在一个时钟周期内，某些组合逻辑刚好完成输出并将数据锁存。如果时钟周期变短的话，那么输出信号还没来得及抵达锁存器/触发器输入端，就又被触发一次锁存的话，此时时序就错乱了。这就需要找到一个高稳定性的振荡源，此时晶体的压电效应帮上了忙。

科学家们发现，石英晶体（有些陶瓷也可以）在受到压力产生形变后，会产生电场。其原因可能是由于机械形变改变了其内部的原子排列，导致电失衡，从而让电子流到了一边，留下正电荷空穴集中在另一边，从而形成了电场。而且电场会随着形变方向的反向而反向，也就是拉伸一块晶体与压缩一块晶体刚好产生方向相反的电场。同理，如果强行给晶体施加一个电压，强行将自有电子吸引到一边，那么晶体也会产生对应的形变。其原因是内部的这个电场对原本平衡的分子结构产生了电场力，从而导致形变。这个电场与外部电场的方向是相反的，所以它在一定程度上削弱了外部电场，外部电场对晶体产生的合力，等于晶体形变产生的张力，达到稳定后二者平衡。上述现象称为**压电效应**，电子打火机里的电火花装置就利用了压电效应，如图1-122所示。

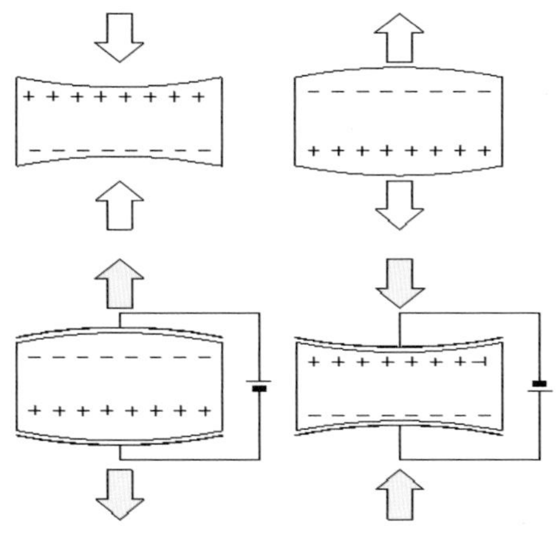

图1-122　压电效应

那么，如果施加一个大小和方向不断循环往复的交变电压，则晶体会随着交变电压的变化频率而振动。当交变电压的频率达到某个值的时候，晶体的振动振幅达到最大值，产生谐振。假设晶体内部没有阻力，外部也没有阻力，那么这种振动会持续不断地继续下去，即便外加的这个交变电压去掉，但是晶体依然自己在振动，这就像弹簧一样。当然，由于内部摩擦等因素，如果没有外部能量供应，自振荡总是要停下来的。

晶体的这种振动有个最大的好处，那就是频率非常稳定，就像上文中的单摆一样。而且它受温度等外界因素影响极低。如果能够让这种振动对电路的电压信号产生周期性的影响，也就是擒纵的话，不就可以实现频率足够稳定的时钟信号了么？图1-123所示为晶振的实物图，就是电极夹住一片石英晶体，然后用外壳将它罩住保护起来。

晶体如何擒纵

如果摆锤或者游丝摆擒纵的是齿轮的旋转，也就是均衡释放齿轮的扭力的话，那么晶体擒纵的就是流经振荡电路的电流了。试想一下，正常情况下，电路电流的振荡与晶体的振荡是同步的，晶体按照它自身的振动周期振动。某时刻电流突然受到某个扰动，电流欲加速流过，也就是外界干扰欲导致电路振荡频率提升。此时，这股突变的电流会瞬间转化为晶体形变的弹性势能，也就是电流推动着晶体的形变更厉害了，但是这并不会影响晶体振动的周期。就像荡秋千一样，你把秋千推得再高，其振荡周期是不变的。所以，晶体吸收了机械能，振荡周期依然不变。突变的电流被吸收了，电路的电流振荡周期也可以保持不变。晶体的弹性势能起到了一个缓冲的作用。这就是晶体对突然增大的电流的“擒”。那么，如果电流收到扰动突然变小了，晶体内部形变产生的电场本来是与外部相互抵消的，现在外部电场突然变弱，那么晶体内部的电场就会反过来对外部电场起到补偿的作用，维持外部电流瞬间的恒定，将弹性势能转化为电能，从而瞬间稳定电路的振荡频率，这便是对振荡电路的“纵”。纵，靠的是晶体振荡的惯性，实现稳定的频率。

可以用手给挂钟的摆锤一个初始的推动，从而让摆锤振荡起来，而晶振总不可能用手来掰，必须用电来激发晶体的振动。这种晶体首先要受到一个合适频率的交变电压的激励才能振动起来，这个过程叫作**起振**。也就是把一个摆锤荡起来，需要在合适的时间点上用对应方向的力，而且要持续注入这股力。因为摆锤振荡会受到空气阻力、线绳另一端触点的摩擦力等消耗，需要持续抵消这些消耗，在合适时间点注入合适方向的能量。对于晶体，其振动一样受到各方面的阻力，比如晶体内部的摩擦力和外部空气的阻力等。图1-124所示为晶体的几种典型振动模式。

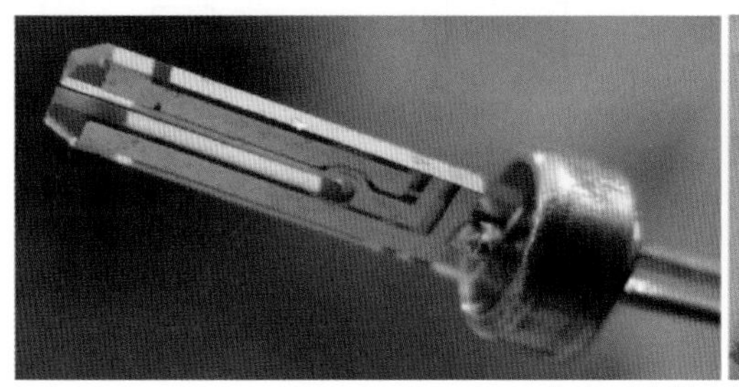

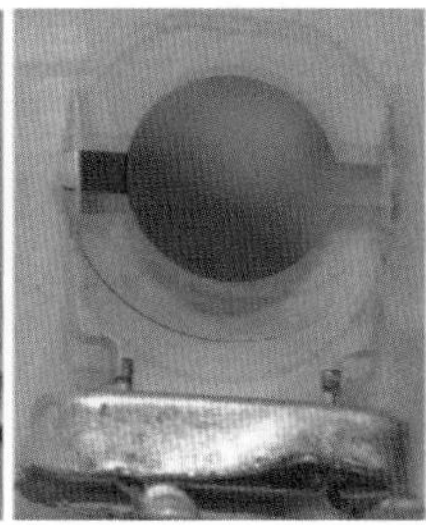

图1-123　晶振的实物图

图1-124　晶体的典型振动模式

如何得到这个合适的交变电压让晶体振起来？如何在振动过程中连续补充能量抵消损耗？人们发明了一种电路，叫作放大器。这种电路可以将任何输入信号放大一定的倍数输出，这东西能振动晶体？只靠它肯定不行，还必须输入一个交变电场信号，这个信号的频率与晶体振动频率相同，这个信号被放大器放大之后，便可以驱动晶体振动起来了。去哪儿找这个信号？难道要设计一个电路专门产生这种信号？幸运的是，自然界中天然就存在对应着该频率的交流电信号。它无处不在，打开电源时，电流流入电路所产生的噪声信号本身就携带了所有频率的交流信号（噪声是由无限连续的正弦交流频率信号叠加起来的。

于是我们轻易地就得到了这个信号。既然这个信号一直天然存在，那么晶体为什么不自己振动起来呢？这里面有两个原因，首先，这个信号虽然天然存在但是其振幅太小，不足以推动晶体产生谐振（达到振幅最大值）；其次，自然界还有其他更多频率的信号存在，这些杂乱无章的信号会影响该信号对晶体的推动作用，所以最终表现为晶体不会振动。为了解决振幅太弱的问题，所以我们引入了放大器将这个信号放大一定的倍数。但是放大器有个问题，它会放大所有频率的信号，到头来还是振不动晶体。为此，人们采用了另外一种方法，只放大谐振频点的频率信号；也就是利用正反馈机制进行**选频放大**。

将放大器的输出反馈到输入，同时精确调校这个反馈回路的电阻和电容，让其刚好可以把与晶体谐振频率相同的信号的波峰恰好在一个周期后反馈到输入端，保持同相位，这样的话，这个信号就会被一直不断地重复“放大→反馈→再放大”这个过程，直到被放大到对应的倍数，足够驱动晶体振荡起来。谐振频率信号被放大了，其他信号自然就被削弱了。晶振起振时，如果用慢镜头来看，确实可以看到晶体在嗡嗡振动，但是频率较高，人耳是听不到的。

1.5.11　Serdes与MUX/DEMUX

在图1-125中，有两个模块——Serializer（串行器）和DE-Serializer（解串器），它们合起来简称SERDES，其作用是将并行数据转化成串行数据在导线上传递。有时候，两个电路模块之间无法采用并行导线相连从而一次传送多位数据，尤其是收发时钟频率非常高的时候，并行的导线之间会产生干扰。

值得一提的是，SERDES底层原理看上去比较简单，但有多种实现方式。其中一种方式是利用一堆二对一/一对二的MUX和DEMUX来实现，这些MUX/DEMUX的控制端输入并非来自译码器，而是直接连接在时钟源上。由于是二对一/一对二，所以只需要一个控制端输入信号即可，为0和为1时分别导通两路中的一路输入/输出。如果将控制端连接到时钟源上，那么MUX/DEMUX就会反复循环导通两个输入/输出。将时钟进行分频处理，从而轮流将原本并行的数据位串行地发出去。接收方则使用相反的过程，用DEMUX将数据重新并行化。

1.5.12　计算离不开数据传递

上文中，我花费了不少篇幅为大家讲述了数据是如何在电路模块甚至不同计算机之间传送的。这似乎和我们所制作的计算器没有什么直接联系。是的，并无直接联系。你从没见过某个手持计算器还提供一个

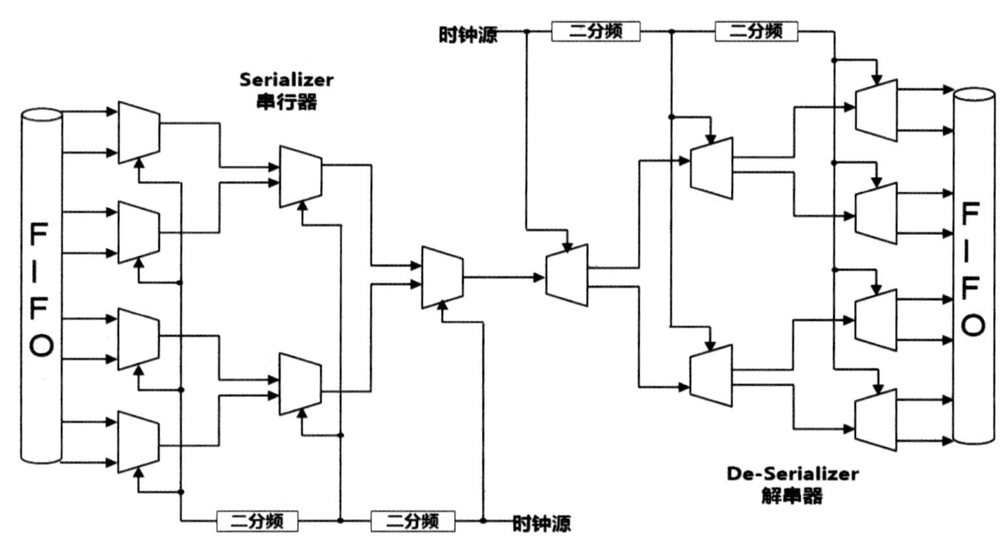

图1-125　SERDES原理示意图

网络接口的。但是的确又是有本质联系的。现在，请回答以下几个问题。

（1）最原始的数据是从哪里来的？根据前文的介绍，数据生成的源头就是键盘上的按键。也就是说，计算器本身是不输入任何数据的，输入什么数据完全靠人来告诉计算器。

（2）数据被输入之后，下一步到了哪里？先被锁住。如何锁住？在我们的设计中，按键是一个两阶段按钮，先后接触两个触点，接触第二个触点时会产生一个脉冲输入到锁存器/触发器，从而锁住第一个触点接触时所产生的信号。

（3）被输入的数据如何抵达运算器？先转码，转码过程中会有一系列问题需要解决，使用Crossbar/MUX/DEMUX等手段来将数据做不同方向的导向。

可以看到，我们之前设计的这个按键计算器，其内部已经是一个小网络了，只不过是一个通信协议非常简单的网络，同时也是一个专门为这个计算器所定制的专用网络。在其他设备/场景下，可能会使用其他的数据传送方式。随着本书的继续，你将会越来越清晰、深刻、透彻地体会到，计算机内部就是数据的计算（通过组合逻辑门）、传送（Crossbar/FIFO/MUX/DEMUX）和存储（锁存器等具有存储功能的电路）。而计算的本质也是数据的流动，因为组合逻辑门内部也是一级一级的与或非门，只不过数据在流动的过程中有些由0变成1，有些由1变成0。而在单纯的数据传送和存储过程中，数据本身并不会被改变，只是传递路径的改变。

1.5.13 几个专业概念的由来

前文中，我们并没有提及下面的这些抽象概念，但是通过阅读前文，现在大家自然可以理解这些概念了。

1.5.13.1 输入设备

在我们设计的计算器中，输入设备无疑就是键盘了，这是靠人手按动键盘来输入数据。但是别忽略另一个输入设备，那就是存放人声编码数据的ROM存储器，其作为输入设备，将保存的数据输出给发声单元解码、播放。但是这个输入设备并不是用人手来输入的，而是用时钟振荡+计数器+译码器+自停止反馈控制等诸多部件来自动输入的，从而解脱了人手。后面我们会看到，解脱人手的输入而做到自动执行，这才是更符合人类期望的计算机。

1.5.13.2 输出设备

在我们所设计的计算器中，输出设备只有数码管和喇叭，它们一个发光，一个发声。实际的计算机中有更多输出设备。比如4k高清显示器，其本质上就是一大块由非常细小的液晶颗粒组成的阵列，给其输入对应的信号，它就输出对应的颜色，再用高亮LED照亮整个屏幕。再比如，网卡也是一种输出设备，只不过从网卡输出的东西是比特流，数据一位一位地在导线上传递给其他电脑，而不是传递给人脑。

1.5.13.3 计算单元/运算器

从数据的输入到输出，中间经历了计算过程。在设计的计算器中，计算单元或者说运算器，就是指那个最终的加法器。但是在按键转码模块中，也含有加法器，其也是一种计算，只不过这个计算是为最终的计算做准备的一种计算罢了，也应该算作运算器。这个计算器其实分两步计算，第一步是转码，第二步是把转码后的两个数相加。

1.5.13.4 控制单元和传递通路

控制单元无疑是整个计算器中最重要、最关键、最复杂的部分了，也是最有技术含量、最难以设计和实现的部分。运算器本身并不是很复杂，因为运算器内部几乎都是组合逻辑，比如加法器、乘法器等。通过我们前文的诸多例子的介绍，大家也看得出来，时序逻辑才是最复杂、最容易出错的部分。而控制单元恰恰就是一大块时序逻辑和组合逻辑相结合的产物。在这个例子中，译码器、MUX/DEMUX、计数器、零散的与门/非门/或非门等、Crossbar、比较器、时钟源，这些都属于控制逻辑/控制单元。

所谓“控制”，意思就是控制逻辑可以决定数据：

（1）在什么时候，比如“在时钟下沿”或者“时钟高电平时”；

（2）在什么条件下，比如“当输入A小于输入B时”或者“计数器输出为全1时”；

（3）所做的动作，比如“将MUX的输入导向到输出#1”或者“关闭门控使时钟脱挡”。

不过，仔细考虑一下的话，控制单元本身也是一种计算单元，其输入信号是各种“条件”（比如“当A小于B时”。还记得FIFO里的空满信号是怎么得出来的吗）或者特殊的值（还记得自停止反馈是怎么在计数器输出全1的时候自动将时钟振荡脱挡吗？）；其输出信号便是对其他电路模块的控制，比如FIFO队列的“空”信号将制止接收方时钟更新读指针。译码器的不同输出会控制MUX将其输入导向到不同的输出端，这也是一种控制单元。

所以，控制单元是一个特殊的计算单元，其计算的是“如何控制计算”以及“通过哪条路传送数据”。

1.5.13.5 反馈

在图1-115中，通过比较器得出的结果会反馈到门控从而让时钟脱挡，这就是反馈的意义。

后续我们可以更深刻地理解反馈机制，它是让电路自动执行所必需的关键因素。计数器就是一个自动执行部件，其内部就是依靠反馈来不断的+1。但是，如果计数器没有了时钟振荡源的驱动，也不能自动执行。

可以发现，整个数字电路内部，其实原生并不存在可“自动执行”的部件，能够自动执行的只有一个部件，那就是时钟。只有时钟是反复振荡而不会停止的，其他电路之所以能够脱离人手自动执行，靠的其实是时钟源的驱动，时钟代替了人手。可以回顾本章开头的部分，时钟振荡也是通过反馈来产生的，没有反馈，就不会有恒久的运动——振荡。没有了振荡，电路就只能动作一次，然后戛然而止了。

反馈并不是仅在数字电路这个人类创造的虚拟世界中起决定性作用的因素，其也是现实世界为何如此丰富多彩的最终因素。有兴趣的读者可以了解一下混沌理论。但是，至于是谁通过什么形式让什么东西形成了反馈，人类依然在不断探索当中。

激荡的宇宙

我们继而可以思考一下现实世界是如何被驱动的。是谁驱动了种子的发芽，是谁驱动了恒星的燃烧，是谁驱动了生命的演化。物质漫长的变化过程，本质是不是可能是由无数最基本的振荡子叠加之后而形成的？这就像两个振荡的小球被连接到了一起，由两个球组成的系统会如何振荡？如果有更多小球相互耦合到一起，又会形成更复杂的系统。至于这些最基本的振荡子是如何耦合在一起的，无从而知，或者根本没有耦合，而仅仅是叠加在一起。所谓万有引力，本质上也有可能只是一种叠加，然而对人的体验来讲，它表现为一种“吸引力”。这就像两道波叠加在一起，其中一道波也会“感受”到一种不由自主的高于原来振幅的上升/下降。

图1-126 基本振子的叠加可产生大千世界

回顾一下1.4.2节，再看看图1-126，对应的动态图请扫左侧的二维码查看，其说明任何波形都可以由基本振子叠加而来。一副齿轮+一支笔就可以形成大千世界，当然，如果你认同图中的每个图案都是一个“世界”的话，只不过这些世界里看上去并没有什么智能可言。

但是，如果你用某个齿轮，或者多个齿轮的组合，画上它100万年、1000万年呢？那么这个“世界”或许就会在你的笔下进化出某种有规律的看上去更像智能的不可思议的东西来，而且或许可以形成自我意识。然而，这一切都是你的笔下生花，你的胳膊只要不再转动，那么这个世界也就戛然而止了。图1-127中的这副齿轮，也是鄙人在女儿两岁时就开始给她玩的一个玩具，不管她玩的时候心里怎么想，至少我是想让她眼前经常出现一些发人思考的东西的。当然，我这么做或许是拔苗助长，或许是耳濡目染。至于结果，恐怕要20年后再判断了。

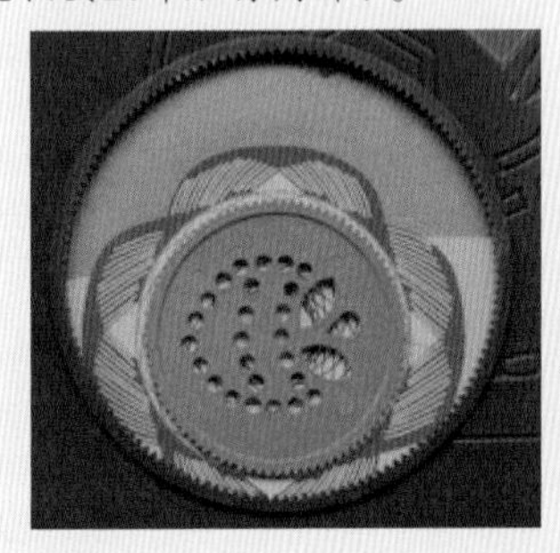

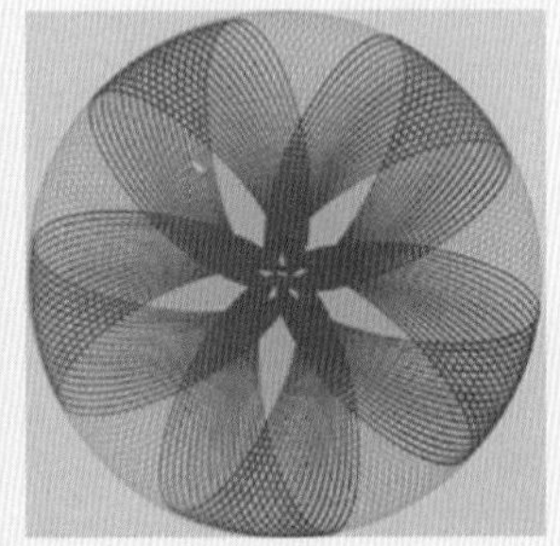

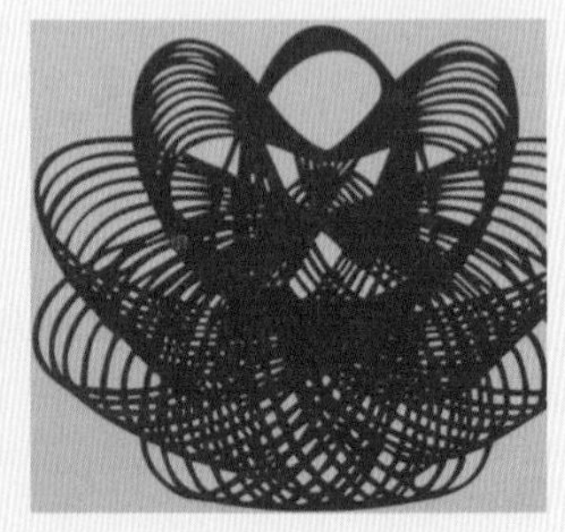

图1-127 一花一世界，一叶一天堂

同样用这副齿轮，你用某个孔来画是一个图案，用它旁边很小距离的另一个孔来画，就是完全不同的另一幅图案，这就是蝴蝶效应。一个微小的变动，被底层无限反馈放大之后，会形成迥异的演化结果。在8.2.1节中，我们会向大家介绍用示波器绘制出来的图案，届时你可以有更深刻的认识。

如果认为宇宙万物都是底层振荡子的叠加结果，那么还需要回答是谁让它叠加起来的，如何叠加的，叠加之后又是如何自动打破平衡自动演化的。可以畅想一下，宇宙的初始状态就是一堆均匀分布的振荡子，初始振幅为0，某时刻造物者赋予这个系统一个或者多个初值，让系统中的某些位置开始起振、叠加以及移相，然后反馈，让这个系统自行进入演化过程中，这便是宇宙大爆炸的原点。一切都从这里开始，包括各色物质（叠加/反馈在一起的大量振荡子）的形成、时间（有了先后就有了时间，原始时刻的均匀振荡子无法产生时间的概念，因为此时并没有能量被注入，没有振子振荡，也就没有任何变化，没有变化就没有先后的区分，也就没有时间）的原点。

在纪录片《随霍金一起了解宇宙》中，展示了这种平衡被打破之后的系统走向。截屏如图1-128所示。

图1-128　平衡被打破之后的系统走向

如果宇宙的原点是均匀振荡的振荡子，那么这些振荡子振荡所含有的能量就是宇宙的初始能量。振荡子被耦合叠加形成物质，那么这个物质就含有对应的能量，每一份振荡子的能量或许就是普朗克常量。按照当前的理论体系来看，只要知道了某个物体的质量，也就是知道了该物体是由多少个振荡子叠加而成的了，也就是mc^2/h。然而，一个振荡子在空间占有的体积却需要继续思考，因为每种物质内部的叠加耦合方式不同，那么其内部的真空地带的体积也就不同。除非能找到一种致密的内部无真空的物质，知道其质量，就可以算出每个振子的体积了，这就是“宇宙砖”的体积了。真空处的振荡子振幅为0，不含能量。物体的运动其实就是振荡子将能量传递给真空中其他振荡子的过程，物体原来所在的位置变成真空。真空里的振荡子可以传递振荡波。从这一点上来看，万有引力或许真的是依靠真空振荡子来传递的，也就是所谓的引力波。

宇宙为什么一直在运行呢，有没有人为其不断地提供能量呢？或许没有。数字电路的运行需要人手或者时钟来驱动。那么宇宙的时钟源在哪里？宇宙可以自驱动，所有的振荡子既是物质的组成单元，又同时自己驱动着自己运行。因为底层振子的振荡是永无休止的、无阻力的，只要在宇宙生成的时候为其注入对应的能量，那么这股能量就一直存在，不会耗散。物质的湮灭，也只不过是把振荡子的振荡能量传递给了其他振荡子。如果物体被淹灭掉，其内部耦合叠加全部被打散，将能量传递给真空振荡子，以光的形式传播出去，这些传播出去的振荡以其他形式被回收到物质中循环利用，比如叶绿素。

宇宙已经在初始值下反馈自运行或者说自我演化/进化了很长时间，而且还在地球上演化出了生命。如果这一切都是注定的，那么我们只要知道宇宙的原始模型和初始值，是不是就可以利用计算机来算出宇宙将来的发展方向呢？这恐怕是不可能的。如果一切都是注定的，那么进化出智能并且有人想用计算机来模拟宇宙这件事也是注定的，也就是说你的下一刻动作已经是注定的了，是宇宙多少亿年来不断反馈运行的自然结果。而且构建在这些基本振荡子之上的计算机的计算速度，不可能超过宇宙本身的演化速度，计算机的计算过程本身也是宇宙演化过程的一部分，那么这台计算机又怎么可能追赶上其所在的宇宙的演化速度？也就更无从谈起改变历史了。

傅里叶的理论可理解为，任何宏观的振动，底层都可以用叠加在一起的大量的最基本的正弦振动来描述。如果不仅仅是可以描述，而是真实世界就是这样组成的呢？不是没有可能，傅里叶的理论是果，现实世界是因。如果宇宙是由大量振荡子叠加而成的，那么演化到今天的宇宙，整体上就是一个大的杂波，但是不管怎么杂，其必定会形成一个大的振荡周期。也就是说，事物在宏观上的运动方式，总不经意地体现了组成它的最基本单元的运动方式，具体可以参考分形理论。如果是这样，那么宇宙的演化也会具有周期性，如果现在正处于正半周期，那么当达到顶峰时，宇宙会结束大爆炸，一切倒回头来发展，人会倒着走路，死去的人又复活，旧人换新人，从新社会到旧社会再到原始社会。当达到振荡的零点时，宇宙恢复原貌，然后瞬间进入负半周期的大爆炸，此时会形成反物质，电子带正电，一切皆相反。

BBC的纪录片《宇宙大爆炸之前》第20分钟时，位于加拿大多伦多的圆周理论物理研究所里的帕拉马·辛格，展示了他们团队的理论：经过计算，他们认为宇宙处于无穷的往复振荡过程中。

上面的文字，鄙人写于2015年10月份左右。2016年春节期间，人类正式观测到引力波的存在。那么，是不是可以这样认为：一切物质都只是不同样式的时空驻波而已。时空，或者说以太，本身就是一种能够承载振动并以波动形式向外传递的弥漫性物质，而且可以被拉伸卷曲等，宇宙万象就如同图1-127中的那种驻波一样，多个波之间的相互作用体现为牛顿力学，而波底层的规律则靠量子力学来描述。至于精神或者说灵魂，可以理解为基于物质至上所形成的独特相互作用的逻辑。如果真的是这样，那么图1-129所示的这位科学家老兄或许再走近一步，还真有可能发现更深层次的真理呢。

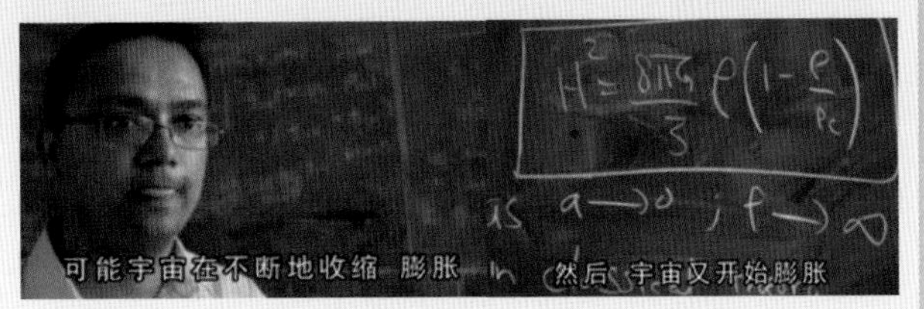

图1-129　帕拉马·辛格的宇宙振荡公式

1.5.13.6 运算/计算

对于一个与门，“只有当两个输入都为1时，输出才为1”，这就是一种计算。这个计算是数字电路计算机里的最基础的算子，也就是AND运算。由与门、异或门等可以搭建出第二层算子，也就是加法器“+”运算，以及乘法器“×”运算。加法器和乘法器等运算的都是数值，而不是逻辑。但是，数值运算底层却都是使用逻辑运算（与、或、非门的组合）封装或者说模拟出来的。

对于一个译码器，那就是更高层的算子，其运算的是更复杂的判断逻辑了。译码器中的逻辑，就是一种运算。多米诺骨牌按照你设定的路径一张一张倒下，碰到一个杠杆，利用重力使其失去平衡，从而一端触发了漏斗，这也是一种运算，是一种逻辑运算，而不是数值运算。

1.5.13.7 数据通路和控制通路

如图1-117右侧的DEMUX，最终的数据会经过它的输入端，被导向到某个输出端，这个DEMUX就处在数据通路上。然而，这个DEMUX需要控制信号来控制将其输入具体导向到哪个输出端。于是这个DEMUX上方的控制信号输入端便是控制通路，那些将控制信号计算出来并输出给DEMUX控制端的部件，也就处在控制通路上，所以图1-117中的剩余部分对于右侧的DEMUX来讲，都属于控制部件，都处于控制通路上。

但是这些控制部件内部还可以再分为数据通路和控制通路。比如，图1-117中左侧的MUX，对于控制部件本身来讲，这个MUX则处于数据通路上，因为其输入端是映射表中的条目，输出端是被选出的某条数据的地址位部分。而这个MUX也有其对应的控制信号，那么控制这个MUX的那部分控制电路，对于整个控制电路自身来讲，就是其自己的控制部分了，包括比较器和时钟等。

在图1-108中，控制通路就是时钟源连接的所有MUX/DEMUX的控制端，数据通路则是各个MUX/DEMUX的输入和输出端了。在图1-104中，细线条表示控制通路，粗线条则表示数据通路。

1.5.13.8 组合逻辑和时序逻辑

这两个概念前文中就描述过，只不过你现在应当更加深刻地理解了组合逻辑的“可逆”和时序逻辑的“不可逆”了。组合逻辑中不含有任何锁存器或者边沿触发器，输出永远随着输入同步变化（当然有一定时延）；而时序逻辑中包含锁存器/触发器，一旦被锁住，输出就不会随着输入变化而变化。

1.5.13.9 寄存器/ Latch/触发器/锁存器

锁存器是一种统称，又被称为触发器。所谓“触发”，触发的是“锁定”信号，英文叫作“Latch”。其又可以分为电平型触发器和边沿型触发器，边沿型触发器又可以分为单边沿型和双边沿型。电平型和边沿型各有各的应用场景，分别解决不同的问题。

还有另外一个概念，叫作“**寄存器**”（register）。顾名思义，其用于暂存某个数据。当然，锁存器和触发器都可以用于暂存数据，但是不能说“寄存器就是触发器，触发器就是寄存器”，那么二者的区别何在？

图1-117中左侧的那些用于存储映射表数据的“锁存器组”，其角色就是单纯地用于存数据，所以属于寄存器的角色；而右侧的那个“触发器组”，其角色并不是用来存储数据的，而是用来解决时序问题而不得不将数据在此暂存/寄存一下，所以也可以称之为一种寄存器，只不过其寄存数据的目的并不是用来单纯存储这份数据的；图中上方的“$\mathrm{Log}_2 n$个1”，是作为比较器的一个输入而存在的，这么多个1必须被存储在寄存器里恒久不变，所以，用于存储这些比特位的锁存器，也属于寄存器。而图1-117中位于加法器左边的那两个边沿型锁存器也属于寄存器的角色，其目的都是用于暂存某个数据。

可以看到，上述这些数据暂存单元，都属于寄存器，只是目的不同。切记，“寄存器”是一种角色，而不是特指某种电路。寄存器只是暂存数据的，并不需要在电平或者时钟边沿来触发一次透传。当然，使用锁存器/触发器是可以完成数据存储功能的，所以可以充当寄存器，但是就属于杀鸡用牛刀了，根本不对路也没必要。触发器由于内部结构复杂，而且需要精确设计好释放时间，其实际中的成本很高，开关数量也比较多。

对于图1-117中的映射表，更为廉价的存储方式是采用SRAM而不是锁存器/触发器，详情参阅本书后文内容。而对于图1-117中的“$\mathrm{Log}_2 n$个1”，其实可以使用更廉价的ROM，因为其恒久不变，不会被动态改变成其他值，当然也不排除有些更复杂的需求需要将这个比较数值变为其他。

而对于图1-117中的“触发器组”，则必须使用触发器，不能使用SRAM更不能使用ROM，因为这里真的是要使其“触发”功能，而不是其存储数据的功能了。

对于更大容量的数据存储需求，可以使用比SRAM廉价的SDRAM，详情参阅后文。

1.5.13.10 存储器

存储器也是一类统称，凡是能存储数据的都叫作存储器。一般来讲，寄存器用于寄存少量数据，这些数据多数都是用于控制的数据而不是原始待处理和计算的数据，而且往往是一些过渡态数据。当然，也有一些基本不会变化的数据，比如图1-117中的那个存储“$\mathrm{Log}_2 n$个1”的存储器。其量级一般在KB级别。

而SRAM这种存储器一般用于存储量稍微大一些，但是又不是特别大的数据，比如一些映射表等，其量级一般在MB级别。而SDRAM的量级一般都在GB甚至十几、几十GB级别，这就是俗称的“内存”，可以存储更多的临时数据。还有量级更大的存储器，比如磁盘、磁带、光盘等，一般存储的都是永久数据了，量级在几百吉字节或者几十太字节以上。

访问这些高量级的存储器，就不是使用译码器提供地址信号，然后输入到某个MUX从而选出某条数据存储存入（比如某个FIFO）这么简单了。如果这样的话，试想一下这个MUX得有多少个输入端，简直不可想象。实际中，人们采用其他方式来实现，详情参阅后文。

1.5.13.11 地址/指针

地址的概念，这里可以回顾一下，地址就是一串二进制数据位，用来描述对应的数据到底被存放在哪里。那么，谁来解析这一串数据位从而选出对应的数据呢？当然是译码器来解析，MUX/DEMUX来选出/导出了。

那么，谁来生成这串地址信号呢？可以回顾一下，利用计数器可以输出循环滚动的地址信号，这个场景一般是用来接连不断地把一条一条的数据读出或者写入的。

在1.5.7节中，我们提到了网络上相互通信的电路模块自身也都必须有一个地址来区分自己和他人，这些地址一般都是被存储在某个寄存器中恒久不变，此时这个地址会携带在每一份数据中，用于接收方的地址解析逻辑区分和判断目标传递路径而使用的。

对于“从存储器中选出某条数据”这个应用场景，地址又可以称为“指针”；而对于网络传送数据用于区分所有模块这个场景，地址不能叫作“指针”，因为其目的并不是从一堆数据里选出某条数据。

1.5.13.12 写使能信号

寄存器上不但需要有“触发锁定”这个控制信号，还需要有“允许/不允许触发”这个控制信号（也称为“写使能”信号）。这里的“写”就是“改变”的意思，如果触发了一次锁定操作，触发器会将输入端透传到输出端，也就是输出端的值被改写了。但是有些时候，我们不希望寄存器中保存的数值被改变，即便下一个时钟下沿再次到来。按照前文中所述的方法，可以直接用门控时钟将时钟从“触发锁定”信号上脱挡，但这是野路子。正确的做法是如图1-130所示的电路。

可以看到，当EN信号为1时，左上角的D（Data）输入会被透传到右侧的寄存器D处。不管D是0还是1，在下一个时钟下沿到来的时候，这个新D会被锁住。而当EN=0的时候，右侧寄存器D处收到的信号将会是寄存器上一步锁住的信号Q。也就是说，如果不想让寄存器中当前所保存的内容被改写，可以将当前的内容反馈到输入端，此时在下一个时钟下沿锁住的还是上一步的值。通过这种巧妙的反馈，就可以实现在不将时钟信号脱挡的前提下实现写使能。

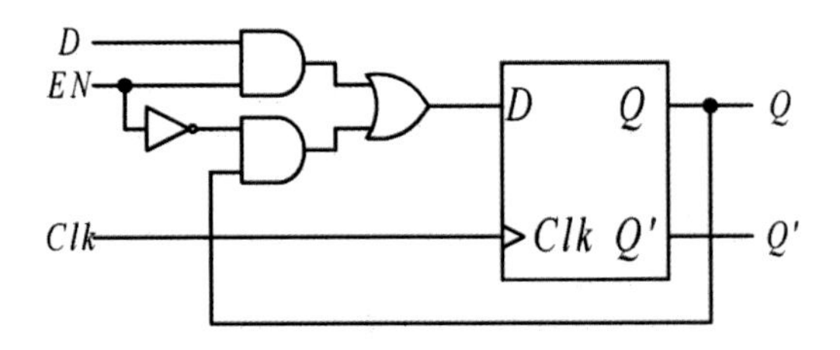

图1-130 正确的写使能电路原理

1.6 多功能计算器

我们继续回到最初的主线任务上来吧，也就是继续完善我们设计的这个计算器。至此，这个计算器只能算加法，我们必然要扩充它的功能，将其打造为一个能进行各种运算的计算器。比如，我们之前已经介绍了乘法器电路的原理，那么如果把加法器简单地改为乘法器，不就可以算乘法了么？同理，如果改成除法器，那就可以算除法。但是，能不能用同一个计算器，按下+键就让它算加法，按下×/÷键就让它算乘法/除法呢？这是很正常的需求。

到目前为止，你看到上面的这个需求之后，应该会很自然地想到什么部件可以实现这种需求，那就是Multiplexer（MUX）选择器。MUX是数字电路里一个最常用的控制部件，它能将多路输入信号中的任意一路根据不同的条件导向到输出端。使用MUX就可以将用户输入的两个数字，根据用户按下的运算键（+/–/×/÷）的不同，将对应的输入导向到不同的运算器。

如图1-131所示，我们可以用另外一种思路，也就是所有的输入数据均同时被输入到所有运算器上，所有运算器均运算并输出结果，但是所有结果都接入到一个MUX上，然后根据用户所按下的运算按钮的不同，将对应的结果选出来并输出到输出设备，可以达到相同的效果。相比“将输入数据导向到不同运算器”这种设计，现在的方案更加方便。其中的逻辑大家自行端详，这里就不再详述了。

同理，可以加入更多的运算单元进去，比如平方器、开方器、Log器等算术运算器；或者也可以加入逻辑运算器，比如OR器、AND器、XOR器等。当然，键盘上别忘了配上对应的按钮。对于逻辑运算器，其输出的结果并不是数值，而且逻辑结果，并不能直接被数码管译码并显示成阿拉伯数字。所以，根据需求，可以自行选择输出设备或者输出到某个其他处理模块当中继续处理。

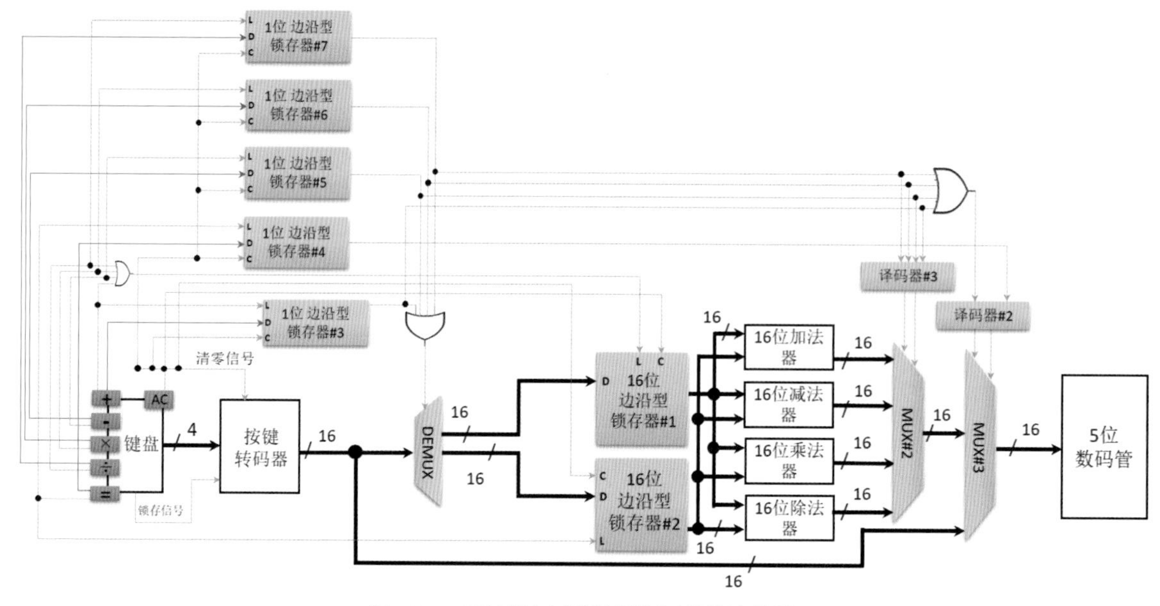

图1-131　可计算加减乘除四则运算的计算器

算术逻辑单元

我们可以把图1-131电路中的加法器、减法器、乘法器、除法器等数值运算器，以及AND、OR、XOR等逻辑运算器，共同看作一个逻辑部件，这里称之为“算术逻辑单元（Arithmetic Logic Unit，ALU）”。

如果把整个计算器的架构抽象一下的话，可以画成如图1-132所示的结构。

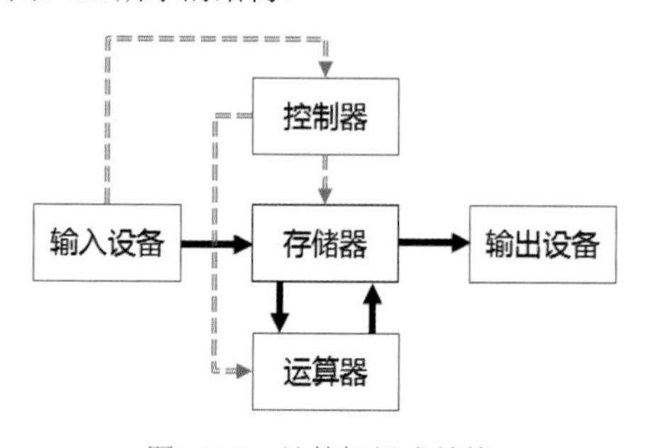

图1-132　计算机组成结构

那么，我在此问大家一个问题：所谓“控制器”中的“器”是指什么？对于加法器中的“器”，大家很好理解，就是那一堆加法电路，它确实是一坨东西，称之为“器”是准确的。但是，纵观前文中的所有电路模块，你是否能找到一个集中的、专门用于控制数据运算和流向的控制“器”？根本没有。那些计数器、MUX/DEMUX、译码器、触发器等，无一不是分布在电路各处而之间又由诸多导线复杂相连的，这些零散穿插于各个组合逻辑之间的控制部件，共同组成了整个计算器/计算机的控制逻辑部分，并不存在一个集中的什么“器”。在下一章中，你会看到一个真正的控制模块内部的电路是如何排布的。

这一关感觉如何，有何收获？可以重来一遍，看看路上是否落下了某些内容。回忆一下前面几关，至此你已经积累了不少基本功，并且能够从时序的角度将你的武器串起来，达到灵活运用。此外，你还了解了这个世界上很玄妙的东西——振动和波以及人们对其的描述和运用方式。有了这些更高级的技能点，你就算是进入了门槛，可以去自由世界里闯荡了。

人们采用二进制来编码所有信息，利用开关来搭建基本的与、或、非门，然后将这些门再组合起来形成异或等更高级的门，再将门组合起来形成“器”，比如加法器，并利用巧妙的方法实现进位，接着将多个加法器串接起来形成多位加法器，并用同样的方法实现了乘法、除法等各种基本的运算器。然而，运算器只能运算，还缺少时序的控制，于是人们发明了触发器/锁存器，让电路产生记忆；又发明了计数器，让电路可以数数儿；又发明了最关键的译码器，让电路可以根据一种意思输出另一种意思；又发明了选路器、交换器等“道路设施”，这相当于立交桥。这些基本部件可以让数据通过正确的控制、走正确的路径，到最终的运算器，再将结果通过正确的路径回到存储器中，并显示出来。

第2章

解脱人手

程序控制计算机

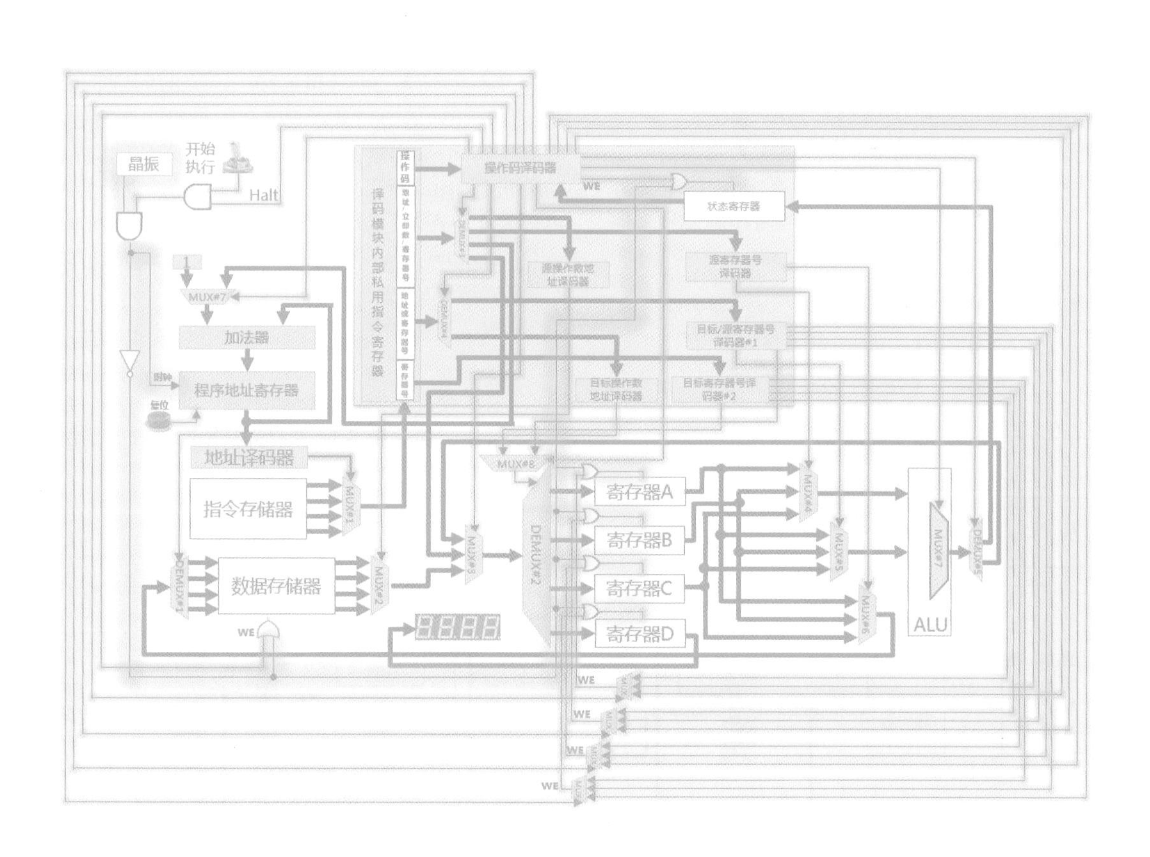

2.1 从累积计算说起

鄙人高中帮老师干活时曾经用计算器计算过全班同学的平均成绩。咋算？那当然是按照考卷上的成绩输入两个值，相加，此时计算器会自动记住结果，然后再输入一个值，再按加号，就将上一次的结果和这一次的输入相加，继续循环输入→相加→再输入这个过程，然后将总成绩除以全班人数即可。而我们之前所设计的计算器并不能实现这个功能，只能输入两个数，相加，将结果记录在纸上或者暂存在脑子里，清零，然后输入上一步的结果和新数值，继续重复上述动作。现在，我们要用电路来实现这个累加的需求。不用说，一定要想办法将上一步的结果暂存在电路中的某个寄存器中，而不是人脑或者纸上。

如果将计算完的结果反馈回输入端，并将其重新作为两个加数中的一个，是不是就可以完成累加呢？答案是肯定的，如图2-1所示。直接将输出信号用导线反馈到ALU前端的第一个输入端。当然，这路反馈信号决不能与原有信号叠加起来，否则一旦发生冲突，比如原有信号为0，反馈信号为1，那么将会产生不可预知的结果（比如如果电路放电能力强，则可能最终叠加为0，也可能既不是0也不是1）。这里要再添加一个MUX（图中MUX #1），利用控制信号来控制MUX选通原有的输入，还是反馈回来的输入。

关键在于，这个新加入的MUX的控制信号应该由谁来生成。控制信号需要在正确的时间、正确的条件下生成，而且不能影响整个步骤的正确运行。如果我们把图2-1中的由加减乘除两阶段按键的第一阶段（也就是生成一个高电平脉冲并随后被第二阶段的锁定信号锁定）所产生的信号直接用作这个MUX的控制信号，是否可以呢？这里的初步设想是：只要有任何一个加减乘除按键被按下，那么就控制MUX#1将反馈的结果选出并输出给锁存器#1。我们需要分析一下时序才可以确认是否有问题。

第一步：初始时刻，人手按下第一个数值A，由按键转码器输出到DEMUX，此时DEMUX的控制端信号为0，所以其将输入端的数值导通至MUX#1的输入端，MUX#1的控制端此时也为0，所以其将DEMUX的输入导通至锁存器#1的输入端等候。与此同时，MUX#3的控制端为00，其将按键转码器的输出数值导通至数码管，从而显示出当前被人手输入的数值。当按下第一个数值A之后，电路就按照上述方式运作，稳定输出后就不再变化。值得注意的是，此时MUX#3的输出就是被输入的数值。锁存器#1和#2的输出都为0，所以MUX#2的输出为0。也就是ALU内部其实也在这一步中计算了一次加法，即0+0 =0，

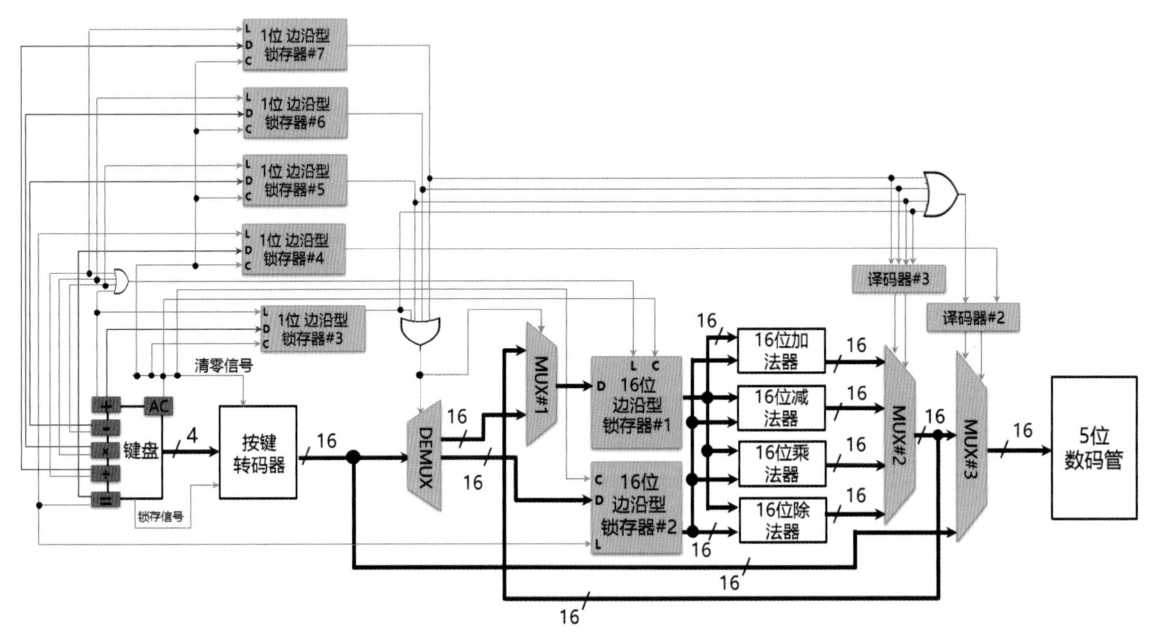

图2-1　使用反馈+触发器控制即可完成累加功能（红色信号表示第一阶段）

这个0值会在这一步中被反馈到MUX#1的另一路输入，但是由于MUX#1的控制信号决定了这个反馈输入并不会穿越MUX#1。

第二步：人手按下“+”键时，触发了第一阶段的高电平脉冲输入到锁存器#3，这个高电平脉冲在按键被放开之前持续存在，键盘必须这么设计。这一步只是将“+”这个动作输送到锁存器#3的输入端，但并未将其锁定，在按键第二阶段时才会锁定。

第三步：人手按下“+”键后，接下来触发了第二阶段的锁存信号输出到锁存器#3，于是之前的高电平脉冲被锁存到了锁存器#3。与此同时，+键的第二阶段也会向锁存器#1输送一个锁存信号而这将对下游电路造成巨大变化。首先，锁存器#1被触发一次锁定，也就是锁存器#1将输入值透传到输出并立即锁定，锁存器#1当前的输入是什么？那就是在第一步中被输入的数值*A*，所以数值*A*被锁定到锁存器#1。与此同时，DEMUX控制端信号由原来的0变为1，DEMUX转为将按键转码器的输出数值（依然保持为*A*，因为人手此时还并未按下第二个数值）导向到锁存器#2的输入端（为人手的下一次按键输入选好路），但是却透不过锁存器#2。因为锁存器#2的锁定信号受“=”键的控制，此时人手还并未按下“=”键，所以锁存器#2的输出依然为0而不是A。然后，ALU单元接收到一个*A*、一个0，加减乘除运算单元同时计算这两个输入值（当然，不能除0，对应的判断处理电路在此不再详述）并输出给MUX#2。MUX#2由译码器#3来控制，而译码器#3将“加、减、乘、除四个按键中到底哪一个被按下了”翻译成“00/01/10/11”中的一种，MUX#2再根据这两个控制信号从ALU的四路输入中选出对应的那一路输出给MUX#3。当然，这一步中输出的是加法器对应的那一路结果了（+键的输出信号对译码器#3的输出产生了影响）。MUX#3在这一步中依然保持原有的导通路径，也就是直接将按键转码器的输出导通到数码管，所以数码管显示的依然是数值*A*。可以看到，人手按下“+”键之后，上述所有的步骤按照电路连接的方式而定，先后或者同时发生。

第四步：人手按下第二个数值*B*。如果第二个数值是多位数，那么每按下一位数，按键转码器就将对应数值的二进制码输出给锁存器#2的输入端等候，也同时输送到数码管显示。但是由于锁存器#2处于关闭状态，并不会将*B*的值透传到下游电路，所以用户的这个输入对下游电路并无影响。但是数码管却会随着人手输入的变化而立即变化，显示*B*的值，这也符合用户体验。因为用户要随时看到自己输入的值显示出来，一旦输入错误，可以清零重新来过。接下来，用户可能按“=”键，或者继续按“+”键实现累加。如果按下“=”键，那么直接输出*A*+*B*结果；如果按“+”键，那么电路要先把*B*的值锁到锁存器#2，然后将*A*+*B*的结果算出并反馈到锁存器#1输入端等候。下面我们分别来讨论。

第五步（如果按“=”键）：人手按下“=”键，由于它是两阶段按键，其中第一阶段产生一个高电压脉冲并输出到锁存器#4的输入端，这一步对下游电路毫无影响，因为锁存器#4此时处于关闭状态。在按键的第二阶段，产生的锁存信号同时输出给锁存器#4和锁存器#2。这会同时导致两件事情的发生：第一件事是，锁存器#4将高电压脉冲输出给译码器#2从而影响译码器#2的输出，从而控制MUX#3将ALU的输出信号而不是按键转码器的信号导通到数码管并且反馈到锁存器#1；第二件事是，锁存器#2将早已等待在其门口的数值*B*透传给 ALU，然后ALU计算出对应结果并将其输出给MUX#2然后到MUX#3。这里就有个很微妙的问题，这两件事不可能真的“同时”发生。由于电路导线长度不同、电路中的门电路级数不同，因而必定有一件事先发生。粗略地看，“MUX#3改变通路”这个动作一定先于“数值*B*被输送到ALU并输出结果”发生，也就是结果输出之前，路已经被打通了。这就意味着，在人手按下“=”键之后的一瞬间，数码管会维持原有的显示，也就是数值*B*，在短暂的等待之后，ALU最终将*A*+*B*的结果输出，数码管便会跟随显示*A*+*B*的结果，这完全符合用户体验。但是，我们假设，如果ALU的输出先于MUX#3路径切换，会发生什么后果？大家可以自行分析，结果是完全一样的，用户看到的都是数码管在显示短暂的*A*之后，跳变到显示*A*+*B*的结果。

第五步（如果按“+”键）：在第四步基础上继续，如果人手接着按下的不是“=”键而是“+”键，也就是用户需要做累加操作，那么电路的动作又会是怎样的？是否符合要求？用户再次按下“+”键，会再次产生高电压脉冲并输出给锁存器#3，并且在第二阶段又触发一次锁定，将这个1信号输出给DEMUX控制端。由于在第四步中，DEMUX控制端已经是1了，所以再按一次“+”键，对DEMUX毫无影响。但是第二次按下“+”键时，会同时将锁定信号再次输出给锁存器#1将新的输入值锁定。在第四步中，*A*+0的结果其实早已等待在锁存器#1的输入端了，那么第二次按下“+”键会触发锁存器#1将*A*+0的结果*Q*透传给ALU，并与锁存器#2中的当前值0再次相加并输送到MUX#3的第一个输入端。显然，*Q*+0这个输出值并不是我们想要的，虽然*Q*+0对本次结果无影响，但是如果后续的加数不为0，便会导致错误的多加了一次。我们想要的是*Q*与用户新输入的值相加，但是此时用户并未输入新值，所以这个结果只是临时结果。所幸的是，此时MUX#3并不会把这个临时结果输送到数码管。*Q*+0的结果会被同时反馈输出到锁存器#1的输入端，当然，一定不能将这个错误的值锁到锁存器#1中。此时MUX#3显示的仍然是按键转码器输出的上一次的加数*B*，因为用户此时没有按下“=”键来切换MUX#3的导通路径，所以用户第二次按下“+”键之后，数码管并不会显示Q而是停留在上一个被输入但尚未锁定到锁存器#2的加数。显然，我们期望本次按下“+”键会触发$A+B$，但是按照上述电路设计，B并不会被“+”键触发锁存到锁存器#2，所以该电路存在问题，需要修正。

上述第一个问题的本质在于锁存器#2中存储了上一次的加数，结果在下一次“+”键按下时被错误地额外累加了一次。很显然，如果当用户按下“+”键时，如果能够顺手把锁存器#2给清零，让它的值不再影响中间结果，就没问题了。不仅是加法，其他任何运算都要这么处理。那么答案就很简单了，直接把DEMUX的控制信号并联出一路，与AC（All Clear）信号经过一个或门共同连接到锁存器#2的清零信号上就可以了。

对于上述的锁存器#2无人触发锁定的问题，自然会想到必须在第二次按加号时顺带将锁存器#2的输入端信号锁定并输出到电路下游，就可以了。那就等效于每次按下“+”键的同时必须对锁存器#2触发一次。那么，第一次按下“+”键如果也触发一次锁存器#2的透传的话，会不会有问题？不会！因为第一次“+”键被按下时，锁存器#2的输入端数值为0，就算触发了一次透传，本质上是$A+0=A$，还是A，输出结果是一样的，所以不会有问题。很显然，将“+”键和“=”键在第二阶段输出的锁定信号相或，输入到锁存器#2的锁定信号上即可，也就是“+”和“=”都可以触发锁存器#2。既然如此，干脆让所有运算按键的信号都可以触发锁存器#2就可以了。

但是，上述两个解决方法显然是矛盾的，因为运算按键的信号会同时输送到锁存器#2的清零和锁定信号上，而我们期望的是先清零，后锁定。我们的两阶段按键可以很好地解决这个问题，第一阶段清零，第二阶段锁定。刚好。所以，最终方案如图图2-2所示。

竞争 ▶▶▶

如果仔细端详该电路，你其实会发现仍有不少问题。第一处，之前的运算按键信号会一直被所存在锁存器#3～7中，除非按下AC键，否则无法清零，这样就无法实现连续按运算键累积运算。对于这个问题，我们还是可以利用两阶段按键的第一阶段让上述这些锁存器全部清零，问题迎刃而解。第二处，锁存器#1和#2的Lock信号以及DEMUX/MUX#1的控制信号源自同一个输入源，也就是运算按键的第二阶段，但是锁定信号锁定住什么输入值，又反过来取决于DEMUX/MUX#1的通路，所以二者之间存在**竞争关系**（Race Condition），我们期望的自然是DEMUX/MUX#1先被扳到正确路径上之后，锁存器再来锁定数据，而如果将这个具有先后依赖关系的电路模块用同一个控制源来控制，最终结果是不确定的，取决于谁的信号先到达，就像赛跑（Race）一样。解决此问题有多种办法，比如人为拖慢某一条路径的信号，可以加入多级门电路来延迟信号的到达，也可以采用其他方式。第三处，由于两阶段按键的第一阶段信号在按键被按下之后是一致保持输出的，那么对锁存器#2的清零信号也会一直保持，这依然无法解决清零和锁定信号同时产生作用这个矛盾。包括上述的第一处问题的解决方案也存在这个问题。所以，要想彻底解决，必须使用三阶段按键，增加中间的清零阶段，而且该阶段信号只输出一个短暂脉冲而不能持续输出。这里就不再多介绍了，旨在帮助大家理解电路设计中的一系列冲突、竞争等问题。

上述介绍的是人手按下“+”键之后实现累加的过程，如果按下的是“－”键的话，那就可以做累

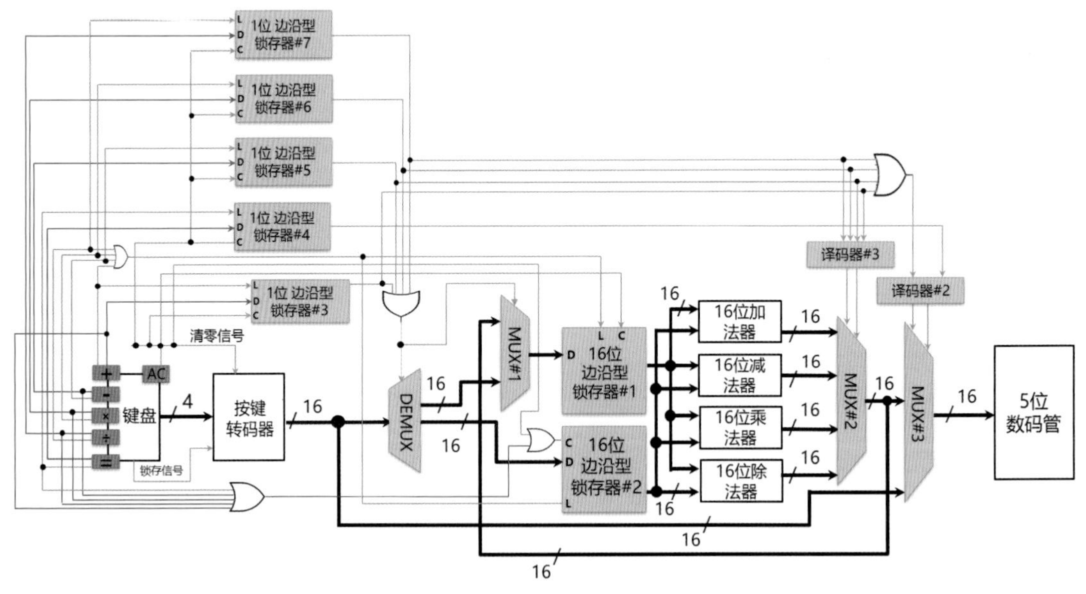

图2-2　累积计算器修正之后的架构

减；同理，上述电路也适用累乘、累除。不仅如此，用户还可以先加，再减，再乘除。在上述过程中，可以看到触发器是如何实现对电路时序的精确控制的。这是一种擒纵的思想，到来的信号先等在门口，等到用户按键触发动作之后，再将信号输出给下游电路。

触发器

上文中，我们用了比较多的“锁存器”以及“边沿型锁存器”这样的描述，其中前者表示电平触发锁定的锁存器，后者表示边沿型触发锁定的锁存器。但是在实际中，边沿型锁存器使用的频率远高于电平型锁存器。所以“触发器”这个词也就泛指“边沿型锁存器”了。后文中若不是特别指出电平型锁存器，默认都是指边沿型锁存器，也就是“触发器”。

2.2 自动执行

永远都无法想象人类会懒到什么程度，或者说不耐心到什么程度。当然，你也可以说无法想象人类（或者更准确地说是科学家们）的上进心有多么强烈。比如，班上有100名同学，100个考试成绩，现在要对这些数据做如下计算。

（1）计算全班平均成绩。

（2）全班成绩的及格率。

（3）分别计算所有女生和所有男生的平均成绩。

如果用上述的那个计算器来算的话，你得用人手输入100次，按加号键100次，然后除一次，才能算出第一个命题。至于第二个命题，必须用计算器+人脑+纸一起来配合，才能完成计算。也就是每个成绩与60（及格线）相减比大小（用人脑来比），每次大于等于60则+1，将这个统计数字记录在纸上，最后用这个数字除以一百，就得出及格率。可以看到，这个命题基本没有计算器什么事了，全得人脑来操作。第三个命题，先判断某个成绩是男生成绩还是女生成绩，是男生成绩则与前一次结果累加，是女生成绩则忽略掉，继续看下一条成绩，而且每次遇到男生的成绩则将计数+1，最后将累加的结果除以计数就得出男生的平均成绩。女生的平均成绩也同样计算。可以看到，这种计算过程很复杂，我们之前设计的计算器根本没什么用武之地，多数工作还是要靠人脑来完成。

于是，人们就开始思考，到底怎么设计才能让电路自动完成上面这些动作而根本不用人手来介入操作呢？人们自然会想到，同样的100条数据，如果算平均值要累加一百次得出结果，算女生的平均值再累加所有女生的成绩，每次都要重新输入这些成绩，太麻烦、太低效。

首先：是否可以先将这100条数据存储起来，要计算的时候再从存储器中读出并输入到电路中，而这些被输入的成绩不管怎么算，永远都待在存储器里不被消掉，不需要每次都重新按键输入呢？其次，如果要将这100条数据做累加操作，是否可以找到一种方法，让机器自动按下100次“+”键来解脱人手呢？

为了应对上述两个难题，我们需要一个数据存储器来将这100条 数据存储起来，而且这些数据可以被读出并输出到下游电路。其次，我们需要让电路理解我们对它的需求，并且这种需求并不是人通过按键来告诉电路的，而是要用某种方式将人对电路的要求或者说操作方式进行编码，然后将这些编码也存储到电路中，而且要让电路能够读出这些编码并翻译成对应的操作。这样是不是就可以解脱人手了呢？

如果我们把上述的“对电路操作方式的编码”称为“指令”的话，那么谁能够将这些编码翻译成对应的操作呢？这个任务非译码器莫属。只要明确了对应关系，比如“当输入为A的时候，就输出B”，那么不管A和B有多大的不同，译码器天生就是做这种工作的。

图2-3所示为假想的结构。如果能够将人类的每

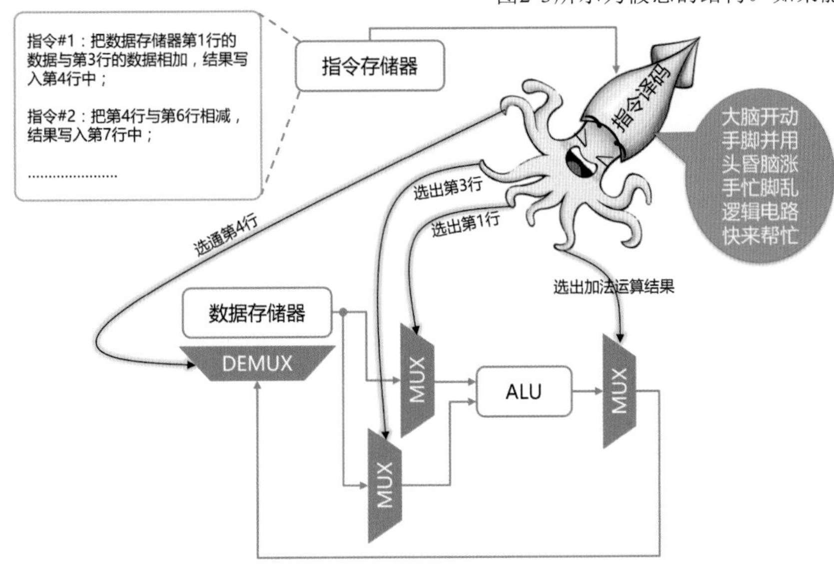

图2-3　假想中的替代人手的方式

一种需求，比如“把某某和某某相加”“把某某和某某相乘”等，转变为某种二进制编码（也就是指令），然后用指令译码器将这些指令作为输入，再输出对应的针对各个MUX/DEMUX以及触发器的锁定控制信号的话，那么只要再加上对时序的精确控制，就可以让这台计算机自动执行了。我们不妨顺着这个思路一样一样地把这个系统搭建起来看看。

2.2.1 将操作方式的描述转化为指令

我们先看一下第一个命题，也就是“计算全班平均成绩”。我们需要让电路将100个数累加起来，然后再将结果除以100即可。试想一下，假如有一条指令叫作“相加”，那么是不是给电路发送100次相加指令，电路就能算出结果了呢？显然不是。你起码还得告诉电路把谁和谁相加吧？所以，“相加”指令的基本格式起码是“Add A B”这种描述方式，也就是将*A*和*B*这两个数相加。只要把Add编码成一种二进制代码即可，比如用0010表示Add，译码器收到0010就知道要做加法。

但是这100个数目前都存放在数据存储中，我们的目的是要让电路从数据存储器中提取数据然后计算，所以这条指令也可以是这种形式：“Add 存储器地址1 存储器地址2”。好了，这样电路一旦收到这条指令，就知道“我要去数据存储器中的A地址和B地址分别取回对应的数然后相加”。这就行了么？显然不行，电路进行加法运算得出结果之后，结果存到哪儿？你没告诉它啊！对对，忘记了。所以这条指令可以改一下：“Add 存储器地址1 存储器地址2 存储器地址101”。为什么把结果存储到101号地址呢？因为存储器目前已经在前100个地址上存了100个数值，运算结果不能够覆盖前100个地址，其余任何地址都可以存储。

上述这条指令，让电路从存储器的第1个和第2个地址分别读出数据，然后计算出加法结果，写入到存储的第101个地址上。好像觉得哪里不对劲。“让电路从第1个和第2个地址分别读出数据”，这里很不对劲，电路只能先从第1个地址读出数据，再从第2个地址读出数据，而不能同时读取两个地址的数据。那么，先后两次从存储器读出的两个数据势必要暂存到某个地方。显然，应该先将它们保存到寄存器中并锁住，即如图2-2中ALU左侧的那两个锁存器。起到暂存作用的锁存器又称为**寄存器**。

同理，相加的结果也可以先保存到一个寄存器，然后再写回到存储器中。所以将两个数相加这个动作应该拆分成更细的4条指令：“从某个存储器地址载入数据到寄存器A”“从某个存储器地址载入数据到寄存器B”“将寄存器A和寄存器B的数据相加并将结果写入寄存器C”“将寄存器C的数据写入到存储器某地址”。精简描述之后就是：

“Load 地址1 寄存器A”；

“Load 地址2 寄存器B”；

“Add 寄存器A 寄存器B 寄存器C”；

“Stor 寄存器C 地址101”.

上述指令能够将存储器中头两个数相加之后的结果写入到存储器的第101行中保存。那么要做到累加的话，就得把所有数据都相加，所以需要更多的指令。比如，继续将地址3和地址101的数据Load到寄存器A和B，相加之后，结果可以再次存入101号地址（覆盖之前的结果），因为之前的101地址保存的只不过是累加过程中的临时数据而已，然后不断累加。最后的指令序列就是如图2-4所示的样子了。

```
Load  地址1  寄存器A；
Load  地址2  寄存器B；
Add   寄存器A  寄存器B  寄存器C；
Stor  寄存器C  地址101；

Load  地址3  寄存器A；
Load  地址101  寄存器B；
Add   寄存器A  寄存器B  寄存器C；
Stor  寄存器C  地址101；

Load  地址4  寄存器A；
Load  地址101  寄存器B；
Add   寄存器A  寄存器B  寄存器C；
Stor  寄存器C  地址101；

Load  地址5  寄存器A；
Load  地址101  寄存器B；
Add   寄存器A  寄存器B  寄存器C；
Stor  寄存器C  地址101；

................................
................................

Load  地址100  寄存器A；
Load  地址101  寄存器B；
Add   寄存器A  寄存器B  寄存器C；
Stor  寄存器C  地址101；

Load  地址101  寄存器A；
Load  [100]  寄存器B；
Devide  寄存器A  寄存器B  寄存器C；
Stor  寄存器C  地址101；
```

图2-4 指令序列

最终，101号地址上存储的就是全班的平均成绩。我们还得想办法把这个结果数值转换为人眼能够识别的字符图像，否则谁知道存储器里到底存了什么数，这个后面再说。

那么，上述指令最终如何被电路载入、译码、执行？我们不妨先将能够完成上述步骤的电路模块大致勾勒出来。通过上一章的分析，我们其实已经能够形成一种思路，也就是勾勒电路模块，可以先把数据通路和部件画出来，然后再利用大脑进行时序分析，从而画出控制通路和部件，如图2-5所示。

看来我们的这位鱿鱼先生的压力不小，图2-5中存在如此多的MUX/DEMUX，看来要有很多条手臂和足够智能的大脑才行，需要一个升级版的章鱼先生了。

我们将之前的指令序列预先存储到另外一个专门存指令的存储器，可以称为**指令存储器**。当然，需要对这些指令进行人为编码。比如，我们人为指定，用二进制0000表示Load，0001表示Stor，0010表示

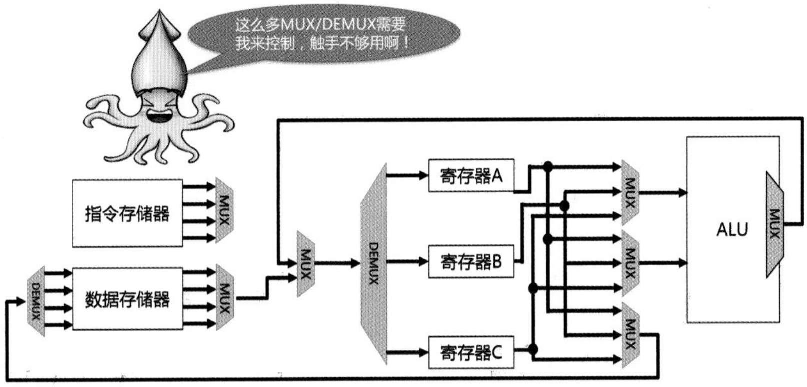

图2-5 数据通路及部件

Add，0011表示Divide（除法），当然还可以有减、乘等更多操作码了，为了简化起见这里先列出这四个来。其次，用二进制00表示寄存器A，01表示寄存器B，10表示寄存器C。至于数据存储器的地址，根据存储器容量的大小来决定，比如如果数据存储器一共可以存储256行数据，那么需要至少8位地址信号表示2^8，也就是256行。

所以，“Load 地址1 寄存器A”这条指令，在指令存储器中的存在形式就是“00000000000000”，左边4个0表示这条指令的“**操作码**”是“Load”，紧接着的8个0表示这条指令的操作对象（**源操作数**）是存储器地址，结尾的两个0表示这条指令所操作的“**目标操作数**”，也就是寄存器A。同理，指令“Add 寄存器A 寄存器B 寄存器C”的二进制形式就是“0010000110”。这里你可能会产生大量的疑问，比如“电路如何知道操作码占了几位，操作数占了几位，而且还有不同种类的操作数，有的是地址，有的则是寄存器号”，后面你会明白的。

在图2-4中，有一条比较特殊的指令：“Load [100] 寄存器B”。这里的[100]表示十进制“100”这个数，而不是存储器100号地址上所存储的那个数。这个指令之所以要把100这个十进制数写入到寄存器B，是为了接下来的平均值计算，因为全班有100个人。我们完全可以预先把十进制“100”这个数存储到数据存储器中的某个地址上，然后使用Load地址的方式。但是这样做太烦琐，不如干脆将要操作的数据直接包含到指令里来得紧凑和高效。这条指令中的[100]被称为“**立即数**”。随之而来的问题是，操作码如果都是0000（Load），那么电路如何区分接下来要操作的是地址还是立即数？无法区分！所以，要将Load指令进行细分，比如可以使用Load_a（Load Address）表示前者，而Load_i（Load Immediate）表示后者（Immediate在这里的意思是名词“立即数”，并不是形容词“立即”），并对指令的二进制编码进行重新安排，如表2-1所示。相应地，图2-4中的程序也需要用对应的Load_a和Load_i指令来替换一下。

表2-1 指令操作码和寄存器码表

操作码	二进制编码	寄存器号	二进制编码
Load_a	0000	寄存器A	00
Load_i	0001	寄存器B	01
Stor	0010	寄存器C	10
Add	0011		
Devide	0100		

我们预先将这个编排好的指令序列存储到如图2-5所示的指令存储器中，可以精确算出这个指令序列中共包含400条指令，每一条指令都是一道工序，这400道工序共同形成了一个“**程序**”。这个程序中的**指令必须一行一行地顺序执行**。另外，指令存储器也必须至少包含400行的存储空间。而且，每一行的存储容量要按照所有指令中最长的那条为准。比如本例中，最长的指令是14位，按字节对齐的话就是16位=2字节，这意味着指令存储器每一行的容量必须至少是2字节。

如何输入数据到存储器

可以使用开关一行一行地将数据输入到锁存器中，按下数据开关，再按下锁存开关，将数据锁住。然后按下计数器开关让地址+1，控制下游的DEMUX将数据输入信号导通到下一行锁存器的输入端。然后继续按下数据开关和锁存开关，重复这个步骤，就可以将要处理的数据、指令输入到存储器中了。然而，一旦断电，就得重新输入，这很烦人。所以，早期人们发明了一种输入设备——穿孔纸带+读纸带机。将要输入的数据编码成二进制之后，在纸带上打孔，孔代表1，没有孔的地方代表0。纸带被载入马达，旋转拉开，然后在纸带上方有一排一排的金属探针，将探针刺向纸带，有孔的地方探针可以穿过去从而接触到纸带下方的触点导通电路，这样就可以将这个高电压输送到存储器中锁存。没有孔的地方会阻止探针穿过，每个探针上方是一个弹簧，所以不会刺破纸带。读完一长条之后，马达旋转快进，再读一长条，读完为止。随着本书的推进，后续你会逐渐看到更快速、便捷的数据存取方式，如图2-6所示。

图2-6　穿孔纸带和读纸带机

2.2.2　实现那只鱿鱼——控制通路及部件

数据通路已打通，指令也设计完毕了。下一步要做两件事：第一件是设计出控制通路及部件，能够全局控制对指令的读出和执行；第二件是要设计一个译码器，其能够判断所输入的指令到底是要让电路做什么事情，然后将“做什么”“应不应该做”及“走哪条路”的控制信息输出给电路中的相关控制部件，这个译码器就是图2-3中那个假想中的拥有多条胳膊的鱿鱼控制狂。冬瓜哥花了好一番心思，才将这个译码器角色的基本模块勾勒出来，如图2-7所示。

怎么样，这只章鱼脑袋里的逻辑是不是看上去比较复杂呢？粗线条表示数据通路，带蓝色阴影的细线条表示控制信号通路。需要注意的一点：图2-7中所示的寄存器和存储器，全部使用高电平透传、低电平锁定的电平型锁存器，而不是边沿型触发器。计数器则采用下边沿型触发器。后续冬瓜哥会再给出一个全部使用下边沿型触发器作为寄存器的例子。整个电路的运作流程是下面这样的。

（1）用按键（该按键为非保持式，不按时输出高电平，按下时则断开触点输出低电平，松开则自动弹回）脉冲的方式让一个下边沿型触发的计数器+1，输出的地址通过地址译码器翻译成对MUX#1的控制信号，从而从指令存储器中选出一行指令并将其输出到控制模块内部的指令寄存器中保存（注意，该指令寄存器为电平型锁存器）。计数器的初值为全0，所以会从指令存储器的第一行选出第一条指令输出给控制模块。这条指令在这里将会被控制模块进行分析，也就是译码。

（2）一条指令由多个部分组成，包括操作码、源操作数和目标操作数。控制模块之所以能够输出各种控制信号，靠的就是译码模块对指令这几个部分的解析。首先，要对操作码进行解析。如果是Load_a指令（0000），则需要将源地址的8个比特导向到源操作数地址译码器，并翻译成针对MUX#2的控制信号，从而将数据存储器中对应地址的数据读出，读出后输送到哪里？那就是Load指令的目标操作数所描述的了。比如，如果目标操作数是寄存器A（00），那

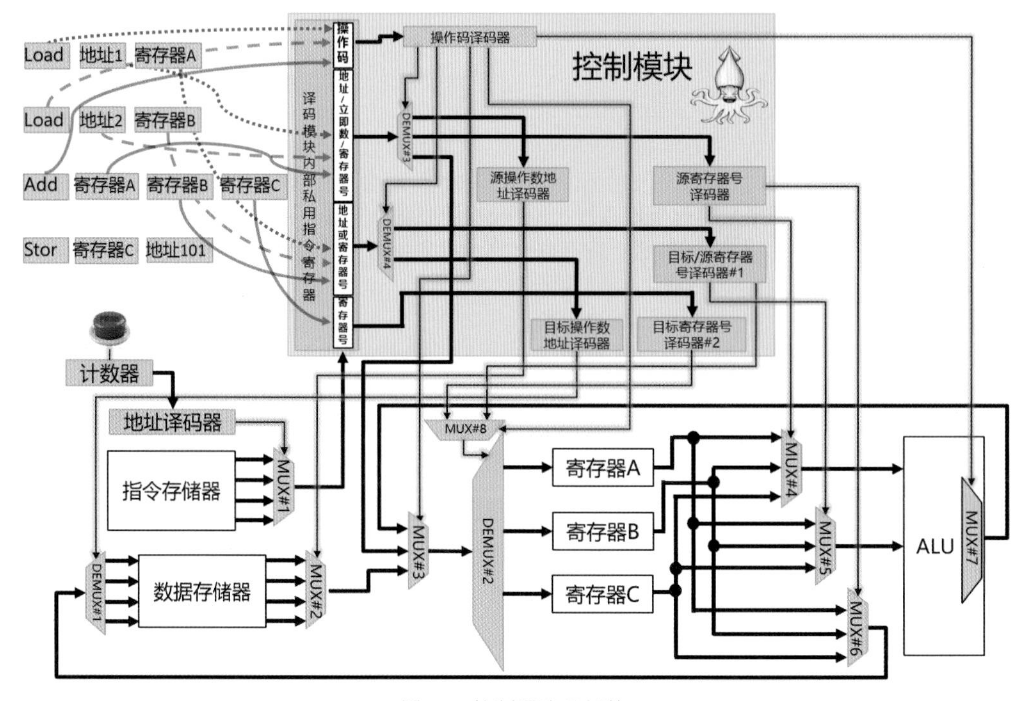

图2-7　控制通路及部件

么DEMUX#2就必须将输入导向到连接着寄存器A的线路，那么谁来控制DEMUX#2做这件事呢？当然也是要靠控制模块，将指令中的目标操作数导向到目标/源寄存器号译码器#1上进行译码从而生成控制信号。如果目标操作数不是寄存器而是存储器地址呢？不可能。为什么？因为本条指令是Load指令，它的目标操作数只能是寄存器。正因如此，操作码译码器在判断出操作码为Load之后，会输出针对DEMUX#4的控制信号，将目标操作数导向输送到目标寄存器号译码器而不是目标操作数地址译码器。上述所有发生在控制模块内部的译码过程都是并行进行的。

变长指令与定长指令 ▶▶▶

可以看到，在当前这个设计下，指令的长度是不定的，有些指令含三个部分，有些则有四个部分。而且，有些指令操作数全是寄存器号，而有些既有寄存器号又有地址，或者还有立即数。这样的话，译码电路就必须首先根据操作码来判断操作数是什么类型的，以及会有多长，从而将这个长度的操作数通过DEMUX导向到对应的下游译码模块上去。让电路判断对应操作数的长度很简单，难的是要用同一个电路灵活地将不同长度的操作数分离出来并导向到下游。因为每次收到的指令可能都是不同的，电路也不知道下一条指令会是什么操作码，什么类型的（存储器地址、寄存器号、立即数）操作数，只能现场判断之后现场生成对DEMUX的控制信号而导向到对应的下游译码模块。而且需要大量的DEMUX，比如如果源操作数是存储器地址，那么会有8位；而如果是寄存器号，那么就只有2位。指令寄存器的容量是按照最长的指令对应容量来设计的，比如操作码译码模块发现这条指令是Load，那么源操作数一定是8位的存储器地址，操作码译码模块就要向8个DEMUX输送对应的控制信号从而将这8位导入到源操作数地址译码器中。而如果发现是Add指令，则源操作数一定是2位的寄存器号，那么操作码译码模块就只会输送控制信号给这两个位对应的DMUX并将其导向到源寄存器号译码器进行译码。

也就是说，操作码译码模块中的电路必须精确控制到每个位的DEMUX，而且每个位的DEMUX对下游各个译码模块都要有通路，那么其中的逻辑电路就会更加复杂，翻译所需要的时间就更长，计算速度当然也就越慢。或者采用另一种方式，先将指令暂存到一个寄存器中，然后根据操作码译码模块判断出的指令字段数量和各字段长度，也就是进行字段的定界操作，接着将指令中对应的字段拆开分别导向到另外一个寄存器中存储，后续译码步骤与之前相同。这样可以降低电路复杂度，但是却增加了一个步骤，这个多出来的步骤称为**预译码**。后续的一步就是正式译码。这个过程如图2-8所示。

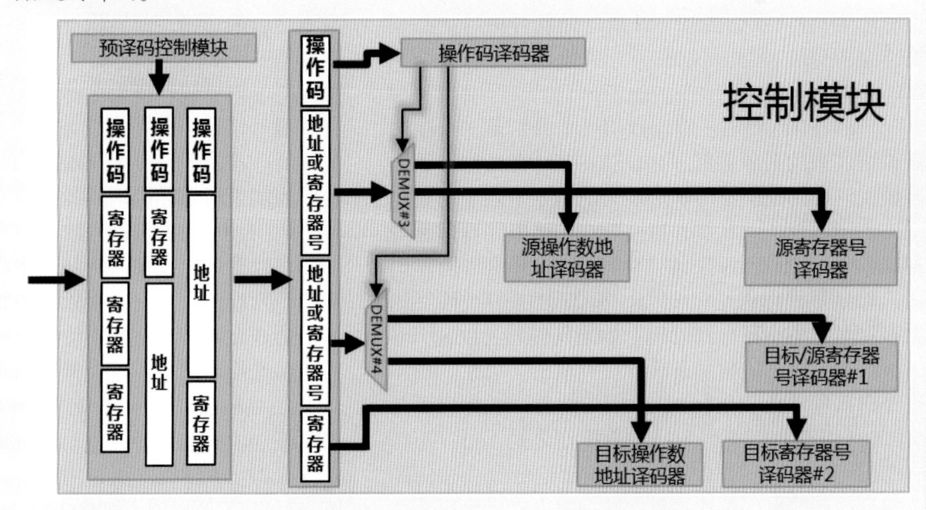

图2-8 两步译码以节省点路资源

上述这种指令设计方式称为**可变长度指令**。与此相对的是**定长指令**，即将操作数最多的指令作为参照，每个部分（包括操作码和操作数）统一都是相同的长度。比如，都按照8位设计，这样之前的可变长度指令设计如果转换为定长指令，每个指令都将会是4字节，也就是4个8位，即使操作码用4位描述就够了，也仍需要占用8位，其余4位为全0。同理，寄存器号用2位足矣，此时也要占用8位，因为源操作数既可能是存储器地址，也可能是寄存器号，当为寄存器号时，2位有效，其余6位全0。

这样的话，实现同一个程序耗费的存储器空间会增加很多，也就是程序变大了。但是带来的好处是译码速度加快了。因为此时操作码译码模块只需要输出4个控制信号即可，每个8位对应的8个DEMUX可以复用这根信号线。因为这8位的数据走向都是相同的，要么都被导向到寄存器号译码器，要么就都被导向到地址译码器，而不是之前的为每一位对应的DEMUX都输出单独的控制信号（因为可能以2位为最小粒度导向到寄存器号译码器）。

对于Load指令，译码产生的控制信号稳定输出一段时间之后，相应的数据便从存储器对应的地址被选出（或者说“读出”。其实数据是从存储器中被动漏出来的，所以说选出更合适，但是通俗说法是“读出”），然后通过MUX/DEMUX的正确路径被路由到正确的寄存器中（请注意，需要被载入数据的那个寄存器，比如寄存器A，此时必须刚好处于高电平状态，也就是透传态，从而允许输入的数据传递到输出端，如何实现这个精准的控制，见后文）。Load指令就执行完毕了。那么，你怎么知道某个指令什么时候执行完毕了？你不知道，因为你根本看不见电子在电路上的流动。那靠什么来判断？靠时间。每一个电路从输入信号的改变到输出信号稳定，都要耗费一定的时间以供内部的逻辑门开关噼里啪啦开开合合。每一个电路设计完之后，都应当实际测试一下这个电路最大时延是多少。具体方法就是从计数器+1之后开始计时，一直到对应的结果输出到数码管上，算出耗费的时间，比如是1秒，那么一条指令的执行时间就是1秒。也可以根据逻辑门开关级数的多少，对每一级开关的时延进行累加，就可以算出整个电路的时延。假设时延为1秒，那么当按下计数器触发开关后，必须等待至少1秒，才能再次按下开关载入下一条指令执行，否则会出错。

（3）MUX#3有三路输入信号，分别是：从存储器输送过来的某条数据、由DEMUX#3在操作码译码器控制信号的控制下而输送过来的指令中的立即数、ALU的运算结果（比如Add指令执行结果要写回到寄存器C）。MUX#3的控制信号也来自于操作码译码器，如果是操作码是Load_a，那么MUX#3被控制为将存储器那条路导向到输出；如果操作码为Load_i，则被控制为将立即数那条路导向到输出（当然，操作码译码器同时也会控制DEMUX#3将立即数导向到与MUX#3相连的那条路）；如果操作码是Add，那么MUX#3被控制为将与ALU结果输出信号所连接的那条路导通到输出。再次注意，想把数据输送到哪个寄存器，就必须保持该寄存器处于透传状态。本例中，如果Add指令将结果写入到寄存器C，由于使用高电平透传、低电平锁定寄存器，所以必须保证C寄存器的锁存信号持续保持高电平。

（4）DEMUX#2则负责将某份数据选择性地存储到三个寄存器中的一个，其直接上司是目标/源寄存器号译码器#1。而这个寄存器号译码器的秘书则是DEMUX#4，DEMUX#4的老板则是操作码译码器，这是最顶上的大老板。大老板告诉DEMUX#4将寄存器号输出给目标/源寄存器号译码器#1，后者根据被输送来的寄存器号译码，然后输出控制信号给DEMUX#2以完成选路操作。

（5）源寄存器号译码器输出两路控制信号。当指令为把寄存器C的结果Stor到存储器的时候，MUX#6要确保将寄存器C被选通从而可以被输出到数据存储器，同时存储器左侧的DEMUX#1要将收到的数据导通到对应的存储器行中（同时对应的存储器行也需要处于高电平透传态）。当指令为将寄存器A和B中的数值进行加、减、乘、除等数学运算的时候，MUX#4要确保将寄存器A选通输入到ALU，MUX#5要确保将寄存器B选通输入到ALU。而当指令操作码为Load的时候，第一个源操作数是地址或者立即数而不是寄存器号，所以就没有源寄存器号译码器什么事了，其输入会是全0，此时输出信号不管是什么，都不会影响下游电路，因为下游电路中会有WE信号来封闭那些不被操作的寄存器（详见2.2.3节）。

（6）当指令操作码为Add等数学运算时，运算结果需要写回到结果寄存器C，此时MUX#3会将MUX#7过来的数据选通，同时DEMUX#2必须选通到寄存器C，此时DEMUX#2必须受目标寄存器号译码器#2而不是#1的控制。因为Add指令的目标寄存器号在第四个字段上，这个字段由目标寄存器号译码器#2而不是#1来译码。而当指令操作码为Load的时候，指令的第三个字段为目标寄存器号，会被目标/源寄存器号译码器#1译码，所以此时DEMUX#2必须由目标/源寄存器号译码器#1控制。所以，在DEMUX#2的上游需要有一个二选一选路器MUX#8，其在操作码译码器的控制下对上述的两路控制信号进行选择并将结果输出到DEMUX#2的控制端。

可以看到，操作码译码器在这里是个关键角色，其位于顶层，它不但直接输出控制信号给位于数据通路上的选路器，而且还要给整个控制模块内部的选路器们输送控制信号。这个操作码译码器内部已经没有什么亚结构了（比如MUX/DEMUX、计数器等），其就是一块大的翻译逻辑。还记得这块翻译逻辑电路是怎么得出来的么？对，用真值表暴力大法，得用人脑先写出当输入为比如0000（Load_a）的时候，输出假设为11011010101（对应到其多个输出信号，图中只画了5个，但是有些MUX/DEMUX是多选一或者一对多的，所以需要多个控制信号。为了简便，图中每个MUX/DEMUX都只画了一根线）；而当输入为0001（Load_i）的时候，输出假设是1001001101。那么，只要写出真值表，直接用前文介绍的方法就可以把逻辑电路画出来了，在此不再赘述，大家可以自行分析并画出。

重读 ▸▸▸

在这里大家可以再次巩固理解。本书至此介绍的内容，在前文中都会有解释和分析，如果遇到某个地方看不懂的话，推荐翻阅之前的内容，比如“我突然回想不起MUX/DEMUX是怎么选路的了”。或者干脆重头开始再读，你会发现总能在边边角角处找到另一处秘密探索之地。

还有一点需要深刻理解的是，不管指令（Add、Load等）还是数据（比如本例中全班同学的成绩），其在存储器中的存在形式全部都是0和1，如图2-9所示。只有译码电路能够知道这些0和1从哪里到哪里是操作码，从哪里到哪里是地址（抑或是寄存器号，抑或是立即数），以及某个操作码到底是什么意思，从而根据其含义决定下游的控制信号来将数据导向到对应位置。到这里，你应该初步理解了“软件是如何控制硬件的”。软件就是这一堆的指令，硬件就是逻辑电路。软件的本质是一堆设计好的电压信号，这一堆电压输入到电路中，经过复杂的逻辑门，电路输出了另一堆电压，如果把这些电压都赋予人类所定义的意义的话，那就是一种计算过程了。

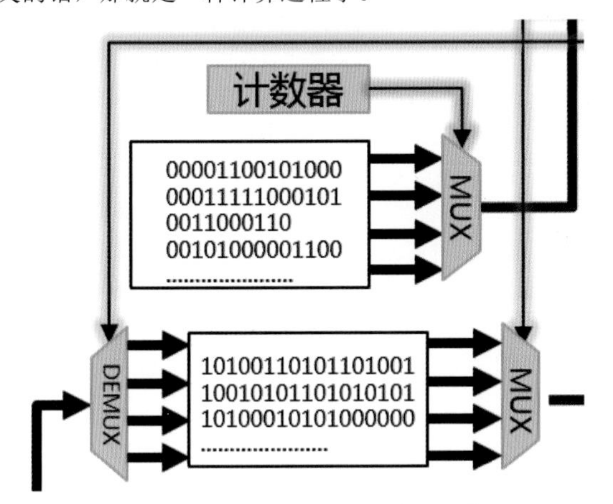

图2-9　存储器中全是二进制编码和数据

至此，这个电路还缺一样东西，那就是如何将最后一句指令，也就是“Stor 寄存器C 地址101”里的“地址101处”所存储的运算结果显示到数码管上。我们最终不就是要看到这个结果么，如果只是在存储器中以0和1的方式存在着，人们永远无法看到。

为此，需要给这个电路增加一个数码管。是不是可以直接从101号地址的输出线上直接并联一个数码管？那我问问你为何要在101号地址上连接数码管？答：因为这段程序最终的运算结果被存储在101号地址上了啊！哦，那么如果另一个程序的最后一句代码不是把结果存到101号地址，而是200号地址呢？所以，这不得不让人想到一个成语：刻舟求剑。将某个临时结果认为是放之四海而皆准。

这个数码管必须能够显示出所有地址上的数据。当然，是在指令的控制之下，让它显示哪个数据就显示哪个。这看上去很不错。那么，一定要将数码管连接到一个可以将任意地址上的数据有选择性地导向到数码管输入端的地方，符合条件的地方只有一个，那一定是某个MUX/DEMUX的后面。

如图2-10所示，我们不妨增加一个寄存器D（寄存器号为11）。凡是保存到寄存器D里的数据，都会被显示到数码管上。那么，如果要实现“可以将任意数据显示出来”这个需求，就可以这样做：“Load 地址101 寄存器D”。但是这句指令无法体现更直接的含义，也就是看字面完全无法分辨出其执行之后会在数码管上显示出对应的数据。

所以，我们完全可以再设计一条新指令，比如“Display 地址101 寄存器D”，这样一眼就能看出指令的意义。操作码译码器收到这条指令之后的处理方式其实与Load相同，甚至都不需要真的定义这条新指令，而只需要在纸上写明即可，将指令输入到存储器

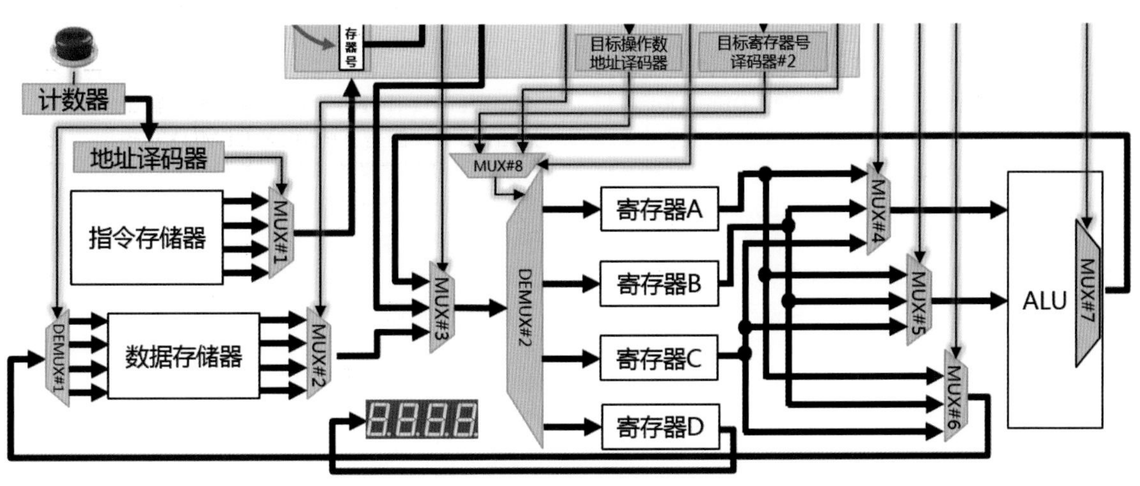

图2-10　数码管在电路中的位置

的时候，只要人脑知道“Display指令和Load指令的二进制编码相同”即可。

另外，我们可以将寄存器D这个专门用于显示目的的寄存器称为“显示寄存器”。负责编写程序的人必须知道寄存器D的特殊性，而且熟记于心，并在程序中灵活运用。

2.2.3 动起来吧！——时序通路及部件

上述电路还不完善，大家可能也看到了。在执行完第一条Load指令之后，数据的确被导入了寄存器A。假设我们这里使用的寄存器和存储器都是高电平透传、低电平锁定的电平型锁存器，当数据被输送到锁存器输入端之后，如果不用低电平锁住它的话，那么寄存器的输出端所输出的信号会与输入端同步变化，也就是透传。而这会导致问题。

假设电路先后执行了Load_i 1 A、Load_i 2 B和Add A B C这三条指令。那么，当执行第一条指令时，A寄存器被传入了1这个数值，但是没有被锁定住，数据直接从存储器透传到寄存器A的输出端。当载入第二条指令的时候，数值2被从存储器直接选出并透传到寄存器B的输出端。没问题，你可以认为此时寄存器B存储了数值2，但是寄存器A此时并没有被锁定，它此时的值是否还是1呢？不是的，此时它的值变为了0。Add指令将把0和2相加，而不是所期望的1和2相加，此时会算错。

那么，之前保存的数值1去哪儿了？没了，其实之前根本就并没有“保存”，寄存器A的输出端一直在随着输入端联动。而此时又因为DEMUX#2的输出端导向的是寄存器B，那么其连接寄存器A的信号线上的信号全部会被置为0，而寄存器A此时未被锁定，所以其就把这个全0的输入信号透传到其输出端，此时A存储的是全0。有人问：如果把DEMUX#2连接着寄存器A的信号保持为数值1，不就好了么？是啊，那么如何保持呢？数值1从哪里来？要知道，第二条指令载入时，存储器被选出的是数值2啊，DEMUX#2被导向到寄存器B啊，之前的数值1的通路被掐断了并输出全0没了啊，所以DEMUX/MUX的内部电路逻辑就是这样设计的，没被选通的路径全部输出0。让没被选通的路径输出数值1不行么？可以啊，但是如果要输送给寄存器的数值不是1而是4，你再去设计一个不被选通就输出数值4的DEMUX么？这不就是刻舟求剑了么？

所以，可以看到，如果不将上一条指令辛苦得来的成果锁住的话，那么这些成果将在下一条指令被载入译码之后，就会被湮灭掉。所以，必须掐好时间，在载入下一条指令之前，先将寄存器中的数值锁定起来，之后下一条指令就可以利用上一条指令的劳作成果了。假设我们实现了这种精确按时锁定，那么同理，在执行上述第三条指令的时候，Add指令被译码后，会输出对MUX#4/5/6/7的控制信号，而MUX#1/2/3以及DEMUX#2的信号无关紧要，也就是这些信号不管是什么，都不会影响结果的输出。因为对应的寄存器已经被锁定了，不受输入端信号的影响。

提示 ▸▸▸

在真值表里，这种是0是1都可以，不会影响输出结果的信号被称为“don’t care”信号。

那么，我们来回答关键问题，如何实现这种精确的锁定？寄存器其实是有三个信号的，一个是输入信号端，一个是输出信号端，另一个则是锁存信号端，而图中显然缺失了锁存信号。那么，在数据通路中的电路部分有4个寄存器，指令译码模块中有一个指令寄存器，那么是不是就得放置上5个锁存按钮分别连接到这5个寄存器的锁存信号端呢？可以。但是，当你按下计数器按钮，输送一条指令给控制模块之后，你怎么知道这条指令会将数据传送到哪个寄存器从而去按下对应的锁存按钮？你不知道。你只知道当前按了多少次按钮，也就是当前输送的第几行指令。或者，你可以去看当时的程序指令序列，找到对应的那行，看看其目标寄存器号，然后再去按下该寄存器的锁存按钮。如果是这样，那就别算了，速度还不如口算。

我们不妨这样来试试看是否可以实现按需适时锁定：增加一个按钮，这个按钮与所有的电平型锁存器的锁存端并联连接，用这个按钮来手动实现批量锁定。也就是说，我们期望这样一种效果：先按下计数器触发开关载入指令、译码、执行、输出结果；然后，再按下这个按钮，将所有寄存器中的数值锁定。

如图2-11所示，我们在计数器按钮左边增加一个按钮作为发出锁定信号的按钮，其按下之前会持续输出高电压从而将寄存器置为透传态，按下后输出低电压，将寄存器锁定。

当该按钮按下时，会有一段时间按钮与触点持续分离不接触，从而进入低电平阶段。在该阶段中，指令寄存器持续将输出信号锁住为按钮按下之前的值，一样还是持续输出信号给译码器，译码器的输出结果不变，没有问题。松开该按钮后，电路又进入高电平期，由于指令寄存器输入端信号依然未变（计数器的输出未变，地址译码器的输出未变），依然还是从存储器选通对应的行输送过来的，所以指令译码器的输出结果还是不变。直到再次按下计数器按钮，触发计

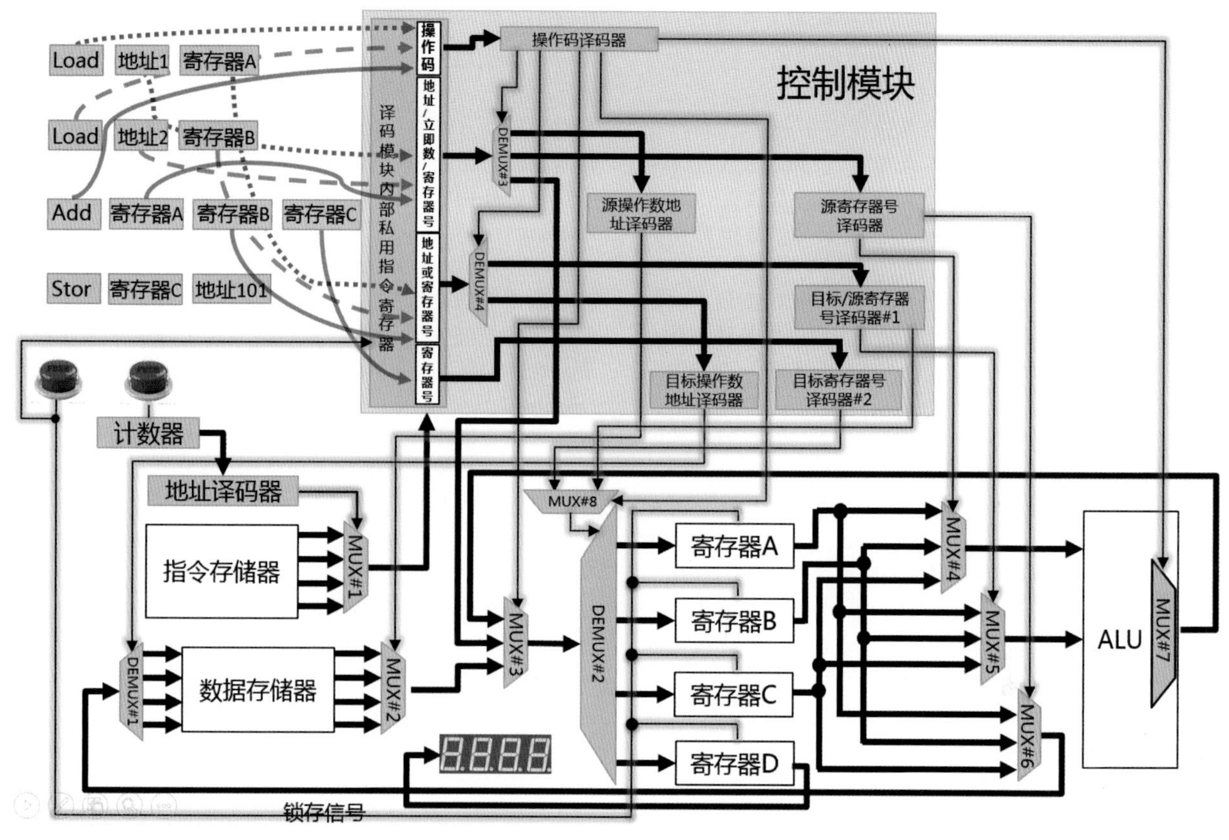

图2-11　一个按钮锁住所有寄存器，有问题么？

数器+1，读出一条新指令输出到指令寄存器端。由于此时锁存按钮处于高电平阶段，指令寄存器透传指令信号到指令译码器，再次进入新一轮的执行过程。所以，我们期望的执行过程是这样的。

（1）按下指令载入键并松开，用时钟下沿触发计数器+1，将一条指令载入、译码、执行、输出结果。

（2）结果稳定输出后，按下锁存键并保持输出低电压，将结果锁定在寄存器中，一直按着别动。

（3）再次按一下指令载入键触发计数器再次+1，从指令存储器读出新指令并将其输送到指令译码器。

（4）此时，锁存按键依然被你按着不动，寄存器还被锁定着呢。如果继续按着不动，那么试问第一条指令的结果你这样存起来是为了干什么？还不是为了给后续指令提供处理好的数据？所以，必须放开，好让下一条指令将对应的数据输送到目标寄存器！但是，放开按键，上一次指令的结果将会灰飞烟灭，就会被新指令译码后的结果冲掉。那么试问，上一条指令的活全都白干了，下一条指令不就算错了么？纠结！

上述第（4）条的场景具体一下，就是：假设第一条指令是将某存储器地址上的数据Load到寄存器A，那么当指令载入按钮被按下之后，寄存器A中的确被保存了这条数据，而其他寄存器中保存的都是全0，没问题。之后你按下了锁定键。然后再次按下计数器按钮，又载入一条指令，假设这条指令是Load某个地址上的数据到寄存器B，那么这条指令从存储器被选出之后，会被卡在指令寄存器的输入端而无法进入，因为此时你正按着锁定按钮。所以指令寄存器输出的仍然是上一条指令的信号，后续电路没有任何变化。这样肯定不行，得让指令执行下去，那么你必须放开锁定按钮让指令进入到指令寄存器，但是一放全放，新指令的信号会将之前的其他数据寄存器中的数据冲掉。

所以，我们有了个结论，那就是，指令寄存器应当单独弄一个锁存按钮，与数据寄存器分开。但是仔细一想，指令寄存器似乎根本不需要被锁定，因为它不需要保存什么计算结果，每次被载入的新指令必须透传到它的输出端。不用锁定，直接恒定置于透传态即可。所以我们可以去掉连接在指令寄存器上的那根锁存信号导线了。

好，现在已经可以让新指令顺利进入指令译码器译码了。译码完毕后，输出信号会将对应的数据输送到对应的数据寄存器，比如Load某个存储器地址数值到寄存器B，此时数据寄存器的锁定按钮依然被按着，你必须放开它让数据流入到寄存器B中，但是一放全放，A寄存器中锁定的数据会被湮灭，能否只放开寄存器B的锁定按钮？如果可以，这个问题就解决了，A依然锁定着上一条Load指令载入的数据，B则接受本条指令所Load的数据。于是，我们的问题又回到了原始状态，那就是，必须为每个寄存器设置一个可单独控制而不是批量控制的锁定信号。

而我们在上文中也说过，这样去做，需要人脑的参与，计算速度上不来。那么是否可以用某种方法，让人脑不用参与，也就是说，依然只按下一个按钮，而底层自动做到有选择性地松开某个/些寄存器的锁定信号，而维持那些不希望其数据被冲掉的寄存器的锁定信号依然有效呢？思考一下，一个无法逾越的前提是，必须知道当前指令要操作的到底是哪个寄存器，比如Load_i 100 B，其只操作B寄存器，其他的都不碰，那么电路就需要把B的锁存信号松开，其他的保持锁闭状态。谁能知道当前指令操作的是哪个寄存器？当然是指令译码器知道。那么能不能让指令译码器根据当前要操作或者说写入的寄存器，生成对应的锁存控制信号，与人手松开锁定按钮所输出的信号调和一下，比如人手松开锁定按钮说“我要透传所有寄存器！”，而指令译码器输出的信号则说“其他都不能透传，就只透传B寄存器就行了！”，按钮的信号经过这层额外的控制信号过滤之后，不就可以达到目的了么？

如何做到呢？我们可以回想一下第1章中的内容，提到了门控机制。如果将锁存信号与某个控制信号输入到一个与门的输入端，而如果这个控制信号置为0的话，那么锁存信号不管怎么变化，与门输出始终为0。如果寄存器的规格是低电平锁定的话，那么这个寄存器将永远被锁定，不受输入端信号影响，其中保存的数据就恒久不变。当某条指令要向这个寄存器内写入数据的时候，可以将该寄存器的这个控制信号设置为1，这样与门的输出会与锁存信号同步变化，也就是松开锁定按钮之后，输出的高电压信号经过与门之后，输出也是1（高电压），此时便将这个寄存器置于透传态，新的数据就会流入其中。当再次按下锁存按钮的时候，又将这个新数据锁定了起来。前文中也提到过，这个特殊的控制信号，被称为“写使能”（Write Enable/WE）信号，意即控制是否允许写该寄存器的信号。

那么，WE信号是如何生成的？具体该由谁生成？答案当然是目标寄存器号译码器来生成。在一条指令中，都是从源地址或者源寄存器读出数据，然后写入到目标寄存器的，比如“Add 寄存器A 寄存器B 寄存器C”，寄存器C就是目标寄存器；再比如Load_i 20 A，A就是目标寄存器，目标寄存器是要被写入新数据的。那么，只要在目标寄存器号译码器上输出针对图中四个寄存器的WE信号即可，只有目标寄存器译码器知道当前的寄存器号表示要操作哪个寄存器，那就在当前指令译码过程中，根据目标寄存器号将对应待写入的寄存器的WE信号设置为1（1与任何信号相与的结果=那个信号，也就是WE为1时，门控不插手，任由锁存按钮处置，也就是允许写，Write Enabled），而将其他无关寄存器的WE信号设置为0（0与任何信号相与的结果=0，此时WE强力插手，寄存器的锁存信号恒定为0，低电平，处于锁定状态，即便锁存按钮松开，想让新数据透传进来也无济于事，这就实现了写入的控制，也就是不允许写，Write Disabled）。

当指令操作码为Load的时候，目标/源寄存器号译码器#1负责对四个寄存器输送WE信号，根据被输送过来的寄存器号，将该寄存器号对应的WE信号变为1（Write Enabled），而其他的WE信号全部维持为0。

当指令操作码为Add等数学运算时，第三个字段属于源寄存器，只读不写，此时如果还是让目标/源寄存器号译码器#1负责四个寄存器的WE信号的话，会出问题，因为其会将对应的寄存器Write Enabled，因为其收到了对应的寄存器号并做了译码，同时将控制信号输送到了MUX#5用来选通寄存器B。所以，此时应由目标寄存器号译码器#2负责所有四个寄存器的WE信号。

当指令操作码为Stor时，只有存储器需要被写入，其他四个寄存器都不需要被写入。Stor指令的第二个字段中含有寄存器号，其连接的是源寄存器号译码器，但是Stor指令第二个字段的寄存器是只读不写，所以不能由源寄存器号译码器来负责WE信号，否则将会写使能对应的寄存器。所以，Stor指令场景下的WE信号必须全部由操作码译码器来输出。

综上所述，三个不同指令场景下，WE信号会从多个地点输出，所以这里面还需要一个MUX来做多选一操作，MUX本身的控制信号还需要从操作码译码器来输出，非常复杂，如图2-12所示。

此外，存储器也要加WE信号，因为寄存器A、B、C的数据有可能通过MUX#6被导向到数据存储器前端的DEMUX#1，如果不加控制，那么每次执行任何一条指令，都会有某个不确定的值从MUX#6输出出来从而误覆盖掉存储器中的数据。只要当前执行的不是Stor指令，那么存储器的WE信号一概设置为0，也就是Disable Write。

每一条指令被译码之后，控制模块都会重新输出针对该指令相匹配的WE信号，如果该指令根本没有操作某个寄存器，那么该寄存器一定会被WE信号封住而不受影响。WE信号相当于将外界的狂风暴雨完全隔开，仅当需要写入该寄存器时，控制模块自然会将WE信号置为可写。

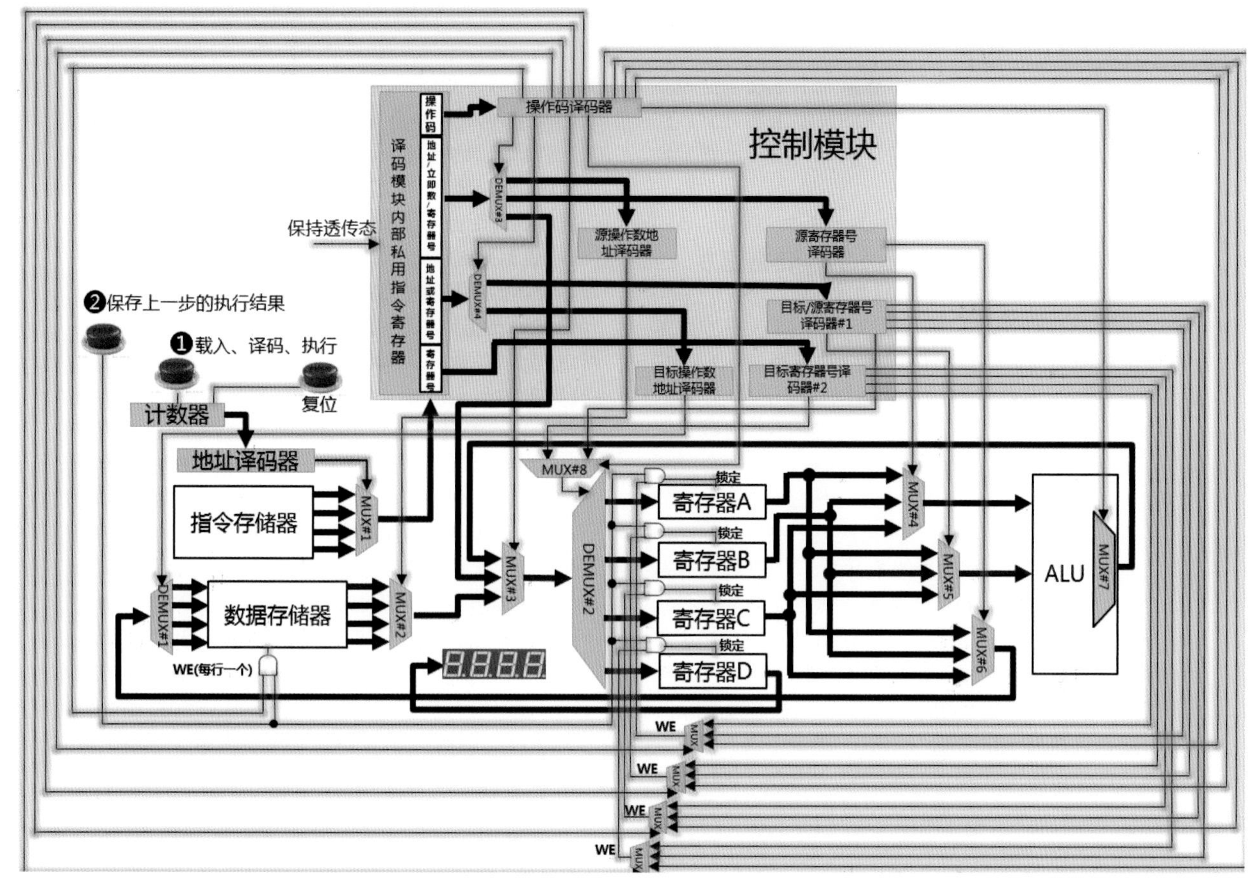

图2-12 加入写使能控制

可以看到，这种复杂的判断非常耗费脑力，人脑必须先理清楚所有的逻辑，保证不出问题，最后才能让数字电路运转起来输出正确结果。我们目前只定义了数条指令，而现实中的运算电路最多可能有数百条指令，每一条都要经过严格的逻辑流程审查，可想而知其工作量会有多大。

至此，我们再用人脑过一下改进之后的指令执行过程，看看有没有问题。假设指令序列为：Load_i 100 A, Load_i 200 B, Add A B C, Stor C 地址100。

（1）保持锁定键未被按下，先让寄存器保持为透传状态，然后按下指令载入键并松开，用时钟下沿触发计数器+1，将一条指令载入、译码、执行、输出结果；这个过程中，译码器会将其他寄存器用WE信号置于不允许写的状态，而将A寄存器处于透传态，然后A中被存入100且并未锁闭。

（2）结果稳定输出后，按下锁存键并保持低电压输出，将100锁定在寄存器A中，一直按着别动。这个过程中，A寄存器由于允许写，所以其锁定信号完全取决于锁定键的信号，锁定键说要锁定，那就锁定。而其他寄存器刚才就已经被强制锁定了，所以按下锁定键对它们来讲没有影响。

（3）再次按下指令载入键，触发计数器再次+1，从指令存储器读出新指令并输送到指令译码器。译码器再次根据目标寄存器号，将对应的WE信号进行置位，此时寄存器A不允许写了，被强制锁定，而寄存器B则被允许写，但是此时此刻，由于你还按着锁定键不放呢，所以B的WE信号就算被设置为允许写，你的锁定键不允许，实际结果还是不允许，但是此时Load_i 200 B指令已经将数据从存储器选出，抵达了寄存器B的输入端，等在门口却被你拒收，但是它会一直等在那。

（4）此时你需要大胆地松开锁定键，因为指令译码器已经打理好了一切， 只有B寄存器真的会被你的松开影响到了，变为透传态，将苦苦等待在输入端的200这个数值流入了寄存器B。第二条指令执行完毕。

（5）此时你需要再次按下锁定键并保持不松开，将第二条指令的结果也锁住。注意，寄存器A一直处于锁定状态，其保存的值100依然在里面。

（6）然后，再次按下指令载入键，载入第三条指令Add A B C，该指令译码的结果是把除了C之外的所有寄存器都强制锁闭，从ALU选出A和B的和，输送到寄存器C的输入端等待，当你松开锁定按钮后，数据便流入了C寄存器。

请大家脑补具体的场景，想象一下你两手交替按键，每按下一个键，电路中波涛汹涌地帮你计算，然后锁定，再载入，松开，锁定，载入，松开，锁定，载入，松开，锁定……。

2.2.4 半自动执行！——你得推着它跑

不管怎么样，我们这个更加智能的、能够理解指令并按照预先的设计来执行指令的计算器已经成型了。整个系统通电之后，计数器默认输出全0，此时自动会将指令存储器中第0行（把第0行上的数据当作一条指令）载入并执行，但是执行的结果会处于恒定持续输出状态，不再变化，因为此时并没有人按下指令载入按钮，也没有人再次按下锁存按钮。所以，如果将程序放在存储器的第0行上，且要将程序从头执行到尾而获得结果，则必须在通电之后先按住锁存按钮不松，将第一条指令的执行结果锁住，然后按下指令载入按钮载入第二条指令，等待一段时间（电路的时延）之后，松开锁存按钮，接着再按下锁定按钮不松，再次按下指令载入按钮，就这样载入指令译码→执行结果输出并锁定、载入指令译码→执行结果输出并锁定，不断循环重复这个过程，直到数码管上的结果从全0跳变到某个数值，证明程序已经执行完毕了。此时你可以不用按下锁定键了，因为不用锁了，没有后续指令了。

如果不小心多按了一次指令载入按钮，那么计数器会再+1，会读出指令存储器的下一行，而这一行上已经没有程序代码了，这被称为“越界”。如果从来没有人用过这一行存数据，则为全0，如果之前有人用过这一行，那么会留下垃圾数据。假设为全0，那么指令译码器会认为这是一条Load_a（0000）指令，要从00000000号地址上将数据Load到00号寄存器（寄存器A），当按下指令载入按钮之后，数据存储器00000000号地址上的数据真的会被Load到寄存器A输入端等待，而后续的执行流程就是不可预知的了，因为没人知道越界之后的存储器行中存放的是写什么数据，会被译码为什么指令。这种现象被称为“跑飞了”，其表象各异，或者死机，或者花屏，等等。

整个程序的运算速度完全取决于人手按按钮的速度，因为电路的反应速度还是非常快的。虽然看上去咱们设计的这套计算器里面包含非常多的电路，但是其最终运算速度依然比人手要快得多，基本上你按下一次按钮，几乎瞬间它就稳定输出了。所以，你只要不断地以最快速度交替按下/松开指令载入按钮和锁定按钮即可，但是要能够急停，否则就错过了结果的显示。一旦如此，就得清零，然后重新来一遍。

载入、译码、和执行

现在，你再来深刻地理解电路对指令的“执行”过程，就会有更加深刻的认识。指令的载入过程，其实就是控制图中MUX#1将对应地址的数据导通到控制模块内部的指令寄存器的过程。随着数据进入指令寄存器（电子积压形成1，排空形成0），连接在这个寄存器输出端的各种译码器也就感受到了对应的输入信号，这些信号立即对译码器中的逻辑产生影响，最后稳定输出到数据通路上的各种MUX/DEMUX，这个过程就是译码过程，指令的载入和译码是一个接连的无中断的过程。同样，所谓指令的“执行”过程，也是水到渠成的，只要信号抵达了ALU输入端，ALU中的对应运算器组合逻辑自然根据输入产生了输出。我估计不少人还是没拧过这股劲来，常规概念上的“执行”是有一定步骤的，比如先干什么，再干什么。而指令的执行过程的“步骤”，被隐藏在了ALU的加法器等组合逻辑电路的开关的开开合合中了。你如果能进入逻辑电路的微观状态里，的确是可以看到这个步骤的。用电磁继电器开关搭建一个逻辑电路，也可以看到这个过程。事实上，去找一个极度复杂的多米诺骨牌的坍塌过程，就可以感性地理解这个过程，电路中也是类似的。此时，你不妨回头再看一下加法器是怎么设计出来的，加法器内部的确也是有步骤的，因为里面也是一级一级的逻辑门，信号每通过一级逻辑门，就可以认为是经过了一个步骤，最后稳定输出。

对于计算全班平均成绩这个程序，我们上文中也看到了，其由400条指令组成，那么意味着人手要总共按下800次按钮才能跑完这个程序，得到结果。不过还好，人手只需要重复地左右交替按下即可，根本不用动脑子，只要左右手振荡交替按键的速度足够快，计算就可以更快完成。所以，最终的计算速度其实也有很大的提升，知足吧！

不可以！一定有更快的方法。对了！可以设计一个滚筒，用手摇动滚筒，滚筒上每隔一段距离就放置两个错位排列凸起，滚筒转动时，刚好两个凸起一先一后按下这两个开关，摇动一周，这两个开关会多次被先后按下，每次电路都会执行一条指令。也就是八音盒（如图2-13所示）里那种滚筒+拨片，把拨片后面连接到开关就好了。摇动差不多百八十圈就能得出结果，摇动可比左右手交替按键轻松多了，甚至，是否可以把这个滚筒连接到自行车车轮上，然后直接用脚蹬？那岂不是更快？！好办法！

图2-13　八音盒里的滚筒拨片装置

早期的机械计算机就是这么干的。但是，即便是用自行车脚蹬，每秒钟充其量也只能执行十几条指令。你是否想每秒钟可以执行几千几万条，几百万条指令？可能么？可能！不仅如此，当前最新的数字电路每秒最多可以执行数千亿条指令。怎么办到的呢？即使用火箭发动机来带动滚筒转动，恐怕也达不到这个计算速度，而且这样搞的话，会遇到一个逾越不过去的问题，那就是机械拨片/开关很快就被磨损坏掉了。另外一个问题就是，用手按按钮都怕无法急停，更别说脚蹬滚筒了。

2.2.5　全自动受控执行！——不用扬鞭自奋蹄！

如上文所述，你的手按开关的速度有多快，计算就有多快，而使用滚筒来拨动开关的方法又有诸多弊端。解决这个问题的办法想必大家早已心知肚明，可以利用反复振荡的时钟信号来代替人手按下开关。其实，这里问题的本质其实并不是开关了，开关只是用来产生电压脉冲输出给下游电路的，如果某种方法能够不用按按钮就产生电压脉冲，那就根本用不着按钮这个东西了，所以找到一个能够生成按照频率高低振荡的电压源就可以了。第1章中介绍过的晶振，就是一个非常良好的稳定的振荡源，用它所生成的时钟信号是否可以帮把手呢？首先，我们需要先把这两个按钮的时序图勾勒一下，看看其是否可以使用一个振荡源来替代。

如图2-14所示，冬瓜哥给出了几个时序图，其实无非就是把相位变化一下，让两个按钮的输出信号相位错开一些，或者重合，来考查哪一种不会有问题，哪一种会出问题。

- **1号方案（两个信号相位完全相同）**。a时刻，指令载入的同时，寄存器同时开始被锁闭。此时寄存器锁住的数值可能是不稳定的，因为随着指令被载入译码，寄存器输入端的信号也会跟着变化。如果载入指令、锁定寄存器这两个事件同时发生的话，你可能无法判断锁住的信号到底是指令未载入之前的，还是载入译码产生了影响之后的。但是一般情况下，指令从存储器读出、译码生成对应的信号，是需要一定时间，不到时间，电路的输出信号依然会暂时保持上一个状态。所以，a时刻锁闭的寄存器值依然是上一个状态。b时刻，译码和执行进行的差不多了，相应的数据也应该陆续到达了寄存器输入端，但是此时寄存器依然不开门，这倒没关系。c时刻寄存器终于开了门，将数据透传了进来。同时，指令载入信号产生了一个上沿，然后进入高电平阶段，这个上沿以及高电平不会产生任何影响，因为指令载入只会在下沿将计数器+1。在e时刻，再次迎来两个信号同时在下

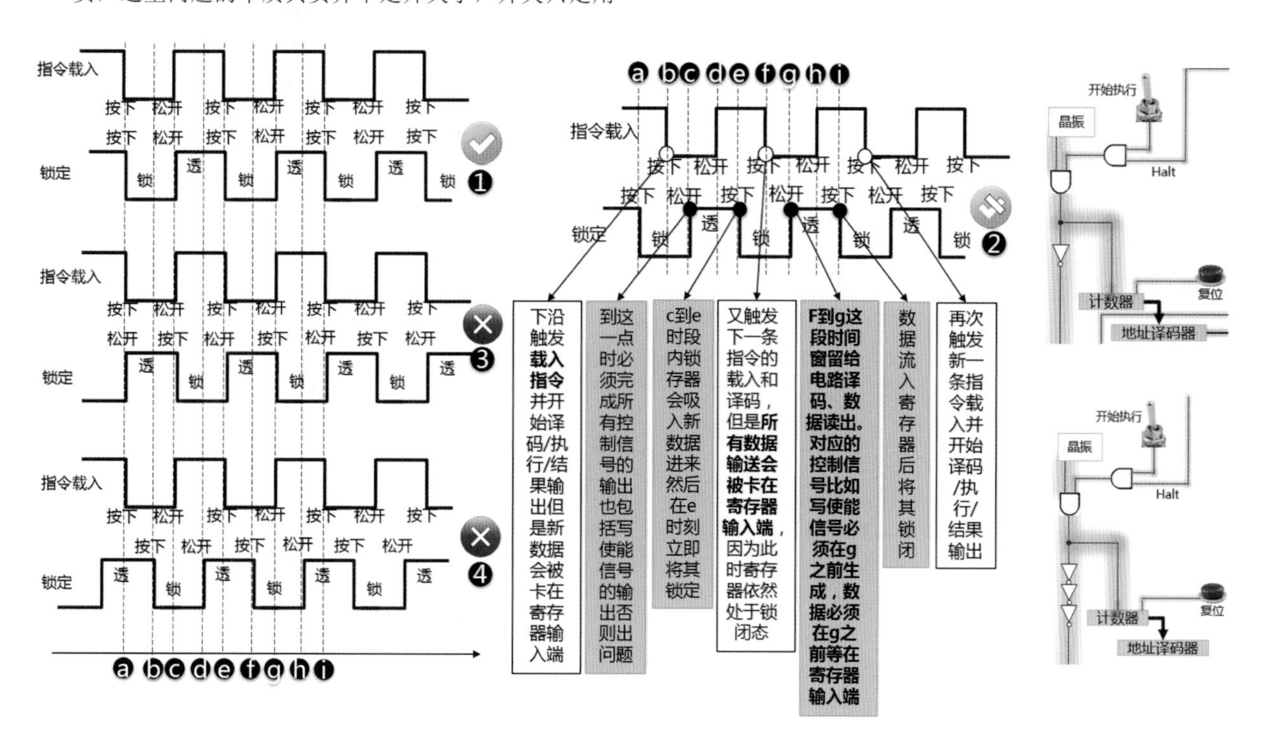

图2-14　时序分析及采用晶振+反向器实现对应的时序

沿。对于指令载入信号，将会触发计数器再次+1，载入一条新指令。与此同时，锁闭信号的下沿和低电平期也会将寄存器锁闭起来，也就是将刚才那条指令的结果保存起来。上文中也说过，两者同时在下沿不会产生问题。

- **2号方案（锁存信号与指令载入信号反相，且前者相位稍微超前）**。如图2-14最右侧所示，如果将晶振的输出信号线接上一个反向器，也就是非门，将非门的输出作为锁定信号的话，就可以实现该时序了。相位错开的幅度，可以用串接奇数个反向器来调节，串接越多，错开越多，如图右下角所示的方法。与1号方案不同的是，该时序提供给指令译码、执行、输出的时间比较短，为图中的b～e这段时间或者f～i这段时间，而1号方案中相应的则是a～e时段。但是该方案在锁定信号到来的瞬间（e点）和新指令载入信号到来的瞬间（f点）之间有一段微小的时差，最终的结果是先发生锁定，再载入新指令，这样就无须担心锁存器可能误锁住新指令译码后产生的数据了。虽然后者这种概率几乎不存在，但是这样做可以绝对杜绝。乍一看这个方案好像没什么问题，但是在处理WE信号的时候，该方案的局限性非常大。假设某寄存器的写使能信号的上一个状态为1，让写，但是在下一个状态时需要变为0，又不让写了，假设译码器还没有将WE信号变为0之前，锁定按钮就被松开了（变为高电压），从而尝试透传新的数据进来。那么，此时WE信号还没来得及从1变成0，还是1，锁定按钮的输出值也变成了1，这个瞬间寄存器门前的新数据就会偷偷溜进来，很显然新的指令是不想让这个寄存器被写入的，结果就被进了贼了，产生了时序问题。所以，该方案真正被用于译码、读数据、执行的时间窗，并不是b～e或者f～i，而是b～c或者f～g，短得可怜，所以我们说这个方案很悬。
- **3号方案（两个信号完全反相）**。该方案有问题。拿e处举例，这里会有一个新指令载入信号产生下沿，同时伴随着锁定信号的解除，变为透传。前文中说过，指令的载入和译码是需要时间的，我们假设寄存器A的WE信号在上一个指令时的译码结果是1，也就是允许写，而在当前载入的指令下会被译码成0，也就是不允许写。而如果当前指令译码尚未结束，那么寄存器A的WE信号依然会维持上一个指令的信号不变，也就是依然允许写。再假设，指令译码尚未输出寄存器A的WE信号，但是却输出了MUX/DEMUX的信号，将某个数据导向到寄存器B，而导致寄存器A的输入端此时为全0。如果就在这个关键时刻，锁定按钮被松开，寄存器A变为透传态，而由于WE信号依然为1，那么这一瞬间会将全0透传到寄存器A的输出端，直接导致寄存器A之前保存的数值被覆盖掉，而在这一切发生之后，译码逻辑才计算出寄存器A的WE信号应当为0，而这一切都晚了（原本不允许写，结果已经写入了，当WE变为0的时候，寄存器A会被锁住，锁住的则是刚才误写的内容）。
- **4号方案（锁存信号与指令载入信号反相，且前者相位稍微拖后）**。该方案的问题与3号方案类似，在新指令载入之前，锁定按钮就解除了锁定，此时也可能会导致与3号方案相同的问题，也就是WE信号即将从1变为0，但是尚未从1变成0，MUX/DEMUX的控制信号却先被送了过来（这取决于译码器内部的电路的复杂性，如果负责译码WE信号的部分比较慢，但是负责译码MUX/DEMUX信号的部分比较快，则就会有发生概率）。该方案的另一个缺点则是其留给电路译码、执行、输出的时间实在是太短了，也就是只有图中所示的a～b、e～f窗内。这就意味着该时序方案相比其他几个方案而言，在相同的时钟频率下，相对就无法支持更复杂的译码逻辑和复杂的计算过程了。

那么，结论也很显然，**完全可以使用同一个按钮同时生成指令载入和锁定信号，根本不需要设置两个独立的按钮**。

采样 ▶▶▶

> 将寄存器输入端送来的信号锁住并输送到输出端的过程，其实就是数据锁存的过程，又被称为“采样”。采谁的样？采的是在寄存器输入端已经抵达而且稳定存在的信号的样。怎么采？“采样”就是锁住，用寄存器的锁定信号来采。为什么锁定信号可以锁住当前寄存器的输入端数据？如果还没有彻底理解锁存器/触发器，请巩固阅读本书第1章。3号和4号方案的问题，其实可以优化一下译码器的设计，优先保证WE信号先输出，即可解决。

好了。鄙人鸟枪换炮了，现在该轮到我笑对方太慢了。利用晶振，可以产生几十MHz的时钟信号，这意味着每秒可以触发几千万次，如果按照10MHz（每秒一千万次）的时钟频率来算，电路执行一条指令的输出结果所耗费的时间不得大于（1/10000000）s，也就是0.1μs的时间。如果电路过于复杂，不能在0.1μs内稳定输出，那么在锁定信号到来时，就会采样（锁住）到错误的信号。

还有个问题需要解决，就是急刹车的问题。尤其是换成时钟信号之后，这个问题更加严重了，恐怕你想停都停不下来。图2-14中的“开始执行”按钮，是一个门控开关，当其输出0的时候，下游电路就接收不到往复振荡的时钟信号了。但是，正如前文所说，当最后一条指令执行之后，在恰到好处的时间点将这个按钮断开，是根本做不到的。唯一一个办法就是，让电路自己去停止执行指令。所以，我们必须增加一条“Halt”指令，以便告诉电路这就是最后一句，执行完了后面就没了。这里不多谈Halt指令的二进制编码应该是多少，这不重要，主要说一下电路收到Halt指令之后，译码之后，应该向什么地方输出什么控制信号，才能让计数器停止滚动从而让电路的状态静止在当前而不再变化。

收到Halt，就一定要把时钟脱挡，所以这里可以使用前文中所示的门控机制，也就是利用与门或者或门来将输出恒定为低电平或者高电平。原来的手动开始指令载入按钮依然需要保留，其用来保证系统加电之后计数器不会立即跑起来。所以，可以在此处增加一个与门。如图2-15所示。这样设计之后，Halt指令被译码之后，操作码译码模块会在该信号上输出0，从而将时钟脱挡。整个电路中的寄存器中的数据会维持Halt之前的那一条数据的运算结果，所以即便是Halt了，数码管依然会显示程序的运算结果。

2.2.6　NOOP指令

这个系统其实还有另外一个小瑕疵。前文中介绍用手按钮触发的计算器架构时也提到过，加电之后，第一个按钮应该按下锁定按钮而不是指令载入按钮。原因就是加电的一瞬间之后，计数器就会有一个初始值——全0，0号地址的指令也自动被载入执行了，只不过结果还没有被锁定在寄存器中。如果此时先按下计数器按钮，则会丢掉第一条指令的执行结果，最后就出错了。但是，对于时钟信号，当晶振起振之后，根本无法预估是哪个信号先触发，那么就有可能丢掉第一条指令的执行结果。

解决这个问题的办法就是，不要把指令从0号地址开始放置，而要从1号地址开始。这样设计之后，系统加电之初或者按下Reset按钮清零之后，计数器初始会从0号地址读到一条全0的指令（上文中分析过，该指令其实是Load数据存储器0号地址上的数据到寄存器A）执行，但是这个指令并非程序中所设定的指令。当时钟信号真正被挂上挡位之后，如果电路先接收到指令载入信号，则皆大欢喜，但是如果先接收到了锁定信号，那么电路会将第0行上的无效指令的执行结果锁存，然后接收到指令载入信号，便会从第1行指令开始执行，而之前锁定的第0行无效指令的结果不会对第1条指令产生任何影响，后续的时序都会从第1行上的指令继续执行，并在结尾Halt。其实有一种更好的办法。

鉴于全0的特殊性，**我们不妨干脆把全0这条指令真的合法化，让译码器收到这条指令之后，将除了程序指针计数器和指令寄存器之外的全部WE信号设置为0**，也就是不允许任何寄存器被写入数据，这样的话，这条指令相当于什么也没有干，对电路输出的结果没有任何影响。我们不妨将该指令称为**Noop指令**，即No Operation的意思。这样能避免很多麻烦。而且有些程序里还故意加上一些Noop指令。Noop指令又可以称为**bubble（空泡）**。至于前文中我们所设计的指令集二进制码，当时并没有考虑这么多，所以指令集二进制码设计时需要考虑到底层电路的特殊性。后文中，

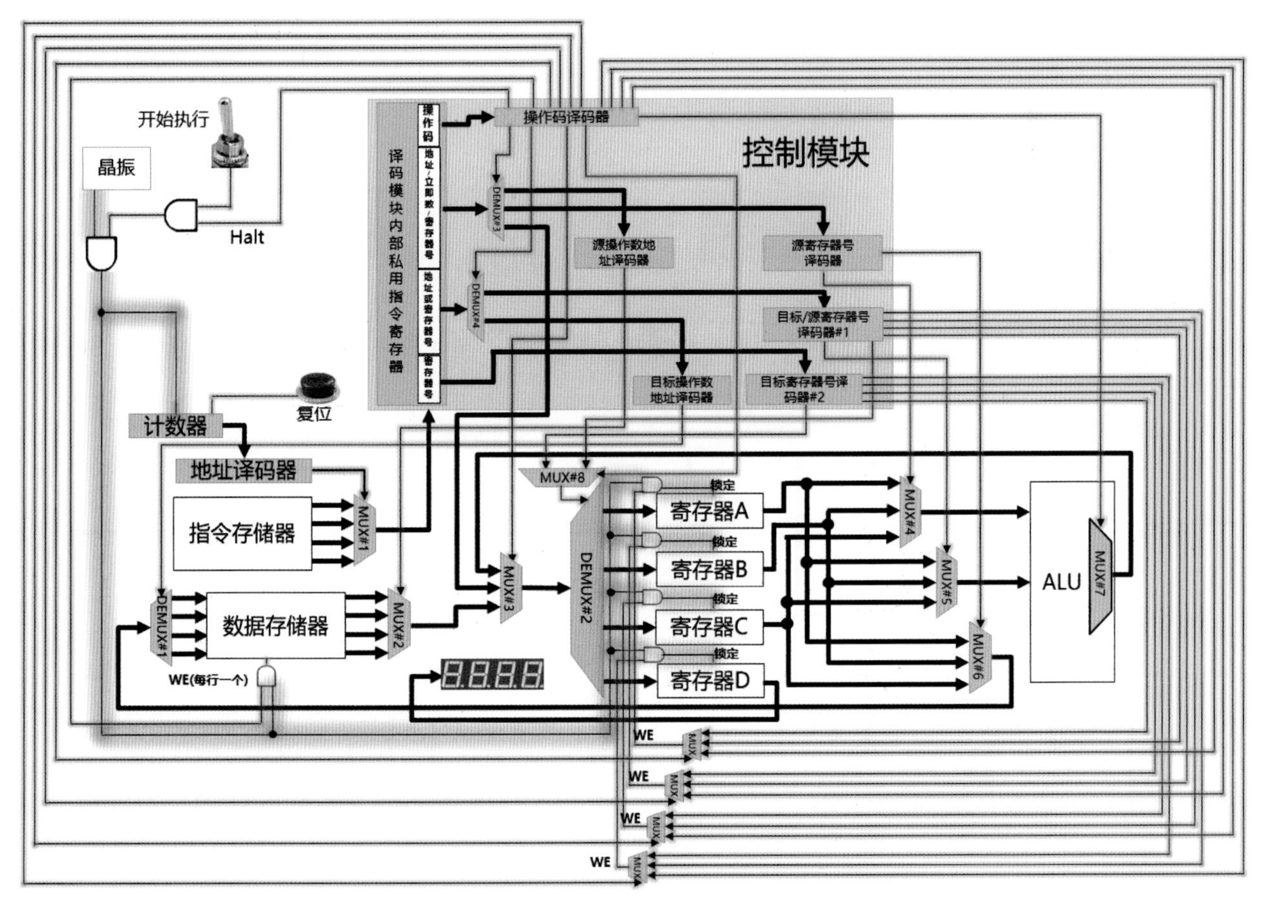

图2-15　支持利用Halt指令自停（粗阴影细线为时钟信号）

我们就把全0当作NOOP指令对待。至于之前所设计的Load指令，完全可以把它的二进制码换成其他的。

其实我们还可以增加一条Off指令，也就是关机——关电源。实现这个也很简单。操作码译码器遇到这条指令时，就直接输出一个下沿给电源上的某个下沿触发的开关，则电源就会断开。

至此，你也应该感受到了之前那个不可编程计算器和现在这个可编程计算器的本质异同了。如果仅仅是简单的计算1+1=？，前者只需要按四次即可，但是后者则需要编写程序来执行，反而更复杂了。但是后者拥有极强的潜力，它灵活到可以做任何形式的、任何复杂度的运算。只要将这些程序指令进行有机组合，即可实现多种多样的程序。

细数上文中我们设计的几条指令，其实都只做了一件事：在规定的时间内，把数据从正确的源位置导向到正确的目标位置。Load、Stor显然是做这个事情的。但是Add看上去应该是一条“运算”指令啊！？实际上，看一下Add指令底层的执行方式，就可以知道，其也只是控制对应的MUX将待运算输出选择输出到ALU，然后将ALU输出的数据选择输入到结果寄存器（寄存器C）而已，它只是在这个时钟周期内指挥了一下交通，仅此而已。谁运算的？是ALU内部的组合逻辑运算的。随着本书的演进，你会发现，几乎所有指令，其实都只是在干指挥交通的事情，在正确的时间点控制各种红绿灯，搬动各种选路器而已，如图2-16所示。

2.2.7 利用边沿型触发器搭建电路

在前文中，我们采用了电平型锁存器作为存储器和寄存器。电平型锁存器存在一个尴尬之处，就是它在透传态时，输出端信号会随着输入端同步变化，这一点很是让人头疼。下游电路随着上游电路来回翻转，虽然最终会稳定在一个值，但是在译码器翻译或者ALU运算的过程中，译码器和ALU的输出端的信号是在不断跳跃变化的，因为它们内部的逻辑门是在不断开开合合的。

假设有一辆挤得满满登登的公共汽车，而且车上没有任何扶手，路况奇差，司机水平也奇差，频繁刹车，时不时地还来个强力点刹，场景请脑补。车上的人晃啊晃，一浪接一浪， 好不欢畅。假设我们把这辆公交车划分成为多个小车厢，同样是挤满人，那么此时你的感觉能够好一些。很显然，晃动从源头传到尾部的周期更短了，经过的人少了，能量积聚的少，传到你这不至于给压成肉饼，所以你的肌肉绷紧度就会低一些，消耗的能量也就少一些。而且每个车厢独自享受这酣畅，对其他车厢的人没有任何影响，不会相互传递。

对于电路，也是这个道理。存储器→指令寄存器→译码器→MUX/DEMUX→数据寄存器→ALU，这是一个大通路，电平型锁存器在透传状态下，就可以当作它们根本不存在，那么存储器输出的信号相当于直接经过了严重颠簸的指令译码器，再经过严重颠簸的ALU，你认为这一路上每个电路开关好受不？比如译码器的输出信号在翻译过程中经历了01011101→11010110→00101001→11010110这4个状态，并最终稳定在11010110，有三个中间态。那么这个不断变化的信号被输送到下游的DEMUX/MUX时，MUX/DEMUX也会跟着蹦跶，也会产生3个中间态，

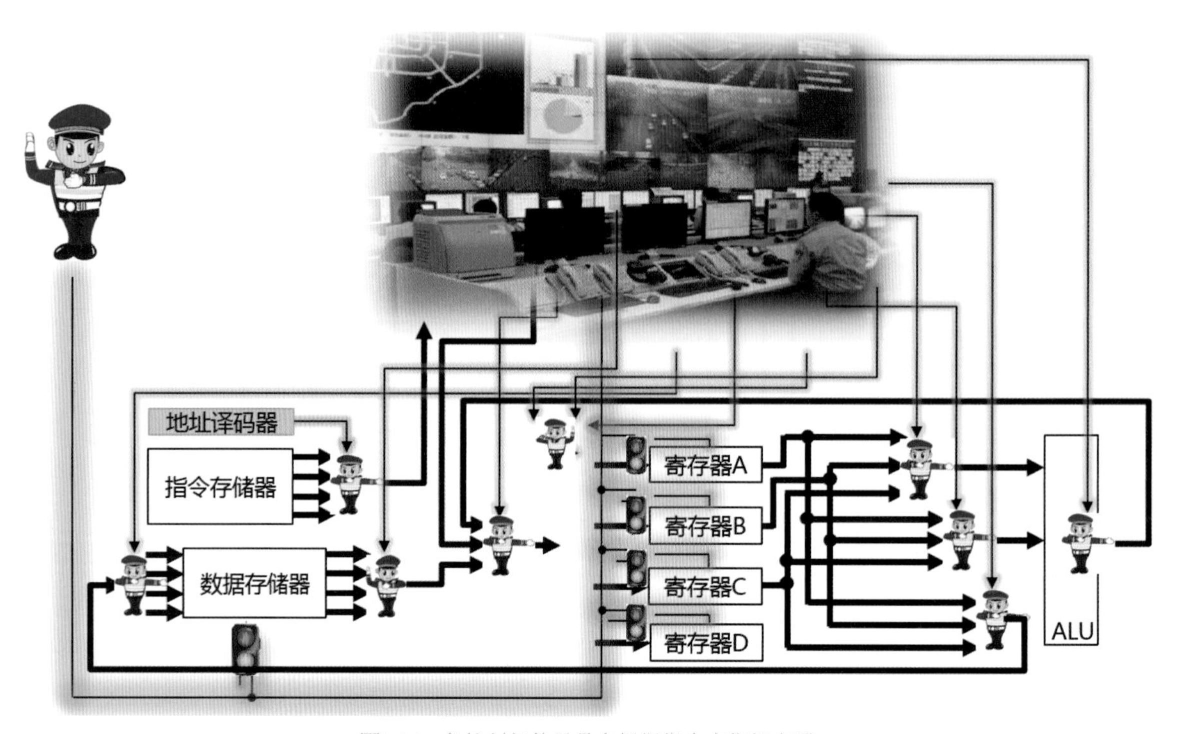

图2-16 各控制部件只是在根据指令来指挥交通

那就可能会3次从存储器中选出3个数据输送到数据寄存器，而寄存器处于透传态，那么自然ALU也会先后收到3个数据输入，先后得出三个中间结果。同理，ALU后面的MUX选路器的控制信号也可能有多个中间状态，那就意味着指不定它会将哪种运算的结果导向到哪个寄存器，比如原本期望的是将加法运算的结果导向到寄存器C，而可能某个中间态瞬时却将乘法运算的结果导向到了寄存器A。当然，这个瞬态无效结果数据是否真的会进入寄存器A，又进一步取决于位于寄存器A上游的MUX/DEMUX的控制信号，而这个控制信号本身也可能处于不确定的中间态。但是有一点不必担心，就算无效结果真的被导入了寄存器A，而原本寄存器A中的数据应该是其他数据，临时被覆盖掉了，也没有关系，因为这种瞬时状态转瞬即逝，当信号稳定之后，所有的选路器均会将正确的路径导通，而之前被临时覆盖掉的数据又会重现在寄存器中。因为数据最终是从存储器中被选出的，只要存储器中的数据源头没有变化，就可以保证最终电路会按照预期的结果来输出。有人问了，既然最终都会稳定，中间态晃动了多次，这又有何妨？实际上，很有问题！

如果是Stor类的指令，也就是需要将数据写入到数据存储器中的指令，此时存储器的写使能信号会被打开，而既然存储器上游的DEMUX的控制信号是有中间状态的，那么就有可能出现这种状态：存储器WE已经被使能、DEMUX处于不期望的中间态而误选通了错误的不相关的存储器行，此时不幸的事情就会发生，这行倒霉的存储器中的数据会被错误地覆盖而且是永久性的无法恢复。也就是说，一旦这种摇摆不定误伤到了数据的源头，那么就算最终稳定了，源头的数据被误改变了，最终结果也是错误的。

所以，你看到这里面的数据晃来晃去很是讨厌，我们期望的是每个开关有必要的话只翻转一次，而不是来回多次跳变最终稳定。但是组合逻辑电路根本无法做到没有中间状态，因为总有些信号先输出，有些后输出。不仅如此，有些已经被输出过一次的信号，可能瞬间又跳变一次或者多次。这表明该组合逻辑电路模块中有多个逻辑控制路径会对该信号产生影响，而这多条逻辑控制路径的时延不同，有的先完成，从而生成了该信号的一个值，其他路径完成时，又将该信号变化了一次。所以，对于一个组合逻辑电路，即便是将一个固定不变的输入信号组合输入给它之后，它的输出信号也可能在产生多次往复跳变之后才会稳定。

至此，我们总结一下使用电平型透传寄存器的问题和劣势。

（1）存储器中的数据可能被误覆盖。

（2）费电，费老了电了。本来翻转一次即可，下游电路的开关也都随着你联动一次，结果由于你的摇摆不定，下游就得全部跟着你摇摆一遍，每次电子在线路中拉锯的时候都会产生热量。

（3）还有一处不灵活的地方也被电平型锁存器所限制了。加法指令Add A B C需要占用三个寄存器，有没有可能将A和B的值相加之后将结果再写回A，这样可以节省一个寄存器的占用？这乍一看有点自相矛盾，如果寄存器A既向ALU输送信号，又接收ALU的输出将其写入进来，这不就产生循环了么？假设初始时A和B都为1，1+1=2，寄存器A处于透传态，2进入到A，然后继而又被输送到ALU，ALU再把2+1=3，然后3+1=4，这不就无穷无尽了么？的确如此。所以，电平型寄存器无法实现Add A B A这种指令。

思维实验

我们在第1章中提到过，如果将一个非门的输出与输入信号相连，那么其会无穷振荡下去。而上述设想中的Add A B指令，如果使用电平型寄存器，则需要将A寄存器置为透传态，那就等价于将ALU的输出直接连接到寄存器A的输入，那么ALU内部的各种运算器就会不停地往复运算，一直累加/累乘/累除等。每次振荡周期就是ALU内部的逻辑运算所需要的时间。但是这样累加出来的结果可能是不可靠的，除非ALU可以保证组合逻辑输出值没有中间状态，一步到位，否则中间态的数值是无效数值，但是也会被反馈到输入端，算出错误的结果。同时，还必须满足输出信号中最慢的那个信号的时延低于输入到输出的反馈时延，否则电路将会在错误的基础上去累加，输出的数值要小于应有的累加值。我们不妨将这个自反馈的ALU称为永动ALU。

如何解决上述三个问题？第（1）个和第（2）个问题好办，只要保证仅当在组合逻辑电路稳定输出后，才松开锁定按钮，让寄存器处于透传态，于是就不会将中间状态透传到下游去。**所以，图2-14中的方案2是存在潜在问题的，因为其锁定按钮在指令载入之后极短时间内就被松开了，此时很有可能译码器的输出还尚未稳定，所以e处的注释框应当被放在c处。**所以，必须精确调节时序，反复测定每个组合逻辑电路模块的时延。

至于第（3）个问题，如果我们改为使用边沿型触发器来充当存储器和寄存器，那么就可以实现这种效果。边沿型锁存器，或称触发器，是时钟边沿触发锁定，而这个锁定动作是将已经等待在寄存器输入端的信号在开门的 一刹那放进来，然后立即关门，此时即便寄存器输入端又来了新的信号，也不会被传入寄存器内部，因为边沿型触发器的采样就是一瞬间的事情。这里有个关键词需要理解：“瞬间开锁，然后瞬间闭锁”，其透传（采样）时间非常短，迅雷不及掩耳，不像电平型那样一透传就是半个时钟周期，扭扭捏捏。如果用触发器来替代电平型锁存器，当按下锁存按钮时，触发一个低电平，产生一个时钟下沿，它瞬间将寄存器输入端的信号传递到输出端并锁住不变，松开按钮后，也依然处于锁定态，此时就算又有新数据到达输入端，也不受影响。所以，如果用触发器的话，Add A B A是可以实现的，如图2-17所示。

先不看Add A B A，还是先执行一下Load_i 100 A、Load_i 200 B、Add A B C、Stor C 地址100和Halt这五条指令。将这五条指令从存储器的第1行而不是第0行上放置，然后看一下系统的行为。

（1）系统加电初始，所有寄存器的初值都为0。计数器的初值为0，选出了指令存储器第0行上的全0指令（NOOP指令）并输送给了指令寄存器，但是触发器必须等到第一个时钟下沿，才会将输入信号锁住到输出端，此时时钟下沿尚未来到，所以指令寄存器输出的也是默认的全0（虽然其输入端此时也是全0，但是输出端的全0并不是从输入端透过来的，而是原本默认就是全0），译码器译码这个全0的NOOP指令，封锁寄存器WE信号（指令寄存器和计数器除外，否则下一个时钟下沿将不会触发任何改变，整个电路就会死机了）。假设ALU上游的寄存器中的值也都为0，于是ALU便迅速计算出0+0、0×0、0－0等的运算结果，ALU下游的MUX也会默认选通输出第0个运算的结果（假设0号结果为加法结果），并将g处的输出反馈到了h处的MUX，进而可能被输送到d处（这得看h处的MUX和d处的DEMUX得到的控制信号是多少）。但是数据寄存器为边沿触发器，再加上此时的WE为0，所以ALU算出来的这个无效数值并不会被写入到寄存器中。

（2）第一个时钟下沿到来，由于在上一步中除了指令寄存器和计数器之外的所有寄存器都被NOOP指令把WE给封闭了，所以这个时钟下沿只触发了计数器和指令寄存器的开锁和瞬间锁闭。先看一下指令寄存器，在该下沿到来之前，指令寄存器的输入端仍然是全0（也就是NOOP指令），所以此次瞬间开锁，指令寄存器锁住的也还是NOOP指令（上一次是因为加电后，其中默认恰好存储了一条NOOP指令，这次则是真的从输入端获取了一条NOOP指令）。所以，译码器的输入信号相对上一步没有任何变化，译码器下游的电路也不会有任何变化。由于这个时钟下沿同时解锁了指令寄存器和计数器，我们再来看看计数器的情况。显然，计数器在这个下沿被触发+1，于是从指令存储器中载入了Load_i 100 A指令。有人可能会有疑惑，上一步NOOP将WE全部封闭，但是本次时钟下沿到来时，会载入新的指令，新指令译码后，很有可能打开某些WE信号，此时难道不会触发寄存器开锁么？不会，我们一再强调，边沿型触发器开锁和锁闭是一瞬间的事情，并且过了这个时钟下沿，在下一个下沿到来之前，寄存器又会处于锁闭态，所以在上一步被WE封闭的寄存器，在下一个下沿到来时，会由于WE信号的影响无法开锁，这些寄存器依然处于锁闭状态。就算计数器载入的新指令将某些WE解封变为1，那并不意味着寄存器锁当下时刻直接被开锁，而只意味着“在下一个下沿到来时，寄存器的锁可以被打开，然后瞬间关闭”，记住，WE只会影响下一个下沿是否开锁。好了，在这个时钟下沿一直到下一个下沿这个时钟周期内，计数器的值被恒定加载到指令存储器的地址译码器上，地址译码器持续输出译码后的信号给指令存储器，指令存储器虽然此时处于WE封闭态，但是不影响读数据，所以指令存储器恒定地把Load_i 100 A指令的二进制信号输送到指令寄存器的输入端（也就是图中b处），却卡在这里进不去，为什么？指令寄存器也是边沿型触发器，在下一个时钟下沿没有到来之前，指令是进不去的，此时c处输出的信号是指令存储器锁存住的NOOP指令，NOOP指令将会在本时钟周期内影响下游电路。而Load_i 100 A指令在此时钟周期内正徘徊在指令寄存器门外等待进入。可以看到，这一步中，Load_i 100 A指令被取到了指令存储器输入端等待，所以我们把这一步取个名字，叫作取指令阶段。

（3）第二个时钟下沿到来，先看一下指令寄存器，此时Load_i 100 A指令正等待在它的输入端，这个下沿触发了指令寄存器的一次解锁，于是Load_i 100 A指令顺利被锁定在其中，于是c处恒定输出该指令信号，指令译码器便译码该指令，将#3/#4两个选路器设定到对应的通路，从而将立即数100导向寄存器A，同时将寄存器A的WE信号解封（请注意，此时要心里默念：WE解封并不表示当前的值直接进入寄存

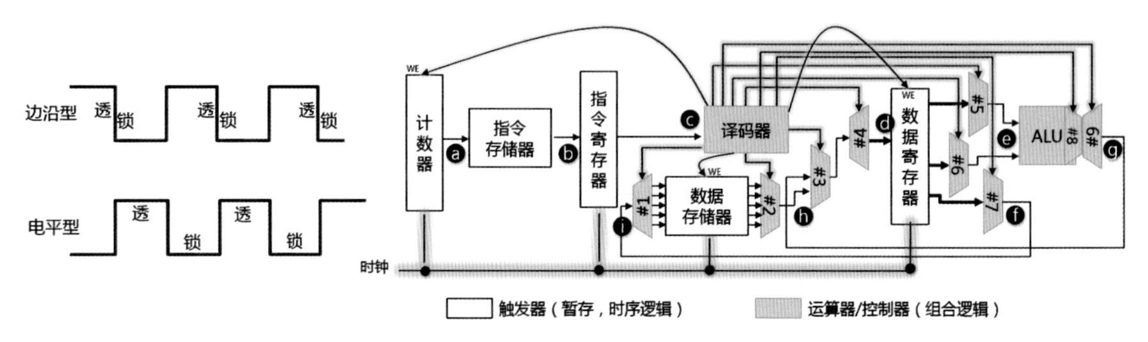

图2-17　采用边沿型触发器时的示意图

器，而只表示在下一个时钟周期才会进入寄存器），其他寄存器的WE信号仍然处于封闭态。再来看计数器，计数器被本次下沿触发+1，读出Load_i 200 B指令，并恒定信号在b处，但是却进入不了指令寄存器。因为还没等这条指令的信号抵达b处之前，指令寄存器早就闭锁了，新的输入值信号根本就来不及在前方关门之前抵达。可以看到，在这个时钟周期内，译码器对Load_i 100 A指令进行了译码，准备好了各种控制信号，控制了各个通路及WE信号，等待下游电路的寄存器开锁以便接受新数据的流入。所以，我们可以将这一步称为译码阶段。与此同时，第二条指令Load_i 200 B也被取出等待在b处，所以在这个时钟周期内，电路并行同时进行了一次取指令操作和一次译码操作。

（4）第三个时钟下沿到来，Load_i 200 B指令信号从b处穿越指令寄存器并被锁定，恒定在c处，译码器开始译码该指令并生成控制信号；与此同时，计数器再次载入一条新指令Add A B C，等待在b处。与此同时，在上一步中译码Load_i 100 A所生成的控制信号，在本时钟周期内会对译码器下游的电路产生影响，徘徊在寄存器A门口d处的立即数100的信号顺利进入寄存器A（因为上一步所输出的寄存器A的WE信号为1，允许写）。也就是说，Load_i 100 A这条指令在经历了取指令、译码阶段之后，在这个时钟周期内才真正被执行完成，因此我们把这个阶段称为执行阶段。可以看到，在这个时钟周期内，电路并行同时做了一次取指令、一次译码、一次执行。那么，你可以更深一步理解，Load_i 100 A是如何被“执行”的？答：就是在时钟下沿到来的时候，将寄存器A开了一下锁，让要载入的数值锁进了寄存器。这就执行了？是的，这就是Load_i 100 A指令的“执行”过程。

（5）第四个时钟下沿到来，Stor C 地址100被取指令并等待在b处；Add A B C穿越并被锁定在指令寄存器中并开始被译码；Load_i 200 B指令被执行完成，将200载入寄存器B中；寄存器A的WE信号被指令译码器置为封闭状态，脱挡了时钟，所以不被触发，依然保存着Load_i 100 A指令的成果。Load_i 100 A和Load_i 200 B指令光荣完成任务，驾鹤西去了。可以看到，在本时钟周期内，电路并行同时做了一次取指令、一次译码、一次执行。这一步中需要深刻理解的是，Add A B C被译码的结果是，#5/#6这两个选路器被控制为分别将寄存器A和B导向到ALU输入端，#3/#4这两个选路器被控制为将g处信号导向到寄存器C。当然，一定要深刻理解：这些路径在译码时只是被预先选通，从而能够让数据按照准备好的路径流动到对应的目的地，并不是说路径选通了数据就会立即流入目标寄存器。在一个时钟周期内，路径上的数据可能还会经过多次变化，因为组合逻辑的输出信号是可能会发生翻转的。当然，在下一个时钟下沿到来之前，信号都必须稳定输出，如果组合逻辑运算得太慢，那么就得降低时钟频率。在这个时钟周期刚刚开始时（本次时钟下沿刚刚结束的瞬间），寄存器B的输入端在上一个时钟周期时被准备好的数值瞬间被锁定并在e处稳定输出，寄存器A的值也早已被锁定。在本时钟周期的中部，Add A B C指令被译码后所生成的多个控制信号也几乎稳定地被输出，打通了对应的通路（将A和B导向到ALU输入端，将g处信号导向到d处并选通寄存器C输入端），那么在本时钟周期的后部，A和B的输入信号将在ALU内部逻辑门的作用和改变下，朝向d处进军，并最终在本时钟周期结束之前，抵达d处并稳定等待在那里。与此同时，寄存器C的WE信号也会被解封，此时就差临门一脚，在下一个时钟下沿，寄存器C会将这个结果锁住。

（6）第五个时钟下沿到来，Halt指令被取指令并等待在b处；Stor C 地址100指令穿越并被锁定在指令寄存器中，同时开始译码；Add A B C指令在这一步算是最终执行完毕，因为等待在寄存器C前端的那个数值，也就是A+B的数值，此时会被锁住。在本时钟周期中部，Stor C 地址100指令译码生成的信号开始陆续抵达各个选路器和WE控制门，包括：控制#7将寄存器C的信号导向f处，控制#1选通地址100，并解封地址100的WE信号。再次强调，虽然此时通路已经打通，数据存储器地址100的WE信号也被解封，但是f处的数据只会流入到i处等待，而并不会被写入地址100。因为只有在时钟下沿到来时，存储器才会对输入端采样并锁住，而本次下沿已经结束（也正是本次下沿才触发Stor C 地址100指令被译码，从而将存储器100的WE信号解封），下一个时钟下沿还没到来。可以看到，在本时钟周期内，电路并行同时做了一次取指令、一次译码、一次执行。

（7）第六个时钟下沿到来，Stor C 地址100指令的最后一脚被完成，也就是存储器的地址100处的触发器将上一步等在自己输入端的C的值锁住，完成了存储器写入的动作。同时，也是关键的一步，Halt指令在本下沿被从b处透传到c处，进入译码器开始译码，译码的结果是什么？回去看一下图2-15，Halt指令的输出信号直接把晶振下游的与门的Halt输入端置为0。这招可了不得，时钟被脱挡，这意味着下一个时钟下沿永远也无法到来，晶振的输出会恒为0。虽然自己还在那振，但是被与门给封闭了。于是整个电路从此便处于静止态，所有寄存器均维持着上一个被锁定的值。别忘了程序计数器（PC指针），该下沿会触发计数器+1，再次选出一条新指令（产生越界，将会是无效指令，或者碰巧可以被译码的指令）到b处等待，但是谁都知道，这个等待将会是海枯石烂。但是一定要理解，Halt将晶振封住，并不影响本时钟周期内电路组合逻辑针对新的输入信号进行处理。

关于“执行”二字的思考

指令本身包含着“电路应该干什么”的信息，译码器则将指令化解、消化、翻译，形成一堆零散的控制信号并输送到对应的选路器和WE信号上（译码）。译码也是一种运算，任何组合逻辑电路都属于运算电路，ALU也是组合逻辑。我们可以看到，对于Add A B C指令，其译码输出的信号会直接把对应路径选通（#3/#4/#5/#6选路器）。也就是说，在该指令被译码的中后期，寄存器A和B的值就会被输送到ALU输入端，ALU内部就已经开始噼里啪啦，排山倒海了，计算结果也会从ALU输出到对应的目的地（寄存器C），这一切要在一个时钟周期内完成，否则下一个下沿采样到的将会是无效结果。也就是说，Add A B C指令从开始译码到A+B运算完成，是在同一个时钟周期内的，下一个时钟下沿则会将Add指令的执行结果“体现”出来，也就是将结果锁定到寄存器C中，白纸黑字板上钉钉。那么，这条Add指令到底是什么时候被“执行”的呢？准确来讲，应当将“执行”划分为“执行和结果输出”以及“结果被锁存（执行完毕）”两种状态比较合适。Add指令在同一个时钟周期内，先被译码，后进入执行过程并输出结果；下一个下沿被锁存结果，执行完毕。这样说最为精准。如果单纯回答“Add指令是什么时候被执行的？”这个问题，那么问问题的人一定是在问Add指令的执行过程而不是执行完毕发生在什么时间，那么回答应该是“在Add指令被载入指令寄存器的那个时钟周期内被ALU执行运算并输出结果的”。Load_i 100 A指令的执行过程，与Add有些不同。Load_i的“执行”只有一个状态，那就是数据被白纸黑字地锁在目标寄存器里，否则何“Load”之有？

将结果锁存，说得高雅一些，就是“改变运算电路的状态”。运算完了却没有保存结果，那么电路的状态就不会发生变化。假设所有的WE信号都被封闭，那么时钟下沿将不会改变电路的任何状态，就像什么都没有发生一样。就像你正在蹬自行车，突然链子掉了（WE信号置为不允许写），你继续蹬了一脚（晶振产生时钟下沿），然而蹬空了（被WE封闭了，挂不上链子），车子并没有被你这一脚蹬的继续往前挪动（电路状态没有任何改变），而是靠惯性滑行。然而，数字电路可没有惯性，别指望着执行Halt指令之后，剩下的电路还能自己继续运算一段时间。

我们现在再来看看如果将上述指令换为Load_i 100 A, Load_i 200 B, Add A B A, Stor A 地址100, Halt，这个电路到底会不会出现电平型锁存器场景下那种不受控的自反馈式永动ALU的现象。关键是分析Add A B A这个指令，其译码时，会将#5/#6控制为导通寄存器A和B的值到ALU输入端，这一点没有变化；同时将#3/#4控制为将g的信号输入到寄存器A的输入端等待，这一点与Add A B C指令相比是有区别的。但是，我们既然使用了边沿型触发器，导通到寄存器A有问题么？没有，寄存器A的输出端仍然输出的是上一次被锁存的值，不会被g处的信号误覆盖，而当下一个下沿到来的时候，A+B的结果便被锁存到寄存器A中，覆盖了寄存器A之前的加数，但又有何妨？

综上所述，利用边沿型锁存器，也就是触发器，来搭建运算电路的好处如下。

- 边沿锁定。不管下沿到来之前上游组合逻辑的输出值翻转的多剧烈或者多个输出信号相差多长时间才稳定抵达，只要在下一个下沿到来之前能够稳定即可。这样可以将颠簸隔离在单节车厢（指令/数据通路上两级寄存器之间的组合逻辑）内部，本节一开始的场景就会得到解决，最终体现为节省了电能。
- Stor类指令不会导致存储器被误覆盖。
- 可以实现Add A B A这种指令，节省寄存器的使用。在复杂程序中，可用寄存器越多，就越能避免使用外部的存储器来暂存数据，性能也就越高。

从现在起，我们抛弃电平型锁存器，统一改为使用边沿型锁存器（也就是触发器）来搭建所有的电路。

写使能

在1.5.13节最后我们就提到过，利用门控时钟方式实现写使能，会产生时序问题，下面就来分析一下。对于电平型触发的锁存器来讲，门控时钟方式的WE并不会有问题。然而对于边沿型触发的触发器来讲，假设上一条指令译码之后将WE信号置为1，也就是允许写，然后时钟下沿到来时，电平变为0，门控与门的输出也从之前的1变为了0，产生一个下沿，从而将上一条指令读出的新数据锁住。与此同时，下一条指令也同时开始被译码。假设下一条指令会将该寄存器的WE信号设置为0，也就是不允许写，但是译码需要时间，假设WE信号此时依然维持为1。然后，时钟信号开始进入上沿，继而进入高电平期，此时如果新的WE信号（即将变为0）依然没有到来，那么WE信号依然会维持为1。由于此时时钟信号为1，WE也为1，那么与门的输出就会变为1，此时寄存器中锁住的依然是上一条指令写入的数据。然而不幸的事情发生了，当时钟信号进入高电平期间，新的WE信号（0）终于到来，0 AND 1=0，此时与门的输出就会从1变成0，又产生一个下沿，此时寄存器会怎样？是的，它会瞬间把门打开，让门口的数据锁进来，然后迅速关门。而此时等在寄存器门口的数据是什么？是非法数据。因为当前正在被译码、执行的指令是不想让该寄存器被写入的，这证明该寄存器前端的数据是无效的。比如，MUX的那些未被选通的路径会默认输出全0，这些0是无效数据。而此时由于上述过程，导致与门多产生了一次下沿从而误锁住了这个无效数据。上一条指令写入的数据被误覆盖，最后导致计算错误。所以，对于使用边沿型触发器的寄存器，必须采用如图1-130所示的写使能方式，而不能用门控时钟方式。由于几乎所有时序逻辑电路都采用边沿型触发的方式，所以门控时钟除了用在节省功耗场景之外，其他场景不能被使用。正因如此，后续冬瓜哥也不再使用门控时钟与门的方式来画图了，而是直接在寄存器上标注“WE”表示写使能信号输入。

2.2.8 分步图解指令的执行过程

下面我们就用图2-18中左侧图所示的运算电路来执行5条指令，然后依次观察这5条指令的执行过程，注意观察电路中每一处的信号状态。图2-18中给出了在第1个时钟周期内（也就是第1个时钟下沿到第2个时钟下沿之间）的信号状态，可以看到，指令Load 100 A将立即数100直接载入寄存器A，第1个时钟下沿将32bit寄存器+1，其输出值控制着指令寄存器右侧的Mux将第1行指令读出并输送到指令译码器，译码出的控制信号被输送到相关Mux/Demux的控制端；同时，指令中的立即数100被输送到寄存器A的前端等待，本周期结束，可以发现100这个值并没有被载入寄存器A，只是等待在寄存器A跟前，当下一个时钟下沿时才会被锁到寄存器A前端。

如图2-19所示，当第2个时钟周期到来时，上一步的100被锁到寄存器A中，由于所有寄存器的输出端会直接与Mux以及各种运算器相连，由于此时寄存器右侧的Mux并没有明确的控制信号，或者说译码器输出给这些Mux的是一些无效控制信号，所以寄存器A的输出值100被到底是否透过了Mux，不得而知，但是这并不影响运算结果，同理对于其他寄存器也是类似。

同时，由于计数器再次被+1，所以第2行指令被载入译码器并输出对应控制信号，指令中的地址信号导致数据存储器的第2行，也就是200这个值被读出并输送到寄存器B前端等待，本时钟周期结束。

在第3个时钟周期内，上一步等待在寄存器B跟前的200被传递到寄存器B输出端锁定，寄存器A由于写使能信号被封闭，其依然输出100这个值；同时第3行指令被译码，导致立即数10被输送到寄存器C跟前，本时钟周期结束。

如图2-20所示，在第4个时钟周期内，10这个值被锁定到寄存器C的输出端，同时，第4行指令Add A B B被送入译码器译码，此时，译码器会对寄存器

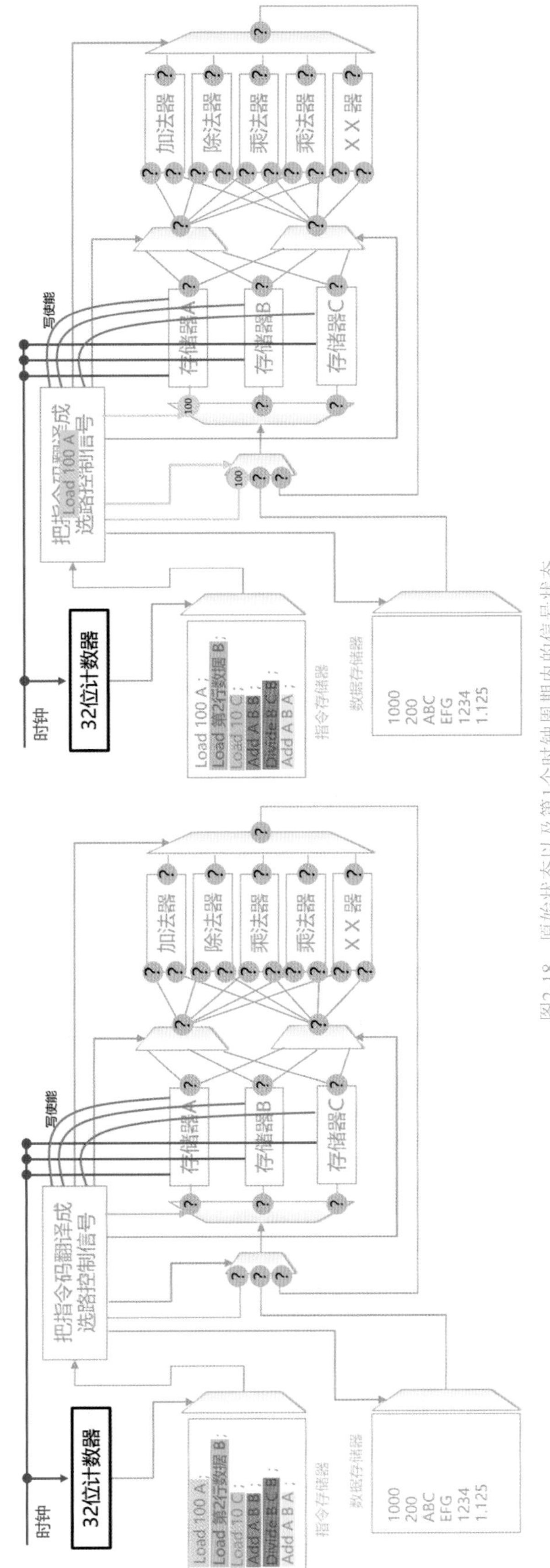

图2-18 原始状态以及第1个时钟周期内的信号状态

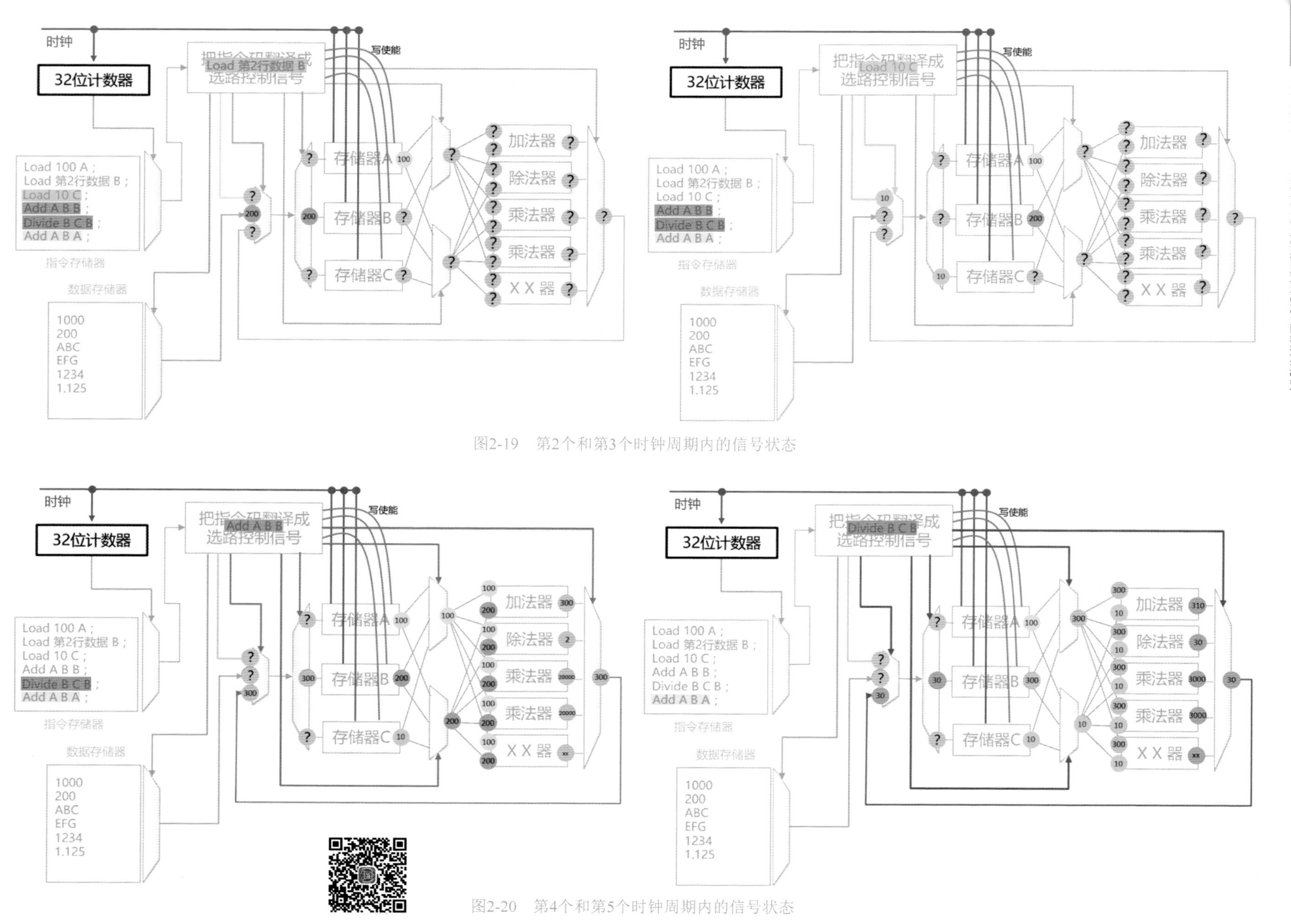

图2-19　第2个和第3个时钟周期内的信号状态

图2-20　第4个和第5个时钟周期内的信号状态

右侧的以及运算器右侧的Mux输送有效的控制信号，导致100这个值被送入所有运算器的第一个输入端，而200这个值被送入所有运算器的第二个输入端，所有运算器做相应运算并将结果输出到右侧Mux，同时译码器控制运算器右侧的Mux将加法器的输出值选出（因为当前被译码的指令是Add）并输送到寄存器B跟前等待（因为当前的Add指令是将寄存器B作为结果保存的地点）。本时钟周期结束。

在第5个时钟周期内，上一步的加法计算结果300被寄存器B锁住并输出，同时第5行代码Divide B C B被读出译码，其导致寄存器B和C的值被输送到运算器中运算并将结果30输送到寄存器B跟前等待。

如图2-21所示为第6个时钟周期的状态，该周期内，上一步的除法结果30被锁定到寄存器B输出端，同时第6行指令Add A B A被读出并译码，其将寄存器A和B的值相加并将结果130输送到寄存器A跟前等待。本时钟周期结束。

2.2.9 判断和跳转

现在我们开始解决第二个问题：算出全班成绩的及格率。如果用人脑算，就需要用60去与每个成绩作比较，大于等于60，就在纸上记个标记，证明多了一个人及格了，最后再把整个标记的数量累加数一遍，除以100即可。这个过程如果用电路来计算的话，也是这种方式。关键问题是，电路如何判断某个数据是大于、小于还是等于60。我们之前设计的指令似乎没有一条能够做到这件事。

为此，我们需要设计一条新指令，给其取个名字吧，叫作Cmp（Compare，比较），其语法："Cmp 寄存器A 寄存器B"。然后在ALU中增加一个比较器逻辑电路，其能够将输入的两个数做减法，然后根据结果来输出对应的信号。这里有点犯难了，Cmp的输入一定是两个待比较的数，那么输出应该是什么？应该是寄存器A大于、小于、还是等于寄存器B里的数？是的，其输出的信号可以是2位，比如00表示大于，01表示小于，10表示等于。那么，这2位应该保存到哪个寄存器？如果要保存的话，那么语法是不是应该是"Cmp 寄存器A 寄存器B寄存器C"？

在继续思考之前，我们需要回过头来思考这么一件事情，Cmp指令执行完了之后，再怎么办？这需要回答，Cmp是为了什么，是为了判断应不应该在纸上增加一个标记以表示"又有一个人及格了"。我们不妨先假想出一个能够完成整个计算任务的程序，然后用这个程序来设计底层电路以满足这个程序的执行。

同样是处理这100条数据，如图2-22所示，鄙人设计了一个假想中的程序。首先第一行和第二行指令的目的是在数据存储器地址200上"初始化"一个数，这个数的初值为0，它就是用来记录有多少人及格的。然后，从数据存储器的地址1上将第一个成绩载入，再将60分及格线载入，然后比较这两个数的大小。注意，这里使用了Cmp指令。

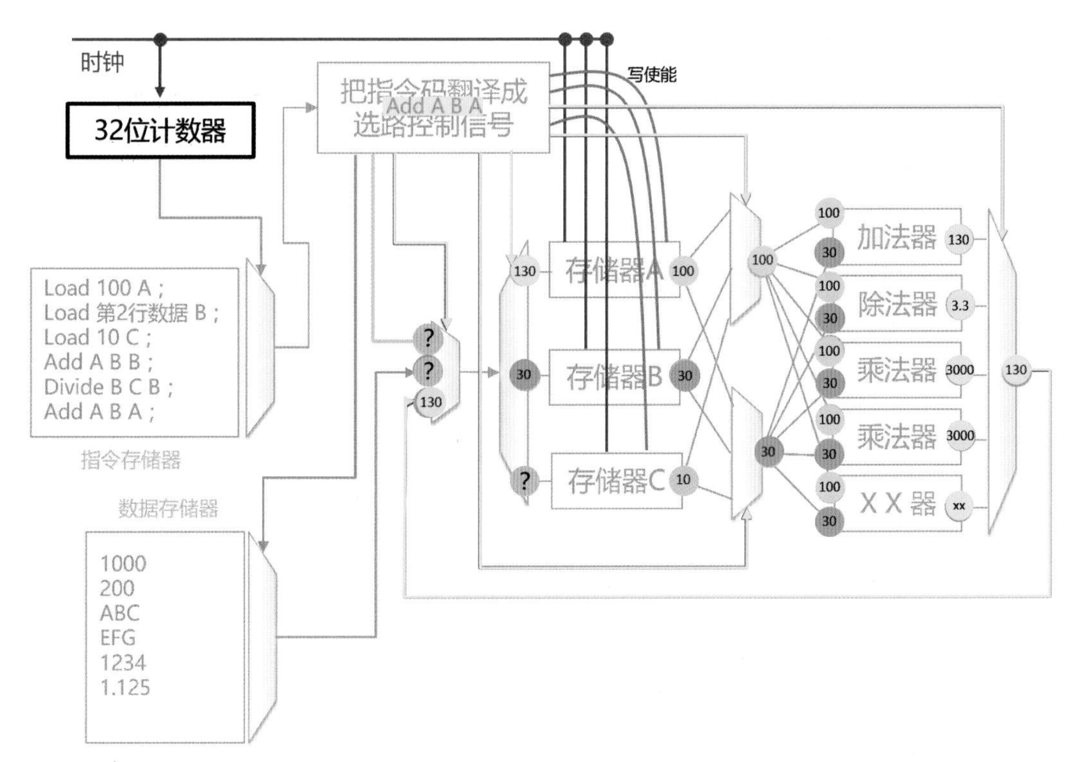

图2-21　第6个时钟周期内的信号状态

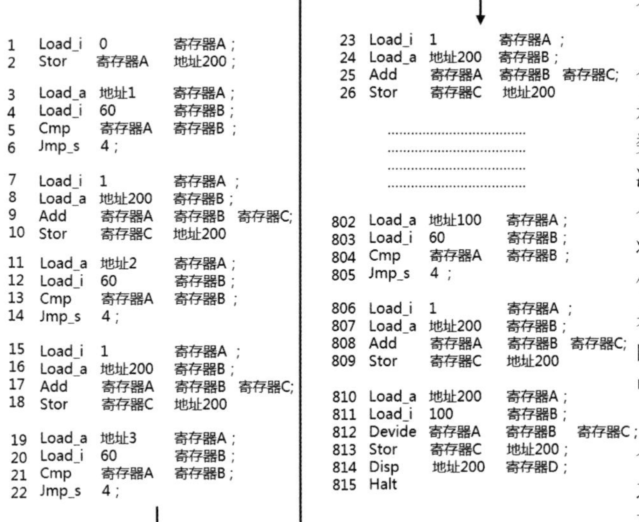

图2-22 假想中的程序执行步骤

关键的地方到了，可以看到鄙人新设计了一条Jmp_s（当Cmp结果显示寄存器A的值小于寄存器B的值时就跳转，s表示small的意思）指令，在第6行上。其表示：如果上一条Cmp指令输出的结果为寄存器A中的数小于寄存器B中的数，则下一条指令不再从它后面接下来的那条指令执行了，而是要越过第7、8、9、10这四行指令，直接执行第11行指令。为什么？因为这个人的成绩小于60，不及格。而第7、8、9、10这四行指令的目的是将地址200上存储的数字+1，然后再存回地址200上。如果当前成绩不及格，就不能+1。所以，要跳过这几条指令。Jmp_s 4的意思就是跳过下4个地址上的指令。至于硬件上如何实现这种跳跃，下文再去思考和设计，但是乍一想，一定是要将计数器强行+4才行。

目前程序跳到了第11行开始执行，也就是载入数据存储器地址2上的成绩与60进行比对，我们假设地址2上的这个成绩大于等于60。啊，终于及格了！太棒啦！额，这不重要！成绩及格，就要把地址200上那个专门用于统计及格者数量的数字+1。此时，一定不能让电路跳转到第19行执行，而是必须执行第15行指令，也就是按照原有设计一行一行地接着执行。

综上，Jmp_s 4指令执行期间，必须判断其上一条Cmp指令的结果，如果上一条指令显示小于，才可以跳转，也就是将计数器强行+4，如果并非小于，那么一定是大于等于60，计数器就不被强行+4，这样电路就会继续执行第15行了，从而将表示及格者数量的数字+1。

这样一直循环下去，一直到第809行，100个成绩全部比较完毕。此时，将进行收尾工作，将表示及格者数量的数字载入，将100这个立即数载入，然后相除，得出一个比值，再将这个比值写回地址200，然后再执行一条Disp指令并将其输出到数码管，接着执行Halt指令，此时数码管显示的数据被定格在Disp指令所输出的结果上，整个程序执行完毕。

看上去不错！现在，只要从硬件上支持Jmp_s指令的逻辑即可。可以肯定的一点是，Jmp_s指令一定是根据Cmp指令输出的结论来判断到底是不是对计数器加上对应数值的。其实本质上应该这么说更加准确：当操作码译码器里面的逻辑电路收到Jmp_s指令之后，同时根据Cmp指令的结果，共同决定是否将计数器加上对应数值。那么，事情就简单了，操作码译码器需要增加一路输入信号——Cmp指令的结果，同时增加一路输出信号——对计数器加某个数值的控制逻辑。这里要注意的是，+4只是在上面这个程序中，其他程序有可能不是+4，而是+5或者+100，等等。

实际中，在设计一些计数器电路时，允许预置某个数值，也就是将某个值强行灌进去，然后下次触发之后，就从当前值继续+1向前滚动。但是这个设计并不能满足上文中的需求，上文中的Jmp_s指令要求在当前的地址上+4，而并不是把某个固定的地址灌进去。因为程序在编写的时候，根本不知道自己将会被放在指令存储器的哪里，可能从第一行开始放，也可能从第二行、第十行开始放。不管从第几行开始放，都不会影响程序执行之后结果的正确性。也就是说，程序自己都不知道某个指令当前放在了指令存储器的第几个地址上，所以不可能向计数器直接灌入某个绝对地址，因为你不知道“当前地址”是多少。

所以，需要想另外一个办法。如果不能靠外力，就只能靠自举了。按照上面程序的例子，计数器如何做到自己给自己加上4？自己给自己加，就是自种自吃，那是不是可以把自己输出的值加上4，然后反馈到自己的预置输入端继续输出？我们把思路一层层地梳理开来，一点点推进，最后形成如图2-23所示的思路导图。主要方法是一步一步地自问自答，假设，不断地试，成功之后检查问题，发现问题继续解决。

可以看到，在最后一步中，我们用了一个很巧妙的方式实现了同样的效果，完全抛弃了结构复杂的计数器，只需要一个简单的寄存器，然后将输出反馈到输入。但是如果仅仅是反馈到输入的话，还记得吗？在每个时钟下沿，触发器将输入透传到输出，下次下沿再次转回来，数值不变。但是，如果将反馈回来的信号经过一个加法器与某个数值相加之后再输入到寄存器，那么每次转回来的数都会被加上这个数，这就形成了在每个时钟下沿都会将上一次累加好的值透传到输出，然后输出立即反馈回输入。如果当前载入执行的指令不是Jmp指令，则操作码译码器会控制MUX将1导通到加法器，从而将+1后的地址输送到寄存器，但是由于时钟下沿已经过去，所以暂时等在这。如果当前载入执行的指令是Jmp指令，则操作码译码模块会控制MUX将Jmp指令中包含的所越过的行数导向到加法器，从而将当前正在执行的指令地址+越过的行数之后输入到寄存器并且等在这。在下一个时钟下沿到来时，之前被+1或者被+（Jmp指令中立即数）之后的地址会被瞬间锁定并输出到寄存器下游的电路中，从而载入对应地址上的指令继续执行。**所以，通过对MUX输入路径的改变，决定了下一条指令是从哪个地址被载入，而这个MUX的控制信号则由对应的Jmp指令以及Jmp指令上一条的Cmp指令的输出结果共同译码来得出。**

注意 ▸▸▸

这里一定要注意，电路执行“Jmp n”指令的结果，仅仅是将需要跳转到的目标地址写入到PC指针寄存器中，仅在下一个时钟下沿的时候，目标地址上所存储的指令才会被载入执行。而并不是说“Jmp指令本身的执行结果就是目标跳转地址上的指令被执行”。这一点非常重要，必须深刻理解。

还有一个问题未解决，那就是操作码译码器是根据Cmp指令输出的结果来判断向跳转控制电路中的MUX发送什么控制信号的，所以Cmp指令的输出必须作为操作码译码器的输入元素。与加、减、乘、除一样，比较器也在ALU中，也是靠ALU中的MUX将结果选择输出，输出到哪里？结果寄存器C（经由DEMUX#2）还是操作码译码器？如果是Cmp指令的输出，就必须输出到操作码译码器，以供为紧接着的跳转指令译码过程提供判断依据。如果不是Cmp指令，则要输出到结果寄存器C。所以，这里就需要一个DEMUX#5了，该DEMUX也需要由操作码译码器通过判断当前指令是否为Cmp来控制其选通路径。图2-24所示为支持Jmp指令的电路设计。

如何译码 ▸▸▸

看到这里，你可能突然会感到迷茫，操作码译码器要接受这么多指令输入，输出如此多的控制信号，那么其内部的逻辑到底是如何被设计出来的呢？产生这种迷茫的可以返回去再次阅读1.3.5节的内容。值得说明的是，操作码译码器的真值表必定是一张极度庞大的表，因为其会有数百条指令代码作为输入，必须全部包含进来，不能漏过任何一条指令。

由于执行Cmp指令所输出的信号，必须在下一条指令的执行周期内供操作码译码器判断，所以必须先将Cmp的执行输出，所以需要一个寄存器来暂存这个结果。否则，接下来的Jmp指令执行的时候，就无法找到Cmp指令的执行结果。而这个寄存器对程序来讲是不可见的，因为程序没必要知道这个寄存器的存在，也就是图中的“状态寄存器”位于控制模块中。只要是寄存器，就必须被接入时钟信号，以及在时钟信号之前用或门（下沿触发的话）接入一个WE写使能信号，这已经是常识了。

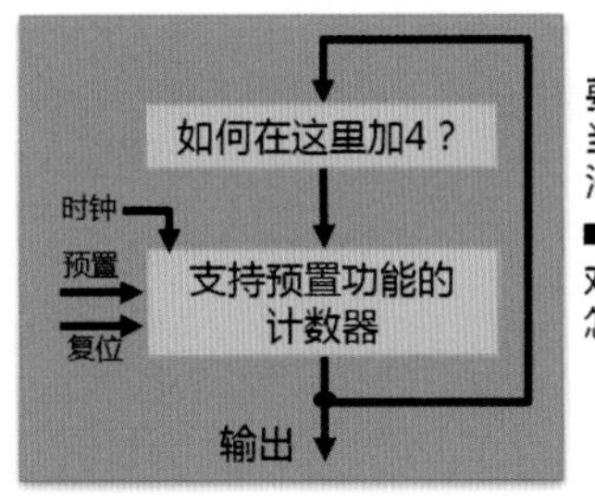

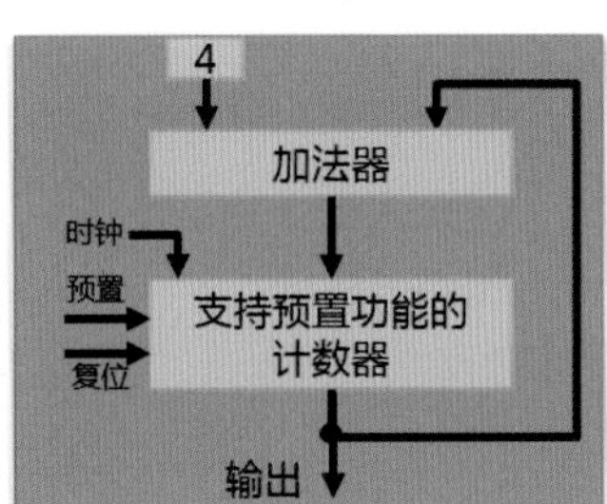

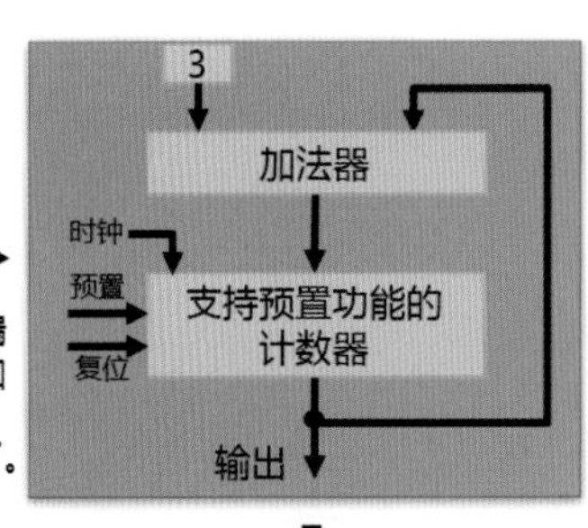

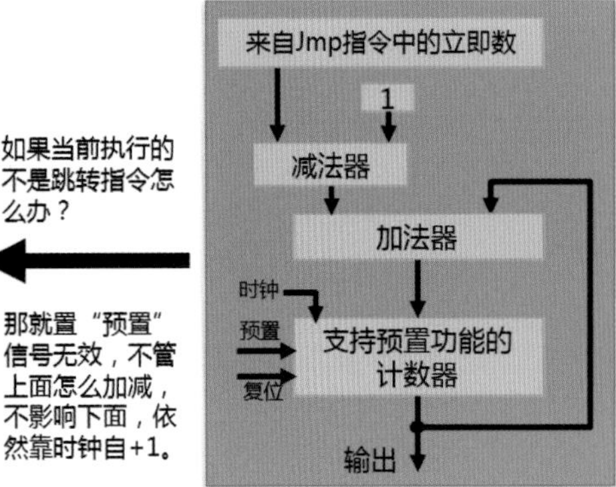

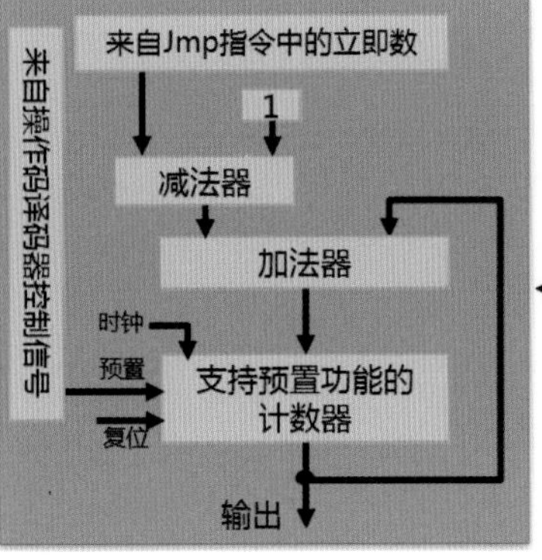

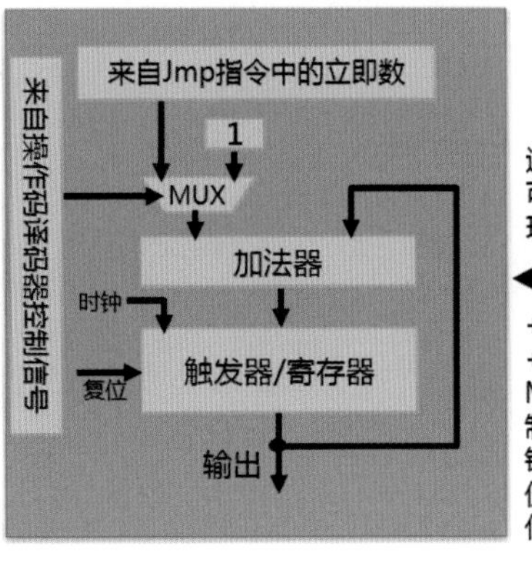

图2-23　实现跳转指令的解题思路

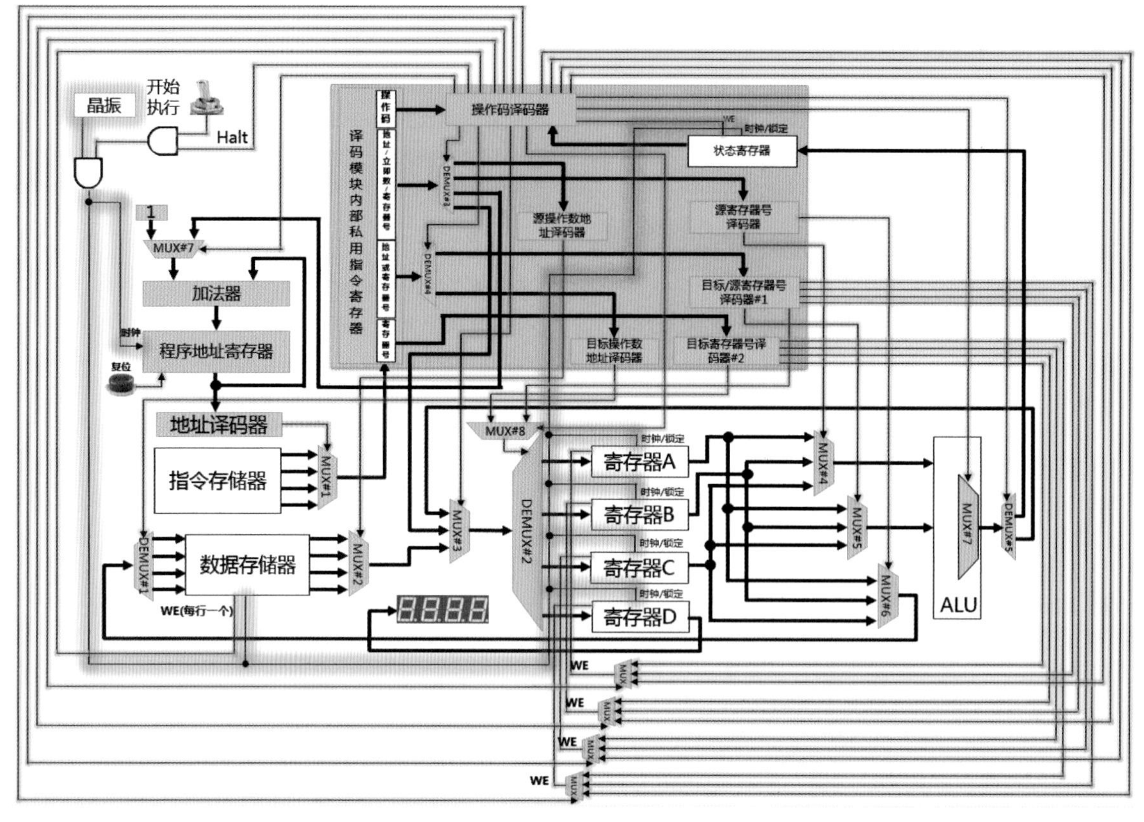

图2-24　支持Jmp指令的电路设计

跳转

既然我们上面设计了一条Jmp_s指令，其意义是如果寄存器A的数比待比较的数小，就跳转，否则不跳。那么，完全可能存在某种程序，其要求当寄存器A大于待比较数时才跳，这完全合理。所以我们需要设计很多种跳转指令，包括Jmp_b（bigger，大于）、Jmp_e（equal，等于）、Jmp_be（大于等于）、Jmp_se（小于等于）以及Jmp_ne（not equal，不等于）。基本上，这几种跳转指令可以覆盖所有判断类型了：大于、小于；一样、不一样。硬件上无需修改设计，Cmp指令的输出已经足够让操作码译码器判断是大于、小于、一样（相减之后的结果为0，所以Jmp_e也可写成Jz）还是不一样（相减之后的结果不为0，所以Jmp_ne也可写成Jnz）。其实后面你会看到更多Jmp类指令的子类型，比如往前跳和往后跳，这些子类型指令都是为了满足程序设计的便捷性而设立的。

2.2.10　再见，章鱼先生！

后续的系统架构会在更高层维度上形成更复杂的结构，使用隐掉了细节的架构图，这更有助于理解高维度架构。从现在开始，鄙人不得不开始逐渐简化架构图了，这并不意味着去掉其中的电路模块，而是为了让思维上升一个维度。并且为了节约篇幅，而把一些底层细节略掉，不再画出，只保留上层维度上的架构，也就是那些主要的模块以及它们之间的联系，但是大家一定要达到这样一种境界：看到某个模块，立即在大脑中显示出其内部的各个模块、联系，并且自己给控制模块输送一条指令，然后理清楚其后续的译码、执行、结果写回步骤和控制信号路径，做到游刃有余，最后能够徒手三下五除二在纸上画出这幅图。达到了这种境界之后，才能继续往下修炼，否则后期走火入魔，别怪鄙人见死不救，呵！

最后，再怀念一下这张图，并且深刻理解这张图吧。为了让大家尽快过渡到高阶抽象的架构图并习惯高维度思维，在图2-25中，我隐去了控制模块内部的细节架构，并用章鱼和虾兵蟹将代替了。章鱼就是操作码译码器，处于最高层，负责核心控制信号的下达；虾兵蟹将表示各种地址译码器、寄存器号译码器、MUX/DEMUX等，属于二级控制部件，在顶级Boss章鱼先生的控制之下，负责将二级控制信号输送给数据通路上的三级控制部件。

整个系统架构如果极度抽象之后，便是图2-25右图所示的情形了。但是这种图看上去并无意义，因为如果你根本不知道这些模块内部的细节、确切的连接方式以及时序的话，这张图你看了也等于没看，反而更加一头雾水。

所以，谁要是再在第一课上告诉你“瞧，这就是计算机模型”，那么你可以保持沉默，在黑板上把之前的具体架构图给他画出来，说：“这才是计算机模型！一上来就来一张抽象图，弄得我们一头雾水！”

显然，在之前那个复杂的架构图中，其实主要有下面这几个模块，如图2-26右图所示。

- **时钟和启停控制单元**。这里包含晶振和启停控制电路部分。时钟信号向各个寄存器伸出绵延的手，这些手将承担反复扳动开关的任务。这些承载时钟信号的导线，就像树干和树枝一样，伸向电路的各处，所以被称为“时钟树”。
- **取指令单元，Instruction Fetch Unit**。它包含的就是上文中那个在时钟触发下自增的寄存器，这里为之起个专用的名字：**程序计数器（Program Counter，PC）**，俗称**PC指针寄存器**或者**IP（Instruction Pointer）寄存器**。此外，还包含加法器、固定数值存储器（存数值1）、MUX，以及地址译码器。
- **存储单元**。包含指令存储器和数据存储器以及对应的DEMUX和MUX。指令寄存器中存储着**机器指令**，或者说**机器码**，抑或俗称**代码**。存储单元可以使用触发器/寄存器来充当，但是有更加廉价、合适的选择，我们后文再来详述。
- **指令译码单元，Instruction Decode Unit**。这个单元内含大量错综复杂的翻译逻辑，能够根据各种不同的指令输出各种不同的控制信号，可以说是整个电路的大脑。
- **寄存器堆，Register File**。这个单元里就是一堆寄存器。当然，上文中只给出了4个寄存器。随着程序越来越复杂，你会看到4个寄存器根本不够用，需要更多寄存器，那也就意味着更多输入/输出的MUX/DEMUX和更多控制信号。至于当初为什么将它命名为Register

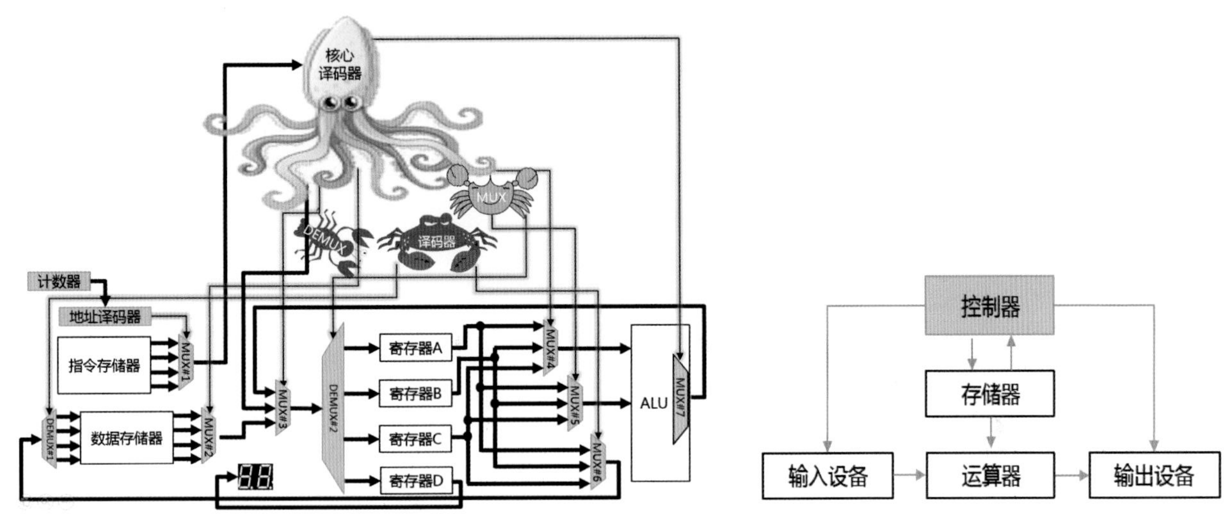

图2-25　章鱼Boss和虾兵蟹将

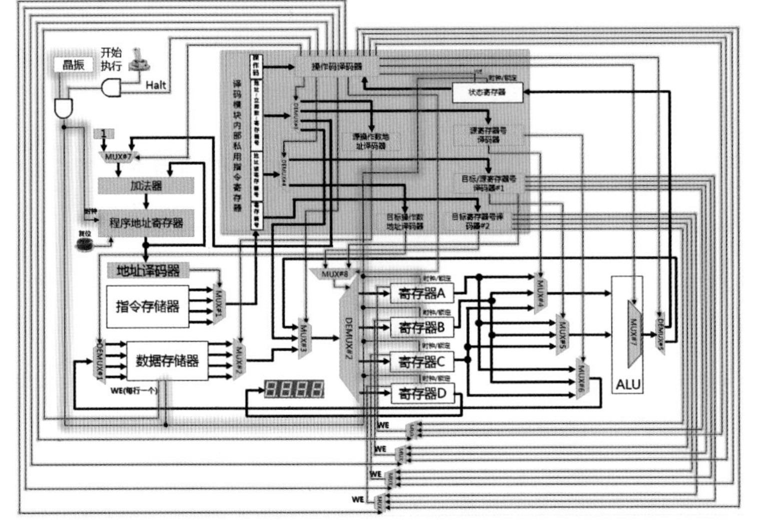

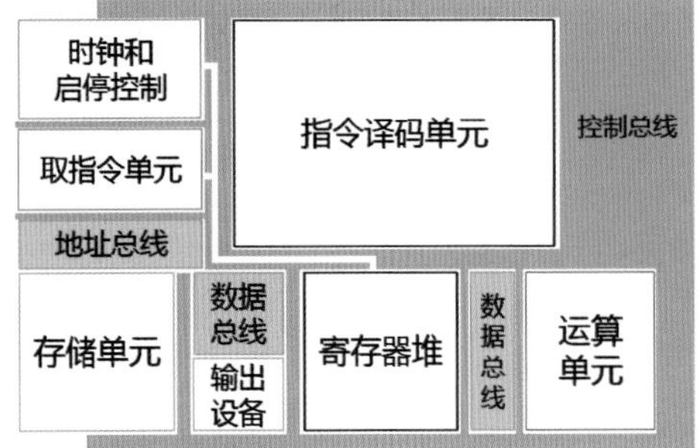

图2-26　为主要模块起个名字

File而不是Register Group/Stack/Clump，无从而知。

- 运算单元，也就是ALU。这里面包含了各种加法器、乘法器等数学运算器，还有各种逻辑运算器，比如OR、AND、XOR等。这些运算器共同组成了ALU。实际中，要运算的数据会被MUX/DEMUX有选择性地输送给对应的运算器，这样可以保持其他运算器前端的信号不变，从而节省电路的翻转，节省电力。当然，也可以把所有数据输送给所有运算器并行计算，只在输出端用MUX/DEMUX选出对应运算器的结果。
- 数据总线。它是连接在存储器、寄存器、译码器、ALU之间的，用于数据传送的导线。数据导线之间会经过很多MUX/DEMUX用来选路导向不同的目标模块。这些导线都是并行排布的，比如如果存储器内的某一行容量为32位，那么数据总线的位宽就是32，也就是32根导线并行，每个时钟周期从32个并排的MUX选出32个位来通过32根导线传递到对面的电路模块。
- 地址总线。如果存储器共有8行，那么地址总线的位宽就是3，3根线上的3个位可以表示2的3次方行，相应地，PC寄存器中也应该有对应数量的触发器。而如果是256行，那就需要8根线，PC寄存器内就需要有8个触发器。这些导线直接从PC寄存器的每个触发器连接出来，输送到地址译码器上进行译码。
- 控制总线。控制总线是一堆非常凌乱的、以单根为粒度发散出去到每个电路模块上游或者下游的那些MUX/DEMUX、WE控制门等控制部件上的控制信号线。控制信号无处不在，它们就像这个世界里的交通规则，控制着每一个路口。

取指令单元在自增PC寄存器的触发之下，源源不断地将指令存储器中的指令选出、输入到译码单元译码之后，选通对应的MUX，将数据从数据存储器中选出并输送到运算单元前端的寄存器堆运算，将结果导回到结果寄存器保存，然后将结果从结果寄存器存回数据存储器。这个过程一定要烂熟于心，做到闭着眼都能画出来方可继续。篇幅和精力所限，后续鄙人将不再给出细节的连线图，而只给出粗粒度的示意图。

再见，章鱼先生和它的虾兵蟹将们！我们从此将进入更高层的维度去探索，或许后续依然有机会穿越到这个充满了逻辑电路、数据导线、控制导线、MUX/DEMUX、时钟信号、或门的奇妙的电路国度继续探索！

2.3 更高效的执行程序

2.3.1 利用循环缩减程序尺寸

看了图2-22中的代码，你是否比较惊讶呢？共815行代码，是不是稍显臃肿？而且，第7～10行这4行代码，与第15～18行、第23～26行等后续多个代码块的内容都是一模一样的，这4行代码的作用就是当发现有成绩大于60分时，就将位于数据存储器地址200上的这个变量进行+1操作。

于是，现在所有人是不是都不约而同地在想：如果能将这个代码块只保留一份，当程序执行到需要对这个用于统计及格人数的变量+1的时候，就利用Jmp跳转指令跳到这个代码块，执行完后再跳回去继续执行，岂不快哉？我们下面就在逐步的思考中解出这道题的答案！

如图2-27所示，最左侧是原来的代码。为了精简代码量，我们直接把多余的代码块删掉，只留一块，将其放到靠近顶部的位置。我们打算这样设计：统计不及格者的数量时，一旦遇到不及格，则用跳转指令往回跳转对应的行数，跳到这个唯一保留的代码块上，对变量进行+1操作；并且在第一个代码块结尾增加一条指令，强行越过第二个代码块，因为初始时刻不需要+1。这种跳转指令不需要在其前面放置Cmp指令，因为其不需要任何理由就会强行跳转，所以被称为无条件跳转指令。

但是上述的设计有个问题，那就是跳回去可以，但是执行完+1之后，再去哪儿？显然，需要再在这个负责+1的代码块中增加一条跳转指令，跳转的目标则应该是“从哪来的就跳到当初来的那个地址再+1之后的地址”，然后继续执行。那么，我怎么知道当初它从哪儿跳过来的？而且还得+1？显然，如何用一条指令同时表示多个意思，成了我们需要解决的当务之急。这里面其实不仅仅是“一条指令表示多个意思”，而是在每次执行的时候，跳转的地址都需要变化。我们之前所设计的任何一条指令都没有这种特质。

是否可以设计一条类似“Jmp 寄存器A”的指令：其含义是让电路将寄存器A中所保存的数值灌入到PC指针寄存器中，而寄存器A中的数值是可以变化的，而且可以在每次执行某个代码块之后，通过将某个值Load到寄存器A中？这样不就可以实现上述需求了么？

如图2-28所示，我们设计一条新指令，称之为Jmp_ra，r的意思是“Register”，也就是寄存器的意思，a则表示address。这条指令是无条件跳转到对应寄存器中所保存的那个地址上。假设电路可以实现这个操作，那么我们看看对应的代码应该怎么来编写。首先，在第一个代码块中还是初始化一个变量，这个变量将用于记录不及格者的数量。然后直接强行跳转到第三个代码块，在这里，代码将读出地址1中的数据并将其与60做比较，接着在Jmp_s代码的作用下决定：是跳回到第二个代码块并对变量+1，还是继续向下执行。此时，最关键的一步，也就是在Jmp_s之前，一定要将第二个代码块执行完毕所跳回的地址写入到某个寄存器中。由于寄存器A、寄存器B和寄存器C在代码执行过程中需要频繁使用，没有其他地方来存放这个跳转地址，所以这里我打算增加一个寄存器E，用于单独存储这个地址。Load_i 6这条指令就是把数值6加载到寄存器E中。如果地址1的数字小于60，则向前跳转9行，恰好是第二个代码块。在这里对统计变量+1，最后强行无条件向前越过6行，恰好是第四个代码块：在这里会执行与第三个代码块类似的操作，一

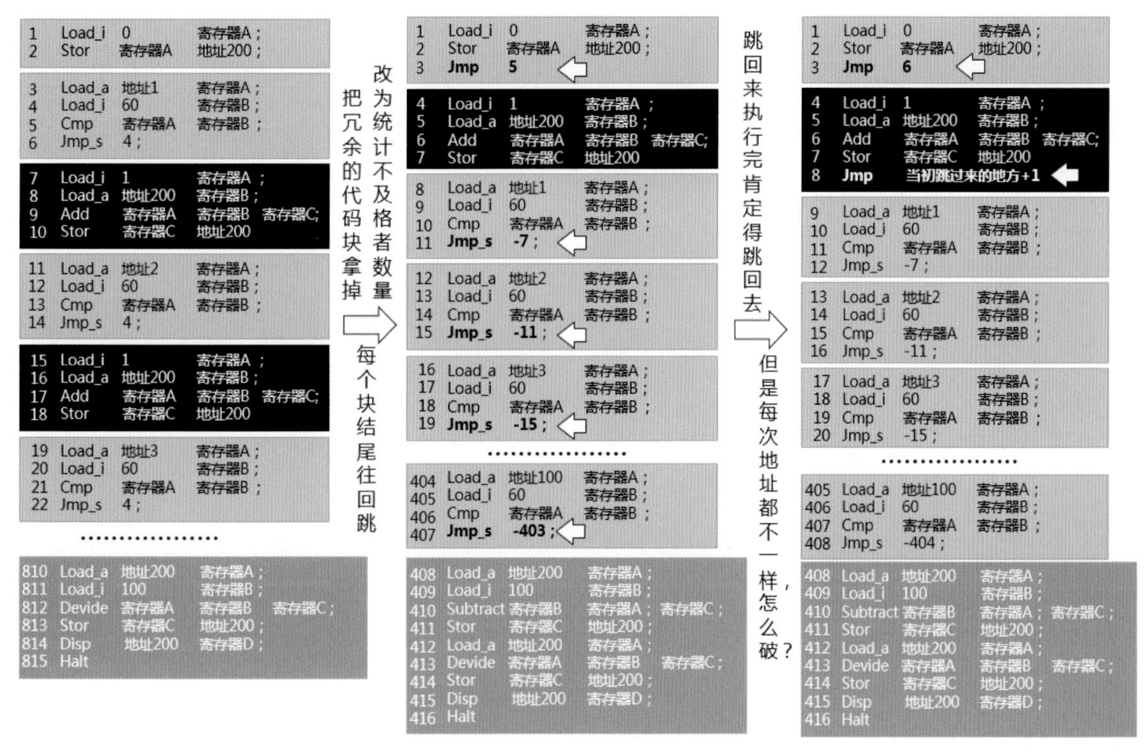

图2-27 利用上跳转跳回到同一个代码块循环执行的设计思路

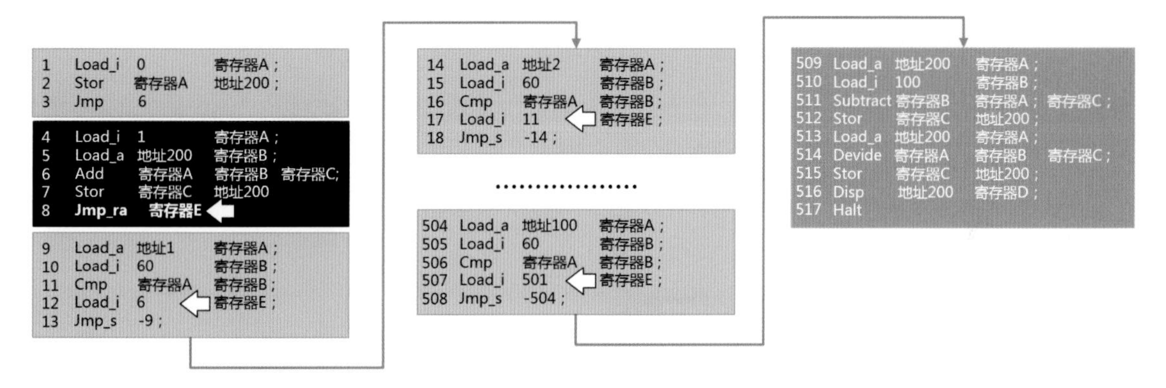

图2-28 利用寄存器寻址方式可实现更灵活的执行路径

直执行到第100个代码块。最后，取决于地址100上保存的成绩是否及格，要么跳回到第二个代码块将变量+1，然后接着向前跳跃504行到最后一个代码块，要么直接顺序执行最后一个代码块，最终将结果算出。

这种将地址预先保存到寄存器中供后续指令使用的寻址方式，叫作**寄存器寻址**。之前那种直接在指令中给出地址的方式叫作**直接寻址**。

另外，如图2-24所示的电路只能完成向前跳转（向下跳转），而无法完成向上跳转（向回跳转）。为了完成诸如Jmp_s -5这种向上跳转5行的指令，必须将当前PC地址减掉5，这个动作显然需要减法器来完成。所以，Jmp指令需要再次被细分为上跳还是下跳。我们不妨用**Jmpf**（forward）和**Jmpb**（back）分别表示下跳和上跳，各自对应不同的操作码。这样一来，操作数也不需要再用负数表示了，Jmpb 5就表示向上跳回5行。Jmpb_b 5则表示当源操作数大于目标操作数时，向上跳转5行。

经过上述的设计，代码行数比之前的815行降低了大约40%。下面我们需要将Jmpf/Jmpb_ra指令在硬件上加以实现。到现在为止，大家完全有能力自行设计出这条指令的硬件了，只要多加思考。所做的工作包含：增加一个减法器用于向上跳转；增加一个MUX用来选择是上跳还是下跳（Jmpf和Jmpb操作码的不同最终就体现为控制这个MUX）；增加寄存器E；在操作码译码器内部增加对应的控制通路；将寄存器的输出导通到取指令单元。

图2-29所示为对之前设计增加和修改的部分。为了节约篇幅，图中已经将其他不相关部件的连线以及

控制信号全部省掉。

是不是感觉顺手拈来？当你深刻理解MUX/DEMUX的作用之后，会发现运算电路里缺了它还真不行。后续你完全可以自行设计任何你需要的指令以及对应的电路。

当然，实际中的运算电路设计都是经过充分优化的，有些电路已经优化到你用眼观察根本看不出其中的逻辑了。而且，不得不说的是，我们之前所设计的那些指令（指令集）也并非与现实产品锁实现的一一对应。

对于如图2-28所示的代码指令，其实还可以更加优化，因为里面其实还是有相当大的冗余部分。比如，第3～100个代码块，它们做的是同样的事情，都是载入某个存储器地址上所保存的数据，然后与60分及格线作比较；此外，在第3～100个代码块中，都需要用人脑来算出来向上跳转回多少行之前，这是个很头痛、低效的工作。那么，这部分冗余的代码以及需要用人脑才能算的上跳行数，是否可以利用某种循环跳转的方式，用极少量的代码加跳转指令循环100次，刚好将这100个数值比较完而且还可以不用再算上跳行数了呢？完全可以。只要经过仔细思考的话，大家就隐约也可以感觉到，我们还需要一条Load_ra（r表示Register，寄存器；a表示address，地址）指令，其可以将寄存器中所保存的数据作为存储器地址，然后从该存储器地址上读出数据并将其载入到某个目标寄存器中。这样的话，就可以用一条指令而不是多条指令，每次载入不同的地址，形成一个循环，像Jmpb_ra指令一样。

同样，我们还是先直接将看上去冗余的部分删除，然后再在合适的地方插入跳转指令。如图2-30所示是经过重新设计的代码，可以看到，只需要32行代码。这里面的窍门儿就在于我们设计了一条Load_ra指令，也就是用寄存器寻址的Load指令，它将源操作数寄存器中的数据认为是一条存储器地址，然后到对应地址上读入数据。

同样，在第一个代码块中还是先初始化统计变量，同时将“地址1”作为一个立即数来装载到寄存器F中，这非常重要。“Load_a 地址1 寄存器F”与“Load_i 地址1 寄存器F”完全不同，前者是将存储器地址1上所存储的数据读入寄存器F，而后者是直接将地址1这串地址码载入寄存器F。然后，为了给后续的循环提供判断依据，我们将“地址1+100”这串地址码存储到寄存器E中永久暂存。接着，无条件跳转到第3个代码块执行。第14行便是Load_ra指令，也就是将寄存器F中的数据当作地址，输送到地址译码器，从而从存储器中读出对应的数据载入目标寄存器。由于寄存器F之前已经被载入了地址1，所以第14行就是将地址1中的数据载入寄存器A。第15行和第16行将载入的数据与60分及格线相比较，第17行执行跳转，如果不及格，就跳到第9行，从而对统计变量做+1的操作，然后再从第13行无条件跳转到以第18行开始的代码块。这个代码块的作用则是将寄存器F中之前所保存的地址+1，然后与寄存器E的值（地址1+100）进行比较，如果小于，则证明还没将100个地址上的数据全部统计完，则跳回第14行继续读出+1后的地址上的数据并继续比较，不断循环，直到寄存器F被加到等于“地址1+100”时，便不再往上跳，而是执行接下来的第4个代码块（也就是以第24行开始的代码块），在这里，将进行收尾工作，最终统计出及格率。

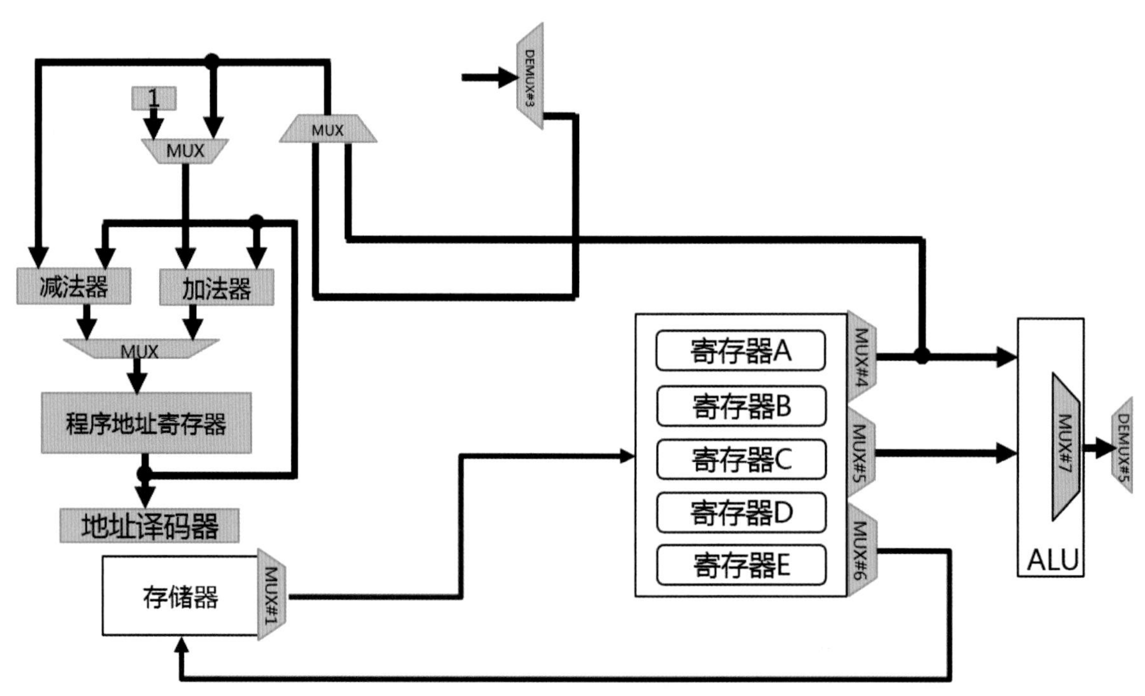

图2-29　支持寄存器寻址

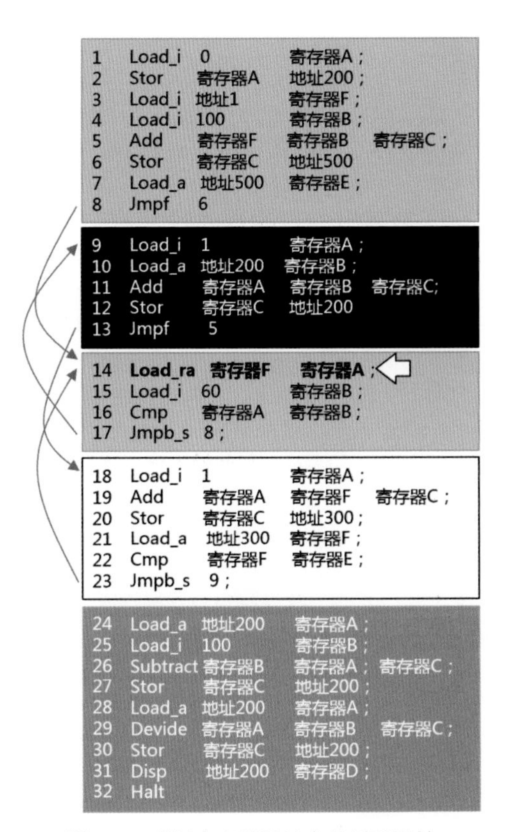

图2-30　利用寄存器寻址实现循环跳转

为什么不是直接与“100”相比较，而是“地址1+100”呢？因为“地址1”在代码里只是个符号，其中的1只是表示“第1个地址”，而并不是说“数据存储器中的第1行”。“地址1”有可能是从数据存储器的第100行开始的，那么地址1=100，也可能是从第202行开始算的，那么地址1=202。

可以看到，新代码设计里没有用到Jmpb_ra/Jmpf_ra指令，只用到了Load_ra。至于Load_ra指令的硬件实现，鄙人不想再做过多描述。只要充分理解了本书上文的内容，大家此时已经完全有能力自行画出对应的电路设计了，无非就是增加MUX/DEMUX或者为其增加新的路径。

2.3.2　实现更多方便的指令

大家在阅读上述代码的时候，有时会觉得“很麻烦”。比如，第1行和第2行的目的是初始化一个统计变量，用于统计不及格者的数量，这个变量能否一直待在寄存器里而不被写回到存储器中呢？如果可以的话，第6行就不再需要了，否则每次都从存储器载入回来，太烦琐！

如果要将结果寄存器C的值载入到其他寄存器的话，之前并没有设计可以实现在寄存器间复制、移动数据的指令，所以只能是先将寄存器C的值用Stor指令写回到存储器，然后用Load_a指令载入到其他寄存器。如果有某条指令（比如Mov，它是Move的简称）能够直接在任意两个寄存器之间复制数据，那就方便多了。

如果要把某个寄存器的值加上某个立即数，之前没有Add_i指令，只能用Load_i将立即数载入某个寄存器，再用Add将两个寄存器相加，这太烦琐。

还有，如果要对某个寄存器+1的话，比如本例中，为了循环比对数据，需要对寄存器F进行+1操作，但是可以看到，每次+1，先得用Load_i将立即数1载入寄存器，再用Add相加，很烦啊！能不能有一条命令（比如“Increase 寄存器F”）可以直接+1？

如果我们能够实现上面这些指令，那么程序会更加精简，可读性会更强。实际上，你可以实现任何你想要的指令，你所能够想象出来的数据移动方式都可以设计出来。在图2-31中的程序代码中，我们可以发现增加了多个寄存器，包括E、F、G和H。这节省了很多代码，因为不需要为了给其他计算步骤腾出寄存器而把数据写回到存储器，然后在需要的时候再载入了。

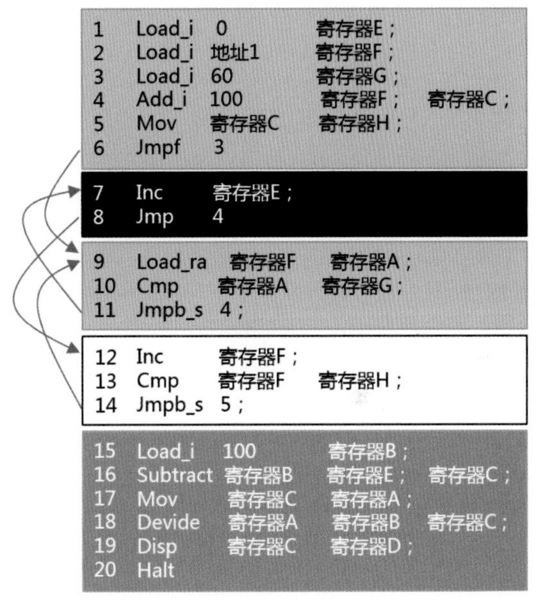

图2-31　实现更多实用的指令

另外，上述的那些新增代码，要实现起来其实也不是难事。冬瓜哥简要分析一下这几条新指令的电路设计思路，给大家的思维上最后一道发条。后续任何新指令的电路，大家得学会自己思考和设计了，鄙人总不能一手包办。基本上，只要对MUX/DEMUX驾轻就熟，实现主流的指令都不是难题。

- **Add_i指令**。这条指令实现起来非常简单，在ALU的一个输入端前方插入一个MUX，用来选择是从某个寄存器输入还是从指令中的立即数输入，操作码译码器增加对应的译码输出信号控制该MUX即可。
- **Load_ra指令**（r表示register，a表示address）。这条指令从指定的内存地址中读出数据，然后将读出的数据作为一个地址码，再去读出这个地址上的数据，接着载入对应的寄存器。比如Load_ra B A，表示把寄存器B中所保存的数值作为地址，去寻址存储器（访问存储器中的该地址的数据）从而读出某数据x，然后将x载入寄存器A。

- Load1/Load2/Load4/Load8指令。由于一个数据寄存器可以存放多个比特位，比如8位、16位、32位、64位甚至到512位。如果想把一个16位（2字节）的数据载入到寄存器，那么就得使用Load2指令，其中Load之后跟着的数值表示需要载入的字节数。同理，Load8表示载入64位数据到寄存器。寄存器的位宽视不同设计和产品而定，目前主流的通用运算电路中寄存器为64位宽。
- Stor_ra指令。同上，Stor_ra A B则表示将寄存器A中的值存储到以寄存器B中的值为地址指向的存储器对应的地址上，而不是把寄存器A的值存到寄存器B里（那样就是Mov A B了）。
- Mov_r_ra/Mov_ra_r/Mov_ra_ra指令。Mov_r_ra A B表示将寄存器A中的值复制到一个存储器地址上，这个存储器地址被保存在寄存器B中。Mov_ra_r A B则表示将寄存器A中的值作为地址寻址存储器读出的数据，并将读出的数据复制到寄存器B中。Mov_ra_ra则表示将寄存器A中的值作为地址寻址存储器读出数据并复制到将寄存器B中的值作为地址所指向的存储器地址上。
- OR/AND/XOR等逻辑运算指令。这些指令本质上的执行过程与算数运算指令（比如Add等）没有区别，只需要在ALU的MUX端将对应的运算结果选出即可。当然，ALU内部也需要设计对应的运算逻辑电路模块，大家完全可以自行设计出来。
- Stor_i指令。该指令直接将某个立即数写入某个存储器地址。硬件实现也比较简单，在操作码译码器内第二个字段所连接的DEMUX上多引出一个通路，直接拉到存储器左侧的DEMUX前端。由于有多个通路的信号可能都会向存储器输入数据，所以在这里设计一个MUX用于决策将哪个通路的数据导入到存储器的DEMUX前端，DEMUX再来决定将这个输入写入到哪个存储器地址。
- Mov指令。“Mov 寄存器A 寄存器B”指令直接把寄存器A中的数据复制到寄存器B。这个指令其实可以等效为“Add_i 0 寄存器A 寄存器B”，操作码译码器只要将这条指令当作Add_i指令来译码即可。当然，也可以用另外一种实现方式。比如，将寄存器堆下游的MUX输出端并联出一路信号并连接到其上游的DEMUX输入端，这相当于将某个寄存器的输出连通到另一个寄存器的输入，并控制相应的MUX/DEMUX选通对应的通路即可。
- Inc指令。比如Inc A，表示将A寄存器中保存的数值+1。该指令等效于ADD A 1 A，把A寄存器的值读出来并将其与1相加，再将结果写回到A。有人可能会有疑问，A的值正在输入到加法器，而同时又将加法的结果输入到A，岂不是无限累加了？别忘了，整个这套数字电路是严格按照时钟频率来运作的，结果被输入到A寄存器只是输入到其输入端，但是并未被锁存，直到下一个时钟周期的边沿，才会触发锁存。这就是触发器的作用所在。所以ADD A 1 A看上去很怪异，实际上这是非常常用的一种方式。
- Inc_ra指令。这条指令是把寄存器中的数值当作地址，去寻址存储器，把数据读出，再将其+1并写回到存储器该地址。电路设计上，可以直接从存储器下游的MUX的输出端并出一路导线并将其直接连接到ALU上游的MUX上，接着将固定数值1连接到ALU另一路输入端上游的MUX上，然后将ALU的输出端直接连通到存储器上游的输入端，不过得先在这里加个MUX，因为寄存器C也有一条反馈通路连接到存储器，这两条反馈通路需先连接到MUX，再输入到存储器输入端。
- Inc_a指令。这条指令是直接将所给出的地址用来寻址存储器，将读出的数据+1之后再写回同一个存储器地址。硬件设计没什么难度，大家自行思考。
- Inc_r指令。这条指令是将某个寄存器中的数值直接+1后再写回到这个寄存器，而并不是将其中的数值当作地址用来寻址存储器。硬件设计没什么难度，自行思考。
- Cmp_ir/Cmp_ri/Cmp_ira/Cmp_rai/Cmp_rara指令。Cmp_ir指令将一个立即数与寄存器中的数值做对比（立即数在前）；Cmp_ri则调换对比顺序，而对比顺序的不同决定了Jmp指令选用的不同，比如是Jmpf_s/Jmpb_s还是Jmpf_b/Jmpb_b；Cmp_ira则是将一个立即数（在前）与通过利用寄存器中所保存数值当作地址去寻址存储器读出来的那个数据做对比；Cmp_rai则是Cmp_ira调换位置做对比，Cmp_rara（rara看上去有点滑稽，但是令名字完全可以自己定义）指令则是指将两个寄存器内部所保存的数值作为地址去寻址存储器，并将从存储器读出的两个数据做对比。但是Cmp_rara指令试图直接比较两个位于存储器中的值，这个跨度太大，总得先把存储器中的值载入某寄存器才能被输送到ALU。所以，如果想实现这条指令，电路内部需要准备两个隐藏（对程序员不可见）寄存器，数据从存储器直接被读入这两个隐藏寄存器，然后输入到ALU比较出结果。否则，就只能先分别用Load_ra指令将存储器中的数据载入到某两个可见寄存器，然后再用Cmp指令来比较了，这就需要程序明确地用两步来实现。这几个指令的硬件实现请自行思考。
- Exg指令。这条指令对调（exchange）两个寄存器中的数据，上述程序中看上去好像用不到这条指令，但是不见得其他程序中不会用到。但是，你会发现当你着手开始设计针对这条指令所需要的电路部分的时候，可能会遇到思维的壁垒。要交换两个寄存器的值，就像左右手的东西对调一样，是不是总得先把一个东西放到其他地方腾出一个空间，然后才能完成对调呢？也就是说，必须分两步操作才可以？不见得。

如图2-32所示，我们先拿两个寄存器的场景举例，将寄存器A的输出端反馈到寄存器B的输入端，反之亦然。当然，由于寄存器还有可能被输出到其他通路上，其他模块也可能将数据输入给寄存器，所以寄存器的前端和后端都需要MUX或者DEMUX。为了实现Exg指令，需要在MUX和DEMUX上多增加一条通路专供这种反馈所使用。

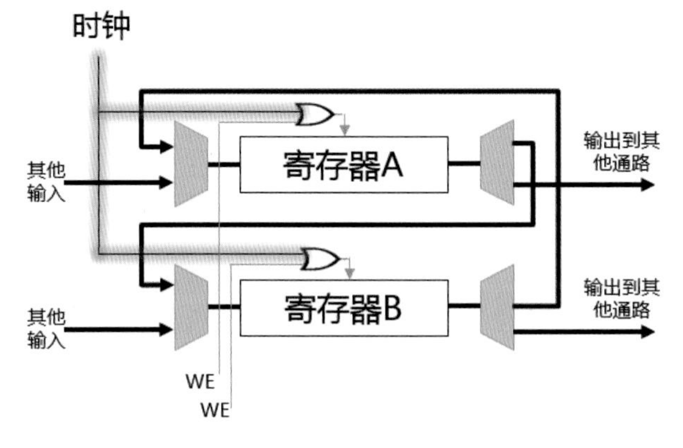

图2-32 寄存器数值对调

那么，如果将电路进行这种连接的话，难道不会发生寄存器A的数值给了寄存器B，那么寄存器B又同时将新数值输出给寄存器A，这最后不就乱套了么？不会的，别忘了一个最关键的地方，寄存器只有在锁定信号端触发（下沿或者上沿，视设计不同而定）时，才会瞬间将输入信号锁定到输出。所以，如果图中所示的例子在当前时刻并未触发，那么会处于这样一种稳定状态：假设寄存器A中保存的数值是100，寄存器B中保存的是200，那么此时寄存器A的输入端会被输入200，但是这个200暂时无法穿透寄存器A，只能等在这，同理寄存器B的输入端会被输入100而且也无法穿透寄存器B。当时钟下沿到来时，两个寄存器都被触发锁存，此时寄存器B瞬间将100锁住并稳定输出，而寄存器A则瞬间将200锁住并稳定输出。此时变成了这样一种情况：寄存器A保存了200并将这个值持续输入给寄存器B，寄存器B保存了100并将这个值持续输入给寄存器A。这就完成了数据交换。

在操作码译码器上增加针对上面这些MUX/DEMUX的控制信号，即可完成Exg指令。这种电路设计理论上是没有问题的，但是如果寄存器堆里的寄存器数量太多的话，为了实现任意两个寄存器之间的数据交换，那么硬件就必须两两互联，此时变成了如图2-33所示的场面。可以看到，耗费的电路资源太过庞大，基本上已经是前一章所介绍的交换矩阵了。实际的数字运算电路中，可能会存在几十个甚至上百个寄存器，可想而知，这种方法其实是没有现实意义的，除非不计成本和代价。

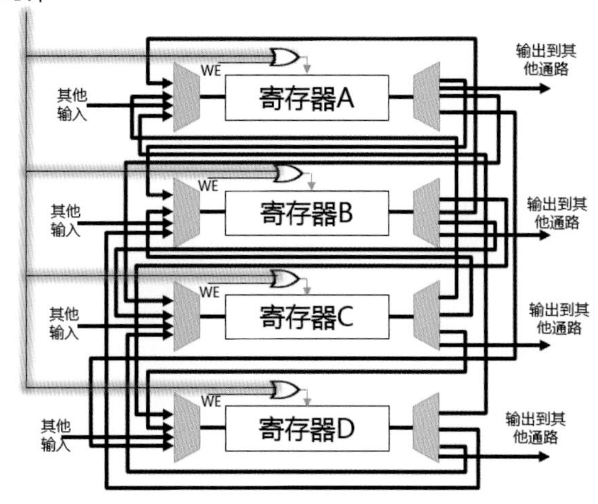

图2-33 寄存器数量多导致耗费资源过大

实际产品

在实际运算电路中，可能会有几百条指令，这些指令有些做的事情很简单，比如Add。有些则完成很复杂的任务，比如x86 CPU的FSQRT求开方指令等。本章所列出的这些指令，都是鄙人自己设计的，并不代表实际运算电路中的指令也包含这些指令，也不代表实际中的指令就是这样命名的。对于不同的运算电路，指令都有差异，有些还差异非常大。但是不管什么指令，一些基本的指令都是具备的，比如Add、Mov，等等。但是不管什么样的产品，什么样的指令，其底层实现方式与前文中介绍的虽然存在差异，但思路和方法都是一致的。

2.3.3 多时钟周期指令

有时候，为了节省电路资源，可以用时间换空间，将本来可以一步完成的任务分多步完成。这相当于提升维度，将原本底层需要展开到低维度的设计，拉回到高维度的更简明的设计，然后用时间的流逝分多步实现同样的结果。这可以简化设计，但维度越高，执行速度就会越慢。

比如，对于“Exg 寄存器A 寄存器B”指令，可以将其分3步执行。第1步是将寄存器A中的数据Mov到某个私有寄存器中暂存；第2步是将寄存器B的数据Mov到寄存器A；第3步是将私有寄存器的数据Mov到寄存器B。要做到这几样操作，至少需要解决如下问题。

- 需要一个临时寄存器用于倒手。这个倒是不难，增加一个私有寄存器即可，这个寄存器不支持指令直接操作，对程序员不可见，程序员也并不知道有这么一个寄存器存在。
- 在这3个时钟周期内，PC寄存器不能自增，需要使用WE写使能信号将其封住。只有当3个时钟周期之后，才可以自增并读取下一条指令载入。给PC寄存器加上WE信号并不难，难的是在什么时候输出和放开WE信号。

- 电路中显然需要有某种方法获知当前载入的指令到底需要几个时钟周期才能完成，如果多于1个周期，则立即将WE信号输出到PC寄存器以防止其在下一个时钟周期下沿触发自增。

【解题思路】：这个判断工作显然要交给操作码译码器了。比如，当接收到Exg指令或者任何其他的多周期指令时，就输出对应的WE信号值给PC并将其封住。

- 电路中显然需要某种方法来判断Exg指令是否已经执行完毕，也就是是否已经经过了3个时钟周期，从而根据这个结果将PC的WE写使能信号放开，让PC在下一个下沿继续自增。

【解题思路】：这显然需要一个单独的计数器来记录当前已经经过了多少时钟周期了，其触发信号也被连接到主时钟源上。当达到该指令所需要的时钟周期数值时，证明当前指令执行完毕，可以放开WE信号将PC寄存器解冻。而且同时需要一个比较器，将计数器的输出值与该指令所需的周期数相比较，相等则表示已执行完毕，将比较器的输出值输入到操作码译码器；或者采用倒计时计数器，每次时钟振荡触发计数器减1，减到0则证明已经经过了预设的时钟周期。操作码译码器仅当满足“当前指令为多周期指令”以及“已经执行完毕”信号同时满足时，才将PC寄存器前端的WE信号解封。而且，因为不同的多周期指令可能需要的周期数各不相同，所以操作码译码器需要根据当前所载入的指令，输出“当前指令所需的周期数”的数值并导向到这个比较器的一个输入端；或者如果采用倒计时方式的话，则直接将周期数预设到倒计时计数器中。

- 当计数器输出达到了所需周期数的时候，比如对于Exg指令，需要3个时钟周期，则当计数器达到2的时候（从0开始算），需要有某种机制让这个计数器不再随着时钟信号自增，要停止在2上。

【解题思路】：这显然需要一种自反馈机制，还需要一个比较器，将计数器的输出与2相比较，如果等于2，则将比较结果反馈输入给计数器前端的一个WE信号与门，从而冻结计数器。这套比较器和信号可以与上一步中比较器的输出共用。

- 根据计数器输出的数值的不同，驱动下游电路做好每一步工作。比如，当计数器输出的数值为0时，做第1步操作；当输出值为1时，做第2步操作。

【解题思路】：这个题解起来比较巧妙和有趣，有如下两种解法。

【解法1】：可以增加一个子译码器，专门用来将“计数器的输出数值”以及“当前指令是哪条指令”这两个输入信号（缺一不可，对于不同的周期，指令在每一步做的事情也不一样）翻译成针对电路中各个MUX/DEMUX的控制信号。当然，必不可少的是，在每个MUX/DEMUX端，必须增加一个二选一MUX，用于切换控制信号到底是从操作码主译码器给过来还是从这个子译码器给过来。这个二选一MUX本身的控制信号必须从操作码主译码器给出，也就是当主译码器发现当前载入的是一个多周期指令时，便将MUX/DEMUX的控制权交给子译码器。子译码器会在计数器的自增之下输出对应的信号，驱动下游电路的MUX/DEMUX将数据导向正确的路径，从而完成指令中所规定的事情。至于为了完成Exg指令，都需要在哪里增加MUX/DEMUX，这里就不再赘述了，大家自行设计。

【解法2】：直接用主译码器自身来完成这个过程，这意味着要将独立计数器的输出值反馈给主译码器并将其作为一种输入，以便主译码器根据当前是第几步来产生对应的控制信号。当主译码器检测到当前载入的指令是一条多周期指令时，输出“该指令所需要的周期数减1”数值给比较器的一个输入端，输出对应的WE信号值给PC寄存器以封闭PC寄存器的自增，放开独立计数器的WE信号以便其在下一个时钟周期自增，输出第1步所需要的控制信号给下游的MUX/DEMUX来完成第1步操作。然后，当下一个时钟信号到来时，在锁住上一步操作结果的同时，独立计数器自增1，这个数值输入到主译码器，主译码器中的翻译逻辑便输出用于第2步操作的控制信号从而完成第2步操作。在下一个时钟周期下沿到来时，依次完成第3步操作。在第3步操作中，除了完成数据移动或者运算操作之外，还将把PC寄存器的WE信号释放并复原（不要担心WE信号的释放会导致PC立即自增，因为此时下一个时钟信号下沿还没到来呢），并且输出正确的WE信号以把独立计数器的自增封住。如果下一个时钟周期载入的指令不再是多周期指令，那么译码器要将独立计数器的WE信号一直保持封闭状态，不让它自增，因为没必要，浪费电能。

这种设计不需要在下游电路的每个MUX/DEMUX控制端增加二选一MUX了，这节约了很多资源。更加奇妙的是，这种设计相当于主译码器在这几个时钟周期期间完全由这个额外的计数器来驱动着做事情了，此时PC寄存器一直处于暂停状态（又称为**Stall状态**或者**阻塞状态**）。

嵌套 ▶▶▶

这不由得让人想起了影片《盗梦空间》里的逻辑设计。第一层梦境中的1秒钟相当于第二层梦境的1小时，第二层的时钟飞速旋转，而第一层中的时钟却处于静止（被WE封住）。这个奇妙的设想在现实世界中可能也是真实存在的，可能还没被人们发现和理解。不过，至少在上述电路中，完全重现了这个思路。

- 当前指令执行完毕时，需要将计数器清零。不管下一条指令是不是多周期指令，计数器都必须清零。这里有个比较难的地方。译码器根据计数器反馈的数值判断当前已经是最后一步了，那么如果此时译码器输出一个清零信号给计数器的话，计数器输出的值将立即变成0，而这个0会瞬间反馈到译码器的输入，所以译码器就会认为当前是第1步操作，那么就会重复执行第1步操作。当下一个时钟下沿到来的时候，所有寄存器会被锁住，此时便会锁住该条指令的第1步操作的结果而非最后一步的结果，那么就会计算错误。

【解题思路】：采用同步清零计数器。同步清零计数器有这样一种特性，也就是Reset清零信号即便已经被置为高电平，计数器也不会被立即清零，而仅当Reset保持高电平并且当下一个时钟周期到来时触发清零，也就是由时钟来触发清零操作（其内部实现原理其实是将0强制输入到每个触发器的Data端，这样下一个时钟下沿到来时，便会将0锁定）。所以，可以当计数器自增达到所需时钟周期数的数值之后，比较器输出一个高电平，操作码译码器根据这个信号判断当前已经执行完毕，所以输出一个高电平到计数器的Reset端，但是并不触发清零，也不应该触发清零，否则将无休止地重复执行下去。而仅当下一个时钟周期到来时，计数器瞬间被清零。如果下一条指令仍然是多周期指令，那么刚好第一个周期计数器就清零了，继续进入由二级计数器所驱动的多周期指令的执行过程；如果下一条指令不是多周期指令，那么译码器应该持续输出清零信号给计数器Reset端，这样每个时钟周期都会清零计数器，从而让计数器保持为0。所以，这个计数器的时钟端可以不需要WE信号。至于同步清零计数器的具体电路，就不再介绍了，大家可以自行研究学习。整个设计与图1-107的核心思想类似，只不过图1-107用了两个时钟信号并且使用异步清零，如图2-34所示。

实际产品

在一个实际的数字运算电路中，可能会有数百种场景需要将PC寄存器冻结（上百路信号和时钟信号通过或门/与门相或或者相与之后，再与PC的触发锁定控制端相连）。比如，取指令的地址信号发出之后，在多个时钟周期内指令还没有被载入，这是有可能发生的。在前文中的电路中，指令必然在一个时钟周期就可以被载入。但是实际产品中，指令可能存储在各种地方，比如磁盘上，磁盘速度很慢，不可能在一个时钟周期就取到，那么此时PC寄存器就需要被冻结，下面的多个时钟周期都被用来从磁盘读入数据了。这只是一种情况，还有各种各样的情况会需要冻结PC寄存器。随着本书的深入，在第4章中，你会看到更多复杂的可能已经达到人脑逻辑推理极限的情况。另外，实际产品中，可能有些指令在执行的时候根本无法知道会耗费多少个时钟周期。这就需要更加智能、巧妙和复杂的判断逻辑来判断该指令是否已经执行完毕了，这里限于篇幅不再介绍，大家可以自行研究和学习。

综上所述，实现一个多周期指令，需要在PC寄存器被暂停期间进入到第二层维度中，利用独立的计数器或者其他方式将这一条指令中的多个步骤执行下去，执行完毕之后，再退出到第一个维度上继续执行。

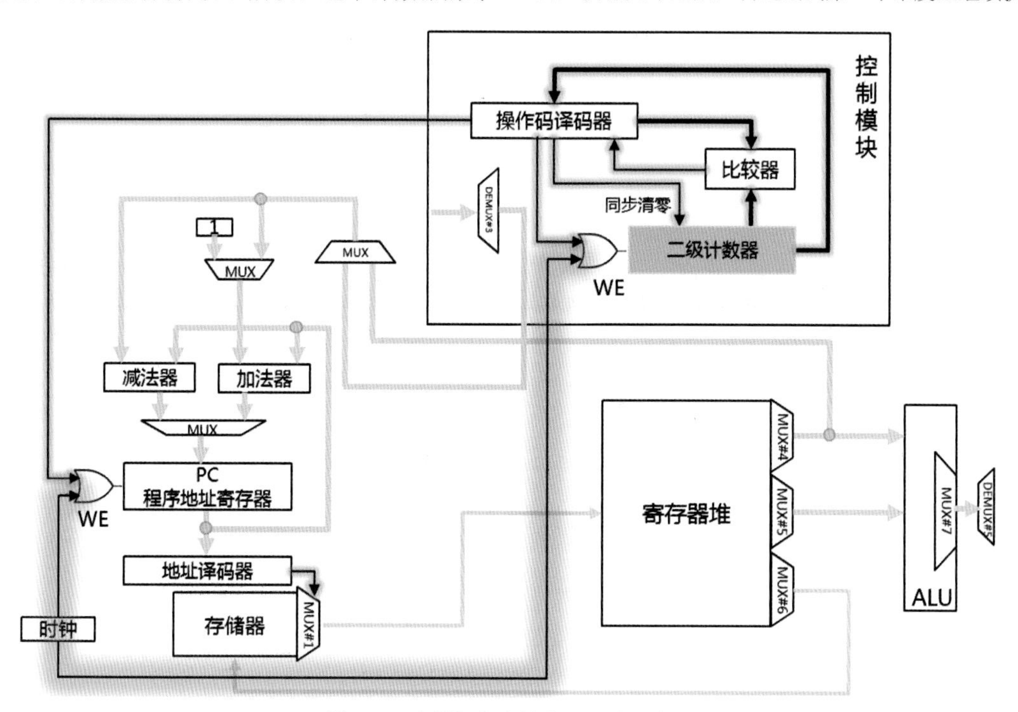

图2-34　多周期指令的实现方式示意图

CISC和RISC ▸▸▸

CISC（ Complex Instruction Set Computer，复杂指令集计算机）架构，指的是该运算电路对应的指令集中有很多复杂的指令，而且对这些复杂指令的译码执行过程并没有采用分解成多个简单步骤利用多个时钟周期完成的方式，而是采用一步到位法将电路展开，用尽可能少的时钟周期来完成。这样做的后果就是电路异常庞大、复杂，直接导致时钟频率不能太高，因为每次时钟下沿触发之后，需要留足够的时间让这个庞大的电路进行译码和执行，电信号经过太多级数的门，自然需要更长的时间，所以CISC架构的运算电路频率做不到太高。相反，RISC（Reduced Instruction Set Computer，精简指令集计算机）架构中，运算电路的指令集中并没有太多复杂指令，多数都是简单指令，那么如果需要复杂指令才能完成的事情，RISC怎么处理？答案是利用多条简单指令分多步完成。因此，其电路实现简单，频率就能做得较高，但是程序的代码行数自然也多，会占用更多存储器空间，执行时需要载入更多次指令，才能完成与CISC相同的工作，所以访问存储器的频度也很高。人们也发现，多数程序中都不怎么会用到复杂指令，所以RISC继CISC架构之后大行其道。不过，当前最新的产品对RISC和CISC架构已经模糊了，RISC指令集也变得越来越复杂，内部其实也需要将复杂指令分解成多步操作了。

2.3.4 微指令和微码

可以看到，为了实现一条指令，需要做的工作非常繁杂，一不小心就会出错。本书介绍的也只是理论上理想情况下的实现，就已经如此复杂了。可想而知，现实产品中的实现得多复杂。另外，由于篇幅所限，鄙人就不再一个一个地把对应的电路画上去了，根据上文给出的思路，大家完全有能力自行将电路模块和时序画出。如果达不到这个水平，建议重新阅读之前的部分打好基础。当然，如果你可以达到在脑海里即可构建出一张框架图的水平的话，则证明你已经可以深刻理解并且游刃有余了。

目前最高端的运算电路多数都是采用微码（microcode）来将一条复杂的需要多个周期才能完成的机器指令，直接翻译成多条简单的、每条只需要一个周期就可完成的简单指令，或称微指令（microinstruction）。所以，程序员可见的机器指令又被称为宏指令（macroinstruction），因为它可被分解。可想而知，必须存在一个宏指令到微指令的对应表，这个对应表被俗称为微码，它存储在某个特殊的内部私有存储器单元中。另外，需要译码器实现对应的判断规则。当发现载入的指令是一条复杂指令时，除了需要封闭PC指针寄存器之外，还需要发出对应的寻址信号，在时钟的驱动之下以及内部计数器或者指针寄存器的控制之下，从对应的微码存储器中将对应的微指令一条一条地读出来并执行，执行完毕后放开PC寄存器，从而在下一个时钟周期继续从主存储器载入指令执行。

如图2-35所示，每一条微指令实际上并不是操作码，而直接就是该微指令所对应的各下游模块的控制信号。也就是说，不需要再经过一个译码器将微指令操作码翻译成控制信号了，也根本不存在“微指令操作码”这个东西，而是直接用人脑预先将每一条微指令翻译成电路控制信号组，然后存储到对应表中即可，每个指令需要被翻译成什么控制信号都是固定的。

每一个控制信号组就是一条微指令，一条宏指令由多个微指令顺序执行完成，这组微指令就像一个微程序一样，这个微程序执行的结果等效于顶层的程序员可见的那条指令的执行结果。然而这个微程序并不是由程序员编写的，程序员也看不到微程序的运行过程，而是由指令集设计人员预先设计好的。

总结一下：一条复杂的顶层指令在内部需要执行一个微程序来完成，微程序中的每一步是一个微指令，一个微程序由多个微指令顺序执行来完成，微指

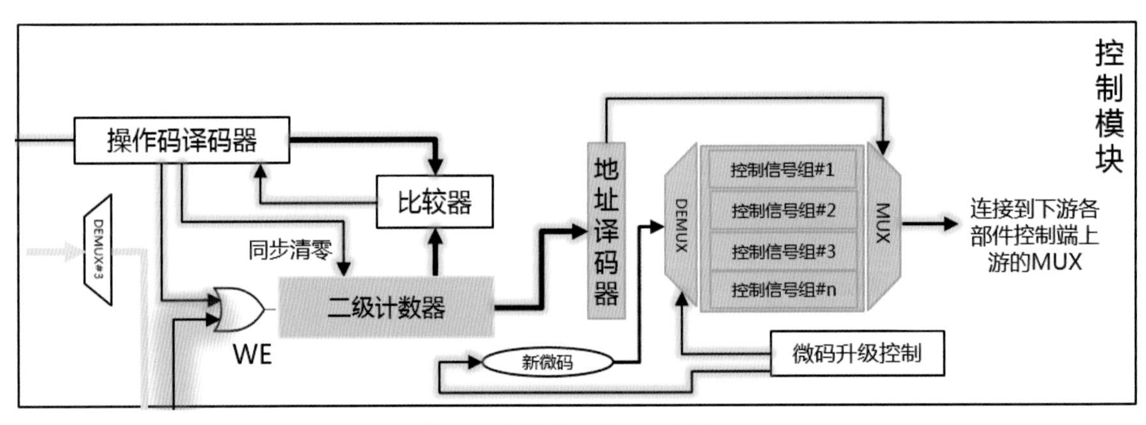

图2-35 微码的实现方式示意图

令的实体其实是一组控制信号。假设电路中有1000个部件需要被控制（MUX/DEMUX等），那么一组信号就由1000个控制信号组成。所有的微指令信号组又被称为微码，被存储在微码存储器中。每一组信号组中的所有控制信号是并行同时下发给电路控制部件的。

一组微指令的顺序执行，既可以靠计数器来滚动输出地址，也可以将地址信号嵌入到每一个微指令信号组内。比如，在每一条微指令内嵌入下一个需要执行的微指令所在的微码存储器的地址，则每一条微指令被读出之后，这个地址便也被读出。用导线将其输送到指针寄存器输入端等待，以便在下一个时钟周期将该地址微指令读出，从而做到循环。一个微程序中的最后一条微指令可嵌入用于收尾的控制信号。这种做法的好处是一个微程序所需要的全部指令无须在微码存储器中顺序存放，可以乱序存放，每一条微指令的内嵌地址指针会自动指向下一条微指令的所在地，这种思想被称为“链”。

微操作 ▶▶▶

历史上，Intel公司的CPU设计者们曾经提出了另一个词：微操作（Micro Operation，μOP），其本质就是微指令。每一个微操作就是一组控制信号。在Intel的CPU设计史上，曾经设计过多种译码步骤。最早的时候（20世纪七八十年代），不管对于简单指令还是复杂指令，统一进行查表输出控制信号，采用上文中所述的地址内嵌到微指令的方式来自动执行，这属于传统流程。后来，随着微码表越来也大，使用的介质以及电路复杂度增高，这导致查表速度变慢，所以又产生了另外一种指令译码步骤来提速。也就是当操作码译码器接收到宏指令之后，同时进行两件事：使用译码器内部的逻辑门来将这条宏指令的第一个或者前几个微指令控制信号组直接翻译出来并输出给电路，先让电路执行着，同时在同一个时钟周期内，对微码存储器查表并试图读出后续微指令。这样，第一条或者前几条微指令可以立即被执行，与此同时，后续的微指令被从微码表中查出来，然后刚好能够和前面几条打头阵的微指令接上茬，不浪费时间，从而提升了速度。于是这些设计者们给这几条由操作码译码器直接翻译输出的打头阵的微指令起了个名字，叫作微操作，而将后续从微码表里跟上来的微指令称为微码行（microcode lines）。其实，它们都属于微指令。Intel早期的i486 CPU使用的就是这种加速译码的方式。

后来，设计者对简单指令直接采用译码器逻辑门译码并输出控制信号，只有复杂的指令才去微码表中查出控制信号，也就是分两条路走而不混在一起处理，这也是当代产品的普遍做法。

20世纪80年代和90年代期间，Intel的设计史基本上是这样的。

（1）John Bayliss以及其他工程师给出了用于Intel iAPX432 CPU的一种设计。对于简单指令，操作码译码器查找其内部自嵌的一块小容量的ROM来读出控制信号组，这块ROM可以包含64个信号组/微指令，当时称为“Forced Microinstructions”，意即针对简单指令强行从译码器中直接输出的控制信号组，译码器中包含一个子指针寄存器用来驱动微指令执行。对于复杂指令，就走另一条路，译码器输出一个初始地址来寻址一个能够容纳3500行微指令的存储器来输出微指令。

（2）接下来的产品型号是80960，设计者增强了设计，译码器可以用三种方式来将宏指令译码成微指令：译码器直接生成一条微指令/微操作，译码器直接生成多条顺序执行的微指令/微操作，译码器生成一个初始地址寻址微码表来读出多条顺序执行的微指令。具体用哪种方式，取决于接收到的宏指令的复杂程度。

（3）后续的大家可能熟知的Intel P6（Pentium Pro）架构采用的架构是上述方式的结合。对于简单指令，译码器可以直接针对宏指令生成最多4条微指令（或者Intel的说法，μOP）。对于一些4条微指令搞不定的宏指令，前4条微指令还是由译码器自己搞定，第5条及后续的微指令会被存储到微码存储器中，所以针对这类稍微复杂点的指令，译码器先自己生成4条微指令执行，从第五条开始，便开始从微码存储器中读出并执行。

实际上，对于图2-35中最顶层的那个操作码译码器，目前实际产品中也广泛使用了类似微码查表这种方式来输出控制信号，而不是用在第1章中所介绍的那种逻辑门的组合来实现。这两种方式是等效的。但是查表方式更加简洁明了，而且一旦出现译码上的人为设计失误，可以将表中某个值进行更新来完成修复。而用逻辑门来实现真值表的话，就完全不可修复了。当然，如果你的电路使用肉眼看得见的开关和导线搭建的话，怎么都可以修复，但是实际产品是一次成型的，后文我们会介绍。然而，用逻辑门来实现是最快的，所以对应的电路又被称为“Hardwired”或者“Hardcored”，意即纯硬化的。微码表是有一定容量的，为了节约资源，一般会使用速度偏低、容量大的存储电路，比如SRAM等。

采用微码这种设计之后，必须在下游各个模块的控制端上游增加MUX，以便用于选择是接受译码器直接输出的控制信号还是从微码存储器（翻译表）输出的控制信号。采用微码的另一个好处是，一旦某个多周期指令实现得有问题，还可以补救，只要将微码升级到正确的控制信号即可。采用了微码机制之后，CISC架构在底层其实也成了RISC架构了。实际上，之前纯粹的RISC架构在后期也普遍使用了这种微码机制，也就是说，当前主流商业产品已经没有纯粹的

CISC和RISC了，都是表面上是CISC，内部是RISC。

我们也可以体会到，控制信号是指令执行的关键。拥有控制信号，就拥有了对电路的控制权。下游电路的各个部件根本不管也不需要知道控制信号如何得出、放在哪里的，就像一个交通灯，让它变红就变红，而不管信号是从交通指挥厅发过来的，还是从电线杆下面的一个要过马路的行人按了按钮而发过来的。所以，电路内部也是一个分工协作、各司其职的世界。

微程序的历史

微程序/微指令的概念其实很早就被提出来了。从20世纪30年代开始发展出现代计算机，到了1951年，英国科学家Maurice Wilkes 提出了微编程（microprogramming）的概念。他提出，对于一些复杂指令，完全可以将其降解为一些更微小的指令来分步执行，这些微指令可以被放到高速ROM中保存，这些微指令又被俗称为微码。经过这种设计，就可以利用软件的方式来实现更多更复杂的指令集。这种设计还可以简化CPU的硬件设计，因为其将复杂的操作用微码的形式软处理，使得CPU“看上去”依然是用硬件在执行复杂指令，这对上层程序员依然透明。Maurice Wilkes在1951年曼彻斯特大学计算机就职演讲中第一次提出了这个设计思路，然后于1955年发表了完整版本。这个思路的第一次应用是在EDSAC 2计算机上。

2.3.5 全局地址空间

上文的设计中，指令和数据分别存放在不同的存储器中。虽然这种设计会给程序编写提供方便，但这在实际操作中会产生不小的麻烦，因为要手动将两部分数据分别输入到对应的存储器中。早期，计算机的数据输入也是个体力活。而且，做一件事需要准备两部分数据，管理和维护上也非常不便。所以如果能够用一段代码，把数据和指令都放进去，输入到同一个存储器执行，就非常方便了。

上文中提到的Stor_i指令就是天然用于准备数据的，它可以直接将某个立即数直接写到存储器的某个地址上。比如，本例中全班100人的100个成绩，只需要使用100个Stor_i指令将其写入存储器里的100个地址上即可完成。

如图2-36所示，整个代码增加了100行，也就是第一个代码块中的那100行。后续代码保持不变。

这里有个比较有趣的问题：这100行程序代码应该被放置到存储器的哪个地方呢？从第一行开始是否可以？乍一看是不行的，因为前100行是用于存放着100个成绩的，如果把程序本身的这120行代码从存储器的第一行开始放置，岂不是随着程序的运行就被覆盖掉了？

```
1   Stor_i  成绩1    地址1；
2   Stor_i  成绩2    地址2；
…   ……………………………………
99  Stor_i  成绩99   地址99；
100 Stor_i  成绩100  地址100；

101 Load_i  0       寄存器E；
102 Load_i  地址1    寄存器F；
103 Load_i  60      寄存器G；
104 Add_i   100     寄存器F；  寄存器C；
105 Mov     寄存器C  寄存器H；
106 Jmpf    3

107 Inc     寄存器E；
108 Jmpf    4

109 Load_ra  寄存器F  寄存器A；
110 Cmp      寄存器A  寄存器G；
111 Jmpb_s   4；

112 Inc      寄存器F；
113 Cmp      寄存器F  寄存器H；
114 Jmpb_s   5；

115 Load_i   100     寄存器B；
116 Subtract 寄存器B  寄存器E；  寄存器C；
117 Mov      寄存器C  寄存器A；
118 Devide   寄存器A  寄存器B   寄存器C；
119 Disp     寄存器C  寄存器D；
120 Halt
```

图2-36 数据直接写在指令里直接生成

没错，如果将整个程序从地址1开始放，那么当第一条指令载入执行之后，将会把第一个成绩反馈到存储器的地址1这一行内，但是这个过程是受控的，也就是在“执行输出”时钟信号下沿到来之前，地址1中的数据不会被覆盖掉。当时钟下沿到来时，第一行代码的结果将这行代码自身覆盖掉，然后电路再执行第二行代码，之后第二行代码的输出结果再将这行代码覆盖掉，一直到第100行为止。这看上去并不会影响这个程序的执行，但是这个程序只能执行一次。实际中，一些追求高存储器空间使用率的程序就会用这种方式，将只执行一次的代码所占用的空间释放出来。

而如果将这个程序从101行开始放置，那么执行完一次后，数据和指令都还保持完整。如果需要再执行一遍的话，就直接将PC寄存器重新设置成地址101即可。但是你需要一个能够容纳220行的存储器，上述那种方式你只需要一个120行的存储器就够了。

2.3.6 多端口存储器

指令和数据共享存储器会给利用电平型锁存器搭建的运算电路带来一个很麻烦的问题。时钟下沿会触发一条指令从存储器被选出。要注意的是，这个时钟周期内，这个选出的控制信号会持续保持（可以阅读前文回忆一下这个信号是怎么来的）。而如果这条指令是“Load 地址1 寄存器A”指令的话，那么该指令被从存储器读出从而输送到译码器译码，译码的结果又是从存储器的地址1将数据读出来并导入到寄存器A，这相当于同时产生了两个针对存储器的读请求，而在这个时钟周期期间，用于选出控制的MUX只接受PC指针寄存器的控制，无法被其他角色控制。那么，这条指令就没法将地址1的数据读出并输送到寄存器A了，也就是产生了读存储器冲突。

为了解决这个问题，可以像如图2-37那样设计一个双端口存储器，这个巧妙设计相当于给存储器开了两道门，每一道门都可以独立选取任何一条数据出来，没有冲突。这种设计在前文中寄存器堆的下游也曾出现过。但是，双端口存储器需要增加大量的门电路，资源耗费比较大。实际产品中，一般还是将数据与指令分开存储在两个存储器中，但是这两部分是在同一个地址范围内。举例来说，比如“地址0”只有一个，要么放代码，要么放指令，并不是指令存储器和数据存储器各有各的“地址0”，而是比如将地址0至地址4对应的数据放到指令存储器，而将地址5至地址8对应的数据放到数据存储器。

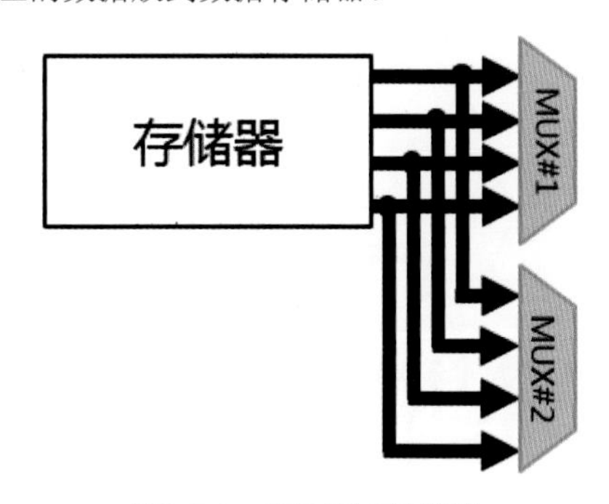

图2-37　双读端口存储器

这就又需要引入一层对应关系，电路必须被设计为只要遇到指令中包含有访问存储器地址的情况，就统一将地址译码之后形成的控制信号输送到数据存储器的MUX上并选出其中的数据，因为数据必须存放在数据存储器而不是指令存储器。如果我们把在代码中出现的地址以及PC寄存器输出的地址信号称为全局地址，且假设全局地址5存放的是数据，那么“Load 地址5 寄存器A”这条指令中的“地址5”字段经过地址译码之后的信号便必须被导向到数据存储器的MUX，而数据存储器必须知道“地址5”对应的数据存储在自己这里的哪一行上。同理，指令存储器也必须知道PC寄存器发出的全局地址信号所对应的数据到底存储在指令存储器的哪一行上。

2.3.7　多级缓存与CPU

如上文所述，既想保证一个全局统一的地址范围或者说地址空间，又想避免将不同类型的数据分开存放所带来的额外开销。实际中的产品一般是这么设计的，如图2-38所示，是不是比想象中复杂多了。我们前文中只画出了图2-38中最右侧的那两个存储器。实际上，这两个存储器并不是主存储器，而是一种缓存。

所有的数据和指令一开始都是被放在硬盘上存储的。因为这里容量足够大，能够放得下大量的程序和数据，这种外部独立的存储装置又被称为外存。然后利用某种方式，将硬盘上的程序读入主存储器，也就是SDRAM（同步动态随机存储器），俗称内存。这是一种容量可以做到GB级别（几到几百GB），访问速度比硬盘快得多，但是仍然赶不上运算电路的时钟振荡速度，做不到每振荡一次就读出或者写入一条数据。所以，在其上游增加一个L2（Level2）缓存，它使用SRAM（静态随机存储器）作为存储介质，其容量较小但速度远高于SDRAM，但依然做不到一个时钟周期读写一条数据。于是在其上游再增加L1（Level1）缓存，它也使用SRAM作为存储介质，但是由于容量较小，很不幸它也无法做到一个时钟周期读写一条数据。 只有运算电路内部的寄存器堆可以做到一个时钟周期吞吐一条数据。

提示

这里需要注意，并不是说SRAM在物理上无法在一个时钟周期内读写一条数据，而是由于要读的数据可能并未预先放置在SDRAM中，需要先搜索该数据是否位于SRAM，这个搜索过程无法在1个周期内完成，详见第6章缓存相关章节。

所以，L1缓存的上游还需要有一层缓存，可以在一个周期内就响应地址访问请求的缓冲空间，也就是图2-38中右侧位于寄存器堆左侧的FIFO队列。我们前文中所出现的“存储器”，其实指的就是这个FIFO缓冲队列。PC寄存器或者指令中包含的全局地址信号被发送到指令缓冲FIFO并从中读取指令。如果FIFO已经空了，则控制模块会输出一个控制信号将PC指针寄存器封闭住，让PC不能再继续自增。

只要FIFO未满，则L1缓存控制器就会不断地向其中写入新的数据并填满之。PC地址与当前FIFO队列中尚存的指令数量相加，再+1，将这个地址信号输入给L1缓存控制器，后者便会将指令源源不断地输送到FIFO缓冲。

L1缓存控制器收到地址请求信号之后，其任务是检测对应的全局地址到底在L1缓存中是否存在对应的条目，一开始L1缓存是空的，什么都没有，所以L1缓存控制器找不到对应的数据，其便会给L2缓存控制器发送这个地址信号。 L1缓存控制器在L1缓存中查找当前的访问地址是否命中的过程比较复杂，一个时钟周期搞不定，就得两到三个甚至四个时钟周期才可以。

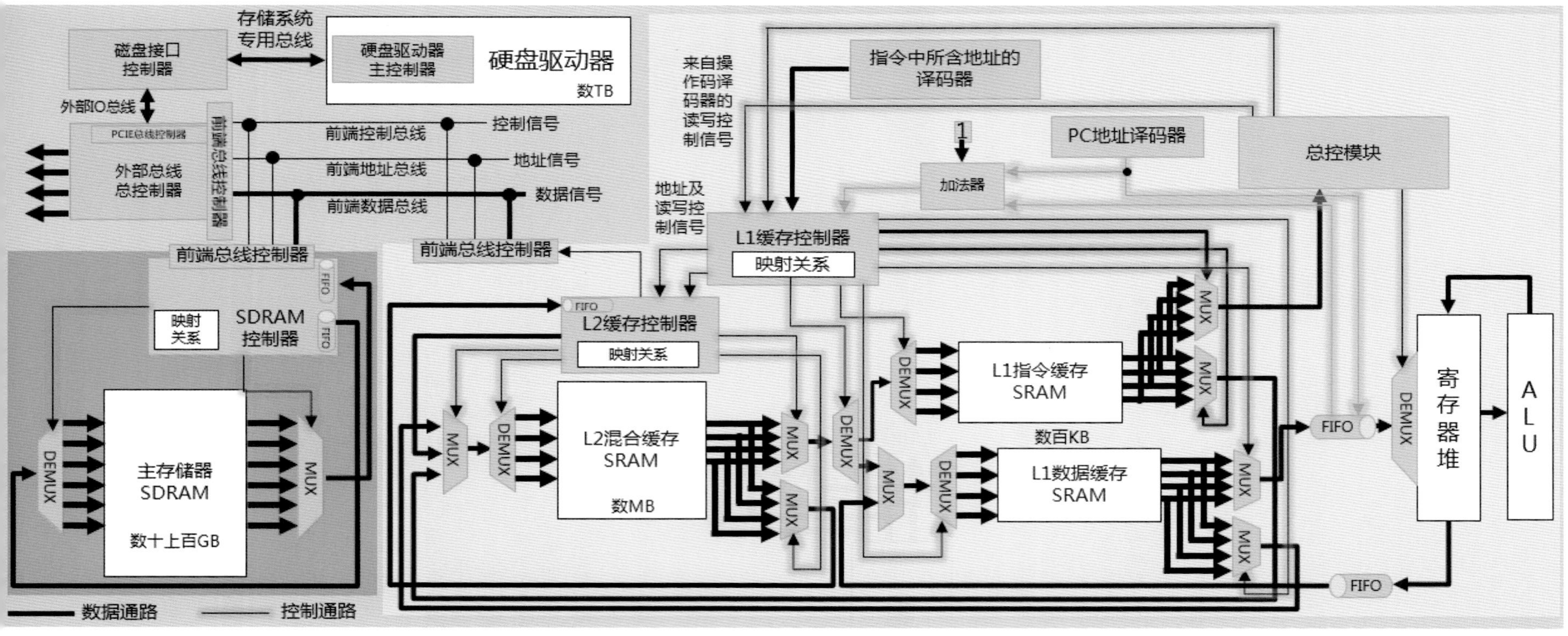

图2-38　多级存储器架构示意图（未标识WE信号）

写使能信号 ▶▶▶

这些存储器中，每一种的密度、速度和成本都不同。密度越大的一般速度越慢，成本越低。它们之间的速度差异靠WE信号来协调。比如，如果取指令单元的PC寄存器发出寻址信号给缓存控制器，缓存控制器查找缓存需要一定的时间，这个时间高于一个时钟周期，那么此时缓存控制器应当向取指令单元反馈一个Wait/Busy信号，而取指令单元根据这个信号将内部运算逻辑电路中所有寄存器的WE信号禁用。这样的话，这些运算电路就会忽略时钟信号，原地待命，整个电路的状态依然维持在上一条指令执行完毕时的状态，一直到缓存控制拿到了对应的数据，从而将Wait/Busy信号置为Ready状态，取指令单元立即解除WE封闭，让拿到数据的电路再次依靠时钟振荡运作起来。

L2缓存控制器收到对应信号后，便在L2缓存查找对应地址的数据。这当然也是空的，于是其将这个地址信号发送给SDRAM控制器，SDRAM控制器内部会有对应的寄存器来保存一个数值。比如，全局地址5上的数据可能会被存储在SDRAM存储器的第0行，那么SDRAM对内部存储器控制电路发出的地址信号就总会是“全局地址−5”。也就是说，如果收到L2控制器发来的针对全局地址6的访问，6−5=1，SDRAM控制器会对内部的地址译码器发出“地址1”的寻址信号。这个用于保存数值5的寄存器可以称为**偏移量**寄存器。利用减法器，就可以实现上述减法。

IO地址 ▶▶▶

注意，数值5只是举个例子，实际中并不一定是5。有人会好奇，这个例子中如果SDRAM第0行存储的是全局地址5的数据的话，全局地址0至全局地址4都去哪了？实际上，有些全局地址所存储的数据并不在SDRAM中，而在其他部件内部的存储器中，比如用于显示目的的显示器控制器（显卡）。程序如果将数据写入这些地址，电路就会把数据写入到这些部件内部的存储器中。如果写入的是显卡的显示存储器，则显卡就会在屏幕上显示出所写入的数据，这些特殊的地址段被称为I/O地址，以区别于主存地址。但是要注意，全局地址空间是个虚的东西，其包含IO地址空间和主存储器（SDRAM）地址空间。

如果将图2-38中的架构抽象一下，把一些电路模块归属到某个功能角色的话，可以将右侧的那一大堆东西称为**CPU（Central Processing Unit，中央处理器）**，因为指令的译码、执行以及运算都发生在这一堆部件中，如图2-39所示。

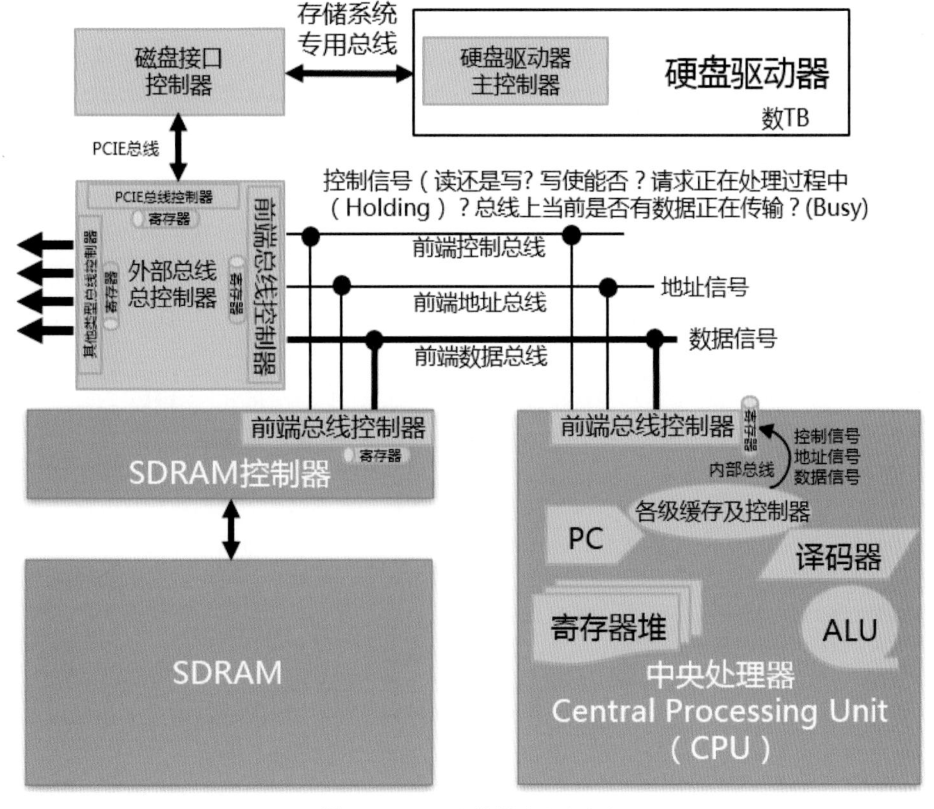

图2-39 CPU及其周边配套角色

在图2-24所示的电路中，除了WE写使能信号之外，并没有独立的“读”或者“写”控制信号，存储器直接通过DEMUX和MUX接收写入的数据以及发出读出的数据，总控模块直接将地址译码成MUX或者DEMUX的控制信号。当某条指令驱动着数据写入存储器的时候，其实其前端的MUX也被无意中选出了某行数据，只不过由于ALU前端的寄存器堆的写使能信号将寄存器堆封闭住不让信号被锁存到寄存器堆中，所以存储器即便输出了某行数据，也不会对下游电路产生影响罢了。同时，存储器的数据输入信号和数据输出信号使用独立的导线，所以，总控电路直接控制DEMUX/MUX就可以读写存储器中的数据。

而在图2-38及图2-39中，为了扩大存储器的容量而将存储器变为多级——L1缓存→L2缓存→L3缓存→SDRAM，而且每一级都不是直接将存储器本身直接暴露给上下游部件，而是多了一个缓存控制器/SDRAM控制器的角色来分别控制。这样，上游模块要从下游模块中读写数据的时候，必须明确、很礼貌地使用文明用语：“写，向该地址，数据在这。”而不能用之前那样粗暴不修边幅的做法。各级控制器收到上游下发的这三种信号之后，便利用自己的方式再从对应的存储器中读写数据，此时它既可以礼貌，也可以粗暴。

图2-39中所示的三种总线，便是用于传递这些信息的导线通路。之所以称为“总线”，是因为连接到总线上的某个部件一旦向总线上放置了某个信号，其他部件都可以感受到，所以总线就是并联在一起的导线。有些数据并没有存储在SDRAM中，而是存储在外部设备中，如果CPU想获取其中的数据，就得把这些数据所在的地址（每个地址也是存放一个字节）和控制信号告诉外部总线总控制器（也接在总线上）。后者再根据对应的地址，从后端诸多外部设备中对应的位置提取数据（用后端各种设备所设计的方式）并将其放置到数据总线上供CPU接收。如果在下一个时钟下沿之前无法读取出所需要的数据，则下游部件需要在Holding信号线（控制总线中的一条）上给出一个电平信号以便通知上游部件继续等待，上游部件在下一个时钟周期内会在该信号的驱动之下（靠译码器译码该信号），继续保持上个时钟周期内所发出的各种信号，并封闭其内部接收部件的写使能信号。CPU自身并不知道自己发出的地址到底落入谁那里，是程序让它发出这个地址的，程序员当然得清楚自己要访问哪个地址。但是，只有程序员清楚还不够，因为SDRAM控制器与外部总线控制器都接在总线上，总线信号所有人都能收到，所以它们必须各自判断CPU发出的某个地址信号该不该由自己来响应和处理。那么，它们又是怎么知道某个地址信号该不该由自己来处理的呢？

2.3.8 数据遍布各处

图2-40所示是一个完整的计算机系统示意图。运算电路可寻址的整个地址空间中的数据被放置在了不同的地点，至于哪段空间具体被放置在哪个物理部件里，每种类型的计算机都是不同的。图2-40给出的位置只是示意图，实际会有所不同。这种对应关系又被称为“**映射**”，其实就是“对应”的意思。这自然而然会产生一个问题，PC寄存器发出的地址信号，必定需要有一种机制来判断这个地址对应的数据是在SDRAM里还是在外部的某个设备中，从而可以将对应的访问信号发送给正确的部件来处理。也就是说，到底是谁来做这个映射的，怎么做的。

提示 ▶▶▶

Intel的CPU加电之后发出的第一个地址信号是11111111111111111111111111110000，CPU会从这个地址读取代码来执行。这个地址是被写死在CPU电路中的，加电后就被自动载入PC寄存器从而发出。而这个地址访问请求会被外部IO总线控制器认领，并将读请求发送给BIOS ROM控制器。外部IO总线控制器内部也被写死，只要收到从11111111111111111111111111110000到11111111111111111111111111111111这段地址区间的请求，一概将请求发给BIOS ROM控制器并让它读出数据。也就是说，这种一开始的写死也是一种映射——固定映射。BIOS ROM控制器收到请求后，从ROM中的第一行读出数据并返回，读出的数据就是BIOS的机器指令，从而执行BIOS中的代码。从图2-40中也可以看到，整个BIOS ROM的2MB的存储内容被映射到了CPU 4GB物理地址空间的最顶部。那么，回答上面的问题，谁来做这个映射的？外部IO总线控制器；怎么做的？被写死在硬件电路的地址译码器里了。能否动态映射，也就是更改某段地址在全局物理地址空间里的位置？可以。

所以，在图2-40中，外部IO总线控制器和SDRAM控制器都会包含一个地址译码器，其可以根据收到的地址信号判断该地址信号到底是不是发给自己后面所挂接的部件的寄存器的，从而决定是否响应该访问请求。这个地址译码器是可以被配置的，也就是可以将一些映射规则（**配置字**）更新到其前端的寄存器中，其又被称为**配置寄存器**，其中存储的**配置字**所输出的信号会输出到下游翻译逻辑电路，从而决定了译码器的翻译结果。这个原理相当于上文中介绍过的微码的实现和控制原理。这个地址映射逻辑必须灵活可配置，因为系统一开始并不知道外部会接入多少个设备，会接入多少容量的SDRAM，接入的多，这些设备占的地址空间就大，映射关系就会变化。

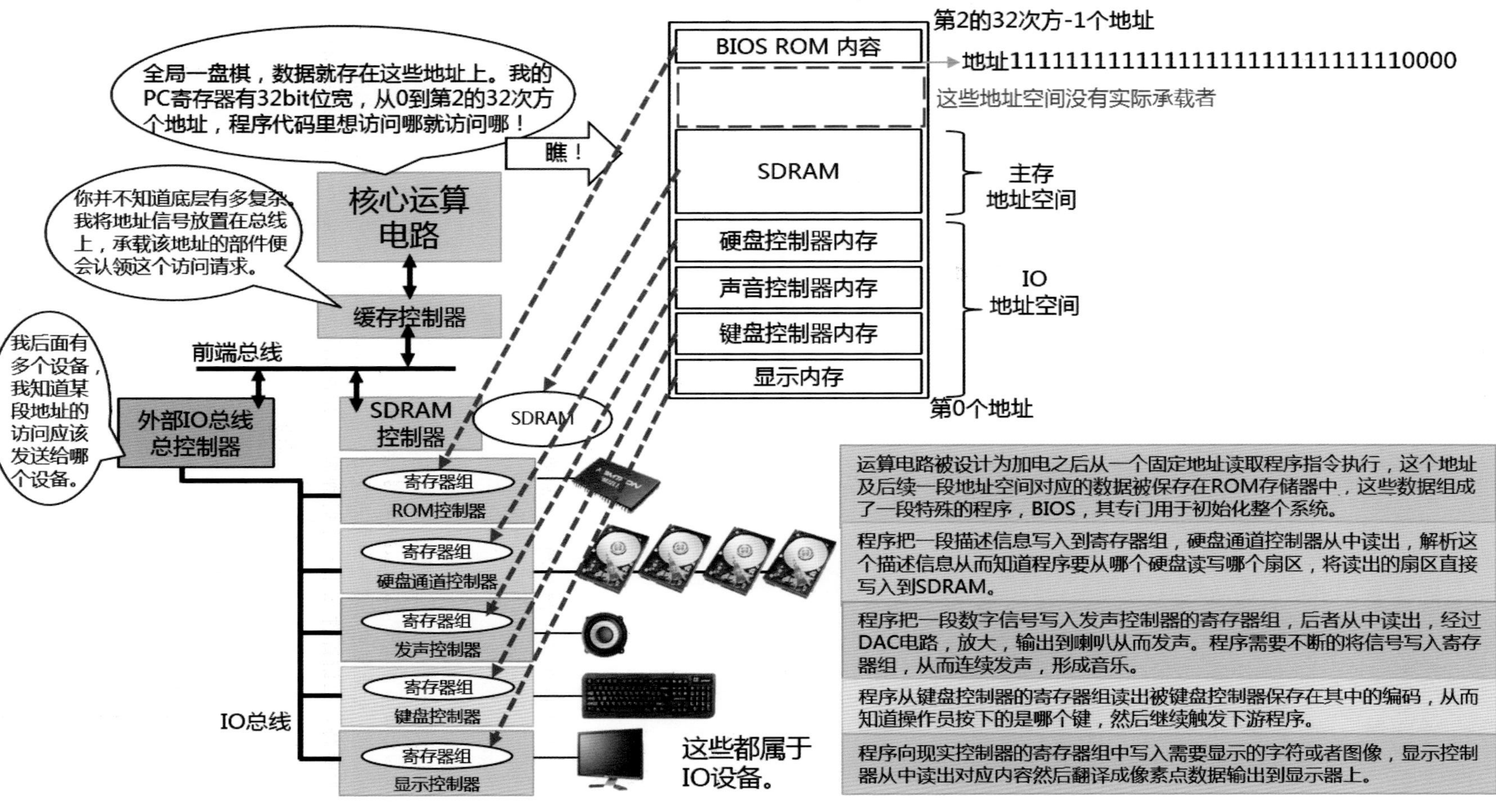

图2-40　带有各种外围IO设备的整个计算机系统

缓存不可直接寻址

缓存本身是不占据全局地址空间的。缓存中保存的数据虽然在缓存存储器内部拥有自己的地址，比如“L1缓存中的第0行”，但是这个“地址0”指的是缓存存储器自己内部的地址，而并不存在任何一条诸如“Load_a 缓存存储器的地址0 寄存器A”的指令。也就是说，缓存对程序员是不可见的。在程序员的眼中，只有一个全局统一地址空间，至于对应地址的数据被实际放在了哪里，程序员完全不知道，只有对应的缓存控制器和SDRAM控制器等自己知道。

如上文所说，目标部件接收到地址请求之后，还需要利用自己的偏移量寄存器中保存的偏移量将全局地址翻译成本地存储器/寄存器的绝对地址，从而读写对应数据。每个部件一开始并不知道自己的存储器被映射到了全局地址空间的哪一段，也就是偏移量寄存器中的偏移量地址是空的，需要由某个角色将分配给这个部件的偏移量写入到这个寄存器中。包括上文中所述的“地址段—部件”映射关系表，也需要由某个角色根据当前系统内已经接入的部件进行动态配置。

这个角色就是BIOS（Basic I/O System）这一大段代码中的专门用于初始化整个系统的那些代码，加电后运算电路首先执行BIOS中的代码，其中就会包含所有需要被设置偏移量的部件的偏移量地址。也就是说，BIOS必须由设计整个系统的人来预先设定好，谁被映射在哪里，都被写死在BIOS代码里。当运算电路加电之后所访问的第一个地址，也是被写死在电路里的，比如Intel的CPU加电后会从11111111111111111111111111110000地址处读取代码执行，那么此时电路又是如何知道针对这个地址的访问，需要发送给ROM控制器呢？要知道此时“地址段—部件”映射表是空的啊！答案是，BIOS代码所在的地址映射关系，天然被写死在电路映射表中。

程序需要被预先存储在SDRAM中，而SDRAM是最后一层可以直接使用全局地址寻址的存储空间了。硬盘存储器不可使用全局地址寻址，也就是你把全局地址信号发给硬盘的话，它是不识别的，硬盘识别的是另一种信号（扇区号），这里不做展开，第5章会详细介绍。当然，SDRAM一开始也是空的，没有程序，需要操作系统从硬盘载入，这里也先不多解释，待第5章详细介绍。

当SDRAM控制器将对应地址（本例中是全局地址5）的数据从SDRAM中读出之后，便被L2缓存控制器写入到L2缓存中。比如，被放入到了L2缓存的第一行上，那么L2缓存控制器必须要用某种方式来记录“全局地址5的数据被放到了第一行上”这个映射关系，这里也不做展开，待第6章详细介绍。

从PC寄存器发出访问全局地址5的信号（我们把针对存储器地址的读写请求称作“访存”），到L2缓存控制器从SDRAM控制器拿到了全局地址5的数据，这期间可能需要很多步来完成，也就意味着需要多个时钟周期。由于此时L1缓存控制器还没拿到数据，PC指针寄存器也依然处于封闭状态，L1缓存控制器的地址信号依然对L2缓存控制器持续输出着，所以L2缓存控制器此时需要将第一行数据导通给L1缓存的写入端，并且用对应控制信号通知L1缓存控制器数据已经成功拿到，L1缓存控制器先从映射关系表中查找一条空闲行，然后控制写入端DEMUX，将该数据写入到这个空闲的行中。

由于SDRAM、L2缓存、L1缓存的访问速度不同（SDRAM介质本身很慢，而L1和L2缓存虽然都使用SRAM介质，但是由于L2缓存容量较大，查表关系更加复杂，所以也需要分多步进行，依然慢于L1缓存的访问速度），所以它们之间不能够相互直接使用MUX/DEMUX连通起来。要在不同速度的模块之间相互传递数据，就需要用到本书第1章中所介绍的FIFO队列技术了。

之后发生的故事，就与前文中所介绍的相同了，也就是L1缓存控制器会控制L1缓存上游的MUX和DEMUX将对应的数据输入给总控模块从而进入译码和执行阶段。并且还需要将PC寄存器的WE信号放开，以便让其在下一个时钟下沿自增，再次读出下一条指令，后续指令的读入过程依然是L1缓存控制器查找是否有对应地址的数据：如果有，则命中，直接返回数据，这样速度最快；如果没有，则需要L2控制器甚至SDRAM控制器将数据一层层地提上来。如果程序非常大，难以在L1缓存容纳，则随着程序的执行，难免会产生不命中。

L1缓存控制器和L2缓存控制器可以自行决定将某条数据淘汰回SDRAM中，从而为新数据腾出空间。这个决定过程不由程序代码决定，完全由控制器内部的电路逻辑来实现，也是在主时钟信号的驱动之下完成这些事情。当然，一旦淘汰下去，上游电路再次发出针对这个数据的访问，L1控制器就不得不再将其提上来。

整个缓存管理部分是一个忙得不可开交的电路部分。因为在同一个时刻，可能寄存器堆的结果需要写回到L1缓存，而L1缓存中可能有某条数据要写回到L2缓存，同时L2缓存中某条数据要被提升到L1缓存，同时L2缓存可能有某条数据要写回到SDRAM，SDRAM也有某条数据需要被提升到L2缓存。所有这些动作在一个时钟周期内并发执行，可想而知，其控制信号会有多么复杂。而且，由于SDRAM的速度比SRAM慢很多，其工作的时钟频率不能与SRAM同频，在它们之间传递数据就需要使用FIFO队列了。

数据承载者 ▶▶▶

到这里，你应该可以逐渐体会一个道理：运算电路只管发出地址信号读取代码，再根据代码中给出的地址（如有）从对应地址再读回数据，放到寄存器中计算，然后保存回对应的地址。至于这些地址，也就是这些数据条目/行，到底放在哪里，就不是运算电路自己说了算了，它也不需要关心。当然，如果能够都放到一个统一的、非常快速的、容量足够大的存储器中，那么皆大欢喜，但是容量和钱总是不够用的，那就需要一层层不同的存储介质共同承载这个地址空间里的数据，于是也就有了图2-40中的架构。

本书后续章节会陆续介绍SDRAM、总线、图2-40中的外部总线控制器以及硬盘控制器等相关的知识。届时，你还会看到L3缓存及L3缓存控制器。同时，还将介绍如何加速上面这个过程，因为如果需要执行的指令以及需要处理的数据经过这么长的时间才能被传送到寄存器以及ALU进行计算的话，那么整个程序的执行速度将会变得非常慢。

问号 ▶▶▶

看了图2-40之后，可能会产生很多疑问。比如，如果程序要显示某个字符，那么如何知道显示控制器内部寄存器组的地址是多少？按动键盘为何就会在屏幕上显示出对应的字符？程序如何知道硬盘控制器内部寄存器组的地址？程序给硬盘控制器写入的到底是什么样的描述信息？这个描述信息的格式是不是需要编写程序的人烂熟于心？这一系列的问题可以在第7章中得到答案。并且，图2-52中会给出一个访存操作的更详细的流程。

2.3.9　降低数据操作粒度

前文中的模型非常简单、粗暴，也就是将存储器按照“行”的形式来组织。我们在前文中并没有特意提及这一行到底有多少个触发器并排（也就是能存多少位数据），但是按照前文的架构来看，至少需要能放得下最长的那条指令所需要的长度。假设操作码用4位表示，寄存器号用3位表示（最多表示8个不同的寄存器），存储器地址用8位表示（能存储256行），立即数的数值最大不超过8位（256）。那么，最长的指令包含1个操作码、1个存储器地址或者立即数和1个寄存器号，共15位，为了与2的幂对齐，这里用16位（2字节）。

那也就意味着，如果某条指令不满2字节，它也必须占据16位一行。同理，待处理的数据，比如某个成绩为99，对应的二进制为1100011，那么它也必须占据一整行，非常浪费空间。没用到的位全部补0，也就是99D会被变为0000000001100011B。这里有个矛盾，比如“Load_i 99 寄存器A”这条指令，转变为机器码之后，本来应该可以是“00010110001100”，也就是4位操作码+8位立即数+2位寄存器号，但是由于指令与数据共享同一个存储器，立即数既然要被补零到16位的话，那么一条指令的最大长度将变为4+16+2=22位，而不是15位。这样的话，每一行的容量就需要增加到22位。反过来，如果某个单独的数据也需要补0到22位，这又会让指令的最大长度变为4+22+2=28位，这就没完没了地循环下去了。

这类问题大多都是因为粒度太大导致的。我们不妨降低粒度，让存储器的每一行固定为8位（1字节）的容量，并且规定每次运算的数值不能超过255D（8位）。如果要计算更大的数值，比如16位的数值，则可以在代码里写成分两次计算，先算低八位，再算高八位，然后将两个结果再次做合并运算即可。这种运算电路可以称为“8位计算机”，因为它每次只能运算8位的数据量。另外，也可以对指令进行字节化处理，比如操作码占1字节，每个寄存器号各占1字节，每个立即数各占1字节。这样的话，我们上文中所设计的指令集中的最长指令将占据4个字节。

按照字节为最小粒度设计之后，存储器当中的指令和数据排布就会类似如图2-41所示。

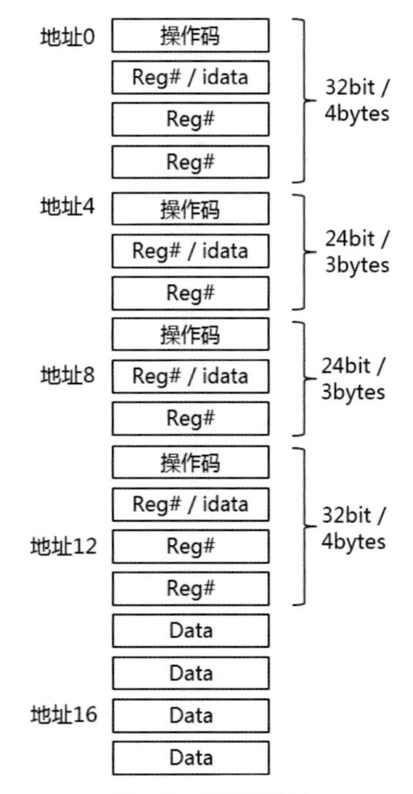

图2-41　按字节组织

图2-41中，Reg表示Register（寄存器），idata表示immediate data（立即数）。经过这样组织之后，更

加清晰、简明。至于为什么要用8位作为一个存储单元，原因是8位可编码256种符号，这个数量基本可以涵盖人们常用的一些符号了，包括英文字母、标点符号和特殊含义的符号。人们定义了一个广为使用的码表，也就是ASCII码表，下文中会有介绍。

在这种设计之下，每个地址上仅能存储1字节的数据。而且一条指令既可能是3字节也可能是4字节。那么，每次读取一条指令，就至少要读出4字节出来，因为下一条指令到底是多长，电路不可能知道，只能按照最大的可能长度为准。如果一条指令是3字节，但是依然会读出4字节来，如果解码时发现该指令是3字节指令，那么自动忽略第四个字节即可。

随之而来的问题便是：一个时钟周期只能给出一个地址信号，那么就只能读出一个单元来，难道取一条指令出来至少要耗费4个时钟周期？要想在一个时钟周期内一次性读出4个存储单元/4个字节的话，这4个单元就不能够放到一个MUX后面，因为一个MUX每次只能选出一条数据。而如果并排放置4个存储器，然后将每个地址均衡地横向分布在这4个存储器中，然后使用一个重新设计的地址译码器，就可以同时输出4路信号，每收到一个地址访问信号，就输出对应的控制信号给对应的4个MUX，并选出各自对应的1字节组成4字节。每个子存储器被称为一个Bank。每个Bank一次输出8位数据，4个合起来一次就可以输出32位数据。

这样设计会引申出另一个问题，那就是PC寄存器每次不能自增1了。假设PC寄存器一开始从地址0开始读出了4字节出来，而恰好其中的指令也占满了4字节。第二个时钟周期中，如果PC+1的话，那么会从地址1开始再读出4字节，按照图2-42所示，这4字节中将不包含完整指令，运算电路就会执行出错。那么，PC应该自增几？其实应该自增“上一条指令是几字节，就自增几”。这样自增之后，能够保证每次读出的4字节总是从下一条指令的第一个字节开始。

那么，显然需要对PC自增相关的电路进行重新设计。操作码译码器此时会发生关键作用，因为只有它知道上一条指令到底是几字节指令，从而输出对应的控制信号，让正确的值输入到加法器，如图2-43所示。

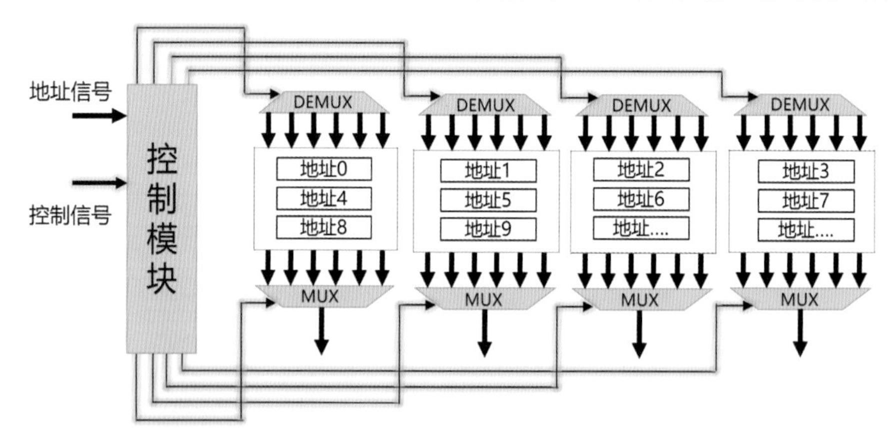

图2-42　每时钟周期可访问4字节数据

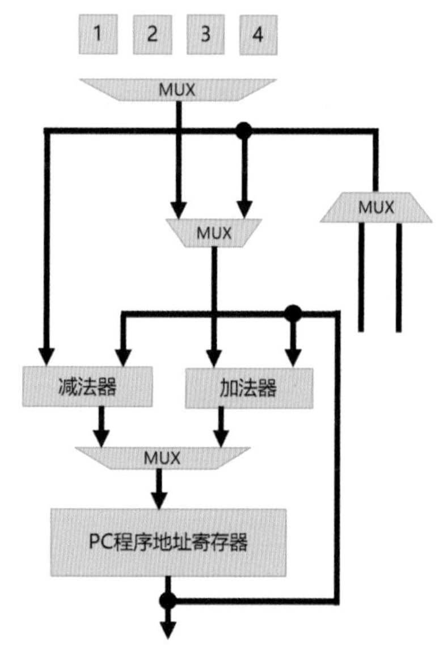

图2-43　可控灵活自增

由于指令可以是1字节（比如Halt），也可以是2字节（比如Jmpf 4）、3字节或者4字节，所以需要提供4个写死的数值在某个MUX后面，然后操作码译码器判断上一条指令从而知道该指令的长度，从而输出对应控制信号给这个MUX，并选出对应的数值输出到加法器，等待下一个时钟到来时触发PC自增。

一次读出4字节来，是不是又有点浪费了？假设某个访存（访问存储器）指令是“Load_a 地址16 寄存器A”，其目的就是把地址16上的1字节的数据载入寄存器A。如果所有寄存器都只能容纳8位数据，也就是8位宽，那么它就并不能载入从地址16到地址19这4个字节；另外，8位宽之下，指令每次也只能写入1个字节而不是4个字节。

这个问题可以这么解：加入对应的控制信号来告诉存储器控制器当前要读取或者写入的数据长度是多少，是1字节、2字节、3字节或者4字节。这个信号又被称为“Byte Enable，BE，字节选通”信号，其含义就是供上游电路告诉下游电路上游需要的是这32位导线中的具体哪个字节，其他都不需要。所以，需要重新设计Load指令，将长度信息包含到指令中，比如Load_1表示Load一字节到寄存器，而如果寄存器是32位宽的，则可以支持Load_1、Load_2、Load_3和Load_4。实际上的设计各不相同，指令的表示方法也不同，比如统一用Load表示，但是后面加一些描述符放到括号中，比如Load [参数]。

2.3.10 取指令/数据缓冲加速

我们再对上文中的取指令过程做个总结。可以看到，在图2-38之前的所有图中，并没有“存储器控制器”这个角色，所有的存储器前端都是直接采用MUX来接收地址译码器的输出控制信号，对应的数据直接穿透MUX被输出。这是因为之前的设计中没有如此多的复杂场景。那么现在，我们就需要存储器控制器来插入到存储器与上游电路之间，完成它的使命：接收上游电路下发的控制信号，包括读/写使能信号（RE/WE）、地址信号、长度信号等。所以，存储器控制器内的逻辑还是十分复杂的。

另外，在之前的简化设计中，从PC寄存器发出新的地址信号，经过地址译码器译码，输入到存储器前端MUX，选出对应的数据输出到ALU，数据流过ALU中的门电路之后的结果输出，写回到存储器，这几个步骤都会发生而且必须发生在同一个时钟周期之内。在这个时钟周期内，数据流过的所有电路部件都必须在控制信号的影响下，将对应的通路打通且封闭那些该封闭的通路，电流流过对应的导线，在对应的点上堆积产生电压，将对应开关导通，电流就迅速地流过开关到下游电路去，最终在对应的地点形成足够的电压，以表示最终的计算结果。

所以，整个过程中关键的一环就是及时产生对应的控制信号，而控制信号必须通过对读入的指令译码后才能生成。如果指令读入的不够快，比如假设电路无法实现每个时钟都读入一条指令，要么调低时钟频率，比如每秒两次，那么半秒的时候总该够完成上述所有步骤吧？要么，控制模块就得实现能够封闭PC指针寄存器的自增以等待指令被读入的设计。现实中，一般选择后者。因为正如上文中所述，从存储器中读取数据的过程，远比之前的设计复杂得多，从存储器读出一条指令需要较长的时间，而核心运算电路的运算时间相比之下是相当快的，合理的设计应该是让运算电路维持较高的运算频率，所以其驱动时钟也应该保持在较高频率。一旦存储器无法在需要的时间内读出指令或者数据的话，那么电路应该封闭PC寄存器以避免其继续自增以解决指令供不上的问题，以及使用另外一些特殊寄存器来记录哪些针对数据的读写请求尚处于等待状态。

实际中，由于上文中介绍过的复杂度，SDRAM的控制器无法在一个时钟周期内读出或者写入数据。所以，如果SDRAM控制器接受的时钟信号与核心运算电路的时钟信号同频率的话，那么PC寄存器一定会频繁地被封闭，运算效率非常低。所以，不得不这样设计：让核心运算电路的时钟频率维持原有的较高频率，而使用分频器（见第1章）将这个高频率分频成频率降低数倍的一个低频率时钟信号，将其输入给SDRAM控制器。从SDRAM控制器的视角向外看，它的确是一个时钟周期读写一条数据，但是它的时间轴跑得比核心运算电路要慢数倍。

正因为这种速率不匹配，所以SDRAM与指令译码器和ALU之间需要使用缓存来缓冲。我们在第1章曾经介绍过FIFO队列，可否不加修改地直接采用上一章介绍过的FIFO来作为L1和L2缓存呢？不可以，因为程序的执行有时候是要发生跳转的，并不都是一条一条顺着读出执行的，而FIFO则不允许任意读取其中某条数据。你可以认为L1和L2缓存就是在FIFO的基础上实现了可以任意读取其中任意数据，并且还需要做全局统一地址空间与存储器内部绝对地址的映射关系的管理和控制。只有离ALU最近的缓冲，需要绝对满足在1个时钟周期内提取一条指令的缓冲，才可以使用纯FIFO队列。

有人会问，既然SDRAM的读写吞吐量永远赶不上核心运算电路，这样就算它们之间有缓冲，岂不是PC寄存器被封闭而等待数据被读出，也只不过是早晚的事？但是不要忘记一点，一般程序中会包含有大量的Jmp类指令，它们的作用是完成循环。正如上文中给出的样例程序代码所示，一旦向回跳转，那么指令中所给出的地址对应的数据几乎都会命中在缓存中，因为这些代码之前早已被读入了，此时就不会向SDRAM发送读写请求。缓存控制器正是抓住了这个间隙，主动向SDRAM控制器发送读写数据请求，将后续更多地址的数据主动预先载入缓存（**预读/预取，pre-fetch**），这样PC寄存器自增之后，就会在缓存中拿到数据。如果某个程序中的大部分代码都是顺着执行，基本没有循环，那么缓存控制器就根本没有时间间隙去做预读操作，PC寄存器就难免不被封闭，整体执行速度就会降低。缓冲之所以能够缓冲，正是因为上游的数据消耗者并不是时刻都以相同的速率向下游的数据提供者来要数据的，所以缓冲才会有作用的空间和时间。

另外，虽然核心运算电路每次读入一条指令，假设为4字节，但是从SDRAM到缓存可不一定也必须得每次只读入4字节，比如完全可以读入8字节，这样就能够缓冲下一次取指令了。

总结一下，人们为了让电路能够理解更高级的运算操作，引入了指令的概念。译码器在这里发挥了关键作用，没有译码器，就不可能实现指令。为了让电路能够自动操作，人们用时钟代替了人手交替按键；

为了让指令更好、更高效地执行，人们又做了多种改进和优化，比如引入比较、跳转等指令。又引入了关键的WE信号来精确控制数据路径上的每一级触发器是否可以写入。从程序的视角来看，出现了地址空间的概念，其本质就是取指令计数器/寄存器的位宽。后来人们引入了更加丰富的指令及其对应的电路，从硬件上优化了程序执行的速度和效率（比如增加多级缓存），采用流水线思想改造程序执行的过程，与此同时也带来极高的电路复杂性。外部辅助设备（比如键盘、显示器、硬盘等）也逐渐被添加和丰富，最终便形成了完整的计算机系统。

本章至此告一段落。有人又说了，冬瓜哥，你用一堆电磁继电器搭建电路，结果连个继电器的影子都没看到，全是逻辑抽象示意图。另外，那么多部件，又是译码器，又是多路选择器和ALU等，它们用电磁继电器搭建出来到底长什么样？我们很迷茫啊。别急，所谓胸中有成竹，难道你不能自己想象一下用这么多继电器搭建起来的运算电路的样子么？必须保持充分的想象力，在面对未知事物的时候，想象力便是明灯。充分想象之后，再来与现实共鸣，会有更好的认知效果。

比如，你可以想象一大堆继电器放在地上，然后凌乱的导线铺在地上。也可以想象，将继电器一排一排地固定在某个箱体中，导线井井有条、横平竖直地连接在各个继电器上。然后你继而会想，后者似乎更像样。但是随着继电器不断振荡，一旦螺丝被振松动了，怎么办？一旦生锈接触不良了，怎么办？一旦某只飞蛾（bug）长眠在了继电器触点上从而阻止了电流通过，怎么办？后面这些，都是实际工程设计中需要考虑的问题。

第3章

开关的进化

从机械到芯片

至此，你可能有个疙瘩没解开。在前两章中，我们设计出来的架构都是纸上谈兵，如此复杂的电路，这么多模块，它们每一个都需要大量的与、或、非门的排列、组合、叠加、触发、反馈来形成；每个逻辑门电路本身，又是由多个开关组合而成的，而开关就是数字计算机世界最底层的基石。你不禁会问：现实世界中的运算电路真的是拿电磁继电器开关搭建的么？如果放在半个世纪之前，是的。在更早，还没有电的时代，人们甚至可以用非电驱动的纯机械开关来搭建逻辑门。在这一章，我们就为大家介绍，人们是如何利用各种工具、材料和思想来实现计算机的。

3.1 从薄铁片到机械计算机

那时候的计算机中，运算电路显然没有今天这样复杂，无法实现太多指令，即便是这样，图3-1所示的基于电磁继电器的计算机中也使用了数千个继电器（Relay）来搭建。因为在那个时代，没有比电磁继电器更合适的替代品了。

然而，采用机械式开关，比较落后。第一是磨损老化很严重，金属弹片在经过一定次数的来回振动之后，其弹性系数会下降，从而延迟会增加，之前设计好的时钟频率就必须跟着降下来，而且可能电路中某些继电器老化更严重，有些则还可以，更增加了判断难度；而且，随着使用时间的延长，由于开关弹簧老化，弹性系数降低，振动频率也就降低了，整个电路的运算速度也会降低。第二，机械式开关靠电磁铁将金属弹片吸合与触点接触从而导通电路，如果触点生锈、灰尘太多，甚至极端情况——进入了某种飞蛾或者小虫，落在触点上，恰好某时刻小虫被金属弹片拍扁在触点上，那么这个触点就会一直无法导通，导致程序运行出错，这便是所谓“程序有bug”的由来。其实，这个词表示的是程序代码自身逻辑有问题，而并不是真的说运算电路内部出现了虫子。还有，电磁式机械开关响应太慢，大概在输入端通电后的几或者十几ms之后，弹片才能被磁铁吸合到触点上。如果按照10ms算，那么单个开关的振荡频率不超过100Hz，更别说采用多级开关级连的门电路、计数器了，其最终的运行频率会远低于100Hz，可能只有10Hz左右。再次，其运行噪音太大，弹片碰到触点发声，最终开机运算期间，其发出的声音非常嘈杂。当然，我相信工作时间长一些的操作员一定可以根据当前的噪声模式做出分辨：“听！当前正在执行Add指令的译码过程！”当然，要达到肉眼“I see wave！”的程度可能还得修炼数百年。

3.1.1 算盘和计算尺

不过，电磁继电器计算机在另一种计算机面前已经是壮举了，那就是不用电驱动的纯机械十进制计算机。比如算盘。算盘是人类文明中已知的第一个机械计算机，至于是谁发明的，一直有争议。没底线的互联网更是让历史说不清道不明了。

算盘是十进制机械计算机的一种，用手拨珠子。估计有的80后朋友们在小学时会学过算盘，“三下五除二，四去六进一”，抱歉，冬瓜哥真的只记着这两条口诀了。虽然我当时也能很快地从1加到100，总和5050，然后拿起算盘一甩，清盘！哎，想想，有用么？冬瓜哥的大好年华，却用来背诵算盘口诀，直到30年后才去思考计算机是怎么运算的，如图3-2所示。

西方则有人在17世纪初发明了计算尺，如图3-3所示。

图3-1 半个世纪之前的电磁继电器计算机（Zuse Z3计算机）出处：维基百科

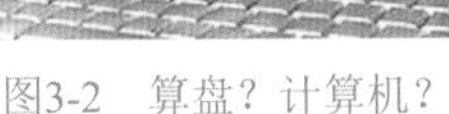
图3-2　算盘？计算机？

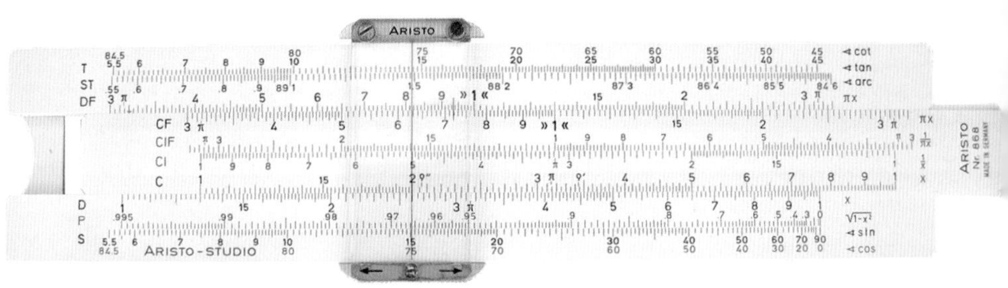

图3-3　计算尺

3.1.2　不可编程手动机械十进制计算机

17世纪中叶，帕斯卡（对，就是那个兼气体物理学家的帕斯卡）发明了利用手摇动滚轮来计算的十进制机械计算机。至于其具体是如何运算的，冬瓜哥其实也不知道。不过可以脑补一下：比如设置几个带发条驱动的齿轮，输入数值就是齿轮拧到的刻度，对应着发条的松紧，拧到8的和拧到2的松紧不同，拧到8的，松开总控拨片后会转得更久。将两个输入值的齿轮共同链接到某个大齿轮上，让第一个数值对应的发条带动大齿轮旋转一定距离，然后再让第二个数值带动大齿轮旋转一定距离：如果是加法，则同方向旋转；如果是减法，则通过按下对应的装置将一个反向齿轮压入传动路径上，让发条带动大齿轮向反方向旋转对应的距离，最后通过算总距离即可得出结果。另外，还需要在齿轮特定位置放置进位装置，这样就可以实现加减法了。计算的时候，用手来拧发条或者转动齿轮，如图3-4所示。

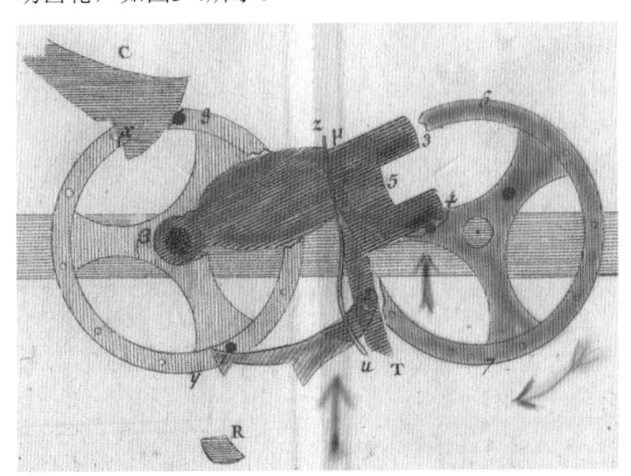
图3-4　帕斯卡发明的进位装置

后来有一门高级编程语言的名字就叫作Pascal，就是为了纪念帕斯卡。帕斯卡于39岁时英年早逝。

提示

“人就像脆弱的芦苇，但是又是有思想的芦苇。”——帕斯卡

历史已无从考证，能够追溯到的、有书面证据的最早计算机，据说是Wilhelm Schickard发明的。人们在翻查一些文物书信的时候，发现了他在写给别人的信中给出了对应的设计，该机器能够计算6位以内十进制数的加减运算。而帕斯卡的计算机可能是因为被保存了下来进入了博物馆，所以才更被人熟知罢了。至于帕斯卡是否参考了前人的设计，抑或是独立设计的，无从考证。

帕斯卡发明的机械计算机只能做加减法。至于可以完成乘除法的机械计算机，是帕斯卡去世后，莱布尼茨拿过接力棒发明出来的。用的就是笨办法，累加累减，连续多轮地加减，实现乘除法，如图3-5所示。

图3-5　莱布尼茨发明的可算乘除法十进制手摇机械计算机

由于十进制计算机在设计上随着位数的提升，值域越来越大，精度越来越高，因而其对齿轮等材料的加工成本也就越来越高。莱布尼茨深知十进制早晚会遇到瓶颈，便逐渐萌生了采用二进制来编码十进制数值，然后搭建二进制计算机械的思想。据传恰逢当时有人给他看了中国的易经八卦相关的东西，与其产生了强烈的共鸣。所谓阴阳生两极，两极生四象，四象生八卦，或者所谓的“道生一，一生二，二生三，三生万物”。也就是说，丰富的表象全部都是由很简单的基石叠加而成的。

虽然冬瓜不懂这些上古时代的思想以及其形成的依据，但是我们在第1章中就思考过：与或非是组成计算机世界的原始作用关系，这就不难联想到上面所谓的阴阳生两极了，至于后面的演化，就无从考证

了。阴阳八卦从某个角度猜测了现实世界底层可能就是二进制运行的，你不能说它错，但也无法证明是对的。但是对于计算机这种完全被人类创造的东西，与或非就是计算机世界的三股“气”，其对应了现实世界中的所谓微观粒子，比如玻色子、夸克之类；而计算机世界中用于实现和承载这些与或非关系的，甚至更复杂的比如XOR等关系的，则是开关，是有形的东西，对应了现实世界中的弦论、量子场论等试图揭示更底层本质的理论，探究微观粒子底层又是如何形成的。也就是说，微观粒子反而并不是有形的东西，其是被更底层的有形的基石叠加起来的。自然界普遍存在的波动就体现了这一本质，比如蜈蚣的脚，每只脚只是在做简单的往复运动，但是蜈蚣的所有脚看上去却在向前移动，呈现出纵波形。所以，世界底层也许正是由大量这些不断往复振动的基本单位多维叠加而成的。所以，只要利用很简单的砖头，通过大量堆砌，就可以堆出各种复杂的机器出来。这样的话，加工成本大大降低，用同一个模具加工几万个相同的零件，相比用几万个模具加工出几万个不同的零件，效率之高可想而知。

这种思想随处可见，比如堆积木，中国的七巧板（七种基本形状搭建大量丰富的形状），国外的乐高玩具。再比如你天天都会看的液晶显示器，就是用大量精细的相同的像素点堆砌成各种形状，而不是为每个形状都只做一盏对应形状的LED灯。不幸的是，十进制机械计算机时代，人们一开始的思想的确就是后者。

然而，莱布尼茨最终并没有做出二进制机械计算机，因为那时候还没有形成完善的逻辑运算体系和编码体系，布尔总结出完善的逻辑代数体系那已经是19世纪中叶了，也就是二百年之后。另外一个原因则是二进制会牺牲空间，做出来的机器占地面积会非常大，感觉上不够精巧，略显笨重（后来的事实证明，二进制机械计算机其实占地没有想象的那样大）。再一个原因可能是感觉二进制计算机的格调看上去不那么高，千篇一律的零件，让人感受不到那种工匠的精细设计（冬瓜哥乱猜的，别当真）。咱们现在这是马后炮，至于莱布尼茨当时怎么想的，想到了哪个层面，谁都不知道了。

3.1.3 可编程自动机械十进制计算机

就这样，到了19世纪。在工业革命的促进下，西方科技和经济蓬勃发展，越来越多的场景需要对复杂多项式进行计算，比如求$y=x^2+x^3$函数当$x=2$时的值。当时人们流行这种做法：针对一些常用的多项式，预先计算出一系列的y值，打印出一张x值与y值的对应表，这就可以直接查表求值，而不是计算求值。这就像我们中学学过的对数表一样，虽然冬瓜哥已经完全忘记了对数表可以用来做什么了。显然，如果用手工来算这些多项式的值，工作量比较大，而且多项式的形式不计其数，每一个都算一遍，不厌其烦。于是，有这样一位老哥就开始苦苦思索：如果能有一台机器可以输入各种多项式，不管是$x+x^2+x^3$还是$2x+x^2$，抑或是其他形式，它都可以自动求出当x=1, 2, 3, 4,…或者x=0.001, 0.002, 0.003, 0.004,…, 0.999时对应的y值，那么就可以一劳永逸了。这位老哥就是巴贝奇。他的第一个目标就是：可编程的机械制表机。对！他设想把输出值直接传递到某种打印装置上，直接打印出对应的表格！这就像一台把一头牛直接加工成牛肉丸的机器一样科幻。事实上，在设计制表机之前，巴贝奇已经捣腾出一个可算8位数的机械计算机了，如图3-6所示。

图3-6 巴贝奇和他发明的8位十进制数计算机

1786年的一本书中记载了穆勒的一个构想。穆勒根据下面所示的规律来计算多项式的值，比如$y=2x+x^2$，当$x=1$时$y=3$；$x=2$时$y=8$；$x=3$时$y=15$；$x=4$时$y=24$，由此可以发现如图3-7所示的规律。

只要先算出该多项式结果中的每一阶的差值，就可以根据上一个结果，按照一定规律加上这些差值，得出下一个结果的值，这样就不需要把每一个x的值都代入计算一遍了。可以看到，二次多项式有两阶差，三次多项式则有三阶差，这样，不管这个多项式多么复杂，只要幂次一定，其运算量都差不多。这样就可以极大简化机器的复杂度。

根据书中记载，穆勒构想了这样一台能根据上一个结果和差值自动求解多项式数值表的机器，称之为“差分机”。但是穆勒没有获得资助。

不过，好事让巴贝奇摊上了。1822年6月14日巴贝奇上书皇家天文学会 以“采用机器计算天文及数学表手记”为题目，成功获得了资助，因为当时对数学表的需求的确很大，政府认为这能解燃眉之急，节省成本。1823年政府资助了1700英镑用于启动项目。但是实际工程中却发现，由于当时的机械制造工艺无法良好地满足其两万五千个左右的部件的规格要求，耗费的成本远超过预想，最终政府投入了十倍的资金，但是巴贝奇依然没能造出这台机器，只造出了一部分，如图3-8所示。

在原本的设计中，该机器被称为“差分引擎一号”（Difference Engine No.1），可以计算到第六阶差，支持 16 位数的运算。该机器由工匠 Joseph Clement 负责打造，预计完工后将有 25 000 个零件，重 15 吨。可惜，一方面是零件太过精密，制造困

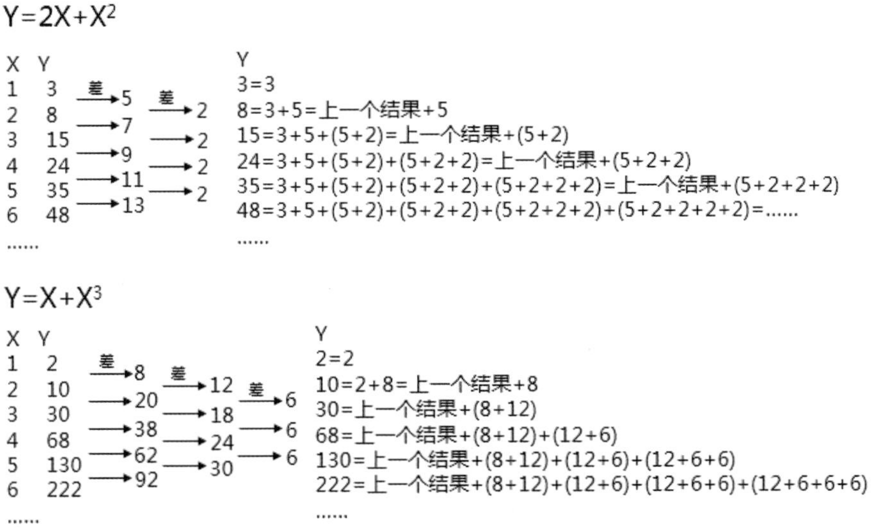

$Y=2X+X^2$

X Y
1 3
2 8
3 15
4 24
5 35
6 48
……

差：5、7、9、11、13
差：2、2、2、2

Y
3=3
8=3+5=上一个结果+5
15=3+5+(5+2)=上一个结果+(5+2)
24=3+5+(5+2)+(5+2+2)=上一个结果+(5+2+2)
35=3+5+(5+2)+(5+2+2)+(5+2+2+2)=上一个结果+(5+2+2+2)
48=3+5+(5+2)+(5+2+2)+(5+2+2+2)+(5+2+2+2+2)=……
……

$Y=X+X^3$

X Y
1 2
2 10
3 30
4 68
5 130
6 222
……

差：8、20、38、62、92
差：12、18、24、30
差：6、6、6

Y
2=2
10=2+8=上一个结果+8
30=上一个结果+(8+12)
68=上一个结果+(8+12)+(12+6)
130=上一个结果+(8+12)+(12+6)+(12+6+6)
222=上一个结果+(8+12)+(12+6)+(12+6+6)+(12+6+6+6)
……

图3-7　多项式结果体现出差分的规律

图3-8　巴贝奇制作的一部分差分机模块

难，另一方面巴贝奇不停地边制造边修改设计，与Clement产生极大矛盾并最终导致其辞职。从 1822年到 1832 年的十年间，巴贝奇只拿出了上面所示的这部分来示范。最后大部分零件被熔掉回收，英国政府在 1842 年做最后清算时发现，整个计划一共让政府赔掉了 17 500 英镑——约等同于 22 台蒸汽火车头。

然而，巴贝奇并没有丧气，在制造差分机的过程中，其思想得到了升华，意识到整个机器可以进化为更高级的形态。所以在1834年，他转为设计另一种更通用更强大的计算机——分析机。在分析机的设计构想中，其被分为计算单元和储存单元两部分，其中计算单元包含四则运算模块，同时还可以存储四组不同的运算方程式，相当于四个独立的程序。这些方程式/程序采用穿孔卡片（Punched Card）加载到机器里，支持判断跳转、循环等程序逻辑，运算结果可以选择输出到打印系统、打卡系统、绘图系统等。这分明与现代计算机的架构别无二致了。只是，这一次又成为了纸上谈兵。巴贝奇留给后人的只有如图3-9所示的这台机器的一小部分。

在制作分析机的过程中，巴贝奇对之前的差分机的设计逐渐思考出更加优化的设计方案，于是他又在1847年到1849 年间设计了差分机2号。差分机引擎2号可以计算到 31 位数、第七阶差，而且零件数量只有1号的

图3-9　巴贝奇制造的分析机的一部分以及储存程序用的穿孔卡片

1/3。可惜的是，巴贝奇已经找不到愿意出资的人了，因此差分机2号又一次成了纸上谈兵。真是悲催呀！

不过，巴贝奇的分析机思想，让英国诗人拜伦的女儿艾达（见图3-10）产生了浓厚的兴趣。虽然是纸上谈兵，谈谈也无妨。1842年，意大利的数学家梅纳布雷亚（Luigi Federico Menabrea）发表了针对巴贝奇的分析机的一篇综述。1843年，艾达在将该文章从法文翻译成英文的过程中，在文章结尾增加了很多她自己的想法作为备注，备注的篇幅比正文还要长。其实，她早在8年前就对分析机产生了兴趣。在备注中，她亲自为巴贝奇设想的分析机编写了求解伯努利方程的程序步骤（扫二维码可以观看原文）。因此，艾达也被认为是人类历史上第一个程序员，只不过这个程序是跑在纸面计算机上的，就像冬瓜哥在前两章中的论述情形一样。不过，纸上谈兵有时候并非不可取，任何想法都是先脑补，再纸上，而后再去实践的。

图3-10　艾达·拉芙蕾丝

艾达后来成为了巴贝奇的合作伙伴，同时为其提供资助。巴贝奇那时已经是穷困潦倒了，后来两人为了筹集经费，艾达甚至当掉了家里的值钱物品。期间，艾达还编写了大量基于该分析机的程序，包括三角函数、级数相乘等。贫困、高强度脑力劳动，终使艾达在1852年怀着对分析机美好憧憬离开人世，年仅36岁。后来美国国防部花了重金和10年时间，开发了一套高级编程语言，在1981年被正式命名为Ada语言，以纪念艾达为一台根本不存在的计算机编写了程序。

艾达去世后，巴贝奇又默默地独自坚持了近20年。晚年的他已经不能准确地发音，甚至不能有条理地表达自己的意思，但是他仍然百折不挠地坚持工作。上帝对巴贝奇和艾达太不公平！分析机终于没能造出来，他们失败了。巴贝奇和艾达的失败是因为他们看得太远，分析机的设想超出了他们所处时代至少一个世纪！然而，他们留给了计算机界后辈们一份极其珍贵的精神遗产，包括30种不同的设计方案，近2100张组装图和50 000张零件图。1871年，巴贝奇去世。有理想，没白活！有情怀，死何干？

最初的梦想 ▸▹▸

如果骄傲没被现实大海冷冷拍下，又怎会懂得要多努力，才走得到远方。如果梦想不曾坠落悬崖，千钧一发，又怎晓得执着的人，拥有隐形翅膀。把眼泪种在心上，会开出勇敢的花，可以在疲惫的时光，闭上眼睛闻到一种芬芳。就像好好睡了一夜直到天亮，又能边走着边哼着歌，用轻快的步伐。沮丧时总会明显感到孤独的重量，多渴望懂得的人给些温暖借个肩膀。很高兴一路上，我们的默契那么长，穿过风又绕个弯心还连着像往常一样。最初的梦想紧握在手上，最想要去的地方，怎么能在半路就返航。最初的梦想绝对会到达，实现了真的渴望，才能够算到过了天堂。（姚若龙）

后来，Per Georg Scheutz在巴贝奇差分机设计思想的基础上，改良了方案，从1855年开始继续设计差分机，并在1859年成功出售了一台给英国政府，如图3-11所示。

图3-11 Scheutz设计的差分机

40年后，子承父业，巴贝奇的儿子Henry Babbage继承了父亲的精神遗产，重新制造了分析机中的部分模块，如图3-12所示，其不可编程。这个模块现存于伦敦科学博物馆里。Henry后续也建议过出资还原出完整的机器，但是无果。

图3-12 分析机部分模块

巴贝奇的一生让后人颇感遗憾，于是，一些有情怀的后人有了这样一个想法：如果给巴贝奇足够的时间和资金，按照当时的工艺，其优化过的差分机2号是不是真的可以做出来？于是，1991 年伦敦科学博物馆决定参照巴贝奇的图纸，打造一台完整的差分机2号出来。当然，其过程也是充满了坎坷，经费困难、生产问题、一推再推的期限和无数的技术问题。10年后，整台机器才完工，如图3-13所示。所幸的是，按照巴贝奇当年的工艺条件制作出来的差分机2号，真的可以用！这已经说明了一切！

图3-13 后人按照巴贝奇的设计打造的差分机2号

直到100年后的20世纪三四十年代，后人才发明出具有类似可编程特性的二进制机械计算机。可惜，巴贝奇并没有将方向转到二进制计算机上，耗费了几十年心血，最终失败。如果更换为二进制，工程上会简单很多。另外，巴贝奇是个富二代，却将财产全用来折腾了，只不过，人家折腾的是对人类和社会有用的高情怀的东西，他的理想主义的一生可谓彪炳史册了。

3.1.4 可编程自动电动机械二进制计算机

巴贝奇所遭遇的窘境，在于设计要求零件误差达到千分级，而当时的加工能力很难做到。这一切其实很大程度上应当归因于其使用了十进制运算，还得达到高精度，那就需要齿轮足够精细，足够多。为了解决这些问题，二进制自然而然地进落入了人们的思维框架当中。所有部件的状态不是0就是1，不是开就是断，就算是铁器时代的工艺，也能达到这个要求。

接下来要说的这位大侠，他比巴贝奇要幸运，他不但把机器做出来了，而且一股脑做了多个，不但在人生后半段取得了商业上的成功，并且还非常长寿。但同时他又是不幸运的，因为他制造计算机时身处二战期间的法西斯德国，很少有人知道他，很容易被人认为其为法西斯工作，以至于很多后人认为是美国人发明了第一台二进制电子计算机。这位绝顶高手就是德国民间“扫地僧”楚泽（Konrad Zuse，见图3-14）。最可敬的是，其发明计算机期间没有任何头衔，或者说，是个失业者，根不正苗不红，全自费选手。历史证明，大凡这类选手，做不成则已，做成了，就是惊天动地可歌可泣。

楚泽的大学专业是土木建筑，获得工学学士学位。1935年，他毕业后进入一家飞机制造厂负责应力检测，需要将数值代入力学公式求解，很枯燥。当时，他的手头只有计算尺可用。什么？他没有小计算器么？别闹了，那时候别说芯片了，就连电子管三极管之类都还没有，手持的计算器也是机械式的，手摇，很多时候可能还不如计算尺方便。于是，他无时无刻不在想着发明一台可编程的二进制计算机。在此之前，他已经看过了莱布尼茨的著作，对莱布尼茨二进制的思想很认同。于是他辞去了这份工作，回到家里，在父母的帮助下，腾出一间屋子，作为他的工作室。

一穷二白，父母和朋友赞助了一些费用，就这样开始建造这台计算机。相比巴贝奇的年代，楚泽的年代制造工艺进步了许多，加工一些铁件不是那么难了。楚泽设计整个计算机的架构用了仅仅1年时间，而建造这台计算机也只用了2年时间。到了1938年，他制造的第一台二进制机械计算机出炉了，命名为Z1。这是他人生中的第一台计算机，也是全人类第一台可编程二进制机械计算机，还是全人类第一台完全靠自费、独自设计制造的，并且可编程、支持浮点数运算的二进制机械计算机。光这一点，就让人佩服得五体投地了。所以，说楚泽才是真正的现代计算机之父，不足为过。甭说那些大理论，这个器那个器，这单元那单元，这体系那体系，人家单枪匹马开天辟地，还有什么好说的？后面我们会看到，楚泽在其后续的人生旅程中，一股脑做了一系列计算机，有些成功投入了商用。

Z1的架构与现代计算机别无二致，拥有存储单元、运算单元、控制单元、输入和输出设备，采用微指令方式，支持浮点运算。程序采用穿孔电影胶片存储和输入，22位宽，支持乘除法，采用累加和累减实现。支持9条指令，最快1个周期执行一条指令，最慢的指令则需要20个周期。Z1包含大约2万个部件，重约1吨。逻辑门采用薄铁片搭建，楚泽自己用手锯加工了其中的很大一部分薄铁片。整个机器采用电机带动传统装置来当作时钟触发信号，频率为1Hz。如图3-15所示为Z1的架构。

然而，Z1的指标非常牛，但是运行起来却不太稳定；更不幸的是，在1943年二战期间，Z1被炸弹给炸哗啦了，设计图纸等也一并付之一炬。幸好，楚泽非常长寿。1986年，已经是76岁的楚泽决定重建当年被炸掉的Z1，并在1989年完成了装配，但不幸的是，最终这台机器没能正常运行。目前，Z1计算机被陈列在位于柏林的德国科技博物馆中，如图3-16所示。

下面我们就来近观一下这位大师的设计杰作（见图3-17～图3-21）。可以看到，其格调其实并不比巴贝奇十进制计算机的时代低，前者有点蒸汽时代的风格，后者更体现了新时

图3-14 青年、中年和老年楚泽

代的科技感。我们也能够进一步感受到，一个人做出这种杰作，不但要拥有技术，还得有艺术、毅力，的确，楚泽同时还是个画家。扫二维码可以在线查看Z1计算机加法器的3D模型。

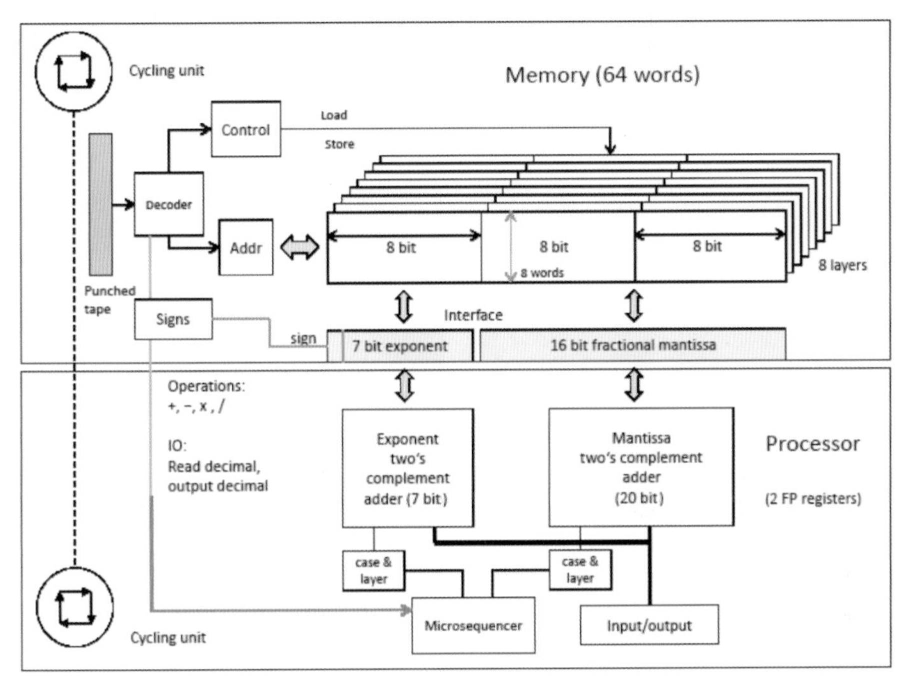

图3-15　Z1计算机的架构

图3-16　重建之后的Z1计算机

扫码看视频

图3-17　重建之后的Z1计算机一角I

图3-18　重建之后的Z1计算机一角II

图3-19　重建之后的Z1计算机一角III

图3-20　重建之后的Z1计算机一角Ⅳ

图3-21　重建之后的Z1计算机一角Ⅴ

再来放大看看这个作品的细节，体验一下顶级工匠追求完美的情怀，见图3-22～图3-24。

图3-22　控制单元的机械结构I

图3-23　控制单元的机械结构II

图3-24　存储单元的机械结构III

机械式与或非 ▶▶▶

用薄铁片是如何实现逻辑门的？换句话说，用机械部件如何实现与或非逻辑关系？事实上，有各式各样的设计，你如果静得下心来，自己都可以想出数种实现方式。有一些智力玩具中就会用到与或非关系，只是你没注意而已。图3-25是楚泽当年所设计的薄片逻辑门，这是他专利申请中的一页。

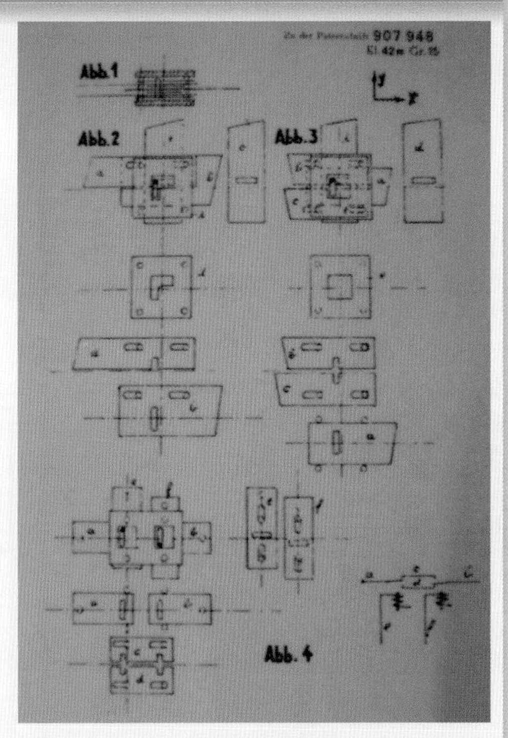

图3-25　楚泽设计的薄片专利图

图3-26所示的示例装置就是利用4片薄铁片组成了一个非门，中间正方形铁片位置固定，其上带有按照一定方向走向的镂空槽，上方铁片可以上下滑动，作为输入值；左边铁片可以左右滑动作为输出值。非的逻辑关系，就体现在中间铁片的镂空槽的走向上，输入值会通过槽的走向来推动铁片输出到对应的位置。右侧铁片则为一种Enable信号，或者说触发信号：在触发信号为0时，输出值归0，不受输入值影响；当触发信号为1时，输出值便会跟随输入值的改变而改变。这相当于一个电平型锁存器了，只不过是单个门级别的锁存。

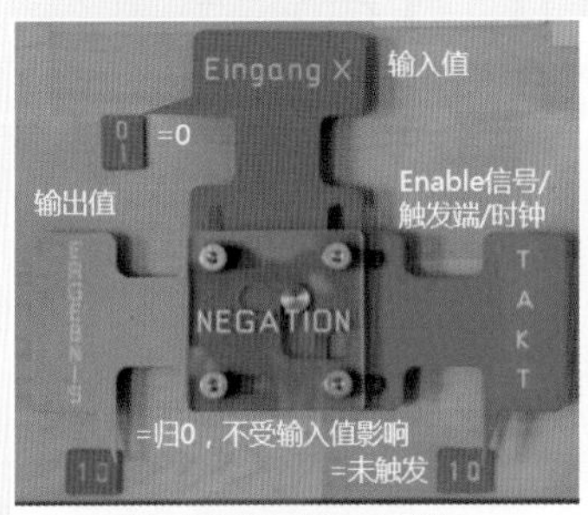

非门-输入值0-状态0-未触发

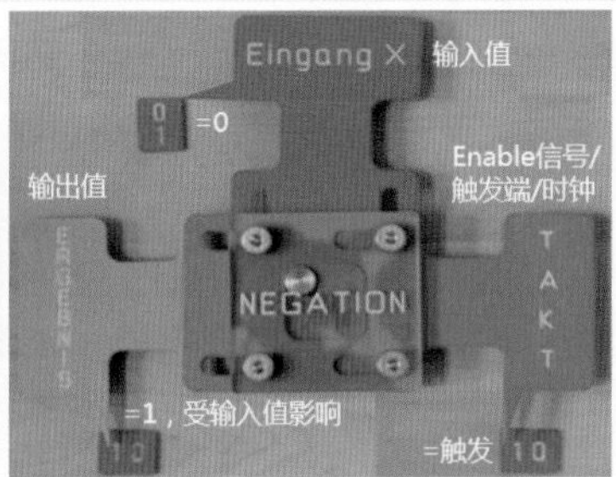

非门-输入值0-状态1-被触发

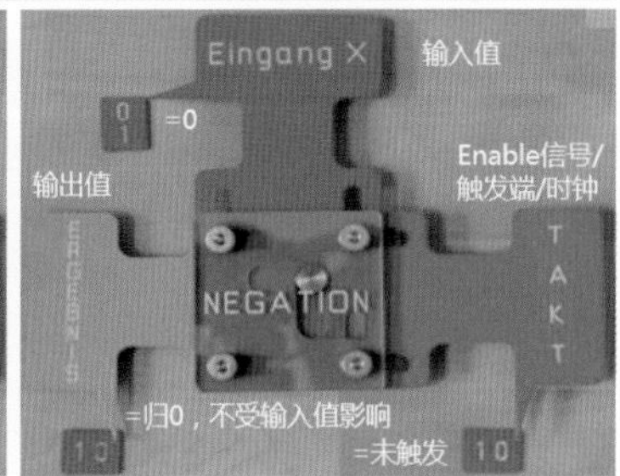

非门-输入值0-状态2-未触发

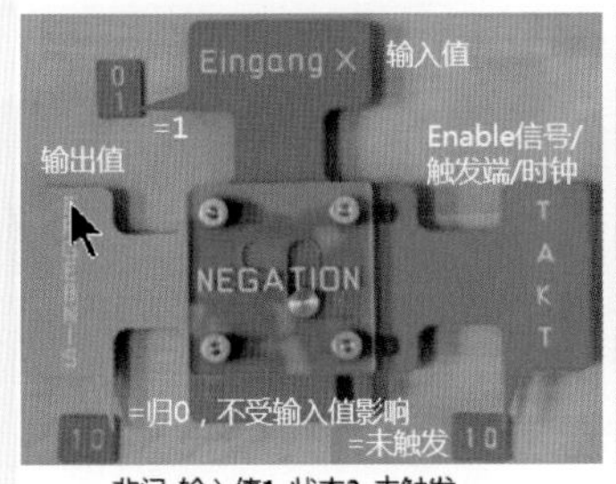

非门-输入值1-状态3-未触发

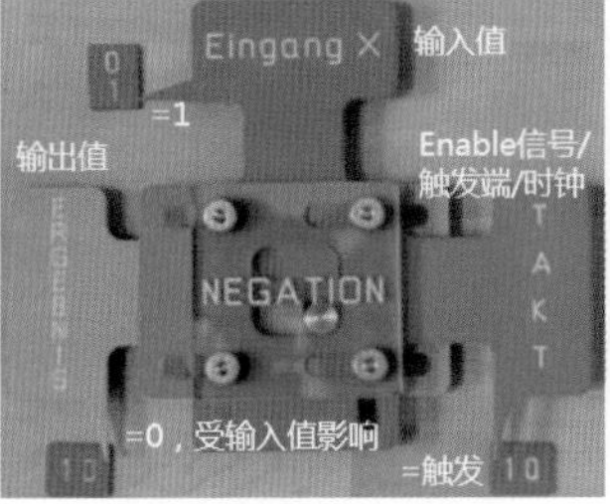

非门-输入值1-状态4-被触发

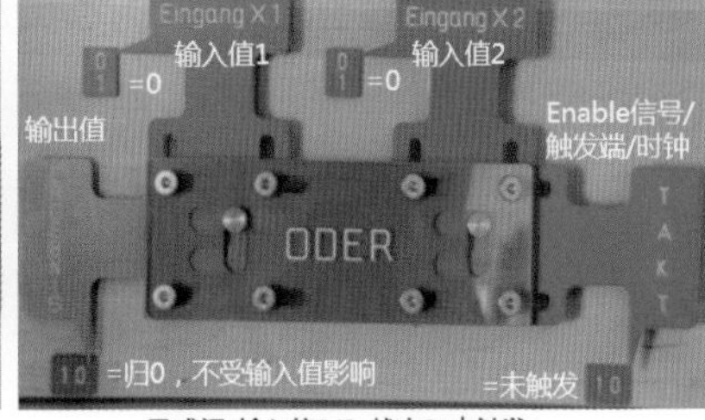

异或门-输入值0/0-状态0-未触发

图3-26　一种利用薄铁片实现非和异或逻辑的示例装置

我们再来继续讲楚泽的故事。由于纯机械式Z1计算机的稳定性不理想，另外，纯机械式的东西必然速度是很慢的。所以，就在Z1问世后的第二年，楚泽的朋友给了他一些电话公司废弃的继电器，楚泽用它们组装了第二台计算机，电磁继电器式计算机——Z2，其本质上依然是一台机械计算机，只不过是用电磁驱动的能够快速开合的机械。Z2工作起来稳定性很好，性能也得到极大提升，那是当然了。也就在这时，他的工作引起德国飞机实验研究所的关注，他成功获得了一笔资助。

1941 年，规格更高的第三台电磁式计算机Z3 制作完成，使用了2600 个继电器，用穿孔纸带输入程序。Z3能达到每秒3到4次加法运算，或者在3到5秒内完成一次乘法运算，运行频率为5.33Hz。1942 年，他编写了世界上第一个下国际象棋的计算机程序，可运行在Z3计算机上。图3-27为Z3计算机的架构示意图。

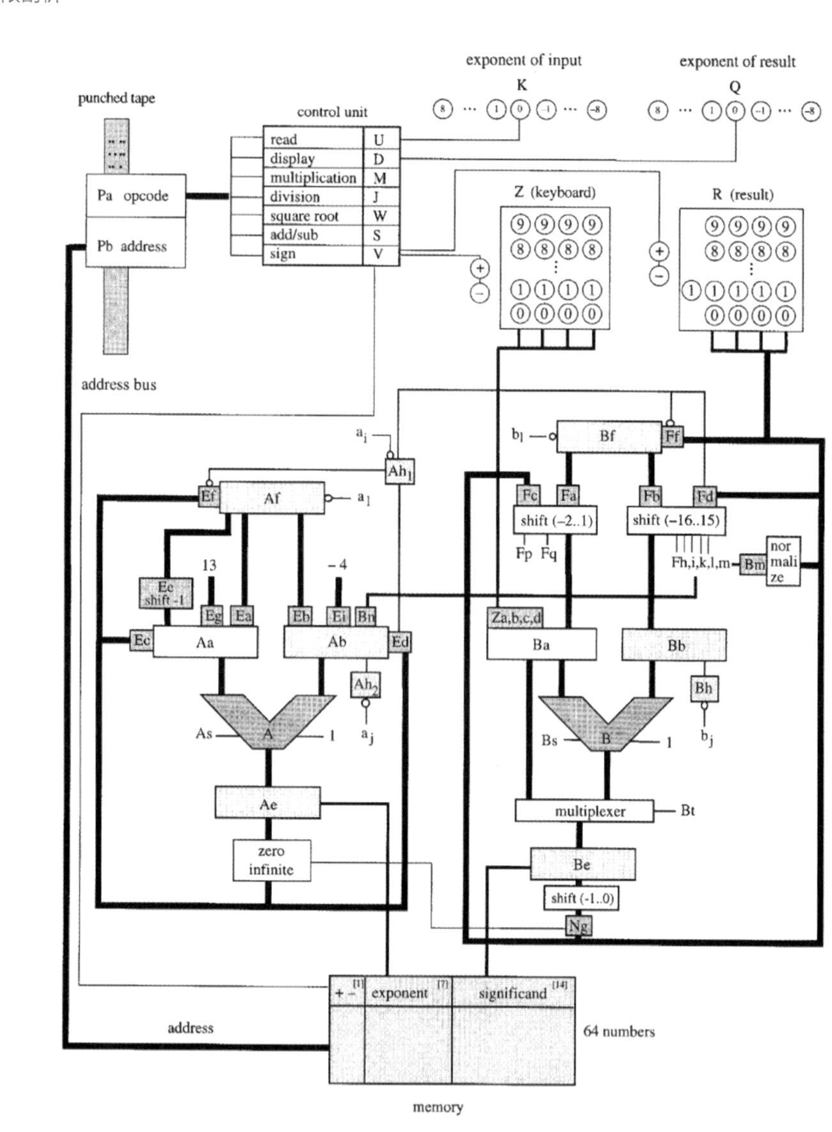

图3-27　Z3计算机的架构

Z3在二战中为德国大显身手。它并不是像许多电影里描述的那样被用于破译密码，而是用在了数据分析上。它成功地解决了当时飞机双翼抖动的稳定性问题中大量的复杂计算。就这样，Z3计算机正常工作了3年，一直到1944 年，美国空军对柏林实施空袭，楚泽的住宅连同Z3计算机一起再次被炸掉。可想而知，楚泽经历了多大的痛楚。从图3-28中可以看到当时所使用的电磁继电器的样子。

越战越勇的楚泽于1942～1945 年又建造了一台比Z3更先进的电磁式Z4 计算机，如图3-29所示。Z4计算机的存储器单元也从64位扩展到了1024 位，继电器几乎占满了一个房间。为了使机器的效率更高，楚泽甚至设计了一种编程语言Plankalkuel，这一成果使楚泽也跻身于计算机语言学的先驱者行列。

幸运的是，Z4被完整地保存到现在。因害怕再次被炸，当时楚泽把Z4四处转移，最后带着它飞往德国南部，搬到了阿尔卑斯山区欣特斯泰因小镇。后来，该地点被盟军士兵所发现，但是士兵当时看到这台机器之后，完全超出了他们的认知范围，以为是某种打印机排字机之类的设备，在闻讯赶来的英国情报人员的判断下，才知道这竟然是一台电磁继电器计算机。直到1958年左右，西方计算机界才终于认识到Z4在当时的确是最先进的计算机，它研制成功的时间要比美国、英国更早。而且更讽刺的是，其发明人则是一位白手起家的土木建筑工程师。但是，既成事实很难改变，目前多数人依然认为是美国人发明了第一台电磁继电器计算机。

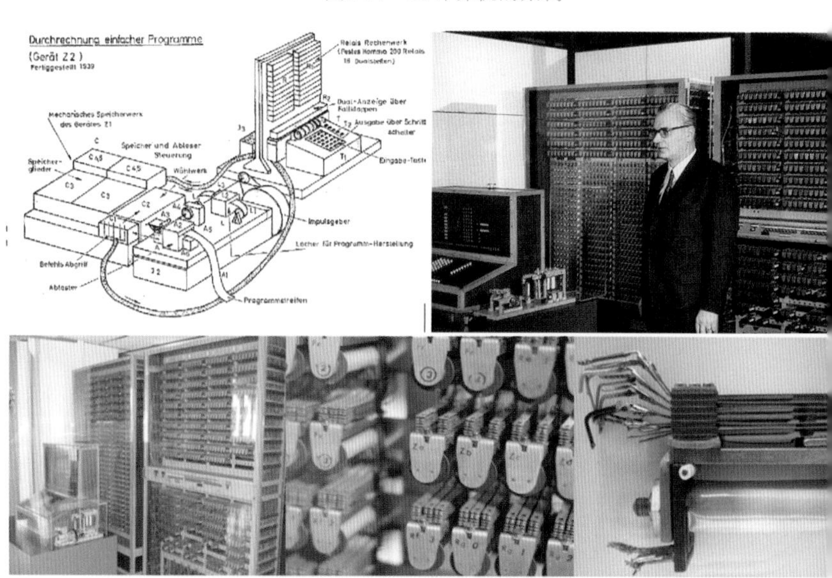

图3-28　左上角为Z2原型图，其他为Z3再造实物图

图3-29　Z4计算机，左边为楚泽演讲时的历史实拍照片，右侧为新世纪时拍摄（图中人物并非楚泽）

希特勒战败后，楚泽流落到瑞士一个荒凉的村庄，一度转向研究计算机软件理论，最早提出了“程序设计”的概念。早在1938 年就发明了计算机的楚泽，几乎被人遗忘了几十年。他在1941年为Z3计算机提出的专利申请，到了1967 年法官仍然拒绝受理，理由是“缺乏创造性”。这个在发明第一台计算机时没有花他人一分钱的“扫地僧”，普通的工学学士学位，极其普通的背景，确实也很闻名。直到1962 年，他才被确认为计算机发明人之一，得到了8 个荣誉博士（楚泽依然是学士学位）头衔以及德国大十字勋章。后来，柏林博物馆重新建造了Z1计算机，也就是图3-16所示的机械计算机。

楚泽在1936年提出两项发明专利，并且预言记忆储存器件将可同时储存电脑指令和待处理数据，这一远见后来发展出冯·诺伊曼架构，并在1949年为英国EDSAC计算机所应用。楚泽也认为第一门计算机高级编程语言是他所设计的（Plankalkül，1945年完成，1948年发表），虽然这门编程语言直到2000年才在柏林自由大学首度成功执行，当时楚泽已经过世5年。

战后，他把Z4的技术卖给了苏黎世工业大学，该技术得到了商用，也让后续的基于Z4架构的计算机成为人类历史上第一个支持浮点计算的商用计算机。楚泽随后创办了“楚泽计算机公司”，之后，他的计算机之路如日中天，先后又发明了Z5（1953）、Z11（1955-61）、Z22（1955）、Z23（1961）、Z25（1963）、Z31（1963）、Z64（1961）、S1（1942）、 S2等计算机系统，获得了商业上巨大的成功，当时的广告，历历在目。可以从图3-30中的广告判断，Z25计算机已经抛弃了电磁继电器，使用了类似封装晶体管的材料作为开关。

1958年，楚泽研制出基于电子管的通用计算机Z-22R，这已经属于不利用机械而利用全电子信号计算的电子计算机了。但此时，第一台电子管通用计算机ENIAC早在12 年前就被美国人发明出来了。事实上，早在1938 年，楚泽和他的朋友已经在考虑用2000个电子管和其他电子元件组装新的计算机，但是从稳定性考虑，他还是选择了电话继电器，因为电话里常用的继电器是当时最容易获得的能形成与或非逻辑的装置。当他在战后听说美国宾夕法尼亚大学早已研制出电子管计算机的消息时，不禁感叹地说：“我所能做的，仅仅是摇摇头而已。”的确，楚泽发明了第一台电磁继电器计算机，却在电子计算机的发明上晚了美国人一步。

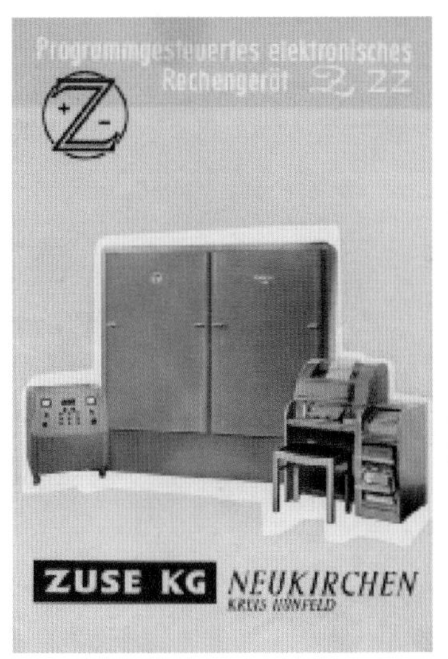

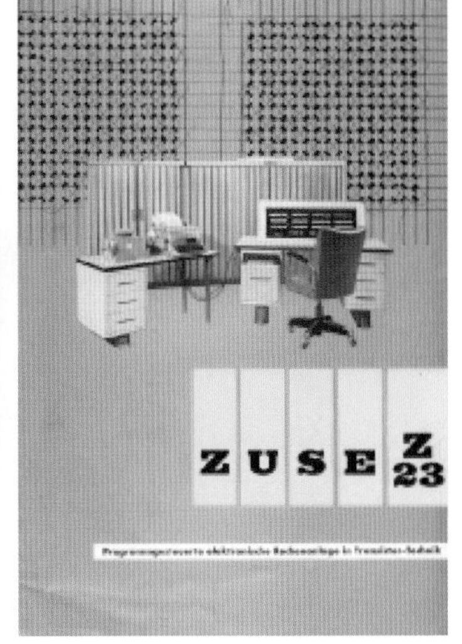

图3-30　楚泽时代的计算机广告

楚泽的公司共生产过250台计算机，后来他的公司被西门子收购。很可惜，西门子对电子计算机技术没有投入足够的重视，导致美国的IBM公司后来居上，成为计算机业的巨头。

楚泽活到85岁高龄，一直与夫人居住在富尔达附近的一幢简朴住宅里，于1995年12月19日逝世。值得欣慰的是，全世界都已经承认他是“数字计算机之父”（所谓“数字计算机”“数字技术”，来源于英文的“Digital Computer”，其泛指二进制计算机，也就是0和1这两个数字）。

在1995年，比尔·盖茨拜谒了楚泽。有趣的是，这位即将去世的计算机鼻祖为身为计算机软件高手的盖茨画了一幅肖像，如图3-31所示。直到现在，盖茨还把这幅肖像画挂在自己的办公室里。楚泽同时还是一位画家，也许正是因为这种艺术天分和修养，能让其单枪匹马设计出Z1那样精细复杂的机械结构。

总的说来，楚泽是一位非常成功的跨时代计算机之父，虽然经历过坎坷，最后还是名利双收，而且长寿，能够亲历科技、社会的变革，这是多少科学家们梦寐以求的结果。

光辉岁月 ▶▶▶

一生要走多远的路程，经过多少年，才能走到终点。梦想需要多久的时间，多少血和泪，才能慢慢实现。天地间任我展翅高飞，谁说那是天真的预言。风中挥舞狂乱的双手，写下灿烂的诗篇。不管有多么疲倦，潮来潮往世界多变迁，迎接光辉岁月，为它一生奉献。一生要走多远的路程，经过多少年，才能走到终点。孤独地生活黑色世界，只要肯期待，希望不会幻灭。天地间任我展翅高飞，谁说那是天真的预言，风中挥舞狂乱的双手，写下灿烂的诗篇！不管有多么疲倦，潮来潮往世界多变迁，迎接光辉岁月，为它一生奉献！（周治平）

3.1.5 可编程自动全电动二进制计算机

Z3和Z4作为一种电磁驱动的机械计算机，相比机械操纵杆驱动，已经是一次重大飞跃了，但是其本质依然是一台机械计算机，只是其机械部分可以隐藏在电磁继电器内部，外部则全部使用导线相连接，这极大地简化了设计难度，可以让发明者更多聚焦在架构优化上而不是机械设计上。下面，冬瓜哥就带领大家深入熟悉一下如何用电磁继电器来搭建一台计算机。冬瓜哥采用波特兰州立大学的Harry Porter博士利用现代技术仿古搭建的电磁继电器计算机作为原型向大家来介绍。

在图3-32中所示的继电器可能与大家的想象很不同，它为什么会有这么多触点？继电器开关理论上只需要有为电磁铁供电的+端（输入值）和-端（接地线），以及一个负责输出信号的+端和-端即可么？怎么看上去有多个输出端？再来看看Harry博士所用的继电器，尺寸小了很多（毕竟这已经是21世纪了）。但是它好像和上面那个继电器如出一辙，也有4组输入和输出端。是的，图3-33右侧所示为其内部结构等效图。

图3-31　楚泽为盖茨画的画像以及其他画作

图3-32　楚泽Z3计算机中所使用的继电器

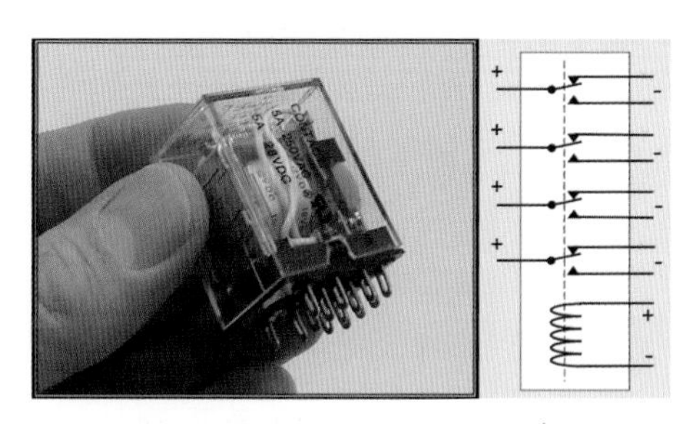

图3-33　Harry博士的电磁计算机中所使用的继电器

或许看了图3-34你就不会再奇怪了。原来，多个输出的好处是用一个器件就可以玩出多种花样，形成多种逻辑门关系。如右下图所示，只用两个继电器组合，便能同时输出与、或、非、异或四个结果，这分明就是一个位宽为1位的小型ALU了，只不过其只能输出逻辑运算结果而无法做数学运算。你可以感受到，如果按照纸面上的逻辑图以及咱们前两章介绍的知识，一个异或门至少需要多个继电器才能形成。所以，实际工程中的实现会千差万别，丰富多彩，这就是人类的智慧，殊途同归。

看了图3-35之后，是不是会觉得惊讶了？左上图是一个Enable电路，其本质上就是一组开关，导通则将源信号输出出去，不通则输出端处于高阻态。它用在向总线输出数据非常合适，我们在第1章中初步涉及了一些总线、高阻态的知识，可以回顾一下。Enable信号为1，磁铁向左方向吸合拨片，源信号被导通到总线。

右上图所示为一个循环移位器，寄存器B源信号中的第7位被导通到总线的第0位，源信号中的第6位被输出到总线的第7位。在每个时钟周期，该电路将源信号的最后一位放到第0位，倒数第二位放到最后一位，一直循环下去的话，这8个位就在不断转圈。循环移位器被广泛用于串并转换场景，即把源信号一位一位地轮着输出给发送器，第1章中的Serdes电路则采用Mux/Demux的方式完成这个任务，也是方案之一。

左下图则是一个用来检测总线上的当前信号是否为全0的电路，其本质就是多个继电器串联起来，显然它就是个多输入与非门，8个信号全为0则输出为1，所以，输出为1表示当前总线上的信号为全0，输出为0则表示当前总线上的信号并非全0。检测是否为0有什么用呢？回忆一下第2章，Jmpz/Jmpnz指令是怎么实现来着？如果上一条Cmp指令的结果输出为0，表示两个变量相等，于是就跳转或者不跳转，零检测

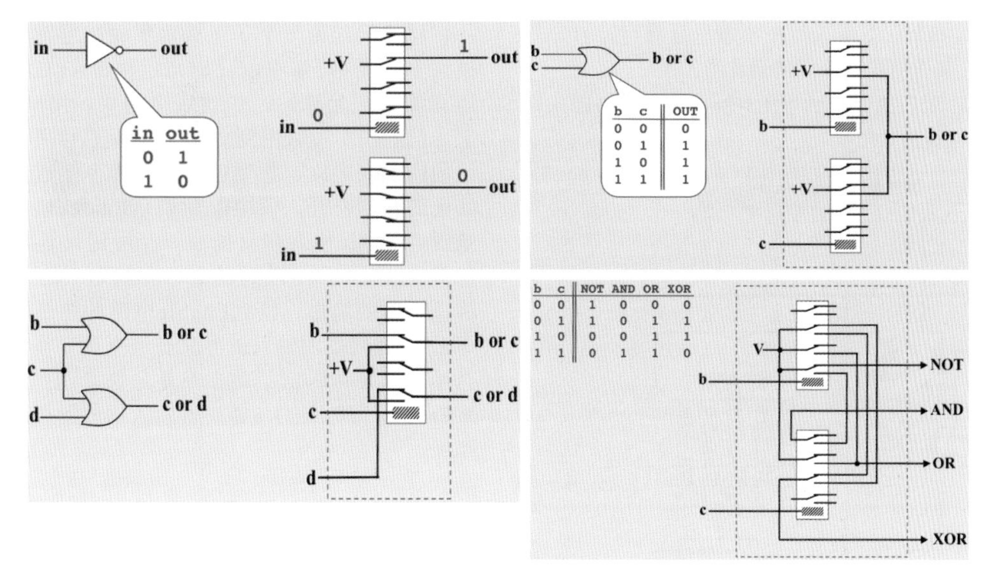

图3-34　8输出继电器如何组成各种逻辑门关系

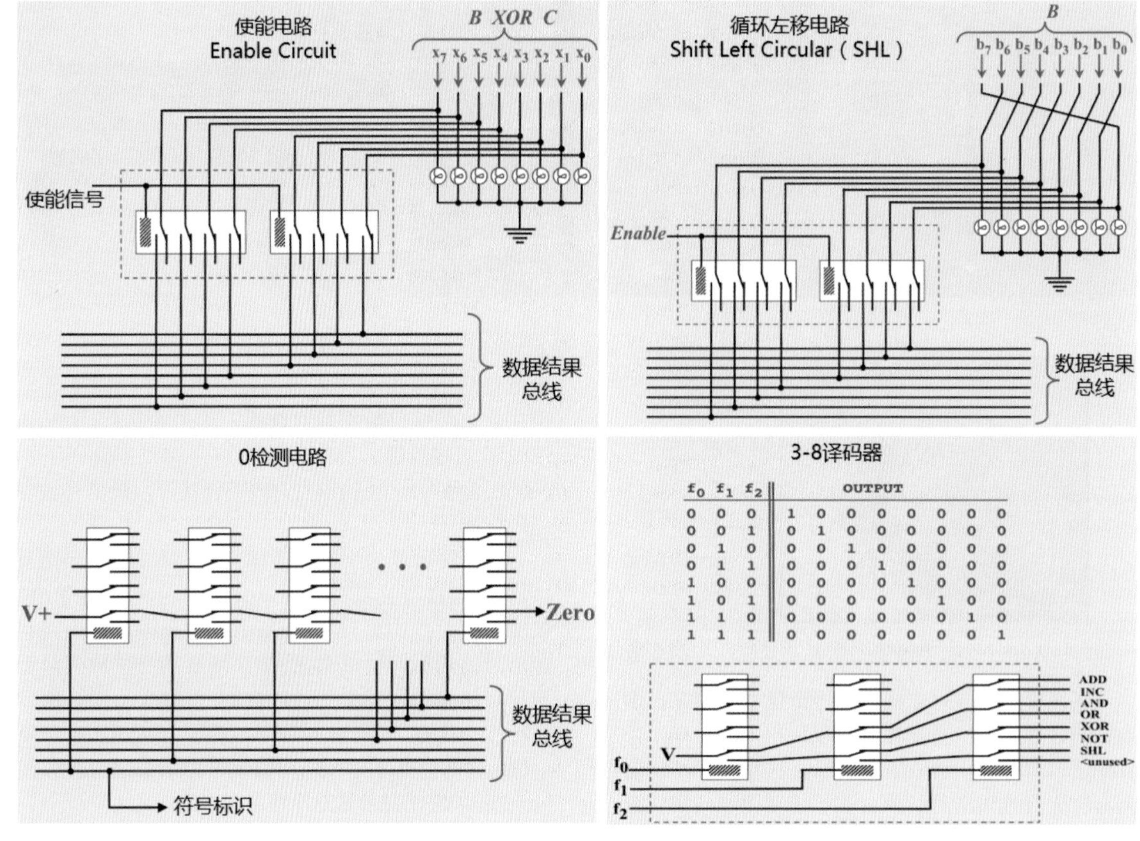

f_0	f_1	f_2	OUTPUT							
0	0	0	1	0	0	0	0	0	0	0
0	0	1	0	1	0	0	0	0	0	0
0	1	0	0	0	1	0	0	0	0	0
0	1	1	0	0	0	1	0	0	0	0
1	0	0	0	0	0	0	1	0	0	0
1	0	1	0	0	0	0	0	1	0	0
1	1	0	0	0	0	0	0	0	1	0
1	1	1	0	0	0	0	0	0	0	1

图3-35　8输出继电器如何组成各种逻辑门关系

电路就是干这个用的，其输出会被锁存到状态寄存器里，供Jmp指令的译码电路使用，以决定跳还是不跳。Sign信号则是表示当前总线上的最高位是0还是1，人们一般用8位数的最高位来表示其符号，1为负数，0则表示正数。Sign的值也可以供Jmpb/Jmps指令来判断是否跳转了。

右下图的电路则是一个3-8译码器，从其真值表可以看出，8个状态中，每个状态里只有1位为1，其余全为0。其作用我们下面就会看到。

好了，现在我们看一下图3-36，是不是嘴巴张得很大，而且恍然大悟了？

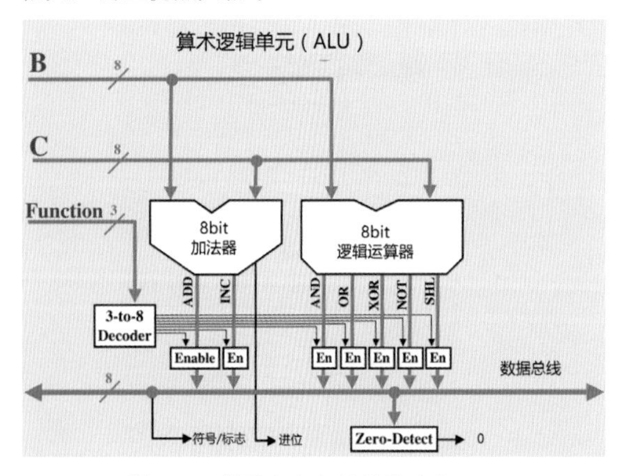

图3-36　利用上文中部件搭建的ALU

图中的8位 加法器，相信大家已经可以徒手就能画出它的门电路逻辑，该加法器就是利用上文中的8输出继电器搭建的；图中的8位 逻辑运算器，则是一个8位逻辑运算单元，在上文中大家也看到了，用两个8输出继电器即可搭建出1位逻辑运算单元，搭建8位的，并排放8个就是了。至于图3-35右上侧所示的移位器，只要把电路错开连接一下即可形成，并将移位器作为一个子运算器集成在逻辑运算单元模块中。在第2章中，我们知道整个ALU内部所有运算都是一起算的，想要哪个结果，用MUX选出来。但上图中没有用到MUX，而是直接用了刚才介绍的Enable电路，想要哪个就把哪个接通到总线，其他的则都断开。图中En就表示Enable模块。也就是说，7个En模块中只能有一个导通。这好办，还记得上文中的3-8译码器么？它就是干这个用的，将译码器的输出连接到Enable电路的控制端即可。那么3-8译码器的输入信号又有谁来负责输送呢？那当然是指令译码器了。指令是加法，就把Add那一路Enable，那么给3-8译码器输入端放置相应的信号即可。

下面我们看一下这台计算机的全貌。如图3-37～图3-44所示。

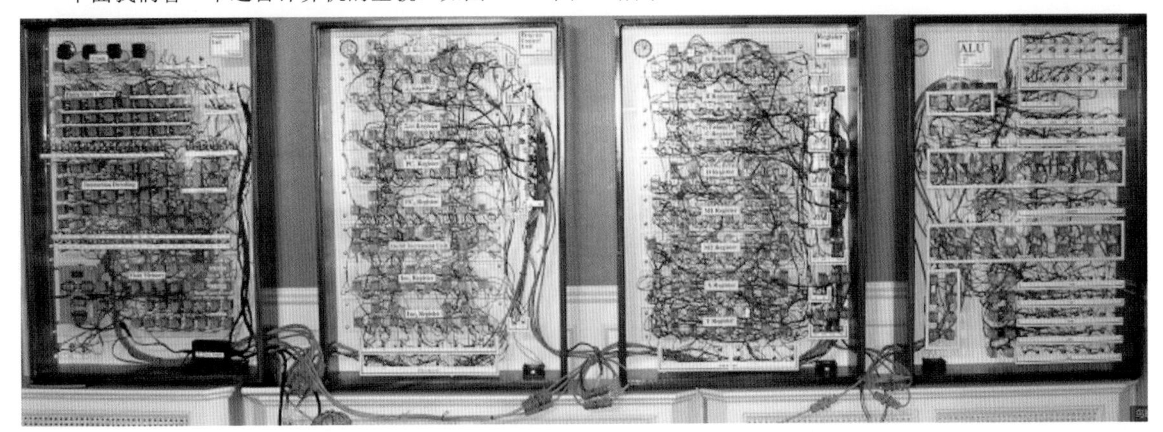

图3-37　Harry计算机部件一览I

图3-38　Harry计算机部件一览II

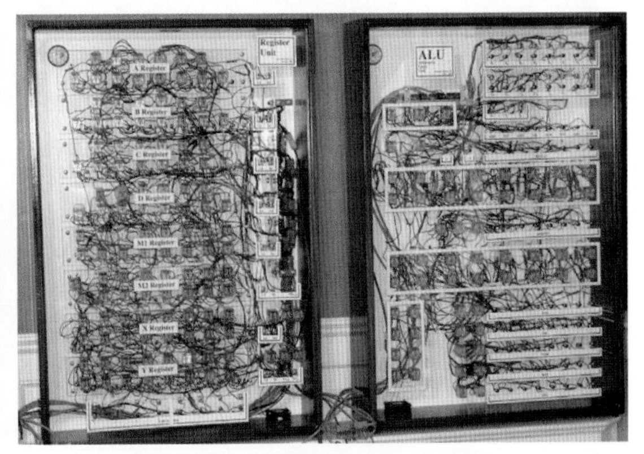

图3-39　Harry计算机部件一览III

图3-40　Harry计算机部件一览IV

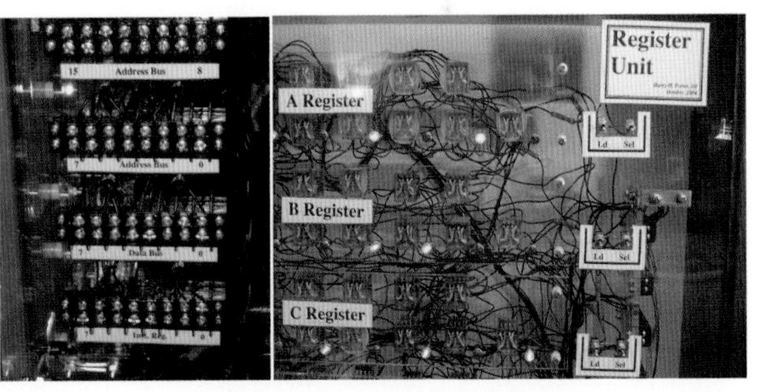

图3-41　Harry计算机部件一览V

图3-42　Harry计算机部件一览VI

图3-43　Harry计算机部件一览Ⅶ

图3-44　Harry计算机部件一览Ⅷ

3.2　电子管时代

在经历了坎坷的发展过程之后，人们最终确定了方向，那就是：二进制、可编程自动执行、电控开关。下一步，毋庸置疑，就是寻找更快、更小、费电更少的电控开关实现方案。

什么叫作电控开关？电磁继电器算一种，但是其内部依然是机械装置。纯电子开关是这样的：在开关的某个触点通电后，电会从一端流向另一端，断电则不导通；而且不能有任何机械装置，且要求反应足够快。这个任务只能由福特安培系的电子工程师来完成了，与计算机系完全是两个领域。我们需要追溯到伟大发明家爱迪生时代来一探究竟了。

3.2.1　二极电子管

1883年，美国科学家托马斯·爱迪生发现他的灯泡基本上每次都是从电源的正极被烧掉，为了搞清楚原因，他做了很多实验，其中一项是：在真空电灯泡内部碳丝附近安装一小截铜丝，并在这个铜丝上加上一个电压，结果没有什么进展，但他却在无意中发现，没有连接在电路里的铜丝，却因接收到碳丝发射的热电子而产生了微弱的电流。爱迪生并没有重视这个现象，只是把它记录在案，申报了一个未找到任何用途的专利，称之为"爱迪生效应"。

爱迪生效应让他的一位雇员、30岁的英国电气工程师弗莱明（J. Fleming）产生了兴趣。2年后，经过反复试验，他终于发现，灯泡中被加热的阴极金属片可向外释放出游离电子，如果在它对面用一块带正电的金属将这些电子吸引捕获，那么就可以在回路中产生源源不断的电流。但如果让对面的金属片带负电，想让电子从对面金属片流回到被加热的阴极金属片，则是非常困难的。如图3-45所示，滚烫的灯丝将阴极金属片加热，向外吹出电子风。很显然，电子从左边阴极走到右边阳极是顺风，而从右边走到左边则是顶风逆行，非常困难。这就形成了单向导电性，灯丝相当于一个强力风扇，往一个方向吹风。

经过多次实验，1904年，弗莱明研制出了这种特殊的具有单向导电性的电子管，由于采用灯丝加热，它看上去就像个灯泡一样，只不过其引脚有多个，有为灯丝供电的，还有阴极和阳极的引脚。弗莱明称之为"热离子阀"，从而催生了世界上第一只电子二极管，或者说真空二极管，如图3-46所示。

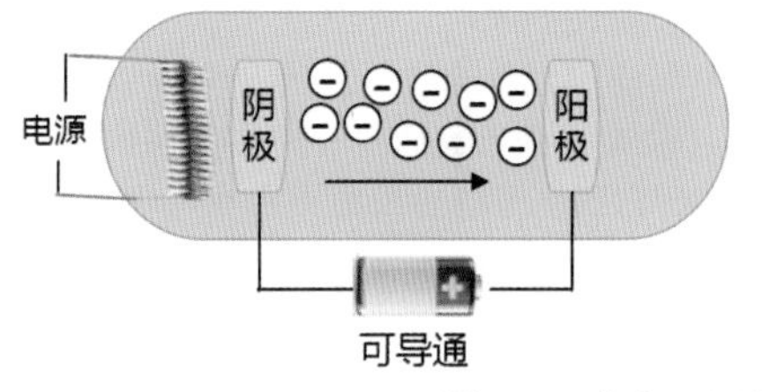

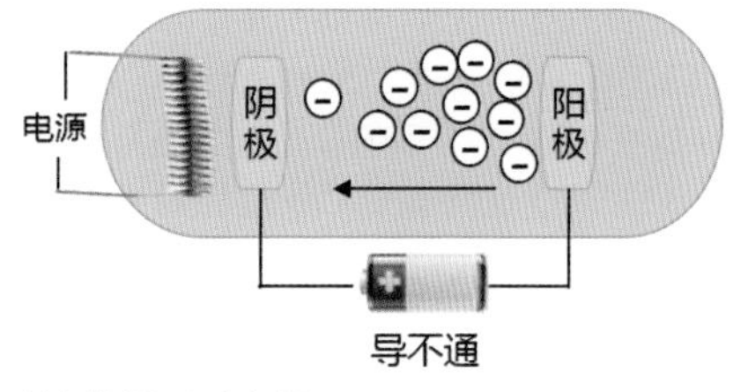

图3-45　真空二极电子管的原理示意图

图3-46　弗莱明和他实验用的灯泡

显然，真空管中充满了被“吹”出来的电子，那么怎样才能尽可能多地收集这些电子呢？那当然是增加阳极的表面积，而且最好是让阳极直接围绕住阴极，就像一个屏风一样。实际上人们就是这样设计的，如图3-47所示，可以看到灯泡内各式各样的金属屏罩。因此，电子管里的阳极有人又称之为屏极。

那么，这些新奇的电子管，到底有什么作用？或者说，单向导电特性到底有什么用呢？我们在第1章中曾经描述过，针对AM调制波的检波过程中就会用到二极管的单向导电特性，将电磁波的反方向电流去掉，只保留正向电流，最终留下的就是正半部分的包络线，再加上电容的缓冲，可以让包络线更加平滑，从而还原出原始信号，这就是AM检波器的基本原理，建议回顾一下。很显然，让AM调制波通过二极管，自然就会滤掉反方向电流。然而，弗莱明折腾电子二极管的时候，还没有AM调制技术出现，只有滴滴答答的电报机。

在电子二极管还没有发明出来之前，赫兹发现的无线电波已经被商用了——对讲机？不，那时候基本都是电报机，仅仅是按照比如莫尔斯电码打点，经过高频载波调制之后的AM波就是直线脉冲的形式，接收方接收后人脑解码。1899年，国际快艇比赛在纽约举行，意大利无线电发明家马可尼专程前来用电报机（见图3-48）做现场报道。马可尼在停泊在港口的一

图3-47　实际中的电子二极管及原理示意图

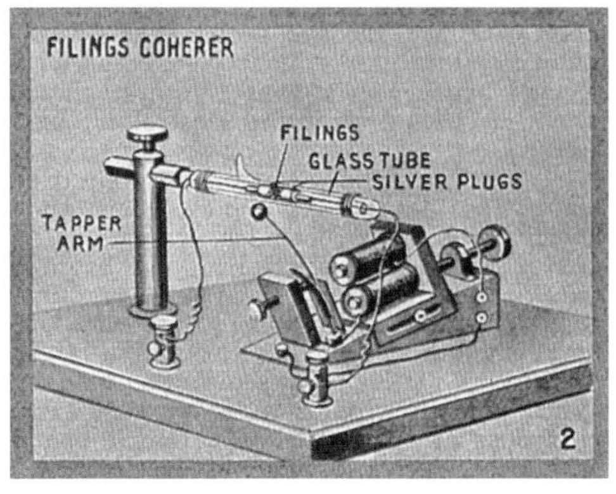

图3-48　左图为马可尼制作的金属屑管无线电报检波器，右图为另一种金属屑检波器示意图

艘军舰上，把比赛的消息用无线电报拍发了出去，耗费5个小时，《纽约先驱论坛报》总部收到了马可尼发来的4000多字的新闻报道。好奇的人们于是希望马可尼在港口为他们做一次现场演示。我们先看看这个所谓的“金属屑检波器”到底是什么东西。

图3-49所示为金属屑管的放大图。金属屑检波管是在1890年被法国物理学家布兰利发明出来的。后来被多个各国DIY玩家用在了无线电检波装置上，用于检波电报机发出的无线电波脉冲。

其原理是，在两个电极之间充入一些镍碎屑，这些碎屑在收到电磁波脉冲后被电磁波的磁场磁化，然后互相吸引到一起成一根直线，从而与两端电极接触上，导通电流，于是接收端就可以知道接收到了一次脉冲。显然，金属屑管不具有单向导电性，所以它无法检波AM调制波，只能一次性检测到直线脉冲，因而只能用于电报这种无线电方式，被称之为“验波管”更合适。并且，金属屑管中的金属，在无线电波消失之后，会依然维持原来的形状，电流一直被导通，科学家们想了一个方法来解决这个问题，对于不会回弹的开关，就得手动让它归位。具体是这样做的：这个被金属屑管导通的电流直接驱动一个电铃发出声音，一方面可用于让听译员判断对应的电码，另一方面，经过仔细设计，电铃的振锤在振动时顺变敲一下金属屑管，把里面的碎金属屑震松，从而又将其变为不导电状态，这相当于一个反馈系统，下一次电磁波脉冲到来时，继续这个循环。也就是说，英尔斯电码的“划”会被转换为一个持续对应时间的本地的电磁继电器交流脉冲。对应的装置如图3-50所示，图3-48右图也可以看出撞锤在实物中的位置。

提示▶▶▶

要想亲眼目睹金属屑检波器的应用，可以去回顾一下蒸汽朋克风格的电影《天降奇兵》。片中奇兵小组被不死人陷害之后，收到了跟踪不死人的隐形人发来的电报，接收者使用的就是金属屑检波器，可以看到当有脉冲到来的时候，小锤对玻璃管的撞击。

有人可能会有疑问，莫尔斯电码是“点，划”式编码的，对于点脉冲，上述装置确实可以接收到的，但是对于划脉冲，既然振锤振动就会把金属屑管里的金属打散从而断开通路，那么岂不是接收端接收到的永远都是点脉冲？可以再思考一下，如果发送方发出的是一段连续的高振幅脉冲，也就是“划”的话，接收端把金属屑振松后，由于电磁波持续存在，金属屑又会聚集起来导通，再次触发振锤，被振松，再聚集，再被振松，一直持续到“划”信号消失为止。所以，“划”在接收端会体现为连续的振铃，而“点”会体现为振锤碰到电铃金属壳上一次。

如图3-51所示是布兰利后续发明的各式各样的检

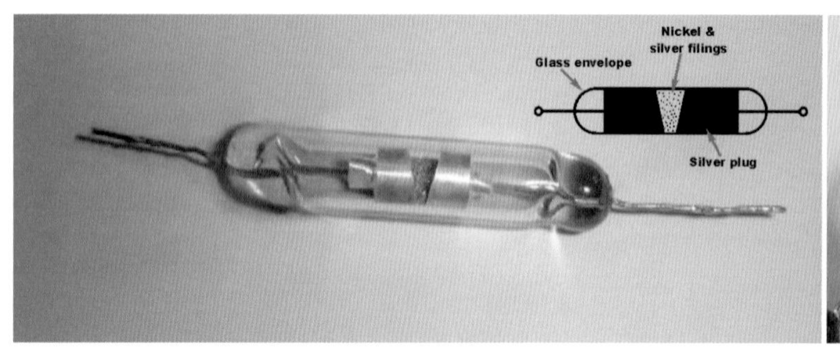

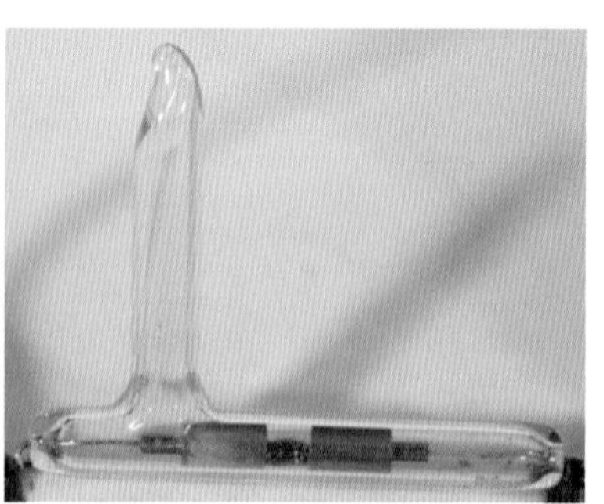

图3-49 实际中的金属屑管及原理示意图

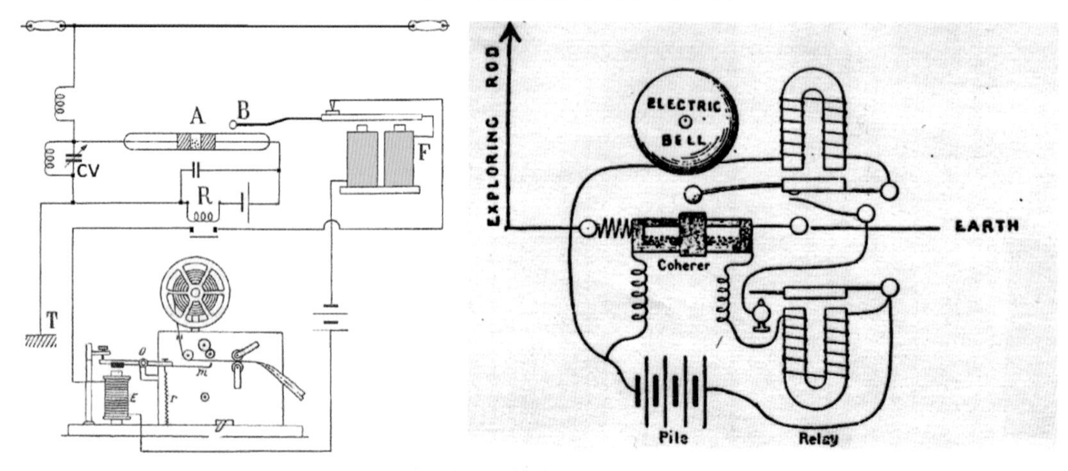

图3-50 基于金属屑检波管的无线电报接收机

波管。还有其他形式的，比如有人在水银上滴上一层油，用一个薄铁片与这层油很轻微地接触，受到电磁波影响后，薄铁片和水银之间竟然也可以导电。然而至今为止，其作用原理还有很多未知的实验，如图3-52所示。

咱们再说回马可尼在现场演示收发无线电报的故事。马可尼是当时叱咤风云的无线电爱好者和DIY玩家，而且还成立了自己的无线电公司，电子二极管的发明人弗莱明也成为马可尼的科学顾问。不过，金属屑检波器的稳定性和灵敏度都比较差，不抗震。后来，马可尼基于新西兰物理学家Ernest Rutherford在1895年发现的一个现象，于1902年发明了磁性检波器，如图3-53所示。其利用了金属的磁滞特性以及金属被无线电波的电磁场影响之后磁滞特性瞬间消失的现象来检验电磁波是否到来，从而可以检测到电报机发出的电磁脉冲。其稳定性大大强于金属屑检波器。当年泰坦尼克号上就放着这样一台磁性检波器。马可尼的公司产出的无线电装置一直采用磁性检波器，一直到1912年，才过渡到电子管检波器。

弗莱明折腾出电子二极管之后，当时就认识到这东西可以作为检波管来检测无线电脉冲，可以直接替换掉金属屑检波管和磁性检波管。如果说金属屑检波管和磁性检波管是纯粹的野路子的话，也就是“不管电磁波波形是什么样的，只要有，我这东西就对它起反应，转换成本地脉冲就行了”，那么利用单向导电性来检波，可以说是深入到了电磁波底层机理——

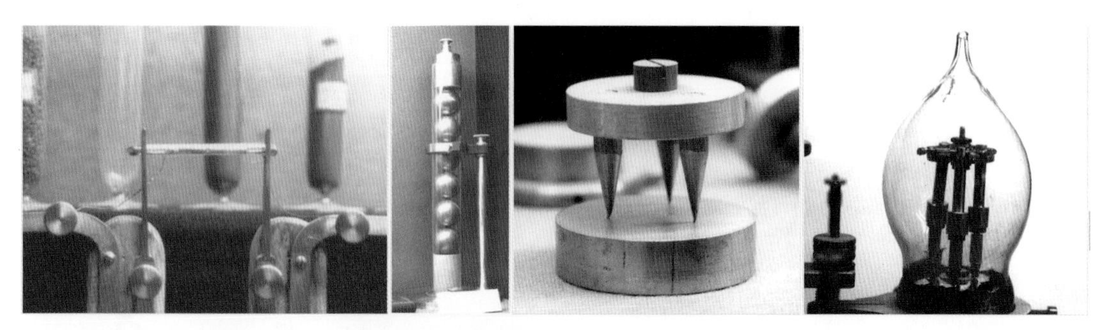

图3-51 布兰利发明的不同款式的金属屑检波管

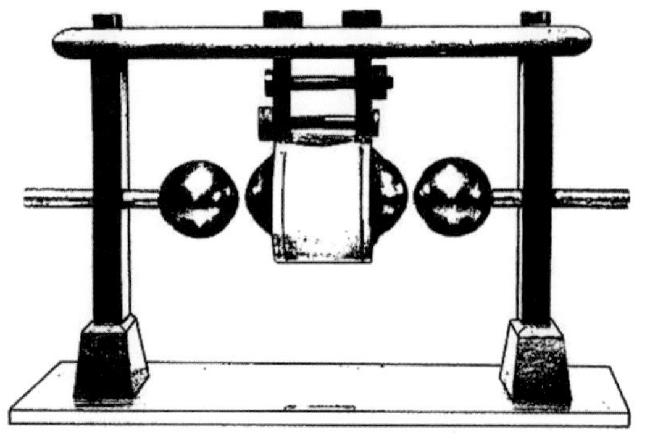

图3-52 马可尼和他的无线电装置（球状装置为电火花发报机）

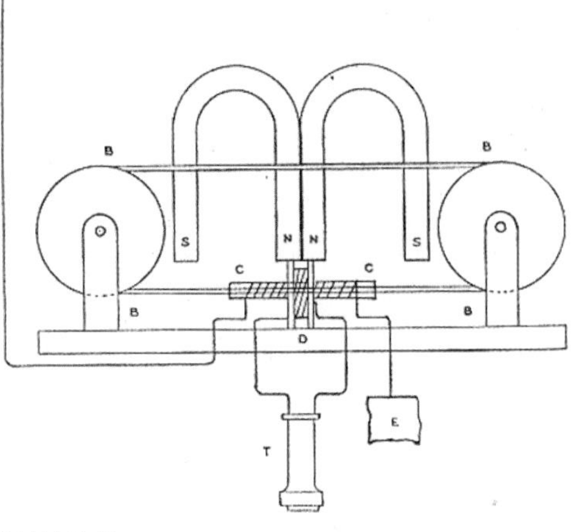

图3-53 马可尼发明的磁性检波器

“阻塞掉反向电流只保留正向电流从而将包络线滤出形成直流脉冲”。但是，弗莱明一开始发明的电子二极管用在检波上的效果却不是很理想，直到电子三极管出现后，才彻底解决了这个问题，这是后话了。

再说说马可尼现场显摆他的无线电装置的时候，他怎么也想不到，一位当时请教了他一些问题的名为**德福雷斯特**的年轻人，将来会成为他的商业对手，而且闹上了法庭。当时，德福雷斯特在现场仔细端详着马可尼的装置，马可尼看这位老弟饶有兴趣，很欣慰，于是告诉德福雷斯特，由于当前正在使用的金属屑检波器的灵敏度太差，严重影响收发效果。于是，德福雷斯特便燃烧起了找到更好的检波器的兴趣。直到弗莱明发明出电子二极管之后，德福雷斯特才真正开始大展拳脚。

3.2.2 三极电子管

当英国弗莱明发明真空电子二极管的消息传来之后，德福雷斯特就开始在这个基础上折腾开了。他选择了一段白金丝制作灯丝，也在灯丝附近安装了一小块金属屏板作为屏极，然后把玻壳抽成真空通电后，果然也“追寻”到电子的踪迹。然而，所谓折腾家的意义就在于折腾，他开始这么折腾：用一根导线弯成Z字折线形，然后把它安装到灯丝与金属屏板之间的位置，并露出其另外一头在灯泡外面。这样，这根管子就有了阴极、阳极和这个呈折线状的金属电极，由于其看上去像个格栅，所以又被称为**栅极**（grid）。这个管子又被称为**三极管**，如图3-54和图3-55所示。

嗯？他要干什么？折腾！他想利用栅极来检测无线电信号，就像金属屑检波管那样，看看栅极收到无线电脉冲之后，阳极电流会不会跟随变化。果不其然，当接收到无线电信号之后，阳极的电流确实发生了变化，响应了电磁波，并且如果接上一个耳机，还能够听见嗞嗞啦啦的响声，而且响声比较大，明显不是电磁波那点能量本身所能驱动的。而且收到一些很弱的无线电信号时，竟然也可以听到对应的响声，难道是电磁波的振幅本身被放大了？

于是，他开始主动往栅极上加上一个变化的电压看看会发生什么。结果德福雷斯特极其惊讶地发现，在栅极上加的电压会对管子的输出端电流产生影响，

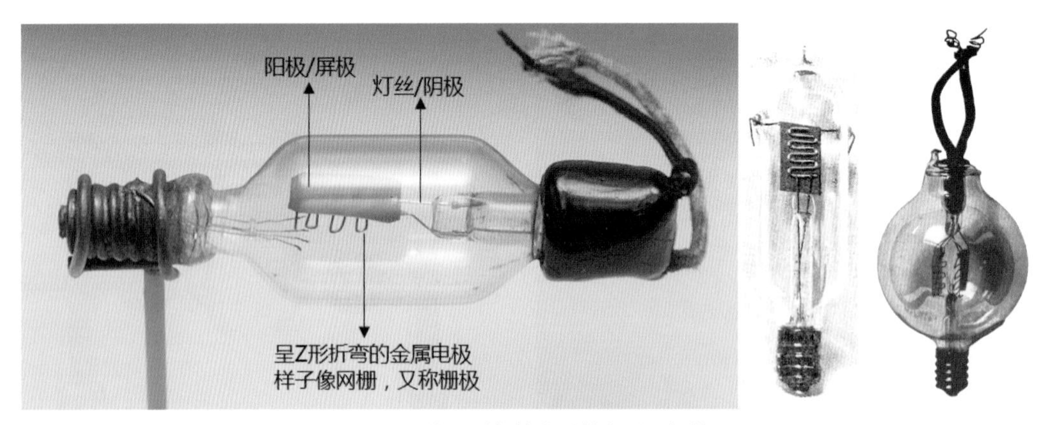

图3-54 德福雷斯特发明的电子三极管

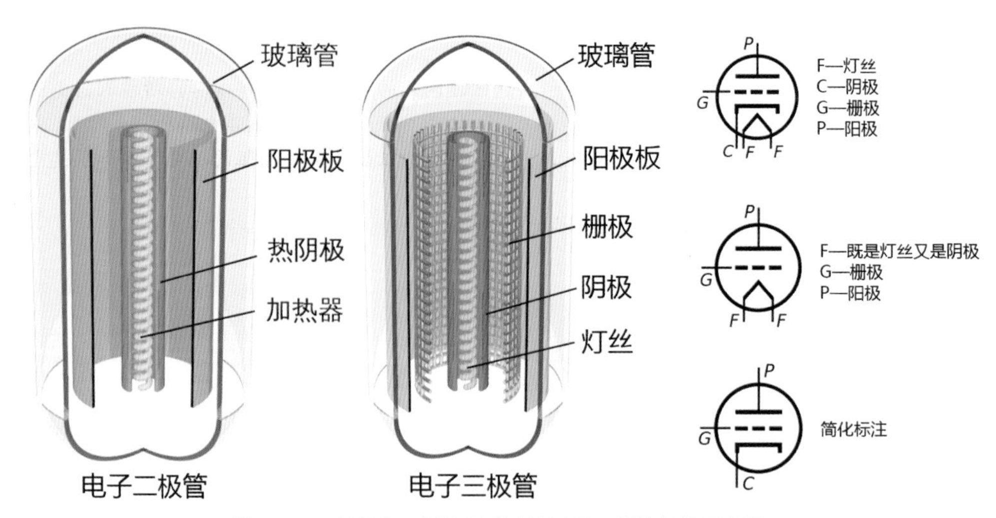

图3-55 二极管和三极管原理对比以及三极管抽象示意图

而且更奇特的是，输出端的电流变化规律与栅极电压/电流变化规律完全一致，就像一面镜子，你做什么，对方就跟着做什么。这有什么用呢？如果输出端的电流/电压与加在栅极上的电压/电流的大小一模一样，的确没什么用。但是，实际上，输出端的电流值却远高于栅极电压/电流值，因为被灯丝加热的阴极向阳极屏罩上吹电子风的这股电流可以把它设计成很强的电流，然后在栅极上用一个很小的交流信号，比如一个正弦变化的电压，即可让输出端的电压变化也呈现同样频率、相位稍微落后一点点的、振幅却非常大的正弦交变电压。而这就是所谓的放大器。三极管的作用本质上是一个“**电流随动增幅器**”。这个电流波形放大效应如图3-56所示。

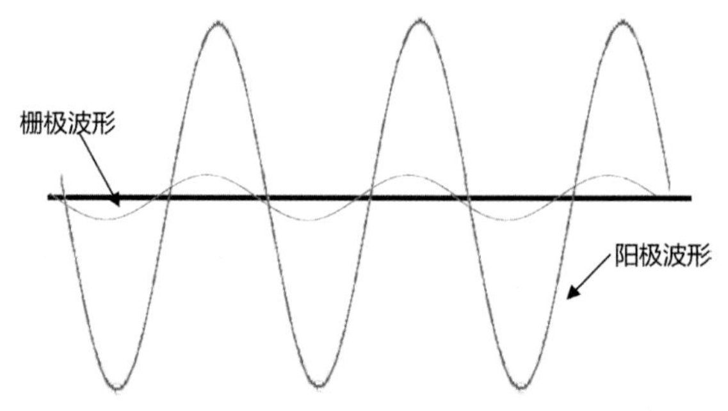

图3-56 放大器栅极信号与输出信号对比

至于三极管为什么会呈现出这种效应，是因为栅极的加入形成的这种结构，导致栅极电流与屏极电流刚好形成了一个乘法的关系。你可以继续深究下去，为什么这种结构会组成乘法关系而不是幂次或者积分关系？可以告诉你一点的是，栅极并不是放在阴极和阳极正中间的，而是更偏向阴极，你可以发挥高中所学的电场力计算公式来推导一下最终的算式，就会发现其中的门道了。

假设栅极电流为0.1A，由于栅极上形成了一个电场，这个电场将阴极吹出的电子风进行初次加速，被加速后的电子吹向屏极之后，与没有栅极时相比刚好增大了一个固定的倍数，假设为10倍，那么屏极输出电流则变为1A。同理，栅极电流如果降低了0.01A，那么屏极电流就会降低0.1A。**这样，这两个电流之间也便形成了倍数关系。相当于做了一个乘法，乘以了一个固定数值。**这种乘法关系并不是经过仔细计算出来的，而是通过实验偶然发现的，这两个金属极之前恰好就是乘的关系。在实际的电子电路中，有很多类似的案例，比如电容电压值为电流对时间的积分。它为什么是积分？是被当初发明电容的人仔细设计好的么？不是的，都是实验测算和总结出来的。

带有放大功能的三极管的作用可就大了，大到直接开创了一个全新的纪元。首先，人们可以制作扩音器了，能够保持声音原有的频率，只是将振幅增大，这样的话，音调可以保持不变，如果设计好对应的喇叭，不产生次级谐波的话，那么可以完全还原和放大人声，产生的一些谐波也不要紧，只是体现为不同音色而已。其次，由于栅极与阳极之间天然的乘法关系，人们经过将多个三极管和电容电阻等组成了叫作**运算放大器**的模拟电路，成功实现了电路的输出电压恰好等于两个输入电压的乘积，也就是模拟信号的乘法器（**模拟乘法器**）。这个电路的确是人们根据三极管基本的数学关系组合叠加而成的，可以说是人们在造物者基础上进行了二次创造，而运算放大器几乎是一切模拟电子电路的关键和基础，其经过其他形式的组合叠加，还可以形成除法器、积分器等。另外，还记得AM调制的本质是什么？就是把基带波与载波相乘，现在你应该知道人们在实际中是怎么把两个信号相乘的了吧？所以，三极管发明出来之后，人们才第一次能够将AM调制方式以更大的功率向外发送，最终形成AM公共广播，极大地促进了生产力，想象一下，这就像一个从来没接触过互联网的人刚接触到网络时候那样的感觉。最后，三极管还有一个划时代的影响，那就是其可以用来充当电控开关的角色了，这是后话。

模拟计算机

自然界天然存在的事物中，处处体现了加/减，以及其他更复杂的数学关系。比如两块石头摞在一起，第二块石头相对地面的高度就是它自身高度加上，而不是减去或者乘以/除以第一块石头的自身高度。再比如飞蛾扑火，飞蛾的感光装置总是沿着与光线呈45度角的方向飞，由于点光源的光线向四周散射，导致飞蛾沿着光线转圈最终转到光源本身。而飞蛾的飞行轨迹恰好形成一条**对数螺线**。那么你说飞蛾的感光部分为什么要这样去设计呢？这个问题就得去问数学家或者造物者了。人们也正是利用了这些自然界天然存在的，或者被人发明出来的装置里自然体现了的数学关系，来发明出各种计算器的。比如你要算积分，则可以把你要计算的电流值输入到电容电路里，然后通过检测经过的时间和电容两端的电压值，就可以算你所输入的电流对时间的积分值了。这种计算电路称为**积分器**。同样，还有加法器（两个电阻两端电压相加就是电路总电压）、乘法器（用运算放大器来计算），用这些器件可以搭建出一台**模拟电路计算机**来。其与数字计算机的不同之处在于，数字计算机的各个运算器是经过精确设计的，而且是二进制的，人类就是数字计算机的造物者；而模拟计算机则是人类拿着现实世界造物者设计好的天然存在的数学关系来进行计算，而且可计算连续的十进制数值。

1907年，德福雷斯特向美国专利局申报了真空三极管的发明专利。值得一提的是，德福雷斯特折腾出三极管之后，仅仅是想尝试用它来充当电磁波检波器，对于它的放大作用，德福雷斯特期初并没有去挖掘其应用价值。这个功能是被相继几个学者在1912年前后应用到了AM信号接收机当中，使得其可以驱动喇叭发声，而不是之前那种只能用无源被动式耳机放到耳朵上去听那比蚊子嗡嗡还小的声音了。另外还有人用三极管做出了振荡器，还记得第1章中介绍的非门振荡器么？只要把三极管的输出信号反向一下，比如将三极管阳极输出信号连接到一个电阻回路中，三极管阳极输出大电流时，其所连接的电阻压降变大，电阻另一端的电压变小，将这个电压输入到另一个回路中，便可以得到一个与阳极反向的电压，然后再将这个电压反馈到栅极，便可形成振荡了。通过在电路中增加电容电阻等期间，就可以精确调节振荡频率。有不少公司购买了德福雷斯特的三极管专利技术，从而研发出更稳定高级的三极管，如图3-57所示。

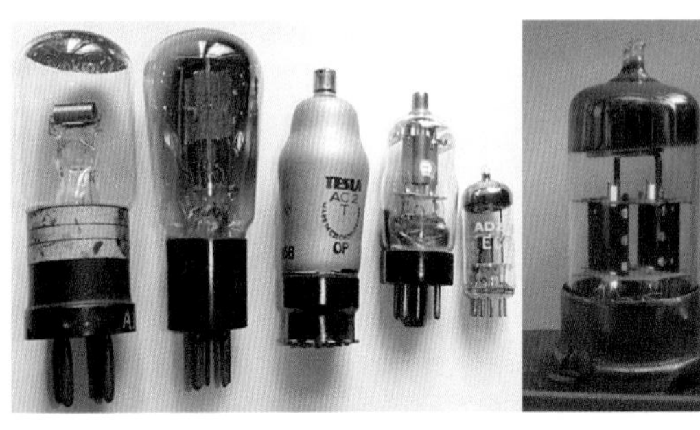

图3-57　各式各样的电子三极管

大名鼎鼎的贝尔实验室也获益于三极管的发明。在没有放大器的时代，信号源的能量就需要足够大，从而直接驱动接收装置，那么从信号源到信号接收端的距离必然就不可能太远，而且需要大功率发射，浪费能源。贝尔实验室在购买了三极管的专利使用权之后，将有线电话通信的距离扩展到了1280千米。后来，电视信号的传递也获益于三极管放大器的应用。

三极管是个好东西，自然就会引发江湖故事。由于弗莱明力称他拥有真空管发明之优先权，所以英国那边弗莱明的老板马可尼也不管那么多了，悄悄地生产起三极管来。正所谓肥水不流外人田，美国这边德福雷斯特公司大为不满，于是闹上了法庭。官司持续了十多年，1916年，法庭宣判德福雷斯特的三极管触犯了二极管的专利权，而马可尼公司出产的三极管，也侵害了德福雷斯特公司注册的三极管专利权。哈哈！没想到结果是同归于尽，结果两家公司谁都不许再继续生产三极管了。一直到一战结束之后，这事才慢慢化解。

浮沉

大地不曾沉睡过去，仿似不夜城这里灯火通明。是谁开始第一声招呼，打破了午夜的沉寂。空中弥漫着海的气息，叫卖的呐喊响着生活的回音。遍地忙忙碌碌的脚印，写的是谁人一生的传奇。传奇将改变命运，要在茫茫人海中掀起风云！有谁明白高飞的心，狂笑声中依稀见旧影。莫问得失有几许，人在高处就会不胜寒意。不再拥有真爱共鸣，是否人到此处已无情。（温雪莹）

一直到当今时代，有很多音响发烧友还在使用基于电子三极管作为功率放大器（功放）的音响设备，俗称“胆机”，对应的电子管俗称“胆管”，如图3-58所示。因为他们的合金耳朵能够分辨出利用晶体三极管和电子三极管放大之后的音色、噪声等的区别，普遍感觉是基于电子管设备发出的声音更加醇厚饱满。冬瓜哥的耳朵还没有进化到这种程度。别看复古，这套东西烧的就是钱，卖得还真贵呢。

图3-58　利用电子三极管做放大电路

3.2.3　AM广播革命

德福雷斯特所发明的三极管的放大作用，从1906年开始陆续被人研究和应用，一下子让电子行业进入飞速发展时期。1920年，美国正式进入AM公共广播时代。这就像我们在2000年代时突然家里可以接入互联网一样，让人新奇，并且沉溺其中，成为生活的一部分。当年的AM也是这样，大家可以围坐一圈听着电台里的歌曲、故事和新闻，调谐着收音机，不亦乐乎。从这以后，除非军用传递加密电码，民用无线电通信基本上都是AM调制方式。

20世纪初使用的电火花式电报机所发出的脉冲信号的频率很不规则，按键接通后，两个金属球之间发出电火花，每次电火花就会激发出一段电磁波向外发送。每段波形内含有大量频率成分，从高频到低频都有，因为电火花的激发方向、强度等都很不均匀，甚至随机。图3-59为电火花式电报机发出的脉冲的时域图，看似挺简单，但是转换成频域图的话，你会看到其信号的带宽非常宽（或称广谱），意味着这些杂波里含有太多频率成分，这样的话就会对其他频段的广播产生大范围干扰。所以电报逐渐被淘汰掉，除了一些必须采用加密电码传机密信息的军用场景外。

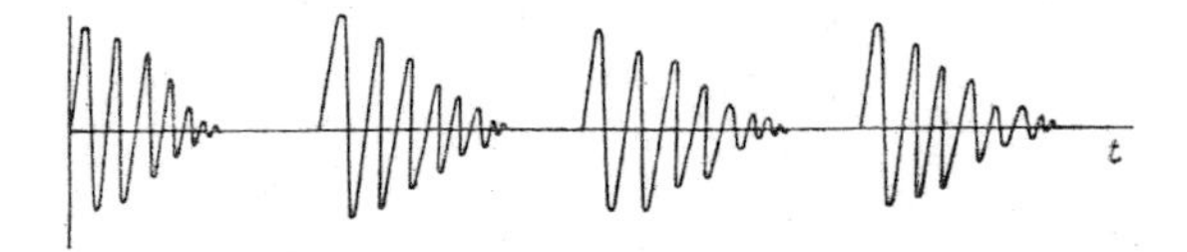

图3-59　电报机发出的广谱脉冲信号时域图

三极管让AM接收机制作变得非常方便，将天线接收到的AM信号输入到调谐器，过滤掉不想收听的频段，剩余的信号输入到三极管的栅极，将放大后的信号输入到二极管检波器，得到的信号可以再次放大，然后输送到喇叭就可以了。利用这种主动接收放大的方式，相比之前一些装置（比如矿石接收器，见下文）的被动式直接驱动方式，其灵敏度和易用度大幅提升。被动直驱方式接收完全依靠无线电波提供的能量来驱动发声，所以只能用低功率的耳机来收听，很不方便。

我们再来看一下AM发射机的历史。第一台AM发射机是被加拿大发明家范信达（Reginald Fessenden ）发明的。他在1900年12月23 日，采用了一台电火花式发射机加上一个可以产生10KHz振荡的电路，并用调制器将声音信号调制到这个载波上，其信号传递了1.6千米左右，“Hello. One, two, three, four. Is it snowing where you are, Mr. Thiessen?”可想而知，收到的信号质量很差，但是至少是成功了。

范信达是最早研究如何将声音信号承载到无线电波中并发射和接收的人，并很早就搞清楚了AM调幅波的底层物理原理和数学描述（见第1章）。那个时候，多数学者都认为必须使用电火花式发报机来产生无线电波，并承载上连续变化的声音信号。而范信达却不以为然，认为需要全新的装置才能发射高质量的AM调幅波，以至于他提出来这个想法之后被认为非常激进而且还一度受到其他学者羞辱。其实，范信达自身是对AM调幅理论有比较深刻的研究的，载波必须是恒定的单一正弦波，电火花发射机出来的波形的频谱太宽。

1891年，Frederick Thomas Trouton在一篇文章中提出了一个设想，利用当时的交流电发电机，经过一些改造，生成频率足够高的单一正弦波。如图3-60所示，在转轮上刻上一些磁性条，加上高转速，利用电磁感应，可以获得对应频率的电信号。

1906年，他终于辗转从其他公司那里获得一台能够产生50KHz信号的发电机，该发电机由Ernst F. W. Alexanderson设计。同年，范信达先后两次利用这台机器，加上一个大麦克风当作调制器，直接将麦克风的输出连接到电波回路中影响电波的振幅，从而发出高质量的调幅波。但是此时放大器还没有被发明出来，所以其发射功率比较低，但依然有远方的无线电爱好者接收到了信号。这也被认为是历史上第一次用AM方式来广播语音。

第1章所介绍的单边带调制技术，其实比较早就实现了。1915年，John Renshaw Carson 就发现了调幅调制波最终是由3个正弦波或者波段叠加而成的，而且两个边频段是对称的，可以从其中一个利用一些电路生成另外一个，他认为只需要一个边频段就可以完整解调AM波了。Carson在1915年12月1日将单边带调制（Single Sideband Modulation，SSB）申请了专利。这项高级技术被AT&T 从1927年开始用于长波无线电话服务。

电子三极管被发明之后，解决了很多问题。上文中也说过，1906年发明的，结果到1912年人们才挖掘出其放大效应的应用场景。首先是Alexander Meissner和Edwin Armstrong两人在1912年发明了基于三极管的反馈振荡器，一下子解决了之前很难生成单一正弦波振荡的问题。其次它被用在接收机端，也解决了信号放大问题，可谓是浑身是宝。一战期间政府限制平民使用AM广播，但是折腾家们没闲着。战争结束之后，AM调幅广播一下子爆发，从此人们便过上了幸福的生活，直到二战开始。图3-61所示为当时的一些相关广告。图3-62所示为当时的带散热片的大功率三极管。

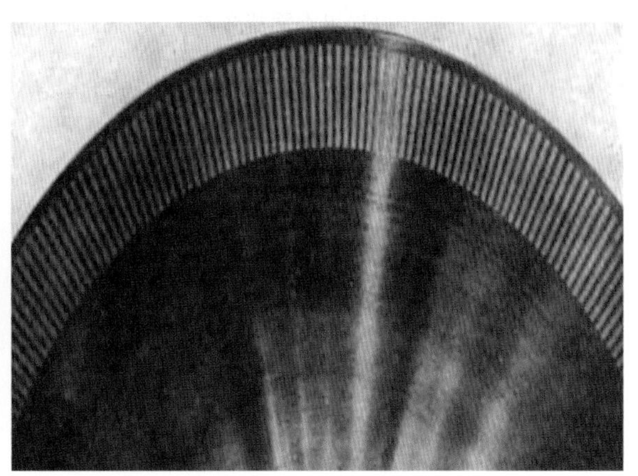

图3-60　利用交流电发电机产生高频率载波

THE DE FOREST AUDION

"There is only *one* Audion—the De Forest"

MOST SENSITIVE

The Bulletin of the U. S. Bureau of Standards states that the De Forest Audion is fully 50 per cent. more sensitive than any other known form of detector (Vol. 6, No. 4, page 540).

MOST RELIABLE

It is not affected by mechanical vibration nor burned out by static or the transmitting spark. It never fails at the critical moment. The detector is the heart of the receiving set. Why waste valuable time on an insensitive, unreliable detector?

The genuine De Forest Audion is now within the means of every operator.

THE GENUINE DE FOREST TUBULAR AUDION

Is sold separately to any amateur who prefers to build his own Audion Detector Price $5.50

Adapter 40 cents extra.

Get the Bulletin (X16)

THE TYPE RJ9 DE FOREST AUDION DETECTOR

Incorporates the Audion Bulb and the genuine De Forest patented circuits with the most approved accessories needed to form a complete detector.

The most popular Audion Detector ever offered. Price $14.00

Get the Bulletin (M16)

WARNING—You are entitled to the genuine Audion, guaranteed by the owners of the Audion patents, when making an investment of this kind. Any evacuated detector having a filament, a grid and a plate, as well as other types, are covered by our patents, and several irresponsible infringers are being prosecuted. To be safe and get full value for your money, insist on the genuine De Forest Audion.

SEND FOR BULLETINS X16 AND M16 DESCRIBING AUDION

Detectors, Audion Amplifiers and Audion Receiving Cabinets

DE FOREST RADIO TELEPHONE & TELEGRAPH CO.

101 PARK AVENUE -:- NEW YORK, N. Y.

Makers of the Highest Grade Receiving Equipment in the World

图3-61 德福雷斯特公司当时生产的基于三极管的AM发射和接收机及广告

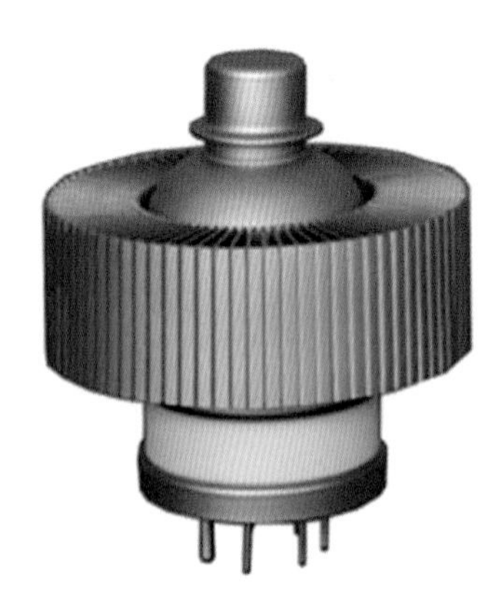

图3-62 现代一千瓦功率AM发射装置中使用的三极管（圆形外壳为散热器）

3.2.4 电子管计算机

三极管是近代电子领域之法宝。除了上面所述的这些用途之外，大家可以仔细思考一下，它是否能当作电控开关来用呢？电磁继电器可以组成逻辑电路，原理是在输入端加一个高电压信号，磁芯吸力导致开关闭合，致使其输出端也产生了高电压。同理，在三极管的栅极加一个高电压，其阳极则也跟着输出高电压；栅极的电压降下来，那么阳极电压也跟着降下来，效果上和电磁继电器别无二致。其本质也是一种对电信号的“中继”，所以电磁继电器很多人称之为“Relay”就是这个意思，三极管也是一种Relay，只不过，电子三极管中没有机械装置。另外，电子三极管的响应时间非常短，也就是阳极随着栅极信号的变化的滞后时间，相比继电器加电后直到开关吸合所耗费的时间，完全不在一个数量级上。

人类历史上的第一台利用三极管搭建的电子计算机为1946年2月15日在美国宾夕法尼亚大学宣告诞生的ENIAC（Electronic Numerical Integrator and Computer，电子数值积分计算器）计算机。而我们前文中介绍过的现代可编程计算机之父楚泽则是在1958年才产出基于三极管的电子计算机，并不是楚泽不想用三极管来制造计算机，而是由楚泽当时所处的环境和机遇所决定的。如果不是二战期间军方急需军事计算，也不会拨款15万美元，从而多个人一起合作研制出ENIAC。

图3-63为ENIAC计算机主机，可以看到上面亮着的三极管，还记得么？灯丝加热吹电子风，用阳极将电子吸走。程序的输入采用单独的操作面板，使用上面的旋钮开关来输入数值和程序，然后通过导线输送到主机。这种对程序的存储方式非常不便，如果运行新的程序，则需要按照程序描述的步骤，重新拧对应的开关，这个工作可能要花费一周时间。所以后来图灵和冯·诺依曼都提出了采用存储器来存储指令和数据的方式。其实，最早将这个思想付诸实践的还是楚泽，大家可以看到他在Z1那个时代就已经采用穿孔卡片+机械存储器来记忆程序和数据了。只不过由于楚泽并非科班出身，身处二战前德国，不太走运。

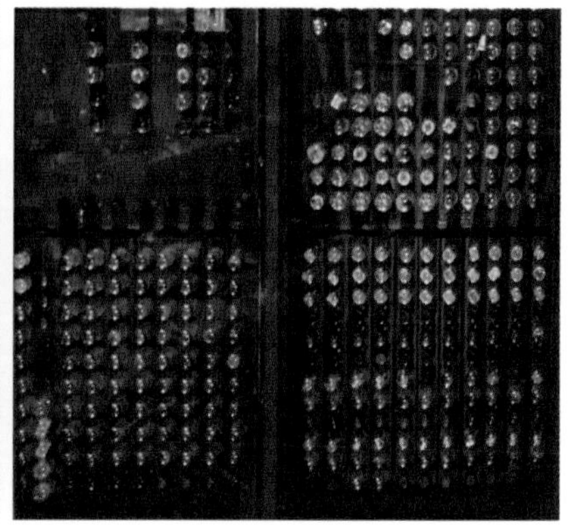

图3-63 ENIAC计算机主机

图3-64所示为ENIAC计算机的输入操作面板及当时的照片。当时，ENIAC的操作员和程序员多数都是女性，如图3-65所示。

截至1995年，ENIAC总共包含17 468 个电子三极管、7200个晶体二极管、1500个电磁继电器、70 000个电阻、10 000个电容器，以及大约五百万个手工焊接的触点；总重量约30吨，体积为2.4m × 0.9m × 30m，占地约167m^2；总功耗约150千瓦，以至于当时每次ENIAC开机时，整个费城的灯光都要闪烁一下。由于采用了响应速度很高的电子管，ENIAC每秒计算次数可以达到5000次。

Manchester Small-Scale Experimental Machine（SSEM）计算机于1948年6月21日诞生，其也是基于三级电子管搭建，但是它被公认为历史上第一台利用电子器件来存储程序和数据的计算机，如图3-66所示。

SSEM计算机纯粹是为了验证当时新发明的一种数据存储装置——**威廉管**（Williams tube）而制造的，如图3-67所示。1946年，Freddie Williams以及Tom Kilburn两位发明家发明了利用阴极射线管（也就是老电视的显像管）来存储二进制数据的装置，其可以存储最多2560位的数据。

验证成功之后，两位发明家及其团队又基于SSEM生产了商用的Manchester Mark I计算机，如图3-68所示。

图3-64 ENIAC计算机的输入操作面板及当时的照片

图3-65 电子三极管近照及当时两位女程序员

图3-66　SSEM计算机

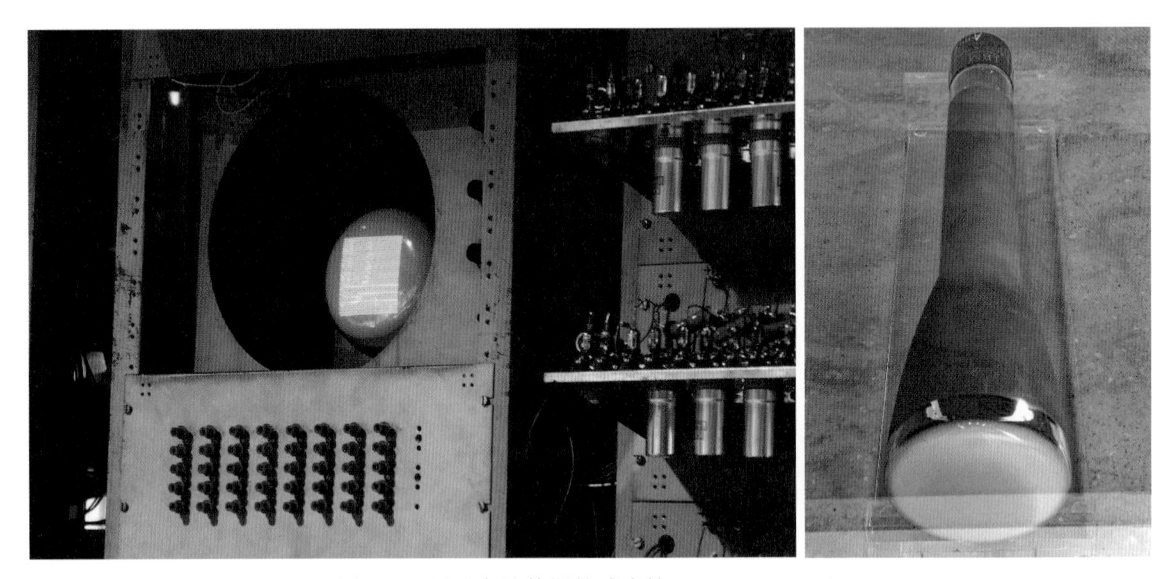

图3-67　用于存储数据的威廉管（Williams tube）

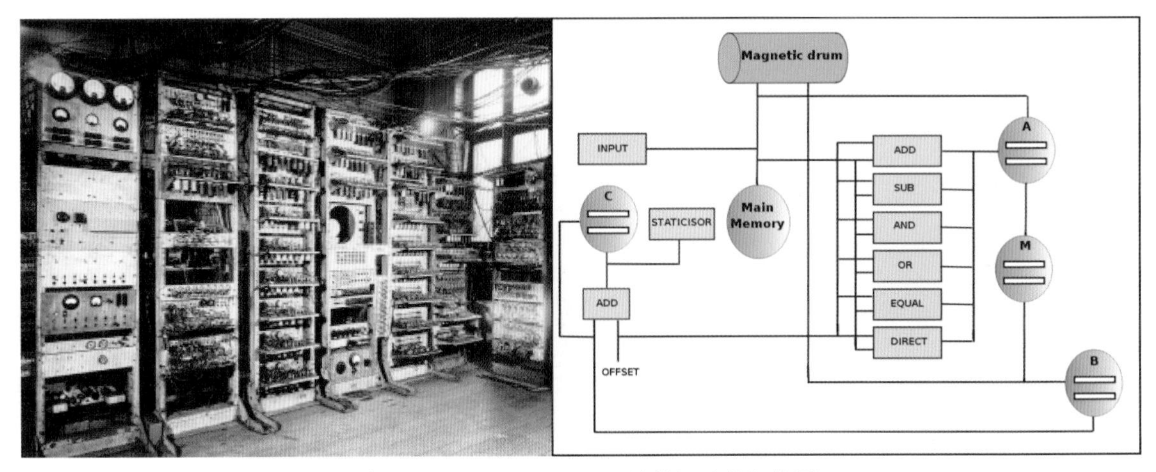

图3-68　Manchester Mark I计算机及其架构图

表3-1为这些20世纪三四十年代计算机的总结。可以看到楚泽老爷子的确是个极品高手，别忘了，人家可是单枪匹马地搞，而且一开始还是自费的，看来，野生品种的确拥有大自然更多的馈赠。

表3-1　20世纪三四十年代的计算机一览

名称	时间	进制	类型	编程方式	图灵/冯·诺依曼架构
Zuse Z3 (Germany)	1941年5月	二进制（支持浮点数）	电磁继电器	穿孔35毫米电影胶片（无条件跳转功能）	支持
Atanasoft-Berry Computer(US)	1942年	二进制	电子	不可编程专用计算机	欠缺
Colossus Mark 1 (UK)	1942年2月	二进制	电子	用开关矩阵面板存储程序	欠缺
Harvard Mark I – IBM ASCC (US)	1944年5月	十进制	电磁继电器	穿孔纸带（无条件跳转功能）	未知
Colossus Mark 2 (UK)	1944年6月	二进制	电子	用开关矩阵面板存储程序	支持
Zuse Z4 (Germany)	1945年3月	二进制（支持浮点数）	电磁继电器	穿孔35毫米电影胶片	支持
ENIAC (US)	1946年6月	十进制	电子	用开关矩阵面板存储程序	支持
Manchester Small-Scale Experimental Machine (Baby) (UK)	1948年6月	二进制	电子	用威廉管存储程序	支持
Modified ENIAC (US)	1948年9月	十进制	电子	用开关矩阵面板存储程序	支持
Manchester Mark 1 (UK)	1949年4月	二进制	电子	用威廉管和磁芯存储程序	支持
EDSAC (UK)	1949年5月	二进制	电子	用水银槽延迟线存储器	支持
CSIRAC (Australia)	1949年11月	二进制	电子	用水银槽延迟线存储器	支持

3.2.5　石头会唱歌

1874年，Karl Ferdinand Braun发现了某些矿石（比如方铅矿和黄铁矿）具有单向导电性，说实话，冬瓜哥的确佩服这些早期的折腾家们，好像没有他们不能发现的东西。一直到30年后的1904年，Jagadish Chandra Bose、G. W. Pickard以及其他一些发明家们，相继将矿石做成了检波器，应用到了无线电接收装置上，而此时电子管都还没有被发明出来，无线电报接收机也普遍使用的是金属屑检波器，**矿石检波器**的出现无疑给了人们另外一种更加廉价的选择，而且，它根本不需要用电，直接靠电磁波的能量来驱动耳机振动发声。

最早期的矿石检波器主要是用来收听电报的，也就是接收脉冲信号。但是矿石的这种单向导电性，可以作为包络检波，所以收听连续变化的AM波形也是没有问题的，而且其价格相对非常低廉，普通民众都能消费得起，只是当时AM语音广播还没有大范围普及，直到1920年才开始在美国普及。矿石检波器当时售出了高达一百万部。

图3-69左图为一个简易的矿石检波器。值得注意的是，某些矿石虽然具有单向导电性，但并不是说你随便把它接触在回路的导线上就可以了。由于矿石内部结构的不均匀性，你得不断地去试，到底接触在矿石表面的哪个区域或者点上，才具有单向导电性。有些时候，电磁波的频率改变一下，原来可以工作的区域就会失去单向导电性，而变化到另外一个区域了。所以，得加一个调谐器，能够手动地调节导线与矿石接触点的位置。从图中可以看到，左上角那一小块黑色的就是具有单向导电特性的方铅矿石，右侧的摇杆被装在一个球阀上，可以转动从而可以让金属细丝接触到矿石不同的位置。只要在下方的两个铜柱上接上耳机，摇动摇杆不停地去搜索对应的电波，就可以收听了。这种矿石检波器被称为活动式矿石检波器。图3-69右图及图3-70所示的检波器机制是类似的。

图3-71则为后续发明的固定式矿石收音机，人们把矿石做成圆筒状，然后预先找到一些触点，这些触点可以在接收不同频率电磁波时显示出单向导电特性。将这些触点用导线固定好，另一端印到一个指示盘的触点上，然后在指示盘上加装调谐旋钮，从而将耳机的输入端与不同的这些触点相接触，实现调谐作用。

图3-72为当时人们利用矿石收音机接收AM广播时的情形。可以看到，由于缺乏信号放大装置，人们只能用耳机来收听微弱的信号，以至这个动作成为当时的标准动作。

正因为矿石收音机如此简单和美妙且不可思议，是大自然馈赠的天然造化，以至于其一直被人们所把玩，一直到今天，还有很多有复古情怀的人不断地发明和研究出各式各样的矿石收音机。无线电是非常有用和方便的通信工具，尤其是在非常环境下。

图3-69　上世纪初的矿石检波器I

图3-70　上世纪初的矿石检波器II

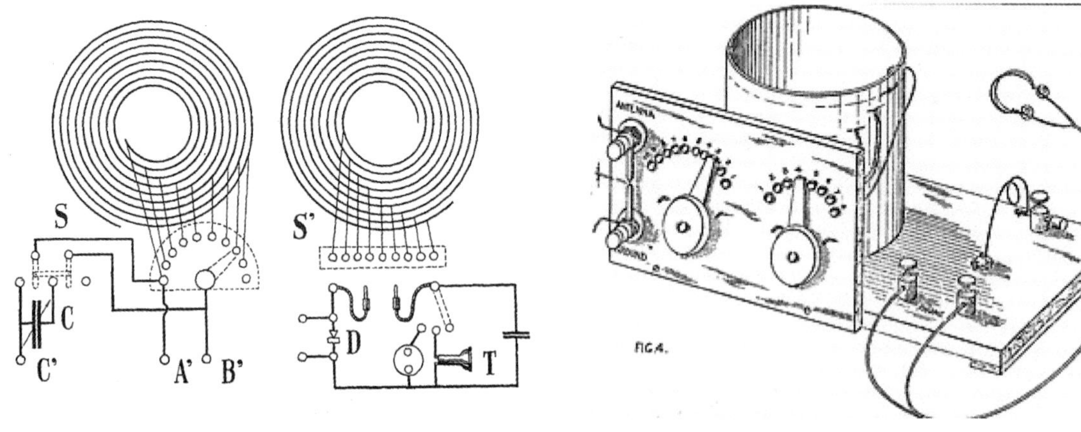

图3-71　固定式矿石收音机

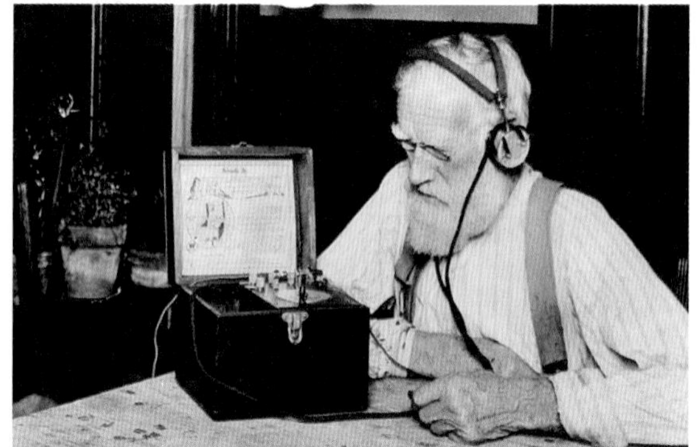

图3-72　当时利用矿石收音机收听AM广播的人们

美丽传说

有一个美丽的传说，精美的石头会唱歌。它能给勇敢者以智慧，也能给善良者以欢乐。只要你懂得它的珍贵呀，山高那个路远也能获得。有一个美丽的传说，精美的石头会唱歌。它能给懦弱者以坚强，也能给勤奋者以收获。只要你把它埋在心中啊，天长那个地久也不会失落。（张名河）

当时，也有另外一些发明尝试实现单向导电性，比如电解液检波器，如图3-73所示。但是当电子管发明出来之后，所有这些老式检波器就都被淘汰了。电解液管的原理则是利用电化学方法生成一层氧化膜，这层膜具有单向导电性，至于其原理，其实是利用化学方法形成了一个P/N结。啥是P/N结？那就得继续往下看了。

图3-73　电解液检管、固定式矿石检波器、电子二极管检波器

3.3　固态革命——晶体管

电子管固然好，但是缺点也非常明显。首先，为了防止灯丝氧化、阴阳极老化等，需要抽真空；其次，阳极需要加比较高的电压才能够把阴极吹出的电子风吸过来，所以其功耗比较大；再就是体积比较大。人们追求极限的精神是一直存在的，那么，找一种能够比电子管更加理想的放大器，就成了科学家们不断追求的目标。幸好，具有单向导电性质的矿石给了科学家们一个研究方向，就是利用某些固态材料来实现放大功能。所以，如果说电子管时代是电子工程师的天下，到了固态管时代，就成了固态物理材料学家的时代了。

固态材料的电学性质研究最早能够追溯到1821年。Thomas Johann Seebeck于1821年发现，将两块不同元素构成的金属相接触之后，将其暴露在温度梯度之下，在一定条件下便会产生电流。1833年，法拉第发现硫化银被加热之后，电阻降低了。后续又有很多人发现了各式各样的固体材料的电学效应。Johan Koenigsberger在1914年提出将固体材料按照电学特性分为“导体”和“可变导体”。古登（Bernhard Gudden）于1930年首次提出，固体材料的电阻变化是因为其中掺入的杂质改变了它们的晶格结构。1931年，Alan Herries Wilson发现了这些所谓可变导体之所以电阻变化是因为其内部产生了一些不同性质的区域，这些区域之间的位置被称为“带隙”，带隙对电子流动产生了影响，所以体现出不同的电阻变化。1938年，Boris Davydov在解释铜氧化物整流器原理时提出了一种理论，将两种类型的可变导体结合之后就会产生对应的效应。贝尔实验室的Russell Ohl后来人工创造出这种效应，称之为P/N结。P和N各表示其中一种类型的材料，将两种材料结合之后，其接触表面会产生带隙，然后体现出单向导电性。后来，人们将这类导电性在一定激发条件下可变的固体材料称为半导体（semiconductor）。

然而，第一个发现这些固体材料能够有某种放大作用的，得追溯到1925年。Julius Edgar Lilienfeld于当年10月22日在加拿大申请了一项专利，US 1745175 “Method and apparatus for controlling electric current”，该专利描述的就是利用半导体来形成类似放大器的效果，可以用栅极电流来控制阳极电流。后来他又在1928年3月28日申请了另外一个专利，US 1900018 “Device for controlling electric current”，在该专利中，他利用了改进之后的半导体材料；1928年12月8日申请了US 1877140 “Amplifier for electric currents”，该专利几乎描述了一个固态版本的三极管放大器。可惜，Lilienfeld很不走运，因为他当年并没有在权威期刊上发表这些研究成果，导致很少有人知道他，以至于后人们认为这位老兄当时根本就没有发明出任何可工作的装置，而仅仅是纸面上的空谈而已。再加上当时很难生产高纯度的半导体材料，进一步阻碍了学者们的研究工作。然而，1990年人们挖掘史料的时候发现，贝尔实验有两位科学家的确根据当时Lilienfeld的设计做出了对应的设备，而且取得了预期的效果。但是这两位老兄在后续的论文里没有再次提到过这个成果，也就被人遗忘了。可见Lilienfeld该有多不走运。

真正利用这些半导体来实现电流放大装置则是1947年的事情了，这是由巴丁（John Bardeen）、布拉顿（Walter Brattain）和肖克利（William Shockley）三位美国科学家完成的。在经历过大量尝试之后，他们终于发现，在锗晶体片底部接触上一个电极，然后在其上表面放置两块金箔并接触到锗晶体上表面，将两块金箔的距离接近到微米级别之后，便产生了放大效应。调节其中一块金箔的电压/电流，通过另一片金箔和下表面触点之间的电流会随之变化而且被放大。

这便是第一个晶体管。需要注意的一点是，不要认为图3-74左侧中的那块塑料支撑框架是玻璃晶体，所以才称之为“晶体管”。错了！晶体是指下面那个金属片是一块锗晶体。其实，第一个晶体管的发明走了许多弯路。Lilienfeld在1925年所申请的专利，是利用电场来影响固体材料中的电阻，对固体材料的电流通路上施加一个外电场，则会影响该通路上的电阻，而且该通路的输出电压会跟随这个电场的变化而变化，这种装置被称为“场效应晶体管”。然而，巴丁、布拉顿和肖克利三人组并没有复现这个效应，而最后折腾出图3-74所示的这个装置，其利用的并不是电场的效应，而是利用了固体表面的电效应，可以看到这两片金箔靠得非常近。1947年12月23日，布拉顿和摩尔（Hilbert Moore）在贝尔实验室公开演示了该装置的放大作用，该日也被认为是第一个晶体管诞生日。

该装置的发明，让三人组深刻认识到了，一味地追求20年前的鼻祖Lilienfeld的失传神功是很难走通的。于是他们继续沿着这条新路探索。他们发现，这个装置的本质其实是在半导体表面形成了富电子区和缺电子区。如上面的右图所示。终于，在1948年，三人组中的肖克利用两块**缺电子的材料（倾向于带正电，Positive，简称P型材料）**夹住了一块**富电子材料（倾向于带负电，Negative，简称N型材料）**，让它们的表面大面积接触在一起，形成**PNP结构**，从而在表面形成这种电子梯度效应，在这种装置上，也成功地发现了放大效应。这两种材料的接触面被称为**P/N结**。

晶体管

值得一提的是，“晶体管”的英文翻译为“**Transistor**”。这个词是当年被John R. Pierce普及的。当时对半导体放大管有很多叫法，比如“Semiconductor Triode”“Surface States Triode”，“Crystal Triode”“Solid Triode”“Iotatron”以及“Transistor”。其中“Triode”表示三极管的意思。可以看到，中文其实最终遵循了“Crystal Triode”这个名字。英文名字Transistor其实是Trans-Resistor的简称，意思是电阻可变。然而，晶体管只是一种统称，根据不同材料、不同方式，晶体管可以分多类，比如上图中这种叫作“**点接触式晶体管**”，因为其金箔与锗晶体的接触面积很小，就是一个点。另一种是**结型晶体管**（Junction Transistor），也就是1948年被肖克利发明的接触面积比较大的晶体管。另外一类则是当年Lilienfeld专利中描述的**场效应管**（Field Effect Transistor，FET），最终也被后人发明出来了。但是，它们都是利用半导体来制作的，半导体是一种晶体，所以统称它们为晶体管。

P/N结效应的理论研究极大地促进了各种利用该效应发明各种晶体管的进度，从此人类进入了晶体管时代，各种小巧方便的电子设备爆发式出现。那么，P/N结是如何产生放大效应的呢？

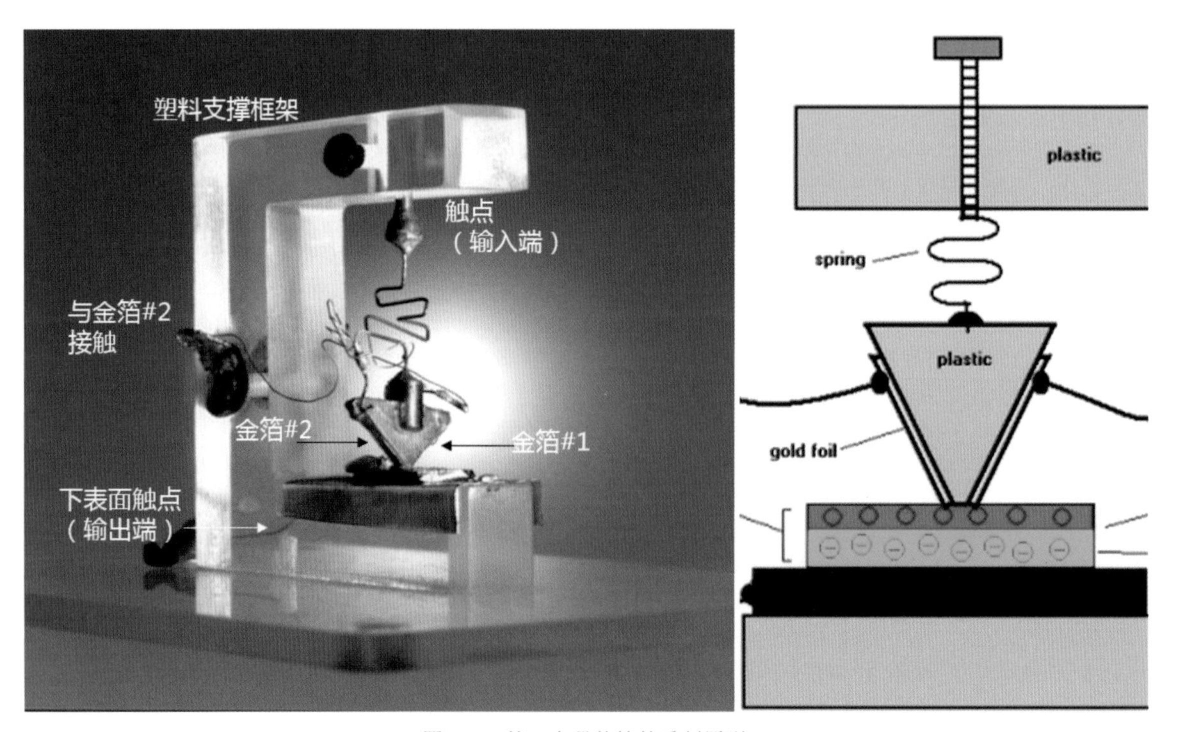

图3-74　第一个晶体管的重制原型

3.3.1 P/N结与晶体管

科学家们发现，某些半导体（电导率低于金属材料但是高于绝缘体的导电材料），比如晶体硅，当其被掺杂了一些三价硼或者镓原子取代了硅晶格中的一些硅原子之后，导电性增强了（但其导电能力依然属于半导体范畴）。这是因为硼原子和周围的硅原子形成化学键，但是硼原子是三价的，与硅的四价相比少了一条腿，本来每个硅原子与四个邻居硅原子形成一个对称的4面体，而硼占据了这个四面体的中心之后，就会少一支撑楞，也就是与其中一个硅原子之间没有形成共价键，所以这个结构是不稳定的，它要求补全一个电子进来疗伤，即使是捕获了电子之后使得整个结构带负电，也在所不惜。人们把这条残缺的楞称为“空穴”，意即其可容纳一个电子。掺杂的硼元素需要有一定浓度，浓度到一定程度之后，空穴才够多，空穴多了，整个结构对电子的渴望就高了，自然就会吸纳电子进去，这样电子就流动了起来，形成了电流，也就意味着原本导电能力比较低的硅晶体，导电性变强了，而且这种导电性是可以通过被掺杂的硼元素浓度来控制的。人们把这种渴望吸纳电子的半导体材料，称为P（Positive）型半导体，Positive的意思是“正向的”，也就是说其可以吸纳电子，自身就像正电荷一样，但是请注意，其平时是电中性的，吸纳电子并不是因为正电荷而是因为残缺的楞，也就是空穴的存在，其吸纳电子之后，本身便带有负电荷。总结一下，P型半导体缺电子。之所以被称为Positive，是因为其渴望电子，本身具有正性。

另一种则为N型半导体，也是向纯硅晶体中掺入杂质，但是杂质为磷或者砷元素，由于这俩都是5价元素，不但没缺胳膊少腿，还多出一条腿，这条腿对系统结构来讲是个多余，所以系统希望它游离出去，不要破坏结构的稳定性，所以这种半导体内自由电子非常多，其渴望正电荷的到来，即便整体结构最终带正电，也依然希望这些电子赶紧被中和，所以其被称为N（Negative）型半导体，具有负性。当然，掺杂浓度越高，自由电子越多，导电性也就越强。

下面来看看如果干柴烈火碰一起会发生什么。把P型半导体和N型半导体相接触之后，结果可能会令你失望，并不是你所期待的N型半导体里的自由电子源源不断地渗透入P型半导体的空穴中，而是渗透了一部分之后就达到平衡停止了。是什么力量阻碍了这种渗透？如图3-75右图所示，P型半导体吸纳电子之后，会在接触面上形成带负电的稳定晶格（注意，P型材料渴望电子，但是并不意味着它平时是带正电的，而是电中性的，所以吸纳了电子之后就带了负电），这些先得到满足的晶格，会丝毫不顾它们后面那些“嗷嗷待哺”的晶格，第一是因为大量负电荷积聚在该处，同性相斥，这些负电荷会排斥电子从N型材料继续向它们后方渗透；第二是因为被满足之后的晶格化学键的性质会变得非常稳定，或者说懒惰，很难再把到手的电子传递给后方的晶格，然后自己再从前方吸纳一个电子。N型半导体一侧也发生着相同的事情，只不过其渴望的是正电荷（或者说载流子）。所以，渗透压与这种排斥力之间平衡的结果就是形成了一个反向电场平衡带，阻止了电子的继续运动。这个反向电场有个学术名词叫作“势垒”，或者上文中所说的“带隙”，亦被称为“耗尽区”或者“死区”。耗尽区会阻碍电子的进一步流动，想让电子继续流动起来，需要打破死区的平衡。

如图3-76所示，由于电子总是倾向从N跑到P，而此时如果向这个PN组合加一个电场的话，让正极接触P，负极接触N，那么就会生成一个与耗尽区电场方向相反的外置强加电场，这个电场便会打破耗尽区的平衡，抵消其电场力对电子的阻碍作用，也就是把耗尽区的厚度变薄了。同时，这个电场也刚好满足了电子总是倾向从N流向P的趋势，电场负极可以源源不断地继续提供电子，电场的正极源源不断地吸纳电子并维持空穴的数量，这样，耗尽区被抵消之后，接着就会形成电流，整个电路就被顺畅导通了。

再看看将电场反向连接的情况，也就是正极连接N，负极连接P。显然，电场的正极试图把电子从N吸走，正中了N的下怀（N本来就嫌自己多出来的电子碍事）；负极则向P材料提供电子也正满足其胃口，这下可好，N和P本来燃烧的火苗，一下子给熄灭了，两边都没有了对负电荷或者正电荷的渴望，变得异常稳定和平静。但是，外加电场力是一直存在的，电子是无辜的，只要有电场力，电子就会被牵引。但是N材料现在已经被正极提供的正电荷给稳定了，P材料也被负极提供的负电荷稳定了，那么，N材料就不会

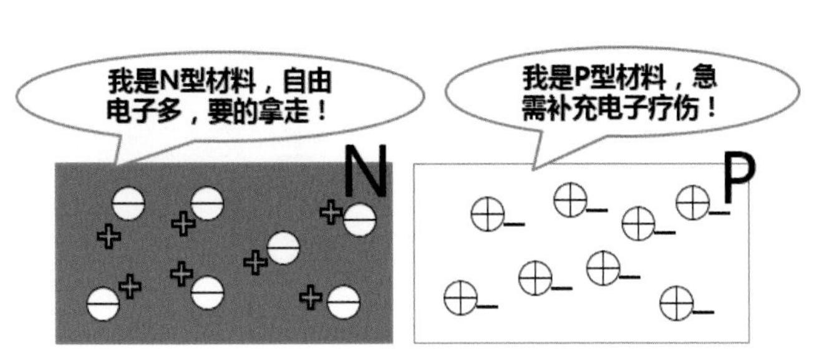

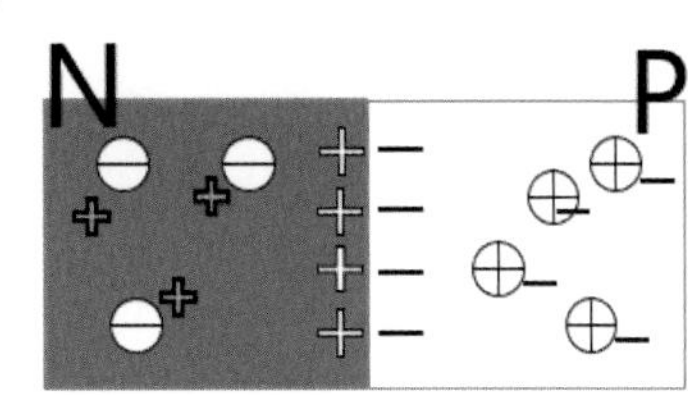

图3-75 PN结

有位置容纳更多的正电荷，强行充入会破坏结构的稳定性，所以系统结构中的原子间稳定的化学键所产生的化学力就会天然形成一种阻抗。同理，P材料此时也不想再获取更多的负电荷了。于是，电路此时对电子的阻抗就会非常大，外加电场力就无法驱动电子流动了，或者只有很少一部分电子在流动，电流很低，对外体现为“导不通”状态。所以，利用P/N这对兄弟，可以天然形成单向导电性，也就是从电子从N流向P可以，从P流向N不行。将其做成器件，比如放到某种管子里，就形成了晶体二极管。但是如果你不信邪，加大外部电压到一定值之后，就会抵消掉整个P/N结的势垒，而强行导通。会有较大的电流出现，此时整个结构被击穿，但是并不会损坏二极管。但是如果继续加压，导致电流过大，此时二极管可能被烧毁，这就是不可逆的损坏了。

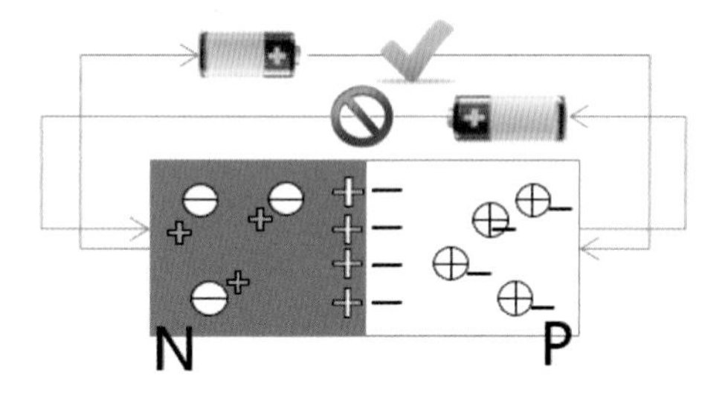

图3-76 单向导电性

然而二极管在数字集成电路中的使用比例远不及另外一个器件——三极管。利用P/N结也可以形成三极管。如图3-77所示，左侧的N型材料为低掺杂浓度（对正电荷的渴望度较低），右侧N则为高掺杂浓度，它们俩夹住一块非常薄而且掺杂浓度很低的P型材料。这样，在它们的两个接触面上都会形成反向平衡电场，阻碍电子的继续流动，如图左侧的状态所示。

如果此时在P和右侧的N之间按照图示方向加一个小电压的话，削弱右侧接触面的耗尽区厚度，此时电子被从P中吸出来流到N中，但是由于P掺杂浓度非常低而且很薄，所以这个电流非常小。但是耗尽区被人为削弱之后，P中有电子被吸出来，右侧N又持续不断有电子充入，形成了一股微弱的小电流，这股电流就像一剂血栓通一样，这一松动，右侧N处堆积的大量的电子就有一种磅礴欲出却又找不到出路的倾向。此时，如果再在两个N之间按照图示方向加一个电压的话，推动一把，相当于最后的触发力，此时大量电子便会从右侧的高掺杂浓度的N穿过P，流入左侧低掺杂浓度的N，然后流回电源。此时如果断开连接P和右侧N的电源，那么势垒又会在两个接触面形成，整个器件恢复原状，电流降到很低，几乎可以认为处于不导通状态。人们将器件没有导通时的状态称为“**截止**”态。

可以看到，这里的薄层P材料相当于一个小阀门，控制着一个大水坝，而水坝的水压又刚好不足以溃坝击穿整个器件，那么就完全可以通过控制这个阀门，来间接的控制两个N之间的导通与否了。而且，阀门拧的越大，也就是电压/电流越大，P里面的电子被吸出的越快，势垒松动的就越厉害，两个N之间的电流也越大（强度为阀门处电流的几十上百上千倍，因为此时电流主要是是上方那个电源产生的），当然，不可能无限增大，当阀门拧到一定值之后，两个N间的电流就趋于恒定了。而且，人们发现，用于控制这个阀门的小电流，与大电流成一定倍数关系，大电流总是跟着小电流而随动，如果小电流上下波动，大电流也会上下波动，就像镜子一样。这就相当于科幻片里的机器人搏斗，人只要原地做出相应动作，就可以被放大为驱动机器人机械臂摆动所需要的电流。这就是典型的放大器才具有的性质。

NPN型晶体三极管就这样形成了。人们把连接到P上的电极成为**基极**，连接到右侧富电子N上的电极称为**发射极**（正电荷从这里流出去），连接到左侧N上的电极成为**集电极**。通过控制一个很小的基极电流，就可以调节集电极和发射极之间的大股电流的大小。这个特性经常被用做电流放大器，比如功率放大器，将微弱的声音信号通过麦克风转变成微弱的震荡电流，然后将其引入三极管的基极，然后用一个大功率电源连通三极管的集电极和发射极，在其中串联一个喇叭，此时经过喇叭的大电流就会随着微弱的基极电流一同震荡，这就是扩音器，相当于三极管“放大”了微弱的人声，其实本质上是大功率电源放大了人声，而三极管只是起到让大电流随着小电流一同变化的作用。

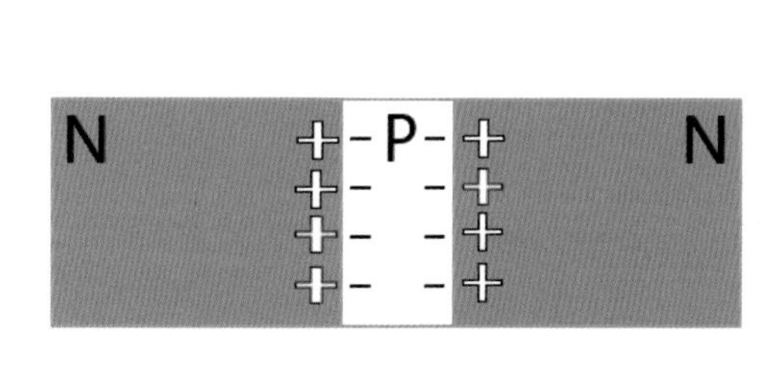

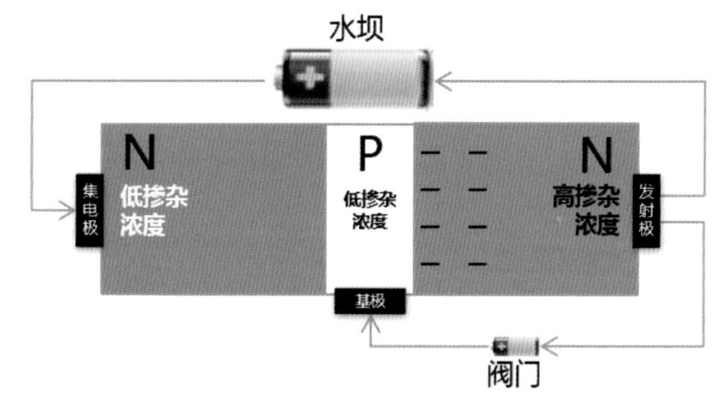

图3-77 NPN型结构可构成三极管

说到这里，可能会产生一个疑惑，那就是三极管只能够放大电流，也就是输入端用一个很小的电流（逻辑0）就可以在输出端得到一个较大的电流（逻辑1），那么如何用它来形成“非”的关系呢？必须有非门，才可以搭建出上层的各种逻辑电路。这个命题等价于：如何从一个大电流获得一个小电流，反之亦然。想一下，如果电流增大，那么电阻的压降就会增大，如果在三极管输出端接一个电阻，电阻下游的电位就会降低，将这个电位输入另一个回路，不就可以的得到一个小电流了么？反之亦然。这就是搭建非门的做法。然而，还有另一种办法。

如图3-78所示，如果用两片P材料夹住一片N材料，那么就必须给中间的N材料提供更多的自由电子而不是像NPN型三极管那样把中间的P材料中的电子不断吸出来，才可以让水坝水流更加顺畅，同时依然也可以让水坝的水流与阀门水流同步变化。这种三极管叫作PNP型。

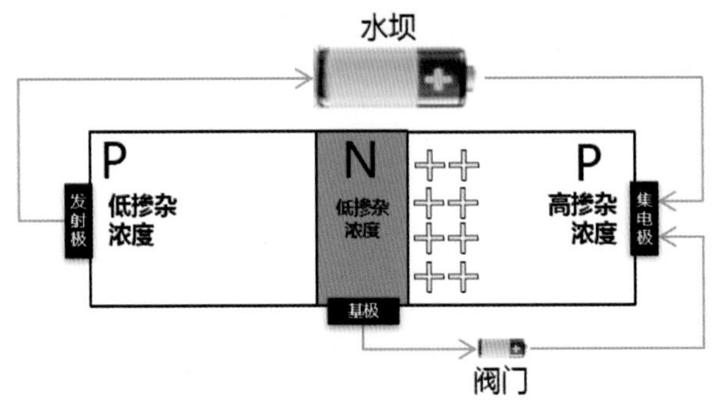

图3-78　PNP型P/N结

可以看到，对于PNP型三极管，基极电位越低（提供更多的电子密度/吸走更多的正电荷），水坝的导通性反而越强；而对于NPN型三极管，基极电位越正（提供更多的正电荷/吸走更多的电子），导通性则越强。也就是说，PNP和NPN展现出来的是完全两种相反的逻辑。显而易见，直接利用PNP型三极管，就可以实现“非”逻辑了。

如图3-79所示为人们发明的各种类型的晶体管。值得一说的是，贝尔实验室的那三人组，也是上述P/N结型晶体管的专利权人。当时三人组申请该专利的时候，却发现Lilienfeld在1925年所申请的三极管专利中，竟然狮子大开口把所有类似的三极管技术都声明为专利的保护范畴，而Lilienfild当时只描述了场效应管。不过最后三人组与Lilienfeld进行了洽谈（是的，那时候Lilienfeld还活着），并最终达成结果，三人组的发明被称为bipolar junction transistor（BJT，双极型晶体管，意即利用P和N产生的空穴和自由电子共同完成导电过程），而Lilienfild的发明被称为Field Effect Transistor（FET，场效应管）。

3.3.2　场效应管（FET）

再来看一下人们后来又是如何实现当年Lilienfeld的旷世奇功——场效应管的。场效应管要做到的是利用一个电场而不是上文中所述的基极电流来当作阀门，便能控制大水坝泄洪。这种思想与电子三极管的作用思想完全一致，电子三极管就是在阴极和阳极之间增加一个栅极，利用栅极所形成的电场控制阴极和阳极之间的电流大小从而让电流随着栅极电位的变化而同步变化。只不过，利用半导体晶体来做同样的事情，花费了人们大量的探索时间。贝尔实验室的晶体管三人组一开始走的就是尝试将电子三极管的思路完全移植到晶体管上，结果毫无进展，最后却走了另一条路，发明了用电流而不是电场来控制主电流的点接触式晶体管，后来他们又发明了面接触式晶体管，也就是上一节所述的BJT。

人们发明的第一个真正可用的场效应管叫作Junction Field Effect Transistor，简称JFET，其中Junction这个词的意思是说其依然采用P和N型材料相互结合（与BJT中的J同一个意思）所产生的表面效应来影响材料的导电性。首先，提醒一下诸位，P和N型半导

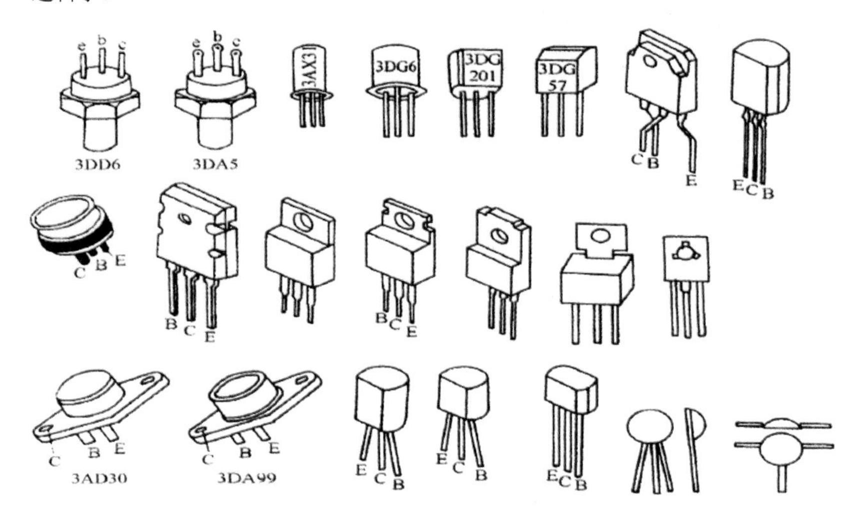

图3-79　各种不同类型的晶体管

体自身都是可以导电的，请不要认为半导体是不导电的，半导体的导电能力只是不如金属等导体范畴内的导电体而已，所以才称之为半导体。这里的“半”并不是说“某材料在某种环境下会变成绝缘体而另一种环境下又会变成导体”的意思。好，请看图3-80。

人们首先用一块P型材料当作导电体，虽然不如金属导电那么顺畅，但是起码能导电，将电源正极和负极分别与P材料接触，正极的触点被称为**源极**，意即正电荷从这里进入；负极的触点被称为**漏极**，意即正电荷从这里流出。然后，在这块P型材料上方嵌入一块N型材料，需要嵌入的足够深，而不是仅仅接触上（原因马上就会揭晓）。这样，在N和P的接触面上就会形成一层耗尽区，其形成原因在上文中已经描述过。很显然，这层耗尽层本身是很难传导电流的，不过还好，只要N材料嵌入的不是那么深，不至于把P材料完全一刀两断的话，那么在P材料的底部就依然会存在非耗尽区，电流就可以从这条窄长的沟渠内流过，这个被耗尽区压迫到只剩下一点点空间的窄长可导电区域被称为**沟道**（Channel），当然，称之为“通道”也可以，只不过当时中文翻译是为了更加体现出“被耗尽区压迫成一条沟”这个意思。

很显然，要想让这块P材料仅剩的一点可导电沟道也变成不可导电或者削弱其导电性的话，只需要加强耗尽区的厚度就可以了。如何加厚耗尽区？可以让上面的N材料嵌入得更深一些，或者直接截断P材料成两半（那就成了PNP型管了）。不管是将其嵌入深一些还是直接夹断P材料，这都是一次性的，而人们最终需要的是用同一个装置，通过改变某些参数，从而让通过P材料的电流可变。还有另外一种方法来加厚耗尽区，还记得P/N结二极管能够正向导通的原因么？那就是正方向的外加电场削弱了耗尽区，将其厚度变薄，那么说，如果将外加电场方向反一下，是不是就可以加厚耗尽区了？

没错。如图3-80右图所示，给上方的N材料加一个正电压（N材料上的触点被称为**栅极**），这下可好，N急于把多余的电子交出去，这下有地方了，于是N中大片的晶格都变成稳定的懒惰选手了，并带上了正电荷，同样的事情也发生在P与N接触面的P一侧，于是，耗尽区被加厚了，挤压了可导电区，减小了电流。这不就是电控开关么？用一路电控制另一路电的导通与否。现在你该明白为什么N材料要陷入P中足够深了，因为它要对可导电区形成足够厚的挤压，让导电区只剩下一条窄长沟道，这样才能通过电控加厚耗尽区从而关断电流通道，如果嵌入得不够深，导电区太厚的话，那么N上加再高的电压也无法对导电区形成有效的挤压，从而电流永远都是可以流过的，就无法形成控制了。

而且，图中所示的例子不刚好形成了“非”的逻辑了么？至此你也应该明白为什么N材料上的触点被称为“栅极”了，这完全是在模仿或者纪念当年电子三极管的称谓，意即，N材料就像一个栅栏一样，能够控制主干路的电流，只不过上面这种控制方法是在旁路上挤压主干路的宽度，而电子三极管的栅极则直接就位于电子流的主干路，利用其上的高电位形成的反向电场来减速电子流从而控制主干路电流。

可以看到，在栅极加正压或者负压来加厚或者减小耗尽层厚度的过程中，并不会产生多少电流，大量的电子移动仅仅发生在N材料将自己多余的电子奉送给正极的一瞬间，在这之后，流经栅极的电流并不能说是0，但是的确非常微弱，相当于漏电，所以，要控制主干路电流，只需要在栅极上加一个电场就可以了，利用电场驱动很小一部分电子移动一下，增厚或者削薄耗尽区即可。而上文中的PNP/NPN型三极晶体管，则需要不停地从基极拿走电子（NPN型）或者充入电子（PNP型），用这股小的疏通电流来控制主干路电流强度。正因如此，人们把上述这种利用耗尽区厚度控制主干路电流的这种装置称为**场效应管**；在图3-80的示例中，电流沟道位于P材料中，所以称之为**P沟道场效应管**。电子管原生应该是一种场效应管，只不过早期由于工艺落后，导致栅极漏电流太高，从而功耗过高。

至此，我们还缺乏一个正向逻辑。这好办，用P来夹断N就可以了。如图3-81所示，在该装置的栅极上加正压，会削弱耗尽层，从而使N中的沟道变宽，电流增大。自然地，其被称之为**N沟道场效应管**，正逻辑。

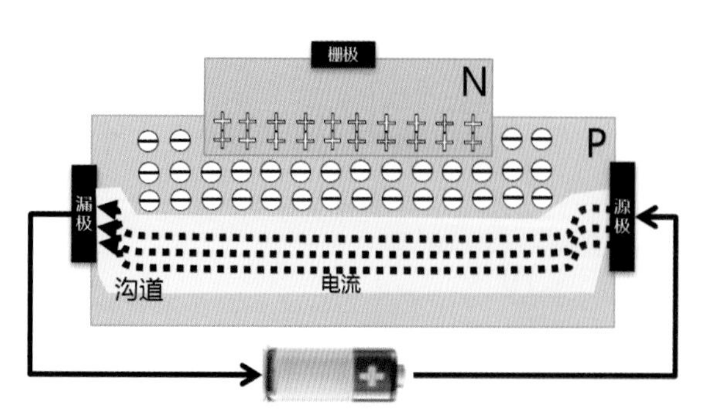

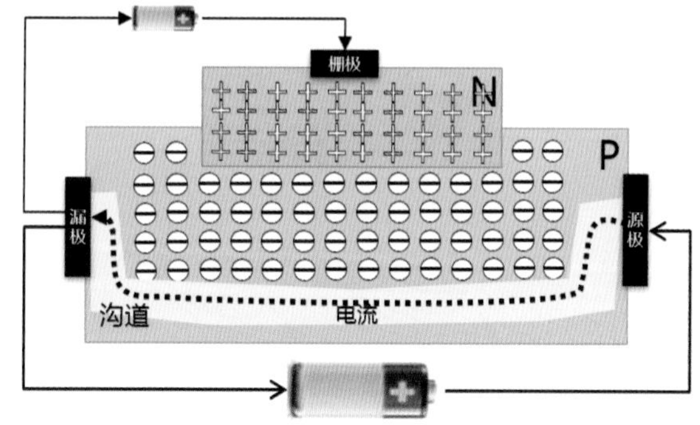

图3-80 P沟道场效应管

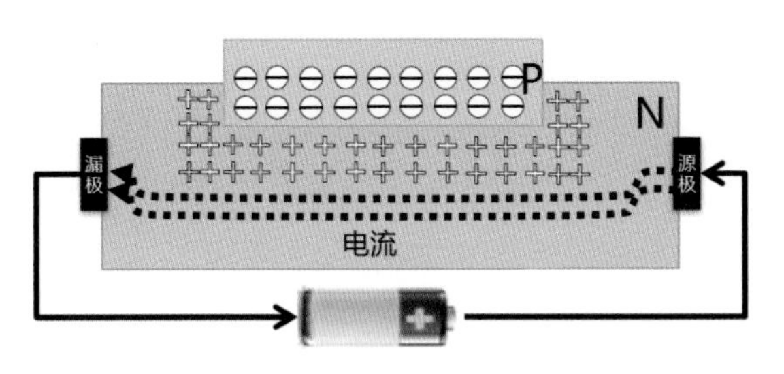

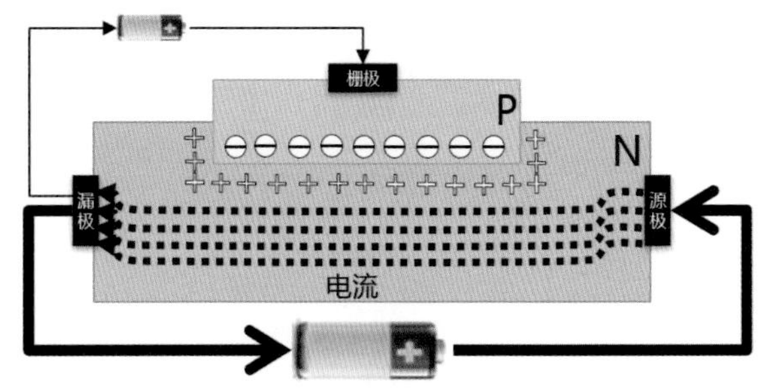

图3-81 N沟道场效应管

记住，P沟道场效应管，栅极电压越高，输出电流越低，反逻辑；而N沟道场效应管，栅极电压越高，输出电流越高，正逻辑。第1章中我们已经分析过，正反逻辑这一阴一阳经过各种组合，就可以形成上层的与、或以及更高层的逻辑门电路，从而搭建出数字计算机。

BJT和电子管其实都是利用一个插入到电流主干路上的东西来进行控制，而场效应管则是在旁路上进行控制。

此外，人们还发明了各种新奇的设计，比如图3-82所示的，利用N材料对P材料两面夹击，从而形成更窄的沟道，在两面加电场，能够更加深入地对电流进行控制。

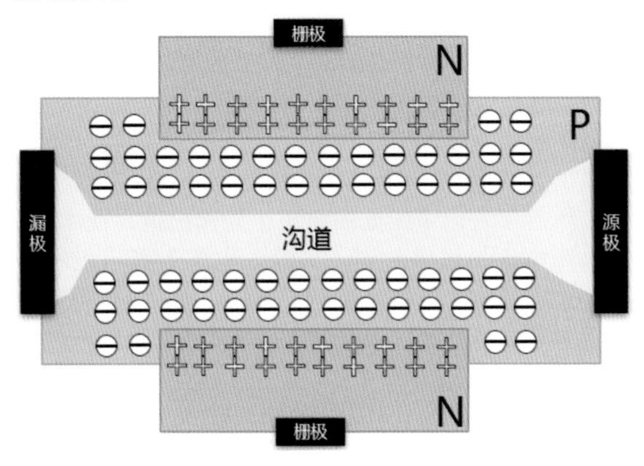

图3-82 两面夹击形成沟道

上述的这两种装置均属于JFET，也是人类发明的第一种可用的FET，这已经是20世纪50年代的事情了。当然，1925年Lilienfeld所发明的场效应管装置，只能成为传说了。和BJT一样，JFET同样具有信号放大作用，将信号源电压加载到栅极上，信号源电压不停地变化，耗尽区厚度就跟着不停地变化，从而主干路电流也做相应的变化，而且功耗更低，因为栅极漏电流很小。

将FET做成量产的商品之后，其从表面上看与图3-79中所示的那些晶体管并无区别，至于区别某款晶体管是BJT还是FET，那只能靠经验或者产品说明书了。另外，JFET属于**单极型晶体管**，意即它只依靠空穴或者自由电子中的一种来导电。

3.3.3 MOSFET

1960年，Dawan Kahng发明了另外一种对电流的控制方式。如图3-83所示，其将两个N材料嵌入到P材料中，于是在N和P的接触表面以及底部靠近负极的区域形成了耗尽区。对于右侧的N材料，由于外加反向电场的存在，加强了耗尽区的厚度；对于左侧的N，耗尽区的厚度比右侧的薄，因为N并没有接正极而是接了负极。这个结构相当于一个NPN型的P/N结。这样的话，电路中不会产生电流产生。此时如果在栅极加上一个正电压，电场力会将P中的负电荷吸引到二氧化硅绝缘层与P材料的接触面上，但是由于二氧化硅是强绝缘材料，电荷无法穿过。电场力越强，这里积聚的负电荷越多，这些负电荷就像一座桥梁一样，为电子的传递提供了通道。这些负电荷，加上左侧N材料中通过负极积聚的负电荷，共同抵消了两个N材料周围的耗尽区，电子借助这个桥，从左侧的N流动穿越到右侧的N，从而形成电流。栅极电压越高，N之间的电流就越强。这就形成了电控开关。右图中红色虚线框部分就是电流经过的沟道，由于该沟道连接了两个N材料，所以属于N沟道。请注意，这里的定义与JFET是不同的，JEFT的N沟道指的是“沟道位于N材料中”。

这种新型的电控晶体管开关被称为**M（Metal）O（Oxide）S（Semiconductor）FET，MOSFET**。金属是指栅极的金属电极，氧化物指的是二氧化硅绝缘层，半导体指的是P和N材料。**二氧化硅绝缘层的引入，使得MOSFET的栅极漏电流相比JFET更低，所以功耗也更低**。当然，MOSFET在其他方面与JFET相比，在不同场景下（比如用于信号放大、逻辑开关等场景）各有优劣。经过改进，目前的MOSFET并不是使用金属作为栅极电极，而是使用多晶硅，后者具有更加耐高温、工艺更简单、所需面积更小等优点。MOSFET的低漏电流和温度稳定性等特性也使得其成为逻辑电路的最佳选择。

同理，如果将上述装置的P和N的位置互换一下，那么最终将会形成“在栅极加负电压反而会增加输出电流”的负逻辑，从而形成非门。利用N材料作为源极和漏极的被称为nMOSFET，简称**nMOS**；利用P材料作为源极和漏极的则被称为**pMOS**。

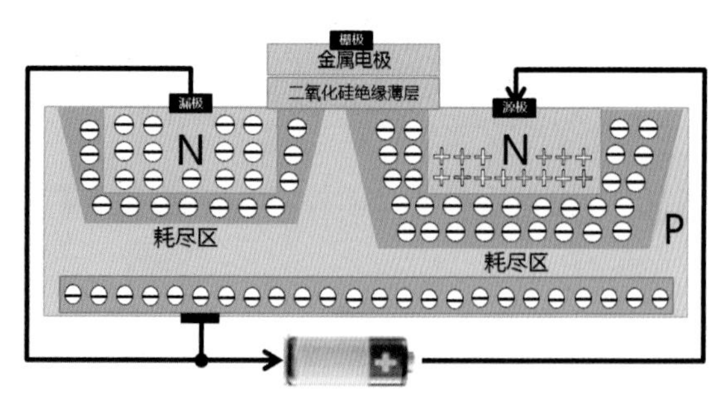

两个N周围包裹着耗尽区从而无法导通

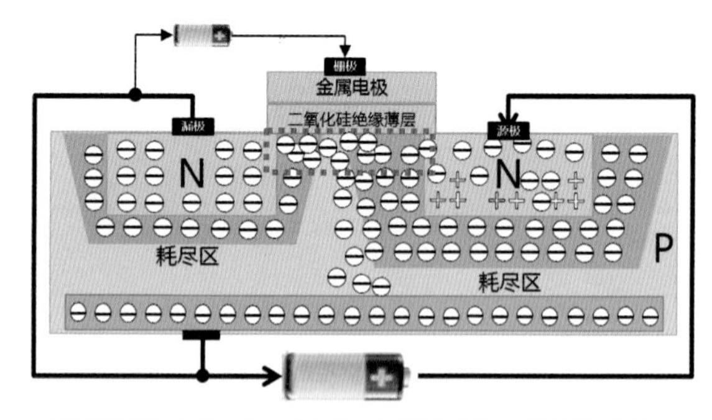

栅极的正电场将大量负电荷吸引到表面搭桥导通了两个N

图3-83　MOSFET示意图

图3-84为在售的MOS管，这是一个nMOS管。图3-85为这两种MOS管的符号。pMOS由于是天然的负逻辑，所以栅极处增加了一个圆圈来表示这种关系。

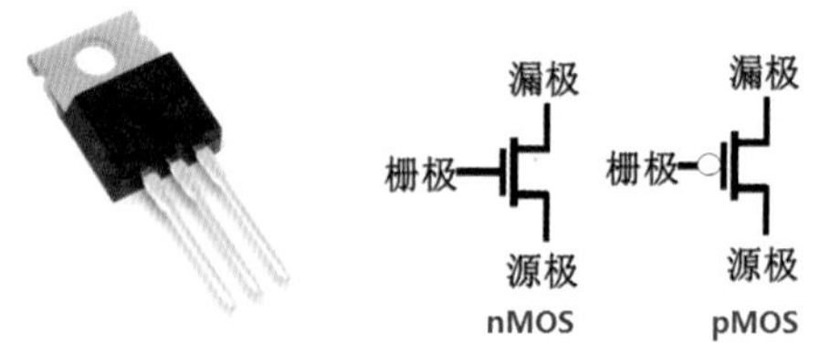

图3-84　nMOS管　　　图3-85　MOS管符号

此外，还有一种方法形成负逻辑，如果向二氧化硅绝缘层中掺杂入足够的带正电的金属离子，其效果与给栅极加正电压类似。那么，这种管子默认就可导通电流，要想让电流截止，就需要给栅极加上一个足够的负电压来抵消正离子层形成的电场。这种MOS管称为**耗尽型**MOS管，也就是栅极加负电压之后会逐渐耗尽沟道内的自由电子断开通路；而之前那种正逻辑的管子则被称为**增强型**MOS管，也就是随着栅极正电压的增加，沟道内自由电子不断增多从而形成导电沟道。耗尽型晶体管很少被使用，目前普遍使用的都是增强型器件。

3.3.4　cMOS

MOSFET非常适合用于搭建逻辑电路，因为它的栅极电流非常小，用它搭建的电路，当开关来回打开关闭时，电流反复拉锯所形成的热量也就非常小，功耗也就小。然而，栅极虽然几乎没有电流，但是源极和漏极之间还是会产生电流，有电流就得发热。然而，逻辑电路其实是不需要使用电流来驱动的，逻辑电路只需要体现出逻辑结果即可，比如可以是“电流高于0.1A表示1，小于0.05A表示0”，也可以是“电压高于5v表示1，低于2v表示0”。那么，是否可以让电路只产生电压（电子只需要移动很少的距离就停住）而避免电子一直在运动（持续的电流）呢？人们想到了这样一种办法，如图3-86所示。

左图是一个非门，然而，其并不是用单个pMOS搭建的，而是将一个nMOS和一个pMOS串联了起来，然后用它们中间处的电压作为输出值，图中V_{DD}为电源电压。可以看到，当输入电压为高电压时，pMOS类型的Q2晶体管是导不通的，而nMOS类型的Q1晶体管导通到地，那么输出电压此时与地同电位，

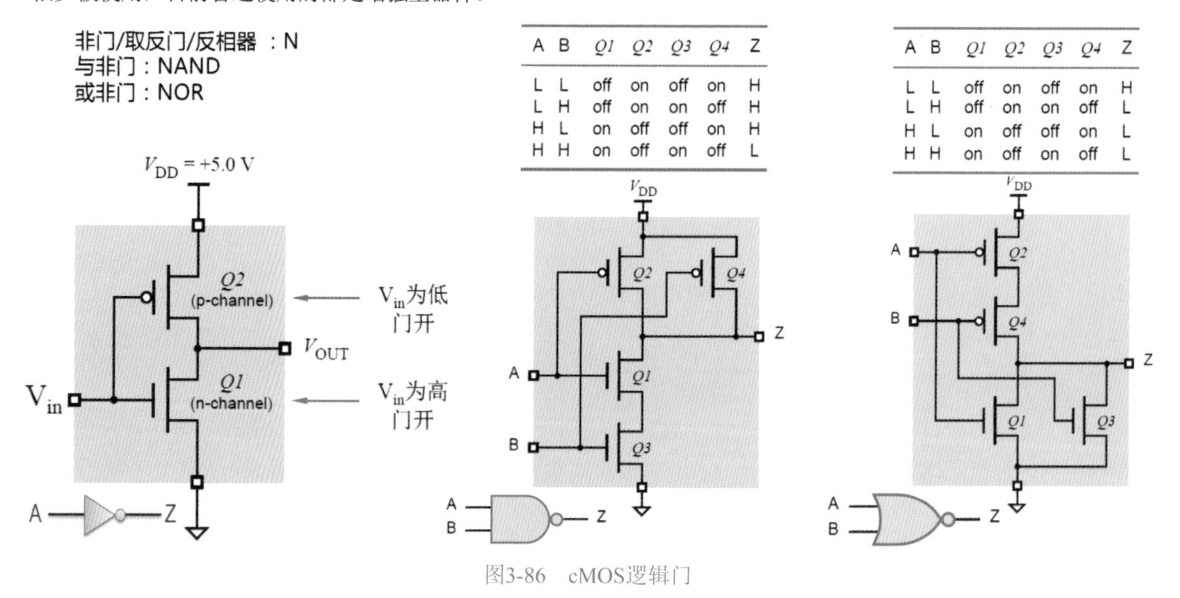

A	B	Q1	Q2	Q3	Q4	Z
L	L	off	on	off	on	H
L	H	off	on	on	off	H
H	L	on	off	off	on	H
H	H	on	off	on	off	L

A	B	Q1	Q2	Q3	Q4	Z
L	L	off	on	off	on	H
L	H	off	on	on	off	L
H	L	on	off	off	on	L
H	H	on	off	on	off	L

图3-86　cMOS逻辑门

也就是低电压，这就形成了“当输入为高电压时输出为低电压”的负逻辑了。同理，当输入为低电压时，Q2导通，Q1关断，那么此时输出电压是与V_{DD}同电位，也就是高电压，正逻辑。不仅如此，不管输入电压是高还是低，Q1和Q2两个MOS管中总有一个是关断的，切断了正极到地之间的通路，这样就不会形成持续的电流，发热量就会大大降低。图中的与非门和或非门也是利用同样的做法。

图3-86所示的处理方法，被称为**cMOS逻辑电路设计**。其中c表示“互补的”，即complimentary。其“互补”表现在其总是同时存在nMOS管和一个pMOS配对，而且同一时刻总是导通一个、关断一个，从而截断电流，而只透传电压给下游。下游的cMOS电路收到上游的电压即可决定自己的输出电压是高是低，这就可以搭建任意逻辑电路了。cMOS并不是一个独立的晶体管，它只是一种利用pMOS和nMOS管搭配设计电路的思想，所以市面上基本看不到独立的cMOS管（将nMOS和pMOS封装起来）。

对于上述这些门电路，如果使用单个nMOS/pMOS的组合而不是成对来组合，也是可以实现的，甚至可以更简单地实现。比如图3-87所示，使用一个nMOS或者pMOS管就可以实现非门的逻辑了。

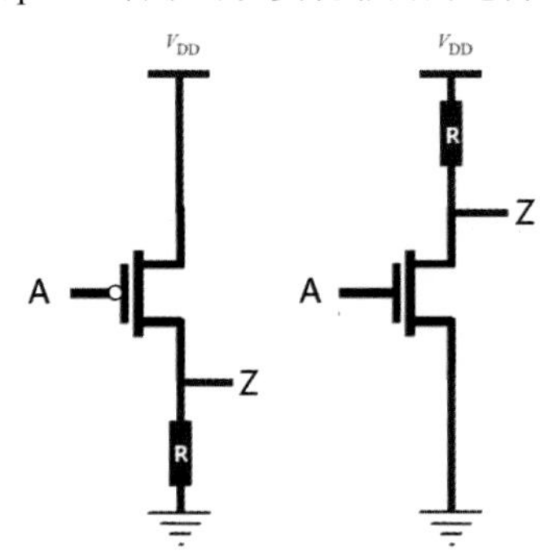

图3-87　非门

对于左侧的pMOS，当输入电压A增高到一定值时（相当于逻辑1），pMOS截止，整个pMOS相当于一个大电阻，经过这个电阻的压降之后，Z处的电压会比较低，相当于逻辑0；对于右侧的nMOS，当输入电压A增高时，nMOS本身的电阻变得较小，将导致晶体管电流增大，R的分压增大，Z处的电压就会下降，形成了负逻辑。但是，在这两个装置中，晶体管的电流会一直持续存在，因为电源正极V_{DD}一直在供电，虽然存在电阻R。

提示

晶体管相当于一个滑动变阻器。由cMOS组成的电路，nMOS和pMOS总是成对儿出现，因为它们是双胞胎，到哪都形影不离。本质上，这对双胞胎其实是利用其中一个来当作另外一个的电阻，从而在任何情况下都会阻碍电子的流动。

cMOS属于“输入电压驱动输出电压”型晶体管，而BJT则是输入电流驱动输出电流型晶体管，单个的JFET/pMOS/nMOS则是输入电压驱动输出电流型晶体管。有些场景必须输出电流而不是电压，比如驱动喇叭发声只有电压是不行的。然而，利用cMOS思想设计方式带来的劣势就是电路面积增大了，完成同的逻辑，需要更多管子，而不能像n/pMOS一样有时候一个管就可以完成。

值得一提的是，cMOS这种设计方式直到20世纪70年代后期才被广泛应用，因为早期的工艺落后，浪费一半的晶体管，会导致面积太大。

3.3.5　晶体管计算机

1958～1963年是晶体管计算机批量诞生的年代，图3-88和图3-89所示为当时的一些晶体管计算机照片。利用BJT、JFET和MOSFET晶体管搭建的计算机的运算速度也从基于电子管搭建的ENIAC的每秒5000次提高到了每秒几万次以上。1961年，当时最大的晶体管计算机ATLAS制造完成，这台机计算机在当时已经算是超级计算机了。1964年，中国也成功研制出了第一台晶体管计算机441-B，每秒运算速度两万次，由哈尔滨军事工程学院研制。

从此，各式各样的计算机开始逐渐普及开来，从军方、企业、科研院所，最后到平常百姓家。这还是得归功于固态的小尺寸、高稳定、低功耗的晶体管。此外，其他各种电子设备也受益于晶体管的发明，极大地降低了体积的同时还提升了性能，降低了成本，逐渐普及开来。

其中，IBM公司推出了一系列的计算机，包括7000系列、1400系列、1620型等。图3-90为这些计算机中所使用的电路板。板子上的元件如图3-91所示。这些计算机中除了使用晶体管之外，也支持使用电子管，或者两者混合。这些模块化的子板，通过背板连接起来，在背板上可以连接任意触点从而自行搭建出逻辑电路。

1964年左右，IBM又在短时间内一口气推出了System 360系列计算机的多个子型号，比如Model20、Model91等，如图3-92所示。

System 360系列机器最有特色的一个地方是采用了更高的集成度。如图3-93底部所示，其采用陶瓷片作为基座，在上面制作导线和触点，并将独立元件比如晶体管等插入其上形成电路，再将多个带有电路的陶瓷片插到PCB板上，成为子模块，如图右上所示；再将大量子模块插到背板上，从而形成更大范围的逻辑电路，如图左上所示。这种技术被IBM称为“Solid Logic Technology，SLT”。这种插卡模块化的计算机设计方式，一直被很多高端服务器沿用至今。

图3-94所示为System 360所采用的模块间通信总线及其连接器。

图3-88　利用晶体管搭建的计算机

图3-89　利用晶体管搭建的计算机（DEC公司PDP-1型）

图3-90　IBM计算机中的晶体管电路板

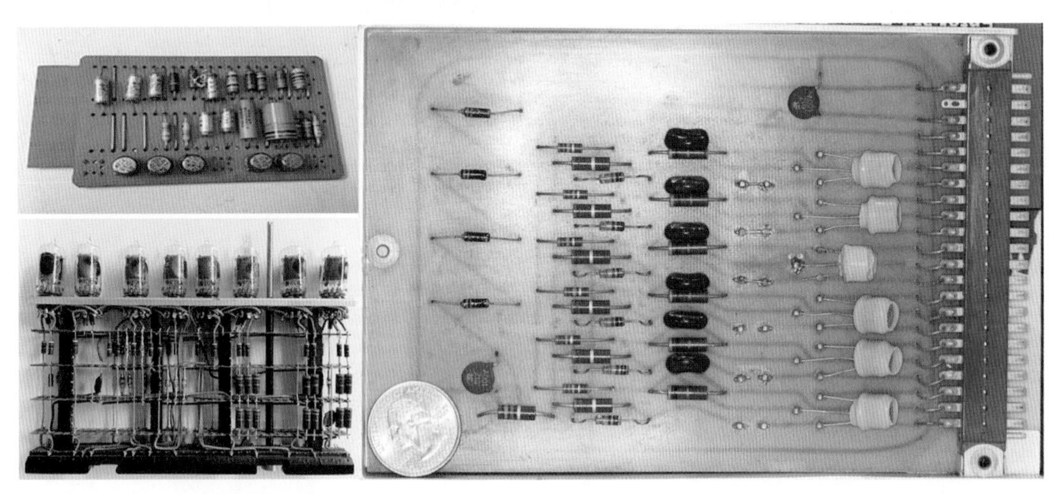

图3-91　IBM System 360计算机中的晶体管模块以及DEC公司PDP-1计算机中的晶体管电路板

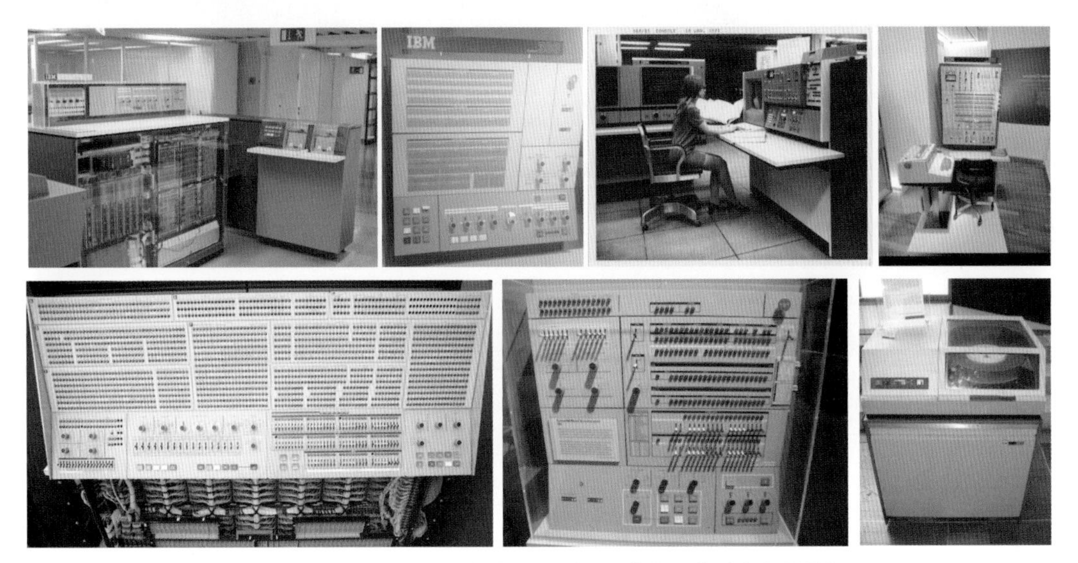

图3-92　IBM System 360的各种子型号及其使用的磁盘存储设备

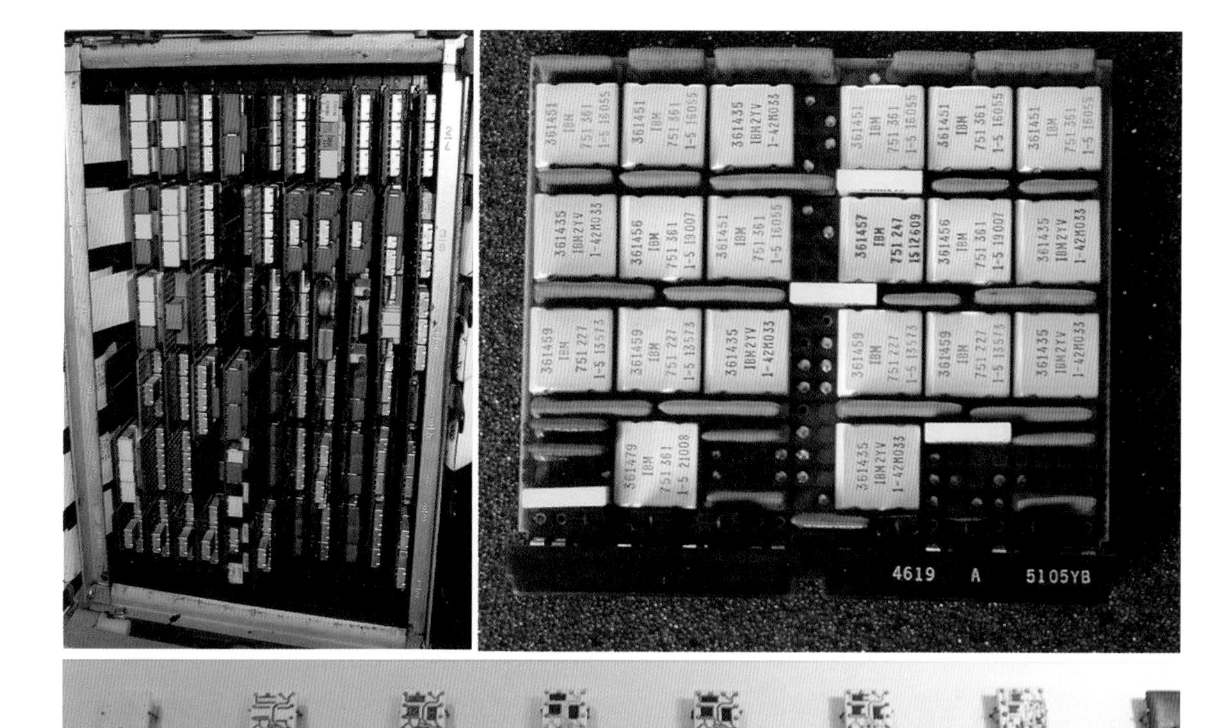

图3-93　IBM System360的电路子板中所使用的陶瓷基座及子模块

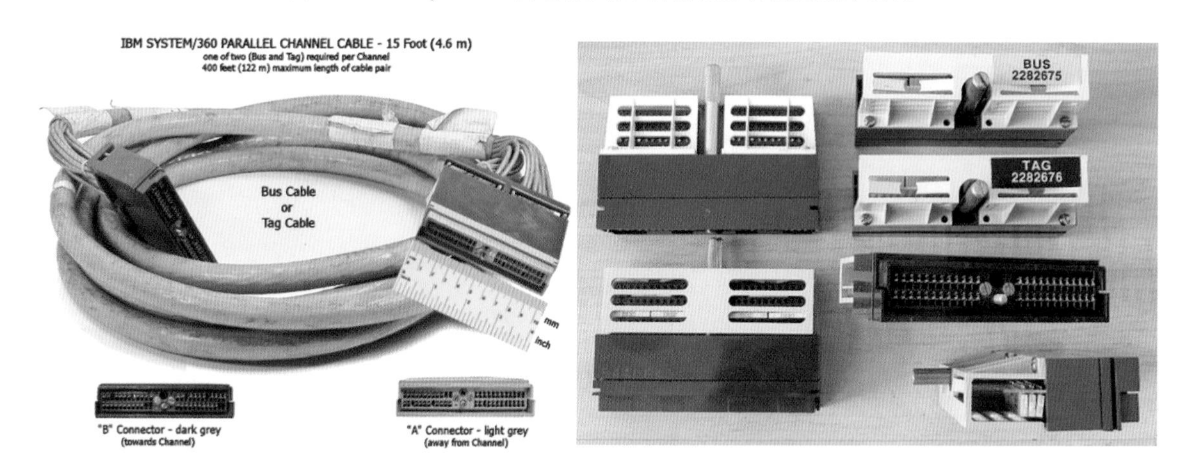

图3-94　System 360计算机的总线及其连接器

3.4　制造工艺革命——集成电路

毕昇发明了泥活字印刷。许多人可能不以为然，认为本应如此，换了我我也能想到，而且是个人就应该天然地想到这种方法才对。然而，毕昇或许并不是第一个想到这个办法的人，但的确是真的顶住压力打破常规来推行这个方法的人然而，千百年过去了，却有人要反其道而行之，本来是一堆独立器件，经过任意组合就可以形成各种逻辑电路，有人却非要再将这么灵活的办法抛弃，改为继续在板子上一板一眼地刻出这些元件来。哦？逆势而为？非也。顺。

3.4.1　量产晶体管

当年发明晶体管并获得诺贝尔奖的贝尔实验室三人组之一的肖克利，后来离开了贝尔实验室自己成立了公司，想制造晶体管以及对应的周边器件。他的公司吸引了众多有才华的人，但是肖克利个性太过强硬，缺乏管理上的智慧，亦或者说，一个天才管理另一帮天才，注定以失败告终的居多，以至于他手下的7名干将离开了他的公司，并成功“策反”了肖克利公司的二把手诺伊斯，这8个人于1957年9月成功吸引到了美国仙童（Fairchild）照相器材和设备公司的投资，并创立了仙童半导体公司。公司一把手是诺伊斯，制造晶体管，这8个人后来被戏称为“八叛逆”。在诺伊斯的带领下，公司逐渐发展壮大，并成功找到了用硅来替代锗制造晶体管的方法，硅可以从砂子里面提取，取之不尽用之不竭。

提示 ▶▶▶

肖克利的公司在“八叛逆”出走之后，无法维持，自己不得不回大学教书去了。仙童半导体公司属于半导体行业的原始门派。后来由于和母公司在利润分配方面闹得不愉快，导致核心骨干出走，也不行了。“八叛逆”中的诺伊斯和摩尔联合格罗夫又创办了Intel公司，后来销售总监桑德斯出走后创办了AMD公司。

当时人们都在想如何批量制造一个个独立的半导体晶体管。半导体晶体管最关键的就是要向硅中掺入磷、硼等杂质从而形成P和N型特性。很自然地，人们就想到，可以在一大片硅表面上放上某种罩子，这个罩子将不需要掺杂杂质的地方遮挡起来，只露出需要被处理的硅表面，然后直接将对应的杂质元素蒸汽化然后上锅蒸，让其充分渗入到硅中，丝丝入味，如图3-95所示。

出锅之后，进行切割，一锅就能蒸出大量的P/N结，然后进行插针操作，最后封装到塑料壳子里，出厂，如图3-96所示。

如果说毕昇的设计是将多个独立的不同的字组合成一整篇文字的话（如图3-97所示），那么生产三极管P/N结的这套处理工艺就是整篇都是同一个字，而且还要大量产出这个字，所以当然要反毕昇道而行之了。

这套技术被称为半导体平面处理技术。与蒸馒头相比可复杂多了，其需要经过长时间的摸索，有点偏冶金化学、化工方向，关键是摸索和控制好各个参数，比如硼、磷、铜/铝/多晶硅的蒸汽气压、浓度、蒸的时间、加温降温速度，等等。蒸馒头如果控制不好都可能蒸出一堆死面疙瘩来，更别提蒸硅片了。图3-98所示的设备就是一台用来蒸硅片的“锅”。

仙童半导体公司的赫尔尼（J. Hoerni）是半导体平面处理工艺技术的专家，正是他主导了这一量产晶体管的设计。在实际的工艺过程中，要解决的问题很多，图3-95和图3-96所示也只是核心思想的示意图。实际中，遮罩必须完全与硅表面接触，否则蒸汽会从缝隙中乱窜导致无法聚焦在限定位置渗入硅片。如图3-99所示，为了解决这个问题，人们换了一种方法。首先向硅片上均匀地喷涂一层特制的感光胶，其可以与硅表面致密地接触，然后将需要渗入杂质的区域形状雕刻到遮罩上，盖在胶上，然后用光透过遮罩，对应的图形就会被显影在胶表面，这些区域会发生化学变化，为下一步做好了准备。然后，采用特制的选择性腐蚀液溶剂，将其加热成为蒸汽，连同刚才制作好的这块“蛋糕”一同上锅蒸，腐蚀液会把胶表面的感光区域腐蚀掉，并露出底层的硅表面。腐蚀液是经过

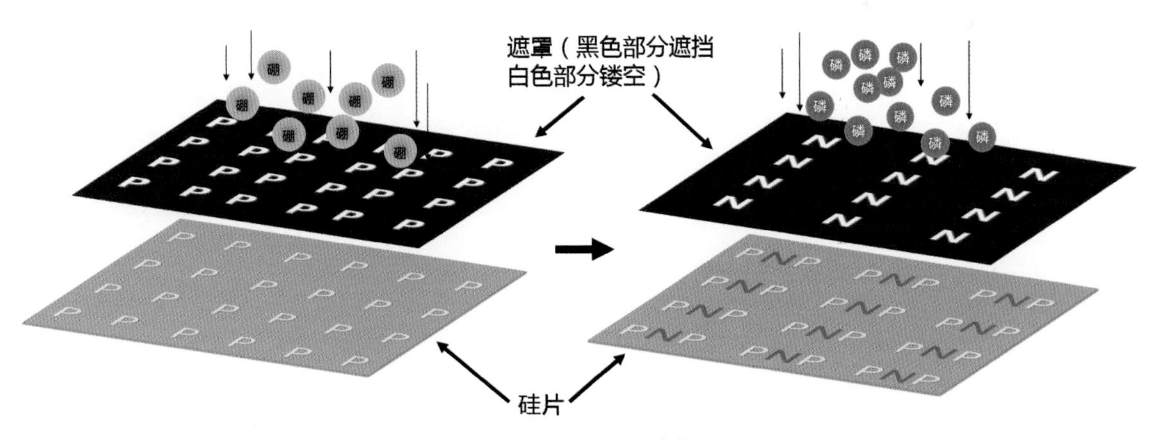

图3-95　批量生产三极管内的P/N结

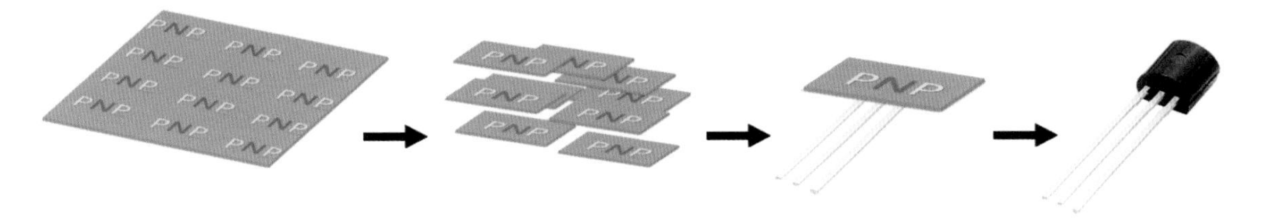

图3-96　切割、封装过程

图3-97　正版泥字以及泥活字

图3-98　蒸硅片的设备

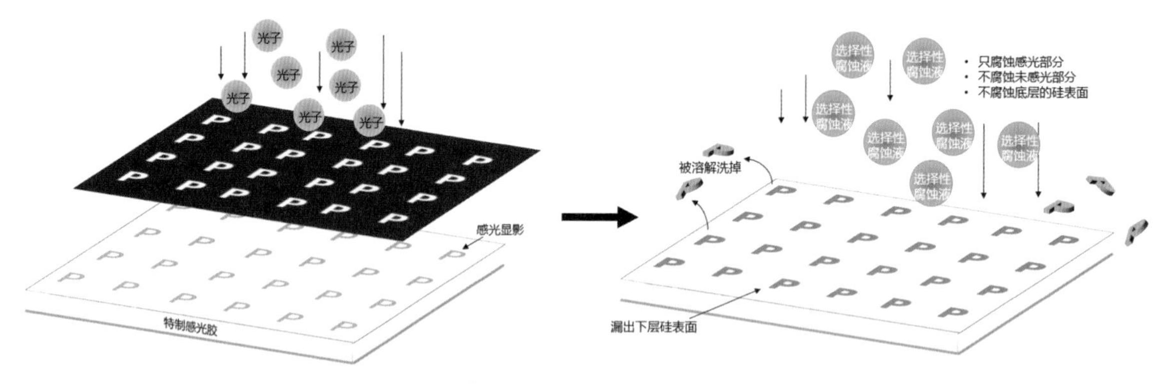

图3-99　使用紧贴硅表面的特制胶作为遮罩

化学合成的特制腐蚀液，不会腐蚀胶上的未感光部分，也不会腐蚀露出来的硅表面。这样，相当于利用了一张普通遮罩制的辅助，从而制作出了一张与硅紧密接触的胶质遮罩。下一步就是向硅表面蒸入磷、硼等杂质，这种将杂质渗入到下层材料的工艺步骤被称为**扩散**。

渗入P材料所需要的杂质之后，利用能够腐蚀感光胶剩余未感光部分的选择性腐蚀液，将覆盖在晶片表面的胶全部洗掉。然后，用同样的方法，再把N材料所需要的杂质再次利用遮罩和胶配合，渗入对应的区域，之后洗掉胶，就制造出了完整的P/N结，然后切割、封装、测试，即可出厂了。

图3-100为一个大功率晶体管内部照片，可以看到其内部仅仅就是一小片硅片，上面有P/N结半导体材料和引线，外壳这么大是为了散热。不管是大功率还是小功率的晶体管，它们都需要管壳和管脚引线，然后人们将这些元件插到板子上，再用导线按照对应门电路的连接方法将这些器件连接起来，导线也会密密麻麻地排布在板子上，整个逻辑电路的面积将会很大，而且很浪费资源。能否在量产晶体管所使用的硅片上直接把这些设计好的晶体管连接起来，而不是将其切割成一个个的分立元件然后再做一遍同样的事情？没错，达默（Geoffrey Dummer）、基尔比（Clair Kilby）和诺伊斯也是这么想的。

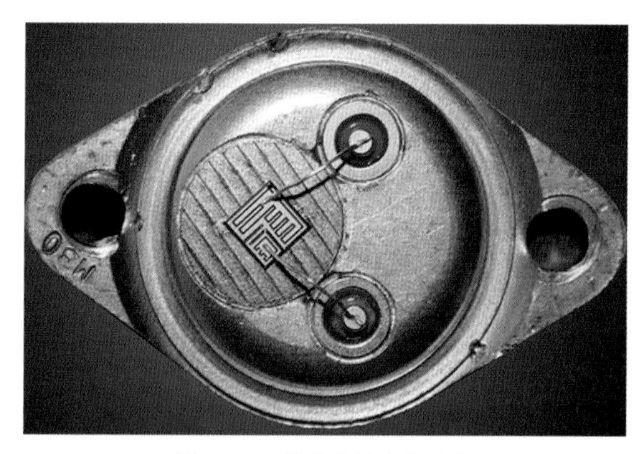

图3-100　某晶体管中的硅片

3.4.2　跟冬瓜哥学做P/N结蛋糕

达默在1952年英国一次会议上首先提出了类似想法，但是当时还没有太先进的设备来实现这个想法。六年后的1958年，德州仪器（Texas Instruments，TI）公司的基尔比实现了这个思想的原型。如图3-101所示，基尔比首先利用黑蜡作为遮罩，分步骤在一小片锗半导体片上做上了一个晶体管P/N结合三个电阻、一个电容，然后再将对应的触点用很细的导线焊接起来，引出管脚，最终形成了一片只有指甲盖大小的晶片，其上含有5个元件，再将这个晶片粘贴到玻璃片上固定。这个将多个元件集成在一片半导体晶片上的电路，被称为**半导体集成电路**（Integrated Circuit，IC）。IC电路的设想于1959年2月6日被基尔比申请了美国专利。另外，你可能意想不到的是，基尔比也是人类历史上第一个手持小型数字计算器的发明者，至于他当年发明的计算器与冬瓜哥在本书前两章中设计的那个计算器架构有什么不同，就不得而知了。基尔比于2005年去世，那时候，微型计算机已经遍地皆是，真不知道基尔比看到自己开创的技术发展到今天这个地步，会是一种什么感觉。

基尔比竟然捷足先登，这让诺伊斯感到了压力，因为诺伊斯在1959年1月23日的一份日记里也明确记录了这种直接在硅片上制作逻辑电路的想法。没想到仅仅半个月之后就被别人注册了专利。于是仙童半导体公司的这堆天才们开始凑在一起筹划下一步的对策。在晶片上直接做元件这个想法的确被基尔比捷足先登了，但是很显然，基尔比并没有把导线也直接做在晶片上，依然还是手工焊接，这一点不得不说基尔比的思维被限制了。试想一下，只要在遮罩上镂空出一根长条，将金属粉末冲着这个长条喷上去，在下方的锗片上不就可以出现一长条金属了么，这不就是导线了么？没错，诺伊斯团队就是这么想的，用上述的平面处理方式，不仅可以将杂质渗入到半导体晶片中，还可以将金属沉积到晶片表面形成导线！下面，冬瓜哥就扮演一次发明家，为大家展示一下这个思路是如何完成的。

如图3-102左图所示，在已经被渗入了对应杂质形成P/N结的晶片上，再次利用遮罩，把位置已经设计好的金属电极和导线沉积到对应的区域，与对应的源极、漏极和栅极相接触并且连接。这个工艺要求把金属高温气化，然后缓慢降温，使得金属沉积到晶片对应的触点上，与触点致密接合。**请注意，必须使用感光胶层作为遮罩，为了简化起见，本图及后面的图中就不给出喷涂感光胶、显影、腐蚀、洗胶这些步骤了**。另外，实际中的连线数量非常巨大而且致密，图中只给出一个示意，下文中会有一个Intel 4004型CPU的版图。

提示

这套蒸工艺的具体步骤非常复杂，后文中你会看到。正因如此，蒸坏了是常有的事情。所以，一张硅片在出锅之后，上面会布满多处瑕疵，有些瑕疵是致命的，直接导致电路损毁。所以，如果能够在一张硅片上一次性蒸出多套同样的电路来，也就是多个芯片，让每个芯片的面积足够小，采用人海战术，那么蒸一次产生的瑕疵顶多会废掉其中一部分芯片，而剩下的还是好的，这就是所谓芯片的良率。芯片面积越小，同一个硅片上容纳越多的芯片电路副本，良率就越高，成本就会下降。相反，如果一整张硅片就是一个大芯片，那么任何一处瑕疵都会导致该芯片/硅片作废。这就是为什么芯片设计厂商如此在乎芯片面积的原因，良率就是金钱。

大家一定会有个疑问，如此多的晶体管形成复杂的电路，导线不可能没有交叉，交叉的导线是不能相

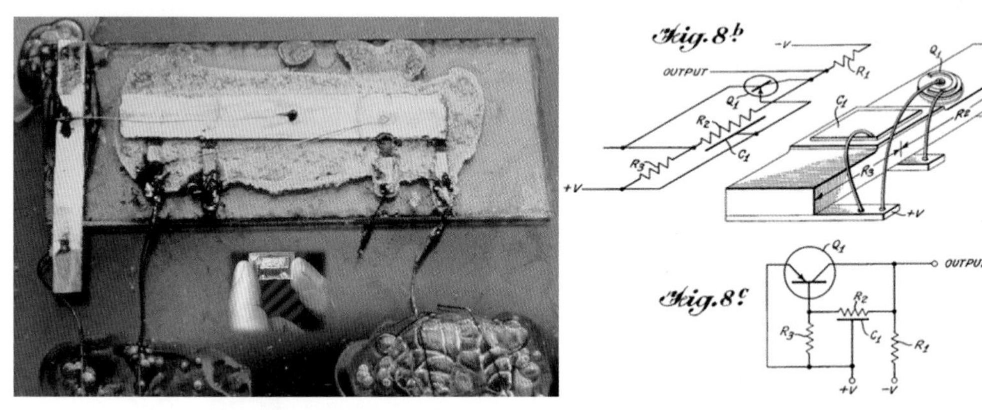

图3-101　基尔比制作的人类第一块集成电路

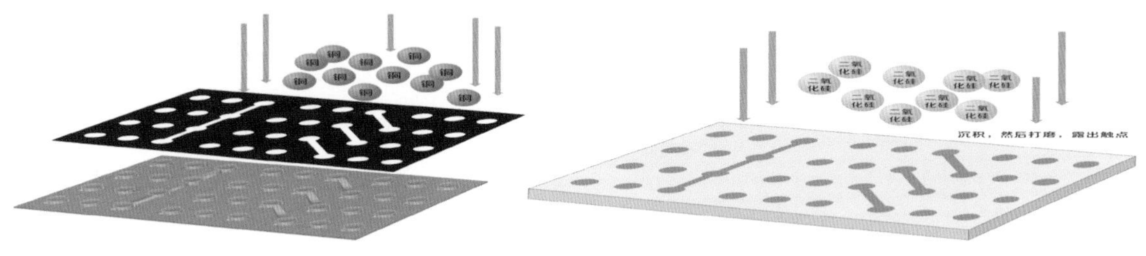

图3-102　沉积导线以及覆盖一层二氧化硅绝缘层

互接触的，如果按照上述做法，无法做到。遇到交叉的导线，就需要将其两端升起来，做成高架桥跨越其他导线。于是，如图3-102右图所示，需要将做好的第一层金属层沉积一层二氧化硅绝缘层覆盖起来，然后打磨，露出触点，为下一步做准备。

如图3-103左图所示，在需要被架高的导线两端的触点上，再沉积一个金属柱子，柱子的高度可以用感光胶的厚度来控制。之后，如右图所示，再次覆盖一层绝缘体，打磨并露出触点。

如图3-104所示，利用遮罩将高架导线沉积到对应的位置，与触点紧密接合，并把需要裸露在晶片外面的管脚触点架高一层。

如图3-105所示，沉积一层绝缘层，并打磨露出管脚触点。这块上面集成有逻辑电路的晶片，被称为"芯片"。将芯片的管脚触点焊上引线，将整个晶片封装到壳子中，就成了一块集成电路了，如图3-106所示。

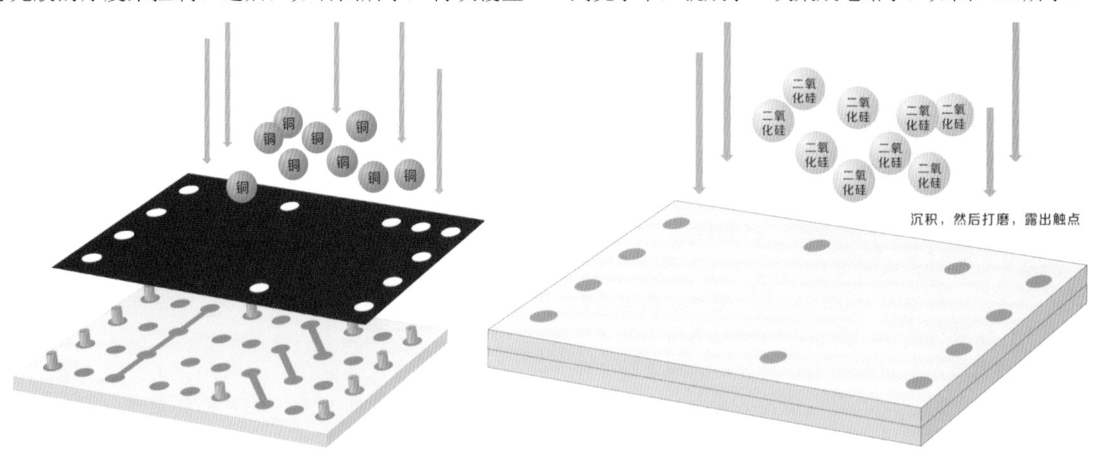

图3-103 将需要高架的导线两端升起来并再次覆盖绝缘层

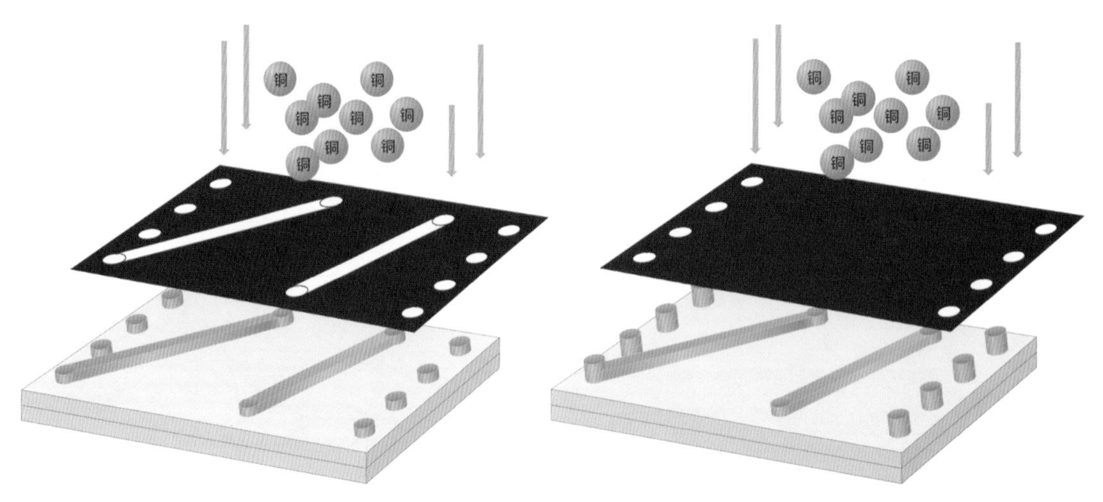

图3-104 将高架导线沉积到对应的位置并加高管脚触点

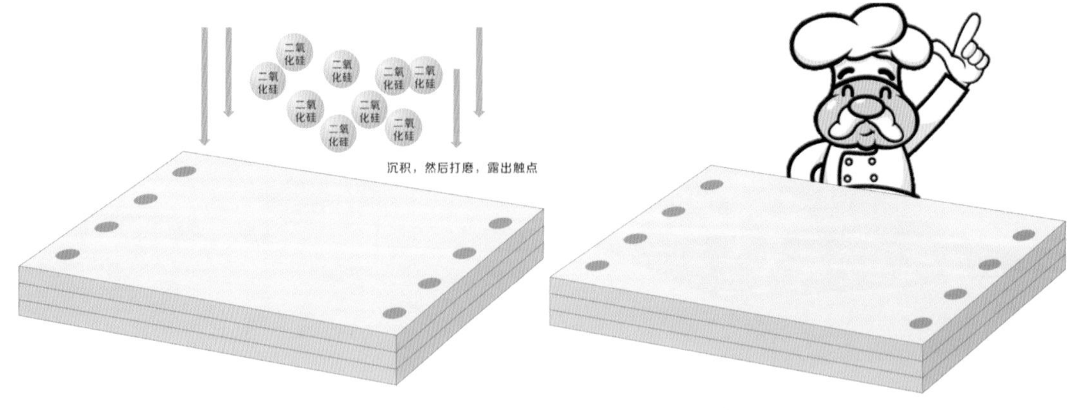

图3-105 最后覆盖一层绝缘层并打磨露出触点

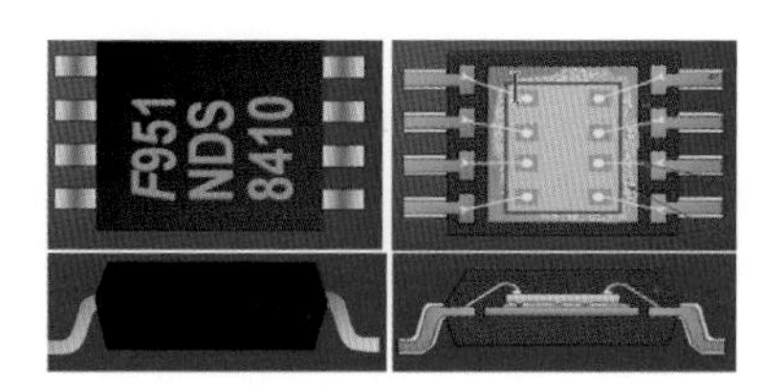

图3-106　将芯片封装到壳子中并引出管脚

怎么样，这整个过程，是不是和做蛋糕一样呢，冬瓜哥这个蛋糕师还算合格吧？加一层水果，加一层面，淋上层油，加一层奶油，滴几滴香精，进烤箱，出锅。其实这些工艺步骤的本质是类似的，都是一层一层的2D的面拼接成3D的体模型。下面我们就将这块蛋糕一层层剥开来感受一下这种本质，如图3-107所示。

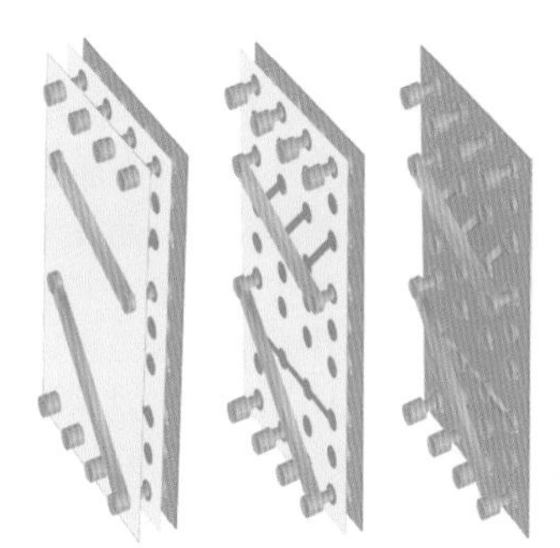

图3-107　一层层剥开芯片

哦对了，由于绝缘层采用了二氧化硅，其沉积之后就如同玻璃般透明；也就是说，咱们做的这个蛋糕是一个透明蛋糕，从外面可以看透里面一层层的结构，具体的效果是什么样？先脑补一下，后面会有图示。

再说回仙童半导体公司诺伊斯团队，他们成功地实现了这种工艺，然后于基尔比的集成电路专利申请之后的半年，1959年7月30日，申请了这种利用平面处理工艺沉积导线的专利。图3-108为当时团队利用沉积导线的方式制作成的IC，其包含4个晶体管、4个电阻和6个管脚。银色部分就是沉积上去的铝，蓝绿色部分是下层导线，经过半透明的绝缘材料可以被看到。

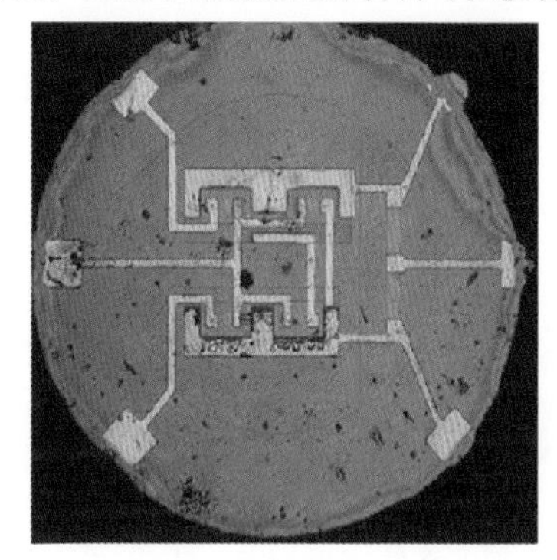

图3-108　仙童利用导线沉积方式制作的IC

仙童和德州仪器在20世纪60年代期间一直在打官司，声称自己才是集成电路的发明者。最后法院判定两家为集成电路的共同发明人，基尔比发明了第一块集成电路，诺伊斯则是大规模量产集成电路工艺的发明人。而在1960年，仙童开始逐渐瓦解；同期德州仪器则生产出了一系列的集成电路，比如著名的7400系列BJT型P/N结集成电路（场效应P/N结的方式后来才被广泛应用），如图3-109、图3-110所示。他们还

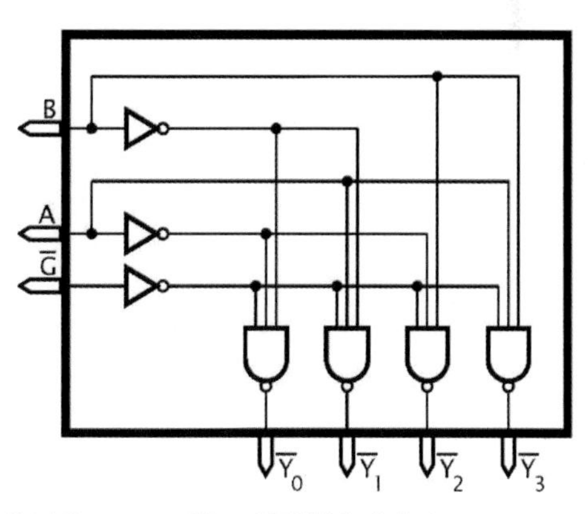

图3-109　7400N型与非门集成电路以及74LS139型2-4译码器集成电路

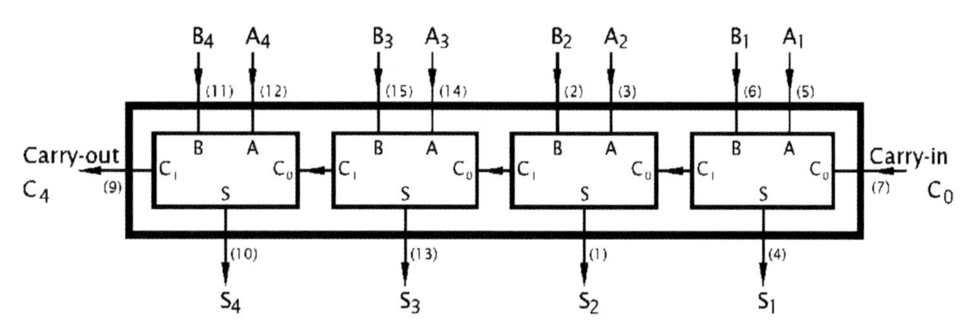

图3-110　74LS283型4位加法器集成电路

产出了第一台集成电路计算机，使用了587块集成电路芯片组装而成。仙童从此开始一蹶不振，直到诺伊斯、摩尔、戈洛夫三人创办了英特尔（Intel），诺伊斯这位半导体产业教父才算扬眉吐气。

德州仪器7400系列集成电路包含数百种型号，从极简单的到极复杂的，每一种型号内部集成的都是某个比较常用的逻辑电路，极大促进了当时的生产力，也奠定了该公司在半导体行业的地位。图3-111为人们利用TI 7400系列集成电路搭建的简易计算机，这是一个拥有4位宽、两个寄存器和6条指令的指令集的简易计算机。

3.4.3 提升集成度

至此，摆在人们面前的问题，就是如何在相同面积的晶片上，集成更多的晶体管和其他元件，以及更多的导线，如图3-112所示。如果采用基尔比的批量渗入生成P/N结，但是手工焊丝工艺来生产集成电路，就是左侧两幅图所示的效果。最左侧的工艺精度很粗，中间的工艺显然要更细密，集成的元件数量也更多。而右侧的工艺，则是采用诺伊斯团队的平面处理工艺直接沉积导线，其细密程度更高。

很显然，遮罩上的孔径、线条宽度越细，越精密，最后投射到感光胶上的图样就越细，腐蚀出来的凹坑越细，最后集成进去的元件也就越多。所以，要想提升集成度，就必须在如何制作更精细的遮罩上下功夫。在20世纪60年代前后，人们只能通过手工来雕刻遮罩上的镂空部分，很显然，手工雕刻就算再细致，也无法做到太高的精密度，刻刀的刀尖有限，人眼的分辨率有限，如图3-113所示。如果按照1:1的比例将遮罩上的镂空投射到感光胶上，那么集成一千个晶体管的话，所需要的晶片面积恐怕就得手掌这么大了。但是人们的智慧是无穷的，说到这你可能就知道该如何做了，那就是利用透镜或者说精密光学设备，将原本很大的发光图形聚焦成按比例缩小的图形，而且还能保证不扭曲。初中物理不及格的都清楚原理，这与把太阳光聚焦成一个点一个道理，及格了的还能算出焦距呢。

如图3-113所示，当时人们普遍使用的是一种由Rubylith公司生产的红色胶片，其表面上的红色材料可以被刮除，剩下的就是透明的。用光学设备将图形投射到晶片感光胶上即可实现显影。其实，这种表面处理技术，不仅仅是芯片制造领域专用，其被广泛应用到了各行业，比如图3-114所示的这块钢板表面的图案，你认为是用什么方法做上去的呢？

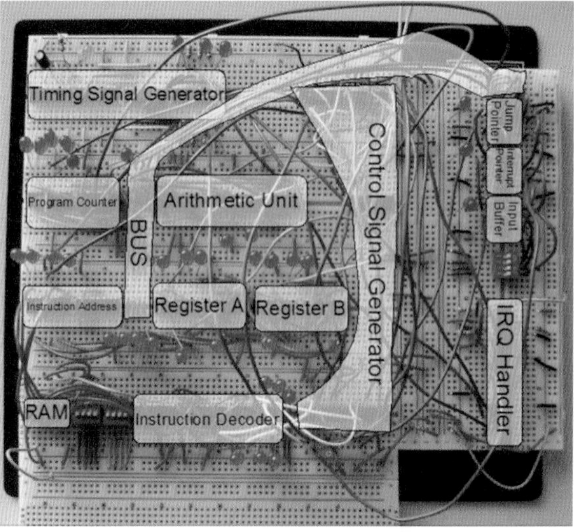

图3-111　利用TI 7400系列集成电路搭建的简易计算机

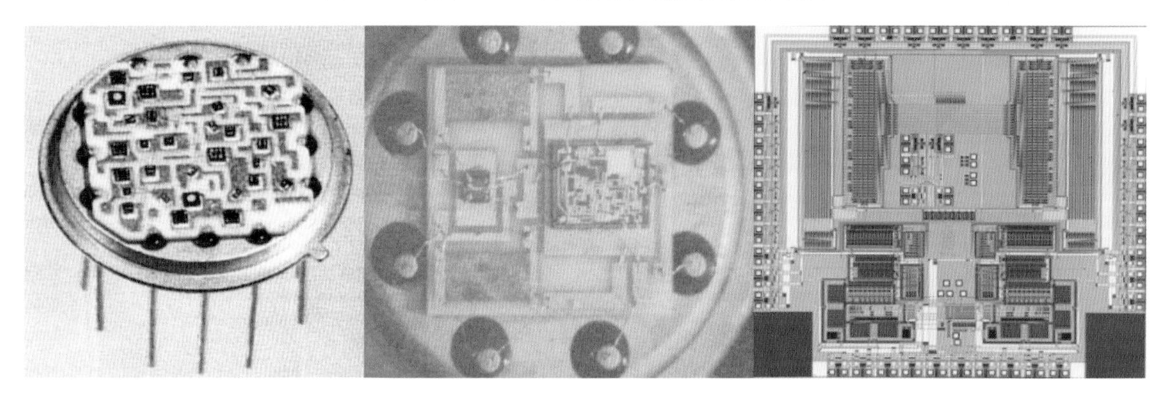

图3-112　从左到右工艺不断进步所产生的芯片效果

图3-113 20世纪60年代的人们正在红色胶片上手工雕刻遮罩

图3-114 遮罩工艺可以用来制作表面图案

3.4.4 芯片内的深邃世界

图3-113中正在被雕刻的遮罩，其实是用在了Intel公司第一个CPU，4004型的制造过程中的，于1971年推出。如图3-115所示，外壳下面包裹的其实是一个芯片，芯片内部密密麻麻的逻辑电路清晰可见，你应该可以知道这些电路是怎么被沉积上去的了。

图3-116和图3-117为Intel 4004 CPU的晶体管布线版图，图3-118为X光透视+着色图。

图3-117和图3-118的表达形式是专门用来表述逻辑电路布线的一种形式，被称为**版图**。色调主要由红绿蓝黄四种颜色构成。图3-119为单个pMOS管3D结构示意图以及其对应的版图。可以看到源极漏极栅极导线（长条状），以及导线与P材料（绿色）的触点，源极漏极各以4个触点与P区接触，栅极导线以1个触点与栅电极（红色）接触，黄色区域为N材料区，接

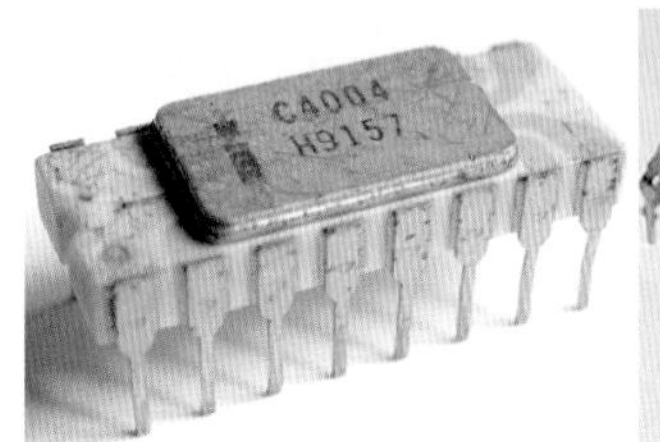

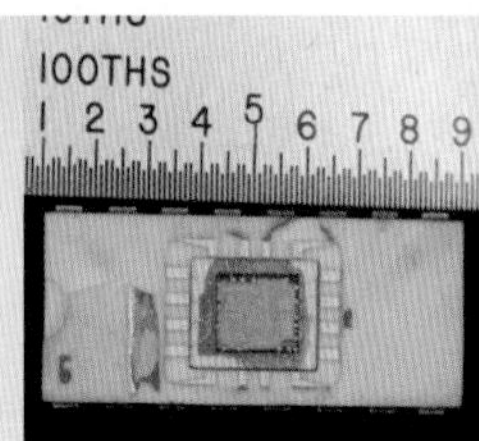

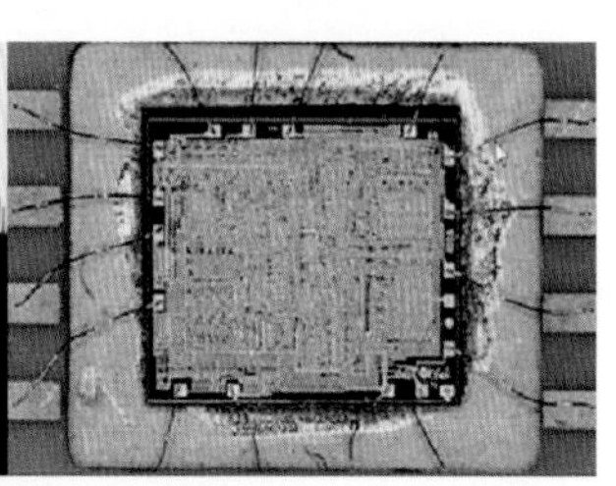

图3-115 Intel 4004 CPU

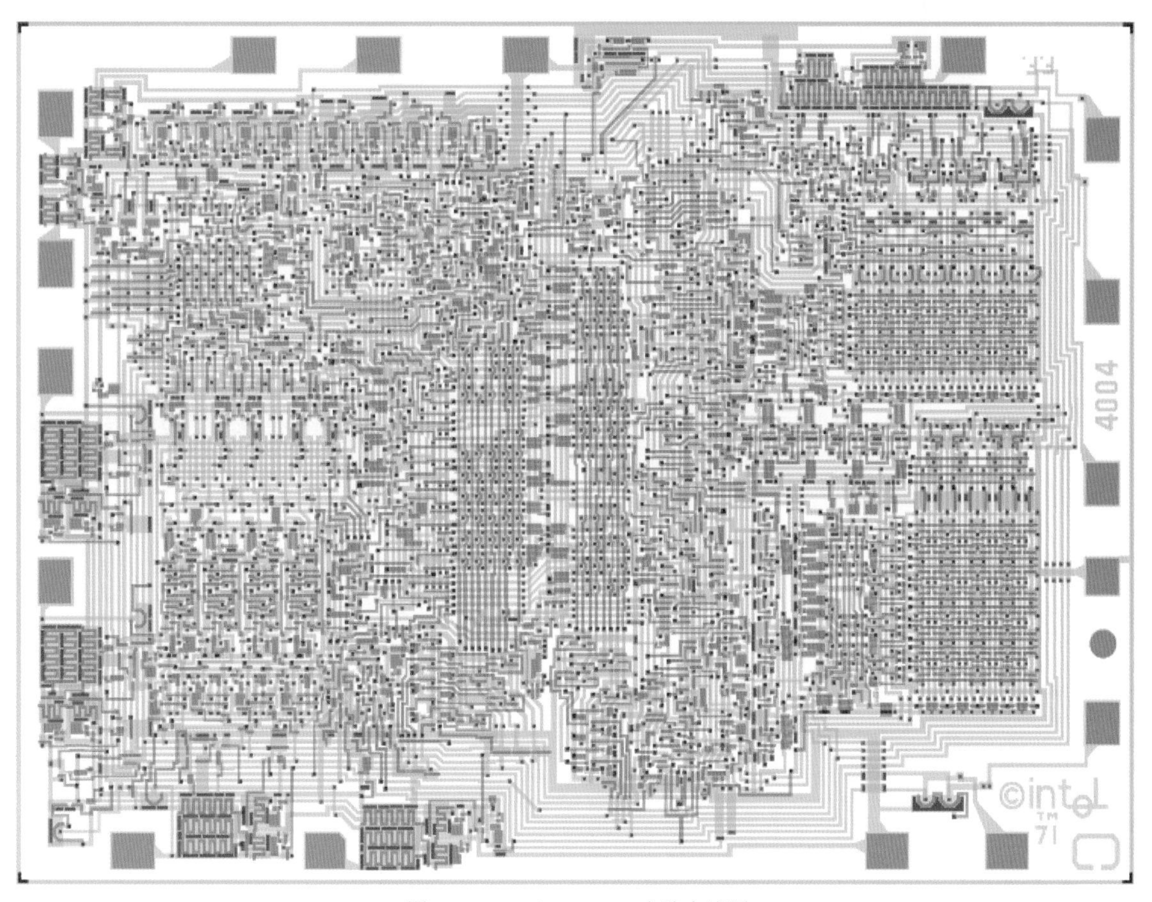

图3-116 Intel 4004 CPU电路布线图

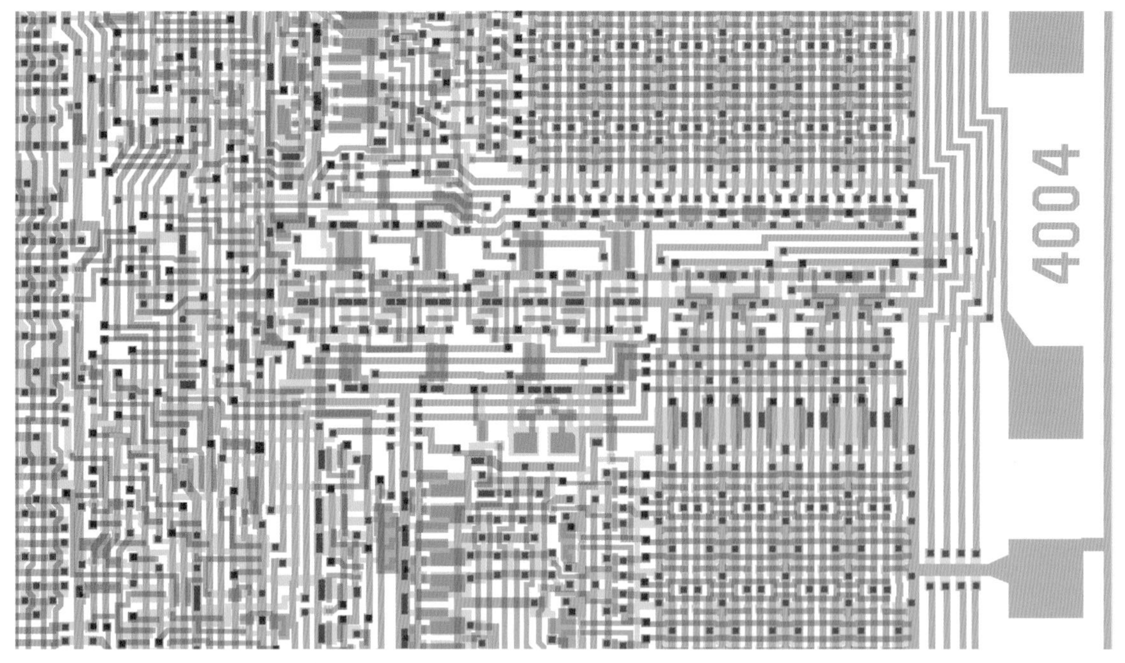

图3-117　Intel 4004 CPU电路布线图局部

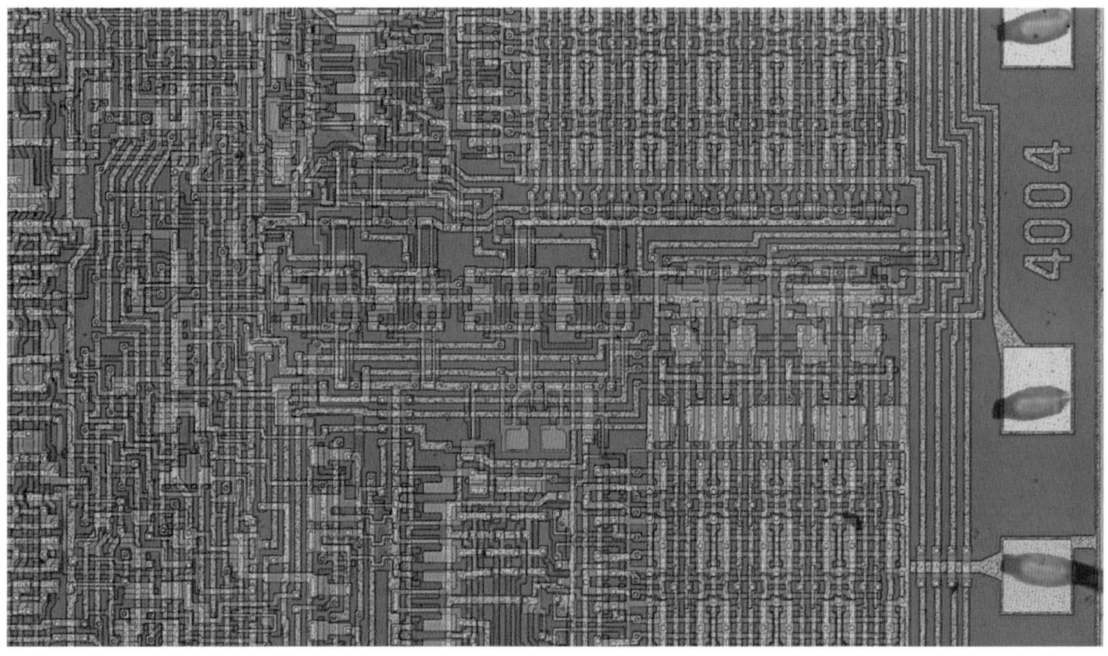

图3-118　Intel 4004 CPU电路X光透视着色后处理图

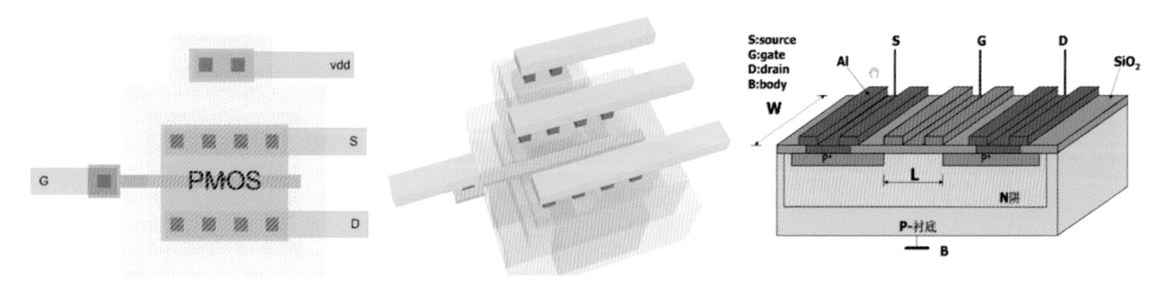

图3-119　pMOS管3D结构示意图及版图

地极导线以2个触点与衬底接触。用多少触点并没有明确规定，实际中以不同场景、成本、材料等决定。至此你应该了解上面两幅图中的门道了。

图3-120左图为著名的奔腾4 CPU芯片，4200万个晶体管被集成在上面。右图则为某图形加速芯片，70亿晶体管被集成在上面。这靠人工雕刻遮罩是得不到这种精度的，别说精度，如此大规模的晶体管和导线数量，靠人工雕刻在时间上也不可能被允许，而且出错率会非常高。必须用计算机辅助激光来雕刻，激光的波长很小，可以雕刻出非常精细的图形，这也被称为光刻（注意，光刻指的是用激光雕刻遮罩，而不是雕刻硅片）。20世纪60年代还没有发明出激光设备，只能用手工，可想而知工作量有多大。不过还好，那时候没有互联网，没那么浮躁，没那么多诱惑，人们更容易静下心来做一件事情，而且是用毕生的精力。

你可能有点纳闷，为什么芯片表面会有五光十色的反光呢？下面来放大某款TI公司产出的逻辑电路来一探究竟吧。图3-121为该芯片在高倍显微镜下的照

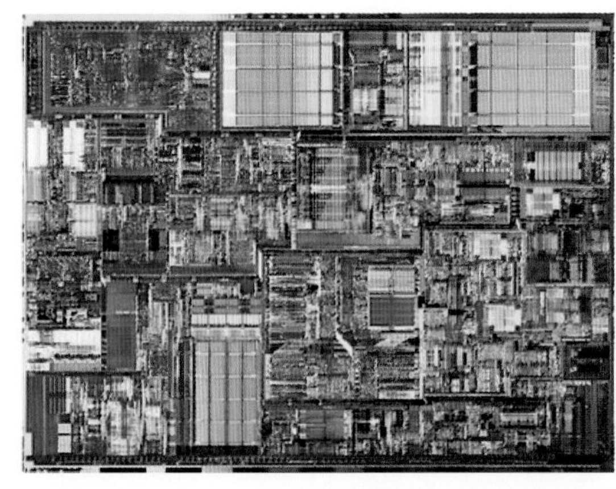
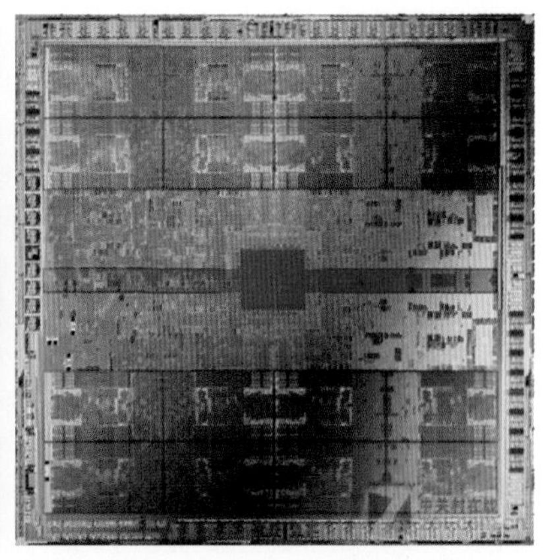

图3-120　奔腾4 CPU以及某GPU芯片

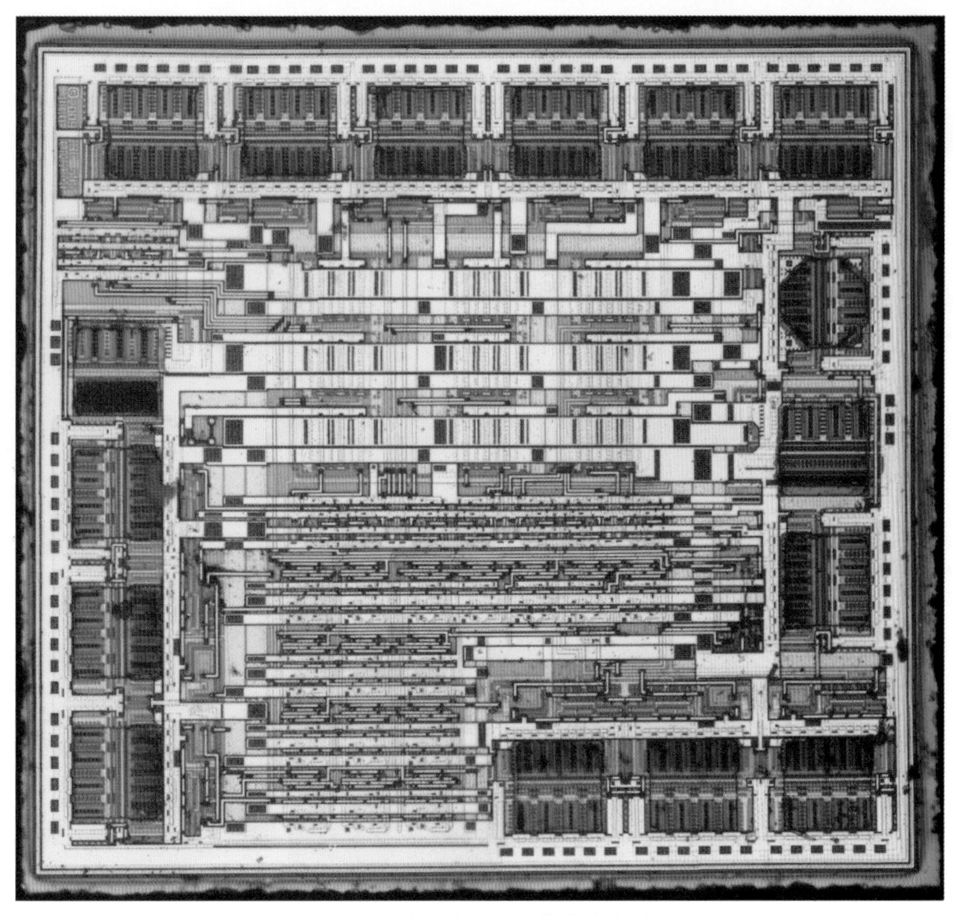

图3-121　德州仪器公司某芯片表面

片，可以看到芯片上有错综复杂的导线，至于最底下的硅片，已经根本看不到了，因为芯片是多层叠加起来的，一眼望不到底的。但是我们放大其中的局部，又可以看到一番天地，如图3-122所示。

上图左侧是图3-120所示芯片的局部放大图。你看到了芯片内部了么？在中间那个透明小窗户里，是不是可以看到下层的结构？这层窗户其实就是一层二氧化硅层，在它后面，可以看到第一层、第二层甚至第三层导线。中间的图片是Intel的80486 CPU芯片在显微镜下的图案，可以清晰地看到一层层导线，每一层都是错综复杂。图中右侧所示则是某芯片照片的后期处理过的图片，将对应的材料着色成不同色彩以供分辨，该芯片一共有4层，其中，粉红色为多晶硅，绿色为P型材料，灰色为N型材料，金黄色则为铜导线，拍摄聚焦在了最后一层，也就是半导体硅表面。

现在你也该知道芯片上那些五颜六色的反光是怎么来的了。芯片里面是一个透明但绝缘，且深邃复杂的世界，其对光的反射、折射会导致色散，从而将白光色散为各种颜色的光，而且不同的电路模块会散射不同的光，不同的角度也不同。芯片上集成的电路越多，导线越密，就越无法用肉眼分辨出其上的纹理，最后肉眼所见的几乎就是一个反射不同颜色光的光滑平面。这个道理与观察光盘表面是一样的，光盘的保护层之下也是有致密的凹凸不平的坑，也会导致反射不同颜色的光。

看到如此深邃的机器电路世界，是不是有了黑客帝国里虚拟世界的感觉了，是不是也想跳下去一探究竟呢？只要你明白了这些电路的本质和制造方法，你就是这个帝国的造物主了。

图3-123很清晰地展示了芯片内部是一层一层的结构，中间的图可以清晰地看到通孔触点、支撑柱以及金属条状物（导线），而且位于同一层的导线之间是没有交叉的，有交叉则必须通过支撑柱提升到上一层。由于使用了X光透视成像，所以只看到金属，而看不到缝隙之间的绝缘体包裹填充物。是不是有种巧夺天工的感觉。

3.4.5 cMOS集成电路工艺概述

到了激光时代，人们终于可以在计算机程序的辅助之下，借助激光设备，实现更加方便的电路设计以及更加精细的遮罩雕刻了，用激光来更精细的雕刻遮罩的过程被称为光刻。这也是在方寸晶片上做上几十亿晶体管的前提。与此同时，cMOS电路设计方式的优势也越来越受到重视，虽然多耗费了一倍数量的晶体管，但是其功耗发热很低，否则如此多的晶体管在这么小的面积上，会产生大量热量而变得无法被应用。

图3-124为一个cMOS反相器（对应的电路见本书前文）在晶片内部的层次示意图以及3D效果图。其中至少有7种材料和14个角色。图中的加减号表示高/低掺杂浓度。

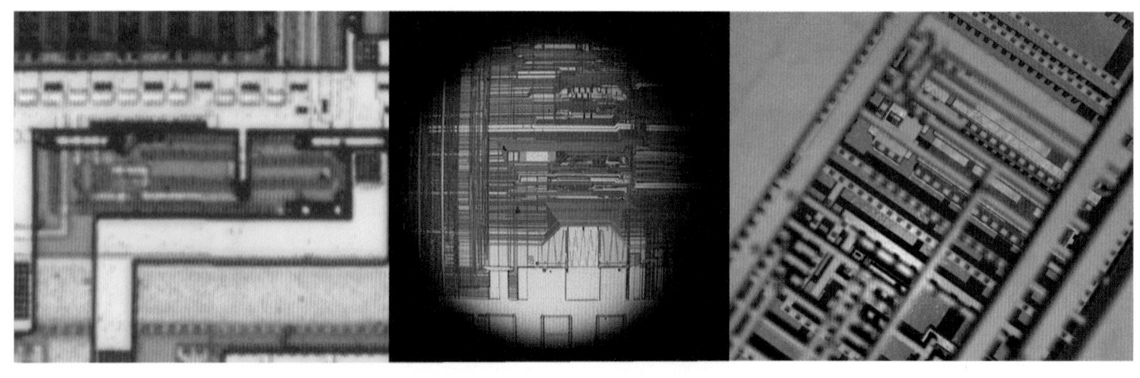

图3-122　芯片内部局部放大图

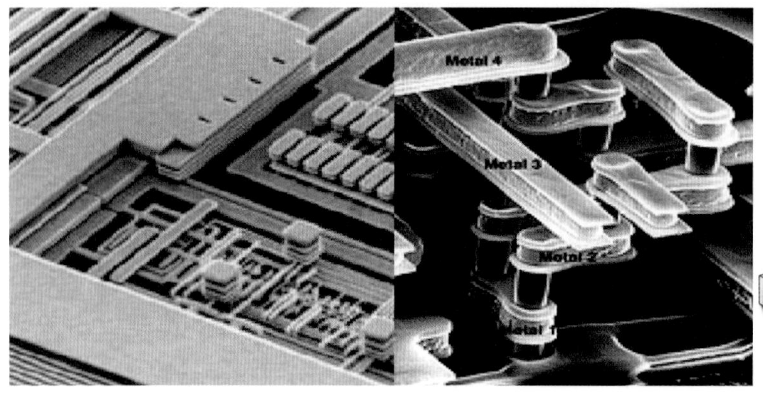

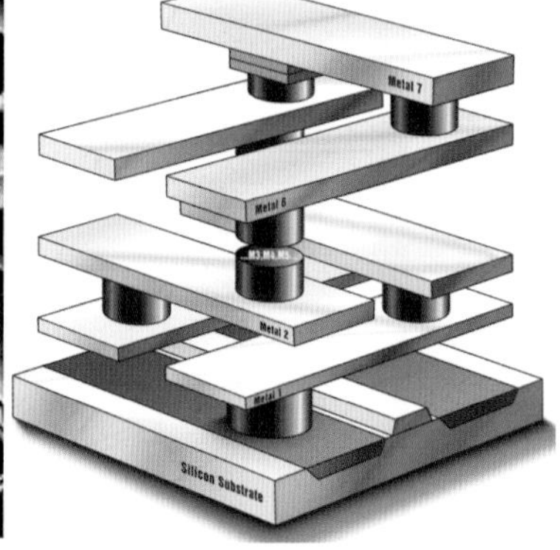

图3-123　芯片内部扫描电镜透视图

用于遮挡光线的遮罩又被称为**掩膜**，感光胶又被称为**光刻胶**。根据工艺设计的不同，图3-103～图3-105的工艺中是直接将金属沉积到硅表面，金属并没有扎入到硅中，这会导致接触面积不够大，导电率不够高的问题。为此，就像打地基一样，要在硅表面挖出对应的沟槽或者凹坑，从而将金属电极、导线扎入到硅中。所以，在腐蚀掉显影位置的感光胶之后，还需要用能够腐蚀硅但是腐蚀不了感光胶未感光部分的特殊腐蚀剂来将露出的硅表面进行深度腐蚀，形成对应的沟槽和凹坑结构。这个过程被称为**蚀刻**。

用于激光雕刻的掩膜板通常采用金属硬面版，即在玻璃基板表面用金属蒸汽沉积一层几十到几百纳米厚的金属或金属氧化物薄膜（如铬膜、氧化铬膜和氧化铁膜），在薄膜下方通常还有一层增加黏附力的氧化物膜，上方还有一层厚度为20nm的Cr_2O_3抗反射层。掩膜版尺寸一般为15×15 cm^2，厚度为0.6cm。使用诸如CAD等工具将设计好的电路图形数据传送到图形发生器，图形发生器会根据电路图案，使用非常细的激光或者电子束利用逐行扫描的方式在掩膜版上“刻画”出对应的图形，也就是光刻。掩膜上这些被光子/电子轰击过的地方会变薄从而具有较高的透光度，然后再利用光源照射掩膜将透光部分显影到覆盖有光刻胶的硅片上。

图3-125为掩膜板实物图以及晶片光刻胶层感光之后的显影图案（右上角）。掩膜板可以直接紧密地盖到晶片表面然后曝光，但是由于紧密接触，容易导致缺陷；如果稍微离开一点距离，又会产生衍射而

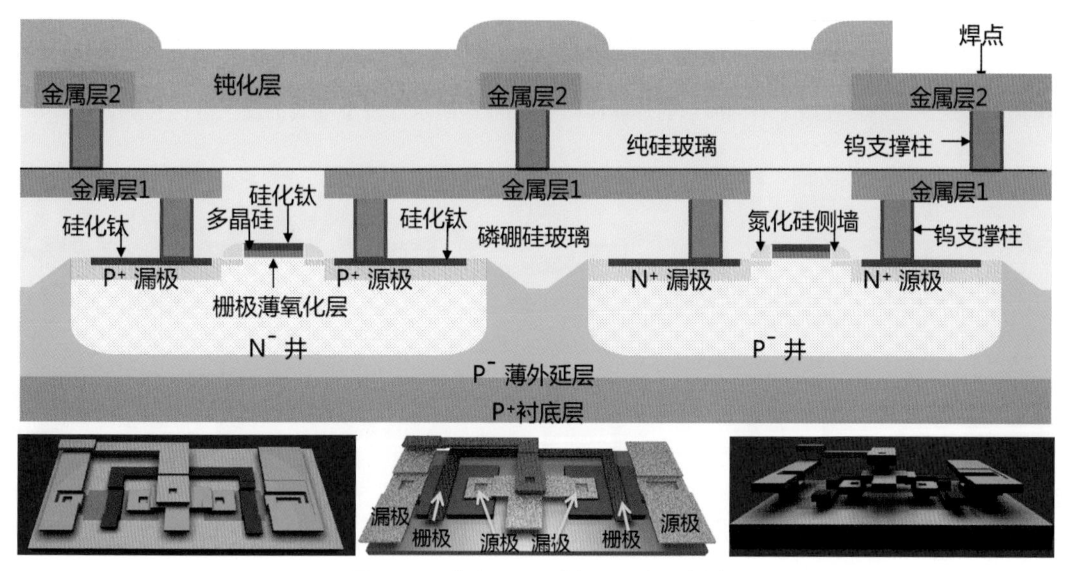

图3-124 单个cMOS反向器层次示意图

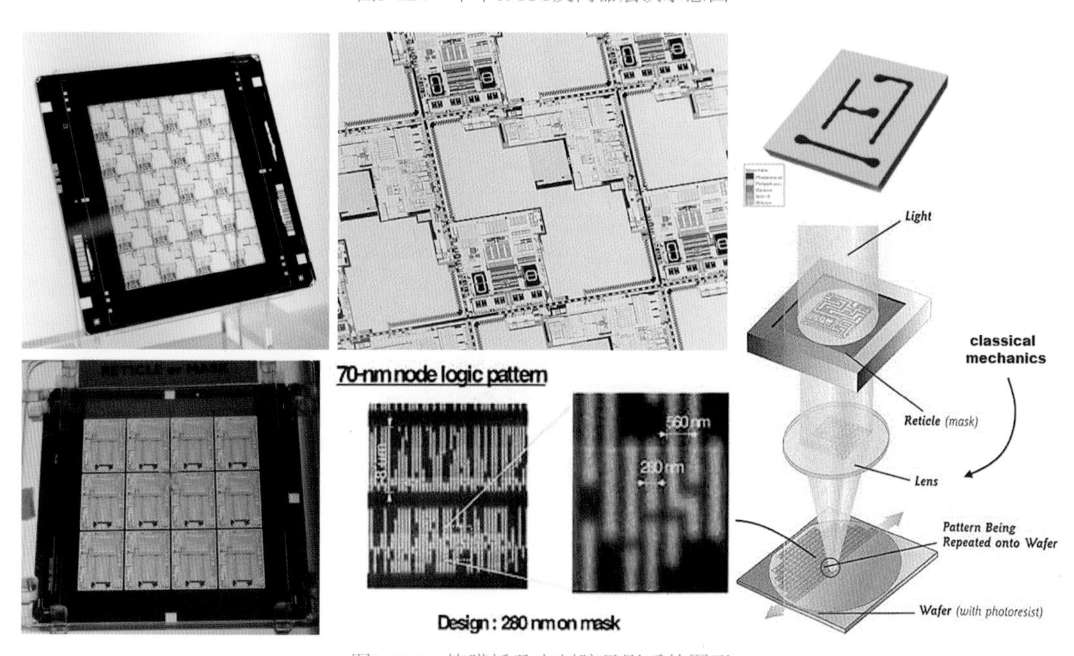

图3-125 掩膜板及光刻胶显影后的图形

影响图案；最普遍使用的办法是通过透镜将掩膜板图案投射到晶片上去，这样掩膜板就可以不需要与晶片一样尺寸，做大一些，这样可以减少由于精度过高导致的缺陷。显影时所使用的光源也必须使用激光而不是20世纪60年代时的可见光了，因为此时镂空处非常细，可见光由各种光叠加，不纯，容易导致色散，这样就无法聚焦，最终是一片模糊。

同样是蚀刻，有的工艺蚀刻得很规整，有的就很不像样。还好，蚀刻过程到底对材料蚀刻到什么程度，蚀刻成什么样，都是可以控制的。晶片里的硅原子晶型和晶格取向是不同的，从不同的方向蚀刻，会产生不同的结果，比如有些产生一个V字形的凹坑，有些则产生U形凹坑，有些则产生不太规整的上宽下窄的梯形凹坑。图3-126所示的就是最后一种情况，蚀刻液体不断渗漏蚀刻，最上层的光刻胶抗蚀所以无变化，最后变成了中间所示的那样子，在这个基础上继续覆盖更多层次之后，便成了右侧图示的这熊样，但并不是说这样就不行，每种工艺的用料、成本和场景都不同。

图3-127左侧两幅图展示的是V形凹槽，右侧两幅图展示的是规则梯形凹槽。

图3-128从左到右分别为显影缺陷检测设备、投影式曝光设备、掩膜板缺陷检测设备及蚀刻设备。

MOS管内部的P/N掺杂区并不是先蚀刻一个凹坑，然后向其中灌入对应的P/N型硅的，而是直接将晶片暴露在对应杂质离子蒸汽中，对应P/N型区（源极漏极）漏出来的小表面便会被杂质蒸汽钻入，这样便完成了掺杂。当然，具体工艺还包括退火步骤，在做完蒸气浴之后，要消化一下，让杂质继续向晶片表皮下扩散，这叫Drive-In，或者说“推进”。这样便得到了源极漏极下方的半导体区域。

P/N掺杂区做好之后，需要连接导线，导线与掺杂区还需要有个触点，而且要升起来一段距离。如图3-129所示，每个导线的交叉（无接触）点，就表示

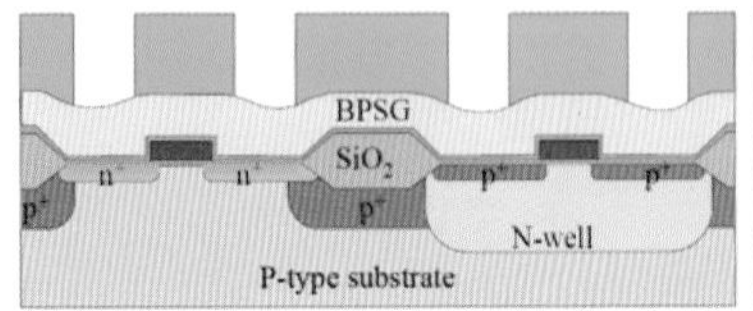

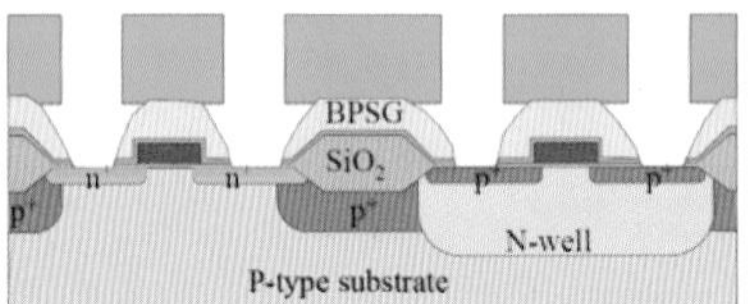

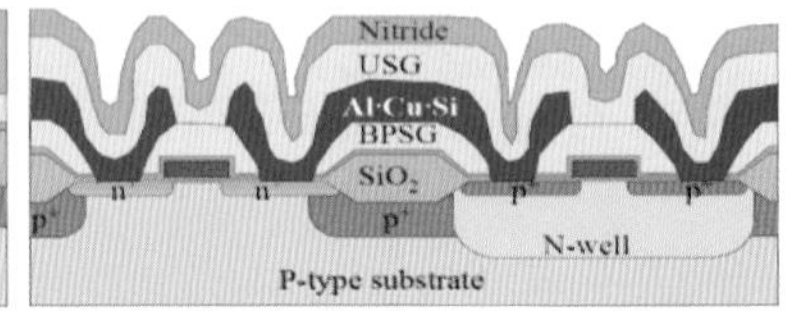

图3-126 发生侧漏蚀刻

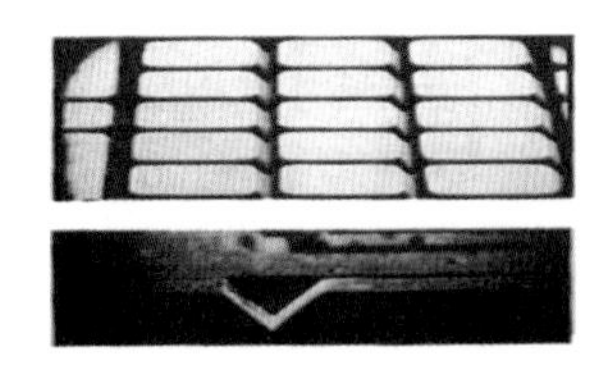
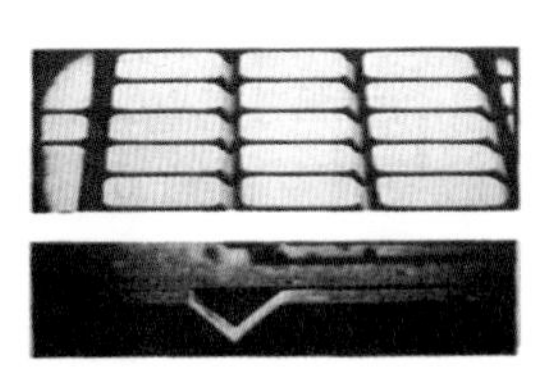
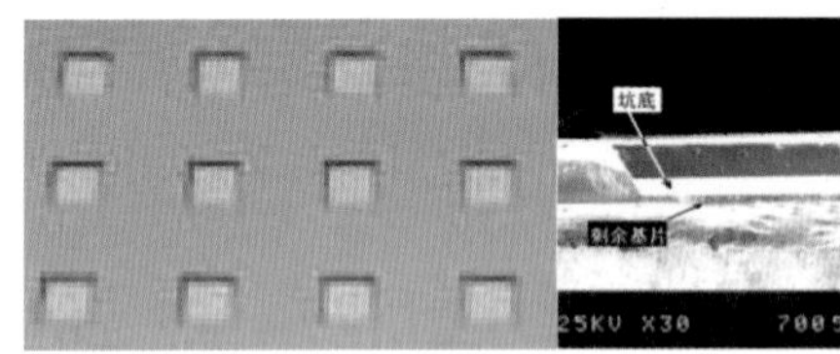

图3-127 V形凹坑和规则梯形凹坑

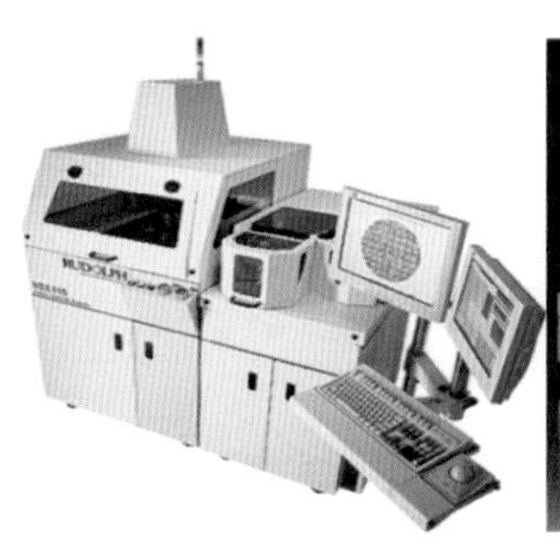
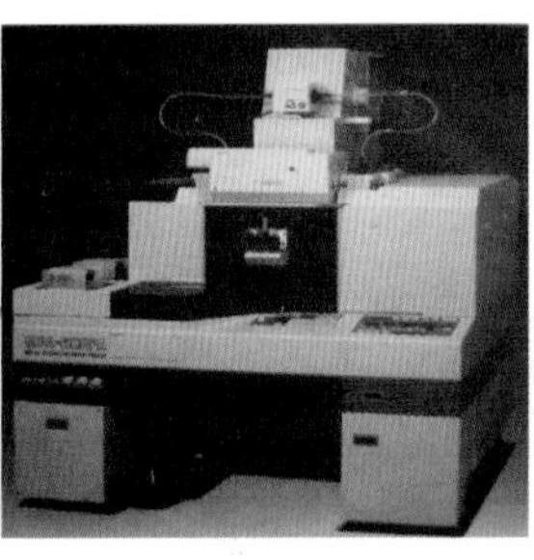
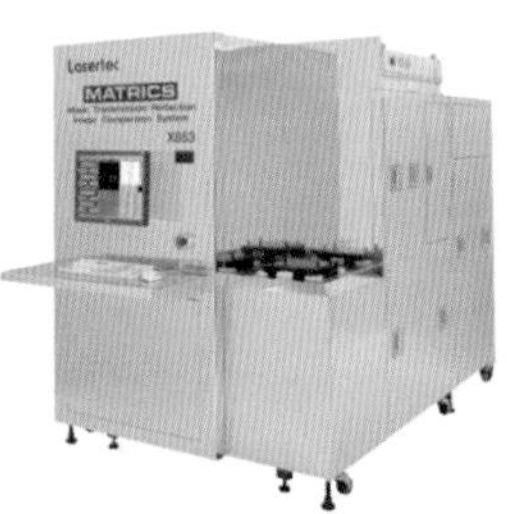

图3-128 各种半导体工艺设备

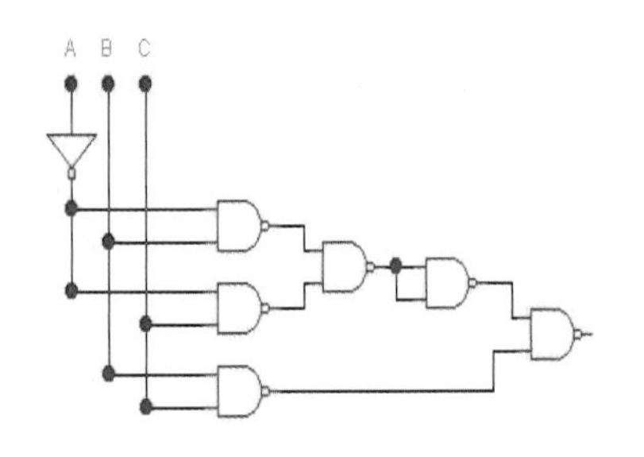

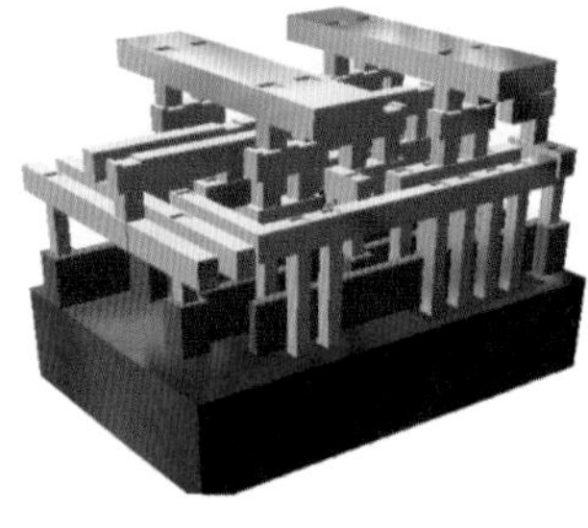
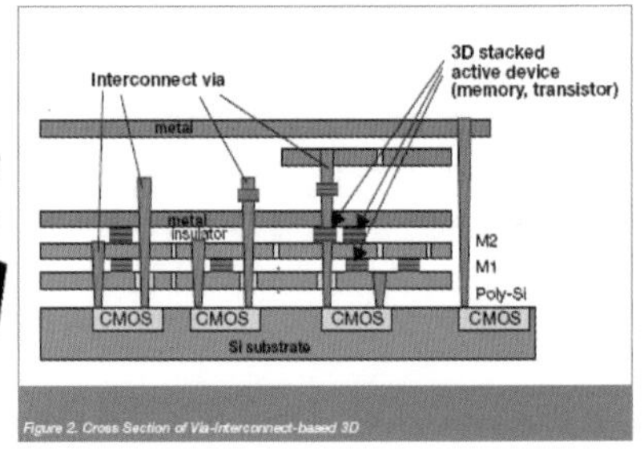

图3-129 导线高架桥

交叉的这两条导线必须位于不同的层上，这样才能相互跨越不接触。当然，制作电路图纸的软件系统最终会做各种排布和优化操作，尽量减少跨越现象。一般的数字逻辑芯片内最终会有十层左右的跨越，视芯片复杂程度而定，Intel奔腾4CPU有7层。

制作导线层，也需要使用相同的方法，先在晶片表面用气相化学方法沉积一层绝缘层，抛光，再在P/N掺杂区上方光刻、蚀刻好触点抬升孔（通孔），接着用金属蒸汽熏蒸，降温后导线也就被沉积在了通孔里形成一个支撑柱（via），然后喷光刻胶，再用掩膜遮蔽，蚀刻出凹槽，再整体熏蒸一层金属层，从而形成导线。重复上述动作，最终完成多层导线的布线。图中右侧所示的结构是一个透视图，除了3D打印的思想以外目前没有其他技术可以做到微米级别的这种镂空式3D器件，实际上其是通过一层层的遮蔽、曝光、蚀刻、喷涂/熏蒸、抛光等制造出来的，所以其缝隙当中实际上都是充满了绝缘体隔离的。

在现在最高的工艺研究前沿，也有人在尝试像压光盘那样直接用物理接触的方式在晶片上压出图案，如果成熟的话，将极大地降低成本。

芯片设计者将做好的电路版图发送给芯片制造商，芯片制造商根据版图规划制造工艺和过程并最终产出成品芯片。这个过程俗称流片，英文是“Tape Out”。由于早期流行使用磁带存储超大容量数据，而版图的尺寸相当大，其就相当于一部超精密机械的全部图纸，所以芯片设计者一般将生成的版图文件存储到磁带中，送给芯片制造商，所以有了这个词。

3.4.6　cMOS工艺步骤概述

首先使用化工方法从沙子中提取出纯净的硅元素，熔炉加工，形成结晶，最终形成硅锭，然后将硅锭切割成薄片，每一张薄片被称为一个晶圆（Wafer，因为是圆的），晶圆厚度一般在0.5mm左右。切下来的晶圆还需要经过边缘研磨、表面研磨、化学蚀刻（去损伤层）、抛光、清洗、检验（厚度、斜度、曲度）等一系列步骤，才最终可以被使用。这个过程如图3-130所示。

根据不同工艺流程，后续加工过程就各有不同了，但是基本都是氧化、涂胶、光刻、蚀刻等。光刻过程中需要掩膜板，根据电路复杂度，一般工艺过程中可能需要二十或者三十几张不同图案和掩蔽位置的掩膜板。

提示

掩膜板制造设备供应商主要有三家：Micronic、Jeol和NuFlare。一套22nm的掩膜板的成本随着芯片复杂度的不同而不同，便宜的可能几十万美元，贵的可能会接近一千万美元，这是整个芯片成本中的主要部分。有些使用深紫外激光来雕刻掩膜板的图形发生器仪器，其内部有接近一百万个透镜，再加上复杂的光路设计等，也难怪成本如此夸张了。所以搞芯片的如果没有销量的支撑来摊薄成本，是很难搞下去的。

涂胶之后，烘烤将胶体变硬，然后掩膜曝光、显影、洗胶，露出需要蚀刻的晶圆表面，浸润或者喷洒蚀刻液蚀刻出凹槽，如图3-131所示。

然后用气相化学方法沉积一层二氧化硅，填满凹槽，再抛光抹平除了凹槽处之外的其他地方的氧化层（视工艺不同而定，可能需要保留很薄一层供栅极使用）。然后再次涂胶，掩膜曝光显影洗胶，之后露

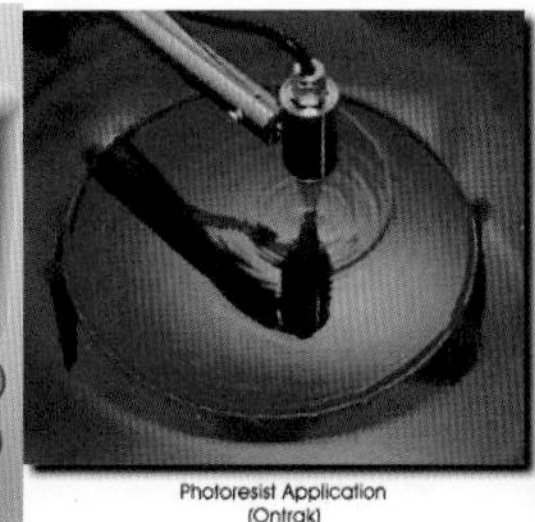

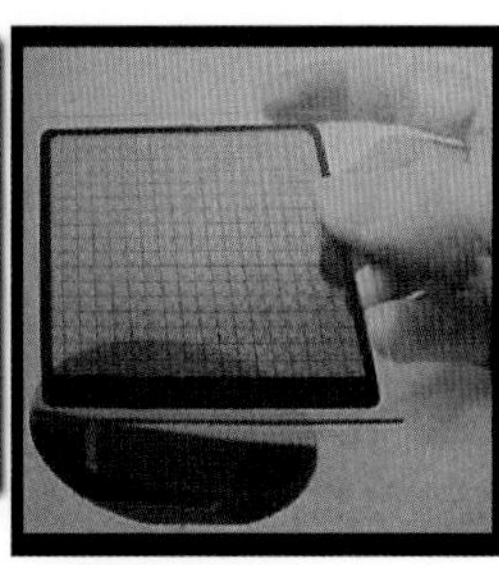

图3-130　晶圆及掩膜板

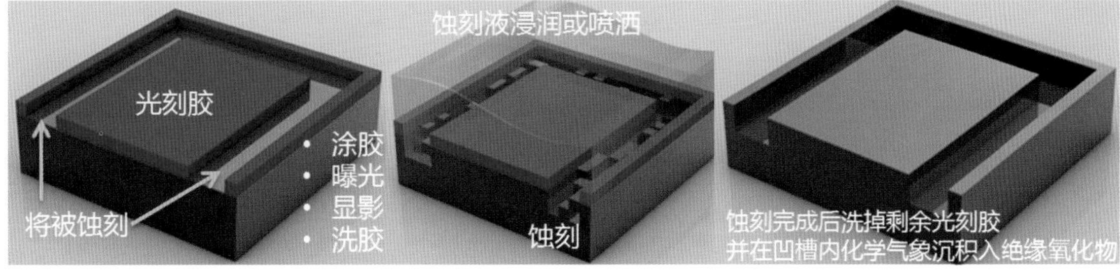

图3-131　蚀刻出凹槽

出元源极漏极区域，再用气相化学方法熏蒸入对应的杂质元素，比如P型或者N型杂质，最后进行退火处理让杂质区域扩散并彻底融入。这个过程如图3-132所示。

一个MOS管基座便做完了，现在需要制作电极触点。首先依然用气相化学沉积一层二氧化硅绝缘体层，然后继续重复涂胶掩膜曝光显影洗胶，在氧化层上露出三个电极触点区域（源极漏极栅极），然后用蚀刻液在这三个区域蚀刻出三个凹坑，再洗掉剩余胶层，溅镀一层铜，这样铜便会进入这三个凹坑，与掺杂区充分接触，最后抛光抹掉并回收除了触点区域之外的其他铜，这样便留下三个铜触点。这个过程如图3-133所示。

大量晶体管之间必须用导线按照电路设计连接起来组成门，才会产生基本的逻辑，大量的门在组成更高层的单元模块，大量单元模块再组合成芯片完成最终逻辑。触点的上方就是导线，使用通孔/触点来连接导线，其上方会有多层导线互联组成大规模逻辑电路高速信息公路。每一层导线与下方的触点之间是靠支撑柱（via）连接的，支撑柱一般使用钨材料填充，支撑柱本身也是一层，所以要为每一层支撑柱单独进行涂胶光刻蚀刻等步骤，支撑柱层之上就是导线层，首先要沉积一层绝缘层，然后在绝缘层上蚀刻出对应凹槽以及露出下层支撑柱通上来的触点，这样向凹槽中沉积金属层之后，导线便会与触点接触，如果导线跨越较多，那就需要更多层，每一层都重复上述步骤。这过程如图3-134所示。

所有晶体管及导线、管脚焊点制作完成后，整张晶圆便如图3-135所示的样子了。一张晶圆较大，上面可以容纳多个芯片的面积，掩膜板上其实也是同一个芯片图案的重复排列。被切割下来的芯片被称为一个Die。图中中间示为众核（Many Core）CPU（将会在第6章中介绍）的晶圆。

前文中提到过，蒸芯片就像蒸馒头，火候、锅的密封性、锅周围的环境温度都会影响蒸出来馒头的口感，有时候甚至开了排油烟机导致锅周围气流速度增加都会导致蒸不透。图3-135右侧所示为Wafer Map，其展示出了该晶圆各处的在蒸完之后的状态，也就是良率是多少，哪一个Die通过了针测（见下文），针测时的信号质量、功能完善度如何。根据这些数据，用不同颜色表示不同质量层级，就形成了Wafer Map。根据Wafer Map体现出来的信息可以用于作为判

图3-132　掺杂（Doping）步骤

图3-133　触点制作

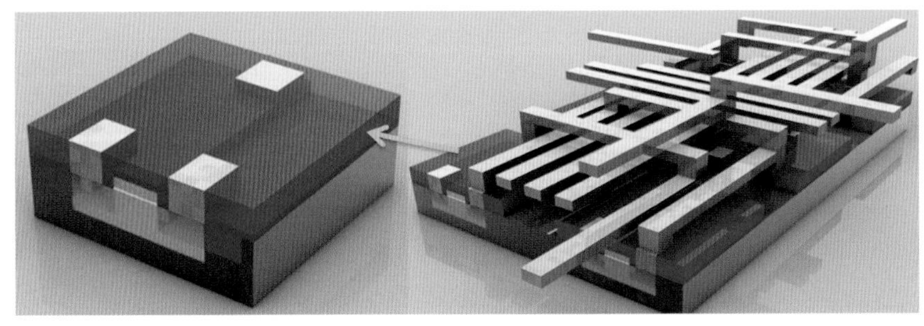
图3-134　晶体管为地基导线是高速路

图3-135 制作完成的晶圆

断当前工艺流程、参数是否合格，是否需要改进的依据，比如如果某个Wafer边缘的Die全都不良，那是不是证明蒸锅的缝隙没有合规，等等。

晶圆制作完成之后，需要切割，将每一片芯片切分开，就像洗照片切照片一样。然后开始针测过程，针测设备会用探针接触芯片表面露出来的焊点，然后发送预先设计好的信号来探测该芯片的电性能是否良好，过滤出那些电气特性不良的Die来，进行重新修补，有些设计会有备份电路，启用备用电路后，再次针测，如果还不行，就作废了。这个过程如图3-136所示。

提示▶▶▶

备用电路如何启用？其做法和存储系统里常用的Raid思想类似。比如一个4096行×64列的RAM矩阵，在实际制作时可以多加一列或者两列，也就是变成65或者66列，每一列的入口增加一个3选1选择器/复用器，一旦针测时发现某一列出了问题，则通过使用微码来控制对应列的选择器将信号重定向到第65或者66列上，第65和66列前端则是一个64选1的复用器，任何列出了问题，都可以被重定向到冗余列上。这些修补控制码后续会被保存在器件上的ROM里，每次启动均会载入并将信号导入对应的选择器。通过这种方法，就会防止由于个把地方出问题而导致废弃整个芯片的情况，从而提高了良品率。

当然，还必须找出设计失败的原因，这其中有些问题可能是某个导线不该连却被连上了，或者本应连却没有连。为了进一步确认是否由该问题导致，人们发明了可以为芯片做手术的技术，被称为**FIB**（Focused Ion Beam）。其基本原理是利用电子显微镜聚焦到需要切线或者连线的位置，然后注入蚀刻气体（例如二氟化氙以及溴气）来将导线腐蚀断,；利用将气体钨沉积到对应的位置来达成连线的目的。但是如果需要切断或者连接的导线不位于表层且被挡住的话，那就无能为力了，只能重新设计、流片。

为了方便运输、使用，良品Die要被封装起来，把Die上的焊点引出到外部。然后覆盖散热壳，一片成品芯片就制作完成了。这个过程如图3-137所示。

封装有多种工艺。在将焊点引出到芯片管脚这个过程中，高端芯片目前常用的是焊点Ball与基板触点热贴合的方式。针脚数目较少时也可能使用打线接合方式，就是使用精密仪器将Die上的焊点与管脚之间使用纯金导线将两头焊接连接起来，如图3-138所示。

Intel CPU的引脚数量已经达到了1K+个，而IBM Power CPU更是夸张，一度达到了5K+个。封装成本占比非常高，如果仅有一两百个针脚的低功耗芯片，成本也就是几美元，但是数千个针脚的高功耗芯片，封装成本就得几十上百美元了。

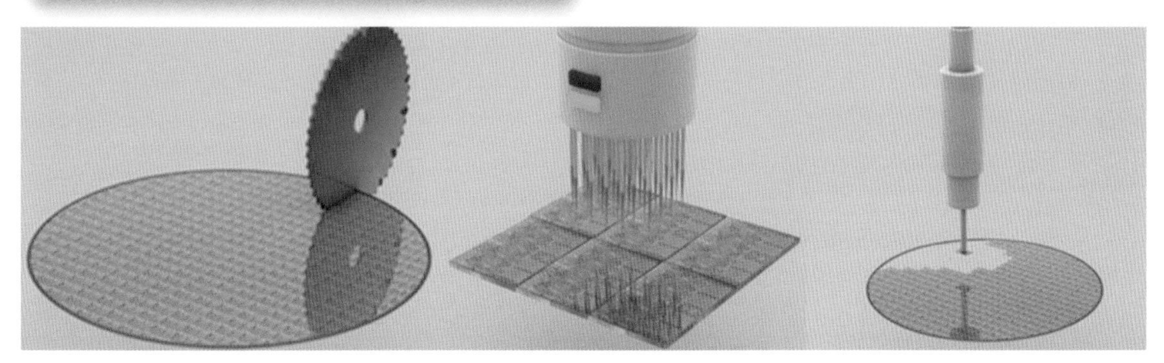

图3-136 切割、针测和剔除不良品

图3-137 封装过程

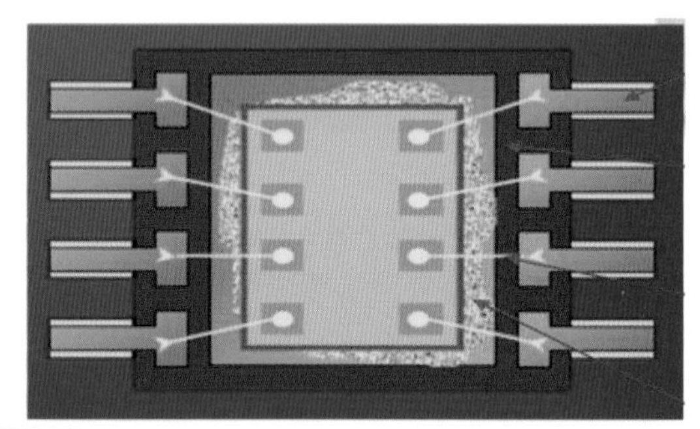

TOP VIEW

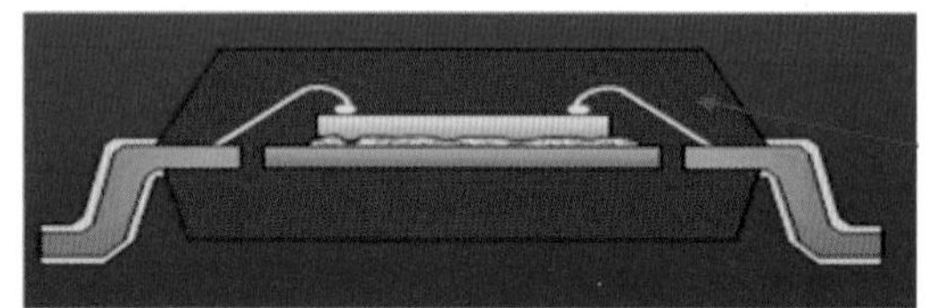

SIDE VIEW

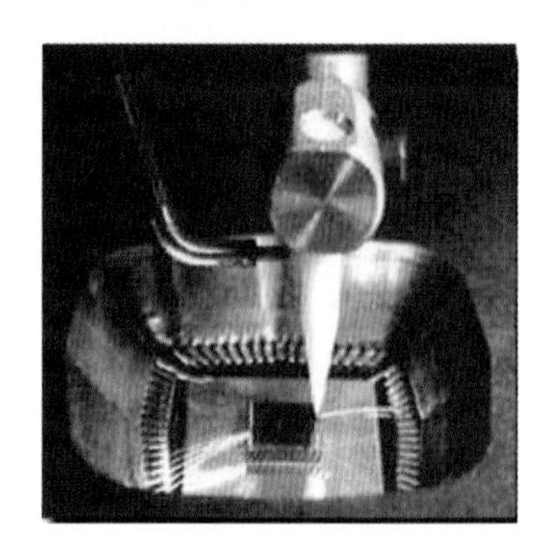

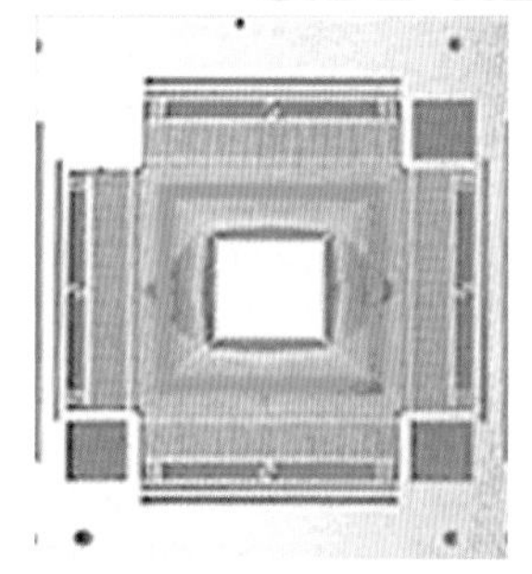

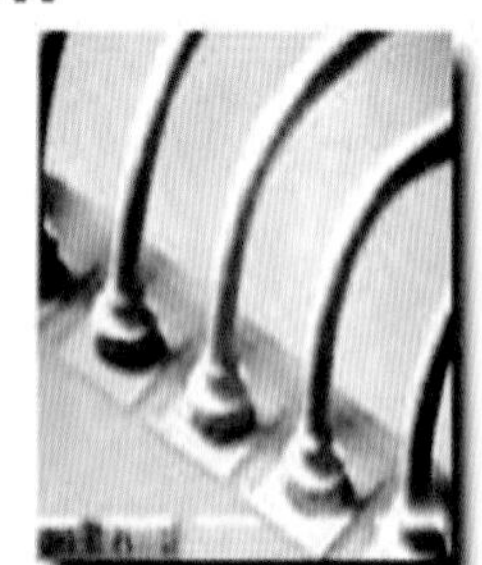

图3-138 低端的打线结合引出管脚

多层PCB ▸▹▹

俗话说的“多层PCB”。PCB之所以可能会有多层，是因为两个原因。最主要的原因是由于芯片的封装引脚模式决定的，比如那种一千多个针脚的芯片，一般采用BGP封装方式，将触点均匀分布在芯片表面，而不是四周。由于触点太多很密，将它们焊接在PCB上之后，如果只有一层平面来引线，此时引线根本没地方引出，因为触点之间的空隙太小了，所以必须使用多层PCB，每层负责连接一部分触点，层间使用通孔穿透到芯片触点从而连接起来。第二个原因是布线时如果不得已出现交叉的导线，则也必须使用多层PCB。

3.4.7 cMOS工艺详细步骤

cMOS设计中，pMOS和nMOS总是成对出现的，所以人们就将其设计成了这样：pMOS被嵌入到nMOS的P型基底中，在P型基底中嵌入一层N型基底，被称为N井，pMOS在N井中生成，如图3-139所示。

下列工艺流程，都是人们在经过无数次尝试、实验、失败再尝试之后的结晶，并不是预先就知道这么去做的，所以其中每一步都有它的目的，有些看似毫无用处，其实是为后续步骤做铺垫。下面的一系列图片的视角均为晶圆的纵切面。

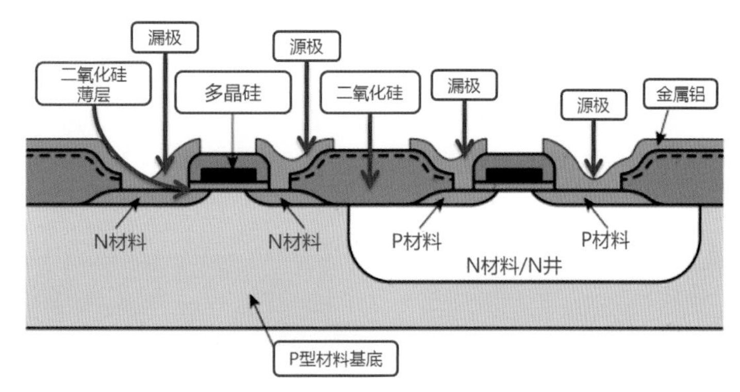

图3-139　cMOS管

目前较好的工艺使用带有P型低掺杂外延层的晶片，其能有效防止一些影响电气特性的效应产生，但是由于需要做额外加工处理，成本较高。如图3-140所示，单个cMOS反相器将会在这个基底上形成，cMOS反相器的作用原理和应用详见前文。

图3-140　带外延薄层的晶片

3.4.7.1　热氧化

首先要对基底表面进行热氧化处理，水蒸气+氧气，生成一层约20nm厚的二氧化硅层。该氧化层是为了降低后续氮化硅层对硅基底产生的应力，至于氮化硅层做何用请继续阅读，如图3-141所示。

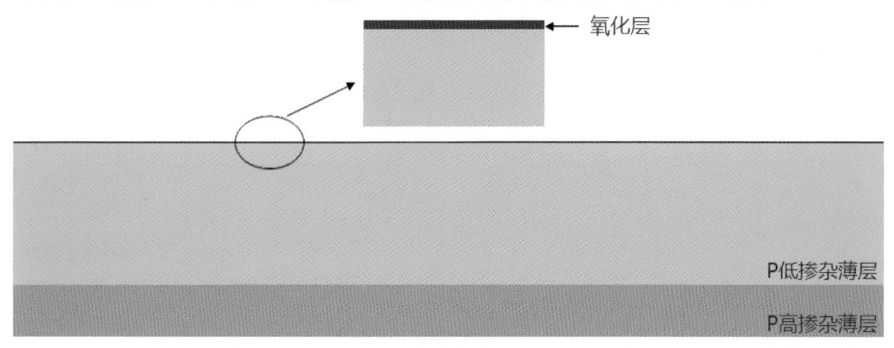

图3-141　生成氧化层

3.4.7.2　氮化硅积淀

紧接着，利用化学气相沉积（CVD）工艺，在基底表面继续沉积一层Si_3N_4材料，厚度约250nm，作用是作为后续化学机械抛光（CMP）步骤的停止层，抛光到此层，精密仪器会感受到不同的应力从而通过物理和化学信号的反馈停止抛光，如图3-142所示。

图3-142　氮化硅积淀

3.4.7.3　浅槽隔离蚀刻

由于晶片上有大量的晶体管，为了防止它们之间产生漏电流相互影响（由于上方导线会在其下方对应着两个晶体管之间的位置产生微弱电场，该电场会导致两个晶体管之间有电流通过），所以需要将它们物理隔离起来，每个晶体管之间开凿一个浅沟槽，深度越1.0μm。这一步，需要用到光刻胶和掩膜板，首先将光刻胶在整个基底表面喷涂均匀，然后用掩膜板投影曝光、显影、洗胶之后，成为如图3-143所示的状态，会暴露出准备蚀刻浅槽的基底位置。

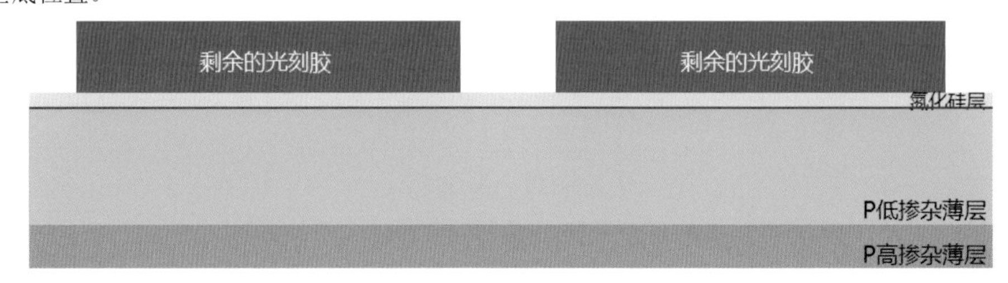

图3-143　准备浅槽蚀刻

下一步就是要喷洒或者浸润蚀刻液或气体，对暴露出的表面进行蚀刻。这一步利用的工艺名为RIE，即反应离子刻蚀（Reactive-Ion Etching），它利用由等离子体强化后的反应离子气体轰击目标材料，来达到刻蚀的目的。气体在低压（真空）环境下由电磁场产生，等离子体中的高能离子轰击芯片表面并与之反应。一般使用六氟化硫气体。光刻胶表现为惰性材料，不与蚀刻气体发生反应。而氮化硅、二氧化硅、硅晶体这三层就无一幸免了。蚀刻浅槽这一步整体工艺名为STI（Shallow Trench Isolation），即浅槽隔离工艺，如图3-144所示。

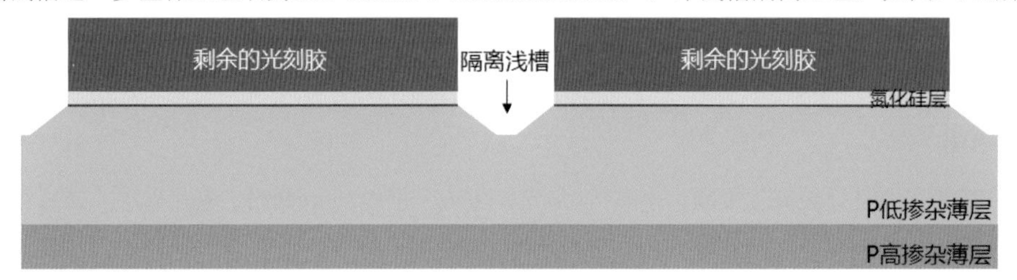

图3-144　浅槽蚀刻完成

蚀刻完成之后，用特殊溶剂溶解掉光刻胶，而此时氮化硅、二氧化硅、纯净硅层却表现为对该溶剂的惰性，这就是化学的力量，如图3-145所示。

图3-145　洗掉剩余光刻胶

紧接着，利用化学气相沉积（CVD）工艺，沉积一层厚度约0.5～1.0μm的二氧化硅材料。注意这一步是直接将二氧化硅材料致密沉积到表面，而不是像第一步一样用氧去氧化硅生成，如图3-146所示。

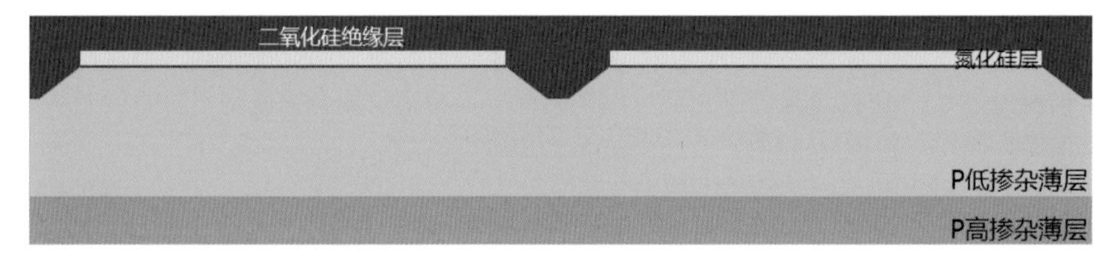

图3-146　积淀一层二氧化硅绝缘材料

沉积完毕之后，利用CMP化学机械抛光将表面抛光，露出氮化硅，这样浅槽中便填满了绝缘体，起到了隔离区域的作用，每个区域中将会在下面的步骤中生成对应的pMOS或者nMOS晶体管，如图3-147所示。

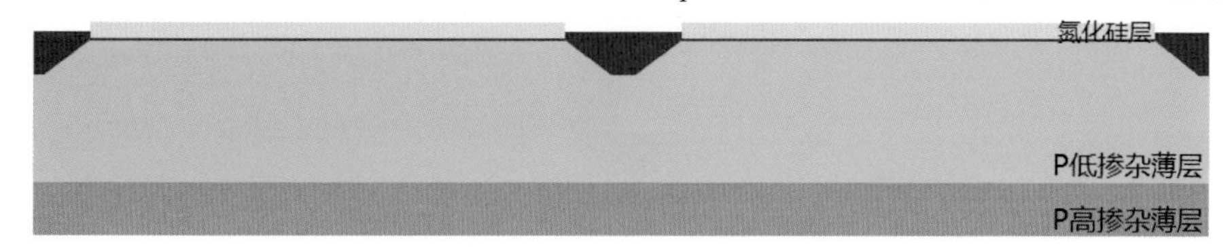

图3-147　CMP化学机械抛光去除二氧化硅表面

下一步，需要去掉残留的氮化硅和二氧化硅层。忽略涂胶、掩膜、曝光显影、洗胶的过程步骤的展示，我想到这一步大家应该很彻底地理解这些步骤的作用和应用场合了。使用热磷酸（H3PO4）湿法刻蚀，温度180℃，去除暴露的氮化硅层和二氧化硅层。其他位置被光刻胶遮蔽保护，不反应。最终成为图3-148的状态。浅槽凸出的二氧化硅材料是有意为之，目的是为了生成侧墙结构，生成侧墙结构是为了杜绝热载流子迁移效应，详见下文。

图3-148　浅槽蚀刻最终处理完毕

图3-149所示为该区域的顶视图。

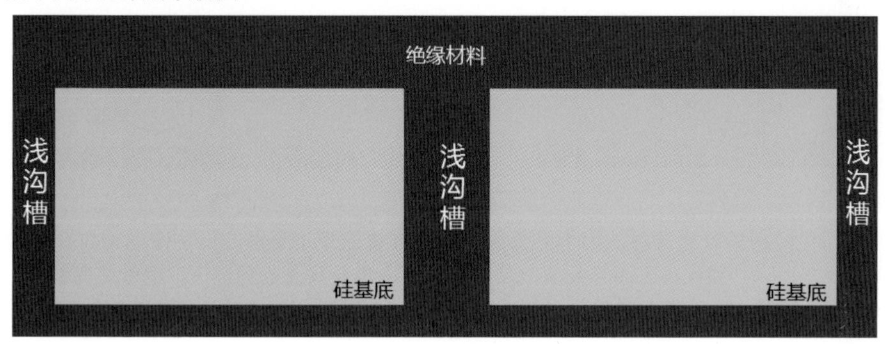

图3-149　顶视图

针对隔离晶体管这个目的，还有其他不同的工艺，比如LOCOS（Local Oxidation of Silicon）工艺，如图3-150所示，首先在间隔区下方掺杂高浓度P型离子，这样能有效杜绝漏电电流，同时，将该区域对应的二氧化硅层继续深度氧化，该动作会导致该区域膨胀，从而起到隔离左右两个区域的效果，但是副作用就是其下方的P区域和上方的氮化硅层也会受到挤压，形成图示的鸟嘴状结构，该结构会影响器件电气性能以及导致表面不规整，最终器件的内部状态会成为图3-126右侧所示那样难看。目前该工艺已经被上文的STI工艺取代。

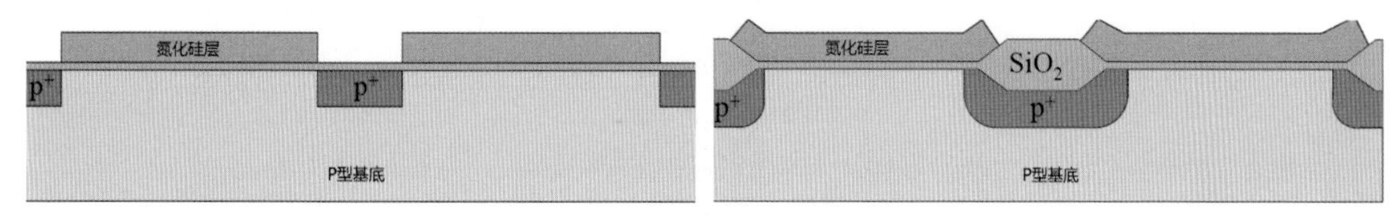

图3-150　LOCOS工艺产生的鸟嘴效应

3.4.7.4　pMOS和nMOS生成

涂胶、掩蔽曝光显影、洗胶之后，露出pMOS管掺杂区域。然后喷射高能磷离子流，向暴露区域注入磷元素，从而形成N井，如图3-151所示。

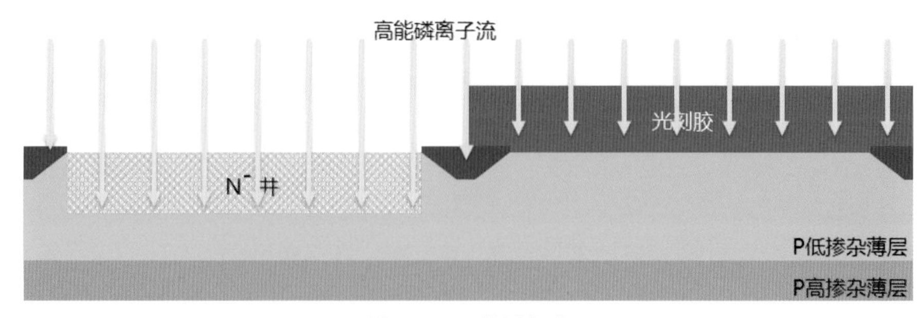

图3-151　N井区生成

洗掉剩余光刻胶，再次重复上述过程，掩蔽住N井区，暴露另一个区域，将硼元素注入，形成P井，如图3-152所示。

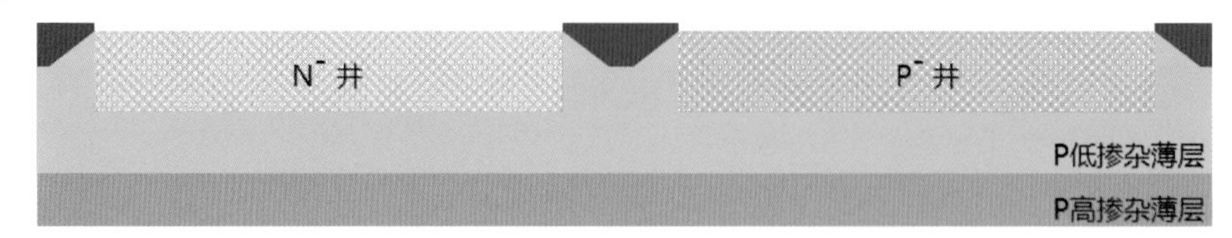

图3-152　P井区生成

下一步就是退火，锤炼。当然，这里没有锤子，只有高温，将近1000℃的氢气环境。这一步的作用是修复表面由于高能粒子注入导致的损伤，另外可将掺杂区进一步向内延伸，同时让其导电性更加，如图3-153所示。

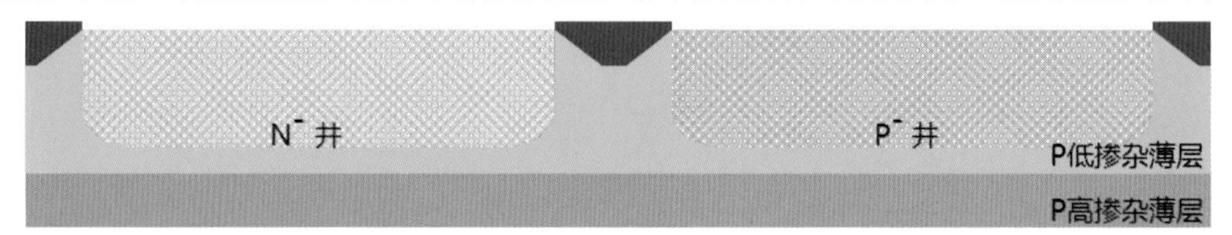

图3-153　退火处理

下一步便是要生成栅极氧化薄层，用于降低漏电流，具体原理请见前文。由于这层氧化薄膜要求厚度非常精准，至关重要，所以必须保证表面异常洁净和平整，所以需要预先处理一下，也就是先氧化一下表面，然后再溶解掉氧化层，这样表面上那些有缺陷的地方就被“洗”洗了。这个氧化层相当于高级化学肥皂，被称为“牺牲氧化层”。厚度25nm，如图3-154所示。

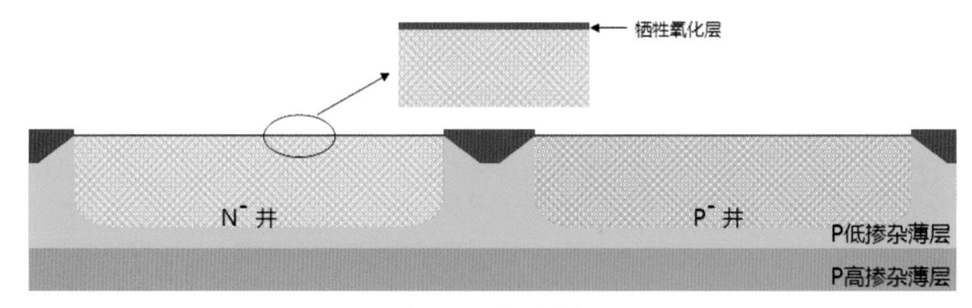

图3-154　牺牲氧化

氢氟酸溶解牺牲氧化层，生成洁净表面，有效去角质，让皮肤变得光滑细腻，如图3-155所示。

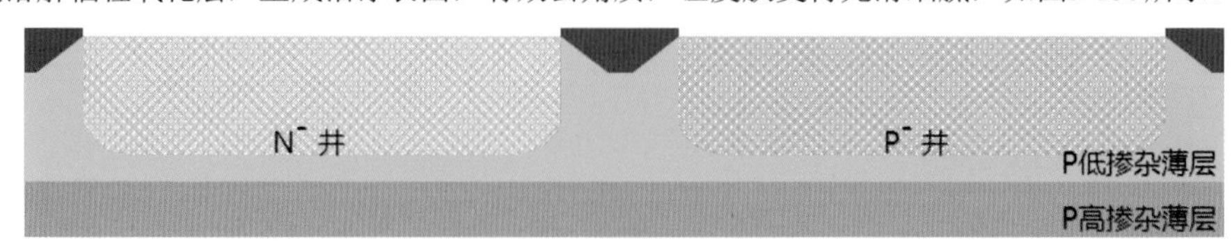

图3-155　溶解氧化层

在光滑细腻的表面上，开始生长栅极氧化层，这是关键的一步，将会直接影响器件的电气特性、功耗等。厚度2～10nm，要求高精度，±1埃，如图3-156所示。

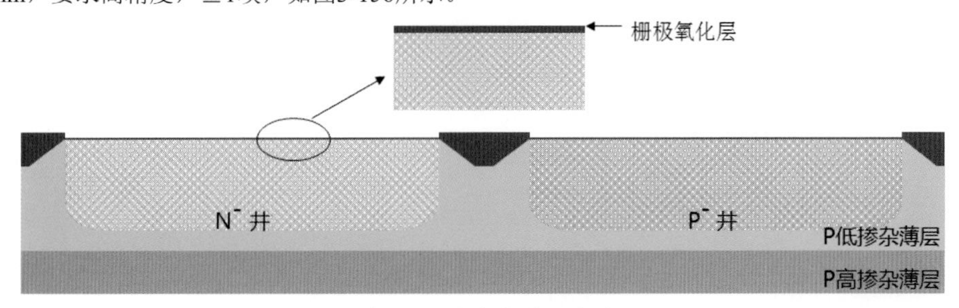

图3-156　栅极氧化层生成

氧化层只是为了杜绝漏电流，而栅极的作用是在下方井区感生出电场，所以上方需要连接栅极导线，这根栅极导线就是多晶硅。为了制作这根导线，首先利用CVD工艺均匀积淀一层多晶硅，厚度150～300nm，如图3-157所示。

图3-157　积淀多晶硅层

然而我们只需要在栅极上方形成这根导线，其他部分的多晶硅需要被抹掉。所以重复涂胶、掩蔽曝光显影洗胶过程，保护住栅极位置。这里对掩膜板制作的精度以及投影曝光的精度要求非常高，沟道宽度是晶体管开关响应速度的重要指标之一，如图3-158所示。

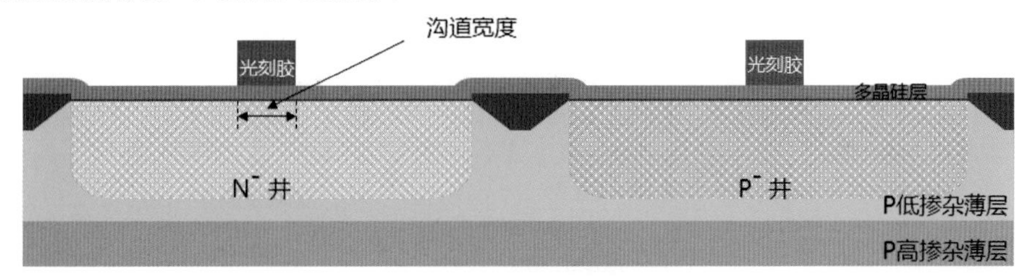

图3-158　掩蔽住栅极位置

使用RIE工艺蚀刻多余的多晶硅层，保留栅极多晶硅层，形成栅极电极触点。洗掉剩余光刻胶后，便生成了如图3-159所示的状态。

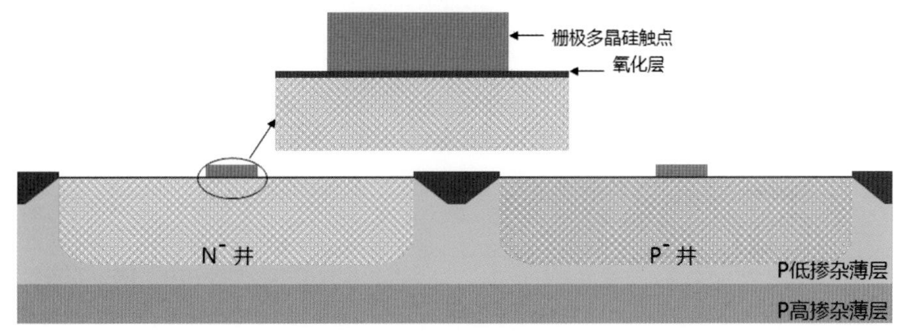

图3-159　栅极多晶硅触点生成

由于cMOS管中两个晶体管的栅极是并联的，因而从横截面透视图是看不出来的，但是从顶视图便可以看出来，其实是如图3-160所示的形状，可以看到多晶硅并联了pMOS和nMOS的栅极。

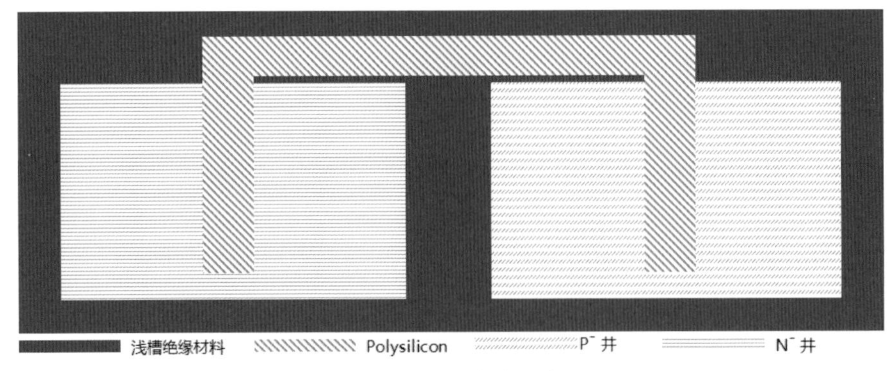

图3-160　区域顶视图

栅极生成之后，还需要生成两个MOS的源极漏极掺杂区。首先需要在表面生成一层氧化层，其作用是将多晶硅保护起来，因为后续步骤中某步需要积淀氮化硅层，如果与多晶硅直接接触会导致化学反应等不良效应，这一层氧化层相当于一层衬底，如图3-161所示。

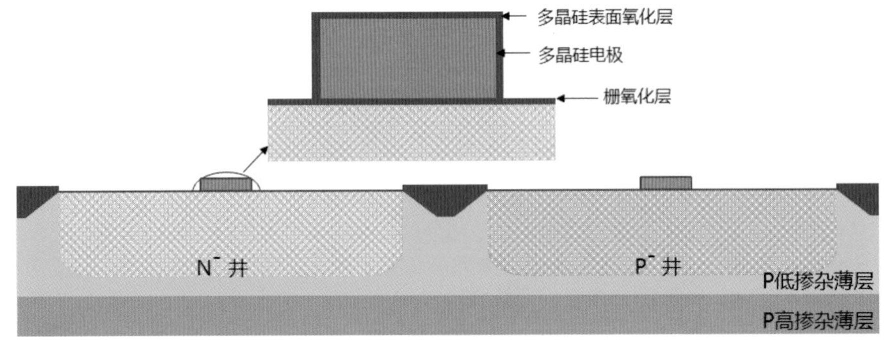

图3-161　隔离氧化层生成

掩蔽N井区，暴露P井区，喷射低浓度砷离子流轰击暴露区域，渗入一层较浅的低掺杂的N型半导体区域。由于氧化层和多晶硅一起阻挡了离子流，所以该区域下方不会渗入杂质离子，如图3-162所示。

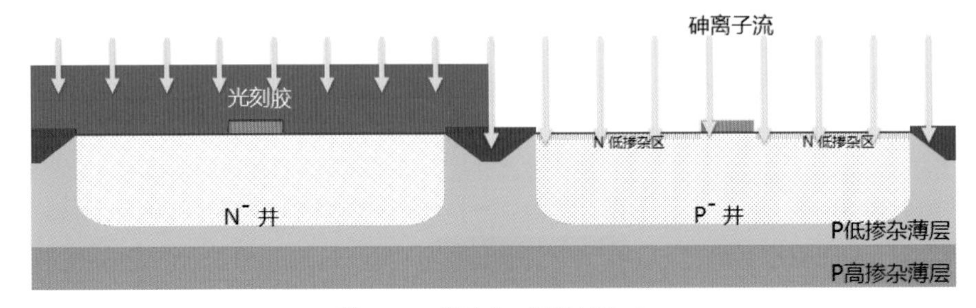

图3-162　低掺杂N型区域生成

重复上述步骤，掩蔽P井区，暴露N井区，生成低掺杂P型区域，如图3-163所示。

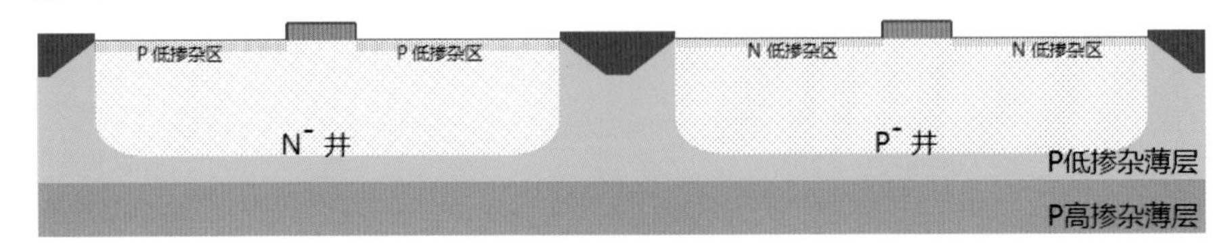

图3-163　低掺杂P型区域生成

下一步，需要积淀一层Si_3N_4层，厚度 120～180nm。其最终只是为了在栅极凸出触点两侧形成侧墙，阻挡再下一步里的高浓度离子注入到该区下方，如图3-164所示。

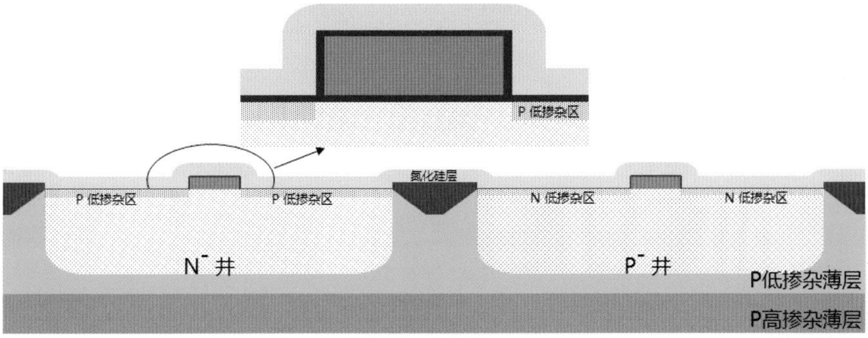

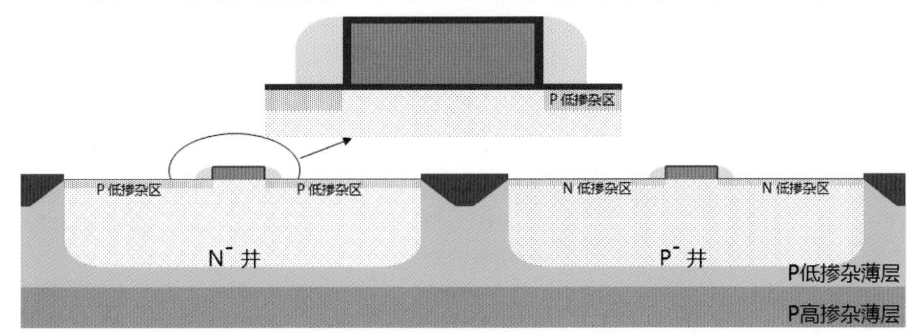

图3-164 氮化硅层积淀

掩蔽，RIE工艺蚀刻掉其他位置的氮化硅，只保留栅极凸触点两侧的侧墙，如图3-165所示。

图3-165 氮化硅层蚀刻生成侧墙

有了侧墙阻挡，接下来，针对两个MOS区域各掺杂入对应的高浓度杂质，最终生成源极漏极杂质区。侧墙下方那一点点地产砸区，只是为了防止“热载流子迁移”效应，减少漏电流。可以看到，各种效应均影响器件性能和功耗，为了避免这些效应，人们想出很多办法，也就衍生出很多工艺步骤，如图3-166所示。

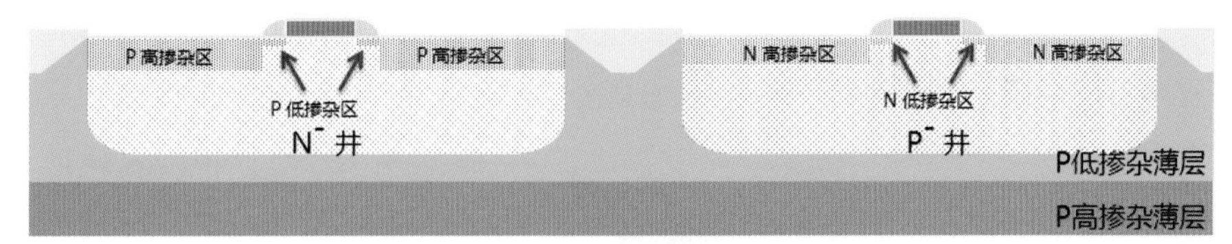

图3-166 高掺杂区源极漏极区生成

到这一步，pMOS和nMOS基座已经制作完毕了，顶视图如图3-167所示。

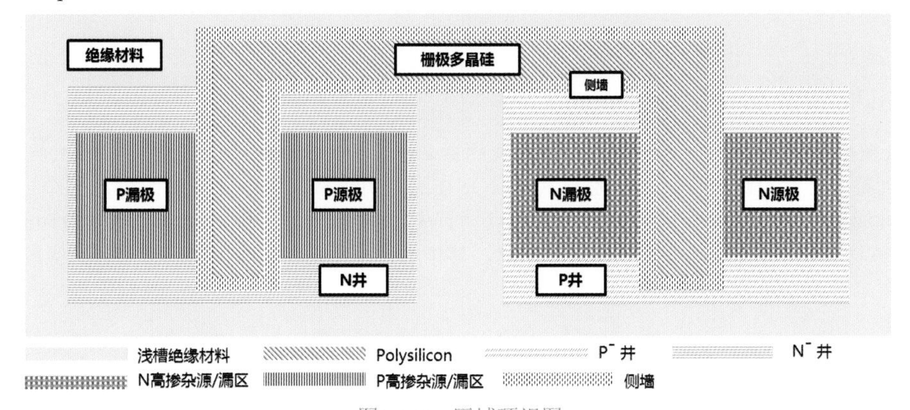

图3-167 区域顶视图

3.4.7.5 触点电极的生成

基座完成，下一步就是要连接导线了。要连接导线，之前的氧化层现在没用了，留在这阻碍电流，所以需要去掉。在HF（氢氟酸，腐蚀性很强的酸）溶液中快速浸泡，使栅、源、漏区的硅表面暴露出来，如图3-168所示。

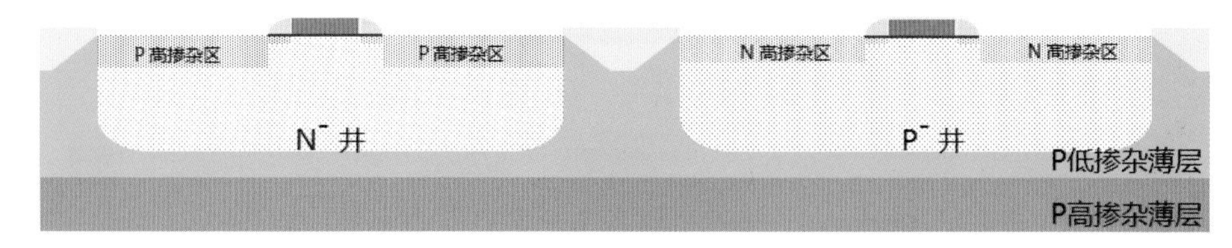

图3-168　暴露硅表面

下一步，溅镀一层钛金属，厚度20～40nm，如图3-169所示。

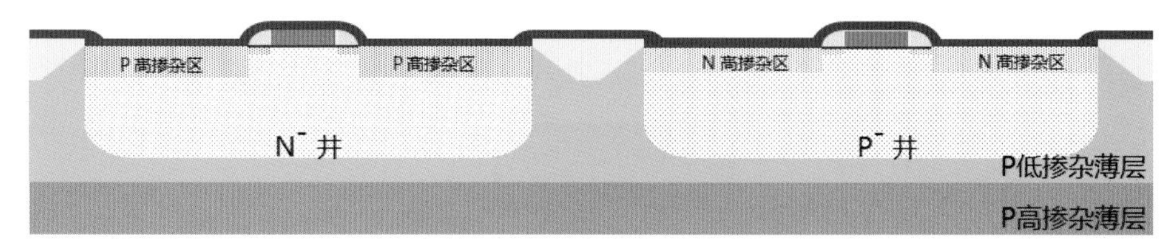

图3-169　溅镀一层钛金属

这一层钛金属的目的是为了形成栅、源、漏的三个触点。由于需要让钛充分接触下层的表面，需要做另一步处理，使用RTP（快速热处理）工艺，在N_2气氛中，800℃，Ti和Si接触的区域会形成$TiSi_2$从而充分融合到一起，而且这种化合物依然是导电体，与二氧化硅或者氮化硅接触的钛不会产生反应，如图3-170所示。

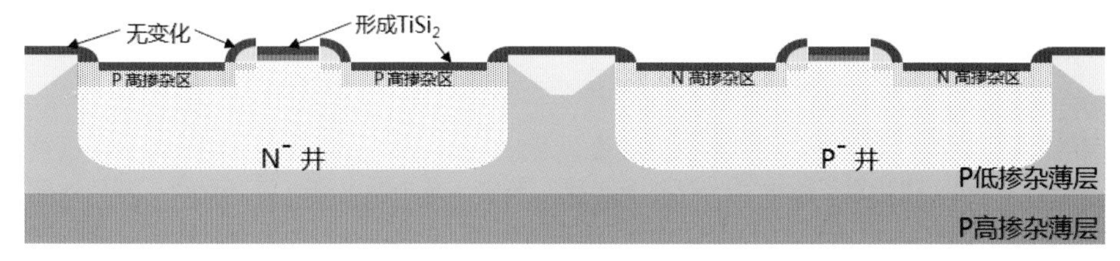

图3-170　RTP工艺生成$TiSi_2$电极

下一步，采用$NH_4OH+H_2O_2$湿法蚀刻掉剩余的钛金属层，如图3-171所示。

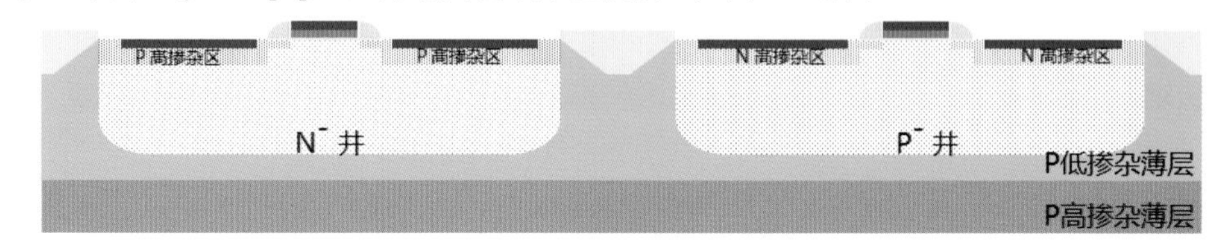

图3-171　蚀刻掉剩余的钛金属层

3.4.7.6　通孔和支撑柱（via）的生成

至此，还缺少重要的步骤，一个完整的cMOS反相器必须将nMOS和pMOS级联才可以使用，以及该cMOS还必须参与到整个芯片电路中去，也就是与其他MOS按照逻辑连接起来，才能最终融入整个电路。这关键的一步就是导线连接，连接导线需要有抬高的触点。首先，利用CVD工艺积淀一层厚度约1um的磷硼玻璃（BPSG），该材料其实就是SiO_2并掺杂少量硼和磷。其作用是为通孔和导线提供包裹层和绝缘层，如图3-172所示。

图3-172　填充磷硼玻璃

由于栅极凸出触点，导致积淀之后对应位置也是凸出的，所以需要CMP抛光一下。然后用光刻胶掩蔽住其他位置，暴露出栅极源极漏极位置，准备凿孔，如图3-173所示。

图3-173　暴露栅极源极漏极位置准备凿孔

使用RIE工艺蚀刻，蚀刻出一个深深的孔，直通到$TiSi_2$电极触点，如图3-174所示。

图3-174　蚀刻出空洞

洗掉剩余光刻胶，然后溅镀一层TiN层，厚度约20nm，这一层的作用是提高后续的金属钨层的附着力，如图3-175所示。

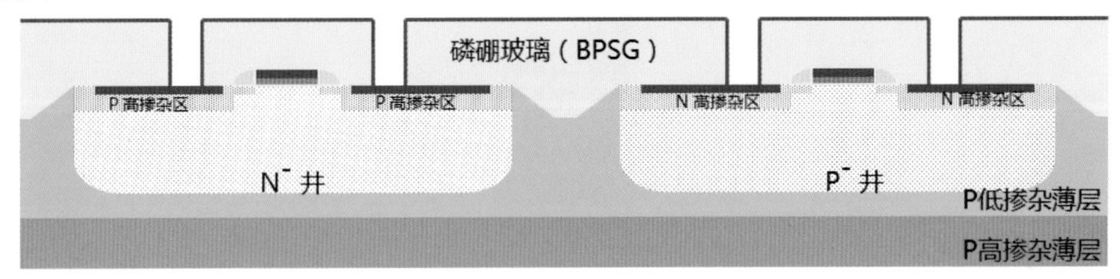

图3-175　溅镀TiN层

CVD工艺积淀一层金属钨，填充通孔，钨会与$TiSi_2$电极触点紧密接触，如图3-176所示。

图3-176　积淀金属钨层

CMP抛光掉表面的钨，至此，通孔触点支撑柱（via）形成了，如图3-177所示。

图3-177　形成钨支撑柱

3.4.7.7 第一层导线连接

下一步，连接导线。首先溅镀多层材料，这些材料会与钨通孔表面触点紧密接合，如图3-178所示。

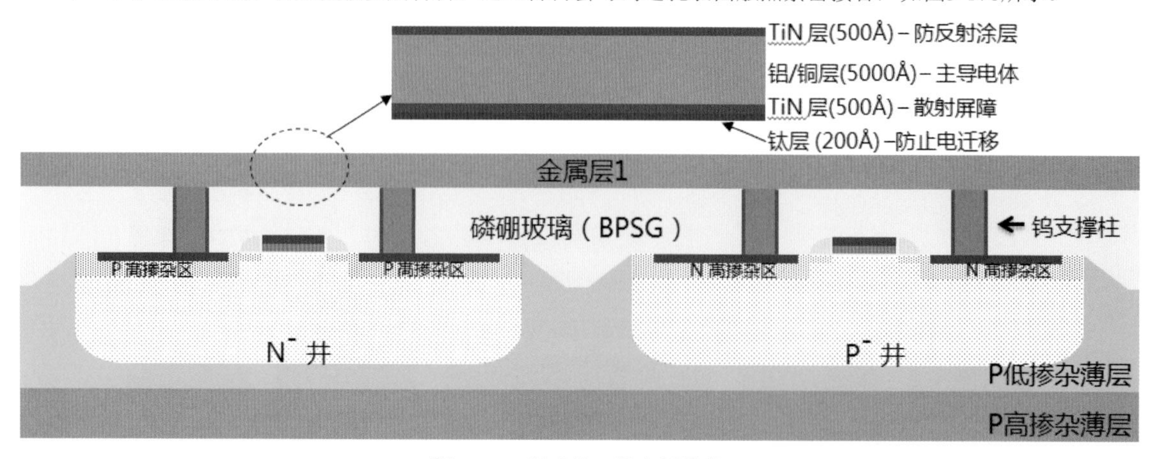

图3-178 形成第一层金属导线

如果把所有的触点都连接起来，那叫总线。对于cMOS反相器，需要将不互相连接的触点之间断路，所以，蚀刻掉需要断路的部分的金属层。由于cMOS反相器的两个MOS管本来就是需要串联的，所以保留中间两个触点的连通状态。至此，一个完整的cMOS反相器就制作好了，如图3-179所示。

图3-179 蚀刻掉需要断路的位置

3.4.7.8 第二层导线连接

cMOS反相器制作好之后，需要将其连入电路中才可以，所以还需要从其内部引出二级导线出去。另外，大量器件连接到一起，难免有些导线需要跨越其他导线而不接触，这种就必须抬高一层，形成多层导线立交桥。此时，就需要在已经做好的器件上，再做一层通孔，将所需要的触点抬高到第二层去。

首先，利用CVD工艺积淀一层未掺杂任何杂质的纯SiO_2，其又被称为硅玻璃（USG），这一层的角色被称为金属间绝缘体（IMD），厚度约1μm，其填充在多层金属导线之间，提供绝缘隔离，如图3-180所示。

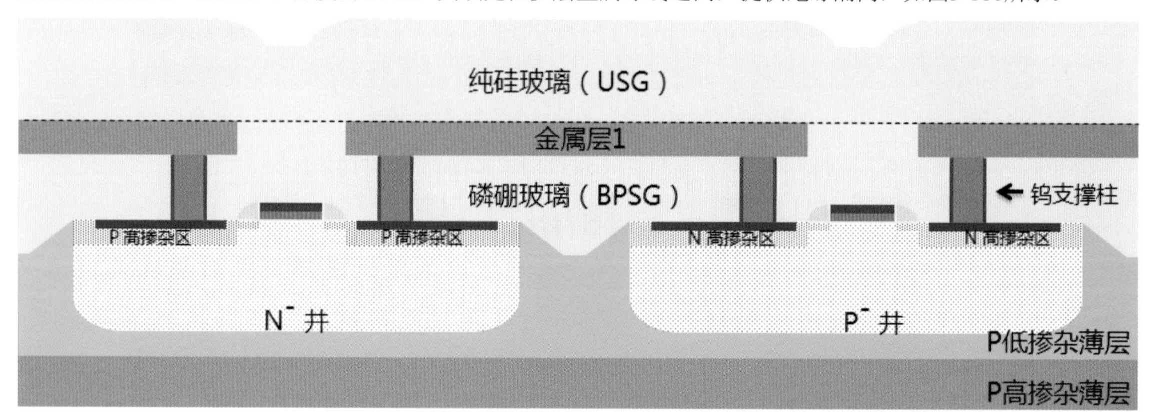

图3-180 积淀硅玻璃

然后，抛光，并在对应位置蚀刻出第二层通孔，积淀钨金属层、抛光，最终制成第二层通孔/支撑柱；同样，溅镀第二层金属导线，如图3-181所示。当然，这第二层导线是连接了本cMOS器件，同时一定又连接到了其他不知道哪个晶体管的某个电极上，如果从顶视图向下看，就可以走出这个狭小的cMOS区域，看到整个森林。而上述的所有步骤，每一步都是针对整个森林里每一颗树木每一个晶体管同时作用的，图示局限在这个区域，只是为了窥一叶而知森林。

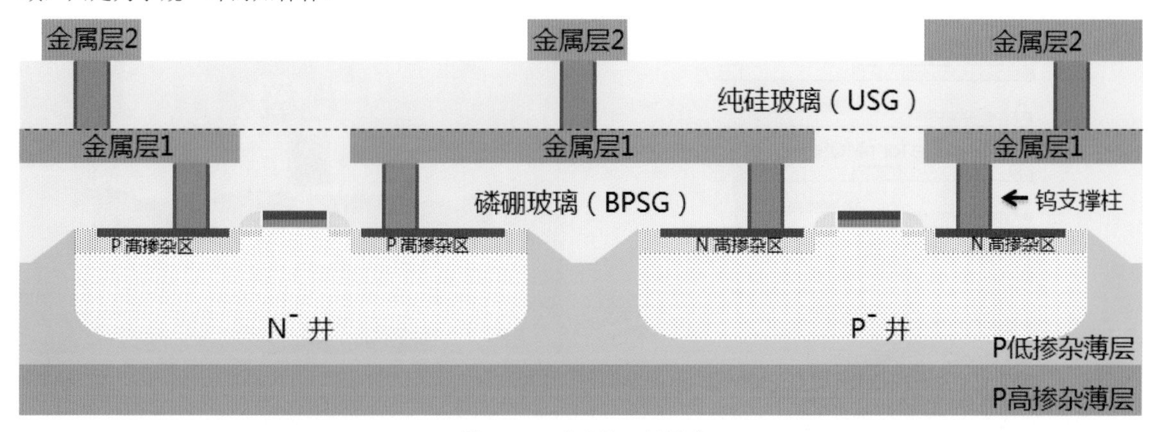

图3-181　形成第二层导线

3.4.7.9　表面钝化

至此整个工艺几乎就要完成了，还剩下最后关键步骤，就是钝化，由于不可能直接把金属层裸露在芯片表面，所以必须积淀一层钝化层保护整个芯片表面。同时，那些输入输出管脚必须裸露，此处会形成焊点，根据不同工艺，封装成最终可见的芯片成品，如图3-182所示。

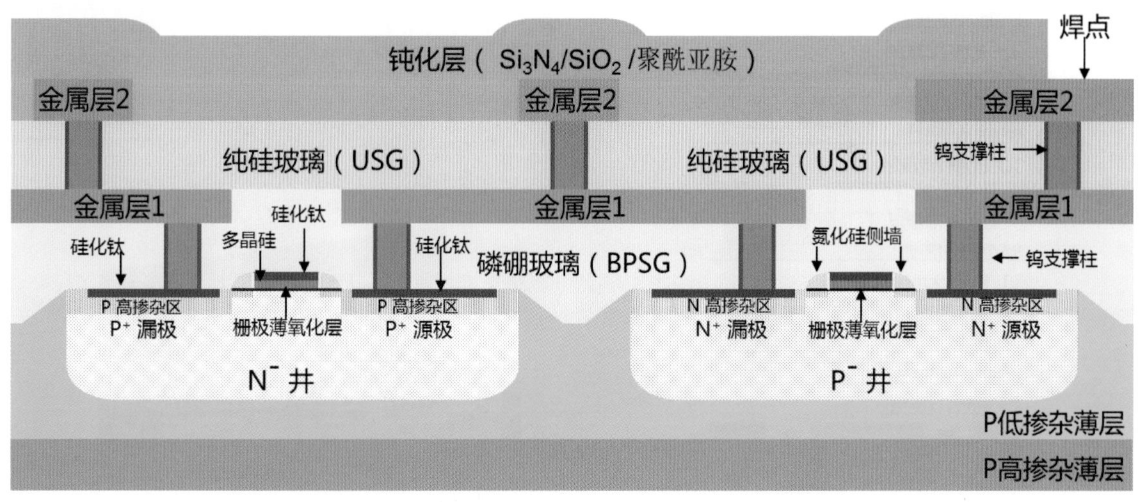

图3-182　最终状态（未封装）

图3-183是对上述整个过程的一个速览。图3-184为芯片的纵切面视图，可以看到整个芯片相当于一个多层的金属+绝缘体+硅的蛋糕。如果你愿意一层一层一层地剥开我的芯，你会发现，你会讶异，我是多么小心的保守着秘密。

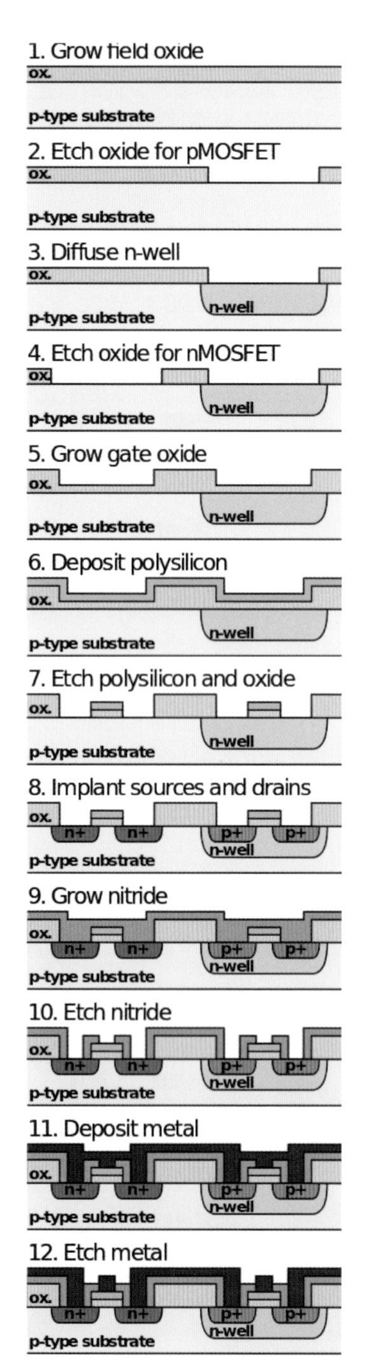

图3-183　步骤总结

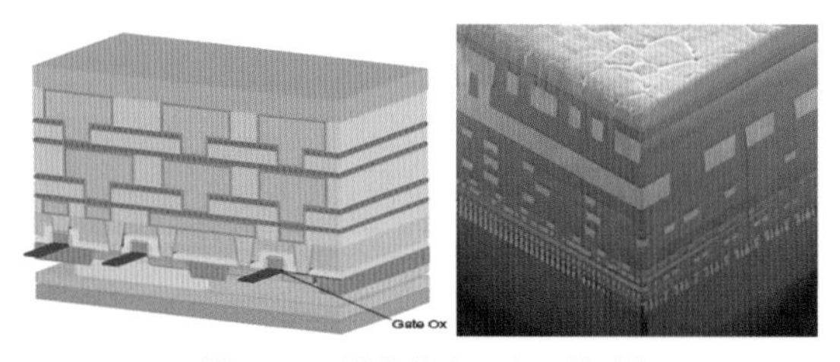

图3-184　最终状态3D切面视图

图3-185为利用显微镜观察到的最终生成的晶体管的立体结构。图3-186所示为半导体流程工艺中使用到的制造设备。

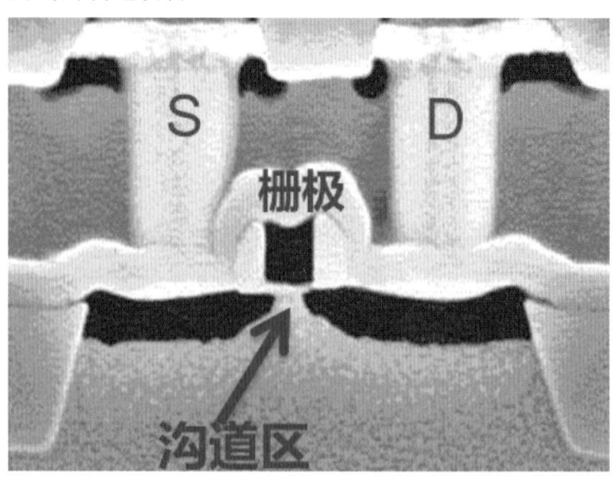

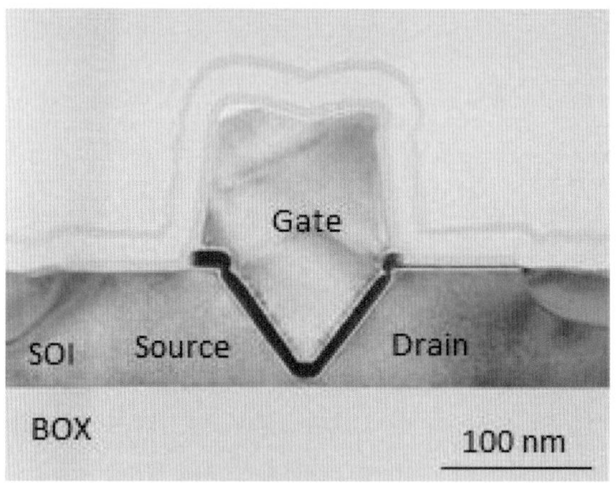

图3-185　集成电路中的MOS管显微照片

图3-186　半导体流程工艺中使用到的制造设备

图3-187为一种芯片堆叠封装方式，可以看到连接在两个芯片触点之间的导线。图3-188为某芯片纵切面所显示出来的材料层次示意图，可以看到越往高层金属层越厚，芯片外界的触点用了一个球状金属贴附，这个球状金属会被用于焊接到PCB电路板上时使用。

图3-187　芯片堆叠封装

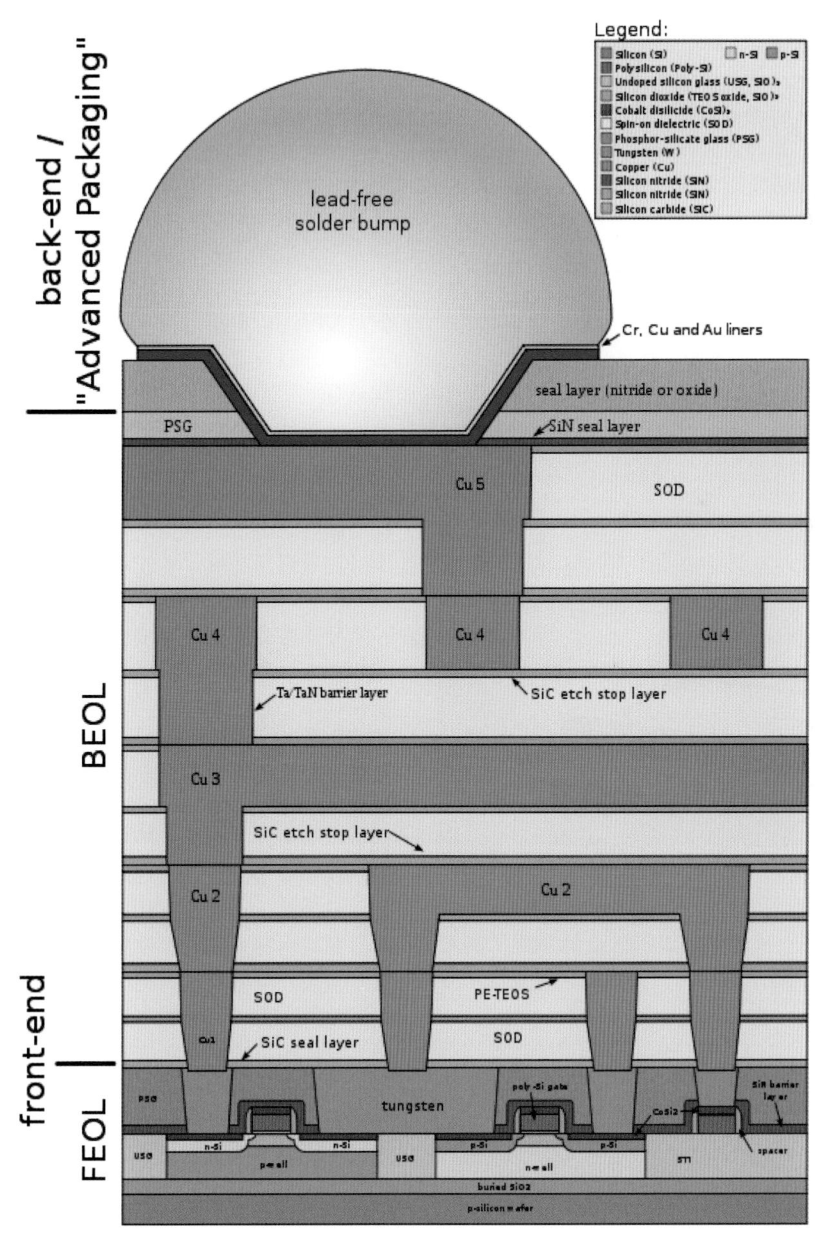

图3-188　某芯片中的材料层次

3.4.8 半导体工艺的瓶颈

图3-189上图为另一种MOS器件，可以看到S（source）和D（drain）使用了钯金属作为电极，栅极使用了钛金合金。这些都是导体，那半导体材料在哪？可以看到中央那难以分辨的一根细丝连接着两个电极，就是它，栅极在和细丝的交叉点处形成一个桥洞，细丝穿过但不接触栅极。当给栅极加电压之后，细丝形成沟道，将两个电极导通。下图则是另外一种设计，其使用碳纳米管中盛放液态铁来作为沟道承载物。碳纳米管是C_{60}足球烯分子的衍生产物，是前些年的无机化学领域研究的热点，科学家们试图用碳纳米管改变世界。IBM的科学家们成功地将其制成了沟道承载物，而此时这种电子开关已经不能再被叫作MOS了，而应该是MOM了，科学家们利用某种碳纳米管和液态铁结合在一起后产生的特性，成功地用栅极电压来控制了碳纳米管的导电性，使其表现出半导体的性质。说来惭愧，虽然鄙人一介化学专业毕业生，但是却没有走上化学研究的道路。

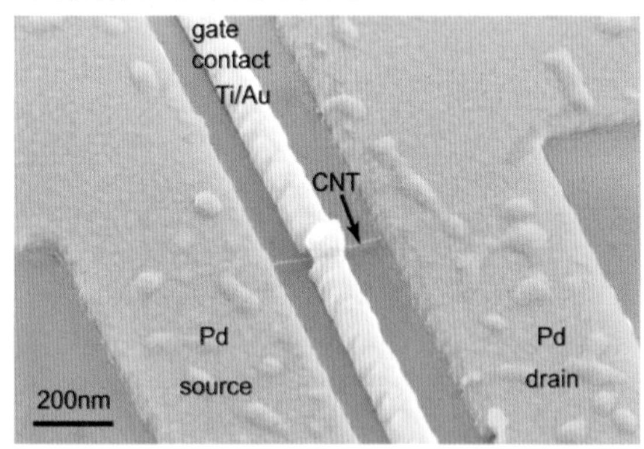

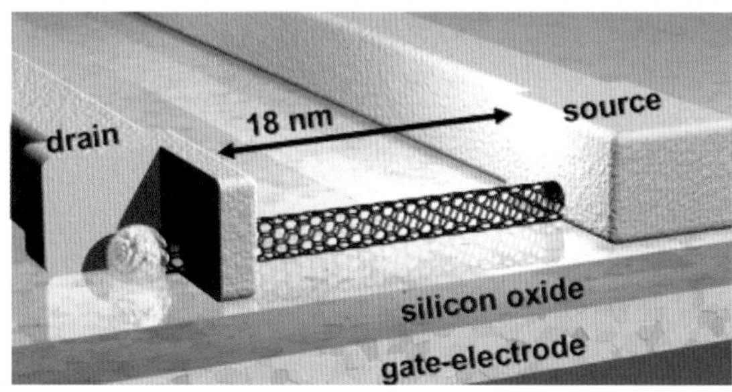

图3-189 两种奇葩电子开关设计示意图

图3-190为另一种器件，该器件已经做到了利用单个分子来当作沟道承载物，利用栅极来激发这个分子成为导电态，然后导通S和D。

晶体管越做越小，总有一天会达到目前工艺的极限，那时候人们将不得不采用革新的方法去重新表达0和1这两种逻辑。

提示 ▶▶▶

俗话说的纳米工艺，比如22nm工艺，指的是栅极宽度为22nm，也可以近似认为导线的线宽为22nm。

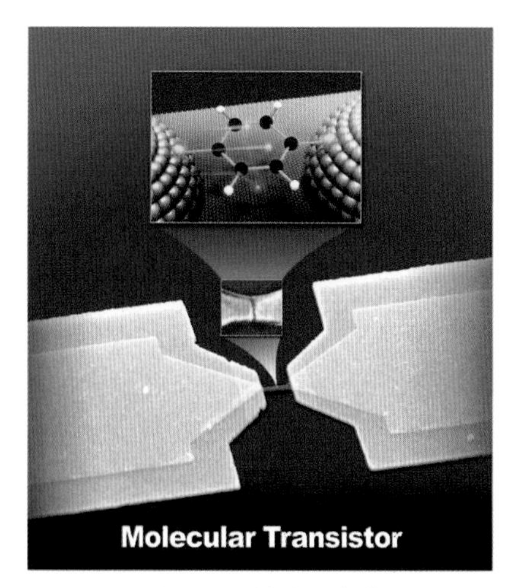

图3-190 单分子沟道

3.4.8.1 寄生电容

对于数字电路，理想状态下，功耗为0。不要诧异，只是理想状态。什么叫理想状态？那就是假设导线容积为0，那么其电容为0，电阻也为0，在其一端输入一个电压，另一端会以光速感受到这个电压，而且电流也为0（没有空间让电荷流动），压降也为0。但是实际上，电信号在金属导线上传播的速度大约只为光速的三分之一。造成这个结果的原因，是因为导线是有一定容积的，其内部是可以容纳相当一部分电荷的，另外导线也是有电阻的，电荷进入导线之后流动速度会大大降低，所以，在导线一端输入一个电压，电荷首先会充满该段导线，也就是充电，充电过程中就会有电流，产生功耗，充电需要一定的时间，所以在导线另一端，电压会被延迟一段时间之后才能感受得到，而且会产生压降。

导线本身就是可容纳电荷的东西，长度越长，截面积越大（越粗），电容越大，这种非人为设计而天然存在的电容，被称为"寄生电容"。数字电路里除非特殊需要，比如RAM Cell里的电容，其他地方都不希望有寄生电容的存在，但是其又不可避免地出现，就像本来是一条水渠，目的端通过检测水渠中水量的大小判断远端要表达的是0还是1，结果水渠两边侧漏出现了很多水坑。源端注入水，先得喂饱了这些水坑，目的端才会有足够的水量涌出；同样，源端想放水，那么也得把所有水坑里的水都放掉，目的端才能看到效果。电容对电流的缓冲很多时候是正面效果，比如整流之类，但是数字电路里非黑即白，是不需要这种整流的。所以寄生电容的存在，严重影响数字电路的敏感度，增加从输入到输出所需要的时间/时延，最终表现为时钟频率上不去。频率太高的话，注入的水量还没充满水坑呢就又要放水，水坑还没放完水又要注水，此时输出端信号接近一根直线，逻辑变化无法传输到输出端。而且每次充电放电，又都会产生电流，那就意味着有功耗产生，最终体现为电流热效应。

除了导线本身之外，晶体管内部、导线之间都会形成电容，比如nMOS管栅极在基底材料中感生出电场从而导通S和D，电场中间隔了一层氧化物绝缘体，栅极和基底相当于形成了一个电容，电容的容量与两个极板之间绝缘层的介电常数成正比，与绝缘层的厚度成反比，这个电容是有意为之的，因为该电容越大，感生电场场强越大，S和D之间的电阻就越小，晶体管性能就越好。为了让这个电容足够大，栅氧绝缘层厚度被做得越来越薄，在65nm半导体工艺时达到了1.2nm，为5个硅原子那么厚，此时电容确实增加了，但是由于过于薄，绝缘性也大大降低，栅极和基底之间便逐渐有了漏电流，产生了不必要的功耗。栅极和基底形成的电容不能确切算作寄生电容，因为其是故意释然的。但是导线和导线之间由于电压的不同，则会产生电场。导线之间由一层绝缘体包裹，但是随着工艺提升，导线和导线之间的距离越来越近，导致了寄生电容的形成，影响了频率，增加了功耗。

相信大家都体验过，含住一根吸管，吸满水，然后快速地吐出吸入，你会发现有个最大频率，再高的话，除非你有钛合金的嘴和舌头了。很容易理解，舌头的力量和振动频率决定了吸入吐出的频率，另外，吸管里介质的质量也决定了频率。如果是空气，那么相当于空负载，此时频率最高；如果是水，那频率会进一步下降。另外，吸管的容积越大，振动一次当然耗费的功就越大，舌头功率有限，所以频率自然也就上不去。没事吸水吐水玩，看上去很二，但是如果能从其中体会出万物的规律，那就是牛了。

所以可以看到，电路的最高工作频率至少和三个因素有关。首先是电源的功率，也就是电压（一套电路的电阻和电容都是一定的），它有个名字叫作驱动能力，即电路的上游对其下游的驱动能力，电源电压在经过很多门电路之后会产生压降，对应的电压是否还可以继续驱动下游的一堆门电路工作，也就是能否按照相同的频率振动吸管里的液体，这也是超频爱好者需要提升电压的原因，但是功耗与电压平方成正比，要小心散热；呵呵，同理，假设你有一个钛合金舌头，比如大功率抽水机，对准你家水龙头，整个楼的水管此时就可以被你驱动了。其次是导线的容积，容积越大，容纳电荷的量越多，喂饱和放电这些导线就越慢，而容积和导线长度成正比，与导线宽度平方成反比，这就好比找个吸奶的吸管，很容易吞来吐去，但是你对着家里水龙头吸吸吐吐试试，哈哈。第三就是晶体管级联的数量，级联的晶体管越多，信号从源端传递到目的端的时延就越大，那么其运行频率就得随着降低，就像多米诺骨牌，如果堆砌的张数太多，推倒一张，可能几分钟之后才传递到尾部，只有等待目的端成功输出了逻辑，远端才能继续下一节拍，翻转时钟，晶体管开关速度虽然快得多，但是积少成多，最终会影响频率。

频率上不去，怎么解？当然是从上述的本质原因去入手。比如，驱动力不够，可以提升电压，但是现在人们对大功耗芯片是抵触的，在不增加功耗同时还能提升驱动力的话，就得另辟蹊径。电压有限，那就得充分降低路径上的阻碍，降低甚至清除寄生电容，以及提高晶体管开关的响应速度，同时还得降低漏电电流。当然，晶体管越做越小，响应速度就会随着提高，这也有助于整个主频的提升。工艺分辨率提升，可以蚀刻出更细的导线，寄生电容就会更低。

当上述硬方法还不奏效时，就需要考虑软方法了。首先就是要优化内部电路结构，使用尽可能少的晶体管完成同样的逻辑。其次，还可以人为将电路拆分成多个子模块，各个子模块之间采用Buffer数据缓冲，每个子模块分别驱动，形成流水线化，每个模块晶体管规模小，易驱动，这样的话，整体芯片的频率就会提升，比如当年Intel奔四CPU一下子把流水线从10级提升到20级（20道工序，每道工序顺着来），频率一下子就上去了，到了3.06GHz。图3-191所示为奔腾4CPU的20级流水线，可以发现第5和第20道工序什么也没干，就是单纯的驱动。这里的驱动，就是将数据中继并传输到后位电路模块，之所以这么做还是为了提高频率，如果不分阶段的话，一步下来时延将会非常大，频率就上不去了。后面会在第4章中为大家介绍流水线，不过，在第2章中其实已经有所涉猎了。

在目前的工艺下，晶体管的开关速度对整个电路的时延影响已经退居次要地位，而导线寄生电容产生的时延占据主要地位。下面的几节介绍的都是从硬工艺层面去尝试解决频率和功耗问题。

3.4.8.2 静态/动态功耗

电路功耗体现在两方面，所谓静态功耗就是电路稳定之后，比如晶体管导通之后，源极漏极之间产生电流，晶体管截止时也一样会有轻微的漏电流，也会产生功耗，这些场景下的功耗都属于静态功耗。当时钟翻转时，视逻辑不同，有些晶体管状态就会跟着改变，不管是从截止到导通还是相反，都会伴随寄生电容的充电或者放电过程，这一充放电，也会有电流产

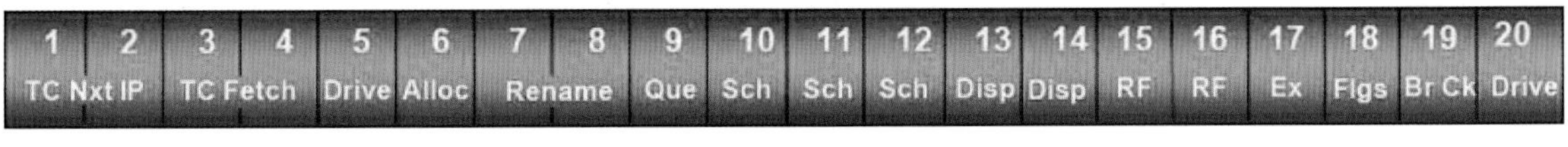

1	2	3	4	5	6	7	8	9	10	11	12	13	14	15	16	17	18	19	20
TC Nxt IP		TC Fetch		Drive	Alloc	Rename		Que	Sch	Sch	Sch	Disp	Disp	RF	RF	Ex	Flgs	Br Ck	Drive

图3-191 奔腾4 CPU的20级流水线

生，也就产生了功耗，其属于动态功耗，也就是电路翻转时不得不消耗的功耗。

cMOS电路使用pMOS和nMOS串联来降低静态功耗，但是依然会有动态功耗，比如两个管子各自翻转时，虽然数字信号应该是非黑即白，但是从0到1或者从1到0的时候，总会有一段斜向上升或下降的时候，并不是在0时间内一下子就跳变的，会有一瞬间这两个管子都处于导通状态，这瞬间的导通电流产生的功耗也属于动态功耗。动态功耗是芯片总功耗的主要来源。

可以看到，最大程度地避免电路翻转，会节省动态功耗。先贤们的智慧无穷，比如在某总线上需要依次传输0000和1111这两份数据，第一个周期先传输了0000，此时总线上的信号表示0，第二个周期要传输1111，正常思维下，总线应该从0翻转到1，那就对应一大批晶体管状态翻转，那就意味着动态功耗增加。但是如果可以用一个信号告诉目的端下一个周期总线上的信号依然是0000无变化，但是请将收到的信号取反处理。这种方式能够很大程度上节省功耗。虽然目的端器件会对其做反相处理看上去没节省什么功耗，该干的还得干，但是别忘了，总线的影响范围是很大的，由于其同时接入多个其他电路功能模块，再加上是并行的，所以总线的导线很多很长，寄生电容非常大，若在总线上进行电位翻转，功耗自然比在目的端翻转功耗高得多。总线传输这块对应的编码优化措施还有很多。

降低电路不必要的翻转的另一种方法是使用门控时钟，比如当某电路模块正在等待其上位电路模块的输出时，其自身是根本没必要不断随着时钟翻转的，也就是没必要空转，完全可以关掉对其时钟信号输入，这就是门控时钟。将上位模块的输出与时钟源关联起来，当上位模块输出时，时钟也随着一起提供给下位模块，相当于动态挂挡。

软件上的优化也可以降低功耗。代码能跑得越快的程序员越牛，其实还有一类隐藏的高手，其写出的代码，总比其他人的功耗低。还能这样？是的。那些优化Cache、优化NUMA节点互传信息的代码，已经有很多人知道，但是如果你的代码能够让电路翻转次数更少，那么你就是隐藏最深的高手，因为这也是最难优化的地方，通常有些编译器会考虑这一点，但是着实不容易。

3.4.8.3 栅氧厚度和High-K材料

在半导体工艺技术进入65nm的时代，漏电功耗已经占了30%，其原因就是因为栅氧化层过于薄，到了5个硅原子的厚度。这么薄是因为栅极电容必须足够大，这样沟道电荷才能足够多，S和D之间电阻就足够小，这样导通电压就可以维持得很低，目前已经可以到0.2v，电压越低，功耗越小。但是在降低了阈值电压的同时，副作用便是栅极漏电电流越来越大，5个硅原子已经无法绝缘了，所以此时反而功耗会反弹，并且，随着温度的上升，漏电流也是跟着上升的。

要杜绝栅极漏电流，同时还要维持栅极电容足够大，就需要寻找新的介电材料。45nm和32nm工艺中增加了一个重要改进，就是抛弃了二氧化硅薄层，改为使用介电常数更高的材料，比如氧氮化铪硅（HfSiON）。二氧化硅介电常数（K）为3.9，而新型材料的介电常数则达到20以上。电容与介电常数成正比，与介电层厚度成反比，那么也就是说，要维持电容不变，防止漏电流，就得增加介电层厚度，同时提升介电层材料的介电常数，也就是所谓“High K”材料。High K材料有的是，但是不是哪一种都适合用在工艺里的，删绝缘层在工艺方面还有其他要求，比如热稳定性要好、能承受一层层的热加工摧残、要求不能是晶体态（晶体容易导电）等。High K材料的高介电常数补偿了厚度的增加，在维持甚至增强了电场/电容的同时，大大降低了漏电流，功耗显著降低。这项技术足以支撑到10±nm时代。

High K绝缘材料不能与之前的多晶硅电极兼容，因为材料在表面接触以及电特性上都不能很好地配合，所以电极需要换乘金属电极，这会增加些许成本。

3.4.8.4 导线连接和Low-K材料

导线越来越窄，导线之间的距离越来越小，在这种微观级别下，导线之间的电场形成的寄生电容/耦合电容所带来的影响不可忽略，其体现为信号干扰，以及时延增大、频率降低。降低电容，可以增加导线间的距离（等效于增加绝缘层厚度），以及使用更低介电常数的材料。但是为了实现更高的晶体管集成度，前者是不考虑的，导线间距离必须不断缩短，才能提升集成度，那么就只有寻找低介电常数的绝缘材料了。前文中所述的磷硼硅玻璃就是一种Low K材料。Low K材料同样需要满足工艺上的其他要求，所以寻找合适的Low K材料也并非易事。

3.4.8.5 驱动能力及时延

电容充电是需要时间的，芯片内的全部导线就是个大电容，同样，每个逻辑门内多个晶体管相互连接起来之后，其导线也组成了一个大电容，如果电容量小，就可以更快地把信号从输入端传递到输出端，耗电也少，如果电阻小，功耗就会降低，同时电流会增大，充满固定容量电容的时间也就越小。另外，如图3-192所示，对于中间的与非门来讲，当状态从A=1，B=1变为A=1，B=0时，Q4这个pMOS管导通，V_{dd}电源开始对Z点及其后面连接的逻辑门（图中未画出，但是一定是连接了其他电路的）充电，Z后方的寄生电容被充电到阈值电压之后，则Z=1，而如果A和B一起变为0，则Q2和Q4同时导通，V_{dd}通过两条路对Z充

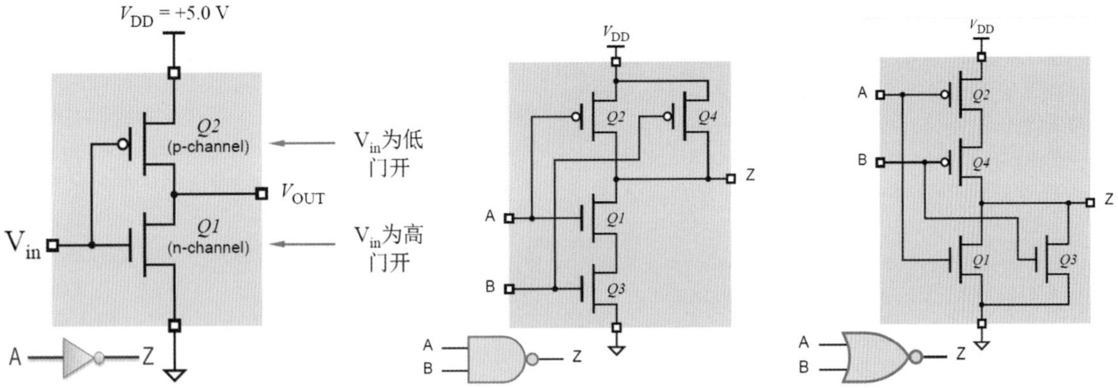

图3-192 反相器非门、与非门、或非门

电，这两个场景效果是不同的，虽然Z最终都是1，但是后者场景的充电速度比前者要快，所以时延也就低，也就等价于该部分驱动能力强，因为电源电压不变的情况下通路越宽，等效电阻越小，等效电流就越大，充电速度就越快。

此外，当输入A和输入B的信号都从0变为1时，下方串联的两个nMOS导通，上方pMOS截止，Z点后面的电路会通过nMOS对地的通路进行放电，但是由于nMOS是串联的，电阻叠加，所以此时放电电流受到了限制，Z点从1变成0所需要的时间就加长，电路时延大，等效为驱动力弱。也就等效为，某级晶体管门电路如果可以更快充放电，就意味着某一级晶体管门电路的驱动力更大，其后面就可以在可接受的时延内挂接更多的晶体管。当然，也可以选择不挂接更多晶体管，此时该级电路就会很快地输出结果，比如可能只需要0.1时钟周期，但是其也只能受限于整个电路里最慢的那个电路，最慢的那个电路的输出可能刚好卡在时钟频率上，也就是1个时钟周期（组合逻辑不允许大于一个时钟周期输出，如果搞不定，那就拆分，让每个模块晶体管少一些，然后多个拆分之后的模块之间形成时序逻辑）。所以，驱动力大的电路，如果能够挂接更多的晶体管，还是要挂，否则它很快输出了也只能干等，还不如让其他晶体管搭个便车，比如你0.1周期就可以输出，驱动力强，我1周期才能输出，驱动力弱，我就匀给你点晶体管（当然，逻辑上必须能保证可以匀过去），你变慢，我变快，你和我现在都变成用0.5周期就可以输出，那此时整个电路的频率就可以改为原来的2倍速运行，倍儿爽了。

提示

一个MOS管本身的导通截止变化时延大概在0.1ns，如果其输出端耦合了其他晶体管，与其共享同一个电源供电以及时钟源信号，那么这个MOS管的实际时延就是其本身时延，加上后续晶体管时延的总和，电子先要喂饱其后续的寄生电容，然后才能在该MOS管输出处积累足够的电压，才能表示逻辑1；放电也一样，放掉后面所有寄生电容里的电荷，该处才能表示0。

提示

传统认知里一般使用高电平或者上沿表示触发了某件事情，低电平和下沿则表示终止某件事情。但是电路设计师们却习惯使用低电平或者时钟下沿来驱动某个事件，比如锁存某个值。这是因为pMOS管自身的时延要高于nMOS管自身时延，其原因是pMOS管是靠空穴的移动来实现功能的，由于空穴不能像电子一样脱离化学键而自由移动，它只是一个缺电子的洞，这个洞必须位于原子化学键上，其传播也只能沿着化学键传播；电子则不然，可以取捷径任意移动。正因如此，对于图3-192左边的反相器非门来讲，其输出从0变成1，意味着输入从1变成0，也就是nMOS从导通变为截止，pMOS从截止变为导通，电源开始通过pMOS对输出处充电，而由于pMOS反应慢，输出点从0变成1的时延就稍大；相反，如果让输出点从1变成0，意味着输入端从0变成1，pMOS从导通变为截止，nMOS开始对地导通，输出处开始经过nMOS对地放电，由于nMOS响应快，所以输出处从1变成0所需要的时间比从0变成1所需时间小，所以设计师们习惯使用时钟下沿（从1变成0时）来触发事件。

组合逻辑里的FO4

任何组合逻辑都必须在一个时钟周期之内输出，这就等效于，任何组合逻辑电路的总时延不能超过一个时钟周期，处理器频率越高，时钟周期越短，对组合逻辑的时延要求就越高。实现某个组合逻辑耗费的晶体管数量越多，时延也就相应越大。这里有个概念叫作FO4，也就是Fanout4。所谓Fanout，意思是“散开”“敞开”，4就是最多散开4级。也就是说，一个cMOS反相器后挂（级联）4个cMOS反相器所组成的电路，叫一个FO4，这个FO4本身的信号翻转有个时延，一般以该时延为一个时间单位。目前数吉赫兹（GHz）频率的CPU，其一个时钟周期最多能换算成十几个FO4时间单位；也就是说，其内部组合逻辑晶体管规模最多只能级联十几级FO4。当然，并不是所有逻辑都用cMOS反相器去搭建的，这方面有具体的算法可以将任意组合逻辑门电路换算成等效的FO4数量。另外，由于组合逻辑与组合逻辑之间需要寄存器来适配，以及其他控制电路占用的时延，真正留给关键逻辑功能的组合逻辑电路的空间也只有50%，也就是6～9个FO4，所以，每个小的组合逻辑只完成很小一部分工作，然后将它们形成流水线堆积起来从而完成完整的工作，同时频率也可以得以提升。

3.4.8.6 时钟树

数字电路是靠时钟驱动的，这句话听上去似乎都理解，但是如果细究起来具体时钟是怎么驱动数字电路输入输出的？看完本书前两章后，你应该有了一些基础知识了。当前的CPU中含有几十万个触发器。时钟信号驱动的就是触发器，比如取指令操作，就是将触发器时钟信号从1变为0，时钟下沿触发的触发器此时便会将其数据输入端的信号锁存起来，一条指令便进入了锁存器，然后继续向前传递给译码器，译码器根据输入信号算出输出信号，然后送入下位单元，比如可能是执行单元等等。位于同一个功能单元中的所有触发器，都由同一个时钟信号源驱动，也就是它们同时收到相同的1和0振荡频率，然而，可能有些模块先收到时钟信号，有些后收到，也就是相位不同。

在同步时序电路中，电路模块需要相同的时钟信号，这样才能协调一致。几十万个触发器，可想而知，需要多少条导线将时钟信号引向对应的晶体管输入端，而导线的长度、信号完整性可能都有差异，如何保证时钟信号的完全同步？这就是考验技术的时候了，CPU内部电路众多，做到完全相位一致是不可能的，因为时钟信号的传递也需要时间，但是只要在可接受的时延范围内得到正确的输出即可，纵使有相位差。所以，如果时钟树这块的技术搞不定的话，最终芯片的频率也是上不去的。

时钟信号通过主板上的晶振发出，输入到CPU的时钟信号管脚，然后从这里逐渐引向内部各个模块，其所形成的导线网络，被称为时钟树。如图3-193所示，时钟树密密麻麻在芯片上分布着。由于导线数量多，而且每次时钟振荡一次，就意味着整个导线里的电荷被充放一次，所以，一个CPU的动态功耗，有一半以上都用在了对时钟树本身的充放电上去了。

3.4.9 集成电路计算机

把众多原本分立的三极管等元件以及导线，批量生长在硅片的P/N结之上，大幅增加了密度，再加上芯片制作工艺的提升，比如使用更精细的掩膜遮罩雕刻工艺，更灵敏的半导体材料，更成熟的热化学工艺，芯片中可集成的晶体管数量每年翻一番，这就是所谓摩尔定律。当然，在2016年，最高的制程已经达到了栅极导线宽度7nm。

然而，对于20世纪60年代的工艺而言，还无法做到在一块芯片上集成太多的元件，所以要实现某个模块，就得将多个芯片的管脚从外部按照对应的方式连接起来。自然地，需要找一块板子，把芯片管脚插到板子上，然后在板子上用再将对应的管脚用导线连接

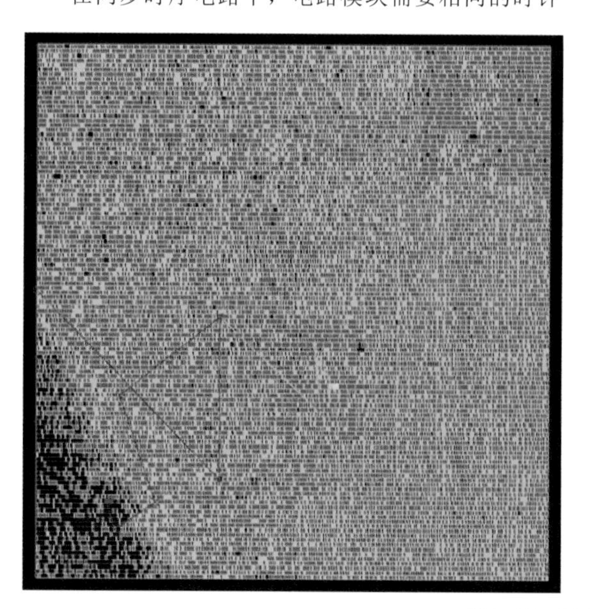

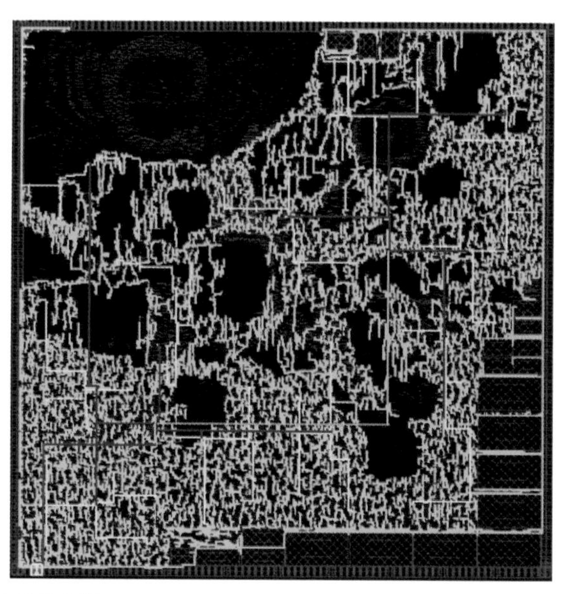

图3-193 时钟树示意图

起来，导线嵌入到板子里面去，这样可以避免大量裸露的导线。制作这个板子的过程也可以像制作芯片一样，用遮罩、腐蚀、沉积金属的方式。这种电路板被称为印制电路板（Printed Circuit Board，PCB），如图3-194所示。当然，对于21世纪初期的技术来讲，可以直接用打印机把对应的电路形状喷墨打印到盖有一层很薄的铜层的塑料基板上，然后用可以腐蚀铜但是腐蚀不了这种特殊墨水的溶液将未被墨水覆盖的地方的铜腐蚀掉，于是就只剩下导线了，再将元件焊接到对应的位置就可以了。也就是直接用打印机喷上一层遮罩在铜表面。

20世纪60年代，出现了一些非常经典的计算机，这其中就包括DEC公司的PDP（Programmed Data Processor）系列计算机，其横跨了分立晶体管时代和大规模集成电路时代。

图3-195为PDP-8/E型计算机的模块组成示意图，可以看到CPU模块需要有多个电路板共同组合完成，寄存器控制、总线IO、时钟等模块也是单独的电路板。所有这些电路板插到一个总的背板上，再通过位于背板上的OMNIBUS总线连接起来。

图3-194　印制电路板

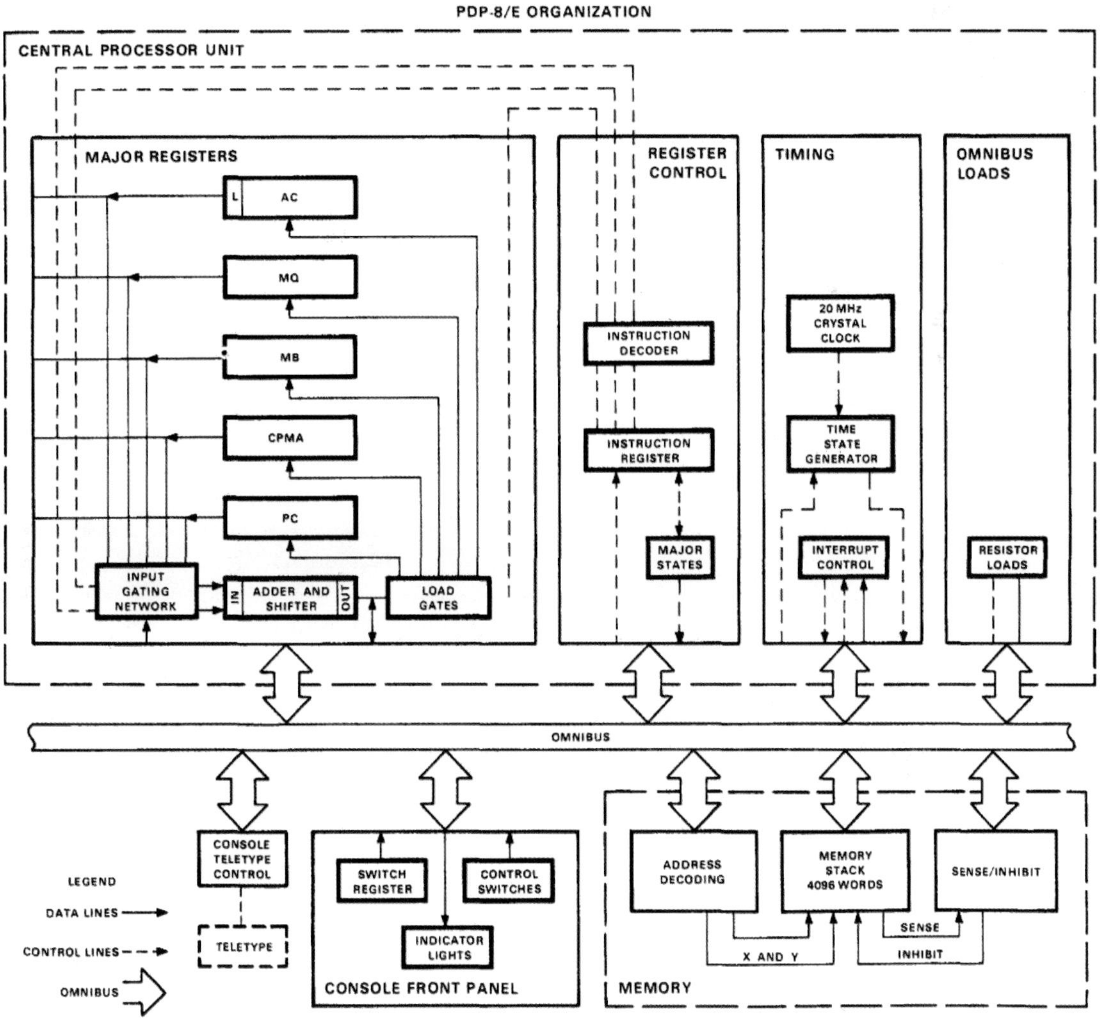

PDP-8/E ORGANIZATION
CENTRAL PROCESSOR UNIT
MAJOR REGISTERS
L
AC
MQ
MB
CPMA
PC
INPUT GATING NETWORK
IN
ADDER AND SHIFTER
OUT
LOAD GATES
REGISTER CONTROL
INSTRUCTION DECODER
INSTRUCTION REGISTER
MAJOR STATES
TIMING
20 MHz CRYSTAL CLOCK
TIME STATE GENERATOR
INTERRUPT CONTROL
OMNIBUS LOADS
RESISTOR LOADS
OMNIBUS
CONSOLE TELETYPE CONTROL
TELETYPE
SWITCH REGISTER
CONTROL SWITCHES
INDICATOR LIGHTS
CONSOLE FRONT PANEL
ADDRESS DECODING
MEMORY STACK 4096 WORDS
SENSE/INHIBIT
SENSE
X AND Y
INHIBIT
MEMORY
LEGEND
DATA LINES
CONTROL LINES
OMNIBUS

图3-195　PDP-8/E型计算机的模块组成示意图

图3-196和图3-197为上述众多模块中的三个，可以看到其上焊接有多片集成电路，外加一些分立的电阻、电容、二极管等元件。

图3-198所示为PDP-8/E型计算机中所使用的内存板；图3-199所示为PDP-8/E型计算机及其配套的磁带存储设备。

图3-196　PDP-8/E型计算机中所使用的集成电路板

图3-197　PDP-8/E型计算机中所使用的集成电路板

图3-198　PDP-8/E型计算机中所使用的内存板

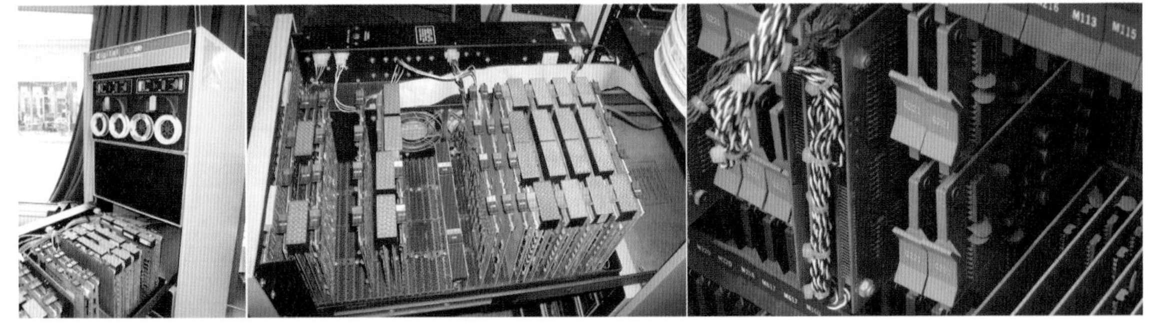

图3-199　PDP-8/E型计算机及其配套的磁带存储设备

3.4.10　微处理器计算机

20世纪70年代，利用已经生产出来的电脑，通过程序控制来辅助芯片设计过程，再加上精密制造业的不断发展，半导体芯片制作工艺得到飞速提升。每一次工艺的进步，就意味着更多的逻辑电路可以被集成到一个芯片中，极大地降低了电路板上的分立芯片的数量，缩小了计算机的整体体积。

如果将CPU的大部分逻辑都集成到同一个芯片中，那么这个芯片就被称为“**微处理器**”（Microprocessor）。图3-200为DEC公司的PDP-11/03型计算机中的主电路板（主板），右侧横排的五个芯片集成了绝大多数的逻辑，从而使整个计算机的体积大幅缩小。

图3-201为DEC公司PDP-11/84型计算机，其只利用了2个芯片就实现了主要逻辑，当然，性能也更强了。请注意，这两个芯片并不是所谓“双核心”CPU，而是共同组成了CPU。

图3-202为上述两个芯片的显微镜照片，左侧芯片负责主要的控制逻辑，右侧的芯片负责与数据相关的操作比如内存和外部设备控制器的IO操作等。真正把几乎所有的部件，连同内存，都集成到同一个芯片的**单片机**，是TI公司的TMS 1000微处理器。

著名的Intel公司，当前服务器、PC市场CPU的霸主，其推出的第一款微处理器CPU为Intel 4004型在1971年。其对应的图片在前文中已经给出了，这里不妨再给出一次，或许有不一样的感受，如图3-203所示。

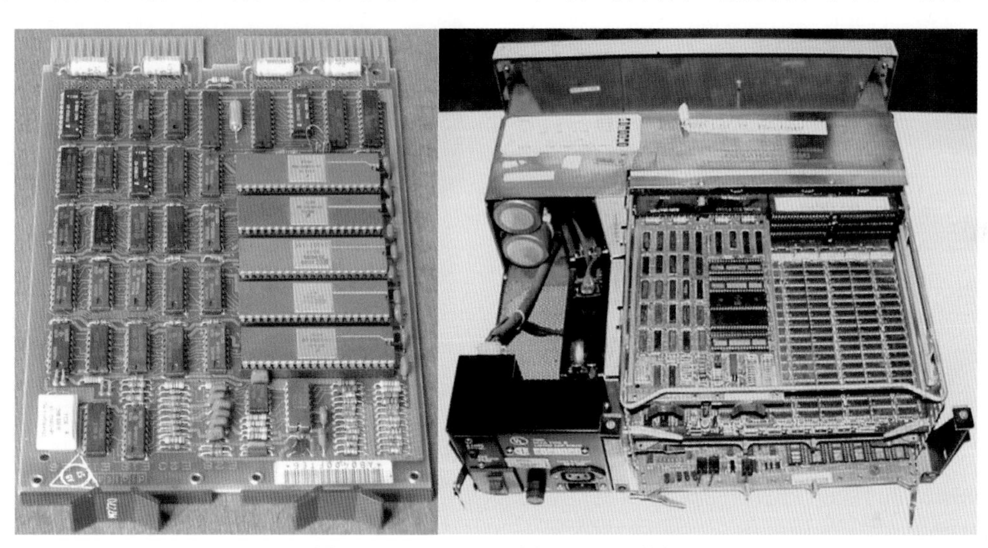

图3-200　PDP-11/03型微处理器计算机

图3-201　PDP-11/84型计算机的CPU芯片

图3-202　PDP-11/84 型计算机主芯片显微镜照片

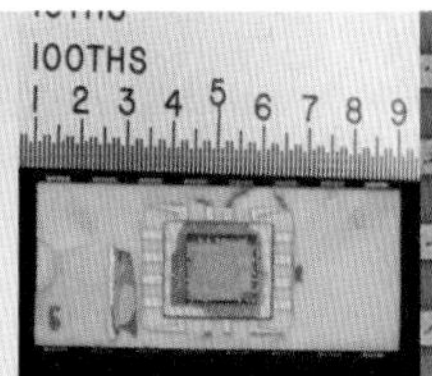

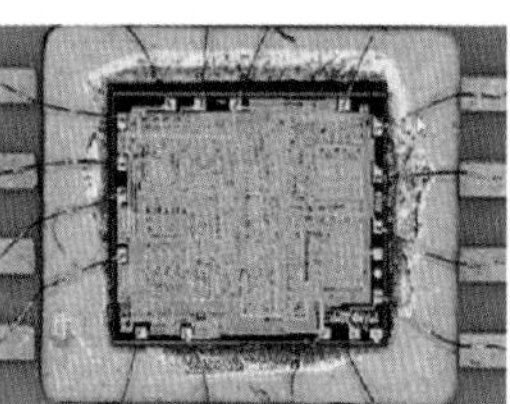

图3-203　Intel 4004 CPU

Intel 4004拥有16根针脚，工艺为10μm（栅极导线宽度），或者说10000nm，相比于今天的7nm，对几十亿个晶体管的工艺而言，不可同日而语。4004芯片包含2300个晶体管，工作频率为0.74MHz，面积为$12mm^2$（3mm*4mm），数据位宽4位，地址位宽12位。每秒可运算6万次（平均执行6万条指令），它也是世界上第一款成功商用的并且可单独售卖的微处理器。

1974年，Intel又推出了8080微处理器，制程6μm。这是一款数据位宽8位的处理器，2MHz的频率，6000个晶体管，40根针脚，每秒运算29万次，性能大幅度提升。同时，第一台通用型商用微型计算机Altair 8800也于1975年推出，配备了软盘驱动器，当月就卖了上千台，其使用的便是Intel 8080处理器。微软公司还为这台电脑开发了对应的高级编程语言：Altair BASIC，如图3-204所示。

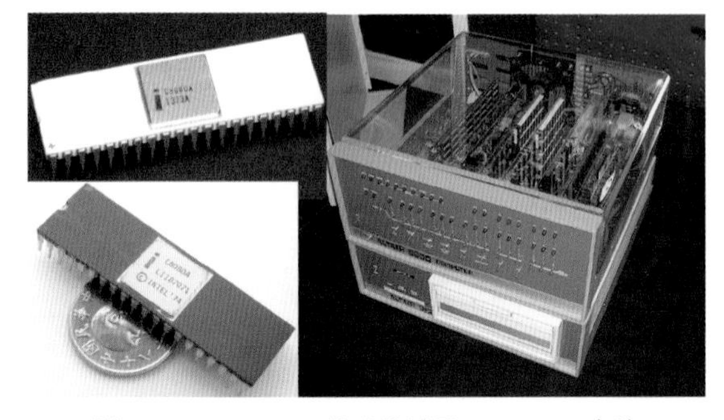

图3-204　Intel 8080处理器以及Altair 8800电脑

1978年，Intel推出了跨时代的16位数据位宽的8086微处理器，主频5～10MHz，3μm制程工艺，含有2.9万个晶体管。但是，由于价格过于高昂，导致销量很差。于是在1979年7月，Intel推出缩水版的8088。后者的总线位宽变为8位，但是寄存器和地址位宽没有缩水，如图3-205所示。

图3-205　Intel 8086处理器

那个年代，群雄逐鹿。做微处理的并非只有Intel一家，还有DEC、TI、摩托罗拉等等。摩托罗拉6502型微处理器，主频1MHz，晶体管数量3510。被乔布斯的Apple II型个人电脑所采用。该电脑于1977年上市，价格低，外观友好，大众化的性能让这款电脑畅销了10多年，如图3-206所示。同时在那个时代，各种外部设备以及设备控制器芯片/板卡也在逐步形成各种业界标准。不过，当年乔布斯的思路可一直都是不做可以和其他部件相互兼容的机器，而是做成封闭的，只能使用苹果自己部件的机器。一直到今天也是，比如iPhone7取消了3.5mm耳机插孔，只能用无线蓝牙耳机。不过，冬瓜哥并不是果粉，这下更不可能是了。

图3-206　摩托罗拉6502微处理器及苹果II电脑

IBM看到个人电脑市场是块超级大蛋糕，所以决定进来玩一玩。1981年，IBM 5150电脑推出，采用Intel 8088处理器，主频4.77MHz，16KB内存，采用微软所开发的DOS操作系统，市场反响非常好。由于8088的成本比较低，从而价格更加平民化。最重要的一点是，这款电脑采用了各个其他厂商独立出售的部件来搭建，也就是所谓的“兼容机”。图3-207所示为该电脑的主板，可以看到左上角的8088型CPU，以及一个空槽位，该槽位可以插一片可选的8087型浮点运算协处理芯片。右下角则是一堆内存芯片。左下角的5个扩展插槽可以插显示控制卡、硬盘/软盘控制卡和扩展内存卡。这种架构已经与目前的电脑没有区别了。这些IO插槽里的金手指会连接到系统的IO总线上，当时IBM自己搞了一套总线，后来被业界公认为标准，称为ISA总线，后来其不断发展为PCI、PCI-X和今天的PCI-E总线。

图3-207　IBM 5150电脑主板

图3-208为当时的软盘驱动器和希捷生产的10MB容量的硬盘驱动器，以及硬盘驱动器上面放置的那块由西部数据生产的主机总线适配器（Host Bus Adapter，HBA），软驱和硬盘都需要接入到该适配器上，然后适配器自己插在ISA总线插槽中，HBA卡上的逻辑电路则负责从前端的ISA总线中接收数据，然后按照软驱或者硬盘的接口信号传送给它们，或者从它们接收数据而放置到前端ISA总线上供CPU上运行的程序代码处理。图中可以看到这块卡上有两个白色接口，宽的那个是连接硬盘的，窄的是连接软驱的，软驱和硬盘中的数据从这两根线传进来，然后再从卡下方的金手指遵循ISA总线的传输时序和速率传送到计算机的ISA IO总线上，从而进入内部的寄存器/缓存等存储器，供CPU访问和处理。

图3-208　软驱和硬盘以及对应的总线适配器

如果需要更多内存运行更复杂程序，那么可以增加一个内存扩展卡，如图3-209所示，其也是通过ISA总线接入系统。图3-210则为当时IBM推出的彩色显示适配器。其也是HBA，只不过其从ISA总线上接收图像数据，经过一些格式转换等操作后，传送给显示器供显示。

值得一提的是，比尔盖茨为IBM的这款电脑（见图3-211）开发了对应的DOS操作系统之后，在市场上大卖，弄得乔布斯很不高兴，于是和盖茨反目（见图3-212），最终自己开发了苹果操作系统。

IBM这款电脑发布后的一年，也就是1982年，Intel又发布了80286处理器，集成了13.4万个晶体管，是上一代8086/8088的5倍多。频率直接上到了20MHz，最高可寻址16MB内存，并且向下兼容8086处理器的指令集。IBM的AT 5170型电脑采用了80286处理器。80286处理器除了性能提升之外，还可以支持虚拟寻址模式，虚拟地址技术的由来和机制可以阅读本书后续章节。

当时，比尔·盖茨发表了一个笑话言论：640KB内存已经是海量了，永远也用不完。1MB内存情况下，系统自身需要占用384KB，包括外部设备的寄存器地址等，剩下的可供用户使用。然而，这并不是盖

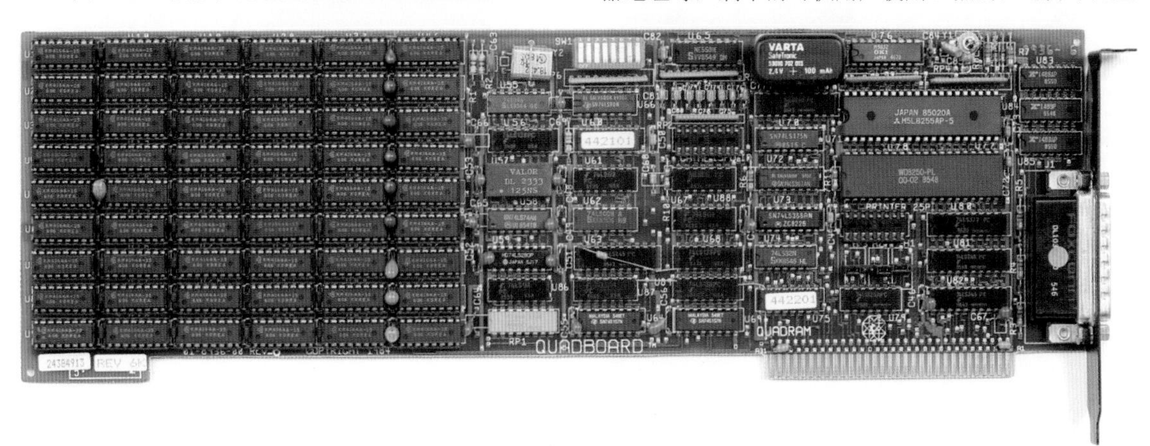

图3-209　内存扩展卡

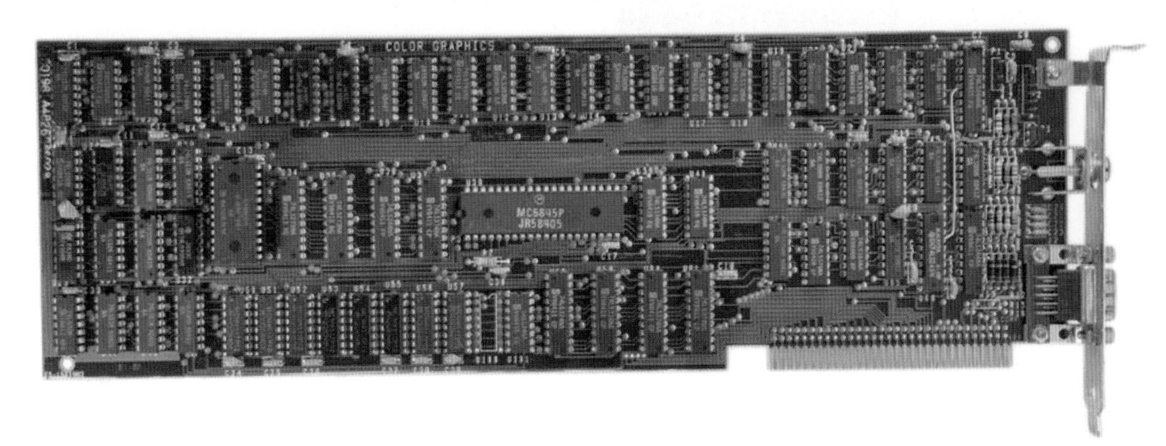

图3-210　IBM推出的彩色显示适配器

图3-211　IBM 5150电脑的外观

茨的第一个业界玩笑，1994年他曾表示互联网没什么商用潜力。如今他也看到了互联网是如何改变人类的生活、认知和道德的，或许他也可能预见到将来那个人人都生活在虚拟世界中的社会的样子。

图3-212　当年的盖茨和乔布斯

图3-213为Intel 80286芯片高倍显微图。

图3-213　Intel 80286芯片高倍显微图

1985年，Intel发布了80386处理器，数据位宽和地址位宽都加倍到32位，可寻址4GB的地址空间。集成有27.5万个晶体管，40MHz的主频。其最大客户依然还是IBM生产的兼容机，并且首次引入了缓存技术。

1989年，80486处理器问世，相比386并没有很大提升，主要是内部对指令的执行过程有了很大改变，也就是将复杂指令采用微码的方式转换成简单指令来执行。最初版本为25MHz，1990年发布了33MHz的版本，1991年发布了100MHz最高频率的版本。

1993年，Intel推出划时代的奔腾处理器，从此彻底成为通用处理器市场的霸主。

江湖路

无怨无悔我走我路，走不尽天涯路。在风云之中你追我逐，恩怨由谁来结束。什么时候天地变成江湖，每一步风起云涌。什么时候流泪不如流血，每个人也自称英雄。什么是黑白分明，是是非非谁人会懂。怕什么刀光剑影，把风花雪月留在心中。无怨无悔我走我路，走不尽天涯路。人在江湖却潇洒自如，因为我不在乎！无怨无悔我走我路，走不尽天涯路。在风云之中你追我逐，恩怨由谁来结束？

——林夕

3.4.11　暴力拆解奔三CPU

下面我们就来体验一下把一块芯片从壳子上取下来然后用高倍电子显微镜一直看透到最底层晶体管的整个过程。如图3-214所示的步骤，先将外壳锯开，然后锯碎外层保护罩，露出最终的芯片表面。首先映入眼帘的芯片上密密麻麻的触点，可以看到有些触点已经在暴力破坏中掉了下来，从而在芯片表面留下一个洞（图中白色高光区域，因为露出来的下层二氧化硅玻璃层反射光导致）。用显微镜观察露出来的玻璃表面，可以隐约看到里面的电路结构已经出现了。

如图3-215左图所示，可以清晰看到被破坏的触点所留下的残缺桩以及其下面的导线。右图是继续拉近镜头所观察到芯片表层的金属导线。可以看到，那些失焦的模糊背景中，很显然还有更多层的导线。

如图3-216左图所示，将焦距对准第二层导线，此时第二层导线变得清晰可见，同时可以观察到还存

图3-214　暴力拆机后观察破洞内部

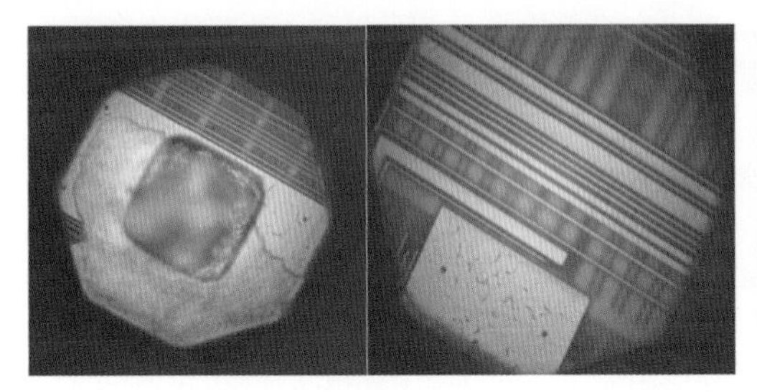

图3-215　观察第一层导线

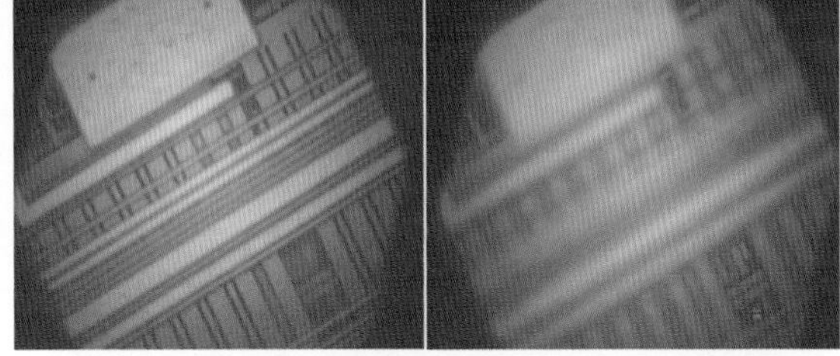

图3-216　观察第二层和第三层导线

在第三层导线。对焦后，第三层导线如右图所示，清晰可见，如果仔细观察，还有第四层导线，或者还可能有更深层次的导线，从这个小孔中就无法观察到了。

由于芯片是多层结构，再加上表面上的窗户实在是太小，所以从表面是根本无法看透到最底层的P/N结构的。不过，如果将芯片直接横切断，通过断面就可以看到最底层的结构。如图3-217所示。左上图为布满残缺触点的表面以及横切面，经过多次放大足够多倍数之后，右下图中可以隐约看到底部的一根根竖线结构。

如图3-218和图3-219所示，可以清晰地看到最底层的竖线。这些竖线就是与硅表面的P/N结所接触的触点。此时本台显微镜已经达到分辨率极限了。

图3-220为芯片表面被打磨之后的俯视图，已经可以看到导线以及一些密集排列的内部层与层之间的立柱触点。

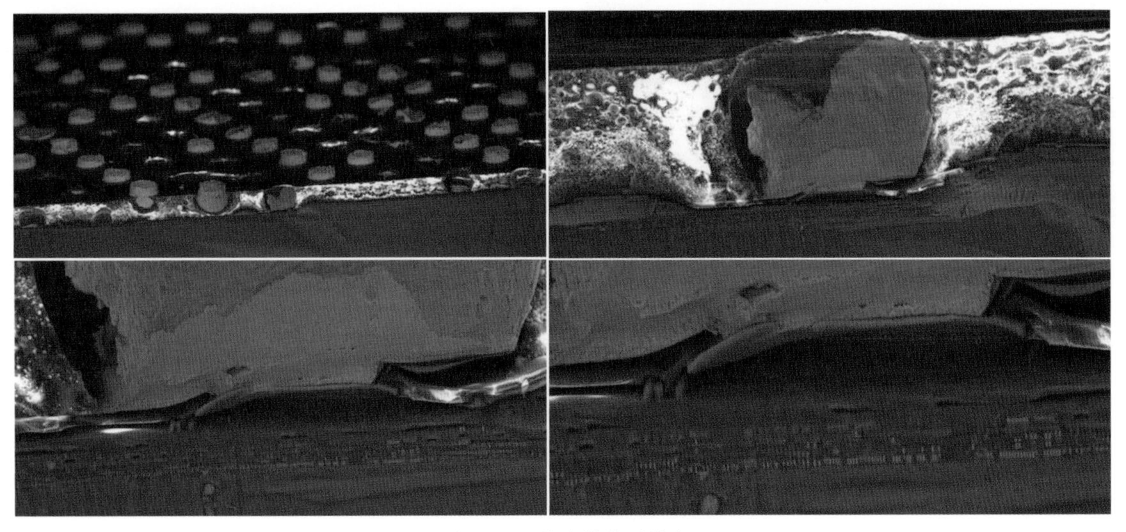

图3-217　芯片横截面放大

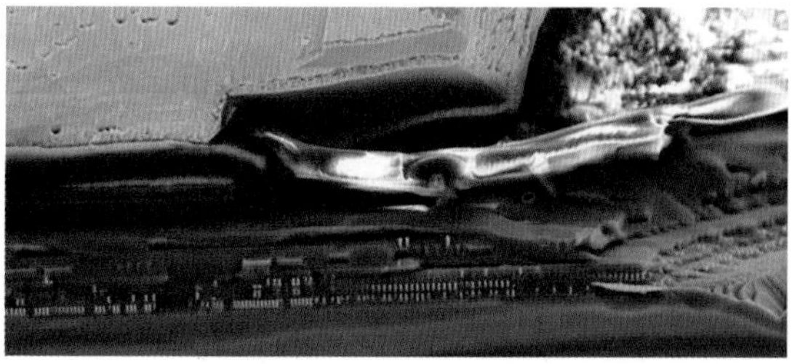

图3-218　最底层的触点

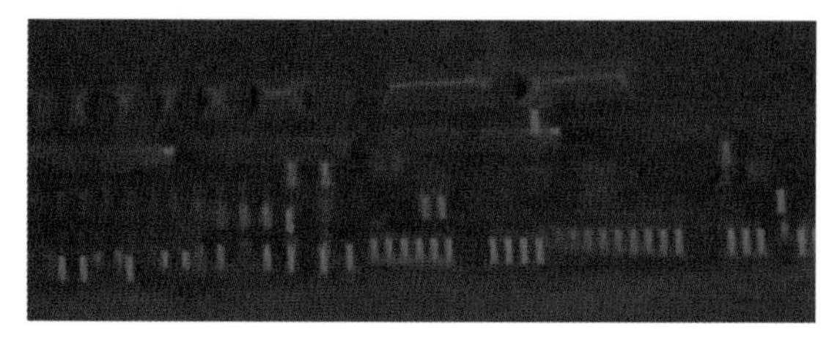

图3-219　最底层的触点

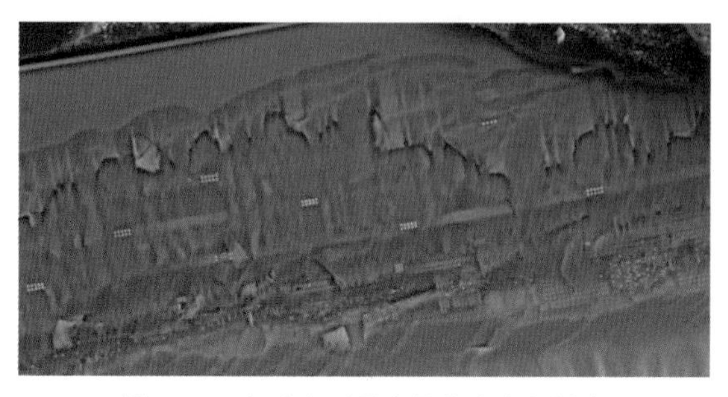

图3-220　打磨之后露出导线和内部触点

要想再继续观测更深入的结构，就必须用更高倍的显微镜了。图3-221为利用更加高倍的显微镜所拍摄的芯片侧面横截面的金属层，最底层的结构清晰可见。可以看到越往上层走触点越大，是因为芯片表面必须将触点面积做大，太小的话就无法焊接到电路板上了，必须逐渐增大。

图3-221　高倍显微镜侧面拍摄

怎么样？被这矩阵震撼到了么？找个废芯片，自己动手试试看吧！别找高规格CPU的，找些低规格的，因为制程会比较低，比如90nm，此时或许能用肉眼看到里面的电路。

3.5　存储器：不得不说的故事

如果没有存储器，只有CPU自身，那就是巧妇难为无米之炊。CPU运行程序处理数据，数据必须预先存储到速度足够高的存储器中。CPU中的逻辑电路的数量是固定的，写好的程序代码的容量也是固定的，两者不会在运行过程中增减（不排除在人工智能时代可以用代码动态根据条件而生成下游代码）。而数据则不同，一方面你并不知道下一个任务需要处理多少数据；另一方面，程序自身也是可以动态生成任意量的数据的，这些都无法预知。所以，为CPU准备的存储器容量就需要足够大，需要满足多数常用场景的需求。

数据保存可以用多种方式，如机械的、电子的、磁的。比如磁装置利用N极和S极信号的跳变情况来表示0和1，详情请阅读本书第11章；光存储装置则是使用激光在平整的光盘表面刻出一个凹坑，就表示0，读盘的时候激光射向凹坑时会散射，检测到的反射光强度很小，而照射到平整表面时反射光强度很大，以此来判断1和0。

光存储和磁存储都需要机械装置来带动介质旋转以及让读写头摆来摆去，这是它们之所以慢的主要原因。而利用集成电路来存储1和0，速度当然很快，但是你能想象出什么方法来让电路存储0和1呢？用一个开关，闭合则为1，开路则为0，这是最自然想到的方法。图3-64左侧所示的装置就是利用静态开关来存储数据，将开关闭合或者断开，它就永久处于闭合/断开状态，这是一种很好的存储静态数据的方法，但是其存储的数据，在程序运行过程中是只读的，因为紧靠电路自身，是无法搬动这些开关的，必须靠人手来操作。

要做到用电路驱动的自动开关，必须做到能够自己保持闭合或者断开状态，而不是依靠外力持续供电。SRAM就是通过多个逻辑开关的反馈组合来让电路自己“按住”开关；而SDRAM则是利用电容对电荷的暂存来储存数据，但是电容会持续放电，所以SDRAM控制电路会定期给电容充电来保持其中的数据。另外，咱们在第1章中就已经介绍了如何利用逻辑门电路形成触发器，触发器不就是一种很好的存储器么？没错，不管是SRAM还是触发器，都需要多个门电路组成，而每个门电路由需要多个开关组成。对于20世纪中期的技术而言，存储1位的数据，可能就得需要一张大电路板上面焊接上一排电子管或者晶体管，这样的话，一个大箱子里也存储不了多少位的数据，成本很高，占地很大，很不现实。所以，利用三极管搭建的触发器电路基本都被用来当作CPU内部的寄存器了，因为寄存器需要与CPU内部的运算逻辑电路保持相同的响应速度。

在第2章中，图2-20中所示的CPU架构是直接利用触发器来作为内存的，当然，在这个模型中我们忽略了成本问题。而在图2-34中，给出的则是一个更加贴近实际和现代的CPU架构，其不但有内存，还有缓存，最终才是与运算逻辑贴得最近的寄存器，这些存储器的每一种的密度、速度、成本都不同。密度越大的一般速度越慢，成本越低。它们之间的速度差异，靠WE信号来协调，比如，如果取指令单元的PC寄存器发出寻址信号给缓存控制器，缓存控制器查找缓存需要一定的时间，这个时间高于一个时钟周期，那么此时缓存控制器应当向取指令单元反馈一个Wait/Busy信号，取指令单元根据这个信号，将内部运算逻辑电路中所有寄存器的WE信号Disable，这样的话，这些运算电路就会忽略时钟信号，原地待命，整个电路的状态依然维持在上一条指令执行完毕时候的状态，一直到缓存控制拿到了对应的数据，从而将Wait/Busy信号置为Ready状态，取指令单元立即解除WE封闭，让拿到数据的电路再次依靠时钟振荡运作起来。

20世纪中期的人们发明了多种高密度、低成本的存储器，这些存储器虽然比不上直接用开关搭建的门电路的响应速度，但是相比其容量而言，还是非常划算的。

3.5.1 机械存储器

与运算逻辑电路类似，存储器也一样经历了机械时代和电子时代。

3.5.1.1 声波/扭力波延迟线（Delay Line）

向大山中喊出一段话，会怎样？对，它会回波反射到你耳朵里。而如果此时你告诉某个人：听到什么，就继续将听到的话喊出去，喊出去以后再反射回来又听见了，那就再喊出去。这样，就会形成一个无尽的循环。于是，你所说的这句话，就被“存储”在了这道无尽循环传递着的声波上了。怎么样，够奇特吧？

后来，人们根据这个机制，把要保存的信息调制到某个声音载波上，然后将这道载波发射到某种环形的能够传导这道波的媒介当中，让其不断循环，在这个循环路径上放置一个信号中继器，不断地补偿传递过程中衰减的能量，让信息不断地在里面转圈。要读出数据的时候，在中继器上做个信号采样（方法见第1章）即可。这个传递声波的媒介必须有足够大的延迟，你在小房间内喊是无法分辨出回声的，电路也一样，回声太快到达的话电路会来不及反应，所以需要人为造成延迟，这就是所谓声波“延迟线”存储器了。为什么不用电磁波来传递信息呢？电磁波传得太快了，电路根本来不及反应。

J. Presper Eckert于1940年发明了利用水银来传递声波造成延迟的存储装置，如图3-222所示。后来经过人们的改进，出现了更多的实现方式。比如图3-223中所示的装置，其看上去很像上文中的磁鼓存储器。水银延迟线存储器中有多根管子，里面充入水银，可以存储多路数据，每一路又可以存储多个位。

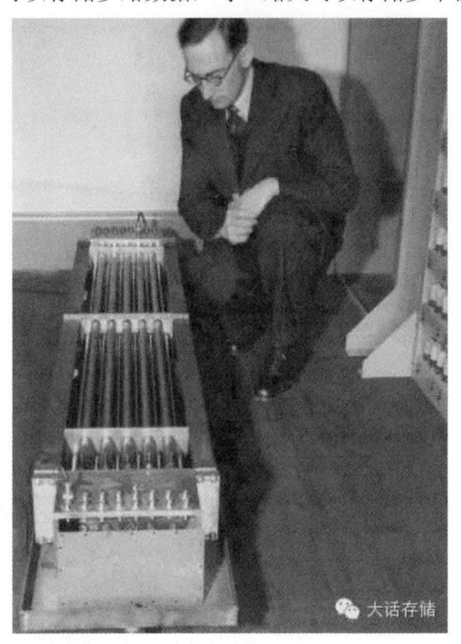

图3-222 水银槽延迟线存储装置

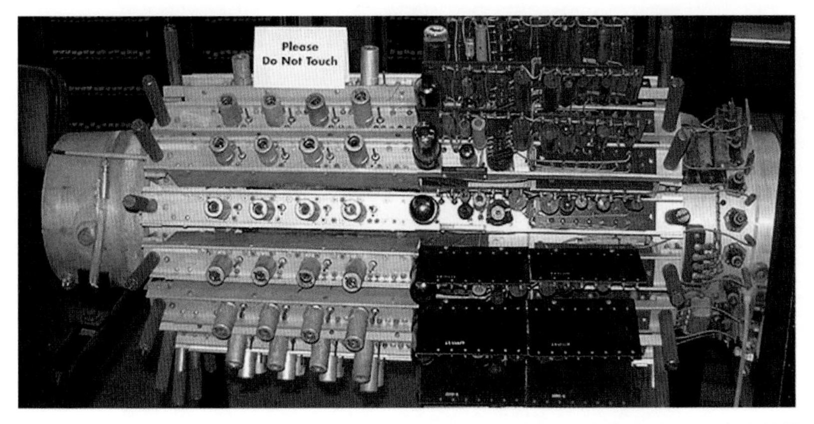

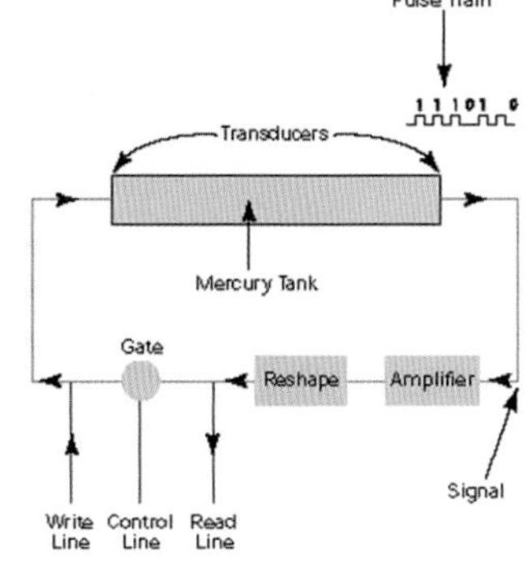

图3-223 通过水银传递声波的声波延迟线存储装置

后来，这种思想被充分地改进，于是有了下面这些设计。如图3-224所示，人们采用金属丝来传导振动而不是声波。利用电路将信息编码成对金属丝的扭动，这种扭动是一种机械波，会沿着金属丝一直传递回来。该装置在保存有数据之后，由于高频扭动波，不知道金属丝会不会在不断地振动，感兴趣可以自行搜索。

延迟线存储器无法做到随机访问数据，因为数据是按照顺序被调制到声波上去的，接收也是按照顺序接收到的，中继器是固定的，所以只能被动地按照顺序接收数据，但是可以只将接收到的数据中的某个部分提取出来。延迟线存储器作为一种非常奇葩的古老的存储器，在一些老式计算机中得到了应用，但是由于其利用机械物理原理来存储，决定了它注定要被淘汰。不过仍然有些复古的设计，比如图3-225中所示的奇葩设计，集成运算电路+延迟线存储器。右图可以看到扭力在金属丝上传递一周的延迟是5μs。

3.5.1.2 磁鼓存储器（Drum）

Gustav Tauschek于1932年在澳大利亚发明了磁鼓存储器，可以存储500000位，约合62.5KB的容量。利用磁铁只有两个极性的机制来保存数据。他在一个轻质铝柱壳表面电镀一层均匀的磁性材料，形成了一个圆柱形磁鼓，然后将其固定在一个外壳中，通过电动机可以带动整个磁鼓围绕中轴旋转。如图3-226左图所示，在外壳周围安装多竖排、每排多个固定的磁

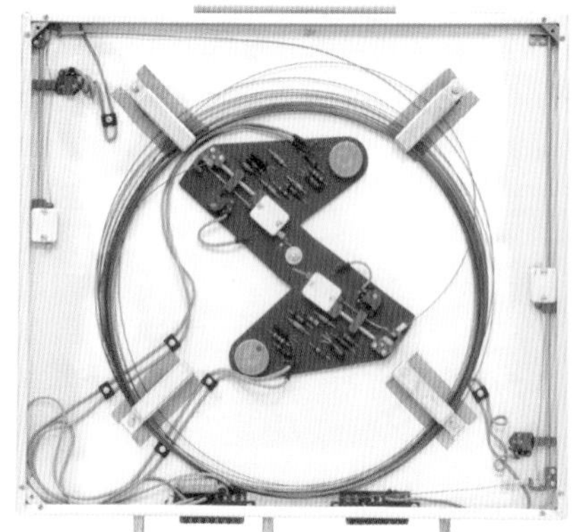

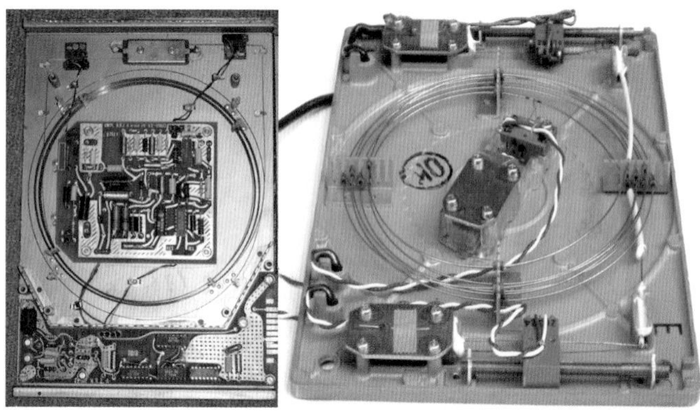

图3-224 扭力波延迟线存储器

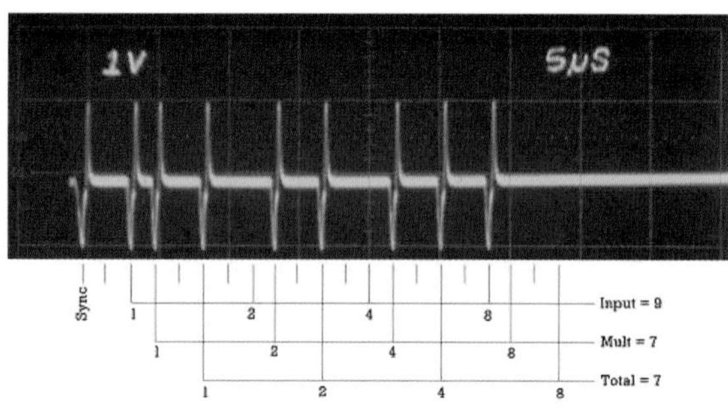

图3-225 延迟线存储器实际中的应用

图3-226 磁鼓存储器

头，磁头可以被磁鼓上的磁信号磁化，从而生成感应电流，再翻译成对应的二进制位；同时磁头也可以磁化磁鼓上对应的区域从而保存信号。右图是打开外壳后的磁鼓以及密密麻麻的磁头。磁鼓存储器是磁盘的前身，磁盘就是在此基础上发展而来的。

该存储装置需要通过特定的控制电路来控制，比如感受磁头传进来的信号以判断当前磁头处于什么位置，判断需要读写的位置，并在合适的时刻发送读写信号等等。该控制电路从磁鼓中读出数据后，还需要传送到计算机的IO总线上，所以需要一块总线适配器。图3-208中所示的那块HBA卡就是做这件事情的，其上包含有后端磁鼓IO控制电路，以及前端ISA总线控制电路，这两大模块来回转手数据，以完成数据在ISA总线和磁鼓之间的传递。事实上，所有的外部设备，包括键盘、显示器、打印机等，都是通过这种适配控制器接入系统总线的。

提示

磁鼓存储器后来被磁芯存储器所替代，磁芯存储器后来又被磁鼓存储器的进化版磁盘所替代了，一直到今天磁盘一直还是主流的大容量外置存储设备，当然，很快也会被基于NAND Flash存储器的固态硬盘所替代。BSD Linux操作系统中的设备名/dev/drum就是给当时的磁鼓存储器使用的，今天虽然磁鼓存储器已经被淘汰了，但是这个设备名依然被保留了下来，作为换页文件使用，因为当时磁芯存储器广泛使用之后，人们将磁鼓存储器作为磁芯存储器的后备存储，磁芯存储器中放不开的数据，就暂时挪动到磁鼓存储器中暂存，于是这个设备名一直沿用到今天，虽然当前都是采用硬盘来承载换页文件了。操作系统、操作系统对存储器的管理等机制，请参考本书后续章节。

3.5.1.3　磁芯存储器（Core）

20世纪50年代，有人发明了如图3-227所示的存储方法。将三根独立的导线（绝缘外皮）按照图示的角度穿过一个磁环。当给x或者y两根导线其中的任意一根通电的话，磁环不发生任何状态改变；但是如果同时给x和y两根导线通电，则这两股电流产生的磁场叠加起来就会产生足够的磁力驱动磁环进行旋转一定的角度，并且可以在x和y断电之后依然保持这个状态，经过x和y电流驱动旋转之后的状态表示逻辑0，而初始状态则表示逻辑1。

要向磁环中写入逻辑0，只需要在x和y导线分别加上向右、向下两股电流即可；而如果想向磁环中写入逻辑1，则只需要在x和y到线上分别加上向左、向上两股电流（与写0时方向相反）即可。要读出磁环当前的值，则需要先在x和y导线上分别加向右、向下两股电流，也就是试图向磁环中写入逻辑0，如果磁环中原本存储的就是0，那么磁环将不会有任何转动，此时在SENSE导线上不会感应出任何电流，于是电路就知道磁环中存储的是逻辑0；而如果磁环中之前存储的是逻辑1，则这个写0操作就会转动磁环到逻辑0状态，这个转动将会在Sense导线上感应出电流，则电路就可以判断该磁环中存储的是逻辑1，但是此时这个读操作已经将逻辑1破坏成了逻辑0，所以需要修复它到之前的值，还需要将逻辑1写回到磁环中。这种读操作被称为**破坏性读**（Disruptive Read）。

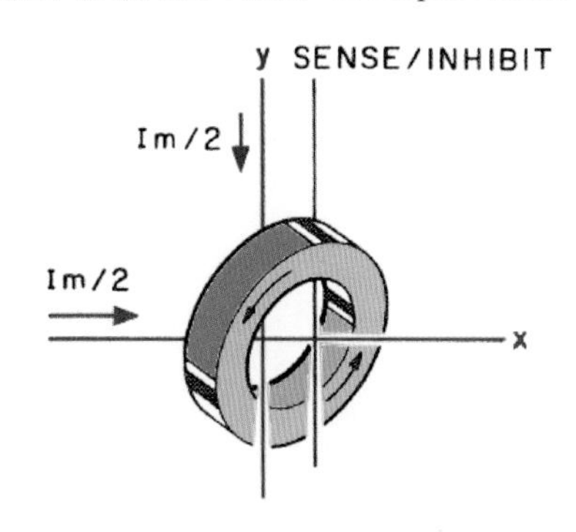

图3-227　磁环存储的原理

然而，一个磁环只能存储1位，要想存储更多位，人们是这样做的，如图3-228所示。采用多个X和多个Y导线，将多个磁环穿成一个交叉矩阵。感应线（S）则是一根线贯穿所有磁环。要想读取或者写入某一个磁环，则只需要在对应的x和y到线上加电即可，比如X_2Y_2号磁环，此时，X_3Y_2或者X_2Y_3磁环不受影响，因为对于它们而言，只有一条线形成了磁场，不足以驱动磁环旋转，对于比如X_0Y_0这样的磁环，其中的导线根本没有电流，状态也没有变化。如果是读操作，只需要在S线上接收对应的电流信号即可。也就是说，这个矩阵每次只能选择并读写1位，要想并行读写8位/1字节，就需要8个矩阵一起并行读写。图中的Z线也贯穿了所有磁环，其作用是Write Disable的作用，如果在这条线上加电，则会抵消X和Y导线产生的一半的磁场力，保护磁环状态不受影响。

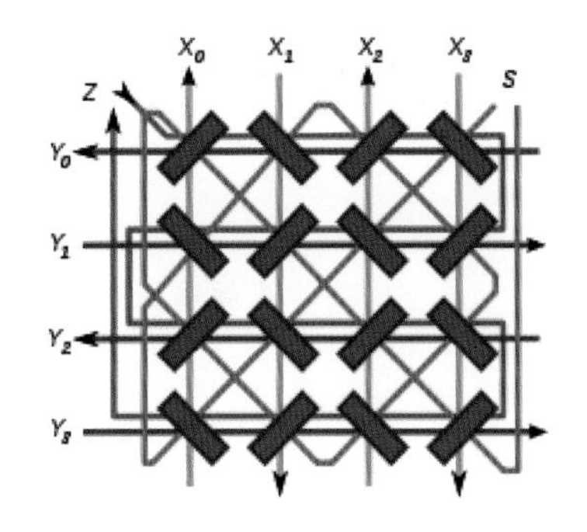

图3-228　磁环矩阵

这种存储器被称为磁芯存储器，简称Core。图3-229和图3-230为上世纪五六十年代人们发明的各种磁芯存储装置。

图3-229 各种磁芯存储装置

图3-230 各种磁芯存储装置

提示 ▶ ▶

当今，当系统遇到严重问题需要崩溃时，由后台程序自动将内存数据整体复制到硬盘以供根因分析的过程叫作Core Dump。但是你可能根本不知道这个词是怎么来的，为什么不是RAM Dump或者Memory Dump？Core指的就是这种半个世纪之前的Core磁芯存储，那时候人们如果想把其中的数据整体保存下来，这个过程就被称为Core Dump了。

20世纪60年代期间可以做到在0.3m^{3}的体积内组装出32千位（4KB）容量的存储器，这意味着在这个小箱子里有32×1024=32768个磁环，至于导线的数量那就更别提了。此时期的磁芯存储器按照当时的货币值，已经可以做到1美分/位，而1955年刚推出的时候成本在1美元/位。

这种存储思路据目前的史料考证，上世纪50年代时有三路人马各自发明了出来。但是最为后人所倾向的发明人则是物理学家王安和吴卫东。1920年出生的王安20岁时毕业于上海交大，随后被公派留学哈佛，成绩拔尖。1945年从哈佛毕业后，面临经济问题的王安打算面试IBM，结果受到了种族歧视，回到了哈佛，继续攻读应用物理专业并取得了博士学位。随后，他被霍华德・艾肯招入哈佛大学计算机实验室。艾肯当时是Mark-IV型计算机项目的领头人，那时候计算机还处于电子管时代，对应的存储设备是诸如水银声波延迟线存储器，笨重巨大。开发体积更小的存储器这个课题落在了王安头上，不负众望，王安和吴卫东于1949年发明了磁芯存储器。王安当时还是编外人员，艾肯立即给他申请了转正并加薪。说来奇怪的是，哈佛计算机实验室当时并不热衷于把这些发明申请专利，不过，王安最终以个人名义把这个发明申请了专利，该专利最终在1955年正式通过。

1951年，带着这个专利，王安离开了哈佛并创办了自己的公司：Wang Laboratories，制造磁芯存储器，并开始惨淡经营。直到1955年磁芯存储器专利通过后，IBM公司产生了兴趣，决定聘请王安作为企业顾问，开出了优厚的待遇，同时获得了该专利的使用权。IBM使用磁芯存储器技术大举进军商用计算机存储领域，遂决定直接以250万美元的价格购一次性买此专利，但是后来IBM发现这个专利好像并没有太多人和其竞买，反悔了，不断打压价格，最后王安不得不与IBM对簿公堂，不过最终还是接受了50万美元的价格。这相当于又一次受到了IBM的侮辱。

有了现金，王安决定开发更多的计算机产品，直接抗衡IBM，包括桌面式计算器、纸孔式记录仪、自动打字机、无线电打字印刷机、记录带辨认机，等等。这些新奇的产品改变了很多行业。比如图3-231所示的桌面式可计算对数的计算器LOCI-2，右图是其中的各个逻辑电路模块，都以插板的形式插到主板上。

1967年，由于王安把全部利润几乎都投入了研发，负债较大，决定发行250万美元的股票以获得现金流并偿还债务。令他没想到的是，上市当天，股票的发行价是12.5美元，收盘时已经涨到了40.5美元，王安瞬间成为超级富豪。然而，赚大钱不如做大事，王安一直对IBM的两次羞辱耿耿于怀，有了钱的王安，叫板IBM的这个情怀更加强烈了。

1970年以后，计算机市场由于玩家众多，利润下滑的比较厉害。王安敏锐地察觉到，办公类计算机是个很大的缺口。最终，他在1971年发布了Wang 1200型字处理电脑，其不仅可以在线编辑文字，还可以直接打印出来。后来该产品进化为Wang Office Information System（OIS）系统。OIS产品直接填补了市场空白，从白宫办公室到各大企业到军方，OIS得到了广泛的应用，是一款非常成功的明星产品，也使王安的公司营业额达到了一亿美元，并在全球范围内创办分部。这个产品引起了新闻界和IBM的高度关注。据报道，因心肌梗塞住院的IBM董事长托马斯・沃特森，在报纸上看到这条消息后大发雷霆，斥责助手没有提前通报相关信息，最后直接晕厥了过去。王安算是报了一箭之仇。

1986年，王安被选为全美最杰出的12位移民之一，并被里根总统亲自颁发了总统自由奖章，这应该算是最高荣耀了。同年，王安还被邓小平在人民大会堂接见并座谈。此时王安公司的销售额已经突破30亿美元，个人财富20亿美元，美国富豪榜名列第五。同时他以发明家的身份被入选美国发明家名人堂，与爱迪生共享荣誉。

王安公司的陨落是在个人电脑这个坎上。上世纪80年代，苹果公司异军突起，进入个人电脑市场。然而王安个人并不认为个人电脑会有什么玩头，IBM一开始也是这么想的。不过，IBM看到苹果的成功之后，也跟了风。再加上PC机性能和兼容性等方面越来越强，之前王安赖以生存的字处理机等专用电脑的市场份额和认知度不断受到挤压，王安最终还是抵不过市场需求，推出了Wang 2200型个人计算机，如图3-232所示。

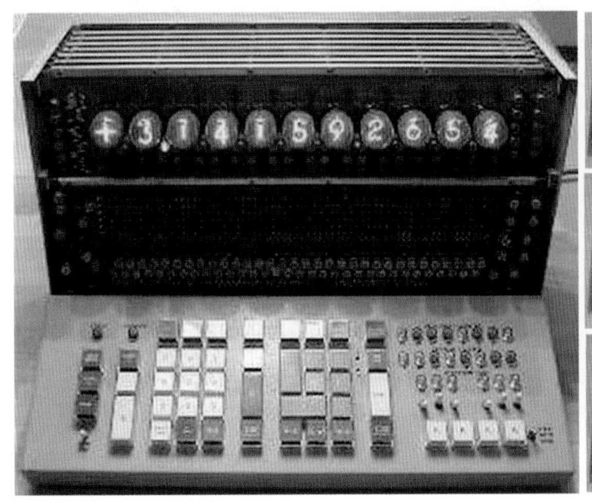

图3-231　LOCI-2型计算器

图3-232　Wang 2200型电脑

以王安的性格，即便是后来居上，也至少会打对方个头破血流才罢休。但是这一次，王安在战略上失策了，与苹果一样，王安电脑选择了封闭而不是兼容，这一步棋让王安陷入了被动，以至于被市场甩在了身后。从此市场上的主流产品只剩下苹果的封闭系统和IBM的兼容机了。王安公司最终陨落是由于他力排众议让他的儿子接手公司掌门人。

1988年，王安公司陷入亏损。到1989年，公司雇员达到了3万人。王安晚年热衷于公益事业，捐助了多个建筑、组织机构等，比如Wang Theatre剧院就是他捐助的。王安写过一本书，如图3-233所示。

图3-233　王安的自传

在计算机历史上叱咤风云30年之久的王安的传奇故事鲜有人知，就是因为他没能成功地在个人电脑这个大众化市场取得成功。比尔·盖茨曾说，如果王安能完成第二次战略转折，世界上可能不会有微软，自己不会成为科技偶像，而是当一名教师或者律师。

尘缘

尘缘如梦，几番起伏终不平，到如今都成烟云。情也成空，宛如挥手袖底风，幽幽一缕香，飘在深深旧梦中。繁花落尽，一身憔悴在风里，回头时无晴也无雨。明月小楼，孤独无人诉情衷，人间有我残梦未醒。漫漫长路，起伏不能由我；人海漂泊，尝尽人情淡薄。热情热心，换冷淡冷漠，任多少深情独向寂寞。人随风过，自在花开花又落，不管世间沧桑如何。一城风絮，满腹相思都沉默，只有桂花香暗飘过。　　——林夕

3.5.2　电子存储器

很自然地，人们总是用电子技术来取代机械技术，只要成本足够低。1960年，利用逻辑开关搭建的SRAM静态随机存储器出现了，一直到1972年，Intel量产出1103型SRAM 已经达到了1美分/位的成本，等同于同时期广泛应用的磁芯存储器，于是磁芯存储器便退出了历史舞台。

我们在第1章中介绍过的用多个逻辑门组成的触发器、锁存器，就是一种电子存储器，但是其耗费的晶体管数量太多，不划算。能否用一个晶体管就能实现存储数据的目的？做不到，因为晶体管本身是无法锁住某种状态的，其导通/断开与栅极同步变化。但是，可以通过多个开关的组合来实现，而耗费的开关总数量又比触发器少。

3.5.2.1　静态随机存储器（SRAM）

上文中提到过，单个开关是很难作为存储数据的容器的，但是经过先贤们的勤劳探索思考和实践，最终找到了一种多个开关的组合，其可以奇妙的完成这个任务。图3-234为由两个cMOS非门背靠背连接而成的一种电路，这两个非门相互反馈作用形成一种纠缠态，从而可以利用“相互纠缠”来保存住一位数据。在这个器件中，字线（图中的WL，Word Line）是用来控制读写选通的，位线（图中的BL，Bit Line）是用来传送数据到相互纠缠的cMOS反相器对儿（写）或者从反相器对儿中感受（读）信号的。可以看出一个特点，位线有两根，而且要求在写入数据时，必须同时给这两根位线加各自相反的信号，才能让中间的反相器进入纠缠态，比如要写入1，则向左边位线输入逻辑1也就是高电平，同时向右边位线输入逻辑0也就是低电平；要写入0则刚好相反，右边低电平左边高电平。当然，也可以规定写入1时右边高左边低，这个没有关系，只要全都按照一个标准来即可，这两个反相器本身并不挑。

仔细分析一下上图中的第二步，也就是写入过程，根据前文描述的nMOS和pMOS的导通和截止条

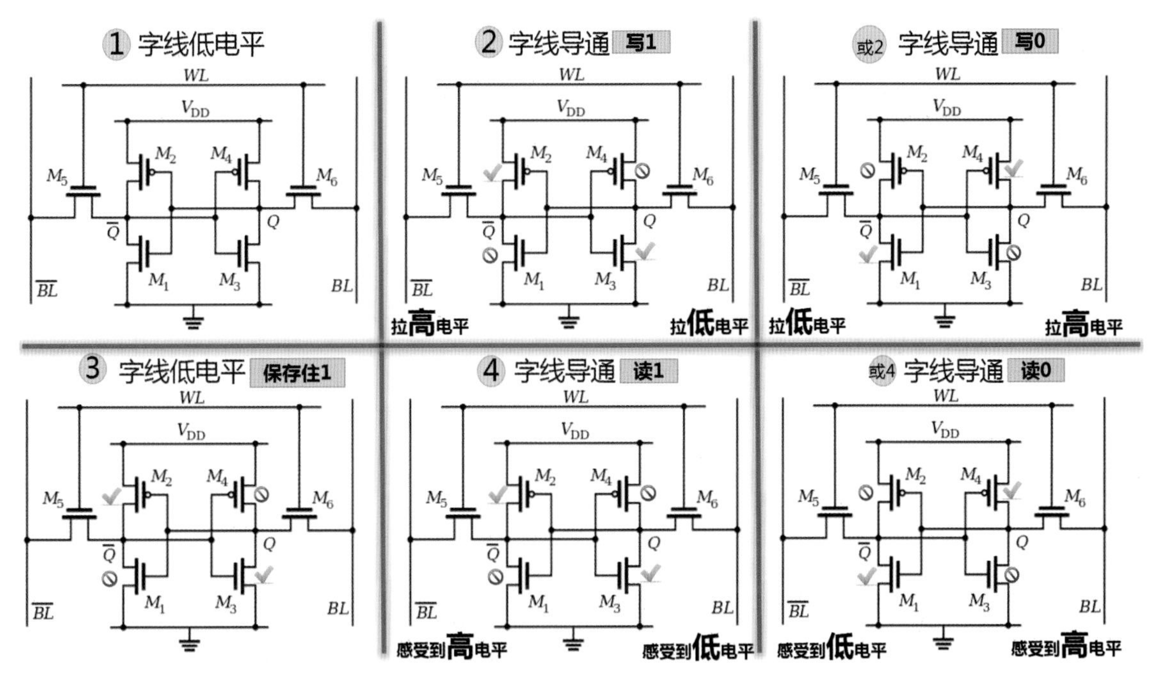

图3-234 cMOS SRAM 1位

件，此时各个点的信号刚好能够让反相器处于纠缠态。在第三步，即便是拉低字线和位线的信号（都为逻辑0），反相器依然处于之前的纠缠态，就像被锁住了一样。在第四步中，尝试将被锁存的数据状态读出来，此时必须将字线导通，让连接反相器对和位线的nMOS管导通从而让外界通过位线探知到反相器对中的状态，可以看到此时虽然连通了外界，但是反相器中的MOS管并未受到影响，而且还可以将对应的信号通过位线导出，从而让外界感受到。外界通过判断两根位线的压差来判断当前被锁存的到底是1还是0。图中“BL”二字上方的横线表示该位线的信号应该与实际数据信号相反。这就是SRAM的存储原理。

提示

SRAM中的Static（静态）意思并不是说存储器中的每个锁存器里的开关都很安静，被存储了1或者0之后，晶体管开关们一直会安静地维持着自己的状态。这里“静态”的意思其实是指电路中的输出和状态完全受电源和输入信号的控制，如果电源不供电，输入信号不输入，那就没有输出逻辑；相反，动态逻辑电路内部会有一些电容，对这些电容充电之后，利用电容可以将供电和信号缓冲保持一段时间，后面我们会看到动态RAM。“RAM”则指存储器中的任何一个锁存器都可以被直接访问，指哪打哪。人们又习惯将组成RAM的每个能够存储1位的细小电路单元称为Cell。

如果使用nMOS来制作类似锁存器，则只需要4个管就够了，如图3-235所示。但是正如前文所述，在节约了面积的同时，会增加功耗。

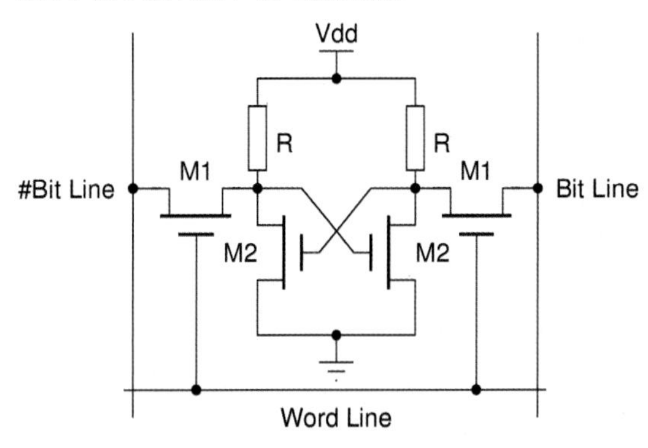

图3-235 nMOS型4管SRAM Cell

上述的SRAM锁存器只能锁存一个位，像磁芯存储器一样，要形成一个矩阵，才能够称得上“存储器”。如图3-236所示为将四行每行8个锁存器横向使用字线将每个Cell的一对控制晶体管栅极并联起来，同时纵向使用位线将每个Cell的控制晶体管源极并联起来，便形成了一个4×8的锁存器矩阵，其可存储的数据容量为32位，也就是4字节。这种锁存器矩阵构成的存储器，被称为SRAM（Static Random Access Memory）。

4字节能干什么用？它除了能暂存一条CPU指令之外其他恐怕什么都干不了了。在上世纪70年代，其主流容量也就是几十千字节。而当前的CPU中的缓存就是使用了SRAM来担任，容量一般在几兆字节到几十兆字节。SRAM中所谓“字线”的含义，就是指一条“字线”并联了一个“字”，一个字是由多个“节”组成的，也就是“字节”。一般规定一个

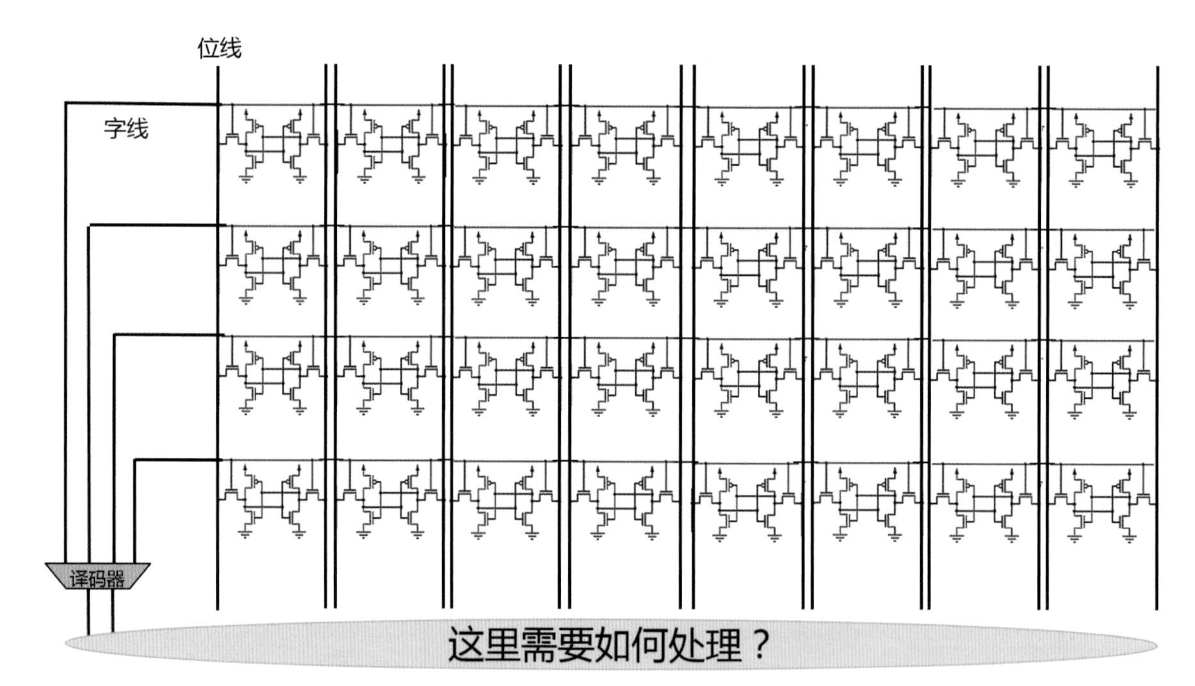

图3-236　SRAM静态存储器的示意图

字含两个字节，每个字节8位。那么也就是说，一根字线最多并联16个Cell了（类似于门顶框下挂16串门帘）？也不一定，“字线”这个叫法早已成为了一种泛指的习惯叫法而已，实际中并联多少Cell都是可以的。再来看看位线，位线之所以得其名，是因为每个位都是从这条线上被写入以及被感受到的。

然而，将多个Cell连接成矩阵只是第一步，数据怎么被可控地写入和读出？按照图3-236中的这种布局，同一行Cell共享字线的控制信号，同一列Cell又共享位线的写入信号和感受动作，而既然作为一种RAM，就可以任意单独读写其中任意一个Cell，具体要怎么做？看到此，你应该对硬件底层已经颇具感觉了，很显然，需要为每个Cell编址，然后还需要某种译码器来将地址信号翻译成字线的信号，将该Cell所处的字线信号置为逻辑1，也就是拉高电平，此时这一整行Cell的控制晶体管都被导通；然后还需要将该Cell所在列的位线选中，如果是写则直接向该位线上放置对应信号，如果是读则将该位线上的信号导出保存。所以，还需要区分读和写，其行为不一样，需要有一路WE（Write Enable）信号来控制。通过选中对应的行和列，就可以仅仅对这个位于行列交叉点上的Cell进行读写了，而丝毫不影响其他Cell。因此，一片SRAM需要有行译码器和列译码器，图中只画出了行译码器。欲知详情，请继续往下看。

回顾

再来回顾一下。触发器是另一种可以存储数据的开关电路，其与锁存器的不同点在于，其为时钟边沿触发逻辑变化而不是电平触发。通俗来说就是，当信号从0跳变到1或者1跳变到0的这非常短暂的期间，电路的逻辑就被改变了并且状态维持不变，这叫边沿触发；而仅当电平达到稳态高电平或者低电平时电路逻辑才被触发的话，这就是电平触发。上文中给出的SRAM锁存器电路是电平触发的，人们习惯性地将电平触发的开关存储器叫作锁存器，而仅将跳变触发的开关存储器叫作触发器。电平触发的应用场景是那些需要持续触发某类逻辑产生的场景，比如中断CPU运行，由于有大量外部中断抢占CPU，某个外设想要中断CPU的话，就需要将自己的中断信号一直保存在高电平，这样就会一直触发中断控制器的内部逻辑，让它知道你一直在要求中断。当中断控制器响应了你的要求之后，你再拉低信号，并且直到下一次要求中断之前，这个信号一直是低电平。而边沿触发的应用场景就是那些只“吆喝”一声就不再吆喝的场景，从低电平上拉到高电平瞬间触发一次逻辑，在保持高电平的期间没有任何事情发生；当从高电平被拉到低电平的瞬间，可以再次触发一次逻辑，在保持低电平期间也没有任何事情发生。所以你可以感觉到，边沿触发的选择性更强，可以在很精确的时间内控制逻辑的发生和关闭，而电平触发则选择性差，因为电路不是高电平就是低电平，不是触发了正逻辑就是触发了负逻辑，所以对于那些非正即负的很规则而且确定的场景，可以使用电平触发，而需要高精确选择性的时序控制的场景，需要使用边沿触发，由于边沿触发的高选择性触发，其抗杂波干扰能力也很强，因为在非触发周期，任何外部信号都不会影响其逻辑。不过边沿触发的寄存器的读写速度相比SRAM来讲基本持平，所以CPU内部的缓存一般使用SRAM来充当，而核心内部的寄存器则都采用边沿触发器来充当，因为核心内部的组合逻辑电路模块之间会被嵌入寄存器来控制时序，此时最好使用边沿触发。在本书第4章中你将会对此深有体会。

图3-237为一个SRAM锁存器Cell的平面版图微观3D模型。图3-238则为cMOS器件的基石也就是cMOS非门/反相器的版图和3D模型。平面版图是对MOS管、电极、导线、触点等的布局描述，通过这种描述图，芯片制造商便可以将这些布局一层层地刻到芯片表面，并经过上百道工序，最终形成了图3-238右图所示的3D结构，相关知识可以回顾前文。

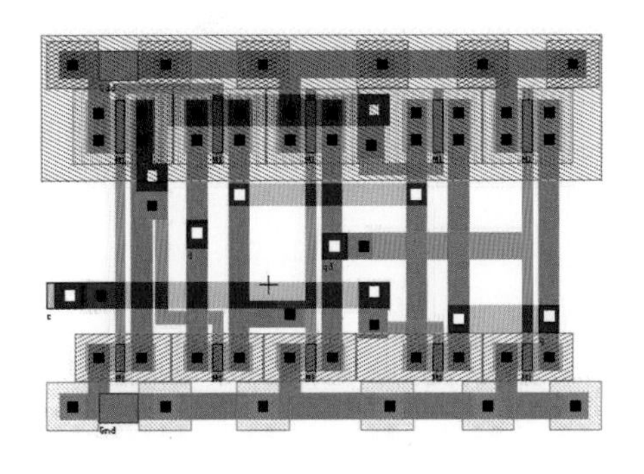

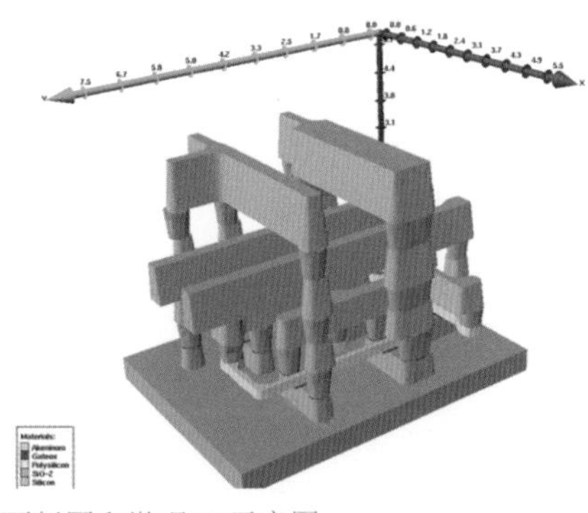

图3-237　SRAM Cell的平面版图和微观3D示意图

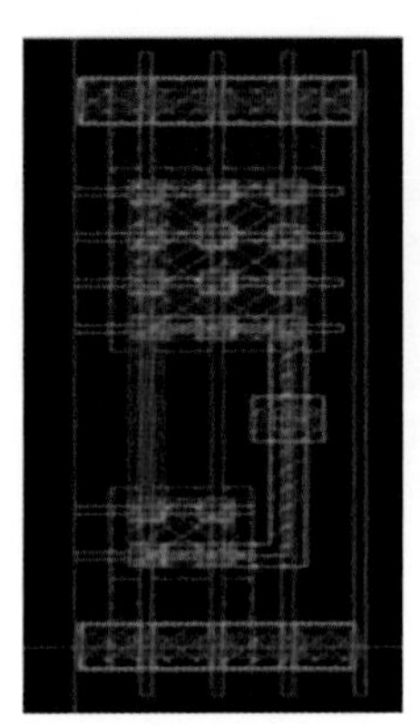

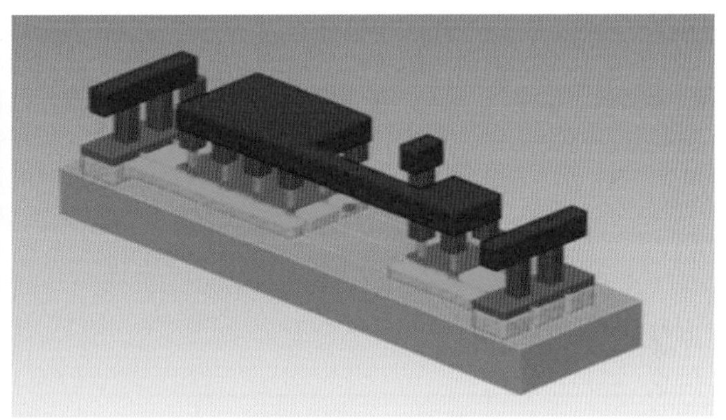

图3-238　cMOS非门/反相器的版图和3D模型

图3-239为1989年出产的一百万位存储容量的SRAM芯片，一般来讲，人们把各种类型的存储器芯片俗称为“颗粒”。图3-198中可以看到由多片SRAM芯片组成的内存板。

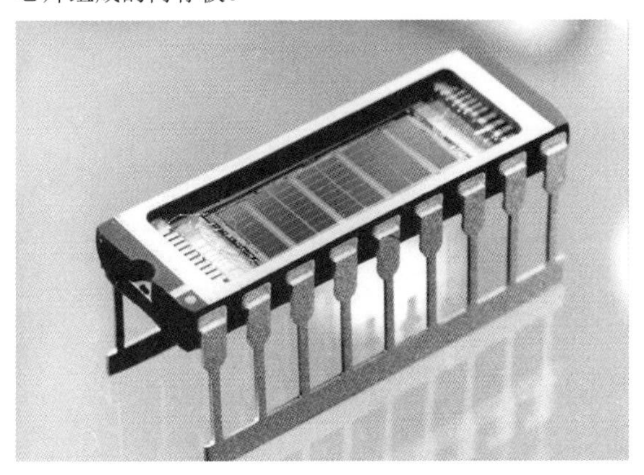

图3-239　一百万位的SRAM芯片

3.5.2.2　动态随机存储器（DRAM）

SRAM的读写速度与锁存器/触发器相当，所以其多被用于芯片内部的高速缓存存储器，但是由于SRAM没有边沿触发特性，所以无法被用作寄存器。

提示▶▶

一般来讲，CPU访问寄存器需要1个时钟周期，访问Cache则需要3到4个时钟周期，既然它们本质相同，为何后者速度要慢呢？要理解一点，缓存输出数据慢于寄存器，那是因为缓存控制器需要在缓存里查找“当前某个全局地址上的数据是不是在缓存中某个地方放着”，这个操作会耽误2到3个时钟周期。而寄存器中存储的内容不需要搜索，是指哪打哪，因为机器指令里直接就带有寄存器号标识。另外，缓存容量比较大，其电路就更复杂，寄生电容就更大，充放电时间长，运行频率自然就无法做到与寄存器相同。

但是也可以发现，如果采用cMOS工艺，SRAM存储器每个Cell需要至少6个MOS管来组成，为了提高存储密度，是否有可能采用更简单的设计，比如只用一个单开关来存储数据？这看上去是不太可能的，的确不可能只用一个开关就能存储并且读出数据，但是如果再加一个可容纳电荷的电容，情况就不一样了。如果能够控制这个开关对电容充放电，那么这个简单的东西就可以表示1和0，再将大量的开关+电容连接起来形成矩阵，加入地址译码和读写控制外围电路，那么其容量密度便会非常高，便可以达到吉字节（Gigabyte，GB）级别。因此，如果将SRAM中的6管Cell替换成1管+1电容，其他不变，那么理论上就可以得到一种新型的存储器了。图3-240为使用开关+电容作为Cell组成的存储器阵列，其被称为DRAM，也就是动态随机存储器，所谓动态就是指向电容中充电之后，电容中的电荷会保存一段时间，即便此时断开电路，电荷也不会马上漏掉，这就是动态电路的特性。

与SRAM中利用4个开关的相互纠缠制约状态来表示1和0不同，这种新型存储器逻辑很简单，电容被充了电就表示1，被放了电就表示0。然而，正如上文介绍SRAM时那样，如何对读写进行有序的控制，才是关键问题。现在我们来详细分析一下这种新型存储器阵列的读写控制过程。图3-241为一个4行4列存储器Cell阵列，现在我们需要从中读取某一个位。

（1）预充电阶段。这一步很诡异，要产生三个问号：第一，对谁预充电？第二，行之作甚？第三，充电到什么程度？要回答这三个问题，就得先理解外围电路是如何去“感受”Cell电容中的电压，从而判断其中存储的是1还是0的。假设如果不加任何处理，直接将Cell开关导通，也就是把电容接入了位线，此时位线电压=电容电压，如果电容有电，则位线电压升高，此时可以将位线接入一个感应MOS管的栅极，当电压升高导致该MOS导通从而感受到“1”；如果电容里没电，则电压不变，MOS不导通，从而感受到“0”。这种方法理论上是绝对没有问题的，但是实际中绝对是有问题的。首先，这种电容绝对不是你平时看到的那种电解电容，它极其微小（如图3-246所示），可容纳电量极低，当将其接入位线之后，位线可是很长的，图示只是一个4×4矩阵，实际上会有4K×4K的矩阵，那时，位线本身可容纳的电量已经比这个电容大多了，所以电容的电量与位线充分融合之后，位线上的电压只会有非常微小的变化，根本不足以导通下游的感应MOS。另外，位线上原本的电压也是不可知的，假设导通感应MOS管需要2V电压，位线原来电压为1.5V，电容接入后可升高0.2V电压，则此时位线总电压为1.7V，依然不足以导通MOS。并且位线有很多条，各自电压也会参差不齐，完全不可控，需要使用其他手段来解决这个问题。经过上述分析，有点感觉的人应该已经知道该怎么做了。首先，位线电压不可知和参差不齐的问题，可以使用预充电解决，比如将所有位线统一预充电到某个统一的电压；好，那么电量不足以导通MOS管的问题如何解决？是否可以预充电到1.9V，当电容接入后总电压2.1V从而导通MOS管？理论上可以，但是实际上行不通，因为这需要非常精确地控制，而且你要祈祷电容里的电量真的足够可以提升0.2V的电压，所以这还是不可控。怎么就可控了？需要换个角度想，如果能够用一种“比较”的方式来确定电容里是否有电，那就

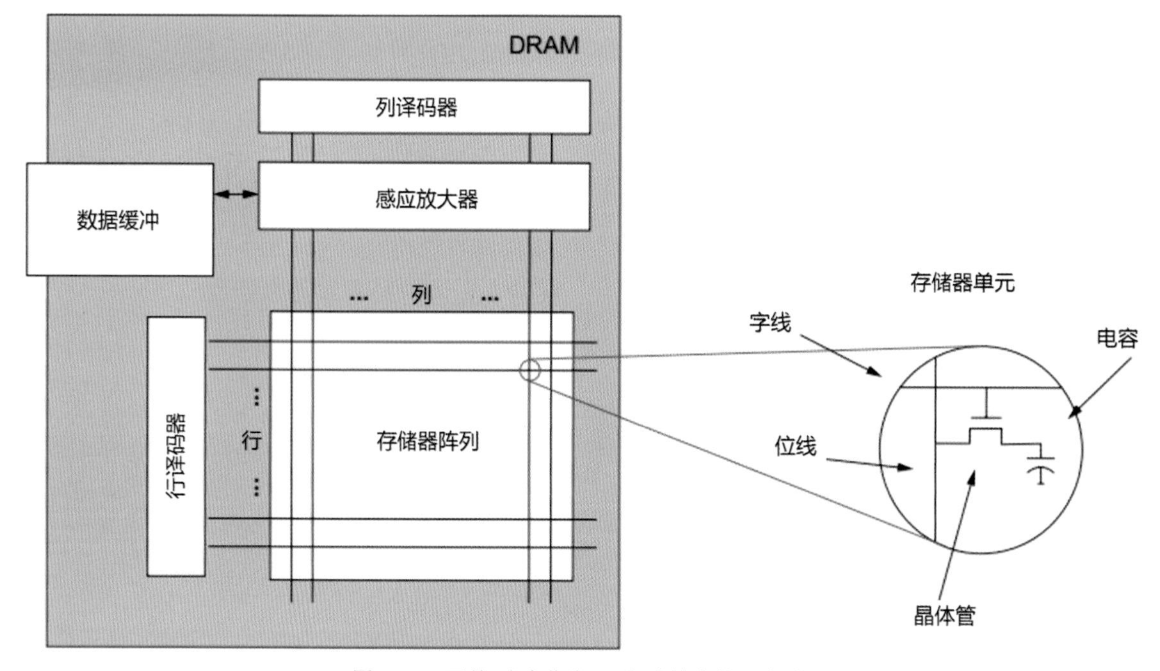

图3-240 开关+电容作为Cell组成的存储器阵列

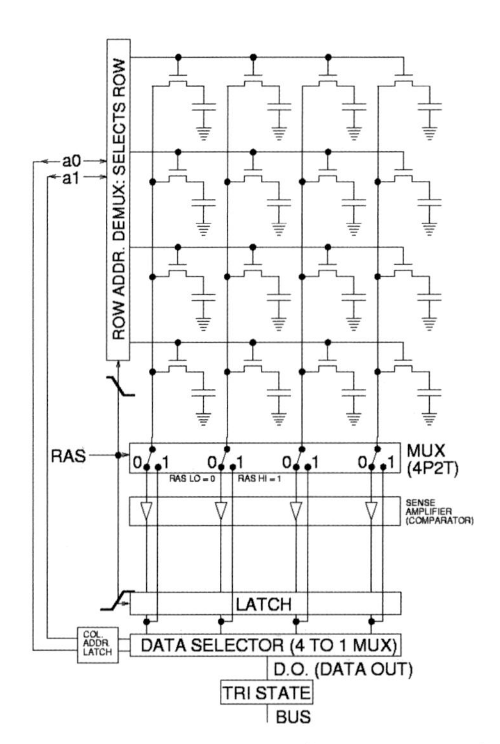

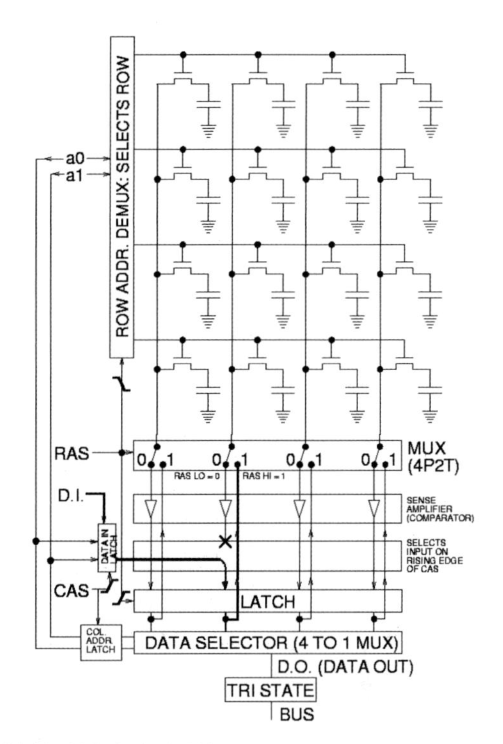

图3-241　RAM Cell矩阵的外围控制电路才是关键

不需要控制绝对量，只需要控制相对量即可，比如，如果规定2V代表逻辑1，0V代表逻辑0，那么充了电的电容电压会在2V附近（请不要与上文的0.2V混淆，上文是说在1.9V的基础上增加0.2V，证明此时电容电压至少为2.1V可能还高），没充电的电容电压则在0V附近，此时如果将位线充电到1V附近的话（被充电的电容电压就算达不到2V，但怎么也不可能到1V以下；没被充电的电容电压就算没落到0V，但怎么也不可能到1V以上），当把电容接到位线之后，位线电压从1V开始略有或者显著升高的话，表示电容中是有电的；降低的话则表示电容中没电，至于升高或者降低多少，就不是关键了，所以不用去测量这个绝对值，此时就变得可行了，只要用一个比较器来感应这种电压的不同，即可将这种逻辑转换成0和1，也就是将微弱的差别放大成足够驱动栅极导通开关产生1和0逻辑的电压差。图3-242为这种器件的原理图，其有个学名叫作Sense Amplifier，简称S-AMP或者干脆SAMP。至此，我们明白了为何要预充电、给谁预充电、预充电到什么程度。充电完成之后，充电电路断开，让位线电压自生自灭，由于位线较长，有一定的电容量，所以其电压会保持住一个短暂的时间，不过已经够用了。

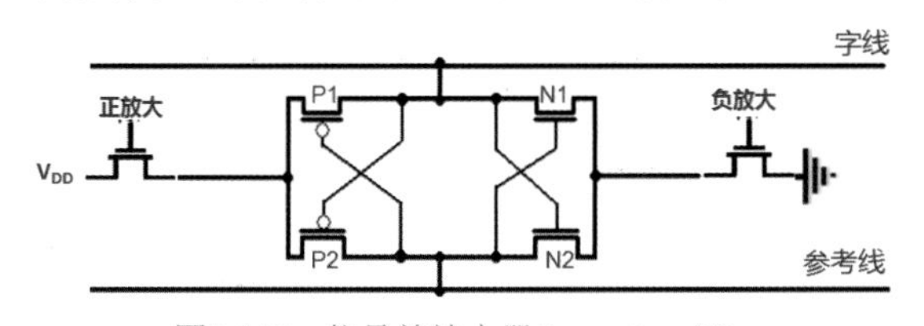

图3-242　信号差放大器Sense Amplifier

（2）整行导通阶段。行译码器根据地址信号译码出行地址，然后将对应行的字线拉高电平导通，此时该行上所有Cell电容将于其位线连通，由于位线之前已经被充电到1.0V电压，每条位线的电压将发生变化，连接了表示逻辑1的Cell的位线电压将升高到1.2V左右，连接了表示逻辑0的Cell的位线电压将降低到0.8V左右。

（3）感受放大阶段。由于所有位线都被接入SAMP器件，在这里，微弱的0.2V的差值被SAMP检测并放大。其放大原理如下：参考线作为参考电压信号，比如根据上文中的前提，将参考线电压设置为临界值1.0V，也就是在给位线预充电的时候将参考线一起预充到1.0V；此时字线电压已经是与Cell电容融合之后的电压。P1和P2导通电压为0.8V，N1和N2的导通电压为1.2V。如果此时字线电压为0.8V（表示Cell存储的信息为逻辑0），参考线电压为1.0V，那么N1和N2均截止，P1截止，P2导通。此时，令“负放大”和“正放大”两个控制门同时导通，由于P2已导通，电源V_{DD}会透过P2对参考线充电使其电压持续上升到与V_{DD}接近的值，由于参考线电压此时足够大，N1开始导通，结果就是字线上仅存的一点电荷透过N1和负放大控制门流向了接地端，电压趋近于0。可以看到0.2V微弱的差值，就被这样放大成了≈V_{DD}了。此时，字线电压接近0V，与Cell中所表示的逻辑值相符。同理，Cell存1的时候发生的逻辑大家可以自行推导，结果是字线电压被放大到接近V_{DD}。所以，正放大负责将原本电压较高的导线的电压继续升高到V_{DD}，负放大端则使得原本电压较低的导线电压继续降低到0V。

（4）**锁存被读出的数据阶段**。每一条位线底端都连接着一个SAMP单元，位线电压被放大之后，SAMP从位线上将感受到的信号锁存到锁存器中保存。这里要了解的是，这种新型的存储器需要依靠前文中描述的锁存器来暂存读出的数据。这里有一点需要注意的是，数据是以一整行为单位读出来的。虽然我们只想读取其中某一位（很早时候夭折的RAMBUS内存标准是只读取一位的，由于其过于高端，最终导致其夭折），但是已经读出的数据不会作废，因为一般来讲，CPU每次会读取至少比如8字节的数据（64位CPU），所以这一行一般都会被连续的访问到，后续再访问就不需要重复刚才的动作了。

（5）**数据刷新阶段**。由于那些之前被充了电的Cell的电荷在上一步中被释放了出来，那些未被充电的Cell在上一步中却被稀里糊涂充了电，所以这行数据状态也就面目全非了。何解？那自然是重新对它们充放电了。所以，在SAMP成功感受到位线电压之后，需要立即把数据再给它存回去。对于那些之前是逻辑1的Cell，SAMP会一脚再给它充电踹回去，来吧走你！对于那些之前是逻辑0的Cell，SAMP会强行给它放电拉出来，在里面呆上瘾了还，出来吧你！这个过程叫作数据刷新操作。

（6）**数据位选择阶段**。列地址译码器根据所请求的地址译码出列索引，通过*N*对1选择器（复用器）从对应的锁存器中将对应位信号导出，传递给数据IO电路，从而送入数据总线，送给其上游器件比如内存控制器，内存控制器再将数据送入CPU内部缓存。

（7）**后台持续自动刷新**。由于DRAM Cell里的电容太过微小而且密集，其根本不会把电荷保存得太长久，在不到100ms的时间内，其电荷便会泄漏一空，如果不加处理，就无法保存住数据。所以内存芯片内部需要自己不断地刷新所有数据，也就是读出来然后再写回。这个动作，每隔64ms就要来一次，每来一次，需要耗费9个时钟周期，此期间所有访问请求都要暂挂。

提示

SAMP是个如此重要的电路模块，所以这方面有大量的先贤们在研究，包括降低功耗、提升速度、节约晶体管数量等许多方面。比如，对于参考线，有人就想出了节省导线数量的设计方案。

如图3-243所示，如果人为地将Cell矩阵分成两组，当对其中一组的某一行进行读取操作时，可以使用另一行的位线电压来作为参考线，这样就不需要单独的参考线了，节省了导线的数量。

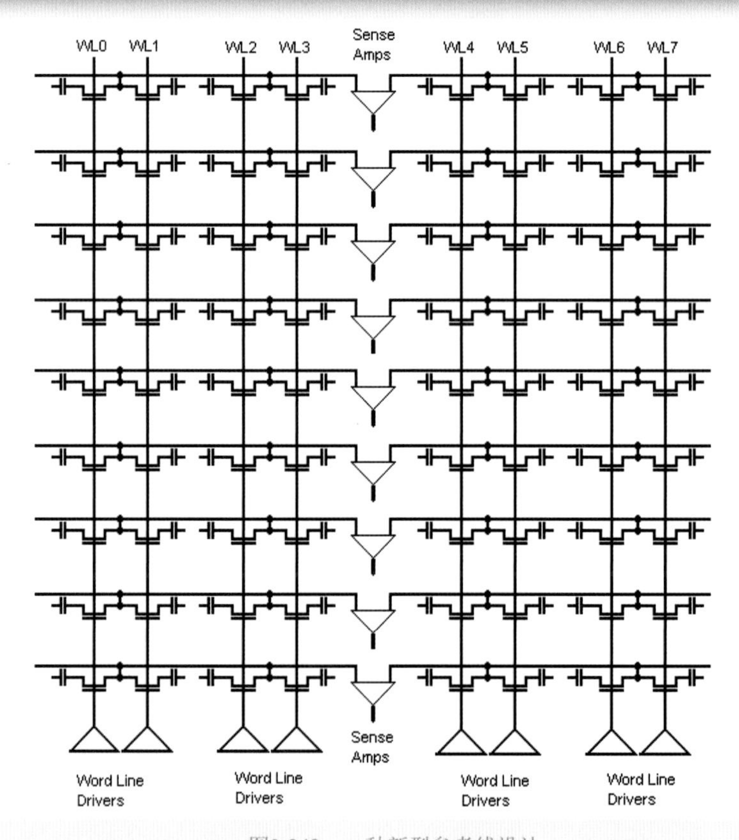

图3-243 一种新型参考线设计

此外，这种将微弱差值放大成直接可感受并且可以驱动电路开关逻辑的足够电压信号的器件，又被称为差分放大器，CPU逻辑运算单元里的比较器其实也是类似电路核心，只不过外围控制逻辑和结果处理方式上不太相同罢了。不管是差分放大还是比较器，其核心都是一个背靠背相互纠缠作用的锁存器电路，这是该电路的奇妙之处。有些场景主动使用差分，也就是故意产生压差，比如高速数据传输，其好处是抗干扰能力超强，因为就算波形被干扰了，也是两条线一起干扰，其两者的差值几乎恒定不变，在接收端使用比较器翻译成0和1的信号即可实现数据传送了。

提示

还有一类刷新动作称为自刷新（self refresh）。当系统待机时，内存需要被供电以便保存其中数据，此时由于位于主板芯片组或者CPU内部的内存控制器已经停止工作，所以需要靠内存芯片里自己的逻辑来自刷新。当然，在系统待机之前，内存控制器会发送对应的操作信号给内存芯片从而让其进入自刷新模式。

（8）收尾动作。当数据读取完毕之后，字线电平拉低关闭，SAMP关闭，位线预充电，进入下一个读写或者刷新周期。

对于写入操作，执行的步骤其实与上述步骤基本相同，由于写入操作也需要把某行的字线导通，也就是“开行”，只要开了行，电容就会被暴露，里面的电就会被破坏，所以写入操作其实等同于先被动地读出，然后再写入要更新的数据位，然后封行将数据保存住。

可以看到，这种新型的存储器其内部使用了动态电路，也就是使用了电容的一些特性，所以被称为动态RAM（Dynamic RAM）。也正因如此，其在降低了晶体管数量提升了存储密度的同时，代价也是相当大的，那就是速度大大地降低了，因为给电容充电是需要一定时间的。由于DRAM每个存储单元只由一个开关和一个微型电容组成，每一列单元只需要一个SAMP放大器，所以相比SRAM每个存储单元6个开关来讲，存储密度大大增加。

提示

SRAM的Cell不使用电容，那么其读写过程是否可以是非常简单的导通字线，然后直接感受正反位线的电压（内部MOS管都是由电源在供着电所以信号足够强），即可得出Cell中存放的数据状态？理论上是可以这么做，但是实际上不行。因为给Cell内部MOS供电的电源无法驱动太长的位线距离，另外位线上的信号形变/畸变/干扰也时常会存在。所以SRAM外围控制电路也沿用了DRAM同样的设计，给位线预充电，使用SAMP感受正反位线的电压差从而读出数据。但是SRAM不需要给电容充电和刷新，所以其速度相比DRAM要快得多。

SDRAM（请注意不是SRAM）是DRAM中的一种。其中的S表示同步，意思是其工作的时候与时钟频率是同步的。相比之下，异步存储器则意味着工作时不完全与时钟频率同步，或者根本不需要时钟信号的输入，向其发送读写命令之后，其内部异步地读写数据，然后通过外部信号通知外围控制器件。异步RAM很少被使用。图3-244为SDRAM存储芯片内部模块示意图，可以根据上文所述的原理理解一下。

图3-245为内存控制器与内存芯片之间的联系形式。控制器与存储芯片之间的接口规范目前主流是DDR4。这里限于篇幅所限，就不多做介绍了。

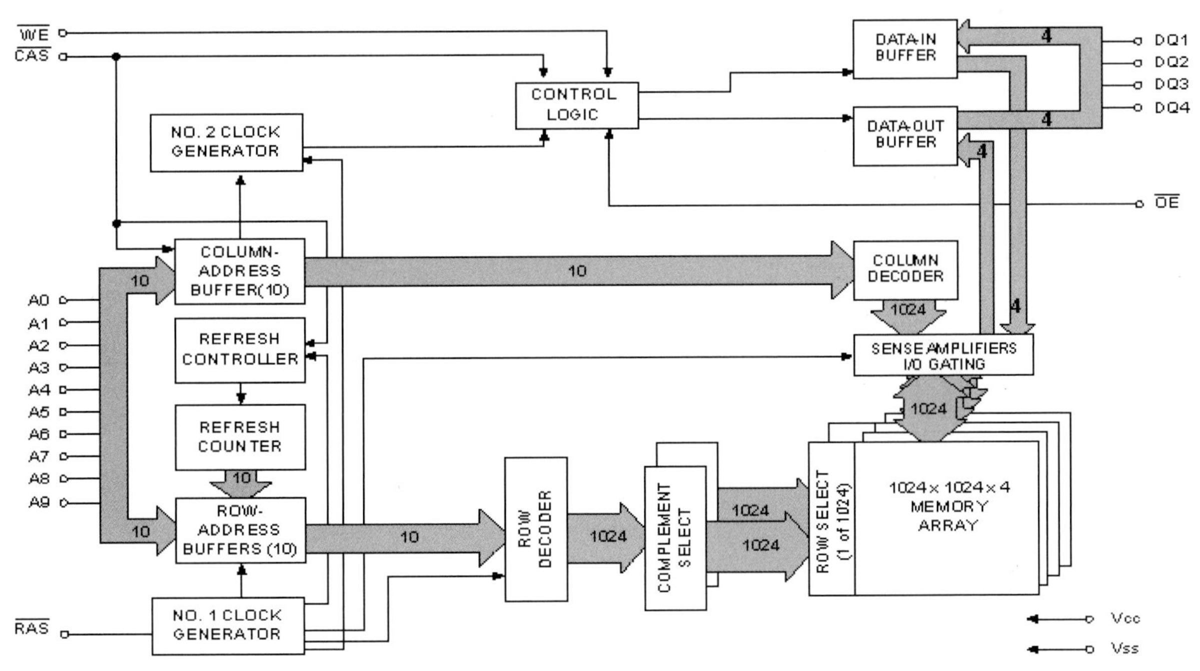

图3-244　SDRAM芯片内部模块示意图

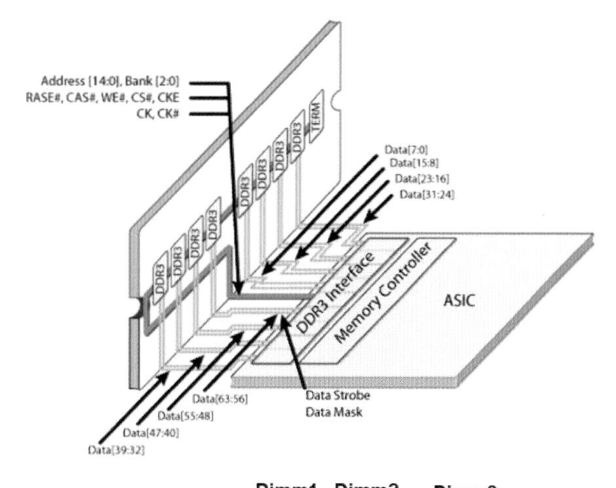

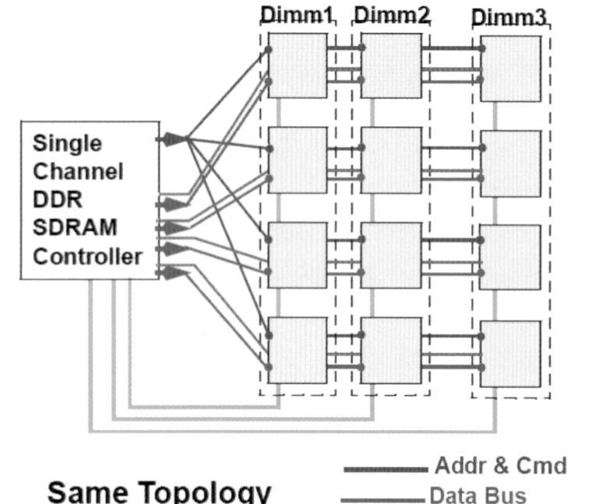

图3-245 内存控制器与存储器芯片之间的联系

最后有必要看一下DRAM器件的物理微观形态，尤其是那个电容，到底长什么样子？如图3-246所示，可以看到一个电容就像一把钳子一样，伸出两根导体。

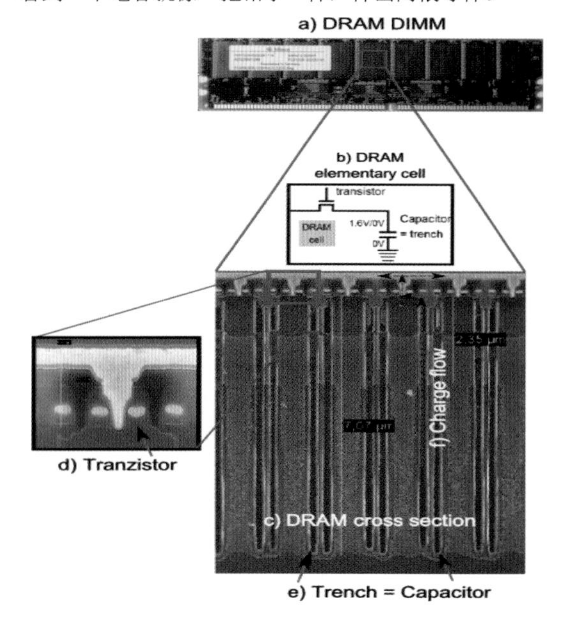

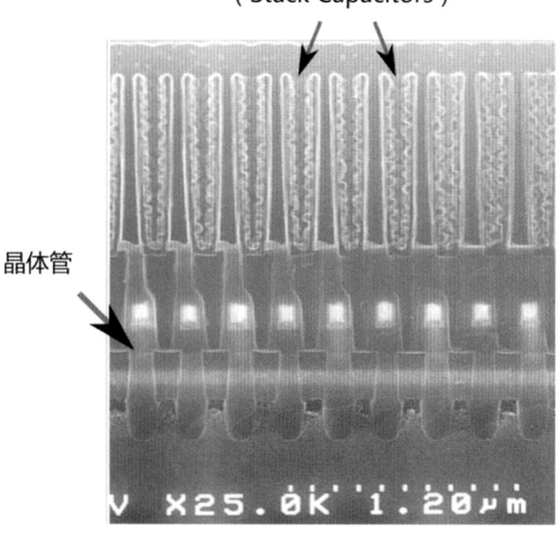

图3-246 DRAM电容的微观形态

3.5.2.3 Flash闪存

SRAM和DRAM在电源切断后均不能继续保存数据，所以多被用于缓存及程序运行时临时存储，这叫“易失性存储器”。而“非易失性存储器”就是指磁盘光盘磁带等介质了，不过这些介质速度都很慢，因为它们都是靠机械装置来读写数据。而Flash则是这几年兴起和普及的一种完全利用MOS管存取数据的非易失性存储介质。

是否记得前文中提到的耗尽型nMOS管？其绝缘层内部被掺杂了一些带正电的离子，即便是栅极不加电压，这些正电离子就足以感应出沟道了；也就是说，这些正电荷是可以被永久存储在绝缘层内而不依赖电源供电的。如果可以对这层绝缘体灵活地充电和放电，充了电便感应出沟道从而导通MOS管，放了电就截止MOS管（实际上是刚好相反的，详见下文），此时这层绝缘体相当于一个电容，不就可以表示0和1了么？所以，只要对nMOS管加以改造，即可很简单地实现非易失性。

如图3-247所示，在MOS场效应晶体管的栅极下方增加一小片包裹了一层很薄绝缘体的金属作为容纳电荷的电容。当晶体管导通时，由于栅极正电压的电场力驱动，电子除了从漏极经过沟道流向源极之外，还顺变被电场力吸引并击穿这一薄层绝缘体到达金属电容内部驻留。当栅极电压消失后，MOS管处于截止态，但是电容里的电子由于绝缘体包裹而无法逃逸，于是便形成了永久存储数据的Cell。（注意，NAND Cell并无法永久存储数据，金属电容中的电荷经过一段时间之后就会自行漏掉，比如几个月到一年。）

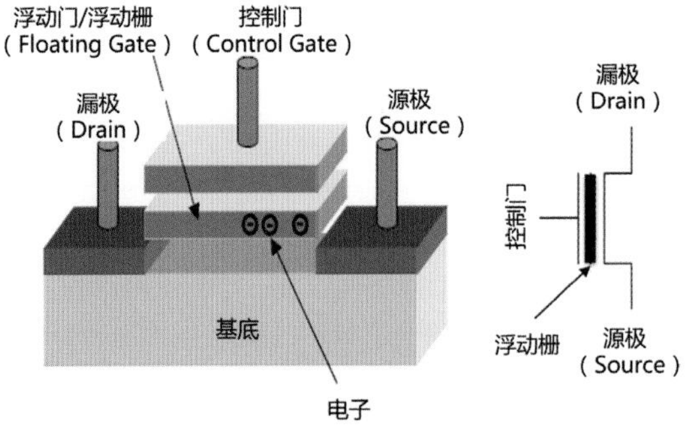

浮动门/浮动栅
(Floating Gate)
控制门
(Control Gate)
漏极
(Drain)
源极
(Source)
基底
电子
漏极
(Drain)
控制门
浮动栅
源极
(Source)

图3-247　Flash闪存的Cell原理示意图

由于将“电容”和三极管融为一体，所以Flash的存储密度要高于DRAM/SRAM，但是由于充电放电速度比DRAM要慢了（因为需要击穿绝缘体层），所以Flash的速度是赶不上RAM的。

MOS的导通并不是非通即断的，就算截止状态，也会有电流漏过，只是非常弱而已。这里还要明确一点，向绝缘层内充电是指充入电子，充入负电荷，则栅极电压越负，那么nMOS就越导不通。也就是说，被充了电的MOS管，其源极漏极间的漏电电流就越弱；没被充电的则漏电流强一些；而栅极加了正电压的（吸走栅极上的电子）就不能用漏电流来描述了，而是需要用“导通”来描述源极漏极之间的电流了，也就是电流会远高于漏电流级别。

正是基于上述原理，从而可以检测出这种微弱电流的差别，也就可以判断Cell中之前到底是充了电还是没充电了。用什么手段？还得SAMP上阵了。如图3-248所示，闪存Cell矩阵的连接方式与SRAM和DRAM都不同，后者是用字线和位线把所有Cell并联起来，而闪存Cell则是字线并联、位线串联，这样可以节省导线的数量，提升存储密度，但是也降低了数据存取速度。每一块矩阵被称为一个Block，一个闪存颗粒芯片中有大量的Block。每一横行被称为一个Page，每次读写必须一次性读/写整个Page。

当要读取某个Page的时候，首先强制导通该Block中所有其他Page中的所有Cell中的MOS管，要读取的Page中的MOS栅极不加电压，其他Page的栅极全部加5V电压。然后给该Block内所有的位线预充电（充正电荷，拉高电平），再让位线自己漏电，如果对应的Cell里是充了电的（充的是电子负电荷），那么MOS截止性会加强，漏电很慢（位线电压会维持在高位更长时间）；如果没充电，则漏电很快（电压相对维持在低位），所以最终SAMP比较出这两种差别来，翻译成数字信号就是，充了电=电压下降得慢=电压比放了电的位线高=逻辑1。这么想你就错了。此处你忽略了一点，也就是SAMP不是去比对充了电的Cell位线和没充电的Cell位线，而是把每一根位线与一个参考电压比对，所以，这个参考电压一定要位于两个比对电压之间。

具体过程是这样的。假设所有位线预充电结束时瞬间电压为1.0V，然后让位线自然放电（或者主动将位线一端接地放电）一段时间（非常短），在这段时间之后，原先被充了电的Cell其位线压降速度慢，可能到0.8V左右，而原先未被充电的Cell其位线压降速度较快，可能到0.4V左右，每一种Flash颗粒会根据大量测试之后，最终确定一个参考电压，本例中应该是0.6V，也就是位于0.4V和0.8V之间。那么当SAMP比对充电Cell位线时，参考电压小于位线电压，SAMP普遍都是按照参考电压>比对电压则为逻辑1，小于则为逻辑0，所以最终的输出便是，充电Cell反而表示0，放了电的Cell反而表示1。这也正是NAND 中的“N”（NOT，非）的来历，AND则是“与”，表示Cell的S和D是串接起来的，相当于串联的开关，它们之间当然是AND逻辑了。

当要向Flash Cell中写入数据时，就需要对Cell进行充电（写0）或者放电（写1）。如图3-248右图所示，充电需要在对应Cell的字线上加高压，将电子从位线上吸入电容；而放电则是从位线上加高压，将电容中的电子吸走。很显然，对同一个Page中的不同Cell无法做到有的Cell充电有的放电，因为这会影响其他Page中的Cell，大家可以仔细推导一下。于是，NAND Flash采用了另外一种方式来写入数据，具体就不再多描述了，有兴趣可以阅读冬瓜哥另外一部著作《大话存储终极版》。

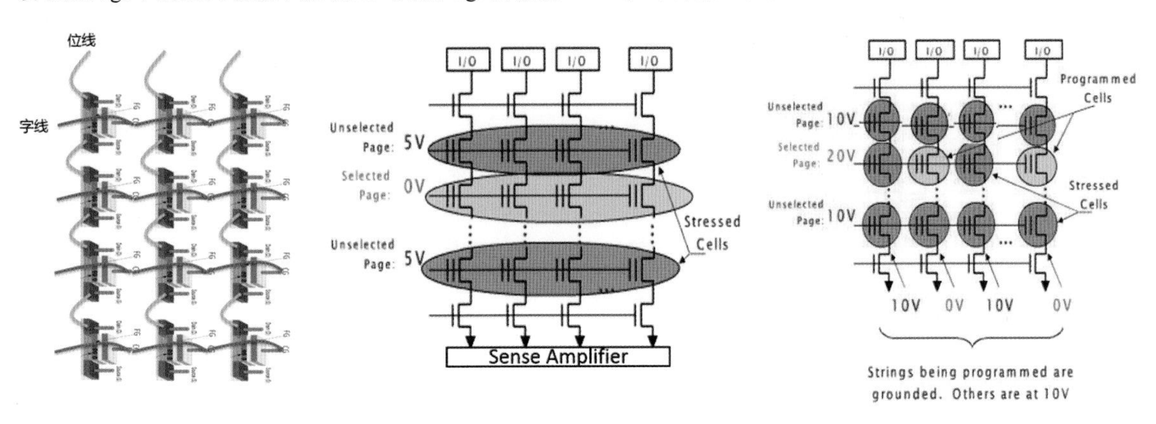

图3-248　NAND Flash Cell矩阵

3.5.2.4 只读存储器（ROM）

Flash Cell中储存的电荷经过一段时间会自行漏掉，所以不能够作为长期保存数据的介质。要想永久的保存数据，则需要另外一种存储器——只读存储器（ROM，Read Only Memory）。

图3-249为ROM，其内部逻辑是出厂时就固定好的，也就是光刻蚀刻过程固定死的不可再改。可以看到，当字线和位线的交叉点上有MOS管时，当行选/字线信号拉高时，MOS管对地导通，导致整个位线压降，信号经过一个前置驱动门之后被反相，所以反而表示1；没有连接MOS管的地方，被选通之后便表示0。

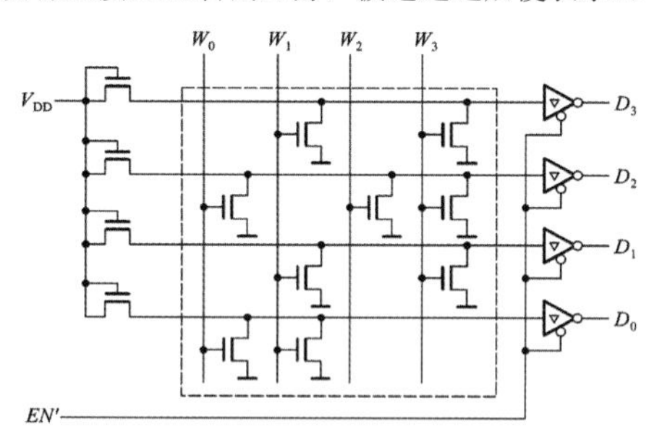

图3-249　ROM内部结构

可编程只读ROM，也就是PROM，其可供用户自行编程一次，但是只能写一次，就固化了。如图3-250所示，其原理是每个交叉点上都放一个MOS管，同时将漏极和位线之间用很细的熔丝连接，熔丝连接的时候表示1，默认是全部连接着的。当要让某个位表示0的时候，需要对对应的位加高电压，大电流会将熔丝熔断，即表示了0。烧断之后的熔丝不能够再重新连接，所以是一次性编程的。成本也比纯只读ROM高。还有另一种实现方式，也就是用绝缘材料取代熔丝，编程时加高压永久击穿绝缘层，该点就会变为永久导通。

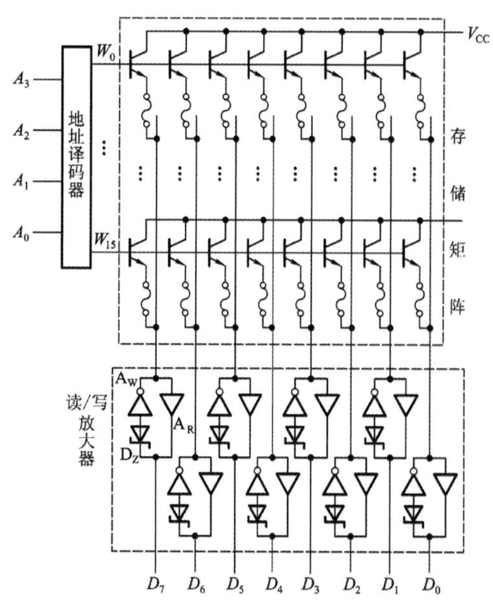

图3-250　PROM

还有一类EPROM，也就是可擦写PROM，其存储单元与Flash类似，只不过栅氧化层较厚。擦除方法是通过紫外线照射，栅氧化层产生物理反应，出现游离电子和空穴，从而为浮动栅极内电荷提供了放电通道而被放电，然后重新编程。也可以用阳光照射，一周即可放完电；荧光灯也可以，需要一年。

还有一类EPROM，两个E分别表示Electronic和Erase，也就是电可擦写PROM，紫外线照射太麻烦，后来发明了直接使用电路进行放电的EPROM，就方便多了。其和Flash的区别还是速度太慢。

再后来就是Flash了，其栅氧化层很薄，再加上其他工艺的提升，使得其速度变得较快，也是目前常用的ROM形式。

然而，实际工程中需要考虑太多问题，第2章中的那些CPU架构图在具体的电路实现上，很有可能最终会是面目全非。设计架构和逻辑的角色常常被称为集成电路前端工程师，而负责将这些逻辑最终转化为实际电路的角色，则被称为集成电路后端工程师。

3.5.3 光存储器

冬瓜哥至今还保留了一些光盘，比如某杀毒软件的安装盘等，其中也不乏当时刻录下来的一些内容，但是里面的东西现在基本可以说是没用了。不过试了试用光驱读了一下，10年前的CD-R刻录盘依然可以读出。

3.5.3.1 光盘是如何存储数据的

商品光盘是在聚碳酸酯表面压出凹坑，利用凹坑边沿表示1，坑底或者上表面都表示0。有人可能会有疑问如果两个连续的1应该怎么表示，光盘里的数据是经过特殊的重新编码的，会保证不出现两个连续的1，如图3-251所示。当仔细观察光盘表面时，会发现上面有非常细密的反光点，这些反光点就是由表面致密的不平整凹坑导致的，如果没有凹坑那就和看一面平整的镜子一样了，什么都看不出来。

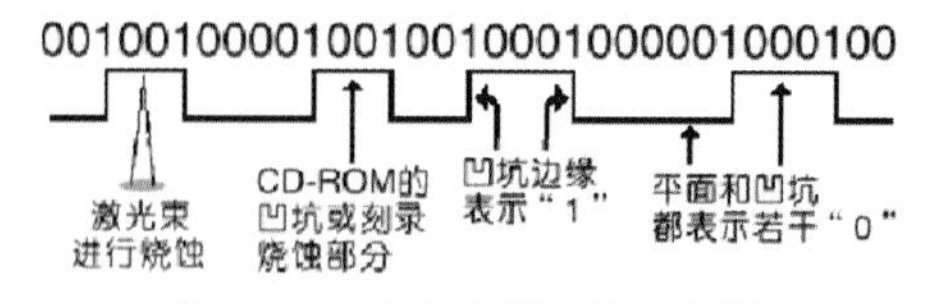

图3-251　光盘表面凹坑示意图

把布满凹坑的盘片表面喷镀一层铝反射膜，当激光照射到凹坑时，凹坑的内壁对光产生了散射作用，并不是所有光线都原路反射回去，所以接收到的反射光强度变弱；而照射到没有凹进去的地方，反射光强度比凹坑所反射的要强。将光强度用光敏器件转换成连续变化的电流/电压的信号，并用采样器采样成数字信号，并保存到缓冲存储器中，便实现了数据的读出。

实际中的装置与迈克尔逊干涉仪类似。采用一块半透半反射的玻璃，既能够投射光源发出的激光，还能将反射光反射到探测器，如图3-252所示。

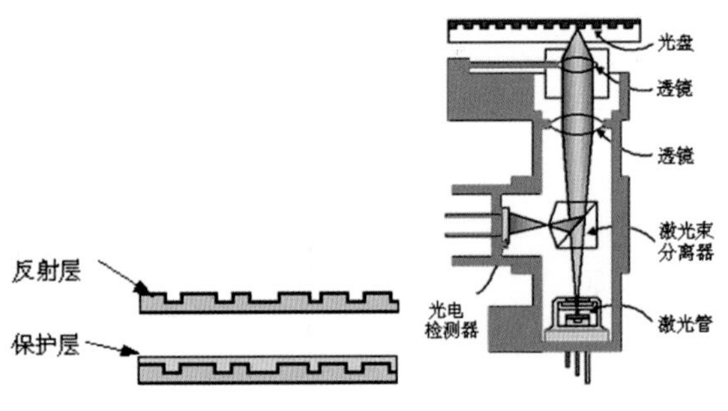

图3-252　激光头原理示意图

CD-ROM系统采用的是780nm波长的红色激光光学系统，凹坑深度约为0.11μm，最小宽度约为0.83μm。如果要表示连续的0，则凹坑宽度会变宽。光道之间的间隔约为1.6μm，如图2-253所示。

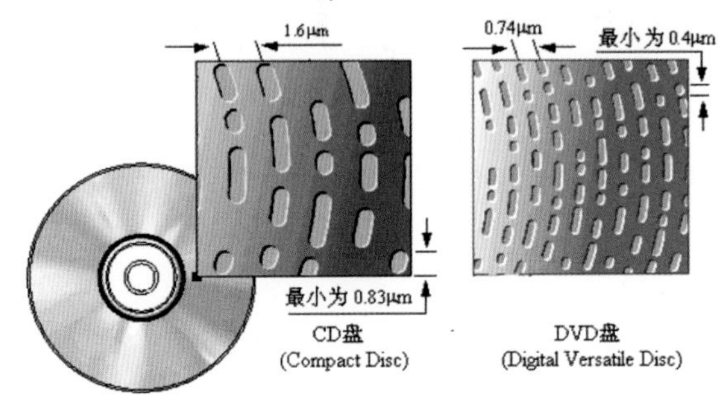

图3-253　CD和DVD盘表面凹坑密度示意图

而DVD格式的光道间距与凹坑宽度都有缩小，所以其存储密度大增，达到了单面4.7GB的容量。相应地，其光学系统精密度和分辨率也提升了，采用650nm波长红色激光系统。图3-254所示为CD和DVD的规格对比。

技术参数	CD	DVD
盘片直径	120mm	120mm
盘基厚度	1.2mm	1.2mm
所用激光波长	780nm	630nm/650nm
所用物镜的数值孔径 NA	0.45	0.60
光道间距	1.6μm	0.74μm
最小凹坑长度	0.83μm	0.40μm
信息凹坑宽度	0.60μm	0.40μm

图3-254　CD和DVD的规格对比

有人可能会好奇了，光盘上这些致密的凹坑到底是如何制作上去的呢？用刀子肯定无法雕刻上去，因为再精密的刀尖，其表面积都要比一个凹坑大了。只有用激光来雕刻了。但是如此多的凹坑，就算雕刻每个凹坑需要比如1ms的时间，那么雕刻一整张盘，需要两个多月的时间。而且还要保持一定的激光发射功率，才能将塑料表面有效烧灼。这个完全不现实，或许没等一张盘雕刻完成，激光头早已烧坏。还记得芯片上那些凹坑和导线是怎么做上去的么？是的，用遮罩和腐蚀即可。

如图3-255所示。首先，在塑料盘片上涂上一层感光胶，然后把需要存储到盘片上的数据转换为激光强度的强弱信号，随着盘片的转动，照射到感光胶上，这样的话，感光胶表面就被烧灼出一个一个的烧灼点。被照射足够强度的光点，其化学性质发生了强烈变化，导致其可以被某种化学溶剂溶解，而弱感光点处无法被溶解。这样被溶解的地方就产生了凹坑。可以看到，这种凹坑的产生代价很低，因为激光并不是直接烧穿底下的介质，而只是照射一下而已，所以生产速度也非常快。

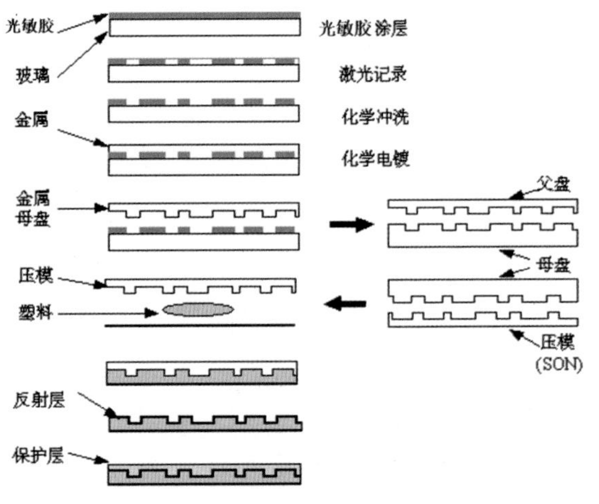

图3-255　光盘制作流程

凹坑出现之后，在盘片表面上蒸镀一层银作为导电层，以便为以后的电镀过程做准备。将该盘片放入含有镍离子的电解液中，通电后，盘片表面不断吸引镍离子，镍层不断增厚，形成一个0.3mm的镍片，最终这层镍金属片把凹坑填充了起来。

然后，将这层金属壳子撕下来，就形成了一个比较薄的金属磨具，只不过其表示的内容与实际内容相反。该磨具称为**父盘**，由于其较薄，无法直接当作磨具去冲压塑料盘片，所以需要在其上方喷上聚碳酸酯，分离后形成**母盘**，然后再在母盘上喷较厚的金属，形成具有足够硬度的父盘磨具。

这个磨具就叫作**压膜**，只要用这个压膜去冲压新的塑料盘片，那么压膜凸出来的地方就会把塑料盘冲压出对应的凹坑。不过，如果你认为实际的生产机器真的是像压面饼（如图3-256所示）一样，那就大错特错了。

想想就可以知道，一个凹坑的深度和宽度实在是太小了，怎么可能压一下就能在聚碳酸酯上压出一个印子来呢？另外，聚碳酸酯塑料片也很硬，虽然磨具更硬，但是直接压出这么细小的痕迹也是有难度的。按照我们日常生活中的经验来看，要想压出足够深刻的印记，必须把两样物品接触足够长时间，而且要使劲按压。是的，**注塑机**也是这么做的。图2-257所示就是某型号注塑机。

图3-256　压面饼易如反掌

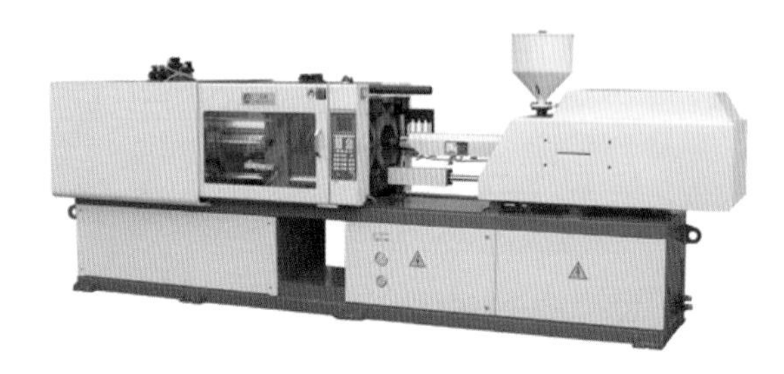

图3-257　注塑机

首先让压膜和底座之间形成一个闭合的空腔，然后将熔融的聚碳酸脂液体注入到该空腔中；同时，积压该空腔成为与我们所见的光盘同样的厚度，给聚碳酸脂液体一个压力，使其完全充入到磨具凹坑里，并开始强制冷却，最后出锅，形成光盘。该过程在3到5秒内完成。这就是所谓的压盘。

下一步则是将反光层喷涂到盘片表面。其原理是利用电场力将铝原子溅射到盘片表面，形成一个只有几个铝原子厚的反光层。然后喷涂一层透明塑料作为保护层，再在背面印刷一些图案、字体等，一张成品光盘就做好了。这就是所谓“压盘”。用一张压膜，加上一堆塑料，就能压出无数带有数据的商品盘来。压盘是量产的绝好工具，虽然制作一个磨具需要耗费不小的成本，但是其压出的千万张光盘，薄利多销，是可以弥补这个成本耗费的。

3.5.3.2　压盘与刻盘的区别

刻盘则不同，一般只刻录一张，自己留用。难道此时真的是用刻录机光驱激光头强行在盘片上烧出凹坑？不是的。可刻录的盘片表面先被压出对应的光道沟槽（预刻槽），然后在沟槽底部喷涂上反射层，接着喷涂上一层感光染料，再覆盖一层保护层。刻录时，光头沿着沟槽运动，并将沟槽下方对应的区域加热，将感光染料的性质改变，形成烧灼斑点，斑点的反光度较低，于是就可以分辨出0和1了。图3-258给出了DVD-ROM和一次性刻录DVD-R盘之间的表面结构区别。CD-ROM或者DVD-ROM是没有沟槽的，而可刻录盘片是被预先用磨具压上沟槽的。

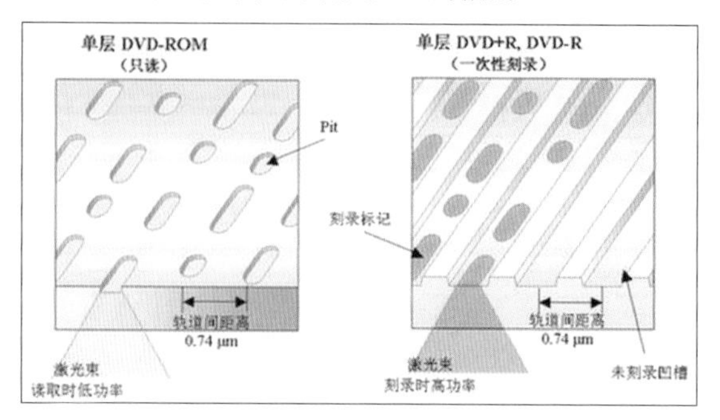

图3-258　刻录盘表面的沟槽和染料

3.5.3.3　光盘表面微观结构

一次性刻录DVD-R的沟槽是按照波浪形状压制的，实际上是被调制了一些信息的正弦波形状，如图3-259所示。按照一倍速转速，该正弦波形会以一定频率出现，DVD-R(W)是140.6kHz，DVD+R(W)则为817.4kHz。该波形上所调制的信息包括地址信息、速度信息等。DVD-R(W)是将绝对时间间隔调制到波形上，而将地址信息预刻到沟槽的凸出部分（俗称“岸”）上。DVD+R(W)则是将沟槽地址信息调制到沟槽波形的相位上。这种波浪形沟槽的反射光也会按照波形呈现对应的强度变化，被光检测器收到之后，输入到对应的模拟电路模块，转换成电信号，还原出对应的波形，并经过解调电路，还原出对应的信息，从而让光驱能够判断出当前的转速和沟槽地址。

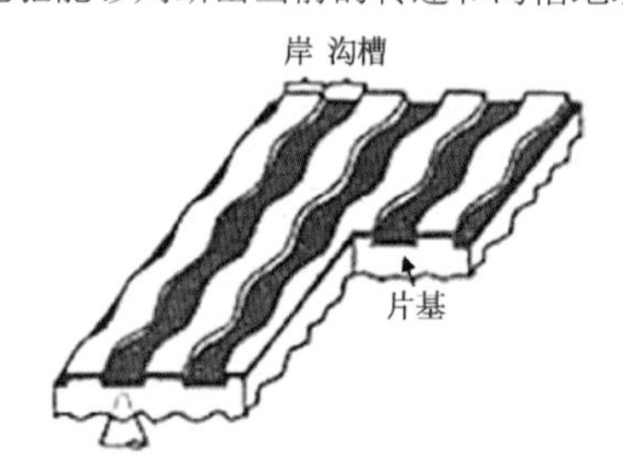

图3-259　波浪形预刻槽

对于可重复擦写型刻录盘（CD-RW/DVD-RW），其并非采用染料来作为记录介质，而是采用相变材料。出厂后的新RW光盘沟槽中的介质处于结晶状态。在写入数据时，刻录机光头发出高功率激光时，激光的能量使相变材料的温度超过熔化温度，达到熔化状态，因此被照射的区域相变材料由晶态变为非晶态。晶态区域与非晶态区域的透射率不一样：晶态有较高的透光率，可让射线通过到达反射层；而非晶态则很难让光线通过，所以反射回来的光线强度很低。擦除操作则是通过光头发出中等功率的激光，使其温度超过晶格化温度但不到熔化温度，且保证照射时间超过结晶时间，则可以使非结晶区域重新变回晶态。

图3-260为可擦写光盘表面的预刻槽在显微镜下的形态。图3-261则为显微镜下的预刻槽内的结晶材料在经过了激光烧灼之后的状态。

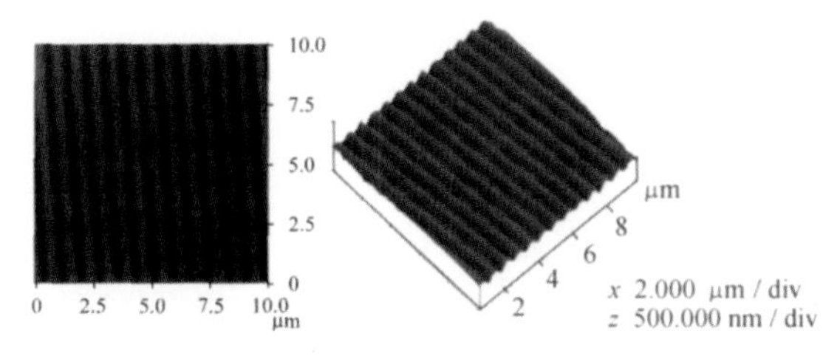

图3-260 可擦写光盘表面的预刻槽的显微镜下的形态

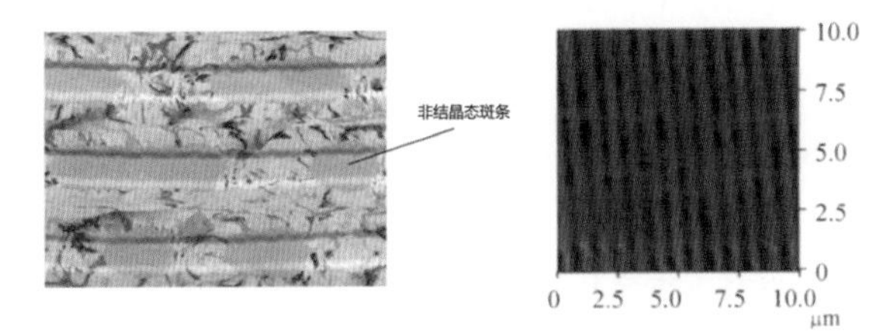

图3-261 结晶材料在经过了激光烧灼之后的状态

3.5.3.4 多层记录

DVD D9格式采用的是单面双层记录，D10则是正反两面都存数据，而且每面都是双层记录。难道在刻录第二层的时候不会影响第一层的数据么？不会，因为激光被聚焦在第二层处，第一层对应区域的温度不会达到破坏已刻录数据的阈值。在读出数据时也是利用焦距的不同来读取不同层的数据。图3-262给出了多层记录的示意图。

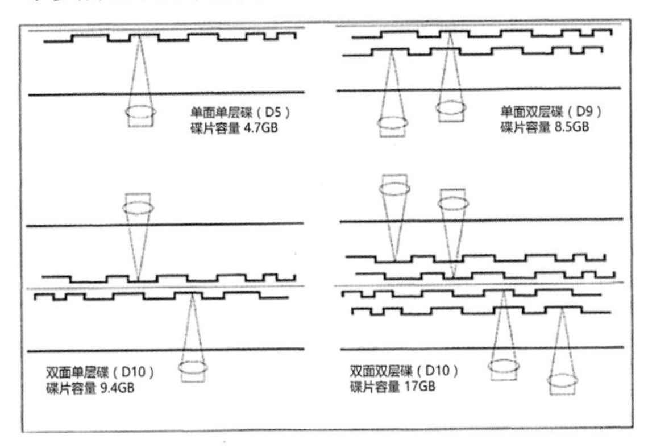

图3-262 多层记录原理示意图

3.5.3.5 激光头的秘密

一个小小的激光头是如何能够检测出如此精密的光反射样式？如何知道当前光头所处的位置？以及聚焦是否到位、是否处于光道正中央呢？

如图3-263所示。激光头上有4个正方形排列的精密感光二极管，其作用非常精妙。如图3-263所示，当激光点未聚焦准确时，不管是离盘面过近还是过远，其反射光的光斑都会是椭圆形的，这样的话，A和C产生的光电流（A+C）会与（B+D）不相等，仅当聚焦准确时，二者才相等，这样就可以通过负反馈电路反馈到控制光头聚焦的电路上，从而最终聚焦。

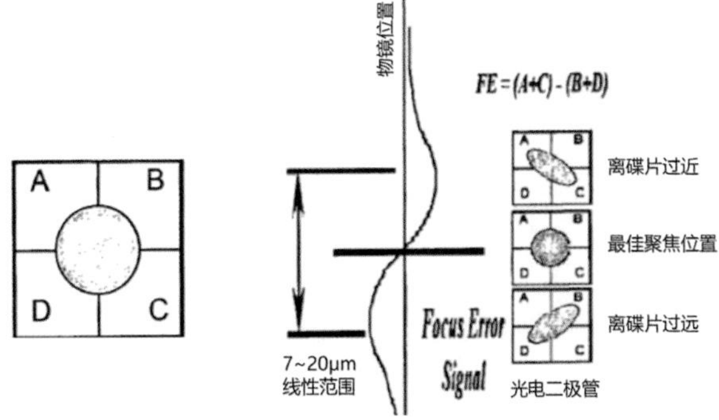

图3-263 激光头对焦的基本原理

当需要跳跃到对应轨道上时，光头径向移动，通过检测下方所越过的轨道沟槽数量从而精确算出目标轨道的所剩距离，从而负反馈到控制光头移动的电路模块，最终达到目标轨道上方。但是，依然无法定位精准到轨道正中央。此时光头的4个感光二极管再次发挥精妙的作用，如图3-264所示。

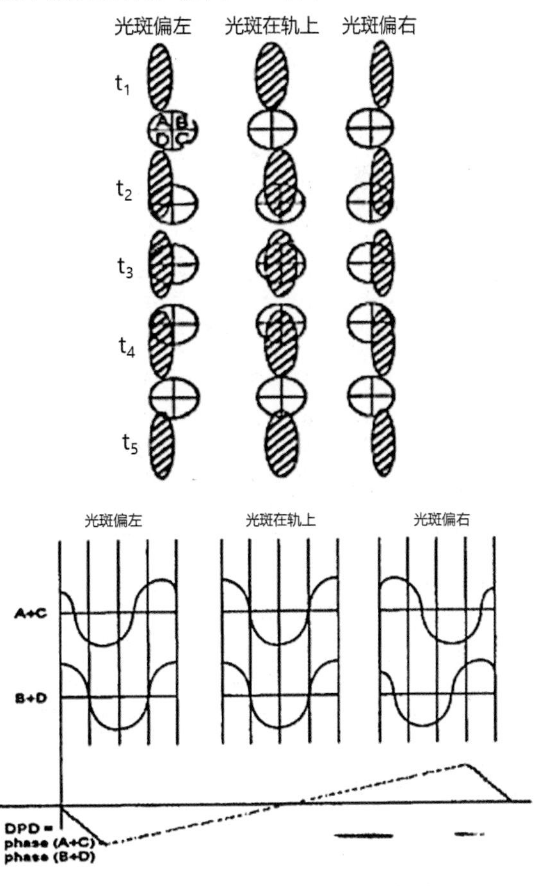

图3-264 激光头定位光道时的基本原理

如果光斑偏左，则A二极管总是超前D二极管率先检测到信号，因为D在A的下方。同理，如果光盘偏右，则B的信号相位会超前C。所以，用于检测聚焦的电路一样可以用来寻轨。只要（A+C）的相位等于（B+D）的相位，才意味着光头处于轨道正中央。当读取信息时，电路检测的则是光电流A+B+C+D，因为此时检测是光斑的整体上的强弱，以此来判断1和0。上述的负反馈系统，被称为“伺服系统”，其本质上是负反馈控制，基于连续变化的模拟线号，如图3-265所示。

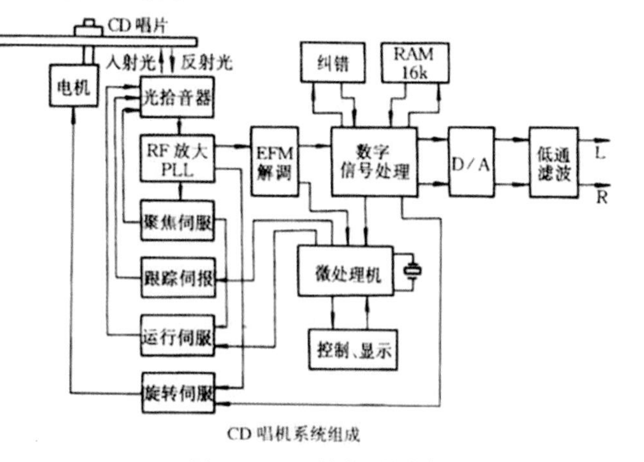

图3-265 CD播放器基本框架图

然而，社会以及IT的发展实在是太快了，各种玩法层出不穷，眼花缭乱。冬瓜哥2005年大学毕业之后，光盘基本就从日常生活中消失了。给PC安装OS也都是从U盘启动安装。平时的一些珍贵内容的归档，也基本放在了移动硬盘里。一张CD ROM的内容700MB，DVD格式的为4.7GB。而一个U盘/tf卡动辄32GB，而且速度比光盘快得多，用起来也方便得多。再加上互联网大提速的影响，用光盘来传递大容量数据的方式也逐渐被网络下载所取代。这样看来，光盘似乎不占什么优势了？还得看场景。用于承载数据的贩卖零售或者在线业务肯定是不合适的；如果用于离线保存、归档，DVD这种低容量的制式在这个大数据时代又显得比较鸡肋了。

但是，目前最新的商用光存储制式——蓝光光盘，其容量可以做到单碟200GB，普及版的也能做到单碟25GB，碟片成本不过2元人民币左右。这似乎非常适合于离线或者近线存储系统。蓝光光盘将会是离线存储市场上全面取代磁带系统的极具潜力的挑战者。

3.5.3.6 蓝光光盘简介

顾名思义，蓝光光盘就是采用蓝色激光系统刻录，或者预录模具冲压的光盘，俗称BlueRay Disk，BD。其波长低至405nm，频率比红光高，所以被人脑感知为蓝色。这也就意味着其能够在相同面积上存储更多数据，与DVD对比如图3-266所示。它的单面单层可达25GB，目前商用蓝光盘最高容量达到了双面每面4层，而主流为双面每面3层，其容量共200GB，而制造成本不过2元人民币，当然光驱还是比较贵的。

比较点	DVD	BD
激光束波长	采用 635nm ~ 650nm 红色激光束	采用 405nm 的蓝色激光束
记录轨道间距	0.74 μ m	0.32 μ m
容量	单面单层（D5）4.7GB，单面双层（D9）8.5GB，双面单层（D10）9.4GB，双面双层（D18）17GB	为 DVD 光盘的 6 倍以上。单面单层盘片的存储容量为 23.3GB、25GB 和 27GB，双面双层 50GB。
传输速度（纯数据）	11.08Mbps (1x)	36.0Mbps (1x)
传输速度（音视频）	10.08Mbps (<1x)	54.0Mbps (1.5x)
视频比特率	9.8Mbps	40.0Mbps
支持分辨率格式	720 × 480/720 × 576 (480i/576i)	1920 × 1080 (1080p)
支持格式	MPEG-2	MPEG-2/MPEG-4/AVCSMPTE/VC-1
光盘覆盖层	无	有

图3-266 DVD与蓝光盘规格对比

从图3-267中可以明显看到蓝光光盘的沟槽密度很高，而且也可以看到沟槽的波浪线，如前一篇文章所述，这个波形实际上是调制了一些控制信息进去的。

图3-267 蓝光与DVD表面沟槽对比

蓝光光盘采用的是STW技术来编排波形以及解调。STW 是一种地址调制技术，STW 的全称SawTooth Wobble（锯齿抖动），也就是上述的通过轨道边缘的锯齿方向来表示地址信息一种技术，如图3-268所示。

早期的 STW 设计由 36 个方向一致的抖动锯齿合成一位数据，完整的地址信息由 51位组成，在BD 的规范中，改为使用 56 个抖动锯齿合成一位数据。在这 56 个抖动中，利用 MSK（一种调制方

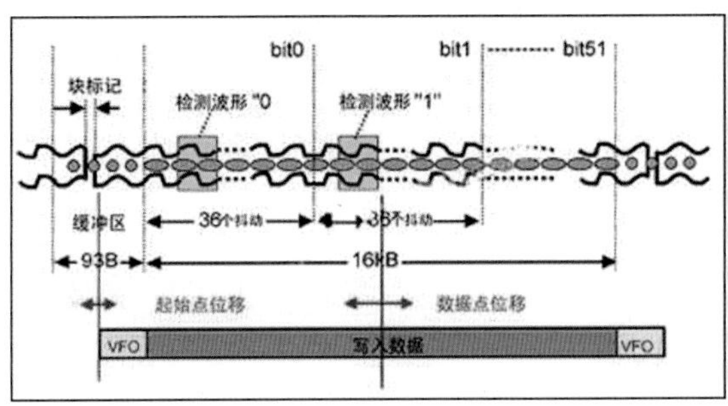

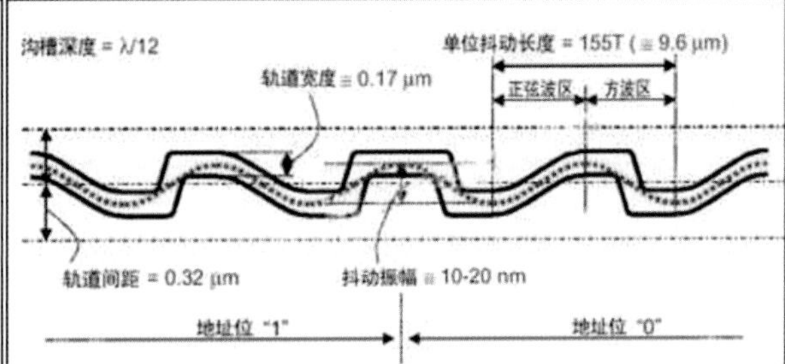

图3-268　STW技术示意图

式，最小频移键控）和 STW 两种方式来嵌入上述的一位地址信息。56 个抖动可分为利用 MSK 方式调制的区域和利用 STW 方式调制的区域，前者通过 MSK 方式调制来确定抖动位置，后者则是利用 STW 方式的“锯齿”方向来判断“ 0 ”和“ 1 ”信息。

STW 的检测原理是，轨道的抖动形状由一个正弦波形和一个方波形组成，在方波形区所回馈的检测频率是正弦波形区的 10 倍（这里的频率是指将方波展开正弦波之后最高的频率，理解不了的话可以看一下傅里叶的波的叠加理论），带通扫描信号频率与正弦波形的抖动频率一致，这样在通过方波形区时，就会形成回馈信号的差异，从而可以来判断锯齿的方向，并依此获得 0/1 信息。

3.5.4　不同器件担任不同角色

我们经常提到这些名词：寄存器、缓存、内存、主存、外存、RAM、ROM等，这些概念极容易被混淆。寄存器、缓存、主存、内存、外存，这几个概念其实描述的是“某种存储器在系统中所担任的角色”；而RAM、ROM、SRAM、DRM、硬盘、磁芯存储器、闪存等，描述的则是某种存储器所采用的技术。要深刻理解技术和角色的区别，了解任何一个角色理论上都可以用任何一种技术来实现，比如用SDRAM作为寄存器。但是根据使用场景，SDRAM速度太慢，又不适合而不是不能被用作寄存器这个角色。

3.5.4.1　寄存器和缓存

当前，所有的缓存（Cache）、寄存器在物理上均使用锁存器或者触发器组成的Cell阵列。学术界给CPU上的寄存器阵列起了个学名叫作“Register File”。咱们在第2章中设计的那个简易CPU中包含了多个寄存器，其实这些寄存器在实际的电路设计中都是被放置到同一堆触发器阵列的不同行中的，然后采用地址译码器选通不同的行，从而访问不同的寄存器。由于寄存器的访问要求与CPU主时钟频率同频，不但要求在一个时钟周期内就需要读出或者写入数据，还要求可以被时钟触发锁定。这一点很重要，所以必须采用比如D-触发器这种存储方式。当从触发器阵列中读出数据的时候，其速度其实与SDRAM差不多。

对于缓存而言，前文中也提到过，其本质上是SRAM，但是由于缓存中可以保存全局地址空间内任意地址的数据，而且不一定保存了哪些地址的数据，所以要访问某个地址的数据，缓存控制器就必须查找一个记录表来判断该地址的内容是否处于缓存中并且有效，这个查找过程耗费了多个时钟周期，所以访问缓存需要等待数个时钟周期。

值得一提的是，外部设备IO控制器上也有一些寄存器，可以回顾第2章内容。这些寄存器也同样利用了SRAM来承载。但是，CPU访问这些外部设备控制器上的寄存器的速度，与访问内部运算逻辑电路前端的寄存器就没法比了，因为CPU向这些外部设备控制器的寄存器所发出的地址信号会被IO桥认领并处理，这个过程就需要更多的时钟周期了。

提示▶▶

这里必须深刻认识到一点，所谓“CPU需要更多时钟周期来访问某某存储器”，并不是每个时钟周期CPU都会去做某一步动作去访问存储器，而是说，CPU会白白浪费掉这段时间，而等待存储器返回数据。所以这样说更加准确：在某某存储器返回数据之前，CPU需要空等多个时钟周期。前文中也提到过，CPU内部的电路在这段时间内会将内部所有运算路径上的寄存器的WE信号Disable，从而让电路暂时脱离时钟信号的驱动。

3.5.4.2　主运行内存/主存

CPU要处理的数据都被放在哪里？当然放在越高速的存储器中越好了，比如放在SRAM里怎么样？可以，但是SRAM的密度太低，因为每个Cell需要6个晶体管组成，所以导致其成本也很高。比SRAM成本再低一些的存储器就是SDRAM了。目前SDRAM可以做到单个芯片16GB的容量。

CPU如何访问存放在SDRAM中的这些数据呢？回顾一下第2章，当然是通过地址信号来访问，每个地址存储一个字节的内容。SDRAM和外部设备控制器的寄存器共同组成了全局地址空间，CPU可以发送这个地址空间中包含的任意地址信号，便能从对应的SDRAM或者外部设备控制器的寄存器中读出或者向其中写入任何数据，至于写入什么数据，那就是由程序代码说了算了。这个全局地址空间中并不包含缓存，缓存对于CPU内部的运算电路来讲是完全透明的，PC寄存器发出地址信号之后并不知道对应的数据是最终从哪里被找到的。程序代码也不可能直接读写缓存中的某个行。

这个用于存储供CPU处理数据的存储空间被称为主存或内存，或者主运行内存。其通过内存控制器逻辑电路模块接入缓存控制器，从而实现在主存和缓存之间的数据流动。

3.5.4.3 Scratchpad RAM

CPU内的Cache对程序来讲是不可见的，程序无法有选择性地将某些数据放到Cache里。没有什么是绝对的，有的CPU里被设计为专门开辟了一块能够让程序可直接访问的Cache，采用SRAM技术。这块特殊的缓存空间会被纳入系统的全局地址空间里，从而供程序访问，其称为Scratchpad RAM。其速度与Cache相同，然而，Scratchpad RAM并不是标配，一些专用处理器芯片里经常会出现之，另外其容量也不会很大，充其量2MB左右就算很厚道了。

3.5.4.4 内容寻址内存CAM/TCAM

有一种场景，需要实现快速搜索。比如在SDRAM所存储的所有数据中，查找是否存在一条“Hello World”数据。这个程序其实比较好实现，那就是写一个for循环，不停地将内存中所有数据读出，然后用if语句比较、跳转。可想而知CPU执行这个程序需要多长时间，其需要把内存中所有数据全部读一遍，很多时候这个时间是无法满足需求的，比如某些骨干网络的核心路由器，其路由表容量非常大，每次收到一个网络包，都需要全扫描一遍来判断该包的目的地址所对应的端口，这样的话网络转发速率将会非常慢。为了解决这个问题，冬瓜哥在第1章中就曾给出过一个并行查表转发的设计（图1-114），该设计其实就可以满足这种需求，其本质是给每个行都设置了一个比较器，从而可以实现并行比较。

提示 ▶▶▶

说道比较器，很多机器指令底层需要依赖比较器的输出，比如条件跳转，如果两个值相等则跳转，或者不相等则跳转。比如JNE（Jump not equal）这条机器指令，就是只要被比较的两个值不相等则跳转，这条指令里需要告诉CPU要跳转到的地址，或者是绝对地址，或者是相对地址，视不同CPU指令集而定。对应的C代码就是类似if A=B, function，或者if(!A), go to。If(!A)表示“如果A为0”，同理if(A)表示“如果A不为0”。上面这些if语句会被编译器翻译为CMP（Compare，比较）或者TEST指令（不同编译器、CPU对应的机器指令也不同，指令的底层实现方式也不同。CMP指令底层使用了ALU里的减法器；TEST指令使用的则是ALU中的AND器，也就是与门将两个值相与）。减法器将两个值相减，如果为0则表明A=B，减法器的输出信号会通过导线被寄存到flag寄存器中，然后再执行条件跳转指令，比如JNE，这个指令被CPU译码后，内部逻辑会根据Flag中的结果来判断是否A=B。这里假设A=B，则flag寄存器中对应的标志位为0，证明不需要跳转，继续执行JNE之后的下一条指令，也就是上述C伪代码里的function语句（对应的汇编指令为CALL function），则电路经过一定的逻辑，作用于指针寄存器，从而继续从JNE之后的指令执行；而如果A≠B，比如flag对应标志位为非0，则在执行JNE的时候就真的会发生跳转，跳转到else逻辑执行或者直接跳到if逻辑之外继续执行，具体如何执行就得看代码是怎么写的以及编译器编译之后的机器指令顺序了。可以回顾一下第2章。

如果我们能够将这种比对工作交给SRAM本身来完成，比如，给其输入一串二进制位，能够在一个或者几个时钟周期内输出查找结果，这就很理想了。试想一下，这个需求是否相当于把比较器做到RAM矩阵内部。要做到如此，就必须拿空间来换时间，给每一位都加一个比较器，并且每一行都输出一个比对信号，这样就可以在瞬间得出结果。没错，图3-269所示为两种带比较器和结果输出线的SRAM Cell。

对于左侧的实现，假设，某时刻向该Cell输入的待比对数据为0的话，那么需要在SL（Search Line）上拉低电平，SL*（SL取反，类似于图中的SL+上划线）上拉高电平。此时M3截止，M4导通。如果SRAM内核Cell中存储的是1，那么此时将字线导通开行，此时位线信号输出为1，位线*输出为0，M1截止，M2导通。由于M4和M2都导通，所以Match Line对地导通，漏电将会非常快；如果Cell中存储的是0，则M1导通，M2截止，ML对地没导通，漏电很慢。所以，对于图3-269左图的实现，命中则漏电慢，不命中则漏电很快。

对于图3-269右图实现，假设待比对的数据为1，Cell中数据为0，则Md截止，Md*导通，SL*为0，则M1截止，ML漏电很慢；也就是说，未命中/匹配的Cell会通过控制MOS管“截断”（仍有很小漏电电流）ML，导致其漏电很慢。同理，左右侧两种实现，各自又有4种组合，大家可以自己去推导。利用上述规律，就可以精确比对每一位了，而且可以做到并行比对。

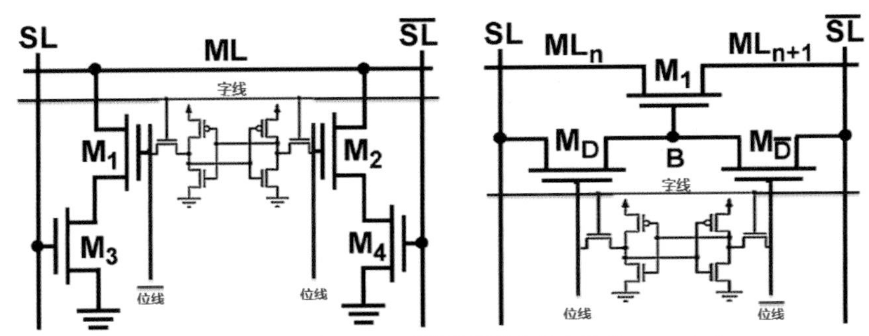

图3-269　NOR型及NAND型带比较器和输出线的SRAM Cell

如图3-270所示，如果将上述带比较器的Cell按照与SRAM类似方式组成矩阵，SL和SL*串联一个列，ML再并联所有列（图3-269左图类型Cell）；或者SL和SL*串联一个列，ML再串联所有列（图3-269右图类型Cell）。将需要比对的数据，通过SL和SL*广播给每一行，每一行输出一根Match Line信号，然后通过判断每根ML的信号来判断该行是否与给出的数据相匹配，而且还可以根据对应的ML信号分辨出具体是哪一行命中了。这种可根据给出的数据信号来并行匹配每一行并最终给出结果的RAM叫作**内容寻址存储器**（Content Addressable Memory，CAM）。

由于必须每一位都匹配才能算命中，为了实现这一点，有两种连接方式，如图3-271所示。左图的连接方式对应图3-269左图Cell，一行内每个Cell的正反输出都连接到ML，只要有一根信号将ML对地导通，也就是说只要其中某一位不匹配，则不管其他Cell匹配与否，直接对地导通，一票否决。这种连接方式为NOR方式，也就是Not OR，OR逻辑就是“谁都可以”的逻辑，谁把ML接了地，那ML整体就接了地。

图3-271右图的连接方式，则对应3-269右图Cell，每个Cell的ML串接在一起，仅当所有Cell都匹配命中时，ML才会被导通。如果将ML一端接地，此时ML里的电荷会迅速漏掉；如果有任何一位不匹配，则整个ML被断路，电阻很大，此时将ML另一端接地，漏电会很慢。这种连接方式为NAND方式，也就是Not AND，AND逻辑就是“大家必须一起”的逻辑，只有大家都匹配了，ML整体才被导通，少了一个就导不通。

那么Not又是什么逻辑呢？这就得说说控制电路是如何感受ML的信号的。正如上文所说，ML的信号有两种，或者漏电快，或者漏电慢，这种情况，最好就是使用SAMP差分放大比较器来处理。老生常谈，先对ML预充电，然后载入数据比对，开行，NAND型连接的CAM还得主动把ML一端对地导通一下（对应图中的eval栅极，也就是“考量”的意思，主动放电看看这条ML到底快漏还是慢漏）让其加速漏电。MLSA表示Match Line Sense Amplifier，所有ML信号在这里与参考电压作比较，当然，前文中多次提到了，参考电压是一个经过精确测量和统计的值，其位于快漏和慢漏之后ML电压差的中间位置，快漏的，压降大，参考电压远高于之，SAMP输出为1，对于NOR型CAM，快漏表示该行内至少一位不匹配，那就等价于整行不命中，SAMP输出为1反而不命中，所以对于NOR来讲，Not逻辑就体现在这；对于NAND型CAM，SAMP输出为1，也就是快漏，则表示整行匹配了，此时其实是没有Not逻辑的，但是人们依然还是习惯了NAND这种叫法，其实这里准确来说应该是AND型CAM。如果SAMP输出为0，则对NOR是命

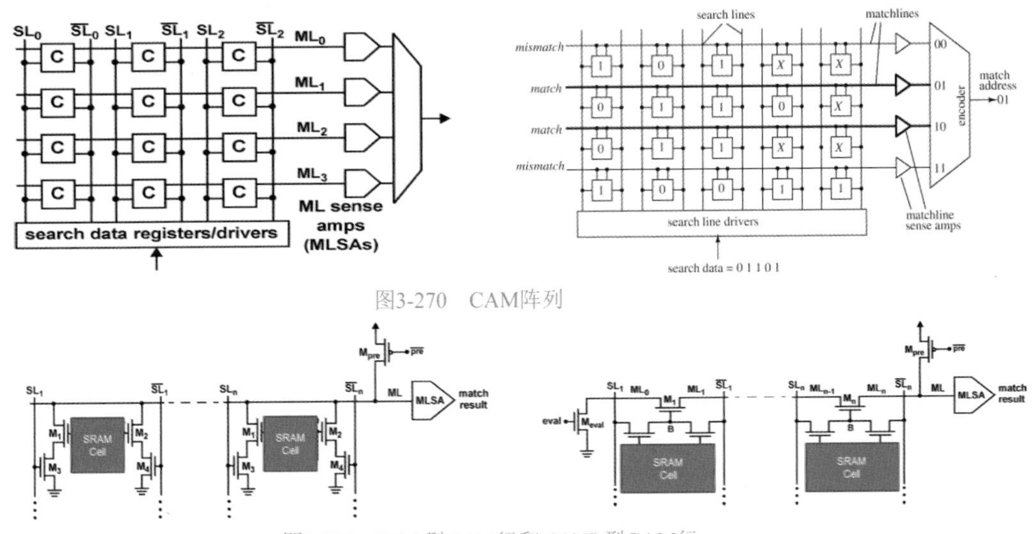

图3-270　CAM阵列

图3-271　NOR型CAM行和NAND型CAM行

中，对NAND则是不命中。

细心的人可能已经发现了。NOR型CAM功耗会非常大，为何？因为NOR型只要不命中的行，其ML一定是快漏型，而每次查询一定至多只命中一行，其他所有行都不命中，那就意味着整个CAM内只有至多一行没在快速漏电，其他都在迅速泄露着大量电荷，电流较大，功耗超高。而NAND型则刚好相反，所以NAND更划算，但是NAND型带来的一个劣势就是其延迟稍大一些，因为其信号必须靠所有Cell通过MOS串联来共同形成，如果某个Cell反应慢了点，那会拖慢整体性能。

更细心的人可能此时就会去想办法了，难道不能让NOR既省电又快速么？比如是否可以把正反位线信号换个位置？如图3-272所示，我们可以推导一下，对于左侧的NOR型CAM Cell，当输入数据和Cell里存储的数据都是1的时候，ML会被接地，也就是，只要该行内有一位匹配了，整个ML就被快漏了，此时逻辑就不对了，如果该行有其他位并没有命中的话，ML依然还是被快漏，那么这一行本来是未命中的，结果电路却认为是命中了；同样的事情也发生在图右侧所示的NAND型连接方式中，可以自行推导。所以图3-272是不能完成CAM逻辑的。

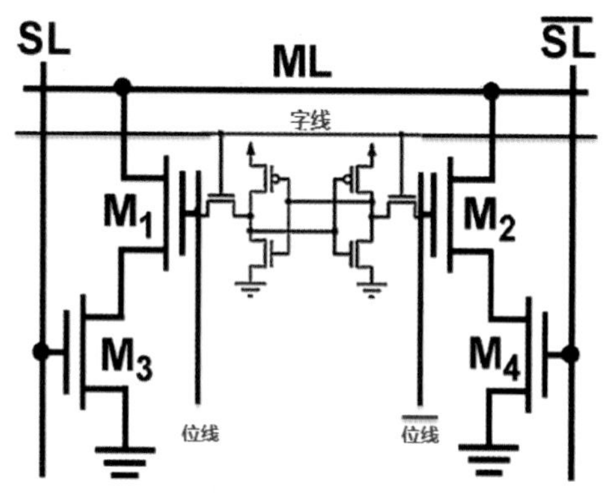

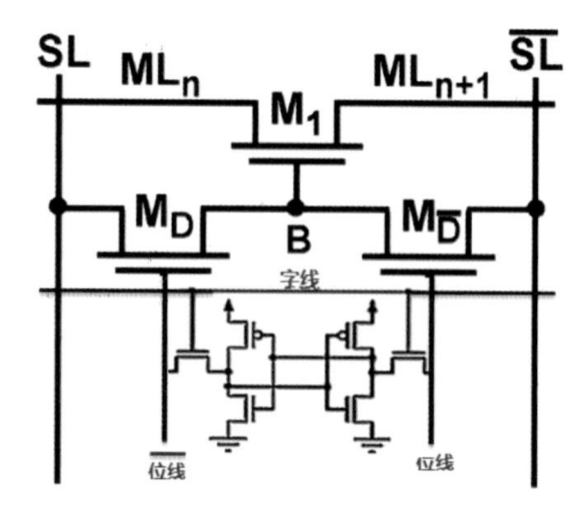

图3-272 不正确的连接方式

提示

锁存器其实可以使用图3-273所示的方式来表达，就是两个反相器首尾相连成环。向其中一个数据端写入1或者0，这个状态会循环保持住。当然，这只是锁存器核心，外围还需要增加导通控制门等电路才可以。

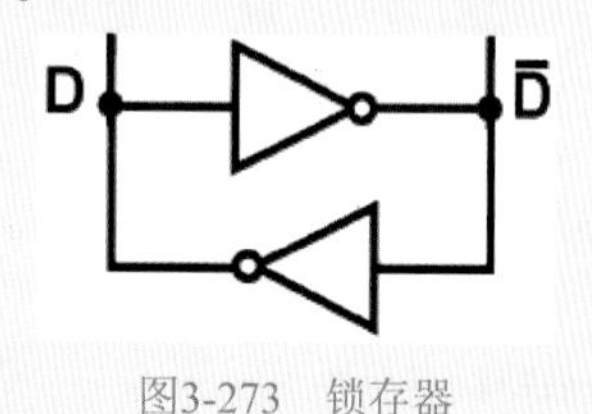

图3-273 锁存器

TCAM——Ternary CAM

根据上文所述，只要有一个位的差别，SAMP的输出就为0，就表示不命中，这种查找匹配很不灵活，很多时候需要灵活的策略，比如比对1100XX0011与1100100011这两个值是否相同，其中XX表示“do not care”，也就是说，不管XX是00、01、10还是11，都视其为命中，所以，上述两个值是匹配的。这种场景在查访问控制列表（ACL）的时候非常常见，ACL中会规定一条或者多条比如“凡是目的地址为*.119.*.110的数据包一概丢弃”，那么针对每个数据包，路由或者交换引擎就需要把这个包的目的地址提取出来然后直接送入CAM中做比对，CAM中的某一行存储了这个地址，*部分就是Do not care，不管*是多少，都视为匹配，比如1.119.2.110这个地址，就是命中/匹配的。那么*这个通配符，在电路里应该怎么表示呢？

提示

CAM和TCAM在高速路由器交换机中是常用部件，因为高速包交换路由设备追求极低时延，而每一个数据包都需要查找路由表来决定转发目的端口，如果每个数据包耗费太多时间去查表的话，那我们今天的Internet就不是这样子了。利用CAM，能够在瞬间完成查找匹配。

0、1、*，这是每个Cell需要存储的三种状态，首先要解决如何让一个Cell存储三种状态。先贤们的智慧是无穷的。如图3-274所示为NOR和NAND型Ternary CAM Cell示意图。所谓Ternary CAM就是三态CAM的意思。如图所示，对于左侧的NOR型设计，如果使用两个锁存器分别表示1位，那么这个Cell依然可以当作普通SRAM来用，但是如果要让它表示*通配符，那么需要将两个锁存器都存为逻辑0，此时ML处于慢漏模式，表示命中匹配。同理，对于右侧的NAND型设计，只要在ML处增加一个MOS管，与原有MOS管并联，然后其栅极连接另一个锁存器，不管图中B点是否可以让ML导通，只要让M点为逻辑1，

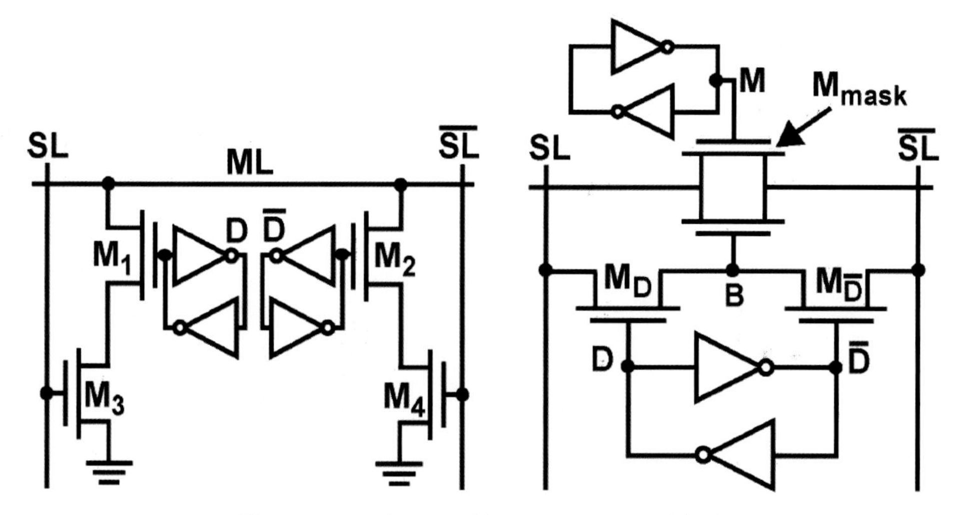

图3-274　NOR和NAND型Ternary CAM Cell示意图

那么ML必然导通，对于NAND型CAM Cell，导通才意味着命中，所以也起到了通配符的作用。所以，只要让对应的点处于对应的逻辑，ML的状态总是截止（对NOR型）或者总是导通（对NAND型）的，也就是总是命中，而不会依赖于其他MOS管的状态，也就可以让这个器件表示通配符了。

这就是神奇的TCAM，神秘的TCAM。此外，请不要看到NOR和NAND就想起Flash闪存，NOR和NAND是数字电路里的两种典型的连接方式，CAM可以有NOR和NAND方式，Flash也可以有NOR和NAND方式。

提示▶▷▶

硬搜索普及应该是大势所趋，别看大数据、一体机、Exadata、HANA之流当前独领风骚，这些毕竟只是缓解的办法。当数据量越来越大，当大到流动一次要好几天的话，再强的CPU再大的集群再大的带宽，也终将都是无底洞，物料成本、运维成本、功耗成本，会很头疼，那时候，人们将会重新审视，大数据挖掘弄他一万台机器有必要么？数据从磁盘上读出来，搜，搜完了便在内存里湮灭，好不浪费！当几年或者十几年以后，逻辑电路底层技术可能会得到突破性革新，那时候，CAM的硬搜索思想将是主流。如果站在那时候反观现在，人们会唏嘘不已："那个年代啊，人们竟然弄出了售价几千万的一体机来搜索数据，不可思议得很！"。硬搜索才是王道，数据不用读出流动，直接原地搜索迅速出结果，届时RDBMS数据库也会变的很薄，充当一个纯接口层的角色了，其针对软搜索时代所做的一切优化，意义荡然无存。

3.5.4.5　外存

外存这个角色是相对内存而言的。内存是为CPU提供数据的主要场所，其速度要求比较高，而且容量在可接受的成本范围内越大越好，但是很不幸的是，一直到今天，计算机程序对内存容量和速度的需求依然是无穷无尽，另一方面又承担不起过高的成本。所以，必须找一个容量/价格比率更高的存储设备来将更多的数据先存放在这个大容量设备中，需要用的时候，再动态载入到内存。很显然，硬盘、闪存盘、光盘，都是这类存储介质。由于这些存储设备一般是独立于主板之外作为单独的设备而存在，所以称之为外存。

外存地址空间并没有被纳入系统全局地址空间，所以CPU无法直接寻址外部存储器。外存中的数据，可以由程序通过外部设备IO控制器来读写，从而将数据载入内存，再供CPU直接寻址处理。

最后，我们再来看看人类叹为观止的制造水平。如图3-275所示，看了之后你是否会感觉到，芯片俨然就是一个缩小版的机械计算机呢？

芯片内部的结构都是立体的，就像在俯瞰一座拥有密集建筑的钢筋水泥城市一样，这些结构被透明玻璃灌注成一个精妙的水晶球，如图3-276所示。

观察芯片内部结构需要用专门的光学显微镜，但是想要足够清晰精细，就得用电子显微镜了。有些微型机械装置也可以被做到芯片中，比如各种微型传感器，如图3-277所示。

本章就此告一段落。回顾一下前三章，有人说了，冬瓜哥，给你厉害的，你自己用电路搭建了个破计算器，然后又捣腾出个破通用运算电路，自己倒腾了一套破汇编语言指令，然后还煞有介事的写了几个程序，别说，还真像那么回事，虽然之前示例的程序代码写得那叫一个烂。

然而，伙计，你这套东西，如果真的用晶体管或者芯片做出来之后，真的能用么？见笑了，鄙人这套东西，使用场景非常有限，首先，你的指令里不能有非法指令，也就是那些根本没在对应的指令集中定义过的指令码，译码器收到这种指令码也会有对应的输出，但是这种错误的输出会导致计算错误。实际产品中会有一个指令是否合法的判断过程，比如，利用一堆比较器来比较所输入的指令，如果发现没有任何一条匹配的话，表示该指令为非法指令，则电路会强行跳转到一段专门用于处理运行时错误的程序来执行，这段程序直接将含有非法指令的程序终止掉并打印错误日志。除此之外，鄙人这个简易的运算电路，实际上说是个玩具试验品更恰当，但是这并不妨碍我们从中理解整个计算机系统运行的本质机理。

在下一章中，我们会看到近代和现代CPU所使用的更加复杂的控制机制，系好安全带深呼吸，咱走！

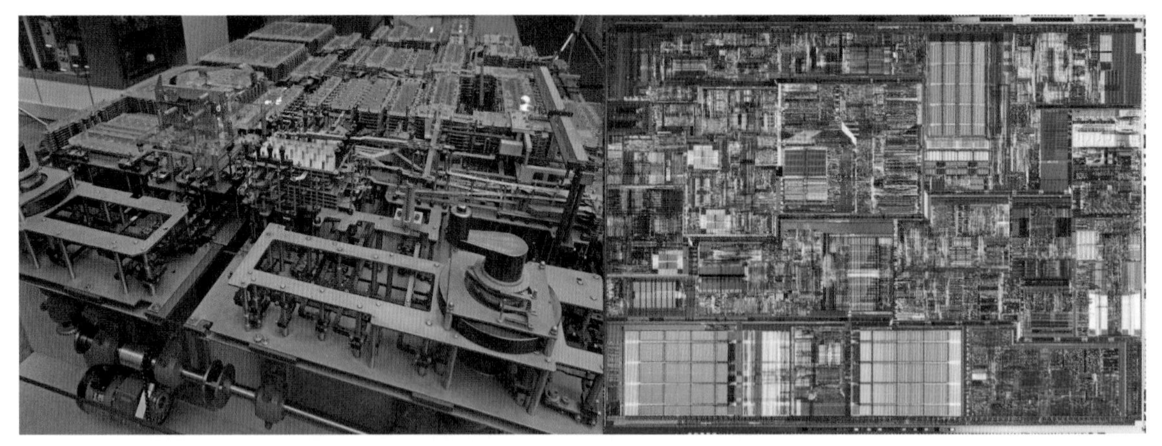

图3-275 楚泽的机械计算机与现代的奔腾4 CPU芯片内部的结构对比

图3-276 芯片就像是一个精妙的立体水晶球

图3-277 芯片内部结构

第4章

电路执行过程的进化

流水线、分支预测、乱序执行与多发射

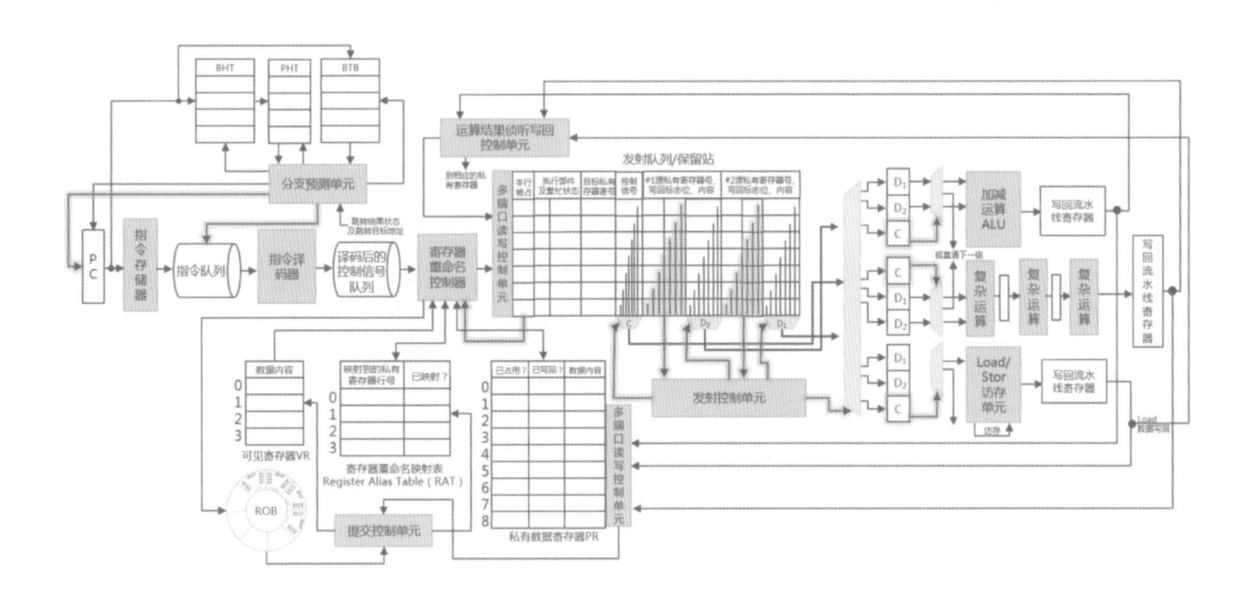

在经历了第3章之后，你是不是觉得人类在制造方面的智慧真的是叹为观止，能够在指甲盖大小的硅片上像蒸大饼一样把几十亿甚至上百亿个晶体管以及大量导线蒸上去。有了这么多的晶体管，就可以搭建出各种复杂的逻辑电路，当然，所有的逻辑电路要么让指令执行得更快，要么让更多指令同时被执行，要么让存储容量更大访问速度更快。于是人们就千方百计地让这些电路发挥作用，其中较大部分被用作了CPU内部的缓存，一开始只有一级缓存，L1 Cache，比如几十KB；后来又追加了一级L2 Cache，达到了MB级别；然后又追加L3 Cache，达到了几十MB级别；甚至还有直接把百兆级别的DDR SDRAM内置到CPU芯片中作为L4 Cache的设计。总之，占CPU芯片90%以上的电路面积全被用作Cache和控制电路了，很显然，这是提升性能的最便捷也最简单的手段，也就是先解决巧妇难为无米之炊问题，先得喂饱了CPU的运算电路，而不是让取指令单元每发出一个信号迟迟得不到回复而不得不将时钟脱挡，白白浪费时间。有了这些缓存，大部分时间，运算电路都会处于忙碌状态，喂饱CPU运算电路的工作基本上已经做到极致了，随时都有大量指令被缓存预取上来等待执行，此时如果还想再提升性能，就得从优化整个指令的执行过程入手了，考虑如何快速地执行掉这些指令。

提升并行性、提高时钟频率，是人们一直以来的努力方向。其中，流水线技术既可以提升并行性，又可以让时钟频率得以提升。

4.1 大话流水线

在第3章过后，冬瓜哥不得不推荐大家重温一下第2章，从头到尾速览回顾一遍，然后再将2.2.7一节精读一遍。在2.2.7这一节，我们了解到了利用边沿触发器是如何控制指令在各个组合逻辑模块之间流动、执行的。

上游的组合逻辑将结果输出到下游寄存器前端等待进入，此时寄存器中还保留着上一次组合逻辑输送过来的数据；就当时钟下沿一刹那，等待在寄存器前端的新数据瞬间被寄存器锁住。这个过程非常精确，寄存器将信号锁住必须在瞬间完成，如果开门时间过长（采样时间），长过了上游组合逻辑的执行时间，那么方才需要锁住的数据就会被下一个新数据覆盖掉从而计算出错。

正犹如左轮手枪，扣动一次扳机，发射一颗子弹。扣动扳机的同时，左轮旋转将新的子弹旋转到撞针位置，相当于将电路中的DEMUX/MUX导通到对应路径从而输送新数据，撞针弹起再落下的过程相当于锁住上游发来的数据，也就是刚好撞针撞到新的子弹上从而发射这颗新子弹。在撞针弹起并再次撞向新子弹的过程中，左轮必须完成旋转并在撞针落下之前将新的子弹输送到撞针下方。这就是时序控制。只要不停地扣动扳机，子弹就会不停地被发射；只要不停地让时钟震荡，指令就会不停地被取出和执行。

4.1.1 不高兴的译码器

让我们再次回顾一下2.2.7中的这张图，如图4-1所示。可以对这张图进行抽象描述，省掉具体的细节，只保留大框架，如图4-2所示。其中的一个变化是把指令存储器和数据存储器合一了，这也是现代多数CPU的做法，只有早期的运算电路才会把指令和数据分开存储。

然而，上述抽象图可以精确反映Load_i 100 A/B指令的执行过程，却并不能真实反映Add A B C指令的执行过程。Load_i 100 A指令的终点是数据寄存器A，100这个立即数被锁到寄存器A中该指令就结束了，然后寄存器A直到下一条需要写寄存器A的指令被执行之前，其WE信号一直处于封闭状态。而Add A B C指令的终点是寄存器C，Add指令被译码时，整个时钟周期内，指令译码器输出的选路信号会被导向到下游各个Mux/Demux上，从而将寄存器A和B导向到ALU前端，这还没完，ALU还需要在这个时钟周期内算出A+B并将结果输出，并被选路器输送到寄存器C前端。这个过程请再次仔细回顾2.2.7一节。

可以看到，从Add指令被译码，到输出A+B=C的结果，是一气呵成的，在一个时钟周期内完成。所以，译码、选路、运算、结果输送回数据寄存器前端，这四个步骤之间并没有被其他寄存器隔开，是发生在一个时钟周期内的四个事件。ALU前端的数据寄存器在Add指令执行过程中并没有发生解锁-透传过程，其在这一步仅仅是为了给ALU提供数据，所以这一步中它可以被认为是透明存在的。所以，图4-3更能够反映真实的执行逻辑步骤。

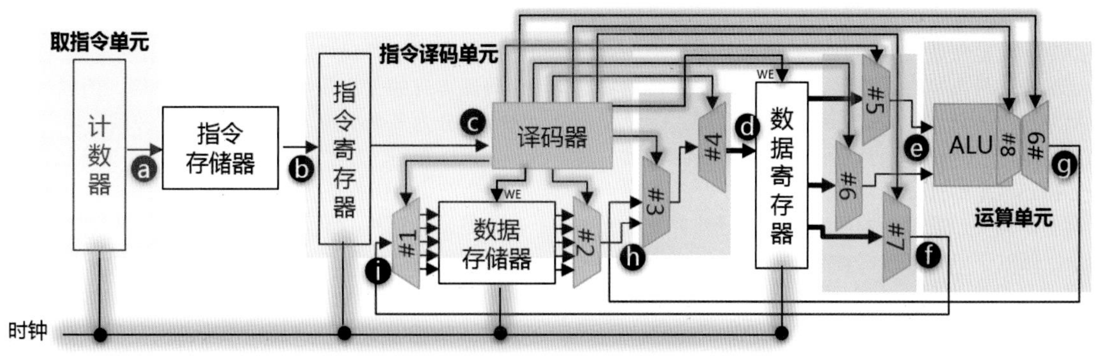

图4-1　一个简易CPU的电路组成模块

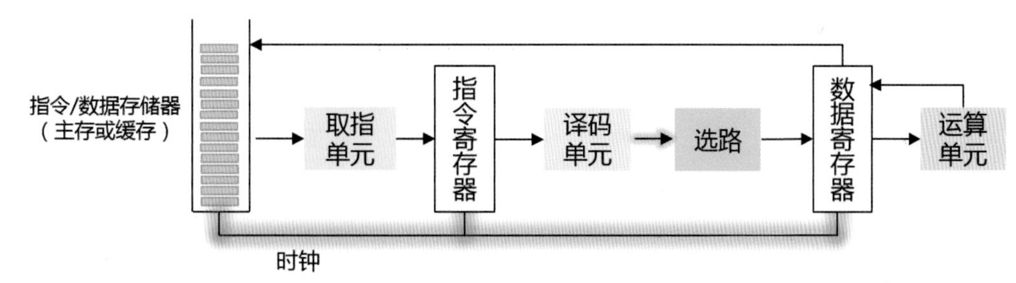

图4-2　抽象图

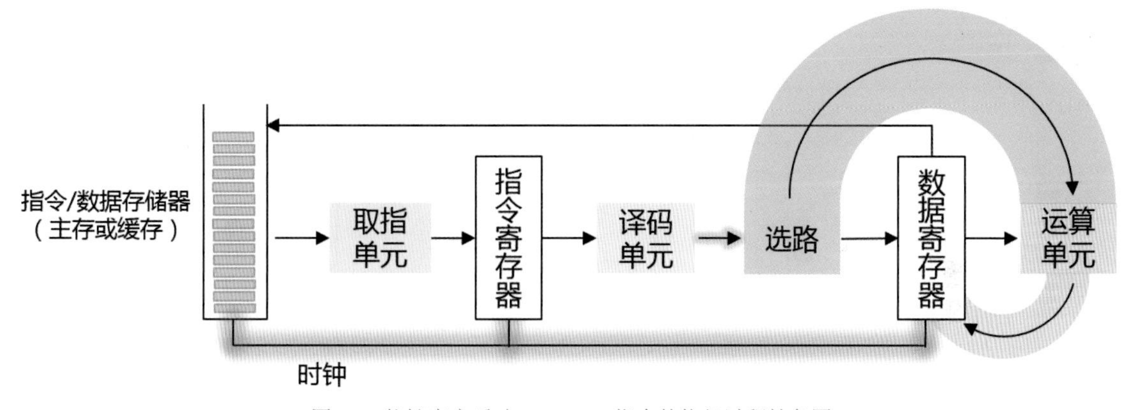

图4-3　能够真实反映Add A B C指令的执行过程抽象图

那么，为什么我们的指令译码器同志会不高兴呢？“我当然不高兴了。指令寄存器输送给我的指令信号，我将它们译码完毕输送信号给选路器只花了1秒钟，选路器根据我输送的信号将对应的通路打通花费了大概0.1秒，而ALU这位老兄将数据运算出来花了2秒钟。从译码到运算出结果，总共花了3.1≈3秒。”——这，有什么问题么？“问题大了！我只是个指令译码器，只管译码，译码完毕之后，就应该接着译码下一条指令，现在可好，我什么也做不了，还必须空等2秒钟，等到ALU算出结果之后，我才能从指令寄存器收到下一条指令的信号，我觉得不公平，为什么要我等ALU？由于这个无谓的等待，导致整个系统的时钟频率不得不被设置为3秒钟，生产效率太低。”指令译码器同志！你怎能这样不顾全大局呢，为了组织牺牲你自己，多么光荣啊！“呵呵～”

“译码器同志，好样的！能者多劳，一定不能让你的生产力白白浪费掉。”冬瓜哥在一旁说道，“但是你有想过么，ALU也不高兴：‘为什么我每次计算完结果之后，需要等待1秒钟才能再次收到新的待计算数据？我这么大能耐，不能把时间都浪费在等待上啊，你译码器干什么去了，磨磨蹭蹭的！本来时钟周期可以设置为2秒的，因为我用2秒钟就能计算一次，现在为了等你，不得不将时钟周期设置为3秒。’你看，这个问题的本质就出在你俩被强行绑在一起了。其实，当ALU运算的同时，完全可以让你对下一条指令进行译码，让你的译码和ALU的计算并行起来。但是，由于你们两个人之间是直接绑在一起的，必须将你俩松耦合分隔开，否则你如果按照你的最快的节奏来译码，有可能ALU还没计算完上一条数据，下一条数据又到了，这样会导致下游的结果输出步骤被打乱从而出错。”

“告诉我，译码器同志，怎么样你就舒坦了？”“当然是我译码完毕之后，能把输出信号直接扔到某个地方暂存，这样我就可以腾出手来译码下一条指令，而上一条指令译码完的信号又不会丢失，然后让这些信号再控制选路器选通对应路径将数据输送到ALU进入计算过程，这样就会非常合理。”没错，ALU也是这么想的，这样的话，译码器将上一批控制信号扔到这个暂存处之后就开始译码下一条指令，在译码器译码下一条指令期间，ALU刚好计算完上一条指令，此时下一条指令的译码也结束了，译码器又可以将其扔到暂存处，ALU紧接着又可以计算新数据了，这样，你们两个人的生产力都不会被浪费。

显然，这个暂存处就是寄存器，也就是说，需要增加一层寄存器，不妨称之为控制信号寄存器，专门用来暂存译码器输出的针对下游选路器的控制信号，从而将原本紧耦合在一起的译码器和选路器、运算器分隔开。译码器的输出信号输出到这里就是终点，被时钟下沿锁住，然后再从这里出发抵达选路器完成控制并一直到ALU算出结果为终点，如图4-4所示的k处。这样，我们这套架构就可以抽象为如图4-5所示的模块流程图了。

松耦合之后，整个系统的时钟周期会从3秒变为2秒，因为选路+ALU运算+结果写回这一步一共需要2秒的时间，虽然译码阶段只需要1秒。所以，译码器还是需要被闲置1秒钟，但是相比之前的闲置2秒钟，译码器本身的工作效率已经提升了一倍。所以，将一大步切分为多个小步，有利于提高时钟频率。

可以看到，方才这个系统，就像一条生产线一样，这条生产线的任务是处理机器指令，其中每一道组合逻辑就是一道工序，而且多道工序之间是同时在执行的，这一点很重要。我们将这种由多道工序组成而且每道工序同时并行执行的生产线称为流水线。当然，如果按照一开始的设计，译码、选路/计算/结果写回这几个步骤紧耦合，同一时刻只有一个步骤在执行，这种生产线就不叫流水线，其效率就会大幅降低。

“还是不行！”译码器不情愿地说道，“我1秒干完活，ALU要用2秒干完活，我还是空等了1秒，ALU却可以全速运行起来没有空闲，我却不能，还是不公平！”冬瓜哥心想，嗯，译码器还真是个好同志，不能辜负了“他”的一腔热血啊！

的确，指令译码的过程相对ALU运算的过程来讲要简单一些，所以其组合逻辑从信号被输入到被输出经历的时延就低一些。但是如何协调这些有快有慢的角色混合在一起共同完成工作而且更加高效？于是冬

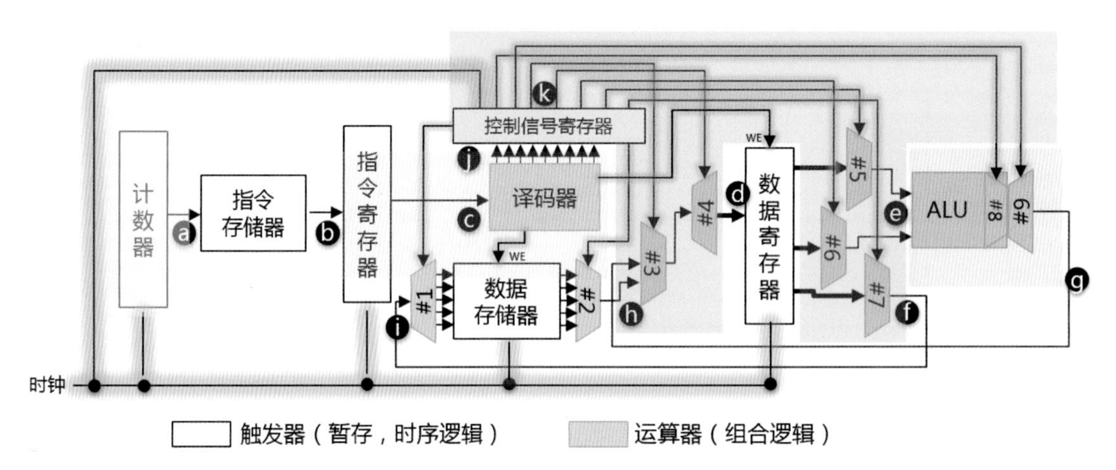

图4-4　将指令译码和选路/运算/结果写回过程松耦合拆开并用寄存器分隔

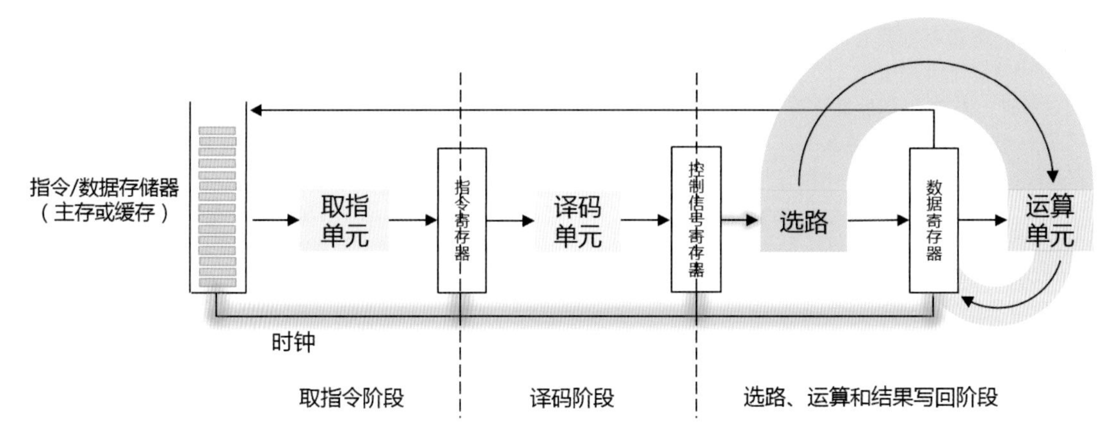

图4-5　将译码和选路/运算/结果写回松耦合后的抽象流程图

瓜哥开始潜心研究这个场景下提高效率的方法。

4.1.2　思索流水线

4.1.2.1　流水线的本质是并发

试想两个人在接力搬东西，如果这两个人的速度能保持完全一样，那么配合会非常完美，我左手拿东西传到右手，你左手刚好空出来拿到我右手递给你的东西。但是突然你感觉头上痒得不行了，去挠了一下，这下好了，我就得暂停，等你挠完了再继续。此时我多么想你跟前有个篮子（寄存器）啊，这样我就可以放在篮子里，你爱挠哪挠哪，挠完了你自己从篮子里拿走。

对啊，程序员也是这么想的。两个设备之间、两个程序之间，要想达到高吞吐量，就得这样将信息的传递异步化，而不是同步化。传递东西有单级等停和多级并行两种方式。

单级等停方式

源头某角色生成一样物品，然后让第一个人用左手从源头拿走，传递给他的右手，传递给第二个人的左手，东西传给第二个人之后，第一个人不做任何动作，纯等待源头再交给他另一样物品。

想象一下，如果整个传递路径上只有两个人还算好，如果有10个人，可以想象，这样物品从源头传递到目的端所需要的时间将会非常长，而在这段时间内，源头不会再传递任何物品，这10个人中总有9个人闲着没事。一样物品从第一个人传递到最后一个人所经历的时间，被称为这条传递链的**时延/延迟**。假设每个人从拿到物品到传递给下一个人，需要1ms的时间，那么由10个人组成的传递链，整个传递链从头传递一次就需要10ms的时间（该传递链条的时延=10ms），那么这条传递链每秒可以传递1000ms/10ms=100个物品，也就是100物品/s，这就是该传递链的**吞吐量**。

问一下：单级等停模式下，如何增加传递链的吞吐量？答案似乎只有一个：降低传递链的总时延。如何降低呢？要么提高每个人的处理速度，要么砍掉不必要的人。

人们自然地会想到，能否让源头源源不断地将物品传递给第一个人，第一个人也源源不断地传递给第二个人，以此类推。于是有了异步方式。

多级并行方式

源头让第一个人左手拿走一个物品，第一个人把物品传递到自己右手后，马上再从源头拿一样物品。会有一瞬间，第一个人左手和右手同时拿着两个物品。当第二个人接过第一个物品后，第一个人左手再将第二个物品传递给右手，左手空出，可以再从源头拿第三个物品。第二个人向第三个人传递时也这样去做。这就是并行多级传递模式，也就是流水线的方式，每个人就是一级，多级同时在并行工作。

问一下：这种传递模式下，一样物品从源头到目的，经历了多长时间？当然还是10ms，没的说，也就是说，传递链总时延并没有变化，每样物品从源头传递到目的依然还是10ms。答对了，加10分。

问一下：此时该传递链每秒能传递多少样物品？这问题得分析一下，第一样物品从源头传递到目的当然需要10ms，但是第二样物品在第一样物品到达之后的1ms（最后一个人从左手传到右手的时间）也到达了，同理，后续所有的物品都是相隔1ms间距，一个接一个地到达了。那么就可以算出来在1000ms内，头10ms传递了一样物品，后990ms每1ms可以传递一样物品，这样的话，吞吐量变为990+1=991物品/s。吞吐量几乎提升到10倍！

问一下：在这个基础上，想进一步提升吞吐量，共有几种方式？自然，第一种方式是降低每个人从左手传递到右手的时间；这样最见效，比如降低到0.5ms，则吞吐量将为：1+（1000−5）/0.5=1991物品/s。第二种则是减少传递链上的人的数量，这样可以将第一个物品所需的10ms降低，比如，降低到2个人，那么吞吐量将为1+（1000−2）/1=999物品/s，似乎提升并不是很大。第三种则是再增加一条或者多条传递链，多条一起传递，那直接性能翻对应的倍数。答对了，加10分。

问一下：是不是可以说，在多级并行传递模式下，传递链的总体时延对吞吐量影响并不大？是的。答对了，加5分。

问一下：既然传递每样物品需要10ms，那么每秒能传递1000ms/10ms=100样物品啊，这好像是小学数学应用题中最简单的那一道啊，为什么上面算出来的却是991样/s呢？哪里出了问题？仔细想来，还真有点烧脑。其实这里的关键点在于，同一时刻内，有多个物品在同时并且一个跟一个地并行向前传递，传递链中有几个人在接力，传递持续稳定之后，同一时刻就有几样物品在传递。所以，上述例子中，并发度为10，忽略第一个物品传递时一段时间内并行度没有达到10，所以最终吞吐量的确是100×10=1000物品/s。准确来讲应该是：**吞吐量=1000ms/节点时延或者吞吐量=并发度×1000ms/传递链总时延**。神奇啊！

问一下：如果传递链上的每个人都是各色人等，其各自从左手传递到右手的时间都不同，有快有慢。最终吞吐量是怎么个情况？这可真有点难以用脑子想清楚，得画一下，算一下才行，如图4-6所示。

先看看上图左边的情况，传递链两头是俩壮汉，中间夹了一位老爷爷和一位小朋友。很显然，当第一个物品传递到目的之后，第二个物品需要等待40个时间单位才能到达目的，这是不是说明，后续每个物品都会以40个时间单位为间隔陆续到达呢？可以明确推出，是的。那么是不是可以有这样一个结论：**后续每个物品的到达间隔统一为传递链中耗时最长的那个链条节点所耗费的时间**？为了进一步证明该问题，我们把传递链右侧的壮汉换成一位老奶奶，第二个物品会在第一个物品之后的50个时间单位到达，后续其他物

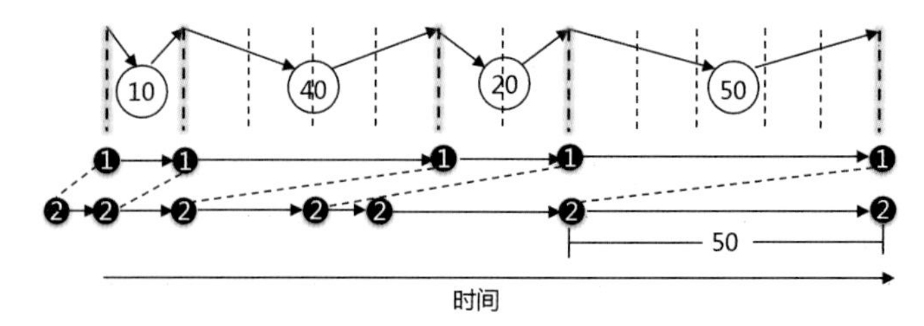

图4-6　不同处理速度的节点组成流水线

品也都会以相隔50个时间单位的间隔到达。

结论已经非常明确，可以明显看到，只要传递链中有处理比较慢的节点，其他节点的处理速度再快也是没用的，处理完了也只能原地等待。也就是说，即使把上面两条传递链里每个人分别都换成老爷爷/老奶奶，最终得到的吞吐量也是一样的。

问一下：假设传递链中有一个节点时延为40个时间单位，其他所有节点都为10个时间单位，那么如果将产生40个时间单位时延的这个人的位置上原地替换为3个10ms时延的人，吞吐量会不会有改善？当然有改善，吞吐量会提升到40/10=4倍。这有点神奇了，人多了，吞吐量反而上来了。

问一下：有一条由10个人组成的传递链，每个人的处理时延是10ms。现在，将其更换为由20个人组成的传递链，而每个人的处理时延为5ms，吞吐量如何变化？根据上文中的结论，可以推断出，吞吐量提升到10/5=2倍，同时总时延不变。

问一下：替换为40个人，每人处理时延依然为5ms，相对20人每人5ms的传递链，吞吐量如何变化？可以看到，除了第一个物品会以200ms的时间传过来之外，后续物品依然是以5ms为间隔到达，吞吐量与20人每人5ms的传递链保持一致。

多级并行模式吞吐量公式：吞吐量=1/max[每个节点的时延]

单级等停模式吞吐量公式：吞吐量=1/sum[所有节点的时延]

单级等停/多级并行模式时延公式：总时延=sum[所有节点的时延]

可以看到，只要将某个物品的全部处理流程细分为若干个小流程，让每一步小流程很快地完成，这样就可以组成一条拥有极高吞吐量的传递链了。

4.1.2.2　不同时延的步骤混杂

流水线，就是指上述的多级并行传递过程。只不过传递链上的每个角色需要对物品做对应的处理而不是单纯的传递。比如第一个人负责把物品做某种装饰，第二个人负责对物品进行盖章，第三个人负责用一张大包装纸对物品进行包装。这就是一条产品加工流水线。整个流水线中工序数量被称为流水线的级数，本例这条产品包装流水线为3级流水线。

可以想象，第一步是最耗时的，需要在多个地方贴上对应的装饰品，假设需要10秒钟；第二步只是盖个章，假设需要1秒钟；第三步需要包起来，假设需要3秒钟。很显然，要让这条流水线的产量提升的话，必须将第一步分解成3步，每一步只负责贴部分装饰，假设耗时3秒，这样就可以与第三步的时延匹配起来。能否继续优化，也就是将每一步的时延降低为1秒钟？第一步可以，用10个人，每个人只耗费1秒钟贴一个装饰品即可。但是最后一步恐怕不能再细分了，除非用机器，因为靠人工的话，包装过程不可能被细分为比如第一步只折一个角，第二步再折另外一个角，因为当传递给下一步时，上一步折的角很可能已经自动松开了。这就是现实的无奈，最后一步会成为瓶颈。

解决这个问题的办法，就是找三个人来并行完成最后一步，也就是让每人都处理一个物品，虽然每个人依然用3秒钟包装一个物品，但是3秒钟内却可以同时包装3个物品，这样的话就等价于每一步时延都为1秒时的吞吐量了。上述方式是物理上的可直观感知的并发，而且真的是多个物品齐头并进，可以称之为**多路物理并发模式**；而多个人组成多级并行传递链产生的并发传递，也是并发，只不过理解起来困难一些，可称之为**多级流水线并发模式**，并且多个物品之间并非齐头并进，而是有一定先后，相隔的时间就是**max[每个节点的时延]，如图4-7所示。**

使用4级流水线并发和4路物理并发获取的吞吐量是相同的，只是方式有区别，前者是每10s出一个

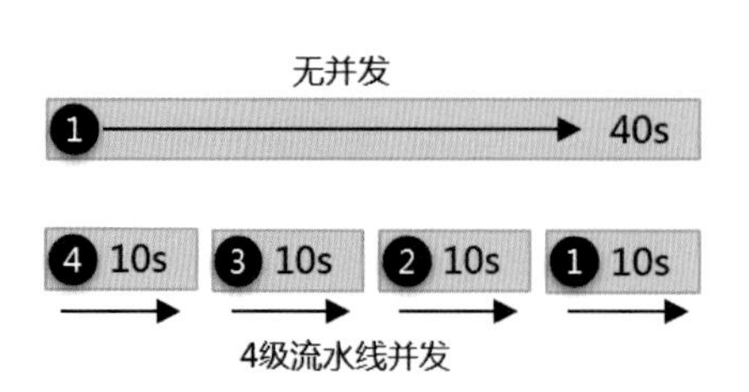

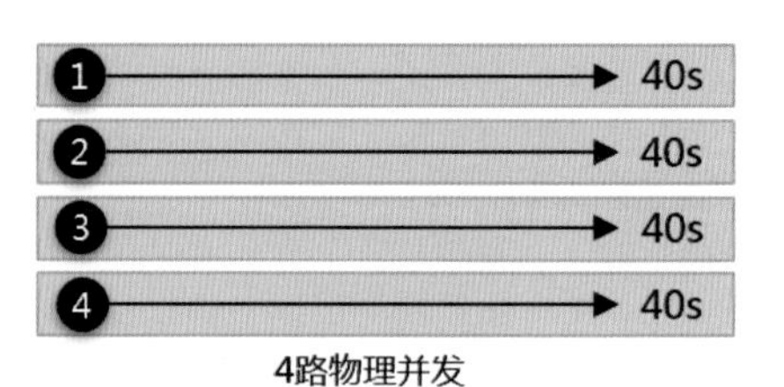

图4-7　流水线并发与多路物理并发

（每40s出4个），后者是每40s出4个。物理并发方式下，当第一轮传递开始之后的40s，会有4个物品传出；而4级流水线并发模式下，传递开始后40s却只有1个物品被传出。

从图4-8可以看出，多路物理并发模式的起跑天然比流水线模式要快，但是跑起来之后，两者的速度是相同的，实际中可以忽略这个起跑差异，毕竟这并不是比赛。我们把第一个物品从流水线进入到传出的过程叫**入流水**阶段，此过程中，流水线会被充满，一旦充满，流水线就可以全速运行，也就是**全并行**阶段。正是因为流水线必须先被充满之后才能全并行，所以导致了其比物理并发模式起跑慢。

另外，这两个模式之间还有一个微妙的事情。假设该步骤的下游还有其他步骤的话，除非下游的步骤也是物理并发的，否则上一步的物理并发产生的起跑超前效应将会在下游步骤被屏蔽掉。如图4-9所示，一股脑先到达了目的地，到头来还得一个一个地经过下游步骤的处理，最终物理并发模式和多级流水线并发模式产生的吞吐量依然相同，同时每个物品到达时刻点也完全相同了。这好像龟兔赛跑，乌龟虽然一步一步往前挪，但是最后反而和兔子一起到达了终点。

提示 ▶▶▶

谁在乎这“可以忽略”的起跑超前效应？比如有一类场景是金融领域的高频交易，交易者必须在股票或者某种金融产品上涨或者下跌一定数额（通常是极微量的增幅）之后立即发起并完成交易，因为有大量的交易者在排队，谁先第一时间从证券交易所服务器上获知对应的涨幅并且将交易请求尽快发送到交易服务器，谁的交易请求就能排在队列前面，就可以抢先卖出或者买入。而交易请求，就像是一样物品，会在多个角色之间传递，有一条传递链存在。但是这类交易往往是单级等停模式居多，也就是发送一条消息，等待对方服务器返回确认消息之后，再发送下一条消息。

问一下：对于下游步骤没有物理并发的场景，如果将上游步骤的物理并发度提升一下，比如从4提升到8，会不会有收益？见图4-10，很显然，没有任何作用。

问一下：如果在下游非并发步骤之后再增加一个并发步骤，会不会有什么收益？根据图4-11，很显然，没有任何收益。

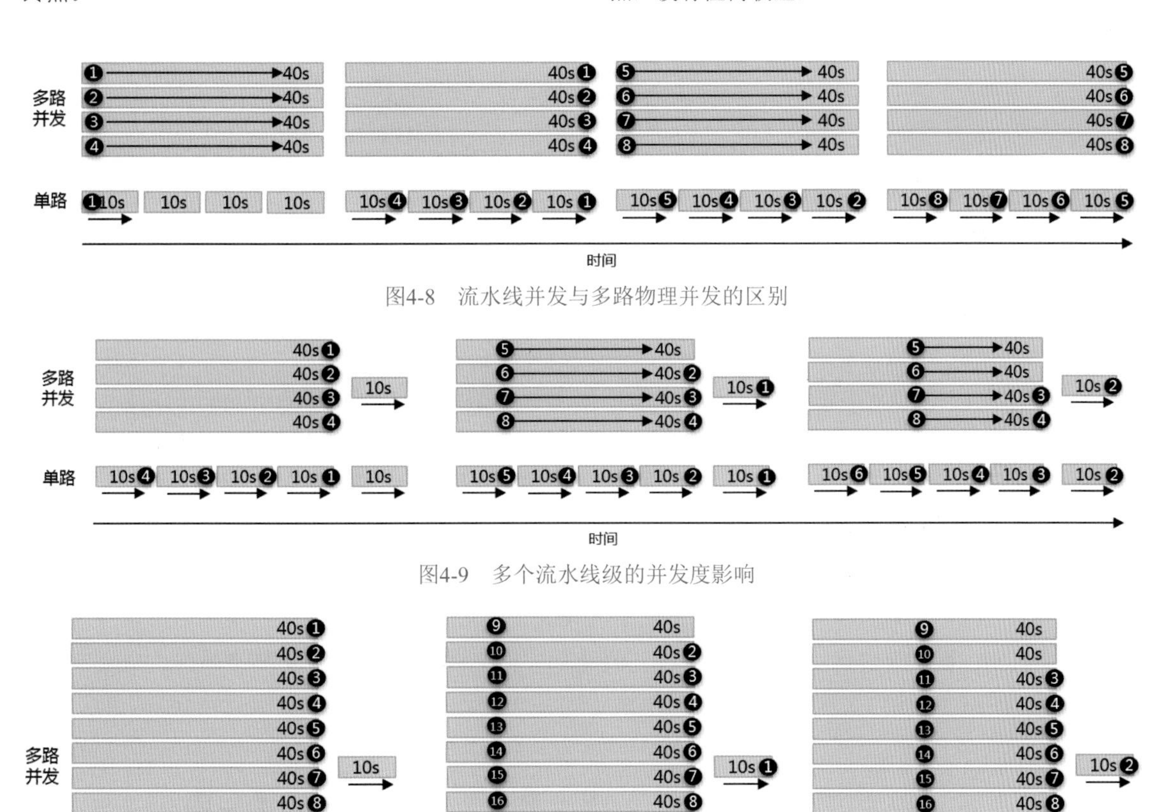

图4-8　流水线并发与多路物理并发的区别

图4-9　多个流水线级的并发度影响

图4-10　多个级之间并发度不匹配的影响

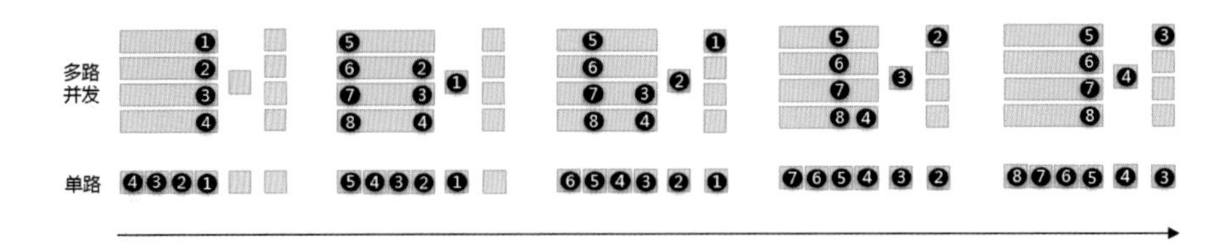

图4-11　并发度最低的成为瓶颈点

问一下：如果上述例子中将上面传递链的第一级时延降低到与第二条传递链第一级时延相同，会不会有区别？根据图4-12所示，吞吐量没有区别。

问一下：两条传递链，级数相同，每一级时延相同，但是第一条传递链上第一级4路并发，第二级2路并发，第三级4路并发。这两条传递链的吞吐量相比有什么差异？根据图4-13可判断，第一条传递链的吞吐量为第二条的2倍而不是4倍。也就是说，并发度最小的那一级决定了整个传递链的物理并发度。

根据对上几问的分析，最终可以有这个结论：多级并行传递链上每一级的吞吐量公式为：

- 当上级时延=下级时延时，吞吐量=min[物理并发度]/时延
- 当上级时延＜下级时延时：

a. 当（下级并发度/上级并发度）≤（下级时延/上级时延）时，吞吐量=下级并发度/下级时延

b. 当（下级并发度/上级并发度）＞（下级时延/上级时延）时，吞吐量=上级并发度/上级时延

- 当上级时延＞下一级时延时：

a. 当上级并发度≤下级并发度时，吞吐量=上级并发度/上级时延

b. 当（上级并发度/下级并发度）＜（上级时延/下级时延）时，吞吐量=上级并发度/上级时延

c. 当（上级并发度/下级并发度）＞（上级时延/下级时延）时，吞吐量=下级并发度/下级时延

d. 当（上级并发度/下级并发度）=（上级时延/下级时延）时，吞吐量=上级并发度/上级时延或者下级并发度/下级时延

多级并行传递链的总吞吐量公式为：吞吐量=min[每一级的吞吐量]。

4.1.2.3　大话队列

对于一个传递链，不管是单级等停还是多级并行流水线，其中每个角色都需要从上游角色接收物品/消息，以及向下游角色传递物品/消息。具体如何传递？如果是实际产品包装流水线的话，那么不可能是用手去传递的，我处理完用手递给你，除非离得近，以及每次你都能在我胳膊发酸之前接过去。更方便的做法是，我将处理完的物品放到一个你我都可以方便摸得着的地方，比如一个工作台上，我只要放上去就行了，根本不用管下游操作者处于什么状态。只要大家都在全速工作，不出什么问题的话，我下一次打算往上放东西的时候，会发现原来那件物品总是能及时地被下游操作者拿走。

然而，不能保证总不出问题。比如下游操作者突然走神了，没来得及拿走上游放在工作台上的物品，则上游打算传递下一个物品的时候，就会停住，同时也不再继续从它自己的上游那里拿走待处理物品，这会一层层反馈到源头，导致传递链停顿，或者叫阻塞（Stall）。实际中，组成一个流水线可以有多种方式，比如让处于同一个时钟域（回顾第3章）中的多个电路模块组成一个流水线、让处于不同的时钟域（回顾第3章）中的多个电路模块组成一个流水线、让处于同一台计算机上运行的多个程序组成流水线、让不同的计算机中运行的不同的程序组成流水线等等。组成流水线的多个模块之间的步调理想情况下应该一致，但是有些特殊情况，比如突然某个模块由于被发现错误率较高而时钟频率被短暂性动态降频了，此时就会产生较大的时延不一致，该降速事件会直接

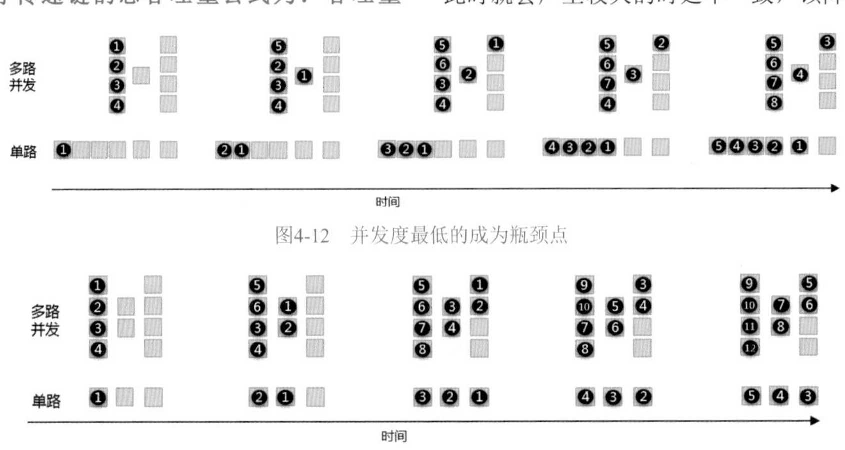

图4-12　并发度最低的成为瓶颈点

图4-13　相同时延下并发度最小的一级决定了整体并发度

反馈到流水线源头导致停顿。

厂长一看急了，这不行，动辄就停顿，太影响生产效率。那么你认为厂长应该如何解决这个问题？估计你也想得出来，那就是把工作台面拉长一些，弄个传送带和挡板，上游扔过来的物品被源源不断传送过来（假设传送带速度非常快，忽略物品在传送带上传输的时间），并且堆积在处于下游角色眼前的挡板处。如果大家全速运行，那么任意时刻挡板处最多只有一件物品出现。一旦下游由于各种原因处理速度变慢，或者瞬间有卡顿，那么上游依然可以往传送带上放置处理完的物品，此时会发现下游的挡板处有物品堆积，下游卡顿时间越长，堆积越多，如果一直堆积到上游跟前，那么上游就知道传送带已满，会停止处理，同理，上游的上游的传送带就会逐渐堆积，一直反馈到源头，最终导致卡顿的那个人之前的所有人都停止处理，但是卡顿的人和其下游的人会继续处理。当上游发现传送带上有空余位置的时候，就继续处理并向上放置物品，逐渐恢复流水线的运行。下游此时可以加快处理速度，将传送带上的物品加速消耗，传送带中物品堆积数量越来越少，最终少到1的时候，可以恢复原来的处理速度。或者下游继续按照原有速度处理，那么此时就会在传送带上永久积压着满传送带的物品，除非源头不再有物品需要处理。

这样做的好处是将流水线上的每个工序解耦，从紧耦合变为松耦合。其本质上是在每两道工序之间加大了缓冲空间，之前缓冲空间只有1个位置，相当于没有缓冲。至于这个缓冲空间需要有多大，一般取决于该队列下游工序的处理速度，越快，则相应的应当增加上游缓冲的空间，这样的话上游可以向该缓冲空间内存放大量的物品，以供下游角色消耗，一旦上游出现瞬间卡顿，还能保证缓冲空间短时间内依然还有存货，下游还有的干，不会跟着一起停工。这就是缓冲的作用，缓冲的是不同角色之间处理速度的不匹配。

该缓冲空间又可以被称为**队列**（Queue），其总容量又被称为**队列深度**，其当前已经被存了多少样物品，又被称为**队列长度**。不带缓冲的流水线，相当于队列深度为1的流水线，一旦任意一道工序有卡顿，会导致上游接连卡顿，影响生产效率，如图4-14所示。

如果由多个运行在计算机中的程序组成流水线来处理某种数据包/消息/请求等的话，那么该流水线的传送带很显然就应该使用异步FIFO队列来充当了，这些队列可以处于内存中某处。另外需要深刻理解的是，形成流水线的所有工序必须在同时执行。如果每道工序是一个计算机程序的话，那么这些程序必须同时并行执行，那也就意味着，需要有多个CPU或者核心，每个CPU/核心上运行一道程序，同时执行。对于并行执行、CPU核心等话题，详见本书第6章。

排队固然好处明显，但是其原生并不是为了增加流水线吞吐量而设计的，只是为了更加松耦合，为了灵活性而生。在实际的由程序/线程组成的流水线中，每个程序/线程需要处理的事情可能比较复杂，而且有时还不可控，比如有些判断分支，命中时需要花费更多时间来处理，不命中则很快处理完，此时该程序的处理时延是不固定的。正因如此，流水线上各个步骤可能并不能真的按照实际设计时所预估的时延来全速工作达到最大吞吐量。此时队列的作用更加凸显，比如上游处理程序时延变长，不能够以原有速率向下游输出处理完后的消息/数据包，但是位于它们之间的队列此时正缓冲有部分之前积压的待处理消息/数据包，那么此时下游依然会全速处理，不受上游影响。

甚至可以这样，将源头或者流水线中间某处极易卡顿处的队列深度加大，这样所带来的缓冲效果就会更加持久，能够保证流水线持续输出，最大程度屏蔽由于任何一处卡顿所带来的流水线阻塞等待。

队列长度与时延

队列缓冲固然好，但是其代价显而易见。队列中排队的物品越多，轮到队列尾部的物品被下游模块处理所需等待的时间就越长。

问一下：假设下游节点每处理一个物品需要2s，也就是每2s从上游队列中取出一个物品处理。请算出队列中存在2个、3个、4个物品时，最后一个物品被下游处理完输出所耗费的时间。当队列长度为2时，第二个物品输出所需耗费：第一个物品处理所需的时间+第二个物品处理所需的时间，也就是2s+2s=4s。队列长度为3时，第三个物品处理所需耗费的时间为2s+2s+2s=6s，同理可得，队列长度为n时，队列中第n个角色被下游处理完共需耗费时间为nm，m为下游模块的处理时延。

问一下：当队列长度为n，下游模块处理时延为m时，求队列中的角色被下游处理的平均处理时延。**平均处理时延=n个角色总处理时延/n = $[nm+(n-1)m+(n-2)m+\cdots\cdots+m]/n = m(n+1)/2$。可以看到，队列中每多排队一个角色，就会拖慢0.5m的平均处理时延，但是吞吐量不会受影响。所以自然有一个推论：当队列长度能够保持为1时，平均时延最低，同时吞吐量不受影响**。那就等价于一个没有缓冲队列的流水线了，如果能够保证每一步处理速率绝对恒定，自然是最理想的状态。而上文中也分析过，一旦有卡顿，则流水线上游就会停顿阻塞，最终影响吞吐量。所以，吞吐量和时延天生就是一对矛盾，这个矛盾需要平衡。抵御越强烈持久的卡顿，就需要增加队列深度，那么平均时延也会升到更高。

图4-14 带队列缓冲的流水线

在时间维度上长期来看的话，仔细思考可以发现这样一个本质：无缓冲流水线时延最低，吞吐量最大。加入缓冲之后，如果流水线没有任何卡顿，那么依然时延最低吞吐量最大。一旦卡顿，那么卡顿了多长时间，这些时间就会被变相地分摊到队列中积压的角色处理时延的增加上。所以，一切都是公平的守恒的。

推论：一个角色从进入流水线中某一级的前置队列，到被该级流水线处理并输出的总时延可分为**等待时延和处理时延**。该级处理时延为m，则队列中排在第n个位置的角色的**等待时延=(n-1)m，处理时延恒定为m**。

问一下：队列长度是否对吞吐量有直接影响？没有直接影响。只要流水线不卡顿，队列存在与否、队列深度/长度对吞吐量毫无影响。卡顿时，如果队列深度过小会导致快速充满则导致上游停止工作，造成吞吐量下降。队列深度过小导致队列被充满的现象被称为**过载（Overrun）**，同理，队列深度过小还容易导致其中缓冲的消息快速被下游消耗掉，而上游由于各种原因的卡顿尚未来得及将新消息充入队列，此时队列为空，此为**欠载（Underrun）**。频繁过载欠载不是好事情，证明该流水线上下级处理模块的速度极不匹配，或者流水线正遭受大范围扰动，此时应该加大队列深度，抗波动能力就随之加强了。

并发度与时延

假设某带缓冲队列的流水线中的某级处理模块是p路物理并发，这种情况下，p路处理模块会同时从其上游队列中分别取走一条消息进行处理，那么此时的时延模型就变了，变为每p条消息为一组，同时并行下发。那么时延公式**m(n+1)/2里的n此时应该表示的是第n组消息的时延，p个消息为一组**。同理，单个消息的平均等待时延换算下来就会降低p倍，当然，处理时延是不变的，总时延依然是降低的。

要想保证带有多路物理并发的流水线的吞吐量，就得精心调校从而让队列长度恒定在至少为p，压入更多消息到队列中，上文中也说过，会显著增加时延；而过少又容易导致欠载从而流水线瞬间空转。

如果队列中的多笔消息是同一个线程发出的，那么被并行执行之后，其相比非并行场景而言，时延降低了。就算下游并非是多路物理并发，而只是多级流水线，那么也依然算是一种并发，相比非多级流水线的单级超长步骤处理而言，时延依然是降低的。这就是所谓流水线可以屏蔽时延的说法依据，但是请注意，这是与非流水线处理相比，比如之前是4s钟一大步，分为4个时延为1s的小步骤，二者相比，如果有4条消息，前者总共需要16s完成，后者则只需要4s+1s+1s+1s=7s完成。但是请务必注意，每条消息自身的时延没有变化，依然是4s，只不过由于并发的原因，如果这4个消息为一组，那么其总体的时延的确降低了。那么发出这4条消息的线程就会感受到总体上的性能提升。

推论：如果多笔消息属于某个总步骤，那么流水线并发可以降低这个总步骤的时延，表面上的感觉就是响应时间更快了。如果多笔消息分别属于多个不同的步骤，那么流水线化之后，每个步骤的响应速度感觉上没什么变化，但是总体看来，流水线化之后可以在保持原有响应时间不变的前提下，提升总体吞吐量，也就是在维持速度体验不变的情况下可接纳的处理线程数量增多了。相反，如果没有流水线化，这多笔消息就得同步执行，排在队尾的消息等待时间会很长，响应速度变慢，多笔消息处理完总共花费的时间也很长，所以不管是这多笔消息属于同一个总步骤还是分属不同的步骤，每个步骤的实际体验时的响应时间都不好。

哪类业务非常在乎时延？有真实的人在等待且要求越快返回结果越好的那类业务，比如网购、网聊、查账、柜台/ATM业务等等。哪类业务只求吞吐量而对时延没什么要求？无人在实时等待的后台批处理业务，这类业务往往是处理一大堆数据，而根本不在乎其中某次处理耗费了多长时间，其追求总体上的吞吐量，这样才能更快地完成任务，典型场景比如大数据分析等等。

4.1.2.4 流水线的应用及优化

CPU的执行流水线

在IT领域，流水线的最典型实际应用就是CPU内部执行机器指令的过程。比如某程序含有大量的机器指令，位于内存中，CPU需要逐条取回和处理。比如某条指令为add指令，CPU首先要从内存读出该指令，然后要对其译码，也就是看看该指令到底是让我干什么，译码之后会向对应的电路部件发送控制指令执行该操作。如果是Stor/Load指令，则译码之后的结果是访问内存，而不是计算。可以看到，CPU内部的电路对一条机器指令的处理起码可以分为取指令、译码生成控制信号、计算（从ALU中选出对应的结果）、访问内存（如果是Load/Stor指令）、写回（将结果导入寄存器）这5个大步骤（我们上文中设计的那个简易CPU采用了3个步骤，将运算和结果写回寄存器合并为了一个步骤，但是多数实际中的CPU是将这两个步骤分开的）。电路完全可以把这5个步骤放在一起执行，也就是让电信号传递到所有的控制逻辑中，最终结果直接被导入到结果寄存器前端，然后在下一个时钟的边沿锁存该结果。这样就必须拉长时钟周期，以便让电信号流经所有这些逻辑电路并输出结果。

这么做的结果就是，某指令被取回之后，进入译码逻辑电路，此时取指令电路就会闲置在那里；译码完之后，比如是Load/Stor类指令，那么电路会向L1 Cache发送访存请求，此时取指令、译码电路一起闲在那，取指令模块闲置得更久。同理，直到该指令的结果被输出到寄存器，下一个时钟边沿到来之前，CPU内大量的逻辑电路模块都处于闲置状态。对于这样一个系统，其能够执行的指令吞吐量，根据上文中总结出的算式，1/总时延，相当于**1/时钟周期**。该流水线相当于一个只有1级且该级时延=1个时钟周期的流水线，且时钟周期很长。其本质上等价于单级等停流水线。

CPU执行指令的过程非常适合于改造为多级并行流水线，位于内存中的大量的机器指令就是待处理的角色；取指、译码等模块就是流水线的每一级，将原本一个大步骤切分为上述的5个小步骤，并且让这5个步骤的时延尽量缩小，而且让其异步并行执行。取指令、访存这两步的时延会比较高，因为可能需要访问外部SDRAM，译码时延相对低一些，但是相比计算步骤来讲可能也高一些，当然，看最终是计算什么，如果是加减乘那么会相当快，如果是除法则需要相当长的时间才能完成，而译码相对就简单了。正因如此，为了降低取指令和访存的时延，人们增加了L1、L2、L3 Cache，让取指和访存尽量在Cache中命中；以及将译码阶段再次分割为各种预译码阶段，比如对指令进行定界（判断控制码、源操作寄存器、目标操作寄存器的长度）、检查指令码是否合法等细小的步骤；另外，把除法的运算过程也分为多步，每利用中间寄存器暂存上一步的结果，用多个时钟周期来计算除法，也相当于分割成了多级流水线。这样改造之后，每一步时延会非常小，而每一步都用一个时钟边沿来驱动和锁存结果，这样就需要把时钟频率提上去。此时该多级并行流水线的吞吐量依然为1/**[时钟周期]**，但是时钟周期大大缩短，吞吐量就上去了。

切分为多个步骤之后，上级与下级之间就需要一个暂存上级输出结果的地方，结果被暂存到这里之后，上一级立即开始处理其自身的上游输出给它的结果（来自上游寄存器）。由于每一级都是组合逻辑电路，输入随着输出动态改变，所以每一级之间的这个暂存地应该是边沿触发寄存器。每个时钟边沿触发锁存上一级输出的结果，锁存之后，寄存器内的信号立即会对下一级组合逻辑电路产生影响，算出结果输送到下一级寄存器输入端等待下一个时钟边沿到来被锁入进去，如图4-15所示。

实际设计时，每一步的时延不可能被设计得精确相等，所以时钟周期必须按照耗时最长的那一步来定，这样的话耗时短的就会先干完活，对应的信号会在其与下级步骤之间的寄存器输入端等待着，越早干完活的，等待时间就越长，这一级本身的闲置时间也就越长，如图4-16所示。

我们之前说过，在流水线各个级之间增加缓冲队列，非常有利于抗波动，保持吞吐量稳定。CPU的指令执行流水线不仅波动大，而且耦合性很大。其与上述介绍的处理物品的流水线不同，CPU内部流水线是将一条指令的处理切分为多个小步骤形成流水线，每一级处理一条指令的一小步，而不是整条指令。指令之间可能存在很强的依赖性/耦合性/相关性，这会导致一系列问题，冬瓜哥将在下一节为大家介绍。

并行计算

如果上升到软件层面，程序处理也可以采用流水线思想来加速。比如某程序包含5千行代码，其处理时延就是CPU运行5千行代码所耗费的时间。现在要对该程序加速，那么采用流水线思想，将5千行代码的程序分割成5个程序，每个程序一千行代码，那么其理论吞吐量会翻5倍，如图4-17所示。

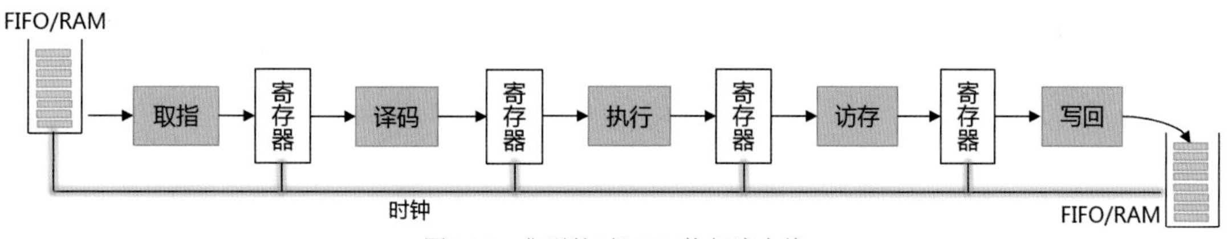

图4-15 典型的5级CPU执行流水线

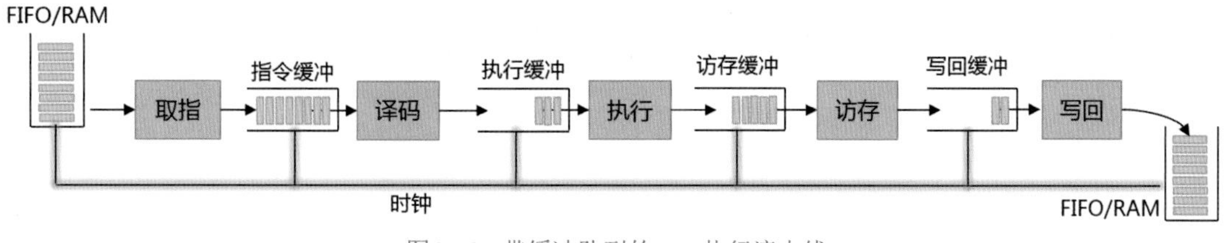

图4-16 带缓冲队列的CPU执行流水线

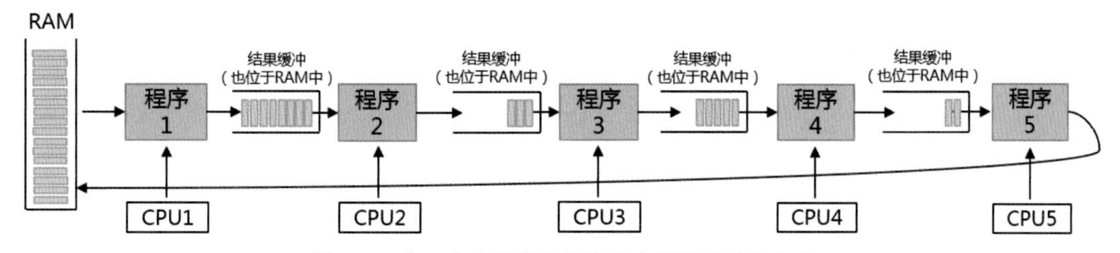

图4-17 将一个大程序切分为多个子程序并行执行

但是不要忽略一个问题。对于物品传递流水线来讲，是真的有多个角色在同时工作从而传递物品，请注意“同时”这个词，同一个时刻，多级流水线处理模块都在工作。而对于程序来讲，要实现流水线，就得多个程序同时在执行。如果多个程序在同一个CPU上运行，那就会依次执行而不是并行执行，其就无法形成多级并行流水线，而本质上等价于单级等停流水线。所以，必须让流水线中的每个程序各自都在不同的CPU或者CPU核心上同时运行，才可以达到增加吞吐量的效果。这就是所谓并行计算。此外，并不一定必须使用流水线思想才能增加吞吐量，可以直接复制出多个程序副本（俗称worker），让每个CPU都运行一份该程序，处理不同的数据（将数据切分为多份分别处理），即便该程序总时延很高，但是通过增加物理并发度，一样可以达到等价效果，如图4-18所示。

当然，最终还得看场景，有些场景无法流水线化或者物理并行处理，因为数据之间耦合太紧密，比如：必须处理完上一份数据，才知道下一份数据应该如何处理，或者该从哪一步开始处理。这样就只能等待上一份数据完全出流水线后，由程序判断出结果，决定下一份数据进入流水线哪一级，比如直接跨过程序1、2而进入程序3处理。对数据处理方面有些额外的内容，可以参考本书后面的关于并行计算方面的章节。

I/O系统

操作系统内核的I/O子系统处理的是应用程序下发的IO请求，对应的吞吐量描述用语是“IOPS”，每秒IO操作数。每一笔IO请求一般都需要经过目录层、文件系统层、块层、SCSI/NVMe协议栈核心、HBA驱动、外部总线/网络、外部设备，外部设备本身也是一台小计算机，其内部也需要经过众多处理步骤。

操作系统一般会创建若干个内核线程来专门负责处理这些IO调用，但是普遍做法是一个线程把几乎所有上述这些步骤都处理完，但是是多个线程并行处理。IO请求在OS内核中的处理路径模型其实匹配了单级多物理并发流水线，理论吞吐量就是**处理线程数/每个线程的处理总时延**。

但是IO请求经过OS内核处理之后，最终会被发送到外部设备来处理。从HBA控制器到外部设备这段路径上的时延，要远高于IO请求在内核中所经历的时延，即便是固态硬盘，时延相比内核处理时间也是很高的。不管IO请求在HBA之外经历了多少级、多少并发度的流水线，可以肯定的是外部任何一级的吞吐量都要远低于OS内核的理论吞吐量（相当于内存的吞吐量），那么整体IO处理流水线的吞吐量，按照上文的分析，受限于吞吐量最低的那一级，一般来讲就是最终的硬盘（机械或者固态）。有一个特例，在外部流水线的某一级的吞吐量可能会高于OS内核处理吞吐量，比如在IO路径上某处使用比如DDR SDRAM介质来虚拟成一个块设备，此时OS内核处理的吞吐量反而要低于这一级的理论吞吐量，但是无济于事，必定有某处的吞吐量依然会制约整体IO路径的吞吐量，除非整个路径都只访问内存。

4.2 优化流水线

在静心思索了一番流水线和队列之后，该回到主题了，也就是释放译码器同志的生产力。大家恐怕已经知道该如何调校图4-5所示的流水线才能让系统吞吐量达到最高了。无非就是2+1个办法。

4.2.1 拆分慢速步骤

将最慢的那一级拆分成多个步骤，让流水线中每个步骤时延几乎相同。最慢的当属选路+ALU运算+结果写回这一步了。选路这一步是没法再拆的，因为这一步中就只有一个器件Mux/Demux，已经分不出上下游器件了，而且它只耗费了0.1秒，拆之没有意义。ALU倒是可以强行拆开，因为ALU中有大量逻辑门。但是，怎么个拆法很考究，比如加法运算和乘法运算可能只耗费1秒钟，与译码速度相同，只是除法运算耗费了2秒钟，所以不得不把时钟周期设置为可能出现的最慢场景。所以，只需要拆分除法电路即可。

如图4-19所示，假设我们将除法步骤拆分成三个子步骤，也就是三大块组合逻辑，然后在它们中间插入分隔寄存器，另外，结果写回路径上需要加一个Mux以与加乘运算单元复用。这就形成了5级流水线，每一级的时延大致相等，系统能够获得更高的吞吐量。乍一看这个图没什么问题，但是仔细推敲一下，会发现控制路径上有很大问题。

当初，译码器为了尽快转手自己生成的信号从而尽快从上游再接活儿，将这些信号扔给了控制信号寄存器，控制信号寄存器中的信号仅仅能够在本时钟周期内使用一次，因为在下一个时钟周期中它也是要从译码器再接手一批控制信号过来，也就是说其保存的控制信号的生命周期就是一个时钟周期。而现在，

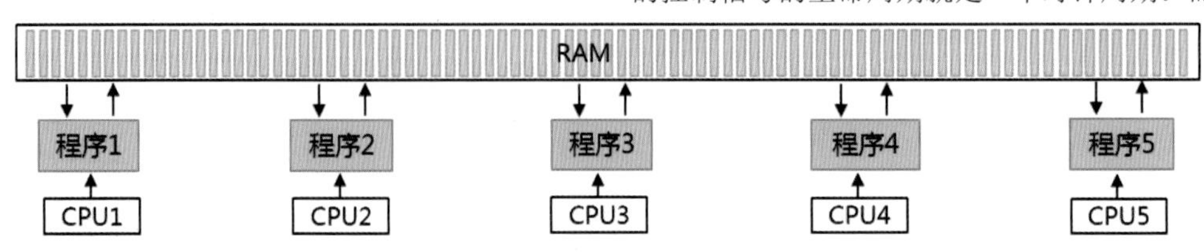

图4-18　将一份数据切成多份然后用相同的程序处理不同的数据分块

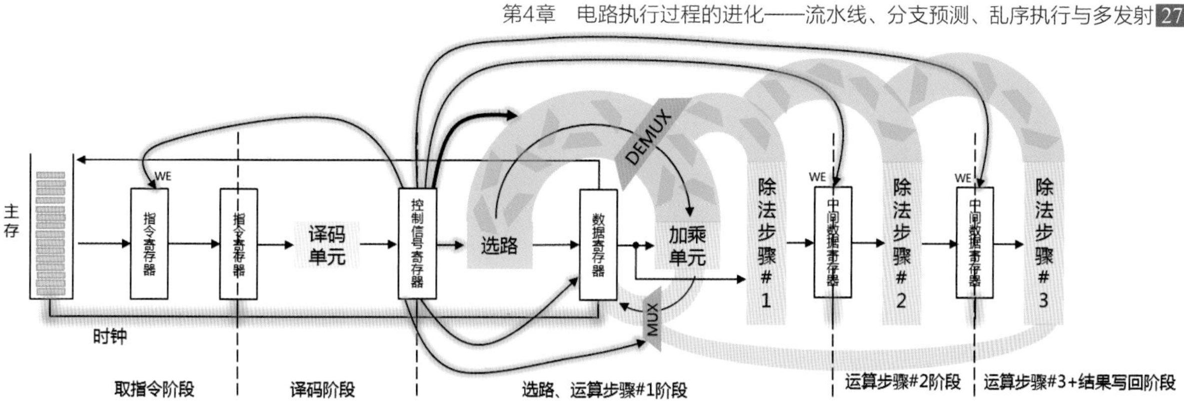

图4-19　将除法电路分成三期执行（有问题版）

由于下游多出了3级电路需要被控制，译码器生成的控制信号的生命周期必须被拉长到图中的三个时钟周期，才可以完整地执行完除法运算。所以，图4-19中所示的控制路径，显然是刻舟求剑了，也就是说等到数据流动到除法运算电路的时候，译码器早已在译码其他的指令了，而你又怎么可能敢去用这些新指令生成的控制信号去控制上一条指令的控制信号该去控制的电路呢？怎么办？思考一下。

解决办法也很简单，必须把控制信号寄存器的信号再寄存一下。你控制信号寄存器的输出信号不是只能生存一个时钟周期么？那么我就再找个寄存器，在这个时钟周期内从你这把依然需要用到但是还没来得及用的信号接手过来暂存，然后给后续的电路模块输送过去。

译码器对指令译码生成的控制信号时，是一股脑把本时钟周期用到的以及接下来的多个时钟周期用到的控制信号都翻译并输出。那些在本时钟周期就用到了的信号会被直接输出给对应的控制电路比如选路器等；而那些将来才会用到的信号，都得靠寄存器给接手过来暂存着。这些信号就像诸葛亮的锦囊一样，必须跟着流水线走，所以是哪一级需要用到的控制信号，哪一级就得再找个寄存器接手过来，因为每个时钟信号都会触发寄存器接手上游输送来的数据，当然，只接收将来会用到的，而不接收本周期会用到的。到了对应的流水线级，锦囊中的信号就会被输送到对应的控制模块中完成控制。

所以，我们可以抽象地画出这个方法的示意图，如图4-20所示。

图中可以看到，最左侧的控制信号寄存器可以算是第0级流水线寄存器，也就是本周期内发挥控制作用；而其包含的C1、C2和C3是三大批控制信号，是分别要提供给流水线的第1级、第2级和第3级的电路所使用的，所以需要将其倒手到第1级流水线寄存器暂存；此外数据寄存器A和B保存的数据也需要输送到第1级流水线寄存器中，因为后续电路需要计算A÷B的值。可以看到，第1级流水线寄存器中的用于保存C1这批控制信号的存储单元会直接连线到第1级电路中的控制部件上完成控制，而C3和C2会再次被倒手给第2级流水线寄存器。第1级电路计算出来的中间数据A'和B'也会被输送到第2级流水线寄存器中暂存。第2级流水线寄存器中的C2这批控制信号直接被连接到了第2级运算电路中的控制部件上完成控制，第2级运算电路计算出中间结果X输送给第3级运算电路。同时C3信号被转手给第3级流水线寄存器，C3完成对第3级运算电路以及左下角MUX的控制，将最终运算结果写回到数据寄存器前端。

译码器又是怎么知道某条指令在将来的流水线第几级会用到什么信号的呢？错了，译码器并不知道，而是设计这套指令集和译码器的人需要知道。设计者必须精确地设计好，比如除法指令，最长可以被分三步，每一步用到什么信号，然后就根据这个真值表去设计译码器就可以了。然后到了哪一级用锦囊把

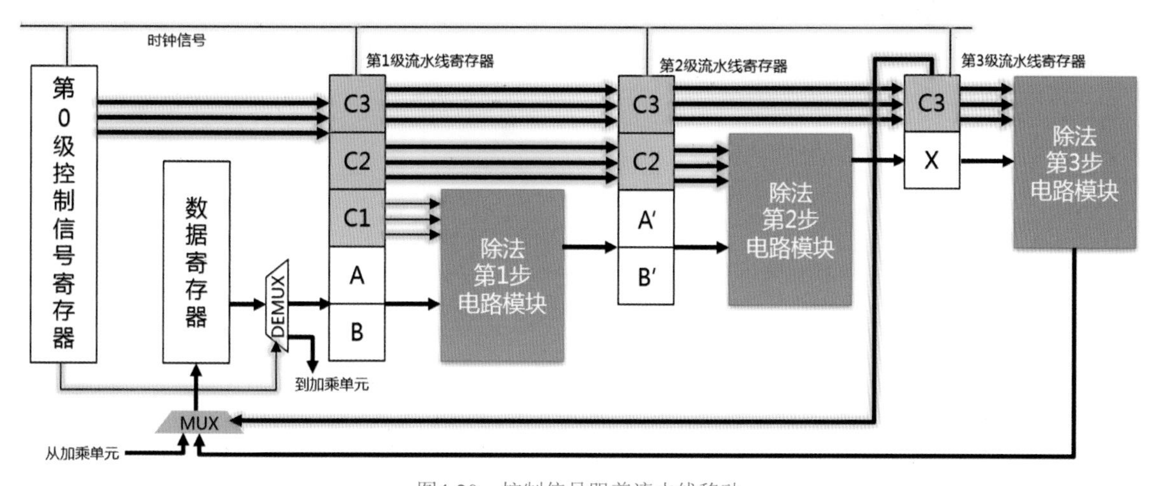

图4-20　控制信号跟着流水线移动

将来会用到的信号收进来，这些也都是经过预先设计的。诸葛亮其实也是这么干的。不过，对于除法等复杂运算指令，有时候可能一步就完成了，比如100÷1=100，除以1一次就可以除尽，那么这多步操作之后的步骤就可以被跨越，判断依据是运算已经完成了，比如余数是0，则电路就可以直接将结果输送到数据寄存器。

提示

再次重申，流水线化只会增加系统的吞吐量，前提是拥有足够多的指令排队执行，如果就执行一条指令，流水线是没有任何意义的。流水线不会降低单条指令执行的时延。相反，本来用一大块组合逻辑可以完成的运算，强行拆开分多步，反而会增加单条指令的时延。但是一个程序是由成千上万甚至百万千万条指令组成的，流水线可以同一时刻并行执行多条指令，站在整个程序角度上来观察，程序总体执行变快了，但是绝不能说单条指令的执行变快了。

任何电路模块，如果需要将其切分为多级，每一级的控制信号也就必须这样来处理。

提示

实际中，有些设计是直将除法计算电路切分成多个模块。有些则利用循环迭代法，也就是计算每一小步依然还是利用ALU（并没有把ALU拆分成多个子步骤模块）来算，每次算完一个中间结果，将中间结果向回反馈到ALU前端再算，重复多次之后算出最终结果，这叫做循环迭代。相当于图4-19中的每一步电路模块其实都指向同一个电路，也就是ALU。当然，对于那些无法利用循环迭代计算的步骤，想要流水线化就只能切分成多个子模块了。

4.2.2 放置多份慢速部分

如4.2.1一节所述，如果将慢的那一步在物理上并发起来，也就是放置多份副本来处理这一级，也可以做到增加吞吐量的目的。当然了，放置多份电路，相当于并行执行，与流水线化的本质是一样的。

如图4-21所示，放置两个运算单元的话，就得在运算单元的前面和后面各增加一个寄存器，因为如果不加寄存器，那么从DEMUX到MUX这之间的整个电路就是一块大的组合逻辑，输入信号的任何变化均会直接影响这两条路径，比如下一条指令到来之后引发了DEMUX的一次信号越变切换了路径，之前的路径输出变为全0，结果之前路径上的ALU就会把全0当做输入运算，从而会覆盖上一条指令的运算结果，所以必须用寄存器隔离。

另外，为了实现轮流将数据派发给两路ALU，然后轮流将两路ALU的输出结果反馈输送回数据寄存器，指令译码器内部需要增加一个计数器，这个计数器只需要记录1位即可，每次时钟周期这个位就从1变成0或者从0再变成1，这样就可以让译码器判断出“当前应该将数据派发到哪一路ALU”，然后输出对应的控制信号即可。同理，如果增加到4路ALU，那么就需要2位的计数器。

经过这样设计之后，ALU每次运算耗费两个时钟周期，但是译码器可以在第一个时钟周期派发数据到ALU#1运算；第二个时钟周期派发下一条指令的数据给ALU#2运算，同时从ALU#1收回运算结果并写回数据寄存器；第三个时钟周期再向ALU#1派发数据运算，同时从ALU#2收回运算数据，这样的话，每个时钟周期都可以有一条新结果被计算出来，但是如果盯着其中某条指令的话，其需要经过2个时钟周期才能从其中一个ALU算出来，但是有两个ALU并行执行，所以表面上看就是每个时钟周期算出一个结果来。

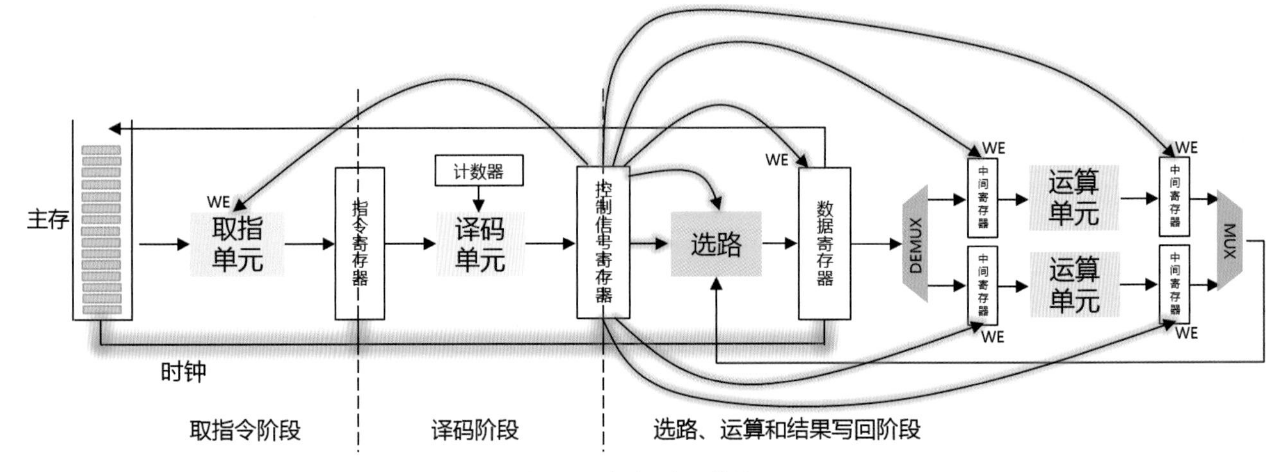

图4-21 放置两个运算单元

4.2.3 加入缓冲队列

最后，为了增强整个流水线的抗波动性，我们在关键的寄存器前端增加一个FIFO队列，FIFO队列的原理可见第1章相关内容。FIFO其实就是将多组寄存器罗列在一起，然后采用读写指针的形式依照顺序读出或者写入。所以FIFO的引入相当于向流水线中引入了新的一级，而这一级什么运算都不做，只管缓冲。当然，其存在会导致流水线的总时延增加，但是却可以抗波动，所以，二者需要平衡考虑，如图4-22所示。

4.2.4 图解五级流水线指令执行过程

上文中所给出的例子里，流水线可以分为三级：取指、译码、执行+写回。而实际中，更加经典的流水线设计是分为取指、译码、执行、访存、写回这5级的。

如图4-23所示为经典的5级流水线电路模块示意图。自左向右依次为取指、译码、执行、访存、写回的控制和数据路径模块。蓝色的控制信号C1控制执行这一步所需的部件，绿色控制信号C2负责控制访存这一步所需的部件，红色的控制信号C3负责控制写回这一步所需的部件。下面我们就来看一下该电路执行Load_a、运算类指令和Stor指令时候的数据路径。

如图4-24所示为Load_a指令的执行过程。对于取指令、译码过程不多描述，大家想必都能看得懂。对于其“执行”这一步来讲，实际的动作是将Load_a指令中的源寄存器中保存的存储器地址经过选路器直接透传到下一级（也就是访存这一级）流水线寄存器中去保存（绿色路径）；在下一个时钟周期内，访存模块会拿着这个地址去寻址存储器读出对应数据并传递给下下一级写回模块（蓝色路径）；再下一个时钟周期，写回模块会将载入的数据传递到数据寄存器中（黄色路径），完成该指令的最后一步。可以看到，使用这5级流水线来执行一条Load_a指令，相比在第2章中我们所设计的那个1级流水线CPU电路而言，显得更加麻烦了。之前那个简易CPU执行Load_a时，是直接把指令中包含的存储器地址导向到存储器前端的地址译码器，并控制选路器直接将读出的数据导向到数据寄存器了，并不会传递多次，最后再写回数据寄存器。那么这个5级流水线是不是有点多此一举了呢？不能这么去理解，因为我们说过，分级是为了增加并行性，会获得较大收益，所以，那些数据路径比较简单的指令就需要迁就那些路径比较长的指令，让所有指令都经过这5步，这样能够简化设计难度。

如图4-25所示为运算类指令比如Add A B C的执行过程示意图。可以看到在“执行”这一级，数据的确是名副其实地经过了ALU的执行（绿色路径）；运算结果被输送到访存这一级，但是Add A B C指令不需要访存，结果应该被写到寄存器C而不是存储器，所以，访存这一级的处理就是直接透传给写回级（蓝色路径），然后写回级再传递给寄存器C（黄色路径）。请注意，每一级应该怎么处理，完全取决于该级的控制信号，也就是一开始由指令译码器传递过来的锦囊是怎么说的。每一级的控制信号只能控制当前流水线级对应的控制部件比如选路器等。

再来看看Stor指令的执行过程，如图4-26所示。比如指令为“Stor 寄存器C 地址100”，其中“执行”这一步也是将寄存器C的数据读出并传递给访存级寄存器，并不经过ALU运算，没有什么可算的，但是这一步依然叫做“执行”步，或者你给起个更精准的名字比如“执行或传递”也行。到了访存这一步，是真的要访存了，也就是把寄存器C的数据写入到存储器地址100上。那么最后一步，写回，应该怎么处理呢？寄存器C的数据在访存这一步就已经写入存储器了，写回根本就是不必要的，所以，指令译码器早就知道这一步不必要了，所以C3锦囊中的控制信号中有一个是对数据寄存器的WE写使能信号，指令译码器会将该信号置为0，也就是禁止数据寄存器被写入，那就意味着这一步不会对数据寄存器产生任何影响，就和不存在一样。这种处理方式被称为流水线**空泡**（**Bubble**）。

比如，现实中，流水线上下来的产品可能有各种大小（每个指令执行步骤有差异），但是为了简化流水线机器的设计，规定不管多大的产品，统一用某种尺寸的箱子包装（固定5级流水线），对于那些太小的产品，就向箱子中塞入泡沫（空泡）填充即可。

> 请注意，想让电路做点什么很简单，提供指令和数据，连通对应通路即可。但是想让电路“什么都不做”，你就得做点什么，也就是插入空泡，其实电路必须做点什么，不存在不做什么的电路。做一次空泡也是做。对于电路来讲，其输入端的信号对于它而言就是待处理的数据。数字信号非0即1，0和1都是数据，所以在任意时刻，电路都在干活。所以，就算让电路什么都不做，也要明确地告诉它“请执行空泡”。

4.3 流水线冒险

译码器同志，ALU同志，你们俩的生产力已经得到了最终释放！根据前文中的分析，流水线最慢的那一级的时延越小，对于一个固定长度流程可切分出来

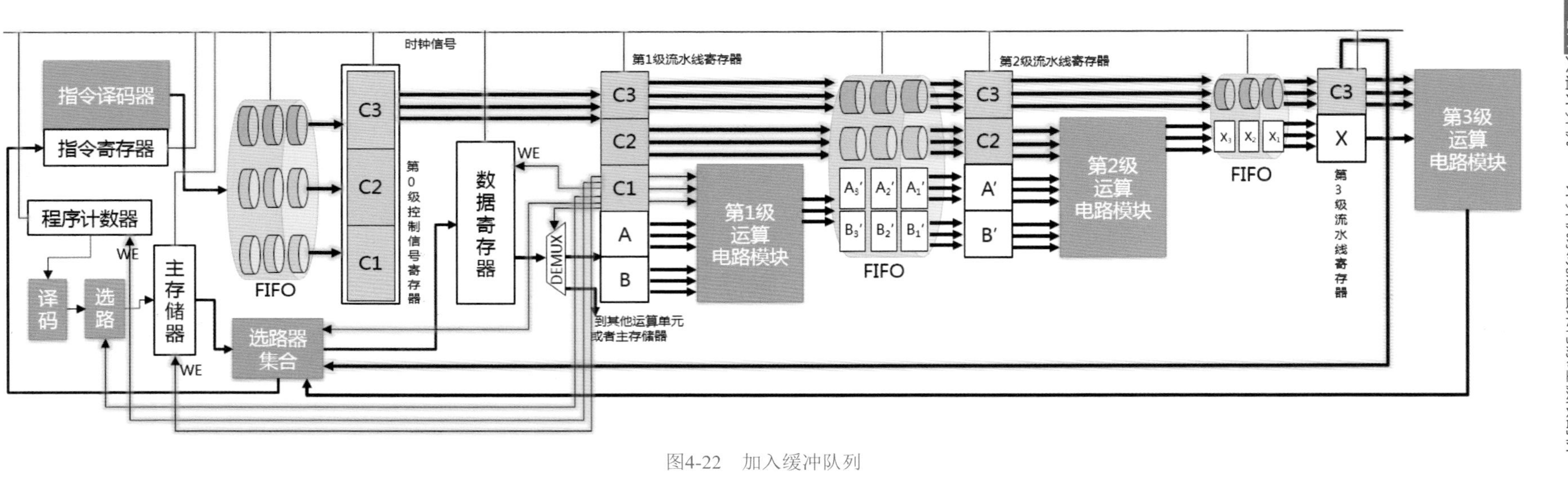

图4-22　加入缓冲队列

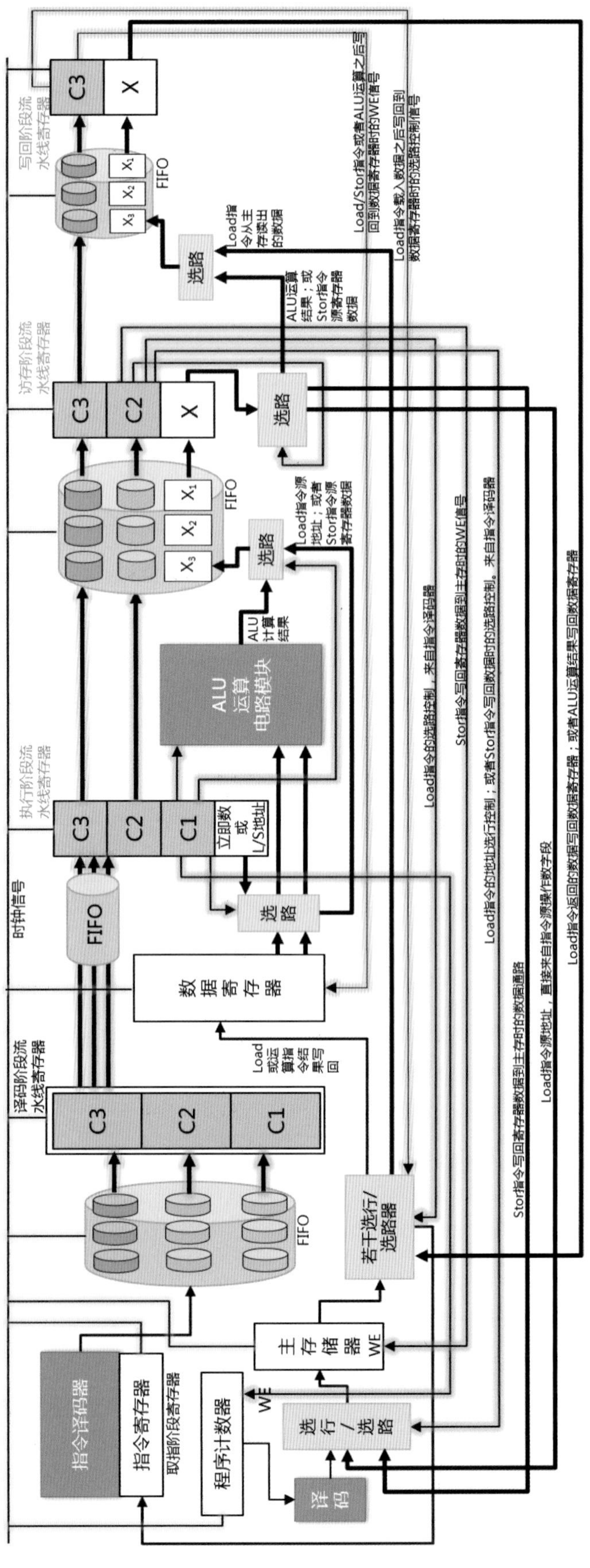

图4-23　经典的5级流水线电路模块示意图

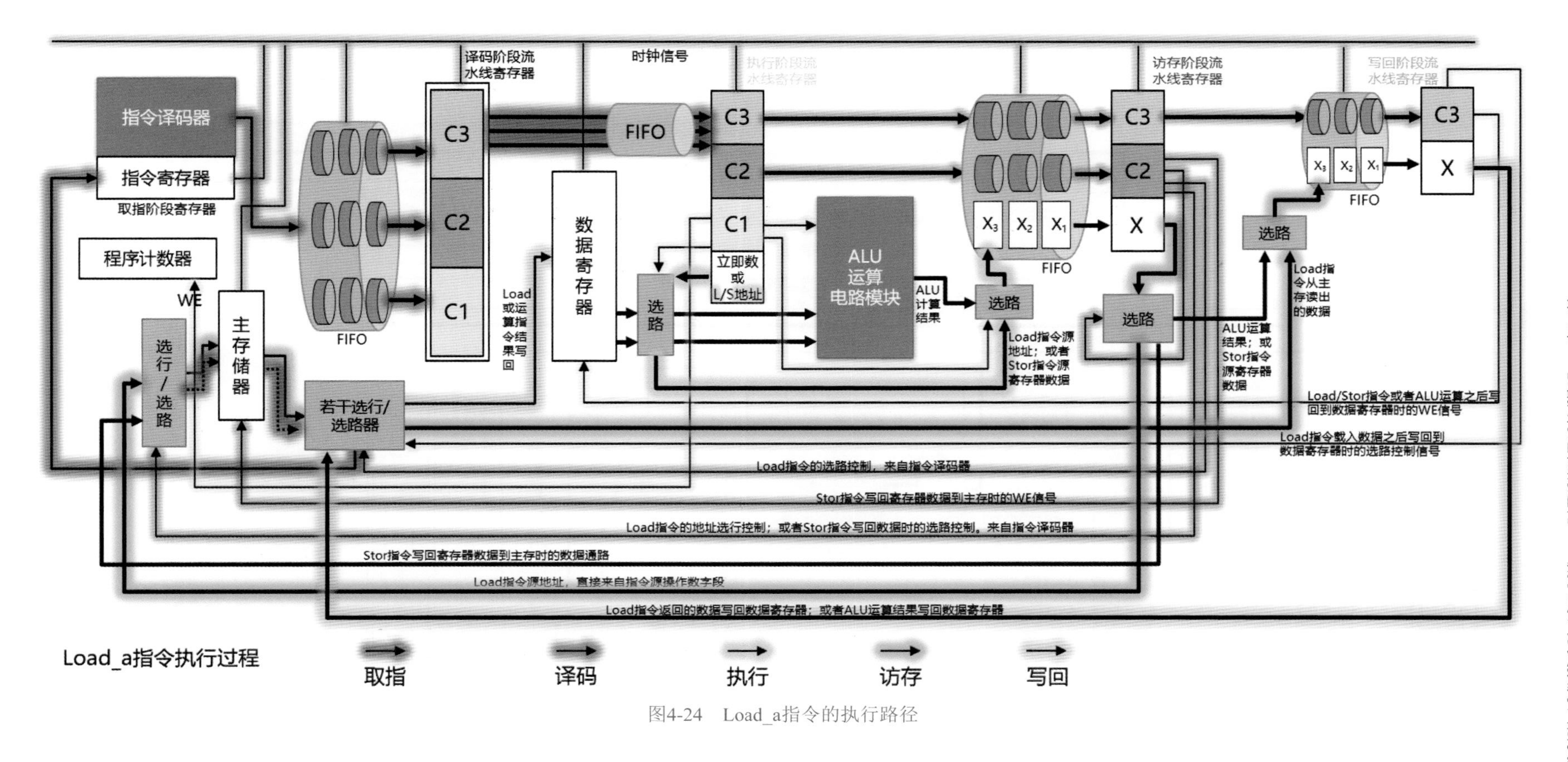

图4-24　Load_a指令的执行路径

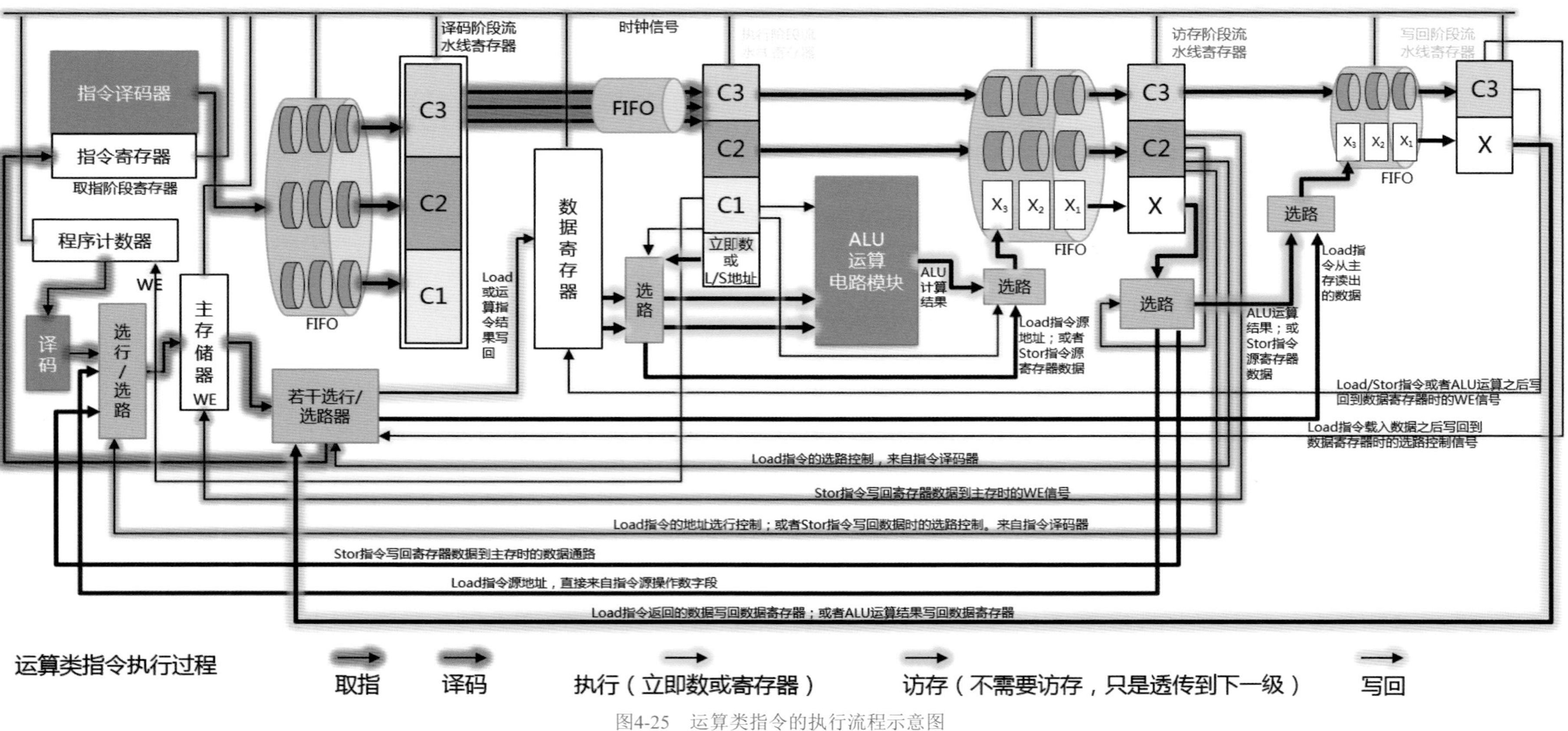

图4-25 运算类指令的执行流程示意图

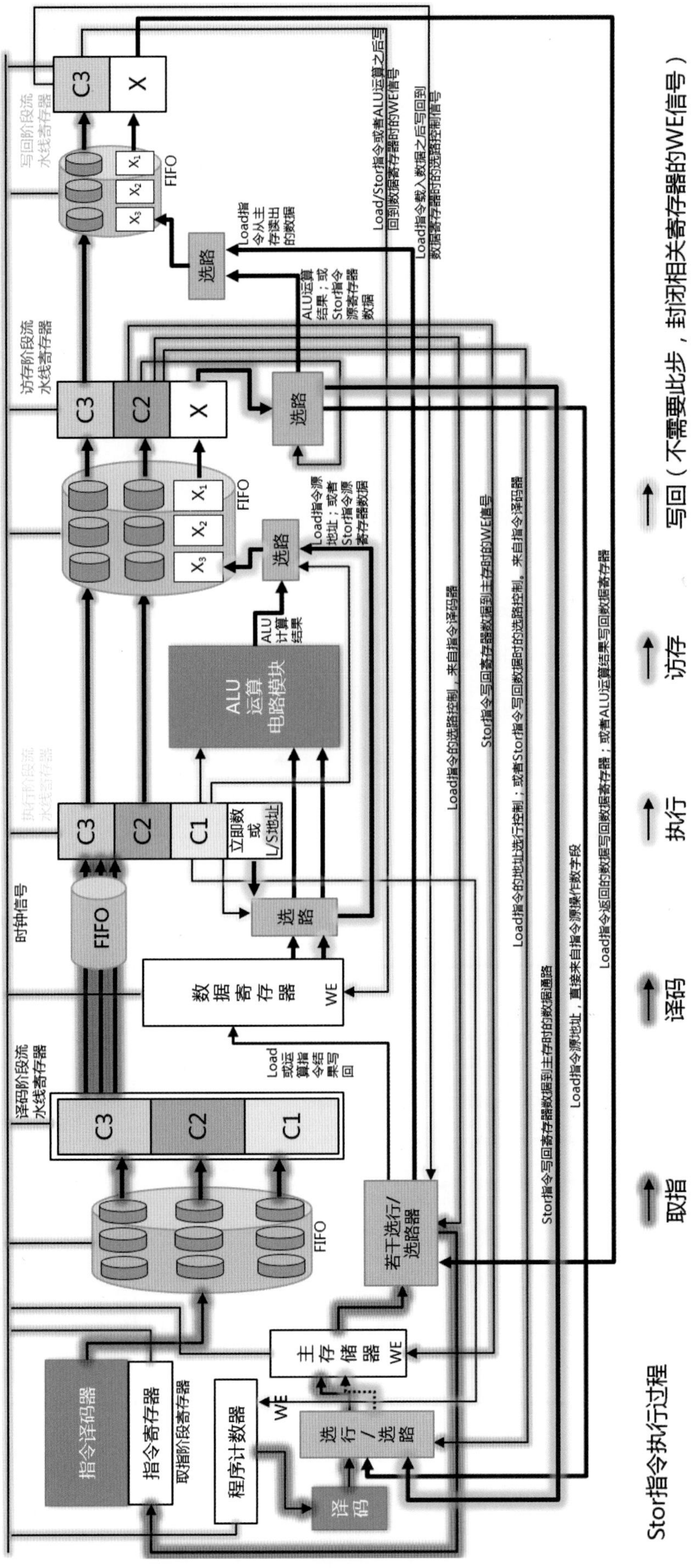

图4-26　Stor指令的执行流程示意图

的级数就越高，并行度就会越高，吞吐量就会越大。那么说，如果能够将整个流程切分成更多细小的步骤，吞吐量就会线性增长了？非也。

前文中提到过，CPU内部的电路模块是用来执行指令的，而不是用来简单地传递数据的，机器指令之间是有相关性的，这种相关性会大幅降低流水线的效率。

如图4-27所示，我们采用这种方式来抽象地描述在一个3级流水线中的多条指令顺序执行的过程。可以看到，从第三个时钟周期开始，在一个时钟周期内，电路同时在执行下面的步骤：当前最后一条指令的取指步骤、上一条指令的译码步骤、上上一条指令的执行步骤，从而达到了全速并行执行。一直到第6个时钟周期往后，并行度逐渐降低，因为没有其他指令等待执行了。流水线有几级，并行度就是几。

对于上面这个3级流水线来讲，不会有什么问题，但是对于前面所说的五级流水线来讲，就会产生潜在的问题。

4.3.1　访问冲突与流水线阻塞

如图4-28所示为一个5级流水线的抽象执行示意图。可以发现，在时钟周期4内，Load_a指令需要从存储器读出数据，同时，PC计数器也需要从存储器中读出Add指令，然而，根据前文中的5级流水线CPU设计，指令和数据都放在同一个存储器中，那么这两个访问此时就冲突了。我们把所有需要访问存储器的步骤标成红色，发现，时钟周期5内也有一个冲突存在。而对于时钟周期6内的访存3这一步，如前文中所述，Add指令执行时的“访存”其实并不是真的访问存储器，所以这个访存是个假的，其不会与该周期内其他访存操作产生冲突。

思考一下，要想避免这种冲突，就必须把Add C A B这条指令向后延迟一个时钟周期，也就是从时钟周期5开始取指该指令，但是，在时钟周期5内，“Load_a 地址200 B”这条指令也处于访存这一步，又会与之冲突，所以还得再多延迟一个周期才可以。

如何实现这种延迟执行值得思考。请回顾一下

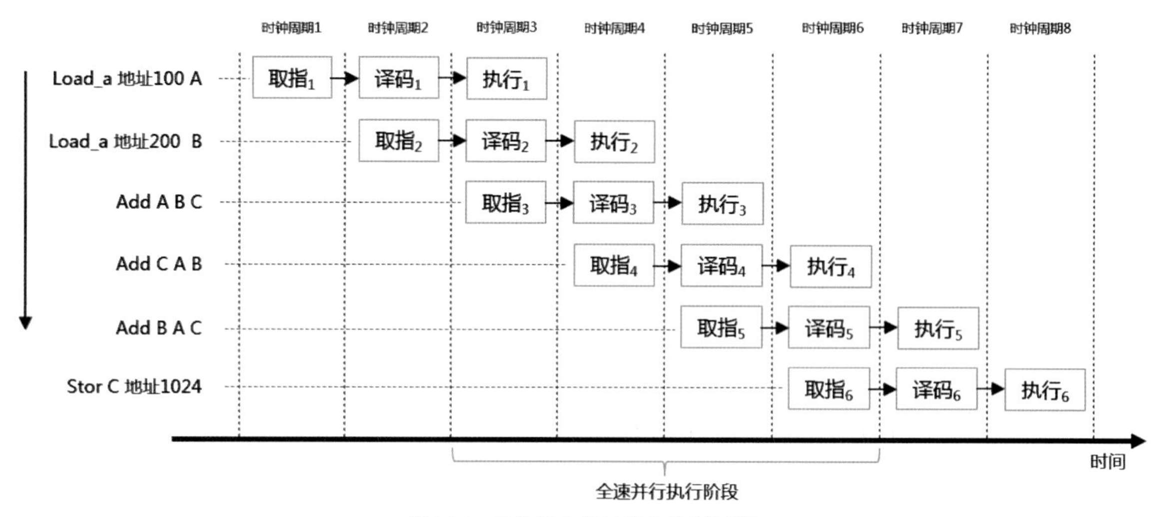

图4-27　三级流水线的指令执行过程

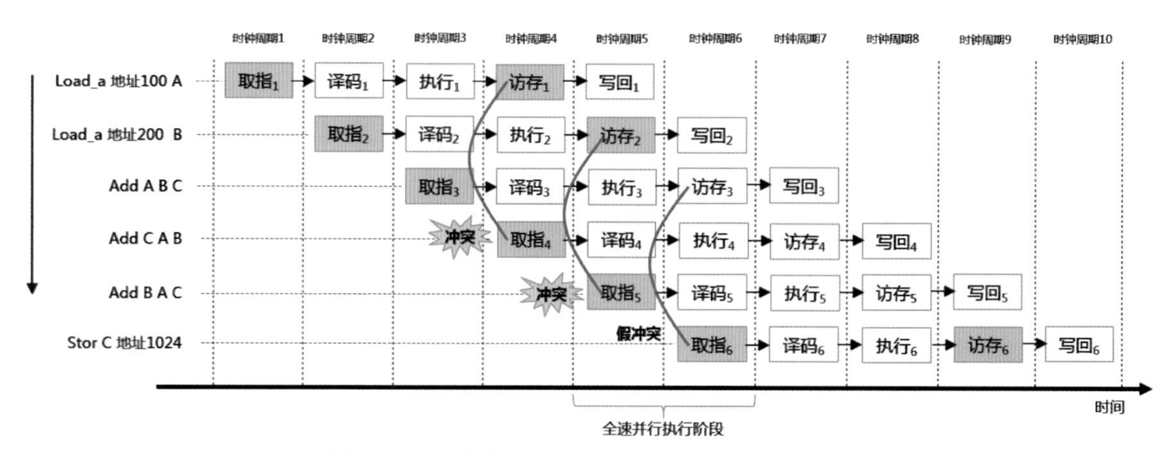

图4-28　五级流水线中产生的访问冲突导致无法全并行

上文中给出的Stor指令执行步骤中的最后一步，由于Stor指令不需要向数据寄存器中写回任何数据，但是为了贴合5级流水线的全局设计，这一步必须有，却可以什么都不做，也就是在这一步给出一个WE=0的信号，封闭这一步牵扯到的所有寄存器，禁止写入。这样，这一步的相关寄存器中所保存的就依然是上一步（上一条指令的这一级）的状态，就像时间被暂定了一个时钟周期，这一小步就像一个时间空泡一样，它的确存在，但又不产生任何影响。是的，我们需要的就是这种效果。

图4-29 向流水线中插入空泡，如图4-28所示，要想把Add C A B指令及其后续指令整个向后延迟2个时钟周期，则可以在时钟周期4开始向流水线中插入5级空泡，也就是指令译码器直接给出5个空锦囊，这5个锦囊里存储的就是WE=0的封闭信号。这5个锦囊进入流水线之后，会依次封闭每一级的数据寄存器（如果有）。注意，空泡不可以去封闭自身所在的这一级流水线中间寄存器中的存储控制信号的部分，因为自己封闭自己的话，将永远不会被解锁。空泡只能去封闭本级中可能影响程序执行结果的数据寄存器部分。空泡也不能去封闭上一级流水线中的任何寄存器，因为紧跟着空泡而来的可能是下一条指令的某一步，空泡不能够去影响下一条指令的执行过程，当然，下一条指令可能还是一层空泡，那就让这层新的空泡去控制。总之，空泡是一步一步往前走的，走到哪一步就控制哪一步自身的数据寄存器部分。

空泡锦囊只能用一次，用完了就失效了，所以一个锦囊在一个时钟周期内只能封闭一次，而现在我们需要延迟两个时钟周期，所以还得在时钟周期5开始再次插入5级空泡。这样，Add C A B指令的取指操作就会被排在这两个空泡后面，从而被拖延到时钟周期6才开始执行，它执行的时候会发现流水线后续级别的寄存器中暂存的数据并没有变化，就是Add A B C指令所产生的结果。这样，这两条指令就被接续了起来，像什么都没有发生一样。每插入一层空泡，整个流水线就会暂停一个时钟周期，这被称为**流水线阻塞**。

思考 ▶▶▶

如果我们身处的现实世界其实是一个由高等造物者所创造的一个虚拟世界，这个世界的基石正如电子计算机一样只不过是一些可以在1和0两个状态间转变的基本子或者基本场，那么理论上利用这个基本场就可以搭建出大千世界，再赋之以驱动这台机器的能量，世界就运行起来了。现在给出一个命题，假设这台机器运行的时候突然卡壳了一下，那么生存在这个虚拟世界中的智慧个体是否可以感知到这种卡壳？答案是感知不到的，因为在这个虚拟世界中，连时间都是虚拟的，时间只不过是时钟周期一步一步地往前走而产生的变化而已，这台机器卡壳了，那么其上的世界中感知到的时间也就暂停了，再开始的时候，其状态会与上一个状态无缝接续，所以感知不到。光速不变这种让人们无法理解的“定律”，如果假设世界是一个虚拟的存在，那么就没有什么无法理解的了。现在只需要找出一个证据来证明我们身处一个虚拟机器之上，要证明，就得能够找到方法逃逸出这个虚拟世界，或者利用某种巧妙的映射方法来证明。或者，人死后真的可以以灵魂的方式逃逸出来，这就不得而知了，你不能证明它是错的，也没人能证明它是对的。

如图4-30所示，如果在每两条指令之间都插入空泡，也可以避免冲突，但是性能会下降一半。

现在，有了模型，我们需要找到具体实现方法：谁、在什么时候、如何插入这些空泡。看上去，指令译码器应该担任起这个角色，因为WE信号是译码器生成的，当然需要由它来判断指令会在什么地方产生访问冲突。但是，我们忽略了一点，指令译码器每次

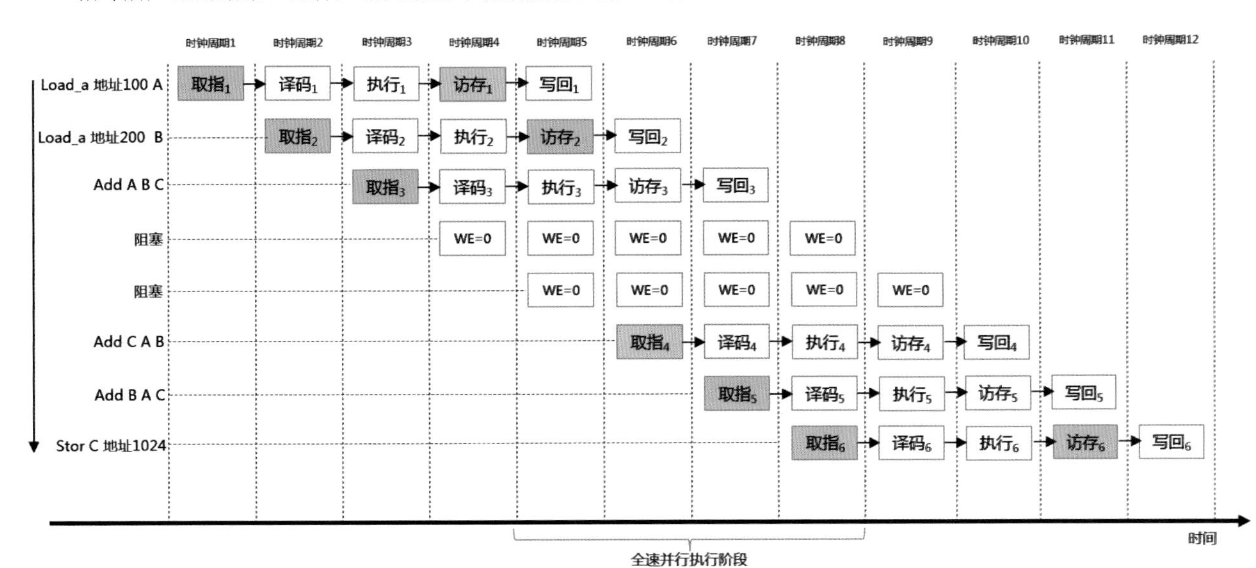

图4-29　向流水线中插入空泡

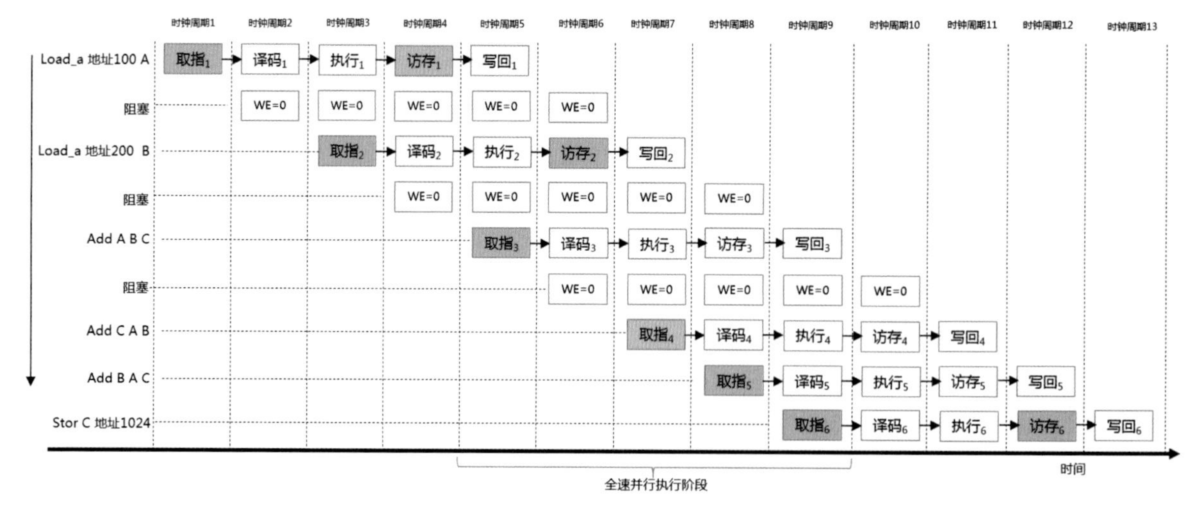

图4-30　另外一种做法但是很不划算

只能看到一条指令而不是同时看到多条指令，显然，只有同时看到多条指令才能够判断谁和谁冲突。所以这个工作，指令译码器无能为力。

那么，我们必须要找到一个能够看到当前正在执行的指令后面的起码若干条指令的地方，在此处进行分析并在合适的时候告诉指令译码器“请插入一排空泡”。指令存储器，它存有全部指令，它是否可以？不行，它除了存储之外，没有其他智能了。所以，我们必须增加一个电路模块，该模块可以站在流水线全局的视角审视以往、当前和将来发生的事情，从而做出全局判断。

按理说，指令译码器是无法感知到流水线是否存在冲突的，译码器只是流水线众多步骤中的一步，它无法有效地、动态地预知到指令之间的访问冲突。很显然，我们需要一个流水线的“线长”的角色，他能够站在流水线全局的视角来协调运作。所以，我们在流水线之外还得放置一个电路模块，该模块必须能够感知到这种访问冲突并且适时阻塞流水线。该模块也是靠时钟驱动运行，而且必须与流水线的时钟同源，同步运行，因为向流水线插入阻塞信号必须是刚刚好，不能有偏差，所以不可以异步运行，但是时钟频率可以两倍于主时钟频率，以实现提前于流水线做好相应的处理和准备。该模块需要在后台将指令从指令存储器中预读入一个缓冲内，比如一个可容纳8条指令的FIFO队列，在这里，该模块就可以判断出这8条指令内部的冲突，并向FIFO中对应位置插入NOOP指令。还记得第1章中介绍过的NOOP指令么？NOOP指令就是什么都不做，译码器收到NOOP指令就会封闭WE信号，它走过的地方不会产生任何影响，NOOP就是空泡！这也就完成了适时通知译码器“请插入空泡”的任务，其实是该模块插入的空泡，指令译码器只是简单地译码而已。另外，PC程序计数器取指令时，也必须从这个FIFO来取，而不是直接从指令存储器中取了，相当于将该模块插入到指令存储器和PC计数器之间的数据路径上发挥作用。

至于该模块是如何判断指令之间有冲突的，这个就需要大家自行去思考了。通过观察图4-28和图4-29就可以发现，只要每遇到一个真需要访存的指令，比如Load/Stor等，那么就在该指令之后的2个指令的后面插入一层空泡（空泡也需要算入计数），这样就可以完全杜绝访问冲突。利用数字逻辑电路，可以很容易地实现这个功能，只需要将FIFO中的指令操作码部分与比较器相比较，从而发现该指令是不是访存类指令，然后利用加法器形成写指针，然后利用写指针向FIFO中对应的位置插入NOOP指令即可。这个逻辑非常简单，而且不需要知道后续指令有多少、各是什么操作码，所以其也可以由指令译码器实现，在指令译码器中新增一个计数器，只要碰到访存类指令，就启动该计数器，2个时钟周期过后，计数器被加2，其输出值与2比较，如果为0，证明自从上一条访存指令到现在已经过了2个周期，取了两条指令了，那么下一条就插入一个空泡，同时将PC程序计数器WE信号封闭不让其自增（此时下一条有效指令已经被载入了指令寄存器，其信号也被输入到指令译码器了，但是译码器不对其译码，因为插入空泡这个动作的优先级更高，内部的逻辑电路被设计为忽略有效指令的信号输入），同时同步清零刚才的计数器，直到遇到下一条访存类指令，否则每次时钟周期都对该计数器清零。在下一个时钟周期，由于计数器被同步清零，与2的差值为非0所以比较器输出为1，则指令译码器会正常译码指令寄存器等在这里的有效指令，并同时放开PC计数器的WE信号，恢复正常取指操作。

如果计数器所记录的两条指令中又有访存类指令的话，指令译码器就再启动一个额外的计数器（放开清零信号）；如果两条恰好都是访存类指令就得同时额外启动2个计数器，为每一条访存指令分别计数。最大3个就够了，因为第一条Load已处理完毕，可以重复利用第一个计数器。这三个计数器共同作用，其输出采用与门相与，只要有一个为0，就证明当前已经距离以往某条访存指令达到了2的距离，就该插入空泡了。三个比较器的输出不可能同时为0，任意时刻只可能有一个为0。搞起来挺复杂的。

提示

上述这些复杂的逻辑看似非常复杂，那么它们是怎样用数字电路来搭建出来的呢？对于初学者来讲由于还没有太固化到思维积累中，所以在这里冬瓜哥最后一次提示。采用组合逻辑，也就是一块超级大的译码电路，根据输入条件得出输出结果，你可以一针一线地自己用与或非门搭建，也可以直接先写出真值表，然后用第1章中的办法迅速写出电路表达式。

其实，还可以再思考一下，编写这些程序代码的程序员，他们既有智能，又能看到所有的指令，所以，由程序员在编写程序的时候主动插入空泡，也是一个可行的做法。那就简单了，程序员直接主动在合适的代码地点插入NOOP指令即可。这种方式属于软件控制方式，而前面的方式则是硬件辅助判断的方式，后者对程序员更加透明，前者则更加可控但是由于由人工执行，所以工作量大、容易出错，而且程序的尺寸会大幅增加，因为多了很多NOOP指令。

可以看到，除了流水线的前三个时钟周期内没有访存冲突之外，后续的所有指令几乎都有冲突，当然有些是假冲突，但是即便如此，NOOP空泡的比例也会非常高，这样的话流水线的提速作用将会被抵消殆尽。

有个历史典故，当年托马斯·爱迪生让他的助手测量一下某灯泡的体积，结果该助手真的利用了数学方法算出了体积，结果让爱迪生大跌眼镜，更简单的办法应该是直接将它淹没到水里测量水面上升的高度就可以更快地算出体积。是的，对于上述访存冲突，更好的办法是把指令和数据分开到两个不同的存储器中存放，因为每次总是冲突在向存储器中写数据和从存储器中取指令这两步上，而不可能发生两条指令同时从存储器中取指令，或者同时向存储器中写运算结果（如图4-31所示）。

这种野路子能够完美解决了访存冲突问题，而且当前几乎所有CPU也都是这么设计的。哦？那么说我们上文中所讲的东西全白费了？是的，在实际中并不是这样处理访存冲突的，但是其思考过程和结果，将会对后续的探索之路产生深远影响，在下文中你就会看到。

4.3.2 数据依赖与数据前递

解决了访问冲突问题，万事大吉了么？还早呢。仔细观察图4-32，除了访问冲突之外，还有一种情况会产生错误。Load_a 地址200 B这条指令会在时钟周期6内才将数据写回到寄存器B，而Add A B C这条指令需要在时钟周期5就要用到B中的数据来计算，太超前了！如果没有流水线，是不会发生这种超前的。后续指令要访问的数据依赖于上一条指令的结果，被称为**数据依赖**，或者**数据相关**，或者**数据冒险**。这种相关性与访问冲突不同，数据依赖场景下，后续指令完全可以访问数据寄存器，但是其访问到的则是错误的无效数据。

显然，可以在两个数据依赖的指令之间插入2层空泡来解决，从而让下一条指令的“执行”这一步延迟到上一条指令的“写回”这一步之后。但是这样做会极大影响性能。仔细观察可以发现，对于Load_a指令，其实在访存阶段的结尾，就已经将所需要的数据从主存储器中读出了，只不过还没有写回到数据寄存器而已，如果能在这一步直接将读出的数据输送到数据寄存器，就可以赶得上Add指令的脚步了。具体做法是更改访存这一步的控制信号，直接操纵选路器将数据输送到数据寄存器前端而不是写回那一步的中间寄存器前端，相当于提前完成了写回，相应地，由于写回这一步提前完成了，所以Load_a指令的写回这一步的控制信号就需要将数据寄存器的WE信号封闭，什么也不做，从而保持数据寄存器的上一个状态不变。这种方式称为**前递**（Forwarding）。

如图4-33所示，即便利用了前递，对于图中的Add指令而言，也依然需要再等一拍才能往前走，否则图中的执行2会与访存1在同一个周期执行，访存1向数据寄存器输送的数据只能在下一个时钟周期才会被锁住到数据寄存器中，所以执行2这一步所利用的数据依然是错误的无效数据。因此，必须再插一层空泡进去。

再来看图4-34所示，为Load和Stor指令之间的数据依赖。如果不前递数据，则访存2这一步写入存储器的将会是寄存器B中的旧数据。为此，可以将访存1这一步的结果（寄存器B最新的数据）直接反馈输送到访存这一步的中间寄存器前端，而在这一步中执行2也同时在向访存中间寄存器输送寄存器B的旧数据，所以这里一定需要增加一个选路器将执行2这一步输送来的数据挡住而将访存1反馈回来的数据通过。

再来看图4-35所示，为两条运算指令之间的数据依赖。执行1的结果一直到写回1这一步才会被写回寄存器C，而执行2在写回1之前就需要寄存器C的最新数据。所以，需要在执行1出结果之后，直接将结果反馈到寄存器C前端，在下一个时钟周期寄存器C就会锁住这个结果并被执行2这一步访问到。

现在应该思考由谁来判断是否应该启动前递了。译码器能否判断出需要前递？译码器是不可能做这个事情的，因为译码器只对当前指令负责，它无法识别出多条指令之间的关系。前文中提到过“线长”这个角色，很显然它应该担当起这个流水线管理者的角色。纵观上述三种依赖场景，可以发现，只要上一条指令的目标操作字段（待更新）与下一条指令的源操作字段（将要被使用）相同，那么这两条指令一定会有依赖，这时只需要比较这两个字段是否相同即可。在时钟周期2中，第一条指令已经被取回放入指令寄存器，所以在这里可以明确得到该指令的目标操作字段，比如对于图4-35中的场景就是寄存器C；在时钟周期2内，第二条指令被取指并输送到指令寄存器前端，但是还没有被锁入指令寄存器，可以用一路导线

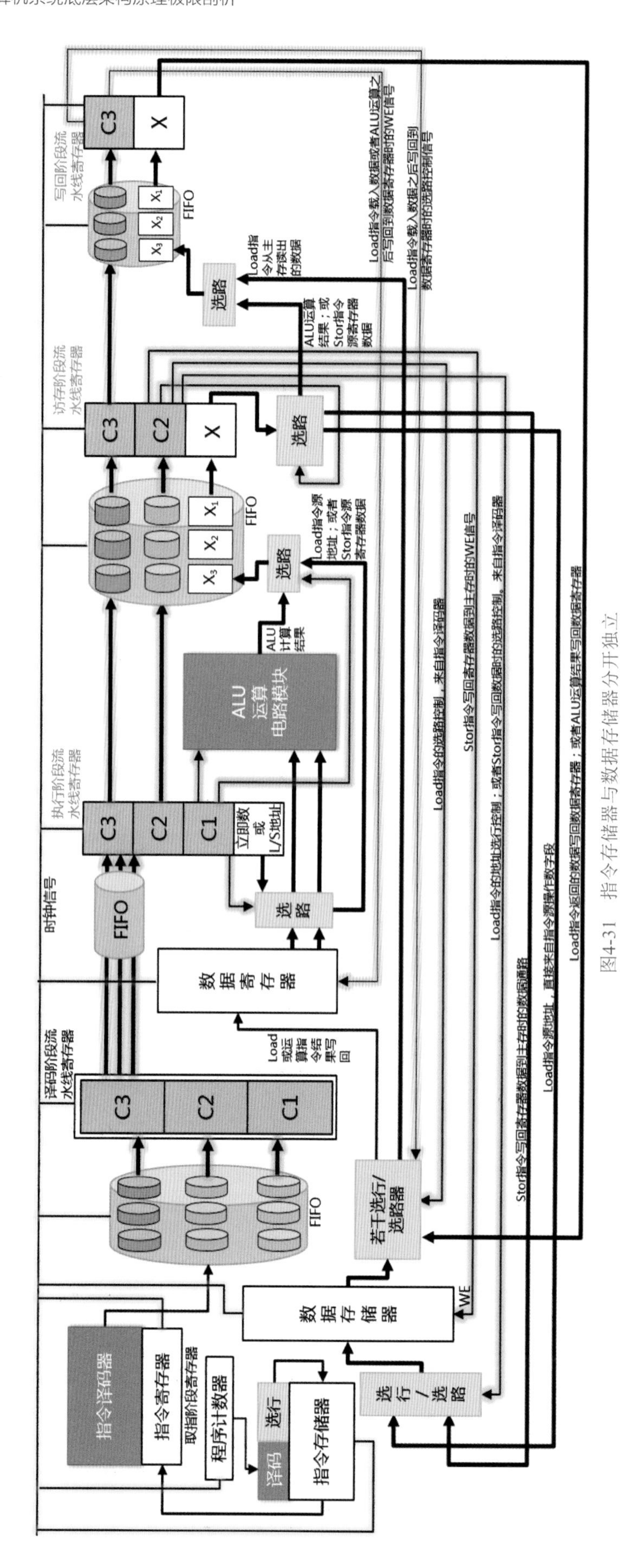

图4-31 指令存储器与数据存储器分开独立

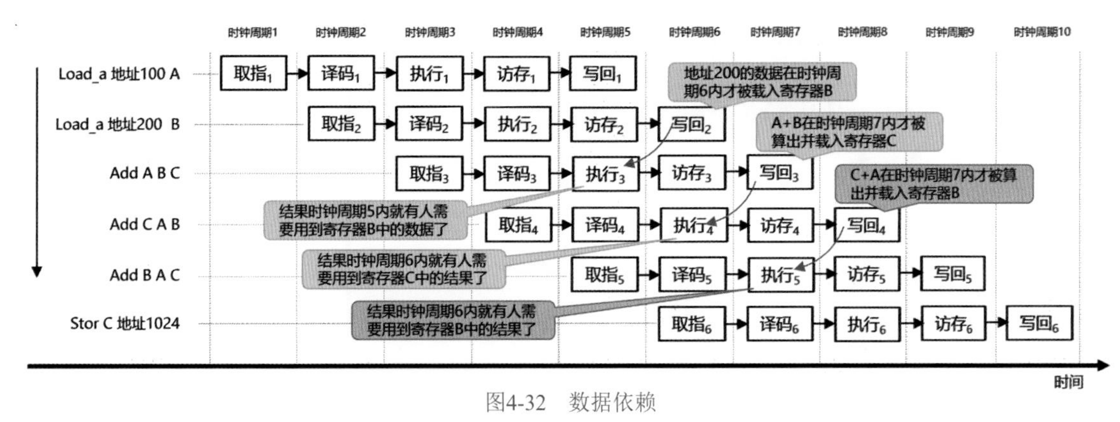

图4-32　数据依赖

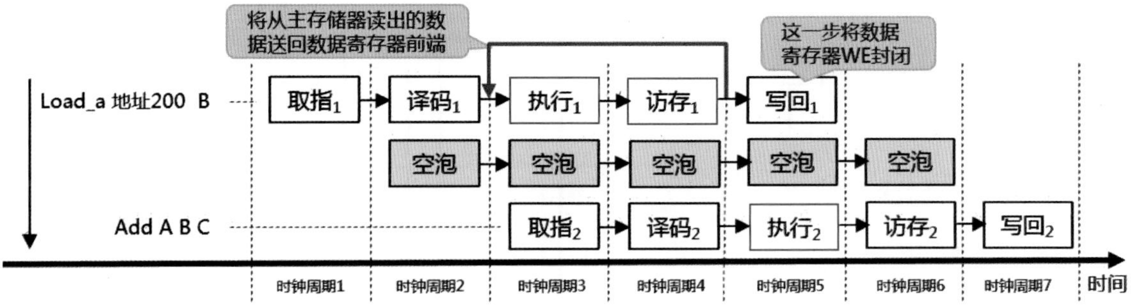

图4-33　使用流水线前递直接输送结果给下一条指令

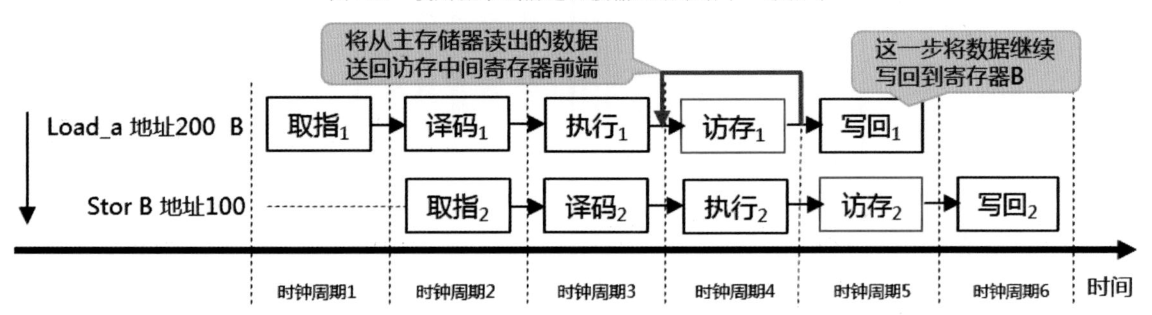

图4-34　Load与Stor指令之间的数据依赖和前递

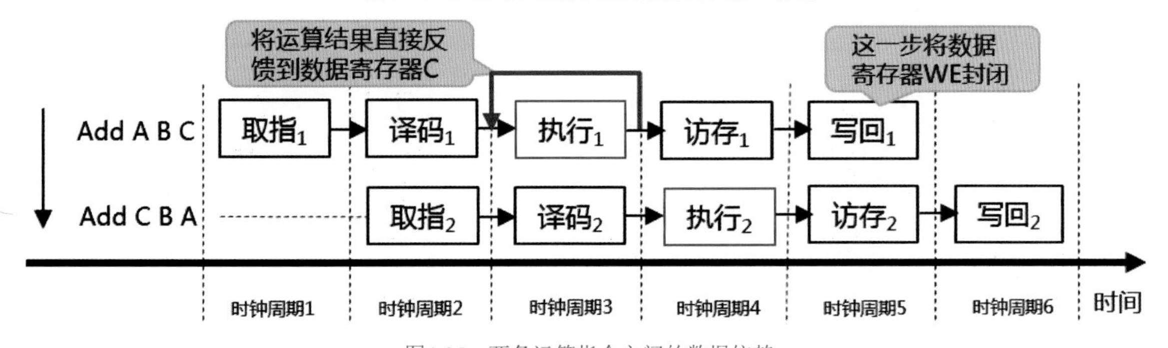

图4-35　两条运算指令之间的数据依赖

从这里取信号，然后将信号直接送往线长处与当前指令寄存器中保存的上一条指令的信息做比较。除了比较目标和源操作字段之外，还得比较指令操作码，因为Load/Stor、Load/Add、Add/Add指令之间的依赖关系导致的处理方式是不同的，数据前递反馈到哪里、是否需要增加一层空泡，这些取决于操作码的比较结果；是否需要前递反馈，则取决于源和目标字段是否相同。

对于图4-33所示的情况，既需要前递又需要插入空泡。虽然依然可以采用前文中提到的在指令预读队列中做检测并插入NOOP指令的方式，但是其要求判断逻辑全面分析指令预读队列中的指令，非常复杂。其实，如果仅仅是应对图4-33所示的场景，也就是只需要判断当前指令和下一条指令是否有依赖，而不需要管后续更多指令的话，那么还有一种更简单的方式。

当Load_a指令进入译码阶段时，Add指令正处于取指令阶段，如果能够将指令寄存器的WE信号封

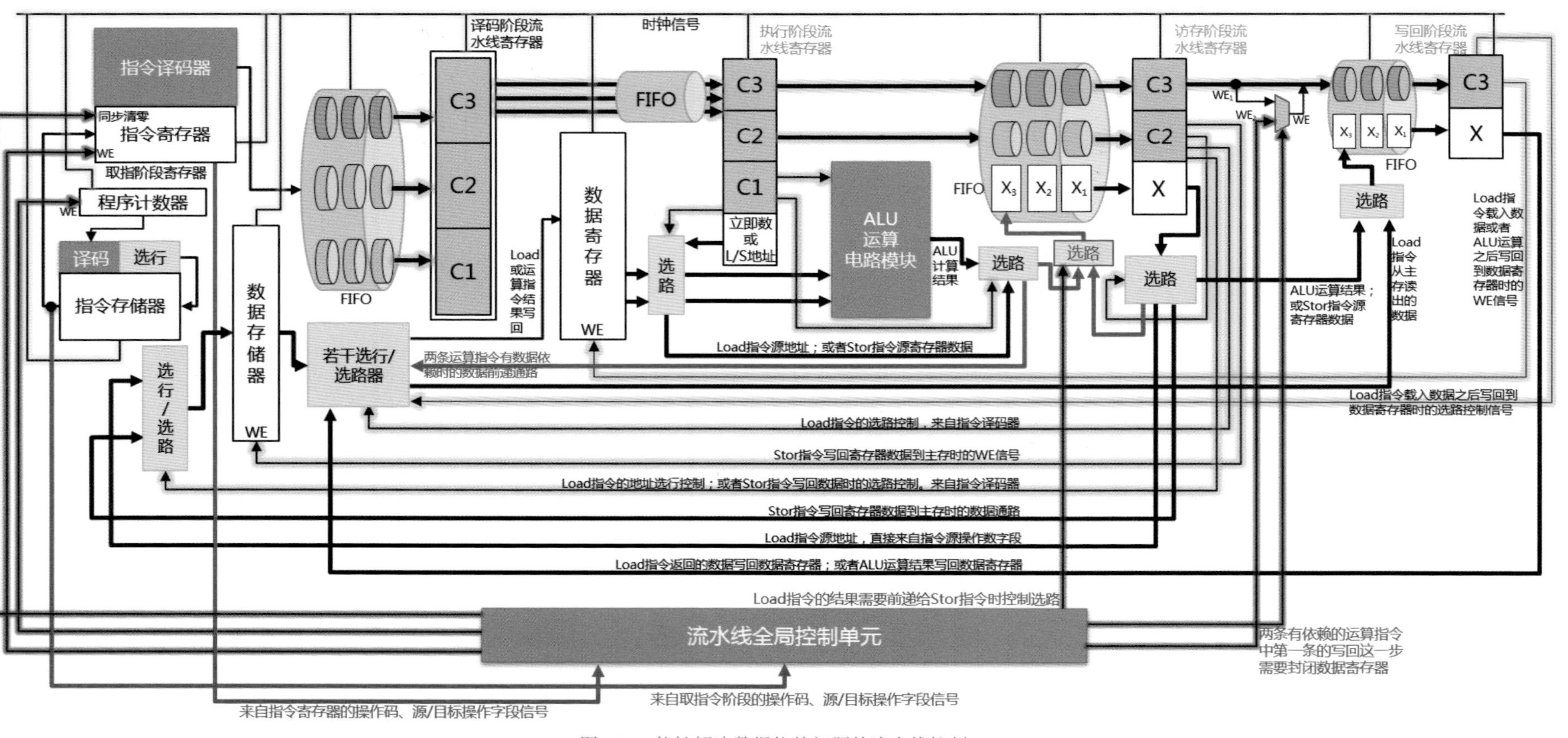

图4-36　能够解决数据依赖问题的流水线控制

住，那么Add指令在下一个时钟周期内就不被锁入指令寄存器，也就可以让Add指令先不被译码和执行，也就起到了将Add指令延迟一个周期执行的效果。但是，这么做必须连同PC程序计数器一起封闭，让PC计数器在下一个时钟周期内取出的依然是Add指令。所以，我们需要将位于指令寄存器中当前被锁住的指令（本例中的Load_a）以及已经取出正等待在指令寄存器前端的指令（本例中的Add）的信号输送给线长，让线长译码判断这两条指令是否有数据依赖，如果有，便向PC计数器和指令寄存器的WE信号输送0将其封住，这样下一个时钟周期里Add将得不到执行，从而延迟一个周期。但是，这里一定要注意，在下一个时钟周期内，既然PC和指令寄存器都被封住了，那么该时钟周期内，线长得到的输入信号依然是Load_a和Add指令，所以线长依然会再次封闭PC和指令寄存器的WE信号，从而导致线长自身处于死锁状态，永远也不会再醒过来了。所以，线长必须设定一个闹钟，在下一个时钟周期内放开WE信号。可以这么做，线长在向PC和指令寄存器输送WE=0的信号时，同时向指令寄存器输送一个“同步清零”信号准备在这，当下一个时钟周期到来时，由于上一步的WE信号封住了PC和指令寄存器，不但Add指令依然等在门口进不来，而且指令寄存器还被这个同步清零信号影响从而将其中的数据（Load_a指令）全部清掉，这一清零，线长得到的输入信号就变成了全0和Add指令，那么线长就可以判断此时不应该继续封闭WE信号了，于是解封PC和指令寄存器的WE信号，这样，在下一个时钟周期，等在门口的Add指令被锁入指令寄存器继续向后走，同时PC计数器也继续取下一条指令，整个流水线继续运行下去。值得一提的是，指令寄存器中的任何数据都会被译码器译码，所以全0信号也会被译码，不过还记得么，我们在第2章的设计中，全0指令其实就是NOOP指令，所以，这种封闭WE信号+清零的方式，与插入NOOP指令是等效的。如图4-36就是上述思想的具体实现（红/紫色线条）。

从本质上讲，数据前递这种方式其实是倾向于回归到没有流水线时候的设计，只要出结果立即就送往数据寄存器，而不是为了迎合流水线的多级而往前走几步再转头回来（写回）。可以说是兼顾流水线的吞吐量和非流水线的便捷性吧。

4.3.3 跳转冒险与分支预测

接下来，线长还面临着一个超级重大的挑战。在单级流水线CPU中，一旦遇到跳转指令，那么PC计数器会直接被赋值以目标地址从而从那里开始继续执行。然而，对于5级流水线或者级数更多的流水线而言，我们在第2章中所设计的“Jmp_ra 寄存器A”（用寄存器A中保存的数值当做存储器地址）指令需要在流水线的执行阶段才能从数据寄存器A中读出对应的地址；而在Jmp_ra指令执行阶段，排在Jmp_ra指令后面的下一条指令已经进入译码阶段，同时下下一条指令已经进入取指阶段。而Jmp_ra指令要跳转到的地址会在写回阶段才被输送到PC寄存器中用于跳转，而此时，排在Jmp_ra后面的4条指令都已经上路进入流水线了。如图4-37所示，第3条指令如果是Jmp_ra，其要跳转到10号指令执行，但是当10号指令的地址被载入PC寄存器要跳转之前，4/5/6/7这条指令已经进入流水线，然后紧跟着是10号指令进入流水线。但是很显然，4/5/6/7这4条指令根本就不应该被执行。

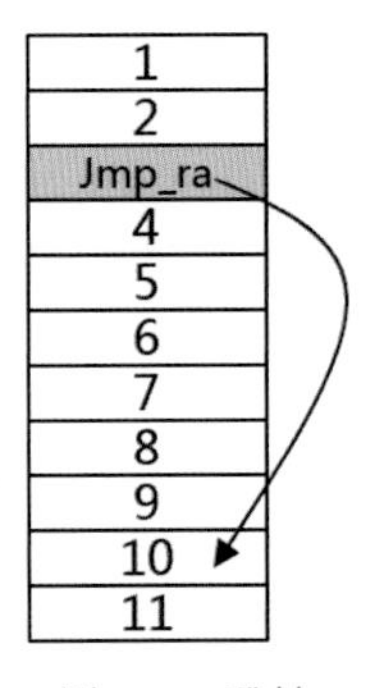

图4-37　跳转

怎么解？最简单的办法就是阻塞流水线。在取指令阶段，当Jmp类指令被取出时，就直接把它的操作码信号送往线长处定夺。线长一看本次取出的是一条跳转指令，马上将PC寄存器封闭，同时向指令寄存器输送同步清零信号，这样，在下一个时钟周期时，指令译码器中存储就是全0的NOOP指令，形成一个空泡来阻塞流水线。

如果跳转指令属于绝对地址跳转，也就是直接给出一个包含在指令中的目标地址，那么可以像在第2章中的那个简易CPU一样，直接将这个地址输送到PC寄存器前端从而在下一个时钟周期用该地址去寻址指令存储器。在取指令阶段就直接做这件事，同时向指令寄存器同步清零，产生一个NOOP空泡往下走从而将后续的寄存器状态封闭住，相当于跳转指令变身为一个空泡进入流水线的后续阶段。在下一个时钟周期则从目标地址开始继续取指令执行。这样就不需要导致流水线阻塞。

而如果是利用寄存器寻址的Jmp_ra指令，则需要阻塞PC寄存器和清零指令寄存器到执行阶段，也就是阻塞两个时钟周期，然后在执行阶段结尾将从寄存器中读出的数值直接输送到PC寄存器前端，并同时向访存寄存器中注入一个WE=0的控制信号（方法如图4-36右上角那个选路器处所示），当这个信号传递到写回阶段时，将封闭数据寄存器从而维持住其中的数据不变；同时放开PC寄存器的WE信号但是依然维持指令寄存器的清零信号（因为从跳转目标地址取指令这一步中，目标指令还没有被锁入指令寄存器，那么指令寄存器必须向后输送一个空泡），然后再下一个时钟周期则是移除指令寄存器的清零信号，从而恢复流水线正常运行。那么，线长如何依次做到：刚好阻塞两个周期、移除指令寄存器的清零信号？阻塞两个周期比较好办，其实这里并不是几个周期的问题，而关键在达到条件就解除阻塞，什么条件？那就是只要Jmp_ra指令已经流动到了执行这一步，那么下一个周期就不应该再阻塞了，这就简单了，执行这一步的中间寄存器中的指令码一直是被输送到线长处供其参考定夺的，只要线长在这个输入信号上收到了Jmp_ra的操作码，那就可以唤醒它让它将原本封闭了的PC计数器解除封闭，至于过了几个时钟周期，这不重要，有些实际中的流水线深达20级，可能取指令到执行已经跨越了七八级了。

再看如何做到在放开PC计数器WE之后继续输送一个周期的清零信号给指令寄存器。如图4-38所示，可以通过设置一个计数器来实现，当线长放开PC计数器WE信号的同时，将右下角的计数器的清零信号变为0，也就是解除其清零状态；在下一个时钟周期到来时，PC计数器由于被解除了封闭所以可以自增，从而从指令存储器中读出对应地址的指令输送到指令寄存器前端等待；同时，指令寄存器的清零信号依然没有被解除，所以指令寄存器仍然向下游输出一个空泡；同时，右下角计数器在这个周期内自增了1，与1比较，相等，比较器输出0，线长一看这路信号输出为0了，证明该解除指令寄存器的同步清零信号了，于是解除之，同时向右下角计数器输送一个同步清零信号。这样，在下一个时钟周期到来时，指令寄存器由于被解除了清零信号，所以将上一步等待在其前端的指令锁入并输送到下游，同时右下角计数器被清零，0和1比较，不同，比较器输出非0，线长一看这路信号是非0，则不动作，继续维持对该计数器的清零信号，直到下一条符合跳转的跳转指令再次进入这个控制循环。

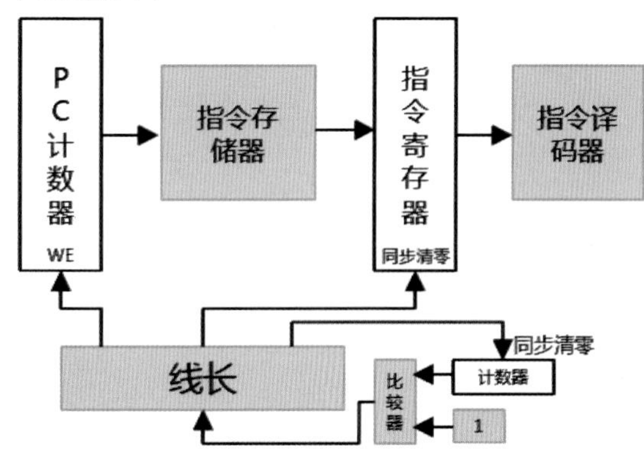

图4-38　跳转阻塞流水线控制

再来看条件跳转指令，比如“Jmpz 地址100”（如果上一步比较结果为0，也就是相等，则跳转，否则不跳），这种指令的上一条指令比如是Cmp指令。Cmp指令比较两个数值，然后将比较结果写回到标志寄存器，供Jmpz指令执行时参考。可见，Cmp和Jmpz指令之间有数据依赖性，Cmp需要用到ALU中的减法器做减法操作，所以Cmp指令的结果需要进行前递操作，可以发现，如果在Jmpz指令译码阶段就需要Cmp的结果，就太超前了，即便是前递，Jmpz和Cmp之间也需要隔至少一拍，而且Jmpz指令必须在流水线的“执行”阶段再去判断是否跳转，也就是将标志寄存器内保存的上一条指令的比较结果作为一个输入从而判断Jmpz指令到底跳还是不跳。这个过程大家可以回顾第2章中跳转的相关章节。所以，在判断出跳或不跳之前，PC寄存器和指令寄存器必须分别被阻塞和清零2个周期。

可以看到，条件跳转指令所引发的流水线阻塞实在是非常严重。尤其对于那些级数非常多的流水线，比如光是从取指令到译码这个阶段就被分为了好几级的，这样的话，一阻塞就是若干个时钟周期，太不划算了。对于那些无条件跳转，是绝对必须要跳的，那么，就可以尽早地处理，可以减低甚至直接避免阻塞；而对于条件跳转指令，其必须依赖上一条Cmp指令的计算结果，比如“Cmp A B”指令，其必须访问数据寄存器，所以Cmp指令最晚要到流水线的“执行”这一步才能出结果，知道跳还是不跳，所以就无法提前处理，诸如Jmpz这类的条件指令就必须等待，等待期间就得阻塞流水线。

于是，人们就在想一件事情，遇到条件跳转指令，与其干等在这，不如赌一把，直接把排在条件跳转后面那条指令取指执行，不用阻塞流水线，也就是赌它不会跳转。想一下，条件跳转无非就是两个判断结果，跳或者不跳，代码可走的路有两条，也就是两个**分支**，随机走一条，最差也是50%赌对的概率，万一蒙对了判断结果是不跳呢？那就幸运了，流水线无阻塞；但是一旦赌错了呢？赌错了，那就把错误进入流水线的这批指令运行的中间结果，包括中间寄存器中存储的过渡状态，全部清掉不要了，也就是利用清零信号清除其中数据，生成空泡，不改变数据寄存器状态，然后同时将跳转目标地址载入PC寄存器从该目标地址取指令继续填充到流水线中执行。这个过程又被称为**流水线排空/冲刷**（Flush）。

这种方式称为**猜测执行**，也就是不阻塞流水线而随机选择一个分支来执行。对于扑克、麻将之类的玩家，玩久了就会慢慢发现一些规律，后续猜测就会更准。程序代码内部的逻辑也是有一定规律的，如果能够让电路记住并根据这些规律来做后续猜测，这就变成了**预测执行**。如果能够对当前正在执行的条件跳转指令的目标代码执行分支做较为准确的预测，那么就可以减少甚至避免流水线排空。

比如，请回顾第2章的2.3.1一节，其中介绍了循环代码，就用到了条件跳转指令。如图4-39的示意图中，利用A来控制循环，每次执行结束后将A加1然后与B比较，如果A达到了B的值则跳出循环，也就是继续执行10号指令，不跳转；如果A未达到B的值，A−B≠0，则触发了Jmpnz（Jmp none zero）电路逻辑，导致跳回1号指令继续执行由1/2/3/4号指令组成的循环体。假设，B=10，A初值为0，则该循环会循环10次后跳出，那就意味着，前9次会发生跳转，最后1次不跳转。在不少实际的程序代码中，这种循环控制方式被大量使用，那么很自然我们就可以把电路设计为：只要是往回跳的条件跳转指令（当前跳转指令所在的地址排在跳转目标地址的后面，线长可以通过比较这两个地址来做出判断生成对应控制信号），极有可能当前位于一个循环体中，所以一律预测为“会跳”，那就可以在取指令阶段就直接把跳转指令中所给出的地址导入到PC寄存器中，从而在下一个周期直接从跳转目标地址开始执行，流水线无阻塞。这样的话，对于一个100次循环的循环体来讲，就会有99次猜对，1次猜错，成功率99%。相对于上文中的办法（只要是条件跳转一概预测为不跳转，猜对概率50%），这种通过判断其是回跳还是前跳的方法，命中率会大幅提升。前一种属于猜测执行，后一种则属于预测执行。

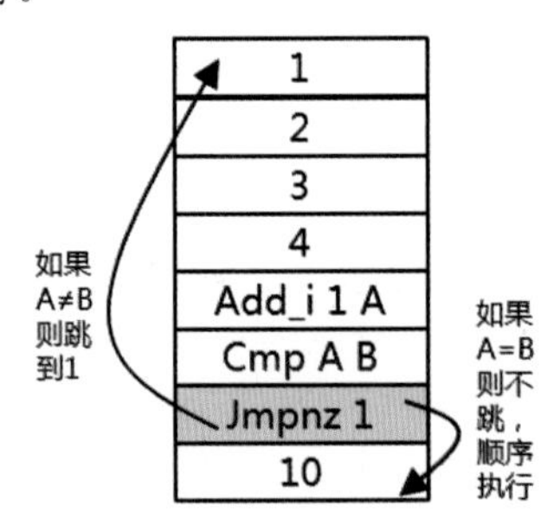

图4-39　条件跳转示意图

但是，在实际的程序中，循环体只是其中一种，还存在着大量其他无明显规律的条件跳转行为，有些回跳指令并不位于循环体中，还有一些杂乱无章的前跳、回跳，以及利用寄存器间接寻址的跳转指令比如Jmpz_ra A，该指令在取指阶段根本就无法获知其跳转目标，必须等待执行阶段从寄存器A中将数据读出来才能知道。有人问了：在取指阶段难道不能同时并行地从寄存器A读出数据来做判断么？要知道，当前取出这条跳转指令的同时，流水线下游还有多条之前的指令同时在执行，如果此时取出寄存器A的值，取出来的也是不敢用的，因为其可能是之前较为久远的某条指令所使用的数据。

对于这类更加杂乱的条件跳转，以及连跳转目标地址都暂时还不知道的跳转指令，人们是这样来预测的：比如，某条条件跳转指令位于指令寄存器的第100行，某次执行时的确跳转了，那么电路可以记住“第100行是个条件跳转指令，它上一次执行时跳转了”，具体就是维护一个表格，记录每一条条件跳转指令所在的地址，如果该地址上的跳转指令上一次执行时跳转了，就用一个标志位来记录1，如果没跳转，就记录0。后续每次取指令时，将PC寄存器的地址与该表内记录的所有地址相比较（怎么在一个时钟周期内就实现全表搜索？请回顾第3章中的CAM存储器实现原理），如果发现某行匹配了，则将该行对应的标志位输入到线长处，于是线长就知道该条指令上一次跳了还是没跳。如果上次跳了，那么这次线长就预测为继续跳；如果上次没跳，那么这次也不跳。然而，线长需要时刻监控该跳转指令最终结果，一旦预测错误，那就得排空流水线，因为走错了分支，具体方法前文中介绍过，不再赘述。

这种根据某条件跳转指令以往的跳转记录来做出预测的方法，称为**动态预测**，而上文中描述的只要是回跳则一概预测为会跳的方法则称为**静态预测**。还有其他很多静态预测策略，比如“A大于B就跳，小于则不跳”等等，看上去好像完全没道理，但是这也是经过大量实际程序代码统计出来的一种奇妙规律。动态预测需要记录每一条曾经执行过的条件跳转指令所在的地址以及以往的跳转结果，这些信息被记录在的那张表格被称为PHT（Pattern History Table），其可以使用SRAM来充当，如图4-40所示。

可以用1位标志来只存储上一次的结果；或者利用2位标志，初始值为00，每跳转一次，就加1，一直加到11为止，同理，每不跳一次，就减1，减到00

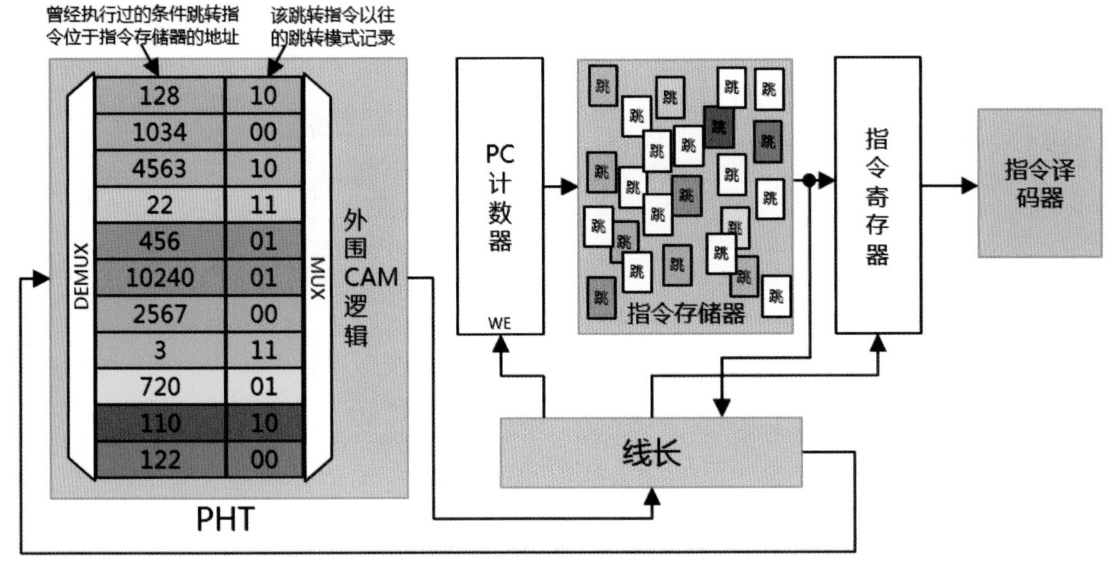

图4-40　用PHT表追踪跳转指令的跳转记录

为止，如果标志为11和10，则会被判定为本次继续跳转，而如果为01和00会被判定为本次不会跳转。如果该标志为11，则证明该跳转指令以往连续跳转了至少3次，如果为10则表示该跳转指令已经连续跳转了2次，或者在连续跳转了至少3次之后出现一次不跳转，但是依然会被判定为本次继续跳转，其相当于一种奖励机制，以往连续跳得足够多，出现一次不跳还不至于导致其本次被判断为不跳转；但是如果标志位降级为01的话，情况就不一样了。总之，这种2位标志方式可以缓冲一些抖动，让判定更加精准，实际测试也的确是这样，其猜中率相比1位标志有不小的提升。当然，也可以使用3位来实现更深的缓冲效果，但是实测发现其相比2位对猜中率提升得已经非常有限了。

提示

每条跳转指令位于指令存储器中的位置是不变的，它们并不会跑来跑去。但是这并不意味着每条跳转指令只能被执行一次，有些循环代码，会导致同一条跳转指令执行多次，在一些大运算量程序中也可以执行多达几十万上百万次。但是不管被执行多少次，其所处的位置是不变的。所以线长可以用PHT来缓存这些位置，并在每次取指令时做匹配查找。

或者还可以记录得更加精准和久远一些。比如用8位来记录8次往期跳转结果，但是其用每个位表示每次历史跳转的结果，而不是像上文中那样用这8位来记录连续的跳转次数。然后比较其中1和0的比例，如果1多，那这次也跳；如果0多，那这次就不跳。这样做更加精确一些，并不看某跳转指令有没有连续的跳或者不跳，其依据的是一个历史的总比例。当然，这种方式也会占用更多的电路面积。

不管利用上述哪一种方式，都需要在当每次取回的是条件跳转指令时，便将其对应的PC指针存储到这个表中，如果已经存在则不需要增加。显然，这个表是有容量限制的，不可能记录下程序中的所有条件跳转指令的地址。当容量已满的时候，线长可以采取一些策略进行替换，比如线长可以在这个表中加一项专门记录每个条目被命中了多少次的记录项，比如使用3位来记录8次命中，初值为000。每次碰到条件跳转指令，线长都会来查询PHT，一旦命中了其中某条记录，则同时将命中次数记录项加1；如果在PHT中没有查到该跳转指令所匹配的地址，则需要将表中访问频率最低的那条记录删掉，然后把当前跳转指令的地址存入，并且根据跳转结果更新跳转记录项。或者，为了节省电路规模，不用记录访问频率，而是随机选一条删掉，把新的加进来。或者，还有更加节省空间的方式，只不过精准度会降低。

如图4-41左侧所示。假设PC计数器有4位位宽，能寻址16个地址，在这16个地址当中，其中4个地址1010/0010/1110/1000上存有条件跳转指令，PHT表中会记录这些跳转指令的地址以及其以往的跳转历史。现在想去掉CAM比较模块，不使用CAM，而是想直接就判断出所给出的PC计数器地址对应的条目位于PHT表中的哪一行，是否可以？思考一下，PC给出的地址自身也是4位数值，天然可以表示行数，比如0000表示第0行，1111表示第16行，那么我们就可以这样做：将0010地址上的跳转指令的跳转记录，存储到PHT的第2行上（因为二进制0010对应十进制2），这就天然地形成了一对一映射关系，不需要查表了，这种方式被称为“用PC指针去**索引**/定位PHT表”，也就是直接把PC指针当成PHT表的行数从而读出对应行中的数据。但是这样做有个限制，就是跳转记录只能放到固定的行上，不能乱放。也就是说，相应地，地址1110上的跳转指令的跳转记录必须被放到PHT表的第14行上（因为二进制1110对应十进制14）。问题就来了，既然这样，程序的跳转指令可能位于这个由16个地址组成的地址空间中的任何一行，这样，PHT表就得准备16行存储容量，然而，图中的例子中，一共也只有4个跳转指令，却要准备16行，显然浪费资源。

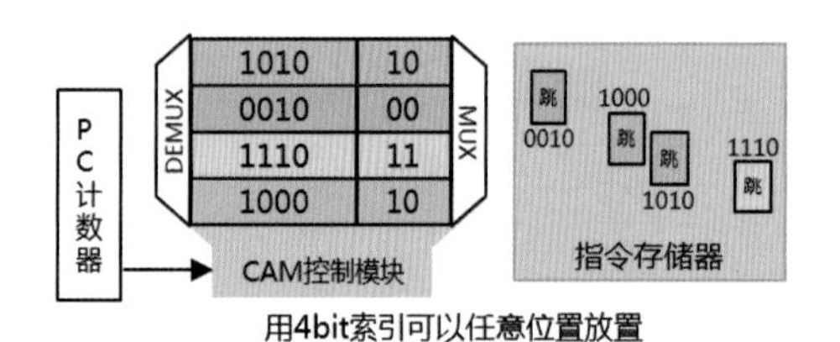

用4bit索引可以任意位置放置

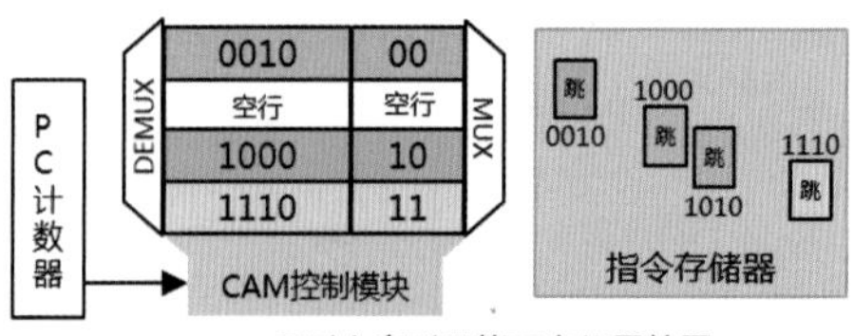

用2bit索引只能固定位置放置

图4-41　按照地址组进行索引

经过观察，如果我们不用PC指针的全部4位来索引PHT表，而是只用其高2位（左边数2位，比如1101的高2位就是11，0100的高2位就是01）来索引PHT表的话，一共可以索引4行，降低了存储容量，带来的问题就是引起冲突。如图4-41右侧所示，当程序执行到地址1000时，取出的是绿色的条件跳转指令，线长取其高2位也就是10判断应该将其跳转结果存储到PHT的第2行（从0开始算）上；随后，程序执行到位于地址1010上的蓝色跳转指令，线长用当前PC指针（也就是地址1010）的高2位来索引PHT表试图查找该指令的跳转记录，显然，也会被索引到第2行上，那么，查出的将是绿色跳转指令的跳转记录，而不是本次执行的蓝色执行的记录，产生了误判，或者说纯粹瞎蒙，降低了预测精度。同理，蓝色跳转指令本次的跳转结果也会被记录到绿色行中，下次如果遇到绿色跳转指令，那么读出的将是蓝色跳转指令上一次的记录，于是，蓝绿共享同一份记录，你中有我，我中有你，所以第2行冬瓜哥特意用了蓝绿色来着色。

由于只是预测，预测错误至多影响性能。所以，如果想节省空间，这就是代价，也就是说1010和1000这两条指令都会被索引到第2行，共同共享第二行作为自己的跳转记录存储空间，你的就是我的，我的也是你的，混了/错了没关系，反正只是预测而已。

再来看图4-42，如果假设蓝色的跳转指令所在的位置并不是1010，而是0100，那么其高2位为01，就不会与这4条指令中其他任何一条冲突，这样其记录就可以被保存在第1行上了，也就是说，只要条目之间分散得足够平均足够广，就可以降低冲突概率。

更进一步的，采用这种方法之后，其实PHT表中根本就不需要再保存每条跳转指令的PC指针了，只需要保存跳转记录即可，因为每次取指令时候的PC指针天然可以用来索引PHT表读出对应的跳转记录，如图4-42右侧所示。

通过上面的思路，我们可以总结出一个规律，如图4-43所示。对于一个4位的地址空间，如果用全部的4位来寻址某个表，则可以寻址16行，条目可以任意存放在表中任何位置，如图最左侧所示，这种可任意存放、任意寻址的没有砍掉任何位的查找方式称为**“全关联”**查找；如果用4位中的左边3位寻址，那么会将整个空间划分为8个地址组，每个组中有两个地址，比如用010来寻址某个表的话，只能寻址8行，条目0100和0101将共享同一个行，引发冲突；用4位中的前2位寻址则将地址空间划分为4个组，能寻址4行，00开头的、01开头的、10开头的、11开头的各自共享各自的行，比如1000、1001、1010、1011所表示的四个条目将共享同一个行；同理，如果用4位中的前1位寻址只能寻址2行，0开头的和1开头的地址各自形成两个组，各自共享各自的行，比如0000、0001、0010、0011、0100、0101、0110、0111所表示的8个条目将共享同一行存储。每个地址组被称为一个**Set**，共享对应的资源。这种砍掉了一些位导致划分了多个Set的可能产生一定误判但是却可以节省存储空间的查找方式，被称为**“组关联”**（Set Associative）查找，至于用多少个位来索引查找表，根据精度来自由定夺。在后续的章节中你将会看到组关联查找的更多的应用案例。

当然，如果线长没有在PHT表中找到匹配项，那么也就无法预测该指令跳还是不跳，虽然如此，还不至于就去阻塞流水线，这只是最后没招了才去阻塞，其实还有一招，那就是咱们上文中介绍的静态预测，是啊，动态信息虽然没有被记录下来，但是静态预测是永恒可用的，起码能有一半的概率蒙对，那就没必要动辄就去阻塞流水线。

提示

预测仅仅是预测而已，其目的是为了让线长尽快把它猜出来的可能被执行的代码分支载入流水线以避免流水线资源闲置。但是，预测为跳转并不意味着该指令真的会跳转，该指令依然必须要走完流水线的后续阶段，一直到其所依赖的判断条件有了结果之后才能知道跳或者不跳。与此同时，线长也必须根据这个真实的结果决定是否冲刷流水线，并将该真实结果更新到PHT中以供下次参考。

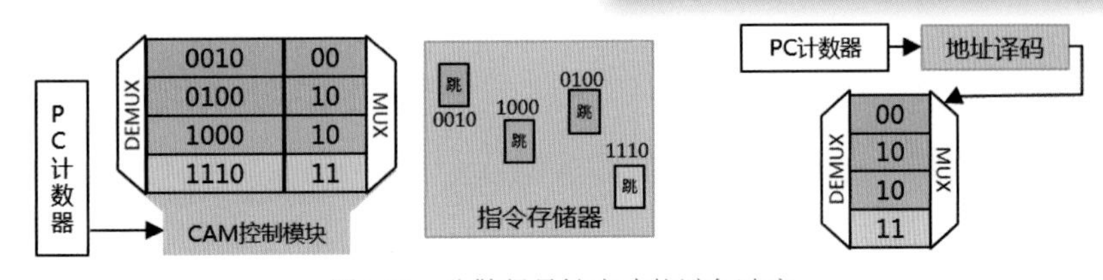

图4-42　分散得足够广才能避免冲突

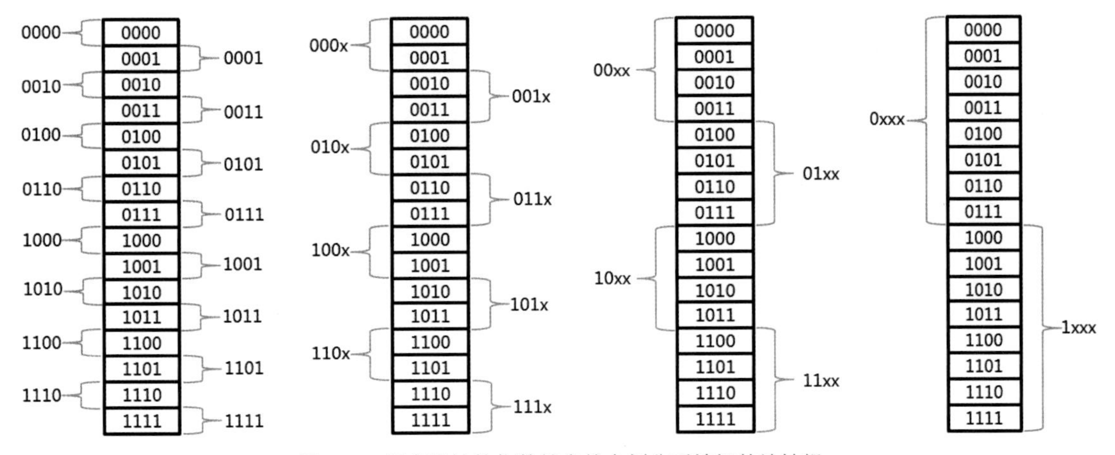

图4-43　用来寻址的位数越多就会划分更精细的地址组

对于**间接寻址**的条件跳转指令，取指令时也可以用PHT来预测出其到底跳还是不跳。如果判断结果是不跳，则好办，那就什么也不用做，继续取下一条指令；如果判断结果是跳，那么就得把跳转目标地址输送给PC寄存器。然而，间接寻址指令（比如Jmpnz_ra 寄存器A）的跳转目标地址是没有包含在指令中的，而是包含在数据寄存器中，想要在取指阶段就预测执行后续指令的话，就必须提前知道目标跳转地址，这该怎么解呢？可以这样，在PHT表中增加一列，记录每个条件跳转指令在上一次执行时的跳转目标地址，比如"Jmpnz_ra 寄存器A"这条指令，在其流水线"执行"这一步时，会读出寄存器A中的数值，这时候，线长就会知道该指令的跳转目标地址并将其记录到对应条目中保存。如图4-44所示，加入了这一新列的PHT表，被称为**BTB**（Branch Target Buffer）。BTB一般采用全关联查找方式。

当后续再碰到这条条件跳转指令时，线长首先根据跳转记录预测本次跳不跳，如果跳，跳到哪？当然是跳到之前所保存的目标地址了。是这样么？该指令上一次往这跳，后续就都会往这跳么？那可不一定。比如下列代码样例：

```
1 Inc 寄存器A;
2 Cmp 寄存器B 寄存器C;
3 Jmpnz_ra 寄存器A;
......;
......;
9 Jmp 1;
```

可以看到，当代码执行到第9行的时候，会强行无条件跳回到第1行执行，寄存器A的数值被增加了1，然后执行到第3行的时候，Jmpnz_ra的目标跳转地址相比上一次而言就增加了1，也就是已经变化了。所以，Jmpnz_ra指令所处的位置依然是第3行，指令依然是比较B和C的值，如果不相等则将寄存器A中数值作为地址然后跳过去，没有变化。但是，寄存器A中的数据却是随着程序的执行而不断变化的，那么跳转的目标也就会变化。这就像刻舟求剑一样，同时也是人们需要间接寻址的原因，也就是用看上去固定的形式来实现变化的结果，真的实现刻舟求剑了。

既然这样，那保存跳转目标地址不就没用了么？我们说过，这一切只是在预测而已，预测并不是要去决定该指令真的跳还是不跳，不要把自己给骗了。既然是预测，就会有错误，错了的话，线长最终都会知道，会冲刷流水线从而保证程序正确执行，同时会将本次正确的跳转地址更新到BTB表格中。那么，利用上一次的、可能已经无效的目标地址作为预测，无可厚非。并且，大部分时候，跳转指令的目标跳转地址都不会变化，那么利用BTB将会很好地满足针对间接寻址的条件跳转指令在取指阶段就预测出结果这个需求。

至此，我们了解了，对于条件跳转指令，需要提前预测分支走向从而将预测出来的分支的代码塞满流水线。预测方式可以粗略分为静态预测和动态预测，动态预测最简单的方式就是利用PHT保存条件跳转指令的跳转记录，每次取指令时用于预测本次的走向；对于间接寻址的条件跳转，则在PHT中增加一列保存抓取到的跳转目标地址从而供后续使用，形成了BTB表。

采用上述方式，几乎可以把分支预测的准确率提升到90%以上，当然，这个准确率也只是用常用程序执行时统计出来的，如果你有针对性地写一个特殊程序，目的就是降低预测准确率的，完全可以把它降到非常低。然而，90%的准确率也还是不能让人满足，普遍能够接受的数值应该是95%以上，人们也一直在设计更精准的分支预测器。

还记得上文中提到过的为了预测那些看上去杂乱无规律的条件跳转指令，而用8位记录每一次跳转的结果（每次结果占用1位），并比较1和0的个数

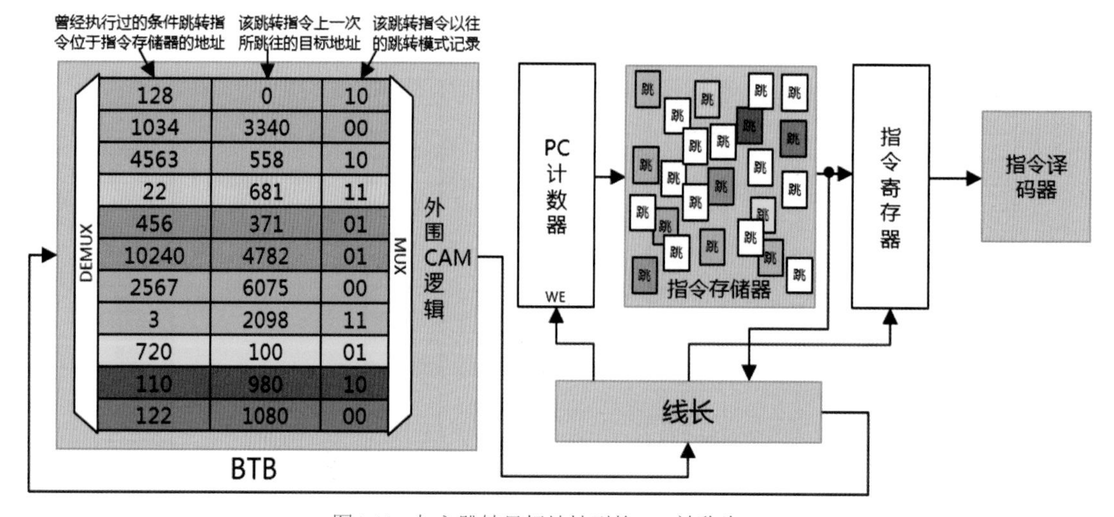

图4-44 加入跳转目标地址列的PHT被称为BTB

来决定本次是否跳转么？如图4-45所示。针对每条跳转指令，使用8位移位寄存器记录其跳转历史，初值为00000000，某时刻跳转了一次，则将其更新为00000001，下次执行时如果又跳了一次则更新为00000011，第三次执行时没有跳则更新为00000110，以此类推。这就是移位，每次向8位右侧末尾追加一位新值，同时将8位的最高位丢掉，整个数位向左移动。这8位可以使用移位寄存器来实现，移位寄存器的电路实现原理可以回顾第3章的图3-35及其描述。移位寄存器可以在每次时钟周期自动实现移位（当然，得线长让它移才行，通过WE信号控制），同时还得把新值输送给它，这些都由线长统一协调。这个用于保存跳转历史记录的寄存器被称为**BHR**（Branch History Register），如果为每个追踪到的条件跳转指令都建立一个BHR，那么这些BHR就形成了一张表，被称为**BHT**（Branch History Table）。

从这8位记录中，可以观察到该指令以往8次跳转的**关联模式/范式**，比如范式01010101表示隔一次跳一次，而范式00110011表示隔两次跳两次。同理，01100111也是一种范式，但是看上去没什么明显规律，也没法用简洁的语言表达，但是如果01100111这种范式在程序执行期间重复出现的话，也就能从更久远的历史中看出之前根本无法分辨的规律。至于为什么体现出这种规律，那是更底层的计算机科学家所研究的问题了。对于分支预测，很显然，如果上一次该代码处于某个范式时，它跳了，那么当它执行了若干次后，如果恰好这8位历史记录又轮回到了同一个范式，那么你说，该跳还是不跳？当然是跳啊！为什么？因为上一次这样的时候它跳了啊！就这么简单。用这种方式可以深入到事物的更深层次的表象中挖掘出深层的规律。相比之下，如果只是简单地比较1和0谁多就听谁的，就显得简陋和粗暴了。如图4-45中所示的BHT表中，其中红、黄、蓝、绿四条指令的跳转范式就出现了轮回，注意同一行中的相同颜色字体表示范式轮回。

好了，看来这个思路已经非常明朗了，现在需要解决如何记录“当某个范式到来时该指令跳了没有”这件事了。请注意，之前的思路是为每一条跳转指令记录一个2位的跳转记录，而现在需要为每一条指令的多个跳转范式分别各自记录一个2位的跳转记录，有多少个可能的范式，就要记录多少个2位的跳转记录，8位可以组成256种范式，所以需要记录256个2位。怎么记录？能否直接在BHT表的右侧加一列跳转记录列呢？不行，因为我们需要对单个指令的每一可能的范式都记录对应的跳转记录，8位可以组成最大256个范式，那就意味着，对于单条指令，我们需要建立一张256行2列的表，第一列8位记录该指令所有可能的256种范式，第二列2位（每次遇到该范式时跳了就置1，不跳就置0，也用2位来记录，增加防抖动缓冲）记录该范式对应的跳转记录，表格共计256×10位=320字节。这还是单条指令，如果记录256条指令的话，那么就需要256×320字节=80KB的CAM存储器，会占用较大电路面积。

现在，可以搬出上文中提到过的“组关联”查找法了，可以节省电路，减低复杂度，但是牺牲精度。首先，还是那个思路，直接用8位的范式值来索引跳转记录表，也就是说，某个范式对应的跳转记录必须存在固定的行上，比如范式11111111必须存放在第255行上（从0开始算），因为11111111的十进制值是255。这样，就可以让所有指令共享同一个跳转记录表，然后用BHR的值来索引这个表读出数据，那么，一旦有两条不同的指令的范式出现相同的值，那么他们也只能共享同一份跳转记录，从而可能导致不精确。

如果进一步节省空间和复杂度，可以连BHT表都做成所有跳转指令共享而且组关联查找，也就是用PC指针的比如高若干位（比如如果是32位的PC指针，可以用高12位）来索引一个全局共享的BHT表从而读出对应的范式，然后再用这个范式值去索引全局共享的PHT跳转记录表，最后得出预测结果。

所以，可以有多种组合查找方式：每条指令单独的BHR（或者可以说全关联BHT）+每条指令单独的PHT、每条指令单独的BHR+所有指令共享的PHT、所有指令共享的BHT（或者可以说组关联BHT）+所有指令共享的PHT、所有指令共享的BHT（或者可以说组关联BHT）+每条指令单独的PHT。更有甚者，所有的条件跳转指令共享唯一一个BHR，这样就完全将所有的跳转混起来处理，并将这种场景下的BHR成为**GHR**（Global History Register）。

另外，如果两条指令的范式恰好完全相同，那么会被索引到同一条PHT表项中，为了进一步降低撞脸概率，可以在索引PHT表的时候，将PC指针里若干位与BHT里的若干位结合起来一起寻址PHT，因为，不可能有两条指令被放在同一个存储器地址上，这个绝

地址	跳转记录	跳转记录	跳转记录	跳转记录	跳转记录	跳转记录	跳转记录	跳转记录	跳转记录
000	01010010	10100101	01001010	10010100	00101001	01010010	10100101	01001010	10010101
001	11111111	11111110	11111100	11111000	11111000	11110000	11100001	11000011	10000111
010	01010101	10101011	01010110	10101101	01011010	10110101	01101010	11010101	10101011
011	10101000	01010001	10100011	01000111	10001110	00011101	00111010	01110100	11101001
100	11001100	10011001	00110011	01100110	11001101	10011010	00110101	01101011	11010111
101	00001111	00011110	00111100	01111000	11110000	11100001	11000011	10000111	00001111
110	11100011	11000111	10001111	00011111	00111110	01111100	11111000	11110001	11100011
111	01101010	11010101	10101010	01010101	10101010	01010101	10101010	01010101	10101010

图4-45 BHT表以及跳转记录随着程序执行不断被移位

对必须务必不能撞脸，所以两条指令就算恰好范式相同，其PC指针一定不同。这样做的效果相当于：PC里面的几个位（比如4位）来定位到PHT表中的某个部分（如果PHT表为256行，那么4位会将这256行分成16个组，每组16行，这4位描述的就是组号，也就是第几个组），然后再用BHR中的位来选择这个部分中的某一行（假设BHR为4位，则其描述的就是刚才那个组里的某一行），所以PC中所选的位与BHR里所选的位的位数加起来要等于（Log2PHT总行数）。这样处理之后，就可以进一步降低两条指令在PHT表里撞脸的概率。总之这几种方法可以两两混合使用，具体选择哪种策略，得看设计者的偏好和思路以及整体架构。

上述的这种分支预测方式被称为**两级分支预测**。另外，这种方式只是在判断跳还是不跳，对于间接条件跳转，也还是需要在BTB中记录跳转目标地址，然后用上述的这一堆模块来决策是否要跳，当决定要跳了，则再到BTB中读取对应的目标地址然后输送到PC寄存器。对于简介寻址的无条件跳转指令，无须预测，一定会跳，但是跳到哪，指令取回来之后是无法判断的，此时BTB仍然会派上用场，也就是用于预测跳转目标地址。

提示

一定要注意，用PC或者BHR的值去索引跳转记录表（PHT表）并不仅仅是用于查找读出数据来预测分支这个过程，线长还需要将每次的真实跳转结果写入到PHT表中对应的行，判断往哪一行写也是需要线长用PC/BHR去索引/寻址PHT表从而写进去的。

预测器很难放之四海而皆准，不同的场景、不同类别程序会体现出不同的预测准确率。所以，有些设计干脆直接在电路中放置多套不同的预测器，这就像咱们买东西一样，两样东西都不完美，那就全买回来一起用。然后用一个最终策略选择MUX来选择到底采用哪个预测器的结果，这就像有两件衣服，出门前定夺一下："嗯，今天天气挺缓和，穿件薄点的吧，就它了。"然后再在薄衣服中选择一件。

至此，我们了解了，为了保留跳转指令的历史规律范式，人们采用BHR来保存每次跳转的结果，而不是像PHT那样保存的是连续跳转或者不跳的次数。然后再分别为每个范式记录对应的连续跳转次数，线长不断地更新范式记录以及跳转次数记录。每次取指时，找到对应的范式，再找到对应的连续跳转次数，最终预测本次跳还是不跳。

大家可能经常听到一些名词，比如"模式识别""机器学习""训练"等等。可以这么说，上述这种对跳转范式的保留、追踪同步并利用简单的连续跳转次数来给出预测结果的过程，就可以说是一种模式识别，或者简单的机器学习过程。模式识别和机器学习离不开对大量样本的收集和处理过程，那么，跳转范式就是一种样本，PHT中的连续跳转的次数则是对应范式体现出来的结果，这个把已有样本和其已知结果对应起来的过程叫做**训练**。训练完毕之后，以后只要碰到这种范式，就读出对应结果，也就显示出了初步的智能。另外，范式和跳转记录还会随着程序的执行不断地更新，其又反馈给新的判断过程，形成一个反馈循环，不断地持续动态训练，这就像人脑的学习过程一样，于是计算机智能就展现了出来。当然，上述的分支预测过程只是比较简单的模式识别，对于更加复杂的数据，现在流行使用卷积神经网络进行分析处理。机器学习、神经网络的原理详见第12章。

当这种反馈持续足够的时间之后，其导致的变化会被固化到存储器中，形成一种积累，这种积累会进化为更复杂精妙的对外界变化的反应，也就是情感。根据已有经验来看，任何复杂的奇妙不可思议想不通的事物，其本质上其实都是由极其简单的事物以某种方式不断循环反馈演化，最后在更高维度上形成的。到时候，可能连设计者自身都无法去从头理清楚计算机情感到底是如何产生的了，因为它是经过不知道多少复杂的路径才演化到今天的，然而，就算人类把这整个过程中的路径精确地记录了下来，恐怕也无法去分析它了，因为分析工程会变得庞大无比而不可行，那就只能接受这个事实，机器产生了智能和情感，最后就是更高维度的相互作用，也就是机器和人的社会学，再加上人类的那庞大无比的内心空洞，最后或许就是电影*Matrix*中的场景。

或许，我们的现实世界就是当初被造物者在空间这台大机器上，利用基本粒子这些基本机器指令，再加以固定的物理规律这些逻辑关系，付之以能量和初态，便演化了起来。一开始可能宇宙中还有一双大眼睛在观察着，但是最后发现刹不住车了，在万有引力规律的作用下，恒星形成、老去、爆炸，超新星，黑洞等等一系列的事件发生了。或者造物者认为在这个他所创造的世界中，宇宙里的这些事情也太索然无味了，到处都是火星（恒星），还冒着烟，无非就是一场烟花表演罢了，于是它就这样撒手而去了，留下这个机器继续运行，可能连它自己都不知道宇宙会演化成什么样。或许，宇宙真的就是造物者烧瓶里的一场化学反应而已。或许，它并不知道，超出它想象的奇妙事物正在形成，那就是生命，甚至更没想到，这里的生命又创造了第二层世界，用晶体管搭建出来的新宇宙，这个宇宙或许与造物者创造的宇宙运行机制别无二致。或许机器永远也看不到晶体管，就像人类永远也看不到"空间"是什么，人类曾经想象出"以太"，或许真的有以太只不过人类被蒙蔽了双眼而可笑地"证明"其不存在。机器或许可以知道但是尚未知道它们所运行的世界其实就是由开和关组成的，或许有的已经看到了（阴阳两极）只不过不被认可。人类或许最终会发现现实世界也同机器世界一样，由基本的振子组成，一切“物质”其实都是振子波动的叠加而已，波粒二象性已经是一层窗户纸了，宇宙的波本质或许即将揭开。然后就是如何去发现并感知而且利用“空间”这个东西，也就相当于让机器彻底看到晶体管，并且可以自行摆布晶体管，自行创造新的世界。

4.4　指令的动态调度

目前我们已经了解了：引入流水线之后可以增加吞吐量，但是由于指令之间的各种相关性导致流水线时不时就得被阻塞起来，又抵消了一部分性能，于是人们把数据和指令分开以避免访问冲突、采用数据前递降低数据依赖、采用分支预测来降低猜错分支的概率。但是不管怎样，流水线阻塞是无法避免的，一定会存在，即便是用尽了上述优化以后。

我们经常遇到过这种现象，比如在地铁出站刷卡的时候、机场过安检的时候、超市排队结账的时候，一旦排在你前面的人突然——找不到公交卡了、箱子打不开了、余额不足了，那么就相当于产生了数据依赖。此时你排在这个人后面，会期待什么呢？当然是让这个人先靠边站等找到卡再插队进来继续，然后自己越过他先出站、过X光机、结账，排在后面的人也继续往前流动，从而不会因为他没有找到卡就挡住后面所有人。在这种场景下，每个人都是一个独立的个体，谁也不认识谁，每个人之间毫无瓜葛牵连。

在另一种场景下，事情稍微复杂了一些。比如我们在快餐店吃饭时，在高峰期经常会遇到这种情况，一张4个人的桌子，4个同事正在吃饭，但是其中有一位朋友太能叽歪，以至于其他3个人都吃完了，他还没有吃完，结果这三个人只能等他吃完然后一起走，如果先走就显得太无情了点。此时，旁边还有其他人正端着饭找不到座位。这个场景中，这三个人能走与否，取决于他们的朋友是否吃完，这就产生了相关性。假设这三个座位分别为取指单元、译码单元和执行单元，此时这三个资源就被闲置了。可想而知，等待座位的人是怎样一种心态。

很显然，遇到这种情况，一个有效的办法就是，让先吃完的这三位靠边站，比如找个墙角猫着等待他们的依赖条件出现之后则退出流水线。然后让其他人过来坐下吃饭。没错，电路也可以这么去做，之前是只要当前执行的指令依赖于它前面的指令，在前递也无法无缝接续的时候，就得直接阻塞流水线插入空泡，不让后续的指令进入。而现在则可以优化为：将依赖于前面指令结果的当前指令暂时排放到流水线旁边的一个小缓冲地带中，并贴个标签“该指令依赖某指令的结果”，所以，该指令就在那傻傻地等，而那些没有依赖关系的指令就往前嗖嗖地流动。

这种将后续指令超越之前指令先执行从而降低流水线部件闲置率的指令调度方式，称为**乱序执行**。乱序执行的前提是超车提前执行的指令必须与等待中的指令没有任何依赖关系，如果有依赖关系，就必须排队。所以，乱序执行解决的是由于相关性引发的流水线阻塞。下面我们首先来总结一下都有哪些相关性可以导致流水线阻塞，看完后再去分析乱序执行的具体设计思路。

上文中我们了解到了指令之间产生相关性的原因主要有三大类。一是访问冲突，又被称为**结构相关**，指的是不同指令需要同时访问同一个部件，导致访问冲突，无法同时执行，只能串行执行，产生了依赖。解决办法是将原本的单一部件拆分成两个，比如将原本合一的指令数据存储器拆分为指令存储器和数据存储器。二是数据依赖，或称**数据相关**，后面的指令要用到前面指令产生的数据。解决办法是阻塞流水线，或者数据前递，有时候前递了也还是要阻塞流水线。三是跳转冒险，或称**控制相关**。解决办法是采用分支预测机制。

控制相关引发的流水线阻塞已经交给分支预测来处理了，所以与乱序执行没有直接关系。乱序执行应对的是由数据相关和结构相关引发的流水线阻塞。但是在预测了某个分支之后，载入该分支的代码执行时，这些代码内部也有一定的数据或者结构相关，此时还得依靠乱序执行来解决。

4.4.1　结构相关与寄存器重命名

指令和数据混合存储在同一个存储器中无疑是一种结构相关。然而，就算把指令和数据分开存放，也还是会产生结构相关。比如下面的指令序列：

```
1 Divide A B C; //算出A/B的值并放到寄存器C中
2 Sub B C D; //算出B-C的值并放到寄存器D中
3 Add E F C; //算出E+F的值并放到寄存器C中
4 Add C E F; //算出C+E的值并存储到寄存器F中
```

很明显，2号指令依赖于1号指令产生的储存在C中的结果。但是3号指令，仔细分析一下，它要将寄存器E和F的值相加，也放到寄存器C中，它的源操作寄存器是E和F，与1号和2号指令完全没有任何相关性，各干各的，只不过3号指令也选择了用寄存器C来存储结果而已。1和2号都是运算指令，虽然相关，但是可以通过数据前递来解决从而不阻塞流水线（见图4-35）。3号与1和2不相关，不需要阻塞流水线，按理说，这三个指令可以全速并行，但是，实际中却不是。因为除法器的工作机制有些复杂，其往往不能在一个时钟周期内就出结果，需要多个周期来分步执行（见图4-20中的设计思路），虽然不会阻塞整个流水线，但是所有依赖于它的后续指令，比如上面的2号指令，必须被阻塞，1号执行了几个周期，2号就得等待几个周期，这就匹配了前文中那个吃快餐的场景，2号指令依赖1号指令但是1号指令迟迟无法结束。怎么办来着？让2号指令靠边站啊，还记得么，把它挪走，放置在流水线中某个旁边的角落里，待条件成熟，再继续执行。然后再怎么办来着？把后面排队的指令提上来先执行啊，3号指令，你上！

结果傻了眼，3号指令是一条加法指令，它也需要用到ALU，在第1、2章中可以了解到，ALU内部其实是将多个运算器并排在一起然后用MUX选出对应结果的，其本身是一个单一不可分割的部件。除法指令执行的时候是需要用到ALU不断循环迭代的，完全独占ALU。所以，在被1号指令阻塞住的这若干个时钟周期内，3号加法指令还是无法提前执行，所以，3号指令与1号指令本质上还是发生了结构相关，访问冲突的结构为ALU。怎么办呢？谁都可以想到，把ALU切分开就可以了。是的，我们不妨切分出一个加减法ALU和一个乘除法ALU并排放置，然后用DEMUX来分派对应的数据给对应的ALU。

然而，即便这样，3号还是得等待。因为3号和1号都要用到寄存器C，又访问冲突了。解决办法，可以让程序员在编写程序时主动规避，比如选用寄存器G来存储3号指令的结果，这就完全与1和2号不相关，电路就可以提前执行3号。但是这样做不现实，因为程序员根本就不会知道也不想去关心1号指令执行需要多个周期，程序员是看不到电路的，否则会给程序员带来极大负担。那么，只能由电路自己来搞定了，电路（准确来说是线长）可以将3号指令的目标操作寄存器私自改为其他寄存器，比如一些外界不可直接操作的内部私有寄存器，同理，4号指令的源操作寄存器C也需要被改成同一个内部私有寄存器。就这样，程序员本已安排好的存放位置，被电路神不知鬼不觉地换了地方，而且最终的执行结果保持不变。比如Add E F C；Add C E F这两条指令，虽然C被换成了其他不知名寄存器，但是其最终结果依然躺在F里，不受影响。

上述过程称为**“寄存器重命名”**，或者说寄存器重定向。重命名之后，就去除了指令之间的寄存器结构相关性，从而可以将指令提前发射到计算单元进行计算。当然，如果某段代码中既不可以重命名寄存器，又必须访问同一个ALU，那么就无法去除相关性，只能串行执行。

提示

为何不把内部那些私有寄存器也让程序员操作呢？比如给其编号O/P/Q/R/S/T等，这样不就可以降低寄存器访问冲突了么？的确，有些CPU就是这个路子。但是目前最为广泛使用的Intel x86 CPU由于在早期只设计了数量有限的可操作寄存器，后来也意识到了这样局限性太大，但是为了保证统一的操作方式，于是采用了利用后台隐藏的寄存器进行重命名的办法。值得一提的是，寄存器重命名技术并非由Intel最先提出，而是IBM。目前最新的Power CPU也使用了重命名寄存器方式。内部的这些私有寄存器其物理形态上就是一个由寄存器组成大表，其中每一行是一个寄存器，寄存器号其实会被译码为行号，这里相当于是为已命名的寄存器（也就是程序员程序中可操作的寄存器）提供了一个过渡倒换空间，或者说映射空间，比如寄存器A可以被重命名到这个表中的第5行，或者说寄存器A被映射到表中的第五行。

那么，什么场景下可以通过重命名寄存器去除相关性呢？如图4-46所示为一段代码里面能够找出的各种相关性。对于某个寄存器，前面的指令要将结果存入其中（写），而后面的指令又要使用它（读），此为写后读，也就是**RAW**，比如1和2号指令中的C寄存器，其导致2号指令必须不能超越1号先执行。RAW这种相关性是无法通过重命名寄存器来消除的；而如果前面的指令要向某个寄存器存入结果，后面的指令也要向同一个寄存器存入结果的话，则就是**WAW**了。一般来讲不可能有两条连续的指令形成WAW关系，否则第一条指令的运算结果在没有被任何其他指令用到之前就被写一条指令覆盖了，逻辑上没有任何意义，一定是程序员搞错了。从下面的图中也可以看出来这个规律，1号和3号指令之间针对寄存器C存在WAW关系，也就是说，2号指令用完了C中的内容，C的内容就没用了，可以被其他指令使用，然后3号指令来使用了C。如果要把3号指令超越1号指令先执行，就必须将3号指令中的C寄存器重命名到内部私有寄存器，从而与1号指令去相关性。所以，WAW相关性是可以用寄存器重命名去除的。

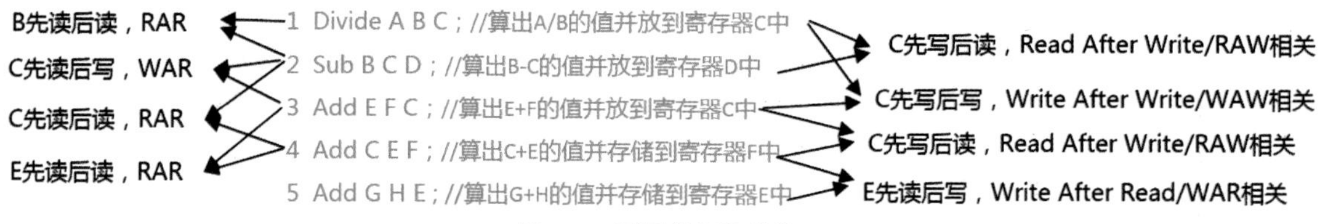

B先读后读，RAR
C先读后写，WAR
C先读后读，RAR
E先读后读，RAR

1 Divide A B C；//算出A/B的值并放到寄存器C中
2 Sub B C D；//算出B-C的值并放到寄存器D中
3 Add E F C；//算出E+F的值并放到寄存器C中
4 Add C E F；//算出C+E的值并存储到寄存器F中
5 Add G H E；//算出G+H的值并存储到寄存器E中

C先写后读，Read After Write/RAW相关
C先写后写，Write After Write/WAW相关
C先写后读，Read After Write/RAW相关
E先读后写，Write After Read/WAR相关

图4-46 不同的相关种类

再来看**WAR**的发生逻辑，比如2号和3号指令之间，2号指令读取C的内容做计算，算完了C没有用了，3号将新内容写入了C。它俩又冲突在了C上，但是由于2和3号指令执行速度相同，所以实际上是不相关的，也不需要重命名寄存器C。假设2号指令是一条除法指令，那么这个速度差又会导致寄存器C变得结构冲突相关，又需要被重命名。另外，如果要将3号指令提前超越2号指令执行，那么就必须重命名寄存器C，因为如果不重命名，3号写入了C，2号再来读取C，读到的是“将来”的数据，会产生逻辑错误。WAR相关性是可以用寄存器重命名去除的。

再来看**RAR**的发生逻辑，比如1和2号指令之间，它们都需要用到B中的数据，那么它俩之间针对寄存器B其实是不相关的，也就是说2号指令完全可以先于1号指令来执行，2号指令读出B之后，1号指令再读B是不会受到影响的。当然本例中1和2号之间针对寄存器C存在**RAW**相关，所以2号还是不能先于1号被执行。

综上所述，RAR天然没有相关性，可以将RAR相关的指令任意重新排序；而WAW和WAR相关可以在重命名了相关寄存器之后被任意排序。RAW相关则没有任何办法，不可以重排序。从本质上讲，WAW和WAR相关的指令之间是没有数据传递的，其本质是大家由于公用资源导致的访问冲突，所以其相关性总是可以被去除的。但是RAW的本质并不是结构相关，而是数据相关，前一条指令将结果写入某个地方，等着后面的指令去拿走使用，这两条指令其实是在利用这个地方来传递数据，是有先后关联的，所以其相关性是无法去除的，不能重排。WAW和WAR又被称为**伪相关**，RAR不相关，RAW**真相关**。

4.4.2 保留站与乱序执行

至此，乘除法和加减法运算电路剥离以及寄存器重命名，这两个手段为指令的动态乱序执行（动态调度）扫清了障碍。我们需要来设计一个架构支持乱序执行。要实现乱序执行，一定需要将取出的指令缓冲在一个空间中，比如可容纳8条指令的FIFO队列。同时，取指令单元像之前那样一条一条地取就不太痛快了，干脆让它一次取回8条来放到指令缓冲队列中，假设每条指令1字节长度，那么只要存储器位宽达到8字节（64位），就可以一次性取出。译码完毕的指令会变为控制信号，也进入一个队列中等待。

然后，给线长安排两个小弟分担线长的工作，或者可以认为它们是线长这个角色的一部分，分别取名为**寄存器重命名单元**和**指令调度单元**，前者负责重命名寄存器，后者则负责将去除了相关性的后面的指令超车插队，插入到前方原本应该插入空泡的周期中去执行，这个过程称为指令的**发射**。

很显然，在ALU执行部件的入口处，需要一个队列缓冲空间，用来缓冲那些由于相关而不得不临时待命的指令。所有指令先被去除伪相关，然后充入到这个队列中，在这里，由调度单元决策某指令是否可以插队，如果是就将其发射到ALU执行；如果必须被阻塞那就等在这个队列中直到条件成熟。这个ALU前端的等待地带被称为**保留站**，或者**发射队列**。

另外，需要对应的结构来追踪所有的状态，包括ALU是否正在运算中/是否可以发射指令给它执行、某个寄存器被重命名/重定向到哪个内部寄存器了、内部寄存器的使用状况哪些空闲哪些可用、某指令所依赖的到底是哪个数据（到底是存在哪个内部寄存器中的数据）以及该数据是否已经被算出来并写回到这里等等。每次执行的时候，控制电路精心地将这些状态写入到追踪记录中，相应地，通过这些记录，就可以判断哪些指令可以被发射到ALU执行，哪些必须等待在发射队列/保留站中。

有了上述思路，我们来设计一个可用于乱序执行的数据路径和控制路径，如图4-47所示。该设计的具体运作机制是，取指令单元首先从指令存储器中将指令取回到指令队列中，在这里缓冲，指令被排队依次输送给译码单元进行译码，译码完毕的控制信号以及对应的源和目标操作数/寄存器号也被存放在一个队列中缓冲。下一步则是寄存器重命名单元出场，它将每一条译码完毕的指令的目标操作寄存器重定向映射到内部私有寄存器中的某空闲寄存器上，并在寄存器重命名表（图中的RAT）中记录该可见寄存器被映射到了私有寄存器中的对应行的行号，并使用一个1位的标记来标识该寄存器是否已经被重定向映射。在私有寄存器中，重命名单元每次重定向映射了某个可见寄存器到某私有寄存器，就在对应行上标记“已占用”，由于指令此时还没有计算出数据，所以对应的“已写回”和“数据内容”一列是空的。

提示 ▶▶▶

可见寄存器和内部私有寄存器各自又有人称它们为结构寄存器（Architectural Register）或者物理寄存器（Physical Register）。

除了需要更新RAT表和私有寄存器表之外，重命名单元还会将译码完的结果包装一下，写入到发射队列/保留站中存储，然后挑一个空闲的行存入，并且将无须重命名的源操作寄存器的值从可见寄存器中读出并存入保留站中准备好。这个过程称为**分派**（Dispatch），注意其与发射并不是同一个意思。

保留站中的每一行包含多个字段，包括：该行是否已被占用、该指令需要用到哪个执行部件（比如加

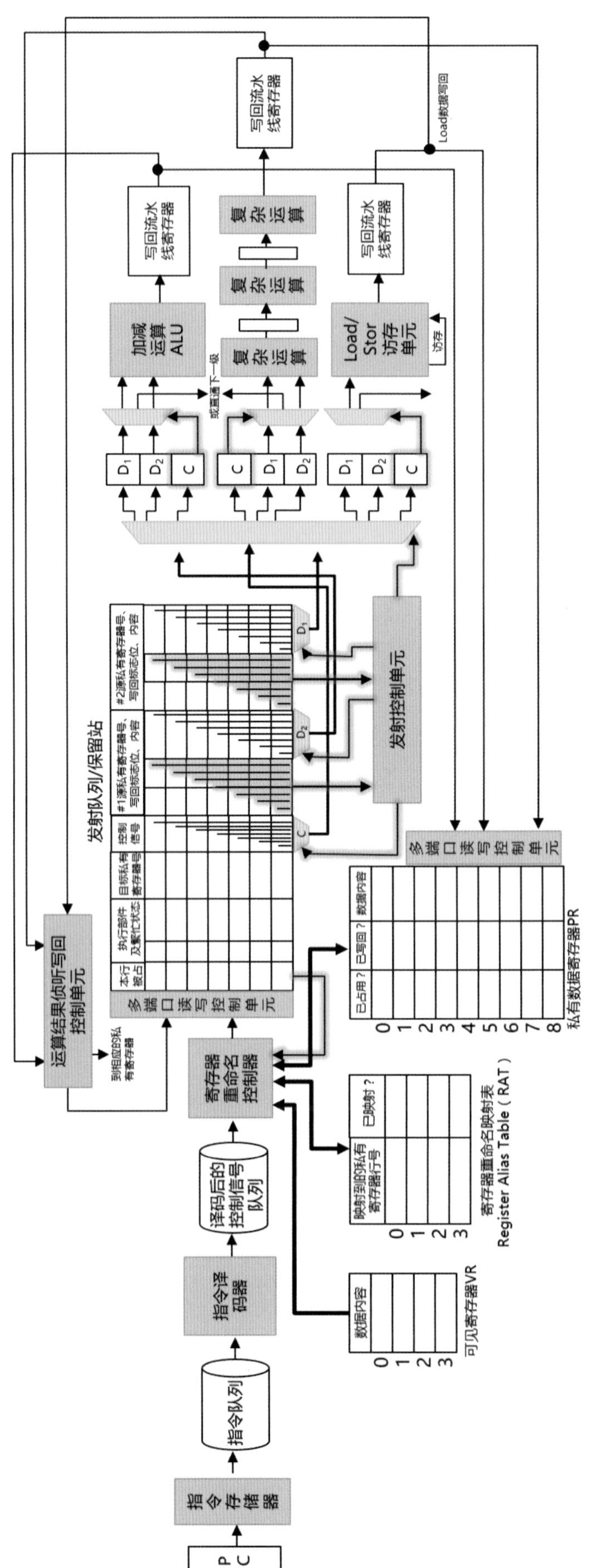

图4-47 乱序执行的数据和控制路径

减法运算单元还是乘除法运算单元抑或其他）以及该单元当前是否正在运算过程中、重命名后的目标寄存器行号、重命名后的源寄存器行号（如果某可见寄存器之前曾经被某条指令用作目标寄存器，会被重命名到某私有寄存器，而之后如果又作为某指令的源寄存器，那么其对应的私有寄存器保持不变，所以源寄存器是后来被被动重命名的，继承了目标寄存器的重命名）以及用以记录其值是否已被算出并写回的1位标志位，以及对应的数据内容。注意，源操作寄存器有两个，都要记录。

发射控制单元会根据发射队列中的两个“源寄存器是否已准备好”标志位来判断某条指令是否已经具备执行条件，仅当两个位都为1时才可以执行，底层电路用一个与门就可以判断。目标寄存器并不需要任何位来描述其是否已经准备好，因为目标寄存器总是可用的。因为重命名单元会检测WAR和WAW冲突，一旦冲突就将后续指令的目标寄存器重定向到私有寄存器中的空闲行，所以不管Write After什么，肯定不会阻塞在W上，所以，在发射队列中也并没有标志来描述“目标寄存器是否可以被写入”。

发射控制单元需要根据保留站中指令的这些标志判断哪条指令可以被执行，然后将该指令从保留站中选出输送到运算器前端的寄存器中，下一个时钟周期运算器便会运算输送过来的数据。这个过程称为**发射**（Issue）。被发射执行之后的指令，在其结果被写回之后，就可以从保留站中清除掉了，具体做法就是把对应的“被占用”位置为0即可，后续新的内容便会征用该行。这个动作可以由发射控制单元来负责。

另外，当指令运算结束之后，对应的结果不仅需要被写入到对应的私有寄存器，同时还需要写入到发射队列中对应的内容区域。Add A B C，Sub C B A这两条指令，如果Sub指令已经被排入了保留站，那么其源操作寄存器C一定要标记为“尚未可用/尚未写回数据”，当C=A+B结果写回时，需要一并写入到保留站中的Sub C B A指令这一行中的第一个源操作寄存器对应的内容区，并将其对应的标志更新为“已写入”，只要另一个源操作寄存器B此时也可用，那么Sub就可以被发射执行了。结果侦听单元负责接收所有的运算结果并根据该结果的目标寄存器号，去比较保留站中那些所有被标志为“尚未写回”的寄存器号，如果发现匹配，就将结果写入到该行对应的内容区域中。

到这里，我们大概的已经在脑海中完成了上述乱序执行的整个逻辑循环，其增加了两个流水级，分别为寄存器重命名及读入已准备好的操作数、选择合适的指令发射以及清除已执行完毕的指令，可以分别简称为“**重命名和读操作数阶段**”和“**发射阶段**”。下面我们就分步骤来描述一下上述架构在实际指令执行过程中各个表项的变化以及对应的控制逻辑。

根据具体设计思路的不同，有些CPU中只存在一个单一的保留站，容量比较大，可以容纳几万行记录，而有些CPU则在每个运算器前端都放置一个独立的保留站。这两种思路各有利弊，就不多展开了。

4.4.3　分步图解乱序执行

如图4-47所示，我们将ALU分拆成专门计算加减法以及基本的与、或、非计算的简单算术计算单元，简称之为Simple ALU（sALU），而将复杂运算单元比如乘除法、开方等运算称为Complex ALU（cALU）。sALU只需要1个时钟周期就可以算出结果，而复杂运算单元需要多个周期来运算，具体所需的周期数视计算种类而异。除了ALU计算单元之外，对于那些访问内存的指令比如Load/Stor，交给Load/Stor Unit（LSU）来处理。由于内存响应比较慢，所以人们在其前端增加了L1缓存，这样，LSU收到访存请求后就会向L1缓存控制器发出访存请求，如若命中，则会在2～3个周期内返回数据，如果没命中，则可能需要等待上百个周期才能拿回数据。L1缓存及其下游的主存部分图中没有画出，可以参考第2章中的图2-34。

程序员可见的寄存器可以被称为可见寄存器或者逻辑寄存器，而为了重命名而设立的内部的私有寄存器不对程序员开放，可以称为私有寄存器或者物理寄存器。我们统一用可见寄存器和私有寄存器来称呼它俩。用来记录“哪个可见寄存器被映射到了哪个私有寄存器”的表我们称之为**寄存器别名表**（Register Alias Table，RAT），俗称寄存器重命名映射表。

下面我们来一步步分析一个由6条指令组成的程序的执行过程，从而体会乱序执行。

第0周期：如图4-48所示，在第0周期，PC寄存器的值被设定为从蓝色指令所在的指令存储器地址开始取指令，取出的指令被送往指令队列前端等待。指令队列也是一堆寄存器的组合，其本身也是触发器，所以在下一个时钟边沿到来之前，取出的蓝色指令不会被锁存进去。

第1周期：如图4-49所示。在这个周期刚开始的边沿时，蓝色指令被锁入指令队列，指令队列中最排头的指令的信号被输送到指令译码器开始译码，并将译码结果送往译码后的控制信号队列前端等待。与此同时，棕色指令开始被从指令存储器中取出并送往指令队列前端等待。也就是说，第1个周期内，蓝色指令被译码，棕色指令被取指。

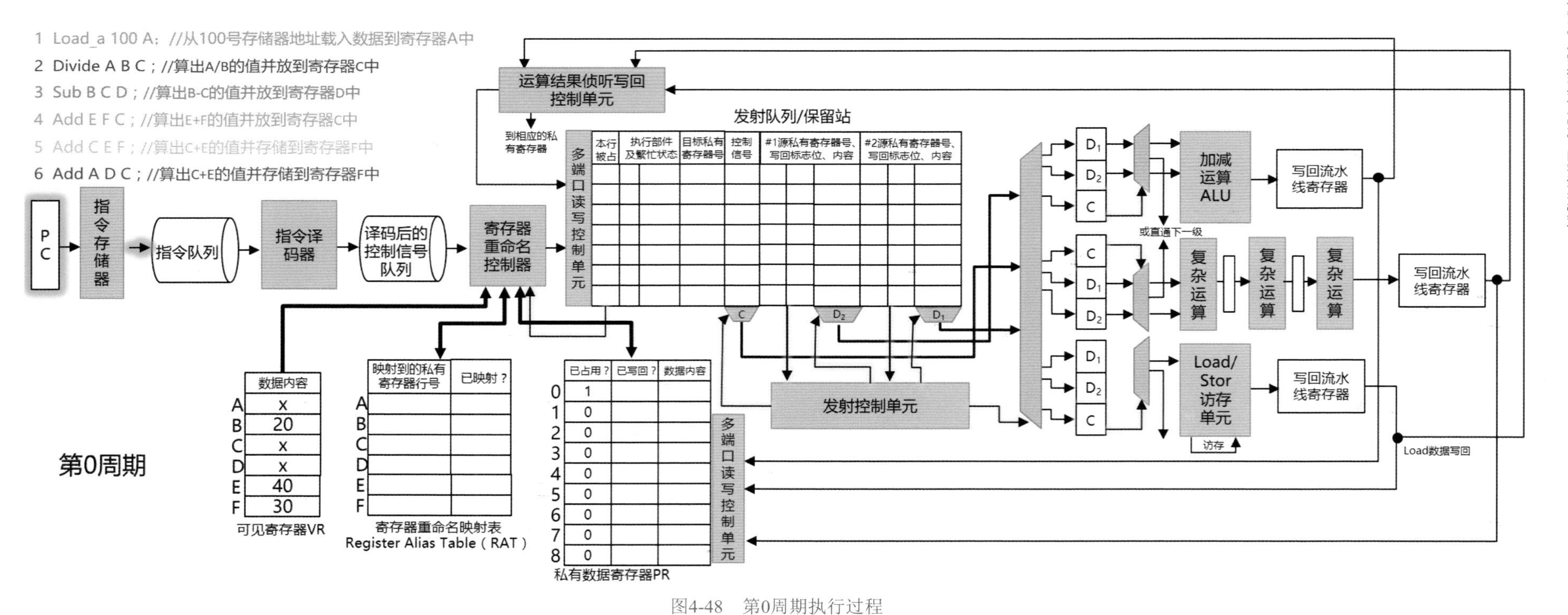

图4-48　第0周期执行过程

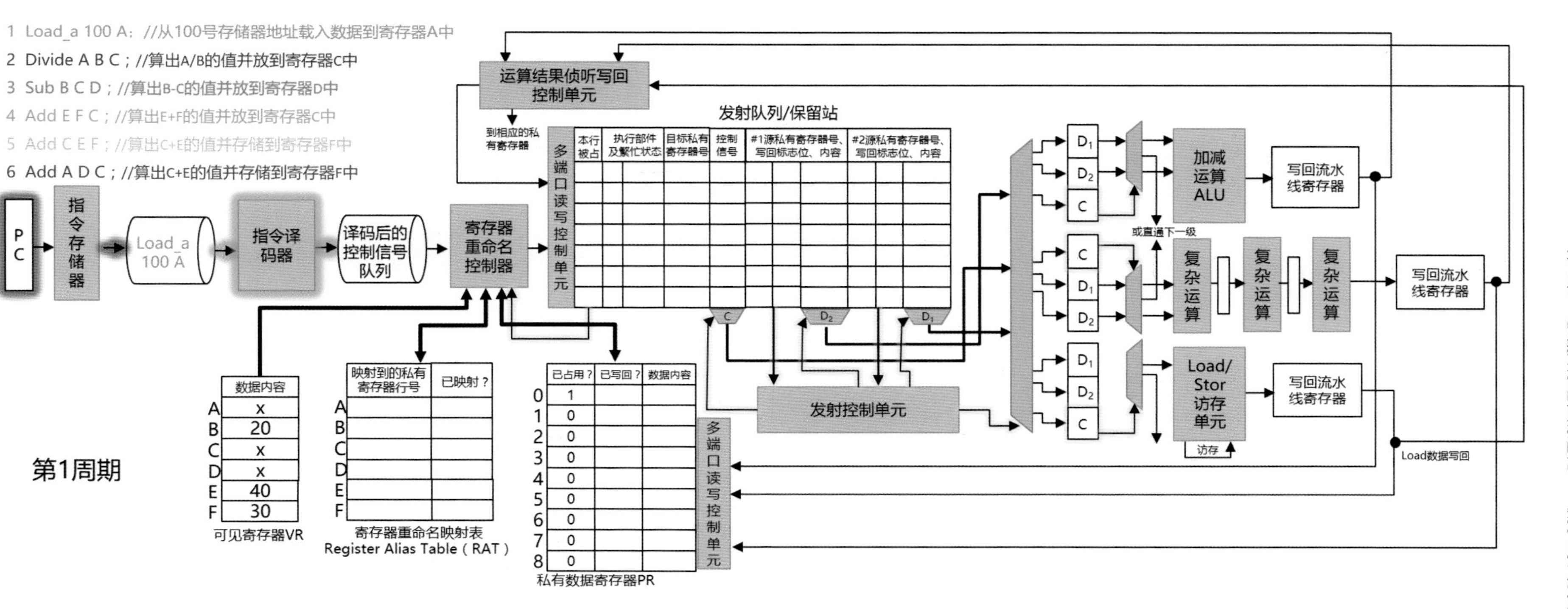

图4-49　第1周期执行过程

第2周期：如图4-50所示。在这个周期的边沿时，绿色指令被取指，棕色指令被译码，同时蓝色指令被寄存器重命名以及读操作数到保留站。Load_a 100 A的目标寄存器是寄存器A，其被重命名到私有寄存器#0也就是第0行，所以在RAT表中填入这个行号，并在记录是否已映射的列中置1，从而表示寄存器A已经被映射到私有寄存器0。RAT表中的每一行是按照可见寄存器一一对应的。由于Load_a指令此时还没有执行完，结果尚未拿到，所以需要在私有寄存器的第0行的“已写回”这一列置0以表示结果尚未拿到。同时，重命名控制单元还需要将该指令写入到保留站中，并将对应的每个字段填充为相应的值，比如结果拿到后应当写入目标寄存器（私有寄存器#0），并且将已经准备好的操作数写入到保留站中对应的字段中。比如Load_a 100 A这个指令，100这个操作数已经包含在指令中，所以天然就准备好了；而Load_a指令只有一个源操作数，不需要第二个源操作数，所以保留站中对应的行中用于记录两个操作数“已写回”状态的状态位都被置1，以表明该指令可以被立即执行。当然，上述的这一切的判断逻辑，都需要由寄存器重命名控制单元来判断并给出结果，在第2周期里，这些结果会被分别送往RAT表、私有寄存器、保留站中，但是这些结果会在第3周期的边沿时才会被锁入，所以图4-50中看不到这些结果，可以观察图4-51所示的第3周期状态图直观地看到这些值。

第3周期：如图4-51所示。在本周期的边沿时，粉色指令被取指，绿色指令被译码，同时棕色指令被寄存器重命名和读操作数入保留站，目标可见寄存器C被重命名重定向重映射到私有寄存器#1。与此同时蓝色指令由于操作数都已经准备好了，所以被发射控制单元读出保留站并发射到LSU单元的前端等待执行，同时删掉保留站中的蓝色指令对应的行（将“已占用”字段置0即可，注意，这个动作的结果是在下一个时钟周期的边沿才会被锁入到保留站中，如图4-51所示）。发射控制单元就像一个调度员一样，它根据保留站中所有记录纵观全局，决定哪条指令可以发射（两个操作数“已写回”状态位同时为1）、发射到哪个执行单元，并且还需要负责向保留站中对应的位置更新对应执行单元的繁忙状态，如果某条指令被调度到某个执行单元执行，那么发射控制单元需要将该单元的繁忙标志位置1，当结果写回后，则再将该位置0。图中的“x”表示该字段的内容无效。

第4周期：如图4-52所示。在本周期边沿时，黄色指令被取指，粉色指令被译码，绿色指令被寄存器重命名和读操作数（目标可见寄存器D被映射到私有寄存器#2），同时棕色指令在上一个周期被重命名单元准备好的各个状态和数据字段被锁入保留站，变得对调度员（发射控制单元）可见，进入调度。但是由于棕色Divide A B C指令的其中一个源操作数A没有准备好（其已经被重映射到私有寄存器#0，而#0此时尚未被写回），发生了RAW数据真相关，所以发射单元在本周期内无事可做，会将下游的寄存器的WE信号封闭从而维持它们的上一个状态不变。在本周期内，之前被调度到LSU前端的Load_a指令被锁入LSU前端的寄存器，信号被输送到LSU单元，于是LSU单元开始访问存储器（L1缓存及其下游访存路径）。

第5周期：如图4-53所示。在本周期的边沿，紫色指令被取指，黄色指令被译码，粉色指令被寄存器重命名并读操作数，可以发现，寄存器E和F属于源操作数，不需要被重命名，之前也没有任何其他指令将E或者F重命名到其他寄存器，所以E和F寄存器会被视为“已写回”状态，也就是数据已经准备好。同时，粉色指令使用了寄存器C当作目标寄存器，与棕色指令发生了WAW伪相关，与绿色指令发生了WAR伪相关，所以寄存器重命名单元一看之前有人重命名过C，而且结果尚未写回，现在又有人要用C来作为目标存储位置，所以判断其属于WAW伪相关，从而再次将可见寄存器C映射到私有寄存器#1。而C之前的映射位置#1依然有效，只不过仅仅变为了棕色指令结果的暂存地，从现在开始，后续指令看到的寄存器C实际上是私有寄存器#3了。请注意，上述对粉色指令的重命名结果会体现在下一个周期的寄存器内。在这个周期内绿色与棕色指令同时接受调度，但是由于它们俩的操作数都没有完全准备好，绿色指令与棕色指令在寄存器C上发生了RAW数据真相关，所以调度员依然无事可做，所有执行单元全部闲置，但是没有办法。同时，在本周期内，与慢速的访存路径打交道的LSU成功地将蓝色指令的结果读出并输送到结果写回寄存器，但是还没有被锁入。

第6周期：如图4-54所示。在本周期边沿，紫色指令被锁入指令队列并被译码，黄色指令被锁入译码后的控制信号队列并被寄存器重命名和读操作数入保留站，黄色指令的源寄存器C与粉色指令的目标寄存器C发生了RAW真相关，同时目标寄存器F被重映射到私有寄存器#4。同时上一步处理完毕的粉色指令的保留站各个数据项被锁入保留站并参与调度。发射单元判断出粉色指令的两个操作数都已经准备好，所以将其发射到sALU前端等待执行，同时删掉保留站中粉色指令的条目，实现了超车提前执行。同时，Load_a指令的结果被锁入写回寄存器并输送数据到私有寄存器和结果侦听控制单元，侦听控制单元发现保留站中正有条目等待着这个结果，所以将该结果写入

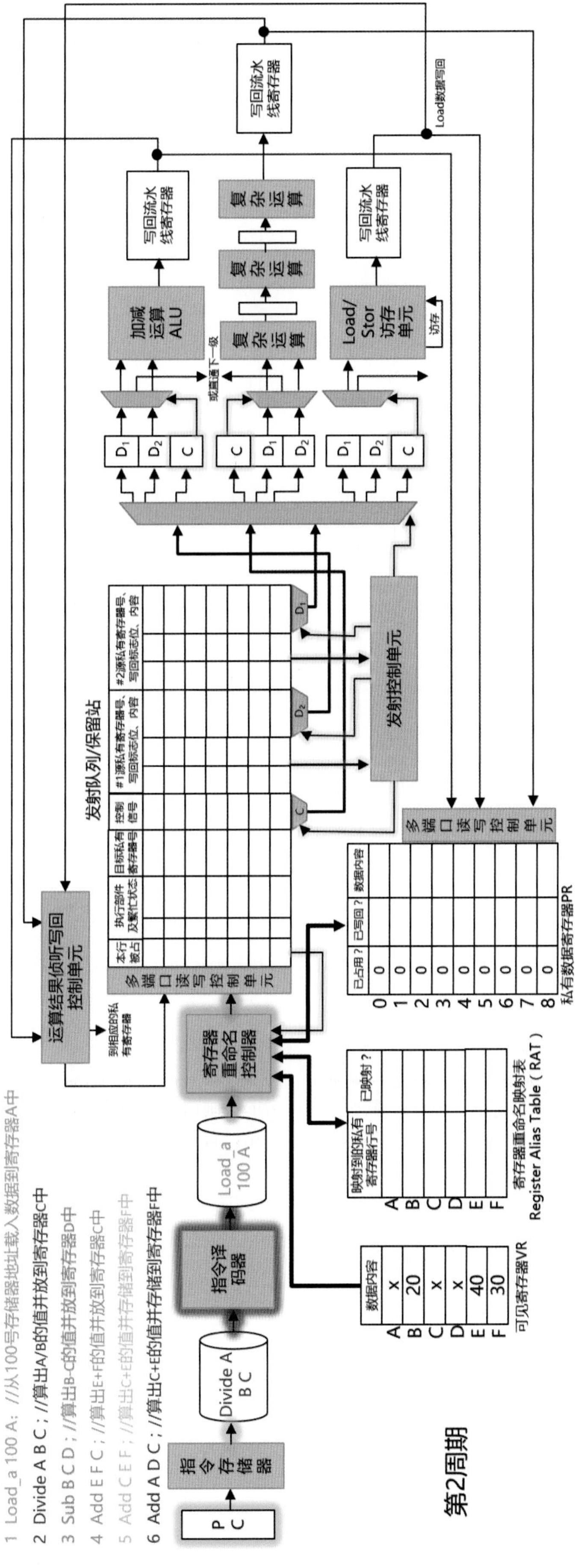

图4-50　第2周期执行过程

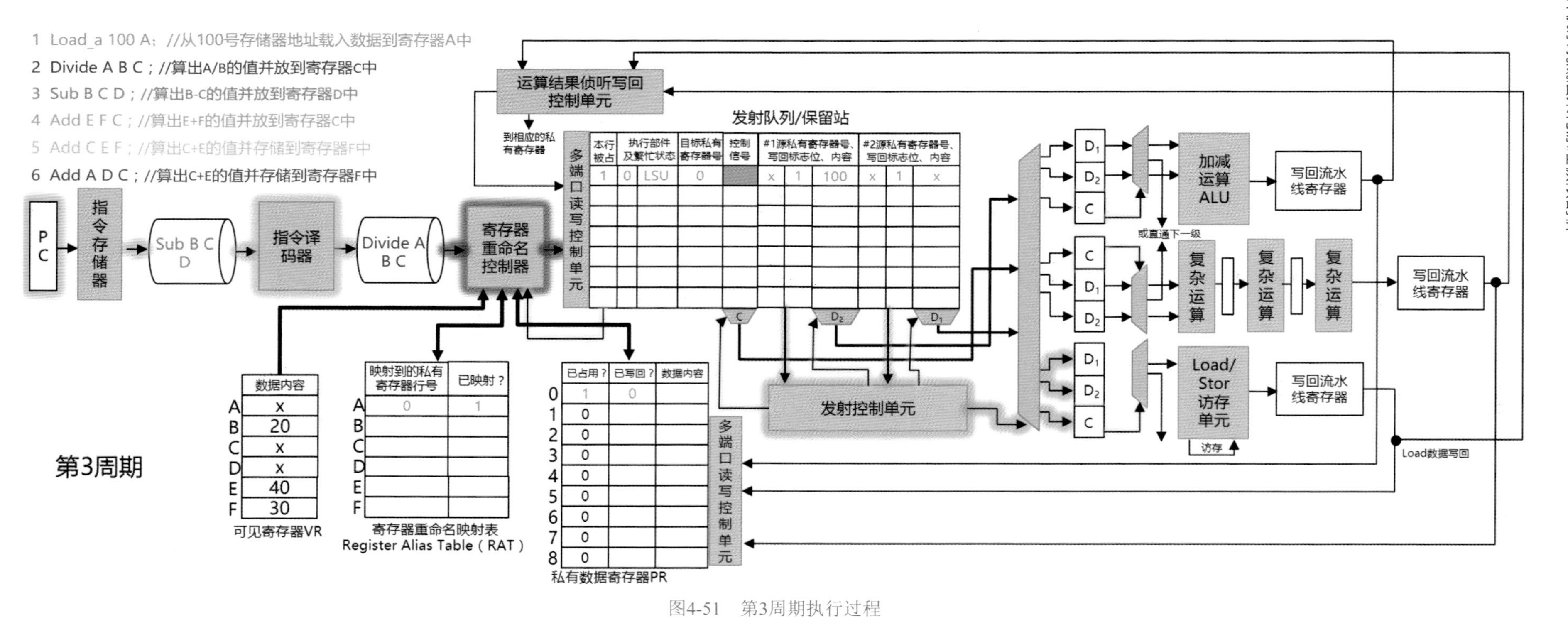

图4-51 第3周期执行过程

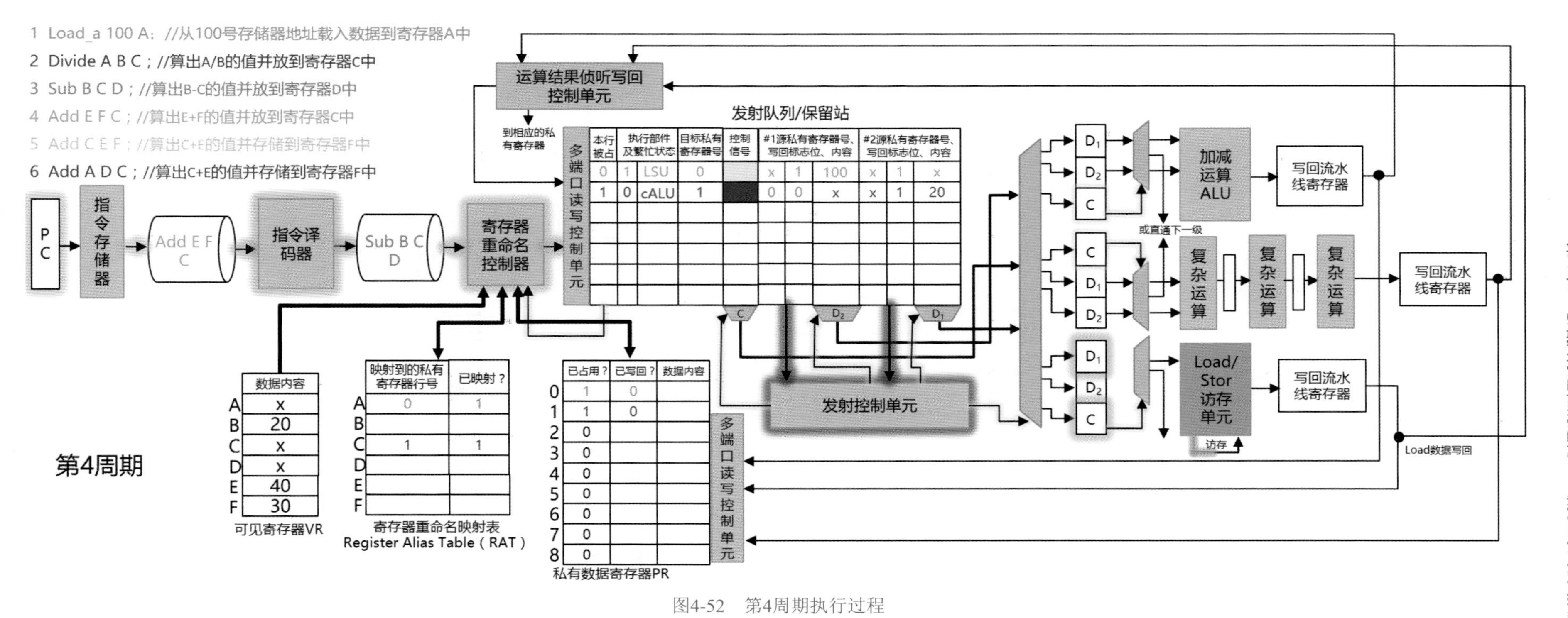

图4-52　第4周期执行过程

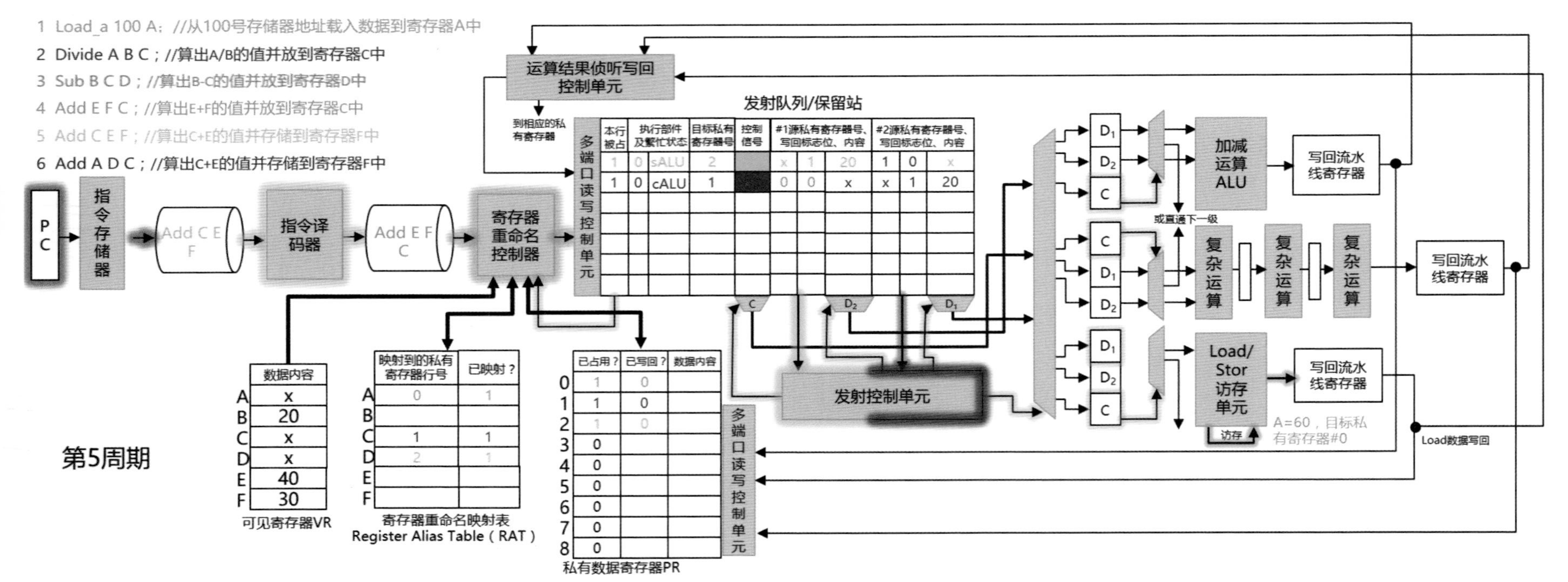

图4-53　第5周期执行过程

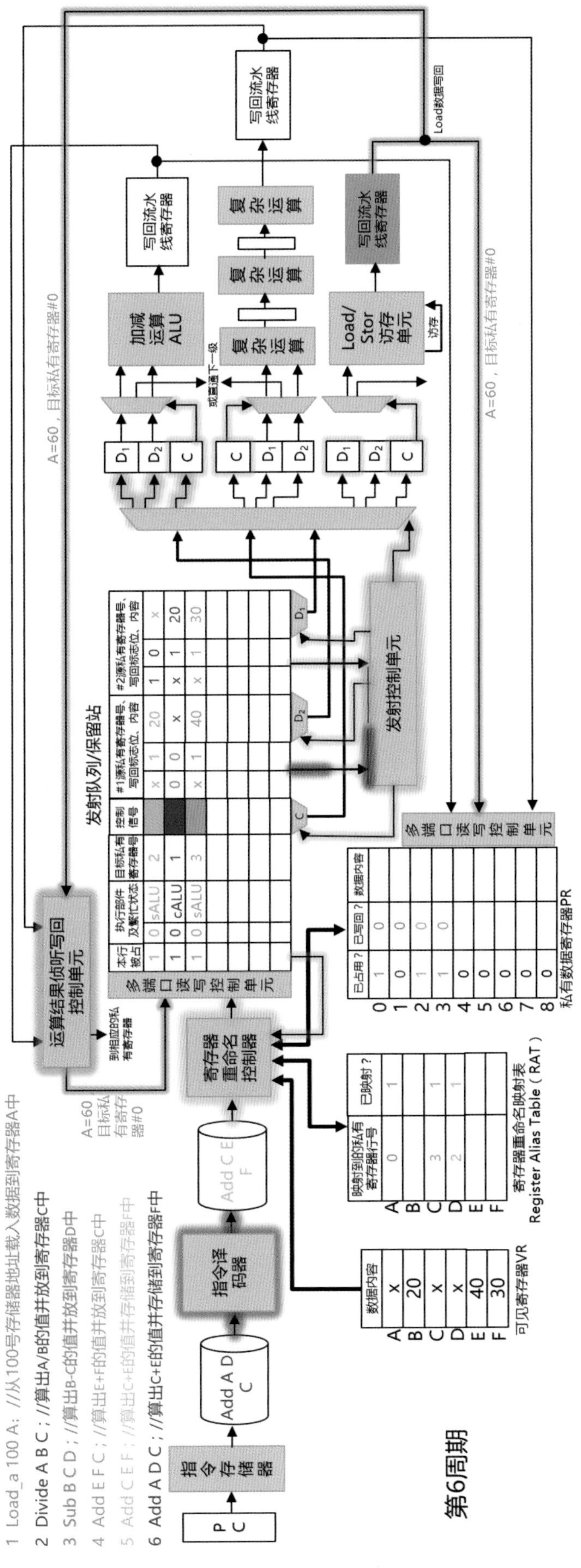

图4-54　第6周期执行过程

到对应的字段中，同时还需要更新对应字段的“已写回”状态位为1，表示结果已经到达。请注意，这个写入操作会在下一个时钟周期才被锁入到保留站对应字段中。

第7周期： 如图4-55所示。在本周期的边沿，由于没有其他指令，PC寄存器不再自增（其实应该加一条Halt指令将PC的WE封闭，本例中忽略此处）。紫色指令被寄存器重命名和读操作数，紫色指令的目标寄存器为C，而C此时已经被映射到私有寄存器#3，此处发生了WAW伪相关，所以再次把C映射到私有寄存器#5，之前的#1、#3都仅仅作为棕色、粉色指令的结果暂存地。从现在开始，后续指令看到的寄存器C其实是私有寄存器#5了，请注意，上述结果会在下一个周期才会被锁入RAT以及保留站的对应字段中。在本周期内，Load_a指令的结果被写入到保留站以及私有寄存器中的对应字段保存，同时，棕色指令的对应字段的“已写回”状态位被置1，满足了发射条件，于是发射控制单元将其发射到cALU前端等待执行，同时删除保留站中棕色的条目。本周期内，粉色指令对应的数据和控制信号被锁入sALU前端寄存器，开始被sALU运算并输出结果到写回寄存器前端等待。

第8周期： 如图4-56所示。在本周期边沿，粉色指令的结果被输送到结果侦听控制单元和私有寄存器前端，会在下一个时钟周期被锁入。同时，棕色指令的数据和控制信号被锁入cALU前端寄存器开始运算，结果被输送到复杂运算路径的下一级寄存器前端。在本周期内，保留站中没有符合发射条件的指令，可以看到绿色指令依赖棕色指令的输出结果，紫色指令又依赖绿色指令的输出结果，而黄色指令则依赖粉色指令的输出结果，不过，粉色指令的结果马上就到了，下一个周期，黄色指令会得到发射。

第9周期： 如图4-57所示。在本周期边沿，棕色指令第一步运算的结果被锁入中间寄存器，并输送到第二步的运算逻辑进行运算，然后将结果输送到下一级中间寄存器前端等待。同时，黄色指令所依赖的粉色指令的执行结果在本周期内被锁入保留站对应字段，满足了发射条件，发射单元将黄色指令发射到sALU前端寄存器等待执行，并删掉保留站中的黄色指令条目。同时，由于私有寄存器#3目前仅仅作为粉色指令的结果暂存，而现在结果已经存入了保留站，RAT表以及保留站中没有任何可见寄存器被指向私有寄存器#3或者引用/依赖着私有寄存器#3，其使命完成了，所以会被删掉。

第10周期： 如图4-58所示。本周期边沿时，黄色指令的数据和控制信号被锁入sALU前端寄存器并输送到sALU执行运算；同时，棕色指令的中间结果被锁入最后一级运算寄存器并输送到最后一级运算逻辑进行运算，再将结果输送到最终的写回寄存器前端等待。由于绿色指令依赖棕色指令结果，紫色指令依赖绿色指令结果，所以此时保留站中没有任何指令符合发射条件，发射单元无事可做。

第11周期： 如图4-59所示。在本周期边沿时，棕色指令的结果与黄色指令的结果同时被输送回来，结果侦听单元分别将他俩写入到对应字段。绿色指令的依赖数据终于拿到了，所以下一个周期内，绿色指令将被发射。

第12周期： 如图4-60所示。本周期边沿时，棕色和黄色指令的执行结果各自被锁入对应字段。绿色指令满足了发射条件，被发射单元发射到sALU前端等待执行，并删掉保留站中绿色指令的条目。同时，私有寄存器#1中的数据之前似乎仅供棕色指令暂存结果用，而此时结果已经存回，并且依赖此结果的其他指令也已被发射，对应的条目被删除，所以RAT表和保留站中已经没有任何条目再引用该寄存器，可以被回收，也就是在私有寄存器中#1条目中的“已占用”字段置0。而私有寄存器#4不能被清除，因为RAT表中此时正有可见寄存器F被映射到了私有寄存器#4。

第13周期： 如图4-61所示。本周期边沿时，绿色指令的数据和控制信号被锁入sALU的前端寄存器并输送到sALU运算逻辑开始运算，再将结果输送到写回寄存器前端等待。保留站中只存有一条紫色指令，由于其依赖绿色指令的结果，所以无法被发射。

第14周期： 如图4-62所示。本周期边沿时，绿色指令执行结果被锁入写回寄存器，然后输送到结果侦听单元，从而准备写入保留站和私有寄存器对应字段。

第15周期： 如图4-63所示。本周期边沿时，绿色指令的执行结果被锁入保留站和私有寄存器对应字段。紫色指令满足了发射条件，从而被发射控制单元发射到sALU的前端等待执行。

第16周期： 如图4-64所示。本周期边沿时，紫色指令的数据和控制信号被锁入到sALU前端的寄存器，从而被输送到sALU运算逻辑进行运算并将结果输送到写回寄存器的前端等待。此时保留站中已经没有任何指令。

第17周期： 如图4-65所示。本周期边沿时，紫色指令的执行结果被锁入写回寄存器，并输送到结果侦听单元和私有寄存器前端等待被写入。

第18周期： 如图4-66所示。本周期边沿时，紫色指令的执行结果被写入到私有寄存器的对应字段。整个过程完成。

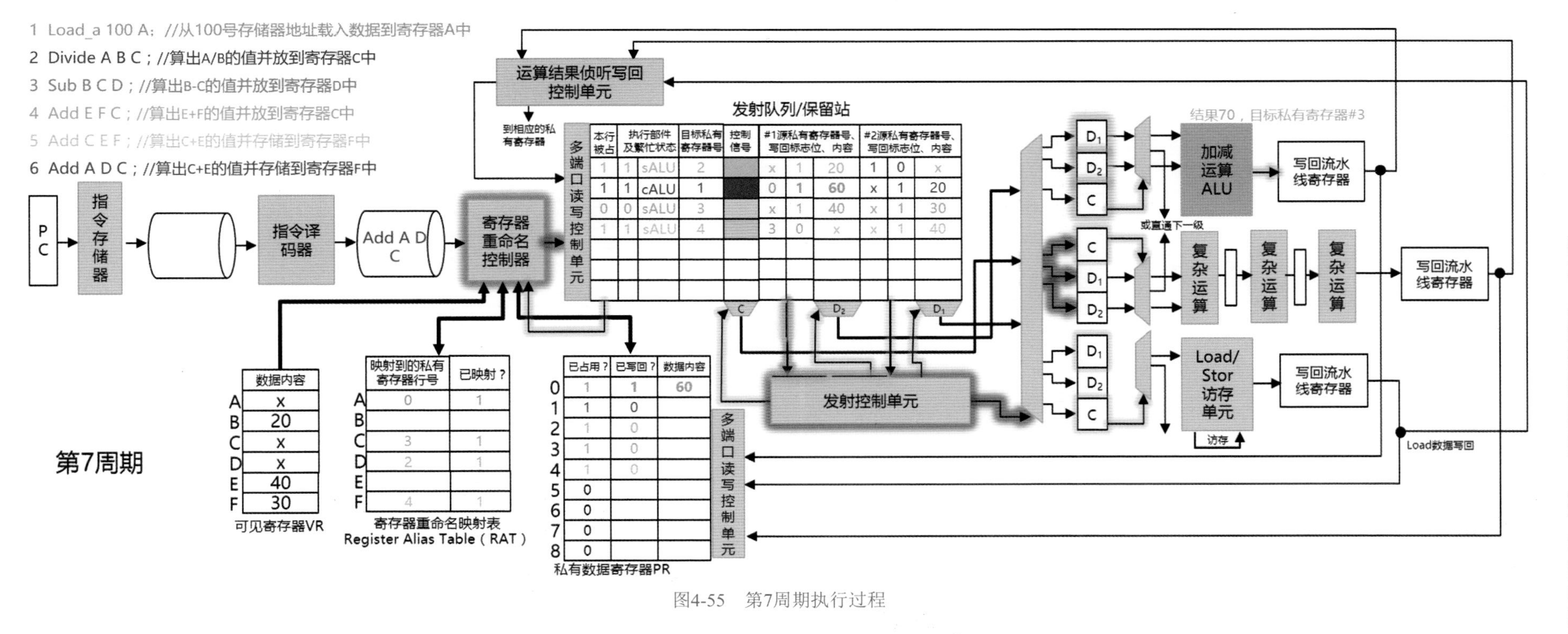

图4-55　第7周期执行过程

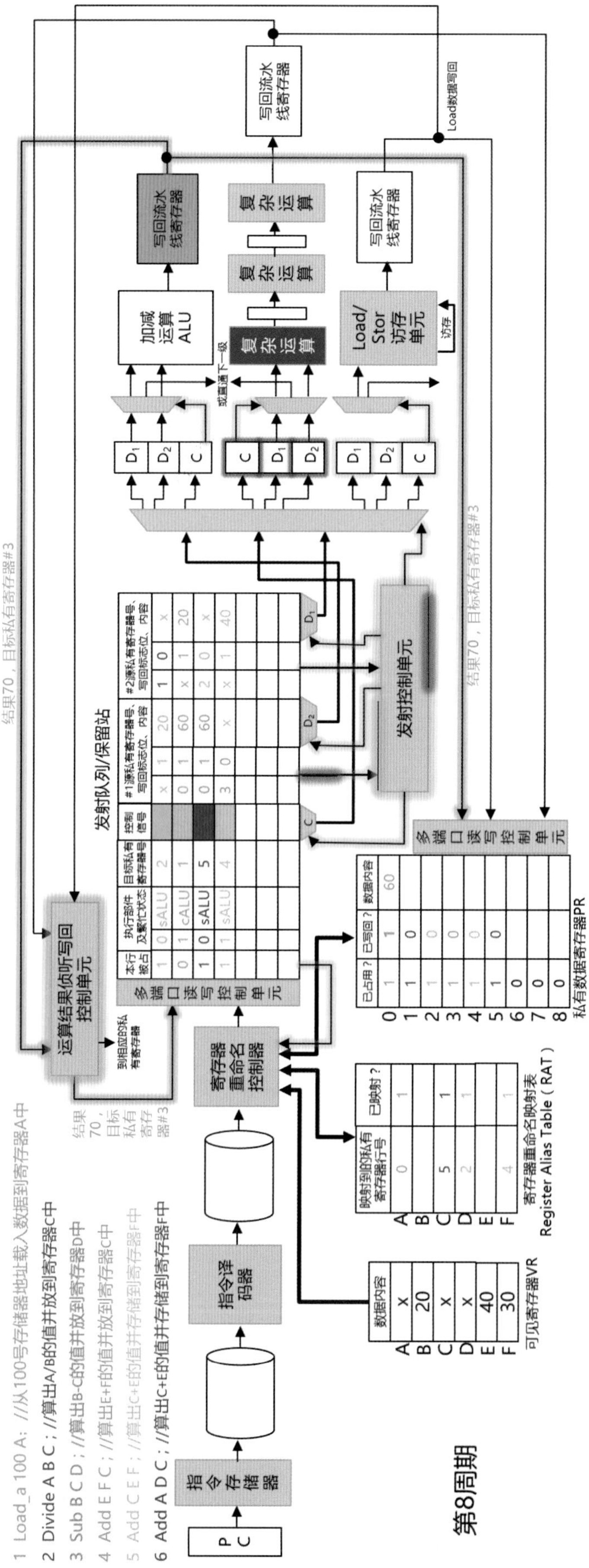
第8周期
1 Load_a 100 A; //从100号存储器地址载入数据到寄存器A中
2 Divide A B C; //算出A/B的值并放到寄存器C中
3 Sub B C D; //算出B-C的值并放到寄存器D中
4 Add E F C; //算出E+F的值并放到寄存器C中
5 Add C E F; //算出C+E的值并存储到寄存器F中
6 Add A D C; //算出C+E的值并存储到寄存器F中
PC
指令存储器
指令译码器
寄存器重命名控制器
运算结果侦听写回控制单元
发射队列/保留站
发射控制单元
多端口读写控制单元
加减运算ALU
复杂运算
Load/Stor访存单元
写回流水线寄存器
结果70，目标私有寄存器#3
Load数据写回
可见寄存器VR
寄存器重命名映射表 Register Alias Table (RAT)
私有数据寄存器PR

图4-56　第8周期执行过程

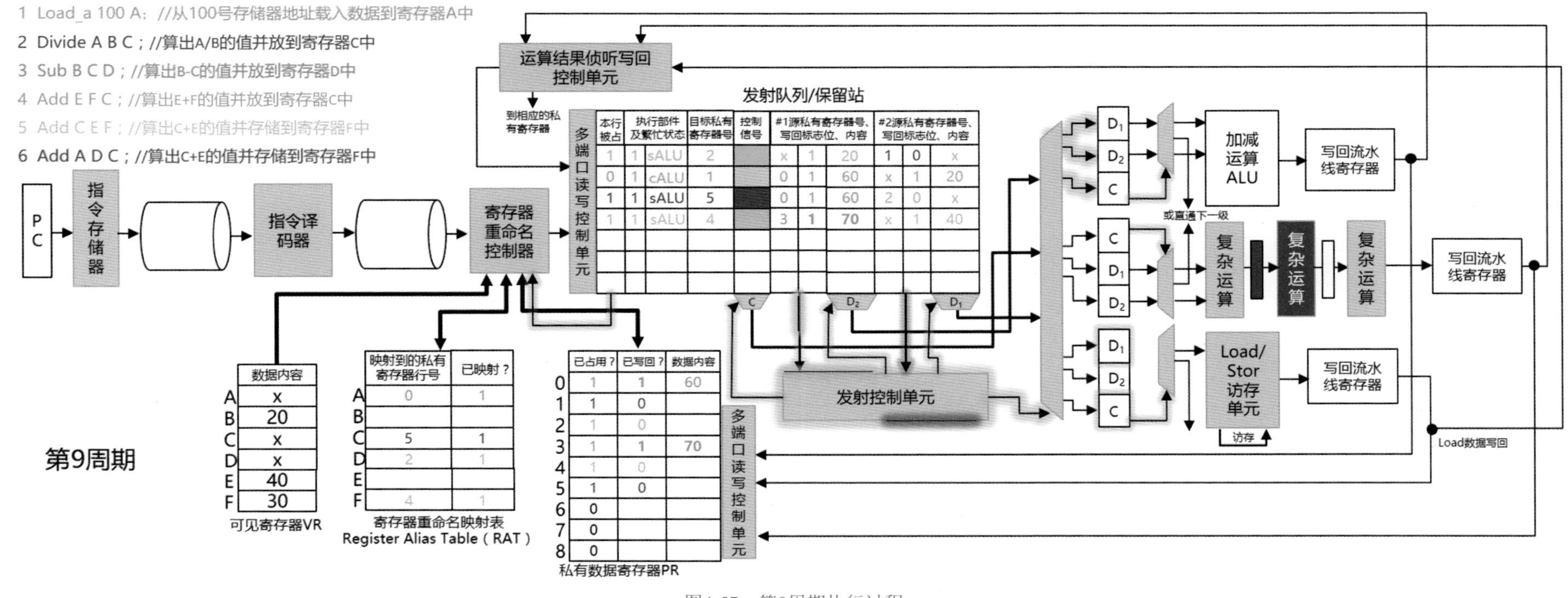

图4-57　第9周期执行过程

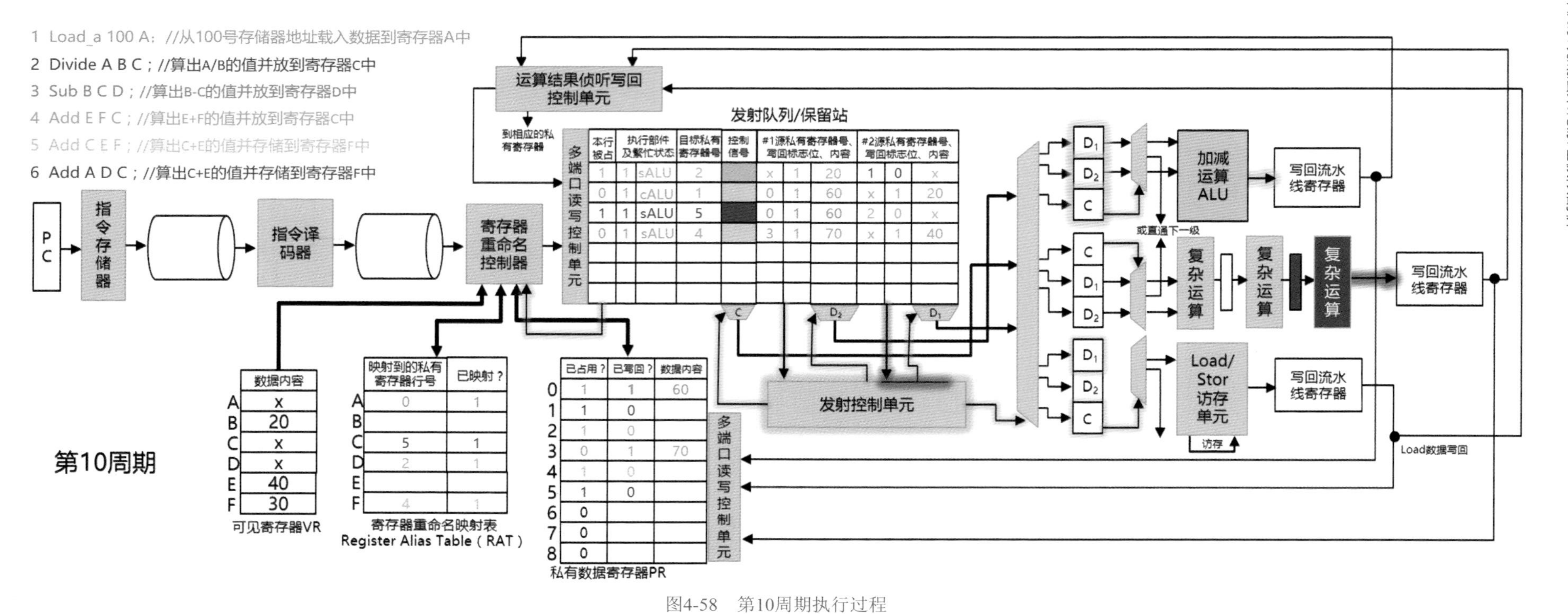

图4-58 第10周期执行过程

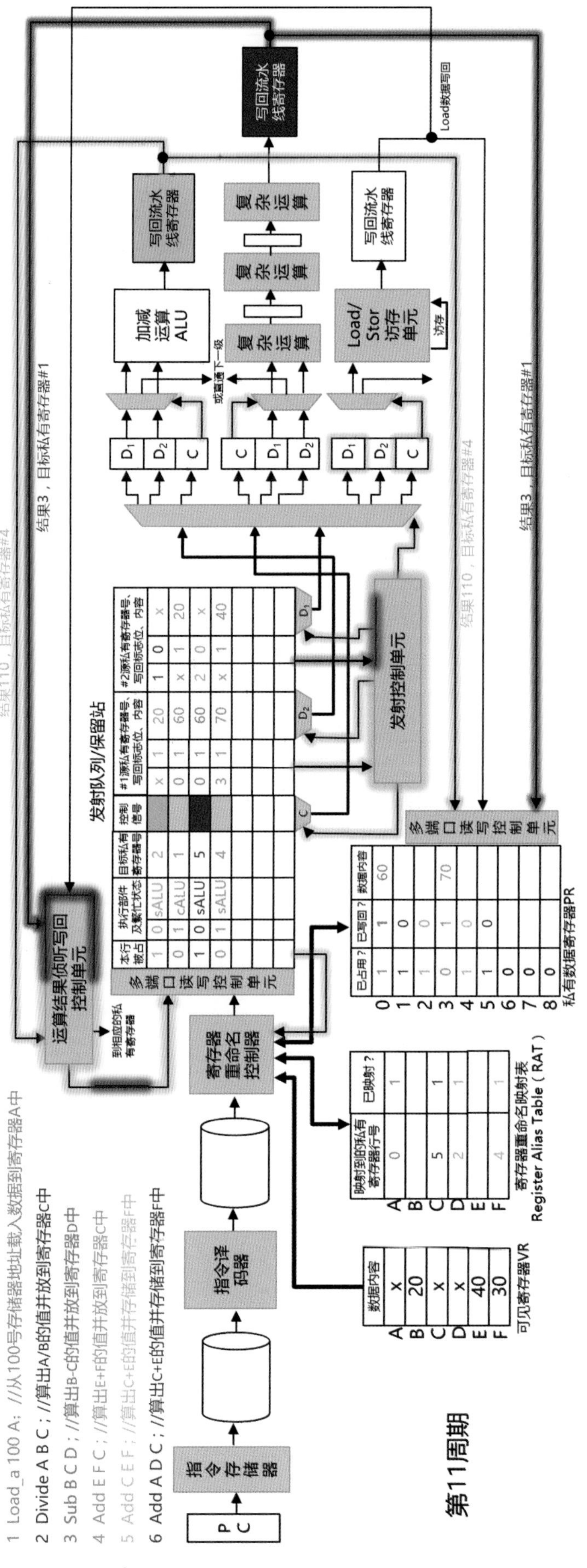

图4-59　第11周期执行过程

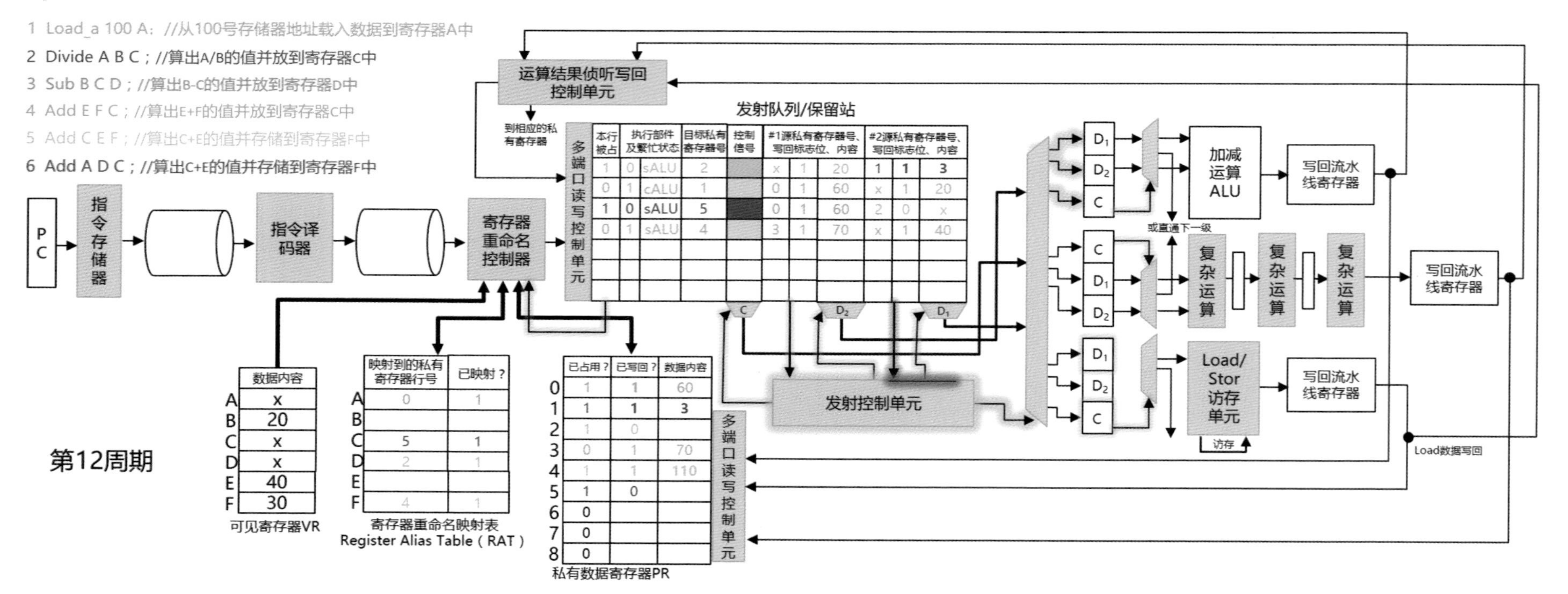

图4-60　第12周期执行过程

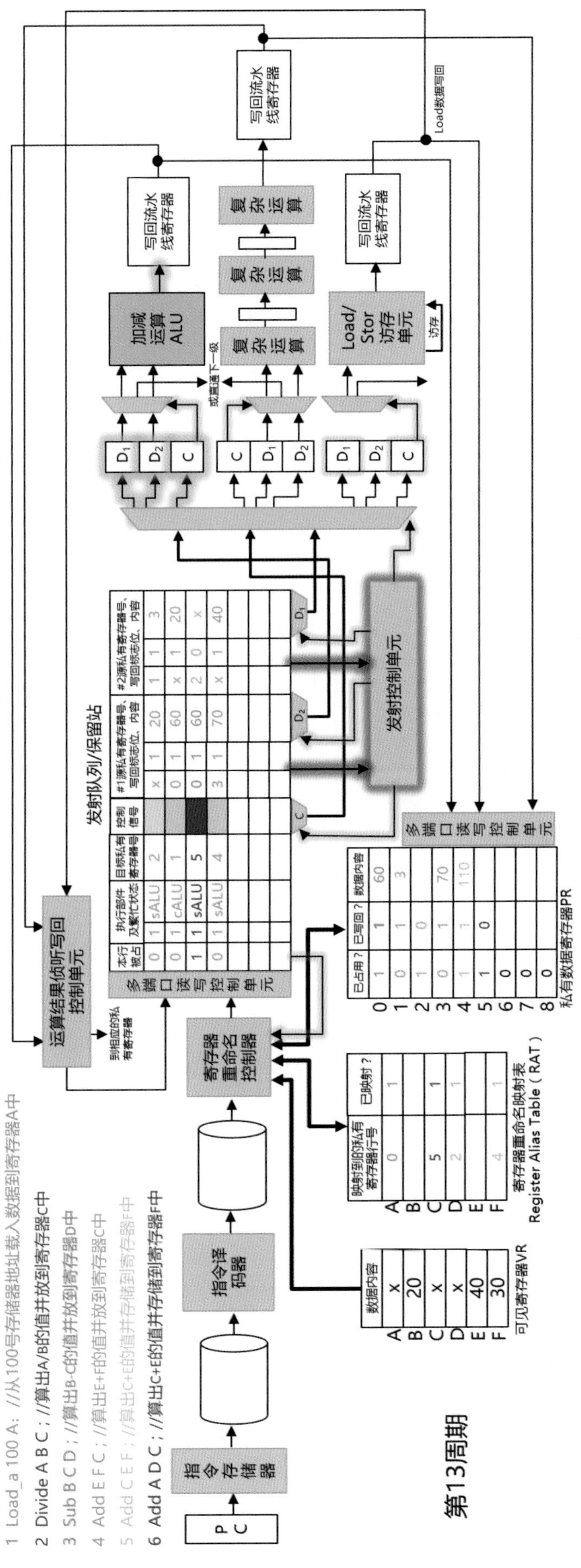

图4-61　第13周期执行过程

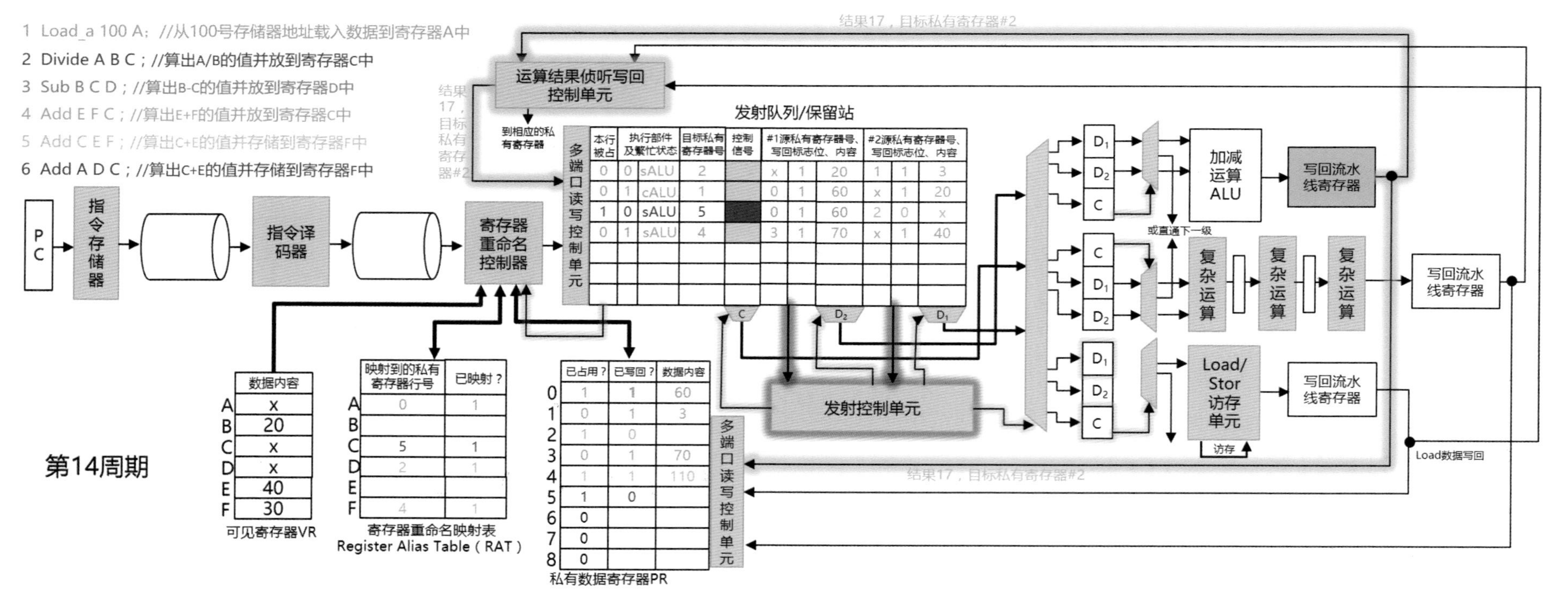

图4-62　第14周期执行过程

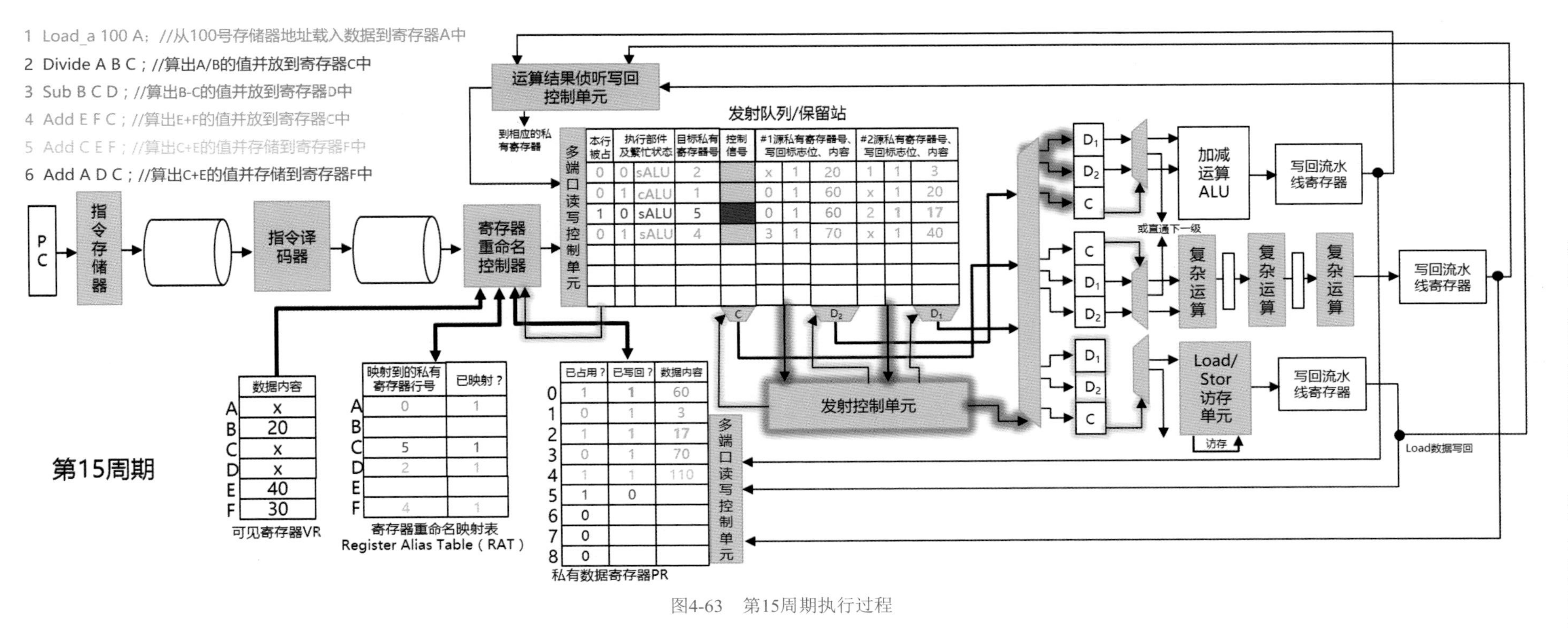

图4-63　第15周期执行过程

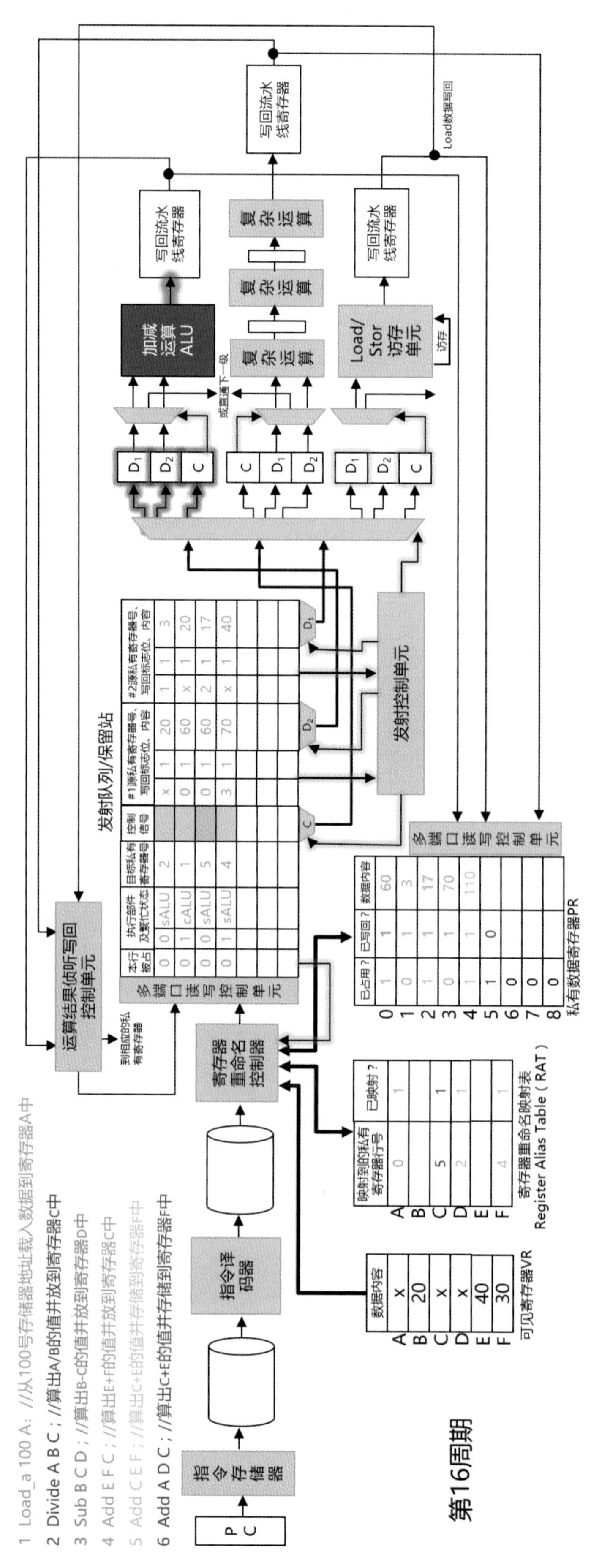

图4-64　第16周期执行过程

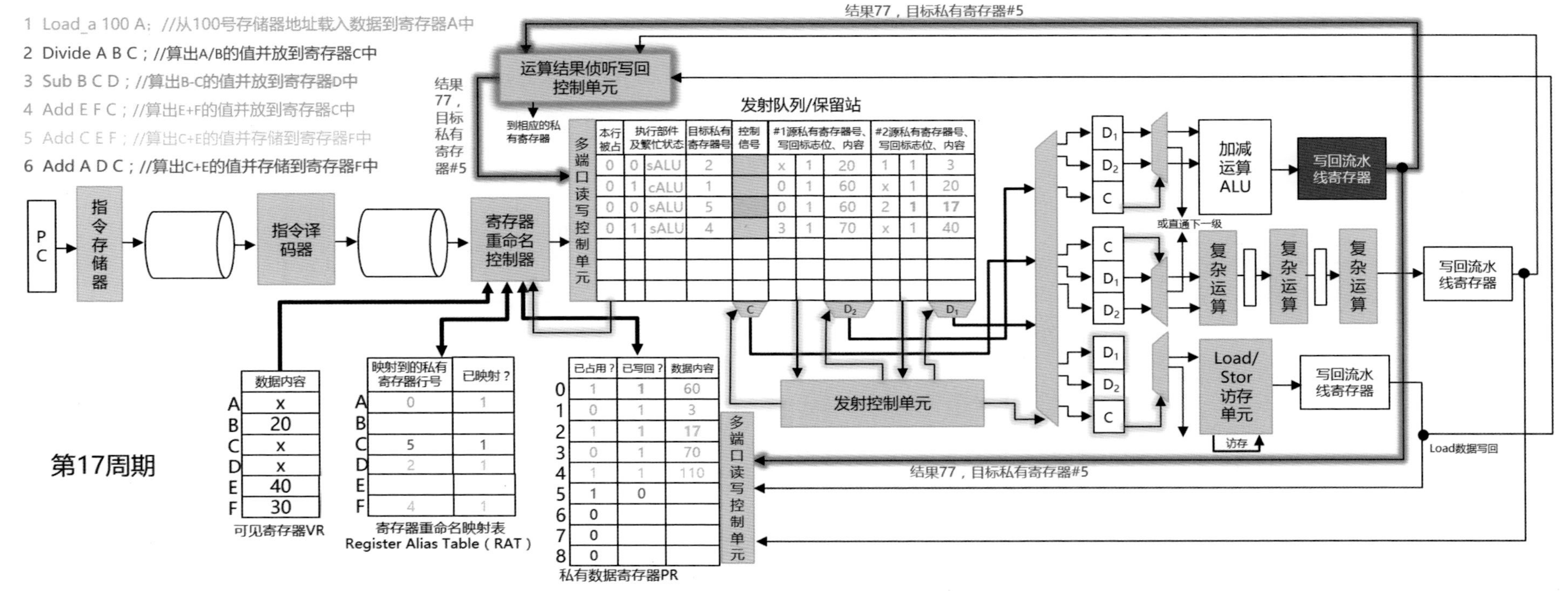

图4-65　第17周期执行过程

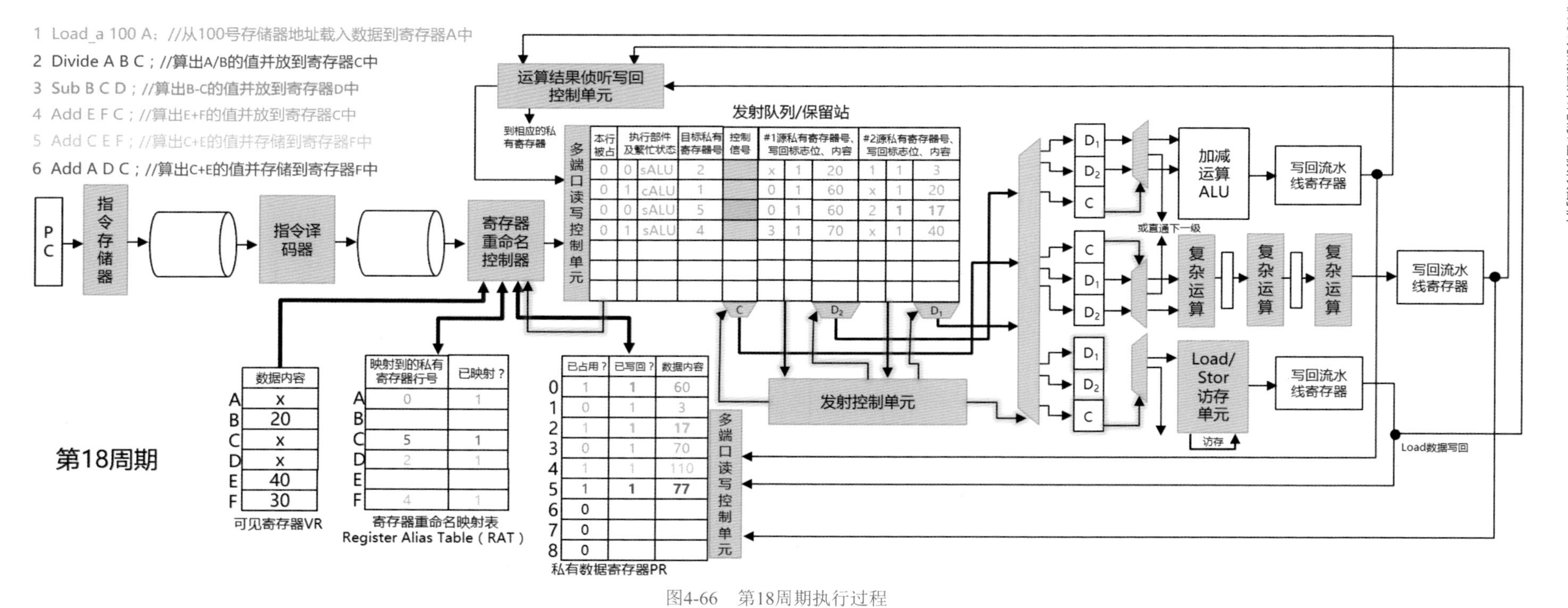

图4-66　第18周期执行过程

在看完了这整个流程之后，大家可以迅速浏览一下这19张图，冥想一下数据和控制信号并行地从流水线左侧一步步流动到右侧的过程。冬瓜哥告诉你个办法，用相机把这19张图拍照下来，然后在电脑上快速翻页，你就会看到不同颜色的指令的并行流动效果，边看边思考，你或许可以更深刻地理解整个过程。

4.4.4 重排序缓冲与指令顺序提交

现在来思考一个问题，所谓“程序”，就是顺序执行的指令，程序就像一出戏剧，哪个角色在什么时候说什么话，谁先说谁后说，有些必须得按照顺序。如果本来的顺序是“吃了么？”“吃了，你呢？”，而顺序如果颠倒，就成了“吃了，你呢？”“吃了么？”，逻辑错乱了。很显然，这两句话之间是有真相关性的。而如果是这样两句自言自语的话——“今天天气还挺好”“我有点饿了”，那么其间就根本没有相关性，先说哪一句都可以。所以Add A B C和Sub E F G这两条指令毫无瓜葛，各干各的，谁先干都可以，但是Add C G D指令就不能被提到上面这两条的前面执行。那么，程序的乱序执行，对于使用它的人来讲，感官上又会不会产生潜在的差异呢？可以断言的是，如果是数据处理/运算类程序，人们只是需要一个最终结果，对于中间结果谁先于谁短暂出现根本察觉不到；那么，对于接受键盘输入然后向屏幕上输出键盘打出的对应字符的程序，字符在屏幕上出现则必须按照键盘输入的顺序来，虽然你可以迅速敲击键盘瞬间产生多个键码信号，但是程序却绝对不能够将后敲入的字符先显示出来，比如“我打字”不能被输出为“字打我”。在下一章中你会看到这类多媒体程序底层的执行机制。那么，一边打字一边听音乐，这两件事总可以乱序执行了吧？是的，你先敲击了一个键，但是程序却先输出了声音而后才来处理键盘敲击，但是这丝毫不影响感官，因为CPU的处理速度非常快，除非你拥有一副合金眼能够察觉到这个乱序，就算察觉了你也不会觉得怪异。但是如果程序是这种行为：每次显示一个字符后就发出一个声响，此时就最好按照顺序来，先出现字，后发声。如果不让其产生相关性而可以任意乱序地发声的话，那么感官上就会产生比较怪异的感觉，比如一会先发声后出字，一会又先出字后发声，虽然在一段时间内出的字的个数和发声个数总量是一样的，但是这个过程确认人们产生了怪异的感觉。

再者，有很多时候，程序员需要对程序进行调试。比如，先中断整个机器的运行，也就是通过一个外加信号强行Halt，强行封闭所有寄存器的WE信号，这样整个机器将不会受到时钟信号的控制，所有寄存器维持上一个状态不变，然后程序员将这些寄存器中的内容读出来，进行分析，从而知道当前程序运行到了哪一步，可能的问题在哪。然而，由于乱序执行的存在，程序员根本就不知道哪些指令被提前执行。而且由于私有寄存器的存在，已经完成的指令的结果被存储到了私有寄存器中，而可见寄存器中保存的依然还是程序运行初始时候的状态，程序员如果使用可见寄存器中的数值来作为分析依据，就会得出错误的结论，而私有寄存器中的结果，对程序员又是不可见的。

所以需要找到一种方法，永远让外界看到指令是顺序而不是乱序执行的，同时还必须将运算结果从私有寄存器中再提交到可见寄存器中，也就是解除重命名关系，让结果变得可见。还是拿A、B、C和D这4个同事去吃快餐的例子来讲，不过这次这4个人需要等待别人吃完后空出来的座位。假设他们之间有个约定，也就是他们离开快餐店时要按照与当初进入时相同的顺序来，谁先进入的谁就先离开。于是他们排成队进入快餐店，A走在最前面，碰到一个空位于是A先坐下吃，B/C/D三个人进入保留站等待空位，稍后，他们仨各自找到了一个空位吃了起来。总有个磨叽的，A边吃边玩手机，吃得很慢；D先吃完了，但是他不能走，因为必须A先离开，B/C/D才能离开。那么D既然吃完了，就不能再继续占着桌子干等，要空出这个位置给他人用，然后找个地方待着去，等ABC都吃完了，他们再按照顺序，A排在最前，走出餐厅。

那么，要让指令们也按照这种方式进入、退出流水线的话，我们就需要为那些超前执行完毕的指令找一个等候处，这个等候处取名为重排序缓冲区/队列，Reorder Buffer（ROB）或者Reorder Queue（ROQ），其本质上就是若干行寄存器形成的一个FIFO队列，这里可以返回去回顾一下第1章关于FIFO队列的介绍。指令的执行结果、操作码先被写入到ROB中，当然，得按照顺序，比如假设指令进入流水线时顺序为A->B->C->D，那么在FIFO中应该是这样的状态：A（未完成）->B（未完成）->C（未完成）->D（未完成）。此时FIFO队列的写指针指向D，读指针指向A。假设B已经执行完毕，则状态需要变为A（未完成）->B（已完成）->C（未完成）->D（未完成），当A执行完毕时，状态变为A（已完成）->B（已完成）->C（未完成）->D（未完成），此时，显然A和B已经符合了退出的条件。在每个时钟周期内，判断电路会读出FIFO队列头部，也就是最早进入的那条指令的完成状态做判断，如果是已完成状态，则符合了条件，电路应该将该指令的结果从私有寄存器搬移到可见寄存器中，并解除RAT中的映射关系，同时将FIFO的读指针加1，从而将指针指向下一条指令。本例中，A和B都已经完成，A的结果被体现到可见寄存器中之后，FIFO读指针加1后指向的就是B指令，而B指令已经处于已完成状态，所以在下一个时钟周期内电路也会按照相同方式处理B指令，并将读指针加1指向C指令。上述把指令结果从ROB写入到可见寄存器的过程，被称为指令的**提交**（Commit）过程，或者**退出**（Retire）。这一步也会作为流水线中的一步。

如图4-67所示，ROB本质上是一个环形队列，也就是新的条目不断地被写入，旧的不断删除，写入条目达到最后一行时，再有新条目就轮回来写第一行，这个过程在第1章中也有详细描述。向ROB中写入新的指令条目，则将对应的写指针加1；每次提交了队列头部的最早的指令，则将读指针加1。结果提交判断电路每次只能处理队列中最早的那条指令，因为如果这条指令不提交，后续指令就算已经出结果了，那也必须等待。

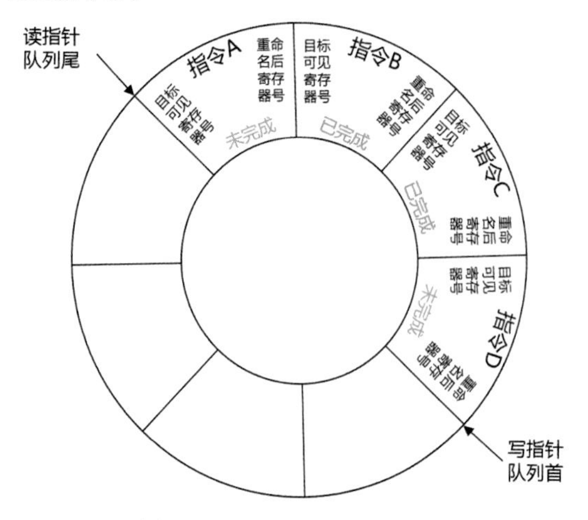

图4-67　ROB环形队列示意图

那么ROB中的指令条目应该由谁，在流水线的哪个阶段写入呢？答案是应该由寄存器重命名单元在流水线的寄存器重命名/读操作数/派发阶段，将派发到保留站的指令一并写入到ROB的尾部并将写指针加1，因为指令只有在寄存器重命名阶段及之前才是顺序流动的。寄存器重命名单元需要向ROB中写入指令操作码、指令的可见目标寄存器号以及被重命名之后的私有寄存器号，当指令的结果被写回到保留站和私有寄存器时，ROB监听对应的目标私有寄存器号并获知该信息，从而将对应的指令条目状态更新为已完成，为结果提交单元提供判断依据。指令提交单元如果发现队列头部的指令已经处于已完成状态，则根据其私有寄存器号和可见寄存器号，从对应的私有寄存器中读出数据并写入到可见寄存器中，完成提交动作。

指令执行结果的提交这一步也是流水线中的最后一步，到此为止我们所介绍的流水线步骤便为：取指和分支预测、译码、寄存器重命名和读操作数以及派发、动态乱序发射、执行或访存、写回到ROB、从ROB中顺序提交这几个流水线步骤。

至此我们了解了，为了不浪费被流水线空泡占据的那些缝隙，可以将后面的指令提前执行从而塞入这些原本应是空泡的周期，但是必须对这些指令做分析，哪些可以提前哪些不可以，以及不可以的那些是不是只是因为寄存器访问结构相关而不是真正的数据相关，如果是，则采用寄存器重命名去除相关性从而可以提前执行。利用保留站来暂存那些由于相关性依赖而被阻塞等待的指令，并将它们贴上标签来追踪它们所依赖的资源是否准备好，准备好之后就发射到执行部件执行。为了保证严格的程序执行顺序，所有执行完毕的结果暂时先不写到数据寄存器中，而是统一写到重排序缓存ROB中，按照指令的原先顺序提交结果到可见数据寄存器。这样，就实现了这样一个系统：指令进入的时候是按照原先顺序的，执行的时候是乱序的，指令执行完了体现效果的时候也是按照原先顺序体现的，在外界看来，不管里面怎样去优化和折腾，到了外面就像指令被一条条顺序执行一样，做到对外界透明。

数据前递、分支预测、动态调度/乱序执行这三大法宝同时发挥作用。其中分支预测模块和动态调度模块各自都包含各种相应的追踪表结构，非常复杂。如图4-68所示为将分支预测、乱序执行和顺序提交模块放在一起时的流水线总架构示意图。至于数据前递等控制信号由于绘图篇幅考虑就不在图中画出了。

提示 ▸▸▸

上文中出现的各种名词，比如“重排序缓冲”“跳转目标地址缓冲”“保留站”等等，不同的人、不同的CPU体系中可能会有不同的叫法，比如有的将ROB称为ROQ（重排序队列），有人将保留站称为发射队列，有人把跳转称为转移，有人把缓冲称为Cache。你要注意了，这些名词并不重要，重要的是它们在本质上是一样的，必须举一反三。

4.5　物理并行执行

到这里为止，前文中所示的电路模块每个时钟周期内只可以处理一条指令，取指令模块除外，因为取指令模块做的事情比较简单，它可以从指令存储器中一次性取出多条指令，只要数据总线的位宽足够宽就可以。但是后续的处理模块，比如译码模块、分支预测模块、寄存器重命名模块、发射控制模块和提交模块，每次都只处理一条指令。虽然上述这些模块同一时刻都在同时处理某条指令的某一小步，达到了多条指令并行执行，但是流水线每一小步内处理的只有一条指令。

4.5.1　超标量和多发射

很显然，可以重新设计一下，在路径上摆放多个简单运算ALU、多个复杂计算ALU、多个访存控制单元，同时让流水线关键控制部件每个时钟周期可以处理多条指令，比如每次译码多条指令、每

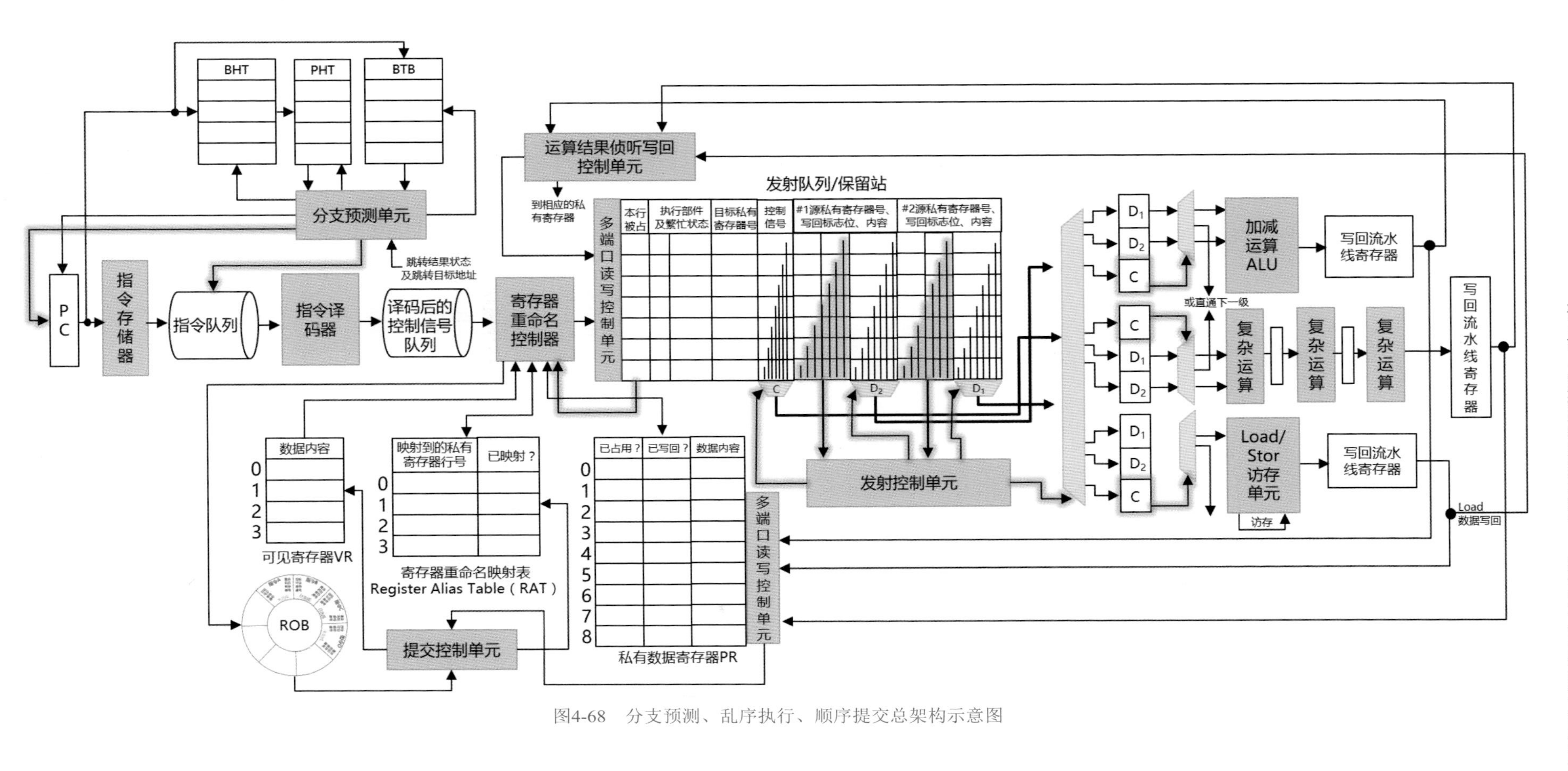

图4-68　分支预测、乱序执行、顺序提交总架构示意图

次重命名和派发多条指令到保留站、每次发射多条符合条件的指令、每次提交多条已经完成的指令结果。这种每个时钟周期可以处理多条指令的处理器流水线设计，被称为**超标量**（Superscalar）流水线，超标量又俗称为**多发射**，其实不仅仅是发射阶段并行了，其他阶段也都需要并行，所以应该说多译码、多重命名、多派发、多发射、多执行、多提交同时组成了超标量流水线。请注意，单条流水线每个时钟周期内，各个部件中的每一个也是各自在处理某条指令的某个小步骤，但是这并不是超标量，超标量必须是流水线中的单个部件在一个时钟周期内可以同时处理多条指令的同一个小步骤。

截至目前多数规格较高的商用CPU都支持超标量，比如Power 8 CPU每个周期可以处理8条指令。当然，超标量处理只是理想状况下可以达到满并行度，假设保留站中只有一条符合发射条件的指令，则无济于事。超标量处理器完全靠硬件来自行重排序和判断到底哪些指令可以被同时执行，也就是前文中所介绍的那些逻辑。

4.5.2 VLIW超长指令字

还有另外一种设计模式，也就是完全靠程序编写者用人脑或者电脑辅助来将程序指令预先编排成有利于并发执行的顺序，砍掉硬件中的动态调度逻辑，从而缩短流水线流程，由于电路简化所以还能够提高时钟频率，代价就是需要程序编写者做大量的程序代码分析优化工作，不过这个工作可以由电脑辅助来完成，在下一章中我们会介绍编译器及其工作原理。比如，对于一个双发射流水线（每次处理2条指令），如果采用预先编排指令的方式，那么就需要2条指令形成一个组，每次下发一组指令给CPU，同时需要在程序指令中增加对应的控制位，来告诉CPU“这两条指令是一个组，同时执行”，CPU内的流水线控制模块也需要识别这个控制位从而将这批指令并行执行。如果遇到诸如Add A B C，Add C D E这种具有RAW相关性的两条接连的2条指令，就需要将其顺序拆开，插入一些可以提前执行的指令。但是这要求CPU硬件支持ROB顺序提交机制，如果连ROB硬件也想砍掉的话，那么编排指令的时候就只能顺序编排，一旦遇到上述RAW相关情况，就得通过插入空泡来填充这个指令组。比如对于一个2发射的流水线，采用VLIW方式编排指令，每个指令包中必须包含2条子指令，如果实在没有符合条件的，那就一条有效指令+一条NOOP空泡指令，这样的话，就会浪费掉其中一个流水线的产能。

这种通过预先编排指令方式来利用CPU内部的物理并行执行路径的方式被称为**静态多发射**，而之前那种完全由硬件判断、乱序发射、重排序的方式除了称之为超标量之外，还可以称为**动态多发射**。静态多发射又被称为**超长指令字**（Very Long Instruction Word，VLIW），意思就是指令被编排和标记为由多个可以并行执行的指令组成的**指令包**，如果流水线是8发射并行度，那么一个指令包，也就是一个VLIW中包含8条指令，因为其很长，所以叫Very Long；Word指的则就是一个指令包，这就好比“磨”这个Word由广、木、木、石这四个小字组成。

指令包中理想状况应该全部是有效指令，但是很多情况下必须插入空泡。VLIW的收益则是硬件模块设计简单，可以用节省下来的电路面积放置更多的执行单元，增加并发度；而超标量的思维则是靠硬件完成更多的判断和乱序调度工作，所以后者的并行效率更高，留给程序编写者的工作更少，但是受限于电路面积，物理并发度却不能做到更高。所以，VLIW和超标量各有利弊。

4.5.3 SIMD单指令多数据

为了提升吞吐量，除了将多条指令利用流水线方式并行、多发射物理并行之外，是不是也可以让单条指令处理更多的数据呢？比如，假设需要计算1+2、3+4、5+6和7+8，可以用4条Add指令分别来计算，那么能否用单条指令来告诉硬件“有两组数，1357和2468，请按照纵向方向同时加这4组数”。完全可以嘛。如图4-69所示，先把1357和2468这两组数分别载入到两个寄存器中，如果4个数每个32位则共占用128位空间，那就拓宽寄存器位宽到128位，然后在指令中增加一些描述位来告诉硬件应该怎么来计算，比如是两个寄存器按照纵向方向相加，还是同一个寄存器内部的四个数进行累加（1+3+5+7，2+4+6+8），抑或其他各种样式的计算方式。可以看到，这种计算方式是有方向的，所以又被称为向量计算，同时，该方式用单条指令就可以让一组数据之间两两做对应的计算，所以又被称为单指令多数据（Single Instruction Multiple Data，SIMD）。

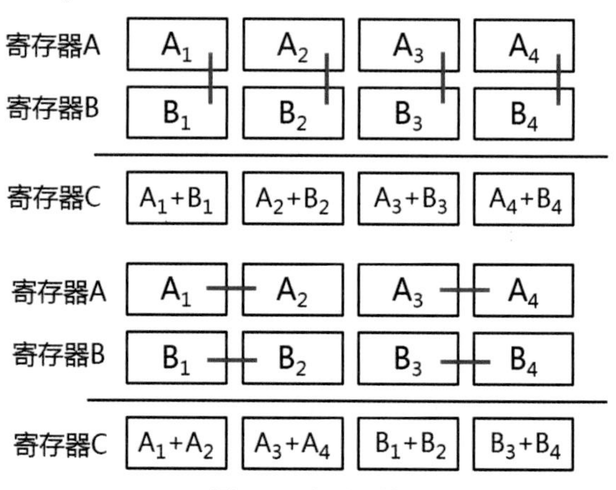

图4-69　向量计算

SIMD指令所操作的数据必须是同一种计算，比如都算加，都算乘，而不能其中某几个数据相加，另外几个相乘，不是不能做，而是如此灵活的话做起来就太复杂了。设计者需要新增向量运算指令的指令码和对应的电路，比如，Add_vv_32 A B C，第一个v表示Vector（向量），第二个v表示Vertical（纵向），那么这条指令就表示将寄存器A和B中的多个32位数值做两两纵向相加，结果写入到寄存器C，对应图4-69中上面的场景；同理Add_vh_16 A B C则表示将寄存器A和B中的多个16位数值做横向两两相加，结果写入到寄存器C，对应了图4-69中下面的场景。对应的电路也需要新增对应的通路，原本一个寄存器（假设32位宽）需要被拓宽到更宽比如128位以便容纳一大组数据，而且可以根据指令中的标识来控制以16位还是32位粒度向外输出多路数据，同时还得使用更加复杂的选路机制将这些数据导入到多个并行放置的ALU，如图4-70所示。

现在你就理解了，所谓向量计算，向是什么意思？就是有方向的，可以控制其纵向、横向，或者其他各种形式。那么相对而言之前那种无法控制方向的，只能以寄存器整体作为单位做加减乘除等计算的，就是标量，也就是没有方向。标量计算一般是一条指令只处理一组数据而不是多组，也就是**SISD**（Single Instruction Single Data）方式。而超标量的意思就是在标量计算基础上增加指令并发度，同理，也应该存在超向量，但是并没有这个词，“超标量”这个词狭义上泛指一个部件一个周期可以执行多条指令的设计，指令既可以是标量又可以是向量。

多媒体类程序，比如图像、声音处理，其加密等程序都需要运算大量的数据，非常适合用SIMD来进行并行计算。如图4-71所示为x86指令集CPU历年来所发布的SIMD指令集，可以看到“Multimedia”“Streaming”“Encryption”以及“3D”等字样，可见这些指令集都是专门针对这些种类运算场景下的特征而设计的。比如3DNow指令集就是AMD专门为加速3D图像渲染程序而设计的，图像渲染需要处理大量的像素点数据，比如将每个像素点数据与某个数值相乘，运算量非常大。在下一章中冬瓜哥将为大家介绍多媒体计算机，大家会看到一些多媒体场景下的程序设计思路介绍。

至此，我们了解了，流水线可以让多条指令之间进行逻辑并行（其本质也是物理并行），而多发射/超标量以及VLIW则直接添置多个物理执行部件实现可见的物理执行；SIMD则是让一条指令操作多组数据计算，也属于一种物理并行。如果说流水线和超标量属于让指令并行，那么SIMD则是让数据并行。这几种并行方式可以配合起来一同发生作用，比如可以设计一个同时支持流水线、超标量和SIMD的处理器。

根据前文所述，将指令分割成更小的步骤，可以增加吞吐量，同时还可以让电路运行在更高的时钟频率上，进一步提升吞吐量，一举两得。当然，相应的代价，则是一旦发生分支预测错误，流水线冲刷所耗费的时间也更长。Intel当年的奔腾4 CPU，就使用了20级的超长流水线，简称**超流水线**。

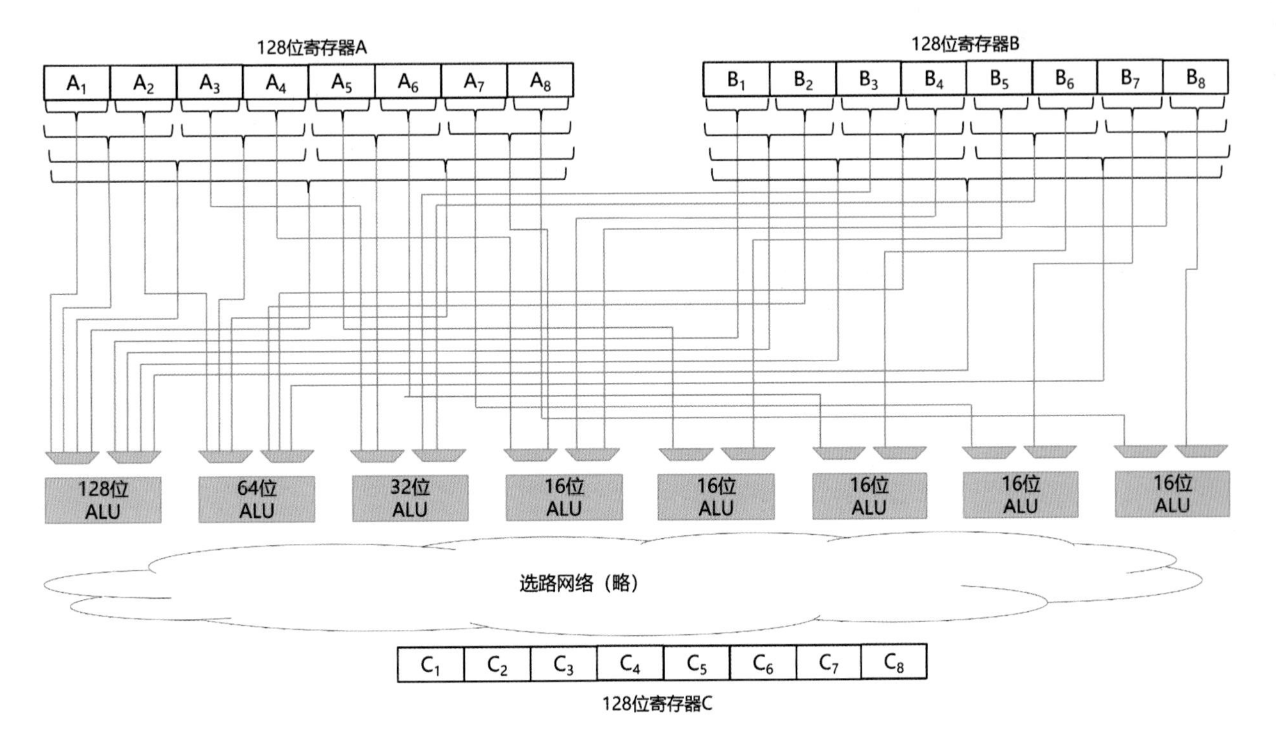

图4-70　执行SIMD指令时的数据通路示意图

如图4-72所示为几种历史上出现的CPU的流水线规格参数。阅读完本章之后，再看到图中这些名词，是不是胸有成竹了。其中TLB是什么东西呢？本书后文会有介绍。

本章到此告一段落了。本章中你了解了更加复杂烧脑的流水线和动态调度、并发执行技术，这些技术中每一样实现起来都异常复杂。CPU的本质就是一个生产线，输入的是指令和数据，输出的是结果。回忆一下楚泽发明的二进制可编程机械计算机的话，在这里可以用肉眼感受一下用机械生产线来处理这些指令和数据是一种什么样的场景。看着图4-73，你应当进入遐想状态，幻想自己变成一只飞虫飞到其中参观、思考，然后将其无限缩小到一个指甲盖大小的面积内，再冥想一下人类到底是怎么做到的。

SIMD指令集名称	指令条数	公布日期	Intel首款支持的CPU	Intel对应CPU发布时间	AMD首款支持的CPU	AMD对应CPU发布时间
MMX（MultiMedia eXtension）	57	1996-10-12	Pentium MMX(P55C)	1996-10-12	K6	1997-04-01
SSE（Streaming SIMD Extensions）	70	1999-05-01	Pentium III(Katmai)	1999-05-01	Athlon XP	2001-10-09
SSE2（Streaming SIMD Extensions）	144	2000-11-01	Pentium 4(Willamette)	2000-11-01	Opteron	2003-04-22
SSE3（Streaming SIMD Extensions）	13	2004-02-01	Pentium 4(Prescott)	2004-02-01	Athlon 64	2005-04-01
SSSE3（Streaming SIMD Extensions）	16	2006-01-01	Core	2006-01-01	Fusion(Bobcat)	2011-01-05
SSE4.1（Streaming SIMD Extensions）	47	2006-09-27	Penryn	2007-11-01	Bulldozer	2011-09-07
SSE4.2（Streaming SIMD Extensions）	7	2008-11-17	Nehalem	2008-11-17	Bulldozer	2011-09-07
SSE4a（Streaming SIMD Extensions）	4	2007-11-11			K10	2007-11-11
AVX（Advanced Vector Extensions）		2008-03-01	Sandy Bridge	2011-01-09	Bulldozer	2011-09-07
AVX2（Advanced Vector Extensions）		2011-06-13	Haswell	2013-04-01		
AES（Advanced Encryption Standard）	7	2008-03-01	Westmere	2010-01-07	Bulldozer	2011-09-07
3DNowPrefetch	2	2010-08-01			K6-2	1998-05-28
3DNow!	21	1998-01-01			K6-2	1998-05-28
3DNow!+	52	1999-06-23			Athlon	1999-06-23
MmxExt（Extensions MMX）					Athlon	1999-06-23
3DNow! Pro					Athlon XP	2001-10-09
POPCNT	1	2007-11-11			K10	2007-11-11
ABM（Advanced Bit Manipulation）	1	2007-11-11			K10	2007-11-11
CLMUL	5	2008-05-01	Westmere	2010-01-07	Bulldozer	2011-09-07
F16C		2009-05-01	Ivy Bridge	2012-04-01	Bulldozer	2011-09-07
FAM4		2009-05-01			Bulldozer	2011-09-07
XOP		2009-05-01			Bulldozer	2011-09-07

图4-71 Intel和AMD所实现的SIMD指令集历史

Processor	Alpha 21264B	AMD Athlon	HP PA-8600	IBM Power3-II	Intel Pentium III	Intel Pentium 4	MIPS R12000	Sun Ultra-II	Sun Ultra-III
Clock Rate	833MHz	1.2GHz	552MHz	450MHz	1.0GHz	1.5GHz	400MHz	480MHz	900MHz
Cache (I/D/L2)	64K/64K	64K/64K/256K	512K/1M	32K/64K	16K/16K/256K	12K/8K/256K	32K/32K	16K/16K	32K/64K
Issue Rate	4 issue	3 x86 instr	4 issue	4 issue	3 x86 instr	3 x ROPs	4 issue	4 issue	4 issue
Pipeline Stages	7/9 stages	9/11 stages	7/9 stages	7/8 stages	12/14 stages	22/24 stages	6 stages	6/9 stages	14/15 stages
Out of Order	80 instr	72ROPs	56 instr	32 instr	40 ROPs	126 ROPs	48 instr	None	None
Rename regs	48/41	36/36	56 total	16 int/24 fp	40 total	128 total	32/32	None	None
BHT Entries	4K × 9-bit	4K × 2-bit	2K × 2-bit	2K × 2-bit	>= 512	4K × 2-bit	2K × 2-bit	512 × 2-bit	16K × 2-bit
TLB Entries	128/128	280/288	120 unified	128/128	32I / 64D	128I/65D	64 unified	64I/64D	128I/512D
Memory B/W	2.66GB/s	2.1GB/s	1.54GB/s	1.6GB/s	1.06GB/s	3.2GB/s	539 MB/s	1.9GB/s	4.8GB/s
Package	CPGA-588	PGA-462	LGA-544	SCC-1088	PGA-370	PGA-423	CPGA-527	CLGA-787	1368 FC-LGA
IC Process	0.18µ 6M	0.18µ 6M	0.25µ 2M	0.22µ 6m	0.18µ 6M	0.18µ 6M	0.25µ 4M	0.29µ 6M	0.18µ 7M
Die Size	115mm²	117mm²	477mm²	163mm²	106mm²	217mm²	204mm²	126 mm²	210mm²
Transistors	15.4 million	37 million	130 million	23 million	24 million	42 million	7.2 million	3.8 million	29 million
Est mfg cost*	$160	$62	$330	$110	$39	$110	$125	$70	$145
Power(Max)	75W*	76W	60W*	36W*	30W	55W(TDP)	25W*	20W*	65W
Availability	1Q01	4Q00	3Q00	4Q00	2Q00	4Q00	2Q00	3Q0	4Q00

图4-72 几种历史上出现的CPU的流水线规格参数

图4-73　再次体会CPU的本质是什么

再来看看图4-74，通过本章的内容你应该会对芯片中为什么会包含如此复杂的逻辑电路的原因有更深一步的理解了。但是，这些复杂的控制逻辑都是隐藏在CPU内部的，而对外而言，我们目前所介绍的CPU架构无非只输出了三大信号组：

（1） 地址信号。其位宽决定了CPU可寻址多少字节的存储空间。*n*位宽的地址信号可寻址2*n*字节的地址空间，但是一定要注意，这个地址空间里并非只包含SDRAM内存，还包含BIOS ROM、外部设备控制器寄存器空间等，后面这两个地方也可以存数据，也可以被CPU直接读取或者写入。地址信号最初是由PC生成的，然后输送给数据缓存控制器，若没有命中，则由缓存控制器输送到CPU的外部地址信号线上，然后由系统桥接电路或者直接由SDRAM控制器接收，并负责读写数据。

（2） 数据信号。如果是从外部读入数据，则系统桥接电路或者SDRAM控制器将读出的数据输送到CPU的数据信号线上，并由CPU内部的缓存控制器负责将该信号锁存入缓存。如果是向外部存储器存入数据，则系统桥接电路或者SDRAM控制器从数据信号线上将信号锁入到外部寄存器，然后再进入外部存储器中。

（3） 控制信号。用于CPU向外部设备比如系统桥接电路或者SDRAM控制器通告当前的操作方式，比如是读、写，以及读写的字节长度是多少。比如CPU在地址线上给出一个地址，然后控制信号中给出“读，长度为8字节（64位）”，或者“写，长度为4字节（32位）”。

如图4-74右侧所示为Intel 8088处理器管脚一览，可以看到其中的“A*n*”表示地址线，“AD*n*”表示地址和数据共用的管脚。当然，一个当代的CPU，功能异常强大，所以其控制信号会非常多，有兴趣可以自行了解。

留一道思考题给大家，上文中所提到的这些并行执行指令的方式，不管什么方式，比如多发射或者SIMD等，其执行的都是同一个程序中的指令。也

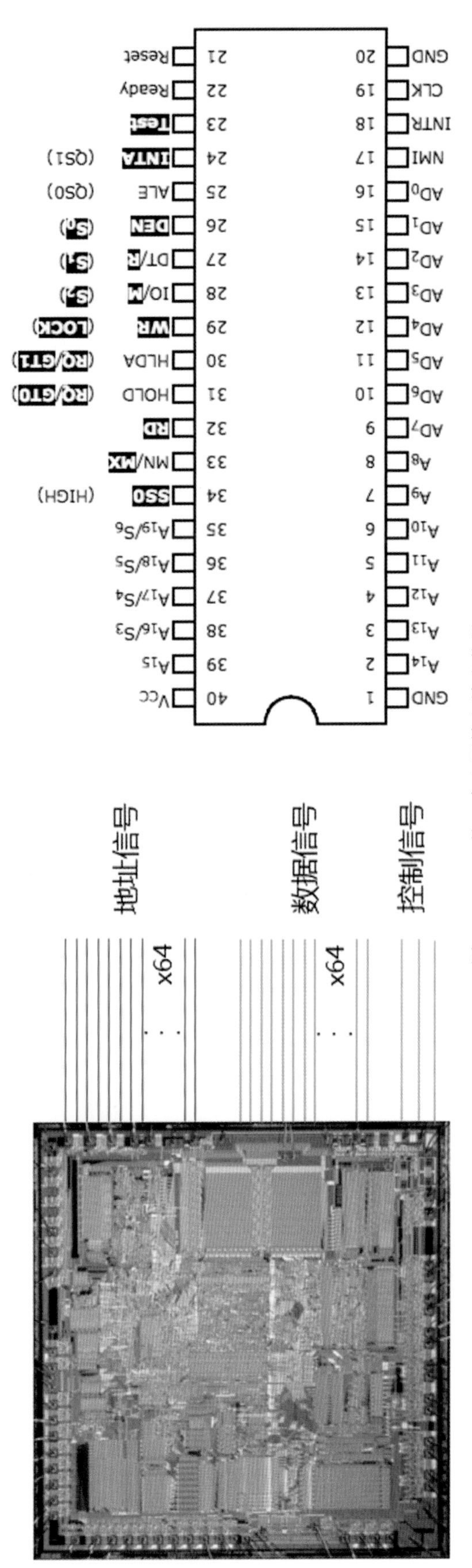

图4-74　CPU的三大主要输入输出信号

就是说，如果有一个程序包含了一万条指令，上述这些优化措施，都是在这一万条指令内部来折腾。假设还有另外一个与该程序毫不相关的程序，能否让这两个程序一起执行呢？相当于两个故事同时讲，你讲岳飞传，我讲杨家将，毫无瓜葛和牵连。是的，前人们也是这么想的，每一个程序被叫做一个**线程**，“线”，顾名思义，就是故事线、时间线、主线的意思，故事的情节沿着设计好的事件发生顺序线进行，程序也是如此。将多个线程的指令同时执行的技术叫做**多线程**并发执行。粗略地想一下，用两个独立的CPU，每个CPU执行一个线程不就可以了么？是啊，没问题，但是除了这个方法，还有更多的玩法。在介绍多线程之前，大家还是先阅读下一章，来充分体会一下“程序”的本质意义，体会一下各种类型的程序的应用场景，以及这些程序到底是怎么被编写、载入、执行的，然后在下下一章中咱们再回来谈多线程。

4.6 小结

最后我们用几张图来总结流水线的运行实质。如图4-75所示为一个固定算法的运算逻辑电路，其运算的就是（X+Y）÷Z＋X。

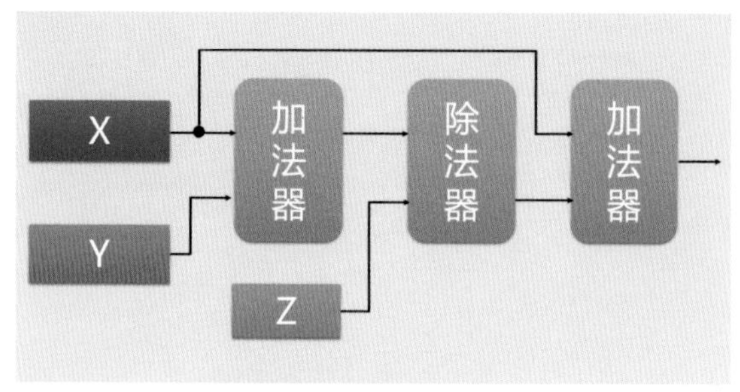

(X+Y) ÷ Z + X

图4-75　固定算法逻辑

而如果想把某个固定运算流水线化处理，那么就是如图4-76所示的逻辑电路，其实现的算法是（X+1）×2/2，但是将+1、×2、/2这三步做成了流水线，在这三个运算步骤之间嵌入了流水线寄存器，图中给出了用这套运算逻辑运算3个输入值时的流水线运行过程。

如果想要实现通用运算，那就得将流水线做成如图4-77的模式，输入的数据除了待运算的数值外，还需要输入运算指令，每一步的组合逻辑电路完成取指令、译码、运算、访存/写回逻辑。

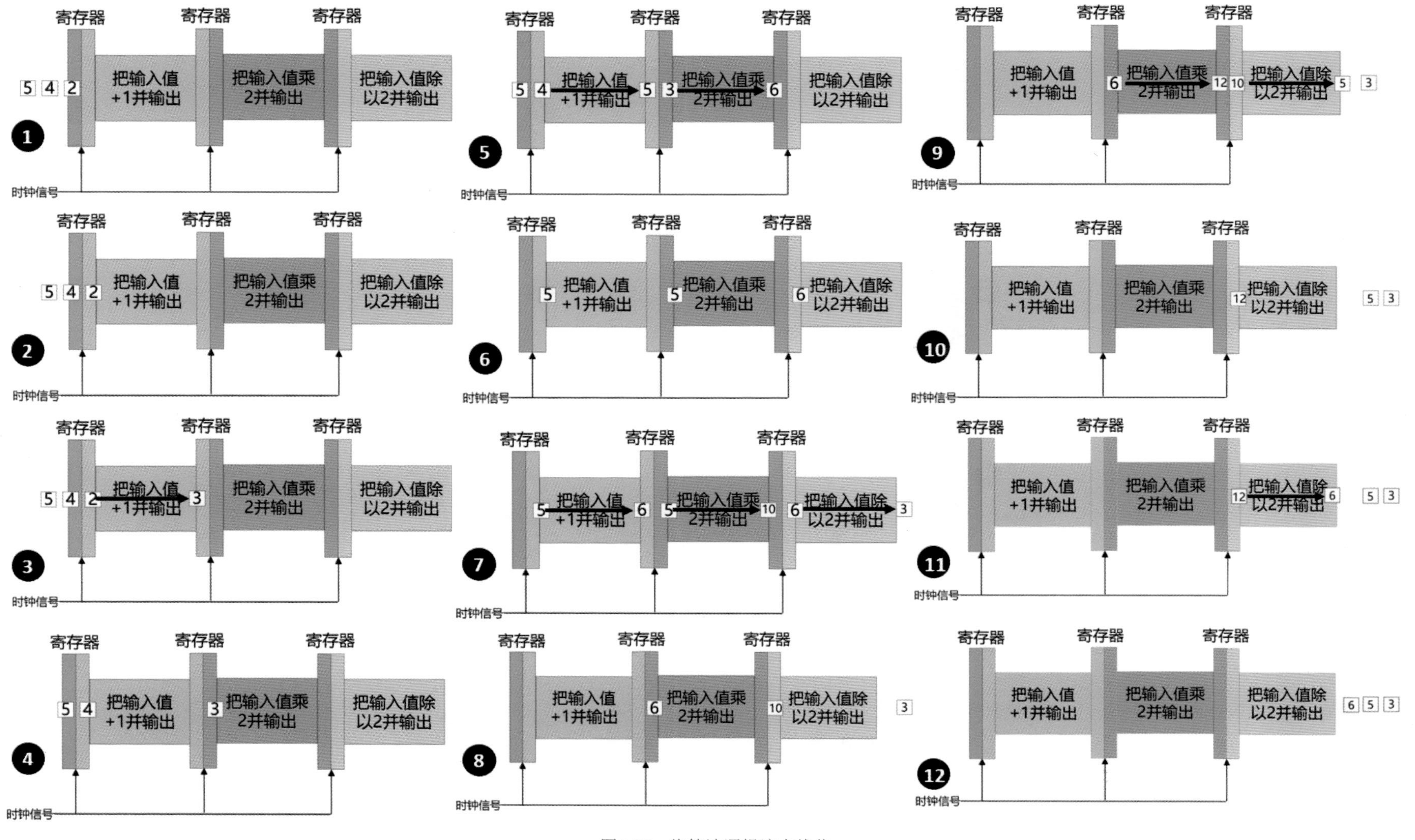

图4-76　将算法逻辑流水线化

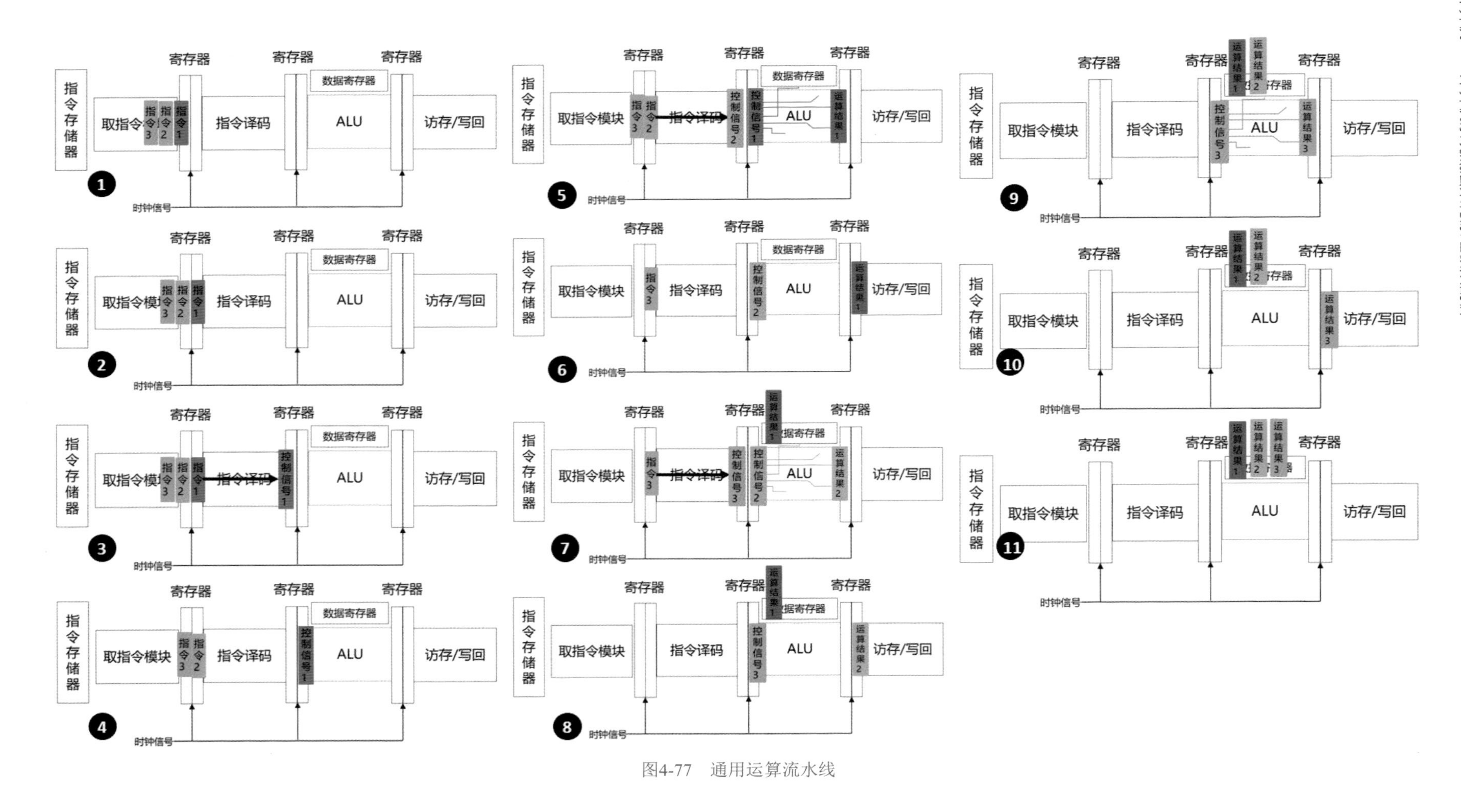

图4-77 通用运算流水线

第5章

程序世界

从机器码到操作系统

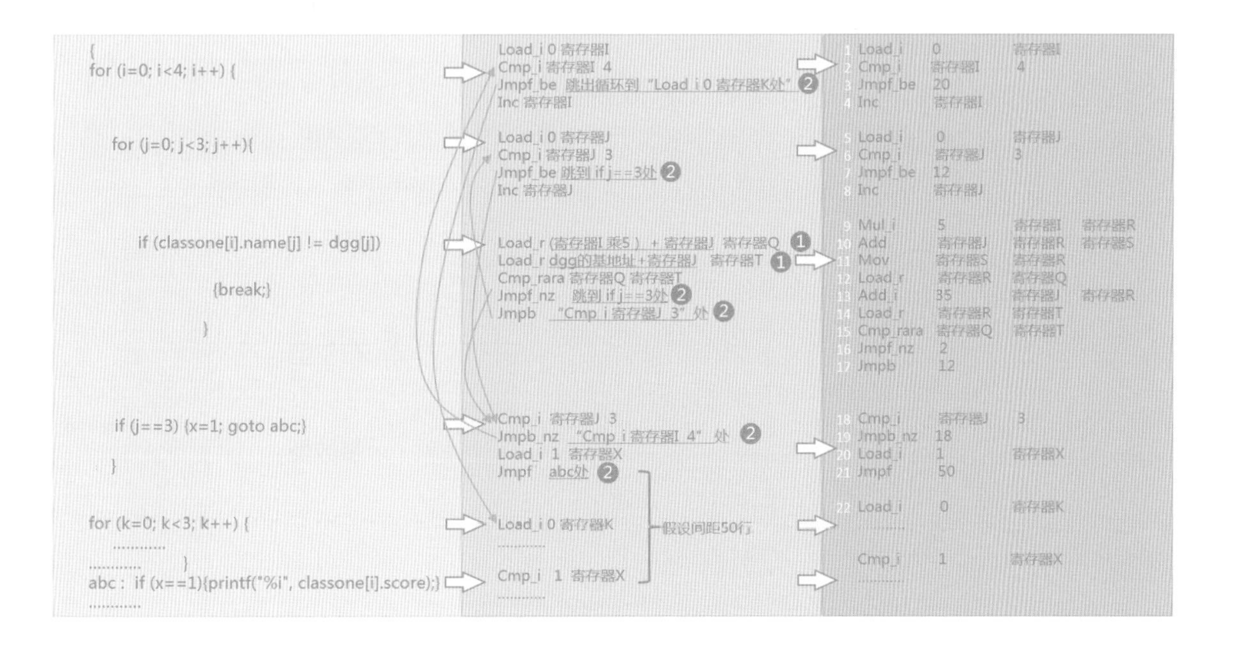

欢迎进入程序世界。在这里，各式各样的程序熙来攘往，缤纷多彩。在这里，你几乎看不到底层硬件，你看到的都是由各种程序所呈现出来的上层功能，比如在屏幕上写写画画、网络聊天、音乐和电影播放等。然而，再缤纷多彩的世界，其底层都是有一个强大的引擎来支撑的，我们在前几章所介绍过的架构，就支撑了程序社会的运行。

5.1 基本的数据结构

对于程序员来讲，其并不关心底层的电路、流水线、缓冲/缓存等是如何实现的。他能够看到和操纵的只有指令集，他关心的永远都是如何让程序“看上去”运行得更好更快（电路内部的各种优化措施则是程序员所“看不到”的），以及如何才能让自己在编写程序的时候更加方便，后者更加重要。如果为了编写更高性能的程序而让自己付出更多的时间和精力，多数程序员会望而却步。

程序员就像厨师，按照一定步骤将数据（蔬菜和调料）备好、载入寄存器（入锅）、执行（烹饪）、写回（出锅）。买回来的菜首先需要清洗，然后切好，按照一定的顺序和位置放好，供厨师使用。怎么把需要处理的数据摆放好，同样也是一门学问。有人放得乱七八糟，虽然也可能做出菜肴，但是显然其速度会降低。反之，有人则将数据摆放得井井有条，就像厨师烹饪过程中顺手拈来，很顺畅。

假设，我们需要实现下列两个程序：算出全班男生的平均成绩、算出全班男生与女生数量的比例。第一个程序的思路，根据前文中设计的运算电路所提供的功能和指令集，想必大家可以快速思考出来了。初始化一个为0的数值，将其放入某个寄存器（Load_i 0 寄存器F），用于统计男生数量。然后，逐次读出每一条数据判断当前数据条目是不是男生：如果不是，处理下一条数据；如果是，将该变量+1。再将其成绩载入某寄存器，处理下一条数据。一旦遇到男生条目，则将变量+1，然后将成绩与之前的成绩相加之后再写入存放成绩的寄存器。依次向下处理完所有100条数据（Load_a，Cmp，Jmp组合），得到一个总成绩，再用这个总成绩除以男生的数量即可。

俗话说，巧妇难为无米之炊。程序只描述了处理步骤和方式，那处理的是什么东西的步骤和方式？数据啊！没有数据，程序就是空壳。要实现这个程序，就得预先准备好对应的数据。我们前文中的数据形式很单一，就是“100个成绩”，也就是100个数字，每个数字分别被存放在一个存储器地址上，可以看到其并没有区别男女，也并没有包含每个成绩所对应学生的姓名，所以前文中的运算只能实现“全班平均成绩”“及格率”这种极其单一的计算了。可以看到，必须针对待处理数据的样式进行扩充，这样才能够满足更高级的计算需求。比如，每一个条目如果能够包含姓名首字母、性别、成绩的话，那么就可以完成上述那两个程序的要求了。这里要理解一个本质：程序只是一种步骤的描述。什么步骤？处理数据的步骤。数据放在哪里？放在存储器里。数据样式如果太单一，而又想实现更复杂需求的话，程序自身是无能为力的。

为了做出这道菜，需要先把蔬菜加工好备好，放整齐，否则炒菜的时候你会手忙脚乱。因为如果不把数据排好，你根本不知道要操作的数据到底放在哪个地址上。如图5-1所示，我们首先把待处理的数据做成一张表，至于这个表该怎么安排，可以随你自己的喜好。比如我们图中所设计的这个表有3行100列，每一列中的三行分别为某个学生的姓名首字母、性别和成绩，表中共100个学生。二进制1表示男性，0表示女性。

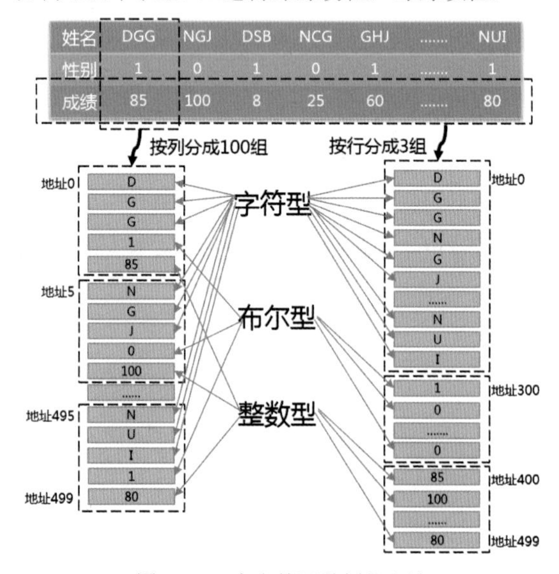

图5-1　一个表的两种划分方法

5.1.1 数组

可以看出，共有300项数据需要排放到存储器中，其中姓名这一项要占用3个字节，因为是三个首字母，其他两项则各占用一个字节即可。

我们至少可以想出两种排放数据的方式。第一种是一行一行地排列，比如先将100个人的姓名顺序排列到存储器中，再将100个性别数据排列到存储器中，然后将100个成绩也排列到性别后面，也就是图中右侧所示的排列方法。可以看到，这种排列方法其实是将数据分成了3组（每个虚线框框住一组数据），每组100项（第一组是300项），而且每一组所包含的100/300项数据的类型都是相同的，比如要么都是姓名（字符型），要么都是成绩（整数型），要么都是性别（布尔型）。（布尔指代的是逻辑，其对应的值要么处于某个状态，要么处于该状态的对立状态，不可能存在中间状态。还记得布尔这个人么？）

为了便于使用，我们将上述每一组数据称为一维数组（linear array）。右侧的排列方式就是将整个数据划分成了3个一维数组。这样，在编写代码的时候，你就可以按图索骥，使用500条Stor_i指令一个地址一个地址地把对应的数据存储到存储器中。在后续进行数据处理编程时，你会发现，有这么一张数据排列对应表，就能很快找出对应数据的地址在哪，从而写到代码里。

5.1.2　数据类型与ASCII码

上面提到了三种数据类型，分别为字符型、布尔型和整数型。了解这些数据类型，可以让自己时刻保持清醒，不犯错误。比如，如果你尝试把两个字符型数据做相加（Add指令）操作，这毫无意义，因为字符何来相加相乘？当然，底层的电路是不管这一套的，如果你愣是要相加两个字符，电路一样会载入加法器并输出结果，因为不管数据是字符、整数还是布尔类型，它们都是0和1的二进制位的组合。只是，在编写程序的时候，不要弄错这些数据类型即可。布尔类型的数据表示这项数据非0即1，比如不是男的就一定是女的。对布尔型数据相加相乘也是没有意义的，但是进行OR、AND等逻辑运算就是有意义的，OR可以用来判断比如“只要其中任何一个值表示的是男性，则做某个事情”这种含义。AND则用来计算比如“只有所有参与运算的值都表示的是女性，则做某样事情”。

在这里需要思考一个问题。我们前文中提到过，用二进制0表示十进制0，二进制1表示十进制1，二进制10表示十进制2。那么，字母“D”应该用什么二进制位组合来表示呢？人们约定俗成，制作了一张ASCII（American Standard Code for Information Interchange）码表，并要求所有计算机程序都遵循这个约定，如图5-2所示（下页）。

可以看到，ASCII码表不仅定义了常用字母的二进制编码，还定义了大量其他字符的编码。可以看到，其中包含了“0”和“1”等阿拉伯符号的编码。这里的“0”和“1”就属于字符类型而不是整数类型了。比如字符“0”的二进制编码是00110000，如果将这串二进制编码看作是整数类型的话，那么其十进制数值应该是48，而不是0。所以，ASCII码表是一张字符码表。为什么没有整数码表？整数不需要码表，因为所有人都遵循同样的进位规则，不可能有人认为整数类型的二进制编码100表示的不是十进制整数5，其必定是整数5。

随之而来的问题就是，电路到底怎么分得清某个地址上存储的是整数类型还是字符类型？电路自身当然分不清，还得靠人为的某种方式强制让电路区分。比如，要将某个地址上的数据显示到数码管上，我们前文中设计了一条Disp指令来做这件事，如果忘记可以返回翻看。Disp指令的本质就是将对应地址的数据加载到显示寄存器中，数码管直接与显示寄存器的输出端信号相连。如上文所述，二进制00110000并不确定是字符类型还是整数类型，我们期望的结果是：如果其是整数类型则应该显示为数值48，而如果其是字符类型则应该显示为字符（符号）“0”。所以，我们需要一个既能显示阿拉伯数字又能显示英文字母的特殊数码管——“米”字管。

图5-3所示就是米字管，相信大家都见到过实物，它有更多的条形灯泡，所以能显示所有26个字母和10个阿拉伯数字。现在的问题是，要让这个数码管知道输入给它的二进制码到底是字符型还是整数型。显然，这个数码管自身需要提供一个控制信号。假设，该控制信号为0，则表示当前输入给它的是整数类型，应当按照阿拉伯数字译码并显示；为1则表示字符型，应按照英文字母的方式译码并显示。至于数码管内部电路如何实现这种模式切换，我想大家阅读到这里应该已经了如指掌，并且可以自行画出对应的电路了。

图5-3　米字管

关键点在于，我们必须将Disp指令细分为两个亚型，从而让指令译码器输出针对数码管的不同控制信号来在这两种模式之间切换。比如Disp_C（Disp Character）表示按照字符模式显示，Disp_I（Disp Integer）表示按照整数模式显示。这样，指令译码器就会根据不同的指令操作码生成对应的控制信号来控制数码管的模式切换了。所以，在编写代码的时候，要想显示某个数据，就必须根据这个数据的类型来采用对应的指令，这就是要明确定义好每个数据类型的原因之一。

ASCII表

(American Standard Code for Information Interchange 美国标准信息交换代码)

ASCII控制字符

低位		0000 (0) 十进制	字符	Ctrl	代码	字符解释	0001 (1) 十进制	字符	Ctrl	代码	字符解释
0000	0	0		^@	NUL	空字符	16	►	^P	DLE	数据链路转义
0001	1	1	☺	^A	SOH	标题开始	17	◄	^Q	DC1	设备控制 1
0010	2	2	☻	^B	STX	正文开始	18	↕	^R	DC2	设备控制 2
0011	3	3	♥	^C	ETX	正文结束	19	‼	^S	DC3	设备控制 3
0100	4	4	♦	^D	EOT	传输结束	20	¶	^T	DC4	设备控制 4
0101	5	5	♣	^E	ENQ	查询	21	§	^U	NAK	否定应答
0110	6	6	♠	^F	ACK	肯定应答	22	▬	^V	SYN	同步空闲
0111	7	7	•	^G	BEL	响铃	23	↨	^W	ETB	传输块结束
1000	8	8	◘	^H	BS	退格	24	↑	^X	CAN	取消
1001	9	9	○	^I	HT	横向制表	25	↓	^Y	EM	介质结束
1010	A	10	◙	^J	LF	换行	26	→	^Z	SUB	替代
1011	B	11	♂	^K	VT	纵向制表	27	←	^[	ESC	溢出
1100	C	12	♀	^L	FF	换页	28	∟	^\	FS	文件分隔符
1101	D	13	♪	^M	CR	回车	29	↔	^]	GS	组分隔符
1110	E	14	♫	^N	SO	移出	30	▲	^^	RS	记录分隔符
1111	F	15	☼	^O	SI	移入	31	▼	^_	US	单元分隔符

ASCII打印字符

低位		0010 (2) 十进制	字符	0011 (3) 十进制	字符	0100 (4) 十进制	字符	0101 (5) 十进制	字符	0110 (6) 十进制	字符	0111 (7) 十进制	字符
0000	0	32		48	0	64	@	80	P	96	`	112	p
0001	1	33	!	49	1	65	A	81	Q	97	a	113	q
0010	2	34	"	50	2	66	B	82	R	98	b	114	r
0011	3	35	#	51	3	67	C	83	S	99	c	115	s
0100	4	36	$	52	4	68	D	84	T	100	d	116	t
0101	5	37	%	53	5	69	E	85	U	101	e	117	u
0110	6	38	&	54	6	70	F	86	V	102	f	118	v
0111	7	39	'	55	7	71	G	87	W	103	g	119	w
1000	8	40	(	56	8	72	H	88	X	104	h	120	x
1001	9	41	)	57	9	73	I	89	Y	105	i	121	y
1010	A	42	*	58	:	74	J	90	Z	106	j	122	z
1011	B	43	+	59	;	75	K	91	[	107	k	123	{
1100	C	44	,	60	<	76	L	92	\	108	l	124	|
1101	D	45	-	61	=	77	M	93	]	109	m	125	}
1110	E	46	.	62	>	78	N	94	^	110	n	126	~
1111	F	47	/	63	?	79	O	95	_	111	o	127	⌂

低位		1000 (8) 十进制	字符	1001 (9) 十进制	字符	1010 (A) 十进制	字符	1011 (B) 十进制	字符	1100 (C) 十进制	字符	1101 (D) 十进制	字符	1110 (E) 十进制	字符	1111 (F) 十进制	字符
0000	0	128	Ç	144	É	160	á	176	░	192	└	208	╨	224	α	240	≡
0001	1	129	ü	145	æ	161	í	177	▒	193	┴	209	╤	225	ß	241	±
0010	2	130	é	146	Æ	162	ó	178	▓	194	┬	210	╥	226	Γ	242	≥
0011	3	131	â	147	ô	163	ú	179	│	195	├	211	╙	227	π	243	≤
0100	4	132	ä	148	ö	164	ñ	180	┤	196	─	212	╘	228	Σ	244	⌠
0101	5	133	à	149	ò	165	Ñ	181	╡	197	┼	213	╒	229	σ	245	⌡
0110	6	134	å	150	û	166	ª	182	╢	198	╞	214	╓	230	µ	246	÷
0111	7	135	ç	151	ù	167	º	183	╖	199	╟	215	╫	231	τ	247	≈
1000	8	136	ê	152	ÿ	168	¿	184	╕	200	╚	216	╪	232	Φ	248	°
1001	9	137	ë	153	Ö	169	⌐	185	╣	201	╔	217	┘	233	Θ	249	•
1010	A	138	è	154	Ü	170	¬	186	║	202	╩	218	┌	234	Ω	250	·
1011	B	139	ï	155	¢	171	½	187	╗	203	╦	219	█	235	δ	251	√
1100	C	140	î	156	£	172	¼	188	╝	204	╠	220	▄	236	∞	252	ⁿ
1101	D	141	ì	157	¥	173	¡	189	╜	205	═	221	▌	237	φ	253	²
1110	E	142	Ä	158	₧	174	«	190	╛	206	╬	222	▐	238	∈	254	■
1111	F	143	Å	159	ƒ	175	»	191	┐	207	╧	223	▀	239	∩	255	ÿ

注：ASCII字符可以用“Alt + 小键盘上的数字键”方法输入。127号代码为DEL，其Ctrl为^Backspace。 制作:MHL QQ:1208980380 2013/08/08

图5-2 ASCII码表

注意 ▶▶▶

实际产品中并没有Disp/Disp_C/Disp_I指令，有些简易运算电路或许有类似的用于显示的指令，但是其取名也不一定就是Disp。Disp只是本书前文中设计的运算电路所能够接受的机器指令。当前个人电脑也并不是采用这种低级方式来输出图像的，具体内容本书第8章中会详细介绍。人们将专门用于输出字符图像的程序封装成了一个著名的函数：printf( )，关于函数的介绍详见5.5一节。

5.1.3　结构体

图5-1中的左侧是以列为单位来排列的，每一列的5项数据完整描述了一个学生的成绩和姓名性别信息。这种方式会在存储器中排布100组数据，每一组包含5项，而且这5项的数据类型并不相同。我们把这种包含多个不同类型数据项的数据排列称为一个结构体（struct），它可以用来描述同一个事物的多个不同属性。比如某个人的姓名、年龄、住址、身份证号、性别、偏好等，这一组数据用一个结构体来描述，这样便于归类。

图中排布了100个结构体，每个结构体的模式都一样。我们还可以看到，图中左侧的排布方式，相当于一个由100项相同数据类型的数据（每一项都是同一个模式的结构体）组成的一维数组，这个数组里的每一项都是一个结构体，每一个结构体中包含3项数据。所以，如果比如有100个人，每个人同时具有多个属性，那么每个人的这一组属性形成一个结构体，100个结构体在高层维度上就形成一个一维数组来描述这100个人，如图5-4所示。

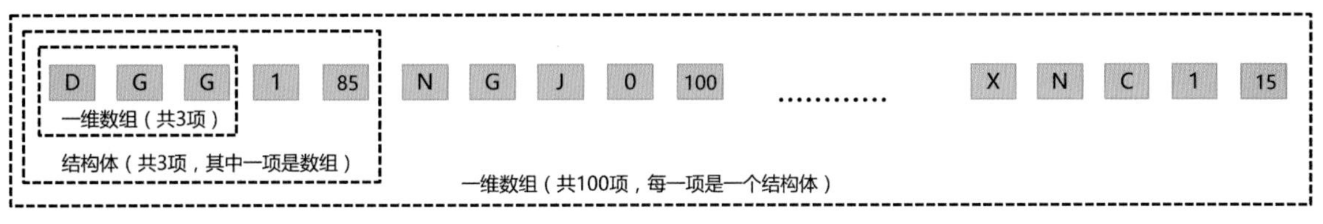

图5-4　结构体和数组可以相互嵌套

5.1.4　数据怎么摆放很重要

一维数组和结构体都是用来组织数据的形式，也就是数据结构。如上文所述，数据结构可以相互嵌套，以及多次多层嵌套。有一点要理解的是，底层电路根本就不理解数据结构这个东西，数据结构是程序员自己总结出来的、方便编程的产物。其体现为对数据在存储器中的有序的综合编排，编写代码时某个数据在哪里一目了然，从而可以方便地在代码中填入正确的地址。到了底层电路这一层，它才根本不关心输入的数据与其他数据有什么关系，或者是处于什么数据结构中。

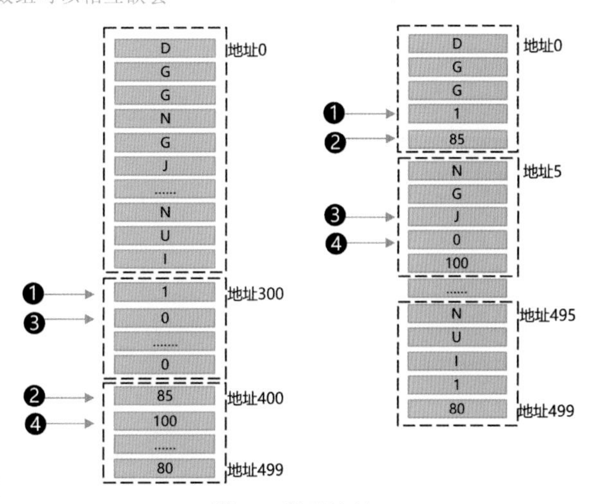

图5-5　跳跃访问

性能考虑 ▶▶▶

不管是用100个结构体还是3个一维数组来编排数据，都不妨碍用程序来完成各种计算，结果是等效的。但是，过程不一定等效。按照本节开头给出的程序设计思路，程序先读出第一个学生的性别比对，如果是男生，再去读取该生的成绩载入寄存器；然后再读出下一个学生的性别，判断，如果是男生则读出成绩与之前保存的成绩累加。

如果数据被编排为3个，每个都是包含100个项目的一维数组，则会发现程序访问数据的时候，跨度会非常大，如图5-5左侧所示的步骤序号。这本身并不是问题，因为地址的跨度变大不表示电信号就要经过更长的导线才能传递到对应的MUX/DEMUX和锁存器单元。问题是，我们前文中也介绍过缓存。当程序访问图中的地址300时，L1缓存控制器会在后台自动将地址301、302以及更多连续地址的数据从SDRAM大容量存储器预读上来。然而，程序的下一个动作却并不是访问地址302，而是要访问地址400，也就是读出该生的成绩。此时，如果假设L1缓存很小，比如只有64字节的话，那么L1控制器预读上来的数据最多也就是64字节，根本够不着地址400上的数据。那么，当程序需要执行图中的第2步的时候，便会发生缓存不命中，此时就必须等待L1控制器从容量稍大的L2缓存中取回数据，性能就下降了。L1缓存控制器如果发现程序不再访问地址300附近的数据了，依据所设计的算法而定，它可能转为将地址400附近的数据预读上来，覆盖掉之前已经预读上来的地址300附近的数据。不幸的是，程序会在第3步中重新访问地址301，此时又会发生不命中，因为地址300附近的数据已经被地址400附近的数据盖掉。这个过程随着程序的执行会反复发生，最终，性能会很差。可以看到，如果缓存足够大，能够将所有数据都缓存上来，那么一切都不是问题。如果数据非常庞大的话，比如是全国的所有学生，那么L1缓存一定是容纳不了这么多数据的。再一个因素就是算法，比如，如果L1缓存控制器被设计得足够智能，可以缓存一半容量的地址300附近的数据和一半容量的地址400附近的数据，性能便会上升。

所以，按照我们的程序设计思路来看，将同一个学生的多种属性数据在存储器中尽量连续地排放，比如100个结构体，将有益于增加程序性能，如图5-5右侧所示。当然，不能一概而论，如果我们的程序并不是计算全班男生的平均成绩，而是算出全班所有学生的总成绩，不分男女，那么，此时如果用单独的一个一维数组（在存储器中被连续排放）存放所有学生的成绩的话，程序会连续读出这个数组的每一项，此时缓存命中率几乎100%，性能就会很好。相反，如果使用结构体的编排形式的话，就会发生跳跃式访问，性能就不好。实际的程序设计中只能根据情况来折中了。

所以，为了计算全班男生平均成绩，显然要使用结构体的方式来编排数据了。下面需要编写程序来处理这些数据。如图5-6所示，这个程序我相信大家都可以写得出来，只要用心去思考。

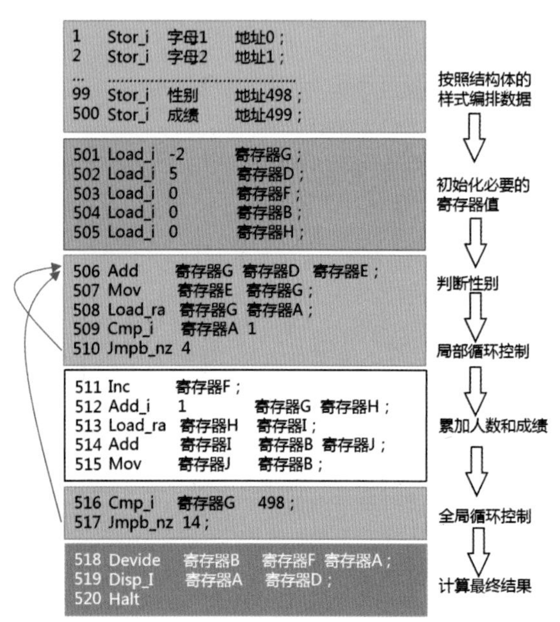

图5-6 计算全班男生平均成绩

从中可以看到，用结构体的方式编排数据之后，每一个结构体长度为5字节，而且每个学生的性别、成绩都被放在这5个字节内部相同的相对位置，也就是分别为第4个和第5个字节上。

学生a的性别数据所在的地址，只要加上5，就是学生a+1的性别数据所在的地址。这样就非常有利于用循环的手法来设计程序。正如程序中第506行开始的程序块，第506行和507行做的动作就是把寄存器G的值增加5。同理，性别所在的地址+1之后，就是成绩所在的地址。这也是第512行的目的。

偏移量

某个数据在其容器中的相对地址，称为**偏移量**。该例中，性别在结构体中的偏移量是3，成绩的偏移量是4（都是从0开始算）。存储器中共有100个结构体，每个结构体5字节长，那么，第一个结构体在存储器中的偏移量是0，第二个结构体偏移量是5，第三个是10，以此类推。

所以，大家可以看到，这种规律的数据编排方式，有利于程序员搞清楚地址，降低设计错误率。如果数据杂乱无章地乱放，那么程序员就必须首先用自己的脑袋去数好每一项数据所在的地址，如果是这样的话，还不如干脆用人脑+简易计算器来计算来得痛快。

对于编写“算出全班男生与女生数量的比例”这个程序，想必到此就更加顺手了，因为它可以直接基于上面那个程序来修改。依然是循环比较每一个结构体中的性别，是1就Inc 寄存器F，不是1就跳转执行Inc寄存器E，最后用F除以E就是比例，如图5-7所示。

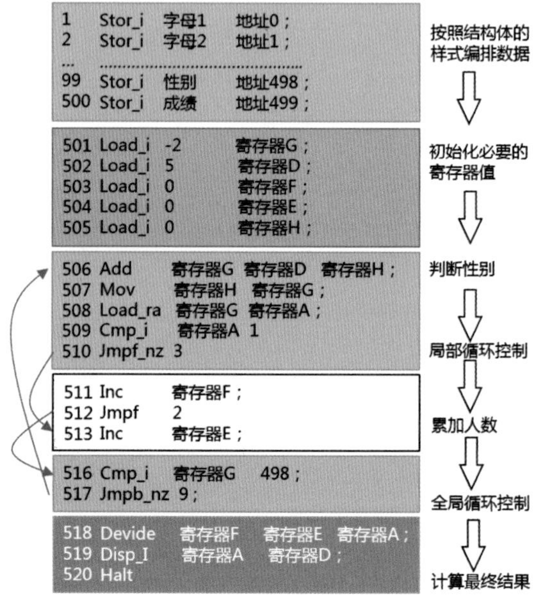

图5-7 算出全班男生与女生数量的比例

你会看到，这个程序似乎更加适合用一维数组的形式来组织数据，也就是将所有学生的性别组成一个一维数组，因为这个程序只需要连续读取每一个性别来比较即可，用一维数组性能会更好。但是，在实际中，程序是非常复杂的，同一份数据，可能要被几个甚至几十个程序做不同的处理，得出不同的结果。这里面就需要权衡，如果所有程序都适合某种数据结构，那么当然要按照该结构组织数据，但是如果一半适合数据结构A，另一半适合数据结构B，怎么办？这就不是技术问题了，需要综合各种因素来权衡。

另外，可以看到一个完成程序基本都是固定的执行步骤和模式，也就是图中所示的：编排数据、初始化要用到的寄存器初始值、主逻辑、收尾。

上文中只介绍了常用数据结构中的两种，实际中会有非常多的数据结构，这方面大家可以自行了解。

人类利用能够理解的符号比如Load、Add等，加上寄存器符号比如寄存器A，组成人类能够看得懂的机器指令序列，从而形成程序。程序员可以先在纸上写出对应的指令序列，然后将这些指令语句翻译成二进制0和1组合的真正机器码，这个过程叫作汇编。早期这个过程需要人脑去翻译。比如，在前文中所设计的架构中，程序员先用指令代码写好对应的程序，然后再将指令码翻译成二进制，比如看到Load_a指令，就翻译成0000，看到寄存器A就翻译成00，最后将翻译完的纯二进制机器码输入到存储器，然后执行。

运算电路只能理解机器指令码，所以，机器指令码就像语言一样，是人和运算电路之间交流的唯一方式和渠道。所以，上述利用机器码直接编写出来的指令序列程序，就叫作汇编语言。不同人设计出来的运算电路，具有不同的机器指令符号及对应的二进制码，它们都属于汇编语言这一类。但是不能够将针对运算电路A的汇编语言程序放在运算电路B上执行，因为A和B的指令码可能不同。

5.2　高级语言

程序编写一开始是很费劲的一项工作，你现在回头看看上图中的程序，如果不知道背景，估计会看得两眼昏花。程序员根据某个需求编写完对应的程序之后，他很快便会忘记很多设计背景和思路。一旦程序出现什么错误，就需要重新检查代码逻辑，这就是梦魇。那该怎么办呢？这样吧，我们不妨臆想一下我们希望的理想方式。最好的办法是，我直接对着电路说：请帮我算这100个数的及格率，然后它给你结果。

当然，这个方式现在已经可以实现，这叫人工智能。但是这样不一定每次都奏效，带有人工智能的计算机也会有自己的“性格”。比如有些计算机内部积累内容较少，它要么给不出答案，要么给出的答案是错的，那么它的性格就是“不靠谱”。人工智能的底层也一样是各种判断，也是各种机器指令。但是这个话题并不是本书的主题。

想让计算机靠谱地计算，还是得用机器指令。直接用基于机器指令的汇编语言写汇编程序的话，又太麻烦。主要问题在于，阅读机器指令很难体会出其中的上层含义，你得非常仔细地去一条一条阅读才行。所以，关键问题是：代码的可读性或者说易理解性。也就是说，如果用更可读的方式来编写程序，然后将其翻译成机器指令，再将机器指令翻译成二进制码的话，这样就会方便很多了。

5.2.1　简单的声明和赋值

比如，“统计全班男女生比例”这个题目，如果用一种更好的方法将程序步骤描述出来的话，大致可以是图5-8左侧所示的样子。这可是纯中文描述。“//”后面的是注释，告诉你当时编写这段程序时候的背景和思路。

可以看到，我想不管你写完程序过了一年，甚至十年，再回来看左侧这种描述方式，也会立即明白其目的。然而，为了更加简便，我们还是不能用中文描述，得用英文+数学化的描述方式，如图5-8右侧所示，这相对于左侧更加简洁和精准。Int表示Integer（整数），Int G=-2表示G是个整数类型，并且值为-2（存储字母的话就得用字符型，Char G=‘A’表示变量G中存储的是A这个字母）。图中用一行Int G=-2, F=0, E=0同时声明并赋值了三个变量。For这个单词在英文中有“当……时候”或者“只要……时”的意思，所以适合用于描述循环控制这个意思。For后面的括号给出了条件，也就是当满足G<498时，将G增加5，然后进入大括号内部的代码依次执行，如果G≥498，则略过大括号内部的代码直接执行A=F/E了。[G]表示G这个地址指向的存储器中对应地址上的数据，而不是G本身（实际的高级语言比如C语言并不是用中括号来给出存储器地址的，详见后文）。

提示 ▸▸▸

一个数值/数据的类型，除了表示整数的int之外，还有诸多其他类型，比如表示ASCII字符的char、表示长整数（位数更多的整数）的long、表示浮点数（见5.3节）的float，等等。你必须把某个数值/数据的类型标注出来。不标注行不行？不行，因为你必须知道该数值的类型，才能知道该数值要占用多少位，放在哪个寄存器合适，以及该数据可以做什么样的运算（逻辑、数值或者不能运算）。当你遇到问题检查语法错误的时候，才能看出来问题所在。比如你误将两个char类型的数据做了加法，相当于把两个字符比如☺和☹相加，这样没有任何意义，于是你检查代码的时候就能够看出来这种错误，如果你不给出数据类型，看代码时就会茫然。当然你可以指定一个规则：凡是把字符做了数值运算的，并不算错误，而是默认将字符认为是整数，然后运算。这叫作强制类型转换。

```
➢ G = -2                    //给对应的变量赋初始值
➢ F = 0                     //给对应的变量赋初始值
➢ E = 0                     //给对应的变量赋初始值
➢ 把G的值增加5               //准备好指针
➢ If 地址G上的数据不是1       //从结构体中读出一个性别数据判断是男是女
➢ 就把E的值+1                //女生计数+1
➢ 否则就把F的值+1             //男生计数+1
➢ 如果 G≠498                 //还没遍历到100个学生数据的最后一条
➢ 往回跳转再次执行G=G+5        //继续读取下一条数据判断是男是女
➢ 否则执行A=F/E               //如果达到了最后一个学生，就算出比例，结果赋值给A
➢ 显示A                      //在数码管上显示出A的值
➢ 结束                       //结束
```

```
Int G=-2, F=0, E=0;               //给对应的变量声明类型并赋初始值
For (G=-2; G<498; G=G+5;)  //主循环遍历每一个性别
{
    if ([G]!=1)
    {                              //读出一个性别数据并判断是男女
     E=E+1;
    }                              //不是男的就把E增加1
    else {F=F+1};                  //是男的就把F增加1
}                                  //只要G<498就跳回到主循环开头把G加5
A=F/E;                             //计算最终结果
print A;                           //显示最终结果
End;                               //结束
```

图5-8　更加可读的程序步骤描述语言

如图5-9所示为实现同一个目的的程序的两种描述方式的对比和映射。可以看到，该做的事一样没少，但是右侧的显然更加易懂。对数据的编排这个步骤该怎么用更易懂的方式描述，我们下文再介绍。另外，可以看到这种易懂的描述方式中，并没有出现任何寄存器符号。也就是说，编写这个描述步骤的人，根本不想关心他声明的这些变量会被载入哪个寄存器进行运算。另外，高级语言中也并没有给出某个变量应该被存储到哪个存储器地址的信息。

这种用人类容易理解的语言来描述程序要做的事情以及步骤的语言，叫作高级语言。然而，电路是根本不理解这些符号、句子的。所以，必须将这些高级语言程序翻译成低级语言，也就是机器指令/汇编语言代码。所谓低级并不是说技术含量低，而是位于整个层次中的位置低。

高级语言必须遵循语法，否则你的描述方法和别人的描述方法不同，就可能会导致误解。上图中的描述并没有遵循任何现有高级语言的语法，只是看上去类似，这种主要用来说清楚一个程序步骤而并不遵循现有高级语言语法的代码称为伪代码。因为很多时候人们只是想相互交流或者大致说清楚某程序的逻辑而已，如果处处都必须遵循语法那将会很累。

自此，程序员可以分成两个亚族了。一个是只管逻辑含义的描述，也就是用高级语言描述出需要做的事情，这类程序员又可以称为前端程序员，也就是直接面向人类可理解的需求进行程序描述。而后端程序员，则专门负责将用高级语言描述的程序翻译成机器指令语言。

5.2.2　编译和编译器

可想而知，后端程序员会是个很苦闷的工作，他们的脑子介于现实世界和机器世界之间，他们满眼都是那抽象的描述以及电路指令。自从从事了后端程序员这个角色之后，整个人基本处于萎靡状态。所以，很少有人愿意做这项工作。那怎么办呢？唯一的办法，就是写一个程序来代替人脑，这个程序可以将高级语言程序翻译成低级语言程序。这个代码翻译过程叫作编译，完成编译过程的这个特殊的程序叫作编译器。

可想而知，这个程序该有多复杂。而且这个程序必须使用汇编语言来编写（至少一开始必须用汇编语言），对高级语言代码进行逐字逐句的分析，比如，碰到“For”这个单词，而且后面还跟着一个括号，

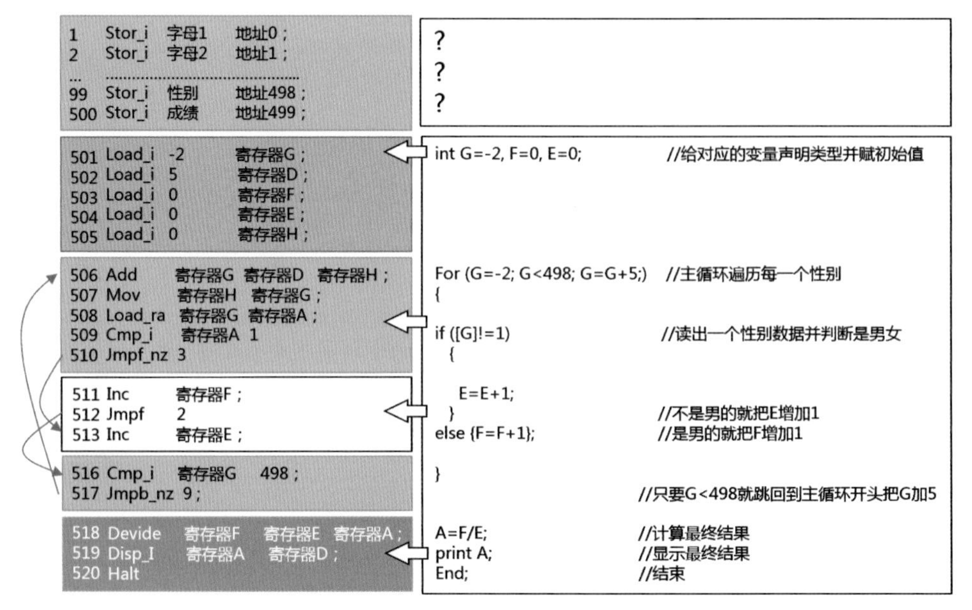

图5-9　高级语言与机器指令之间的映射关系示意图

就证明这是一个循环，那么就根据括号中的参数以及循环主体里面的各种代码，来综合生成对应的机器码。碰到“if”这个词，则就会生成对应的Cmp和Jmp类指令。

另外，翻译过程不仅仅是对语言本身的翻译，还需要分配内存（存储器）地址。高级语言中只是声明和赋值了某个变量，翻译者需要把这个变量放置到某个寄存器（翻译成Load指令），或者内存地址上（翻译成Stor指令），至于放在哪个寄存器或者哪个存储地地址，由翻译者综合考虑。而且，翻译者还必须记住将某个变量符号分配到了哪个寄存器或者存储器地址。比如当翻译者将“Int F=0”中的变量符号F分配到寄存器G之后（翻译成“Load_i 0 寄存器G”），其他代码中如果出现F=F+1，那么翻译者必须知道F当时被分配到了寄存器G，从而才可以将F=F+1翻译成“Inc 寄存器G”。

从图5-9中可以看到，高级语言程序员只声明了3个int整数，而左侧对应的汇编指令中却初始化了5个寄存器的值。这是因为在计算的时候，需要寄存器来存放结果，而在右侧的高级语言中，程序员却“无耻地”用G=G+5来描述把G增加5，而对于前文中设计的那个运算电路来讲，实际的执行步骤是把5存入寄存器D，把寄存器G和寄存器D相加结果存入寄存器H，再把寄存器H的值复制到寄存器G。所以，程序员并没有将程序写成int D=5, H=0; H=D+G; G=H，当然，写成这样也没问题。最终，还是编译器来负责将这些简化的描述翻译成烦琐的机器指令。

另外，翻译者还必须对高级语言代码进行语法检查和逻辑检查。如果程序员定义了Char F=‘A’，E=‘B’，如果之后某句代码中出现了F=F+E（把字母A和B相加然后再赋值给变量F）这种数学运算，那么语法分析程序模块应当提示错误或者警告。因为字符之间做数学运算是毫无意义的，这就像“我+你=？”一样。但是你无法杜绝任何奇葩需求，如果某种程序偏就要把两个字符的ASCII编码当作十进制数字相加的话，你不能不让人加。所以有些高级语言的语法分析模块可以允许这种操作，有些则很严格不允许这么做。

编译器还得负责一件事，那就是把你所声明的数据类型翻译成二进制的1和0。比如你声明了int a=7，编译器需要把这个语句翻译为比如Load_i 00000111 寄存器A，因为数值7的二进制表示是00000111；同理，如果你声明了一个字符，比如char a = ‘A’，则编译器翻译成的代码就是类似：Load_i 01000001 寄存器A，因为字符“A”的二进制表示是01000001。编译器怎么知道哪个字符的二进制是什么？当然是查ASCII码表了。ASCII码表放在哪呢？可以被编写到编译器程序代码中固化进去，也可以放到某个文件中然后供编译器查询（文件系统原理见下文）。

每种高级语言都有对应的编译器，而且还需要针对不同的运算电路提供不同的编译器，因为不同电路的底层机器指令是不同的。编译器将高级语言翻译成低级机器指令符号，然后再用汇编器将编译器输出的数据映射成二进制码，形成最终的可执行程序。汇编器没有什么复杂度，其就是单纯地把机器指令符号比如Load_a用对应的二进制码代替即可。

编译器在做语法分析的时候，怎么知道某个高级语言代码中的某个字母、单词到底是For，还是if，抑或是其他？你用肉眼看当然可以一眼看出，这不就是For么，这不就是if么？还是那句话，你的大脑已经做了图像识别处理了，不知道做了多少运算，才得出这个结论的。所以，编译器程序也需要与已知的单词做比较才能得出结果。可以想象出编译器内部会有类似这样的逻辑：读出某几个字节，然后与Int这三个字母做比较，如果发现不匹配，则再与Char比较，如果不是，再与For比较，还不是就再与if做比较，一直匹配完所有可能的语法单词为止。这才只是第一步，也就是发现当前单词是什么。后续的很多复杂逻辑，鄙人也不懂了，但是可以想象出其复杂度。

编译器如此复杂，不仅要理解和分析高级语言和对应电路的汇编指令，要负责分配寄存器和存储器地址，要负责检查语法错误和逻辑错误，而且还负责代码的优化，真可谓是吃喝拉撒睡全包，高级语言程序员的福音了。可以想象编写编译器程序的人的状态。俗话说，苦了我一个，幸福十亿人。正因为有了编译器，才有你今天所看到的丰富多彩的计算机程序的世界。

5.2.3 向编译器描述数据的编排方式

关于图5-9中的问号部分。图中只是描述了数据处理的步骤，并没有描述如何编排数据。回想一下前文中我们直接用汇编语言来编写求平均值、求男生成绩平均值等程序，其步骤里的第一步就是先把需要处理的数据编排在存储器里。我们不得不先在纸上画一张图表，或者，成为熟手以后，直接在脑子里虚拟出这张图表来，分配好各个项目的位置。现在如果想用高级语言来编写程序的话，程序员根本不关心数据被放在存储器的哪里，地址分配都由编译器来负责。但是程序员至少必须告诉编译器，他想按照什么数据结构来组织数据，也就是必须在高级语言代码中描述出对应的数据结构。编译器知道了这个信息，就可以根据要求在存储器中按照给出的方式将数据排入。

再臆想一下，能不能用图文并茂的方式来描述数据结构？比如，我可以画一张像图5-1上方的那个表，并用虚线框来描述按照数组还是结构体来编排数据。这样的确一目了然地描述了该程序需要处理的数据的组织性质，没问题，而且更加便于后端程序员阅读。但是上文也说过，后端程序员这个角色，是由编译器来完成的。那么，让程序来识别你画出来的图，这个就有点难度了，需要人工智能图像识别技术，很多时候是识别不准的。所以，我们不能太懒，还得勤快点，还得用文字符号的方式来描述，便于编译器去分析。

我们不妨用int value[100]这样的文字描述来表示声明一个可以容纳100项整数的一维数组，这个数组的名字叫value。要将66这个整数存入或者说赋值给其中的第5项，则可以表达为value[5]= 66。或者，如果想一次性既声明这个数组又向其中填入所有的值，则可以这样：int value[5]={80,95,100,75,59}，声明了一个5个整数组成的一维数组并且一次赋值给其中的每个项。如果全班50个人都考了100分，则可以表示成int score[50]={100}。同理，“冬瓜哥”同学的姓名可以表示为char name[3]={‘D’，‘G’，‘G’}。那么，当代码中出现（或者说引用）name[1]时，其指代的就是D这个字符了；引用score[15]时，其指代的就是100这个成绩数值了，理所当然，代码中的score[15]/2的结果就是50。

提示 ▶▶▶

请注意，对于C语言这个高级语言，对数组的定义有一些特殊的地方。数组在被定义时，比如int a[100]，表示该数组最大容纳100个值。但是在引用该数组中任何一项时，是从第0项开始引用，也就是a[0]～a[99]，最远处的一项的索引号是数组长度减1。下文中的伪代码并不注意这些语法，只给出通用示意。

我们尝试用高级语言定义一个数组，并且编写一下“计算全班及格率”这个程序。

```
0{
1  int score[8] = {81,72,62,23,82,19,32,23};
   //8个学生的成绩编排到一个名为score的整数类型一维数组中
2  int i = 0;        //定义一个用于循环控制的变量i
3  float a = 0;      //定义一个用于记录及格率的浮点型（详
                     //见5.3节）变量a
4  int k = 60;       //定义一个用于记录及格分数线的变量k
5  int j = 0;        //定义一个用于记录及格人数的变量j
6  for(i=0 ; i < 8 ; i++ ){     //用i来控制循环读出每一个成绩
                                //与60比较（i++与i=i+1等效）
7     if ( score[i] >= k ) { j++; }
      // score数组内的第i项值大于等于60则将j增加1并跳回
8     }              //当i的值增加到8的时候跳出循环执行下
                     //一行代码
9  a = j/8;          //把j的值除以8并且结果赋值给变量a
10 print a           //把a的值显示出来。
11 }
```

提示 ▶▶▶

请注意，你可以任意规定你创立的高级语言的语法，但是你必须为其开发对应的编译器。如果你开发的语言更加易用，效率更高，那么人们自然会使用。

对于结构体，我们可以定义成如图5-10的文字描述方式。用struct这个单词向编译器声明要创建一个结构体样式，紧跟着的student是你所声明的这个样式的名称。

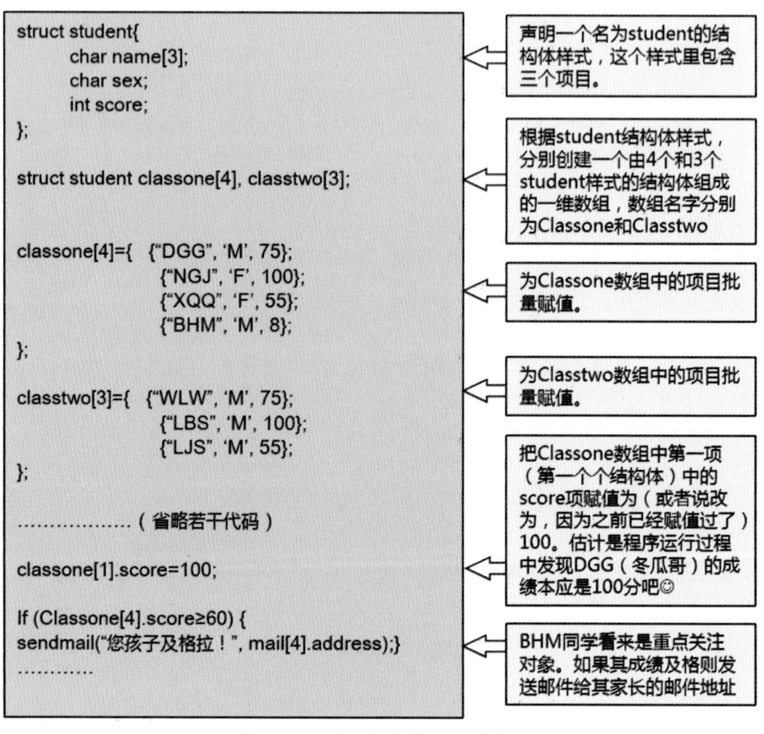

图5-10　用文字来描述结构体

需要注意的一点是，student是样式名称，其目的是告诉编译器，凡是名为student的数据编排描述，都是这个样式（包含图中所列出的三项）。而Classone和Classtwo则是告诉编译器，按照student这个样式真实地创建出两个结构体一维数组。Classone和Classtwo将会真正占用存储器空间。而声明student的样式只是在告诉编译器有这么一种样式而已。这相当于，student是一份标准表格模板的名称，而classone和classtwo是把student表格模板复印了两份分别填入了自己的内容。

可以看到，数组可以嵌入到结构体中成为其中一项。按照图中的赋值，Classone[2].name[3]的值将为字母J。

5.2.4　高级语言编程小试牛刀

基于图5-10所给出的数据编排形式，下面我们就尝试用高级语言来编写“搜索出姓名为冬瓜哥（DGG）的同学的成绩”这个程序。这个程序是一个搜索类程序，它在一堆数据中搜索出对应的匹配项。这次，我们使用著名的C语言语法来描述这个程序步骤。背景信息：共两个班级，一班4个人，二班3个人，给每个班级定义一个结构体数组。基本思路：循环读出Classone和Classtwo中每一项中的姓名字段的单个字母，分别与D、G、G三个字母比较，仅当都相同时，表明结果匹配，跳出循环，进行收尾工作。

```
{
    struct student{ char name[3]; char sex; int score; };
    struct student classone[4]={  {"DGG", 'M', 55}, {"NGJ", 'F', 100}, {"XQQ", 'F', 100}, {"BHM", 'M', 8} };
    struct student classtwo[3]={  {"WLW", 'M', 66}, {"LBS", 'M', 100}, {"LJS", 'M', 77} };
    char dgg[3]={'D', 'G', 'G'};                     //把要比较的字母编排到数组中
    int j, i, k, x=0, y=0;                           //定义和初始化用于循环和判断控制的变量
    for (i=0;i<4;i++) {                              //循环读出一班的每一个学生对应的名字
j=0;                                                 //局部循环控制变量的初始化
if (classone[i].name[j]==dgg[j])                     //比对第一个人名的第一个字母
     {j++;}                                          //如相等则+1以便比对第二个字母
     else continue;                                  //如不相等则直接跳回i++，忽略后续代码（continue的含义）
if (classone[i].name[j]==dgg[j])                     //此时j已经增加了1，所以比对的是第一个人名的第二个字母
     {j++;}                                          //如相等则+1以便比对第三个字母
     else continue;                                  //如不相等则直接跳回i++，忽略后续代码（continue的含义）
if (classone[i].name[j]==dgg[j])                     //此时j已经增加了1，所以比对的是第一个人名的第三个字母
     {x=1; goto abc;}                                //相等则表明三个字母都匹配，则令x=1并跳到abc标记处
     else continue;                                  //不相等则该人名不匹配，所以跳回i++以便读取下一个人名
  }                                                  //一班所有人名如果都不匹配则跳出循环开始比对二班人名
for (k=0; k<3; k++) {                                //二班再来一遍与一班同样的搜索过程
j=0;
if (classtwo[k].name[j]==dgg[j])
    { j++;}
    else continue;
if (classtwo[k].name[j]==dgg[j])
    {j++;}
    else continue;
if (classtwo[k].name[j]==dgg[j])
    {y=1;  goto abc;}
    else continue;
  }
abc:                                                 //这里就是abc标记处
if (x==1){printf("%i", classone[i].score);}          //如果x被置为1，证明一班发现了匹配人名并显示
else if (y==1){printf("%i",  classtwo[k].score);}    //如果x不为1但是y为1，证明二班发现匹配人名并显示
else {printf("DGG not found");}                      //如果x和y都不为1，证明两班都没有匹配人名并显示
}
```

怎么样，是不是看得有点茫然失措呢？想一遍就看懂的话的确不容易，那就多看几遍。冬瓜哥从不懂到懂的过程，恐怕不是几遍的问题，而是几十上百遍。冬瓜哥别的特质没有，毅力倒是满框。上面这段代码中有几个关键点需要注意。

（1）j=0是指把j这个变量的值改为0（不管j的当前值是什么），对应底层的机器指令应为类似“Load_i 0 寄存器A”或者“Stor_i 0 地址A”这种指令。而if (j==0)是指“如果j的当前值为0”，对应的底层机器指令应为类似“Cmp_i 寄存器A 0”这种指令。单等号与双等号的含义不同，而且单等号与我们日常认知的含义也完全不同，一定要注意。

（2）利用for和自增变量做循环时候的语法是“for（变量初值；变量最大值；变量自增几）{满足（）内条件时需要执行的步骤;}”。当达到某个条件时，可以用continue语句强行跳回到for循环的开始处进行“判断变量是否小于最大值”以及“如果小于最大值则自增对应的数量”这个操作，再次进入循环，此时变量已经是自增对应数值的新值了。也就是说continue语句会忽略for( ){ }大括号内的剩余步骤跳回到for初始处。

（3）if判断语句的语法是“if（达到某条件时）{执行这些步骤;}”。遇到多个有先后顺序的条件时，可以用if; else if; else组合。比如“我最喜欢蓝色（if a==blue），如果没有蓝色那么绿色也行（else if a==green），绿色也没有那就红色吧（else if a==red），什么！都没有？那没辙了，其他颜色不想要，走人了（else goto abc）。if的另一种语法是if(b) a=a+1;，如果b为0则不执行a=a+1，如果b不为0，则执行后面的语句。

（4）goto语句可以跳转到你所指定的任意一行代码上执行。代码中的abc是任意起的名字，将其放到某行代码之前，并且加一个冒号，便形成了一个标记，可以被goto引用，“goto 某标记”便表示跳转到该标记处的代码继续执行。

（5）printf在这里并不是一个语句，而是一堆专门负责显示的代码的入口。在前文中所设计的电路中，显示一个字母或者数字很简单，用Disp_i/Disp_c指令直接显示。但是对于现代计算机，其拥有复杂的显示系统和样式，显示字符的过程根本不是一两条机器指令就搞的定的，所以需要非常多的代码才能在显示器上显示信息。如果任何一个需要显示字符的程序都把这一大堆代码写进去的话，这是没必要的，第一是太浪费，第二是可读性差。所以人们把这堆代码单独写出来，然后用某个名字代替，其他代码中一旦出现这个名字，就意味着要调用该名字所指代的那些代码，也就是底层用跳转指令跳转到那些代码的第一行执行，执行完毕之后，再返回之前发起调用的程序继续执行。这种独立编写出来专门用于实现某个功能的代码被称为函数（Function），用某个名字作为在其他代码中调用入口，这也就是函数名。函数名不能与语法中的关键字冲突，比如你不能给某个函数起名为continue，否则编译器就茫然了。函数调用时要告诉这段函数的代码需要让它处理的数据是什么、按照什么方式，这也就是函数的参数。比如该例中的printf函数，你要告诉它起码两件事：要显示的数据内容或者在内存中的地址、按照什么方式显示。这就够了。上面代码中的printf("%i", classone[i].score)，显示内容是classone[i].score，显示方式是按照整数方式显示（i%，如果是c%则表示按照字符显示，还有很多其他显示形式，正如前文中的机器指令Disp_i和Disp_c一样）。发起调用的主程序预先把所需的参数按照规定的顺序（该函数的编写者规定的）放置到某个固定的内存地址（所有人公认的一段固定地址，也就是栈，详见后文），然后底层再跳转到该函数的代码执行，该函数代码执行时就会去栈中对应的地址将这些参数读出并处理。如果这段代码在前文所设计的那个运算电路上运行的话，那么printf函数里面的代码就非常简单了，也就是Disp_i机器指令。只是我们需要一个数码管阵列来显示这么多字符了。函数的具体实现思路和方法可参见5.5.1节。

（6）最后注意一点，所有的代码都是顺着一行一行执行的，除非遇到continue、goto之类语句跳转到其他行执行。如果因为变量达到最大值而导致for循环执行完自然跳出，则程序会继续执行for循环后面的语句。

上面这段代码没有什么问题，但是如果假设人名不是三个字，而是100个字母，那么for循环里就需要比较100次，写100×3=300行代码，这是要累死人的节奏了。所以，对于这种高度重复性的工作，我们还可以继续用for循环来描述，这样会更加简洁，就算是比对一万个字母，代码描述上也不过是j=0;j<10000;j++而已，让CPU累一些，我们轻松一些。所以，我们对代码做了一下优化如下：

```
{
struct student{ char name[3]; char sex; int score; };
struct student classone[4]={  {“DGG”, ‘M’, 75}, {“NGJ”, ‘F’, 100}, {“XQQ”, ‘F’, 55}, {“BHM”, ‘M’, 8}  };
struct student classtwo[3]={  {“WLW”, ‘M’, 55}, {“LBS”, ‘M’, 100}, {“LJS”, ‘M’, 55}  };
char dgg[3]={‘D’, ‘G’, ‘G’};
int j, i, k, x=0, y=0;
for (i=0; i<4; i++) {
for (j=0; j<3; j++){                                    //依次比对三个字母循环开始
if (classone[i].name[j] != dgg[j])                      //如果第一个字母就不一样，则立即跳出循环不需要比对其他字母了
```

```
            {break;}                          //不一样则跳出循环，一样则继续向下执行。!=表示不相等
        }                                     //如果j已经循环到3了，证明三个字母都相同，否则不可能到3
    if (j==3) {x=1; goto abc;}                //如果j已经循环到3了，将x置为1，然后跳转到abc标记处执行
    }
    for (k=0; k<3; k++) {                     //如果上面被break了没有跳到abc，则开始比对二班的人名
        for (j=0; j<3; j++){                  //依次比对三个字母循环开始
        if (classtwo[k].name[j] != dgg[j])    //从这里往下与比对一班时候的逻辑相同
        {break;}
        }
        if (j==3){y=1; goto abc;}
        }
    abc:                                      //abc标记处
    if (x==1){printf("%i", classone[i].score);}     //如果x被置为1，证明一班发现了匹配人名并显示
    else if (y==1){printf("%i", classtwo[k].score);} //如果x不为1但是y为1，证明二班发现匹配人名并显示
    else {printf("DGG not found");}           //如果x和y都不为1，证明两班都没有匹配人名并显示
    }
```

这段代码中有几点需要注意：（1）break语句可以强行跳出当前循环，执行循环外面的下一行代码。没有无缘无故的break，所以break之前一般都跟随if判断语句；（2）各种for、if等可以相互嵌套，而且可以多层嵌套。比如for里面再套一层for，if里面套一层或者多层for，for里面套多层if，都可以。

5.2.5 人脑编译忆苦思甜

接下来，我们尝试自己来担任一把编译器的角色，来深刻体会一下编译器的用心良苦和编写编译器这个程序的人的状态，忆苦思甜，虽然可能根本就没苦过。如图5-11所示为将C语言翻译成适合于在前文中的那个简易运算电路上运行的机器代码的过程，当然，是使用人脑来翻译，而不是编译器程序来翻译。这里只给出了源程序中最复杂的那段嵌套循环逻辑的翻译，其他代码大家可以自行翻译。对结构体和数组赋值的指令可以与前文中一样使用Load_i指令一条一条存入到存储器中，从地址0开始放。

冬瓜哥翻译这段代码的基本思路就是从开头顺着一条一条来，碰到=就用Load指令赋值，碰到<就证明程序需要判断和跳转了，就用Cmp和Jmp组合。但是Jmp到多少行之前或者之后，你此时是无法确定的，因为此时你连翻译完之后有多少行代码都还不清楚，所以Jmp后面只能先用高级语言描述一下需要跳到哪里（图中②处的占

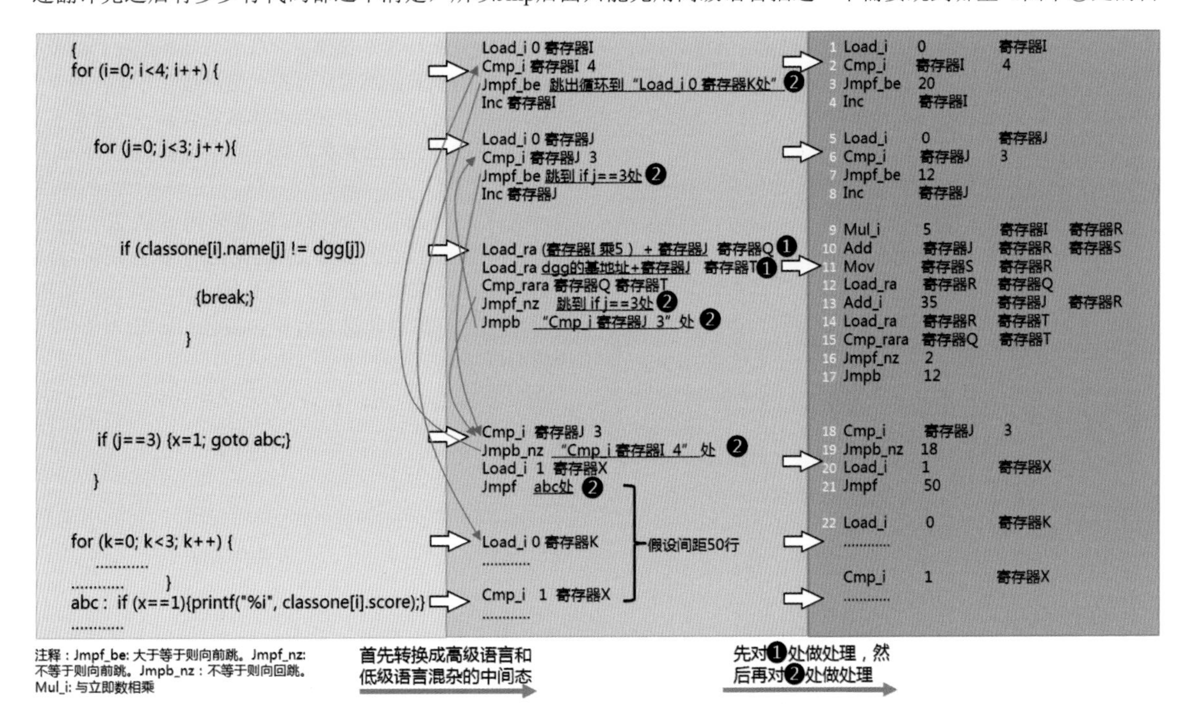

图5-11 人脑编译的思维过程

位描述），等全部翻译完之后，再回来数出跳转目标所处的行号并将跳转指令的参数改成对应的行数。实际中，编译器程序也是使用非常多步骤来完成编译的，中间也需要生成很多标记信息，当然实际的编译过程要复杂得多。不同的编译器、不同的设计者的思维不同，翻译方式也不同。也并没有一个严格标准来告诉你必须怎样翻译，只要最终程序运行正确即可。

自举 ▶▶▶

想象一下，上述的人脑思考翻译过程本身，也可以用高级语言来描述，比如其中一个过程：if (string =="int p=100") {line1 == "Load_i 100 寄存器A"}。当然，实际的处理过程远非如此简单粗暴。所以，如果你自创了一门高级语言，你用你自创的高级语言描写出“如何将你自创的这门高级语言翻译成某个电路可执行的机器指令的过程”，然后用人脑把这个用你自创的高级语言编写而成的编译器程序翻译成机器指令，那么这个编译器程序就可以编译任何使用你自创的语言写出来的高级语言程序成机器指令。这个过程就属于自举。当然，这个工程量非常浩大。

可以看到①处有点复杂。classone[i].name[j]和dgg[j]分别表示某个地址上存储的某个字母。但是地址是多少？高级语言可以很“无耻地”用第几行第几列（i和j）来引用这个字母，但是翻译成机器指令则必须给出真实的地址。假设所有的结构体、数组等数据都是从地址0处开始编排，先存入一班的4行，然后二班，然后dgg[3]三个字母。一班的每一行会占用5字节（三个字母一个性别一个成绩），那么第i行（i从0开始）的name[j]处的字母，就位于i×5+j这个地址上。比如，i=0，j=1，也就是第0行的第2个字母，地址就是1。没错，地址0上存的是第0行第一个字母，地址1上存的就是第0行第二个字母。所以，这种先用公式来把地址算出来的方式，利于人脑理解。

基地址 ▶▶▶

还记得前文中提到过的偏移量（Offset）这个概念么？这里的j就是偏移量。那么i×5是什么？是基地址（Base Address）。每行5字节，每一行的第一个字节在存储器中的地址就是i×5这个基地址，从这里开始往下数j个地址，存放的就是name[j]所表示的字母。

有了这种基地址+偏移量的方便描述之后，在第三步中我们可以比较方便算出真实的地址。可以看到机器指令的第9/10/11/12行做的事情就是在执行i×5+j，然后用这个地址寻址存储器（第12行）将读出的数据存储寄存器Q。至于dgg[j]地址的确定就比较简单了，一班二班两个结构体总共占用35字节，其后面紧跟着的就是dgg[3]数组，所以直接用35+j就是dgg[j]这个字母的地址了。

可以看到，在第9/10/11/12行中不得不用多个临时寄存器（R，S）来倒换数据。因为不能直接把寄存器I的值乘以5之后再写回到寄存器I，寄存器I的值必须保持为for (i=0; i<4; i++)里当前所循环到的值。i×5+j并不表示“把寄存器I的值乘以5再加上寄存器J的值”，因为这里的指令并不是i=i×5+j而是“Load_ra (寄存器I 乘5) + 寄存器J 寄存器Q”，所以i×5+j的值必须另找地方存放。

可以设想，如果能够用一条机器指令就实现“Load_ra (寄存器I 乘5) + 寄存器J 寄存器Q”这条伪指令的话，这会非常方便。实际上，当前的几乎所有通用运算电路产品都可以直接在指令中用这种组合公式的形式给出地址，有些可以支持乘、加组合，有些则只支持加而不能乘。至于这种指令的底层硬件实现方式，可以有多种，比如，可以新设置一个加法器和乘法器来专门负责对这些值进行相加相乘，然后输入到存储器地址译码器前端。亦或者使用另外一种方式，也就是将这条指令分成多步操作，其中的一小步就是利用ALU（原生的那个，不用单独增设一个ALU）算出地址。后面这种方式，将在后续章节中介绍。

想象 ▶▶▶

可以开动你的大脑想象一下电路执行整个程序的过程：想象有一根指挥棒（PC寄存器输出的地址信号）从零开始读出一张连续的表格（指令存储器/指令缓存）中的每一行代码执行，本来一条一条往下移动，走得好好的，突然发生了跳转，指挥棒突然往回折返然后继续往下走，又遇到前跳转一下子跳出很远，继续往下走。程序就这样不断跳转。有一股力量（PC寄存器的自增）驱动着指挥棒不断往下落，但是跳转指令仿佛一只强有力的手能把指挥棒摆放到任何位置，然后从这个位置继续往下走。这个过程很快，可以想象指挥棒在你眼前成为一个虚影不断振荡（跳转）最后停在某处（程序结束）。

有了高级语言，就应该尽量使用高级语言进行编程。先在纸上用高级语言描述出整个执行逻辑，然后再将其翻译成机器指令，而不是一开始直接用机器指令来编程。这样做提升效率，方便自己也方便他人阅读。

5.3 浮点数及浮点运算

除了上述的int整型、char字符型等一些非常常用的数据类型之外，还有一类浮点型数值。

5.3.1 数值范围和精度

问：给你4个位置，每个位置上能够放一个十进制阿拉伯数字，请问你能够用这4个位置表达的最大和最小的数值各是多少？共能表达多少个数值？小学没毕业的人估计也能答上来，那就是9999和0000，共能表达一万个数值（每个位置10种符号，4个位置共能表达10的4次方个数值），而且这一万个数值都是整数。

问：如果用小数表示，同样给出4个位置，小数点居中，那么所能表达的最大和最小值各是多少？共能表达多少个数值？那当然是99.99和00.00了，共能表达一万个数值（每个位置10种符号，4个位置共能表达10的4次方个数值），还是一万个数值。

问：请给出一种数值表示方法，仍然用10个阿拉伯数字和这4个位置，表达出大于9999这个值的数值，以及小于00.01这个值的数值。0.001小于00.01，把小数点左移一位，成功解题。但是数值如何表达才能大于9999？这可愁坏了冬瓜哥。不过，有个比较无赖的方法的确可以解这道题：3.099。解完了。这算哪门子答案？听我跟你说！

此3.099非彼3.099。其中，前三位数3.09表示的就是3.09这个值，但是最后一位数9，表示的是10^9，所以这个数的值实际上是3.09×10^9，这不就远大于9999了么。也就是说，这种表达方式抽象描述的话就是axyz等价于$a.xy(10)^z$。那么9999这个数值用这种形式表达，就只能是$9.99\times10^3=9990$，相比9999小了9，也就是说不得已丢掉了一位数，产生了万分之九（9/9999）左右的误差。

用这种表示方法，同样是这四位数，能够表示的最大值和最小非0值将会是9.99×10^9以及0.01×10^0。可以看到，其数值跨越的范围被加大了，这样可以表达很大或者很小的数值。但是，请注意，该方式总共能表达多少个数值？依然是一万个，这相当于把原本放在很小空间内的一万粒沙子（0000～9999）放到了大尺度空间中散开（0.01×10^0～9.99×10^9），但是总量仍然是一万粒。那就意味着，从0.01～9.99×10^9这个范围的数值中，有些数值无法用该方法精确表达，比如1234这个值，就无法被表达出来，只能用$1.23\times10^3=1230$来近似表达1234这个值。此时，你会明显感觉到一个概念映入你的脑海，那就是，$a.xy(10)^z$这种数值表达方式的**精度**为3位，超过了这个精度的数位就会被舍弃。要想增加精度，就只能增加位数，比如4位数增加到5位数，那么就可以用1.234×10^3（12343）来表示1234了。

同样用4个数字，99.99只能精确到小数点后两位，而9.999就可以精确到三位，小数点左移了一位。而采用1.23×10^3、22.2×10^2这种表示方法，可以用相同的数位（比如4位数字）来表示不同的范围和不同的小数点后面的精度。这就是所谓**浮点数**。99.99的小数点恒定居中，不可变动，表示的范围固定，表示的精度也固定，所以被称为**定点数**。而同样的4个数字位置，1.23×10^9（1239）和1.23×10^0（1230）则跨越了天文数字的范围，精度都是小数点后两位，其小数点是可以通过给出不同的指数来移动的，也就是**浮动**的，比如1.23×10^3、12.3×10^2。或者将所有的表示都规范化，小数点位置固定，而指数可变，比如都是这种形式：5.73×10^2、2.25×10^3、8.41×10^0、9.17×10^6等，也就是让小数点左边只有一位数字。你可以给这种表达方式起个名字叫“定点变指数”，不过人们都习惯用浮点数来称呼了。

拿2.73×10^5举例，人们把2.73称为**尾数**，把10称为**基数或者底数**，把5称为**指数**。尾数的位数决定了这个数的精度，尾数又被称为**有效位**。比如在宇宙这个空间尺度里，某颗恒星距离太阳的距离为1234567890光年。现在你打算用一个数值来描述这个距离，但是这个数值的尾数只有3个位，也就是3个有效位，那么就只能用1.23×10^9来描述这个距离，也就是12300000000光年，后面的456789全都丢掉了。如果这个数值作为宇宙飞船的飞行距离，后果不堪设想，飞船飞到目标点后发现什么都没有，结果地球回答说：对不起，可能是由于我们的计算精度不够，请你自行在周边50万光年范围内搜索目标。所以，需要提高精度，让尾数有效位变为10位，就可以用1.234567890×10^9来精确描述了。

5.3.2　浮点数的用处和表示方法

从上文中我们明白了一个道理，那就是浮点数可以利用指数的变化来表达更大的范围，但是精度则完全取决于尾数的位数，如图5-12所示。另外，总共可表达的数值的个数取决于尾数和指数的总的数位个数。比如1.2345×10^{123}，尾数有5位，指数有3位，那么这种表示法一共可表达10的8次方个数值（没把0值抛掉）；而0.4×10^5，尾数有2个位置，指数有1个位置，那么它总共可表示10的3次方个数值（没把0值抛掉）。

图5-12　计算器程序

给出一个32位的二进制寄存器，它能够表示2的32次方也就是4294967296个状态，共10位数字。如果每个状态都是一个整数的话，那么它可以表示0/1/2/3…/ 4294967296这四十多亿个整数。假设，某个化学检测程序需要统计出某溶液中共包含了多少个反应物分子，并将对应数值存储到该32位寄存器中，程序员会发现，最终的分子数量的值远大于该寄存器能表达的最大值，该怎么办呢？再比如，某颗恒星距离太阳超过10^{120}光年，又该如何用这32位来表达这个数值呢？再比如，要表达某个基本粒子的直径，或者某个超小的尺度，如10^{-127}米又该如何表达呢？

再比如，表示比1小的数值，也就是小数，如0.1234用整数是无法表达的。上述这些场景，就需要使用浮点数来表达。对于一个32位的寄存器，人们是如图5-13这样分割来保存尾数、指数和符号的。其中符号位为1时表示该数值为负数，为0则表示该数值为正数。

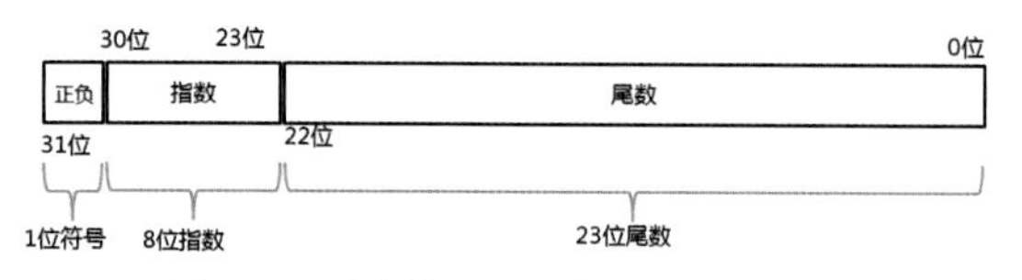

图5-13 浮点数在32位寄存器中的组成

用32位来表示的浮点数则称为单精度浮点数。如果用64位来表示的一个浮点数值，则称为双精度浮点数。如图5-14所示，可以看到64位双精度浮点数的尾数可以达到52位，精度更高，同时指数字段达到了11位，可以表示更大的数值范围了。除此之外有些CPU还支持扩展双精度浮点数，也就是用总共80位来描述一个浮点数，这里就不做过多介绍了。

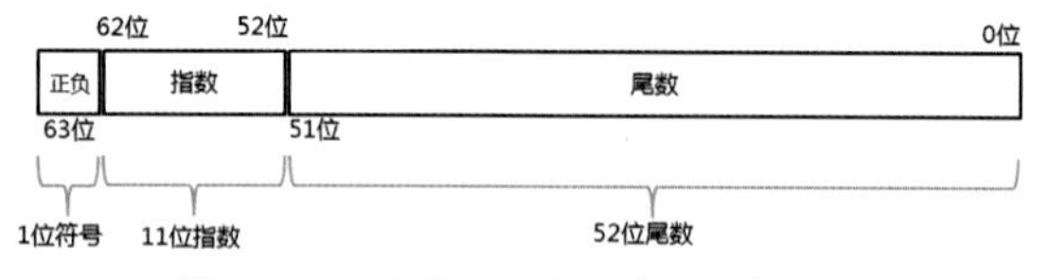

图5-14 浮点数在64位寄存器中的组成

当需要表达超级大或者超级小的数值时，只能采用这种科学计数法才可以，因为最终表示的数值是需要乘以10的n次方的，这一乘，数值就变大了。同理，如果乘以10的负n次方，数值就会变得很小了。

5.3.3 浮点数的二进制表示

既然这样的话，比如要表示1.2345×10^5这个数，就把尾数12345对应的二进制11000000111001填入到寄存器中尾数部分，由于不满23位，所以需要补0，也就是补成00000000011000000111001。指数5的二进制则是101，填满8位则为00000101。该数值是个正数，所以最高位符号位为0，最终这32位寄存器中的二进制位是否应该为0 00000101 00000000011000000111001呢？看上去挺合理的。然而，这只是想当然的，实际并非如此。

上述这种做法，其认为底数依然是10而不是2。但是对于二进制数字电路来讲，其是无法理解10这个阿拉伯数字，一切必须是二进制。也就是说，必须也用二进制来描述一个小数，比如101.001110×2^{100}、1.001101×2^{11}，这两个数看上去完全无法理解，也就是说这两个数在你大脑中转了一圈，你完全不知道它表示的十进制数值是多少。

5.3.3.1 二进制浮点数转十进制小数

那么你为什么理解1.23×10^3这个数呢？因为你的脑子就是一个十进制运算大脑，你在个位上看到1，就有了一种意识“哦，这个数是1点xxx，比1稍微大点”，然后在小数点后第1位看到符号2，意识则是“哦，在1的基础上又多了把1均分为10份后取2份这么多”；又在小数点后第2位上看到3，则会知道“哦，在1.2的基础上再多出把1均分100份然后取其中三份这么多”；然后看到10的3次方，就知道，在1.23的基础上，扩大1000倍，就是这么多的一个数量。同理，用二进制的思维来看101.001110×2^{100}这个数，就应该是“哦，101的十进制是5，这个数是5左右”；小数点后第1位上看到一个0，就要这样想“哦，在5的基础上又多了把1均分2份取其中0份这么多”，也就是0。这里需要注意了，二进制的.a是指把a均分为2份而不是10份，然后取其中a份。同理，0.0a则是把a均分成2×2份然后取其中a份（对应十进制0.07的把1均分成10×10份取其中7份）。以此类推，0.001110小数点后的第3位则表示把1分成2×2×2份然后取其中1份；小数点后第4位表示把1分成2×2×2×2份后取其中1份；小数点后第5位表示把1分成2×2×2×2×2份后取其中1份；小数点后第6位表示把1分成2×2×2×2×2×2份后取其中0份。把每一位上的数量加起来的总和，就是这个数值要表达的数量。

根据上述规则，那么101.001110×2^{100}这个数，最终转换为十进制就是：$(5+0/2+0/2\times2+1/2\times2\times2+1/2\times2\times2\times2+1/2\times2\times2\times2\times2+0/2\times2\times2\times2\times2\times2)\times2^4=5.21875\times16=83.5$。而$1.23\times10^3$如果也写成这种形式则为：$(1+2/10+3/10\times10)\times1000=1230$。精确的数学描述则为：

$$_{二进制}[abc.opq] = {}_{十进制}[a\times2^2+b\times2^1+c\times2^0+o\times2^{-1}+p\times2^{-2}+q\times2^{-3}]$$

再来看看二进制小数是否可以直接通过移动小数点来将对应数值扩大对应倍数。1.23这个十进制小数数值如果把小数点右移一位则变为12.3，其扩大10倍。相应地，二进制小数101.001110每次小数点右移一次则应当扩大2倍，来算一下，右移了一位的1010.01110代表的数量是不是应当为$5.21875\times2=10.4375$，$1\times2^3+0\times2^2+1\times2^1+0\times2^0+0\times2^{-1}+1\times2^{-2}+1\times2^{-3}+1\times2^{-4}+0\times2^{-5}=8+0+2+0+0+0.25+0.125+0.0625+0=10.4375$。没错！二进制移动小数点的规则与十进制一样，只不过每次移动扩大2倍而不是10倍。

5.3.3.2 十进制小数转二进制浮点数

好了，将二进制转换为十进制的过程大家都清楚了。现在该挑战一下大脑，看看将十进制转换为二进制该怎么办了。向计算机输入数值时，就要将十进制转换为二进制，然后填充到运算电路的寄存器中。还是用1.23×10^3这个十进制数来思考。其个位上的数量是1个苹果，对于二进制来讲，1个苹果也用符号“1”来表示，所以我们可以确定该数值对应的二进制小数的小数点左侧也是1。再来看 .2 表示多少数量。显然，其表示把1个苹果分成10份取1份这么多，不幸的是，二进制只能把1劈开成一半也就是2份，劈不成10份。显然，半个苹果比2/10个苹果要大，所以这一位不能是1，如果是1的话，这个二进制小数就会是1.1，其表示“1个苹果再加上半个苹果”，就超出了实际要表达的数量了，所以这一位只能是0。好了，现在该小数必须为1.0×××…。现在往这个数量上加一点点，尝试一下$_{\text{二进制}}$1.01如何？也就是$1+0+1\times2^{-2}=1.25$，其比$_{\text{十进制}}$1.23要大，所以小数点后第2位也必须不能是1，得是0，也就是1.00×××。接着尝试$_{\text{二进制}}$1.001如何？也就是$1+0+0+1\times2^{-3}=$$_{\text{十进制}}$1.0125，比$_{\text{十进制}}$1.23小。那么是否可以再加上几位来补一下呢？比如$_{\text{二进制}}$1.0011=$_{\text{十进制}}$1.1875，接近$_{\text{十进制}}$1.23了。再来，$_{\text{二进制}}$1.00111=$_{\text{十进制}}$1.21875，又接近了。再来，$_{\text{二进制}}$1.001111=$_{\text{十进制}}$1.334375，比1.23大。少加点看看，$_{\text{二进制}}$1.0011101=$_{\text{十进制}}$1.2265625，接近了。再加一点，$_{\text{二进制}}$1.00111011=$_{\text{十进制}}$1.23046875，溢出了一点点，所以改为$_{\text{二进制}}$1.001110101=$_{\text{十进制}}$1.228515625，又少了一点。

冬瓜哥不想再继续算下去了。看来，1.23这个十进制数无法用把每一位劈成一半的方式进行逐次填补而成。其劈开的粒度太粗，不如十进制劈成10份的粒度精细，所以永远补不齐，只能取一个近似值。可以看到，与原值越接近的近似值，就需要更多的1和0来组合起来，这就是所谓精度的含义。但是对于0.625这个十进制数值，按照上述过程来推演一下，可以得出一个精确的二进制数值：0.101。可以隐约体会到，劈开2份是0.5，劈开8份是0.125，0.5+0.125=0.625，刚好能用这两个组合来描述0.625这个十进制数。而劈开16份则是0.0625，劈开32份则是0.03125，等等。只要某个数值能够刚好用这一级级的以2为幂劈开后的小块组合填补起来，那么其就是精确值，否则只能用近似值来表示。如果按照图5-13所示的标准格式的话，那么1.23这个十进制小数被转换成为二进制之后，尾数将有23位， 有兴趣的可以算一下，应为00111010111000010100100。指数对应的8位，应该为0，因为$1.23=1.23\times10^0=1.0111010111000010100100\times2^0$。符号位应为0，因为1.23是个正数，结合起来就是$_{\text{十进制}}$1.23=$_{\text{标准32bit二进制}}$0 00000000 00111010111000010100100（注：指数这8位其实另有讲究，请继续阅读）。

小数点左侧的数哪去了？▶▶▶

那么，1. 0111010111000010100100小数点左侧的1去哪了？这23位尾数描述的明显是0.23，而不是1.23。按理说，这23位中必定需要拿出一部分的位来描述小数点左侧的数量才对。不过转念一想，可以通过移动小数点，让其左侧只有一位，然后增加或者减少指数，比如1.23×10^3与12.3×10^2表示的数量是一样的。为了规范化，人们是这样规定的：对于二进制浮点数，小数点左侧必须只有1位而且必须为1而不是0，所以，任何二进制浮点数都可以被表示为［符号位 指数位 1 其余尾数位］的形式。那么对于0.0001101×2^0这个二进制小数就必须表示为1.101×2^{-4}了，1101.10001则必须被表示为1.10110001×2^3。由于二进制浮点数中总会有1，所以只需要将小数点移动到第一个1的右侧，然后改变相应的指数即可。既然这样，任何符合规范的浮点数小数点左侧总是1，既然这一位永远都是1，那就可以不用表示这个位了，让23位尾数只存储小数部分，电路在计算的时候会自动把这个1加上，这样可以节约1位的空间，提升精度。比如1.0101011一共有8位，省掉小数点左侧的1之后，可以增加1位的精度，之前只能精确到0101011（后面还有一个1但是8位已经满了），而现在则可以精确到01010111，更加精确了。这种按照规范来表示的小数点左侧只有一个1的二进制浮点数被称为规格化二进制浮点数，或简称规格化数。所以，规格化数的表示方法就成了［符号位 指数位 规格化之后的尾数位］了。

每个十进制数难道都要这样去试才能得出对应的二进制数么？是的，没错。或者你别说上述的过程是“试”，说它为“算”多好听呢。上述的计算方式可以抽象描述为这样：小数点左侧的数值直接转换成对应二进制数；小数点右侧诸位先用1来试，大了则变为0然后下一位试1；不大则该位保持为0让下一位为1，这样循环试下去。每次试，都要将各个小块加起来，这样计算量很大。人们找出了另外一种更好的计算方式。还是用1.23来举例，对于其小数点右侧的数值，人们是这样来推出其二进制浮点数的：

0.23×2=0.46，因为0.46小于1，所以小数点后第1位让它为0，0.0xxxxx；

0.46×2=0.92，因为0.92小于1，所以小数点后第2位让它为0，0.00xxxx；

0.92×2=1.84，因为1.84大于1，所以小数点后第3位让它为1，0.001xxx；

0.84×2=1.68，因为1.68大于1，所以小数点后第4位让它为1，0.0011xx；

0.68×2=1.36，因为1.36大于1，所以小数点后第5位让它为1，0.00111x；

0.36×2=0.72，因为0.72小于1，所以小数点后第6位让它为0，0.001110；

……

……

对于0.625这个十进制小数，其对应的算法则为：

0.625×2=1.25，因为1.25大于1，所以让小数点后第1位为1，0.1xx；

0.25×2=0.5，因为0.5小于1，所以让小数点后第2位为0，0.10x；

0.5×2=1.0，因为1=1，所以让小数点后第3位为1，0.101；

减掉1余数为0，计算结束，精确值得出。

可以看到，这种算法相比之前的那种尝试法而言计算量更少。

5.3.3.3 负指数和0的表示

如果把32位浮点数可表达的所有数值在数轴上标记的话，可以看到一个越靠近0点越密集，越远离0点越稀疏的数值排布，如图5-15所示。

现在，开始考虑另外一个问题：如何表示负指数，比如1.1101011×2^{-3}？其实，$1.1101011\times2^{-3}=0.0011101011\times2^{0}$，也就是说，其实可以把负指数变为0指数或者正指数的。但是可以看到，小数点左移，会导致小数点右侧需要更多的位来描述这个数值。如果寄存器中表示尾数的位数固定，比如假设为7位的话，0.0011101011×2^{0}就只能被保存为 [0 00000000 0011101]，后面的三位011只能被截断丢弃，这样丧失了一部分精度。为了最大程度保留浮点数的精度，人们决定保留负指数。

指数字段共8位，如果只用它来表示正指数，能表示从0～255这256个指数，现在要一同表示负指数，那就得拿出其中的一半来表示从-1～-127这127个负数值，另一半表示0～128这129个正数值，这样一共还是256个数值，一人一半。最终人们决定，将这256个数值，从中间一分为二，也就是从127处分开，当指数8位的保存值为127时，表示2的0次方，当指数保存值为126时表示2的-1次方，当指数保存值为0时则表示2的-127次方；同理，当指数保存值为128时，表示2的1次方，当指数保存值为255时表示2的128次方。也就是说，指数字段的保存值减掉127，等于指数的实际十进制值，如图5-16所示。可以看到这样做之后，浮点数表示的范围被收缩了，而且原点附近更加密集了。但是能够表示的数值总量并没有变化。

由于规格化数要求尾数的小数点左边只有一个1，这就有问题了，0这个数值该怎么表示？最后人们决定，当指数为-127同时尾数为全0时，表示数值0，也就是说当出现这种组合时，电路需要被设计为可以判断出此时表示数值0，而不是表示规格化数[1.全0尾数$\times2^{-127}$]。所以，-127这个指数被0这个特殊值占用了，那么非0数值的绝对值最小值就变成了[1.全0尾数$\times2^{-126}$]。

5.3.3.4 无穷与非规格化数的表示

如果将两个浮点数相乘，比如1.1101×2^{1111111}与1.0001×2^{1111111}相乘，那么结果会是一个很大的数，会达到2^{254}这个数量级。而根据上文中的规则，指数字段的最大值为128，容不下254，此时电路无法输出结果，该怎么办呢？最终人们决定让电路输出一个含义为"无穷"的值，也就是把指数字段输出为128（保存值255），同时把尾数输出为全0。程序如果读出的是这个数值，则证明计算结果已经无法保存了，被作为无穷处理。这样的话，128这个指数就被专门用来表示无穷了，所以有意义数值的最大指数就只能到127了。

考虑支持负指数、0以及无穷之后，32位浮点数的有效非0的规格化数的取值范围就变成了-[1.全1尾数$\times2^{127}$]到+[1.全1尾数$\times2^{127}$]。绝对值最小的规格化数则为：[1.全0尾数$\times2^{-126}$]。

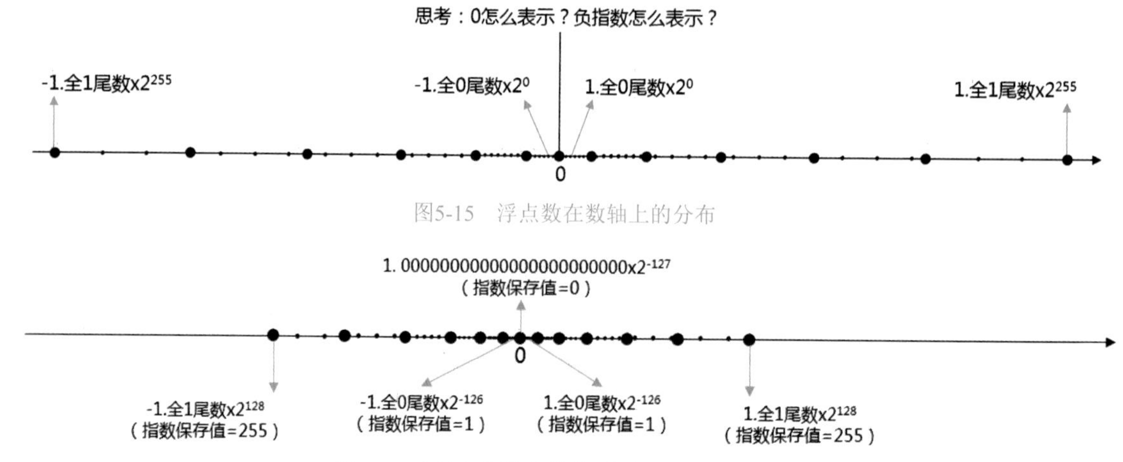

图5-15　浮点数在数轴上的分布

图5-16　支持负指数和数值0的表示后的分布状态

还有个问题需要解决。假设有两个32位单精度浮点数，分别为 1.001×2^{-125} 和 1.0001×2^{-125}（对应的十进制值分别为 2.6448623×10^{-38} 和 2.4979255×10^{-38}）。这两个数被保存为规格化浮点数之后的二进制状态分别为：0 00000010 00100000000000000000000和0 00000010 00010000000000000000000。如果将两个数相减，第一个减去第二个，结果为 0.0001×2^{-125}，将其转换为规格化数后为 1.0000×2^{-129}。可以看到，-129这个数值已经超出了指数字段表示有效非0值时所允许的最大绝对值127，电路只能将这个结果输出为0。而这样做在某些场景下会导致判断失误，比如程序需要判断两个浮点数是否相等，将它们做了减法，如果结果为0则表示相等，而上述这两个值显然不相等，但是结果由于超出了寄存器存储极限而不得不被存储为0，那么这就导致了逻辑上的误判。针对这种情况，人们做了个妥协：**允许当指数字段的值为-127时（寄存器中指数字段的保存值为全0），同时尾数不为全0时（如果尾数为全0，再加上指数为-127，这个组合就表示数值0了），尾数小数点左侧的值会被当作0而不是1来看待**。这样处理之后，1.0×2^{-129}整个数值就可以被表示为0.010×2^{-127}了。这种表示方式属于非规格化数，但是为了解决上述那个场景，标准规定电路可以仅支持小数点左侧只有一个0同时指数字段为-127的非规格化数的运算就可以了。这样，电路只要检测到指数为全0（表示十进制-127），同时尾数不为全0，则电路就会知道这是个非规格化数，就会自动默认小数点左侧只有一个0，然后用这个值参与运算。

最终，考虑支持负指数、0，以及无穷、非常小的非规格化数之后，一个32位浮点数的有效非0规格化数的取值范围就变成了-[1.全1尾数$\times2^{127}$]到+[1.全1尾数$\times2^{127}$]。绝对值最小的规格化数则为[1.全0尾数$\times2^{-126}$]，要想再小，就得用非规格化数了，其最小值为[$0.00000000000000000000001\times2^{-127}$]。

[$1.00000000000000000000000\times2^{128}$]表示无穷大，[$1.00000000000000000000000\times2^{-127}$]表示数值0。如图5-17所示为32位浮点数的最终表示法和分布图示。

为什么数值越大的地方越稀疏呢？比如1.1×10^1、1.2×10^1、1.3×10^1、1.4×10^1、1.5×10^1这一组数之间的间隔是1，而1.1×10^2、1.2×10^2、1.3×10^2、1.4×10^2、1.5×10^2这一组数之间的间隔则是10了。自然地，当指数越大时，数值的跳跃间隔也就越大，整个数值范围就越稀疏了。而整数就没有这个问题，整数的间隔永远都是1，在数轴上分布是均匀的，但是最大值则是2^{32}（32位整数）。

5.3.4 浮点数运算挺费劲

上文简要介绍了浮点数的二进制表示。那么如果要把两个存储到32位寄存器中的浮点数做相加或者相乘的运算，电路应该怎么处理呢？先看看人脑怎么算的。假设我们要算$1.23\times10^3+5.32\times10^5$的值，初中数学不及格的同学应该也可以算出来，（$1.23\times10^3+5.32\times10^5$）=（$0.0123\times10^5+5.32\times10^5$）=（$0.0123+5.32$）$\times10^5=5.3323\times10^5$。

很显然，第一步先**对阶**，也就是把这两个数的指数弄成一样的，对阶过程中需要移动小数点，两者的指数相差多少，就移动多少位。第二步，把对阶之后的两者的尾数相加即可。可以看到相加之后的结果有5位数字，而之前的两个加数却只有3位数字，也就是说结果的精度被提升了。假设寄存器中只能保存三位数字，那么5.3323后面的0.0023这一小块数量就得被丢弃，但是丢弃会影响精度，此时就需要进行**舍入**。对于十进制数来讲，其一般遵循四舍五入的规则，也就是该位上的数字表示的数量小于一半则舍去，超过一半则进位，也就是入。所以5.3323被舍入成3位数之后就是5.33。对于运算电路来讲，不同的设计有不同的舍入方式，有些直接舍掉，不进位；有些则只看舍掉部分最左侧的那一位（最高位）如果是1，则进一位，如果是0则直接丢掉。有些看得更细，比如把要丢弃的所有位都依次舍入，如5.33488要舍掉0.00488，它最后一位8进位到0.0048上变成0.0049，0.0009再进位到0.004上变成0.005，然后再将0.005进位到5.33上变成5.34，这就是最终的舍入结果。浮点数乘法不需要对阶，直接将尾数相乘、指数相加即可，但是依然需要舍入。

二进制浮点数的运算，一样遵从上面的法则。如图5-18所示为两个相同符号的浮点数相加的执行流程。图中的例子共使用了7个步骤来完成一次加法。实际中，可以将某些步骤合并，也可以将某些步骤再细分，不同的CPU有不同的设计。图中最右侧展示的是对应的流水线部件，以及其中的组合逻辑模块中你应该马上想到的一些基本部件，比如加法器、移位寄存器等，在前面的章节中都有介绍，如果记不清了，

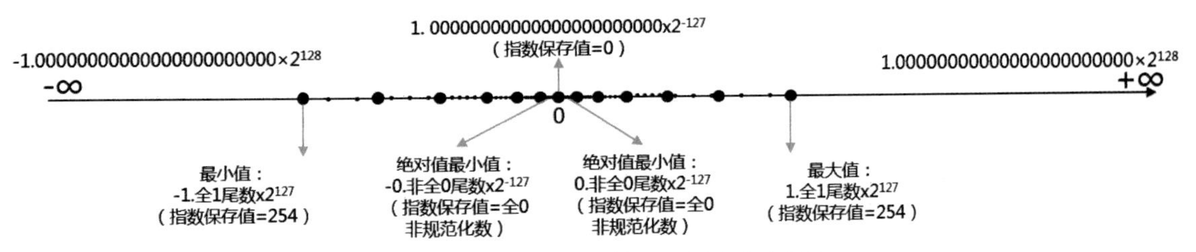

图5-17　32位浮点数的最终表示法和分布图示

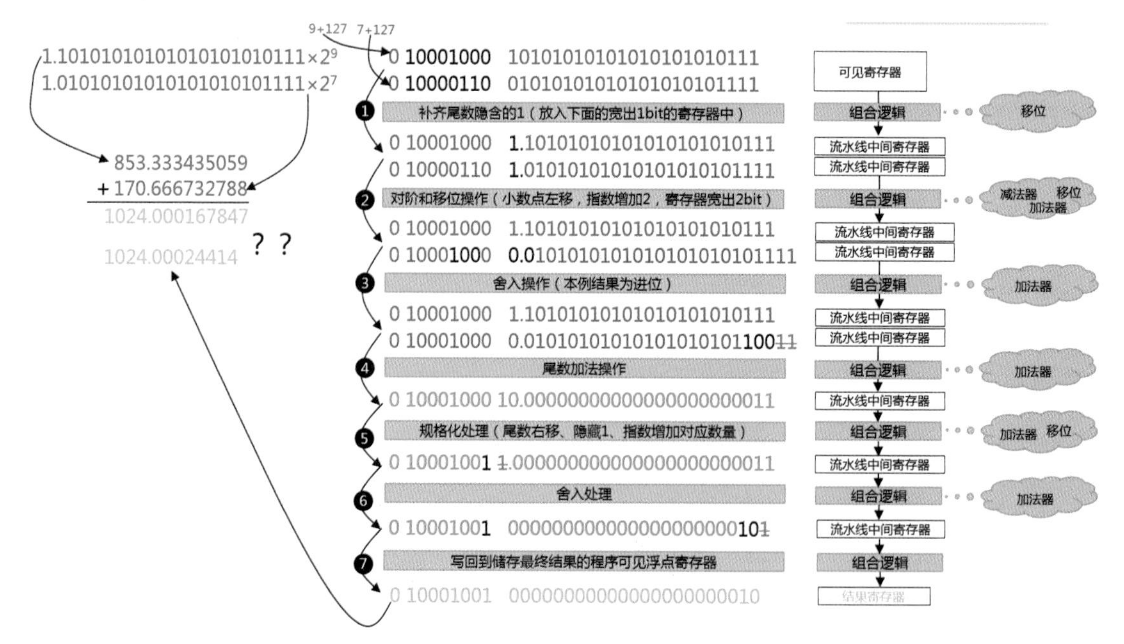

图5-18　两个相同符号的浮点数相加的执行流程

建议再次温故知新。

图5-18中所示的第二步，也就是对阶这步，其规则是小阶向大阶看齐，比如1.12×10^3和4.32×10^6，要将1.12×10^3转换为0.00112×10^6，与4.32×10^6看齐。为什么不让大的向小的看齐呢？比如将4.32×10^6转换为4320×10^3。假设，尾数寄存器宽度有限，只有3位，最多容纳3位数字，在后面这种大向小看齐方式下，小数点需要向右移动，整个数位向左移动，那么，4320这4个数位要想存到3位寄存器中，就得舍弃一位。根据第3章中介绍过的移位寄存器的原理，在每个时钟周期，寄存器中的数位被整体向某个方向移动，大向小看齐，整体往左移动，那么就会把4这位数给移调，只剩下320这三位数，这就一下子少了四千多的数量值，精确度大大降低。反观小向大看齐时，数位整体右移，0.00112这个数保留3位的话，那么0.00012这一小块数量会被移掉，剩下0.001仍然保留了这个数值的大部分数量，精确度损失相比刚才那种方式小。也就是说，人们当初规定小往大看齐的原因，就是看重了该方式下，舍弃会先舍掉右侧的小数，精度丧失得少。

另外，对于一个32位单精度浮点数，如果将其转换为十进制数，不用科学计数法的话，最多需要写出39个阿拉伯数字符号的组合，也就是39位十进制字符。可以看到如果将这两个二进制浮点数转换成精确的十进制小数的话，位数太多图中写不开，所以经过舍入之后，只保留了一部分数位，也就是图中853.333435059和170.666732788。所以这两个数都不能精确表示一开始所设定的二进制浮点数所表示的数量，都丢掉/舍弃了一部分数量。将二者相加后得出一个值1024.000167847也是不精确的。而经过图中右侧流水线计算之后，由于也有一部分舍入动作，所以其也是不精确的，但是右侧的计算结果与左侧的相比却出现了偏差。这表明，不同CPU有不同的舍入规则，不同的原始操作数，都可能会让结果产生偏差。如果这个偏差不可接受，比如要算出星际载人飞船的飞行距离和时间、燃料载重等，这些数值如果在大尺度上来看，比如3.14159265358光年和3.1416光年，看上去“差不多”，实际则差了0.00000734642光年，约6950万千米，差大了。想实现更高的精度，就需要使用双精度浮点数甚至扩展双精度浮点数。双精度浮点数可以表示10^{308}这个尺度以下的数值，而单精度浮点数只能表示到10^{38}这个尺度。

由于浮点数计算需要的上述这些特殊的运算步骤，所以底层硬件上是用了一个单独的浮点运算单元（Float Point Unit，FPU）来专门负责浮点数的运算，相应地，就得设立单独的浮点数运算指令集，比如fadd、fmul、fsub、fdiv、fsquare、fdesquare等。译码器也需要跟着增加对应的译码逻辑，只要看到f开头的指令，就将该指令发射到浮点运算单元执行，所以就生成对应的控制浮点运算单元内部部件的控制信号；相应地，寄存器重命名单元、发射控制单元等控制部件也需要明确知道该指令是浮点指令，从而将其发射到浮点运算单元执行。由于浮点数运算需要多步动作，所以其相比整数运算单元的运算速度要慢不少。所幸的是，浮点运算的这几步可以将其流水线化，从而可以并行执行多条浮点运算指令以增加吞吐量。但是如果某程序中并不存在大量连续的且不具备RAW相关性的浮点运算指令，那么流水线就无法发挥出优势，此时其所表现出来的能够感知的总体运算速度相比整数运算就会有显著的差距。如果你看到这里感觉上一章的流水线相关知识开始变得模糊记不清了，不妨返回去温习一下，用浮点运算这个场景再次去审视和思考流水线，所谓温故知新。

当然，上述浮点数运算单元实际中并非纸上画的这么简单，还需要考虑很多事情。比如算完之后溢出（数位超过了寄存器位宽放不下了）了怎么办？乘法除法减法怎么设计？非规格化浮点数怎么处理？这些都需要更加精密的来设计对应的电路模块，就不多展开了。另外现代CPU内部的FPU不仅负责浮点数运算，还承担了很多其他复杂运算，比如一些超越数、开方运算等模块也都被打包放置到FPU内部。

5.3.5 浮点数的C语言声明

在C语言中，要想声明一个单精度浮点数，对应语法类似float f=8.23，声明双精度浮点数对应语法则为double p=3.14159265358。float z=x+y这条语句，会被编译器编译成为类似fadd A B C。这里的A、B、C寄存器表示的则都是浮点运算单元内部的浮点寄存器了，因为指令是fadd而不是add，变量z的值会被写入到浮点寄存器C中。同理，双精度值会被载入双精度浮点寄存器进行运算，那么对应的add指令也应该是dfadd这种，以告知电路这次操作的是双精度值，别走错了寄存器，或者使用与单精度同样的指令，但是在操作码参数上加以区分，也可以。

C语言代码中，程序员给出的是十进制浮点数，而电路只能算二进制浮点数。到底是谁来负责将高级语言程序代码中的十进制数转换为二进制的呢？当然是编译器了，当然也可用人脑了，那就慢慢一位一位地算吧。编译器从高级语言代码中提取对应的十进制字符，然后将其算成二进制的规格化浮点数之后，放到机器指令二进制码中，形成可供CPU直接运行的程序。

那么程序在计算完后，生成了一个浮点数结果。又是谁将这个二进制的浮点数结果转换成对应的十进制字符，然后显示到显示屏上供人眼来识别的呢？显然也是通过某个程序来进行转换和输出的，比如printf()这个程序。嗯？这是什么东西？怎么还加个括号，什么意思？欲知详情，请见5.5节，不过还是推荐顺序阅读，不要跳跃。冬瓜哥太不厚道了，留了个坑在这里。是的，对于printf()这个坑，冬瓜哥在书写的时候其实也一直是捶胸顿足的，不得不留这个坑，原因你往后看就知道了。

5.3.6 十六进制表示法

在描述一个存储器地址时，我们不得不给出一串很长的数字，比如“存储器的第1073741823个字节”处，其实这句话的意思就是在说“存储器地址1073741823”。如果把这个地址放入到一个32位宽度的寄存器中，转换成二进制后则应该是001111111111 11111111111111111111。不管是用十进制还是二进制来描述和记录这个地址，都太长了，很不方便。再比如浮点数0 10001000 10101010101010101010111，太长。

想用更少的数位表示更多的数值，那就只能增加符号。二进制每个数位只能有0和1两种符号，所以其能表示的数值是2的[数位]次方个，十进制每个数位可以有0～9十种符号，所以其可以表示的数值数量为10的[数位]次方个。相同数位下，十进制能表示的数值数量显然比二进制要多很多，那也就是说，表示某个数量，用十进制的话耗费的数位比二进制更少。如果嫌“1073741823”的数位还是太多的话，那么就得增加除了0～9之外的其他符号。

于是人们用0～9来表示零～九，用A而不是10来表示十，用B而不是11来表示十一，继续往下，直到用F来表示十五。当要表示十六时，在F的基础上进一位，F变成0然后左侧多一个1，形成两位数10。然后用符号11表示十七，一直到符号19表示二十五，表示二十六时用符号1A（排在9后面的是符号A），然后是1B，最后到1F，再往下又要进一位，F变为0同时1加上1位变成2，形成20。再往下走就是21，22～2F，然后是30～3F、40～4F，最后到FF，再多1个数量，此时级联进位成100，然后是101～10F、110～11F、120～12F等。

可以看到，这种计数法用0123456789ABCDEF这16个符号来表示数值，逢十六进一。这样处理之后，用1位十六进制数位就可以表示原先需要用4位二进制数位才能表示的数值。如果用b（binary）来表示二进制数，d（decimal）表示十进制数，h（hexadecimal）表示十六进制数的话（有的也取单词中的x来表示十六进制数），那么0000b=0d=0h，1010b=10d=Ah，1110b=14d=Eh，1111b=15d=Fh，10000b=16d=10h，10101110b=174d=AEh。可以看到一个规律，把10101110b这个二进制数分割成1010和1110的话，用十六进制表示分别是A和E，而它们的合体10101110b的十六进制表示也是A和E的合体。也就是说，一串二进制数，可以以4个位为一组分别翻译成十六进制符号，然后再把十六进制符号合起来就是这串二进制数的十六进制表示。哦？十进制能否也这么样处理？可惜，二和十之间没有幂次关系，没法直观处理，但是如果是八进制数就可以用一个八进制符号替代3位的二进制符号了。哎，你说人这个动物，为何当初没被设计为长八个手指头呢？这样或许人类能够更早体会出二进制思想，谁知道呢。

所以，浮点数0 10001001 11111011011010101010111的十六进制表示为

44FDB557h。C语言中规范了对二、十和十六进制的表示法，分别用0b+数位、0d+数位和0x+数位来表示。0x44FDB557，一看就是十六进制数。在实际的程序代码中，会看到大量的十六进制表示方式。

5.4 程控多媒体计算机

有人问了，冬瓜哥你怎么净在这自娱自乐了，自己编排个结构体/数组之类的，除了算成绩就是搜姓名，真没意思！上面你搜“DGG”，你就把DGG写到代码里。那么我要是不想搜DGG而搜NGJ呢？难道你把代码里的DGG改成NGJ然后再执行一遍？这样真的好么？我怎么看人家的电脑都是从键盘输入哪个字母，程序就能搜出哪个字母呢？另外，上面的例子里一共才7个人，你这班级是少年天才班还是咋的呢，实际一个学校一千号人，你难道在代码里排上一千个人名？难道就不能用键盘录入这些人名，然后保存在某个地方，程序搜索人名的时候，从这里读出数据搜索？这样的话，一旦要更改某个人名或者增加/删除某个人名，我就只需要单独对保存的记录进行更改就可以了，搜索程序专门负责搜索，不需要编排数据。否则一旦有人员变动，就得去改一遍代码，重新初始化那些数据，这是要累死人啊。

这位问得很好。把要比较的数据写死在代码里纯属耍流氓，但是这样做却最简单。当打算跑路的某程序员把一堆写死的代码转交给他的下家的时候，下家一定会破口大骂之，因为这样的话任何一点点变化都要重新改代码。要想一劳永逸，就不能把数据写死在代码里，而是要做到可以动态处理任意数据，这些数据既可以是静态写死在代码中的，又可以是程序运行期间从某个渠道动态获取来的，比如，键盘。

5.4.1 键盘是前提

还是以上面那个搜索某同学成绩的程序作为例子。如果要想做到用键盘敲击三个字母，按下Enter键之后，程序获取到这三个字母并比对且输出的话，那么，对应的判断过程伪代码应该是类似这样的：if (classone[i].name[j] != 从键盘接收的字母组[j]){break;} 。先给这个“从键盘接收的字母组[j])”数组起个名字叫作kinput，长度为3，所以之前代码中所声明的char dgg[3]就得换成char keyinput[3]了。当然你不改名也没问题，但是可读性会很差，甚至可能导致你自己都不知道这个数组是干什么的了。

下一步要做的，是如何在程序运行期间，把人在键盘按下的字母，保存到这个数组里。首先得明确知道所使用的键盘是什么样的。假设，我们使用的键盘是这种运行机制：每当按下某个键，键盘就将这个键的高电压信号在导线上传递给键盘主控制器（如图5-19所示）。键盘主控制器自身也是一个数字电路，其接收到键盘码之后，将键盘码编码值保存在数据寄存器中，然后操纵其上游的P/S2接口通道控制器将寄存器中的数据按照P/S2传输协议规范发送到对方（键盘I/O控制部分）。对方的接口控制器收到数据之后，将数据传送给键盘I/O控制器，I/O控制器内部有一片ROM，每个按键都会产生一个不同的信号，键盘I/O控制器根据这些不同信号译码成ROM的地址，按图索骥，到ROM中将对应的编码读出来写到其8位数据寄存器中。

然后，键盘I/O控制器会写入对应的状态码到状态寄存器，以声明当前处于什么状态。比如，有新的编码数据被存入数据寄存器，则状态为十进制1；上一次的编码数据已经被读走，则状态为十进制0；线缆被拔掉，则状态为十进制2，等等。

然后，可以有两种后续处理方式。第一种是向I/O总线总控制器发送一个信号通知上游电路“有人按了键盘产生了一个编码在我这暂存”这件事；第二种处理方式则是不作为，而等待上游电路在后续某个时刻从寄存器中读走这个编码然后将状态寄存器改为00。前一种是目前实际产品普遍所使用的方式，但是处理机制略复杂，我们后续章节会再次介绍这个机制。在此，我们使用后面这种机制。

整个的访问流程对于程序来讲很简单，无非就是“Load 键盘I/O控制器中的数据寄存器的地址 寄存

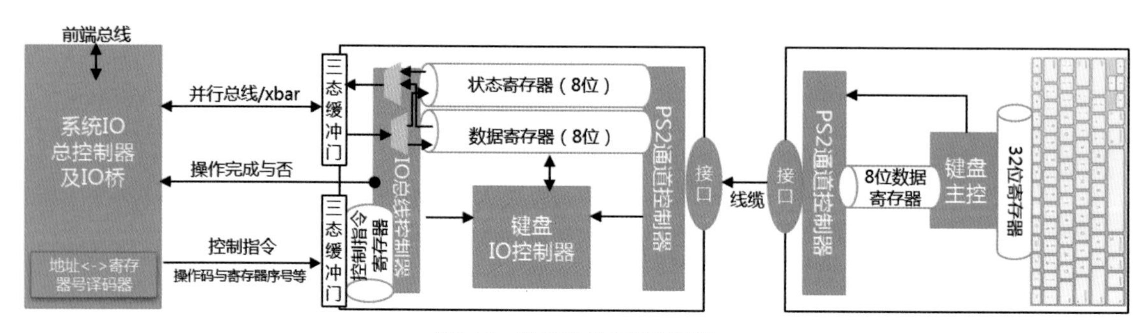

图5-19 简易键盘实现示意图

器A”就可以读取到状态寄存器的值，读取状态寄存器也用类似指令。但是，底层硬件为了将键盘I/O控制器中的数据寄存器的内容提取出来，可是费了老劲了，底层硬件的执行过程如图5-20所示。在这里，鄙人推荐各位再次返回图2-36阅读并理解之，再配以图5-19以及图5-20，即可从本质上充分理解整个的I/O流程。

第1步： 核心运算电路根据程序代码中给出的地址发出寻址请求，在一层层缓存不命中之后，最后一级缓存（Last Level Cache）控制器将访存请求地址信号发送到前端总线上。

第2步：各个部件根据BIOS所配置的地址范围寄存器中的值做判断，谁该响应谁就认领（总线上有单独的控制信号，谁认领该请求信号谁就设置该控制信号告诉发起者该请求已被认领，然后发起者就释放总线上的信号）这个请求。

第3步：本例中，系统I/O总控制器认领该请求，因为目标地址为键盘I/O控制器中的某寄存器，而键盘I/O控制器位于系统I/O控制器的下游，所以该地址落入了系统I/O控制器的地址响应范围。系统I/O控制器将总线上的操作码和地址信号锁存在对应的寄存器内，然后在下一个时钟周期内将操作码信号串并转换生成串行的数据包然后通过I/O干线发送到I/O桥上。

第4步：I/O桥将接收到的数据包锁存并按照对应的协议规范进行定界（数据包中从哪到哪是地址，从哪到哪是操作码，从哪到哪是数据）并存入对应的寄存器。操作码寄存器直接将信号输出给总控逻辑中的操作码译码器，地址寄存器信号则输出给一个译码器，该译码器负责译码地址到xbar端口号及对应端口后面挂接的控制器中多个寄存器的偏移量序号，该译码器通过查询一张地址表来判断某个前端发来的地址到底对应着后端哪个I/O控制器的哪个寄存器。这张表是被计算机制造商预先根据该I/O桥连接的所有I/O控制器的类型、数量和寄存器的容量分配好，并写入到I/O桥内的专门用于保存这张表的内部SRAM中的。该译码器译码之后再输出给总控逻辑中的译码器。总控逻辑根据这些信息，输出针对xbar交换通路的控制信号，同时生成私有的用于控制后端设备中的I/O总线控制器的控制信号（读/写操作码、寄存器序号）。

第5步：在下一个时钟周期内，私有指令和xbar控制字被分别锁存到私有指令寄存器以及xbar控制寄存器。xbar根据控制字将对应的通路导通，从而将私有控制指令路由到I/O总线控制器对应的端口，并被I/O总线控制器在下一个时钟周期下沿锁存到内部的控制指令寄存器保存，以便控制I/O总线控制器后续的操作。

第6步：下一个时钟周期内，I/O总线控制器译码接收到的指令，并根据状态寄存器中的状态判断。如果状态是1，表明之前有按键码已经存储在了数据寄存器中，则I/O总线控制器发送信号给三态门缓冲电路打开连接着数据寄存器的三态门，将其中的内容信号输出到xbar端口上，同时在完成状态信号线上输出“操作已完成”码（比如1）给I/O桥总控逻辑。

第7步： I/O桥总控逻辑发现键盘I/O控制器已经完成上一个控制命令，则生成xbar控制字，将键盘I/O控制器端口与I/O桥前端的数据寄存器端口连通。

第8步：在下一个时钟周期内，键盘I/O控制器的数据寄存器中的内容就被锁存在I/O桥的前端数据寄存器内。

第9步：I/O桥将前端数据寄存器中的内容，连同该内容所在的地址信号（得让上游的部件知道该数据是针对之前哪个地址请求的应答），一起打包到数据包中，转换成串行数据位，从I/O干线上发送到I/O总控制器。

第10步：在下一个时钟周期内，第9步中的数据被锁存到I/O总控制器的数据寄存器。

第11步：I/O总控制器将该数据及其所属的地址一同发送到前端总线上，并使用特殊的信号指明该数据是应答数据而不是请求数据，否则RAM控制器会误认为该信号是请求访问某地址从而做出响应。核心运算电路认领该应答，并将数据输入到LLC缓存输入端。

第12步： 在下一个时钟周期内，LLC缓存将该数据锁存，成功获取该数据。凡是没命中缓存的访存请求，缓存控制器都会将对应的地址记录到一个特殊寄存器队列中，名曰MSHR（Missing Status Holding Register）。缓存控制器根据MSHR中的内容来追踪和等待所有的访存请求的应答。

怎么样，这就是程序简单地给出了一条指令“Load 键盘I/O控制器中数据寄存器的地址寄存器A”之后所触发的底层硬件动作。当然，如果装载的是状态寄存器中的数据，流程也是一样的，只不过发出的地址信号不同罢了。这个流程中涉及了前文中所介绍的诸多知识，包括第1章中介绍的三态缓冲门的作用、时钟触发锁存、串并转换和信号传输、译码、寄存器中的信号对下游电路的控制等。理清楚该过程，可以从本质上更加深刻理解所有这些知识。

5.4.2 搜索并显示

介绍完了这个简易键盘以及整个系统的I/O流程之后，我们再回过头来看看程序和键盘之间到底怎么配合才能将键盘产生的编码赋值到kinput[3]数组里。

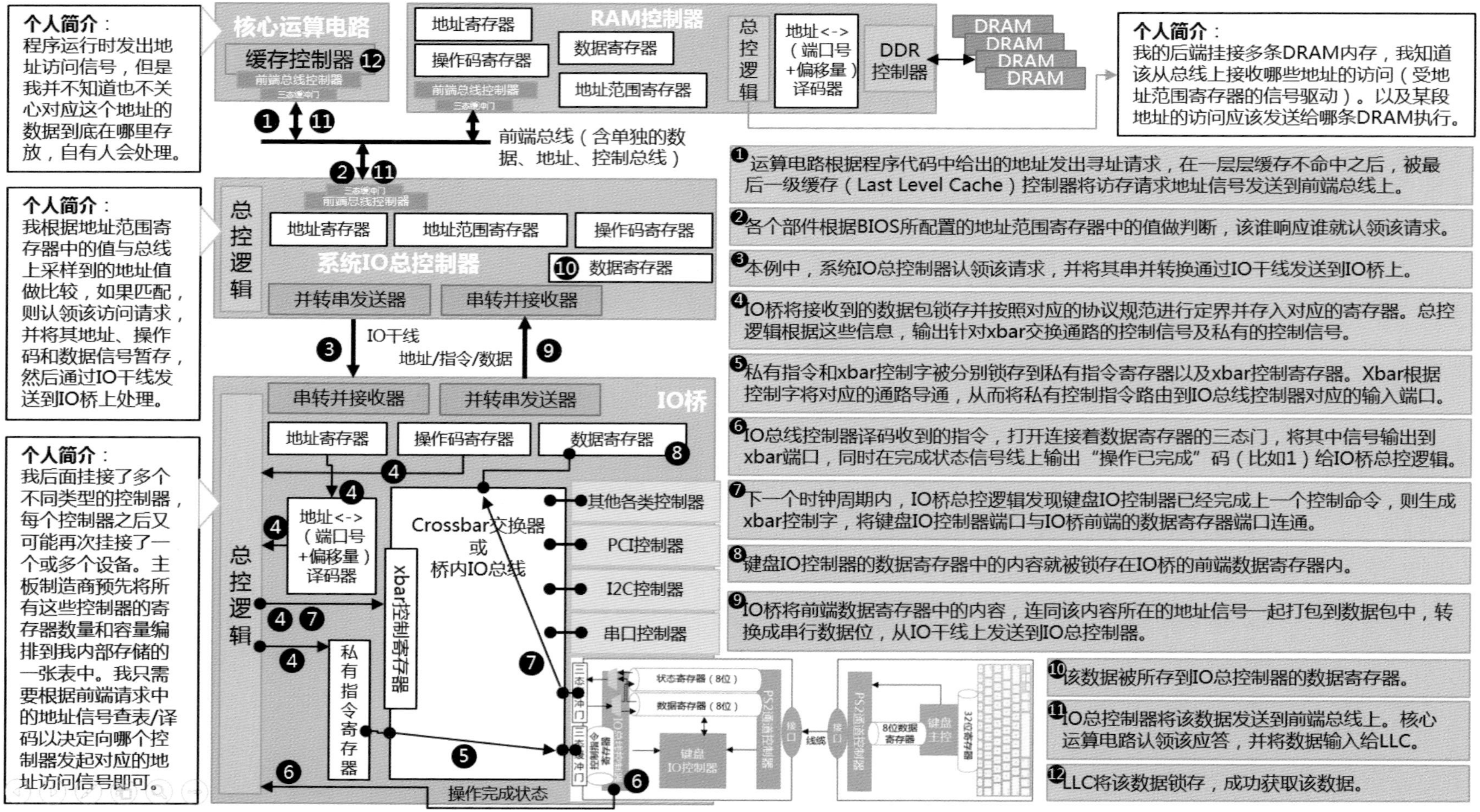

图5-20　系统I/O流程示意图

显然，我们这个键盘是个被动角色，你必须主动从它的寄存器中将编码数据读走。在2.3.8节以及图2-36中介绍过，外部设备中的一部分存储器空间也被纳入了全局地址空间，这就意味着程序可以直接使用Load指令将这些地址上的数据载入到核心运算电路的寄存器中。在2.3.8节中也介绍过，哪个外部设备的存储器被映射到了全局地址空间的哪些地址上，这个映射关系一般都是固定的，各个控制器收到针对某地址的访问信号，会自动根据路由表将信号导向到对应通路下游的控制器。我们假设键盘I/O控制器中的这个8位数据寄存器（1字节）被映射到了全局地址空间的64（二进制1000000B，C语言语法用0b1000000表示）号地址上，状态寄存器则被映射到65（0b1000001）号地址上。

5.2.1节中，我们假想使用[G]来表示“把变量G的值当作一个存储器地址去寻址存储器所读出来的数据”，也就是“地址G上保存的数据”，[G]这个高级语言符号相当于底层的“Stor_ra 寄存器A 寄存器G”机器指令（寄存器G中保存的是变量G的值）。然而，C语言语法使用*u这种形式来表示“以u变量的值作为地址去寻址存储器读出来的那个数据”。所以，要访问地址1上的数据，就应当让u=地址1，则*u就是地址1上的数据。u这个变量的数据类型并不是整数或者字符，而是一种地址指针。

C语言中的语法int *u=64指的是：声明一个指针类型的变量u，u指向的存储器地址为64，64号地址上存储的是一个整数，但是这个整数的值是什么，并没有在这一句中赋值。同理，如果u指向的地址上存储的是一个字符类型的数据，则语法为char *u=64。声明了u这个整数指针变量之后，后续出现的*u代表的就是u地址上的那个数据，*u=1表示将u地址上的数据更改为1；u=64指的是将u的值（地址指针）改为64。而int *u=64中也包含*u=64，但是C语言语法规定是，声明的时候对*u所赋的值应为地址指针而不是指针指向的数据。

另外，核心运算电路正在运行的程序是根本不知道键盘什么时候被按了键的，所以程序必须主动不断无限循环地从65号地址取回状态数据，以判断当前是否有新的数据到来，如果有，则再从64号地址上取回数据并将65号地址上的内容改为00，否则就继续循环读取65号寄存器判断。另外，每按一下键，还必须在显示设备上将按下的键的字母显示出来，以便让按键的人看到这个字母已经成功被程序接收了。

我们只要在前文中的代码中增加一段，将键盘输入的字母传递到对应数组中，后续的搜索比较逻辑可以基本保持不变。另外，整个程序需要等待键盘的输入，所以其自身应该是一个永无休止的循环，不能跳出。代码如下所示：

```
{
struct student{ char name[3]; char sex; int score; };
struct student classone[4]={  {"DGG", 'M', 75}, {"NGJ", 'F', 100}, {"XQQ", 'F', 55}, {"BHM", 'M', 8}  };
struct student classtwo[3]={  {"WLW", 'M', 55}, {"LBS", 'M', 100}, {"LJS", 'M', 55}  };
char keyinput[3];
int j, i, k, x=0, y=0, z=1, *u =0b1000000, *v=0b1000001, n=0 ;  //变量u的值为64，u是个指针型变量
while(z=1){                                  //只要（）内的表达式成立就执行{}中的代码，否则跳出{}
 while(z=1) {                                //只要（）内的表达式成立就执行{}中的代码，否则跳出{}
     if ( *v == 1) {                         //如果地址v上的数据为1，则表示有新的按键码到来，则进入for循环
       for (;n<3; n++) {                     //第一个条件为空表示利用n的当前值而非每次循环都将n置0
           keyinput[n]=*u;                   //将地址u上的数据赋值或者说传递给keyinput数组中的第n项
           printf("%c", keyinput[n]);        //显示出刚刚按下的字符
           *v=0;                             //将键盘控制器的状态寄存器改为十进制0
           break; }                          //强制跳出for循环，进行是否已经接受了三次按键的判断
     if (n==3) {                             //如果已经接收了三次按键，则将n重置为0并跳出外层while的大循环
     n=0;
     break; }
    }
for (i=0; i<4; i++) {
for (j=0; j<3; j++){                         //依次比对三个字母循环开始
if (classone[i].name[j] != keyinput[j])      //如果第一个字母就不一样，则立即跳出循环不需要比对其他字母了
         {break;}                            //不一样则跳出循环，一样则继续向下执行，!=表示不相等
        }                                    //如果j已经循环到3了，证明三个字母都相同，否则不可能到3
```

```
        if (j==3) {x=1; goto abc;}                      //如果j已经循环到3了，将x置为1，然后跳转到abc标记处执行
        }
        for (k=0; k<3; k++) {                            //如果上面被break了没有跳到abc，则开始比对二班的人名
                for (j=0; j<3; j++){                     //依次比对三个字母循环开始
                if (classtwo[k].name[j] != keyinput[j])  //从这里往下与比对一班时候的逻辑相同
                {break;}
                }
                if (j==3){y=1; goto abc;}
                }
        abc:                                             //abc标记处
        if (x==1){printf("%i", classone[i].score);}      //如果x被置为1，证明一班发现了匹配人名并显示
        else if (y==1){printf("%i",  classtwo[k].score);} //如果x不为1但是y为1，证明二班发现匹配人名并显示
        else {printf("This name is not found");}         //如果x和y都不为1，证明两班都没有匹配人名并显示
        }                                                //跳回到外层while循环继续执行，形成死循环
        }
```

提示 ▶▶▶

不少人认为“int *u=指针地址”的语法颇具混淆性。而“int* u=指针地址”的写法更加直观，也就是将int*/char*视为一种独立的数据类型，与int、char等并列。实际上后者的写法也是可以的。鄙人也认为后者的写法对于初学者来讲更加清晰。但是实际中使用前者写法的为多数，原因在于C语言中某些其他语句使用前者表达时更加方便。

在上面的代码中，使用了while循环语法。While(条件){执行的语句}，只要条件满足，就进入{ }内的语句执行，如果{ }内的语句没有主动跳出循环（break），则执行完{ }内最后一条语句之后便会回到循环最初，继续判断()内的条件是否有效并决定是否再次进入循环。这个程序运行的时候，如果没有键盘输入的话，那么while循环将会永远循环下去不会停歇；程序接收到键盘输入之后，以及在显示出对应的结果后，也会继续跳回循环初始继续循环下去等待键盘输入。这也就是所谓的死循环。

畅想 ▶▶▶

如果使用电磁开关来搭建数字电路，那么当整个电路运行这个死循环程序的时候，会持续嗡鸣。而且，当有键盘输入的时候，整个机器的嗡鸣声会与无输入时的死循环嗡鸣声不同。畅想一下，这种计算机的管理员一定练就了一副合金耳，可以从不同的轰鸣形式中推测出程序当前哪个部分正在执行。有时候个人电脑死机时的风扇转速会加快，原因就是死循环程序耗费了大量CPU资源，发热量也就增加了。

5.4.3 实现简易计算器

我们在第1章曾经大动干戈设计了一款功能极其简易但是电路却比较复杂的计算器。后来我们嫌弃它不能够自动计算，而将其升级成可以理解操作指令的高级计算器。后来发现这个高级计算器还真是神奇了，不仅仅可以计算普通的数学运算，还可以利用逻辑运算实现各种判断跳转实现更复杂的程序。

仿佛基于这个高级计算器就可以利用程序实现无穷的功能。那么，我们是否可以利用这个高级计算器来实现之前的低级功能呢？鄙人要写一个简易计算器的程序，将我们之前所设计的那个计算器用程序的形式实现出来。大致思路如下。

第一步：程序运行便打印一条“Please input the first number：”，然后循环读取键盘控制器的数据寄存器，以将输入的数字赋值到某个预设好的数组中，按下回车键之后证明第一个数字已经输入完毕。然后程序需要对键盘码进行转码操作，因为前一节中的那个键盘只能输出ASCII字符，阿拉伯数字键“1”的ASCII字符编码是00110001而不是二进制的整数“1”（见图5-2），程序如果不转码而直接将00110001载入加法器运算就会得到错误的值（程序可以这么干）。必须将字符编码转为00000001这个整数型编码才可以。这个转码过程，在第1章介绍的纯硬件简易计算器中是直接采用译码器来完成的。转码完成之后，程序应将输入的数字进行乘十、乘百、乘千等处理（也就是那个硬件Crossbar电路以及固定数值乘法器的功能），得出第一个被输入数字的真实二进制数值，将其赋值给某个变量。

第二步：程序再输出“Please input the second number：”，继续等待第二个数字的输入，回车键被

按下之后，执行上述相同过程。

第三步：程序输出“Please input the operation of these two number：”，按下“+ - × /”四个键中之一后，程序接收到对应的键码，需要将对应的键盘转换为具体的加减乘除操作。这里需要做判断，可以想象需要if、else if这种语句，而在我们之前的纯硬件计算器中，这个过程是通过加号键的信号直接控制ALU前端的MUX选择器来控制的。也就是MUX中的选择逻辑是定死的，固定的输入对应固定的输出，这与使用代码来对所有条件做逐个判断的方式有着本质的不同。这里如果觉得迷茫，可以翻回去看看译码器和MUX到底“怎么就固定输入对应着固定输出了”，以及“它怎么办到的”。弄清楚这一点很重要。

第四步：程序将算好的结果输出出来，然后继续从循环的初始处开始执行输出“Please input the first number：”。

怎么样，我们再回想一下之前的硬件简易计算器的电路设计，其使用加减乘除四个运算按键和一个等号按键作为电路的“指令”直接控制写死在各处的译码器、MUX/DEMUX。而上面这个软件计算器，则是通过指令译码器先将指令翻译成控制信号，输出到写死在各处的译码器和MUX/DEMUX。前者需要使用人脑来进行时序的控制，而后者则是通过预先编好的指令进行全自动执行。

前者是纯硬件方案，效率高，但是不具备通用性，不能识别更灵活的指令，属于专用电路，功能固定，不能再增加功能。而后者，是在一个能够使用各种指令形成各种程序的通用运算电路上运行的一个程序，这个程序本身属于纯软件，就是一堆指令代码而已，其功能可以随时增加和删减，修改代码即可。对于任何运算功能，既可以用专用电路实现，又可以用运行在通用运算电路上的纯软件来实现。前者效率高，速度快，后者效率低，速度慢；前者没有灵活性，后者具有很强的灵活性和便捷性。有个好办法是，同时利用软件程序和专用电路，对于那些计算量庞大的而且基本定型的运算，可以通过设计一个纯硬件电路完成，而对于复杂多变的控制需求则交给纯软件来完成。

5.4.4 录入和保存

那位又说了，冬瓜哥，算你行，给你厉害的，来来来，整点更高级的，我看人家都使用硬盘来读写数据，要不你给普及一下这数据怎么就存到硬盘上了？还是之前你举的那个很俗的例子，敲入一个名字搜索其成绩，你假设的是这些姓名和成绩是使用Load_i代码直接被写入存储器中，然后再接受查询的。前文中你也说过“保存在某个地方，程序搜索人名的时候，从这里读出数据搜索”这种方式，要不给讲讲如何用键盘录入成绩并保存到硬盘的吧。

好啊，看你还挺能捣腾的。那就讲讲。假设我们使用硬盘设备来永久保存数据。如第2章中的图2-36所示的拓扑，硬盘是采用某种接口线路连接到“硬盘通道控制器”这个电路上的，硬盘通道控制器负责接收程序针对其所承载的地址的读写访问，将“程序想要干什么”的信息保存下来，然后通过与硬盘之间的接口线路将这些信息发送给硬盘执行读写操作。

磁盘原理简介

硬盘包括磁盘和固态盘两大类。磁盘是按照磁道和扇区来存储数据的，每个扇区容量512字节，也就是4096位。在磁盘片上采微型磁偶极子（低级格式化的时候形成）的N极和S极来表示0和1两种状态。

每4097个（因为磁头是通过感受两个磁偶极子的磁极是否有跳变来判断0和1两种状态的，也就是利用磁偶极子之间的缝隙处的磁场线方向。图5-21中的磁偶极子成竖直并排，N到N没有磁极跳变，表示0；S到N或者N到S有跳变，表示1）磁偶极子，再加上若干用于记录该扇区信息（比如是否是坏扇区、校验信息等）的偶极子组成了一整个扇区。扇区是在磁盘低级格式化期间被磁化扇区了，在盘片上一圈一圈排列着，如图5-22所示。

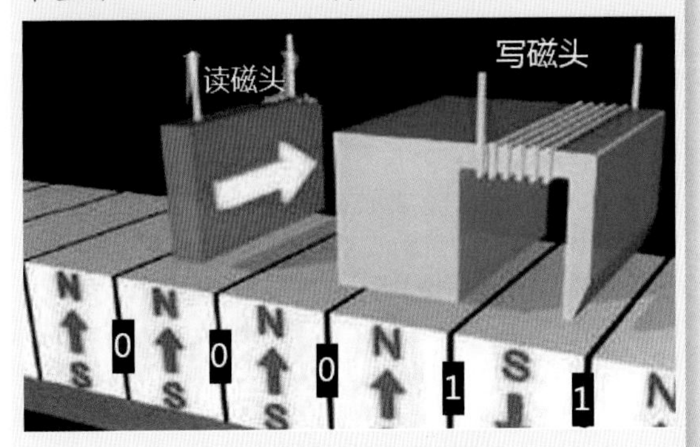

图5-21 磁偶极子如何表示0和1

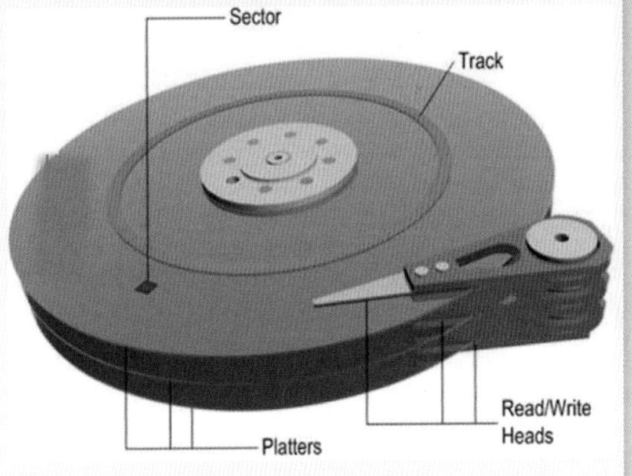

图5-22 每个磁道划分成多个扇区

低级格式化的时候，磁盘背面的控制电路就会为每个扇区编号。从磁盘读取或者写入数据的时候，需要将下面的几样信息告诉磁盘的控制电路：什么访问类型（读还是写还是查询一些控制参数）？如果是读/写的话，从几号扇区开始读写？从该扇区开始一次性读写多少个扇区？这些信息必须由程序来告诉磁盘通道控制器，然后再由磁盘通道控制器通过对应的接口线路发送给磁盘。本书第11章详细介绍了硬盘的构造和原理。

我们假设该硬盘通道控制器电路中包含有读/写操作码寄存器、起始扇区号寄存器、访问长度寄存器、状态寄存器、512×8=4KB的数据寄存器（如果连接了多块硬盘，还需要有硬盘号寄存器）。这些寄存器，大家想必已经知道适用于承载什么信息的了，也就是上文中所述的：什么访问类型（读还是写还是查询一些控制参数）；如果是读/写的话，从几号扇区开始读写；从该扇区开始一次性读写多少个扇区。此外，状态寄存器用于向程序展示某个操作是否已经完成，数据寄存器则用于接收程序需要写入硬盘的数据，或者暂存程序需要读出的数据。

提示

最新的硬盘通道控制器不再将这些信息分割存储在多个寄存器中，而是合并成一大片连续的地址空间，程序则将整个信息打包写入到对应的地址空间，或者由通道控制器主动去内存中将这些信息读走。本书后续章节会做详细介绍。这里为了简化，采用了一种很古老的设计来举例，但并不妨碍我们理解本质原理，相反还更有利。

当然，上述这些寄存器，都会被映射到全局地址空间中，否则程序就无法访问这些地址了。这里鄙人推荐读者们再仔细体会一下第2章的2.3.8节，自问自答一下“电路怎么知道程序访问的地址上的数据存储在哪”这个问题。我们假设操作码寄存器被映射到了全局地址空间的第1024号，起始扇区号寄存器在第1025号，长度寄存器在1026号，状态寄存器在1027号，4KB的数据寄存器位于1028～5123地址区间内。

整个的运作流程可以如下这样来设计。

读操作：初始时，程序先读取状态寄存器的值，如果是0则表明硬盘当前并没有执行任何任务，数据寄存器中也没有任何数据。程序将要读取的初始地址和长度写入到对应的寄存器。比如程序要读出0～7这8个扇区的数据来，则要将00000000B（整数0的二进制）写入初始扇区寄存器，将00001000B（整数8的二进制）写入长度寄存器，然后将操作码00000000B（假设0表示读，1表示写）写入操作码寄存器，将00000001B写入到状态寄存器，从而告诉硬盘通道控制器有一个访问硬盘的任务到来了。通道控制器中的数字电路随时在监控状态寄存器的值，如果其从0变为1，则电路将从其他的各个寄存器将这个任务的描述信息取走，将这些信息封装成硬盘能够识别的数据包，通过后端硬盘通道线路和接口发送给硬盘上的主控制电路，这也就是所谓“硬盘通道控制器”的含义，其起到一个中介的作用。硬盘主控电路收到这些信息之后，操纵后端的磁头臂控制电路、磁头读写信号驱动电路等将数据从对应的磁道和扇区读出，发送给硬盘通道控制器。硬盘通道控制器收到这些数据之后，便将其写入到其前端的数据寄存器中，并将状态寄存器从1改为0，以表示上一个任务执行完毕。此时，程序只要发现状态寄存器的值变为0，则表示数据已经读出，则程序从数据寄存器中将数据读入到内存中进行后续处理。

写操作：过程与读操作类似，只是程序需要将写入的数据从内存中写入到数据寄存器中，然后再将状态寄存器的值改为1。硬盘执行完毕之后，通过将状态寄存器的值改为0来通知程序任务执行完毕。

说到这里，想必大家也已经很清楚这个程序的本质是什么了，其本质就是将数据从一个地址写入到另一个地址。这“另一个地址”很特殊，其承载者并不是SDRAM存储器，而是硬盘通道控制器上的数据寄存器，然后通道控制器再将数据发送给硬盘，硬盘再将数据转移到盘片上变为一堆偶极子的不同状态从而将数据保存下来。之后的读取过程则沿着相反的路径，读磁头感应磁场线，将磁偶极子状态转换为电信号，读出的数据被传递给通道控制器的数据寄存器，然后程序将寄存器中的数据读走。而且，想必大家也知道这种录入成绩的程序应该怎么编写了。

鸿沟

掌握了某个编程语言的语法，并不代表可以随时写出满足各种需求的程序来。比如读写硬盘的需求，如果你完全不了解硬盘通道控制器的操作方式，即便你对语法掌握得再熟，也无济于事。这就产生了一道鸿沟，即上层程序员的编程技能与计算机底层系统结构原理方面的鸿沟。

5.4.5 简易文件系统

上面的设计使用起来存在一个问题：它只管将录入的数据逐条追加写入到硬盘扇区中保存，然后就什么都不管了。假设程序随后需要执行“算出一班同学的平均成绩”这个任务，程序就必须将之前所保存的一班和二班全部数据逐条从硬盘读入和判断。而如果能够让程序明确知道“一班的成绩数据保存在硬盘的0～1023扇区中，二班的成绩保存在1024～2047扇区中”，那么程序就可以只读出0～1023扇区的数据进行处理了，这样显然提升了效率。另外，如果有多个程序都向硬盘上保存各自的数据，那么一个程序如何知道硬盘上的哪些扇区已经被其他程序的数据所占用了？显然，这里需要一个集中的空间分配管理公示板，以供所有程序查阅从而获知当前硬盘空间的使用状况。

解决上述问题的思路也很简单，那就是在硬盘上固定的位置创建一个表（公示板），当某个程序需要向硬盘保存数据之前，其先为这堆数据起个名字并将名字写入表中，然后再为这堆数据在硬盘上占坑，也就是将这段数据将要被存入的起始扇区号和扇区数量长度的信息写入表中以做公示，这样就占住了这段位置，之后，再将录入的数据保存到这段扇区中。已经被其他程序占据的扇区不能碰，所以程序在占坑之前需要读取这个表中的所有已经被声明占用扇区的明细以做判断。

然而，如果每次都要扫描一遍所有已公示出来的被占用扇区明细，效率就太低了。于是，人们想到了一种奇妙的方法来提高效率。如果用1位来表示每个扇区是否被占用的话，这个位如果是0表示未被占用，为1表示已被占用。假设整个硬盘上共有128个扇区，那么这128位也形成了一小撮数据，这一小撮数据被称为**位图**（bitmap）。任何程序想要占用某个扇区，必须将对应该扇区的那个位改为1，同理，如果程序想删除某些数据，那么必须将这些数据原先占用的那些扇区所对应的位改为0。这样设计之后，程序只需要扫描位图就可以判断哪些扇区未被占用了。位图也需要被放置在硬盘的某个约定俗成的区域，以便所有程序查阅。

我们不妨给“一小撮数据”“这堆数据”或者“一堆数据”这些很俗的叫法起个好听点的名字，不妨叫作“文件（File）”。每一堆数据就是一个文件。同理，公示表和位图也都是一堆数据，所以它们也是文件，只不过是特殊的文件，这些文件专门用于对空间分配状况进行描述和追踪，这种特殊的数据被称为**元数据**（Metadata），对应的文件则是**元数据文件**。

于是，经过上述设计进化之后，硬盘上的数据组织变成了类似如图5-23所示的这番景象，是不是比较壮观呢？这是一个128扇区容量的硬盘。

可以看到，Class1（4个扇区大小）和Class2（6个扇区大小）这两个文件被放在了同一个磁道上的不同区段。还可以看到，硬盘上任何扇区段的占用，都在位图中有明确体现，包括位图文件自己所占用的空间，也被自己追踪记录着。公示表和位图属于元数据文件，所以在图中用不同于普通文件的图形表示，但是要注意其本质上并无不同。这种用于对硬盘上的数据做抽象和有序管理的系统，称为**文件系统**（File System）。

有条理的管理才能提高效率，有了文件系统，程序存取数据的过程就更清晰了。比如程序A需要录入一班学生的成绩，其首先扫描出公示表中的空位置（一条一条读出来做判断是否为全0），发现一条空位置之后，将文件名写入该条目从而将其占住，文件名可以采用键盘输入来获取，比如“Please input a file name for your records：”。然后，程序开始扫描位图，一位一位地判断其是否为0，如果是0，则开始计数，判断该0之后还有多少个0，遇到一个0就对某个变量+1，然后判断当前这么多连续的扇区是否足够容纳这个文件。文件的大小信息，也需要由键盘输入获取，比如“Please input the file size in bytes：”。当发现足够容纳该文件的连续扇区之后，程序将位图中的这些0改为1，然后在公示表中将新创建文件的起始扇区号以及长度更新进去，该文件就被成功创建了。然后程序可以在屏幕上提示“Please input your records, end with "Enter"key：”。

用户输入的数据如果是“DGG 100”，那么这套数据一共才3字节的姓名+1字节的成绩值=4字节，前文中提到过，硬盘必须以扇区为单位来读写，也就是至少要把512字节的内容写入到硬盘通道控制器的数据寄存器中。所以，程序此时需要暂存这条记录到存储器某块空间里，这块存储器空间被称为**硬盘缓冲区**。随着键盘敲入的记录越来越多，缓冲区中的数据

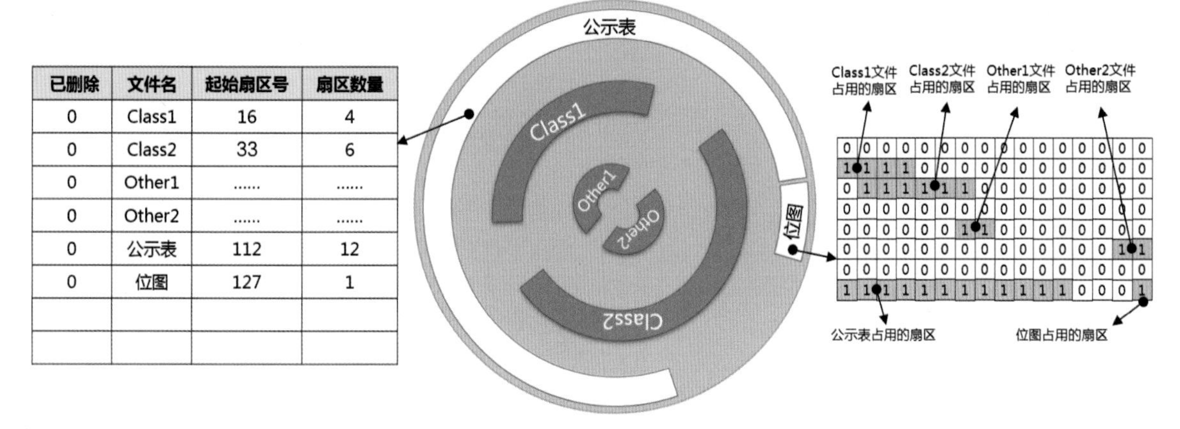

已删除	文件名	起始扇区号	扇区数量
0	Class1	16	4
0	Class2	33	6
0	Other1	......	......
0	Other2	......	......
0	公示表	112	12
0	位图	127	1

图5-23　文件和元数据在硬盘上的分布示意图

逐渐积累到512字节，程序每接受一条数据录入后就判断缓冲区是否已经够512字节。如果是，则发起写盘过程（写盘过程中要写入到Class1文件中，所以需要先在公示表中搜索Class1文件的起始扇区，然后开始逐步写入），如果不是，则跳转到接收键盘输入的代码上继续循环等待。

如果用户输入的记录不满512 B，但是想要保存当前的数据到硬盘，那么用户需要敲入“SAVE”这个命令，并按下回车键。此时程序必须识别SAVE这四个字母的含义。而且，屏幕提示也要改为“Please input your records or command，end with "Enter"key：”。当程序接收到SAVE命令之后，将强制进入存盘流程，此时程序应该检查缓冲区已缓冲数据的数量，数据量如果不满512字节，则应当将剩余未填满的字节强制赋值全0，然后将512字节写盘。

此外，每次存盘之后，程序必须记录本次存盘的结束位置，比如存入1024字节到Class1文件的头两个扇区，那么下次新纪录的保存就应该从第三个扇区开始写入。所以，代码中需要一个比如int savepoint变量来记录上一次存盘点的扇区号。

然而，如果用户输入的数据总量超过了当时声明的Class1文件的大小，那么程序需要提示“Error: Your records total size exceeded the size that you claimed.”。这显然不符合用户的期望，理想的情况应该是文件尺寸可以动态增长，而不是一个定死的静态值。当然，程序此时可以这么干“Error: Your records total size exceeded the size that you claimed，would you like to create another file?”，当用户输入yes，则再提示“Please input a file name for your records：”，程序进入和前文相同的处理流程，也就是让用户再创建一个文件来存储更多记录，比如Class1_1文件。这么做有点不太像样了，但也不失为一种办法。但是，如果硬盘上已经没有足够大的连续空扇区，那么就无法创建对应尺寸的文件，这一点也很不合理。

可以看到，底层设计的局限性，限制了程序可发挥的空间。所以我们需要改进前文中的文件系统，让普通文件和元数据文件都可以动态扩充，而且可以利用任意大小的扇区段。

文件因尺寸太大而无法存储在尺寸较小的扇区段内的问题很好解决，只要将多个零散的扇区段黏合起来，或者将一个文件切分成多块，自然问题就解决了。那么，也必然要有某种机制来像针线一样，将多个扇区段缝合起来。这些针线就是指针。

如图5-24所示，在某个扇区内，除了存放文件的实际数据内容之外，腾出一个或者一些字节来存储一个扇区号，这个扇区号指向的扇区是空闲扇区，数据可以紧接着存储在被指向的那个扇区里，这样就做到了两个扇区的缝合。当读取数据时，读完本扇区内容之后，程序就会根据结尾的指针中的扇区号来到对应的下一个扇区继续读出数据。

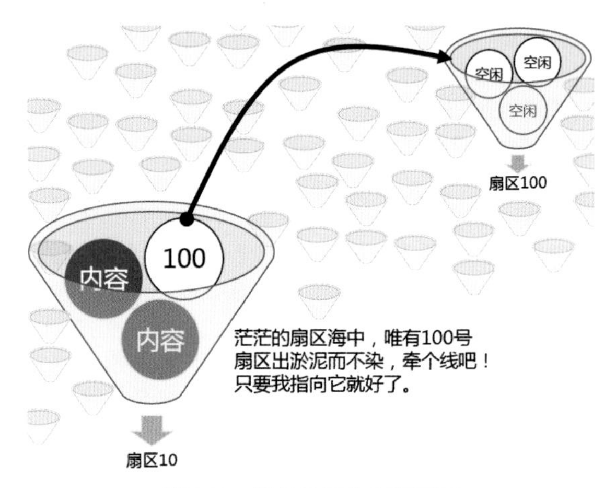

图5-24　用指针指向空闲扇区

多个扇区的缝合有各式各样的缝合方式，如图5-25所示为链式拓扑。

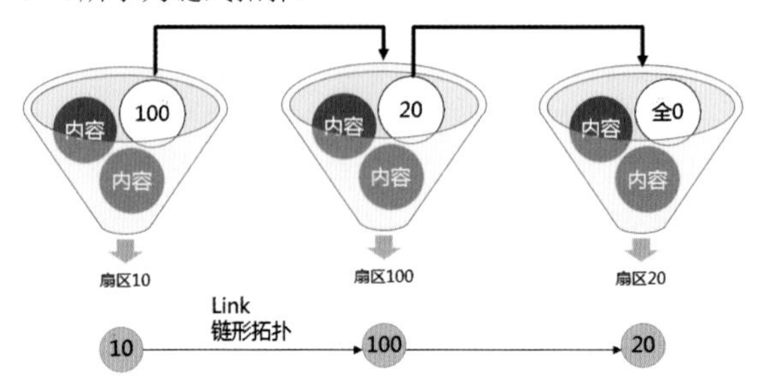

图5-25　链式拓扑

每个扇区结尾存放一个扇区号指针，指向下一个扇区，将这条链绵延下去，最后一个扇区的指针如果是空指针（全0）则表示没有后续扇区了。

这种利用指针指向空闲扇区的方式，不但可以将物理上零散分布的不连续扇区组合成逻辑上的接续空间，而且也可以做到动态扩容。比如，随着数据不断写入，在数据即将写满某个扇区之前，程序可以着手为该文件分配更多的扇区，也就是从位图中扫描出空闲扇区号，然后将该扇区号写入到文件最后一个扇区的结尾指针中，这样该文件就被扩充了一个扇区。

除了链式拓扑之外，还有很多其他类型拓扑，比如图5-26所示的星形和树形拓扑。

前文中提到，元数据必须放到硬盘上一个大家约定俗成的固定位置。这就好像一个供大家自助存取货物的仓库一样，每个人必须先查看货物分布图才能知道自己需要的货物在哪个房间，以及哪些房间空闲。所以，货物分布图可以放在比如“仓库大厅书桌左侧第一个抽屉”，这就是个固定位置。前文中我们把公示表放在了从112号扇区开始的12个扇区长度区段内，这也是固定位置，意味着所有的程序员必须知道硬盘上的112～124号扇区就是那个放着分布图的抽屉。而现在，元数据也需要做到灵活扩充，比如公示表和位图，那么对于它们的空间使用情况的追踪也需要利用指针的思想。但是，不管指针怎么指，总得有个固定的位置先让程序读出来，然后程序就可以一层层地按照指针指向的路径继续读出数据。

图5-26中所示的“**超级块/根入口/根指针**”指的就是这个固定入口位置，超级块可以是一个扇区，或者多个连续的扇区组合起来（称为块），其中存放着一个或者多个根指针（也可以放最终内容，但是这里空间太小，放进去反而不划算，一般只放一些简要的信息比如系统版本号、最后访问时间等）。超级块内部的根指针指向另外的扇区或者块，这些被指向的扇区/块可以存放最终的数据内容，也可以继续存放指针，如果选择后者，则这些位于根指针下一层的存放指针的扇区/块被称为**二级指针**块。指针块内也可以既包含实际文件内容又包含指向下游数据块的指针。二级指针可以继续指向三级指针块或者混存块。同理，也可以有更多级的指针块。最后一级指针块会指向纯用于存放最终数据内容的块，公示表里那些文件名、起始扇区号之类的信息，最终会被存放于此。

按照上述的思想，我们可以将文件系统改进为如图5-27所示的这番景象。这样是不是更壮观了？其实这只是最简易的设计，现实中的文件系统设计远比这复杂，当然，功能、可靠性、性能也都更强。

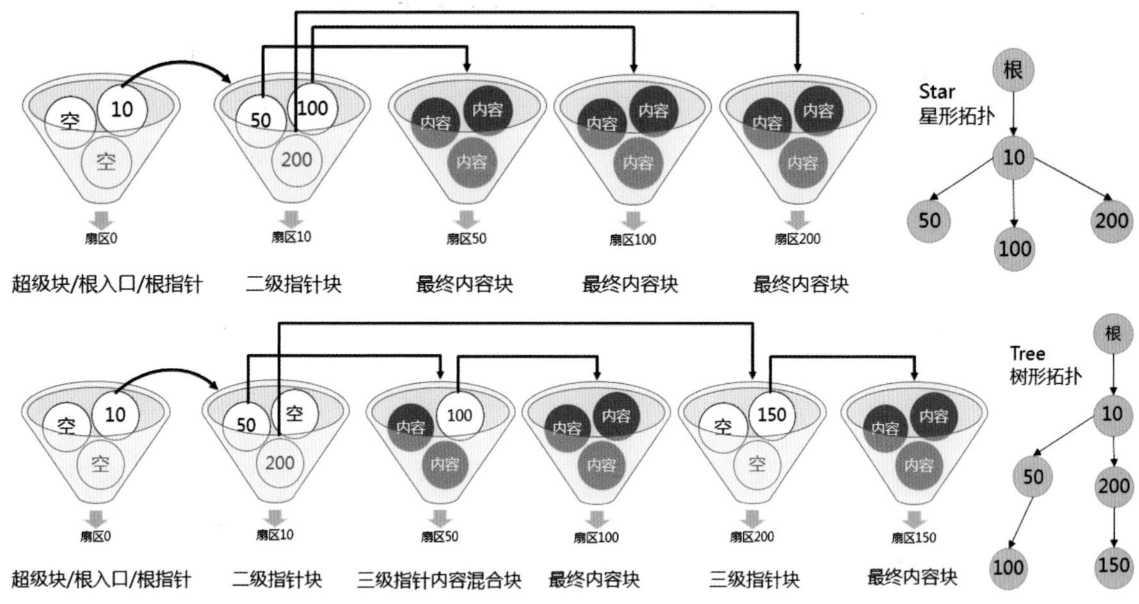

图5-26　星形和树形拓扑

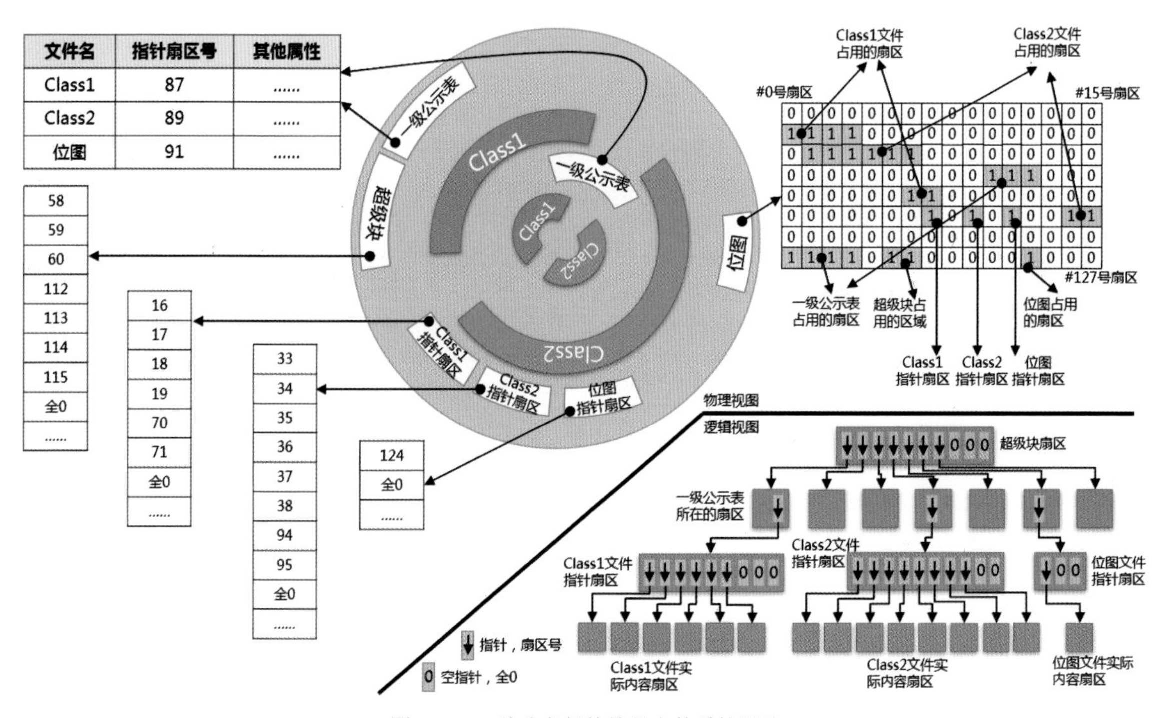

图5-27　一种改良版的简易文件系统设计

图5-27的设计思路是这样的：在超级块中给出多个指针指向多个扇区，将公示表的实际内容存储到这些扇区当中。同时，公示表不再使用“起始扇区号+长度”来追踪每个文件位置，而是使用“指针扇区号”指向一个扇区或者块。该扇区/块中存储的也是指针，采用上文中所述的某种拓扑形式，这些指针最终指向的则是该文件实际数据所在的扇区。图中采用了树形拓扑设计。如果程序需要读取某个文件，则先从根入口进入获取到公示表的扇区号，读出公示表数据，再扫描到对应的文件名，然后读出其指针扇区的内容，根据其中的指针继续向下层读出最终数据内容。

如果要扩充某个文件的尺寸，则只需要将其指针扇区中的未分配指向的空指针上写入空闲扇区的扇区号即可（先从位图中获取空闲扇区的扇区号）。如果指针扇区只剩下为数不多的空指针的话，那么需要再生成二级指针扇区，甚至三级、四级指针扇区，这样就可以持续扩充文件尺寸了。

思考

要充分理解的一点是，文件就是一堆数据、一堆字节、一堆二进制码，这堆数据被放在硬盘扇区中。文件系统的元数据为每堆数据做了精确的追踪记录，如“这堆数据存放在哪些扇区中”“这堆数据的名字是什么”“这堆数据一共有多少容量”等。程序需要的永远都是“这堆数据”而不是“文件”本身，“文件”只是文件系统为了方便管理和理解而虚拟出来的概念而已。程序需要读出某堆数据或者这堆数据中的某些字节，就需要把这堆数据的名字告诉文件系统，然后文件系统进行查找，并将对应数据读出，并写入到程序所给出的存储器地址上存放。

有了文件系统，计算机用起来才真正称得上“方便”。比如，程序员可以直接在屏幕上编写代码，然后将代码保存到一个文件中。然后，用户从硬盘把编译器程序文件载入执行，编译器执行时再读取硬盘上的这个含有高级语言代码的文件进行编译，将编译好的新程序保存到硬盘上成为一个程序文件，再从硬盘载入这个新程序文件执行。这一连串的操作，将会非常方便。

当然，程序编写者必须对整个文件系统底层的设计和运作流程了如指掌，才能够利用文件系统的便利，比如上面这些步骤，先去位图搜索空闲扇区，然后更新指针扇区的指针等。如果某个人/机构开发了另一套更加高效可靠的文件系统，那么抱歉，程序员就必须重新学习这套新文件系统的架构。这样的话，程序员将会陷入梦魇。那么，如何解决这个问题？大家这里也可以思考一下。比如，谁设计的文件系统，谁就要负责将这一整套的查询、扩充等流程用代码实现出来并公开，程序员可以直接将其照搬到自己的代码内部。这样是否可以？看上去不错！是否还有更加方便和规范的做法？我们后文中再介绍这样做的具体方法。

注意

文件系统与硬盘到底是什么关系呢？硬盘是否知道文件系统元数据的组织情况呢？不知道，也根本不用知道。硬盘只是一个仓库，提供多个房间存放数据，文件系统的公示表记录本也被放到其一个或者多个房间中。某个文件在哪以及从哪里获取，是程序自己从硬盘中将公示表记录本取出查找来判断的，获取到对应文件在硬盘上的具体扇区位置之后，程序自己再告诉硬盘“读取哪个房间号的内容”。所以，硬盘本身并不知道程序在它的房间里存储的到底是什么数据。如果硬盘自己知道某个文件放在某个地方，也就是说，在硬盘内部运行某个程序可以解析公示表和读写硬盘扇区，那么，其他程序就可以这样来向硬盘读写数据了：“请将文件A的前1024字节读出”。也的确有这种存储系统。

5.4.6 计时/定时

很多程序需要看时间，比如你的手机上的时间显示。再比如，闹钟每隔固定的时间就通过喇叭发声报时。总之，让程序可以根据当前时间或者时间间隔来做事情，是必需的。

程序操控的是电路。那么，电路又怎么知道当前的年月日时分秒呢？我们看时间得用手表，看来咱也得给电路配个电子表，程序啥时候需要判断时间了，就来看表。怎么看？电路没有眼睛，只有电信号，发出地址信号，从对应的地址上取回数据。所以，电子表也需要将表示时间的数据放到自己的寄存器中，这个寄存器也需要被映射到系统全局地址空间里的某个地址。程序只要使用Load指令装载这个地址上的数据到通用寄存器，通用寄存器中保存的就是当前系统时间了。咦，这种方法岂不是与上面例子中读取键盘码、给硬盘发送命令和数据的方式类似么？可不是么，运算电路只能发出地址信号来从某个地址上取数据，别无他法。我们不妨先把这个电子表的核心功能设计出来，然后再想办法把记录年月日时分秒的6个寄存器映射到系统全局地址空间里去（也就是映射到系统I/O桥电路里的地址映射路由表中），供程序读出从而获取系统时间。

电路记录时间流逝的最好方法就是使用计数器，如果能够找到1 Hz的时钟信号，那么计数器就可以每秒+1，这样就有了依据，就可以将计数器的值转变为当前的世界时间。晶振可以产生恒定的振荡，但是每秒振荡一次的晶体必然要很大个儿、不方便，而小的晶体振动频率太高，只能通过分频来降低频率。这里建议大家返回第1章阅读回想有关晶振以及计数器分频方面的内容。最终，人们制造出32.768 kHz频率的晶振，通过15次分频（$32768=2^{15}$）从而获得稳定的1 Hz振荡信号。如果用了廉价晶振，那么其频率就没有被精确调校到32.768 kHz，或者极易受到环境因素的扰动而不稳定，那么其计时当然也就不准了，或快或慢。

我们假想这样一个计时器：其通过判断计数器中的内容是否有变化，一旦相对上次的内容有变化，则认为过了1秒，则将秒寄存器中的值+1。当秒寄存器=60时，将分寄存器+1并将秒寄存器清零，分寄存器值达到60则将时寄存器+1并将分寄存器清零，时寄存器值超过24时就将日寄存器+1并将时寄存器清零。如果当前是单月，那么日寄存器超过31就将月寄存器+1并清零日寄存器；如果当前是双月，那么日寄存器超过30就将月寄存器+1并清零日寄存器；月寄存器超过12则将年寄存器+1并将月寄存器置1（之所以不清零是因为没有0月，但是有0点0分0时）。简化起见，我们暂不考虑闰年，所以假设单月31天，双月30天。

你看，上面这套逻辑，很显然可以用高级语言代码的方式来描述。我们用sec、min等词汇表示上述的各个各种寄存器，下面的伪代码就表示了这个过程：

```
Int sec=0, min=16, hur=14, day=26, mon=2, yar=2016, danshuang=0, counter, a;
While (1) {                                              //条件总是满足，无限循环
          a=counter;                                     //读取计数器的值保存到变量a
           if(a != counter){                             //再次读取计数器的值与a做比较，如果变化则进入{}
            if (tick){sec=sec+1; tick=0;}
            if (sec==60) {min=min+1; sec=0;}
            if (min==60) {hur=hur+1; min=0;}
            if (hur==24) {day=day+1; hur=0;}
            if (danshuang==0) {if (day==31) {mon=mon+1; day=0; danshuang=danshuang+1;}}
            else {if (day==30) {mon=mon+1; day=0; danshuang=danshuang-1;}
            If (mon==12) {yar=yar+1; mon=1;}
              }
            else goto 这里；                              //如果计数器没有变化，则跳回去继续循环比较
}
```

既然可以用这个程序来实现一个计时器，我们就不妨尝试按照这种思路去实现这个计时器了。要运行程序，就得用可执行代码指令的电路，那就得需要一个CPU，这个CPU不需要多强大，其只需要能够执行上述程序中所出现的机器码即可。可以看到，上述程序中只要求加法，不需要其他运算。另外，该设计要求可以访问外部存储器地址，这是必须的，还要求支持判断和跳转，所以需要比较器和跳转电路。想必大家用自己的脑袋将上述代码汇编成机器指令也没什么难度了，并且大家自行设计一个支持所有这些指令的CPU已经没什么难度了。当然，如果觉得有难度，可以返回2.2节重新阅读，直到茅塞顿开为止。

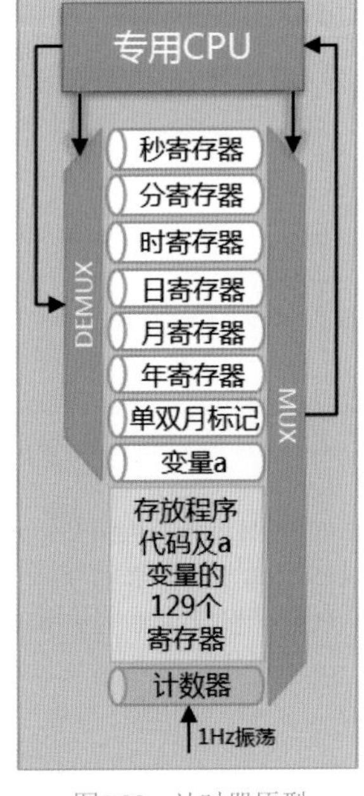

图5-28　计时器原型

假设上述代码被汇编成了总共128条机器指令，再假设每条指令占一字节，那么起码需要128+9个存储器地址来存放所有内容。多出来的9个用于存放年月日时分秒（6个）的值，以及单双月标记值、变量a的值和counter计数器的值。根据上述设计，我们画出如图5-28所示的硬件架构。

注意▶▶▶

年寄存器只有8位，只能表示到十进制255，再大就不行了。所以，看来这个计时器只能给春秋战国时期的人用了，替代他们的滴漏。所以，实际中必须使用两个寄存器/16位从而最大表示到65535年，不过那时候人类恐怕已经可以利用空间场直接创造物质并主宰宇宙了。简化起见，这个计时器只能计时到255年。

该设计可以满足上述程序的运行。我们采用一个8位计数器，其时钟输入端接入由精准晶振分频之后产生的稳定1 Hz频率的振荡信号，使计数器每秒+1，加到255之后，将会返回到0继续自增。计数器的输出端与其他寄存器一起接入MUX端，以供程序读出。其他寄存器以及CPU并不使用1 Hz的时钟振荡来运行，而是单独接入另外的更加高频率的时钟源上，比如可以是8 MHz。值得一提的是，这个专用CPU的运行频率必须远大于1 Hz，因为如果一秒钟之内，上述代码如果不能全部循环一遍的话，那么程序就有可能漏计时。这个设计靠的就是CPU用极高的速度每秒循

环执行上述代码若干次，从而才能在第一时间抓取到计数器的变化，而且在下次变化尚未到来之前，将对应的寄存器做对应的加加减减。

时钟域

如果专用CPU以及相关的寄存器处于8 MHz的时钟频率之下运行，而计数器则在1 Hz时钟驱动之下运行，那么就说这两个部分属于两个**时钟域**。这并不是问题，处于不同时钟域的东西多了，比如，你的电子手表和我的电子手表就处于两个时钟域内，因为你的晶振产生的频率与我的一定是有些许差别的。问题是，处于一个时钟域的电路，需要访问另外一个时钟域的寄存器。这个跨时钟域的问题请大家返回第1章阅读异步FIFO那一节的内容。本场景，一样会有计时落后问题，以及由于计数器多位反转之间的非原子性而误判问题。前者实际上并不是问题，计数器+1之后如果代码没有立即将各个寄存器值进行处理，没有关系，因为世界上没有任何时钟能够与太空中的铯原子钟一样做到无延迟同步。后者是个大问题，解决办法如同第1章给出的一样，需要使用格雷码计数器。

可以看到，存放代码的寄存器，在硬件上就被限制了写入，只能读出。另外，计数器的值则可以被专用CPU读出，但却只能被1 Hz的时钟信号触发而自+1，专用CPU无法对其写入。所以，只有8个可写入寄存器，我们必须手工来编译上述代码，而不能依靠现有的编译器，因为它根本不知道你所设计的这个奇葩CPU底层的闲置。所以，我们只能将时分秒年月日、单双标记、变量a放置在这8个寄存器里，具体放在哪里，随意，我们假设按照图中所示的排列顺序。

然而，这个计时器现在虽然可以正常工作，但是除了它自己没有其他人知道其内部寄存器的值。计时器记录的时间是需要给人看的，否则没意义。既然这样，那么是不是在年月日时分秒寄存器的输出端并行引出导线，将其接上数码管，不就可以看时间了么？没错，你成功制作出一块电子表！但是，我们回到本节一开始要做的事情上，也就是把这块电子表接入到运行用户程序的主CPU系统里，将这些时间值输出给其他程序使用，而非用数码管输入到视网膜再到人脑。

所以，我们设计了图5-29所示的架构。我们在专门负责给主CPU（图中的通用CPU）提供各种数据以及传达CPU访存要求的外务府集散地——I/O桥中安插了一个专门用于读取这块电子表中的时间寄存器的控制器，这个控制器向系统全局地址空间中暴露7个寄存器（年月日时分秒和单双标记），也就是说系统BIOS必须在I/O桥的地址译码器中加入对这7个地址的路由条目，这样I/O桥收到对应地址的访存请求便知道要发送请求给该控制器了。该控制器在前端接收由CPU发送的读操作和地址（已被I/O桥翻译成了相对偏移量）信号，然后后端操纵MUX将对应寄存器的值选出、锁存、传递给前端总线控制器，继而发送到CPU内部。这样，主CPU中运行的程序就可以随时查看系统时间了。注意，主CPU与计时器和专用CPU处于不同的时钟域，而且也处于不同的地址空间。所以，现在我们已经有3个时钟域和两个地址空间了。

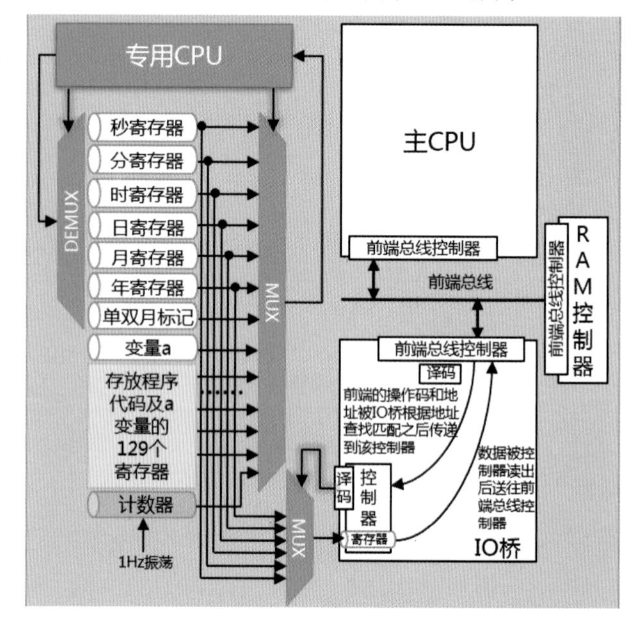

图5-29 将计时器接入主CPU共程序读取时间数据

地址空间

在上图中，我们设计的专用CPU的**地址空间**就是那129+8+1=138个寄存器，这个CPU再怎么跳腾，也访问不到其他地方了，它的寻址空间就这么大。主CPU可寻址的空间显然比计时器中的专用CPU要大，因为其要运行更复杂的用户程序，而且它所寻址的地方和专用CPU寻址的地方，根本就是井水不犯河水，除了那6个寄存器是公共区域两者都可以访问之外，其还可以寻址RAM和I/O桥上下挂的其他设备的地址空间。但是，这6个地址处在两边的全局地址却是不同的。在专用CPU的地址域，这6个寄存器的地址是0～5；而在主CPU的地址域，这6个地址可就不一定在哪了，这个完全看BIOS设计者的考虑，很有可能在一个很大的地址上。那么，虽然访问的是这6个寄存器中的某个，但两边发出的地址信号却相差了十万八千里，这一点需要理解透彻。

这里要注意，专用CPU每秒都会将最新的时间写入到这些寄存器中。尤其是秒寄存器，一定是每秒变化一次，由于+1之后一旦产生进位，就会出现需要修改寄存器中多个位的情况。那么，如果正当专用CPU更新秒寄存器而尚未完成更新的时候，主CPU刚好尝试读取该寄存器，那么读出来的值就可能就是一个随机错乱的时间。所以，这些寄存器中也需要使用格雷码来存放时间，以防止主CPU异步读取到错乱的值，程序代码中需要增加二进制数值与格雷码相互转换的处理代码，由于篇幅关系这个处理代码就不给出了，无非就是对着码表一条条匹配判断的过程。至于主CPU可能会漏读一秒，对于计时精度要求较低的程序没什么大关系。如果要求高精度计时，那么就需要能够记录毫秒微秒级变化的计时器，那么必定需要每秒自增1000次、1 000 000次的计数器，只需要将晶振分频到该频率即可，同时修改程序代码，记录毫秒和微秒值。

然而，还有一个问题没有解决：用户程序如何修改当前系统时间，也就是如何将电子表调节成想要的任何时间？当然是将你所认为的时间写入到这6个寄存器了。这就产生了一个矛盾，一方面，计时器不但要接受1Hz振荡刺激从而自己更新自己的值，另一方面，还得接受外部值的强行写入。一旦这两个操作有冲突，最后数值就会乱掉。不过，前人早已解决了这个问题。还记得异步清零的实现么？第1章其实也给出了一种原理。异步清零可以让电路完全不受振荡时钟输入信号以及数据端输入信号的影响，直接将触发器的输出置为0，只要将计数器内所有触发器都异步清零，计数器的值就被预置为0了，在下一个时钟振荡到来时，计数器将从0开始+1。同理，如果可以灵活地异步预置0或者1到触发器的话，那么计数器就可以被预置为任何初始值了。

如图5-30所示就是由6个三输入或非门组成的带异步预置数功能的1位触发器。置零和置壹这两个信号不能同时为1。当置零为1置壹为0时，Q端输出为0，并且不管时钟端和输入端的值如何变化，Q恒为0。而当置零=置壹=0时，这两个信号就不会对电路造成影响，Q端输出只取决于时钟和输入端。

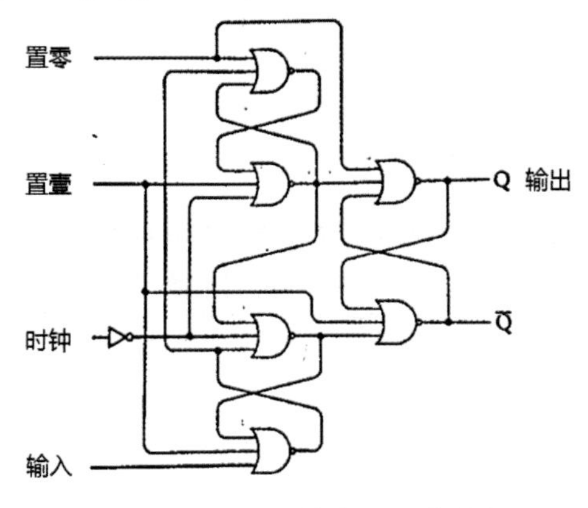

图5-30　带异步预置数功能的1位触发器

想要将Q端预置为0，则需要将置零=1，置壹=0，此时Q被置零，然后将置零=0，将电路控制权交还给时钟和输入端，在时钟信号变化之前，Q将维持0。直到下一个时钟上沿到来时，输入信号会被透传并锁定到Q端。置1的过程就是将置零=0，置壹=1，剩余过程类似。

用这种带预置功能的触发器组成的寄存器会有4个（其实是4组，每组8个信号，因为我们这个架构中的寄存器是8位的）输入信号：时钟、输入、置零、置壹。

那么，接下来要定义的，就是谁来做预置这件事情？一般来讲，只有用户自己才会去改变系统时间，那么当然就是运行在主CPU上的程序来主动预置这些寄存器数值。映射为程序代码的话，本质上就是向对应的寄存器地址上写入对应的数据。当然，底层电路必须向寄存器的预置信号端写入对应的信号，而不是输入端。输入端是给计时器中的专用CPU用的，设计预置端就是为了做预置的，所以，请走正确的门。那也就意味着，I/O桥里的计时器控制器在收到写入请求及对应的数据后，需要将数据写入到寄存器的预置端。于是我们设计出如图5-31所示的架构。

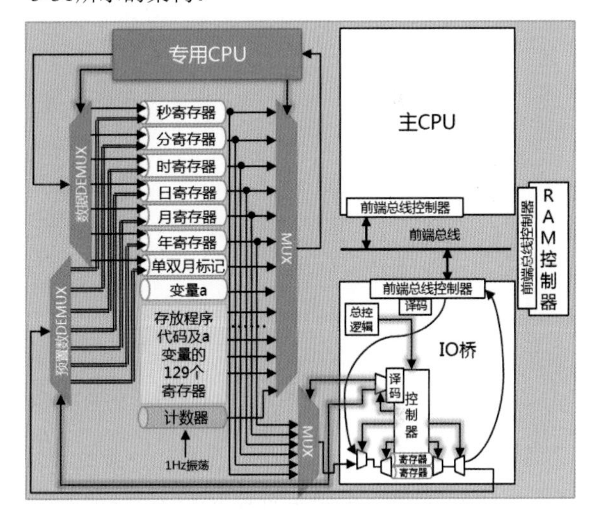

图5-31　带预置功能的计时器及操作方式

在I/O桥中的计时器控制器支持对寄存器预置端进行写操作。每个寄存器中有8位，每一位又有两个预置信号端，所以每个寄存器会有16个预置信号。计时器控制器必须将这16个信号通过预置数DEMUX写入到对应的寄存器预置端。

那么，主CPU运行的程序如果想预置入某个系统时间的话，就必须将对应寄存器的16个预置信号发送给控制器，而不是将年月日数据本身写到对应的寄存器。这就产生了矛盾，每个寄存器容纳8位，而且每个寄存器被映射到系统全局地址空间，程序只能向每个寄存器写入8位数据，现在要向一个寄存器写入16位数据，这是不可能的。需要解决这个问题。

解决上述问题的方法，就是让I/O桥上的计时器控制器再向系统全局地址空间里映射两个寄存器，专用存放这16位的预置信号。当然，这两个寄存器也被用于读出数据传给主CPU时的数据暂存器，只不过读出时间的时候，程序是直接访问那6个地址，但是控制器仍然可以将数据缓存在这里，反正CPU并不关心数据最终是从哪里冒出来的。

经过这样设计之后，程序就可以先把这16位中的高8位（比如寄存器中的8个置零信号）写到第一个寄存器，控制器便将这些信号写入到对应寄存器的置零端。然后程序再将低8位（置壹信号）写入到第二个寄存器，从而被控制器写入对应寄存器的置壹端，此时便完成了预置。之后，程序还需要再将这16位全部写成0，以便让时钟信号可以控制该触发器。写成0并不会影响之前预置的值，直到时钟触发输入端的数据传递到输出端之后，之前预置的值才会被新的输入端的值覆盖掉。

先预置年

必须先预置年寄存器，然后是月、日、天、时、分、秒。先预置秒没什么意义，因为秒寄存器会每秒变化一次。如果你想设置15点59分59秒这个时间的话，设置完秒之后，可能外部1 Hz振荡源发出了振荡，秒寄存器被清零，而此时应为16:00:00，你再去设置时和分寄存器为15:59的话，时间就整整被拖慢一分钟了。

可以看到，程序要读出或者预置系统时间，这很复杂。如果我是程序员，根本就不想去关心什么置零置壹信号，为何不让计时器控制器自行将十进制的年月日时分秒转换为对应的预置信号呢？另外，这6个寄存器是否有必要全部暴露到全局地址中？这就像，一块硬盘如果有100GB的容量，那么是不是需要给这100GB在系统全局地址空间里分配100 G（100000000000）个地址呢？如果这样的话，一个地址信号线只有32根的CPU就无法访问这块硬盘上的所有内容了，因为其最大只能寻址4GB的地址空间（2的32次方）。所以在5.3.4节中，我们将硬盘上的扇区地址号码写入到硬盘控制器的控制寄存器中来通知硬盘读写对应的扇区，这样只需要映射几个控制寄存器到全局地址空间即可，节约了CPU物理地址的耗费。我们也可以将这个计时器中的各个寄存器隐藏起来，而只暴露给CPU少数地址。

于是，我们改进一下架构为如图5-32所示，只暴露3个寄存器。一个用于让程序写入一个控制字，比如000表示读取年寄存器值，001表示读取月寄存器值，这个寄存器就是图中的“选择”寄存器。另外两个数据寄存器有两个作用，当程序要读出时间时，在向选择寄存器写入控制字之后，控制器从对应计时器内部寄存器中选出对应的数据输入到这两个寄存器中（年数据需要两字节，占用两个寄存器，其他数据只需要一个寄存器就够了），然后程序再从这两个寄存器中将数据读到主CPU内部。

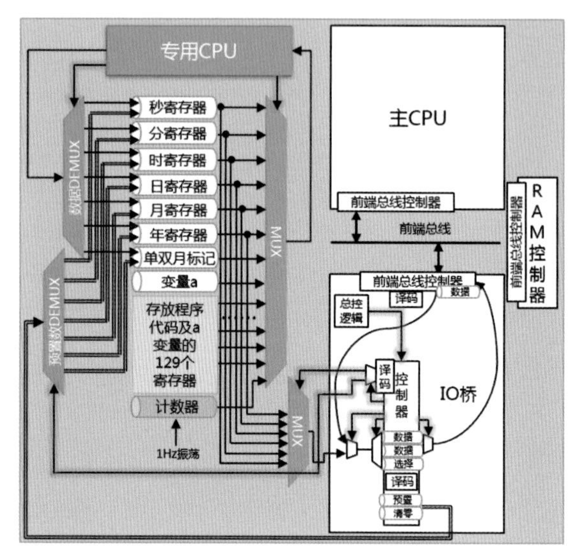

图5-32 只暴露3个寄存器

当程序要预置某个时间时，第一步则先将要预置的时间数据写到数据寄存器中，年则占两个，其他则只占一个。然后，程序再向选择寄存器中写入控制字以表示要操作哪个时间。控制器根据控制字和数据做译码，将其翻译成预置和清零信号，放置到预置和清零寄存器中，然后在下一个时钟周期将这个信号传递给计时器内部对应寄存器的预置和清零信号端，完成预置数操作。这样做，极大降低了程序的复杂度。可以看到，程序省事了，控制逻辑的复杂度就必然增加了，有些事情程序不做，就得由底层电路来做。

然而，I/O桥看不过眼了，你说你记录个时间，整得这么复杂，而且在我I/O桥这有限的空间里瞎折腾，弄得乱七八糟的，你看看你输出的那些控制信号和数据线，看着都乱啊。在我眼皮底下折腾是方便了，但是我这还有一堆其他控制器呢，你折腾一下，他也折腾一下，使劲往里塞新功能，用不多久我这就好被挤爆了，劝你尽早搬家。得，I/O桥有意见了。就这样，I/O桥无情地把越来越复杂的计时器控制器踢出了家门，独立自成一派。于是我们打算把计时器控制器直接搬到计时器那边去。搬过去好说，但是藕断了，丝必须连着，否则主CPU就无法读或者更改时间了。

这个丝应该怎么连呢？有人说了，好办啊，之前控制器的输入信号从哪里来，就还从那个地方把导线从I/O桥上拉丝出来连上不就行了么？不行，I/O桥还是不愿意。因为如果每接入某种外部设备都要占用I/O桥上的一堆导线的话，那么I/O桥一样还会被塞爆。那到底要怎么样呢？如图5-33这样如何？

在图5-33的架构中，I/O控制器完全隐藏了其后挂设备，程序如果要读写设备主控上的寄存器（比如上文中计时器主控上的那三个寄存器），必须将该请求发送给I/O控制器，也就是将设备号、操作码以及目标设备寄存器号写入到I/O控制器所暴露的相应寄存器中。换句话讲，外部设备主控的寄存器并没有暴露到全局地址空间中，暴露的只是I/O控制器的寄存器。I/O控制器收到操作码和外部设备寄存器号之后，便将这两个信息通过I/O总线传递给外部设备。

每个接入I/O总线的设备，都必须增加对应的I/O控制器以便与I/O桥一侧的I/O控制器对接，因为只有I/O控制器知道该总线的运作流程，并处理该I/O总线上的信号。设备主控从I/O控制器寄存器读出程序发来的信息，对操作码和寄存器号做对应的译码和判断，然后向后端逻辑写入对应值；或者读出对应值传递给I/O控制器，后者再传递给I/O桥一侧的I/O控制器，程序可以不断扫描控制器寄存器从而读出对应数据。

目前有很多类型的I/O控制器，比如P/S2、USB、IIC、UART/COM、PCIE等，这些I/O控制器以及配套的I/O总线，各有各的应用场景。USB控制器在个人计算机系统的使用最为广泛，因为其传输速率合适，支持热插拔等。而PCIE总线的传输速率在所有I/O控制器中是最高的，而且其数据收发流程上相比其他I/O控制器更加高效。

IIC控制器广泛用于嵌入式系统，其数据传输速率不高，适合于接入一些例如计时器、蜂鸣器之类的设备。图5-34为使用IIC控制器接入系统的架构图。可以看到IIC这个I/O控制器内部还是颇为复杂的。至于系统I/O方面的细节，会在本书其他章节详细介绍，这里不再赘述。

或许也有人会看出端倪，难道不能用计时器中的专用CPU来对这些时间寄存器进行预置数操作么？这个专用CPU本来就可以根据外部计数器的值来做判断从而更新各个时间寄存器，那么让它将某个固定数值更新到这些寄存器里岂不是易如反掌。这样做也挺好，关键是，如何将你想要设置的数值告诉计时器里的专用CPU，更准确地说，如何告诉专用CPU里运行的程序。这就势必要在两个CPU运行的程序之间建立一种通信机制，而上文中的I/O控制器也正好可以提供通信机制。于是，我们继而可以设计出如图5-35所示的架构。

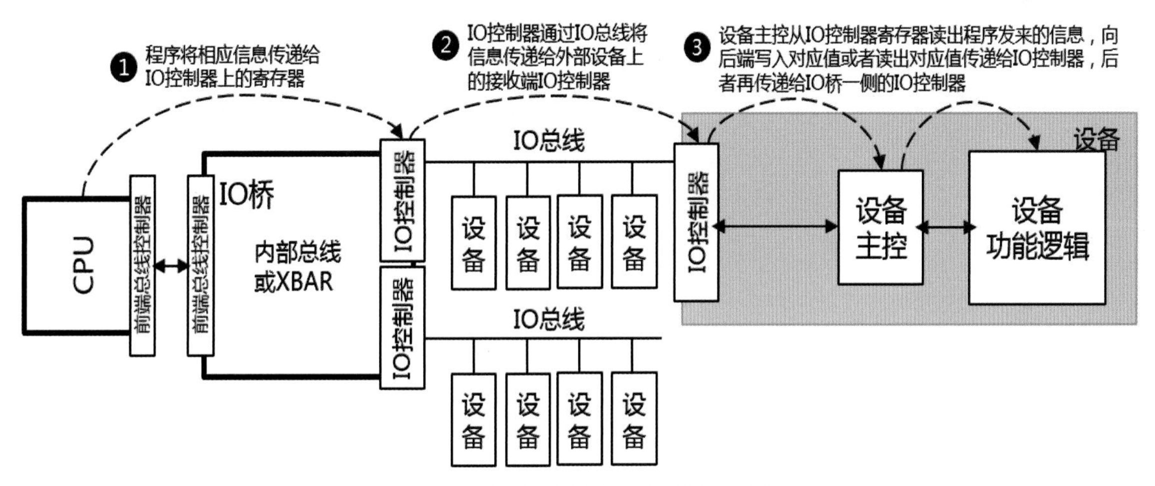

图5-33 使用I/O汇总控制器v接入I/O桥

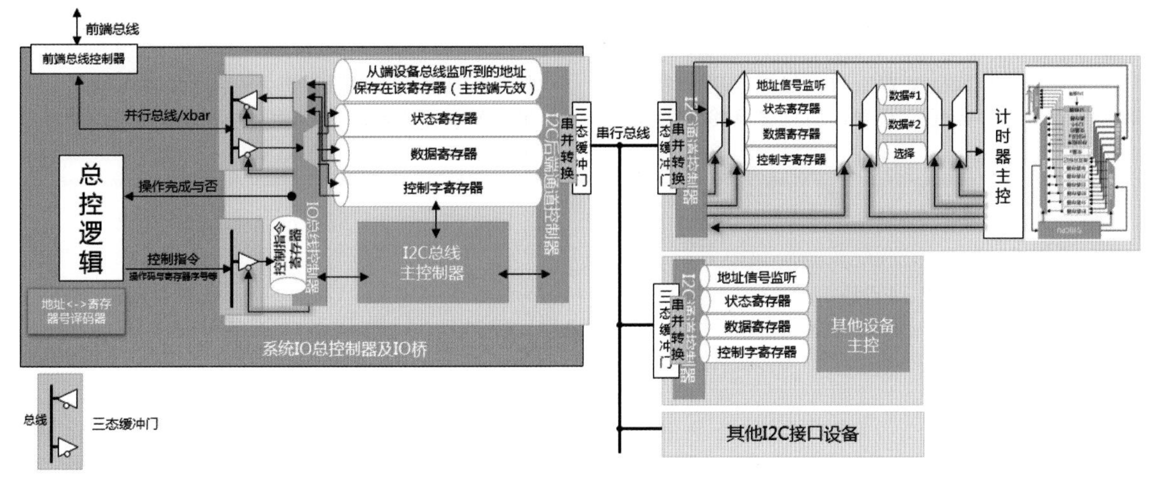

图5-34 使用IIC（I2C）/TWI I/O控制器将外部设备接入系统I/O桥

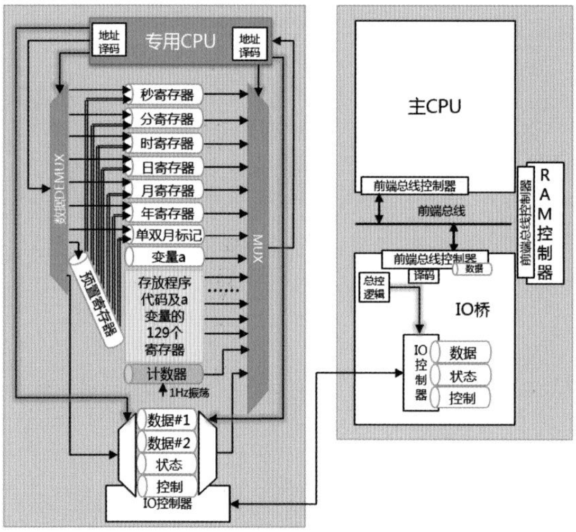

图5-35　两个独立系统之间优雅的通信

图中所示的架构与之前的架构区别主要在于，对时间寄存器进行预置的操作完全由专用CPU运行的代码来完成，而之前则是由一个专用控制器绕开专用CPU直接强行预置。后者更加暴力直接，而前者则显得更为优雅一些，但是也更复杂，因为需要专用CPU运行两段程序：其一不停检测是否有收到预置值，如果有则将值写入预置寄存器之后，再将预置寄存器全部置1；其二则不停扫描计数器来进行计时工作。可以将这两段程序紧挨着放入一个大的while循环体中，专用CPU以较高的速度循环执行这个while循环。

主CPU上运行的程序如果想对计时器预置某个值的话，则其应该将需要预设的值本身，以及该值是年还是月/日/时/分/秒的标记（比如000表示年，001表示月等），一起写入到本侧I/O桥内的与计时器相连接的I/O控制器的数据寄存器中，然后再将控制位写入控制寄存器，启动数据传输。该值被传递到计时器一侧的I/O控制器的对应寄存器中，计时器内的专用CPU中的程序不断扫描对应的状态寄存器以获取是否有新数据到来，一旦发现新值被对端传递了过来，则读出，然后将对应的值翻译成预置信号，写入到预置寄存器中，再将预置寄存器全部置1，完成预置。

学者们总是喜欢起些好听而又高端的名字，比如协同计算。你看，咱们这个计时器和主CPU之间不就是一种协同计算么？计时器内的专用CPU属于一种协处理器，其专门负责计算时间，供主CPU中运行的程序所查询或者设置。所谓协同计算就是平时各算各的，我算好了给你用，我的责任就是协助你。那么如果不协同呢，如果所有计算都由主CPU全包呢？那便形成了这样一种结构：同一个CPU，运行T和U两段程序，T程序专门负责记录时间，U程序是其他用户程序，比如文字处理录入程序等，将这两段程序塞入一个大的死循环中运行起来。这样做有个问题，如果CPU正在运行U程序，那么就不能运行T程序，如果在运行U程序期间刚好有一次时钟信号跳变，那么该跳变就无法被记录，从而导致时间漏记录而导致系统里的时间变慢。所以，精准的记录时间这个任务，要么保证T程序总能在1秒之内运行若干遍（让电路在高频率时钟信号下运行）从而总能有较大概率扫描到时钟信号的跳变，要么就得独立于运行用户程序的CPU之外而单独运行计时程序。然而，像上面一样用单独的通用CPU专门记录时间，似乎有点大材小用了，如果只是为了做单独一件并不复杂的事情，最好采用专用电路，这样更划算。我们不妨将用通用CPU+代码来实现简易计算器的过程反过来，尝试用专用电路实现计时器。

图5-28附近的那堆代码，如果直接用电路来实现的话，将会是如图5-36所示的情形。仔细看来，电路中直接使用比较器来完成高级语言代码中的if判断，使用Mux来提供多个if条件的选择，比较器的输出信号决定了Mux选择哪个值作为输入源，利用加法器来实现诸如sec=sec+1这种运算。

可以把这个纯数字逻辑计时器，辅之以一个I/O控制器，然后与主CPU一侧的I/O桥对接起来，也一样可以完成计时和时间读取的功能。

软和硬

怎么样，你现在应该彻底理解了什么叫“软件定义”“硬件加速”了。所谓软件定义，就是利用通用CPU，依靠一条条的机器指令来完成一个任务。而硬件加速，就是直接将这个任务中的每一步做成纯数字逻辑，不需要通用CPU+代码，所有的逻辑、步骤都被固化到数字逻辑中，这样执行速度最快，效率最高，但是不具备灵活性，也就是“可编程”性。比如，一旦某个需求变化了，那么就需要重新设计数字逻辑，而并不能像软件定义那样直接改一改代码重新编译一下即可。冬瓜哥将在第9章中更详细介绍硬件加速。

将图5-36与图5-37中的机械计时器相比，是不是感觉到事物底层的相似性？最终，你又一次深刻领会到了CPU+代码实现某个功能，与用纯数字逻辑实现之间的联系和区别。看到这里，你应当在脑海中自然回想起第1章的简易计算器，以及我们为了使之变得更灵活而设计的那个简易CPU，并结合现在在计时器设计上反演了这个过程。如果能有一种奇妙的顿悟，那么你就算是有所收获了。

怎么样，一个计时器，竟然能捣腾出这么多花样来，冬瓜哥自己也是醉了。不过，如果你能够理解透彻这个计时器整个架构设计的变化过程的话，那么你就已经理解了软和硬，以及计算机I/O过程的真谛。后续章节将要介绍的计算机I/O系统，其实就可以浓缩为上述的几种架构。

现在，主CPU上运行的用户程序已经可以“看表”了，那就可以实现更人性化的功能。比如倒计时程序，用户输入需要倒计时的秒数，程序将其赋值到某个变量中，然后读取当前系统时间，将当前时间+倒计时秒数得出倒计时停止时间，赋值到某个变量，然后不停读取当前系统时间，与倒计时停止时间比对，一旦相同，则提示倒计时完成。如果再人性化一点，可以直接在屏幕上显示所剩的秒数，只要发现系统时间有变就证明过了1秒（CPU频率足够快的前提下），则将剩余秒数-1并输出，直到0为止，跳出循环进行收尾工作。

再比如闹钟程序，程序不停读出系统时间，并与用户所输入的某个时间相比较，一旦匹配，则在屏幕上显示预先设定的警告信息。然而，既然是闹钟，就得让它响铃才是，否则人耳是听不到的。那么，如何让计算机发声呢？

5.4.7　发声控制

“祝你生日快乐，祝你生日快乐！祝你……”喂，醒醒！干嘛呢？不好意思，冬瓜哥回想起幼年时候，同学间互赠的那些贺卡，有些还带音乐，父母也在生日的时候给冬瓜哥买过带音乐和LED灯的贺卡，隐约回想起，不禁有些伤感。当物质极大丰富之后，面临的就是精神上的极度空虚，这两个似乎是成正比的。再也见不到这种贺卡了，为了纪念之，冬瓜哥决定，让当年的这种感觉重现。

有这样一种蜂鸣器：该蜂鸣器接收的输入值为两个连续音阶的共7×2个音调/音符的各自编码值（比如低音阶Do对应0000，Re对应0001，高音阶Do对应1000等），以及需要持续发声的时间（节拍数）信息。蜂鸣器主控只要暴露几个寄存器给前端，前端模块向对应寄存器将上述信息写入之后，再向状态寄存器写入对应的值以通知蜂鸣器主控将这些信息取走、解码，并产生一定持续时间、一定振荡频率的电信号输送到蜂鸣器的发声喇叭上，即可完成一次发声。本次发声完成后，蜂鸣器主控更新状态寄存器中对应的值以向前端模块表明本次发声已完成，从而前端可以继续向蜂鸣器主控输送下一次发声的音调和持续时间。前端模块中运行的程序需要将乐曲的所有音调和持续时间转换为对应的编码，然后依次写入到蜂鸣器主控寄存器，从而让其连续发声。

在本书第1章中，我们明白了不同的振动频率有不同的声调，不管你是用什么样的振动介质来产生振动，只要主振动频率相同，其音调就相同。比如，你用纸盆（音响喇叭）来振动和用钢丝（吉他上的琴弦）来振动，它们都可以发出比如Do的声调，因为它们振动的主频率相同。然而，这两种介质的谐波的频率各不相同，多个谐波组成了泛音，从而产生不同乐器的不同音色。吉他可以调节钢丝的松紧从而调节其振动频率，再加上通过按下不同把位上的格来调节琴弦的长度改变其振动频率，从而弹奏出各种音调，如图5-38所示。

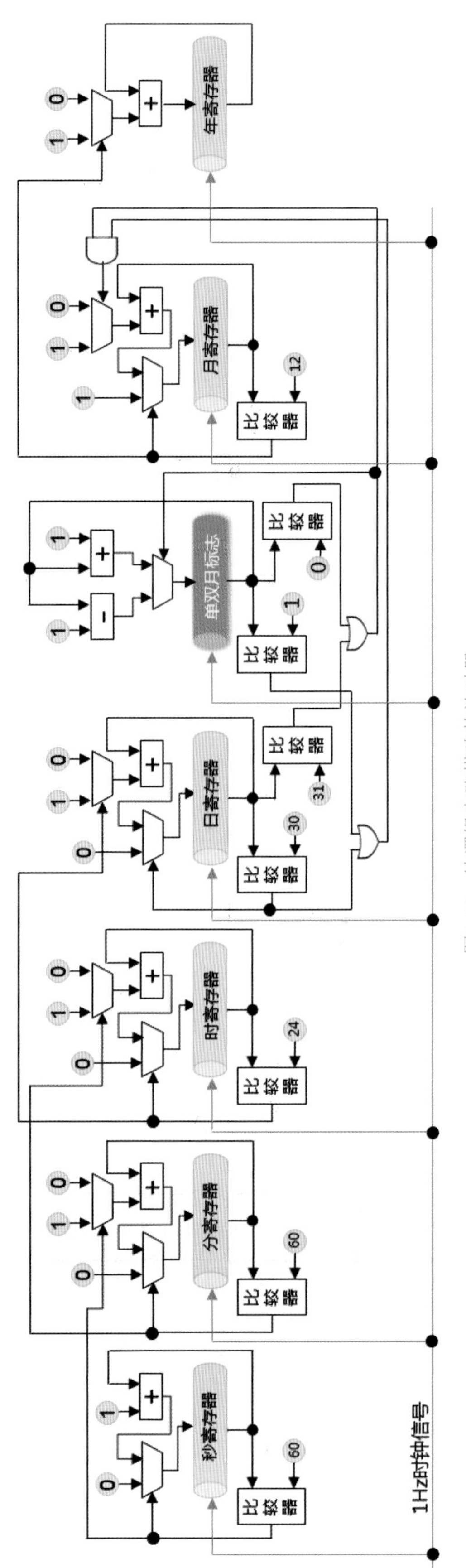

图5-36　纯逻辑电路搭建的计时器

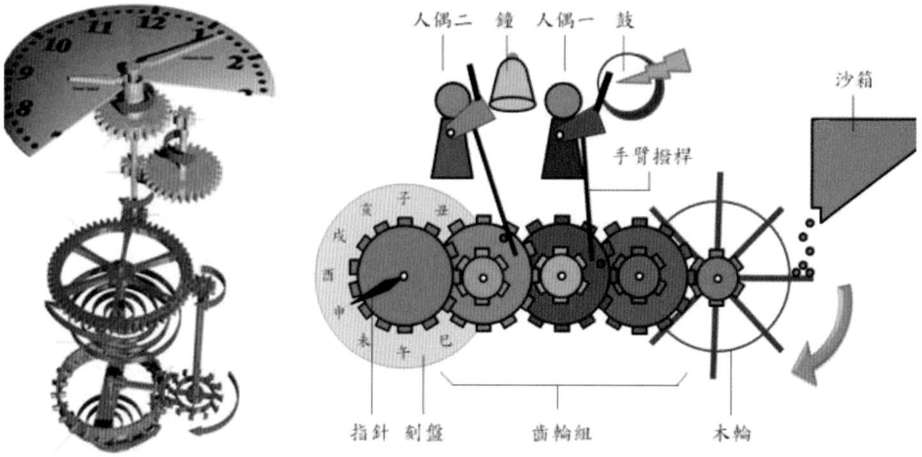

图5-37 纯硬件执行的机械计时器

音符	频率（Hz）	音符	频率（HZ）	音符	频率（HZ）
低1 DO	262	中1 DO	523	高1 DO	1046
低2 RE	294	中2 RE	587	高2 RE	1175
低3 MI	330	中3 MI	659	高3 MI	1318
低4 FA	349	中4 FA	698	高4 FA	1397
低5 SO	392	中5 SO	784	高5 SO	1568
低6 LA	440	中6 LA	880	高6 LA	1760
低7 XI	494	中7 XI	988	高7 XI	1967

图5-38 音调频率对应表

纸盆底层有个线圈，线圈下方是一块大磁铁，给线圈通不同强度和方向的电流，从而让线圈在磁场中受力从而拉动纸盆以对应速度振动产生不同音调。电磁式蜂鸣器中的喇叭可以采用金属薄片的振动，从而带动空气振动产生声响传至人耳。施加以不同频率振动便产生不同音调，通过给一片位于磁场中的很小金属弹片加对应频率的振荡电流产生振动，从而产生对应的音调。压电式蜂鸣器则与一块晶振无本质区别，只不过晶振中的晶体很小，振动频率很高，人耳听不见其声响罢了。压电式蜂鸣器内部通过给具有压电效应的陶瓷薄片施加振荡电压，导致其谐振从而发声，如图5-39所示。

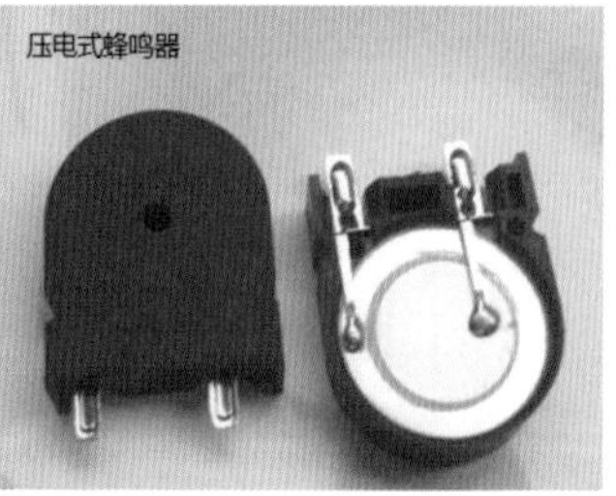

图5-39 蜂鸣器内部

但是蜂鸣器的音色尖锐刺耳，很单调，这也很好理解，因为其几乎没有共振腔，产生不了多少谐波，并不像吉他和音箱那样有个庞大的箱体来产生共振以及谐波从而更加悦耳。

与键盘、计时器、硬盘一样，发声器先接入一个主控制器，后者对发声器施加对应的振荡电流信号促使发生器内的金属片振动，该信号须为正弦信号而不能是方波，所以其振荡源应为模拟电路而不是数字电路。主控需要从其前端接收对应的指令（也就是对电流和持续时间的描述），所以其暴露对应数量的寄存器给前端。这些指令是一系列严格按照乐曲节奏和声调编码的指令流，所以需要由程序来生成。如果使用通用CPU来运行该程序，那么蜂鸣器主控的这些用于接收指令的寄存器就需要被编址到该CPU的全局地址空间中，以供程序将对应的指令写入对应地址。当然，再次重申，CPU发出的地址信号最终会被I/O桥路由到正确的寄存器处，这一点完全不需要程序关心。蜂鸣器主控制器与I/O桥之间可以直接连接（直接暴露主控的寄存器），也可以通过某种I/O控制器比如IIC控制器相连。这样的话，就只能向CPU和I/O桥暴露IIC控制器的寄存器而不是蜂鸣器主控的寄存器。程序需要将要发送的音调数据，以及对应音调数据需要写入主控的寄存器偏移量（主控上的寄存器号）信息先写入到IIC控制器的寄存器，这些数据和控制信息再由IIC控制器发送到蜂鸣器主控，然后蜂鸣器主控再根据收到的寄存器号地址、数据来解码执行。这个过程与前文介绍的将硬盘扇区号和数据写入到硬盘I/O控制器，后者发送给硬盘主控，硬盘主控再解码扇区号一样，也就是说程序不能直接寻址后端的地址空间了。

生日歌的曲调是这样的：55 5 66 55 1.1. 7777　55 5 66 55 2.2. 1.1.1.1.　55 5 5.5. 3.3. 1.1. 7.7. 6.6.6.6. 4.2. 4. 3.3. 1.1. 2.2. 1.1.1.1（.表示高音阶音符）。如果要将生日歌按照上述架构写成代码的话，其伪代码应该是这样的：

"将音符5的编码写入主控的音符寄存器；

将2拍持续时间的编码写入主控的持续节拍寄存器；

将开始发声的控制码写入主控的状态寄存器；

进入循环，不断检测主控状态寄存器中的已完成状态位是否为1，不为1表示未完成则继续循环，为1则跳出循环；

将音符5的编码写入主控的音符寄存器；

将1拍持续时间的编码写入主控的持续节拍寄存器；

将开始发声的控制码写入主控的状态寄存器；

进入循环，不断检测主控状态寄存器中的已完成状态位是否为1，不为1表示未完成则继续循环，为1则跳出循环；

将音符6的编码写入主控的音符寄存器；

将2拍持续时间的编码写入主控的持续节拍寄存器；

将开始发声的控制码写入主控的状态寄存器；

进入循环，不断检测主控状态寄存器中的已完成状态位是否为1，不为1表示未完成则继续循环，为1则跳出循环；

……"

可以看到，上述代码极为冗长、不高效，而且音符、节拍等信息被直接写死在代码中，而不是单独存放，这样不利于后续的维护和扩展。更加高效的代码则应该是先将乐曲数据编排到数组、结构体等数据结构中，然后程序从这些数据结构中取出数据，再写入到外部硬件寄存器中，类似如下方式：

"循环开始，由自增变量控制是否已遍历到数组结尾；

从数组中将第一个音符和持续时间写入到对应寄存器；

将开始发声的控制码写入主控的状态寄存器；

进入循环，不断检测主控状态寄存器中的已完成状态位是否为1，不为1表示未完成则继续循环，为1则跳出循环；

跳到循环开始处执行；"

至于上述程序过程的C语言描述，限于篇幅，鄙人就不再事无巨细了，大家可以自行写出。大家可以看到，利用这种蜂鸣器的方式只能演奏出音调和音色极为单调的乐曲，前提是CPU必须足够快地提供数据给发声控制器，否则就会出现卡顿，不过电子乐生日歌这种单调的乐曲，普通CPU的速率绰绰有余。人类对美好事物的追求总是无止境的，现实中的鸟儿鸣叫、泉水叮咚、海浪澎湃，并不是用简单的音符堆砌出来的。单调的音符只能作为主旋律，而动听的音乐更多是在主旋律基础上叠加更多不同韵律和音调音色的辅旋律，从而表现出强弱分明、此消彼长的层次感。

在本书第1章中，可以理解到，在物理上，现实中的各种声响以及混合的声响体现为杂波，肉眼根本看不出规律；同时我们也了解到，利用傅里叶的模型可以将任何杂波分解为多个规整正弦波的叠加。也就是说，如果某个声响比如澎湃的海浪，被近似分解为一万个不同频率和强弱的正弦波的话，那么理论上，使用一万根琴弦来同时振动，每根琴弦被调节为对应的频率，也可以形成海浪澎湃的声音。只不过模拟得并不是那么充分，因为傅里叶的模型是一个极限，也就是需要无限多个正弦波才能堆叠成对应的波形。即使少了其中某些成分，只要声音能骗过人耳，就及格了。

不管如何，使用实际的乐器来堆叠出现实中的各种自然混合声响波形的办法，基本不可行。但是，有了计算机，这件事情相对简单一些了。比如，可以连接一万个蜂鸣器，然后使用程序控制让这些蜂鸣器各自以对应频率持续发声以模拟出自然界声音。但是，这种办法也非常笨拙，更聪明的办法是：录音。也就是根本不用知道现实的声响到底是由多少个波怎么叠加到一起的，而是利用第1章中介绍的采样办法，直接从时间轴上对振幅做快速存样，并编码成二进制数字信号保存，然后利用ADC数模转换电路转化为强弱变化的电流，经放大后直接输出到发声器上。

上面这种发声控制架构，需要将蜂鸣器替换为薄膜或者纸盆喇叭，其主控制器接收的也不再是音调和节拍信息，而是采样编码之后的二进制码。如果当时采样时的频率是44.1 kHz的话，那么CPU就需要每秒向发声主控依次输送44.1 k个采样编码，发声主控也需要在1/44100秒内完成对编码的数模转换及输出。这样是不现实的，因为CPU的工作过程是执行代码从而向主控写入对应数据。CPU执行代码时会有很多不确定事件发生，比如，条件不满足从而跳转，这样就根本无法控制CPU每隔固定的时间必须执行“将某某数据输送到某某地址的寄存器上”这句代码。解决该问题的办法则是，让CPU先把需要解码播放的数据大批推送给发声控制器，发声控制器每接收到一份数据，就将其保存到某个存储器中暂存（缓冲区），当接收足够多的内容之后，发声控制器在以固定的44.1 kHz的频率从该存储器内读出数据解码播放。负责从存储器读出数据解码播放的电路不需要执行代码，它是一块纯数字逻辑电路，所以其可以精准地以当时采样时候的频率还原录音，即便有些许偏差，比如播放速度稍微快了或者慢了，也足以骗过人耳。当然，代码需要将播放的录音内容所对应的采样频率告诉发声主控。至于如何通知，就看各自的设计了，比如通过一个单独的寄存器，或者直接将该信息写入到缓冲区固定位置，大家约定俗成，都可以。还有更多其他方式，这里就不多介绍了。

我们在后续章节中将详细介绍发声控制方面的内容。

5.4.8 图像显示

我们在前文中曾经使用数码管和米字管来显示数字或者英文字符。如果只是显示十个八个数字字符的话，摆上它一排管子基本上也够用。如果有很多字符要显示怎么办？那就一行一行来，要么按一个按键就换一行输出，要么以固定的频率滚动输出。但是，人类总是在尝试追求和挑战更高的极限：

（1）能否同时显示出几千个字符/数字，直接将一篇文章显示出来；

（2）能否让每个数码管可以显示不同的颜色，比如红绿蓝三色，或者更加多样的颜色比如紫色、紫红色、天蓝色、湛蓝色等；

（3）能否不仅仅显示字符和数字，还能显示线条、点、不规则面等，最好还可以给不同的线、面、点着以不同的颜色，这样基本可以显示自然界各种平面图形了。

上述需求用个把数码管、米字管是不可能实现的。显然，需要数千个米字管形成一个二维矩阵才能满足第一个需求，如图5-40所示。比如一行有100个管子，共100行，这就是一个100×100的显示矩阵，其可以同时显示一万个字符/数字。不过，着实吓人，想象一下，每个数码管半个手指这么长，一万个排在一起，这得多大一块地方，用这种显示阵列看文章的话，估计没一会脖子就开始酸痛了。所以，起码得把数码管做得比较小，比如，0.5平方厘米这么大，这样比较合适。缩小数码管尺寸并不是问题，现代的制造工艺完全可以。记得我们在第1章中使用了一种野路子的方式，也就是直接将数码管接到CPU内部的某寄存器上，代码只要向该地址写入数据，数码管直接就显示出来了。那么，现在有一万个管子，就不能采用野路子了，否则CPU内部需要准备一万个寄存器，每个都在全局地址空间内占一个地址，而这是不现实的。所以，像键盘、发声、计时等一样，我们也需要一个独立的显示控制器。该控制器后端采用一万个寄存器与每个数码管相连，然而其在前端只向系统全局地址空间暴露2个寄存器，用于接收代码运行时所写入的信息：字符编码，以及该编码要被写入的数码管的编号/坐标。该控制器也采用某种I/O接口与I/O桥相连，比如IIC接口。

图5-40　数码管矩阵

为了实现第二个需求，可以在数码管内部放置红、绿、蓝3个发光LED灯。此时，程序除了需要将字符编码、数码管坐标告诉主控之外，还需要告诉它该数码管应该发什么颜色的光。所以，主控端前端可以再增加一个寄存器，专用于接收程序代码写入的颜色信息，比如红对应00，绿对应01，蓝对应10，三种状态使用2位表示足矣。好了，这样就可以实现一个能够显示一万个字符、而且每个字符可以任选红绿蓝三色中的一种颜色发光显示的显示屏了。

但是，该显示阵列只能显示红绿蓝三色，由于缺乏色彩过渡，图像看上去会比较唐突和单调，这与现实中的丰富色彩没法比。如何显示更加均匀的色彩呢？我们高中物理就学过，不同颜色的光都是可以由红绿蓝三原色以不同强度调和而成，形成一个连续的色谱。比如，红绿蓝三色的发光强度如果为1:1:1，颜色经过调和之后就是白色。红绿两色等比例调和之后就是黄色，如果红色稍多一点，那就是浅橙色，再多点就是中橙色，再多就是浓橙色，一直到纯红色。好，办法有了，那就是让主控可以控制每个数码管里三个颜色的LED灯管各自的电流强度，当然，显示成什么颜色，还得由程序说了算。所以，我们需要向主控前端用于存放显示颜色的那个寄存器中写入三原色的比例信息，而不是之前的单色控制位。可以想象，比例精度越高，显示出来的色彩就越平滑均匀。比如，红：绿：蓝=1011:0010:1100，共使用了12位来描述比例，则共可以显示2^{12}次方种颜色，这已经很不错了，虽然现实世界中的颜色是无限连续的，就像声波一样，但是我们也只能对其进行粗粒度的描述。实际上，目前的显示器基本都采用32位来描述比例信息，这就是所谓32位真彩色，能够显示4G种颜色，而16位真彩色则仅仅可以显示65536也就是64k种颜色，或者俗称6万色。

至此，上述第二个需求我们也实现了。第三个需求比较复杂，如果仅仅是在某个数码管上显示某个形状的话，标准ASCII表中的那些形状基本可以覆盖多数需求。但是，如果需要显示一片树叶，或者任何其他在ASCII码表中没有定义的形状，就需要想其他办法。另外，如果要显示不同尺寸的形状，由于每个数码管都是相同大小，也就无能为力了。最关键的是，就算只显示ASCII码表中的字符，那也有几百个，不可能在一个数码管中做出几百个字符形状的灯泡来。如图5-41所示的数码管，也只是在真空灯管里同时放入10个阿拉伯数字的灯丝进去，要显示哪个数字就点亮对应的灯丝，这种办法很笨。但是可以将灯丝做成任意形状，显示任意简单线条的图形，但是所能显示的数量极为有限。

图5-41　组合数码灯管

为了显示任意数量、任意形状的图案，人们想了一种办法。如果将每个数码管缩小，比如缩小到1平方毫米，每个数码管不再显示具体字符或者图形，因为人眼已经无法在1平方毫米内看清楚字符形状了，其只显示成一个点，这个点可以显示为不同的颜色。数万个1平方毫米的数码管紧密排列成二维矩阵。当需要显示一条直线时，可以将一横行、竖行、斜行的数码管点亮成各种颜色；如果要显示出一个圆环，则可以将该二维矩阵中对应坐标的数码管点亮。总之，利用这种方式，任意图形、线段，包括ASCII表中的各种字符，都可以使用大量的点堆砌出来。每个点的尺寸越小，显示出来的图形就越细腻平滑。于是，人们开始不断缩小发光管的尺寸。

如图5-42所示的是一种采用彩色LED（一只LED灯管中包含红绿蓝3个发光体）搭建的显示屏。将点阵中每个点所要显示的颜色信息传递给这个屏幕的控制器，控制器将其翻译成强弱不等的电流，输送到每个LED发光点上，就可以显示静态图像。

图5-42　LED点阵显示屏

显示动态图像怎么办？那当然是一幅一幅显示。当每一幅图片切换的速度（频率）足够快之后，人眼就可以感受到连续变化的图案了。每一屏图像被称为一帧（Frame），每秒显示多少帧，叫作帧率或者刷新率。帧率越高，体验越好。

目前最常用的显示屏幕采用了液晶技术，该技术能够将每个发光点做得非常小。其基本原理是将一层晶体充入两片透光方向相互垂直的偏振片之间，并且这层晶体在电压刺激之下可以发生分子旋转而产生偏振效果，将透射光的强度降低，这样就可以用电信号来控制每个点的透光强度。如果在偏振片前方覆盖一层由RGB三原色组成的彩色点阵薄片，每个点由RGB三个颜色的微小薄片组成，通过控制每个R、G、B微区的透光强度，就可以混搭出各种颜色了，如图5-43所示。

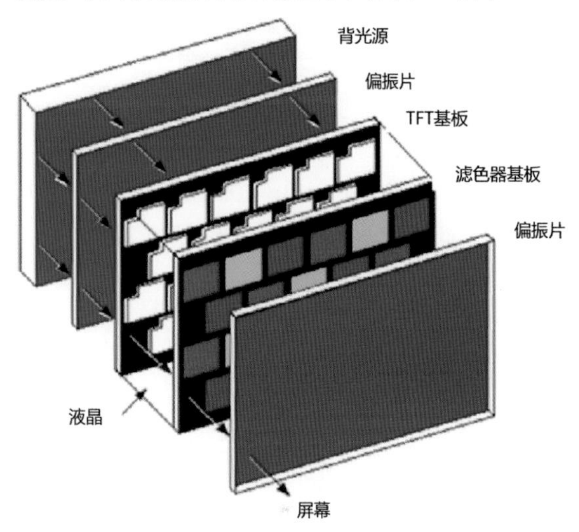

图5-43　液晶显示原理

彩色薄片可以有不同的排列方式，不同方式下的显示效果也不同。比如，采用线状排列的话，显示横平竖直的图形时会非常锐利干净，图片的边缘不会有锯齿感。电脑、手机等IT设备显示的图案有很多图标、窗口等，此时采用这种方式排列效果最好，但是当显示曲线的时候，图形边缘就会产生较强的锯齿感，除非提升分辨率降低点距。而采用马赛克或者三角形方式排列，则可以较好地显示曲线，图形边缘会比较平滑，锯齿感低，常用于电视，如图5-44所示。

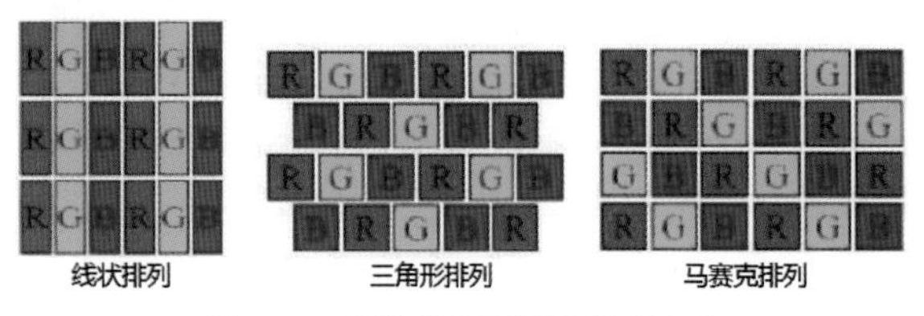

图5-44　彩色薄片不同的排列方式

如果整个液晶矩阵有1080×1 920= 2 073 600个液晶点位，那么该屏幕的分辨率就是1080 P，每个RGB三色薄片区域形成的发光点被称为一个像素。截至当前，市面上已经大量上市了4 K分辨率的屏幕，拥有4096×2160=8 847 360个点位。分辨率越高，图像、字符就显示得越细腻，体验越好。当然，分辨率只是一个因素，还得看点距。如果每个发光点尺寸太大的话，那么体验也不会好，除非隔远了看。同样分辨率，点距越小，屏幕整体面积也就越小，隔远了看相对就更细腻。

然而，很多年前，集成电路还没有那么发达的时候，对于上万发光点的点阵屏幕，人们采用的则是另外一种方式：制作一个由化学荧光材料组成的点阵屏幕，每个像素点由可在电子轰击下产生对应色彩荧光的荧光粉组成。由于没法用单独的导线对每个像素点里的三个荧光区域分别施加电子轰击，人们想了一个办法，用某种装置产生三条电子束分别射向某个像素点的RGB三个区域，可以控制每个电子束的强度从而将该像素激发成不同颜色。然后，移动该装置，将电子射向下一个像素，同时根据下一个像素要显示的颜色，改变三条电子束各自的强度，这样下一个电子束就可以显示对应的颜色。如果这个过程足够快，那么足以骗过人眼，上一个像素的颜色虽然消失了，但是由于视觉暂留效应，人脑依然保持着该点上一刻的颜色。这个发射电子的装置叫作电子枪，这种显示器叫作CRT（Cathode Ray Tube，阴极射线管）显示器。

可以想象，电子枪要在整个矩阵上一行一行快速向每个像素点发射电子，这个过程叫作扫描。达到一行末尾时可以跳到下一行上接着按反方向扫描，或者摆回来按照同一个方向扫描。每秒扫过的行数，称为行频。然而，要想让人眼体验到动态的图像变化，必须每秒显示连续的多屏图案，也就是帧率。一般来讲，对于利用视觉暂留效应显示图像的显示器，其刷新率起码要到每秒80Hz才能让人眼感受良好，否则眼睛会受到伤害，视觉疲劳产生各种病变。对于CRT显示器来讲，刷新率又叫作场频。这样的话，每秒显示80幅图像，屏幕如果有N行，那么行频=场频×N。假设屏幕分辨率为600×800点，证明其有600行，场频80 Hz，则行频=480000 Hz，意味着电子枪每秒要扫描48万行。

实际上，电子枪本身是不动的，因为以如此高的频率摆动的话，没多久机械轴心一定会被磨损而无法保持精度，或者说根本从一开始就无法保持精度。人们采用的可行的办法，是通过控制电流强度和方向产生对应的电磁场，磁场再将电子枪发射的电子束进行偏转聚焦，从而精确投射到对应的像素点上。如图5-45所示为CRT显示器原理示意图。

每秒需要向显示器输送的像素编码信息的总量，称为该显示器的带宽。很显然，带宽=行频×列数×每像素编码。以600×800分辨率、80 Hz帧率、32位色彩为例，每秒需要传送的数据量约为146MB左右。

如此大数据量的传送，靠CPU执行Load/Stor代码将数据写入到显示控制器寄存器的话，CPU就没有功夫做别的事情了。实际上，人们是这么处理的：在内存中开辟一块空间，该空间大小就是一屏的数据，比如，600×800×32位≈1.83MB。程序将所要显示的数据写入到该区域，然后，让显示控制器自行来读取该区域的数据，在解码之后输出到显示器（将该区域所在基地址写入到显示控制器里特定的寄存器，显示控制器就知道该区域在哪里了）。显示控制器每秒读取该区域M次（M=帧率）。这样，程序只需要将变化的数据写入到该区域即可，未变动部分依然留在该区域中。这个区域被称为帧缓冲区（Frame Buffer）。如果某段时间内屏幕上的图像静止不动，那么显示控制器依然是按照固定的帧率读取该区域然后解码显示的，当然，由于每次取到的图像数据没变化，那么显示在显示器上的图像也就没有变化。另外，如果程序向帧缓冲区内写入要显示的数据，同时显示控制器也来读取这些数据，这样会产生步调不一致。假设程序依次向其中写入ABCD，这四个数据组成了一张人脸，而假设程序只写了AB，但是由于某种情况暂停写入或者写入速度变慢了，CD之前的位置所存储的是XY，CD还没来得及写入，那么显示控制器读出的数据则是ABXY，那么屏幕上就会出现错乱的图像。为了避免这种情况，可以采用两个帧缓冲区，程序写入1号缓冲区，然后再写2号缓冲区，显示控制器也是轮流读取。

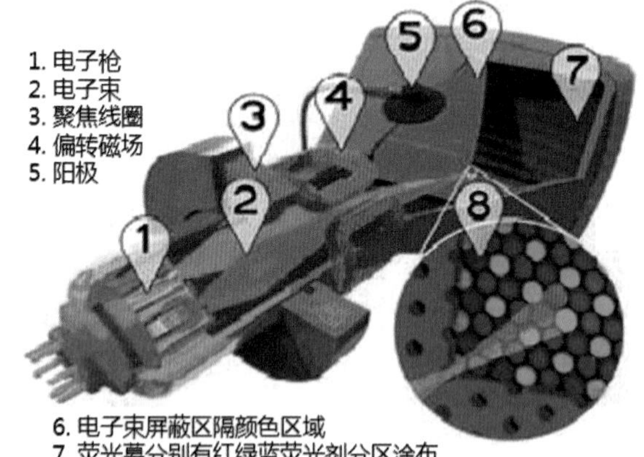

图5-45　用电子枪激发荧光

实际上，完全可以把帧缓冲区放置到显示控制器中而不是主机RAM中，上述过程理论上是可以的。但是实际上显示控制器对这块RAM的频繁读取操作会对主机端RAM造成较大的读取压力，影响主机上其他程序的运行。关于计算机I/O方面的具体内容，以及计算机图像显示的更详细的历史、现在和未来，我们将分别在第7章和第8章中详细介绍。

5.4.9　网络聊天

不错不错，冬瓜哥上面你举的这几个例子更接地气了。不过，整天搜索来搜索去、保存录入的，搞得我们像打字员似的。能否能来点格调高一些、更有趣又贴近生活的例子呢？比如，写一写那些填补青少年无限空虚内心的垃圾网游页游手游里的代码是怎么设计的，杀怪掉装备的时候，底层代码是怎么运行的？冬瓜哥没有这个能力去学习游戏制作的过程，但是可以告诉你几个关键点：早已有人写好了一堆方便生成各种图形、上色、加光影等的代码，你只需要调用之即可。有些人甚至开发了更高层面的工具，封装成更方便的使用方法，你的程序只需要告诉这个专门负责**渲染**图像的程序诸如“在这里生成一棵树，树干密度多少，枝叶密度多少”这种信息，即可在屏幕上显示一棵树。比如，Speedtree这个工具就是在多个大型游戏中得以广泛应用的3D植物图像生成工具，在RPG神作《巫师3》中对Speedtree有出神入化的使用（详见第8章）。对于图像显示，不管什么工具、代码、程序，其运行到最后其实都是将“在哪个像素格上显示什么颜色以及亮度灰度”这种信息告诉显示器显示出来，至于显示的色彩、模型、边缘、光影是否赏心悦目，这就是游戏画面设计者需要考虑的事情。

无良搜索引擎

另外，不要小瞧这些计算排名、搜索字符等程序。假设某互联网搜索引擎，按照谁交钱多少来计算搜索显示在页面上的排名。比如你搜索“血友病”，这个引擎将会在数据结构中搜索归类到血友病的网站或者医疗机构的排名，将排名第一的显示在网页上。其底层程序也是得一个字一个字地比较，和上述程序的方式是一样的。无底限搜索引擎排名也很简单，代码里只需要比较每个机构交的钱就可以了，比如可能有个数字名为int dirtymoney[3]{美元, 欧元, 英镑}，根本不需要再去比较声誉、口碑、过往经历，也不用管其是不是骗子。

这样吧，冬瓜哥介绍另一种格调较高的场景的架构示意，那就是网络聊天，怎么样？还记得我们在第1章中所介绍的基于FIFO的简易4端口交换电路么？现在我们就基于这个交换电路，实现一个可以支持4台计算机之间任意点对点通信的网络，并给出能够利用这个网络来传递文本消息的程序实现思路。

如图5-46所示，每台计算机通过某种总线（比如IIC等）连接一个网络适配器。该适配器的作用是接收程序所发送过来的需要传送到目的地的文本消息数据，程序只需要按照咱们上文中所述场景中相同的方式，也就是将文本消息数据写入到该网络适配器通过其I/O总线控制器暴露给系统的数据寄存器，然后再向其暴露给系统的控制器寄存器中写入对应的控制信息从而通知网络适配器启动传送，即可告诉网络适配器从对应的寄存器中取出数据，放入适配器芯片内部的后端发送FIFO中排队，然后按照该网络所设计的传送速率将数据通过连接在外部连接器上的线缆发送给交换机。由于外部的线缆可能会非常长，比如数十米甚至上百米，并行传输方式不适合，否则线缆条数太

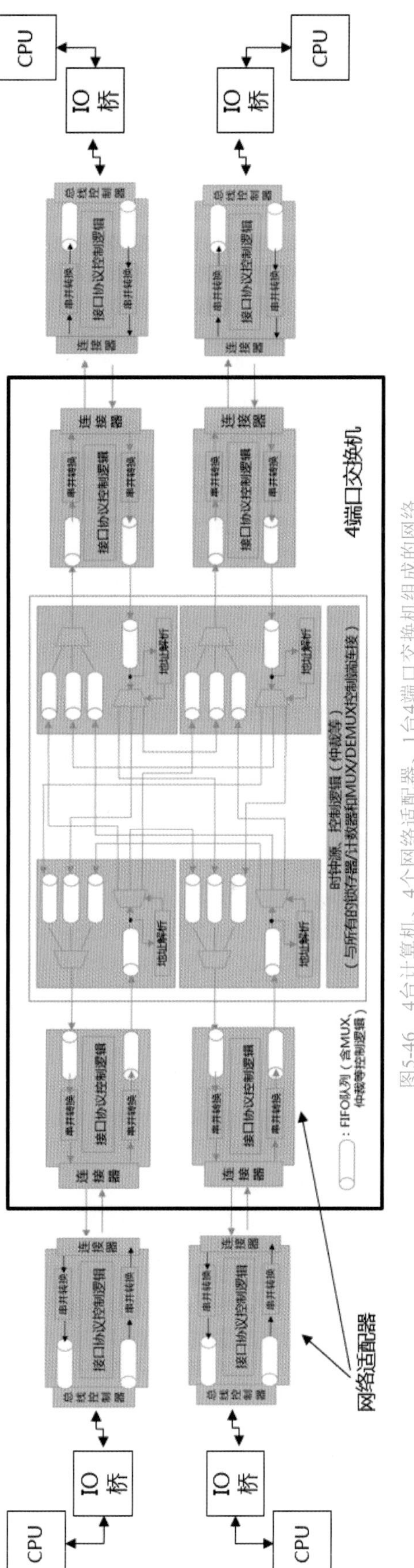

图5-46 4台计算机、4个网络适配器、1台4端口交换机组成的网络

多。鉴于此，网络适配器要将数据转换成串行方式，然后一位一位传送到线缆上，此时理论上只需要一收一发两根线缆即可。交换机的每个端口后面其实也是一个与发送端相同类型的网络适配器，这相当于，连接在计算机上的网络适配器与连接到交换机上的网络适配器之间通过线缆（网线）连接了起来。

我们在第1章中曾经描述过，发送端可以直接将数据写入到接收端的FIFO队列中，接收方再从中取走数据即可，而且两端的时钟可以不相同，这就是所谓异步FIFO。两个网络适配器之间完全可以这样做，但是这样很不灵活，因为直接写入FIFO的话，需要采用并行方式，在一个时钟周期内完成数据的传送，这样就不适合远距离网络化场景了，只适用于局部总线场景。所以网络适配器会先将程序通过局部并行总线写入前端寄存器的数据转换成串行数据流再发出去（第1章中也介绍过串并转换电路，serdes），同时还需要保证两个网络适配器上的串并转换电路的运行时钟（远高于其他模块的时钟频率）完全一致，这样才能相互收发数据。有多种方式来保证两端时钟频率完全一致。第一种方式是单传送方与接收方之间单独采用一根信号线单独传送时钟信号，这样接收方就在发送方传过来的时钟信号驱动之下与发送方步调保持一致，但是这样做会浪费一根信号线。现在更多的办法是不增加额外的线缆，接收方电路直接在数据信号线上感受和猜测发送方的时钟频率。比如，如果数据线上传递的刚好是01010101010101这种交替的二进制信号，那么接收方电路就会容易判断出其时钟频率；而如果发送方发送的是比如0000000100000001111111111110000这种数据范式的话，接收方会收到持续不变的高电压或者低电压，此时接收方电路就会感到迷茫，到底对方的时钟还在不在振荡，以及以什么频率振荡。所以，发送方一般会在待发送的数据流中合适的位置插入1或者0（经过固定算法计算得出哪个位置合适，比如“8个连续的0中最起码要有2个1被插入”）来让电路时不时振荡一下。接收方电路就可以感受到发送方的时钟频率了，同时，接收方会按照相同的算法来将这些后来插入的冗余数据位去掉然后保留原始数据。

下一步，位于交换机前端的网络适配器将接收到的数据写入到交换电路的异步接收FIFO中，这一步中由于信号走的是局部总线，所以可以使用并行的异步FIFO来传送。交换电路如何知道该条数据是发送给哪台计算机的呢？所以，需要在数据消息内部大家约定好的固定位置放置目标计算机的识别号，也就是ID，或者说地址。这样的话，交换机就可以按照第1章所介绍的方式进行查表转发了。三个自然而然想到的问题如下：

（1）谁来给数据包加上目标地址？

（2）每台计算机的地址是怎么定的，谁来决定哪台计算机的地址是什么？

（3）数据消息中只包含目标地址的话，目标计算机收到之后如何知道是谁发过来的？

都是好问题。对于第一个问题，当然需要由程序来在数据包中加入目标地址，因为只有程序知道它要和哪台计算机通信。网络适配器不能帮你做这件事，交换机更不行，交换机就像个邮局，看着目标地址查表转发。

对于第二个问题，咱们这个只有4台计算机的网络，完全可以人为指定地址，也就是第一台计算机上的程序认为自己的地址是00，第四台则是11，大家各自写死在代码里。然而对于稍大一些的网络来讲，人为指定就很不方便了，有各种方式来实现动态分配地址，在此不多展开了。

对于第三个问题，如果接收方收到一份数据却不知道是谁发来的，就像收到一封匿名信件一样，其依然可以阅读其中内容，但是就是体验太差。所以，数据包中还是得加上源地址，这样程序在收到数据之后可以在屏幕上显示比如“源地址A：内容”，这样人们就可以一目了然地知道自己是从谁那里收到了数据。

所以，发送端发出的数据消息可以如图5-47所示这样来组织。将数据消息本体加上源、目标地址字段之后，其就像将要邮寄的物品装到了一个贴有收件人寄件人信息的快递单的包裹中一样，我们称之为数据包。

目标地址	源地址	数据消息本体

图5-47 数据包格式

很好，这个网络的运行原理我们已经了如指掌了，想必大家已经开始琢磨自己来编写程序从而实现4台计算机之间相互传递数据了。虽然在当今的世界里，网络已经非常发达，大家可能根本就不会去关心网络底层是如何运行的。但是对于二十世纪的人来讲，尤其是计算机刚刚发明出来的时候，可能人们都不敢想象有一天两个人可以在相隔很远的两台计算机上直接传递消息。我们就暂时把我们自身摆放到那个时代吧，怀着一种兴奋的心态来研究，甚至设计一种网络通信方式。

冬瓜哥所设计的模型是这样的：4个人在屏幕前稳坐，运行一个叫作“网聊”的程序，程序运行之后，会在屏幕上显示一个提示符“本机地址为00，请输入要发送消息的目标地址并回车：”，此时，假设输入“01”并回车后，程序会提示“请输入消息内容（不得大于16个字母）并回车：”，输入想要01这台计算机收到的数据内容比如“Hello 01, there?”并回车，刚好16个字母（含空格字符）。回车之后，程序就将这16个字符连同源地址00和目标地址01写入到网络适配器的数据寄存器，然后写入控制寄存器触发传送。

数据被交换到01这台计算机的网络适配器接收端FIFO缓冲之后，该网络适配器需要在其状态寄存器中将对应的数据位置为1以表示“接收端FIFO不为空”。同时，接收端的程序必须要不断读取状态寄存器以便判断是否仍然有数据在接收端FIFO中，如有，则持续读取数据寄存器取出一个数据包（接收端电路会根据接收端FIFO的读指针来将对应的数据通过MUX导向到前端总线暴露的数据寄存器）。网络适配器在检测到数据寄存器发生了读操作之后，便主动将接收端FIFO的读指针+1以供程序读取下一条数据。程序读出数据包之后，判断目标地址是不是自己（担心交换机摸错门，实际上无须担心），然后提取源地址到某个变量中，提取数据消息本体到某个数组中，调用printf()将对应的消息打印在屏幕上“收到来自[源地址00]的消息：[消息内容] [换行] 来自00，请输入目标地址并回车”。

当然，实际中有很多需要考虑的地方。比如，如果网络传送速度很慢的话，发送端如果不断发送数据，那么数据将会很快塞满发送端网络适配器的发送FIFO，此时网络适配器需要将其状态寄存器中对应的数据位置1以表示“FIFO已满”（或者叫溢出）。发送端程序每次发送之前需要先判断该数据位看看是否发送端FIFO已满，不满才能继续发送数据，如果已满，则应该提示“缓冲区满，发送失败，请重试”，并将之前输入的数据再次显示在屏幕上以省掉重新输入的麻烦。

每台机器上的程序既是发送端又是接收端，所以需要顺序地做两件事：先发送，后接收。但是这里有个逻辑需要仔细思考：如果用户迟迟不输入任何信息，岂不是程序就会进入死循环来等待用户输入，此时如果有其他机器向本机发送了数据，那么本机的程序也不会执行接收工序。如何解决？冬瓜哥想了个办法：只要用户在5秒钟内还没有敲回车键，则强制跳转到接收数据流程处执行，此时通过判断网络适配器的状态寄存器从而从数据寄存器中读出数据并强行显示在屏幕上。所以系统里还需要增加一个计时器，也就是上文中介绍过的电子表，程序需要从电子表读取时间以判断时间是否已经超过5秒了。这里还有个逻辑需要思考，比如程序在读出一条接收到的数据之后，有可能接收端FIFO中还有更多数据已经收到，此时接收程序有必要再次判断状态寄存器再次接收数据。那么，接收多少条数据算完？可以接收到没有新数据为止。也可以设置一个计数器，当接收到比如5条之后就不管有没有新数据在等待接收而强制跳转回发送流程工序执行，因为可能用户正在等待输入，为了不让其久等。可以看到，程序需要考虑的场景和逻辑是非常复杂的。

另外，为了增强体验，接收方程序每收到一条消息之后，可以自动向发送方返回一条“已收到”消息，这条消息由接收方程序自动发送，无须等待接收方键盘输入。

有人会问，为何不能让程序同时发送和接收数据，互不干扰，并行执行呢？鉴于当前的CPU，这样做是不可能的，因为我们所设计的这个CPU只能顺序执行每个步骤，不可能同时执行两道工序。哦？那么是否可以用两个CPU各执行一道工序，这样不就可以同时并发执行了么？没错，这个想法是最朴素和天然不过的了，现在人们确实就是这么设计的。所以，想要了解细节，就继续阅读下去吧。

另外，还有更多自然朴素的想法，比如是否可以不仅仅传送文本消息，也可以传送图片、声音、视频呢？当然可以。不管是什么数据，底层传送的都是一堆0和1的数据流，要传送图片，就需要告诉对方程序“该份数据是一张图片”，那么接收端的程序对应地也必须按照图片的方式来解码和显示。而如果不告诉接收端程序这个信息的话，那么接收端程序如果按照默认的方式也就是文本的方式对数据进行解析的话，屏幕上就会出现一堆乱码。所以，我们可以将数据包种类进行更加细致的划分，比如如图5-48所示的方式。在数据消息本体中开辟一个几个位组成的字段，以表示该数据属于什么数据类型。

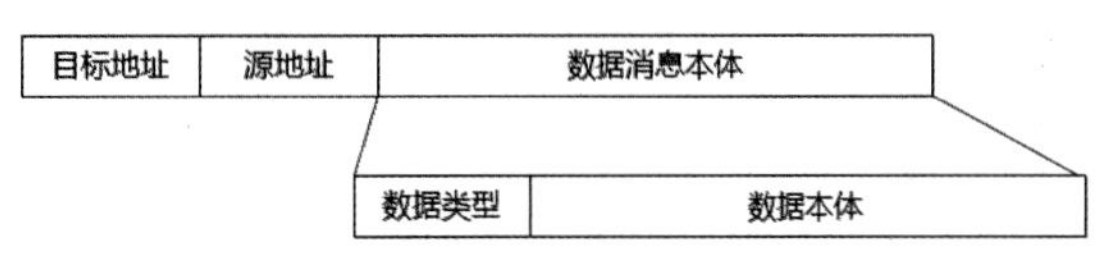

图5-48　向接收端程序声明用什么方式来解码

分层的概念

我们可以将上述数据包中的用于表示地址的部分叫作数据包的包头，包头用来告诉数据传输路径上的角色（比如交换机）这个包从哪来要到哪去。将数据消息本体称为有效载荷（Payload），有效载荷就是最终要传递给对方计算机中程序的实际内容。而数据消息本体又可以细分为元数据（Metadata）和数据。图5-48中的数据类型字段就属于一种元数据。元数据的作用就是描述 比如“该数据如何解码”“该数据是怎么组织的，又可分为几段，每一段是什么类型”等信息。在计算机网络学科中有个概念叫作网络层，对应上述数据包中的地址字段；还有个概念叫作表示层，对应了上述的元数据字段；应用层则对应了上述的数据本体字段；还有传输层、链路层、物理层等概念详见本书第7章。

另外，上文中冬瓜哥举例的时候假设文中的网络适配器采用IIC总线连接到计算机的I/O桥。实际上，现代的以太网网络适配器采用的是PCIE总线连接到系统里的。IIC总线的速率实在是太低，而现在网络的速率已经可以达到每秒传输数G（千兆）字节的数据，PCIE总线的速率也可以达到数GB/s，所以可以匹配这个速率。

好了，读到这里，想必大家也已经很清楚网络消息传送程序的本质是什么了，其本质就是将数据从一个地址写入到另一个地址。这“另一个地址”很特殊，其承载者并不是SDRAM存储器，而是网络适配器控制器前端暴露的数据寄存器，然后控制器再将数据放置到线缆上传递到对端。可以看到，将数据写入到内存，或者写入到硬盘I/O通道控制器的寄存器再发送给硬盘，或者将数据写入到网络适配器的寄存器然后发送到外部线缆上，它们的过程是没有本质区别的。假设硬盘上生活着某种智能生物可以感知到磁偶极子的信息，这不就等价于你在和硬盘上的生物进行网络聊天么？

多媒体计算机 ▶▶▶

纵观前文中给出的这些程序设计思路，会发现一个问题：这些程序中所谓数学“计算”的步骤非常少。比如上面这个网络聊天程序中，哪有什么“计算”啊，几乎全都是读取某个地址（读取状态寄存器以判断是否有数据要接收）以及将数据写入到某个地址（写入数据寄存器以发送数据），也就是将数据从内存中移动到外部设备的数据寄存器中。有人可能会感觉迷惑，所谓“计算机”，如果不做加减乘除，还怎么“计算”？上面这个网络聊天的程序，里面也是几乎没有数学计算，逻辑运算居多。有些控制类指令比如Cmp、Jmp，以及很多Stor、Load类指令，这些指令多数时候只是在搬运数据到指定的地方以及实现循环或判断跳转控制。这就是现代“多媒体计算机”的功能，只有那些简易的手持计算器是单独用来做数学运算的。早期的计算机速度很慢，能帮助人们加速一些数学运算就很了不起了，而现在则不可同日而语。现代多媒体计算机通过程序来控制声光电等各种媒体，以满足更人性化的需求。另外，计算机中的“CPU”并不是万能的，CPU并不能直接发声，也不能直接显示图像，更不能直接向网络上发送数据，但是CPU控制着能够发声、显像、发送网络数据的设备进行工作，CPU的作用是控制它们干活。怎么控制？写设备寄存器。怎么写？发出对应寄存器地址的写信号。怎么知道哪个设备的寄存器地址在哪？好问题，继续看到5.5.2节就知道了。知道目标地址后，怎么写这些地址？用Stor指令，将你控制信息写入到对应地址。这就像脑子不能走路，而是控制着肌肉运动来走路一样。怎么控制？在对应的神经上发送电信号脉冲。怎么知道大腿肌肉对应哪根神经？写入什么样的电脉冲？嗯，你可以深入学习这方面知识，学好了回来传授给冬瓜哥吧。真的，我也想知道。

还没结束。与上文中介绍计时器时一样，冬瓜哥也准备介绍另一种网络聊天的实现方式。试想一下上古时期的人如何聊天？比如，发送方：“我对你的爱写在西元前深埋在美索不达米亚平原嗷～～”，接收方：“几十个世纪后出土发现那上面字迹依然清晰可见呃～～”。对了，也就是说，大家都将自己需要传送的信息写到一个公共的地方，同时大家也从这个公示板上读取那些目标地址是自己的数据。当然，计算机就别把信息刻到石头上天荒地老了，咱们最好还是能找个所有计算机都可以访问的地方，那就只有用一个公用的存储器了。比如，同样是4台机器组成的网络，我们可以让每台机器都连接到一块容量为64字节的RAM存储器上。为了同时让4台计算机连接，该RAM的控制器需要提供4个读端口和4个写端口。控制器与计算机之间可以采用各种总线连接，但是最好是高速总线比如DDR总线以便实现更高的传输速率。

可以这样来相互传输消息：地址为00的计算机上的程序要给地址为11的计算机上的程序传送消息，则00计算机程序将消息写入到RAM中某空闲行，然后11号计算机程序不断扫描所有行，根据读出数据的目标地址判断该数据是不是给自己的，如果是则读出并标记该行为空闲以供他人使用，如果不是则跳过继续扫描下一行。所以，RAM中的每一条数据还得增加一个“空闲”位。这里有个显而易见的问题，如果多台计算机恰好同时读出某行RAM，并且该行RAM为空闲状态，那么多台计算机可能会同时向其中写入消息，这会导致相互覆盖而数据丢失。

解决上述问题的最简便的方法就是将RAM中的所有行做划分。比如00计算机只能访问RAM的第0～7行，也就是0～7行就是00计算机的接收缓冲，其中0～1只能由01计算机写入，2～3只能由10计算机写入，4～5只能由11计算机写入，但是所有0～7行都可以由00计算机读取。这样就不会发生冲突，但是不利于充分利用资源，比如当10计算机没有数据要发送时，2～3行也不能被其他人使用。

计算机之间的通信是门大学问，这里就不再继续展开了，有兴趣可以继续阅读本书第7章中的相关内容。

5.5 程序社会

在上一节中，冬瓜哥向大家展示了程序是如何操控外部设备从而实现各种功能的。准确地讲，程序并不能直接“操控”外部设备，而只是将命令和数据传达给这些设备，至于外部设备具体如何实现读写磁介质、发声、网络传送等，程序自身是并不知道的，CPU就更不知道了，也没必要知道。其实大家从上一节也可以看到，外部设备内部也是别有洞天的，麻雀虽小五脏俱全，甚至也可以有自己的CPU和程序（外部设备中的程序一般叫作固件，Firmware）。从这一点上讲，外部设备本身就是计算机，它与大计算机之间通过各种接口比如IIC、USB、PCIE等进行通信互相传递信息。这些信息包括大计算机中程序发出的指令、数据，以及小计算机（外部设备）返回的数据和状态。具体来说，小计算机通过在前端接口处暴露一大堆的可被大计算机上CPU的地址信号线直接寻址访问（访存）的寄存器，用于存放这些数据（包括大计算机传过来的，以及小计算机返回的），大计算机则将这些寄存器映射到自己的寻址空间中，程序直接通过Load/Stor类访存指令让CPU直接发出访问这些地址的访存信号，从而直接将这些数据读入到CPU内部寄存器中，然后再做后续处理。关于计算机I/O方面更详细的内容，可参阅本书第7章。

那么，CPU除了用访存方式来从外设获取以及向外设传递对应信息之外，还有什么其他方式么？没有了，只能用这种方式。咦？上一节中你明明介绍过两台计算机通过网络来传递信息啊，那么CPU和外设之间是否也可以用网络来传递信息？可以是可以。比如，连接一个网络适配器到IIC接口，IIC再连接到I/O桥，I/O桥再连接到CPU1，然后，把一个键盘通过IIC接口连接到另一个I/O桥再连接到CPU2，再连接一个网络适配器到IIC接口再到I/O桥再到CPU2。CPU1上的程序发送一条消息“我要访问键盘的状态寄存器”，这条消息连同地址包头一起被传递给CPU2所连接的网络适配器。CPU2上的程序收到这条消息之后，去读取键盘的寄存器内容，然后将内容通过网络返回给CPU1的网络适配器，从而被CPU1上的程序收到。可以看到，可以用网络来连接外部设备，但是其本质上依然需要程序先把要传送的数据写入到网络适配器的寄存器中，这一步依然是通过访存的方式来完成。所以，不存在“CPU直接连接网络”这一说，CPU只能发出地址信号来获取对应数据，这一点一定要充分理解。可以将“要访问哪个地址”的信息封装到网络数据包中传到对端来访问对端的地址，但是这属于间接访问。这种一台计算机通过网络访问对方计算机中某个地址上的存储器/寄存器的过程，被称为RDMA（Remote Direct Memory Access）。随着你的道行逐渐变深，会逐渐了解这些技术在实际中的用法。

那么有人问了，既然程序根本就不知道外设是怎么实现对应功能的，只需要传达指令告诉它该干什么就行了。这样很好，能不能再好点，也就是能不能让程序连“怎么给外设发送指令”都不用关心？给你美的，你咋不上天呢？但是仔细一想，这个要求是有道理的。比如，上一节中，用户敲击了键盘，键盘产生一个键码存入到了I/O桥上的接收端IIC接口寄存器中保存，程序想要获取这个键码，必须做两件事情：第一件事是先读取IIC接口的状态寄存器，看看有没有新数据到来；第二件事是再去读取数据寄存器获取新到来的数据。这有点麻烦了，程序员必须要了解三件事：所有这些寄存器的地址是多少；每个寄存器都是干什么用的；完成某件事要以什么步骤操作哪些寄存器。正因如此，才会有上述要求。这其实意味着，程序员都不愿意去干脏活累活，但是这些活总得有人干。

谁来干？最好是谁开发对应的外设，就谁来干，因为只有这些外设的开发者才了解怎么操作它们的寄存器。这非常合理。那么，这就产生了一种分工合作的架构，干“脏活累活”的程序B从干着“优雅高端”工作的程序A处获得类似“帮我从键盘读取键码”或者“帮我把这个消息传出去”这样的指令，然后执行该指令，程序A不关心程序B是如何执行的，程序B执行完后将结果返回，可能返回多种结果，比如“传递出错，原因：队列溢出”，或者“传送成功”等。至于程序B是怎么知道失败原因的，那当然是程序B从网络适配器的状态寄存器中读取到了相关值判断出来的。

程序A这下爽了，或者说编写程序A的程序员爽了。但是也不能说编写程序B的程序员就不爽了，因为程序B做的事情更加简单了，虽然非常底层，但是相比程序员A需要顾全大局、操控多种外设的“高端优雅”工作来讲，程序员B也不用操那么多心了，上面让我干什么我就干什么就得了。

那么，程序A具体怎么把指令传送给程序B？而程序B又怎么把结果返回给A？你先自己想想，想不出来再往下看。提示一下：程序A可以将需要传递的命令、数据等写入存储器中某个约定的固定位置，然后程序B去那自取，执行完后将结果也写在这个位置，程序A自取。冬瓜哥你怎么不容我思考就告诉我答案呢？不一定啊，你可以想出另一种稍显奇葩的方式啊。比如，程序A运行在计算机1上，程序B运行在计算机2上，程序A通过网络把指令和数据传给程序B，结果也通过网络传给程序A，这样不也行嘛？没问题，这种过程就叫作远程过程调用（Remote Process Call，RPC），意思就是本地某个程序通过网络将指令和数据发过去，从而调用对方的程序让其执行并返回结果。

5.5.1 函数和调用

按照上面的思路，我们这样来设计：当程序A运行到需要调用程序B为它干活的时候，就将需要告诉程序B的指令或者数据放到当前可用存储器RAM地址空间的最高位置上，也就是地址号码最大的地方；如果有多条信息需要传达（比如系统里连接了多个网络适配器，则需要在该处存放至少4个信息：哪个适配器、接收还是传送数据也就是操作码、要传送的数据所在的内存中的基地址、消息的长度），那就依次叠加放置，第一条信息放到最高行，第二条则放到最高行-1行，以此类推。这些在程序调用过程中需要传递的信息，被称为参数。我们把某段专门用于实现某个具体功能的程序称为函数（Function）。

所谓函数

这就像我们高中所学的y=2x+1一样，y=F（x），其中的F就表示函数。给你一条二维象限里的直线，求F，上例中，F就是“乘以2再加1”。x就是这个函数的参数，向其输入x，则其输出值或者说返回值就为y，当x=0时，y为1；当x=5时，y=11，就这样。如果某个函数为$y=2r+3p+q^2$，那么其参数有三个，分别为r、p、q。这个函数执行的功能/步骤就是把传递给它的r值乘以2、p值乘以3、q值平方，然后相加，返回值就是y。同理，当你要求一个专门负责读写硬盘的程序“把存放于内存中r地址开始长度为p的数据以操作码q执行”时，这个过程可以简化为这种描述方式read_disk(r, p, q)，正如y=F（r, p, q）一样。

将参数写入到对应的存储器区域之后，程序A需要让CPU强行跳转到函数B第一行代码所在的内存地址，从而执行函数B。而函数B的第一行代码就是从这个约定的内存区域一条一条将参数读出来，然后执行后续步骤并返回结果。如果有多个参数，则程序A必须按照函数B所规定的顺序将参数一条一条写入该约定区域。

做完这一步，是不是就可以直接用一条jmp类指令跳转到函数B了呢？不行。想一下，函数B将执行执行输出到该约定区域之后，再怎么办？是不是合理的情况应该是：函数B用jmp类指令让CPU跳转到程序A之前跳过来时所使用的jmp指令的下一条指令。这样就相当于程序A继续执行，而程序A的这条指令一定是将函数B的返回值读出并继续处理。问题是，函数B必须知道它执行完后要跳转到哪里继续执行。所以程序A在jmp到函数B之前，除了传递参数之外，还需要把函数B执行完后要跳转到的地址，也就是返回地址也写入到约定区域。这就相当于一个特工委托另一个特工干活，除了要发送暗号参数之外，还得告诉他干完了活在哪碰头。关于这个约定区域到底是怎么编排的，可阅读5.3节，不要急，建议顺序阅读，先给自己留个问号。

我们再反推出一个问号：程序A当初又是怎么跟函数B接上头的呢？它怎么知道它要调用的函数的入口地址在哪里的呢？有多种方式来解决这个问题。比如，在程序员编写代码的时候就写死，程序员自己把各个函数的位置编排好，直接写死在代码里，也就是jmp指令的目标地址直接写死。当然还有其他更加灵活的方法，可以继续阅读后续章节。

延伸出一个思考：上文中的程序A自身也可以是一个函数，也就是说，被委托者可以再次委托别人，一层层委托下去，然后一层层将执行结果原路返回给最初的调用者。函数自身在被调用的同时，也可以调用其他函数。通过这种设计，可以大大降低程序员的思考难度，程序员不需要将所有逻辑在一个函数中从头开始一路走到黑了，他可以将整个步骤分成多个子步骤，也可以将整个程序分成多个角色，然后分别编写每一个步骤或者角色，再使用调用的方式将这些步骤/角色串起来即可。

比如，我们前文中的从键盘接受用户输入的字符，然后将其写入文件的文字录入过程，就可以用下列逻辑来表示，下画线表示此为一个函数，括号中是该函数需要的参数：

-----------循环开始-------------

<u>（1）从键盘读出字符</u>（哪个键盘/键盘设备ID，读出的字符存在内存的哪个地址），返回值：00（成功）/01(（无新字符）/10（超时）/11（其他错误）；

（2）判断上一步返回值是否为00，如果是则继续执行下一步，如果不是则跳回上一步继续执行；

<u>（3）将收到的字符追加写入到某段内存区域</u>（待写入的字符在内存哪个地址），返回值：0（成功）/1（失败）；

<u>（4）判断该区域是否接近某个比例</u>（比例），返回值：0（达到了比例）/1（未达到比例）；

（5）判断上一步返回值是否为0，如果是则继续执行下一步，如果不是则跳回第一步继续执行；

<u>（6）将该区域内的所有字符写入到文件</u>（文件名、该区域基地址、数据长度、操作码（这里是追加写）），返回值：00（成功）/01（文件已满）/10（硬盘已满）/11（其他错误）。

-----------循环结束，跳回循环开始处继续执行 -----------

可以看到，这个程序只需要4个步骤即可完成，当然，这只是在第一层有4个大步骤而已。如果把每个函数拆解开来，就会看到第二层的细节，括号中表示该函数内部又包含了哪些步骤。

<u>（1）从键盘读出字符</u>（

①读出键盘接口的状态寄存器值到变量a;

②判断a中表示有新数据到来的位是否等于1;

③如果相等则读取数据寄存器的值到变量b，然后把b写入到调用者所给出的指针所指向的内存地址，然后返回00;

④如果不相等则返回01。

）

<u>（2）将收到的字符追加写入到某段内存区域</u>（

①将该缓冲区的写指针+1;

②判断写指针是否已经达到缓冲区最大上限，如果达到则不执行下一步而直接返回1，没达到则继续执行下一步；

③将上一步读出的字符写入到该缓冲区的写指针所指向的内存地址；

④返回0。

）

<u>（3）判断该区域是否接近某个比例</u>（

写指针所表示的尺寸除以缓冲区尺寸如果大于80%，则返回0，否则返回1；

）

（4）将该区域内的所有字符写入到文件（

①判断当前要写入的数据量是否超过了文件系统剩余空间（缓冲区写指针）；

②若超过则向屏幕输出“剩余空间不足”并返回10；

③判断当前要写入的数据量是否超过了参数中所给出的文件的大小（缓冲区写指针）；

④若未超过则继续执行下一步，若超过则向屏幕输出“文件空间不足”并返回01；

⑤向文件中追加写入数据（数据所在的内存地址，数据的长度）；

⑥ 第五步成功则跳转到第七步执行，不成功则返回10表示硬盘已满；

⑦返回00。

）

如果想看第三层，那就更加复杂了，比如我们以向文件中追加写入数据这个函数为例。

向文件中追加写入数据（

①得出文件尾部所在的硬盘扇区地址（文件名）；

②判断该扇区地址之后是否有对应长度的空闲空间（长度）；

③ 如果有则继续执行下一步，没有则执行第6步；

④将待写入内容写入到指定扇区段中（待写入数据的指针，扇区起始地址，长度）；

⑤ 更新文件系统位图（待写入数据的指针，长度）并返回到上一级函数；

⑥在其他位置寻找一个或者多个拼起来能凑成对应长度的空闲空间（长度）；

⑦第六步成功则跳转到第四步执行，不成功则返回硬盘已满。

）

可以看到，该函数已经位于第三层，但是它内部还有第四层函数。还可以看到，上层函数必须根据下层函数的返回码来判断下层到底出了什么问题，从而改变执行路径并返回不同的返回码给上层函数。所以下层函数最好提供足够精细的返回码，否则，将不利于上层进行故障排除工作。

万恶的printf ()！！！

现在你该明白之前5.2.4节中出现的printf的含义了，以及各种C语言教学材料中开篇便给出的类似printf ("hello world")的代码到底是指什么意思了。这里的printf()其实是调用了一个叫作printf的函数，含义为Fomatted Print，f表示Formatted格式化输出。其内部的实现极为复杂，牵扯到如何将数据类型进行转换、格式转换、字体转换，并输送到显示屏的最底层细节，当然它自身也需要一层层调用其他函数。而冬瓜哥每次看到这些材料中开篇便给出这个例子，而却没有任何解释“printf怎么就能把东西显示在屏幕上了？到底怎么做的？”，便继续教你怎么编程的时候，脸上浮现出苦笑的同时，整个人直接泄了气，想撕书。或许因为如此，冬瓜哥至今也写不出几句像样的C语言代码。冬瓜哥在5.2.4节中不得不提前引出函数的概念，当时也是捶胸顿足，但又无可奈何，所以自己再次陷入自己憎恶的循环，这可能是过不去的一道坎。

下面，冬瓜哥想为大家举个简单的例子，用C语言如何实现上述的分级函数调用的思想。先来解一道高中代数题：F（x，y）=3x+4y，求F（2,3）。相信谁都能做出来，将2和3代入得：F（2,3）=3×2+4×3=18。第二题：令i=F（2,3），求i。i= F（2,3）=3×2+4×3=18。这两道题极为简单，那么接下来的C语言对你来讲应该就是易如反掌了。

假设我们需要实现一个函数，名为add，形式就是3x+4y，x和y是add的两个参数。我们需要这样来向C语言编译器声明：看着啊，这是个函数，名字是add，其逻辑是把第一个参数乘以3，第二个参数乘以4，然后把两个乘积相加，然后返回结果。参数和结果都必须是整数。

int add（int x, int y）{return 3*x+4*y;}　　//add左边的int表示add()函数的返回值是整数类型，需要按照整数类型来解码

哦，就这样？对，就这样。那么说，int square(int a){return a*a;}就是一个求平方的函数了？当然。啊，那么说，int de_square(int a){return √a;}就是求开平方的函数了？当然。稍等，对也不对！如果运行该程序的CPU支持开方指令，比如类似“de_square 寄存器A”，那就证明其内部有直接可以计算开平方的逻辑电路，那么其对应的C语言编译器也就能够识别类似√a这种符号了，也就自然可以直接翻译成de_square机器指令了。但是有的通用CPU不支持开方逻辑电路。编译器之所以普遍可以直接识别+、-等符号是因为其针对的CPU内部有加法器、减法器以及加减法机器指令。对于那些不支持硬件开方运算器的CPU，代码就不能写成这样，此时，计算开方需要用加减乘除四则运算的多次循环来求解，具体如何算，那就有不同的算法了，也就是说，de_square这个函数内部需要有大量加减乘除运算来算出对应数值的平方根。比如逐次尝试法求87的平方根，可以先用9×9来试，然后9.2, 9.3, 9.32等逐渐逼近，最后寻找到一个足够精确的值，这叫二分法，但是其性能比较差。更优化的则是牛顿迭代法。可以将这些算法写到一个函数中，比如sqrt()，后续就可以用该函数计算平方根了。

提示

即便是当前多数CPU已经支持了开方运算电路（其内部本质上还是需要多个时钟周期来按照牛顿迭代法运算，只不过将一些可以并行计算的步骤用电路展开，这样速度加快），但是C语言中的确并没有开方运算符，多数实现都是采用sqrt()函数的方式。然而，关于这个函数内部实现，根据不同平台而定，对于支持硬件开方的CPU平台，该函数内部直接就是开方指令搞定，对于不支持硬件开方的，就用加减乘除牛顿迭代算法搞定。如果把这开方操作抽象为一个运算符，那么要求市面上所有CPU都要支持硬件开方运算，让开方运算成为非常通用的方案之后，才可以。在这一步没达到之前，用sqrt()函数封装屏蔽一下，有利于增加灵活性。比如，支持硬件开方的平台对应float sqrt(float x) {_asm fld &x; _asm fsqrt; _asm FSTP &x; return x; }，其中fld、fsqrt、fstp为对应的硬件指令，_asm是告诉编译器这句并不是高级语言代码，而是汇编语言代码/机器指令。Asm是一个汇编器，其作用是将C编译器编译好的汇编指令的ASCII码比如load等，翻译成二进制机器码。而对于不支持硬件开方的平台，其对应：

```
double NewtonMethod(double fToBeSqrted)
{
  double x = 1.0;
  while(abs(x*x-fToBeSqrted) > 1e-5)
  {
    x = (x+fToBeSqrted/x)/2;
  }
  return x;
}
```

上面的代码中出现了一些更复杂的算符，还调用了abs（求绝对值）函数，这里就不过多描述了，有兴趣可以自行研究。同理，求Sin(x)，也可以用$x-x^3/3!+x^5/5!+x^7/7!+\cdots\cdots$的方式，x的单位是弧度，！表示阶乘。只要加到十几项就可以模拟足够的精度了。可以把这个公式的计算步骤写到一个求Sin值的函数中。

在声明了这个函数的样式之后，就可以直接调用该函数了，比如：

```
int add（int x, int y）{return 3*x+4*y;};      //声明该函数的名字和样式，这里的x和y称为形式参数，只是摆摆样子，并不真的参
                                               //与运算，也不需要对其赋值

int square (int x) {return x*x;};              //声明该函数的名字和样式
void main( ) {                                 //最顶层总控函数
      int a=1, b=2;                            //声明两个整数型变量
      int s=add(a, b);                         //调用add( )函数，将声明的变量代入到add( )函数中求解并赋值给变量s，a和b为实际参数
      int t=square(a);                         //将a代入求平方函数求解出的值赋给变量t
      int z=add(s, t);                         //再将s和t相加，结果赋给变量z
      printf ("%i", z);                        //将z的值按照整数型解码并输出到屏幕上
}
```

注意

一般来讲必须先声明一个函数的样式，才能调用该函数。声明放在调用之后就不行。比如下面这样是不行的。当然，这些都是根据编译器的规则来定的，如果你编写一个编译器，支持乱序，也不是不可以。

```
int main( ) {return function_a (1, 2);}; int function_a (int x, int y) {return 2x+3y;};
```

上述代码中的main()函数是个比较特殊的函数，该函数没有参数，一般也没有返回值，其是程序的总入口，其内部调用多个下游函数来为它服务，自己只管总控协调。

注意

冬瓜哥这才明白高中代数为什么要让我们做这些题，训练一种代数的思想是极为有用的，只可惜我们当时并不知道其很有用，没有目的和未参加过实践就去学习必然收效甚微，没有共鸣。看来冬瓜哥需要重新学习一下高等数学课程了，经过了十年实践，一定会有共鸣！

经过层层调用方式的函数思想改造之后，程序可读性和层次感也增强了，而不是像之前用单一的一段程序一锅粥全包，可上九天揽月可下五洋捉鳖，除非这个程序员真的是神。程序员可以各自分工，各自编写各自的函数，然后用相互调用的方式连接在一起。

该思想还有一个好处是，模块化可装配性强。怎讲？比如，我们编写了一款名为read_keyboard()的函数，其内部就是扫描一次键盘控制器的状态寄存器，如果发现有新键码被上传则从数据寄存器中读取键码。其输入参数为键盘的设备ID。假设，有两款不同的键盘，其状态寄存器中的状态编码、键位编码完全不同，键的数量也不同。那么是不是我们需要编写两款分别可以操纵这两款键盘的函数呢？必须的。比如操作A款键盘的函数为read_A_keyboard()，B款的则为read_B_keyboard()。但是我们可以做一层封装，将这两款函数封装到一个统一的函数中，这个函数还是叫read_keyboard()，但是该函数内部首先根据给出的键盘设备ID判断目标键盘是哪一款，然后调用各自的操作函数即可。比如下面的代码：

```
char read_A_keyboard ( ) {return 'A';}      //节约篇幅起见，无参数，省略实际的步骤，直接返回某个结果以便说明问题
char read_B_keyboard ( ) {return 'B';}      //节约篇幅起见，无参数，省略实际的步骤，直接返回某个结果以便说明问题
char read_keyboard (int device_id) {
    char i;
    if (device_id==0) {i=read_A_keyboard( );}
    else if (device_id==1) {i=read_B_keyboard( );}
    return i;
}
void main( ) {                              //总控主程序开始
char p;
p=read_keyboard (0);                        //从device_id为0的键盘设备读取一个键码
printf ("%c",p);                            //此处将会显示出字符"A"
}
```

这样做的好处就是，上层程序的编写者不用再关心他所操作的键盘到底应该怎么操作，也不用关心具体该调用哪个对应的操作函数，只要从键盘类的设备读取键码，统一调用read_keyboard()给出device_id即可。任何一款新型的键盘，只要编写好对应的操作函数，然后与read_keyboard()函数挂接上即可（比如在上面的代码中再增加一句else if，或者其他更灵活的方式，见下文），这就是所谓模块化可装配。

5.5.2 设备驱动程序

那么，如果系统内有多个不同种类的键盘，用户应该怎么选择呢？可以这样：用户手动把键盘的种类型号记录在纸上，旁边标明其device_id，然后在read_keyboard()代码中写死，访问device_id=0的键盘就是访问A键盘，访问device_id=1的键盘就是访问B键盘。如果程序员a需要调用read_keyboard()函数，该函数的编写者程序员b把这张纸甩在程序员a面前：兄弟，这是该计算机的键盘和device_id的对应关系，用哪个键盘你看着办。换了你估计也不能接受这种方式来在程序员之间传递这些设备映射关系信息。

实际上，人们是通过另外的方式来传递这些信息的。很简单，如果将所有设备的信息（品牌、类型、型号等）和device_id的映射关系保存在一张表中，如图5-49所示。然后把这张表放到内存中某个固定位置，大家对这个表的格式、内存中的位置做预先的约定，所有程序员必须按照这个约定从内存中读取这个表，来获取任何键盘的信息和deivce_id，而不是通过程序员之间用纸张来传递。这样岂不就一劳永逸了么？的确，如图5-50所示为某音乐播放程序的设置界面中用于选择将音乐输出到哪个发声设备的菜单。你觉得该程序是从哪里获取到系统内连接着这些设备及其device_id的？当然是从那份表格里。那么你觉得当你选择了图中的Conexant 20672 SmartAudio HD设备之后，程序是如何把声音发送到该设备的呢？你一定猜得到，该程序会调用类似output_sound(device_id, 声音数据所在的内存基地址指针)的函数进行发声操作。那么你再猜，该函数内部会是一种什么逻辑？对了，那就是根据device_id来判断该数据需要输出到哪个设备，然后调用该设备特有的声音输出函数。

假设你发明了一款键盘，为其写了一个名为read_my_fancy_keyboard()的操作函数，那么你怎么让read_keyboard()这个主操作函数来调用你呢？根据上文所述，最终应用程序根据设备信息表查到对应设备的device_id，然后把其作为一个参数传递给read_keyboard()且调用之。问题来了，read_keyboard()又是怎么知道该device_id需要向下调用哪个具体操作函数呢？上文中我们假设read_keyboard()函数是写死的，也就是一种静态映射思想，用一堆的if和else语句逐条判断。这么做是没什么问题，但就是如果有新的设备连接到计算机，这个函数就得增加一条if语句，这样的话程序员就会疯掉。更好的办法是，把device_id

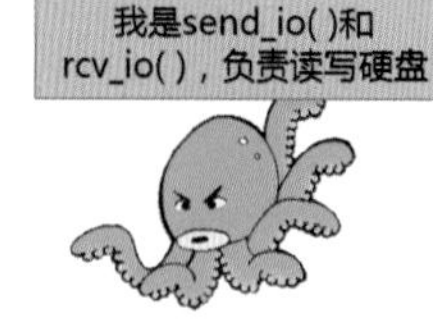

get_device_count( )
assign_device_id( )
我是add_device( )，负责打理这份表格
append_device_table( )

设备名	厂商	类型	型号	版本号	设备ID	操作函数指针
ABC FancyBoard	ABC	键盘输入设备	FB880	1.1	0	内存地址A
PPT GoodBoard	PPT	键盘输入设备	PT500	5.0	1	内存地址B
XYZ SmartStorage	XYZ	大容量存储设备	XY100	2.5	2	IO发送函数：内存地址C IO完成函数：内存地址D
OK IntellegentNet	OK	网络控制器	OK330	9.0	3	发送函数：内存地址E 接收函数：内存地址F
OPQ UltraAudio	OPQ	声音控制器	UA2100	7.0	4	声音输出函数：内存地址G 声音输入函数：内存地址H

图5-49 设备信息描述表

和“对应device_id需要调用的下游操作函数代码所在的内存基地址指针”这两个条目也做成一张表格放到内存里，read_keyboard()根据device_id输入参数，去查这个表来判断该device_id对应的下游函数指针，从而发起调用（代码中直接跳到该指针执行该函数）。这样的话，有什么新设备加入，只需要在该表中增加一个映射条目即可，read_keyboard()的代码不会有任何变化，无非就是执行的时候多扫描了一条数据。比如，在表中对应位置记录所有条目的总共数量，在read_keyboard()函数中利用类似n=get_device_count(); for i=0, i<n, i++ {查表逻辑}这样的代码，先调用get_device_count()这个函数查出表中的设备总数量，将其值赋值给n，然后用一个循环来查全表，一条也不漏。增加了一个设备，则在表中增加一个条目并且将设备总数量+1即可。

输出设备 DS: Speakers (Conexant 20672 SmartAudio HD)
输出格式 WAVEOUT: Microsoft 声音映射器
频率转换 WAVEOUT: Speakers (Conexant 20672 SmartA
本地文件 DS: 主声音驱动程序
DS: Speakers (Conexant 20672 SmartAudio HD)
属性 WASAPI: 默认输出设备
设备类型 WASAPI: Speakers (Conexant 20672 SmartAudio HD) ({0.0.0.00

图5-50 某音乐播放程序选择输出设备时的界面

提示 ▶▶▶

可以将“设备名称/类型---device_id”表和“device_id----操作函数指针”这两个表合并成一个大表，以及把系统内所有类型的设备信息，包括显示、硬盘、键盘、发声、网络等所有信息统一编排到一张大表中，内含设备名称、厂商、类型、型号、版本号、device_id、对应操作函数的指针等信息。这样的话，read_keyboard()就需要扫描表中类型为“键盘类”的设备条目，从而获取到对应的操作函数指针。

那么，谁来负责在添加设备时向表中增加一个条目，同时在删除设备时从表中将对应条目删掉？答对了，可以设计一个单独的函数专门负责维护这个表格，或者针对添加设备、删除设备这两个动作各设计一个函数。比如，添加和删除设备的函数分别命名为 add_device()和del_device()。add_device()的输入参数应该是该设备的类型、厂商、型号、版本号等，以及最重要的——该设备的操作函数所在的内存地址指针。add_device()函数的内部的逻辑应该是类似这样的：首先需要为该设备分配一个新的device_id，device_id可以根据所设计的对应规则来生成，比如顺序分配，那么就需要查表以获取表中当前最大的id号，然后+1即可，比如先n= get_device_count()，得到当前设备描述表中共有多少条记录，然后n=n+1，n就是该device的id。分配device_id这一步也可以是一个单独函数，比如起名assign_device_id()返回值是该设备的id；add_device()函数中最后一步应该是append_device_table()，其逻辑应该是，把该设备的信息（包含首次传入进来的以及内部分配的device_id）写入到第n（刚才已经+1之后的n）行上，然后将表中的设备总数改为n（刚才+1之后的n）。上述整个过程又可以称为设备的注册过程。

read_keyboard()函数会扫描该表中所有类型为“键盘”的设备，从而让用户选择使用哪个键盘来输入，或者read_keyboard()自行选择一个默认设备作为输入设备。刚才图5-49中的菜单，也是由程序扫描设备信息表中所有发声控制设备，从而让用户选择使用哪个设备输出声音。

add_device()函数只是个工序而已，它自己并不会天然就把自己给执行了，必须要有人来传递参数并且调用add_device()函数。可以这样做：先把整个系统内的设备信息以及其操作函数所在的内存地址指针编排到一个数组中，编写一个主程序void main() {}，然后循环调用add_device()，把数组中的每一个设备注册到系统内部。不禁要问的是，程序员如何知道目前连接到计算机的所有设备的信息，以及其操作函数所在的地址？这些设备的操作函数当初又是被谁放到内存里的哪些地方的？这一连串的问题，是自然应该想到的。另外，既然所有设备信息和操作函数指针一开始都由程序员手工编排到数组里了，那还用add_device()作甚？根本不需要了啊。干脆程序员稍微再勤快点，把device_id手工编排好算了，这样read_keyboard()、output_sound()、net_send()/net_receive()这些顶层操作函数直接可以扫描这个数组获取对应的设备类型和device_id，就可以操作这些设备了。

所以，计算机内的所有设备应该做到自动被发现且被注册，而不是手动。嗯，如何自动发现？比如，编写一个函数名为scan_device()，专门负责发现所有连接的设备信息。同时，所有的设备必须把自己的信息存放在自己的控制电路中的某个存储器中，以供获取。那么scan_device()应该怎么获取这些信息？

我们知道，任何外部设备都是连接到系统的I/O桥芯片上的，而且必须采用某种接口（或者说I/O控制器），比如USB、IIC、PCIE等来连接到I/O桥，I/O桥一侧和设备一侧都需有对应的相同类型的I/O控制器。程序从设备读取数据或者向设备发送数据，其实本质上都是向位于系统I/O桥上的这些I/O控制器的寄存器来读取或者发送数据。如果同一个接口下面连接了多个设备，比如使用总线或者交换电路，程序还需要告诉I/O控制器要将数据发送给哪个设备或者从哪个设备接收数据，也就是要将设备的编号告诉I/O控制器。不同的总线/交换电路有不同的设备ID数量和格式，比如IDE控制器只允许接入2个设备，设备ID分别为0和1。所以，要发现连接在这些I/O控制器后面的设备，有两个办法。

（1）一种方式是，向该控制器后面的所有设备ID都发送一个指令（将该指令连同设备ID一起写入到I/O控制器的发送寄存器中），该指令要求设备上报对应设备的信息。I/O控制器收到该指令及对应ID之后，便会将该指令传送到后端挂接的对应ID的设备上。如果I/O控制器后面并没有连接有该ID的设备，则无人响应，那么程序不会从I/O控制器的数据寄存器中读到任何内容。如果I/O控制器恰好连接有ID为该ID的设备，则该设备会响应该请求并将设备信息传送到I/O桥一侧与该I/O控制器对应的数据寄存器中。程序读取时则可以读到有效数据，并且可以将该设备的信息追加到设备信息描述表中。这个过程是一种逐条扫描设备的过程，需要程序循环多次主动对每一个可能的ID都发送对应的指令。

（2）另一种方法则是，将这个过程所需的逻辑做到I/O控制器的硬件中，程序只需要将该指令传送到I/O控制器，不需要携带设备ID信息，I/O控制器内部的逻辑电路自动循环发出对应的扫描指令对所有可能的ID进行扫描，并将回应信息存储到I/O控制器的寄存器中，以供程序读取。I/O控制器需要用大量的寄存器来保存设备信息，而且必须按照对应总线/网络的最大可接入设备量来算，有些I/O总线/网络可以允许接入2的24次方个设备，那么这种方式就变得不现实了。

事实上，多数设计都是采用上述第一种方法实现。好，我们现在可以知道scan_device()函数内部需要实现什么逻辑了，那就是scan_usb_device()、scan_iic_device()、scan_pcie_device()等分别针对每个I/O控制器后面的设备进行扫描，然后将所有设备的信息编排到一个表中。

问题来了，scan_device()又是怎么知道系统中有多少个、各是什么类型的I/O控制器的，以及这些I/O控制器的寄存器地址的呢？此时你应该跳回到5.4.1节中复习一下图5-20中的蛛丝马迹，就会发现，计算机制造商必须给出“该计算机里连接了哪些类型的I/O控制器以及每个I/O控制器有多少寄存器容量”。这些信息被编排成一张表格，表格中每一行都是类似“USB控制器#1 共128字节寄存器容量”或者“IIC控制器#1 共32字节寄存器容量”这种描述。当然，每一种I/O控制器都有各自对应的编码，比如IIC控制器为0000，USB控制器为0001等，那么表格中的每一行的样子就是类似0000 32（十进制）。另外，可能存在多个同种类的I/O控制器，那么还需要对它们编号。所以最终每一行的样子应该类似0000 00 32D。

也就是说，程序只要把这张表从I/O桥中读出，就可以知道I/O桥下挂接的所有I/O控制器的类型以及每个I/O控制器的寄存器总容量。那么程序如何读出这张表？可以这么做，把这张表整个映射到CPU的全局物理地址空间中，程序直接采用Load指令即可读出该表。那么这个表具体映射到哪一段物理地址上呢？或者换句话说，程序发出针对对应地址的Load指令，I/O桥上的地址译码器接收到该段地址的读访问请求后便会将表中对应条目载入I/O桥前端的数据寄存器，以便将数据传送给CPU呢？这段地址必须得固定，而且约定俗成。假设，我们将这个表映射到CPU物理地址空间的1MB～2MB之间，从1MB地址开始存放，如果挂接的I/O控制器很少，用不了这1MB的空间，那么该空间剩余部分也不再另做他用。这样的话，I/O桥内的地址译码器的翻译逻辑也就得把针对这个区间的译码逻辑写死，只要收到1MB～2MB区间的访问请求，就译码成对内部表的对应行的访问，这就完成了映射过程。另外，I/O桥本身的控制寄存器、数据寄存器在CPU物理地址空间内所处的位置也必须写死及恒定，否则程序一开始也不会知道该怎么访问I/O桥，这是个鸡生蛋蛋生鸡的

提示 ▶▶▶

一般来讲，BIOS会将描述整个系统的地址分配信息的一份非常详尽的表格写入到SDRAM中固定位置，以供其他程序读出从而判断系统当前都有哪些存储器、这些存储器各自被映射到了哪些地址、各个存储器都是什么类型以及能不能读写，以及这些存储器是否可以被用来存放代码、是否是特殊定制的存储器、是否只能由特定程序来访问等等。这方面是有标准的，比如ACPI规范。图5-51就是ACPI中对存储器类型的定义，其中可以看到一类AddressRangeReserved，这类地址就是上面所述的那些天生写死的地址。访问这些地址读出的会是比如系统桥的寄存器中所保存的配置信息，所以不能将其用于存放其他代码或者数据。一般程序需要主动地不去碰这些地址，除非该程序就是用来配置系统桥的特殊程序。

Table 15-312 Address Range Types12

Value	Mnemonic	Description
1	AddressRangeMemory	This range is available RAM usable by the operating system.
2	AddressRangeReserved	This range of addresses is in use or reserved by the system and is not to be included in the allocatable memory pool of the operating system's memory manager.
3	AddressRangeACPI	ACPI Reclaim Memory. This range is available RAM usable by the OS after it reads the ACPI tables.
4	AddressRangeNVS	ACPI NVS Memory. This range of addresses is in use or reserved by the system and must not be used by the operating system. This range is required to be saved and restored across an NVS sleep.
5	AddressRangeUnusable	This range of addresses contains memory in which errors have been detected. This range must not be used by OSPM.
6	AddressRangeDisabled	This range of addresses contains memory that is not enabled. This range must not be used by OSPM.
7	AddressRangePersistentMemory	OSPM must comprehend this memory as having non-volatile attributes and handle distinct from conventional volatile memory. The memory region supports byte-addressable non-volatility. NOTE: Extended Attributes (Refer to Table 15-274) for the memory reported using AddressRangePersistentMemory should set Bit [0] to 1.
8 - 11	Undefined	Reserved for future use. OSPM must treat any range of this type as if the type returned was *AddressRangeReserved*.
12	OEM defined	An OS should not use a memory type in the vendor-defined range because collisions may occur between different vendors.

图5-51 ACPI中对存储器类型的定义

问题。

然而，读出该表只是第一步。第二步，则是要将该表中所表述的每个I/O控制器的对应容量的寄存器也映射到CPU物理地址空间中，这样才能供后续程序访问这些地址从而与这些I/O控制器通信。对I/O控制器的寄存器的映射是否也可以写死呢？可以，但是这会很不方便。比如，某计算机的I/O桥连接了数量庞大的I/O控制器，寄存器总容量达到了数百MB，另一台则连接的很少，总容量只有几MB。大家必须约定一个可接入的总寄存器容量上限，假设该上限为256MB，那么这两台计算机不管有没有接入到上限，都得映射256MB的地址空间，未被占用的部分只能浪费掉。人们需要的是更灵活的映射方式，寄存器空间不但可以容量任意，而且还可以被映射到物理地址空间的任何区段，如图5-52所假设的例子。

假设系统I/O桥内共有两个IIC控制器、一个USB控制器和一个PCIE控制器。I/O桥内的I/O控制器描述表共有4个条目：第3行0000 00 32D、第2行0000 01 32D、第1行0001 00 128D和第0行0010 00 65536D，寄存器总容量=32+32+128+65536=65728

字节。现在程序希望把这65728字节的寄存器映射到3MB～3MB+65728 Byte这段物理地址空间上。也就是说，当程序访问第3MB这个地址时，I/O桥应该访问表中第0行描述的那个I/O控制器上的第0个寄存器，依此类推。如果程序决定把这65728字节的寄存器映射到1GB～1GB+65728 Byte这段物理地址空间上的话，当程序访问第1GB这个地址时，I/O桥依然可以做到访问表中第0行描述的那个I/O控制器上的第0个寄存器。这种任意映射又该如何实现呢？

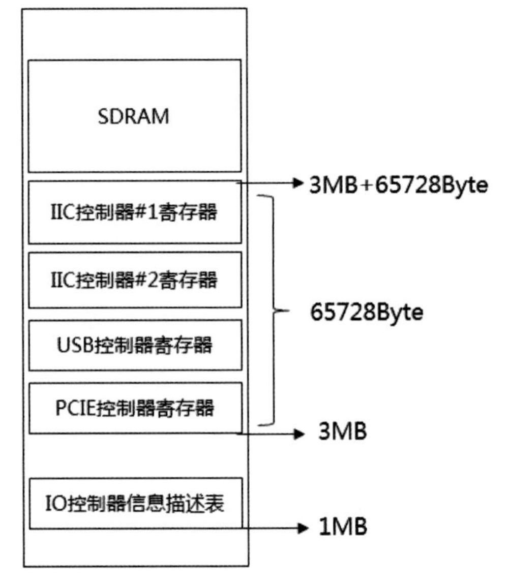

图5-52　假设的I/O控制器寄存器地址映射

想想，这样是否可以？如果程序要把该段内容映射到3MB处，那么程序可以把3MB这个地址写入到I/O桥内部的一个寄存器（已被预先固定映射到物理地址空间中），I/O桥只需要用CPU发送的地址减掉3MB，就可以得出用于访问这个表格的绝对地址从而去读取表格了。如图5-53所示为一个I/O桥在地址映射方面的设计示意图。I/O桥每次接收到某个地址的访问请求后，先由顶层地址译码器判断该地址落入哪个区段（比如访问I/O桥自身的寄存器，还是访问I/O控制器描述表，还是访问I/O控制器的寄存器），根据不同区段输送不同的控制信号给各个MUX或者DEMUX，从而将对应的数据导入到前端数据寄存器以便传递给CPU。当顶层地址译码器判断出某访问请求落入了后端I/O控制器寄存器地址范围时，会将基地址寄存器导入到减法器，算出相减之后的绝对地址，这个地址被输送到二级地址译码器。该译码器根据描述表中的条目继而判断该请求是访问具体哪个I/O控制器的具体哪个寄存器，从而控制对应的MUX和DEMUX通路将数据导向到前端数据寄存器。

综上所述，需要有一个程序来将I/O桥内的描述表读出、分析，并将对应的寄存器映射到物理地址空间的某处，并且还要将这个映射结果公之于众，让所有想操作I/O控制器的程序知道这些寄存器地址具体被映射到了哪里。我们不妨给该程序起名为io_address_map()。该程序要在scan_device()之前执行。

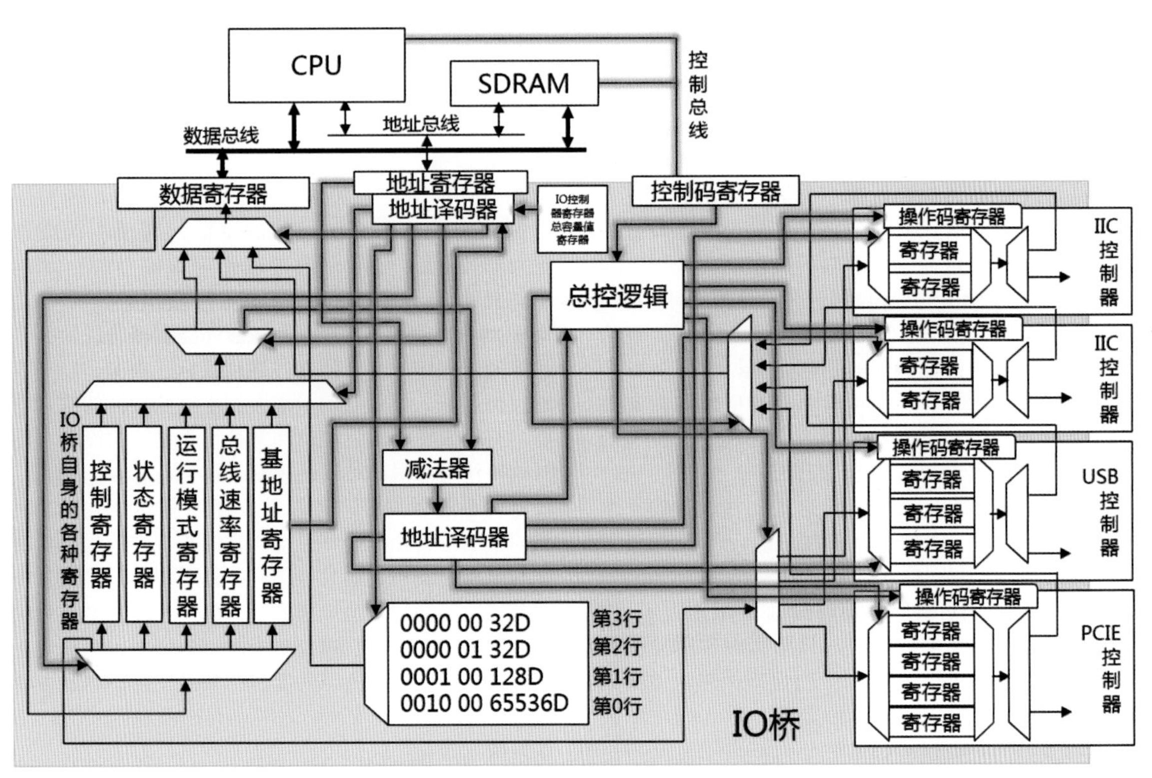

图5-53　I/O桥地址映射底层设计示意图

其生成一份新的描述表，这个描述表描述的是“系统内每一个I/O控制器的类型、序号，以及其寄存器被映射在哪个地址区段上”，该表需要放到SDRAM内存里某固定位置，以便让其他程序访问。这里又引申出一个问题，SDRAM这块大空间也需要被映射到CPU全局物理地址空间上，不妨给对应的函数起名为ram_address_map()，其本质就是向SDRAM控制器的基地址寄存器中写入整个SDRAM空间将要被映射到的CPU物理地址空间的基地址（该基地址一般也是约定俗成的），SDRAM控制器内部也会使用减法器将CPU发来的地址与基地址相减从而得到RAM内部的绝对地址，然后用这个绝对地址去寻址内部的RAM存储器。ram_address_map()程序不能被放到RAM中执行，因为它运行的目的是把RAM映射到物理空间以便CPU可以访问，该程序运行之前CPU是无法访问RAM的，这就矛盾了。所以该程序需要放在BIOS ROM中存放，CPU从BIOS ROM中执行该程序。并且ram_address_map()要先于io_address_map()执行，因为后者需要生成一份映射表并写入到RAM中。

好，刚才我们插入了一个分支，也就是scan_device()是如何知道系统内所有I/O控制器的寄存器地址，从而向对应地址发送扫描外部I/O总线所对应的指令的。答案也已明了，就是其通过读取由io_address_map()生成的I/O控制器物理地址映射表项来获知。那么，当scan_device()发现了所有挂接在I/O控制器后面的设备之后，又是怎么知道这些设备的操作函数在哪里的，从而生成最终的设备信息描述表呢？

如果能够保证该计算机的所有外部设备是固定不变的，也就是说既不会有其他设备连接上来，已连接的设备又不会改变连接位置，那么就可以在代码中写死这些操作函数的地址，将各个设备的操作函数载入内存中固定地址，并将指针填入到设备信息描述表中。显然这样做很不灵活。想做到可以允许连接任何数量的任何设备，则这样设计比较好：该设备的设计者自行编写对应的操作函数，将其编译成机器码指令码，并存储到一个文件里（用write_file()函数），并在这个文件头部写入一段关键信息，通告该操作函数操作的是哪个类型、厂商、型号以及版本的设备，当然这段信息的格式和在文件中的位置、长度，也都是大家约定俗成的。所有的设备都提供该文件，比如my_keyboard_A.sys、my_sound_controller_B.sys等，将这些文件放置到一个约定俗成的位置，比如一个名为“driver”的目录下面。然后通过一个程序（比如命名为load_driver()）来调用read_file()函数以从driver下面读取所有.sys文件，分析该文件头部的信息，只要其声称所能操作的设备信息能够在位于RAM中的设备信息表中找到匹配项，则将文件中的操作函数部分载入内存中某空闲地方，并且将该项的最后一列，也就是操作函数指针，更新为该操作函数所在的内存地址，这样便将该设备的操作函数成功的挂接/对接到了系统中。

如果在上述过程中没有找到匹配项，则证明系统当前并没有连接该设备，那么该设备对应的.sys文件不会被删掉，而是继续保存到硬盘上，并将该文件头部信息存储到一个记录表（设备信息～操作函数文件名映射表）中以备用，映射表中包含该文件内部的操作函数所能操作的设备信息以及对应的文件名。当对应的设备插入到系统中之后，可以重新调用scan_device()。当发现该设备之后，scan_device()先将从该设备获取的信息填入到设备信息表中，继而查询上述的“设备信息～操作函数文件名”映射表来寻找匹配项目，找到之后便根据项目中所给出的文件名，将对应文件名中的操作函数载入内存，并将指针更新到设备信息表中，从而让其他函数查表调用。

提示 ▶▶▶

上述的设备信息～操作函数文件名映射表在现实中的一个实例就是大家熟知的Windows操作系统下的注册表。当然，注册表中并不仅仅包含这类信息，还包含大量的其他配置信息。

这些用于专门操作外部设备的操作函数，又被称为设备驱动程序（Device Driver），比如read_keyboard()与read_fancy_keyboard()就是键盘驱动程序，output_sound()与my_output_sound()就是发声控制器的驱动程序。因为只有这些程序知道这些设备的寄存器数量、种类和功能，以及按照什么样的顺序、发送什么样的操作码给这些寄存器以与设备交互，就像操纵汽车的司机一样。一般来讲，人们会实现一个通用驱动，通用驱动可以驱动某类设备的大部分型号。键盘通用驱动程序可以驱动大部分通用设计的键盘，比如101个键位的键盘，而对于一些花哨功能和奇葩设计的键盘，通用驱动或许也可以驱动，但是一定无法使用该键盘的全部功能，比如键盘上设计了一排特殊指示灯，那么通用驱动根本就不会知道该向键盘控制器发送什么信息才能点亮这些灯。同理，通用鼠标、声卡、显卡驱动也都存在，但是它们只能发挥出这些硬件的基本功能，有的或者根本无法驱动某种特殊设计的设备，此时就得使用专门针对该设备设计的专用驱动了。

有些通用功能，可以放在通用驱动中执行。比如简单的发声操作，不管什么样的声音控制器，其基本功能就是发声，而且操作机制几乎相同，就是将声音数据所在的物理地址指针写入到发声控制器的对应寄存器，然后触发发声控制器从该地址将内存取走、解析并发声。有些高级功能，比如某发声控制器可以连接10.1声道的音响系统，也就是在耳朵四周的10个地方放置音箱，外加一个重低音喇叭，程序通过对10个音箱有选择地输出声音，就能够更加真实地模拟出临场感，增强声觉享受，这也就是所谓10.1声道立体声。而通用驱动毕竟通用，可能只支持到5.1声道，所以此时必须加载专用驱动。专用驱动会将更多的精细化操作函数声明给load_driver()，比如output_c12_speaker()（向位于12点钟方向,/clock12，也就是正前方的音箱输出声音）、output_c16_speaker()、output_c10_speaker()、output_big_bang()（向低音炮输出声音）等。Load_driver()函数将所有这些操作函数都载入内存，并且更新设备信息表中的操作函数指针，以供其他程序调用。其他程序可以直接调用这些函数，或者也可以被设计为统一调用output_sound()函数，而在参数中指明要调用哪个高级操作函数，也就是给出序号或者操作码，比如序号为0表示调用通用驱动/操作函数，序号为1表示调用output_c12_speaker()等。

既然如此，要想实现高级发声，就必须了解这些函数的使用规则，也就意味着，视频播放器这种程序需要调用专用驱动才能发出10.1声道的声音。一个10.1声道的视频文件中真的含有10路的声音数据，视频播放器只要按照对应的格式从中解析并提取出这10路声音数据，并且分别调用对应的声道发声控制操作函数。由于不同的发声控制器的操作函数、参数都可能不同，所以一款视频播放器程序还得判断是否当前系统内的发声控制器是自己支持的，如果不支持就只能用通用的驱动来发声。这也给程序员带来了负担，比如，市面上有多少款发声控制器，播放器就得支持多少款，在代码中采用if判断当前发生控制器的型号来调用对应的操作函数，这样很累。如果通用驱动能够包含所有功能就好了，或者至少可以把市面上主流的发声控制器的专用驱动提供的高级操作函数对接上，并以参数的形式在通用驱动操作函数中暴露给上层程序。这样就可以保证不管用哪个型号的发声控制器，上层程序调用的函数不变，即便再有新的发声控制器被开发出来，也按照该通用驱动所规定的操作方式实现对应的操作函数并声明到驱动程序文件中，最后被解析和填充到设备信息表中，从而适配到这个通用驱动上。当足够多的开发者都认同了这个通用驱动之后，其就成为了一种标准，就可以拥有足够的话语权，比如微软的DirectX通用驱动。

总结 ▶▶▶

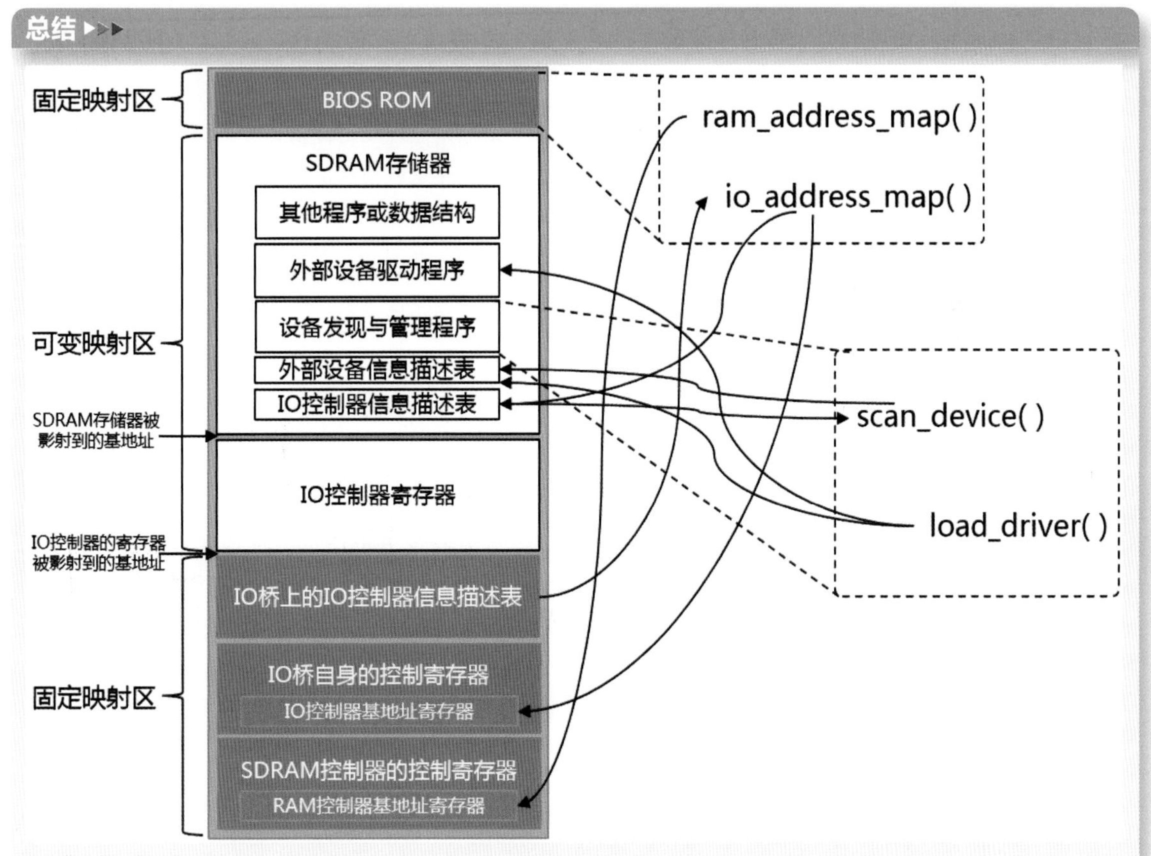

图5-54　设备发现和驱动加载的过程简化示意图

如图5-54所示为设备发现和驱动加载的过程的简化示意图。首先由BIOS程序执行ram_address_map()函数向SDRAM控制器的基地址寄存器（该寄存器自身则被固定映射在物理地址空间的约定俗成的位置）中写入SDRAM存储器希望分配的物理地址指针；然后再由io_address_map()函数读取I/O桥中保存的I/O控制器及其寄存器信息描述表（该表自身也被映射到物理地址空间的约定俗成的固定位置），然后将所有这些I/O控制器寄存器将要被映射到的物理地址空间基地址指针写入到I/O桥的基地址寄存器（也被映射到固定的物理地址），同时生成一份I/O控制器及其寄存器物理地址描述表，并存放到RAM中的固定地址上。下一步则是scan_device()出场。Scan_device()首先读取I/O控制器信息描述表，然后按照对应I/O控制器后端总线的要求，逐个向这些I/O控制器发出设备扫描探询请求，将接收到的所有设备信息编排到设备信息描述表中，并写入到RAM固定位置。然后，load_driver()出场。load_driver()从文件系统下的driver目录中读出所有.sys文件，来看看这些驱动程序文件中所声明的可以驱动的设备型号是否能够在设备信息表中找到，如果可以，则将对应.sys文件内的操作函数代码载入到内存中某地址上，并将该地址更新到设备信息表中对应该设备的那个条目的“操作函数指针”那一列。循环执行这个过程直到driver目录下所有.sys文件都被解析并加载。这就是整个设备发现和驱动加载过程的大概机制。下一步则是供其他程序调用，比如供通用驱动程序调用，通用驱动程序再被更加上游的程序调用。

output_sound()/ read_keyboard()这种位于上层的设备操作函数又被称为**设备操作通用接口**，意即不管底层是多么奇葩设计的声卡或者键盘，针对其操作必须调用顶层的函数，然后再进入对应设备自己的驱动，设备自己可以不提供特殊驱动而直接使用通用驱动，比如generic_output_sound()/generic_read_keyboard()，或者提供专用驱动比如my_output_sound()/ read_fancy_keyboard()。如果系统中没有安装专用驱动，那么就自动加载通用驱动。

上述的scan_device()程序，被称为**总线驱动/Bus Driver**，因为其作用就是扫描并获取所有I/O控制器后面的各种总线上的所有设备信息的，只有它知道哪种总线应该按照什么顺序发送什么操作码到I/O控制器的哪个寄存器，才能获取到这些设备信息。比如，要发现PCIE总线上的设备，需要PCIE Bus Driver向PCIE控制器的特定寄存器中写入一个操作码，其中含有PCIE总线上所挂接设备的总线号、设备号、功能号（这三个ID是PCIE规范中所规定的，一个PCIE控制器后方可以挂接多个总线/BUS，每个总线上又可以挂接多个设备/Device，每个设备内部又可以有多个子设备，每个子设备被称作一个功能/Function，这三个ID简称为BDF）。这个操作码发出之后，PCIE控制器则向总线上对应的设备ID发出请求，读取该设备的所有信息（厂商、型号、版本等），然后存储到PCIE控制器的另外一个寄存器中。PCIE Bus Driver再来读取这个寄存器，便会获取到该设备的全部信息。如果该设备并没有连接到总线上，那么就读不到任何有效内容，PCIE Bus Driver便知道该设备不存在，那么便会继续扫描下一个总线号、设备号、功能号，一直到扫描完所有可能的号段。而发现USB总线上的设备的方法又有所不同，因此需要USB BUS Driver出场了。所以，总线驱动程序实际驱动和控制的是I/O控制器后面的总线。

总线驱动扫描出所有设备，然后再加载设备驱动从而可以操作这些设备。将数据发送给设备，必须经过I/O控制器。其实还有一层驱动程序专门负责从I/O控制器收发数据，也就是I/O控制器的驱动程序（有的系统将其称为**Host Driver**，或者称为**Port Driver**）。设备驱动将数据传递给I/O控制器驱动，I/O控制器再将数据传送给挂接在其上的设备。设备驱动和I/O方式的具体详情，可参考本书后续章节，这里不再多做描述。

关于计算机I/O方面的架构会在后面的第7章中详细介绍。

5.5.3 函数之间的联络站

上一节中冬瓜哥用驱动程序的例子来向大家介绍了函数调用思想的便捷性。在5.4.1节中，我们说，在一个函数中调用另一个函数干活，前者需要向后者传递对应的参数，并通告后者执行完后需要返回的地址，当然，双方还得约定一下被调用函数的返回值放在哪里。传递这些信息的最好办法，就是给这两个函数一个接头地点，让它们把它俩的小纸条都放进去，各自获取对应信息。这个接头地就是一个联络站，很显然，把这个联络站放到SDRAM内存里某处最方便不过了（如图5-55所示），因为RAM是CPU必须访问的地方。秘密联络站一般都设置在远离闹市的偏远之地，所以我们不妨把SDRAM最后面的一段空间，也就是高位附近的地址段作为联络站。

图5-55 联络站

注意

请注意，SDRAM的最高地址并不一定就是CPU物理地址的最高地址，SDRAM的容量只是物理地址空间的一部分，物理地址空间的最高位一般被设计为寻址位于I/O桥上的BIOS ROM芯片里的字节，也就是BIOS代码。桥中的路由表决定了哪段地址落入哪个物理存储器，SDRAM只是物理存储器中的一部分而已（见图5-54）。I/O控制器寄存器、存放BIOS的ROM、SDRAM都属于物理存储器，都可以被CPU直接寻址。BIOS运行时会有对应代码来设置桥中的路由表。

我们下面来看这段代码：

```
int add(a, b) { return a+b; }  //定义一个add函数的样式
void main( ) {         //主程序开始，无返回值无参数
int i=2+2;             //把2+2的值赋值给变量i
int n = add(1, i);     //调用add函数，输入参数为1，以及上一
                       //步算好的i，返回值直接赋值给变量n
printf("%d",n);        //把add的结果显示在显示器上
}
```

对于上面这段代码，当函数main执行到int i=2+2后，紧接着调用函数add。则函数main需要先把函数add的参数一个一个写入到联络站中，从最高地址开始写，再将函数main的下一条代码的地址，也就是调用printf函数的那句代码的地址写入到联络站尾部，然后让CPU跳转到add函数的第一行代码的地址开始执行。add函数执行完之后，要把返回值写入到某个约定的地方，然后让CPU跳回到联络站中被main写入的返回地址继续执行main函数中的代码，也就是printf函数。道理已经说明白了，那么我们就接着看看编译器按照这个思路将上述C代码转换成基于我们前文中所设计的CPU的机器码之后，CPU是如何按照机器指令的指示完成上述步骤的。我们假设SDRAM的最高地址位于物理地址空间的1000号地址上。图5-56所示为冬瓜哥人脑，哦不，瓜瓤，编译出来的汇编指令，适用于我们前文中所设计的那个简易CPU。

有几个关键点需要理解。在函数调用的过程中，编译器必须编排好地址、跳转等。另外，本例中，我们使用了寄存器C作为add函数返回值的存储场所，从add返回到main函数之后，main函数也会用“stor C 地址998”这条指令从寄存器C中取出add的返回值，将其作为输入参数之一，传递给printf函数。为什么会用寄存器C作为返回值存储场所，而不用寄存器D、F、E或者内存中某个地址呢？因为冬瓜哥在人脑编译这段代码时，顺手就选了寄存器C，就看着C顺眼，如果你来编译，完全可以选择其他没被占用的寄存器，甚至存到内存地址也没问题，只要保证被调用函数存储到某个地方，返回上层函数之后，上层函数也从这里取走就行。如果这样的话，参数和返回地址也可以任意放置了，因为编译器完全知道它们被放在哪里从而在代码中匹配起来即可。是的，但是为了方便起见，还是集中在某个地方联络比较好。好，请记住，编译器这个角色非常关键，不同的编译器会有不同的风格和选择。

提示▶▶▶

Intel x86 CPU平台的编译器一般均采用代号为EAX的寄存器来存放返回值，所有编译器共同遵守这个约定或者说惯例，编译出来的机器码就可以相互兼容了。另外，如果返回值过大，比如某个函数在处理某个逻辑的过程中，生成了一个新数组，并将结果放置到该数组中，而CPU内部寄存器有限，不可能将整个数组都塞入寄存器，实际的做法则是将数组保存到存储器，然后将指向该存储器地址的指针塞入寄存器作为返回值。再比如某个函数处理某个已经存在的数组的每个数值（接收的参数为该数组的指针），将它们各自+1，那么该函数就可以没有返回值，类型可以是void，因为要处理的数据已经存在而且处理前后在内存中的位置不变，调用者再次访问就可以访问到新结果了。当然，也可以让被调用函数返回该数组的指针，但是由于数组位置不变，指针不变，这样显得多此一举。

下面我们再看一下级联调用场景的处理过程，如下代码所示，具体执行示意如图5-57所示。

```
int level_0(int a,int b){return 2*a+3*b;}                //定义一个名为level_0的函数样式，内部逻辑为a乘2+3乘b，并返回
int level_1(int a,int b){int i=level_0(a,b); return 3*i;}  //定义一个名为level_1的函数样式，调用level_0函数将结果乘3返回
int level_2(int a,int b) {int i=level_1(a,b); return i*i;} //定义一个名为level_2的函数样式，调用level_1函数将结果平方后返回
int main( ) { printf("%d", level_2(4,5));}                 //主函数，无参数，直接调用level_2函数，输入参数为4和5两个整数
```

如图5-58所示则为上述过程的联络站使用情况。先是main传给level_2，level_2紧接着传给level_1，level_1又传给level_0，level_0没有调用任何函数，无需传递参数。Level_2返回后，main又调用printf，由于之前的小纸条都已经没有用了，所以可以再次把最顶部地址作为小纸条的存放地。

另外可以看到，上层函数把小纸条传递给下层函数之后，小纸条就没用了，那么其占用的内存空间其实是可以直接被重新利用的。但是返回地址所占用的空间在函数返回之前是不能被覆盖的。如果为了极度节省内存空间的话，编译时可以精细安排，把参数占用的空间在参数传递完后就重新利用。但是这样会导致参数区与返回值区不连续，变得乱七八糟，不利于代码的阅读，发生大量函数调用之后，联络站里就会是一片狼藉。

另外，有时候有些临时数据可能会被暂存在联络站里，不能被覆盖，直到函数返回之后。比如某函数的逻辑是这样的：

```
int a=0,b=1,c=2,d=3;
int i=add(1,2);
int p=i+a+b+c+d+e;
printf("%d", p);
```

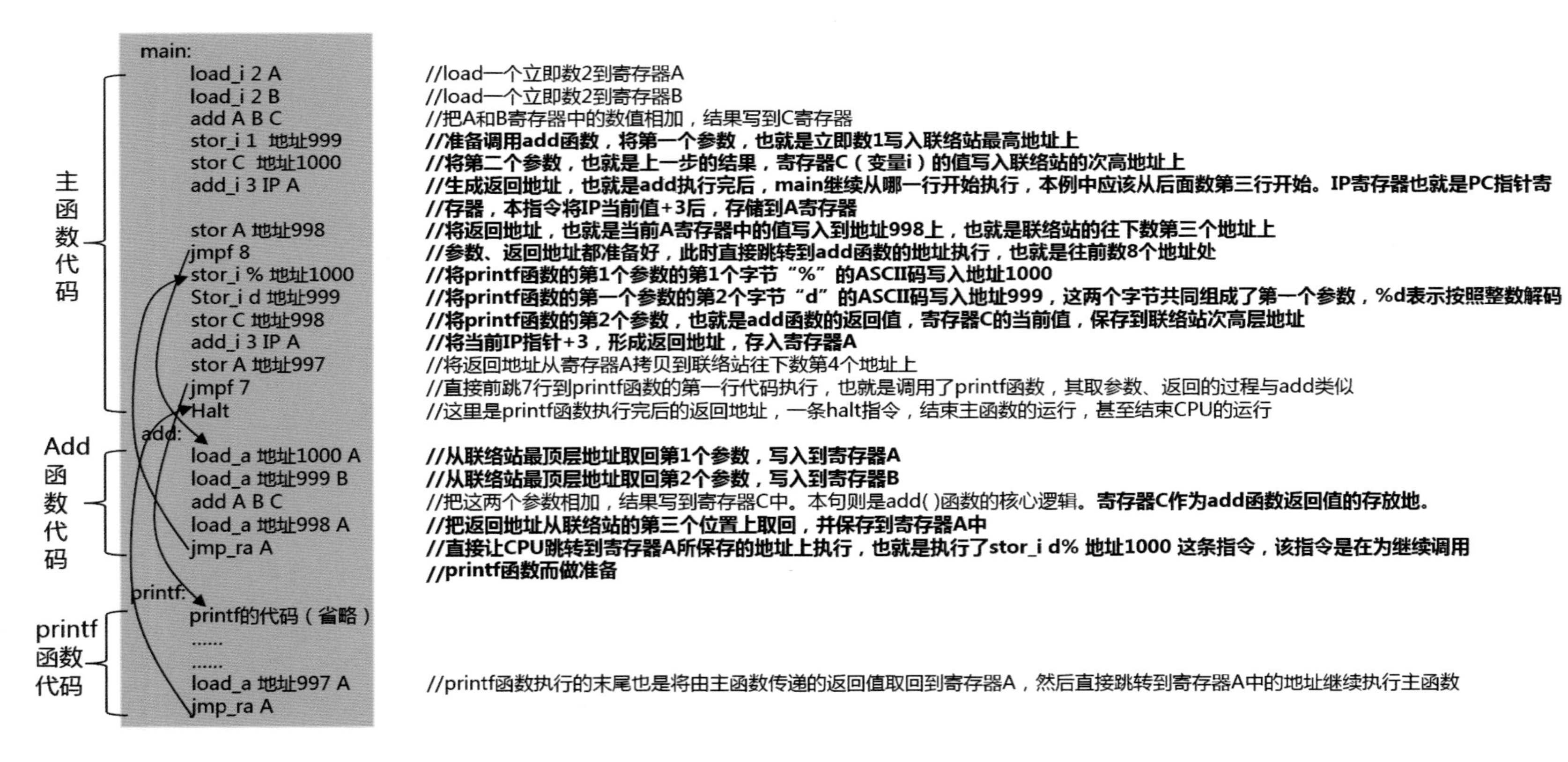

图5-56　主函数先后调用两个函数场景下的联络流程示意

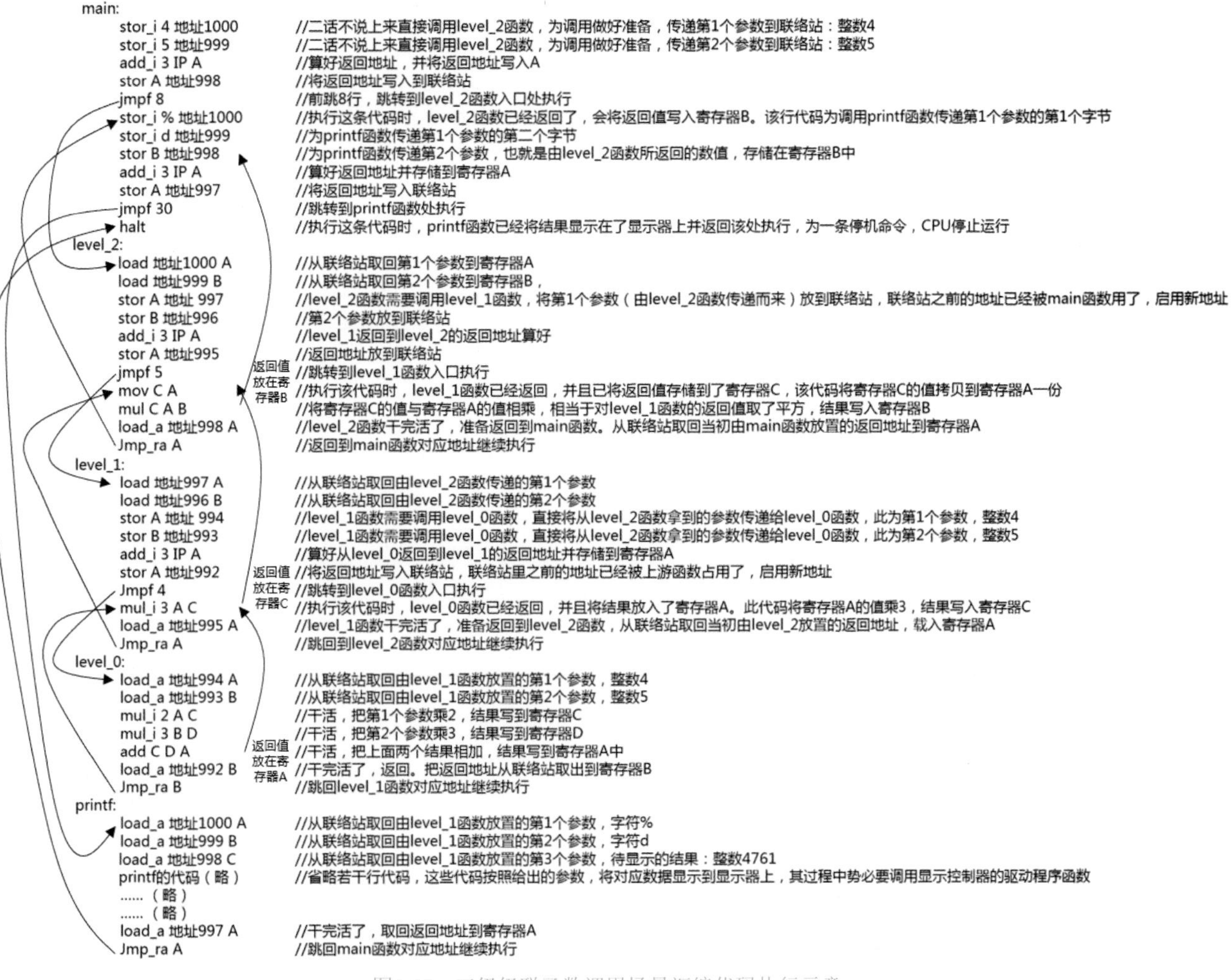

图5-57　三级级联函数调用场景汇编代码执行示意

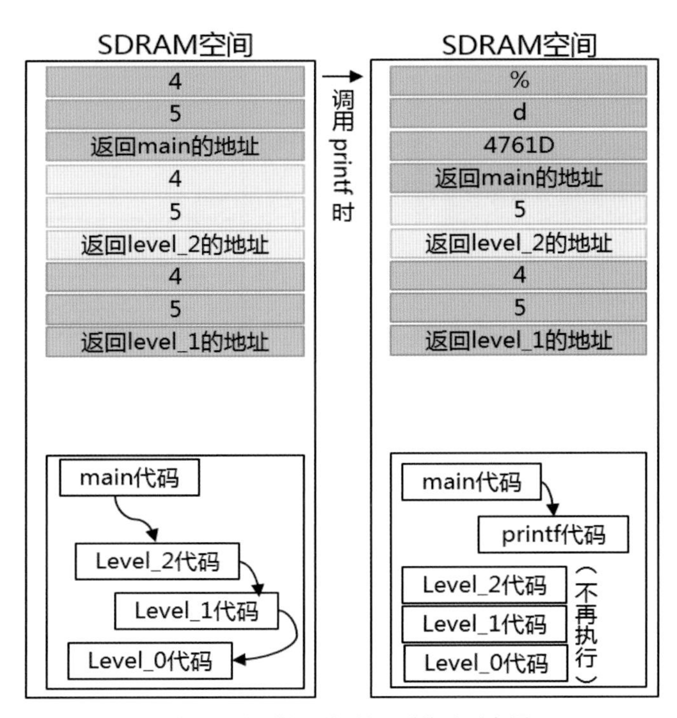

图5-58　级联调用场景下联络站示意图

假设该程序运行在的CPU只有A～F这6个计算用寄存器，而该程序一上来就声明并赋值了4个变量，假如编译器直接用load_i指令将这些值载入到A、B、C、D这4个寄存器之后，调用了add函数，在编译add函数时，编译器会发现没有可用的寄存器来运行add内部的计算逻辑了。此时编译器可以这样做，先把这4个寄存器的值提取并暂存起来，就可以利用这些寄存器来计算了。被调用函数执行完后，再把这4个寄存器值导入回去，然后跳转回上层函数代码继续执行，执行时，上层函数没有任何感觉这4个寄存器的值之前被临时挪动过。具体可以如图5-59所示这样去编译（伪代码）。

```
add :
        stor A 地址997
        stor B 地址996
        load 地址1000 A
        load 地址999 B
        add A B E
        load 地址996 B
        load 地址997 A
        load 地址998 F
        Jmp_ra F
printf :
        略
main :
        load_i 0 A
        load_i 1 B
        load_i 2 C
        load_i 3 D
        stor_i 1 地址1000
        stor_i 2 地址999
        add_i 3 IP E
        stor E 地址998
        jmpb add函数的地址
        add E A F
        add F B A
        add A C B
        add B D A
        stor % 地址1000
        stor d 地址999
        stor A 地址998
        add_i 3 IP B
        load B 地址997
        jmpb print函数的地址
        halt
```

图5-59　保护现场

图5-59中的带下画线的代码就是在add函数的核心逻辑执行之前，将寄存器A和B的值暂存到联络站里，这个动作被称为**保护现场**，实质上是被调用函数保护上层发起调用函数的运行时现场。然后add函数取参数、执行，执行期间就可以利用A和B寄存器了。Add函数执行完后将之前暂存的值再导入回寄存器A和B，然后取返回地址，跳转回main，main感知不到A和B曾经被人用过。这个动作被称为**恢复现场**。

提示 ▶▶▶

纵观这段代码，相比之前的代码有点区别，那就是main函数代码放在了最后，add和printf这些需要被调用的函数代码放到了前面。main函数里的跳转指令从jmpf（往前跳）变为jmpb（往后跳）。这样是没有任何问题的。可以看到，每段区域就是一道工序，各个工序利用jmp指令跳来跳去，总体代码的执行顺序是不变的，只是放置的位置变了，跳转指针当然也得跟着变了。

看到这里可能会有个疑问：编译器为什么不在main函数里把A和B寄存器暂存到联络站，而是要到add函数里来暂存呢？这有点说不过去。按理说应该是谁使用了公共设施，委托他人干活前，自己负责打扫，给它人留下空闲的空间使用。现在倒好，调用者和个爷似的，自己把寄存器用的乱七八糟，指使别人干活时还得让别人给收拾，收拾完了还得恢复原样。

其实这里有些渊源和习惯的沿袭。早期还没有高级语言和编译器的时候，程序员们是直接手写机器指令的，也就是汇编，而且往往是多人一起配合来编写，各负责一个模块，各写各的，当然也会有一定的沟通。比如：

程序员A：伙计，我用地址1000往下的区域给你传参数哈！一共5个参数。

程序员B：好嘞。对了，你调用我时有哪些寄存器里会留有你依然需要的数据？我看看其他空余寄存器够不够我用。

程序员A：我也不知道，还没编写到需要调用你那地方呢，我这逻辑复杂着呢。

程序员B：好吧，那我不管了，我需要用几个寄存器就暂存几个吧，不管你里面的数据还要不要了，就算不要也给你先存起来。

当然，现在有了编译器，编译器是站在全局视角上看问题的，所以完全可以按照任意规则和方式来编排寄存器和内存地址，只是大家习惯于某种约定而已。为了不让联络站里一片狼藉且方便代码的阅读，可以设置一排信箱，用于被调用函数把上游函数的运行时现场暂存，以及参数和返回地址的放入以等着别人取走。最顶层的函数，比如main，放到第一个信箱，其调用的第一个函数如果继续调用其他函数，则该函数将信息放入第二个信箱，以此类推。函数返回到上层之后，其之前占据的信箱就可以被其他函数再利用了。

每个小信箱里包含被暂存的上游函数的运行现场（不必须）、要传递给待调用函数的参数、下游函数返回时的返回跳转地址，如图5-60所示。

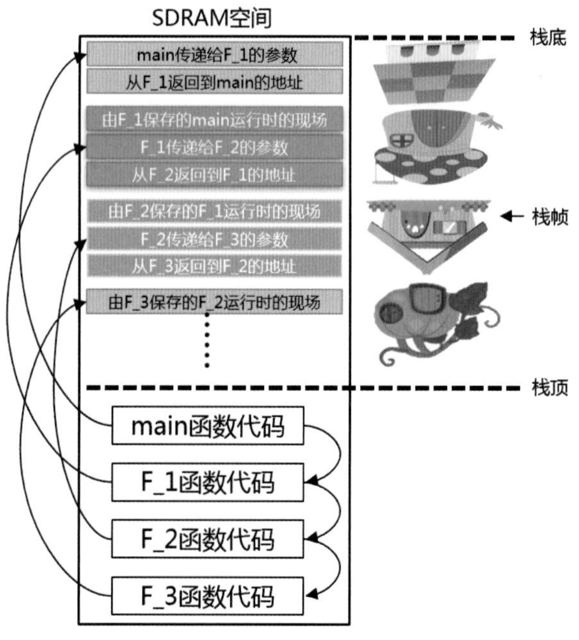

图5-60　整齐规范的进行调用

基于这个思路，人们把整个联络站称为**栈（Stack）**，就像客栈一样，给函数们提供一个歇脚和相互沟通的地方。而把栈中的每一间客房称为**栈帧（Stack Frame）**，函数把自己要传达给下游的参数以及返回地址一行一行放到栈帧里。

函数们来住店，首领main先住了进来，然后就开始派活给其他函数，这老哥们下达完指令就开始睡大觉了，他委派的人可能继续委托其他人，每个人委托其他人之后都开始睡大觉，等待下游主动执行跳转指令跳回来，然后醒来继续干活。可以看到，栈的空间是不断扩大、自顶向下的。程序员需要注意，如果级连调用的函数过多，或传递的参数过多，而导致栈空间大到触碰了SDRAM低地址区域的代码区、数据区，那么会导致误覆盖而出各种问题。

另外，栈空间扩大时一定是一条条追加上去的。比如某函数被调用执行后，第一件事就是保存上一个函数的现场，将数个寄存器值追加到栈顶部。当其需要调用其他函数时，再将数个参数追加写入栈顶部、返回地址写入栈顶部；如果其调用的函数继续向下调用其他函数，则会再产生一个栈帧追加到栈顶。同理，随着函数一级一级地返回，这些客房/栈帧又会从低地址区往回不断被回收，也就是栈顶的地址不断升高，最后升到栈底（请注意该客栈是倒挂在SDRAM顶上的）。这种访问过程叫作后进先出（Last In First Out，LIFO）。

注意 ▶▶▶

请注意，不同的编译器可能有不同的设计，有的将最高地址作为栈底，栈往下增长；而有的则将某低地址作为栈底，往上增长。一般使用前者的方式。因为如果用后一种方式，栈底地址的选择是个问题，一旦程序对栈的使用到达了最高地址，则SDRAM将没有空间继续容纳数据了，这很不灵活。而从顶端往下延伸，一直可以延伸到塞满SDRAM为止。

可以看到，栈的增长或收缩的本质其实就是客房内的数据一条条追加，以及一间间客房不断追加的过程，其并不会跳跃式增长或收缩。于是，人们便想了一个更加便捷的方式来管理整个栈，以及更加便捷的指令来住店和离店。人们将当前所执行的函数所生成的栈帧的基地址记录下来，并将该基地址保存在一个特殊的寄存器中，叫作Stack Base Pointer（SBP，BP指针）。请注意，SBP寄存器中保存的只是当前正在执行函数的栈帧基地址，如何做到这一点见下文。另外，将当前的栈顶地址保存到Stack Pointer（SP指针）寄存器中。其他函数栈帧的基地址不用记录么？不用，自然有办法得到，继续看。那么，记录了这两个地址，代码编写起来为什么就方便了呢？

比如，函数需要读出上游函数传递的参数时，代码中可以不用再给出绝对地址，而只需要给出BP+2这个地址码，即可读出上游函数传递的最后一个参数。这就解脱了汇编程序员的大脑，不用去核对绝对地址了。同理，BP+1这个地址上保存的是上游函数的返回地址。BP+3则是上游传递的倒数第二个参数，以此类推。那BP+100是什么？谁知道是什么。哦，那么如果上游函数只传递了1个参数，而下游函数访问BP+100怎么办？没人阻拦你读取任何地址，但是下游函数编写者明确知道自己需要几个参数，上游也明确知道该传递几个参数，这都是预先约定的，。大家都遵守规则，下游必须不能越界，如果越界，那就出错。下游函数只要在代码里写比如load_ra [BP+2] A就行么？是的。那么CPU硬件是怎么知道BP+2所表示的绝对地址的呢？因为BP寄存器中已经保存了当前函数的栈帧基地址了，当前函数的栈帧基地址再加上2行一定是上游函数栈帧里的倒数第一个参数所在的位置。CPU收到BP+2这个源操作数之后，内部电路译码后自动将BP寄存器的值和2相加，得出一个新值，然后用这个新值去访问内存，自然也就将对应的参数读出了。

注意 ▶▶▶

上文中的[BP-1]、[BP+2]等，其中1和2表示的是行数，而不是字节数。实际的代码应该使用字节数，这里只是为了简化复杂度而这样描述的。实际上Load/Stor指令所操作的数据与CPU的数据位宽有关，64位的CPU下，Load/Stor 指令每次最大可操作8个字节，内部的数据寄存器也都可以最大容纳8个字节。当然，如果某个参数、数据的长度只有32位，那么64位位宽的用处也就没有了。

可以确定的一点是，要想实现上述效果，BP和SP的值必须动态变化。

（1）上游函数调用下游函数后，BP里的地址需要指向被调用函数的栈帧基地址，因为BP永远指向当前正在运行的函数的栈帧基地址。

（2）当前执行的函数每向栈中存入一行数据，SP指针的值就得减1，因为栈顶扩充了（向低地址区域扩充）。

（3）被调用的函数返回后，其之前使用过的栈帧空间需要被回收，将SP指针直接指向当前栈帧基地址即可，这相当于直接把当前的客房夷为平地，漏出上一间客房的顶部。

（4）被调用函数返回后，BP指针需要重新指向调用函数的栈帧基地址，因为BP永远指向当前正在运行的函数的栈帧基地址。

上述第一条很好实现，调用某个函数，被调用的函数就得在栈中新盖一个房子，盖房子的地基（基地址）就是当前的栈顶地址，从栈顶继续叠加一个栈帧。而对于第四条，被调用函数返回时，需要把BP指针指向上游函数的栈帧基地址。那么下游又怎么知道上游函数的栈帧是从哪开始的呢，也就是顶部房子的主人又是怎么知道其脚下房子的地基位置的呢？所以，被调用函数必须将调用它的函数的栈帧基地址保存下来，返回时再将其导入到BP寄存器才可以实现上述第四条中的逻辑。也就是说，一个住在3～5层这三层的函数a调用了某个函数b，那么函数b会从第6层开始住，而且还得把“函数a从第几层开始住的”这个信息，也就是第3层，记录下来，那就干脆记录在第6层好了。整个过程示意图如图5-61所示。main调用Fa，Fa又调用Fb，Fb不再调用其他函数。

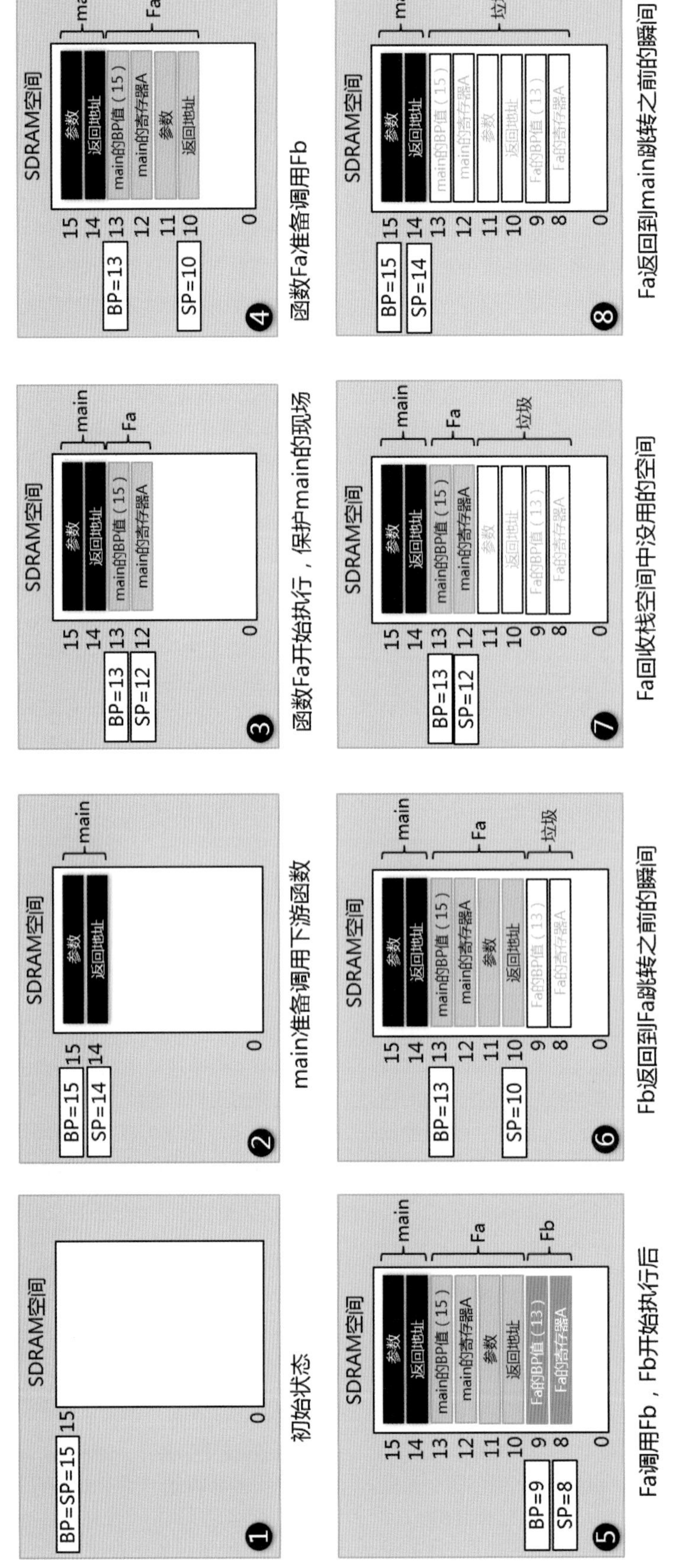

图5-61　栈BP和SP指针的变化规律

按照上述逻辑，任何函数被调用之后所做的第一件事是，把调用它的函数的BP值保存在栈里，此时SP需要被减1，因为栈里多了一行数据。第二件事是，以当前的栈顶地址为地基，将其作为当前函数的BP指针的值，也就是把当前SP的值导入到BP寄存器中，此时BP=SP，同时指向栈里最后一行，这行里的数据则是在第一步中被保存的调用者栈帧的BP值，也就是Old BP。第三件事是，把自己执行时可能会用到的寄存器的当前值（调用者的现场）保存在栈帧里，相应地，每增加一行数据则SP的值需要被减1，而BP不变。

提示

有时候函数执行时会生成一些临时变量，典型的比如for循环里用于自增的变量，该变量除了用来控制这个for循环，毫无其他用处。正因如此，这类很快就会被用完扔掉的一次性变量（临时变量）一般会被编译器放置到栈里，如图5-62所示所以在上述第二步和第三步之间，可能还会有一步，就是开辟一块栈空间用于存放这些临时变量。开辟栈空间的方法很简单，比如想开辟16行的空间的话，直接把SP的值减掉16即可。当然，把变量放在这个空间里的具体哪里，还得程序自己去精确编排，比如访问[BP-1]就会访问到这个空间中的第一行。另外值得一提的是，直接将SP寄存器减掉对应的行数来开辟临时空间，这些临时空间中可能存有垃圾数据，指不定是什么内容。因为这些空间指不定当时是被哪个函数放置了一些数据，而内存管理程序并不会将这些数据删掉。所以，必须注意，使用内存之前要对其做初始化赋值。

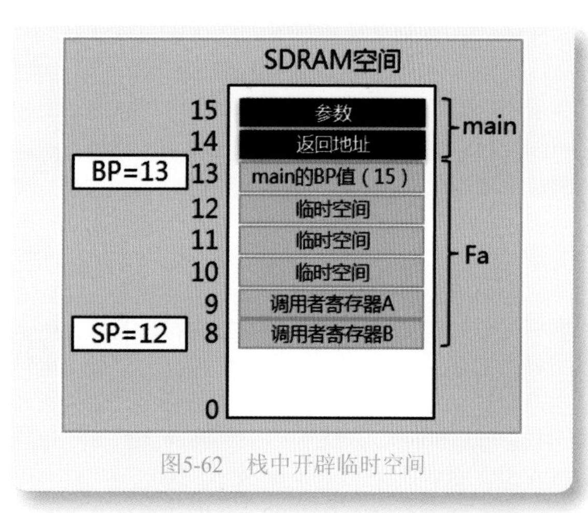

图5-62　栈中开辟临时空间

任何函数在返回到上游函数之前所做的第一件事是，将之前所保存的调用者的现场寄存器值恢复回去。第二件事是，拆掉自己的房子，释放被占用的栈空间，因为活干完了，也就是直接把当前BP的值复制到SP寄存器中，令SP=BP，此时这间房子只剩下一个地面了，也就是当前BP所指向的那一行，地面上保存的是调用者的BP值。函数之前保存在栈中的数据并没有被清掉，还在那里，只不过变成了垃圾，没人再用了，后续其他函数占用该区域时，会直接将新数据写入覆盖。第三件事是，把BP所指向的那一行里的数据，也就是调用者的BP值读出，然后再写入到BP中，并把SP的值+1，此时，BP和SP的值与上游函数调用下游函数之前的状态是相同的，这样就为返回上游函数做好了准备。此时，SP的值刚好指向上游函数在调用下游函数之前准备好的返回地址，所以函数返回时就可以读出该返回地址，并且直接跳转到该地址执行，这样便完成了函数调用的返回过程。

按照上述的逻辑，每个函数被编译成机器码之后，可以统一设计成如下所示的开头和结尾。

```
Sub SP 1 SP                 //把SP的值减掉1，结果再写回SP寄存器，目的是在栈上扩充一行，新盖一层
Mov_r_ra BP SP              //把当前BP值，也就是调用者的栈帧基地址，复制到由SP指针指向的存储器地址上，即栈顶
Mov SP BP                   //把当前SP的值复制到BP里，此时BP与SP共同指向栈顶
Sub SP n SP      （可选）   //可选步骤，用于开辟临时空间容纳临时变量，n不定
Sub SP 1 SP                 //把SP的值减掉1，结果再写回SP寄存器，目的是在栈上扩充一行，新盖一层
Stor_ra A SP （可选）       //因为当前函数执行时要用到寄存器A，所以将调用者正在使用的A寄存器值暂存到栈顶
Sub SP 1 SP                 //把SP的值减掉1，结果再写回SP寄存器，目的是在栈上扩充一行，新盖一层
Stor_ra B SP （可选）       //因为当前函数执行时要用到寄存器B，将调用者正在使用的B寄存器值暂存到栈顶
暂存更多的寄存器值（可选）    //按照需要，将要用到哪个，就暂存哪个
Load_ra [BP+2] A            //从栈中取出第一个参数，载入寄存器A
Load_ra [BP+3] B            //从栈中取出第二个参数，载入寄存器B
如有更多参数则继续载入
函数的主体逻辑代码（略）
……
Load_ra SP B    //当前函数干完活了，需要清理现场，把调用者所使用的B寄存器值从栈上恢复到B寄存器中
Add SP 1 SP     //把SP的值+1，此时SP指向之前用于保存寄存器A值的那一行，下一条指令直接用SP寻址读出数据
Load_ra SP A    //把调用者所使用的A寄存器值从栈上恢复到A寄存器中，至此之前所暂存的两个寄存器都已恢复
Mov BP SP       //拆掉当前函数的整个栈帧，把栈顶指针直接指向栈帧基地址BP即可回收除BP之外整个栈帧空间
```

```
Mov_ra_r BP BP  //恢复调用者的栈帧基地址指针到BP寄存器，调用者栈帧基地址就保存在当前BP所指向的那一行
Add SP 1 SP     //彻底拆掉当前函数栈帧地基，尘归尘土归土，此时SP指向的是调用者之前的栈顶，其中保存的是返回地址
Jmp_ra SP       //万事俱备只欠东风，调用者的现场已经恢复原样，直接从当前栈顶指向的位置读出返回地址并跳转
```

这样看来，引入BP和SP这两个寄存器非但没有减轻程序员负担，反而成了负担，随时得去更新它们。实际上，有些事情可以由电路自动完成，比如每增加一条记录，SP自动减1，每取走一条记录，则SP自动加1。

我们注意到，栈的管理模式是后进先出，比如函数一开始按照A、B的顺序来暂存寄存器入栈，结束时则按照B、A的顺序将寄存器出栈。为了能让电路自动对SP加减，人们设计了两条机器指令来做入栈和出栈：Push和Pop，分别用来取代（Sub SP 1 SP; Stor_ra A SP）组合以及（Load_ra SP A; Add SP 1 SP）组合，表示方法为Push A和Pop A。Push表示将当前SP指针减掉1，然后将当前寄存器A的数值读出并存储到当前SP（已经减掉了1）所指向的存储器地址上；Pop A表示将当前SP指向的存储器地址上所保存的数据读出（俗称“弹出”）并载入到寄存器A，然后将SP的值加上1。

总结一下，Push是栈顶先-1，然后入栈数据；Pop是现将数据出栈，然后栈顶+1。这里需要注意一点：Pop A并不是把寄存器值A弹出，而是把当前SP指向的栈顶数据弹出，保存到A。所以，Push A本质上是指“Push A的数据到栈顶”，Pop A本质上是指“Pop 栈顶上的数据到A”，所以在看到Pop A的时候，心里可以默念“Pop栈顶到A”。每次Push，电路自动对SP减1（将SP的值与1输入减法器）然后用该地址寻址存储器，选通对应的存储器行，将需要被Push的数据写入该行，同时将减1之后的结果导入到SP寄存器的输入端，等待下一个时钟周期边沿锁住该值。每次Pop，电路先用SP的值寻址存储器，将对应存储器行中的数据导入到指定的寄存器，与此同时，SP的值和1被导入到加法器，电路将相加的结果输入到SP寄存器的输入端，下一个时钟周期边沿会将该执行输出到SP寄存器，从而完成加1操作。

如图5-63所示，这样的改造会节省工作量。当然，CPU内部的电路相应地也需要在译码逻辑里增加对这两条指令的解析。

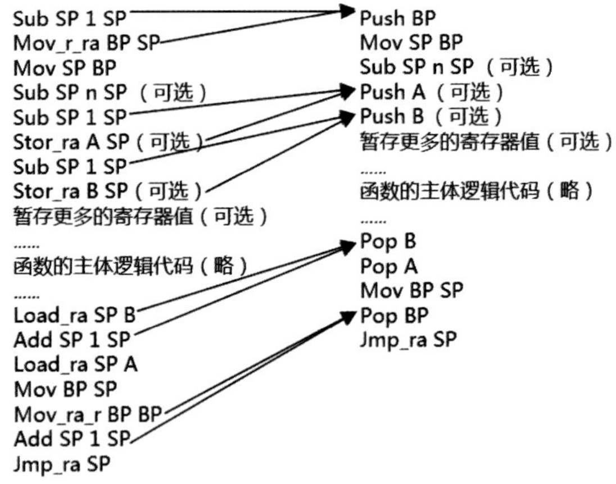

图5-63　引入Push和Pop指令

我们再来看看调用者一方在使用了新的栈管理模式之后，代码是如何变化的。调用者现在可以使用Push指令将参数和返回地址压入栈顶了。被调用者返回之后，之前被调用方压入栈里的参数和返回值就没有用处了，所以调用方需要使用Add SP n SP（n为参数和返回值所占用的栈空间）来回收这部分栈空间。

下面的例子是main函数调用func函数的过程示意。在main准备调用func的时候，人们又单独设计了一条指令——call，来替代push [IP+1]; jmpf func处这两条指令的组合。同时，使用ret（return）指令来替代函数返回时的jmp_ra SP指令，其实ret指令就是jmp_ra SP指令，它们无区别。这样处理的好处是，简少函数调用和返回时的指令条数，以及增强程序代码的可读性，也方便代码的编写。

```
main:
Push BP
Mov SP BP
Sub SP n SP （可选）
......
函数的主体逻辑代码（略）
......
Push 参数1
Push 参数2
Push [IP+1]     //本句和下句可以用一条call指令：call func替代，call指令的译码逻辑会自动将IP寄存器+1以后的值压入栈
Jmpf func处     //本句和上句可以用一条call指令：call func替代，call指令的译码逻辑会自动执行跳转过程
Add SP 3 SP     //func返回main后，这里负责清栈
......
后续逻辑（略）
```

```
......
Halt

Func:
Push BP
Mov SP BP
Sub SP n SP （可选） Push A （可选）
Push B （可选）
暂存更多的寄存器值（可选）
    Load_ra [BP+2] A        //从栈中取出第一个参数，载入寄存器A
    Load_ra [BP+3] B        //从栈中取出第二个参数，载入寄存器B
    如有更多参数则继续载入
函数的主体逻辑代码（略）
......
Pop B
Pop A
Mov BP SP
Pop BP
Jmp_ra SP       //本句可以用指令ret替代
```

总结一下，栈是函数之间的联络站，以及函数自身存放一些临时变量的地方。栈一般是倒挂在物理内存顶部的，从物理内存最高位地址开始作为栈底，不断扩充，栈顶地址越来越小。BP寄存器记录当前的栈底所在的内存地址，SP寄存器记录当前栈顶所在的内存地址。Push指令和Pop指令分别用于入栈和出栈，译码Push指令时CPU电路自动对SP减1，译码Pop指令时CPU电路自动对SP加1。调用方将参数和返回地址按照顺序压入栈顶，然后用call指令跳转到被调用函数执行。函数的开头和结尾（main除外）都是标准化的，主要是在当前栈顶上打地基，暂存调用者的现场，返回时将调用方的BP、SP寄存器恢复原样，数据寄存器恢复原样，跳转到返回地址。

注意

在目前主流的系统中，实际上栈并不是从SDRAM最高位开始的。一般SDRAM最高位的1GB或者几GB的空间，会被操作系统（比如前文中所述的设备驱动程序、文件系统等，就是操作系统代码的一部分）代码所占据，这块地址空间里的程序代码非常关键，其他程序不应该去触碰这块空间。栈也会在这个空间下方某个地址处开始。另外，对于一些最新的CPU，函数调用时的上下文信息直接被放到了CPU内部的专用寄存器中保存，这样在函数调用和返回时就不需要访问外部的慢速RAM了，这样就可以加快函数调用的速度。

5.5.4 库和链接

有了函数、栈这两门神器，程序员真可谓如鱼得水了。为什么？分工细了，合作方便了，那么大家就可以自行实现各种函数，甚至针对同一个步骤，比如求开平方，不同的人写出了不同的算法，生成了不同算法逻辑的函数。于是，整个程序社会便进入了函数大爆炸时代。

比如，冬瓜哥可以自己写出一堆函数，开二次三次方的、微分积分的、求极限的、阶乘的、矩阵乘的、奏乐的、生成文字表情的，啥都有，整个一大杂铺，虽然这些函数里面的算法不咋地，但是冬瓜哥依然如数家珍，敝帚自珍。将这些函数好好保存好。怎么保存合适呢？不但要要保存，还得考虑在需要调用这些函数的时候，如何能够快速的提取出它们。

这简单啊，把所有这些函数的定义（指的是函数的返回值类型、参数个数和类型，比如int add(int x, int y)就是对add函数的定义）和内部实现（指的是函数内部的处理逻辑到底是如何处理所给出的参数并返回结果的，也就是{ }里的内容，比如{return x+8y;}）的代码写到一个文件里，比如起名为melonbro_func.c文件，这就很简单地完成了保存的任务，该文件也被称为源文件，也就是其中保存的是直接可读懂的高级语言源代码。如何做到随时调用这些函数呢？可以这么干：比如冬瓜哥编写了另外一个程序，将其C源代码放到prog.c文件中。prog.c文件中的某些代码调用了位于melonbro_func.c文件中的某些函数。在编译该程序的时候，则需要在代码中告诉编译器："神兄，你编译这个程序的时候，如果在prog.c中遇到未定义的函数，就去melonbro_func.c这个文件中找，找到就将其代码复制过来融合。"这种方式让编程变得非常灵活，不需要非得将函数的定义和实现放在程序本体中，程序本体只管核心逻辑的表达，具体函数的定义和实现单独用一个文件来存放。然后编译器在编译的时候，自行将程序本体源文件以及从存放函数的文件中抽取出来的函数代码组合成一个新的拥有程序完整代码的临时源代码文件（比如用.cfull当作融合之后的源文件后缀），然后再基于这份汇总的源代码文件，汇编成机器指令并保存到另一份文件中（比如以 .exe为后缀名），也就生成了最终可执行的程序。如图5-64所示，我们可以做个拼图游戏，看看编译器需要从melonbro_func.c文件中将哪个零件拿出并贴上。

那么，在C语言中程序员应该如何告诉编译器"请去某某文件中寻找某个函数"呢？只要在程序主体代码之前加一句#include "文件路径"即可。比如程序主体代码文件main.c中有：

```
#include "C:\melonbro_func.c"
int main( ) {
  int i=melonfunc( 1, 2 );      //melonfunc( )函数的定义和实
                                //现都在melonbro_func.c文件中
  return i;
}
```

通过#include这个关键字，处理之后，编译器会自动从melonbro_func.c文件中将melonfunc()函数的代码抽取出来，形成下面的一份新文件（比如main.cfull），其内容为：

```
int melonfunc ( int x, int y) {return x+2y;};
      //该句为编译器从melonbro_func.c文件中抽取出来的
int main( ) {
  int i=melonfunc( 1, 2 );
  return i;
}
```

我们把像#include这种嵌入在代码中用于向编译器通告一些重要信息的语句，称为编译制导语句。

注意

有可能在某个c文件中的代码，又调用了另外一个c文件中的函数，比如1.c调用了2.c中的函数。此时，要么在main.c中用#include制导语句将1.c和2.c都包含进来；要么就在main.c中只include 1.c，而在1.c中include 2.c，这就形成了嵌套include。这样编译器就会寻找到所有被调用的函数位置了。

有了上述的灵活的模型，任何人都可以发布自己的函数代码文件，比如张三.c、李四.txt、王五.good等，而且可以给这些函数源文件附带一份说明书，描述一下里面的函数的功能，虽然程序员只要看一下函数定义即可知道其用法，但是一份详尽的说明可以节省不少学习成本。一开始大家乐此不疲："你看，我多厉害，我写出来的算法被广泛应用了！"可惜，好景不长。

假设冬瓜哥哪天茅塞顿开，编写了一个相比传统算法效率提高1000倍的开三次方函数（当然这辈子冬瓜哥都不可能做到了），然后将其源代码（泛指包含有易理解的高级语言代码）de_cubic_Melonbro.c文件发布到了网络上供他人免费使用，并有种强烈的满足感。结果没多久，网络上出现了各种翻版，比如watermelonbro_de_cubic.c等，其可能只是将代码中的函数名、变量名改一改，编写风格改一改，文件名改

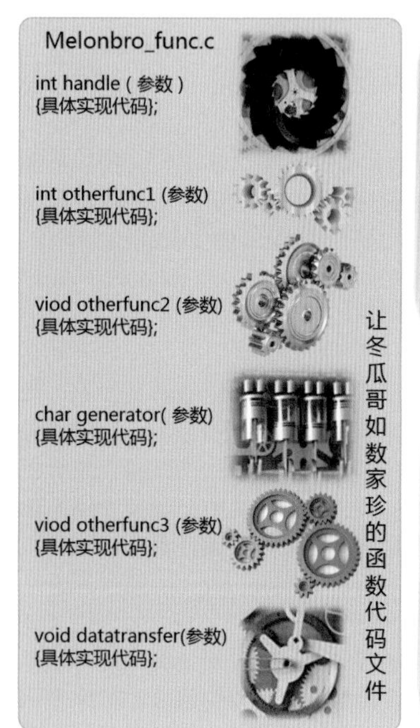

图5-64　设想中的程序代码融合过程

一改，便成功篡夺了他人成果，于是网络上的吃瓜群众齐声呐喊：watermelonbro厉害！而算法发明人却被埋没了。

5.5.4.1 静态库和静态链接

每个人总是想保护自己的劳动成果的，但是又想让更多人利用自己发明的算法，以获取满足感和利益。比如，可以在网络上叫卖awesome_algorithm.c，5块一份了！然而，上文所述，总有些渣儿，让你收获不了名，利更没有。得想个办法，让人看不到源代码，还不妨碍任意调用其中的函数。

人们想了这样一个办法：不把函数的源代码发布出去（俗称开源），而是先将写好的函数代码编译成机器指令码，然后再把它们打包到一个文件中存在硬盘上，比如名为some_funcs.o或者some_funcs.obj（.o扩展名表示object的意思）。一个.o或者.obj文件中可以包含一个或者多个函数的被编译后的机器指令，并且在文件头部放一个符号表。表中记录有该文件中都定义并实现了哪些函数的代码以及这些函数代码在文件中所处的起始字节地址（偏移量）和代码总长度；以及该文件中的函数调用了哪些外部函数名（本文件中没有定义和实现的函数），比如调用了一个名为external_func()的函数，那么external_func就被称为未决议符号。所以，符号表中记录的条目就是类似这样：本地定义实现的函数，名字Func1，代码在本文件的第256字节，长度100字节；外部函数，名字printf，不知道在哪。此外，对于程序中所定义的变量也被记录在符号表中，比如“本文件中定义的变量int i，i的值在该文件中的第24字节，长度4字节”，“外部符号p，不知道在哪”。所谓符号，就是指函数名、变量名。

注意 ▶▶▶

可能有人看了上面这段有点没想通。在一段程序代码中会存在没有定义和实现的函数名么？当然会有。比如你写了一个函数func，void func(int a){prtinf ("%i",, a)}，其内部直接调用了printf()函数。而其他程序员已经将printf()的代码写好了，你不需要再写一遍，你期望直接从那位程序员那里将printf()的源代码复制过来。但是那位程序员不想给你源代码，而也像你一样，将printf()函数编译成printf.o文件，并在其符号表里声明“本地定义并实现的函数，名字printf，在本文件的第128字节，长度1KB”。想必大家已经清楚了，此时你需要从printf.o文件中读出其符号表，查找名为printf的函数所在的地址、长度，读出其中代码，复制到你的func.o程序中，或者说将这两个文件融合起来。详细过程见下文。

如果将这个文件公开发布出去，可想而知，其他人拿到这样一份文件，是没法轻易读懂里面的机器指令是在干什么、怎么干的。该文件被称为目标文件。英文Object可以被翻译为目标或者对象，也有人称.o文件为对象文件，意即该文件中包含了很多独立函数的实现机器码，每个函数被认为是一个对象。冬瓜哥其实比较认同对象文件这个称谓，对于目标文件的说法，冬瓜哥并不清楚所谓“目标”到底是什么意思，但是鉴于多数人已经习惯了后者，所以下文中也遵循这个习惯。

如果将多个目标文件再次打包成另一个文件，并在文件头部增加一张“目标文件名和长度<->位于该打包文件中的偏移量”映射表，那么这个打包的文件被称为库文件，意思就是这个储存函数的大仓库里存有大量不同的目标文件。一般来讲，位于库文件中的每个目标文件中只描述了某个单一函数的定义和实现，当然你可以自己设计一套规则，允许一个目标文件中包含多个函数的定义和实现代码。这就像有人非要用一个文件袋放一张纸，而有人愿意放多张，然后在文件袋表面再记录一个索引表一样。库文件的扩展名比如为lots_of_o.lib。由于目标文件和库文件里面已经是二进制机器码，所以它们又被俗称二进制文件，或者英文Binary（简称bin）。其实任何数字计算机处理的数据都是二进制的，只不过有些用ASCII编码的源代码文件，直接可以用ASCII解码程序（比如大家常用的Windows下的记事本程序）打开阅读，而bin文件中都是原始的指令码，难以读懂，所以被俗称二进制文件了。

提示 ▶▶▶

如果你所实现的函数非常简单，比如都是类似冬瓜哥在本书中举的这些例子这种级别，那很容易就能通过阅读机器指令的逻辑而看得出来。但是机器指令如果稍微复杂一点的话，一般人是没有这个功夫来反汇编（或者说反编译，指根据机器指令还原出程序的核心逻辑流程，说好听点叫作逆向工程）的，这需要极大的毅力和耐得住寂寞的性格。当然，人们也编写了一些程序来用作反编译，再结合人脑，破解多数程序都不是问题。想再增加一些被破解的难度的话，就不仅要对高级语言代码进行隐藏，还得对机器指令也进行隐藏，不让外面看到，那就得把这些机器指令加密，然后在运行时动态解密。这就涉及软件安全领域，由于冬瓜哥不够专业，这里也就不多描述了。

所以，给出二进制而不是源代码，可以把被破解的门槛提升了一大截。那么你一定按捺不住想要知道：目标文件或者库文件里面的已经被编译成机器码的函数要怎么被他人所调用呢？假设，1.lib文件中包含了两个函数add.o、mul.o各自的两个目标文件（也可以将多个函数打包放在同一个目标文件中），现在某程序A想要调用add()这个函数，在A的代码里可以直接使用add()，比如int i=add(参数)，而把剩下的则交给编译器来搞定。很显然，当编译器看到add这个符号的时候，它找遍了源代码的每个角落都没有找到其定义和代码实现。于是编译器这样做：在生成“Call add所在地址”这条指令的二进制机器码时（还记得吗，在描述函数调用时，提到了函数调用对应了底层的Call指令，其底层会做跳转，跳转到目标函数代码所在的存储器地址执行），由于编译器根本不知道add的代码现在何处，所以其临时先将“add所在的地址”置成一个假地址，比如全0，也就是“call 0x00000000”。这样，编译器就生成了一个A.o文件。注意，这个未完工的程序A的程序文件也属于目标文件，所以，编译器会在A.o的符号表中把所有已定义函数、变量的名称、所在地址记录下来，未在本地定义和实现的add函数也记录下来，只不过，对于add的条目而言，目标地址这一列里会记录全0，意即还不知道add的代码在哪，如图5-65所示。

很显然，编译器并不知道n和add()函数所在的位置，所以在引用/调用它们的指令中，地址临时用全0顶替。但是你禁不住要问了，将来如果找到了这两个外部符号对应的数据/代码所在位置的话，就得把调用/引用这些符号的那些指令中的地址替换为这两个符号对应的真实地址，那么到时候，怎么知道A.o文件中到底在哪些地方调用/引用了这些未决议符号呢？所以，一定要把这些原始信息记录下来才可以。所以编译器还会在A.o文件的头部增加一个表，表中记录有“哪些地方被放了假地址，这些地方是调用/引用了哪个函数名/变量名”，这个表叫作重定位表。

假设，变量n和add()函数被定义和实现在了add.o文件中，我想，下一步你肯定知道需要怎么做了。那就是把add.o文件和A.o文件融合起来（或者将A.o与1.lib文件放在一起处理，因为根据1.lib中的索引表可以查询到add.o文件被打包在哪个位置，将其抽出即可）成为一个完整的、真正可执行的程序文件，比如起名A.exe。

注意

我想一定会有人产生更多问题，比如，A.o和add.o的二进制代码具体是怎么融合的，是直接将add.o的代码追加到A.o文件后面么？或者，是将add.o的代码插入到调用它的那个call指令后面？抑或者，将所有函数的代码连续放到一起，将所有变量的值连续放在一起？实际上，具体的融合方式是有一些标准格式的，比如ELF格式、PE/COFF格式等，后续再介绍。图5-66的例子按照上述最后一种方式来处理，也就是各归各类。

如图5-66所示，两个目标文件被融合之后，之前存在于每一个目标文件中的代码被弄得支离破碎，然后各归各类。这就像一道鱼香肉丝菜肴和一道胡萝卜丝炒肉丝菜肴，原本这两道菜里的胡萝卜丝、笋丝、肉丝、木耳、葱花是混在一起的，现在则要将这两道菜里相同的部分拿出来归类放，两道菜里的所有萝卜丝挑出来堆成一撮，所有的木耳挑出来堆成一撮。这样做的目的也很简单，就是为了便于管理，让同类的数据在一起连续存放，也可以提高缓存命中率。比如冬瓜哥就爱吃肉丝，其他不想吃，则直接从那一撮被挑出来的肉丝里夹就可以了，不用满盘子扒拉找肉丝。

很显然，融合之后的文件中，各个符号之前所在的位置也就会发生变化。在之前各自的目标文件中，你排在第一排，合班之后，你可就不一定坐在第一排，老师看你不顺眼，给你弄到后排VIP休息区是有可能的。那么相应地，融合之后的文件中的符号表除了要将两个文件中所有符号汇总合入符号表之外，还得跟着把这些符号的最新位置更新一下。同理，重定位表中引用这些符号的那些指令的位置也发生了变化，那么重定位表里的对应条目也得跟着更新。融合之后，新的符号表和重定位表也被更新之后，就该轮到重定位表发挥作用了。

思考

由于冬瓜哥天生比较愚钝，某个事情要思考很长时间，恨不得思考求证到宇宙边缘才罢休。所以在本书写作过程中，冬瓜哥做了无数次返工，难免要插入或者删除一些图片。假设，图5-15描述了原理A，在后文的文本中，出现了“根据图5-15所示……”；然而，在一次返工中，感觉图5-15没必要而将其删掉了，抑或者将图5-15与图5-20互换了一下位置，那么上面引用了图5-15的这句话，就得跟着改，或者删掉，或者改成5-20。而冬瓜哥不可能手动记录每一条引用图5-15的句子所在的页数/行数，所以每次遇到这种问题，苦不堪言。Word虽然提供了自动对图片编号的功能，但是Word却并没有智能到记录正文文本中对每个图号的引用，然后智能地提示从而让用户判断、变更。而重定位表的作用，就是每一条引用都记录下来。

幸好，我们的编译器在编译每个目标文件的时候，记录了每个对符号地址的调用/引用指令的位置（地址），为的就是在多个目标文件需要融合的时候，能够查找重定位表知道有哪些地方的地址需要修正，然后按照重定位表中所给出的符号名、寻址类型，再从符号表中查找到该符号最新的位置/地址，然后将这个地址更新到对应的引用/调用该符号的那条指令里面地址字段，从而完成重定位过程，或者说地址修正过程。重定位步骤完成之后，该程序就可以被执行了。

人们把上面这种将多个目标文件融合起来最终形成完整的可执行文件的过程，称为链接。当然，靠人脑人手去链接虽然也可以，但是终究不太现实，有个程序专门负责这个工作，它被称为链接器。链接器也是一个程序，这个程序专门负责读出编译器在上一步生成的目标文件中的重定位表和符号表，去库文件中

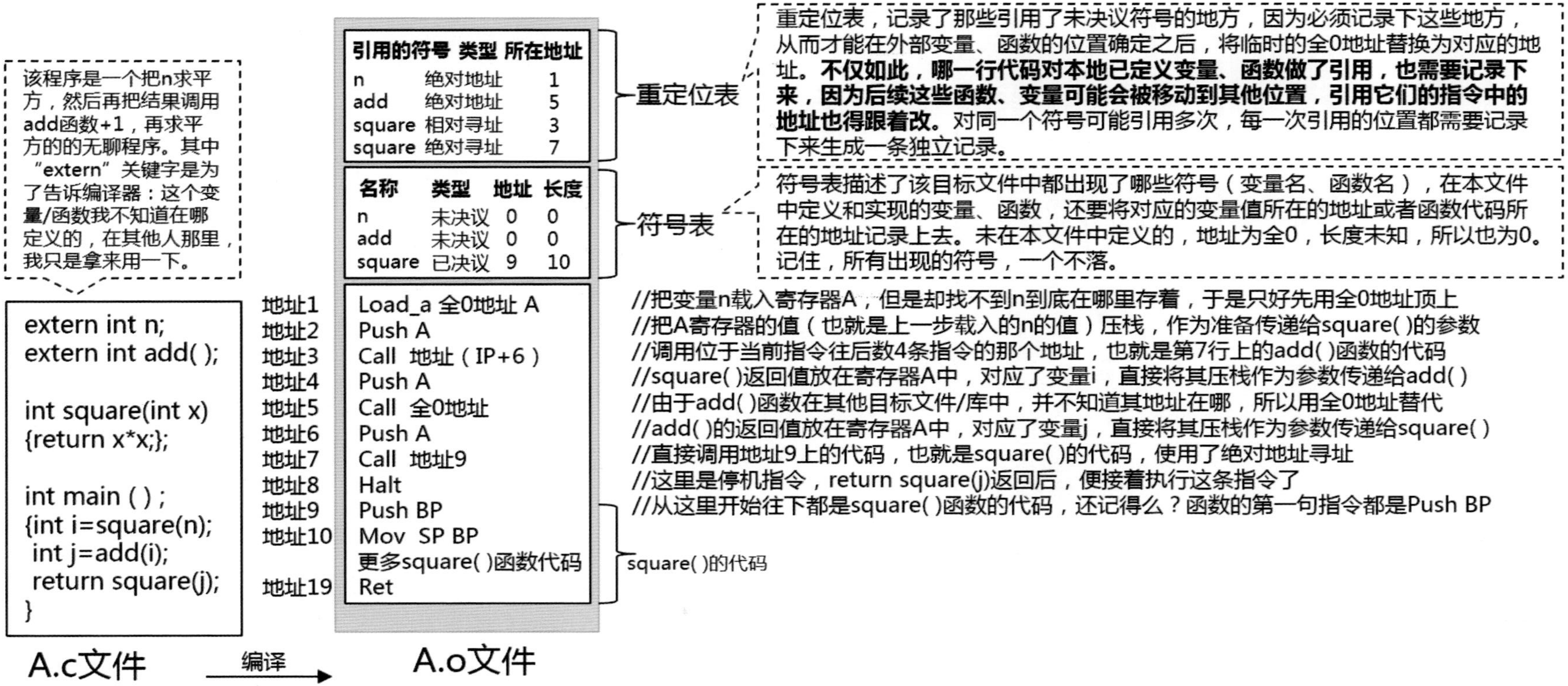

该程序是一个把n求平方，然后再把结果调用add函数+1，再求平方的的无聊程序。其中“extern”关键字是为了告诉编译器：这个变量/函数我不知道在哪定义的，在其他人那里，我只是拿来用一下。

```
extern int n;
extern int add( );

int square(int x)
{return x*x;};

int main ( ) ;
{int i=square(n);
 int j=add(i);
 return square(j);
}
```

A.c文件 —编译→ A.o文件

重定位表：

引用的符号	类型	所在地址
n	绝对地址	1
add	绝对地址	5
square	相对寻址	3
square	绝对寻址	7

重定位表，记录了那些引用了未决议符号的地方，因为必须记录下这些地方，从而才能在外部变量、函数的位置确定之后，将临时的全0地址替换为对应的地址。**不仅如此，哪一行代码对本地已定义变量、函数做了引用，也需要记录下来，因为后续这些函数、变量可能会被移动到其他位置，引用它们的指令中的地址也得跟着改。**对同一个符号可能引用多次，每一次引用的位置都需要记录下来生成一条独立记录。

符号表：

名称	类型	地址	长度
n	未决议	0	0
add	未决议	0	0
square	已决议	9	10

符号表描述了该目标文件中都出现了哪些符号（变量名、函数名），在本文件中定义和实现的变量、函数，还要将对应的变量值所在的地址或者函数代码所在的地址记录上去。未在本文件中定义的，地址为全0，长度未知，所以也为0。记住，所有出现的符号，一个不落。

```
地址1   Load_a 全0地址 A      //把变量n载入寄存器A，但是却找不到n到底在哪里存着，于是只好先用全0地址顶上
地址2   Push A               //把A寄存器的值（也就是上一步载入的n的值）压栈，作为准备传递给square( )的参数
地址3   Call 地址（IP+6）     //调用位于当前指令往后数4条指令的那个地址，也就是第7行上的add( )函数的代码
地址4   Push A               //square( )返回值放在寄存器A中，对应了变量i，直接将其压栈作为参数传递给add( )
地址5   Call 全0地址          //由于add( )函数在其他目标文件/库中，并不知道其地址在哪，所以用全0地址替代
地址6   Push A               //add( )的返回值放在寄存器A中，对应了变量j，直接将其压栈作为参数传递给square( )
地址7   Call 地址9            //直接调用地址9上的代码，也就是square( )的代码，使用了绝对地址寻址
地址8   Halt                 //这里是停机指令，return square(j)返回后，便接着执行这条指令了
地址9   Push BP              //从这里开始往下都是square( )函数的代码，还记得么？函数的第一句指令都是Push BP
地址10  Mov SP BP
        更多square( )函数代码
地址19  Ret
```

（地址9～地址19：square( )的代码）

图5-65　目标文件中的符号表和重定位表的位置、组织和作用示意图

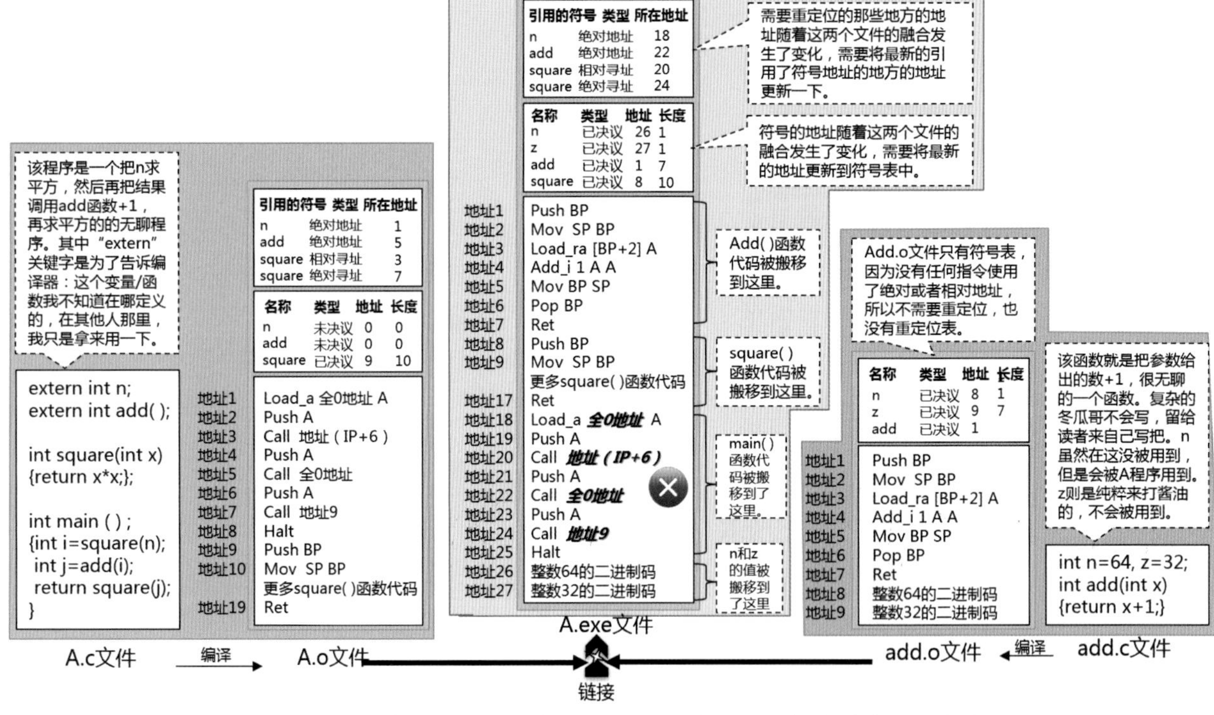

图5-66 按照符号定义和引用的最新位置更新符号表和重定位表中的地址列

将对应的目标文件提出（或者直接将多个独立的目标文件融合起来），并按图索骥，将需要被链接到一起的目标文件中的代码融合起来，然后根据地址重定位表里描述的信息，将需要重定位的地方根据融合进来的目标函数/变量当前所处的位置，修正之前被编译器所放置临时地址。这个地址修正过程被称为**地址重定位**过程。链接器最终会生成一个可执行的完整的程序文件（比如后缀名为.out的文件，或者.exe的文件，当然，你可以改成任意后缀名，这不重要）。

也就是说，在源文件级别进行融合，和在编译好的机器码级别进行融合，最终结果都一样。对于源码级别的链接，在源文件中采用#include的编译制导语句即可。相应地，对于二进制机器码级别的链接（多个目标文件链接），很显然，你也需要告诉链接器你要将哪个目标文件和哪个库文件/目标文件链接在一起（准确来说，你必须知道某个目标文件中的代码可能调用了某个库文件/目标文件中的某个/些函数，并告诉连接器，链接器只是将库文件中被调用到的函数名所对应的目标文件抽出，并与被链接的目标文件进行链接，而不是链接整个库文件），而这时就不可能用#include了，而是直接在调用链接器程序的时候，将目标文件名/库文件名作为参数输入给它即可。比如Linux操作系统下的ld程序就是一个链接器程序，ld 1.o 2.o 3.lib 4.o –o main.exe命令的作用就是将这一大堆的目标文件/库文件链接融合，最后生成一个main.exe可执行程序，命令行直接敲./main.exe便可以执行。（如果ld命令不加-o参数指定输出的文件名的话，默认会输出一个名为a.out的可执行文件，./a.out一样可以执行它。a.out的意思是Assembler Output（编译输出）的意思。）

注意 ▶▶▶

值得注意的是，假设1.o调用了2.o中的函数A，而A里面又调用了位于3.o中的函数B，B则没有再次调用外部函数，那么此时你必须将1/2/3.o这三个文件都给出，链接才能完成。这在实际中是非常普遍的现象。所以，我们一直没有回答的一个问题：为何要将多个.o文件再次打包成库文件呢？此时你应该知道答案了，如果能够将有级连或者相互引用关系的多个库文件打包成一个文件，那么链接的时候只需要给出这个文件名即可，而不需要把所有相关的目标文件名都列出来。

然而从图5-67中可以看到，main()函数的第一句代码Load_a 26 A是该程序的第一句代码，程序必须从这里开始执行。然而，该句代码却被放到了地址18上。我们前文中一直在这样假设：把程序放到存储器的第一行上，第0行放一条NOOP指令，我们设计的这个CPU加电之后，用NOOP指令避免了初始状态的不确定性，然后从第1行开始执行代码。那么说，这个程序就无法被运行了么？想一想都有哪些方法可以让该程序继续运行？

（1）真是闲的没事了，为什么不把main()放到程序的第一行呢？把main()的位置定死，必须从第一行执行。可以这样做。

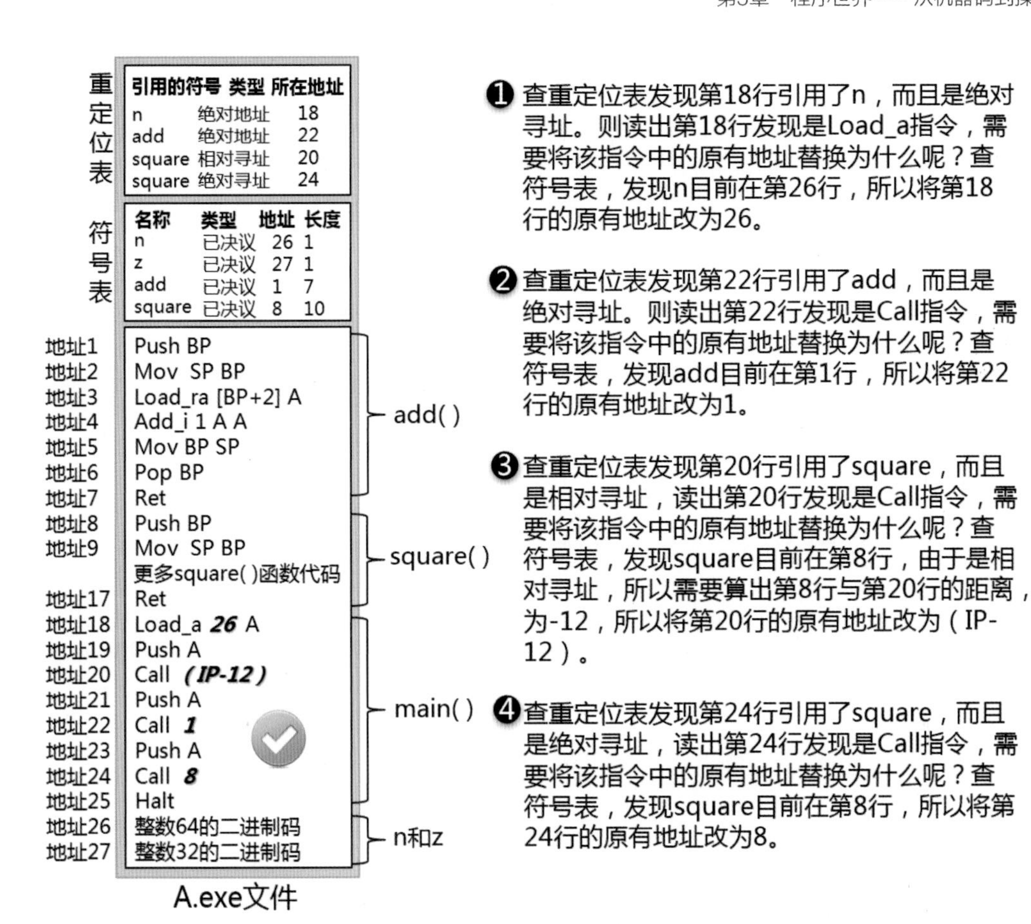

图5-67　重定位的过程

（2）好吧，如果你非要放在第18行不可，那么我在程序第一行放置一条无条件跳转指令Jmp 18。可以。

（3）先运行一个程序，然后手动告诉这个程序“请从某某字节处开始运行某某程序”。可以。

（4）先运行一个程序，用这个程序读出待运行程序的main()的位置，然后Jmp过来运行。可以。

至于如何让这个程序运行，人们普遍使用了上述的第4种做法，人们给这个程序起了个名字叫作Loader（载入者或者装载器）。此时你一定要想必会在心里推演一下，是不是编译器需要在每个可执行文件头部的表格中增加一项叫作“入口地址”的记录，从而让运行该程序的那个程序读到呢？不然又有谁知道到底从这一大堆代码中的哪一句开始执行呢？必须的。那么，装载器如何知道目标文件的符号表和重定位表各放在文件的哪里，以及各自的长度呢？毕竟每个目标文件里的符号数量不同，这两个表的尺寸、条目也就不是恒定的，那么必然，文件头里一定也要记录好这两个表的位置和信息，这些信息也需要由编译器在将源代码编译成目标文件的时候来生成，以供参考。此外，编译器还记录了文件中代码区域（代码段）以及数据区（数据段）的起始地址和长度，如图5-68所示的示意图。

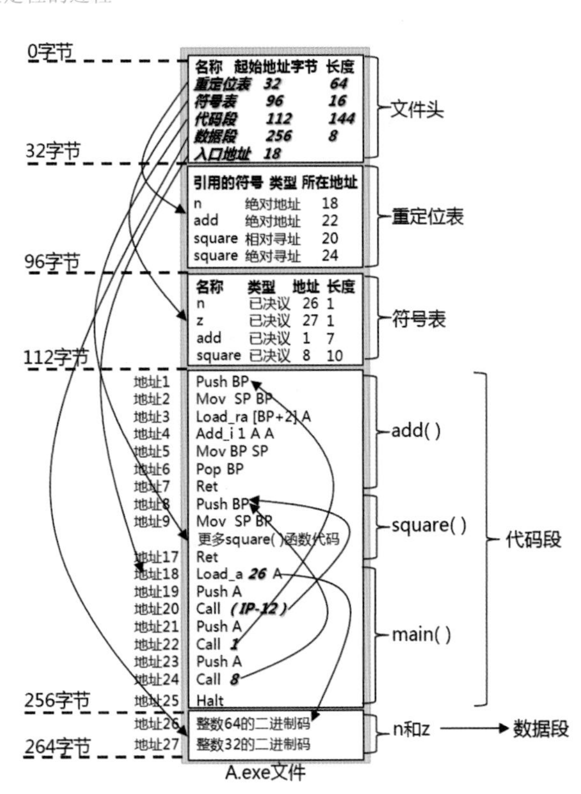

图5-68　在文件头中记录更多信息

所以，库文件和目标文件里其实并不是无序杂乱堆砌的函数机器码，而是有组织的，目的就是为了能够让外界知道该文件中都有哪些函数、变量被定义和实现了，对应的二进制机器码都放在了哪个地方，以及某目标文件还缺了哪些函数或者变量的机器码。

采用这种多个模块各自编译成目标文件，再用链接器链接的程序编译/制作方式，可以极大提升灵活度，同时一定程度上保护知识产权，也能做到知识共享，避免重复劳动。链接器除了可以将一个目标文件+一个库文件链接起来之外，还可以链接多个目标文件+一个库文件、一个目标文件+多个库文件、多个目标文件+多个库文件。比如某程序为分工合作，不同的程序员编写了不同部分，各自生成一个目标文件，而目标文件中的代码调用的函数也可能散在多个不同的库里。

将函数库编译成机器码之后再发布，就算有人剽窃，也只是一时的，因为只要问他一下内部算法的事情，或者一旦出现什么bug，他就会束手无策，立即露馅。所以也就不会再有人去冒名剽窃了。

提示

Windows下有个dumpbin工具，它可以读取库文件和目标文件中的 符号表、重定位表等文件头部表格。Linux下则有objdump工具。

5.5.4.2 头文件

采用链接的方式编译制作程序，有个问题需要思考一下。假设main调用了func()，而func()函数的代码位于某个外部库文件中。按照上文所述，编译器先把main()里其他部分编译好，然后由链接器把func()的机器码从库文件中抽取出来进行链接。也就是说，整个过程中，编译器始终看不到func()函数当初是怎么被定义的，包括返回值类型、参数个数、参数类型等，而只能看到一个叫作func()的函数名称，然后去库文件/目标文件里将二进制代码抽取出来而已。有人可能会质疑：假设程序员在main()中这样调用了func()函数：int i=func(1, 2)，难道编译器无法根据这句判断出：噢，func()返回值是整型， func()有两个参数，每个参数也都是整型，这不是能看到吗？不可以这样认为！主要有两个原因。

原因1：如果程序员出错了怎么办？比如，程序员原本是想int i=func(1,2)的，结果却把int写成了char。我们前面曾经说过，编译器不仅仅要负责编译，它还得负责查错，如果发现你哪里搞错了，会报告出来。所以如果编译器不知道func()当初是怎么定义的，就发现不了这句代码可能是有潜在问题的。再比如，func()当初定义的时候是有3个参数的，结果程序员漏写了一个，编译器也发现不了。

原因2：有时候程序员故意写成char i=func(1,2)，而不是int i=func(1,2)，这样做的目的一般是为了将函数的返回值转换成给出的类型，比如char i=func(1,2)就是将原本的整数型返回值转换成字符型返回值，这属于隐式转换。而显式转换的语句则类似：int p=10; char i=(char)p，将整型的p转换为字符型并赋值给i。比如func(1,2)返回的是88这个十进制整数，将其转换为字符型之后，其表示的意义是遵循ASCII表的，也就是ASCII里第88个字符X。

提示

char这个类型让人理解起来颇为周折。其原始定义的其实是一个单字节的有符号整数，最高位为0表示正数，为1表示负数。剩下7位正负两个方向各可以编码128种状态，最终值域为-128～127。其中，0～127可以用来匹配ASCII表项，表示其中的字符，而标准ASCII码表有128个字符，扩展ASCII码表有256个字符，一般常用的字符都在标准ASCII码表里，而char的正数部分刚好有128个值，所以人们习惯用char数据类型的正半部分表示字符了，字符型也就这么个来源（正因如此，有些高级语言中不再用char而是用int8表示单字节整数）。与之相关的unsigned char表示无符号整数，其只表示整数，值域为0～255。同理，4字节的整数也有有符号和无符号之分，也都是用最高位表示符号。所以，将4字节的整数转换为有符号的char，需要进行一次专门的运算，输入到电路中让电路把原来整数的符号带到char里。

假设返回的是十进制无符号整数65535，对应二进制则是00000000 00000000 11111111 11111111，那么其转换为char（有符号字符型）之后，就只能抛弃左边的字节，留最右边的字节，因为字符型数据长度就是1字节，而且还得把符号位设置好，转换前是无符号数（正数），转换后也得是正数，所以转换后的二进制位01111111。此时其表示的意义就是ASCII表里的第127个符号——DEL（删除），这是一个控制字符，而不是图形字符。

提示

不同的数据类型所占用的字节数是不同的。比如int是4字节长度，而char类型则是1字节长度就够了（ASCII里的字符编码数量没有超过256个，8位即可完整表示），如果是指针类型则可能是8字节（64位CPU平台）。多数C编译器如果不知道某函数的返回值类型的话，一般会默认认为该函数返回的是一个int型，默认认为其长度为4字节。如果该函数返回的是一个8字节长的指针型数据，放置在某8字节长的寄存器中（64位CPU），而编译器认为其为整型，则只会取其中4字节长度的数据出来写入存储器保存（一个64位的寄存器是可以被分开两半、四半、八半操作的，比如Intel x86平台汇编语句mov AH 2，表示将立即数2保存到16位寄存器A的高8位中存放，低8位不碰，这是分两半操作。同理，mov AL 3则表示将3放入寄存器A的低8位存放，此时，一个16位寄存器存了两个数值。64位寄存器也可以这样分），于是该寄存器中另外4个字节的数据被丢掉了，这样会丢失信息。

对于上面这两个例子，即便是编译器不知道func()的返回值类型，也照样可以转换。比如，对于Intel 64位CPU，不管func()返回值是什么类型，都不超过64位，而且返回值默认都放到64位的RAX寄存器（相当于32位时代的EAX寄存器和16位时代的AX寄存器），此时func()返回值的信息并没有丢失。而如果将其转换为其他数据类型，比如4字节的整型，则编译器无需了解func()原本的返回值类型，而直接取RAX寄存器的低32位即可，这就是所谓**截断**。但是如果func()返回值类型是某双精度浮点数，如果将其转换为整数的话，可就不是截断了，而是真地对其做取整操作，比如浮点数8.0123456转换为整数（四舍五入）后是8，如果寄存器直接截断成两半，结果就不是8了。比如图5-69所示为一个32位的浮点数的存储格式，可以看到其0～22位用来存储尾数，23～30位存储指数，如果直接截取出尾部的8位，那么取出来的数值与对其做取整运算出来的数值完全不同。取整运算是用专门的电路来定界指数、尾数，然后截取和转换相关数据位的。

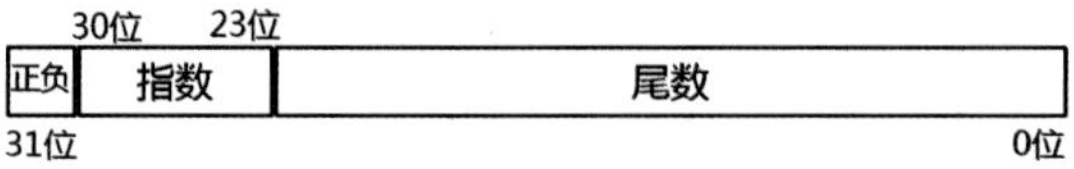

30位　23位

正负	指数	尾数

31位　0位

图5-69　一个32位浮点数在寄存器中的存储格式

正因如此，**编译器必须要知道函数的原生返回值类型**。这样，一旦代码里遇到显式或者隐式类型转换，编译器才能知道到底要使用类似mov 存储器地址 AL这种截断寄存器的代码（比如整数转字符场景等），还是使用FIST（对浮点数取整）这种底层汇编运算代码（浮点转整数场景）。

所以，为了让编译器知道被调用函数的原生定义，仅仅将函数编译成二进制机器指令放到库文件中还不行，还得把这个库文件中所有函数的定义形式单独列出来，放到一个文件中，以供编译器查询，从而可以知道其中任意函数的返回值类型、参数个数和类型。这个文件被称为**头文件**（Header File，一般扩展名为.h），意即其不需要包含函数的具体逻辑实现（实现都已经在库文件里变成机器码了），而只需要把函数定义写一遍进去即可。头文件中也可以用#include其他头文件，这样编译器会自动参考所有被包含的头文件。

如图5-70所示即为一个头文件中的部分内容，可以看到其全是一些函数的定义。

头文件不仅可以用于声明函数，还可以声明变量，比如int a, b, c; char i, p等，以便告诉编译器某变量是什么类型，可供查错、类型转换时作为判断依据。那么，如何把你会调用到的函数库对应的头文件告诉编译器让它编译的时候作为参考呢？答案还是利用#include语句。比如下面的例子：

```
#include <stdio.h>
void main ( )
{
printf ("Hi there!")
}
```

这就是在告诉编译器，碰到未在本地代码中定义的函数或者变量，去stdio.h文件中可以找到它们的定义。在链接的阶段，链接器到所给出的库文件中抽取这些函数的二进制代码进行链接，即可得出最终的可执行文件。要注意的是，printf()函数本身也可能会调用更多其他函数，这些下游一系列函数的定义，编译器不需要知道，因为printf()函数的机器代码（包含其所调用的下游所有函数的机器码）整体上已经被预先编译好了，也就是当初在编译printf()的时候，也是用#include来包含了printf()所调用函数对应的头文件的。

另外，假设某段代码被频繁使用到，比如在整个代码中用到了一百次，与其每次使用时将整段代码复制过来，不如用某个短语比如Code1来表示这段代码，用到该段代码时，直接把Code1写上就可以了。编译器只要看到Code1，就会用该段代码顶替、编译。这种方法被称为宏替换（Macro），Macro泛指一大块东西的意思。宏需要被定义在头文件中，以便让编译器知道把什么替换成什么。

```
_Check_return_opt_ _CRTIMP int __cdecl fclose(_Inout_ FILE * _File);
_Check_return_opt_ _CRTIMP int __cdecl _fcloseall(void);

_Check_return_ _CRTIMP FILE * __cdecl _fdopen(_In_ int _FileHandle, _In_z_ const char * _Mode);

_Check_return_ _CRTIMP int __cdecl feof(_In_ FILE * _File);
_Check_return_ _CRTIMP int __cdecl ferror(_In_ FILE * _File);
_Check_return_opt_ _CRTIMP int __cdecl fflush(_Inout_opt_ FILE * _File);
_Check_return_opt_ _CRTIMP int __cdecl fgetc(_Inout_ FILE * _File);
_Check_return_opt_ _CRTIMP int __cdecl _fgetchar(void);
_Check_return_opt_ _CRTIMP int __cdecl fgetpos(_Inout_ FILE * _File , _Out_ fpos_t * _Pos);
_Check_return_opt_ _CRTIMP char * __cdecl fgets(_Out_writes_z_(_MaxCount) char * _Buf, _In_ int _MaxCount, _Inout_ FILE * _File);
```

图5-70　头文件中的内容一探

5.5.4.3 API和SDK

这下你该明白了，如果你实现了一个或者一堆函数，将其编译成库的形式还不够，同时你还得发布一个头文件，这相当于给库文件戴上顶帽子，然后发布出去，才能让别人用起来。而且为了更加易用，还得写个小文档，向外界表明这里面一堆函数各是干什么用的，需要注意什么，等等。Lib文件、H文件、手册，共同组成了应用程序编程接口，也就是所谓的API（Application Program Interface）。

有些API就是一些独立存在的函数或者多个函数，不与其他程序有任何关联，典型的比如某种算法函数、求开立方、求积分等。而有些API并不是独立存在的，其必须依附在某个程序模块之上。比如，你编写了某个程序，该程序功能强大，体积庞大，逻辑复杂。你将这个程序出售出去了，很多用户用了之后都说好。然而，随着时间的推移，很多用户发现有些之前设计的功能无法满足当前的环境了，需要对程序进行更改，但是用户自己没法改，因为没有源代码，只能提需求给你，你来改。然而用户太多，每个人需求又不一样，如果你给每个用户都改一个版本出来，工作量太大，除非你收费很高觉得划算。其实还有另一种方法，那就是让用户可以自己改，但是又不给他源代码。

比如，你的程序原本的逻辑是：当从网络上收到带有“Warning”字符的数据包后，点亮LED面板上的红色指示灯。而用户觉得红色过于严重，想改为黄色，或者其他一些形形色色的需求。如果你在一开始开发这个程序时就能够想到可能会有各种新需求，那么对于一些功能模块，你可以不要在程序代码里写死，而是通过一个配置文件来中转一下。比如你先生成一份配置文件，其中敲入一行LED_color_when_rcv_warning_msg 0，同时，你的程序每次启动的时候，先调用readfile()来读取这份配置文件，当读取到该行的时候，将该行尾部的数值赋值给某个整型变量。在调用将LED灯点亮的函数的时候，比如假设为void led_on(int device_id, int Led_id, int color)，并向其传递参数的时候，要把这个变量作为第3个参数，这样就可以得到“配置文件里是什么数值，就会让LED发出对应数值所表示那种颜色”的效果了。用户想让它是什么颜色，可以自己修改配置文件。同理，其他类似的定制化项目也可以通过配置文件来实现。当然，别忘了在配置文件里加一些注释信息，告诉用户应该怎么改这些数值/字符。

提示 ▶▶▶

当然，这里你一定要清楚理解led_on(int device_id, int Led_id, int color)函数是如何操纵底层硬件的。你可以想象LED灯是接在了一个LED板上，板上还有其他很多灯，板上有一个控制器，这个控制器前端通过IIC接口与计算机的I/O桥相连。该控制器可以根据从IIC接口接收到的操作码来判断两件事：点亮还是关闭某个LED，应该点亮成什么颜色。该控制器用一片精简的逻辑电路即可实现。或者高级一些的方式是，可以用8位单片机（8位的小CPU+一堆I/O控制器集成在一个独立芯片上）跑一小段程序来处理指令码，然后直接在单片机I/O引脚上输出电压从而点亮LED。led_on(int device_id, int Led_id, int color)函数底层需要调用什么模块呢？还记得吗？驱动程序模块。调用该LED控制板上的控制器的驱动程序，因为只有其驱动程序知道应该向控制器发出什么样的指令码。而该驱动程序会提供出对应的API供上层调用，比如goodled_led_on(int id, int color)、goodled_led_off(int id)、goodled_reset()等。显然，led_on(int device_id, int Led_id, int color)在对device_id作判断之后，发现对应的是名为Goodled的设备，则会调用对应的操作函数，也就是goodled_led_on(int id, int color)。而这款LED板是通过IIC接口接入到系统的，所以任何数据包都需要先传送给IIC控制器。谁来操纵IIC控制器？当然是IIC控制器的驱动程序模块，该模块也向外提供了一些API，比如iic_send_data(IIC设备id, 数据所在的地址）、iic_receive_data()等。goodled_led_on(int id, int color)函数会生成对应的指令码，然后其底层需要调用上面这些IIC控制器驱动提供的操作函数，来将指令码作为数据发送给IIC控制器，然后IIC控制器通过IIC总线发送给LED板控制器，最终控制器收到指令码，执行对应的操作。这段提示文字恰好也让我们复习了一下函数调用、驱动（Device Driver，Host Driver），顺变又能从API的角度理解程序之间是如何协作、对接的。看到这里感觉心里没底的读者，可以温故知新一下。

有了可灵活定义的配置文件，用户的确高兴了一些，但是过了一段时间又得寸进尺了。因为配置文件属于静态配置，程序运行之后，用户如果再想去改变一些配置，程序就不会理你了，必须重新加载程序才可以。所以，用户想要动态控制你的程序，比如刚才那个例子，用户想要随时可以控制亮黄灯还是绿灯，或者随时可以控制你的程序里面某个逻辑，或者随时可以查询你的程序里某个数据结构、运行状态数据等。

逼不得已啊，拿了别人钱，就得响应其需求，还不如干脆开源得了，但是又于心不忍。你的程序就像一部精密设计好的机器，配置文件就相当于一些静态的开关，搬动这些开关必须重启机器才显效。现在用户要求机器一边运行，一边还能按照用户的要求被控制。那就只能把机器上方打开一个盖子，露出几个齿轮和传动轴什么的。这是要干啥？让用户按照自己的意愿直接来扳动它们么？不行，这机器里面的零件怎么可能让用户看见。更别提让用户去碰了，捣鼓坏了怎么办？谁知道用户靠不靠谱。咋弄呢？找个大纸盒子盖在这个打开的洞上面，在大纸盒子里增加专门操纵这些裸露出来的齿轮、传动轴的第二层机械，然后在盒子表面糊上一个液晶操作面板，提供一套操作界面，可以让用户完全按照他们的意愿操纵这台机器。

同理，一个程序，如果想让外界来控制，也得暴露对应的接口。这里“接口”并不是指物理上的连接器插口，而是指一种对接的方式、规范。比如，像上述这台机器一样，程序也可以采用一个网页来进行配置，网页数据由Web Server模块负责生成。可以单独用一台计算机来运行Web Server程序，正如图5-71中示意的3D打印机器一样，其显示器也是接在一台计算机上的，该计算机运行图形界面程序（或称人机交互界面），该程序在后端通过对应的API向机器内部更核心的控制逻辑传递参数和数据。很显然，负责运行人机交互界面程序的计算机需要与机器内部的另外某台计算机利用网络进行通信，从而将需要传达的信息通告给后端，后端根据这些信息，再对机器的物理机械部分进行操控。所以，交互界面程序调用的API函数底层实际上会将信息通过网络发给后端。当然，你也可以用同一台机器同时完成对机械部件的控制（通过控制各种I/O控制器对机械发出控制码）和运行交互界面程序。

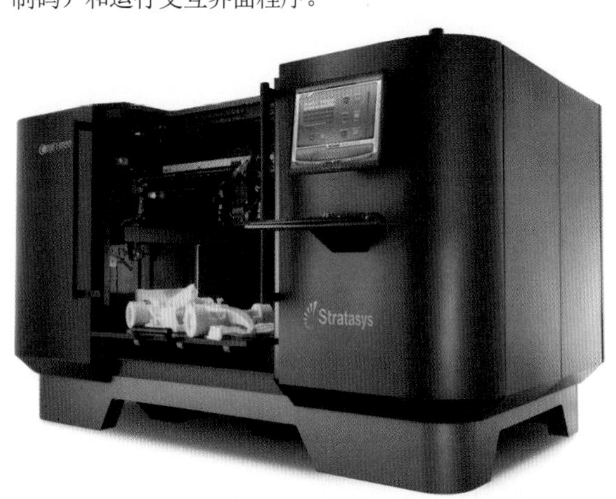

图5-71　用对外的操作界面操纵整台机器

如果我们使用同一台机器来运行两个程序，如图5-72左侧部分所示，Web Server程序负责接收前端用户通过浏览器发送过来的配置信息，经过分析之后，调用后端的接口层，也就是核心程序暴露出来的一堆编译成库形式的函数，将这些参数传递给对应的函数，这些函数再通过比如共享内存方式（同一台机器，不需要走网络了）将这些参数写到内存中某固定位置。核心程序中负责接收控制/配置信息的模块会不断扫描这块共享内存，从而获取到对应的参数/信息/命令等，然后执行对应的动作。

图5-72中白色圆圈表示原始的核心程序开发者所单独开发的一层接口函数，以及在核心程序中负责与接口库中的函数通信对接的函数。比如某些山寨手机，WiFi路由器等，其实很多不同品牌的山寨机里面的硬件和核心软件都是一样的，其开发者将芯片、核心程序本身、接口库、说明文档、调试工具、样例代码等打个包，卖给多个下游厂商。这些下游厂商可以任意开发自己的管理模块，有的用网页，有的用其他方式。用网页的下游厂商可能也有好几家，各自的网页还不能设计的完全一样。但是网页所调用的后端接口库函数都是一样的。上述的这些用于给用户二次开发所需的API（库和头文件）、说明文档、工具、样例代码等，统称为软件开发包（Software Development Kit, SDK）。

市面上的确有不少山寨MD5视频播放器、手机、WiFi路由器等电子产品其实用的都是相同的芯片方案、相同的开发包。而唯一区别就是开发出来的人机交互界面不同，有的很简陋，有的则很是下了功夫。有的把该芯片所提供的所有功能都用起来了，有的则简化/关闭了一些功能而定了更低的价格。而且在网络上搜一下，到处都是教给你买了A厂的产品如何刷入B厂的软件（固件）的教程。

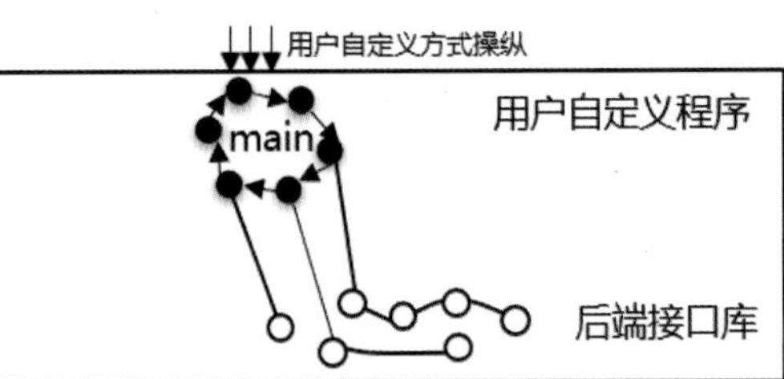

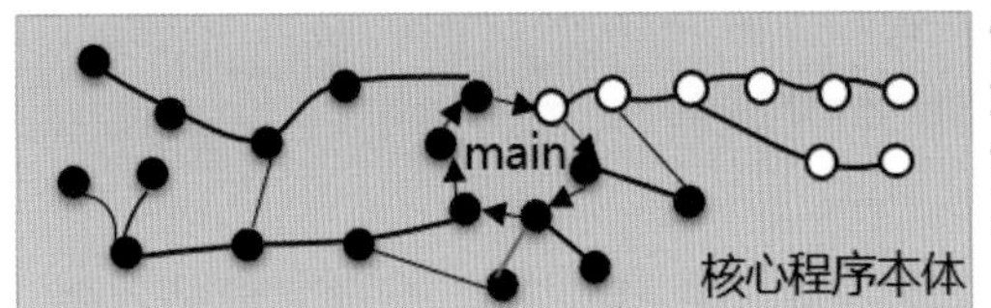

图5-72　配置/控制核心程序的方式示意

提示 ▶▶▶

至此有人可能会产生问号，或者冬瓜哥认为好学的同学至此一定会产生的一个问号就是，在图5-72中，有两个程序，也就是两个main()函数，它俩是怎么在同一台机器上运行的？这两个main()之间没有任何直接的函数调用关系，二者属于松耦合的联络方式（共享内存）。按照我们前文中的所有例子，CPU只能被main()中的代码操纵着运行，main()可以是个大循环，或者运行到某个条件就触发halt停机不再运行。要实现同一个CPU运行两个独立程序，可以将这两个程序作为同一个main()中的两个部分，顺序执行，比如main () { 程序1的函数; 程序1的函数; 程序2的函数; 程序2的函数;}，或者两个程序的函数交叠执行，比如main () { 程序1的函数; 程序2的函数; 程序1的函数; 程序2的函数;}。这样的话，不会因为CPU长时间只在执行其中某个程序的函数而导致另一个程序长时间得不到执行而卡顿，比如人机交互界面最不希望的就是长时间不响应。但是将多个程序代码放到一个main()中必须要保证以下两点。

必须保证任何函数都不要独占CPU而不退出来，比如某个无限循环，或者长时间循环。必须对循环加以限制，比如for循环里，要限制循环次数控制变量的值不要过大。这样才能保证其他函数能够在短时间内都有被执行的机会。

多个程序之间最好是完全隔离，不要访问同一个变量，不要访问相同的内存区域，各干各的。为什么说“最好是”呢？因为理论上多个程序可以访问相同的变量，如果这样的话，你必须仔细规划好一致性。比如两个程序中都使用了某个for循环，但是这两个for循环是完全独立、毫无关联的，结果你只初始化了一个int i，然后把i作为这两个循环的循环次数控制变量，那就会出问题了。

图5-72中的例子就是用同一个main()包含了多个独立程序部分。这种方式非常不灵活，而且安全性低，一旦由于疏忽没有做到上述隔离，就会出错。如果不同程序员分工编写，那么发生这种问题的概率将大大增加。实际上，针对同一台机器运行多个程序这个需求，人们发明了更好的办法，稍后就会介绍。

只让用户开发个配置界面，可能依然满足不了一些用户的胃口。有些用户要求对核心程序里面的核心功能逻辑进行定制化开发，有些用户想直接在核心程序中嵌入一个Web Server向外提供配网页，而不是用单独的程序来做Web Server。既然用户要嵌入自己的功能，那就意味着对核心程序的代码必须有所改动，而如果你把核心程序全部采用库的形式或者最终可执行文件的形式发布给用户，那么用户就没法把自己的代码弄进去。所以，必须开源一些模块。

如图5-73左侧所示，如果用户仅仅是想插入某个独立的功能模块的话，那么就可以只把main()函数表层的代码开源，而其他层的函数依然用库的方式链接起来。main()表层开源后，用户直接在main中插入自己的步骤即可，自定义步骤执行完后返回到main()，程序继续到main()里的下一步执行。代码写好之后，嵌入main()代码中，然后将整个程序再重新编译一遍，这属于浅度定制化。而深度定制化是，把一部分你认为可以开源的核心模块的代码开源，保留你认为需要保密的模块为库的形式，让用户自己去增删改即可，这样可以最大程度地满足定制化要求，如图5-73右侧所示。

提示 ▶▶▶

图5-73中的连线可能会让人产生一个疑问：同一个函数能被多个函数调用么？比如，在某个单一程序中有A和B两个上游函数，其均调用了函数C（比如是一个算开方的函数），这样做难道不会产生冲突？A和B向C传递的参数可能是不同的，那么难道函数C同时可以干两件事么？这里一定要深刻理解：不是函数自身在干活，是CPU在干活，函数自身只是描述了“让CPU怎么干活”。所以，CPU在执行函数A时，向C传递了参数，C返回后，CPU再去执行B，又向C传递了另外的参数，C返回另外的结果，所以可以看到。在单个CPU上，程序是串行执行的，不会发生A和B同时被执行、同时跳转到C执行的场景。哦，原来是这样。那么，如果多个CPU/多台机器上运行的多个程序，同时调用了某个公共位置的某函数，这就有问题了吧？也没有问题。咱们刚才说了，函数只是用来描述“CPU该怎么按照我给出的步骤干活”的，而不是“我自己应该怎么干活”，活是CPU干的，函数就像是一份

main
浅度定制化
用户自行重新编译整个程序
源码方式发布　库的方式发布　用户定制化自定义代码

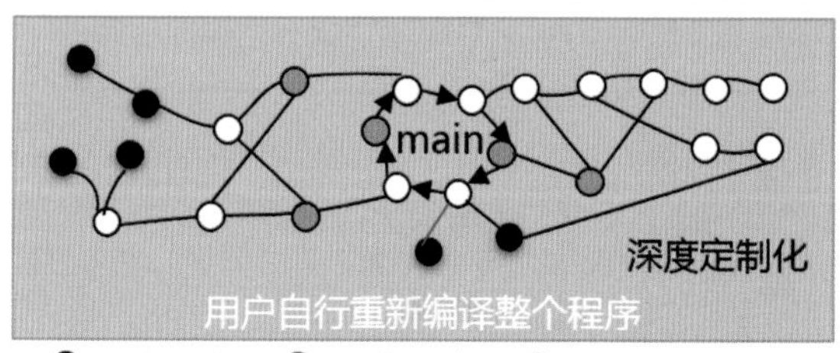

图5-73　浅/深度定制化示意图

步骤清单。比如鱼香肉丝的烹制步骤，就是一个函数。照你这么讲，如果全国只有一份鱼香肉丝秘籍的话，多个厨师还不能同时看着这份清单同时炒鱼香肉丝了吗？你那有肉丝，我这也有啊，你那是豪猪肉丝，我这是家猪肉丝而已，传递的数据类型都一样，都是肉丝，输入值不同，返回的口味也不同而已。所以，多个CPU上运行的多个程序，同时载入函数C的代码，传递给它不同的参数，调用时各自使用各自的栈，返回值各自存储到各自CPU的寄存器，毫无冲突。

5.5.4.4 动态库和动态链接

前文中所述的链接思路，在一定程度上提升了程序编写和编译时的灵活性，但是其存在不足之处。比如，某软件调用了某个名为goodthing.lib库中的某个目标文件A.o中的函数A，编译之后，在网络上发布，被广泛使用。后来，goodthing.lib的作者更新了函数A的算法逻辑，使得性能提升了1000倍，或者更新了某些错误，那么该软件的作者就得跟着用更新之后的库文件重新编译一遍软件，出一个新版本的软件。能否把库和程序松耦合起来，库更新之后，程序无须重新编译，只需要替换一下库文件即可？

还有，如果同一台计算机上运行了多个独立的程序（注意，是多个main()，如何做到我们稍后就会讲到），所有程序都调用了比如printf()函数，那么每个程序中会都包含一份printf()及其下游所调用的所有函数的代码。这相当于某饭馆里有三名厨师，有一份菜谱，本来他们三个可以同时参考这份菜谱来烹饪，但是老板有钱不在乎，给他们每人复制了一本。有人说了，我也有钱啊，配了1 TB的内存。哦，那可以啊，请忽略本段即可。

大家此时就可以先想想了，程序作者是否可以把程序文件+库文件各自保持独立、不链接，然后一起发布出去放到用户那里，如果库文件更新了，主程序本身并不需要重新编译，直接推送一份最新的库文件给用户覆盖即可。然而，程序文件+库文件发布出去之后，这个程序是无法运行成功的，因为它根本没有把库文件中的所用到的函数链接进去，那么很自然地，用户需要自己来链接。

呵呵 ▶▶▶

这相当于20世纪80年代的大米买回来都得淘，因为卖米的人故意掺上沙子压秤。后来，生活水平提高了，多数卖米的不掺沙子了，但是仍有掺的。于是那些不掺的就讽刺那些掺沙的，你去买米，卖米的除了给你米之外，还给你一小撮沙子，那意思就是“本来要掺合起来卖给你的，不掺了，你回去自己掺上再淘干净得了”，当然他只是给你示意一下而已，你也不会真拿走沙子。再比如饭馆里的菜肴，拌饭、拌面、炸酱面之类，本来是直接拌好了给你，后来店家不拌了，把葱花、酱料、蒜末、酱油之类放在几个小碟子里，加一碗裸面，食客自己拌得津津有味的。不禁让冬瓜哥想到了哄小孩，玩着吃着，在搅拌中享受吃饭的“快感”。当然了，冬瓜哥这样的就不需要从吃中去获得满足感了，泡面和大餐于我来讲都是一样的。

然而，运行程序不是吃饭，用户哪有这个闲工夫自己去链接呢？上文中说过，链接可以由链接器来完成。那么是否可以在用户运行这个程序时，先自动运行一个链接器程序，将主程序+库链接起来，然后跳到可执行文件的main()函数地址（入口地址）执行呢？没错，就是这么干的。

那么，程序编写者得先把一个链接器程序编译到主程序里，作为其一部分而且放在入口地址上，也就是main()里一开始的地方，从而执行该程序，相当于是先执行了链接器？这样太累赘了，每个程序都得自带个链接器。不如把链接器也放在用户机器上，但是这样的话直接运行这个程序又无法触发链接器的运行。可以这样处理：机器一启动，就自动运行某个无限大循环程序，也就是上文中提到过的Loader/装载器程序，但是平时它什么也不做，就等待用户用键盘输入指令给它，比如“execute /prog/A.exe”，Loader程序解析这个指令，发现是让它运行/prog/A.exe程序，于是Loader读出该程序的主执行文件，分析其头部信息，发现这是一个未经过预先链接的程序，Loader就先去启动链接器程序（或者调用链接器函数），将所要链接的文件名等信息作为参数传递给它。链接器便开始链接过程，生成一个链接好的文件放到当前目录中保存，然后将文件的路径返回给Loader程序继续执行。Loader程序此时可以将生成的程序文件读入到存储器，然后从其头部表格中找到它的入口地址，直接JMP到该地址，于是这个链接好的程序就被运行了。

所以，上述做法依然需要在用户机器本地生成临时装配好的可执行程序文件。能否不额外占用空间来存放链接好的可执行文件，而是可以在编译完后直接载入内存执行，然后删掉硬盘上的程序？可以。或者干脆直接把程序文件和库里的代码读出来载入内存里，然后将主程序代码和库代码直接在内存里链接装配起来，直接运行。是的，人们最终所选择的就是最后这种方式。

上述这种链接方式被称为运行时链接，或者动态链接。相应的链接器被称为动态链接器。相比之下，之前那种将程序和库文件预先链接好的方式被称为静态链接。静态链接的可执行文件可以不再依赖任何库文件而直接被执行，但是其尺寸会比较大，因为其把所有它用到的函数代码都塞进来了。

随之而来的一个问题就是，动态链接器在尝试链接时，是如何知道需要将哪些库文件与主程序进行链接的呢？当然，你可以这样设计：发布时把主程序文件和库文件放到同一个目录中，链接时将所有与主程序在同一个目录下的库文件链接起来。但是，有些常用的函数，比如printf()几乎每个程序都要用到，能不能将它们预先预置在每台机器固定的目录中只存一份，程序发布的时候不再包含这些函数的代码或者库文件，而只是在程序里做个标记“这里要调用某某库里的某某函数”，而仅在程序运行的时候，动态地从保存在用户本地的函数库里抽取对应的代码并与程序链接在一起执行？这样会让程序的尺寸变得很小。

再比如，机器A和机器B这两台机器采用了完全不同的运算电路，所以在它们上面实现printf()这个函数来显示图像的过程也就很不同，那就需要开发不同的库文件。每个程序员手头需要常备每一种机器的对应库。如果机器的制造商能够自己开发好对应的库，里面包含有printf()各自的实现代码，而这些库就放在机器本地，任何程序可以在本地与对应的库链接，而不需要预先链接，这样就方便多了。

这个想法不错，会很省事。还有个地方需要考虑。比如你设计了某个机器，为了增加机器的销量，你打算将它们做得非常易用，让更多程序员更方便地开发能运行在该机器上的程序，那就得让程序员编程时感觉爽快才行。于是你亲自开发了能够运行在本机器上的一大堆常用的函数并将其打包成库，对应的函数名都遵循多数人的使用习惯。而你默认将一大堆库文件集中放到了某个目录里，供程序员使用。这个目录里可能会有各种库，需要的和不需要的全都堆在这里。比如目录里有5000个库文件，而某个程序如果只依赖其中某个库文件，此时你让动态链接器搜遍这5000个库文件才找到对应的函数代码，问题倒是没有，就是速度太慢了，这不现实。

提示 ▶▶▶

库文件可以放在与主程序文件相同的目录，或者放在链接器默认的固定目录下，比如Windows系统下的System32目录，或者Linux系统下的/user/lib目录。动态链接器会优先查找主程序所在目录中的库文件，找不到的话再去这些固定的目录中寻找，还找不到的话，那就提示缺少对应的库文件。

所以，采用动态链接的主程序一定需要在程序头部向链接器声明“我需要哪些库文件”，这样动态链接器可以直接按图索骥。对于静态链接过程，程序员明确知道该程序依赖哪些目标文件/库文件；而动态链接场景下，用户侧发生的事情是程序员无法预知和控制的，所以必须在主程序文件头部声明。所以，如果让编译器将某个程序编译成动态链接方式的话，那么编译器就会在程序的头部相关字段中做对应的标记，以及将该程序所依赖的库文件做出声明，同时，符号表、重定位也是必不可少的。编译器按照动态链接方式编译完程序的源文件之后，可以直接输出扩展名为.exe的文件名，以表示这个程序可以直接被Loader执行了。

动态链接器在链接一个程序文件时，首先读出其都需要哪些库文件，将对应库文件直接读入存储器中存到某个位置上，与程序文件进行相似类型数据合并，然后读出每个库文件的符号表与程序文件的符号表融为一体（符号所在的新位置也需要更新进去）。如果某个库文件中的函数还调用了其他库文件中的函数，那么这个库文件中的头部信息也会声明，那就把它所依赖的那个库文件也读入到存储器一并处理。然后，装载器根据融合之后的符号表和重定位表进行重定位操作，最后就可以执行了。

运用动态链接方式之后，开发者就可以只向用户发布主程序，而使用用户本地的库文件了。当然，动态链接方式也有一些劣势。比如主程序被载入后得先进行链接，然后才能运行，这会产生一定的时延，不过这个时延很小，因为其需要分析的东西比较少也比较简单，不像编译阶段耗费的时间那么长。另外，动态链接程序更容易产生兼容性问题，比如库中的某个函数被升级了，增加了一个参数，结果主程序调用该函数时依然用了旧参数形式，那就会导致潜在的问题。静态链接方式一般不会有兼容性问题，因为一些问题会在编译和链接时被发现并解决。

提示 ▶▶▶

在Linux操作系统中，静态库文件的扩展名是.a，动态库文件的扩展名为.so（Shared Objects）。在Windows操作系统下，静态库文件后缀名为.lib，动态库文件的扩展名为.dll（Dynamic Link Library）。现在估计你已知道了你硬盘上的那些dll文件到底起什么作用了，里面都有些什么东西了。库文件与可执行文件其实并没有本质区别，它们的区别就是主程序文件中的机器码是“有始有终”的程序逻辑，而库文件中的机器码则是“无始无终”的独立函数代码的堆叠，比如将求开方、求微积分的函数堆起来，而主程序文件中描述的则是“先求开方，然后求微积分，然后两者相加，再halt”。Windows操作系统提供了一个名为rundll32.exe的程序，这个程序可以将.dll文件当作一个程序来运行。大家可以试试看。

当然，我们在此也只介绍了一个大框架以及来龙去脉，在可执行文件和库文件中还包含更多的信息，这些信息的作用无一例外都是为了让整个程序更迅速、更方便、更兼容地被链接和执行起来。具体内容大家可以自行研究。

5.5.4.5 库文件/可执行文件的格式

要让一个程序在某台机器上运行起来，有三个前提。

（1）这个程序必须被与该机器的CPU和操作系统配套的编译器编译。因为只有与该CPU配套的编译器才知道这个CPU里面的架构以及指令集，才能把高级语言代码翻译成适用于该CPU可执行的二进制机器码。另外，不同的操作系统对整个硬件资源尤其是存储器地址空间的管理方式不同，有一些规则在里面，所以支持该操作系统的编译器在编译的时候就可以将这些规则考虑进去。

（2）该程序必须被与该机器的操作系统配套的Loader装载器所载入。只有与该操作系统配套的装载器才知道要将对应的程序装入到存储器的哪个地方，以及需要做什么样的准备工作。

（3）该程序必须被与该操作系统配套的链接器给链接装配起来，由于程序难免会调用到一些诸如驱动程序、文件系统等由操作系统编写者所编写的函数库，以及其他一些更加细节的信息。那么只有与该操作系统配套的链接器才能更加了解全貌，以实现正确的链接。

编译器、链接器、装载器与硬件和操作系统耦合紧密，这样必然导致不同的操作系统可能都有各自的一套格式规范来定义符号表、重定位表等关键数据结构的样式。目前主要有三大标准格式：第一种是COFF（Common Object File Format）格式，UNIX操作系统常用；第二种是在COFF基础上变化而来的ELF（Executable Linkable Format）格式，Linux操作系统使用该格式；第三种是微软在COFF基础上变化而来的PE（Portable Executable）格式，Windows操作系统使用该格式。

经过上面的介绍，相信大家已经了解了可执行文件/库文件中都有些什么了。主要有这几样：一些定义好的静态变量，比如int a=9等，这些静态数据被归拢到一起放在文件中的某处，这片区域称为**数据段**；程序的二进制机器代码被归拢到一起存放，这片区域称为**代码段**；符号表、重定位表等；用于记录一些基础信息，比如该文件是静态还是动态链接形式、可以运行在哪些硬件架构的机器上、文件的执行入口地址，以及数据段、代码段、符号表和重定位表各自都被放在了哪里的文件头。文件头开始于可执行文件/库文件的固定地方。如果你忘了图5-68，现在是时候翻回去看看了，当然图5-68中所示的既不是ELF也不是PE格式，是冬瓜哥自创的格式。因为如果把标准格式中定义的所有东西贴出来的话，想必大家会觉得晕，所以本章的一些图例只是极度简化的示意图。

如果大家真要看实际的格式组织的话，那么如图5-74左侧所示，文件头中包含的信息众多。上文中所说的那些数据段、代码段、符号表、重定位表的位置其实并没有直接记录在头部中，而是记录在段表中。头部中记录了“段表在哪”，而段表中记录了“数据段在哪”“符号表在哪”等信息。图中右侧所示的就是段表中的记录信息。可以看到其中.text表示的就是代码段，可以看到代码段位于文件的第0x000034字节处开始，长度为0x00005B字节，而.data表示的就是数据段；.symtab表示的就是符号表，.rel.text表示的则是代码段的重定位表，rel是relocation的缩写。怕了吧？有兴趣深挖的读者，可以自行研究。

提示 ▶▶▶

在本书前文中，细心的读者可能会发现，冬瓜哥有时候将代码中的类似int a=9语句翻译成Load_i 9 寄存器A这条机器指令。其实大可不必这样，因为变量a虽然在代码中被赋值了，但并不意味着马上就会有指令去用到它。另外，有些时候冬瓜哥也将其翻译成类似Stor_i 9 地址100这种指令，其实也是没必要的。编译器编译时可以直接把9这个数字放到可执行文件数据段的某个字节上，并在符号表中记录好。当这个程序文件被直接复制到存储器中后，9这个数字自然就进入存储器了，并不需要在程序代码中现场、动态或者说运行时（Runtime）用代码将这个数据写入到存储器中，这样完全多此一举。数据段中存放的就是这些已经赋值好的数据。

再来看看Windows使用的PE格式。PE格式体系下，.dll动态链接库文件那些未决议的符号被放在一个独立的表中记录，该表被称为**导入符号表**，即这些符号未定义在本地，是调用自外部库文件中的，需要导入。将已决议的并且需要提供给别人调用/引用的符号放入**导出符号表**中记录，也就是这些符号是被导出给别人用的。注意，这与ELF格式有些不同。ELF格式

```
ELF Header:
  Magic:   7f 45 4c 46 01 01 01 00 00 00 00 00 00 00 00 00
  Class:                             ELF32
  Data:                              2's complement, little endian
  Version:                           1 (current)
  OS/ABI:                            UNIX - System V
  ABI Version:                       0
  Type:                              REL (Relocatable file)
  Machine:                           Intel 80386
  Version:                           0x1
  Entry point address:               0x0
  Start of program headers:          0 (bytes into file)
  Start of section headers:          280 (bytes into file)
  Flags:                             0x0
  Size of this header:               52 (bytes)
  Size of program headers:           0 (bytes)
  Number of program headers:         0
  Size of section headers:           40 (bytes)
  Number of section headers:         11
  Section header string table index: 8
```

```
Section Headers:
  [Nr] Name              Type            Addr     Off    Size   ES Flg Lk Inf Al
  [ 0]                   NULL            00000000 000000 000000 00  0   0  0
  [ 1] .text             PROGBITS        00000000 000034 00005b 00  AX  0  0   4
  [ 2] .rel.text         REL             00000000 000428 000028 08      9  1   4
  [ 3] .data             PROGBITS        00000000 000090 000008 00  WA  0  0   4
  [ 4] .bss              NOBITS          00000000 000098 000004 00  WA  0  0   4
  [ 5] .rodata           PROGBITS        00000000 000098 000004 00  A   0  0   1
  [ 6] .comment          PROGBITS        00000000 00009c 00002a 00  0   0  1
  [ 7] .note.GNU-stack   PROGBITS        00000000 0000c6 000000 00  0   0  1
  [ 8] .shstrtab         STRTAB          00000000 0000c6 000051 00  0   0  1
  [ 9] .symtab           SYMTAB          00000000 0002d0 0000f0 10      10 10   4
  [10] .strtab           STRTAB          00000000 0003c0 000066 00  0   0  1
Key to Flags:
  W (write), A (alloc), X (execute), M (merge), S (strings)
  I (info), L (link order), G (group), x (unknown)
  O (extra OS processing required) o (OS specific), p (processor specific)
```

图5-74　ELF格式体系中的文件头和段表格式

体系下，所有的符号都被放到一个表中，并用一个字段来标记某条记录是已决议还是未决议。

有个叫作exescope的免费工具，可以运行在Windows下，其可以读入任意.exe或者.dll、lib文件来分析其中的文件头和段表等信息并展示出来。如图5-75所示为用exescope工具打开一个kernel32.dll的动态链接库文件之后的状态，可以在右侧窗口看到其导出符号表中的内容。可以看到ReadFile函数，这个函数好像是用来读取文件用的？没错。还记得前文中介绍过的文件系统原理么？如果模糊了可以翻回去看看。kernel32.dll文件也是Windows下一个比较知名的文件，其中包含了大部分的常用函数代码可供其他程序链接调用。exescope工具也可以打开.exe可执行文件，大家可以自行尝试。

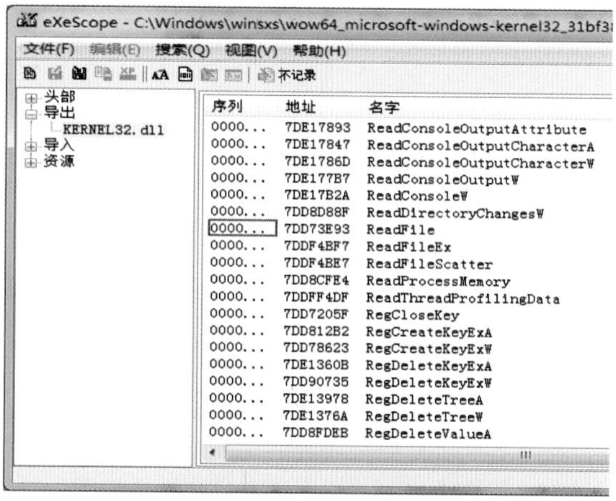

图5-75　kernel32.dll文件中可供调用的函数列表

注意 ▶▶

可执行文件就是指该文件中的数据是一个程序，里面包含有机器指令码，可以直接被Loader载入链接和执行。相反，前文中的Class1/2文件，就不是可执行文件，其中包含的是一堆ASCII和整数编码的学生成绩数据，这类文件可称为文本文件。不管是可执行文件，还是文本文件，其内部都是一堆的0和1二进制码。你可以试图让Loader将一个文本文件载入执行，但是这样会出错，因为文本文件内部根本就不含有机器指令。Loader在打开文件头部并尝试分析其信息时就会发现这是个冒牌货从而提示类似“无法执行”等错误信息。同理，如果把可执行文件当作ASCII字符文本来解码的话，解出来的也是一堆乱码。有些机器指令二进制码可能刚好与ASCII码表中某个字符吻合，则该字符就可以正确显示，如果不吻合就无法显示。在Windows操作系统中，我们如果尝试用记事本程序打开一个可执行文件，就会发现各种奇葩的字符被显示了出来，如图5-76所示。

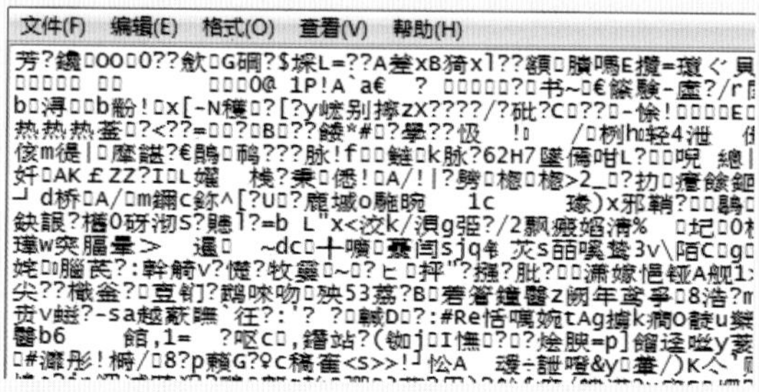

图5-76　乱码

所以，必须明确知道某个文件需要用什么方式来解码，所以人们通常会给文件名之后加上一个**扩展名**。比如Class1.txt表示一个名为Class1的文本文件，而Program.exe则表示一个名为Program的可执行文件。如果不加任何扩展名，那么只有你自己知道这个文件到底应该按照什么方式解码，如果将这个文件发送给别人，那么别人或许会猜出该文件属于什么类型文件，无非就是尝试几次的事儿，比如装载执行一下，或者用记事本/高级字处理程序打开一下。前文代码中出现的printf("%i", classone[i].score); 采用的是整型数值方式解码（参数%i控制），对应到我们那个运算电路底层的机器指令就是Disp_i；如果程序员写成printf("%c", classone[i].score);，则意味着以score这个整数的二进制码去匹配查询ASCII码表中的所有对应关系，找到之后将对应的字符输出出来，对应我们那个运算电路的机器指令便是Disp_c。这样，那个数码管就知道按照什么方式译码并显示了。当然，整数数值按照字符方式显示之后很可能是奇葩字符。

5.5.5 程序的执行和退出

本书到此，你应该有了清晰的理解，甚至说出下面这段话：源代码文件或者源代码+库文件一起被编译器编译成可执行文件或者新的库文件，如果是以静态链接方式编译，那么编译器不允许出现任何未决议符号，如果是动态链接方式来编译，可以出现未决议符号。不管是静态的还是动态的可执行文件/库文件，编译器都会按照COFF/ELF/PE格式来编排符号表、重定位表、数据段、代码段等这些关键记录，并将其放置到文件头中。对于以静态链接形式编译的程序，到这一步它已经是一个完整的不依赖于任何其他东西的可执行文件，可以直接被执行。而对于动态链接的程序，到这一步其也还只是一个零件。装载器/Loader程序将该零件读入内存，然后直接启动链接器程序根据零件标签（文件头）的说明，将其所需要的其他零件找到读入内存并装配在一起（相似段融合，然后重新编排符号表和重定位表，并根据重定位表来做重定位）。装配地点就是存储器，位于硬盘上的只是一堆零件，而链接器将这些零件读入内存存储器直接在这里现场装配，装配完毕之后返回Loader程序继续执行，然后Loader直接跳转到装配完成的程序中的入口地址处执行，这样就可以把该程序运行起来了。

5.5.5.1 初步解决地址问题

可执行文件被分得支离破碎，数据归数据，代码归代码，然后通过修改地址来将被打乱的代码重新联系起来。main()函数的入口地址被记录到文件头部，这是关键中的关键。因为如果没有入口地址，就像一个故事没有了第一章开端一样，你可以从程序的任何一条代码执行，但是执行一定会出错，或者在执行了一段时间之后输出了一堆奇葩结果之后出错，最终总要出错。Loader程序的最后一步就是跳转到程序入口地址执行。

可执行文件在被编译的时候，main()的地址是怎么确定的？当然是main()函数的第一行代码相对于可执行文件第0个字节的距离了，比如，main()的第1行代码位于文件的从0数第7字节处，那么该文件的入口地址就被记录为“7”。如果该文件是一个静态链接的文件，其被复制到存储器中之后不需要装配。如果其被放置到存储器的第0行上，那么此时main()的第1行代码恰好位于存储器的第7行。但是假设该程序是动态链接文件，被复制到内存的第0行之后，要进入链接过程，main()很可能被搬移到其他地方，因为链接器要将所有零件的代码部分归拢成集中存放的代码段。假设main()被搬移到了内存的第100行上，那么链接器会将文件头中的入口地址改为“100”，由于装配完的文件依然从内存地址0开始放置，所以装配完后的main()的地址也处于内存的第100行上。

有个问题值得思考。如果Loader不把该程序复制到内存的第0行上，而是复制到内存的第8行上放置，假设前8字节被Loader程序本身所占用了（这很合理，谁先来谁就从头开始用），此时，该文件的第0字节将位于内存的第8字节。链接器在装配完后如果还是将main()相对该文件的第0字节的距离（比如是100）作为入口地址记录到文件头的话，那么main()实际将位于内存的第108字节，而不是100字节。如果Loader程序读出100这个入口地址并跳去执行的话，执行的就不是main()了，这就会出错，属于刻舟求剑了。另外，前文中也一再说过，CPU的地址信号线发出的所有地址信号组成的地址空间中，SDRAM内存只占了其中一部分，地址空间中还有BIOS和外部设备控制器寄存器这些存储空间。如果某个系统被设计为将外部设备寄存器空间放到比如地址空间的0～16MB上，而SDRAM被放在16MB～4GB上，那么程序就必须不能被载入到0～16MB这段区间。如果放了怎么办？那就相当于把程序代码和数据的内容写到了外部设备控制寄存器中，谁知道会发生什么奇葩逻辑结果，要么显示器上可能会显示乱码，或者可能声卡会发出奇怪的声音，但是别期望其演奏出一段交响乐来。

所以，链接器装配完后的可执行文件还不能立即被执行。装载器还要处理一下，将读出来的main()入口地址加上[该文件被装载到的内存地址]，然后将结果更新到文件头部的入口地址中。这就行了？如果还不行，想一下，程序代码中有很多地方是对地址的引用，比如各种call指令中的地址，而这些地址在编译和链接的时候，要么是相对于该文件第0字节的距离（绝对地址），要么是相对当前指令的距离（相对地址，比如Jmp_f 20，跳到前方20字节/行之后执行。还记得吗？这个20数值会被电路作为一个加数与当前PC指针地址相加反馈到PC寄存器。如果回想不起来，建议翻回去阅读巩固理解）。对于绝对地址，一样需要被修正为+[该文件被装载到的内存地址]；而对于Jmp_f 20里的20这个相对地址，不需要修正，因为不管这个文件被放在内存哪个地方，相对地址都不会变化，Jmp_f 20都是“往前跳20条代码”的意思。这也就是重定位表中为何会给出每个需要重定位处所引用的地址是相对地址还是绝对地址的原因，只有绝对地址需要被链接器在链接时重定位以及被装载器在装载时做基地址重定位。

所以，上述将文件中所有的绝对地址更新为与当前装载地址相加后的值的过程，被称为基地址重定向（Rebasing）。这一步应该由装载器来完成，因为只有装载器知道这个文件被装载到哪里了。

提示▶▶▶

对于Linux操作系统，其默认会将可执行文件装载到内存的0x08048000这个地址上，也就是二进制的1000000001001000000000000000这个地址上。而Windows则又是另一套习惯和规则。装载基地址具体与操作系统对内存的管理规则以及历史包袱等有关。有关操作系统对内存的具体管理机制，会在后续章节介绍。

5.5.5.2 更好的人机交互方式

我们再来说一下这个Loader/装载器。Loader的作用在上文中已经介绍过了，为何Loader先于待运行的程序而存在呢？是为了方便。如果将待执行程序在计算机外面做装配、重定向、基地址重定向，然后将它复制到存储器中，然后按下按钮触发CPU开始运行，也能把这个程序执行起来，但是这样太麻烦了。当一个程序运行完时，其执行halt停机，如果用户还想再执行一个程序，那么就得再来一遍上述过程。

解决上述问题的思路就是让计算机一启动就运行Loader程序，Loader永远不会退出，除非你想关机。Loader本身是一个无限循环，对应C语言代码就是类似伪代码逻辑while(1) {扫描键盘输入获知外界要让我运行哪个程序；扫描键盘输入获知外界是否让我关机，如果是，halt，如果不是，跳回到开始处继续循环执行}。具体做法大家可能已经感觉到了，Loader可以在屏幕上输出一个提示符比如C:\>_，将 _ 这个字符不断闪动以提示用户可以用键盘输入命令了。如何闪动？用printf()函数向屏幕上输出字符就可以，每输出一次，等待一段时间比如0.5秒。怎么进入等待？调用一个循环函数比如起名为delay()，在这个函数中先判断是否到了对应的时间点。怎么判断？翻看5.4.6节，如果没有到所给出的时间，就发送NOOP指令给CPU执行（CPU不能"什么都不做"，CPU必须做点什么，因为时钟在不断振荡，让电路什么都不做必须把时钟脱挡才可以），时间到了，则程序跳出循环，执行printf()函数输出一个"_"符号，然后继续delay()。当然，程序还需要不断扫描键盘是否有输入键码，如果有，则运行对应的程序。

所以综上所述，这个Loader程序的基本逻辑就是如下伪代码：

While (1) { printf(C:\>_); delay( ); printf(C:\>); 执行键盘给出的文件名( ); };

Delay( ) {读出当前时间并加0.5秒( ); 循环（距离上一次记录的时间是否超过半秒，有则跳出delay( )，没有则继续循环判断）; }

执行键盘给出的文件名( ) {没扫到键盘输入则跳回while一开始执行；扫到了以回车键结尾的字符串的话就执行该文件名( )；}

执行该文件名( ) {读出该文件名对应的文件( ); 调用链接器链接该文件( ); 基地址重定位该文件( )；JMP；}

这个Loader程序就像一个外壳一样，其运行的目的是让其他程序运行。Loader程序是操作系统的一部分。Linux操作系统提供了多种不同风格的Loader，用户可以切换使用，Linux提供类似诸如 [Linux2.6.32@root]: _ 这种提示符，而Windows操作系统的前身DOS操作系统的Loader提供的则是C:\>_这种提示符。Linux把Loader称为Shell（壳），当然，Linux下的Shell程序可以做的不仅仅是装载程序，还可以有其他很多功能，这里就不多描述了。

人们将这种利用键盘输入字符命令来与计算机里程序沟通的方式，称为CLI（Command Line Interface，命令行接口）。如果把Shell程序做成图形化方式，那就是目前Windows操作系统的explorer.exe资源管理器程序了，这个程序就是负责将所有的人机交互方式用窗口化的方式展示出来，但是其后台发生的事情，其实与命令行方式别无二致。这种利用图形化方式与计算机程序沟通的方式被称为GUI（Graphic User Interface，图形化用户接口）。电脑游戏也是一种GUI，只不过人们从这种GUI中可以获得愉悦感受。不过现在有些操作系统也提供了能够让人产生愉悦感的控制界面GUI。

5.5.5.3 程序的退出

现在开始考虑下一个问题。看到上述伪代码的那句JMP吗？Loader跳过去执行目标程序，没问题，但是目标程序执行完了怎么办呢？很显然，我们希望看到的效果应该是目标程序执行完就返回Loader程序继续执行，从而再次进入Loader大循环来等待用户输入新的程序文件名执行其他程序。前文中的函数调用过程不就可以满足这个要求了吗？回顾一下，调用某个函数的时候，调用者会把返回时的跳转目标地址压入栈中以供被调用函数结束时跳回来。只要Loader在跳转到程序入口之前也做返回地址压栈处理，同时，程序在编写的时候不管是自身自动退出还是用户使用键盘命令告诉该程序退出，该程序使用return语句（被编译为ret指令），这两者相互配合，那么就可以返回Loader继续执行，从而继续出现提示符，等待用户输入另外一个程序文件名运行。这就相当于做了一个约定：想在我这个Loader上运行的程序，必须把自己弄成一个大函数，然后我来调用你执行你内部的逻辑。所以，从外面来看，Loader和其所载入运行的程序本质上形成了一个大程序，更本质上讲，这相当于做了一种可控函数调用，什么时候调用由用户来控制。当然，这种程序退出方式很不灵活，下文中会介绍更灵活的退出方式。

下面我们用一张图来描述，一个静态链接的可执行零件与其他零件一起被装配，然后地址重定向、基地址重定向等待运行的全部过程，以及每一步内存中的布局状态。

如图5-77所示，我们把之前的地址空间、驱动程序、文件系统等有关知识都纳入进来一起看。内存里预先被载入了Loader程序和链接器程序，若要问这俩家伙又是被谁载入的，可以是BIOS。BIOS在做完设备发现以及加载对应的设备驱动函数到内存的如图中蓝色区域之后（假设设备发现函数和各个设备的驱动程序都在BIOS代码中写好了），就从硬盘固定位置把Loader程序读进来开始执行，Loader会输出提示符。用户可以输入要执行的程序名。假设静态连接程序的可执行文件名为Linker.exe，待编译程序文件名为prog.o，则用户输入Linker prog.o Alg.dll Device.dll FS.dll->prog.exe，并回车。Loader收到这个字符串之后开始判断出：哦，要我运行Linker这个程序，并给出了对应的参数。那么Loader这个程序就去执行Linker程序或者说调用Linker函数（执行前也需要基地址修正），并把这几个参数传递给Linker程序，传递的方式是将参数压入栈中。Linker程序/函数启动，开始链接这几个零件生成prog.exe，然后将其写入到当前提示符所对应的目录下，并结束运行，返回Loader。Loader继续闪动提示符。用户一看该命令结束了，又输入prog。Loader载入prog.exe文件并进行基地址修正，然后执行。

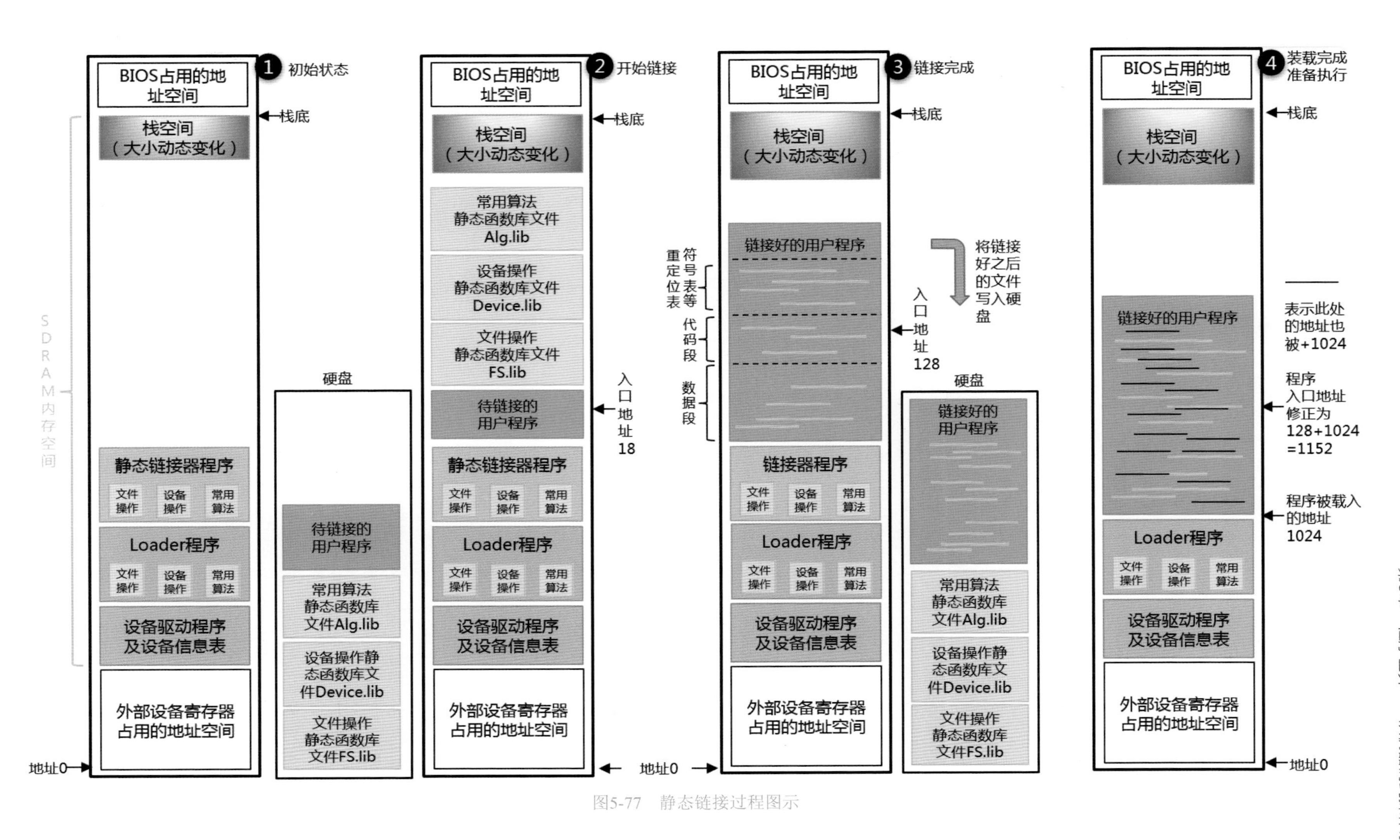

图5-77　静态链接过程图示

提示

注意，链接器程序自身必须为静态链接的而不是动态链接的，因为如果链接器本身也是动态链接，那么就得有另一个链接器来把该链接器链接起来，这就没完没了了。而链接器程序本身也需要读写文件、做一些计算、用到一些常用算法，所以对应的函数必须都被静态融入链接器程序本体中。可以看到图5-77中链接器程序已经包含了对应的操作函数，包括读写文件需要用到的文件操作函数和硬盘设备驱动等。

5.5.5.4 使用外部设备和内存

如图5-77中所示，Device.lib中包含了对键盘、显像、发声、网络等设备的操作接口函数，而被BIOS驻留在内存中的设备驱动程序操作函数及设备信息表则是供顶层设备操作函数来查询、调用的。比如，do_network_send()这个用于操作网卡发送数据的顶层设备操作接口函数位于Device.lib中，而do_network_send()会根据程序传递的参数，查找设备信息表（这个表被放置在SDRAM中约定好的固定位置）从而找到对应的设备，然后调用通用网卡驱动的发送函数比如generic_netcard_send()或者其专用驱动程序的发送函数比如mynetcard_send()，从而将数据从mynetcard这块网卡发送出去。这个机制我们在5.5.2节中已经介绍过了。

然而，一个程序在运行的时候，其可能需要占用越来越多的内存空间来存放数据。比如，某个程序从键盘接收数据，并将这些数据追加存储到一些内存地址上，类似这种伪代码逻辑：循环 {接收键盘字符；将字符用Stor指令装载到内存地址，内存地址=内存地址+本次收到的字符数}。然而，前文中也一再提到过，整个地址空间中包含了SDRAM、BIOS ROM、外部设备控制器寄存器等这些可存储数据的地方，SDRAM这块空间指不定被BIOS分配/映射到地址空间的哪里（通过更改系统桥接芯片的路由表实现分配/映射）。另外，函数调用所需要的栈空间也被放置在SDRAM中，Loader程序自身、驱动程序等也会驻留在SDRAM中备用。所有上述这些地方都必须不能被程序自身的代码和数据所占据。而程序编写者对这些底层的分布状况是不知道也不想去知道的，程序员最想看到的其实是“我能够寻址0～4GB这4GB的SDRAM内存地址，这4GB全是我的，我可以随便用”。程序员的这个梦想大概在20世纪60年代被实现，在那之前程序员必须对地址空间的布局了如指掌，程序员会避免在程序中访问那些不该访问的地方。比如BIOS空间等，一旦疏忽访问了，这叫作**访问越界**，后果是会破坏其他的关键数据，导致系统运行异常。那时候的程序员一般会在可执行文件头部声明“我期望把我这个程序装载到系统的哪个地址上”，以供Loader程序参考，所以至今在ELF/PE文件格式中依然保留着这一项。当代的Loader基本都会忽略这一项，因为当代的系统已经实现了上述那个程序员之梦了。

程序员可以在已经对地址布局了如指掌的前提下对内存精打细算地使用，但是这样做毕竟是用人脑来安排数据布局，容易引发疏忽。借助函数的思想，可以开发一个专门负责内存分配管理的函数，比如将其命名为malloc()（Memory Allocation），以方便程序员在不用关心底层布局的状况下依然可以肆意使用内存来存取数据。程序向malloc函数传递“我要申请多大的内存空间”这个参数，然后malloc函数返回一个内存地址指针给调用者，意思是调用者申请的这块内存空间的起始地址位于这个地址上。

提示

程序员在编写程序的时候，是不知道程序运行之后所申请的内存地址的指针是多少的。那么程序员又如何将数据放到这些在将来才会被申请到的地址中呢？比如p=malloc(参数)，Stor_i 100 p+1，Stor 寄存器A p+222，看到了么，程序员在代码中使用由malloc()所分配的内存时，就得用p这个变量来指代，因为程序员写代码的时候也不知道malloc()会将内存分配到哪个地址上，也就是说不知道p将会是什么值。但是，只要用p指代，那么编译器就会给p这个变量分配寄存器或者将其放到内存，当malloc()被调用时，真正的内存地址指针就会被输送到这个寄存器或者对应的内存地址上，从而后续代码中的所有引用p的地方就会用到这个真实的地址指针。

如果调用者申请的内存空间比较大，而内存中却没有连续的空闲空间了，那么malloc可以返回多个地址指针，也就是malloc可能会将这块空间拆散分配到内存的多个位置上。也就是说，malloc函数内部会检查系统的地址空间分配表（也由BIOS放置在内存中的约定位置），以确保不会分配越界。而且malloc函数自身也需要在内存中放置一张专门用来记录“已经分配了哪些地址区间”的记录表，这就像文件系统在硬盘上记录“哪些文件占用了哪些硬盘区间”一样。

这样做之后，程序在退出之前必须告诉负责内存分配管理的函数释放/收回之前为自己所分配的内存区间。如果不这样做，负责内存管理的函数会认为之前分配的空间一直在被占用中，从而导致内存浪费，这被称为**内存泄漏**（Memory Leak）。可以用同一个函数malloc同时负责分配和回收内存，用不同的参数来控制；也可以单独再设立一个新函数专门负责内存回收，比如命名为mdealloc()、free()、delete()等。如果程序不断申请内存而用完之后又忘记了释放，又去申请新内存，这样持续到最后，malloc()函数会认为整个系统不再有可用的内存，此时会导致异常。

5.5.6 多程序并发执行

前文中的思路都是建立在计算机在同一个时刻只运行一个程序的基础上来思考的。如果有多个程序要运行，那么这些程序只能够依次运行，Loader程序每次载入一个程序，运行完毕之后再次载入另外一个程序。这种方式对于早期的计算机来讲是够用的，因为早期的计算机几乎全部用来做科学计算了，普通大众根本接触不到。而科学计算程序可能一算就是很长时间，比如几天甚至数周。在这种场景下，是不会有人想同时运行两个科学计算的。到了近代，计算机不断普及到民用场合，普通大众一般不可能用计算机来做科学计算，而都是一些日常的工作辅助，比如字处理、音乐播放、网络通信（电邮、即时通信）、电脑游戏等，这些场景更多的时候都是在操作显示、声音和网络控制器这些外部设备控制器，也就是控制和I/O为主。对于这种多媒体计算机场景，同时运行多个程序就成为必然的思路，比如同时播放音乐、网络聊天、打字录入。

可以啊，找三台电脑分别运行听歌、聊天和文字录入程序，这些事情就可以同时进行了。是的，但是这样成本太高，也不方便，用户操作三个键盘，还得看着三个显示器。人们想用一个CPU、一台电脑，就可以同时运行这三个程序。哦，那么这样行不行？把这三个程序写到一个大程序中，把这三部分分别写成一个大函数，最后程序类似这样：main() {循环{ 听歌(); 聊天(); 写文档();} }。这样做也不现实，因为只有一个CPU，那么这三个函数依然是依次运行，轮流使用CPU，这就存在一个时间轮流的问题，做其中一件事情的时候就不能做其他两件。另外，每一件事要做多久？这是个问题，听一分钟的歌再来聊一分钟的天么？或者听5秒的歌再来聊5秒的天？这显然都不符合人们的期望。

转念一想，假设CPU的时钟频率非常高，运行速度非常快，能做到每10 ms就切换一次上述三件事情，那么也就等价于听歌持续10 ms，等了20 ms以后又开始听歌10 ms。如果你的脑力开发的足够精细的话，或许可以听出这20 ms的真空期是没有任何音乐发声的，但是我相信目前地球人的大脑是无法分辨这20 ms的间隙的，有蝙蝠基因的或许可以。每个程序可运行的最大时间，被称为时间片，比如上述的10 ms。

写这段文字时，冬瓜哥的女儿快三岁了，我和她偶尔会玩一个游戏，就是嘴巴发声然后不断用手捂嘴、远离、再捂嘴，如果频率足够高，比如每秒100次（1000 ms÷10 ms=100），我相信这样发出来的声音是可以成功骗过大脑认为声音完全是连续的。同理，写文档打字的时候，也会在每30 ms中有20 ms的间隙无法接受键盘输入（因为这20ms被用来听歌和聊天了），但是我也相信地球人是无法做到每秒输入50个字符的（1000 ms÷20 ms=50），所以你根本就不会察觉到这20 ms的延迟。把每个程序模块执行的时间窗或者说时隙压低，这样在人脑看来，每个程序模块都在执行着，都在响应着用户的输入或者都在输出（图像、声音、网络），其实本质上还是轮流执行。

有了上述思路，具体实现就需要这三个函数代码中都要加入主动侦测自身的运行时间是否已经达到了10 ms的判断逻辑，到了的话就主动跳转到下一个函数执行。这就难了，程序需要不断看表（通过电子表驱动程序读出当前时间，还记得前面的计时/定时那一节的内容么？）来判断，比如调用readtime()函数，那么就必须每隔一段代码就调用该函数读出时间判断一次。用这种方法是无法做到在精确10 ms处主动跳转到其他程序模块的，因为程序员在设计程序的时候根本无法知道他所插入的两个readtime()之间的代码执行耗费了多少时间，而且不同频率的CPU运行相同数量的代码耗费的时间也不同，程序员预估的结果与实际可能大相径庭。这样的话，用户体会体验到不均匀的运行速度，忽快忽慢。再者，不停看表会严重影响程序其他部分的运行速度。所以用这种方式来实现上述设计很不理想。很显然，如果能够有一个闹钟，到了10 ms就给程序发送一个信号的话，这样就非常理想了，也符合我们日常生活中的基本常识。问题是，前文中给出的场景都是程序主动去读取电子表控制器的寄存器来获知当前时间，那么电子表又该怎样向程序发出闹铃信号呢？程序不看表，那程序又怎么知道时间到了呢？百思不得其解！

此外，如果这三个函数是按照调用的方式来依次跳转执行的话，则会出现这种情况：

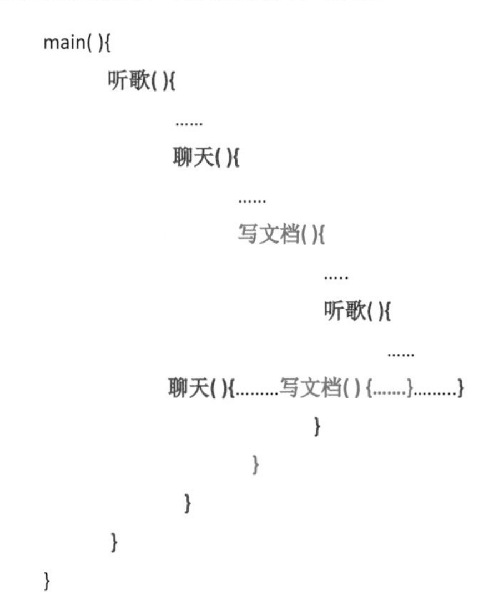

可以看到，一开始听着歌，发现已持续10 ms，则调用聊天()，聊着聊着发现又持续了10 ms，则调

用写文档()，写着写着又到了10 ms，则返回来调用听歌()。这里就产生了问题，假如上次听歌()执行到了其内部的第100行代码处，在第101～120行代码上是readtime()及其后续判断逻辑，在120行代码上调用了聊天()，然后又调用到写文档()，则，写文档()调用听歌()时，就应该跳转到其第121行代码处继续执行，才能与之前的听歌()接续起来。但是，事实却并非如此，写文档()调用听歌()时，是跳转到了听歌()函数的入口开始执行，也就是又从头开始执行了听歌()函数，然后又进入之前的循环，此时程序执行会变得完全错乱。这种调用者调用的其他函数中调用了调用者，或者调用者自己调用了自己的行为，被称为递归。如果经过精确设计编写，递归是很有用的。而如果像上面这种设计，递归就会导致问题，或者说上面这种方式根本就不是递归，因为正确的递归必须能够有始有终，上面这个例子则是有始乱终。

要解决这个问题，就不能用传统的函数调用的思想。想一下，要想实现无缝接续，在听歌()打算把CPU交给其他程序模块使用时，听歌()是不是应该需要主动将下面这些信息保存起来，后续谁如果想跳回到听歌()继续执行，谁就得按照这些被保存好的记录来与听歌()进行接续。这些信息应该包括：听歌()是在哪一个地址暂停执行的，将该地址+1保存；以及听歌()暂停的时候CPU内部各个寄存器的数值（数据寄存器、栈顶寄存器等）。

想与其他程序模块接续时，就直接把断点地址载入PC寄存器，把之前保存过的其他寄存器值也载入，然后继续执行即可。可见，这两个信息与函数调用时所保存的现场信息是一模一样的，第一条是被调用函数返回时应跳转到的地址，第二条则是被调用函数应当保存的调用者运行时的现场状态。这么说，任何程序模块想跳到其他程序模块执行的话，就不能是调用对方了，而是要“返回（return）”对方，因为上述动作是函数返回时才做的。那么，没有调用，又何来返回？这个过程很像函数调用，但是又绝对不是函数调用，那么这个过程应该被称为什么呢？

至此，我们有了两个解决问题的思路以及疑问。

■ 如何让闹钟通知正在运行的程序：到点儿了，该做某件事情了？

■ 不同程序模块之间的切换过程如果不是函数调用，那是什么？

5.5.6.1 利用时钟中断来切换线程

上述在多个程序模块之间轮流执行的行为，可以称为在程序间切换执行。我们把这些独立的程序模块叫作线程（Thread），比如上面的听歌、聊天、写文档都是一个线程。所谓线程就是一段故事、一段情节，有自己的开端（入口地址）、过程和结局（halt指令，不过现在有了多个程序在轮流执行，哪个也不应该擅自就把机器给关掉）。听歌这个线程内部无外乎执行下面这几个步骤：从音频文件中读出内容到内存中某处，把内容转换为声音采样点数据（如果原有音频文件是经过压缩转码的话），将这些数据不断发送到声卡的数据寄存器中（或者使用Stor指令，或者让声卡自行到内存中取）。而这个过程中所执行的代码与写文档这件事毫无关系，写文档则是另一个线程，有自己的步骤。所以，线程，就是代码和函数执行的线路/路线。

如图5-78所示，线程可以理解为多个串起来的函数以及零散的语句，是一个线路。比如起床、睡觉、听歌、吃饭、出去玩、看电视是6个独立函数，那么你可以编写一个叫作“你的一天”的线路：if 时间>8点 {起床(); if 阳光{出去玩(1小时);}; else 听歌(1小时); 吃饭(); 睡觉();}。或者你可以编写一个“猪的一天”线路：while(1){ if 下雨 {睡觉()}; else break;}; 起床(); if 饿了{吃饭();}; else 睡觉()。一堆函数和零散语句，你把它们怎样串起来，它们就会是怎样一个执行步骤，就是怎样一个线程。小心哦，执行线路变一下，你就要变成猪了！

有些线程可能永远不退出，没有结局，无限循环，比如重复播放同一首歌曲，除非用户主动要求关闭这个线程。这就是所谓“线”的含义，代码总是按照既定的路线往被执行，遇到条件跳转语句就会形成支线。

每个线程在切换到另一个线程之前，必须将自己的这两个信息保存下来：切换前执行到哪里了（地址指针）、切换前CPU内部各个数据寄存器的值。这样便可以让其他程序模块再切换到自己的时候知道应该跳到哪里执行，以及将当时的现场恢复到CPU对应寄存器里。那么，我们就需要在内存中某处来存放这些用于描述各个线程执行状态的信息。

我们在内存里记录一个类似篮球比赛计分板一样的数据结构，来记录每个线程的运行状态信息。假设有两场比赛，A/B两队之间对决，C/D两队之间对决，但是篮球场只有一个，同一时刻只能支撑一场比赛。观众想同时观看这两场比赛，每场打10分钟，然后暂停，切换到另一场比赛继续打。每场比赛就相当于一个线程，每场比赛必须要记录：比赛剩余时间（类似执行到哪了的PC指针），以及双方比分、双方球员各自的犯规次数、双方各自的要求暂停次数、每个球员的进球次数和得分值、每个球员的助攻/盖帽/篮板次数等（上面这些类似CPU内的数据寄存器中保存的内容）。当计时裁判员看表时间到了10分钟，则吹哨，A/B队听到哨声，则需要将上述这一切东西记录好放起来，然后清空球场，换C/D队上场开打，C/D队一开始这些数据全部都是0，然后比分开始不断上涨。打了10分钟，计时裁判员又吹哨，此时C/D队做与A/B队相同的事情，C/D队还要将之前A/B队的比分以及其他运行时数据和状态等（这些数据俗称上下文，Context）也摆在现场的各位记录员眼前，然

图5-78　线程示意图

后A/B队上场继续开打。球场是球员的舞台，CPU就是线程的舞台，舞台大家轮流用。上面介绍的这种多程序轮流使用CPU的玩法称为**多线程并行**，或者**多任务并行**，然而，已经说了，其本质上并不是并行。

现在考虑一个问题：如果A/B队球员打得正欢，观众却不想看这场了，但是A/B球员愣是不退场，怎么办？没办法，没有任何人能够强行将他们退场。因为某个线程如果霸占了CPU，只要这个线程不主动跳转到其他线程去执行，CPU就只能任由其摆布。记住，CPU只是个工具，它和尺子、锤子、钳子、刀子一样，只能由人手去操纵。如果由于某些疏忽导致某程序进入死循环，而且该循环内没有任何可跳出循环的代码，那么其他线程将永远得不到执行。比如听歌线程设计疏忽导致不跳转出去，听歌本身是正常执行的，但是聊天、写文档线程的对外表现就是僵死态，不响应任何键盘输入。

很显然，需要有一种机制，强行打断当前的线程，而让CPU跳转到其他线程执行。但是每个线程其实都不希望被打断，都希望独占CPU。前文中那种不断看表，到了时间主动自觉让出CPU的做法，完全靠线程们的自觉（程序员的自觉和无疏漏），而实际是很难保证这一点的。所以，我们需要设计这样一套硬件逻辑：由电子表自动计时，每隔10 ms便通过一根导线向CPU输送一个高电压，CPU内部设计这样一个电路模块，该模块只要接收到这个高电压，就立即把被打断线程的上下文保存到内存中单独开辟的用于存放所有线程上下文的区域中，这个动作需要由CPU内部的硬件电路自动完成，而不需要显式执行任何指令来做这件事，因为在这个瞬间，CPU得不到任何指令输入。当前线程的上下文成功保存以后， CPU就需要把其他线程的上下文从内存中对应的该区域中读出，并载入到对应寄存器，在下一个时钟周期，CPU便开始接续被载入线程的上一个断点的PC指针继续执行代码，此时便开始执行这个新载入线程了。

想一下，如果共有10个线程在等待执行，那么CPU载入哪个线程呢？可以按照固定次序轮流载入，但是这样局限性非常大，不灵活。比如用户要求“A线程得到运行的时间是B线程的2倍”，这样的话，靠CPU内部的电路来做这个判断不是不可以，而是复杂度和成本将会很高，电路必须分别为每个线程记录“总运行次数（运行了多少个10 ms）”的信息，再进一步判断。那么，这些事情能否由软件来做？也就是说，CPU被闹钟打断之后，保存当前上下文之后，载入的并不是目前待运行的某个线程，而先要载入一个“调度员”特殊线程的上下文，从而执行调度员线程，然后由调度员来灵活检索待运行用户线程的状态，从而做出更灵活的判断，决定到底该再运行哪个线程，然后由调度员线程负责将目标线程的上下文载入到相应寄存器，从而切换到目标线程执行，这样就可以用软件的方式实现更灵活的**线程调度**算法。付出的代价则是切换过程耗费的时间更长了，但是这些判断本身并不复杂，所以相比线程运行所持续的时间而言，性能影响可以忽略。

甚至，可以由调度员线程来负责保存被打断线程的上下文。但是被打断线程的PC指针、栈指针必须由硬件在后台保存，因为调度员也是一个线程，也有自己的入口地址需要被载入PC寄存器，运行时也需要用到栈来实现函数调用。在载入调度员线程之前，必须将即将被覆盖的、被打断线程的这两个信息保存起来，剩下的数据寄存器则可以交给调度员在运行的一开始就去保存（比如调度员线程的第一批指令，Stor 寄存器A/B/C/D 某地址，从而把所有上一个线程运行时生成的数据保存到内存中或者其他某处）。实际上，人们对这块的实现方式和过程各不相同，但是最终的效果是一样的。我们会在后文中做更详细的介绍。

由外部计时器发送给CPU的这个用于打断程序运行的信号，被称为**时钟中断**。有人会考虑了：调度员线程的入口地址，CPU是怎么知道的？只有将调度员程序固定存放在某个位置，才能让CPU自动到这个位置去找。可以在CPU内部设置一个专门用于保存调度员线程入口地址的寄存器，这样每次中断到来时CPU内部电路就可以自动把这个寄存器的值输送给PC寄存器。谁来把调度员线程的入口地址写入到该寄存器呢？负责系统初始化的程序。再考虑：定闹钟是怎么一个流程呢？和日常做法相同，由程序将中断间隔（比如10 ms）的信息写入到计时器硬件的寄存器中保存就可以了。再考虑：定上了闹钟，立即就会接收到时钟中断，如果程序还没来得及准备好就收到了时钟中断信号，系统的运行就会被打乱，所以需要提供一个机制可以让程序关闭时钟中断，比如在计时器寄存器中用某个位来控制，该位为1则使能中断，为0则禁止发出中断。这就好了。计时器加电之后默认该位为0，不发出中断，然后先由程序设定中断间隔，然后在一切都准备好之后，使能中断，进入线程轮换调度执行流程。

再考虑：一开始系统中一个线程都没有，如何调度？所以，系统必须至少存在一个线程，那就是上文中所述的Loader这个线程。然后在Loader中载入其他可执行文件，形成新的线程，这些新线程与Loader线程一起快速轮换执行，也就是说，Loader本身也是一个参与到线程大调度中的线程。Loader在载入新线程期间，会临时关掉时钟中断，等新线程所需的资源（用于保存该新线程上下文的内存区域申请好、相关的记录上下文的数据结构准备好，等等）都准备好之后，再打开时钟中断。如果不这么干，一旦资源只准备到一半，就被时钟中断触发切换到新线程执行了，新线程会执行出错。

可以看到，为了让一个线程运行起来，为了让多个线程之间轮换执行，需要做非常复杂的准备工作，这些工作统称为**初始化**过程。这就相当于篮球场的后勤人员，把一切准备好，包括汗滴滴在了地板上应该由谁在什么时候去擦干，都预先设置好了，球员上场只管比赛即可。有些后勤人员永远停留在后台待命；有些则运行一次就不再运行了，其占用的内存会直接被后续程序覆盖使用。球员是用户程序，而后勤也是程序，只不过观众们是看不到的。有些后勤程序不参与到平时的线程轮换中，只在被时钟中断之后才出来，比如调度员只在到了点儿该切换线程时才会被执行，平时它不会妨碍到用户程序的运行。有些后勤程序则参与到线程轮换中，只不过其在执行的时候不会输出任何用户可感知的结果，这样用户就根本发觉不了这个后勤程序的执行。

再考虑：听歌这个线程内部都有些什么逻辑呢？是不是先要在屏幕上输出一个播放器图形化界面，然后还需要从硬盘上将音频文件不断读出来，不断地对读出的数据做解码（将音频编码翻译成振幅采样点数据发送到声卡）并发送给声卡发声，或者同时还需要显示歌词？或者还需要根据音频的频率计算并输出一个Equalizer（均衡器）来显示各个频段的振幅（回想第1章的频域图）。想一下，上面这几样，是不是每一样其实都是一个单独的程序流程？它们都是一个单独的线程，而且必须给用户一个错觉就是，整个播放器在同时做这些事情：动态更新均衡器的幅度/颜色，随时可以响应键盘/鼠标对界面的点击，不断从硬盘读出内容并播放，实时显示并更新歌词。如果将上面这几样做到一个单一的线程中，那么用户可能会感觉到卡顿。比如，先扫描键盘/鼠标看看用户是否有操作，然后执行下面几样，在读数据这期间用户敲击了键盘，那么程序将得不到响应，一直等到循环轮回到一开始扫描键盘/鼠标的代码执行时才可以被响应。所以，多线程不仅解决了多个独立程序之间给用户一种同时运行的错觉，而且还可以将一个独立程序切分为多个线程，让一个独立程序自身带来更好的用户体验。同时，将程序切分为多个线程，每个程序员可以分别编写其中一个线程，干起活来也简单了。

另外，时钟中断也可以确保即便是其中某个线程自身运行出了问题比如进入无限循环中，或者由于某种原因卡住，那么它也最多执行10 ms便会被外部中断强行打断，其他线程依然可以得到执行机会，体验上就是只有这一个程序卡住了，其他程序照样运行。所以时钟中断可以避免某个线程长期霸占CPU不放。

再来想想在这个多线程模型下，线程要退出的话，都需要做哪些工作。首先肯定要将该线程之前所申请的内存空间释放，调用比如de_malloc()函数；其次需要将在线程状态描述表中的关于该线程的所有记录全部清掉，然后再跳到线程调度员执行从而调度其他线程上CPU执行。这一整套的流程，可以将它封装成一个函数，比如exit()。程序想要退出，不管是内部自动退出还是外部用户主动退出，都来调用这个函数，这个线程就会在内存中湮灭掉。

协程

有些多线程程序经过特殊设计，不需要时钟中断信号，并且多个线程之间不用精确控制自己的执行时间，每个线程运行一段时间后，在某种因素的触发下，主动交出CPU到另一个线程，多线程之间相互协作。这种多个独立程序模块之间相互配合主动交出和得到CPU使用权的方式被称为协程（Coroutine）。协程设计的程序，必须保证任何一个线程都不能出问题，以及不能进入死循环比如while(1){…}，否则，其他线程将会因为任何一个线程的问题而永远无法得到执行。协程设计避免了CPU频繁被中断，可以提升程序的整体性能。但是协程程序中的多个线程必须运行在单个CPU核心上，因为如果多个线程同时运行的话会打破其协作的基础。一旦其中任何一个线程因为某些因素暂停执行（比如执行了系统调用，见下文），那么整个程序中其他线程也就暂停了。

在后续章节中将详细介绍多线程之间管理和切换的思想、手段和方法。

5.5.6.2 更广泛地使用中断

在前文中是这样来响应键盘输入的：程序不断扫描键盘控制器的寄存器看看有没有新键码被存入。这与不断地看表来获取系统时间如出一辙。既然看表可以改成闹钟提醒，为什么不能把键盘输入也改成用中断来通知的方式呢？必须的！否则太低效了。用户敲击键盘之后，键码被传送到键盘I/O控制器寄存器中，键盘I/O控制器可以发出一个中断信号强行打断当前正在运行的程序。那下一步呢？CPU收到时钟中断则跳转到线程调度员执行，那么收到键盘中断是不是要跳转到某个键码接收程序去执行？必须的。与线程调度不同的是，键盘码接收程序运行之后需要主动地去键盘I/O控制器的寄存器中将键盘码读取到内存。这里需要更深一步挖掘这样一些问题：键盘码接收程序如何知道这个键盘码到底是给哪个线程的，从而让对应线程接收到这个键码呢？接收键盘码的线程需要做哪些事情来配合呢？这一系列的问题，会在后续章节中介绍。

想一下，时钟中断是不是不仅仅可以用来切换线程，其也可以用来计时？比如每隔10 ms中断一次，那么只要借这个机会将某个变量+1，就可以统计一共过了多少个10 ms，不就可以随时看到当前时间了么？如果编写一个程序顺带在屏幕上输出一个秒针图形，程序每收到1000个时钟中断，就将秒针移动一次，这不就可以形成一个体验更好的可视化图形钟表了么？是的。所以，时钟中断被触发以后，可以先不切换线程，而是先把上面这些动作做了，然后再切换到目标线程执行，因为一旦切换到其他线程，这个线程做什么事情就无法控制了，此时CPU被它霸占着，只有外部中断才能强行打断之。所以，中断之后引发的是一条处理链的一连串动作。这样看来的话，键盘中断之后，程序也可以被设计为在读回键盘码后就跳转到线程调度员执行，线程调度员再选择某个线程来执行。

同样，网卡收到数据包、声卡录了音、鼠标点击/移动，这些外部设备的事件，都需要CPU跳转到对应的接收网卡数据包的程序、接收声卡录音数据的程序以及接收鼠标事件码的程序来执行。这些专门用于处理对应中断信号发生后续流程的程序被称为中断服务程序。上文中的处理时钟中断的程序也是中断服务程序之一，比如起名do_timer()，do_timer()可以调用比如update_clock()，然后调用schedule()，前者更新系统时间，后者执行线程调度。如果你想在收到时钟中断后做更多事情，那就把自己的函数加到do_timer()里面去。

现在思考，如何做到“收到哪个中断就跳到哪个中断服务程序执行”这件事呢？显然，需要给各个外部设备的中断加以区分，对其编号，比如时钟中断为0号，键盘中断为1号，等等。然后还得有一张记录“中断号～～对应的中断服务程序的入口地址”的对应表（中断向量表），以供CPU收到中断信号时查询跳转，包括上文中提到的时钟中断，现在也把它加到这个表中来管理。所以CPU必须预先知道中断向量表所处的内存基地址，这样才能到内存里找到对应条目。可以将这个基地址预先载入到CPU内部专门用于存放中断向量表基地址的寄存器中，CPU收到中断后，该寄存器会控制着电路读出中断向量表到CPU内部并查询对应的中断服务程序的入口地址。另外思考，CPU被中断之后程序还没处理完之前又收到中断怎么办？这叫中断嵌套。另外，如果电子表和键盘同时发出中断怎么办？我们会在后续章节中介绍中断处理方面的更多细节。

另外引申思考一下，收到外部中断之后，CPU内部的控制模块必须将当前的流水线冲刷干净，已经执行的指令从ROB提交到寄存器，没有执行完的则全部清空。所以这里会产生资源浪费以及需要耗费一定时间来清空，这对性能产生很大影响。分支预测对于外部中断来讲是没有用的，因为分支预测模块根本就不知道什么时候会来中断，而且也不知道是哪个外部设备发来的中断，根本无法预测。

5.5.6.3 虚拟地址空间与分页

前文中提到过一个程序员之梦，那就是梦想着每个程序不需要再关心系统内的那些碰不得的地方，比如系统全局地址描述表、设备信息描述表，以及上文中提到的中断向量表、记录每个线程运行状态的表等。首先Loader程序需要明确地避免将程序的代码和数据装载到这些特殊地址上。对于线程运行时所动态耗费的内存，前文中也提到了线程可以调用malloc()这个专门用于给线程分配内存的函数，而由malloc()中的代码或者说由编写malloc()代码的程序员去操心哪些地址不能分配。

但是，即便如此，还有一个很严重的问题摆在眼前。冬瓜哥坐出租车时都习惯系上安全带，有些老司机不以为然："你还不相信我的驾驶技术么？"冬瓜哥答曰："你驾驶靠谱，但是不能保证别人驾驶的也靠谱。"司机顿时无言以对。是这个道理，Loader将多个线程都载入了内存，谁知道哪个线程会不会访问越界（见上文介绍）呢？有些程序故意访问越界，擅自访问其他程序的数据结构达到破坏、窃取、劫持等目的。有些程序则是由于疏忽导致越界。难道编译器在编译阶段不能够发现这些越界访问么？编译器是可以发现某个访问是超出了当前该程序自身所占用的内存范围的，但是却不能认为这是非法操作，因为可能该程序的确需要访问中断向量表从而将其读出显示出来而不是去搞破坏的，你并不能认为这个地址访问是个非法访问。

很显然，这么多程序都运行在同一个内存地址空间里，就难免磕磕碰碰。如果能够为每个线程单独准备一部分内存，让它想越界也越不了，自身导致的各种问题都会被限制在这块内存内部，这个烂摊子不会影响其他线程的内存，这样就能彻底解决这个问题。再想：如果给每个线程一台完整的计算机，各算各的，这也相当于每个线程有各自独立的地址空间，那当然也能彻底解决该问题。但是我们不是为了节省成本么，所以让同一个CPU来轮流执行这些线程，以及把这些线程的代码和要处理的数据放到同一份内存中。那么，如果人为限定每个线程只能在内存中某段固定的地址上活动，这样也可以解决这个问题。比如，保证某线程被装载到了内存的1MB～2MB区间，而且malloc() 也保证其运行时分配的内存也必须落入这个区间，这样它是不是就无论如何也无法越界了？恐怕还不够。假设程序代码强行访问某个内存地址怎么办？假设该线程代码中存在一条"Load 内存地址8MB 寄存器A"，该指令被载入CPU执行，没有任何人能拦得住。

显然，必须由CPU自己来判断该地址是否越界，也就是需要完全由硬件来判断，因为该线程执行时是独占CPU这个舞台的，其他角色都在内存里沉寂着，无法被执行，无法靠其他程序来协助判断该地址是否越界，**只剩下CPU和该线程的代码这两个角色在博弈**。那么CPU又是怎么知道哪个线程的地址范围被设置为了多少呢？显然，**得在CPU内部追加设计一些寄存器，专门用于存放"当前线程的地址范围"信息**，可以用基地址+长度的描述方式，比如上述1MB～2MB范围就可以描述为基地址=1MB，长度=1MB，这样，分别设计一个基地址寄存器和长度寄存器，或者用一个寄存器来同时保存基地址和长度。这个寄存器的输出信号会被输送到一个比较器上，每次CPU执行了Load/Stor等访问内存的指令时，电路参考该比较器输出的值从而判断是否越界。一旦越界，CPU就自己给自己产生一个**内部**的**异常**中断，跳转到异常处理程序执行，相当于"在我舞台上表演的这个人不靠谱，你看看应该怎么处理"， 异常处理线程可以做关闭该线程同时向用户输出一个"非法操作"消息等的动作，然后跳转到线程调度员线程执行，从而继续调度其他线程使用CPU。

那么，是否需要为每个线程都准备一个地址范围寄存器呢？那就太浪费了。其实不需要，每个线程的地址范围可以被记录到内存中的那个线程状态表里即可。每次切换线程的时候，可以让线程调度员这个线程将目标待执行线程的地址范围信息从内存中的状态表读出并载入到CPU的地址范围寄存器中，然后跳转到目标线程执行即可。每次要切换到哪个线程，就预先将对应线程的地址范围载入地址范围寄存器，现用现载入。这个做法很不错！但是还是不完善。

这种给每个线程限定一个内存单间的做法是很粗暴的。比如某个单间2MB容量，有的线程可能根本用不了这个空间，有些反而远不够用。理想的处理方式则是，线程需要多少就占用多少内存，并可以动态地增长、回收，而且某个线程占用的内存可以在物理上不连续，比如A线程调用de_malloc()释放了一段内存，这段内存可以后续被分配给B线程，而这段内存与B线程之前占用的内存在物理上并不相邻。假设，目前存在两块不连续的空闲内存碎片，一块为32KB大小，另一块为64KB大小， 现在有一个程序，其代码和数据总共大小为80KB，但是此时内存中并没有连续的80KB空闲区域，此时装载器可以将该程序劈开为一个64KB的碎片放置在上述的64KB空闲内存区段内，以及一个16KB的碎片放置在上述32KB空闲区段内。然后链接器进入地址重定向以及基地址重定向（Rebasing）过程。基地址重定向这一步上出现了麻烦，装载器不能简单地将程序中每个绝对地址都加上一个偏移量了事了，而是需要将这两块碎片中的绝对地址分别加上不同的偏移量，因为它俩没有被连续放置。另外，对于jmpf 20这种指令，装载器也得做地址的修正，之前连续存放时是"前跳20条代码"，但是现在分开了，跳转目标地址可就不一定是20条了，可能不变，也可能变化，关键看断点位置在哪里，这些都需要装载器根据装载的位置计算出来并修正。另外，如此混乱的内存布局，会让程序员苦不堪言，尤其是在程序调试的时候，程序员看到如此支离破碎的地址碎片，得先在头脑里将其拼起来，这简直是梦魇。要知道，程序员最希望的是一片连续的地址空间。所以，这种内存管理方式，给链接器、程序员带来了灾难。

最好的办法是，让链接器和程序员都感知到一

个连续地址空间，可以直接在程序中使用原有的地址，最多被基地址重定向一次。也就是说，CPU要载入的指令中的地址是连续的，但是底层依然需要实现对内存的更高效利用，依然不可避免地需要将这些连续的地址切分为多个碎片以充分利用内存空间。既然这样的话，就得有一个机制，来将程序员和链接器看到的虚拟的、假的地址翻译成底层真实的物理地址，也就是说，需要记录一张“虚拟地址～～物理地址”的映射表。那么，谁来负责查这个表从而知道“当前待执行指令中的虚拟地址到底位于内存中哪个物理地址”，从而将指令中的地址替换为查到的物理地址呢？显然，这件事只能够由CPU自身的硬件电路来做，因为CPU在执行线程代码的时候是孤身一人，没有任何其他代码能够介入做任何事情。前文中提到过的那个用于保存线程地址范围信息的寄存器，我们现在让它来保存这张更加复杂的映射表在内存中所处的基地址。CPU每次遇到Load/Stor等访问内存地址的指令时，由电路自动根据寄存器中保存的映射表基地址（这个基地址当然必须是物理地址），去内存中此处读出这个表到CPU内部，然后查找指令中的虚拟地址所对应的物理地址，用查到的物理地址来访问内存。也就是说，为了确定指令中虚拟地址对应的物理地址，CPU不得不自行（不需要执行指令）先去访问内存中的表才能得到结果。可想而知这个过程会拖慢整体的性能。

如图5-79所示是多线程并发执行的全局架构示意图，其中标识的过程，在上文中也都有阐述。值得一提的是，实际中的设计各有差别，图中只是给出了一种最为简陋的设计。后续章节中大家会看到一些更加实际和复杂的多线程和中断控制过程。线程新申请的内存，叫作堆（Heap）。堆在虚拟地址空间中的位置位于线程自身的代码和数据的上面，并且随着不断申请新内存而越堆越高。堆的上面存储的则是动态链接库文件，还记得本章前面的章节介绍过的动态链接的过程么？再往上就是栈空间了，用于函数调用以及一些临时数据。堆和栈一起就叫作堆栈。堆栈指的分别是某个线程运行时新申请的内存和函数调用所需的临时空间。但是堆是堆，栈是栈，它们俩没有联系，相互独立。图中大家可以看到一个物理地址空间，其中包含了SDRAM、BIOS、外部设备寄存器地址；以及每个线程所感知到的虚拟地址空间，每一个已分配的虚拟地址都在物理地址空间中的SDRAM中有对应的映射。当然，也可以把外部设备寄存器的物理地址映射到线程的虚拟地址空间中，这样线程就可以访问这些地址从而直接操控外部设备了（绕过驱动程序）。

提示▶▶▶

一个虚拟地址空间也可以同时承载多个线程运行，或者说多个线程共享同一个地址空间运行。Windows操作系统将运行在同一个地址空间中的多个线程称为一个进程。而Linux并没有严格的清晰规定。线程与进程的具体区别和来龙去脉，详见本书第10章的10.2节。

现在思考一下这个地址映射表的精度问题。如果该映射表可以做到将任何一个物理字节映射到虚拟地址空间的任何地址的话，那么就需要为每个虚拟地址记录一条物理地址。如果物理地址空间为4GB大小的话（逻辑地址空间同样也是4GB），也就是4G个地址，那么这个表将会记录4G条记录，每条记录的内容是一个物理地址，第0行的内容为A，表示虚拟地址0对应了物理地址A；第1024行的内容为F，表示虚拟地址1024对应了物理地址F。也就是说，该表是按照虚拟地址排序的，这样查找起来方便。如果要描述4GB地址空间，地址就需要为32位宽，那就是这个表的容量最大为4G×32位=16GB。这就很可笑了，光存储一个线程的一个映射表，就得用16GB内存，这不现实。还记得上一章介绍过的Set Associative组关联节省空间的思想么？可以将物理内存分成更大的块，内存被分配给线程时以块为粒度，这样就可以将逻辑块号与物理块号对应起来。比如，4KB一块，这样一共需要记录4GB÷4KB=1M条记录，也就是4GB中共有100万个4KB的块，这样，用20位就可以表示1M个数值，那么这个表最大容量为1M×20位≈2.38MB，这样就非常理想了！人们将这4KB称为一个页（Page）。人们普遍选择了4KB为一页是因为这个容量不大不小比较合适。如果太大容易产生浪费，假设页大小被设计为1MB，如果线程要求分配1KB的空间，那么就也得给它分1MB；太小则映射表又会变大，小到1字节的话映射表为16GB，咱们上面也说了。当然，在某些特殊场景下，页面会被设置得非常大，比如几十GB每页，被称为Huge Page（巨型页），但是这种场景应用较少。

这种内存管理思想被称为分页内存管理，CPU中负责查询页表的硬件模块被称为MMU（Memory Management Unit）。如图5-80所示为改为分页管理之后的示意图。对应的地址映射表被称为页表。实际中对页表的组织方式有不同的设计，下文章节中再详细介绍。

再考虑一个问题，既然现在每个线程都感知到4GB的地址空间，那么如果某个线程占用了太多的内存，导致其他线程无法分配到空闲内存怎么办呢？人们发明了一种分级放置的思想，设计一个单独的线程，该线程不做其他事，就是不停把内存里那些不经常被访问的Page中的数据移动到硬盘里放着（通过对每个Page设置一个Accessed位来控制和判断，每次CPU访问了某个Page，CPU内部分管页面查找的硬件就将该位置为1），从而腾出一些空闲物理页面来。这个过程被称为页面换出（Page Out/Swap Out），内存管理模块会在当前线程的页表条目中设置一个记录

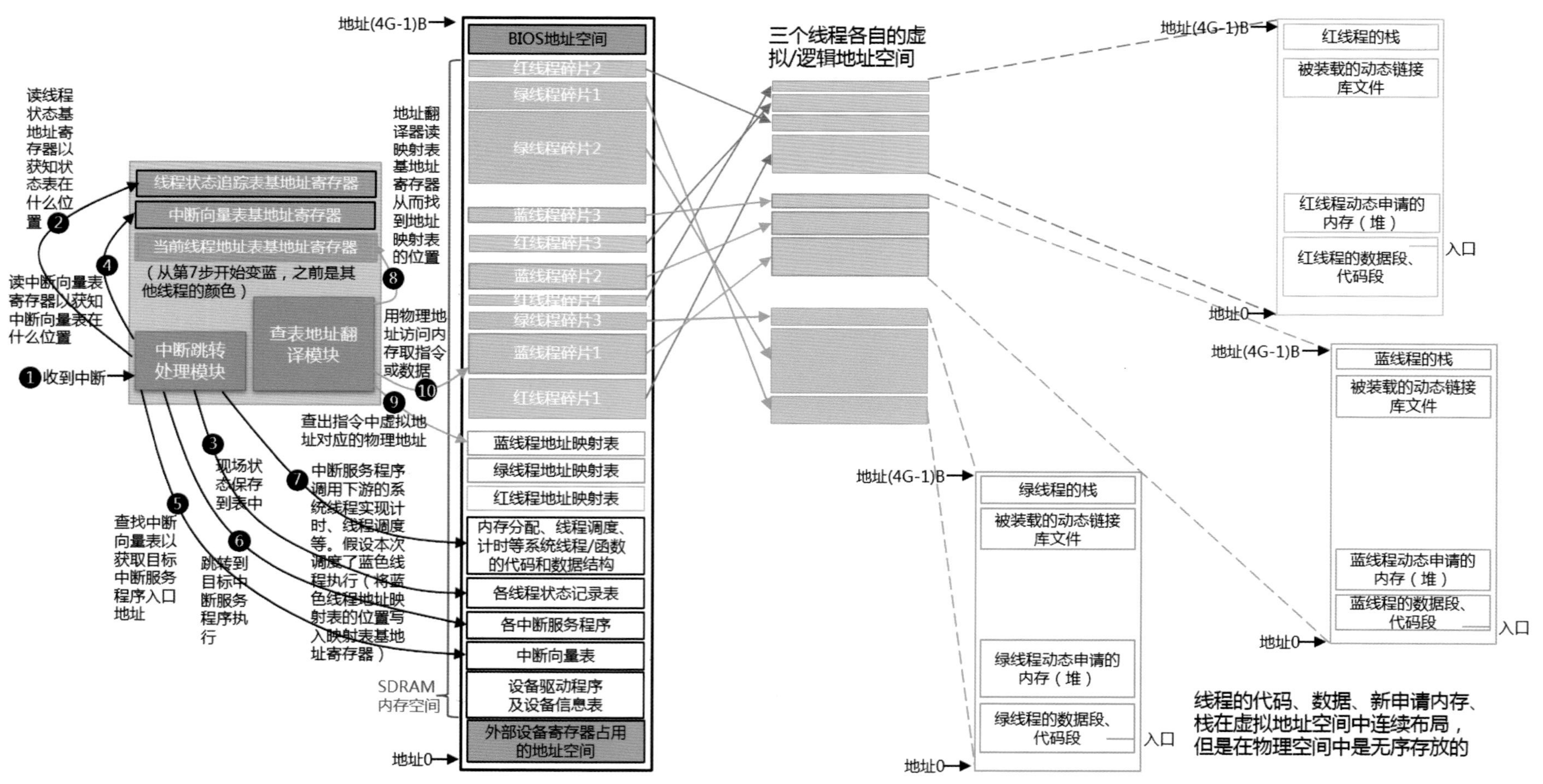

图5-79　虚拟内存布局、中断处理和地址翻译过程

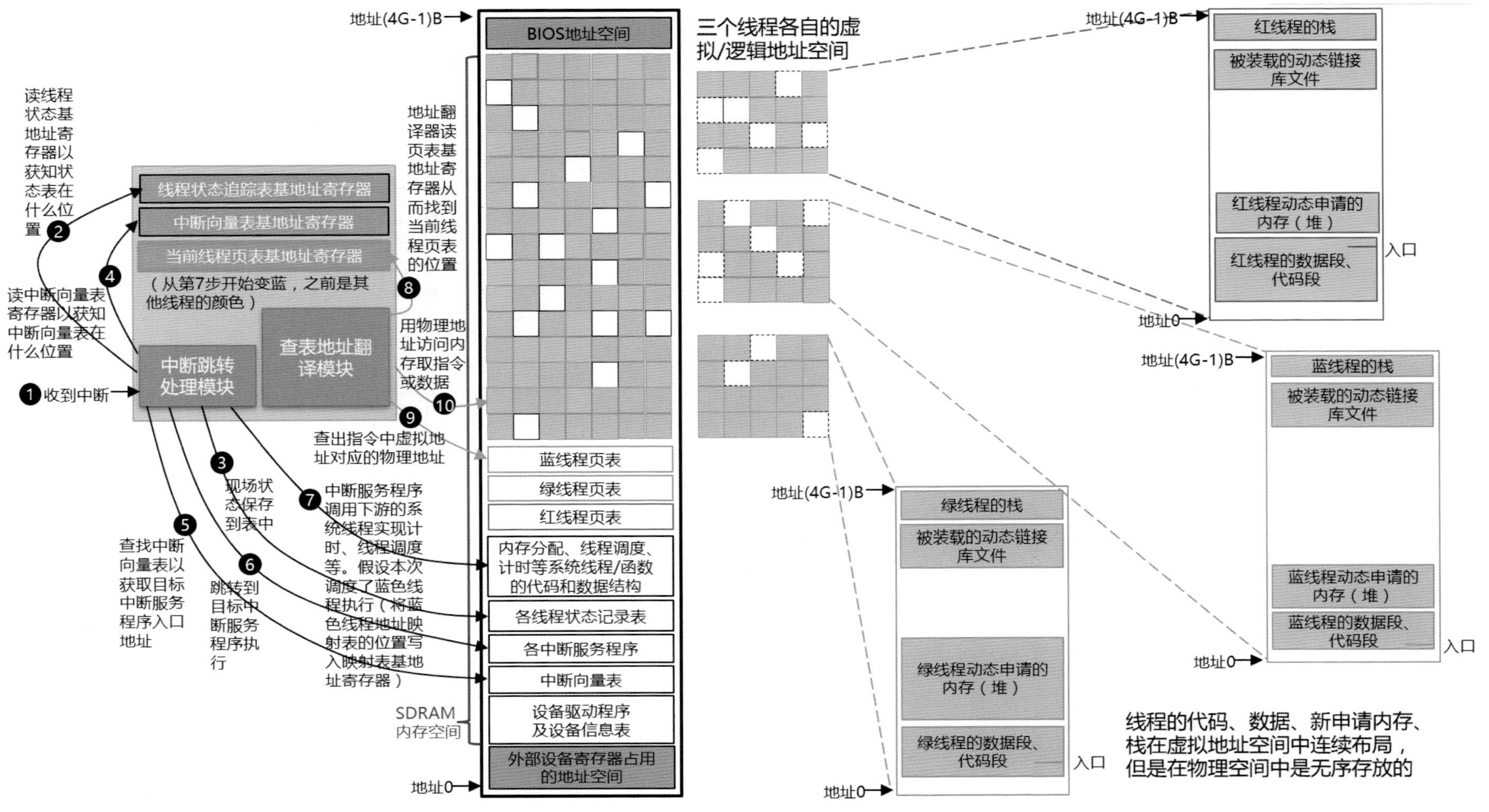

图5-80　分页内存管理思想示意图

位来记录该页是否已换出到硬盘，每次被换出则置该位为1表示已换出。这样，该物理页面之前占用的4KB内存就可以被映射到其他线程（或者本线程）的逻辑页面上了（在其他线程页表中指向该页面）。当之前的线程需要访问这个已经被换出到硬盘的页时（程序是不知道其访问的地址对应的数据到底在哪的），CPU读出该线程页表中对应的该条目尝试寻找其对应的物理地址，会发现“已换出”位是1，则CPU会产生一个Page Fault（页面不存在/页面错误/缺页）内部中断，接着跳转到缺页处理程序来处理。该程序从硬盘上将该页的内容读出然后再填充到内存中其他的空闲页中（如果内存已被占满，则强行将其他页面换出，腾出空间），同时更改页表将虚拟地址指向这个新页。当之前的程序再次被调度运行并尝试访问该页面时，CPU读出页表，然后查询到的物理地址将会是刚才被缺页处理程序填充的那个物理页面地址，从而访问对应的内容。

被换出的物理页面内容会放在硬盘上，可以将其保存成一个文件，比如叫作pagefile；也可以将其放到某个单独的硬盘或者硬盘分区中存放，不用文件的形式。当然，缺页处理程序自身是要知道“哪个页面被放在了文件/硬盘的哪里”的，所以还需要在pagefile文件或者用于存放换出页面的硬盘某处记录一张映射表。线程感知到的逻辑地址空间里的逻辑页面，有些被放在物理内存中，有些可能被放在硬盘上，所以这个逻辑地址空间又称为虚拟内存。

再思考一个问题。有些线程就是来干坏事的，现在它既看不到其他线程的数据又无法得到系统底层的那些表，它是很不高兴的。前文中说过，CPU通过各种基地址寄存器来找到系统表所在的内存中的位置。那么，如果某个线程直接把基地址寄存器中写入另外一个设计好的指针的话，CPU可不管这个指针指向哪里。当然，这个恶意指针可能指向的是该恶意线程精心准备好的一张映射表，该映射表中的某个部分指向的物理地址是系统底层数据结构或者其他线程的数据结构，这样，该程序就可以通过这个小窗口窥视到外面了，从而做下一步的恶意行为。这个过程叫作逃逸，就像《黑客帝国》中的人们从机器描绘的虚拟世界中醒来一样。所以，让线程可以任意改动这些关键的基地址寄存器，这本身属于一种漏洞。补上这个漏洞的方法，就是对这些存储着各种系统表基地址的指针寄存器的更新设计单独的指令，比如Load_IBAR（Interrupt Base Address Register）、Load_TIBAR（Load Thread Information Base Address Register）等（这里只是举例，实际CPU指令的名称并非如此），而且需要将这些指令加上权限控制，CPU拒绝任何权限不够的线程执行这些指令。所以还需要在CPU内部电路中设计一套权限控制机制。如果线程代码中包含上述特权指令，CPU拒绝执行的同时产生一个异常内部中断，跳转到异常处理线程来执行：“哎呦哎呦～～！舞台上有人要搞破坏了，后勤人员快来看看怎么回事！”所以，也不能直接把外部设备寄存器地址直接映射给线程的虚拟地址空间中，因为怕有些不靠谱的程序乱操作导致外部设备发生逻辑异常。当然，上述漏洞从未出现过，因为设计者一开始就考虑到了。至于这些权限控制的具体方法，会在后续章节中介绍。

把程序用虚拟地址空间这个无形的罩子罩起来，隔离开，各自运行各自的代码，轮流被调度，程序看不到其他程序在干嘛，也看不到摸不着底层那些系统级数据结构，无法直接访问外部设备控制器的寄存器，也感知不到系统自身线程的存在，更不知道这个虚拟地址空间是怎么来的。这种运行模式，被称为保护模式（Protection Mode）。所谓保护，是指保护系统级数据结构以及各个线程的私密性。而相对来讲，如果让程序不加保护的运行，不同程序相互看得见彼此的代码，没有任何隐藏和隐私，这种运行模式则被称为实模式（Real Mode），意思是程序所见即所得，没有经过任何虚拟和保护。那么，运行在保护模式下的程序应该通过什么渠道来获取系统底层的数据结构，以及访问外部设备呢？

5.5.6.4 虚拟与现实的边界——系统调用

现在初步思考一个问题：线程调度程序、内存管理程序等，这些程序运行在哪个地址空间里呢？看上去应该是运行在物理地址空间，这也是原始的思维顺理成章得出的结果。当运行在罩子里的用户程序调用了这些底层的内存管理程序，或者在中断发生之后运行线程调度程序的时候，CPU必须不去查页表，而是直接绕过MMU，采用物理地址来访问内存，也就是进入实模式。那么，CPU不会无故切换到这种模式，一定是某种因素触发才可以。比如外部中断到来时，CPU要跳转到中断处理程序执行，此时可以将CPU设计为主动切换到实模式，在物理地址空间中运行中断服务程序。

当用户程序调用底层程序时，需要使用call指令来调用函数，但是普通的call指令是无法让CPU知道“该切换到物理地址空间了”的。单个程序内部也有大量的函数调用过程，它们也都使用call指令，但是它们不需要切换到物理地址空间。所以必须设计一条新的指令，或者使用已有指令+不同参数来实现。最终人们直接使用了已有的Int指令（目前主流CPU提供了一条新的Sysenter指令），加上Int号80来实现对底层函数的调用。Int表示Interrupt，意思是主动打断CPU，让CPU去执行某个程序。用户程序调用底层程序，就得发出Int 80h指令。此外还有Int 10h等指令。不同参数会让CPU跳转到不同程序入口执行不同程序，但是一般将所有底层级服务程序都纳入80号Int后面，再通过其他参数选择具体调用哪个程序。当然，还得事先在内存里初始化一张“Int号～底层程序入口地址”的映射表，并将这个表的基地址写入到CPU内部的一个控制寄存器中保存以供CPU参考，这个表被称为中断向量表。同时还需要预先把需要让底层程序知晓的一些其他参数写入对应的寄存器或者栈中。

每当CPU收到Int指令，就主动根据该寄存器中保存的基地址去内存中找到这个表并查找对应的Int号码所对应的入口地址，然后根据Int号直接跳到这个地址执行。当然，在跳到对应入口地址执行之前，CPU需要切换运行模式为绕过MMU而使用物理地址访存（虽然你可以设计成这样，但是目前的系统并非如此设计，见下文），这样，CPU就可以运行被放置在物理地址空间中的这些底层程序代码了。与此同时别忘了做另外一件事，那就是CPU每当收到Int指令之后，需要将特权级别提升，允许程序执行特权指令，因为这些底层程序需要用到特权指令。

上述这个过程就叫作系统调用（System Call），意即用户的应用程序去调用底层的系统级的程序来享受后者提供的各种基础服务。系统调用发生时要做两件关键的事情：切换地址空间到这些系统底层程序的地址空间，提升权限允许运行特权指令。Int号～入口地址对应表被称为系统调用表。Int 80h指令会让CPU跳转到system_call服务程序，该程序通过读取寄存器中之前保存的其他参数来判断具体调用了哪个底层服务程序，然后再次执行后续调用。

这样做看似顺理成章，但是我们在上文中说过，采用物理地址空间来放置程序代码，运行的时候申请的一块块物理碎片内存会是程序员的梦魇。有没有可能将这些底层程序也放到一个虚拟地址空间的罩子里运行呢？完全可以。那就需要单独给这批底层程序设立一个页表。那么自然地，每次外部中断或者收到Int指令时，CPU就要自动把该页表的基地址载入到页表基地址寄存器，切换到这个独特的地址空间去，由于这个过程是没有程序参与的，完全靠CPU来做，所以还得设立一个寄存器，专门用于存放这个特殊页表的基地址，还得增加一条指令比如Load_SPB（Load System Pagetable_Baseaddress）来将基地址告诉CPU，系统启动之后的初始化程序需要担起这个责任。这样处理之后，系统调用表中的入口地址就可以是虚拟地址了。

但是，这样做还是不方便。系统调用是频繁发生的。比如向硬盘读写数据、从外部网络收发数据包等，都需要调用底层的设备驱动程序来完成，频繁的Int会导致页表频繁切换，这个开销是非常大的。每次查页表都要访问SDRAM，是非常慢的。CPU中会有一个缓存空间来缓存经常使用的页表项，但是程序一旦切换了地址空间，缓存中的条目必须被清空，频繁切换的话，缓存的效果荡然无存，性能骤降。想一下，如果能够将这些底层程序复制多份，然后在每个用户程序的虚拟地址空间中放一份，这样，当某个用户程序调用这些底层程序时，由于后者也处在同一个虚拟地址空间中，那么切换程序时就不需要切换页表了。但是这样做会耗费太多的内存。于是，人们想到一个奇葩办法来避免复制多份，内存中只保留一份底层程序代码，然后将这些代码所在的物理页分别同时映射到每个用户虚拟地址空间中的高位地址区域中，比如，映射到3GB～4GB这1GB（或者2GB，具体视设计而定）区间内。比如内存管理程序给用户程序分配页表的时候，自动把底层程序占据的物理页映射到该用户程序虚拟地址的高位1GB区域，每个用户程序虚拟地址空间的高1GB都指向相同的物理页，也就是底层程序所在的物理地址区域。

如图5-81所示为底层程序地址空间的三种模式，最右侧的模式也是目前主流的模式。最右侧模式的一个代价则是每个用户程序所能利用的地址空间会少一块。如果采用32位地址空间，则程序只能利用3GB的内存空间。如果程序强行访问超出3GB的部分呢？显然不能允许程序直接读写高位1GB的区域，还是那个办法，必须由CPU来防止。也就是说CPU内部电路每次均需要判断用户程序的访存地址，如果超出了3GB，则暂停程序的执行而直接跳转到异常处理程序来处理，异常处理程序可以报告一个“非法访问内存操作”提示消息，然后由用户选择结束程序运行或者其他动作。

提示

事实上，图5-81最右侧所示的架构，与2018年初爆出并广为人知的一个Intel处理器上的漏洞竟然扯上了关系，而且该漏洞不能通过修改微码的方式解决，只能通过修改CPU硬件或者底层软件来解决。后者就是将架构重新切回到图中间所示的方式，中间的方式又被称为KPTI（Kernel Page Table Isolation，内核页表隔离）。

用户程序调用底层程序只有一种方法，那就是发出Int指令。上文中也说到过，CPU收到Int指令，其内部的运行模式需要发生改变，变得可以执行特权指令，也就是特权提升动作。但是现在在上述新设计思路下，程序切换时并不需要切换页表空间，而可以直接跳转到系统调用表对应Int号的入口地址处执行被调用的底层程序，该入口地址是虚拟地址，而且是高位1GB内部某个地址，因为底层程序都必须待在这里。当然，从物理视图上看，用户程序和底层程序都是凌乱分布在SDRAM里各处的。

所以，为了避免切换页表基地址寄存器，而让底层程序占据了所有用户程序虚拟地址空间的高1GB，这就是当前的普遍做法。可以看到，用户程序、底层程序都运行在虚拟地址空间中。那么假设某个底层程序需要访问当前虚拟地址空间之外的某个物理内存地址的话，应该怎么办呢？比如当前处在用户程序1的地址空间，但

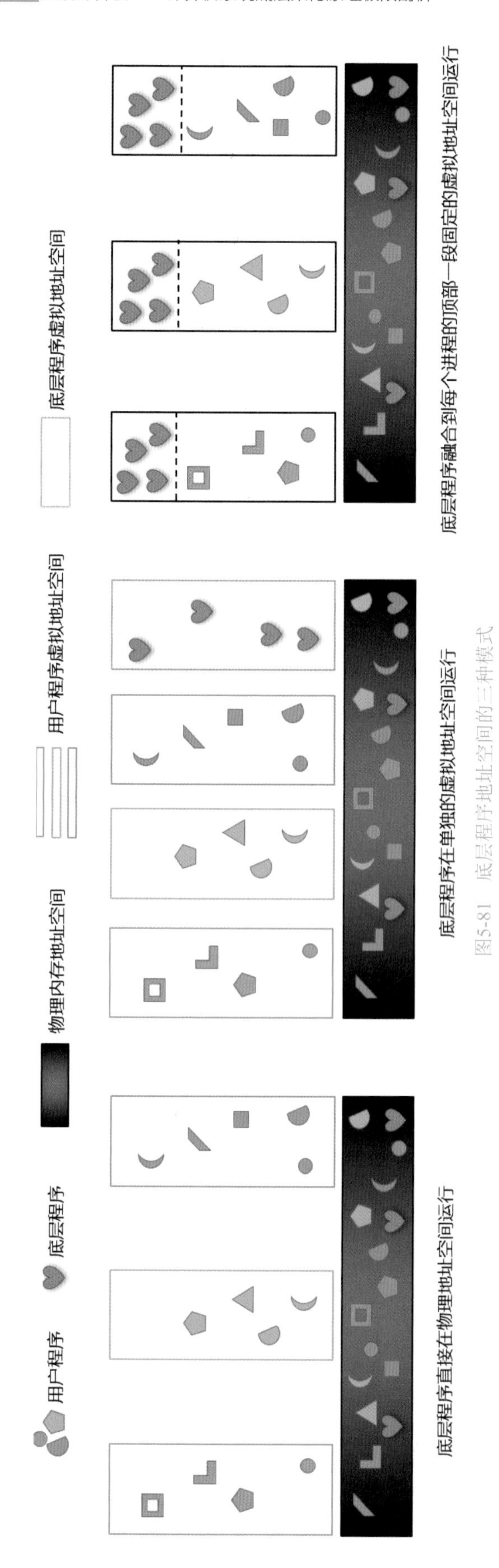

图5-81 底层程序地址空间的三种模式

是此时程序已经执行到Int系统调用之后的部分，正在执行底层程序，而底层程序此时想看一看用户程序2虚拟地址空间内的某个数据。此时，底层程序可以执行特权指令，将页表基地址寄存器临时切换为用户程序2的页表基地址，从而进入了用户程序2的地址空间，在这里就可以肆无忌惮访问任何地址了。而由于CPU此时处于最高特权运行模式，CPU并不会去判断所访问地址是否越界，此时存储器地址是没有界的。

5.5.7 呼唤操作系统

上文中介绍过的设备驱动程序、线程调度程序、文件系统管理程序、分页虚拟内存管理程序、中断服务程序，以及它们的各种相关数据结构——中断向量表、物理内存地址表、设备信息表、线程状态表、虚拟内存页表、文件分配映射表等，这些角色都属于系统级程序和数据结构。显然，这些系统级线程或者函数个个都需要执行特权指令，都能够访问所有的内存地址。

所以，我们这个程序社会就逐渐产生了分层。负责底层支撑类的系统级程序逐渐沉降，这些程序拥有最高特权，可以执行任何指令，但是它们平时多数都不会主动运行，当这些程序运行的时候，此时我们说系统运行在内核态，也就是正在处理系统底层的核心支撑任务，比如正在执行页面换出操作。而那些上层的用户级程序比如听歌打字计算器等，称为应用程序，飘在上面，运行在隔离的虚拟地址空间中，CPU靠系统底层提供的页表来做地址翻译，这些程序只能执行非特权指令（靠CPU硬件来监控是否越权），当这些程序运行的时候，我们说此时系统处于用户态。如果用户态程序想访问外部设备比如硬盘、网卡、声卡等的时候，或者做一些底层操作的时候，必须委托下层的系统级程序，也就是设备驱动程序以及其他一些底层内核函数，来将对应的数据发送给这些外部设备，或者从外部设备接收，这种委托过程被称为系统调用。也就是上层用户程序调用下层系统级程序来干活，而自己无法也不需要亲自去干。一是怕麻烦，因为得学会如何“开”（Drive）这些设备（第7章中你会看到程序具体是如何驾驶这些外部设备的）；二是系统级程序也怕你乱折腾把设备开坏了，或者把一些内核数据结构破坏掉。在罩子里运行的、看到虚拟地址空间的程序，发出Int机器指令（或者Sysenter机器指令）执行系统调用过程，调用内核态程序为其提供相应的服务。

显然，要想更方便更高效地利用CPU来运行多个程序，以及访问各式各样的多媒体设备，就必须有这样一些底层支撑类程序在内存中驻留着随时待命。这一大堆的系统级程序和数据结构，被统称为操作系统（Operating System，OS）。操作系统是程序员的天堂，有了操作系统的支撑，程序员们可以更加方便地使用多媒体设备、内存，以及开发各类程序。

冬瓜哥将在第10章向大家详细介绍操作系统。